10kV
配电工程设计手册

谭金超 谭学知 谢晚丹 编著

中国电力出版社
CHINA ELECTRIC POWER PRESS

内 容 提 要

随着城乡供配电网络的建设和发展、全国供用电量迅速增长、10kV 供配电任务越来越重，为保证 10kV 供配电网络的安全、经济、可靠地运行，现根据《城市电力网规划设计导则》、《城市电力规划规范》、《农村电力网规划设计导则》、《供配电系统设计规范》、《10kV 及以下变电所设计规范》、《66kV 及以下架空电力线路设计技术规程》、《架空配电线路设计技术规程》、《架空绝缘配电线路设计技术规程》、《电力工程电缆设计规范》、《3～110kV 高压配电装置设计规范》、《继电保护和自动装置设计规范》、《电测量及电能计量装置设计技术规程》等标准要求，以及与《10kV 配电站工程图集》、《10kV 及以下配电线路工程图集》、《10kV 及以下配电装置工程图集》相配套和供配电实际设计经验，组织编写了《10kV 配电工程设计手册》一书。

本手册内容有四方面，具体是：①设计一般要求，包括设计基本内容、基本格式、基本程序、文字与图形符号、图纸规定，一般电气计算方法、负荷计算方法、短路电流计算方法、电脑配置、专业软件使用方法等；②10kV 配电工程设计规范，包括规程规范等标准设计技术原则、规划设计原则、建筑电气设计要求、配网施工设计要求、配电设备选型原则、主要电气设备数据、配电设计与验收细则等；③配电工程设计方法，包括电气接线方式、一二次配电设备选择、配电设备平面布置、配电设备安装、开关站与配电站土建要求、工程预结算书等；④常用配电设计案例，介绍新城供电规划设计实例和商业住宅综合楼供电施工设计实例。

本手册作为全国地市供电企业、县供电企业、农村供电营业所等从事配电工程专业设计人员、施工人员和管理干部的必备工具书，也作为建筑、机械、冶金、煤炭、石油、铁道、交通、电子、化工、纺织、广电、兵器、船舶、邮电、航空航天、信息、国防科技等设计企业从事电气专业设计人员、施工人员和管理人员等必备书籍。

图书在版编目（CIP）数据

10kV 配电工程设计手册/谭金超，谭学知，谢晓丹编著．—北京：中国电力出版社，2004.11（2020.5 重印）

ISBN 978-7-5083-2136-3

Ⅰ.1…　Ⅱ.①谭…　②谭…　③谢…　Ⅲ. 配电系统－电力工程－设计－技术手册　Ⅳ.TM727－62

中国版本图书馆 CIP 数据核字（2004）第 010108 号

中国电力出版社出版、发行
（北京市东城区北京站西街 19 号　100005　http://www.cepp.sgcc.com.cn）
三河市万龙印装有限公司印刷
各地新华书店经售

＊

2004 年 11 月第一版　2020 年 5 月北京第七次印刷
787 毫米 ×1092 毫米　16 开本　45 印张　1108 千字　1 插页
印数 11501—12501 册　定价 115.00 元

前　　言

随着多年来全国城乡供配电网络的建设和发展、城乡居民住宅的不断兴建、中小企业的迅猛发展，2003 年全国供用电量迅速增长，多数省市已开始出现供配电容量严重短缺的局面，城乡供配电网供用电任务越来越重，从而 10kV 配电网络承担起了重大的供配电任务，保证了供配电网的安全、经济、可靠地运行，为工农业和城乡居民用电作出了贡献。

综上所述，10kV 配电网络工程的规划、设计、安装和运行维护就越来越重要了，再加上配电设备越来越多、越来越新，分布越来越广，技术要求越来越高，以及配电网络要达到安全、经济、可靠、充足和可持续发展，因此城乡供配电网络的规划设计非常重要，供配电工程的设计与安装标准非常高，要严格实行质量第一、精心设计。为此，编者根据《城市电力网规划设计导则》（能源电［1993］228 号）、《城市电力规划规范》（GB/T 50293—1999）、《农村电力网规划设计导则》（DL/T 5118—2000）、《供配电系统设计规范》（GB 50052—1995）、《10kV 及以下变电所设计规范》（GB 50053—1994）、《低压配电设计规范》（GB 50054—1995）、《城市中低压配电网改造技术导则》（DL/T 599—1996）、《66kV 及以下架空电力线路设计技术规程》（GB 50061—1997）、《架空配电线路设计技术规程》（SDJ 206—1987）、《架空绝缘配电线路设计技术规程》（DL/T 601—1996）、《电力工程电缆设计规范》（GB 50217—1994）、《3～110kV 高压配电装置设计规范》（GB 50060—1992）、《电力装置的继电保护和自动装置设计规范》（GB 50062—1992）、《电力装置的电测量仪表装置设计规范》（GBJ 63—1990）、《电测量及电能计量装置设计技术规程》（DL/T 5137—2001）、《并联电容器装置设计规范》（GB 50027—1995）、《交流电气装置的过电压保护和绝缘配合》（DL/T 620—1997）、《交流电气装置的接地》（DL/T 621—1997）等标准要求，以及与《10kV 配电站工程图集》、《10kV 及以下配电线路工程图集》、《10kV 及以下配电装置工程图集》相配套和供配电实际设计经验，组织编写了《10kV 配电工程设计手册》一书，以供全国供电企业专业设计人员和建筑等企业电气设计人员借鉴与参考。

本书由谭金超、谭学知、谢晓丹共同编著，并由郑春华整理统稿。在编写过程中，还得到中国南方电网广电集团广州供电分公司市场及客户服务部吴日升同志以及许多同志的大力支持和帮助，还参考了许多专业著作和文献资料，在此深表感谢。由于编者水平有限，书中难免有错误和不足之处，恳请广大读者批评指正。

编者

2004 年 1 月

目 录

第一章

概　述

第一节　设　计　概　述

现代化的社会电力有极为广泛的用途，如作为动力、照明，无论什么行业、工业、农业、第三产业、生活、学习、市政、科研、军事、商业、文化、医疗、娱乐等等，都要使用电力来运作。电是看不见、摸不着的，但是用电必须先做工程，建设一批配电、用电设施，例如开关站、配电所、电力线、电缆、变压器等才可以用电。做工程需要有计划、有步骤、有设备、有材料、有人力、有技术、有时间，因此需要设计。设计是工程最重要的步骤，精心设计，创高品质。

有关电力设计的参考书很多。本书介绍 10kV 为主的配电设计，内容包括电力网设计和向用户配电的设计，范围由变电所配电线出线开关后起至用户电能计量电能表之前止。目前居民用电装表到户，所以包括到高层建筑密集型插接母线装置为止。

配电设计一般有方案设计、扩初设计、施工图设计三个阶段，各阶段主要内容见表1-1。

表 1-1　　　　　　　　　　工程项目各设计阶段主要内容

设计阶段	设　计　内　容	备　注
方案设计	1. 确定供电方式、负荷等级和供配电中心位置； 2. 绘制供配电干线敷设及到主要供电点的方框图； 3. 绘制自控项目方案和工艺流程方框图； 4. 绘制火灾报警等弱电项目方框简图； 5. 做不同方案的技术经济比较	国家及省级、大型工业及民用工程项目
扩初设计	1. 绘制变配电站的主要设备布置图及一次系统图； 2. 绘制主要干线及主要供电点的分布简图； 3. 绘制主要灯具布置简图； 4. 绘制主要弱电自控设备位置图； 5. 编制扩初说明及主要设备材料表； 6. 协调与各专业之间的关系	国家及省级、大型工业及民用工程项目
施工图设计	1. 设计说明。语言力求简练，平面图已表示清楚的不必重复叙述，凡施工图中未注明、带共性的问题或图中表达不清的加以说明，说明一般包括变配电、动力、照明、电气外线、弱电、控制及一些特殊做法； 2. 施工图分平面和系统控制两大部分。平面图复杂的工程强、弱电分别表示，力求清晰整洁，简化图纸，方便施工； 3. 平面图应绘制进出线的方位、敷设方式及线缆规格型号，配电设备应注明安装方式及安装高度，重点场所的照明应进行照度计算后布置灯具； 4. 平面图和系统控制图绘制应采用国家颁布的新的图形符号； 5. 系统控制图应注明柜体、箱体的型号、规格及元器件设备材料表； 6. 防雷接地保护装置应说明保护范围、材料选择、接地电阻要求及采取的特殊措施； 7. 电气外线应绘制线路敷设方式，注明敷设要求； 8. 计算书包括负荷计算、照度计算、短路及继电保护计算； 9. 配电及照明设备材料表	

（1）城市配电网规划。由城市规划部门和供电部门组织领导，有关部门参加，供电部门负责，根据城市规划要求，按照每个地块的用电规模和功能，计算其负荷、配备电源的数量、容量、启用时间、变电所布点、配电设备布点及选择，投资概算。包括方案设计和扩初设计。

（2）建筑电气设计。由地块业主委托建筑设计院进行，内容是建筑物以内的全部供电、用电设计，包含方案设计、扩初设计、施工设计。

（3）配电网施工设计。当某地块基建启动时，需要设计临时配电设施，供电给地块的大厦或小区临时用电；大厦或小区建成后，需要设计永久配电设施，供电给地块的大厦或小区永久用电，内容包括一个或多个大厦或小区新的负荷计算、电源配置、系统接线、设备选择、安装方法、平面布置等，也就是施工图设计。

第二节　负　荷　分　级

一、负荷分级

根据对供电可靠性的要求及中断供电在政治、经济上所造成的损失或影响的程度不同，电力负荷分为以下三级。

1. 一级负荷

（1）中断供电将造成人身伤亡的用电负荷。

（2）中断供电将造成重大政治、经济损失的用电负荷。所谓重大损失是指重大设备损坏、重大产品报废、用重要原料生产的产品大量报废、国民经济中重点企业的连续生产过程被打乱需要长时间才能恢复等。

（3）中断供电将影响有重大政治、经济意义的用电单位正常工作的用电负荷。如重要交通枢纽、重要通信枢纽、重要宾馆、大型体育场、经常用于国际活动的大量人员集中的公共场所等用电单位中的重要电力负荷。

在一级负荷中，当中断供电将发生中毒、爆炸和火灾等情况的负荷，以及特别重要场所的不允许中断供电的负荷属特别重要的负荷，如在工业生产中正常电源中断时处理安全停产所必须的应急照明、通信系统、保证安全停产的自动控制装置等；民用建筑中大型金融中心的关键电子计算机系统和防盗报警系统、大型国际比赛场（馆）的记分系统及监控系统等。

2. 二级负荷

（1）中断供电将在政治、经济上造成较大损失的用电负荷。所谓较大损失指主要设备损坏、大量产品报废、连续生产过程被打乱需较长时间才能恢复、重要产品大量减产等电力负荷。

（2）中断供电将影响重要用电单位正常工作的用电负荷。如交通枢纽、通信枢纽等用电单位中的重要电力负荷，以及中断供电将造成大型影剧院、大型商场等较多人员集中的重要的公共场所秩序混乱的负荷。

3. 三级负荷

不属于一级和二级负荷者。

二、常见重要用电负荷级别

常见重要用电负荷级别，见表1-2。

序号	建筑物名称	电力负荷名称	负荷级别	备注
1	高层普通住宅	客梯、生活水泵电力，楼梯照明	二级	
2	高层宿舍	客梯、生活水泵电力，主要通道照明	二级	
3	重要办公建筑	客梯电力，主要办公室、会议室、总值班室、档案室及主要通道照明	一级	
4	部、省级办公建筑	客梯电力，主要办公室、会议室、总值班室、档案室及主要通道照明	二级	
5	高等学校教学楼	客梯电力，主要通道照明	二级①	
6	一、二级旅馆	经营管理用及设备管理用电子计算机系统电源	一级④	
		宴会厅电声、新闻摄影、录像电源，宴会厅、餐厅、娱乐厅、高级客房、康乐设施、厨房及主要通道照明，地下室污水泵、雨水泵电力，厨房部分电力，部分客梯电力	一级	
		其余客梯电力，一般客房照明	二级	
7	科研院所重要实验室		一级②	
8	市（地区）级及以上气象台	主要业务用电子计算机系统电源	一级④	
		气象雷达、电报及传真收发设备、卫星云图接收机及语言广播电源，天气绘图及预报照明	一级	
		客梯电力	二级	
9	高等学校重要实验室		一级②	
10	计算中心	主要业务用电子计算机系统电源	一级	
		客梯电力	二级	
11	大型博物馆、展览馆	防盗信号电源，珍贵展品展室的照明	一级④	
		展览用电	二级	
12	甲等剧场	调光用电子计算机系统电源	一级④	
		舞台、贵宾室、演员化妆室照明，舞台机械电力，电声、广播及电视转播、新闻摄影电源	一级	
13	甲等电影院		二级	
14	重要图书馆	检索用电子计算机系统电源	一级④	
		其他用电	二级	
15	省、自治区、直辖市及以上体育馆、体育场	计时记分用电子计算机系统电源	一级④	
		比赛厅（场）、主席台、贵宾室、接待室及广场照明，电声、广播及电视转播、新闻摄影电源	一级	
16	县（区）级及以上医院	急诊部用房、监护病房、手术部、分娩室、婴儿室、血液病房的净化室、血液透析室、病理切片分析、CT扫描室、区域中心血库、高压氧仓、加速器机房和治疗室及配血室的电力和照明，培养箱、冰箱、恒温箱的电源	一级	
		电子显微镜电源，客梯电力	二级	
17	银行	主要业务用电子计算机系统电源，防盗信号电源	一级④	
		客梯电力，营业厅、门厅照明	二级③	

序号	建筑物名称	电力负荷名称	负荷级别	备注
18	大型百货商店	经营管理用电子计算机系统电源	一级④	
		营业厅、门厅照明	一级	
		自动扶梯、客梯电力	二级	
19	中型百货商店	营业厅、门厅照明、客梯电力	二级	
20	广播电台	电子计算机系统电源	一级④	
		直接播出的语言播音室、控制室、微波设备及发射机房的电力和照明	一级	
		主要客梯电力、楼梯照明	二级	
21	电视台	电子计算机系统电源	一级④	
		直接播出的电视演播厅、中心机房、录像室、微波机房及发射机房的电力和照明	一级	
		洗印室、电视电影室、主要客梯电力，楼梯照明	二级	
22	火车站	特大型站和国境站的旅客站房、站台、天桥、地道的用电设备	一级	
23	民用机场	航行管制、导航、通信、气象、助航灯光系统的设施和台站，边防、海关、安全检查设备，航班预报设备，三级以上油库，为飞行及旅客服务的办公用房，旅客活动场所的应急照明	一级④	
		候机楼、外航驻机场办事处、机场宾馆及旅客过夜用房、站坪照明、站坪机务用电	一级	
		其他用电	二级	
24	水运客运站	通信枢纽、导航设施、收发讯台用电	一级	
		港口重要作业区，一等客运站用电	二级	
25	汽车客运站	一、二级站	二级	
26	市话局、电信枢纽、卫星地面站	载波机、微波机、长途电话交换机、市内电话交换机、文件传真机、会议电话、移动通信及卫星通信等通信设备的电源，载波机室、微波机室、交换机室、测量室、转接台室、传输室、电力室、电池室、文件传真机室、会议电话室、移动通信室、调度机室及卫星地面站的应急照明，营业厅照明，用户电传机	一级⑤	
		主要客梯电力，楼梯照明	二级	
27	冷库	大型冷库、有特殊要求的冷库的一台氨压缩机及其附属设备的电力，电梯电力，库内照明	二级	
28	监狱	警卫照明	一级	

①仅当建筑物为高层建筑时，其客梯电力、楼梯照明为二级负荷。

②此处系指高等学校、科研院所中一旦中断供电将造成人身伤亡或重大政治影响、经济损失的实验室，例如生物制品实验室等。

③在面积较大的银行营业厅中，供暂时工作用的应急照明为一级负荷。

④该一级负荷为特别重要负荷。

⑤重要通信枢纽的一级负荷为特别重要负荷。

注 各种建筑物的分级见现行的有关设计规范。

第三节 各级负荷对供电电源要求

一、一级负荷对供电电源的要求

（1）一级负荷应由两个电源供电，当一个电源发生故障时，另一个电源应不致同时受到损坏，以维持继续供电。

（2）一级负荷中的特别重要负荷，除上述两个电源外，还必须增设应急电源。

为确保对特别重要负荷的供电，严禁将其他负荷接入应急供电系统。工程设计中，对于其他专业提出的特别重要负荷应仔细研究，凡能采取非电气保安措施者，宜减少特别重要负荷的负荷量，但需要双重保安措施者除外。

常用的应急电源可使用独立于正常电源的发电机组、干电池、蓄电池或供电网络中有效地独立于正常电源的专用馈电线路。后者是指保证两个供电线路不大可能同时中断供电的线路。

根据允许中断供电的时间可分别选择下列应急电源：

1）蓄电池静止型不间断供电装置（蓄电池频率跟踪的晶闸管逆变器，简称 UPS）、蓄电池机械储能电机型不间断供电装置或柴油机电磁储能同步电机型不间断供电装置。适用于允许中断供电时间为毫秒级的负荷。

2）带有自动投入装置的独立于正常电源的专用馈电线路。适用于自投装置的动作时间能满足允许中断供电时间 1.5s（或 0.6s）以上的应急电源。

3）快速自起动的发电机组。适用于允许中断供电时间为 15s 以上的供电。

应急电源的工作时间应按生产技术上要求的停车时间考虑，当与自动起动的发电机组配合使用时，不宜少于 10min。

凡允许停电时间为毫秒级且容量不大的特别重要负荷，若有可能采用直流电源者，应用

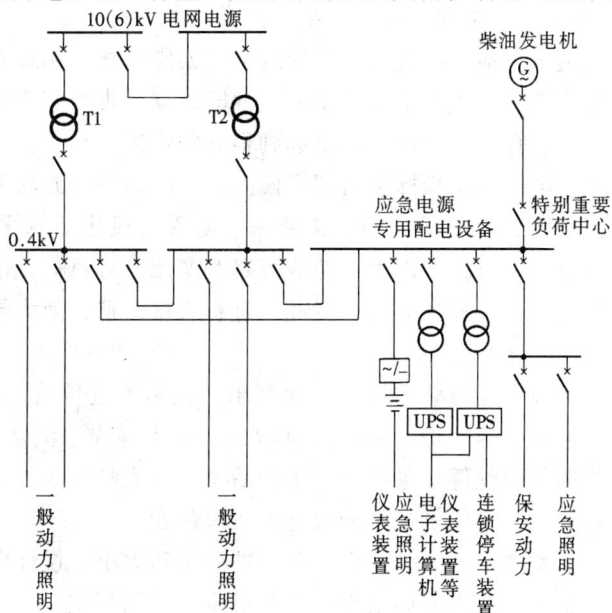

图 1-1 应急电源接线示例

蓄电池组或干电池装置作为应急电源。

大型企业中，往往同时使用几种应急电源。为了使各种应急电源设备密切配合，充分发挥作用，应急电源接线示例（以蓄电池、不间断供电装置、柴油发电机同时使用为例）见图1-1。

二、二级负荷对供电电源的要求

二级负荷应由两个电源供电，即应由双回线路供电，供电变压器亦应有2台（2台变压器不一定在同一变电所）。做到当发生电力变压器故障或电力线路常见故障（不包括铁塔倾倒或龙卷风引起的极少见的故障）时，不致中断供电或中断后能迅速恢复。在负荷较小或地区供电条件困难时，可由一回6kV及以上专用架空线供电；当采用电缆线路时，应采用2根电缆组成的电缆段供电，其每根电缆应能承受100%的二级负荷；为了解决线路和变配电设备的检修以及突然停电后设备能安全停产问题，可设备用小容量柴油发电站，其容量由实际需要确定。

三、三级负荷对供电电源的要求

三级负荷对供电电源无特殊要求。

第四节 供电设计基本技术原则

设计基本要求，要符合设计标准和国家规范，并参考下列技术原则。

（1）要安全运行。配电设施一定要达到安全运行，它包括以下四个方面。

1）配电设施、设备运行中，本身极少发生绝缘击穿的接地、短路或外力破坏而导致突然停电事故；

2）运行、操作、维护、检修中，不容易发生人员误操作、误触电事故；

3）不容易发生配电设施附近的居民、行人误触电事故；

4）能抵抗常见的风、雷、雨水、寒冷、结冰，不发生事故。

近年来有的地区大量采用地下电缆或绝缘导线取代架空导线，箱式变压器或美式箱变取代变压器台架，六氟化硫开关柜或真空开关柜取代油断路器，带外壳干式变压器或六氟化硫变压器取代油浸式变压器，在安全配电方面都起到很好的作用。

（2）电能质量合格。电能质量指标包括频率偏差，电压偏差，波动和闪变，三相不平衡度，谐波等。配电设计主要计算电压偏差。近年来，随着人民生活水平提高，家用电器增加，由于对原有配电线路未注意适当加大，造成线路和变压器过负荷，电压偏差加大，以致造成光管不能起动、灯泡不亮、马达无力。对此，进行大修改造，换大导线和变压器便可以解决问题。

（3）容量充足。配电容量应能满足最大负荷要求，设备不过负荷，并留有余地。例如，近年来城市发展很快，人口快速增加，用电大量增长。由于导线电流增大，造成接头发红、烧断导线、变压器，烧断保险丝等现象不断发生。后来投入大量资金设备进行扩容改造，增加电源点、换大变压器、换大导线的配电网改造才解决问题。

（4）供电的连续可靠性要达到要求。根据负荷的分类和大小，设计电源的数量和网络形式，应使用户停电次数最少，停电时间最少，户数最少。我国规定：重要办公建筑为一级负荷，要求两个电源供电；高层普通住宅为二级负荷，二级负荷的供电系统，宜由两个回路供电。也有某特区沿用英国配电设计标准，分为三级，一级为总负荷1.5MVA以下，设备故障可以停电；二级为总负荷1.5~3.5MVA，故障可以停电2h；三级为总负荷3.5~20MVA，不容许停电。详见本章第五节。

城市配电网的供电可靠性采用N—1准则。例如，某供电局几年前可以达到当一条馈电线全停电时，其负荷转由邻近几条馈电线分担；当一个变电所全停电时，其负荷转由邻近几个变电所分担，用户停电时间只是转电操作时间。

（5）配电网络有可扩展性，设备场地有增容余地。我国是发展中国家，城市在发展中、改造中，尚未定型，要经过10多年才能完成。负荷是陆续发展的，电网既要满足当前的负荷，又要适应将来的负荷。不能一次投资按规划负荷建成电网和大厦配电设施，要等到大厦租、售出去才能确定其负荷级别和数量。所以配电网的接线、容量要有机动性，接线要有可扩展性，新增用户可以新增出线，用电业务可以扩充。

（6）节约能源。电能损耗少，包括线路和变压器运行的能耗少。例如，导线采用较低电流密度，采用低损耗变压器，合理选择变压器台数、容量，安排合理的经济运行方式等。

（7）经济技术分析比较。技术先进，价格合理，价值/价格比大。计算投资费用和年运行费用，按综合经济效果，确定最佳方案。

（8）技术性能好。接线简单清晰，调度灵活，运行维护工作量少，自动化程度高。

（9）环境保护。采用的设备对环境无害。

（10）合理确定计算负荷，负荷大小对工程投资影响重大。

（11）按负荷等级配备供电电源数量。电源数量对工程投资影响重大。

（12）变压器深入负荷中心，缩短配电线路长度，减少电压损失和电能损耗。

（13）调整三相负荷平衡。注意住宅单相用电，务必调整线路三相负荷平衡。

（14）多电源供电宜同时供电，互为备用，减少线路损失。

（15）合理配备电能表，方便部门经济核算，减少成本。

（16）提高自然功率因数。高压电容器集中补偿，低压电容器分散补偿或集中补偿分组控制、自动投撤。

另外，配电系统供电原则如下：

（1）符合下列情况之一时用电单位宜设置自备电源。

1）需要设置自备电源作为一级负荷中特别重要负荷的应急电源时，或第二电源不能满足一级负荷要求的条件时；

2）设置自备电源较从电力系统取得第二电源经济合理时；

3）常年有稳定余热、压差、废气可供发电，技术经济合理时；

4）所在地区偏僻，远离电力系统，设置自备电源经济合理时。

（2）应急电源与正常电源之间必须采取可靠措施防止其并列运行，目的是保证应急电源的专用性。例如，应急电源原动机的起动命令必须由正常电源主断路器的辅助触点发出，而不是由继电器的触点发出，因继电器有可能误动作而造成与正常电源误并网。

（3）供配电系统应简单可靠，同一电压的配电级数不宜多于二级。

（4）在设计供配电系统时，除一级负荷中特别重要负荷外，不应考虑一电源系统检修或故障的同时另一电源又发生故障。

（5）需要双回电源线路的用电单位，宜采用同等级电压供电。但根据各级负荷的不同需要及地区供电条件，亦可采用不同等级电压供电。

（6）同时供电的双回及以上供配电线路中，一回路中断供电时，其余线路应能满足全部一级负荷及二级负荷的用电需要。

（7）总变电所和配变电所宜靠近负荷中心。如用电负荷均为低压又较集中，当配电电压为 35kV 时，亦可将 35kV 直降至 220/380V 配电电压。

（8）在用电单位内部，为提高供电可靠性和符合节约用电、检修用电的需要，邻近变电所之间宜设置低压联络线。

（9）小负荷的一般用电单位宜纳入地区低压电网。

第五节 某特区之配电网设计分级标准和设计准则

一、设计准则

1. 安全性

配电网的设计，以满足电网的安全性作为设计的准则。安全性的分级，以电网故障后，可恢复供电的时间作为安全性的级别。

2. 分级

配电网安全性的级别。

第一级 电网的设备发生故障后，可以恢复供电的时间，允许为该设备修理至能够恢复供电所需的时间。

第二级 电网的设备发生故障后，可以恢复供电的时间为两小时以内。

第三级 电网上的任何一电路停电或故障，仍能提供全部负荷需要量。

3. 选择分级的因素

级别的选择，由总用电需求量来确定。总用电需求量包括多个客户合并的需求量。各级划分如下。

第一级 总用电需求量在 1.5MVA 以下。

第二级 总用电需求量在 1.5～3.5MVA 之间。

第三级 总用电需求量在 3.5～20MVA 之间。

4. 异常情况

选择设计等级时，并不考虑母线故障对安全性的影响。这是因为母线故障是罕有的故障，若母线故障期间仍能满足全部需要量，不合乎经济原则。另一方面，由架空线路供电的地方，往往用电量较低，如果第一级的客户由架空线路供电，每当架空线路发生故障时，便会影响较广的范围。为了缩减架空线路故障所影响的范围，当总用电需求量达至 1MVA 或客户数超过 500 户时，便将设计等级改为第二级。

另外，当客户的用电对公众生命财产有影响时，可以无须根据总用电需求量选择设计等级，而以第三级设计供电，例如医院、警署等。

二、第一级设计

1. 准则

总用电需求量在 1.5MVA 以下时，如有设备发生故障，允许恢复供电的时间为设备故障修理所需时间。

2．供电方式

客户的电力供应，通常由单一台变压器供电。换言之，变压器的额定值不应超过 1.5MVA，因为超过 1.5MVA 时已经需要采用第二级设计。

座地式变压器的额定值，通常采用的为 0.5MVA、1MVA 及 1.5MVA；挂杆式变压器的额定值，通常采用的为 0.05MVA、0.1MVA 及 0.2MVA。变压器额定值的选择，应以满足客户的用电需求量为根据。

3．接线方法

变压器的保护及控制，是采用环形开关器或断路器。座地式变压器，每一台变压器，都由一台环形开关器或断路器控制。因此，任何停电或故障，受影响的设备不会超过 1.5MVA 的负荷量，以符合第一级设计的要求。

4．布置方式

变压器及其环形开关器或断路器安装于同一变电分站内，此布置方式可避免变压器和开关装置之间的电缆敷设于路面而受其他道路工程所损毁，从而提高了电力供应的安全性。若因地方不足，而变压器和开关装置必须安装在不同的变电分站时，该二分站的距离不应超过 100m。

5．架空线路布置方式

由架空线路供电的地方采用挂杆式变压器。由于挂杆式变压器的额定值较低，因此多个变压器可经由架空线路利用同一熔断器控制及保护。

三、第二级设计

1．准则

总用电需求量在 1.5～3.5MVA 之间，如电路发生故障，允许在 2h 内恢复供电。

2．供电方式

若电路发生故障，通常需要修复的时间为 1d 至 2d。要求必须在 2h 内恢复供电，则需要有另外一组备用线路，以便在故障的线路被隔离后，可以利用这一组备用线路先恢复供电。

地底电缆通常是采用 150mm² 三芯铝线及 300mm² 三芯铝线，前者的额定值为 3.5MVA，而后者的额定值为 7MVA。可见，150mm² 铝线电缆为最适合此类设计的电缆。

3．布线方式

变电分站内，利用环形开关器控制变压器，在分站与分站之间，用 150mm² 三芯铝线连接环形开关器。遇有电路发生故障时，馈电线断路器便会在保护系统控制下将整个配电网上的所有环形开关器及变压器的电力中断。

4．恢复供电方法

每一环形开关器都装有接地故障指示器。当电路发生故障时，故障电流经过环形开关器，接地故障指示器便会有指示。故障电流由变电所的断路器截断。运行人员可以巡视检查每一个指示器，从而辨认故障的电路，然后利用环形开关器将故障的电路隔离。故障的电路被隔离后，其他分站便可以由环形开关器再次接通，恢复供电。

5．采用此类设计之客户

这一类的设计方式，适合无电梯的楼房发展区，较大型的私人发展区及以架空线路供电的偏僻地区。

6．架空线路的装置方式

架空线路采用 50mm² 铝线，在引入变压器时采用 150mm² 地底电缆。在线路适当位置，装设环形开关器或线路隔离开关。

线路发生故障时，变电分站的断路器便会在保护系统的控制下，将电流切断。运行人员巡视后，先利用开关器将故障部分予以隔离，其他线路便可以恢复供电。至于故障部分，便需要立即抢修，恢复供电，以减短客户电力中断的时间。

四、第三级设计

1．准则

总用电需要量在 3.5~20MVA 之间，任何一电路停电，仍可全面供电。

2．布线方式

变电分站内的变压器采用断路器作保护及控制。每一分站之间的地底电缆，亦由断路器作保护。每一变电分站，都有两条 300mm² 地底电缆供电。若其中一电缆发生故障，仍可由另一电缆继续供电。由主变电所引出的两条 300mm² 电缆可以接通多个变电分站，能提供共 7MVA 的用电需要量。

由于每一电缆的负荷量为 7MVA，因此二电缆共可负载 14MVA。利用此二电缆提供 7MVA 的用电量，电缆的使用率只达 50%，并不理想。但是，如果将同一环路的并联线增加一条，则该环路任何一电路停电时仍可提供 14MVA 的用电量，电缆的使用率，便可增加到 67%。再增加一并联线路，电缆的使用率，便可增至 75%。增加并联线路时，需要注意各网路的电流量，适当的重组，才可以平衡各网路的电流量，充分使用电缆的负载量。

3．采用此类设计的客户

人口密度高的市中心区，安全性要求高的客户，如医院、警署等，宜采用此类设计，以求电力供应连续可靠。

如果客户的用电量高达 8MVA 以上时，通常会考虑利用不同母线供电。若需要进一步提高该客户的供电安全性，不同母线甚至可由不同环路供电。但是，为安全着想，客户的开关，在任何情况下都不得并联于供电公司的电网。

4．主变压器所间的互联

每一环网，若要达至第三级设计的标准，都有 7MVA 的余量。若利用 300mm² 之电缆将环网连接到另一主变站，遇有必需时，环网的余量可以提供 7MVA 的用电量，支持另一主变压器的电力供应。

五、设计准则概要

	等级	安全性	客户
	第一级	按设备故障所需修理时间恢复供电。	总用电需求量 1.5MVA 以下。
	第二级	设备故障发生后，2h 内恢复供电。	用地底电缆供电的客户，总用电需求量在 1.5~3.5MVA 之间或架空电缆供电的客户，总用电需求量在 1~3.5MVA 之间。
	第二级	任何一电路故障，仍提供全部需求量。	总用电需求量在 3.5~20MVA 之间或属保障公众生命财产安全的客户。

第二章

设 计 规 范

第一节　设 计 基 本 内 容

设计应包括下列基本内容。

（1）设计依据　根据上级审定的批文或供用电双方签定的《供用电合同》或委托书进行设计。

（2）工程范围　按照设计任务书要求的工程规模确定的起止范围、分界处所，说明本设计的内容和分工（有其他单位共同合作时）。

（3）负荷计算　确定各种负荷级别及其数量、分布地点。

（4）供电电源　各个电源来源、电压、接取地点、容量，导线型号、规格、敷设方式，与本工程的关系（连接方法、方位、距离）。

（5）供电系统　供电系统型式，一次接线，正常情况下电源运行方式及负荷分配，事故情况下电源运行方式及负荷分配，自备电源启动方式、运行方式、负荷分配。

（6）开关站、配电站的型式，平面布置，数量，系统连接关系，距离方位，计算容量。

（7）配电开关柜的型号、规格、数量，布置型式。

（8）电能计量　用户与供电部门计费的电能计量装置型式、接线方式、型号、规格、准确度，安装处所。

（9）开关操作电源、电压、型号、规格，电源是指交流或直流两种。

（10）继电保护和控制信号的种类、数量、型号、整定。

（11）无功补偿　无功补偿的计算，数量和运行、控制方式。

（12）高、低压线路的形式、敷设方法、规格、数量、距离、方位。

（13）过电压与接地保护　避雷器型号、规格，接地电阻数值。

（14）开关站、配电站　土建设计。

（15）主要设备明细表　包括设备名称、型号、规格、数量。

（16）施工图纸目录。

（17）工程预算表　包括工程使用的一切设备、材料的数量、单价、总价，安装费用、附加费用、工程总费用。

第二节　设 计 基 本 图 纸

（1）供电总平面图　标明建筑物、配电站的位置、名称，负荷分布，线路的型式、型号、规格、敷设方式。

（2）高压一次电气接线图　标注主要高压设备的编号、名称、型号、规格、容量、数量。

（3）低压一次电气接线图　标注主要低压设备的编号、名称、型号、规格、容量、数量。

（4）高压电气设备平、剖面布置图　标注高压设备排列的平面位置、距离、高度，操作、维护、运输的通道、配电站及其门、窗的简要结构。

（5）低压电气设备平、剖面布置图　标注低压设备排列的平面位置、距离、高度，操作、维护、运输的通道，配电站及其门、窗的简要结构。

（6）电气设备安装图　开关柜、变压器的安装方式，基础设置及其施工。

（7）电力电缆路径图　电缆在地下的沿布、几何位置、与建筑物的距离、转弯角度、交叉、接近标注。

（8）电力电缆安装图　电缆敷设方式、深度、支架与固定，电缆附件型号、规格、数量。

（9）架空线路路径图　架空线路在地面的沿布、杆塔的几何位置、与建筑物的距离、转弯、交叉、接近标注。

（10）架空线路安装图、杆塔明细表　电杆材料、形式、高度、稍径、埋深、卡盘、底盘、拉线、拉线盘、横担、绝缘子、地线、线夹等。

（11）高层建筑垂直供电图　竖井插接母线供电接线，开关箱和电能表位置、数量。

（12）直流系统图　直流柜型号，整流器和畜电池的接线、控制方式、电压、出线。

（13）继电保护和控制信号二次回路图　包括原理图、展开图、安装图，事故中央信号。

（14）开关连锁关系图　几个开关开、合的连锁关系图。

（15）自动控制装置线路图　自动控制装置的接线方式、原理。

第三节　设计依据文件

设计送审时要具备下列文件，上级审批部门才予受理。

（1）设计任务书或委托书。

（2）建设工程规划许可证。

（3）建设工程报建审核书。

（4）征地红线图。

（5）建筑示意图。

（6）用户提供的开关站、变电所、配电站协议书，平面、立面图。

（7）建筑总平面图。

（8）小区规划图。

（9）地下建筑管网图。

（10）供电线路用地走廊的地下建筑管网综合图（1/500）。

（11）建筑工程扩初设计图纸。

第四节　设计技术规范

设计要遵循的国家标准、技术规范，设计人员一定要熟记并贯彻执行。有关文件主要有以下几方面。

(1) 城市电力网规划设计导则（能源电［1993］228号）。

(2) 城市电力规划规范（GB/50293—1999）。

(3) 66kV及以下架空电力线路设计技术规程（GB 50061—1997）。

(4) 电力工程电缆设计规范（GB 50217—1994）。

(5) 供配电系统设计规范（GB 50052—1995）。

(6) 10kV及以下变电所设计规范（GB 50053—1994）。

(7) 低压配电设计规范（GB 50054—1995）。

(8) 3～110kV高压配电装置设计规范（GB 50060—1992）。

(9) 电力装置的继电保护和自动装置设计规范（GB 50062—1992）。

(10) 并联电容器装置设计规范（GB 50027—1995）。

(11) 交流电气装置的过电压保护和绝缘配合（DL/T 620—1997）。

(12) 交流电气装置的接地（DL/T 621—1997）。

(13) 电测量仪表装置设计技术规程（SDJ 9—1991）。

(14) 民用建筑电气设计规范（JGJ/T 16—1992）。

(15) 架空绝缘配电线路设计技术规程（DL/T 601—1996）。

(16) 电气装置安装工程电气设备交接试验标准（GB 50150—1991）。

(17) 标准电气图形、符号。

(18) 地方电气装置规程。

(19) 地方电气装置典型设计图纸。

(20) 地方电气装置有关规定。

(21) 地方电网规划设计技术原则，改造、发展规划。

第五节　设计程序

工程设计是一套复杂的组织、计划工作。掌握设计规律，遵守设计程序，是保证设计质量的重要环节。一般工程设计程序如图2-1所示。

第六节　使用电脑和辅助制图

工程设计需要使用大量的文字和图形来表达，以前使用纸、笔和绘图机，效率低，编辑慢。20世纪90年代，计算机技术飞速发展，应用迅速推广，各行各业开始应用电脑。工程设计中应用电脑更是得心应手，打字编辑，整齐美观，已成为必不可少的辅助设计工具。

一、电脑硬件一般配置

(1) 处理器　Pentium Ⅲ-1G。

电气设计程序图

```
电气设计程序图 ──┬── 方案设计 ──┬── 掌握内容 ──┬── 供电方式及等级
                │              │              ├── 工艺要求
                │              │              ├── 征求建设单位意见
                │              │              ├── 负荷调查 ──┬── 动力负荷
                │              │              │              ├── 照明负荷
                │              │              │              ├── 功率因数
                │              │              │              └── 其他
                │              │              └── 配电及控制项目
                │              │
                │              ├── 调查研究 ──┬── 熟悉有关规范规定
                │              │              ├── 建筑概况 ──┬── 面积高度层数
                │              │              │              ├── 结构体系
                │              │              │              └── 其他
                │              │              ├── 建筑环境
                │              │              ├── 设备负荷及控制
                │              │              └── 收集资料
                │              │
                │              └── 方案构思 ──┬── 同有关专业碰头
                │                             ├── 确定设计项目
                │                             ├── 作方案草图
                │                             └── 技术经济比较
                │
                ├── 扩初设计 ──┬── 扩初设计说明书 ──┬── 主要供电点简图
                │              │                    ├── 干线分布走向图
                │              │                    ├── 配电及自控方式
                │              │                    ├── 照明及控制方式
                │              │                    ├── 弱电控制项目 ──┬── 三表计量系统
                │              │                    │                  ├── 火灾报警系统
                │              │                    │                  ├── 综合布线
                │              │                    │                  ├── 电视系统
                │              │                    │                  ├── 电话系统
                │              │                    │                  ├── 广播系统
                │              │                    │                  ├── 控制系统
                │              │                    │                  ├── 信号系统
                │              │                    │                  └── 其他
                │              │                    ├── 平面图
                │              │                    ├── 主要系统图
                │              │                    ├── 防雷接地保护方式
                │              │                    ├── 进出线方向、方式
                │              │                    └── 其他
                │              └── (平面图、系统图、设计说明书、设备材料表、计算书、审核审定、出图)
                │
                ├── 施工图设计 ──┬── 平面图
                │                ├── 系统图
                │                ├── 设计说明书
                │                ├── 设备材料表
                │                ├── 计算书
                │                ├── 审核审定
                │                └── 出图
                │
                └── 工程概算 ── 施工 ── 工程监理 ── 竣工验收
```

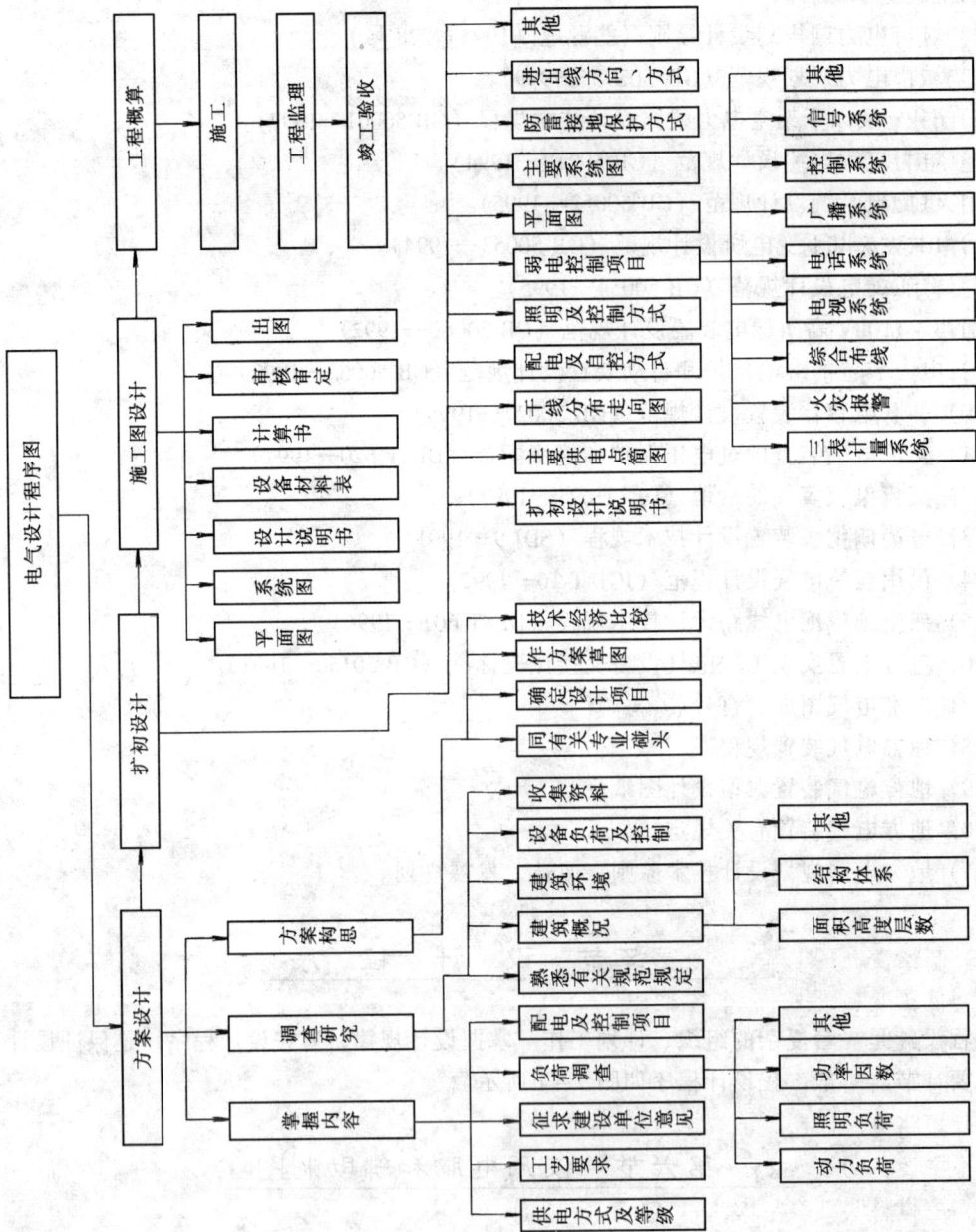

图 2 - 1　电气设计程序图

（2）硬件配置　128M/20G/40X/1.44M/56K。

（3）显示器　17寸彩显。

（4）鼠标。

输入、输出设备一般配置为打印机、绘图机、扫描仪、复印机等。

二、文字处理软件

广泛使用操作系统 Windows98/2000 环境下的办公室自动化软件 Office 软件，其功能齐全，主要为打字、编辑、查找、替换、移动、插图、显示、排版、打印、储存等。

三、图形处理软件

广泛使用操作系统 Windows 环境下的计算机辅助设计 AutoCADR14，使用计算机绘图系统。使用人机对话方式联机工作有计算功能、储存功能、对话功能、快速产生图形功能。

四、电气工程设计 CAD 集成软件

软件使用 Windows 操作界面，专家设计系统，模拟电气工程设计的全过程，以积木拼图的方式加快工程设计图纸的绘制。利用先进的工程数据库管理手段，可以辅助工程设计人员完成负荷计算、系统接线、设备选型、安装方式、平面布置、无功补偿、统计、制表、绘图及图案管理，并提供国家标准、设计规范、常用设计手册在线屏幕查询，方便完成以下设计文件。

（1）图纸目录；

（2）设计说明书；

（3）总供电系统图；

（4）高压主接线图；

（5）低压配电系统图；

（6）低压二次回路图；

（7）低压控制原理图；

（8）继电保护图；

（9）电缆联系表；

（10）屏、箱、台布置图；

（11）土建平面图；

（12）高压变、配电平、剖面图；

（13）低压变、配电平、剖面图；

（14）接地装置图；

（15）总平面图；

（16）短路电流计算；

（17）主设备明细表；

（18）主材料明细表。

电气工程设计集成软件是设计人员的新式武器，良师益友，品牌也有多种，如 InterDQ、EES2000、POWER2000 等。

五、工程造价集成软件

软件以良好的工作界面和特别设立的功能栏，使工作人员容易完成封面、工程数据、独立费、费用表、编制说明，自动生成报表并打印等。避免了大量的手工劳动，能及时顺利完成投标文书表格。

六、电脑打字

熟练电脑打字技术，运键如飞，能起事半功倍作用。

第七节 图 纸 格 式

工程人员用图纸表达设计，生产人员用图纸指导加工，运行人员用图纸操作维护，所以图纸使用广泛。设计制图一定要用统一的语言，全国基本统一，才能使工程人员容易看懂。有关国家标准择要如下。

一、文字

(1) 图纸上的字体、符号、字母代号、尺寸数字及文字说明等，用黑体字书写，顺序是横向由左到右，标点符号清楚。

(2) 字体高度一般 2.5~4mm。

(3) 字体宜用简体仿宋字。

(4) 表示数量用阿拉伯数字，计量单位采用国家标准。

(5) 表示分数时不得使用中文。

(6) 小数数字有定位"0"。

(7) 同一套图纸中，应选用同一型号、同一规格、同一大小的字体。

二、图纸幅面

图纸的幅面一般分为 0 号、1 号、2 号、3 号、4 号和 5 号六种。幅面尺寸见表 2-1。

表 2-1   工程图纸幅面尺寸

图号	0	1	2	3	4	5
宽×长（mm）	814×1189	594×841	420×594	297×420	210×297	148×210
边宽（mm）	10	10	10	5	5	5
装订边宽（mm）	25	25	25	25	25	25

三、图标

图标又称标题栏，相当于主题和签证，设于图纸右下角。其内容包括：图名、设计单位、兴建单位、设计人、制图人、描图人、校核人、批准人、比例、图号、日期等。复杂图纸在左上角设会签图标，由有关专业人员签名和日期。

四、图线

图纸上的各种线条，根据用途的不同可分为以下九种。

(1) 粗实线。适用于立面图外轮廓线、剖切线，平面图与剖面图的截面轮廓线、图框线。

(2) 中实线。适用于土建平、立面上门、窗等的外轮廓线。

(3) 细实线。适用于尺寸标注线。

（4）粗点划线。适用于平面图中大型构件的轴线位置线、吊车轨道等。

（5）点划线。适用于定位轴线、中心线。

（6）粗虚线。适用于地下管道。

（7）虚线。适用于不可见轮廓线。

（8）折断线。适用于被断开部分的边界线。

（9）波浪线。适用于断裂线等。

这里应当指出的是，电气工程中的导线在图纸上也是用图线表示的。母线用粗实线。

五、尺寸标注

尺寸数据是施工和加工的主要依据。尺寸由尺寸线、尺寸界线、尺寸起止点的箭头或45°短划线及尺寸数字组成。

各种工程图上标注的尺寸，除标高尺寸、总平面图和一些特大构件尺寸以 m 为单位外，其余一律以 mm 为单位。所以，一般工程图上的尺寸数字都不标注单位。

六、比例

图纸上所画图形的大小与物体实际大小的比值称为比例，常用符号"M"来表示。例如，M1:2，表示图形大小只有实物的 1/2。比例的大小是由实物大小与图幅大小相比较而确定的，可分别采用等比例（M1:1）、缩小比例、放大比例。大部分工程图采用缩小比例，个别零件图采用放大比例。在正规图上，可以根据比例的大小测定出图上任意两点间的距离。例如，某图纸的比例为 M1:100，若量得图中 A、B 两点的距离为 7.5cm，则 A、B 两点间的实际距离为 $7.5 \times 100 = 750$cm，即 7.5m。

七、方位、风向频率标记

工程平面图一般按上北下南、左西右东来表示设备、构筑物的位置和朝向，但在很多情况下都是用方位标记（指北针方向）表示其朝向，其箭头方向表示正北方向。

为了表明建筑物所在地一年四季风向情况，在工程图的平面图上往往还标有风向频率标记。风向频率标记形似一条玫瑰花，故又称为风玫瑰图。它是根据某一地区多年统计的平均各个方向吹风次数的百分数值，按一定比例绘制而成的。它一般用 8 个或 16 个方位表示，图上所表示的风的吹向是指从外面吹向地区中心的。某平面图上标注的风向频率标记，其箭头表示正北方向，实线表示全年的风向频率，虚线表示夏季（6~8月）的风向频率。由风玫瑰图可知，该平面图所示建筑物所在地区，常年以某某风向为主，但夏季以某某风向为主。方位可以帮助读图者了解建筑物的方位、朝向；风玫瑰图还可帮助读图者理解设计思想，它也是评判设计合理性的一个依据。

八、标高

标高有绝对标高与相对标高两种表示方法。绝对标高是以我国青岛市外黄海平面作为零点而确定的高度尺寸，又称为海拔高度。如 +1000m，则表示该地比海平面高 1000m。相对标高是以选定某一参考面或参考点为零点而确定的高度尺寸。在工程图上多采用相对标高，一般取建筑物地坪面高度为 ±0.00mm。如建筑物室内地坪标高为 +3.00m，如果图中还标出了室外地坪标高为 ±0.00m，那么，该室内地坪高出室外地坪 3.00m。显然，这属于二层楼室内地坪面。

在电气工程图上有时还标有另一种标高——敷设标高。电气设备或线路安装敷设位置与该层地坪面或楼面的高差，称为敷设标高。如某开关敷设标高标注为＋1.20，是表示高出该地面或楼面1.20m。

九、建筑物定位轴线

在建筑图上，一般都标有建筑物定位轴线，凡承重墙、柱子、大梁或屋架等主要承重构件的位置都画了轴线并编上轴线号。定位轴线编号的基本原则是：在水平方向采用阿拉伯数字，由左向右注写；在垂直方向采用汉语拼音字母（I、O、Z不用），由下向上注写；这些数字与字母分别用点划线引出。

一般而言，各相邻定位轴线间的距离是相等的，可以帮助人们了解电气设备和其他设备的具体安装位置，计算电气管线的长度。

十、详图

由于总图（如平面图、立面图、剖面图等）必须采用较大的缩小比例绘制，因而某些零部件、节点等无法在这些图上表达清楚。为了详细表明这些细部的结构、做法及安装工艺要求，有必要采用较小的缩小比例或放大比例将这些细部单独画出。这种图称为详画。

详图有的与总图画在同一张图纸上，有的画在另外的图纸上，因而要用一标志将它们联系起来。详图与总图的联系标志称为详图索引标志，如"2/－"表示2号祥图与总图画在同一张图上；"2/3"表示2号详图画在第3号图纸上。详图本身的标注采用详图标志表示，如"5"表示5号详图，被索引的详图所在的图纸就是本张图纸；"5/2"是表示5号详图被索引的是第2号图上所标注的详图。

十一、图例

为了简化作图，同时又使图面清晰、明了，国家有关标准以及某些设计单位对一些材料、构件、施工方法等规定了一些固定画法与式样，有的还辅以一定的文字符号标注。这些固定画法与式样称为图例。图例沿用已久，大家比较熟悉，因此在一般的图中就不再注明了。读图时必须明确这些图例的含义。

阅读电气工程图有关的土建、给排水、通风等工程图常用的一些图例，概略了解与熟悉这些图例，对阅读与使用电气工程图是十分必要的。电气工程图的图例很多，我们将在以后各章中结合具体图纸来说明。

十二、设备材材料表

在有的图面上还列有设备材料表（一般在标题栏上方）。设备材料表主要说明该图纸或相关图纸上反映的工程所需的主要设备与材料的名称、型号、规格、单位、数量，这些一般都按序号汇编，并与图纸所标注的设备符号相对应。在备注栏内还标注一些特殊的说明等等。设备材料表也是图纸的重要组成部分之一，应与图形对照起来阅读。

十三、说明

在某些图纸上还写有"说明"。"说明"的内容是补充图面上未能用图形表明的工程特点、设计指导思想、施工方法、特殊设备的使用方法、特殊材料的处理方法以及其他维护管理方面的注意事项等等。了解这些内容对读懂图纸是很有必要的。

第八节 设计常用图形符号

一、电气图形符号（见表2－2）

表 2-2　　　　　　　　　　　**限定符号和常用的其他符号**

名　　称	图形符号	名　　称	图形符号
电流和电压种类		**其　　他**	
直流电	——	电气连接的一般符号 注：（1）如需表示电气连接是可拆卸的（例如端子）必须采用符号（3）； （2）如果经过相应说明，符号（2）也可用以表示可拆卸的电气连接	（1）●　或　（2）○ （3）∅
交流电的一般符号	∼		
交直流电（本符号适用于交直流电两用的测量仪器、电器及电机）	≂		
脉动电流	≈	屏蔽	
相数 m、频率 f 的交流电	m ∼ f		
相数 m、频率 f 和电压 U 的交流电	m ∼ fU	接地　一般符号	⏚
中性线	N	非电气连接（机械连接） 注：当连接的图形符号间位置过小，符号（1）不能表示清楚时可用符号（2）	（1）----- （2）═══
交流电的相序 U 相（第一相） V 相（第二相） W 相（第三相）	U V W	传动的一般符号	□─ ─ ─或
正极 负极	+ −	手动控制	⊢─ ─ ─
绕组连接的方式		自动复位的手动控制	⊢◄─ ─ ─
有两个出线端的单相绕组	|	机械传动	○─ ─ ─
有两个出线端及中点引出线的单相绕组	┤	电动机控制	Ⓓ─ ─ ─
		气压或液压控制	▮─ ─ ─
三个单相绕组，每个都有两个出线端	|||	电磁控制	☐─ ─ ─
		位能控制	E_p─ ─ ─
三相 V 形连接的两个绕组	∨	永久磁铁 注：允许不注字母	N▬S
星形连接的三相绕组	Y	调节 （1）一般符号 （2）均匀调节 （3）步进调节 注：（1）如需说明步进调节的级数，可加注数字，如5级调节 （2）如需说明调节的特点，可以角注表示	（1） （2） （3） 5
有中性点引出线的星形连接三相绕组	Y		
双星形连接的三相绕组	⅄Y		
三角形连接的三相绕组	△	非线性调节	
开口三角形连接的三相绕组	◁	短路电流计算网络等值阻抗	
注：中性点引出线的短线，可以向左或向右			

二、导线、电缆、母线及其连接图形符号（见表2-3）

表2-3 导线、电缆、母线及其连接图形符号

名　称	图形符号		名　称	图形符号
导线、电缆及母线	——————		导线（或电缆）及母线的分支线	形式(1) 形式(2)
软电缆，软导线	～～～			
	单线符号	多线符号		
二根、三根及 n 根导线或电缆组成的电路 注：当不标注导线根数而不会误解时，允许不注	⫽ ⫽ ／n		导线或电缆的分支和合并	或 或
三相四线制电路的导线（或电缆、母线）	⫻⫻		导线（或电缆）的弯曲	└
不连接的跨越导线（或电缆、母线）			电缆配件 (1) 电缆终端头（电缆终端套管） (2) 电缆连接头（电缆接合套管） (3) 电缆分接头（一个分支线的分支套管） (4) 二个分支线的分支套管	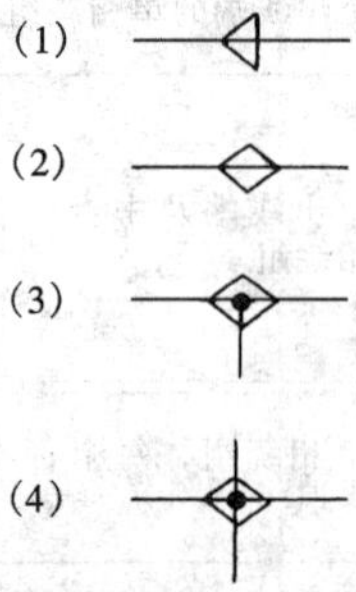 (1) (2) (3) (4)
互相连接的交叉导线（或电缆、母线）				

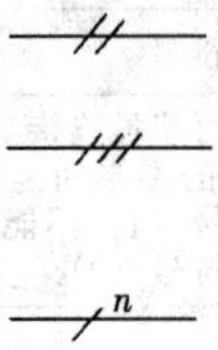

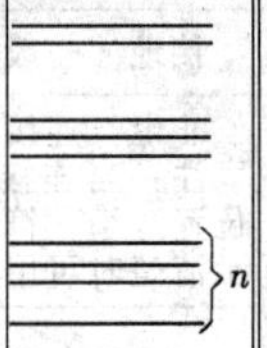

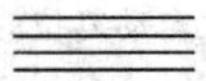

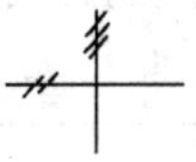

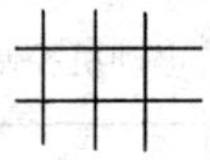

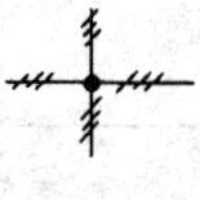

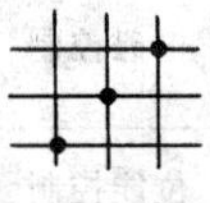

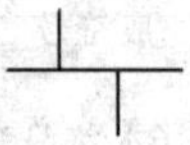

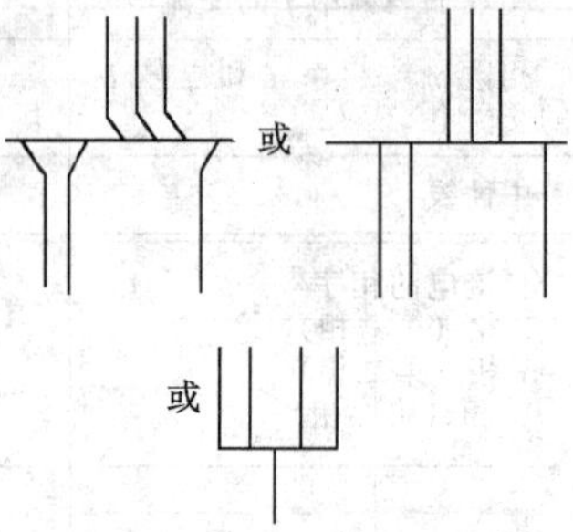

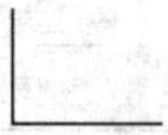

三、开关和变压器图形符号（见表2-4）

表2-4 开关和变压器图形符号

编号	图形符号	名称和说明	编号	图形符号	名称和说明
1	形式(1)　形式(2) 	双绕组变压器	3		开关一般符号
2	形式(1)　形式(2)	三角-星形连接的三相变压器	4		负荷开关
			5		断路器

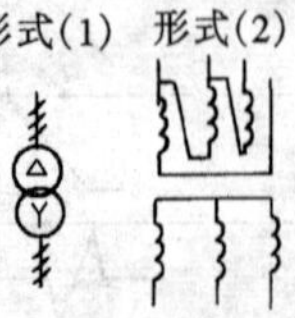

编号	图形符号	名称和说明	编号	图形符号	名称和说明
6		熔断器	9		带漏电保护的低压断路器（有过电流保护）
7		跌开式熔断器	10		接触器（在非动作位置触点断开）
8		熔断器式刀开关			

四、常用建筑材料图例（见图 2－5）

表 2－5　　　　　　　　　　　常用建筑材料图例

名　称	图　例	名　称	图　例
自然土壤 SWAMP	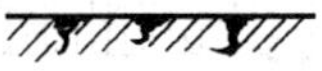	非承重的空心砖	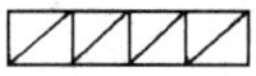
夯实素土		瓷砖或类似材料	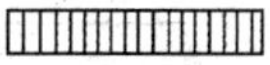
砂灰土及粉刷材料	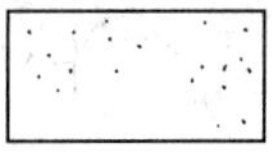	多孔材料	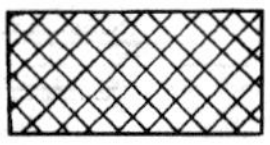
砂砾石及碎砖三合土	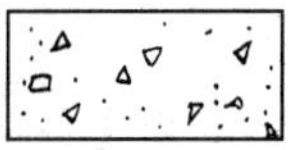	耐火砖 ANSI37	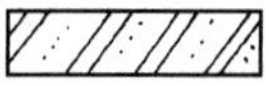
毛石	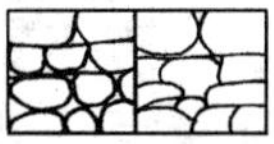	混凝土	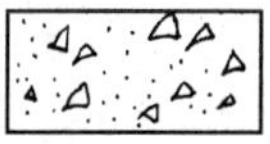
钢筋混凝土 SACNCR	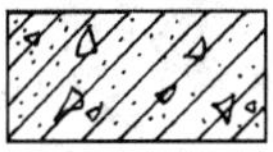	纤维材料或人造板	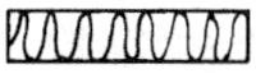
毛石混凝土	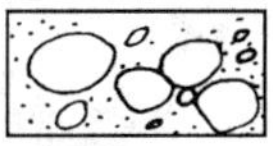	防水材料或防潮层	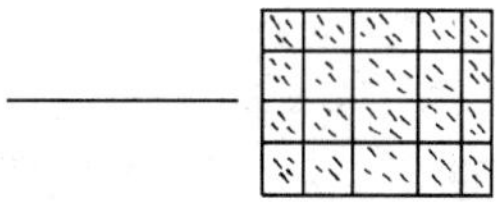
木材		金属 ANSI32	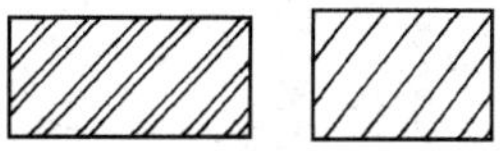
玻璃			
普通砖、硬质砖 ANSI31	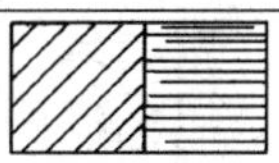	水	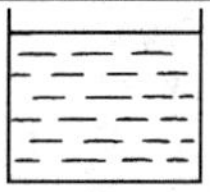

注　英文为 CAD 标准图案。

五、常用建筑总平面图图例（见表 2-6）

表 2-6　　　　　　　　　　常用建筑总平面图图例

名　称	图　例	说　明	名　称	图　例	说　明
新设计的建筑物	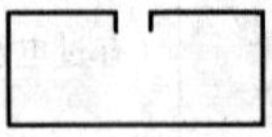		围墙	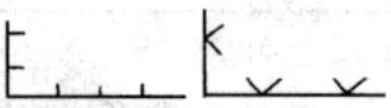	左图：砖石、混凝土围墙　右图：铁丝网、篱笆等
原有的建筑物	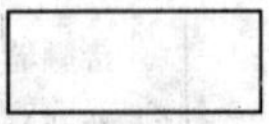		河流		
计划扩建的建筑物			等高线		
拆除的建筑物	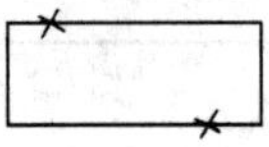		边坡		
道路	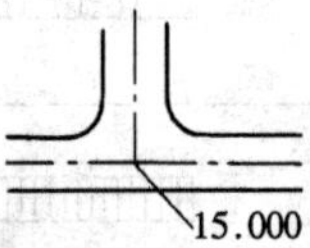 15.000	"15.000"表示路面中心标高	风向频率玫瑰图	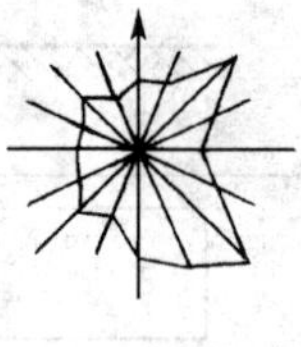	
公路桥	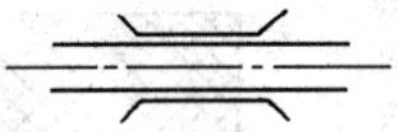				

第 三 章

设 计 内 容

配电网设计内容包括配电网规划设计、建筑电气设计、配电网施工设计三大部分。建筑电气设计又包括方案设计、扩初设计、施工设计三部分。分别介绍如下。

第一节　配电网规划设计

一、配电网规划设计主要内容

(1) 配电网现状的分析，存在的问题，改造和发展的重点方面；

(2) 预测城市各项用电水平，确定全区负荷和市内分区的负荷密度；

(3) 选择供电电源点，进行电力平衡；

(4) 进行网络结构设计，方案比较及有关计算（包括可靠性水平、无功电源布置、电压调整方案以及通信、远动自动化的规模等）；

(5) 估算投资、材料和主要设备需用量；

(6) 确定变电所地点、线路走廊和分期建设步骤；

(7) 综合经济效益分析；

(8) 绘制城市配电网规划地理位置总平面图，编制规划说明书。

二、配电网规划任务

(1) 根据城市发展规划和电力建设规划，将配电网设施的位置和用地面积落实到城市总体规划和电力总体规划图上。

(2) 合理安排各个地块和建筑物的公用配电设施。

(3) 制定城市配电网规划。

三、配电网规划技术原则

(1) 变电所正常供电分区，馈电线正常供电分区，配电站正常供电分区。各区有明确的地理边界，如道路、河流中心、山头连线等。

(2) 各变电所、馈电线、配电站的负荷分配均匀，三相负荷均匀，变压器布置在负荷中心。

(3) 可靠性高，实施 N—1 原则。考虑一个变电所全停电（事故或改造）时可以通过调度操作对用户恢复供电，一条馈电线全停电时（事故或改造）可以通过调度操作，对用户恢复供电，一个配电站全停电时（事故或改造）可以通过调度操作对用户恢复供电。

(4) 配电网的各个层次内部设置联络线，连接成网。发生事故时可以调度操作转供电，这是配电网的精要所在。

四、配电网规划步骤

（1）根据城市规划局提供的新城区功能分区规划平面图，计算各个地块的负荷，各个建筑物的负荷。

（2）根据变电所容量大小，划分各变电所供电范围，确定变电所位置。根据馈电线容量大小，划分各条馈电线供电范围，各个配电站供电范围，确定配电站位置。

（3）选择配电网接线方式，安排架空线路走廊，电缆敷线走向，线路容量大小、长度。

（4）选择配电站接线方式、设备型号、典型布置方式。

（5）绘制馈电线接线图。

（6）绘制馈电线地理平面图。

（7）编写投资概算。

（8）编写规划说明书。

五、配电网规划方法

（一）负荷预测一般规定

（1）负荷预测是城市配电网规划设计的基础，应在经常性调查分析的基础上进行测算。应充分研究本地区历史的用电量和负荷（"负荷"系指最大电力负荷）发展规律，并适当参考国内外同类型城市的历史和发展资料，进行校核。

（2）城市配电网负荷预测数字应分近期、中期和远期。近、中期应按年分列，远期可只列规划期末数字。

考虑到预测中的各种不定因素，预测数字也可用高、低两个限值，限值范围不宜太大。

（3）负荷预测需要收集的资料一般应包括以下内容。

1）城市建设总体规划中有关人口规划、产值规划、城市居民收入和消费水平、市区内各功能区（如工业、商业、住宅、文教、港口码头、风景旅游等区域）的改造和发展规划；

2）市计划委员会和各大用户的上级主管部门提供的用电发展规划；

3）电力系统电力网发电规划的有关部分；

4）全市及分区统计的历年用电量和负荷，典型日负荷曲线及潮流图；

5）重点变电所、大用户变电所和有代表性的配电站负荷记录和典型日负荷曲线；

6）按行业分类统计的历年售电量；

7）大工业用户的历年用电量、负荷、主要产品产量用电单耗；

8）计划新增用电的大用户名单及其用电容量、时间和地点；

9）现有供电设备或线路过负荷情况，因限电对生产造成的影响等资料；

10）国家及地方经济建设发展中的重点工程项目及用电发展资料。

（二）负荷预测方法

（1）负荷预测可采用两种方法，一种方法是从电量预测入手，然后由电量转化为市内各分区的负荷预测；另一种方法是从计算市内各分区现有的负荷密度入手进行预测。这两种方法可以互相校核。

应根据市内各分区负荷性质、地理位置分布和城市功能分区等情况进行适当划分。分区面积要照顾到电网结构形式，一般以不超过 $20km^2$ 为宜。

（2）电量预测的方法很多，通常采用以下方法。

产量单耗法；

产值单耗法；

用电水平法；

按部门分项分析叠加法；

大用户调查法；

年平均增长率法；

回归分析法；

时间序列建模法；

经济指标相关分析法；

电力弹性系数法；

国际比较法等。

上述方法中的前 6 种方法是我国供电部门通常采用的传统方法，其后的 5 种方法是比较先进的、科学的方法。以下分别介绍上述方法。

1）产量单耗法。年用电量

$$A_n = \sum_{i=1}^{n} W_i D_i \times 10 \quad （万 \text{ kWh}）$$

式中　D_i——某种产品的产量，实用单位；

　　　W_i——某种产品的用电单耗，kWh/相同实用单位。

2）产值单耗法。年用电量

$$A_n = \sum_{i=1}^{n} W_i M_i \times 10 \quad （万 \text{ kWh}）$$

式中　M_i——某种产品或全部产品的产值（注意不应重复计算产值），万元；

　　　W_i——相应产品单位产值的电耗，kWh/万元。

3）用电水平法。一般以人口或建筑面积或功能分区总面积进行计算。当以人口进行计算时，所得的用电水平即相当于人均电耗；如以面积进行计算时，所得的用电水平即相当于负荷密度。年用电量

$$A_n = S \times D \quad （万 \text{ kWh}）$$

式中　S——指定计算范围内的人口数或建筑面积（m^2）或土地面积（km^2）；

　　　d——用电水平指标，kWh。

可参考 GB/ 50293—1999《城市电力规划规范》有关资料。

4）按部门分项分析叠加法。按原水利电力部的规定，统一划分为农业、工业、交通运输及市政生活（包括商业服务）等四大项，每大项下又细分为若干小项。

（a）农业划分为排灌、井灌、农副产品加工、社队工业、生活用电及其他等 6 小项。采用产量单耗法进行预测。

（b）工业划分为黑色金属、有色金属、煤炭、石油、化学、机械、建材、纺织、造纸、食品加工及其他等共 11 小项。采用产值单耗法进行预测。

（c）交通运输划分为港口及电气铁路 2 项。按发展及运输量规划，采用吨公里用电单耗法进行预测。

（d）市政生活划分为上下水道、非工业动力、生活照明、商业及其他等 5 小项。采用人均用电水平指标进行预测。

上述按部门分项分析叠加法是我国目前进行电力规划和用电量预测的主要方法。这一传统的方法对于近期预测比较可靠，但工作量较大。

5）大用户调查法。对于大用户直接调查可掌握第一手资料。如在农业上全国有数百个电气化县，数十个商品粮基地，数百个城乡农副业生产基地，以及达到一定用电水平的乡队。掌握这些大户的用电量，就可掌握农业用电的大户。同理，对钢铁工业抓住宝钢、鞍钢、武钢、太钢、包钢等；石油抓住大庆、胜利、辽河、大港、任丘、东淄、克拉玛依等，对每个行业查出一批具有一定用电水平的代表性大用户，进行逐一调查分析，就能预测今后（一般为 10 年）的用电水平和需要电量。

6）年平均增长率法。经验证明，用电量与年度之间有着明显的稳定增长趋势。虽然不同年份用电量增长速度可能时快时慢，但从一个国家或全世界总用电量来看，几乎每 10 年要翻一番。因此，可将用电量增长率作为唯一变量进行预测。用下式可求出用电量的年平均增长率：设 m 为基准年份，A_m 为基准年份用电量，n 为预测年限，则 $(m+n)$ 为预测年份。设 Δ 为不同国民经济发展时期对电力工业发展速度的不同要求而提出的修正量。先根据从 $(m-n)$ 年到 m 年的用电量历史资料求出用电量的平均增长率 α 为

$$\alpha = \sqrt[n]{\frac{A_m}{A_{(m-n)}}} + \Delta - 1$$

预测年份的用电量为

$$A_{(m+n)} = A_m \left(1 + \alpha\right)^n$$

式中　α——用电量年增长率；

　　　Δ——用电修正量；

　　　m——基准年份；

　　　n——预测年限；

$(m+n)$——预测年份；

$(m-n)$——年间用电量历史资料。

7）回归分析法。根据用电历史资料确定下述回归方程中的参数 C、d，然后预测 T_n 年份的年用电量 A_n

$$A_n = C + d \left(T_n - T_0\right)^2$$

式中　T_0——基准年份；

　　　T_n——预测年份；

$(T_n - T_0)^2$——预测年限。

8）时间序列建模法。由于计算机技术的发展，使时序建模法在国民经济中发挥了重大的作用。在国外，已广泛应用于工业部门、军事科学、气候气象、金融市场、商品供需和航天工业的各种预报和控制。在国内近几年内也已兴起，开始在冶金、化工、机械、石油、电力、水利、煤炭、航天等各部门推广应用。用电量预测，其实质是根据样本数据对用电量进行长期预报。

用电量的时间序列，宜采用 $AR(n)$ 模型来拟合，其阶数 $n=3$。但是，$AR(n)$ 模型较适用于平稳的时间序列，对于非平稳序列则会造成较大误差。根据多个用电量样本参数序列可见，年用电量数据的趋势性很强，属于非平稳的序列，说明年增长率并不是一个常数。

考虑均值的时变性，可对样本参数序列实施平稳化，其方法是采取指数平滑法和去变均值法。

9）经济指标相关分析法。将用电量的增长视为人口及其他经济部门发展所带来的结果，因此可采用与各个影响因素有关的年平均增长率相关原理对用电量的发展进行预测。可用下式求得预测年份的用电量为

$$A_n = b_0 + b_1 x_1 + b_2 x_2 + b_3 x_3 + b_4 x_4$$

式中　　　　A_n——预测年份的用电量；

　　　　　　b_0——常数项；

x_1、x_2、x_3、x_4——分别表示对用电量有主要影响的工业、农业、商业、人口等的年平均增长率（或实际量）；

b_1、b_2、b_3、b_4——相应的相关系数，如果该系数对用电量增长的影响不是主要的或者甚微，则最后求出的相关系数值将很小或接近于零。

10）电力弹性系数法。在某一时期内电力总消费量年平均增长率与同一时期国民生产总值（或国内生产总值）年平均增长率的比值称为电力弹性系数。它是反映电力发展速度与国民经济发展速度关系的一项综合指标。各国都广泛用于分析、权衡电力发展速度是否与国民经济发展速度相适应。

电力弹性系数（e）的表达式为

$$e = \frac{E}{P}$$

式中　E 为某一时期内电力总消费量年平均增长率；P 为同一时期内国民生产总值年平均增长率

$$E = \left[(y_2 - y_1) \sqrt{\frac{A_2}{A_1}} - 1 \right] \times 100\%$$

$$P = \left[(y_2 - y_1) \sqrt{\frac{B_2}{B_1}} - 1 \right] \times 100\%$$

两式中 A_1 为 y_1 年的电力总消费量，A_2 为 y_2 年的电力总消费量；B_1 为 y_1 年的国民生产总值，B_2 为 y_2 年的国民生产总值。

不同国家在不同的经济发展阶段，其电力弹性系数有不同数值。这一系数的变化不仅与电力工业的发展水平直接有关，还与科学技术水平、经济结构、产品结构、装备和管理水平、人民生活水平等因素有关。电力弹性系数的变化趋势大体可归纳成电力弹性系数等于1、大于1和小于1三种趋向：①当经济发展过程中基本上保持原来结构和原有技术水平，其扩大再生产是以扩大外延方式为主时，国民生产总值年平均增长率和电力总消费量年平均增长率将会同步增长，使电力弹性系数保持等于1的趋向；②当经济发展过程中高电耗的重工业和基础工业的比重增大时，特别是在发展中国家，使用电力来替代直接使用的一次能源和其他动力的范围不断扩大时，则电力总消费量增长率会不断增大，电力弹性系数将呈现大于1的趋向；③当产业结构和产品结构向节能型方向调整，用电效率提高，节能工作加强，以及单位产值电耗降低时，电力弹性系数会呈现小于1的趋向。在实际经济发展过程中这三种趋向是并存的，但在不同发展阶段内通常有一种趋向占主导地位。表 3 - 1 列出了一些国家在不同时期电力弹性系数的变化。

表 3 - 1　　　　　　　　　一些国家在不同时期电力弹性系数的变化

时期	1971 ~ 1980	1981 ~ 1985	1986 ~ 1990	时期	1971 ~ 1980	1981 ~ 1985	1986 ~ 1990
美国	1.26	0.66	1.20	法国	1.59	2.52	0.94
日本	1.01	0.75	1.08	意大利	—	1.17	1.41
加拿大	—	1.33	1.04	中国	1.22	0.67	1.12
联邦德国	1.51	1.50	0.52				

许多国家的经济发展历史表明，工业发达国家的工业化程度愈高，则愈容易使上述第③种趋向加强；而发展中国家则第②种趋向可能处于主导地位。中国正处于经济发展阶段，故其电力弹性系数大于 1 是较为合理的。至于该系数超过 1 多少更为合适，则要根据本国的经济发展阶段、经济发展速度、电力工业状况等，并参照工业化国家和发展中国家电力发展的经验权衡确定。

用电量预测计算公式为

$$W = (1 + Ka_x)^n W_0$$

式中　　W——预测年用电量；

　　　　W_0——预测年起始用电量；

　　　　K——弹性系数；

　　　　a_x——国民生产总值年平均增长率；

　　　　n——从起始年到预测年之间的年差。

11）国际比较法。将预测的结果同采用外国预测方法进行预测所得结果进行比较，分析差距及其原因，是有考价值的。通常有两种比较的方法：①相似比较法。按用电指标的大小进行比较；②计算比较法。按其公式计算结果进行比较。

第二节　建筑电气设计

一、方案设计

提出多个方案设计，并作经济技术比较，以提供决策参考。凡是国家及省重点工程项目，规模较大的、工艺要求复杂的以及有特殊要求的大型民用建筑及工业建筑，均应提出方案设计。

方案设计应按下述内容编制。

（1）根据使用要求和工艺设计，汇总整理有关资料，提出设备容量及总容量的各种数据。确定供电方式、负荷等级及供电措施设想。

（2）绘出供电点负荷容量的分布、干线敷设方位等的必要简图（总图按子项、单项按配电箱作为供电点）。

（3）如工艺要求较为复杂、有自控装置时，须绘制必要的自控方案和工艺流程的控制方框简图。

（4）凡是大型公共建筑，需要与建筑配合布置出灯位平面图，并标示灯具型式。

（5）估算主要电气设备，当有不同方案时应提出必要的经济指标、概算。

二、扩初设计

按确定的方案设计，提出以下扩初设计。

（1）根据使用要求和工艺设计，按照方案设计原则，绘制供电点、干线分布等简图。

（2）按负荷分类进行计算，确定供电及控制方式，确定采用配电屏、板规格型号，确定安装位置及分布情况。

（3）阐述动力控制方式，绘制动力位置，确定控制屏板控制范围，确定人工照明标准，确定主要房间及场所的单位照度容量、采用灯具类型等，绘制必要的简图或表格。

（4）根据设备容量确定变配电站设备规模，提出平面图及系统图。

（5）按工艺设计要求有较为复杂的自动控制时，须绘制较为明确的控制方框图，列出控制元件型号、规格等数据。

（6）提出设备材料表和必要的图纸，应满足订货和编制工程概算的需要。

（7）一般工程应提出较为详细的说明书，供上报审批。

三、施工设计

按确定的扩初设计，提出以下施工设计方案。

（1）一般施工设计应与有关专业密切配合，认真执行绘图规定，采用的图例符号符合"国标"规定，不足部分应补充并注明。绘图要清晰整洁，字体规整，原则上要求书写宋体字。力求简化图纸，方便施工，既详细而又不繁琐地表达设计意图。

（2）绘制图纸要求主次分明，应突出线路敷设，电器元件等为中实线，建筑轮廓为细实线。凡建筑平面主要房间，应标示房间名称，绘出主要轴线标号。

（3）各类建筑有关工艺部分，根据平面图绘出对电气工程有影响的工艺设备位置，电机布置力求准确，地面上安装的电器元件要标出距地面高度。当个别电机位置条件不具备时，应在图中注明。

（4）相同的平面可只绘制一层或单元一层平面，局部不同时，应按轴线绘制局部平面图。

（5）比例尺的规定，凡平面图内绘制两种以上设备，个数又较多者，宜采用1:100；但面积虽大而设备较少，能表达清楚时，也可采用1:200。

剖面图复杂者宜采用1:20、1:30；局部剖面可采用1:5等。采用的比例关系视细小部分的清晰度而定。

（6）计量装置。一般照明、动力（包括电热）应分别装设电能表。对工业车间，按生产性质需要核算成本时，应分别装设电能表。对于住宅建筑，每一户应装设电能表。

（7）住宅建筑，每一居室均应设置插座，距地标高一律为1.6m，但带安全门型插座不在此限。插座平均按100W计算。

四、施工图设计说明内容

设计说明，应编写本专业一般通用说明书。语言力求简练，表达明确。凡已在平面图内表示清楚的，不必另在说明中重复叙述。凡施工图中未注明或属于共性的情况，以及在图中表达不清楚的，均须加以补充说明。单项工程可以在首页图纸右下方、图纸的上侧方列举说明事项。

每一单位工程子项较多，属于统一性质问题，均应统一编制总说明，排列在图纸的首页。其说明内容应按下列顺序编写：

（一）动力、照明部分

（1）工程范围；

（2）供电电源及进线安装方式；

（3）配电线路敷设方式，采用导线规格；

（4）采用配电控制元件型号、规格、操作方式；

（5）配电箱、板安装方式，安装距地高度，加工要求及注意事项；

（6）说明主要房间及重点场所设计照度、采用灯具型式、安装方式；

（7）采用开关类型、安装高度；

（8）防雷保护装置应说明保护范围、材料选择、接地电阻要求和措施。

（二）变电所部分

（1）供电性质、确定负荷等级的依据，按使用和工艺设计要求，分别论述选用供电设备的特点，工作班制；

（2）论述供电方式、供电电源情况，正常与备用电源网路情况；

（3）简要说明全所负荷分配情况；

（4）选用高、低压开关柜、屏的依据；

（5）功率因数补偿装置；

（6）继电保护装置及接地、接零措施和要求。

（三）电气外线

（1）概述线路总长度，采用杆型、架空线路导线型号及最大与最小档距；或电缆型号、规格、埋设深度等；

（2）跨越障碍物部位及相应措施等；

（3）高、低压线路共杆架设要求，重复接地部位，接地装置要求等；

（4）电缆敷设方法及部位标桩设置情况。

五、计算一般规定

（一）照度计算

对于一般住宅、学校、办公楼等民用建筑，可采用单位容量计算法计算，应将计算依据、数据等写成书面材料。其他较为复杂、要求较高的民用建筑主要场所及工业建筑大面积空间的照明，要进行计算，并将计算结果标注在单项图纸说明内，计算资料随同图纸存档。

（二）负荷计算

一般应进行负荷计算，并将结果标注在接线系统图总开关的下部。应注明以下内容数据：设备额定总容量 P_s；需用系数 J_s；计算电流 I_{js}；计算容量 P_{js}；无功计算负荷 Q_{js}；视在功率 S_{js}；功率因数 $\cos\varphi$；功率因数角的正切值 $\text{tg}\varphi$ 等数据，并将计算资料存档备查。

（三）电压损失计算

一般低压供电系统应由进线口至线路末端的负荷计算电压损失，不得大于规定值。对于36V以下线路必须进行计算，并将计算结果标注在接线系统图内，提出计算书存档。

（四）电流计算

各段工作电流的计算结果作为选择导线、开关及有关元件的依据。对于电力系统需要校验的主要控制元件，还应进行短路电流的计算。

以上计算可以利用图表等进行，应提出计算书，写明根据及数据。

（五）变电所负荷计算

根据使用和工艺要求，应进行各单项或各车间设备等的负荷计算，分类列举全部电力负荷：

（1）车间负荷计算表；

（2）配电站、变电所负荷计算表。

以上计算中运用图表、曲线法时，应注明计算依据，提出计算书存档。

（六）计算书归档

以下各类计算书应整理归档备查，对外不提供计算资料。

（1）各类用电设备的负荷计算书；

（2）短路电流及继电保护计算书；

（3）照明计算书；

（4）导线、电缆及保护装置计算；

（5）其他特殊控制与保护计算书。

六、施工设计说明书

（一）设计依据

摘录设计总说明所列批准文件和依据性资料中与本专业设计有关的内容（包括当地供电部门的技术规定），以及本工程其他专业提供的设计资料等还应遵循设计依据的规定要求。

（二）设计范围

根据设计任务要求和有关设计资料，说明本专业设计的内容和分工（当有其他单位共同设计时）。

（三）供电设计

（1）供电电源及电压：供电来源，与设计工程的关系（如方位、距离），专用线或非专用线，电缆或架空，供电可靠性程度，供电系统短路计算数据和远期发展情况。

用电负荷性质、负荷等级、工作班制，供电措施，总电力供应主要指标。

（2）供电系统：叙述供电系统型式，正常电源与备用电源之间的切换，变压器低压侧之间的联络方式及容量，对供电安全所采取的措施等。

（3）变配电站：叙述总电力负荷分配情况及计算结果，给出总设备容量、计算容量、计算电流、补偿前后功率因数，变电所之间备用容量分配的原则，变配电站数量、容量、位置及结构形式。

（4）继电保护与计量：继电保护装置的配置原则和要求，测量与计量仪表的配置。

（5）控制与信号：主要设备运行情况、信号装置、操作电源、设备控制方式等。

（6）功率因数补偿方法：叙述功率因数是否达到供电规程的要求，应补偿容量和采取的补偿方式及补偿结果。

（7）全厂供电线路和户外照明：高、低压供配电线路型式和敷设方法；户外照明的种类，路灯型式、控制地点和方法。

（8）过电压与接地保护：设备过电压和防雷保护的措施，接地的基本原则，接地电阻的要求，对跨步电压所采取的措施等。

（四）电力设计

（1）电源电压和配电系统：电源由何处引来及其情况，根据负荷类别采取保证供电的措施，配电系统的型式（如树干、放射或混合）。

（2）环境特征和配电设备的选择：分正常、灰尘、潮湿、高温、有爆炸危险等各类环境特点。根据用电设备类别和环境特点，说明选择控制设备的原则和对大容量用电设备的起动和控制的方法。

(3) 选择导线及线路敷设方式。

(4) 接地和接零：防止触电危险所采取的安全措施。

（五）电气照明设计

(1) 选择照明电源、电压、容量、照度及照明配电系统型式。

(2) 光源与照明灯具的选择。

(3) 选择导线及线路敷设方式。

(4) 工作、事故、检修照明控制原则，事故照明电源切换方式。

（六）自动控制与自动调节

(1) 叙述工艺要求采用的自动、手动、远动控制，叙述连锁系统及信号装置的种类和原则。

(2) 控制原则：说明设计对集中控制和分散控制的设置依据。

(3) 仪表和控制设备的选择：对检测和调节系统采取的措施，选择的原则，装置的位置，能达到的使用条件。

（七）建筑物防雷保护

(1) 防雷等级：按自然条件、当地雷电日和建筑物的重要程度划分类别，确定防雷等级和防雷措施。

(2) 雷电接闪器的型式和安装方法：按防雷等级和安装位置，确定接闪器和下引线的安装方法。如利用建筑物的构件防雷时，应阐述设计确定的原则和采取的措施。

(3) 措施：接地电阻值的确定，接地极处理方式和所采用的材料等。

（八）其他

需提请在设计审批时解决或确定的主要问题。

七、设计图纸规定

（一）供电总平面图

(1) 标出建筑物名称及电力、照明容量，定出架空线的导线走向、杆位、路灯、接地等，电缆线路表示出敷设方法。

(2) 变配电站位置编号和容量。

（二）高低压供电系统图

需确定主要设备以满足订货要求。

（三）配变电站平面图

(1) 配变电站高低压开关柜、变压器、控制盘等设备平剖面排列布置。

(2) 母线布置、主要电气设备材料表。

（四）电力平面及系统图

(1) 配电干线、滑触线、接地干线的平面布置，导线型号、规格及敷设方式。

(2) 配电箱、起动器、开关等的位置，引至用电设备的支线用箭头示意。

(3) 系统图应注明设备编号、容量、型号、规格及用户名称。

（五）照明平面及系统图

(1) 照明干线、配电箱、灯具、开关的平面布置，并注明房间名称和照度。

（2）由配电箱引至各个灯具和开关的支线，仅画标准房间，多层建筑仅画标准层。

（六）自动控制图

自动控制和自动调节方框图或原理图，控制室平面图（简单自控系统在设计说明书中说明即可）。

（1）控制环节的组成，精度要求，电源选择等。

（2）控制设备和仪表的型号、规格。

（七）主要设备、材料表

统计出整个工程的一、二类机电产品和非标设备的数量及主要材料。

第三节　配电网施工设计

配电网施工设计要按配电网规划进行。

（1）接受上级的文字依据，如设计任务书、供用电协议书、委托设计书等。

（2）了解设计内容，研究设计方案，制定设计步骤。

（3）现场核对设计资料，包括电源点的开关站名称、编号；配电线的名称、编号；开关柜名称、规格；配电站尺寸，长宽高，地面厚度，负重能力。

（4）到设备运行部门了解配电线接线图，核对电源电气接线图。

（5）填写设备更动申请报告，标明设备更动前后电气接线图。

（6）户内供电设计，部分可以按照建筑电气施工设计，核对是否符合供电部门规定。建筑电气施工设计没有的部分，如开关站、配电站、住宅配电线路等，可以参照典型设计图集设计。

（7）户外供电设计，如电缆、架空导线选择，线路走廊位置、地理沿布，电线型号、规格、长度、交叉跨越、电缆接头位置等。

（8）设计申报运行部门审查，转申报上级审查，修改，审定。

（9）电缆走廊部分再申报城市规划局审查，会同现场核对，修改，审定。

（10）编写工程预算书，收款，订货，施工。

（11）电缆走廊申报城市规划部门放线，申报市政、公安、道路部门开工，申报城市规划部门验收。

（12）电气部分申报运行部门停电施工，完成后申报运行部门验收，送电。

城市配电网规划设计、施工设计及建筑电气设计的设计任务汇总于图 3-1 中。

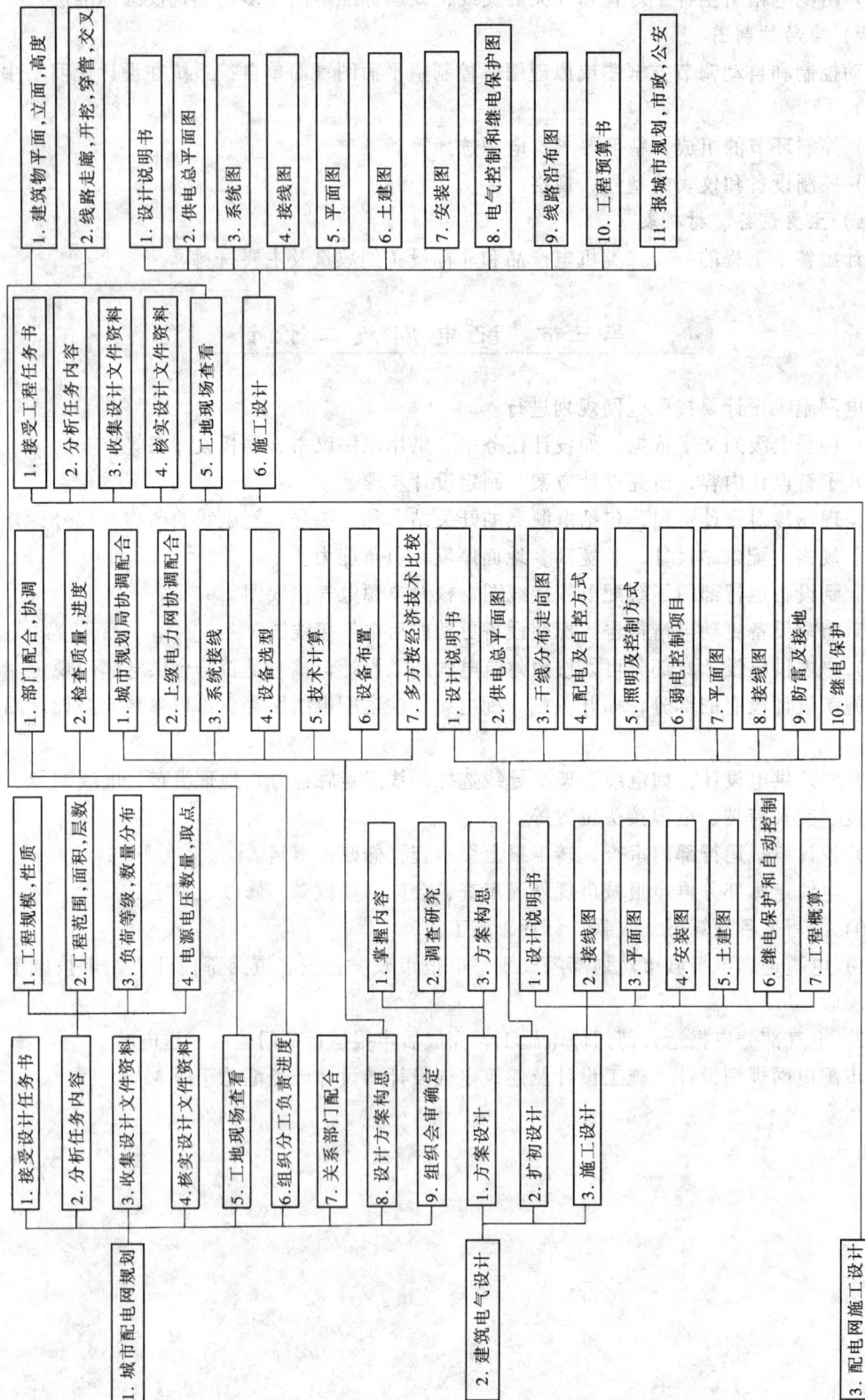

图 3-1 城市配电网设计的各部分电气设计任务汇总

1. 城市配电网规划

1. 接受设计任务书
   - 1. 工程规模,性质
   - 2. 工程范围,面积,层数
   - 3. 负荷等级,数量分布
   - 4. 电源电压数量,取点
2. 分析任务内容
3. 收集设计文件资料
4. 核实设计文件资料
5. 工地现场查看
6. 组织分工负责进度
7. 关系部门配合
8. 设计方案构思
   - 1. 掌握内容
   - 2. 调查研究
   - 3. 方案构思
9. 组织会审确定
   - 1. 方案设计
   - 2. 扩初设计
   - 3. 施工设计
     - 1. 设计说明书
     - 2. 接线图
     - 3. 平面图
     - 4. 安装图
     - 5. 土建图
     - 6. 继电保护和自动控制
     - 7. 工程概算

2. 建筑电气设计

1. 部门配合,协调
2. 检查质量,进度
   - 1. 城市规划局协调配合
   - 2. 上级电力网协调配合
   - 3. 系统接线
   - 4. 设备选型
   - 5. 技术计算
   - 6. 设备布置
   - 7. 多方按经济技术比较
     - 1. 设计说明书
     - 2. 供电总平面图
     - 3. 干线分布走向图
     - 4. 配电及自控方式
     - 5. 照明及控制方式
     - 6. 弱电控制项目
     - 7. 平面图
     - 8. 接线图
     - 9. 防雷及接地
     - 10. 继电保护

3. 配电网施工设计

1. 接受工程任务书
   - 1. 建筑物平面,立面,高度
   - 2. 线路走廊,开挖,穿管,交叉
2. 分析任务内容
3. 收集设计文件资料
4. 核实设计文件资料
5. 工地现场查看
6. 施工设计
   - 1. 设计说明书
   - 2. 供电总平面图
   - 3. 系统图
   - 4. 接线图
   - 5. 平面图
   - 6. 土建图
   - 7. 安装图
   - 8. 电气控制和继电保护图
   - 9. 线路沿布图
   - 10. 工程预算书
   - 11. 报城市规划,市政,公安

第四节 设 计 管 理

设计是一项比较专业的技术工作，有些设计人员往往只注意技术，却忽视了管理。现代社会的工作是一项社会化的工作，不是一个人就可以做好的，是许多人协作才能完成的，所以有谓"三分技术，七分管理"，不可忽视。管理的含义是指挥，组织，协调，计划，监督等等关于执行方针政策路线，为达到既定目标的工作，因此设计人员必须充分了解工程招标意图，服从上级指挥，善于协调关系，包括上级下级之间的垂直协调，同级之间的水平协调，内部，客户之间的内外协调，现有工程和规划工程之间的时间协调，顺应四维空间之中优胜劣汰，适者生存的真理。

(1) 要十分了解招标工程的要求，设计任务和内容，要求范围，有关专业的互相配合、分工，对于一些特别的、非常规的要求，要讨论合理的或不合理的，有无违反上级规定的，可否变通，不至于审查时被否定，形成设计方案才进行设计。例如有一些客户要求全部负荷，不论一类、二类、三类负荷都要有自备保安电源，但是自备发电机的容量只有负荷的1/4，就会降低了一级负荷的供电可靠性，这显然是不合理的，审查时也通不过的，就要同客户讨论修改，达到一致。否则，设计人员就会处于上下都不满意的困境。

(2) 必须到实地勘察，核对方案是否实际可行，例如是否有电缆走廊，变配电房位置是否合适，如果加柜是否有空间隔可用，如果立新杆有无位置，施工是否可行等。

(3) 要查阅现有系统接线，现有设备型号规格，新插入的设备要和现有设备基本一致，防止五花八门，如型号不相同，则母线的高度或宽度不一致，安装就有困难，运行、操作、维护也不方便。

(4) 要了解各个供电分公司和区域的设备选型和接线方式，尤其是那些独特的要求，以减少修改设计的工作量，例如一些区配电网自动化需用统一的软件，统一的接口，统一的备品，统一的操作方法，统一的维修方法，就要使用统一的设备、型号、规格。电能计量接线方式要求使用三相互感器的独特方式，与一般要求使用两相互感器接线方式不相同，又有一些则指定要用哪一种规格、型号的设备，不可不注意，否则又成了废标。

(5) 收到客户的设计要求、资料、文件，一定要登记、签名、存档备查，以防止口讲无凭，防止送审过程中散失。这是时有发生的情况。

(6) 设计完成送审前要交客户审阅、复核、签名，同意确认。

(7) 设计要存档备查、分类索引，对以后很有参考价值，有不少设计大同小异，稍加修改之后就可以重新用，无论别人的或自己的，可以提高工作效率，满足时间要求。

(8) 熟练掌握 CAD 操作技术，这个工具有非常多用途，操作起来得心应手，快捷妥当，否则工作慢。

(9) 尽量使用典型设计，省时省事，自己也积蓄一些典型设计，更加省时省事，并按当地惯例编写通用设计说明，以减少文字工作。

(10) 多和别人交流经验和心得，取长补短，不断改良优化和完善自己的作品。

(11) 制定设计管理规定，明确设计几个重要环节的顺序，以防止工作忙时乱了套。其主要包括以下内容：

1) 做投标书；

2）上级审定；

3）封标送审；

4）参与评标；

5）施工设计；

6）做预决算书；

7）客户审定确认；

8）收设计费；

9）送供电主管部门审定；

10）收工程费；

11）订购设备；

12）组织施工；

13）报供电主管部门查验；

14）报供电主管部门签供用电协议；

15）合闸送电；

16）移交施工资料和竣工图纸；

17）有关设计书、预决算书，归档备查；

18）消项。

并以图表显示，即日填写，网上查询，方便领导或用户了解。

第四章

负 荷 计 算

第一节 负 荷 组 成

一个大城市的电力负荷高达 500~1000 万 kW，年供电量 300~600 亿 kWh 的这些负荷是由无数的细小负荷组成的。电力负荷按用途分类可分为动力负荷和照明负荷两大类，按国民经济行业用电分类，则可分为如下 8 类。

（1）农、林、牧、渔、水利业；

（2）工业；

（3）地质普查和勘探业；

（4）建筑业；

（5）交通运输、邮电通信业；

（6）商业、公共饮食业、物资供应和仓储业；

（7）其他行业；

（8）城乡居民生活用电。

1. 居民生活用电设备及其容量

居民生活用电设备及其容量见表 4-1。

表 4-1　　　　　　　居民生活用电设备及其容量

名　称	1~2 室户 功率（W）	3~4 室户 功率（W）	工 作 制 长 时	短 时
照　明	100~200	200~400	◎	
电风扇	60~120	60~120	◎	
电冰箱	80~120	80~120	◎	
洗衣机	100~300	100~300		◎
电视机	100~300	100~300	◎	◎
空　调	1000	1000~2000	◎	
音　响	100~300	100~300		◎
电饭锅	600~2000	600~2000		◎
计算机	300~350	300~350	◎	
微波炉	950~1200	950~1200		◎
录音机	50	50	◎	
吸尘器	600~1000	600~1000		◎
电热水器	2000~3000	2000~3000		◎
每室户设备总容量	6040~9940	6140~11140		
每室户计算总容量	2416~3976	2456~4456		
需用系数 K_x	0.4	0.4		

2. 商场用电设备及其容量

某商业广场建筑面积 54000m²（共 7 层，另加地下 2 层），其用电设备及其容量细分见表 4-2。

表 4 - 2　　　　　　　　某商业广场用电设备及其容量细分表

序　号	用　　途	容　量（kW）	序　号	用　　途	容　量（kW）
1	广场广告灯饰	500	14	消防排风	336
2	地下一层商业	425	15	2～3层事故照明	150
3	首层商业	486	16	电梯	93
4	夹层商业	300	17	事故照明	330
5	四层商业	413	18	1号冷水机组	666
6	五层商业	567	19	2号冷水机组	666
7	六层商业	586	20	冷水泵	132
8	自动扶梯	286	21	冷却塔	110
9	电话机房	10	22	二层商业	486
10	发电机房	30	23	电　梯	93
11	消防中心	20	24	三层商业	486
12	水泵房	317	25	确保照明	266
13	消防风机	237		合计	7991

第二节　单　位　负　荷

　　为了达到合理向用户提供足够且可靠的电力供应目标，准确地预测用户的电力负荷是非常重要的。因为如果低估了用户的电力需求量，就需要在短期内进行扩建电力工程或外购电力，此条不但浪费金钱，加大成本，从而造成企业亏本，而且造成对用户不便，有损声誉；如果高估了用户的电力需求量，企业和用户的部分投资就浪费了，也造成政府和市民的不满。而各地都有本地区的实际情况，习惯不同，相关政策会有差异，因此，不能简单套用外地的单位负荷指标。要对本地的实际负荷指标进行细致的研究分析，可参考外地的单位负荷指标，合理确定本地的单位负荷指标。

　　（一）国家标准 GB/50293—1999 规定的单位负荷指标

　　规划单位建筑面积负荷指标，见表 4 - 3。

表 4 - 3　　　　　　　　　　规划单位建筑面积负荷指标

建筑用电类别	单位建筑面积负荷指标（W/m²）
居住建筑用电	20～60W/m²（1.4～4kW/户）
公共建筑用电	30～120
工业建筑用电	20～80

　　注　超出表中三大类建筑以外的其他各类建筑的规划单位建筑面积负荷指标的选取，可结合当地实际情况和规划要求，因地制宜确定。

　　（二）某省规定的 1994 年单位负荷指标

　　高层建筑、住宅小区、办公、商业等场所，其单位负荷不宜小于下列数值。

　　普通住宅　4kW/户；

　　高级住宅　10kW/户；

　　办公楼、招待所　80W/m²；

　　商场、宾馆　100W/m²。

　　（三）我国某特区规定的 1992 年单位负荷指标

各类建筑的单位负荷指标见表 4 - 4。混合使用的建筑，负荷计算的混合参差率见表 4 - 5。

表 4 - 4   某特区规定的单位负荷指标

类	别	最高需求量（kVA/m²）	类	别	最高需求量（kVA/m²）
1. 住宅	公共房屋	3.6kVA/户	3. 商业	商店	0.22
	居屋	3.6kVA/户		西餐厅	0.22
	临时平房	1.5kVA/户		快餐店	0.32
	20 ~ 50m²	3.6kVA/户		办公室	0.13
	51 ~ 90m²	4.8kVA/户		酒楼	0.32
	91 ~ 160m²	6.6kVA/户		酒店	0.08
	> 160m²	8.4kVA/户		大型商场	0.17
	豪华住宅	0.05		电影院	0.26kVA/座位
	停车场	0.01		停车场	0.02
	公用设施（升降机）	30kVA/部		公用设施（升降机）	40kVA/部
2. 工业	纺织	0.18		洗手间	0.03
	制衣	0.12	4. 学校	幼儿园	0.05
	电子	0.17		中、小学	0.1
	塑料	0.29		大专	0.1
	金属	0.30		公立医院	0.04
	一般厂房	0.24		私立医院	0.22
	冷藏房	0.22		医务所	0.25
	货仓	0.11	5. 市政	青年中心	0.15
	停车场	0.02		老人诊所	0.07
	公用设施（升降机）	50kVA/部		洗衣店	0.09
				消防局及公安局	0.04

表 4 - 5   某特区规定的计算单位负荷指标用混合参差率

百分比率	混合参差率			百分比率	混合参差率		
	住宅—商业	商业—工业	工业—住宅		住宅—商业	商业—工业	工业—住宅
25 ~ 75	1.14	1.04	1.20	住宅—商业—工业			
50 ~ 50	1.27	1.07	1.39	25—25—50		1.23	
75 ~ 25	1.14	1.04	1.20	25—50—25		1.17	
				50—25—25		1.33	

第三节 负 荷 曲 线

以电力负荷为纵坐标，以时间为横坐标，表示负荷随时间而变化的曲线，称为负荷曲线。按负荷性质，负荷曲线可分有功负荷曲线和无功负荷曲线两种。按统计时间，又可分为日负荷曲线和年负荷曲线。日负荷曲线表示一天 24h 内负荷变化的情况，而年负荷曲线表示一年中的负荷变化情况。此外，负荷曲线还可以绘制成全厂的，或某一工作班的，也可绘制成某组用电设备的等。

一、运行日负荷曲线绘制

运行日负荷曲线可用测量方法来绘制。图 4 - 1 为全厂日有功负荷曲线。它是用接于全厂总供电线路上的电度表，在一定时间间隔内，如每隔半小时，根据仪表读数计算功率的平均值，在直角坐标中逐点描绘而成。更普遍的是通过一定时间（Δt）读取电能表的读数，求 Δt 时间内的功率平均值进行记录作出。负荷曲线所包围的面积代表全厂一天 24h 内所消耗电能的 kWh 数。时间间隔越短，则描绘的负荷曲线越能准确反映实际负荷变化情况。

通常将逐点描绘的负荷曲线用等效的阶梯形曲线来代替，如图 4-2 所示。阶梯曲线所包围的面积与折线连成的曲线包围的面积相等。阶梯形负荷曲线与实际负荷相比较，当负荷上升时少算了电能，负荷下降时，多算了电能。当负荷变化缓慢时，前后电能盈亏相当。

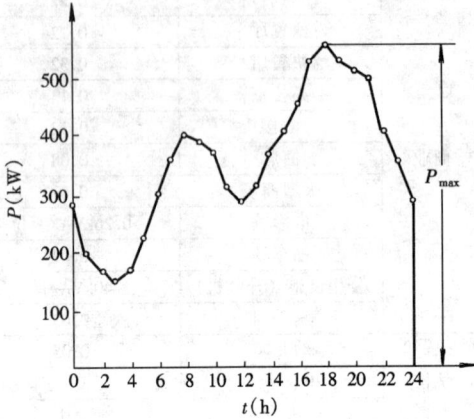

图 4-1 逐点描绘的日有功负荷曲线

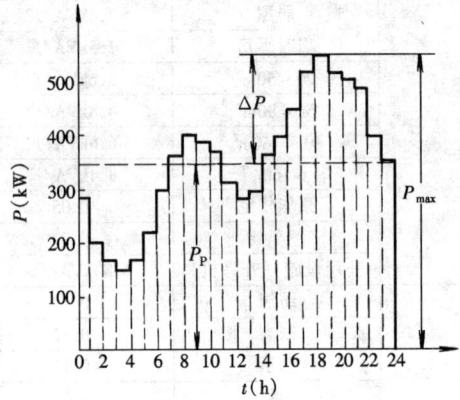

图 4-2 阶梯形日有功负荷曲线

全日无功负荷曲线可近似地根据无功功率表的读数绘制。

图 4-3~图 4-6 为根据多年运行经验作出的行业典型日负荷曲线。

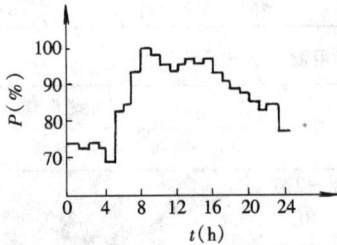

图 4-3 食品工业典型日负荷曲线

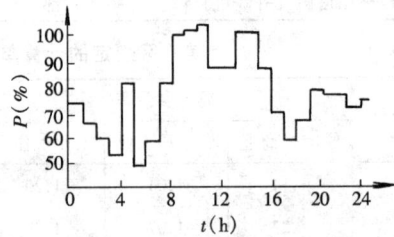

图 4-4 金属加工工业典型日负荷曲线

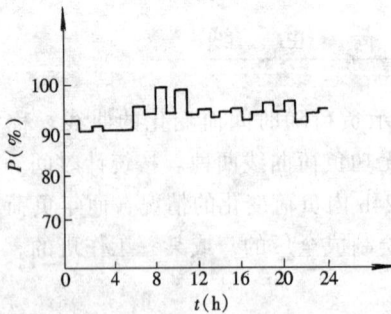

图 4-5 化工工业典型日负荷曲线

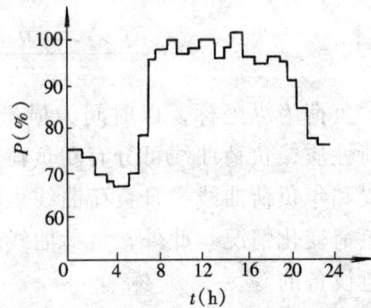

图 4-6 轻工行业典型日负荷曲线

分析负荷曲线常用负荷系数 α 来表示有功负荷的变动程度。α 又称为有载因数，填充系数或负荷率，定义为

$$\alpha = P_{av}/P_{max} \tag{4-1}$$

式中　P_{av}——平均负荷；

　　　　P_{max}——最大负荷。

故有

$$P_{av} = \alpha P_{max}$$

对于日无功负荷曲线，同理可求无功负荷系数 β 及相应关系式

$$\beta = Q_{av} / Q_{max} \tag{4-2}$$

或

$$Q_{av} = \beta Q_{max}$$

有功负荷系数 α 和无功负荷系数 β 是反映用户有功及无功负荷变化规律的两个参数。数值高说明曲线平稳，负荷变动小；数值低说明曲线起伏，负荷变动大；但总是小于 1，最大等于 1。据有关设计手册推荐，一般工厂企业的负荷系数平均值为

$$\alpha_{av} = 0.70 \sim 0.75$$

$$\beta_{av} = 0.76 \sim 0.82$$

对于相同类型的车间或企业，由于设备相同和生产工艺的规律性一致，负荷曲线具有近似的负荷系数和曲线形状。

二、全年时间负荷曲线绘制

绘制年负荷曲线时，必须利用一年中具有代表性的冬、夏季日负荷曲线，图 4 - 7 示出制作这种负荷曲线的方法。年负荷曲线图 4 - 7，横坐标是一年从 0 ~ 8760h，纵坐标是负荷的千瓦数。绘制该曲线图采取的用电时间冬期为 213 日，夏期为 152 日。

绘制全年时间负荷曲线时，从典型冬季和夏季日负荷曲线的功率最大值开始，依功率递减的次序进行，通过冬季和夏季两条日负荷曲线作许多水平线，线间距离由所需准确度决定，如图 4 - 7 所示。例如，功率 P_1 所占全年时间是根据冬季日负荷曲线为 $t_1 + t'_1$、夏季日负荷曲线为零而得的，即 $T_1 = (t + t'_1) \times 213 + 0 \times 152$，将 T_1 值按一定比例标示横坐标上 T_1 点，时间 T_1 与功率 P_1 交于直角坐标上 a 点。同样，功率 P_2 占全年时间为 $T_2 = (t_2 + t'_2) \times 213 + t''_2 \times 152$，可得坐标上 b 点，依此类推，逐点绘出全年时间负荷曲线，如图 4 - 7 （c）所示的阶梯式年有功负荷曲线。

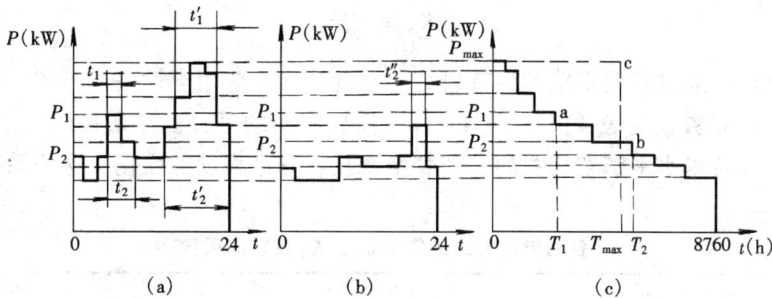

图 4 - 7　全年时间负荷曲线

(a) 冬季代表日负荷曲线；(b) 夏季代表日负荷曲线；(c) 全年时间负荷曲线

全年时间负荷曲线表示工厂 1 年内不同负荷运行所持续的时间，曲线包围的面积就是工厂年电能消耗量，除以 8760h，就是工厂的年平均负荷。

在年负荷曲线上，如在横坐标上取时间 T_{max}，作矩形 $P_{max} - C - T_{max} - O - P_{max}$，使其面积等于年电能消耗量，则 T_m 称为最大负荷年利用小时。其意义是如果用户以年最大负荷 P_{max} 持续运行，则工作 T_{max} 小时后就消耗掉全年应消耗的电能。故 T_{max} 之大小反映了负荷曲

线的形状，与用户的特点有关。对于相同类型的用户，虽然 T_{max} 有所不同，但 P_{max} 却基本相近，这是生产工艺大致相同的缘故。反之，相同类型的车间或企业，若技术装备或自动化程度不同，其 T_{max} 也有差别。工厂各种计算最大负荷年利用小时数见表 4-6。

表 4-6 各种工厂计算最大负荷年利用小时数（参考）

工厂类别	计算最大负荷年利用小时数		工厂类别	计算最大负荷年利用小时数	
	最大有功负荷年利用小时数	最大无功负荷年利用小时数		最大有功负荷年利用小时数	最大无功负荷年利用小时数
化工厂	6200	7000	农业机械制造厂	5330	4220
苯胺颜料工厂	7100	—	仪器制造厂	3080	3180
石油提炼工厂	7100	—	汽车修理厂	4370	3200
重型机械制造厂	3770	4840	车辆修理厂	3560	3660
机床厂	4345	4750	电器工厂	4280	6420
工具厂	4140	4960	氮肥厂	7000~8000	—
滚珠轴承厂	5300	6130	各种金属加工厂	4355	5880
起重运输设备厂	3300	3880	漂染工厂	5710	6650
汽车拖拉机厂	4960	5240	自行车厂	7000	

三、利用负荷曲线确定系数

分析负荷曲线可以得出：

（1）用户的实际负荷并不等于其铭牌的额定功率 P_N 之和，而是随时间随机变动的。曲线中负荷最大值称为最大负荷，记作 P_{max}、Q_{max}、S_{max} 或 I_{max}。曲线中的负荷平均值称为平均负荷，记作 P_{av}、Q_{av}、S_{av} 或 I_{av}。

（2）同类工厂（车间或用电设备）的负荷曲线，具有大致相似的形状。因此把负荷曲线最大有功负荷与设备总额定容量之比称为需要系数，记作 K_d，则

$$K_d = \frac{P_{max}}{P_N} \qquad (4-3)$$

把负荷曲线平均有功负荷与设备总额定容量之比称为利用系数，记作 K_u，则

$$K_u = \frac{P_{av}}{P_N}$$

我国设计部门通过长期实践和调查研究，已统计出一些用电设备（车间、工厂）的典型需要系数和利用系数，见表 4-7~表 4-10。需要指出的是：上述系数的大小和生产设备、生产组织管理、技术水平密切相关的，随着生产技术先进程度的变化，这些系数也会相应变动。

表 4-7 各用电设备组的需要系数 K_d 及功率因数

用电设备组名称		K_d	$\cos\varphi$	$\mathrm{tg}\varphi$
单独传动的金属加工机床	1. 冷加工车间	0.14~0.16	0.50	1.73
	2. 热加工车间	0.20~0.25	0.55~0.6	1.52~1.33
压床、锻锤、剪床及其他锻工机械		0.25	0.60	1.33
连续运输机械	1. 连锁的	0.65	0.75	0.88
	2. 非连锁的	0.60	0.75	0.88
轧钢车间反复短时工作制的机械		0.3~0.40	0.5~0.6	1.73~1.33

用电设备组名称		K_d	$\cos\varphi$	$\text{tg}\varphi$
通风机	1. 生产用	0.75 ~ 0.85	0.8 ~ 0.85	0.75 ~ 0.62
	2. 卫生用	0.65 ~ 0.70	0.80	0.75
泵、活塞式压缩机、鼓风机、电动发电机组、排风机等		0.75 ~ 0.85	0.80	0.75
透平压缩机和透平鼓风机		0.85	0.85	0.62
破碎机、筛选机、碾砂机等		0.75 ~ 0.80	0.80	0.75
磨碎机		0.80 ~ 0.85	0.80 ~ 0.85	0.75 ~ 0.62
铸铁车间造型机		0.70	0.75	0.88
搅拌器、凝结器分级器等		0.75	0.75	0.88
水银整流机组 (在变压器一次侧)	1. 电解车间用	0.90 ~ 0.95	0.82 ~ 0.90	0.70 ~ 0.48
	2. 起重机负荷	0.30 ~ 0.50	0.87 ~ 0.90	0.57 ~ 0.48
	3. 电气牵引用	0.40 ~ 0.50	0.92 ~ 0.94	0.43 ~ 0.36
感应电炉 (不带功率因数补偿装置)	1. 高频	0.80	0.10	10.05
	2. 低频	0.80	0.35	2.67
电阻炉	1. 自动装料	0.7 ~ 0.80	0.98	0.20
	2. 非自动装料	0.6 ~ 0.70	0.98	0.20
小容量试验设备和试验台	1. 带电动发电机组	0.15 ~ 0.40	0.70	1.02
	2. 带试验变压器	0.1 ~ 0.25	0.20	4.91
起重机	1. 锅炉房、修理、金工、装配车间	0.05 ~ 0.15	0.50	1.73
	2. 铸铁车间、平炉车间	0.15 ~ 0.30	0.50	1.73
	3. 轧钢车间、脱锭工部等	0.25 ~ 0.35	0.50	1.73
电焊机	1. 点焊与缝焊用	0.35	0.60	1.33
	2. 对焊用	0.35	0.70	1.02
电焊变压器	1. 自动焊接用	0.50	0.40	2.29
	2. 单头手动焊接用	0.35	0.35	2.68
	3. 多头手动焊接用	0.40	0.35	2.68
焊接用电动发电机组	1. 单头焊接用	0.35	0.60	1.33
	2. 多头焊接用	0.70	0.75	0.80
电弧炼钢炉变压器		0.90	0.87	0.57
煤气电气滤清机组		0.80	0.78	0.80

表 4-8　　　　　　3 ~ 6 ~ 10kV 高压用电设备需要系数及功率因数表

序　号	高压用电设备组名称	K_d	$\cos\varphi$	$\text{tg}\varphi$
1	电弧炉变压器	0.92	0.87	0.57
2	铜炉	0.90	0.87	0.57
3	转炉鼓风机	0.70	0.80	0.75
4	水压机	0.50	0.75	0.88

序　　号	高压用电设备组名称	K_d	$\cos\varphi$	$\text{tg}\varphi$
5	煤气站、排风机	0.70	0.80	0.75
6	空压站压缩机	0.70	0.80	0.75
7	氧气压缩机	0.80	0.80	0.75
8	轧钢设备	0.80	0.80	0.75
9	试验电动机组	0.50	0.75	0.88
10	高压给水泵(感应电动机)	0.50	0.80	0.75
11	高压输水泵(同步电动机)	0.80	0.92	0.43
12	引风机、送风机	0.8～0.9	0.85	0.62
13	有色金属轧机	0.15～0.20	0.70	1.02

表 4－9　　　　　　各种车间的低压负荷需要系数及功率因数（供参考）

序　　号	车　间　名　称	K_d	$\cos\varphi$	$\text{tg}\varphi$
1	铸钢车间(不包括电炉)	0.3～0.4	0.65	1.17
2	铸铁车间	0.35～0.4	0.7	1.02
3	锻压车间(不包括高压水泵)	0.2～0.3	0.55～0.65	1.52～1.17
4	热处理车间	0.4～0.6	0.65～0.7	1.17～1.02
5	焊接车间	0.25～0.3	0.45～0.5	1.98～1.73
6	金工车间	0.2～0.3	0.55～0.65	1.52～1.17
7	木工车间	0.28～0.35	0.6	1.33
8	工具车间	0.3	0.65	1.17
9	修理车间	0.2～0.25	0.65	1.17
10	落锤车间	0.2	0.6	1.33
11	废钢铁处理车间	0.45	0.68	1.08
12	电镀车间	0.4～0.62	0.85	0.62
13	中央实验室	0.4～0.6	0.6～0.8	1.33～0.75
14	充电站	0.6～0.7	0.8	0.75
15	煤气站	0.5～0.7	0.65	1.17
16	氧气站	0.75～0.85	0.8	0.75
17	冷冻站	0.7	0.75	0.88
18	水泵站	0.5～0.65	0.8	0.75
19	锅炉房	0.65～0.75	0.8	0.75
20	压缩空气站	0.7～0.85	0.75	0.88
21	乙炔站	0.7	0.9	0.48
22	试验站	0.4～0.5	0.8	0.75
23	发电机车间	0.29	0.60	1.32
24	变压器车间	0.35	0.65	1.17
25	电容器车间(机械化运输)	0.41	0.98	0.19
26	高压开关车间	0.30	0.70	1.02
27	绝缘材料车间	0.41～0.50	0.80	0.75
28	漆包线车间	0.80	0.91	0.48
29	电磁线车间	0.68	0.80	0.75
30	线圈车间	0.55	0.87	0.51
31	扁线车间	0.47	0.75～0.78	0.88～0.80
32	圆线车间	0.43	0.65～0.70	1.17～1.02
33	压延车间	0.45	0.78	0.80
34	辅助性车间	0.30～0.35	0.65～0.70	1.17～1.02
35	电线厂主厂房	0.44	0.75	0.88
36	电瓷厂主厂房(机械化运输)	0.47	0.75	0.88
37	电表厂主厂房	0.40～0.50	0.80	0.75
38	电刷厂主厂房	0.50	0.80	0.75

注　序号 1～20 各项的 $\cos\varphi$ 系指自然平均功率因数。

表 4 – 10　　　　各种工厂的全厂需要系数及功率因数（供参考，数值偏大）

工 厂 类 别	需 要 系 数 K_d		最大负荷时功率因数	
	变动范围	建议采用	变动范围	建议采用
汽轮机制造厂	$0.38 \sim 0.49$	0.33	—	0.88
锅炉制造厂	$0.26 \sim 0.33$	0.27	$0.73 \sim 0.75$	0.73
柴油机制造厂	$0.32 \sim 0.34$	0.32	$0.74 \sim 0.84$	0.74
重型机械制造厂	$0.25 \sim 0.47$	0.35	—	0.79
机床制造厂	$0.13 \sim 0.3$	0.2	—	—
重型机床制造厂	0.32	0.32	—	0.71
工具制造厂	$0.34 \sim 0.35$	0.34	—	—
仪器仪表制造厂	$0.31 \sim 0.42$	0.37	$0.8 \sim 0.82$	0.81
滚珠轴承制造厂	$0.24 \sim 0.34$	0.28	—	—
量具刃具制造厂	$0.26 \sim 0.35$	0.26	—	—
电机制造厂	$0.25 \sim 0.38$	0.33	—	—
石油机械制造厂	$0.45 \sim 0.5$	0.45	—	0.78
电线电缆制造厂	$0.35 \sim 0.36$	0.35	$0.65 \sim 0.8$	0.73
电气开关制造厂	$0.3 \sim 0.6$	0.35	—	0.75
阀门制造厂	0.38	0.38	—	—
铸管厂	—	0.5	—	0.78
橡胶厂	0.5	0.5	0.72	0.72
通用机器厂	$0.34 \sim 0.43$	0.4	—	—
小型造船厂	$0.32 \sim 0.5$	0.33	$0.6 \sim 0.8$	0.7
中型造船厂	$0.35 \sim 0.45$	有电炉时取高值	$0.7 \sim 0.8$	有电炉时取高值
大型造船厂	$0.35 \sim 0.4$	有电炉时取高值	$0.7 \sim 0.8$	有电炉时取高值
有色冶金企业	$0.6 \sim 0.7$	0.65	—	—
化学工厂	$0.17 \sim 0.38$	0.28	—	—
纺织工厂	$0.32 \sim 0.60$	0.5	—	—
水泥工厂	$0.50 \sim 0.84$	0.71	—	—
锯木工厂	$0.14 \sim 0.80$	0.19	—	—
各种金属加工厂	$0.19 \sim 0.27$	0.21	—	—
钢结构桥梁厂	$0.35 \sim 0.40$	—	—	0.60
混凝土桥梁厂	$0.30 \sim 0.45$	—	—	0.55
混凝土轨枕厂	$0.35 \sim 0.45$	—	—	—

四、最大负荷

在以 30min 为时间间隔求取有关负荷系数的负荷曲线上，取用每月出现 $2 \sim 3$ 次的最大负荷工作班的负荷曲线，其最大值定义为最大负荷 P_{30}，也可称为 30min 最大平均负荷。用 P_{30} 求出的系数去计算该用电设备组在电力设计时的计算负荷 P_c，应该是一个来源于 P_{30} 的统计值。

应该指出，规定统一以 30min 作为时间间隔，是考虑到中小截面导线的发热时间常数 $\tau_0 = 10\text{min}$ 以上，经过 $(3 \sim 4) \tau_0$ 即 30min 以上的时间，才会达到它的稳定温升。因而，这一负荷引起的导线发热有足够的余量。

第四节　按需要系数法确定计算负荷

图 4 – 8 所示是以工厂企业供电系统来说明负荷计算。负荷计算的步骤是从负荷端开始，逐级计算到电源进线端。

电源进线
35~110kV ↓8

总降压变电站
(ΔP_T、ΔQ_T)

6~10kV 7

(M) ↓6 ↓6 ↓6 ↓6 Q'_{CP7}

至高压用电设备 (ΔP_b、ΔQ_b) 至高压用电设备 高压电容器

车间变电站 ↓4 ↓4 ↓4

3

Q'_{CP3} ↓2 ↓2 车间动力柜 ↓2

低压电容器 至其他车间 ↓1 ↓1 ↓1 ↓1
至低压用电设备

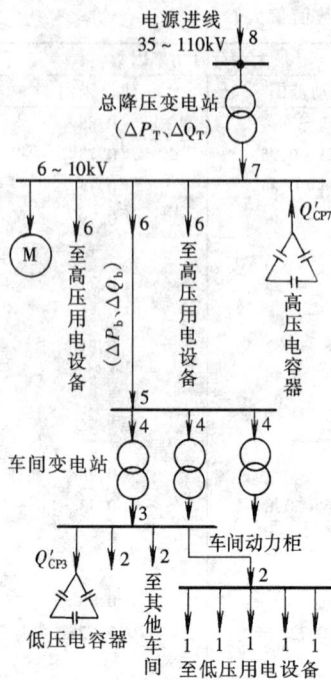

图 4-8 负荷计算用供电系统
注：数字 1~8 是各级计算负荷的下标

一、确定用电设备容量 P_N 及计算负荷 P_{C1}

1. 设备容量 P_N

每台用电设备的铭牌上都标有"额定功率"，但因为用电设备额定工作条件不同，所以不能简单地直接相加，必须换算成统一工作制后才能相加。用电设备工作制有连续运行、短暂运行和反复短时运行三类。

(1) 连续运行工作制　是指使用时间较长，连续工作的用电设备。如各种泵类、通风机、压缩机、输送带、机床、破碎机、搅拌机、抄纸机、复卷机、卷曲机、连续铸管机等机械的拖动电机及电阻炉、电解设备、照明装置等。

(2) 短暂运行工作制　是指工作时间甚短，停歇时间相当长的用电设备。如金属切削机床用的辅助机械（横梁升降、刀架快速移动装置等），烘干室自动开启门用电机。它们的利用系数低，耗电量少，占整个用电设备的数量也少。

(3) 反复短时工作制　是指时而工作时而停歇反复运行的用电设备，如吊车用电动机，电焊机等。其工作时间（t_g）和停歇时间（t_x）相互交替，通常用暂载率的百分数来表示一个工作周期内工作时间的长短。暂载率 FC 又称为负载持续率或接电率

$$FC = \frac{工作时间}{工作周期} = \frac{t_g}{t_g + t_x} \times 100\% \qquad (4-4)$$

式中　$t_g + t_x$——整个周期的时间。

吊车电动机的标准暂载率有 15%、25%、40%、60% 四种；电焊设备的标准暂载率有 50%、65%、75% 及 100% 四种，其中 100% 为自动电焊机的暂载率。

明确用电设备按工作制分类之后，确定各种用电设备的设备容量 P_N 的方法如下。

(1) 长期工作制电动机的设备容量等于其铭牌上的额定功率。

(2) 反复短时工作制电动机（如起重机用的电动机）的设备容量，是指统一换算到 $FC = 25\%$ 时的额定功率。其换算公式为

$$P_N = \sqrt{\frac{FC_N}{FC_{25}}} \cdot P'_N = 2\sqrt{FC_N} P'_N \qquad (4-5)$$

式中　P_N——换算到 $FC_{25} = 25\%$ 时的电动机的设备容量；

P'_N——换算前电动机的铭牌额定功率；

FC_N——与设备铭牌额定功率对应的暂载率。

【例 4-1】　某造纸厂抄纸车间有 10t 桥式起重机一台，额定容量为 39.6kW，$FC = 40\%$，$\eta = 0.8$，$\cos\varphi = 0.5$。试求该电动机在暂载率为 25% 时的设备容量 P_N。

解：$P_N = P'_N \cdot \sqrt{\frac{FC_N}{FC_{25}}} = 2P'_N\sqrt{FC_N} = 2 \times 39.6 \times \sqrt{0.4} = 50 \ (kW)$

(3) 电焊机及电焊变压器设备容量应统一换算成 $FC = 100\%$ 时的额定有功功率。其换算公式为

$$P_N = \sqrt{\frac{FC_N}{FC_{100}}} \times P'_N = \sqrt{FC_N} S'_N \cos\varphi_N \qquad (4-6)$$

式中　P'_N——交流电焊机及电焊装置换算前的额定功率，kW；

$\quad\quad P_N$——换算到 $FC_{100} = 100\%$ 时的电焊机或电焊设备的额定容量，kW；

$\quad\quad S'_N$——交流电焊机及电焊装置换算前的额定视在容量，kVA；

$\quad\quad FC_N$——与设备额定容量 P'_N 和 S'_N 相对应的铭牌暂载率；

$\quad\quad FC_{100}$——暂载率为 100%；

$\quad\quad \cos\varphi_N$——在 S'_N 时的额定功率因数。

（4）电炉变压器的设备容量，是指额定功率因数时的有功功率，即

$$P_N = S_N \cdot \cos\varphi_N \qquad (4-7)$$

式中　S_N——电炉变压器的额定视在功率，kVA；

$\quad\quad \cos\varphi_N$——额定功率因数。

【例 4-2】　动力车间有 0.5t 电炉一台，其变压器为 HSJ-500/10，$S_N = 500\text{kVA}$，$\cos\varphi_N = 0.92$。试计算其 P_N。

解： $P_N = S_N \cos\varphi_N = 500 \times 0.92 = 460$（kW）

（5）照明用电设备的设备容量，是指灯头标出的功率。

荧光灯、高压水银荧光灯、金属卤化物灯等采用镇流器，要考虑镇流器中的功率损失，其设备容量为该灯额定功率的 $1.1 \sim 1.2$ 倍。

（6）不对称单相负荷的设备容量。应力求将单相用电设备均匀地分接到三相上，尽量避免三相负载不平衡。当单相用电设备的总容量不超过三相用电设备总容量的 15% 时，可直接按三相平衡负荷考虑；如单相用电设备不对称容量大于三相用电设备总容量的 15%，则设备容量 P_{Ng} 应按三倍最大相负荷的原则进行换算，再与三相用电设备一起进行负荷计算

单相负荷 P_{Nx} 接于相电压时 $\qquad P_{Ng} = 3P_{Nx}$

单相负荷 P_{Nx} 接于线电压时 $\qquad P_{Ng} = \sqrt{3}P_{Nx}$ $\qquad\qquad (4-8)$

2. 单个用电设备的计算负荷 P_{C1}

对于可长期连续工作的单台用电设备，考虑到此台设备总会有满负荷的可能，故设备容量就是计算负荷，即

$$P_{C1} = P_N \qquad (4-9)$$

当单台用电设备需考虑运行效率时，则

$$P_{C1} = \frac{P_N}{\eta} \qquad (4-10)$$

式中　P_N——单台用电设备的设备容量；

$\quad\quad \eta$——设备在额定负载下的运行效率。

二、确定用电设备组计算负荷

先将用电设备按工作性质分组，再按下式确定各用电设备组的计算负荷 P_{C2}

$$\left.\begin{aligned} P_{C2} &= K_{d}\Sigma P_{C1} = K_{d}\Sigma P_{N} \quad (kW) \\ Q_{C2} &= P_{C2}tg\varphi \quad (kvar) \\ S_{C2} &= \sqrt{P_{C2}^{2} + Q_{C2}^{2}} \quad (kVA) \\ I_{C2} &= \frac{S_{C2}}{\sqrt{3}\,U_{n}} \quad (A) \end{aligned}\right\} \quad (4-11)$$

式中　　　ΣP_{N}——该用电设备组的设备容量总和；

　　　　　K_{d}——该用电设备组的需要系数；

P_{C2}、Q_{C2}、S_{C2}——该用电设备组的有功、无功、视在计算负荷。

用电设备组需要系数 K_{d} 的意义解释如下：

（1）该组中各用电设备不一定同时工作，故在负荷计算时要考虑一个同时使用系数 K_{sim}，以反映在最大负荷时，工作着的用电设备容量与该组全部用电设备总容量之比；

（2）工作着的各用电设备，未必全是满载运行，故负荷计算时要考虑负载系数 K_{1d}，以反映在最大负荷时，工作着的用电设备实际所需功率与该组用电设备总设备容量之比值；

（3）各用电设备都有一定效率，故要考虑用电设备组的平均效率 η_{av}；

（4）通往各用电设备的供电线路上有线路功率损耗，故要考虑线路效率 η_{L}；

（5）加工条件、工人操作水平均会影响用电设备的耗用功率，可用工作系数 K_{g} 来表示。

综上所述，用电设备组的计算负荷 P_{C2} 可表示为

$$P_{C2} = \frac{K_{t}K_{1d}}{\eta_{L}\eta_{av}} \times K_{g}\Sigma P_{N}$$

故有

$$K_{d} = \frac{K_{t}K_{1d}}{\eta_{L}\eta_{av}} \times K_{g} \leqslant 1$$

由此可见，需要系数是将影响计算负荷的许多因素综合而成的一个系数。要准确地计算这些因素相当困难，通常只能实测和进行统计。当 K_{d} 值在一定范围变动时，应根据生产工艺、设备台数和容量等具体情况合理选取。

（1）当台数多时一般取用较小值，台数少时取用较大值；当少于或等于3台时，一般将额定容量的总和作为计算负荷；

（2）设备使用率高时取用较大值，使用率低时取用较小值。

【例 4-3】　已知小批量生产的冷加工机床组，计有电压为 380V、7kW 的三相电动机 3台，4.5kW8 台，2.8kW17 台，1.7kW10 台。试求其计算负荷。

解： 此机床组电动机的总容量为

$$P_{N} = 3 \times 7 + 8 \times 4.5 + 17 \times 2.8 + 10 \times 1.7 = 122(kW)$$

查表 $K_{d} = 0.14 \sim 0.16$，取 $K_{d} = 0.16$，及 $\cos\varphi = 0.5$，$tg\varphi = 1.73$，得

有功计算负荷 $P_{C} = K_{d} \cdot P_{N} = 0.16 \times 122 = 19.5$ （kW）

无功计算负荷 $Q_{C} = P_{C} \cdot tg\varphi = 19.5 \times 1.73 = 33.7$ （kvar）

视在计算负荷 $S_{C} = P_{C}/\cos\varphi = 19.5/0.5 = 39$ （kVA）

计算电流 $I_{C} = S_{C}/\sqrt{3}\,U_{N} = 39/(\sqrt{3} \times 0.38) = 59$ （A）

三、多组用电设备总计算负荷

确定拥有多组用电设备的干线上或车间变电所低压母线上的计算负荷时，由于各组用电

设备的需要系数不同，最大负荷出现的时间也不同，所以需将各用电设备组的计算负荷累计相加后乘以最大负荷同期系数 K_Σ。

由此可得多组用电设备总计算负荷为

$$\left.\begin{aligned}
P_{C3} &= K_{\Sigma p}\Sigma P_{C2} &&\text{（kW）}\\
Q_{C3} &= K_{\Sigma Q}\Sigma Q_{C2} &&\text{（kvar）}\\
S_{C3} &= \sqrt{P_{C3}^2 + Q_{C3}^2} &&\text{（kVA）}\\
I_{C3} &= \frac{S_{C3}}{\sqrt{3}\,U_N} &&\text{（A）}
\end{aligned}\right\} \qquad (4-12)$$

式中　P_{C3}、Q_{C3}、S_{C3}——多组用电设备有功、无功、视在计算负荷；

ΣP_{C2}、ΣQ_{C2}——各用电设备组的有功、无功计算负荷的总和；

$K_{\Sigma P}$、$K_{\Sigma Q}$——最大负荷时有功及无功负荷的同期系数，见表 4-11。

表 4-11　　　　　　　　　　需要系数法的最大负荷同期系数

应　用　范　围	K_Σ
一、确定车间变电所低压母线的最大负荷时，所采用的有功负荷同期系数	
1. 冷加工车间	0.7~0.8
2. 热加工车间	0.7~0.9
3. 动力站	0.8~1.0
二、确定配电所母线的最大负荷时，所采用的有功负荷同期系数	
1. 计算负荷小于 5000kW	0.9~1.0
2. 计算负荷为 5000~10000kW	0.85
3. 计算负荷超过 10000kW	0.80

注　1. 无功负荷的同期系数 $K_{\Sigma Q}$ 一般采用与有功负荷的同期系数 $K_{\Sigma P}$ 相同数值；

　　2. 当由全厂各车间的设备容量直接计算全厂最大负荷时，应同时乘以表中两种同期系数。

当变电所的低压母线上装有无功补偿用的静电电容器组时，计算 Q_{C3} 要减去无功补偿容量 Q_{CP3} 即

$$Q_{C3} = K_{\Sigma Q}\Sigma Q_{C2} - Q_{CP3}$$

计算低压干线的计算负荷用于选择低压干线（或电缆）的截面以及该干线的开关设备。

【例 4-4】　某机修车间，380V 线路上接有冷加工机床电动机 20 台，共 50kW（其中较大容量电动机有 7kW1 台，4.5kW2 台，2.8kW7 台），通风机 2 台，共 5.6kW，电阻炉 1 台 2kW。试确定此线路上的计算负荷。

解：先求出各组的计算负荷。

（1）冷加工机床组　查表 4-7，取 $K_d = 0.16$，$\cos\varphi = 0.5$，$\text{tg}\varphi = 1.73$，则

$$P_{C2.1} = K_d P_N = 0.16 \times 50 = 8 \text{（kW）}$$

$$Q_{C2.1} = P_{C2.1}\text{tg}\varphi = 8 \times 1.73 = 13.84 \text{（kvar）}$$

（2）通风机组　查表 4-7　取 $K_d = 0.8$，$\cos\varphi = 0.8$，$\text{tg}\varphi = 0.75$，则

$$P_{C2.2} = K_d P_N = 0.8 \times 5.6 = 4.48 \text{（kW）}$$

$$Q_{C2.2} = P_{C2.2}\text{tg}\varphi = 4.48 \times 0.75 = 3.36 \text{（kvar）}$$

（3）电阻炉 查表 4 - 7 取 $K_d = 0.7$，$\cos\varphi = 0.98$，$\text{tg}\varphi = 0.2$，则

$$P_{C2.3} = K_d P_N = 0.7 \times 2 = 1.4 \ (\text{kW})$$

$$Q_{C2.3} = P_{C2.3}\text{tg}\varphi = 0.28 \ (\text{kvar})$$

因此总计算负荷为（取 $K_{\Sigma P} = K_{\Sigma Q} = 0.95$）

$$P_{C3} = K_{\Sigma P}\Sigma P_{C2} = 0.95 \times \ (8 + 4.48 + 1.4) = 13.9 \ (\text{kW})$$

$$Q_{C3} = K_{\Sigma Q}\Sigma Q_{C2} = 0.95 \times \ (13.84 + 3.36 + 0.28) = 17.48 \ (\text{kvar})$$

$$S_{C3} = \sqrt{P_{C3}^2 + Q_{C3}^2} = \sqrt{13.9^2 + 17.48^2} = 22.33 (\text{kvar})$$

$$I_{C3} = S_{C3}/\sqrt{3}\,U_N = 22.3 \times 1000/(\sqrt{3} \times 380) = 33.9 (\text{A})$$

四、确定车间变电所中变压器高压侧的计算负荷（P_{C4}）

将车间变电所低压母线的计算负荷加上车间变压器的功率损耗，即可得其高压侧负荷。其计算公式为

$$\left.\begin{array}{l} P_{C4} = P_{C3} + \Delta P_T \quad\quad (\text{kW}) \\ Q_{C4} = Q_{C3} + \Delta Q_T \quad\quad (\text{kvar}) \\ S_{C4} = \sqrt{P_{C4}^2 + Q_{C4}^2} \quad (\text{kVA}) \end{array}\right\} \quad\quad (4 - 13)$$

式中　P_{C4}、Q_{C4}、S_{C4}——车间变电所中变压器高压侧的有功、无功、视在计算负荷；

ΔP_T、ΔQ_T——变压器的有功损耗与无功损耗。

当负荷计算尚未选择变压器时，可根据变压器低压母线上的计算负荷 S_{C3} 按式（4 - 12）估算

$$\left.\begin{array}{l} \Delta P_T = 2\% S_{C3} \quad\quad\quad (\text{kW}) \\ \Delta Q_T = (8 \sim 10)\% S_{C3} \quad\quad (\text{kvar}) \end{array}\right\} \quad\quad (4 - 14)$$

变压器高压侧的计算负荷，可用于选择车间变电所高压侧供电线路的导线截面。

五、确定车间变电所高压母线上的计算负荷（P_{C5}）

当车间变电所的高压母线上接有多台电力变压器时，将各车间变压器高压侧计算负荷相加，即得车间变电所高压母线上的计算负荷。其有功、无功、视在计算负荷 P_{C5}、Q_{C5}、S_{C5} 分别为

$$\left.\begin{array}{l} P_{C5} = K_{\Sigma P} \cdot \Sigma P_{C4} \\ Q_{C5} = K_{\Sigma Q} \cdot \Sigma Q_{C4} \\ S_{C5} = \sqrt{P_{C5}^2 + Q_{C5}^2} \end{array}\right\} \quad\quad (4 - 15)$$

式中，同期系数可以取大一些。

六、确定总降压变电所出线上的计算负荷（P_{C6}）

确定此计算负荷时应将各车间变电所高压母线上的计算负荷 P_{C5} 相加，再加上供配电线路中的功率损耗。因为工厂厂区范围不算太大，高压线路中电流又较小，所以高压配电线路中产生的功率损耗 ΔP_2、ΔQ_2 较小，在负荷计算中可忽略不计，故有

$$\left.\begin{array}{l} P_{C6} = \Sigma P_{C5} + \Delta P_2 \approx \Sigma P_{C5} \\ Q_{C6} = \Sigma Q_{C5} + \Delta Q_2 \approx \Sigma Q_{C5} \\ S_{C6} = \sqrt{P_{C6}^2 + Q_{C6}^2} = \sqrt{(\Sigma P_{C5})^2 + (\Sigma Q_{C5})^2} = \Sigma S_{C5} \end{array}\right\} \quad\quad (4 - 16)$$

此计算负荷可用以选择总降压变电所 6～10kV 出线的导线（或电缆）截面及出口开关设备。

七、确定总降压变电所低压母线的计算负荷（P_{C7}）

考虑到各路 6～10kV 配电线路的最大负荷一般不同时出现，故应将各路出线的计算负荷相加后再乘以同期系数。如在 6～10kV 低压母线侧装高压电容器进行无功补偿，则在总无功功率 Q_{C7} 中应减去补偿容量 Q_{CP7}，由此可得

$$\left.\begin{array}{l} P_{C7} = K_{\Sigma P} \cdot \Sigma P_{C6} \\ Q_{C7} = K_{\Sigma Q} \cdot \Sigma Q_{C6} - Q_{CP7} \\ S_{C7} = \sqrt{P_{C7}^2 + Q_{C7}^2} \end{array}\right\} \tag{4-17}$$

此计算负荷可用以选择 6～10kV 母线截面、开关设备及总降压变电所主变压器容量。

八、确定全厂总设计负荷（P_{C8}）

将总降压变电所低压母线上的计算负荷（P_{C7}、Q_{C7}）加上主变压器的功率损耗（ΔP_T、ΔQ_T），即可求得全厂总计算负荷 P_{C8}、Q_{C8}、S_{C8} 为

$$\left.\begin{array}{l} P_{C8} = P_{C7} + \Delta P_T \\ Q_{C8} = Q_{C7} + \Delta Q_T \\ S_{C8} = \sqrt{P_{C8}^2 + Q_{C8}^2} \end{array}\right\} \tag{4-18}$$

同时，也可求得全厂最大负荷时的功率因数和需要系数的计算值

$$\cos\varphi_8 = \frac{P_{C8}}{S_{C8}} \tag{4-19}$$

$$K_{d(C)} = \frac{P_{C8}}{\Sigma P_N} \tag{4-20}$$

计算负荷 P_{C8}，是向供电部门提供的全厂最大有功负荷（或称全厂最高需用容量），作为申请用电之依据。

【例 4-5】 某厂机修车间用电设备清单如表 4-12 所示，试求该车间计算负荷。

表 4-12 　　　　　　　　　　　　某厂机修车间用电设备清单

设备编号	用电设备名称	台数	设备铭牌额定容量（kW）	额定电压（V）	相数	备注
1	车、铣、刨床	20	160	380	3	
2	镗、磨、钻床	4	30	380	3	
3	砂轮、锯床	2	11.8	380	3	
4	轴流风扇	8	8×1.5	380	3	
5	校验设备	3	2+3+2	380	3	
6	吊车	1	11+11+1.5	380	3	$FC = 25\%$
7	吊车	1	7.5	380	3	$FC = 25\%$
8	电焊机	2	2×22kVA	380	1	$FC = 65\%$，$\cos\varphi_N = 0.5$

解： 首先将工艺性质相同的，并有相近需要系数的用电设备合并成组。分成如下 5 组。

（1）冷加工机床类设备容量

$$\Sigma P_{N1} = 160 + 30 + 11.8 = 201.8(kW)$$

（2）起重机类设备容量。因为已知铭牌额定容量已是 $FC = 25\%$ 时的数值，故不必进行换算

$$\Sigma P_{N2} = 11 + 11 + 1.5 + 7.5 = 31(kW)$$

（3）通风机类设备容量

$$\Sigma P_{N3} = 8 \times 1.5 = 12(kW)$$

（4）电焊机类设备容量。应统一换算到 $FC = 100\%$ 时的额定容量

$$P_{N4} = \sqrt{FC} \cdot S_N \cdot \cos\varphi_N = \sqrt{\frac{65}{100}} \times 22 \times 0.5 = 8.87(kW)$$

$$\Sigma P_{N4} = 2 \times 8.87 = 17.7(kW)$$

（5）校验设备容量

$$\Sigma P_{N5} = 2 + 3 + 2 = 7(kW)$$

（6）照明设备容量。按不同性质车间，则建筑物的单位面积照明容量法估算为

$$照明设备容量 = \frac{房间平面面积\ S\ (m^2)\ \times 单位面积容量\ 20\ (W/m^2)}{1000}$$

单位建筑面积照明容量见表 4 – 13。

表 4 – 13   单位建筑面积照明容量

序　　号	房间名称	功率指标 (W/m²)	序　　号	房间名称	功率指标 (W/m²)
1	金工车间	6	14	各种仓库（平均）	5
2	装配车间	9	15	生活间	8
3	工具修理车间	8	16	锅炉房	4
4	金属结构车间	10	17	机车库	8
5	焊接车间	8	18	汽车库	8
6	锻工车间	7	19	住宅	4
7	热处理车间	8	20	学校	5
8	铸钢车间	8	21	办公楼	5
9	铸铁车间	8	22	单身宿舍	4
10	木工车间	11	23	食堂	4
11	实验室	10	24	托儿所	5
12	煤气站	7	25	商店	5
13	压缩空气站	5	26	浴室	3

注　表内数字按白炽灯计算，仅供粗略估算时参考。

已知机修车间的车间平面面积 $S = 30 \times 20 = 600 m^2$，则该车间的照明设备容量为

$$\Sigma P_{N6} = \frac{600 \times 6}{1000} = 3.6(kW)$$

因为380V单相的电焊设备共17.7kW，220V单相照明负荷共3.6kW，总计没有超过三相总负荷的15%，故不需进行不对称单相负荷设备容量的换算。其负荷计算结果见表4-14。

表4-14   **机修车间负荷计算表**

用电设备名称	数量 (台)	设备容量 P_N (kW)	需要系数 K_d	$\cos\varphi$	+ $\mathrm{tg}\varphi$	计算负荷			备 注
						P_C (kW)	Q_C (kvar)	S_C (kVA)	
冷加工机床	26	201.8	0.14	0.5	1.33	28.3	48.9		非批量生产
起重机	2	31	0.15	0.5	1.73	4.7	8		使用率高
通风机（卫生用）	8	12	0.65	0.8	0.75	7.8	5.9		台数较多
电焊设备（单头手头电焊变压器）	2	17.7	0.35	0.35	2.68	6.2	16.6		其他车间也有
校验设备	3	7	0.25	0.2	4.91	1.75	8.6		带试验变压器
照 明		3.6	0.8	1.0	0	2.9	0		
小 计	41	273.1				51.7	88		
小计×同期系数						46.5	79.2		$K_{\Sigma P} = K_{\Sigma Q} = K_\Sigma = 0.9$
合 计						46.5	79.2	91.8	

第五节　按利用系数法确定计算负荷

利用系数是求平均负荷的系数。通过利用系数 K_x、平均利用系数 $K_{x\cdot av}$、有效台数 n_e、最大系数 K_{max} 等可确定计算负荷。其计算步骤如下。

1．用电设备组在最大负荷班内的平均负荷 P_{av}、Q_{av}

$$\left.\begin{array}{l} P_{av} = K_x P_N \\ Q_{av} = P_{av}\mathrm{tg}\varphi \end{array}\right\} \tag{4-21}$$

式中　P_N——每一用电设备组的设备容量之和，对于反复短时工作制的用电设备容量，要统一换算到 $FC = 100\%$，其他用电设备容量的确定和需要系数法相同，kW；

　　　K_x、$\mathrm{tg}\varphi$——各用电设备组在最大负荷班内的利用系数及对应的功率因数正切值，见表 4-15。

2．求平均利用系数 $K_{x\cdot av}$

$$K_{x\cdot av} = \Sigma P_{av}/\Sigma P_N \tag{4-22}$$

式中　ΣP_{av}——各用电设备组的平均有功负荷之和，kW；

　　　ΣP_N——各用电设备组的设备容量之和，kW。

3．求有效台数 n_e

有效台数是将不同设备容量和工作制的用电设备台数换算为相同的设备容量和工作制的等效台数。

先计算大容量用电设备的台数及容量的相对比值 n' 和 P'（$m = P_{n\cdot max}/P_{n\cdot min} > 3$，$K_x < 0.2$）

$$n' = n_1/n \tag{4-23}$$

$$P' = \Sigma P_{n1}/\Sigma P_N \tag{4-24}$$

表 4-15　用电设备组的利用系数 K_x

用 电 设 备 组 名 称	K_x	$\cos\varphi$	$\text{tg}\varphi$
一般工作制小批生产用金属切削机床：小型车床、刨、插、铣、钻床、砂轮机等	0.1~0.12	0.5	1.73
同上，但为大批生产用	0.14	0.6	1.33
重工作制金属切削机床：冲床、自动冲床、六角车床、粗磨、铣齿、大型车床、刨、铣、立车、镗床等	0.16	0.55	1.51
小批生产金属热加工机床：锻锤传动装置、锻造机、拉丝机、清理转磨筒、碾磨机等	0.17	0.6	1.33
大批生产金属热加工机床	0.2	0.65	1.17
生产用通风机	0.55	0.8	0.75
卫生用通风机	0.5	0.8	0.75
泵、空气压缩机、电动发电机组	0.55	0.85	0.62
移动式电动工具	0.05	0.5	1.73
不连锁的提升机、皮带运输机、螺旋运输机等连续运输机械	0.35	0.75	0.88
连锁的提升机、皮带运输机、螺旋运输机等连续运输机械	0.5	0.75	0.88
吊车及电葫芦（$JC=100\%$）	0.15~0.2	0.5	1.73
电阻炉、干燥箱、加热设备	0.55~0.65	0.95	0.33
试验室用小型电热设备	0.35	1.0	0
电弧炼钢炉：3~10t	0.6~0.65	0.87	0.56
电弧炼钢炉：0.5~1.5t	0.5	0.8	0.75
电弧炼钢炉：0.25~0.5t	0.65	0.85	0.62
单头电焊用电动发电机组	0.25	0.6	1.33
多头电焊用电动发电机组	0.5	0.7	1.02
单头电焊变压器	0.25	0.35	2.67
多头电焊变压器	0.3	0.35	2.67
自动弧焊机	0.3	0.5	1.73
缝焊机及点焊机	0.25	0.6	1.33
对焊机及铆钉加热器	0.25	0.7	1.02
低频感应电炉	0.75	0.35	2.67
高频感应电炉（用电动发电机组）	0.75	0.8	0.75
高频感应电炉（用真空管振荡器）	0.65	0.65	1.17

式中　n_1——在所有用电设备中，单台设备容量超过其中最大一台用电设备的设备容量一半以上的台数；

　　　n——用电设备的总台数；

　　　ΣP_{n1}——n_1 台用电设备的设备容量之和，kW；

ΣP_N——n 台用电设备的设备容量之和，kW；

$P_{n \cdot max}$——设备组中最大一台设备功率；

$P_{n \cdot min}$——设备组中最小一台设备功率。

根据 n' 和 P'，从表 4 - 16 查得相对有效台数 n'_e 后则有效台数 n_e 为

$$n_e = n'_e n \tag{4 - 25}$$

表 4 - 16　　　　　　按 n' 及 P' 决定用电设备相对有效台数值 $n'_e = \dfrac{n_e}{n}$

$n' = \dfrac{n_1}{n}$	$P' = \dfrac{\Sigma P_{n1}}{\Sigma P_N}$																	
	1.0	0.95	0.9	0.85	0.8	0.75	0.7	0.65	0.6	0.55	0.5	0.45	0.4	0.35	0.3	0.25	0.2	0.15	0.1
0.01	0.01	0.01	0.01	0.01	0.02	0.02	0.02	0.02	0.03	0.03	0.04	0.05	0.06	0.08	0.10	0.14	0.20	0.32	0.52
0.02	0.02	0.02	0.02	0.03	0.03	0.03	0.04	0.04	0.05	0.06	0.07	0.09	0.11	0.14	0.19	0.26	0.36	0.51	0.71
0.03	0.03	0.03	0.04	0.04	0.04	0.05	0.06	0.07	0.08	0.09	0.11	0.13	0.16	0.21	0.27	0.36	0.48	0.64	0.81
0.04	0.04	0.04	0.05	0.05	0.06	0.07	0.08	0.09	0.10	0.12	0.15	0.18	0.22	0.27	0.34	0.44	0.57	0.72	0.86
0.05	0.05	0.05	0.06	0.07	0.07	0.08	0.10	0.11	0.13	0.15	0.18	0.22	0.26	0.33	0.41	0.51	0.64	0.79	0.90
0.06	0.06	0.06	0.07	0.08	0.09	0.10	0.12	0.13	0.15	0.18	0.21	0.26	0.31	0.38	0.47	0.58	0.70	0.83	0.92
0.08	0.08	0.08	0.09	0.11	0.12	0.13	0.15	0.17	0.20	0.24	0.28	0.33	0.40	0.48	0.57	0.68	0.79	0.89	0.94
0.10	0.09	0.10	0.12	0.13	0.15	0.17	0.19	0.22	0.25	0.29	0.34	0.40	0.47	0.56	0.66	0.76	0.85	0.92	0.95
0.15	0.14	0.16	0.17	0.20	0.23	0.25	0.29	0.32	0.37	0.42	0.48	0.56	0.67	0.72	0.80	0.88	0.93	0.95	
0.20	0.19	0.21	0.23	0.26	0.29	0.33	0.37	0.42	0.47	0.54	0.64	0.69	0.76	0.83	0.89	0.93	0.95		
0.25	0.24	0.26	0.29	0.32	0.36	0.41	0.45	0.51	0.57	0.64	0.71	0.78	0.85	0.90	0.93	0.95			
0.30	0.29	0.32	0.35	0.39	0.43	0.48	0.53	0.60	0.66	0.73	0.80	0.86	0.90	0.94	0.95				
0.35	0.33	0.37	0.41	0.45	0.50	0.56	0.62	0.68	0.74	0.81	0.86	0.91	0.94	0.95					
0.40	0.38	0.42	0.47	0.52	0.57	0.63	0.69	0.75	0.81	0.86	0.91	0.93	0.95						
0.45	0.43	0.47	0.52	0.58	0.64	0.70	0.76	0.81	0.87	0.91	0.93	0.95							
0.50	0.48	0.53	0.58	0.64	0.70	0.76	0.82	0.87	0.91	0.94	0.95								
0.55	0.52	0.57	0.63	0.69	0.75	0.82	0.87	0.91	0.94	0.95									
0.60	0.57	0.63	0.69	0.75	0.81	0.87	0.91	0.94	0.95										
0.65	0.62	0.68	0.74	0.81	0.86	0.91	0.94	0.95											
0.70	0.66	0.73	0.80	0.86	0.90	0.94	0.95												
0.75	0.71	0.78	0.85	0.90	0.93	0.95													
0.80	0.76	0.83	0.89	0.94	0.95														
0.85	0.80	0.88	0.93	0.95															
0.90	0.85	0.92	0.95																
1.00	0.95																		

4. 求最大系数 K_{max}

最大系数 K_{max} 是最大负荷班内的 30min 最大平均有功负荷 P_C 与总平均负荷 ΣP_{av} 之比，其值与负荷系数 α 的倒数接近

$$K_{max} = P_C / \Sigma P_{av}$$

根据有效台数 n_e 和平均利用系数 $K_{x \cdot av}$ 从表 4 - 17 可查得最大系数 K_{max}。在负荷系数 α 已知，负荷变动不激烈时，可令 $K_{max} = \dfrac{1}{\alpha}$。

表 4 – 17　　　按用电设备有效台数 n_e 及平均利用系数 $K_{x \cdot av}$ 决定最大系数 K_{max} 值

n_e	$K_{x \cdot av}$								
	0.1	0.2	0.3	0.4	0.5	0.6	0.7	0.8	0.9
1	—	—	3.0	2.5	2.0	1.65	1.4	1.25	1.1
2	—	2.9	2.6	2.1	1.85	1.6	1.35	1.25	1.1
4	3.2	2.5	2.1	1.9	1.65	1.55	1.35	1.25	1.1
6	2.7	2.2	1.95	1.75	1.5	1.5	1.3	1.2	1.1
8	2.5	2.0	1.8	1.65	1.45	1.4	1.3	1.2	1.1
10	2.3	1.9	1.7	1.55	1.4	1.35	1.3	1.2	1.1
12	2.2	1.8	1.65	1.5	1.4	1.35	1.25	1.2	1.1
14	2.1	1.75	1.6	1.5	1.35	1.3	1.25	1.15	1.1
16	2.0	1.7	1.55	1.45	1.35	1.3	1.25	1.15	1.1
18	1.95	1.65	1.5	1.4	1.3	1.25	1.2	1.15	1.1
20	1.9	1.6	1.5	1.4	1.3	1.25	1.2	1.15	1.1
25	1.8	1.55	1.45	1.35	1.25	1.2	1.15	1.15	1.1
30	1.7	1.5	1.4	1.3	1.25	1.2	1.2	1.15	1.1
35	1.65	1.45	1.4	1.3	1.25	1.2	1.15	1.1	1.05
40	1.6	1.4	1.35	1.3	1.25	1.2	1.15	1.1	1.05
50	1.5	1.35	1.30	1.25	1.20	1.1	1.1	1.1	1.05
100	1.45	1.3	1.2	1.2	1.15	1.15	1.1	1.50	1.05

5. 确定计算负荷

$$
\left.
\begin{aligned}
P_C &= K_{max} \Sigma P_{av} \\
Q_C &= K_{max} \Sigma Q_{av} \\
S_C &= \sqrt{P_C^2 + Q_C^2}
\end{aligned}
\right\}
\tag{4 – 26}
$$

用利用系数确定计算负荷时，在求得 ΣP_{av} 和 ΣQ_{av} 后，只需要乘 K_{max} 即可。不需再乘同期系数。该法求计的 P_C 是各类负荷总和的最大值，而需要系数法求计的 P_c 是各类负荷最大值的总和。显然，两种方法在概念上是有区别的。

【例 4 – 6】　用利用系数法求机修车间的计算负荷。

解：（1）各用电设备组的平均负荷计算列表如表 4 – 18 所示，表 4 – 18 中吊车组的设备容量总和是换算到 FC_{100} 的值。

表 4 – 18　　　各用电设备组的平均负荷计算表

用电设备组	P_N	K_x	$\cos\varphi$	$\text{tg}\varphi$	P_{av}	Q_{av}
冷加工机床	201.8	0.12	0.50	1.73	24.2	41.9
吊　　车	15.5	0.20	0.50	1.73	3.1	5.4
卫生通风设备	12	0.5	0.8	0.75	6	4.5
电焊设备	17.7	0.25	0.60	1.33	4.43	5.9
其他用电设备	10.6	0.45	0.75	0.88	4.77	4.2

(2) 求 $K_{x \cdot av} = \Sigma P_{av} / \Sigma P_N = 42.5/257.6 = 0.165$。

(3) 求 n_e。

已知该车间 $n = 46$ 台，$\Sigma P_N = 257.6 kW$，最大一台设备容量是 14.2kW，而 $n_1 = 14$ 台，$\Sigma P_{n1} = 161.7 kW$。

则 $n' = n_1 / n = 14/46 = 0.304$

$$P' = \Sigma P_{n1} / \Sigma P_N = 161.7/257.6 = 0.628$$

查表 $4-16$ $n'_e = 0.63$，则 $n_e = n'_e n = 0.63 \times 46 = 29$

查表 $4-17$ 用插入法求得 $K_{max} = 1.6$。

(4) 求机修车间的计算负荷

$$P_C = K_{max} \Sigma P_{av} = 1.6 \times 42.5 = 68 (kW)$$

$$Q_C = K_{max} \Sigma Q_{av} = 1.6 \times 61.9 = 99 (kvar)$$

$$S_C = \sqrt{P_C^2 + Q_C^2} = \sqrt{68^2 + 99^2} = 120.1 (kVA)$$

第六节 计算负荷估算法

在初步设计特别是进行方案比较时，车间或企业的年平均有功功率、无功功率等值，常可按下述估算法计算。

一、单位产品耗电量法

根据企业年产量的定额 m 和该产品的单位产品电能耗量 W 可先求出企业年电能消耗量 W_a（单位 kWh）。

$$W_a = W \cdot m \qquad (4-27)$$

式中，W 由工艺设计提供或参考现有资料，见表 $4-19$。于是可求得最大有功负荷为

$$P_C = P_{max} = \frac{W_a}{T_{max}} \qquad (4-28)$$

式中 T_{max} 是最大有功负荷年利用小时数，见表 $4-6$。

【例 $4-7$】 某自行车制造厂，年产量为 20 万辆，最大负荷年利用小时数 T_{max} 为 4000h，试估算该厂的计算负荷。

解 由表 $4-19$ 查得单位产品耗电量为 20kWh，故

$$W_a = 200000 \times 20 = 4 \times 10^6 (kWh)$$

则

$$P_C = P_m = \frac{W_a}{T_{max}} = \frac{4 \times 10^6}{4 \times 10^3} = 1000 (kW)$$

二、车间生产面积负荷密度法

当车间生产面积负荷密度指标 P（单位为 kW/m^2）和车间生产面积 S 为已知时，则车间的平均负荷 P_{av} 可由下式计算

$$P_{av} = P \cdot S \quad (kW) \tag{4-29}$$

三、平均电度法

若已知工厂用电设备 1kW 安装功率所需的平均电量为 α（单位为 kWh/kW），也可进行负荷估算，此时该厂的平均负荷为

表 4-19 　　　　　　　　　各种单位产品的电能消耗量

标准产品	产品单位	单位产品耗电量 （kWh）	标准产品	产品单位	单位产品耗电量 （kWh）
有色金属铸造	1t	600~1000	变压器	1kVA	2.5
铸铁件	1t	300	静电电容器	1kvar	3
锻铁件	1t	30~80	电动机	1kW	14
拖拉机	1台	5000~8000	量具刃具	1t	6300~8500
汽车	1辆	1500~2500	工作母机	1t	1000
自行车	1辆	20~25	重型机床	1t	1600
轴承	1套	1~2.5~4	纱	1t	40
电表	1只	7	橡胶制品	1t	250~400

$$P_{av} = \alpha P_N / T_h \tag{4-30}$$

式中 P_N 为设备总安装容量，单位 kW。T_h 是年工作小时数，单位 h。

第七节　全厂负荷计算实例

某厂有机修车间、焊接车间、装配车间、线圈车间、水泵房、锅炉房。均为低压 380V 的电力负荷，表 4-20 中已给出各车间和用电部门的计算负荷。机修车间负荷的计算见 [例 4-5]。本示例全厂负荷计算采用需要系数法。

一般在全厂负荷计算以前，必须具备工厂各车间用电设备清单，单上应有各种用电设备的额定技术数据，如电压、电流、功率因数、功率等。此外还必须了解各车间生产工艺、自动化装置、设备布置以及车间或全厂的平面图等。这些都是负荷计算的必备资料。

表 4-20 　　某厂各车间低压负荷计算结果

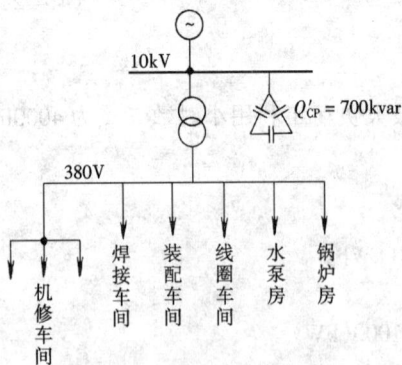

车间名称	电力负荷		
	P_N（kW）	P_C（kW）	Q_C（kvar）
机修车间	273.1	51.7	87.4
焊接车间	831.9	336.2	336.1
装配车间	716.7	342	258.1
线圈车间	540	232.2	188
水泵房	175	138.3	103.2
锅炉房	11.7	9.1	6.9

图 4-9　某厂电气一次接线示意图

某厂电气一次接线示意图见图 4-9，各车间低压负荷计算结果见表 4-20，全厂负荷计算结果见表 4-21。

10kV 配电工程设计手册

表 4 – 21 全厂总负荷计算表

序号	车间名称	设备容量 (kW)	计算负荷			备 注
			P_C (kW)	Q_C (kvar)	S_C (kVA)	
1	机修车间	273.1	51.7	87.4		
2	焊接车间	831.9	336.2	336.1		
3	装配车间	716.7	342	258.1		
4	线圈车间	540	232.2	188.0		
5	水泵房	175	138.3	103.2		
6	锅炉房	11.7	9.1	6.9		
	小 计	2548	1109.5	979.7		
全厂低压侧 $K_\Sigma = 0.9$			998.6	881.7	1332	最大负荷时 $\cos\varphi = 0.749$
变压器功率损耗			26.6	133.2		
变压器高压侧			1025.2	1014.9		
补偿前全厂高压侧 $K_\Sigma = 1$			1025.2	1014.9	1442	补偿前最大负荷时 $\cos\varphi = 0.71$
高压移相电容器补偿				– 700		
补偿后全厂高压侧			1025.2	314.9	1072.5	补偿后总平均功率因数 $\cos\varphi_{av} = 0.956$

第五章

规划设计技术原则

第一节 电压等级

一、常用国家标准配电电压（GB1 56—1993）摘要

高压配电电压 35、66、110kV；

中压配电电压 1、6、10（20）kV；

低压配电电压 380/220V。

注：括号内为有要求时适用。

二、各级电压电力线路输送容量及距离参数（见表 5－1）

表 5－1 各级电压电力线路输送容量及距离

电压（kV）	输送容量（MW）	输送距离（km）	电压（kV）	输送容量（MW）	输送距离（km）
110	10～30	50～150	0.380	100 以下	0.6 以下
10	0.2～2（4）	20～6（<6）	0.220	50 以下	0.15 以下

注 1. 表中无括号为架空线，有括号为电缆线。

2. 计算条件：最大线芯截面 240mm^2，电压损失 ≤5%，$\cos\varphi = 0.85$。

三、采用 10、20kV 配电电压优缺点的比较（见表 5－2）

表 5－2 10、20kV 配电电压优缺点的比较

比较内容	电压（kV）		比较内容	电压（kV）	
	10	20		10	20
1. 中压开关柜价格	7.2－12－24（kV）	开关柜同价	5. 征地面积	多	小
2. 输送容量	小	大	6. 建设费用	大	小
3. 输送距离	近	远	7. 年运行费用	多	小
4. 设备数量	多	小	8. 绝缘水平	中压	同一等级内

四、适宜采用 20kV 配电的地区

（1）负荷密度很高地区。

（2）原为 10kV 供电，当增容很大时可升压为 20kV，以解决增容的困难。

（3）农村轻负荷但送电距离要增加很远时。

（4）苏州工业园正使用，某特区内负荷密度极高，在考虑电网增容改造时要使用 20kV。

（5）巴黎市区大量使用，新加坡使用，某特区考虑升压用。

第二节 供电可靠性

城网规划考虑的供电可靠性，是指电网设备停运时对用户连续供电的可靠程度。应满足

下列两个目标中的具体规定：

一、电网供电安全准则

城市配电网的供电安全采用 N—1 准则，即：

(1) 高压变电所中失去任何一回进线或一组降压变压器时，必须保证向下一级配电网供电。

(2) 高压配电网中一条架空线、或一条电缆、或变电所中一组降压变电器发生故障停运时：

1) 在正常情况下，除故障段外，应不停电，并不得发生电压过低和设备不允许的过负荷；

2) 在计划停运情况下，又发生故障停运时，允许部分停电，但应在规定时间内恢复供电。

(3) 低压电网中当一台变压器或电网发生故障时，允许部分停电，并尽快将完好的区段在规定时间内切换至邻近电网恢复供电。

二、满足用户用电程度

电网故障造成用户停电时，允许停电的容量和恢复供电的目标时间的原则要求是：

(1) 两回路供电的用户，失去一回路后，应不停电；

(2) 三回路供电的用户，失去一回路后，应不停电，再失去一回路后，应满 70% 负荷用电；

(3) 一回路和多回路供电的用户电源全停时，恢复供电的目标时间为一回路故障处理的时间；

(4) 开环网路中的用户，环网故障时需通过电网操作恢复供电的，其目标时间为操作所需的时间。

考虑具体目标时间的原则是：负荷愈大的用户，目标时间应愈短。可分阶段规定目标时间。随着电网的改造和完善，目标时间应逐步缩短。若配备自动化装置时，故障后负荷应能自动切换。

第三节　城　市　电　网

(1) 配电网接线技术原则。

1) 电网接线标准化，有利于事故处理，转供电调度。

2) 接线方式力求简化，防止误操作。

3) 全部线路连接成网，相互支持，开环运行。重要负荷闭环运行，但相应的自动化程度要高，投资较大。

4) 配电线路供电容量留有裕度，作为其他线路故障时转供能力。

(2) 明确划分一个变电所，一条馈电线，一个配电变压器的正常供电范围，地界要清楚明显，例如以道路、河流为界，不可交错重叠。

(3) 大、中城市采用电缆配电线路，有利于公众安全和环境协调。小城市采用架空配电线路，有利于节省投资，但宜使用架空绝缘线、箱式变配电站，以保护公众安全。

第四节 中性点运行方式

一、城网中性点运行方式一般规定

220kV 直接接地（必要时也可经电阻或电抗接地）；

110kV 直接接地（必要时也可经电阻、电抗接地或经消弧线圈接地）；

63、35、10kV 不接地或经消弧线圈接地、经电阻或电抗接地；

380/220V 直接接地。

二、35、10kV 城网接地方式

35、10kV 城网中以电缆为主的电网，必要时可采用中性点经小电阻或中电阻接地。确定中性点接地方式时，必须全面研究以下各个方面。

(1) 保证供电可靠性要求；

(2) 单相接地时，健全相最大的工频电压升高尽可能小；

(3) 单相接地时的短路故障电流对通信线路干扰影响的程度应限制在容许范围之内；

(4) 单相接地时故障线路的继电保护应有足够的灵敏度和选择性；

(5) 保证在万一有人触电时能瞬即跳闸，防止严重烧伤。

第五节 无 功 补 偿

一、城网无功补偿原则

(1) 无功补偿应根据就地平衡和便于调整电压的原则进行配置。可采用分散和集中补偿相结合的方式，接近用电端的分散补偿可取得较好的经济效益，集中安装在变电所内的补偿有利于控制电压水平；

(2) 无功补偿设施应便于投切，装设在变电所和大用户处的电容器应能自动投切。

二、无功补偿设施安装地点及其容量

(1) 在 10kV 配电站中安装无功补偿设施时，应安装在低压侧母线上；当电容器能分散安装在低压用户的用电设备上时，则不需在配电站中装电容器；

(2) 在供电距离远、功率因数低的 10kV 架空线路上也可适当安装电容器，平时不投切，其容量（包括用户）一般可按线路上配电变压器总容量的 7%～10% 计，但不应在低谷负荷时使功率因数超前或电压偏移超过规定值；

(3) 用户安装的电容器可以集中安装，亦可以分散安装；前者必须能按运行需要自动投切，后者安装于所补偿的设备旁，与设备同时投切；两者中以分散安装的方法较好。提倡用户低功率因数的用电设备内装电容器。

第六节 短 路 容 量

为了取得合理的经济效益，各级电压城网的短路容量应该在网络设计时，从电压等级、变压器容量、阻抗选择、运行方式等方面进行控制，使各级电压断路器的开断电流以及设备的动热稳定电流得到配合，一般可采取下列数值：

220kV	40kA
110kV	20kA
63kV	25kA
35kV	16kA
10kV	16kA

必要时，经技术经济论证可超过上述数值。

各级电压网络短路容量控制的原则及采取的措施如下。

（1）城网最高一级电压母线的短路容量在不超过上述规定值的基础上，应维持一定的短路容量，以减小受端系统的电源阻抗。即使系统发生振荡，也能维持各级电压不过低，高一级电压不致发生过大的波动。为此，如受端系统缺乏直接接入城网最高一级电压的主力电厂，经技术经济论证，可装设适当容量的大型调相机。

（2）城网其他电压网络的短路容量应在技术经济合理的基础上采取限制措施。

1）网络分片，开环，母线分段运行；

2）适当选择变压器的容量，接线方式（如二次绕组为分裂式）或采用高阻抗变压器；

3）在变压器低压侧加装电抗器或分裂电抗器，出线断路器出口侧加装电抗器等。

第七节　电压损失及其分配

保证各类用户受电电压质量是确定各级城网允许的最大电压损失的前提。

我国国家标准 GB 12325《电能质量——供电电压允许偏差》规定如下。

（1）35kV 及以上供电电压，正负偏差的绝对值之和不超过额定电压的 10%。

注：如供电电压上下偏差为同符号（均为正或负）时，按较大的偏差绝对值作为衡量依据；

（2）10kV 及以下三相供电电压，允许偏差为额定电压的 ±7%；

（3）220V 单相供电电压，允许偏差为额定电压的 +7% 与 -10%。

各级城网的电压损失应按具体情况计算，允许的各级电压的电压损失值范围，一般情况下可参考表 5-3 所列数值。

表 5-3　　　　　各级电压城网的电压损失允许值及分配

城网电压等级	电压损失分配值（%）		城网电压等级	电压损失分配值（%）	
	变压器	线 路		变压器	线 路
110, 63kV	2~5	4.5~7.5	其中：10kV 线路		2~6
35kV	2~4.5	2.5~5	配电变压器	2~4	
10kV 及以下	2~4	8~10	低压线路（包括接户线）		4~6

第八节　通　信　干　扰

城网规划设计应尽量减少对通信设施的危害及干扰影响，并在规划年限内留有适当裕度。

市区内送电线路、高压配电线路和变电所的建设，应符合城市规划，并与有关通信部门研究，共同采取措施；必要时，强、弱电部门共同进行计算及现场试验，商讨经济可行的解决办法。

强电线路对电信线路及设备影响的允许值可参照下列规定。

1. 危险影响

强电线路发生单相接地事故时，对架空电信明线产生磁感应纵电动势允许值为：

一般强电线路　　　430V

高可靠强电线路　　650V

（1）对电信电缆线路产生磁感应纵电动势允许值为

$$E_S \leqslant 0.6 U_{D\tau}(V)$$

式中，$U_{D\tau}$ 为电缆芯线对外皮直流试验电压（V）。

（2）电信电缆线路用于远距离通信时，输出端有一端直接接地时，在电缆芯上的磁感应纵电动势允许值为

$$E_S \leqslant 0.6 U_{D\tau} - \frac{U_{rs}}{2(2)^{1/2}}(V)$$

式中　$U_{D\tau}$——电缆芯线对外皮直流试验电压，V；

U_{rs}——影响计算的后段远供电压，V。

（3）当电网发生一相故障时，接地装置地电位升高，传递至通信设施接地装置上的电位应小于250V。

2. 干扰影响

1961年我国《四部原则协议》对干扰杂音电动势的允许值规定，目前正在协商修改。经电力部门与通信部门协商，目前可参照国际电报电话咨询委员会（CCITT）1988年导则上的规定执行。

城网的无线电干扰，一般用干扰场强仪进行实测。如无实测资料时，可从干扰水平、频率特性和横向特性三方面进行估算。按我国已正式颁布或将颁布的以下各项标准，进行规划设计。

（1）GB 7495—1987《架空电力线路与调幅广播收音台的防护间距》；

（2）GB 7495—1987《架空电力线路与监测台（站）的防护间距》；

（3）GB 6364—1986《航空无线电导航台站电磁环境要求》；

（4）GBJ 143—1990《架空电力线路、变电所对电视差转台、转播台无线电干扰防护间距标准》；

（5）《对海中远程无线电导航台站电磁环境要求》国家标准送审稿，1990年7月；

（6）《对空情报雷达站电磁环境要求》国家标准送审稿，1990年11月；

（7）《短波无线电测向台（站）电磁环境要求》国家标准送审稿，1991年7月；

（8）《短波无线电收信台（站）电磁环境要求》国家标准送审稿，1991年7月；

（9）《VHF/UHF航空无线电通信台站电磁环境要求》军用标准送审稿，1991年12月。

城市屏蔽效应是城网解决电磁干扰的一个重要因素。城市中各种金属管道及钢结构建筑物的环境屏蔽效应可用城市屏蔽系数表示，该系数应通过实测确定。国内一些城市实测工频城市屏蔽系数，在0.3～0.6之间。具体数值应根据实际情况而定。

第九节　配　电　设　备

大城市主要商业区的特点是重要负荷多，如果突然停电会引起很大的混乱，所以对供电可靠性要求高；其次是商铺建筑价高，所以配电设备不应占用很多地面；再次是人口稠密，所以不能使用裸露的带电设备和消防困难的设备。为此，必须综合考虑平衡下列几点。

（1）设备全绝缘。金属铠装全封闭，元器件分隔、有防爆引导口，能保证操作人员的安全；

（2）设备工作可靠性高，经过长期实践和考验合格；

（3）技术先进，不使用技术淘汰的产品；

（4）经济性好，性能/价格比合理，节约建设工程投资又不会增大年运行费用；

（5）利于环境保护，不使用有可能造成环境污染的产品；

（6）设备小型化，减少占地面积，减少空间高度，可以在建筑物主体内安装使用；

（7）无油化，无消防隐患；

（8）免维护，免定期试验，可节省大量人力物力和避免停电做试验；

（9）设备相对定型，统一技术规格，防止五花八门，防止安装、操作人员难以掌握，容易发生误操作。一般一年订货一次，分季或分月供货，包括配电柜变压器、电能表、电缆及附件等。既有利于计划管理，大批量订货，又节约投资费用。

第十节　配　电　设　施

公用配电设施（如开关站高、低压变配电站）宜设在首层，专用高、低压变配电站可以设在地下室。

开关站、变配电站位置选择，应综合考虑下列要求。

（1）接近负荷中心。

（2）进出线方便。

（3）接近电源侧。

（4）设备吊装、运输方便。

（5）不应设在有剧烈振动的场所。

（6）不宜设在多尘、水雾或有腐蚀性气体的场所，如无法远离时，不应设在污染源的下风侧。

（7）不应设在经常积水场所（如厕所、浴室）的正下方或贴邻。

（8）不应设在有爆炸危险的场所内，不宜设在有火灾危险场所的正上方或正下方。如实际条件有困难，应符合现行的《爆炸和火灾危险环境电力装置设计规范》的规定。

（9）独立变电所不宜设在地势低洼和可能积水的场所。

（10）高层建筑变配电室如设在地下室，应考虑通风和散热问题。

（11）高层建筑变配电站不宜设在地下室的最底层，必要时，应确保防水浸措施。

（12）配电站不宜紧贴住宅套用的上、下、左、右。

配电设施的设计应尽量节约用地面积和高度，尽量采用典型设计。

第六章

电 气 接 线

电气接线也是电网的电气结构型式，是设计内容的重要部分，技术含量高，对配电网的安全运行、供电可靠性、调度操作、扩展及改造性能影响很大。

第一节 一 般 要 求

（1）对上级送电电网的远景发展规划和布局要作详细了解，因为电源和电网是一个互为条件、互为因果关系的整体。

（2）在考虑城网结构时，包括变电所落点、规模、线路布局和接线方式等，要有超前（10年或更长）观念。

（3）城网要有稳定可靠的供电能力。不仅能保证正常的供电，还要有较强的接受外电能力。当网内电源或枢纽变电所发生事故停电时，应能迅速从城网外得到补充电源。尽可能做到中心变电所有来自不同地点的两个电源，至少满足(N—1)准则，大城市满足(N—2)准则。

（4）电网结构合理，层次分明。正常运行时应尽量减少网上潮流，更不应出现"兜圈子"分布。各级电压网络接线，应层次分明。

（5）灵活，应变能力强。电网结构应具有足够的"弹性"，有足够的设备容量，具备应付各种可能出现情况的应变能力。在制定各级网架方案时，要考虑前后级之间的相关性，即发展过程中的过渡方式。有可能时用动态规划法来编制网络发展规划。

（6）网内大型发电机组上网方式应作技术经济论证，可以直接送到负荷中心的枢纽变电所，以能减少发电厂出线数，减少网上潮流。

（7）采取措施限制短路电流。由于城网发展很快，规模扩大会使网内开关电器不能承受当前的短路水平。电网分片结构是限制短路容量的有效措施，应根据电网规模，把城网分成相对独立的若干片，使各片的最大短路容量都在相应电压等级电器设备的允许值之内（220kV，≤50kA；110kV，≤25kA；63kV，≤25kA；35kV，≤24.7kA；10kV，16～20kA），同时各片之间又有足够的负荷转移能力，相互支援。

（8）接线标准化，为自动化创造条件，使运行维护、调度操作统一规格，简化日常工作，提高效率，减少差错，减少维护、检修费用。

（9）简化网络接线，做到简单、灵活。减少开关的紧凑接线，能适应电源和负荷变化，方便调度操作，减少故障几率和误操作概率，为自动化创造必要条件，减少占用城市地面和空间，留有发展余地，有利于环境保护。

（10）提高供电可靠率，大城市对一级负荷要达到99.98。

（11）选用技术先进、运行经验良好的开关设备、低损耗变压器，降低投资和运行费用。

（12）供电侧逐步建立配电管理系统和自动化（DMS），对电网安全监控，对用户负荷管理、自动抄表计费，对事故自动检测、自动隔离、自动恢复送电。

（13）有一定规模的重要用户侧，试点建立建筑物自动化系统（BAS），使用分布式计算机监控与管理。

（14）中压电网接线的重要技术原则是要达到当一条馈电线或一个变电所计划停电或事故停电时、或计划停电时又事故停电时，能够通过调度操作，可以继续供电。

第二节　配电网层次

配电网层次一般为变电所、开关站、二级开关站、配电站（包括用户配电站）四层，一些层次可以省略，如图6-1所示。

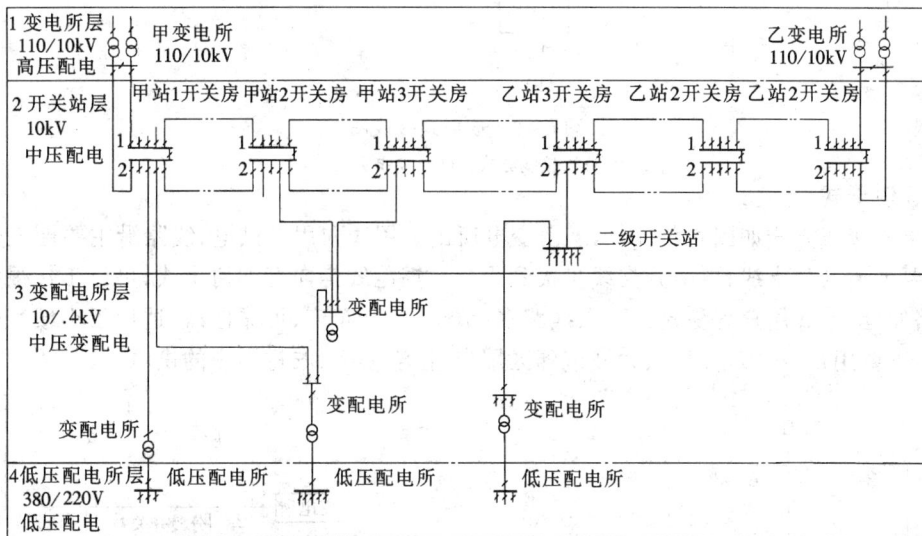

图6-1　配电网层次图

公用配电网是由许多条馈电线以规定的接线方式组成的，所以馈电线是配电网的结构单元。研究馈电线的接线方式是配电网规划的基本工作。一般变电所馈电线出线开关额定电流630A，开闭所进、出线开关额定电流630A，一条馈电出线用两条电缆 XLPE/3×240，安全电流为 $2 \times 460 \times 0.7 = 644A$（10900kVA）。容载比为2时，一条馈电出线可以安装容量为 $2 \times 10900 = 21800kVA$ 的配电变压器。

第三节　公用馈电线接线方式与适用范围

一、放射式

放射式接线方式如图6-2所示。由变电所向用户出专线供电，设备简单，运行维护方便，事故少，可靠性高，专线投资大，变电所出专线投资费用大。如一个变电所综合投资

2000 万元，所得效益为 30 条馈电线，则一条出线成为 67 万元，适用于大容量重要用户，大容量点分布用户。

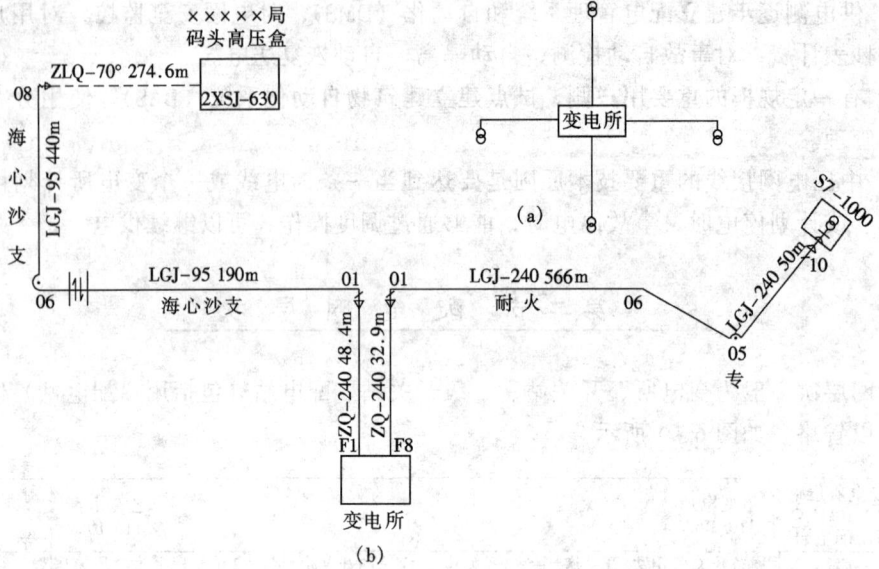

图 6-2　放射式接线图

(a) 接线方式；(b) 接线实例

二、树干式

树干式接线方式如图 6-3 所示。由变电所出公用线向用户供电，线路沿主要街道敷设，T 接到次要街道的分支线，再由分支线 T 接到用户。馈电线走向有如树干式，可以 T 接很多分支线，线路伸延、扩展用户容易，投资小，线路多，节点多，分布广，可靠性低，适用于小城市的架空线路、不重要用户、小容量用户、大城市郊区用户、住宅小区、农村用户的供电。

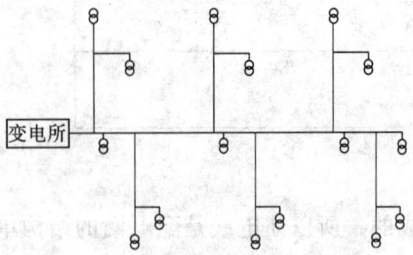

图 6-3　树干式接线图

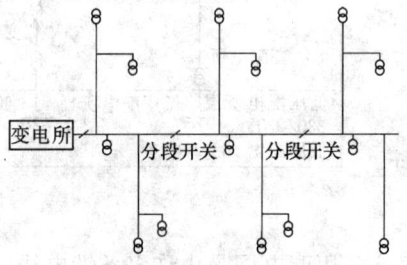

图 6-4　树干分段式接线图

(1) 树干分段式接线如图 6-4 所示。是在树干式基础上加装分段开关。干线分为几段（一般三段），安装分段开关。长线路的分支线也安装分支开关，以便于后段发生事故时打开分段开关，前段可以复电，减少部分用户停电，后段进行检修，适用范围同上。

(2) 树干分段联络式接线如图 6-5 所示。是在两条树干分段式馈电线干线的末端敷设线路连接起来，并安装联络开关。以便于当某一段馈电线发生事故时，打开事故段前后开关，合上联络开关，使非事故馈电线段可以复电；或其中一个变电所、一条馈电线部分停电检修、改造时，可以合上联络开关，转由对侧馈电线供电。这种接线方式可以减少部分用户停电，便于事故段进行检修，适用范围同上，香港、美国旧金山都有这种方式。

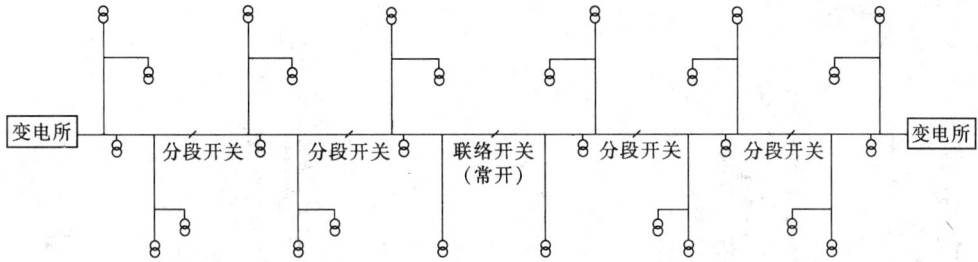

图 6-5 树干分段联络式接线图

（3）树干双 T 式接线如图 6-6 所示。是在树干式基础上加装一个电源进线，成为双电源供电。运行方式可以为一主供电源、一备用电源，或双电源同时分供。该方式可提高供电可靠性，适用范围同上。备用线可以是公共线，也可以是公共备用线或专用线、电缆供电。

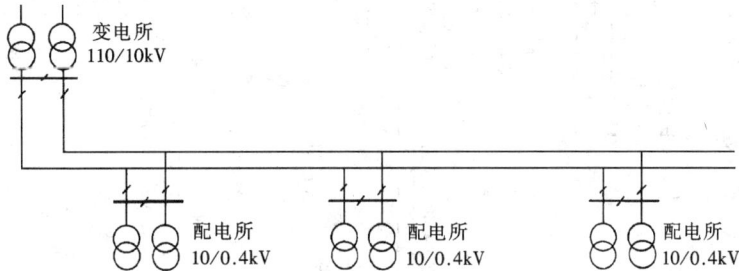

图 6-6 树干双 T 式接线图

三、环网式

环网式接线的特点是负荷有左右两个电源，当一个电源停电时，另一个电源继续保持供电。运行方式可以开环运行，也可以闭环运行，开环运行继电保护技术简单，投资小，闭环运行继电保护技术复杂，投资大，根据供电可靠性需要和投资能力而定。

（1）单电源环网式接线如图 6-7 所示。供电可靠性提高，一般情况下开环运行，当某段电缆事故时，打开事故电缆两端开关，合上开环点开关，便可全部恢复供电。如果安装纵差继电保护或配电网自动化装置时，可以闭环运行。电缆事故时自动检测事故电缆，自动隔离故障，打开故障段电缆两端开关，自动合上环网开关，继续对用户供电。但是投资很大（以下环网接线都有此特性），适用电缆供电的大、中城市商业区使用。

（2）双电源环网式接线如图 6-8 所示。比单电源环网式供电可靠性高，但投资更大。适用电缆供电的大城市商业区使用。也可为不同变电所的双电源单环网联络式，如图 6-9 所示。由于采用不同变电所的电源，供电可靠性更高，大城市电缆供电的配电网可采用。

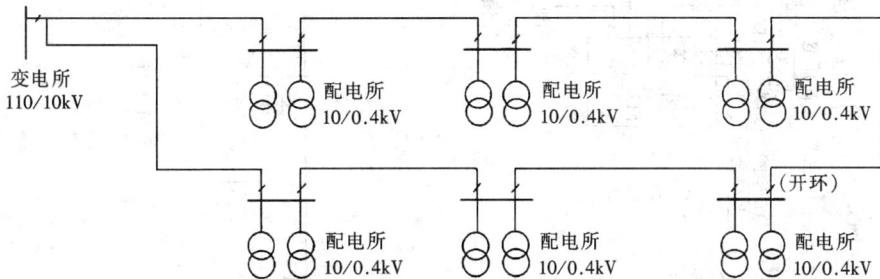

图 6-7 单电源环网式接线图

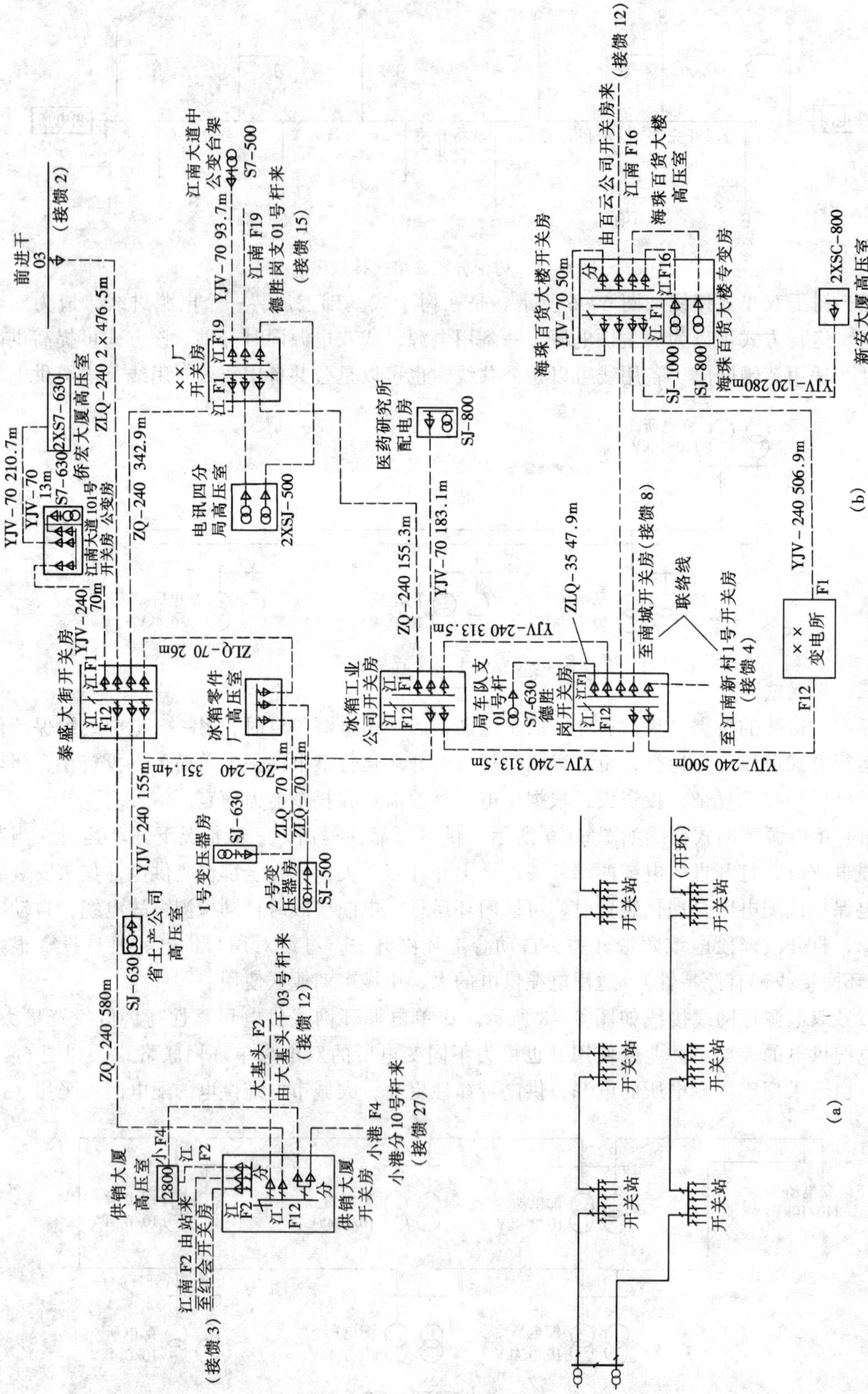

图 6-8 双电源环网接线图（一）

(a) 接线方式；(b) 实例 1

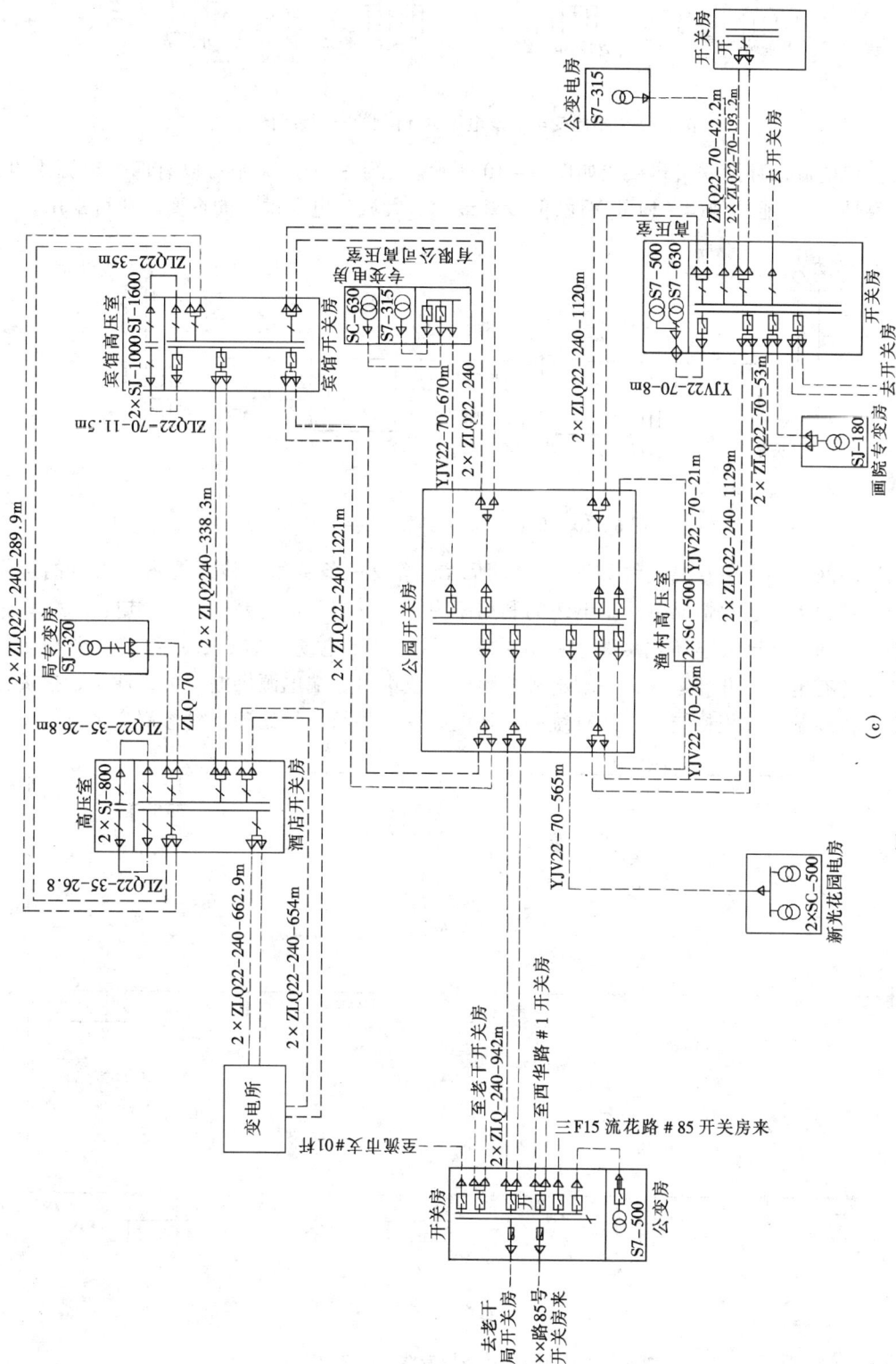

图 6-8 双电源环网接线图（二）

(c) 实例 2

(c)

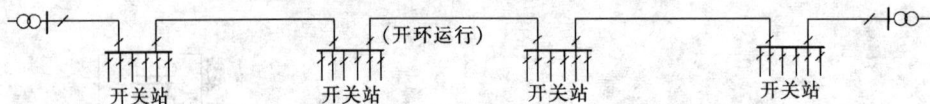

图6-9 不同变电所双电源单环网联络式接线图

（3）双电源双环网联络式接线如图6-10所示。由于一个开关站可以有四个电源来电，供电可靠性最高，能达到(4-1)可靠性，但投资最大。大城市电缆供电的重要负荷可采用。

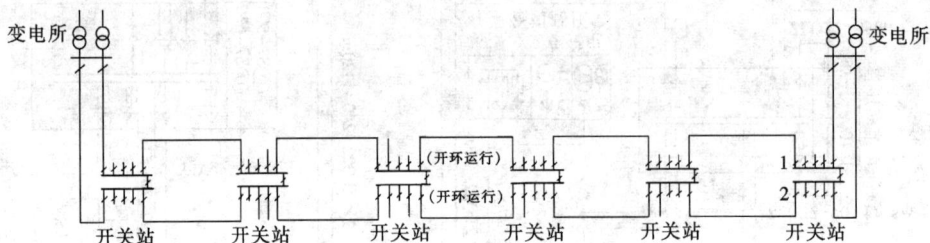

图6-10 双电源双环网联络式接线图

（4）环网式带备用专线接线如图6-11所示。增设一条备用专线，提高了供电的可靠性，但投资很大，正常情况下一条电缆的利用率为零。仅用于很重要的用户供电。

（5）环网式首尾大连环式接线如图6-12所示。许多电缆（如6条）包围一个小区供电，两端各有电源，开环运行，一端电源故障时，改由另一端电源供电，可靠性高，投资比较大。若接线统一、规格统一、运行统一、调度统一，将给事故处理、检修都带来方便。

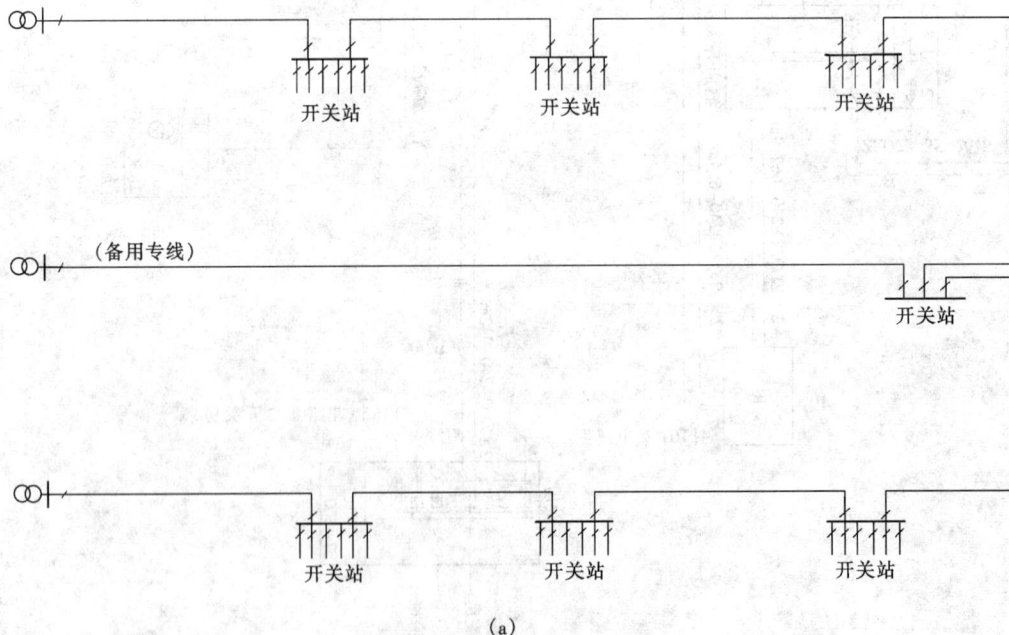

(a)

图6-11 环网式带备用专线接线图（一）

(a) 双电源环网式带备用专线

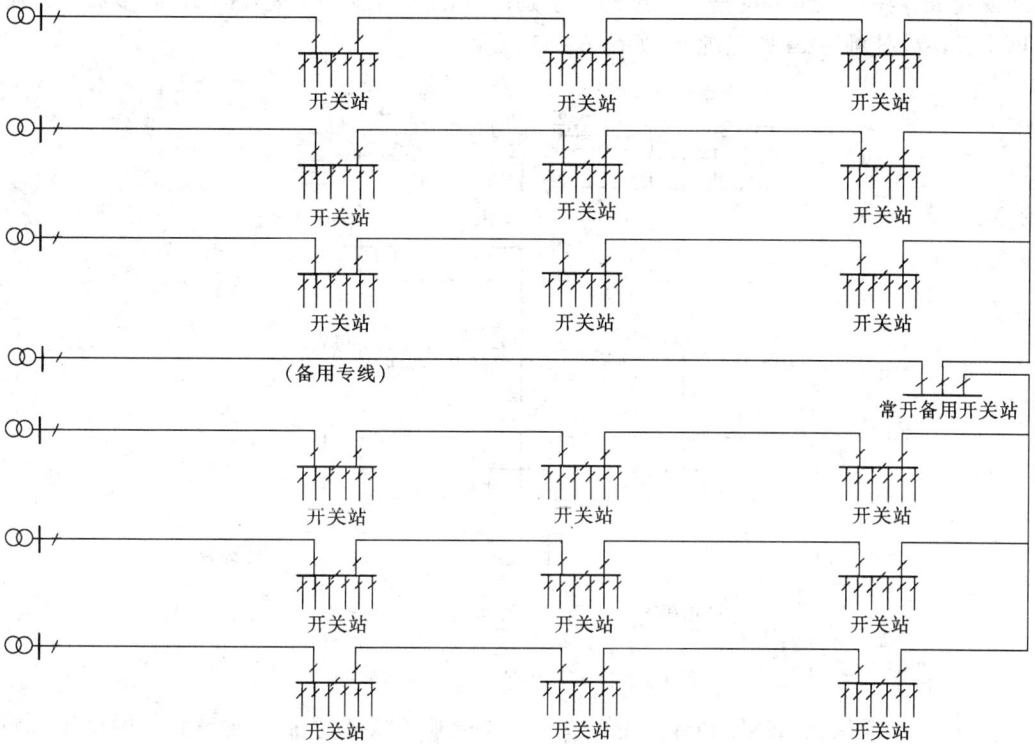

（b）

图 6-11　环网式带备用专线接线图（二）

（b）多电源环网式带备用专线

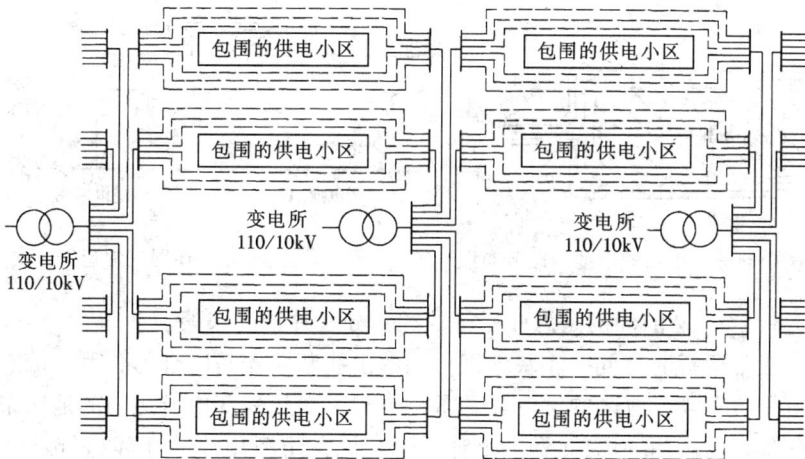

图 6-12　环网式首尾大连环式接线图

从图 6-12 可知，每一个变电所二次侧有 8 条主干线，而每一条主干线上连接着 6 路出线，总共有 48 路出线。其中 24 路出线与左侧相邻的变电所相连，另外的 24 路出线与右侧相邻的变电所相连，其余类推，最终构成一个 20kV 的环网。由此可知，20kV 环网由 24 根电缆所构成〔注：这里讲的是一般情况，个别的变电所出线并不是48回，有多有少，所以环网上并不处处都是24路电缆〕，如图6-13所示。

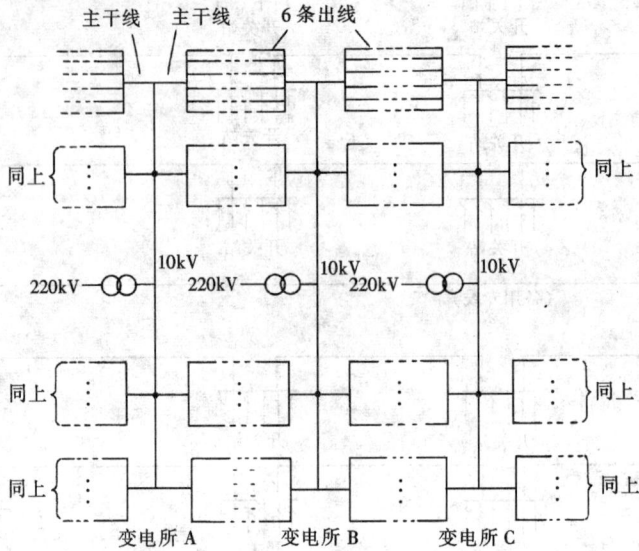

图6-13 环网大连环式接线实例图

这24路电缆构成的环网和地理位置有什么关系呢？关系是十分密切的。将相邻两变电所之间的地区划分成4小块，每一个小块地区由同一条主干线的6回20kV出线负责供电。当这6回出线进入该小块地区时，兵分二路，每路三回线分二个方向沿该小块地区敷设，形成一个小环，将该小块地区包围在其中（见图6-14）。许多小环形成了一个环网，外环网将市区外侧地区"网住"，内环网将市区内侧及市中心"网住"。

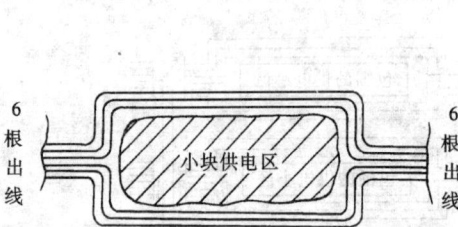

图6-14 环网中的一个小区的电缆线路分布图

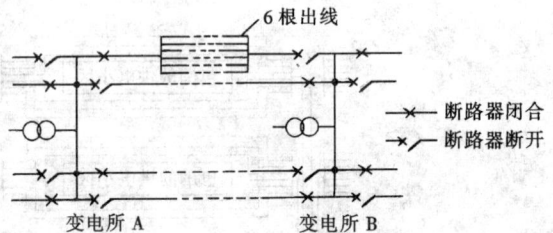

图6-15 环网正常运行方式

环网的运行。20kV的环网是怎样运行的呢？分三种情况来谈。

第一种，正常运行时，同一小块地区一端的出线断路器是闭合的，另一端断路器是断开的，每个变电所负责4个地区的供电（见图6-15）。对相邻变电所之间的地区来说，这两个相邻变电所各带该地区的50%负荷。而对环网来说，闭环相连，开环运行。也就是实际运行时，环网到处被断开，简化了对继电保护的要求。

第二种，一个变电所主变压器停电，其所带负荷由其两侧相邻的四个变电所来承担。当变电所C停电时，其两侧最近的变电所B和D将各承担5个地区的供电，两侧稍远的变电所A和E也将各承担5个地区的供电，见图6-16（a）所示。

第三种，两个变电所主变压器停电，这种故障情况对运行来讲是必需考虑的。例如一个

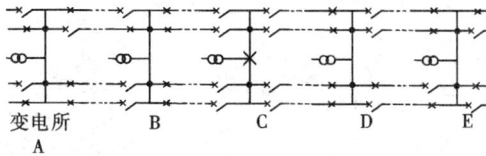

変電所
A　　　B　　　C　　　D　　　E

(a)

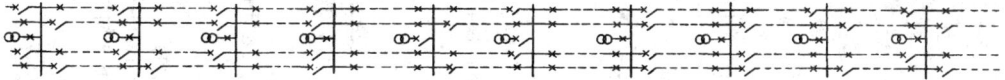

変電所名	Z	A	B	C	D	E	F	G	H	I
供电区数	4	5	5	6	0	0	6	5	5	4

—×— 开关闭合

—×— 开关断开

(b)

图6－16　环网中变电所停电的运行方式

(a) 一个变电所（C所）停电；(b) 两个变电所（D、E所）停电

变电所停电检修，而其相邻的某一侧主变压器又发生故障，相当于两个变电所的主变压器同时停电，这种可能性是存在的。其所带负荷由其两侧变电所来承担。图6－16（b）所示环网，正常情况时，一个变电所承担四个区域的供电。现在两个主变压器（变电所D、E）停电，就有8个区域负荷要倒换。负荷怎么分配呢？从图6－16可看到，最近的变电所C，F将各承担6个区域的供电，稍远的变电所B、G将各承担5个区域的供电，更远的变电所A、H也将各承担5个区域的供电。就是说相邻最近的二个变电所各增加二个区域的负荷量，而其他4个稍远的变电所各增加一个区域的负荷量。这说明了采用这种环网供电的运行方式，变电所间的联系既灵活又强有力，对配电网的供电可靠性起了很好的作用。

前面曾经提及，220kV输电线进入市区是采用辐射形式，单线直入。当这条超高压线路上有故障（或受电变压器有故障）时，这条超高压线路将被断开，而使外环上的一个主变压器和内环上的一个主变压器失去电源。但由于中压环网运行的灵活性和变电所之间强有力的联系，完全可以将失去超高压电源的主变压器的负荷转移到其相邻的变电所去，使停电地区迅速恢复供电。所以说不用一条超高压220kV线路来保证市区的供电，而用中压环网本身强有力的联系来保证中压环网的连续运行。

（6）环网式可持续扩展式，图6－17所示是环网式可持续扩展式接线图。城市电网为城市服务，城市建筑布局分区、分功能，一般有横向或纵向的主干道，长约20km，道路两旁分布商业大厦或办公大楼，是用电大负荷点。许多城市都是新建或改造过来的，是逐步、持续扩展建成的，配电网亦然。为了适应这种情况，发展了环网式可持续扩展接线电网。其单元结构是在长以3km线路两端各设一个双电源开关站，中间设4个中间开关站。每个开关站每段母段设10个负荷开关柜（1进线，1~9条出线），每条出线可以接负荷点（公用或专用变配电站）。开关站面积4×6m，开关站之间电源线用2×240电缆连接，构成4电源的单元网，左右单元连续延长下去构成更大的条形电网。建设初期可以比较简单，可能只有一个电源、一个开关站，经历多年的建设，持续扩展，最终可建成四个电源的可靠网络，并且还可以持续扩展电源和负荷，例如：

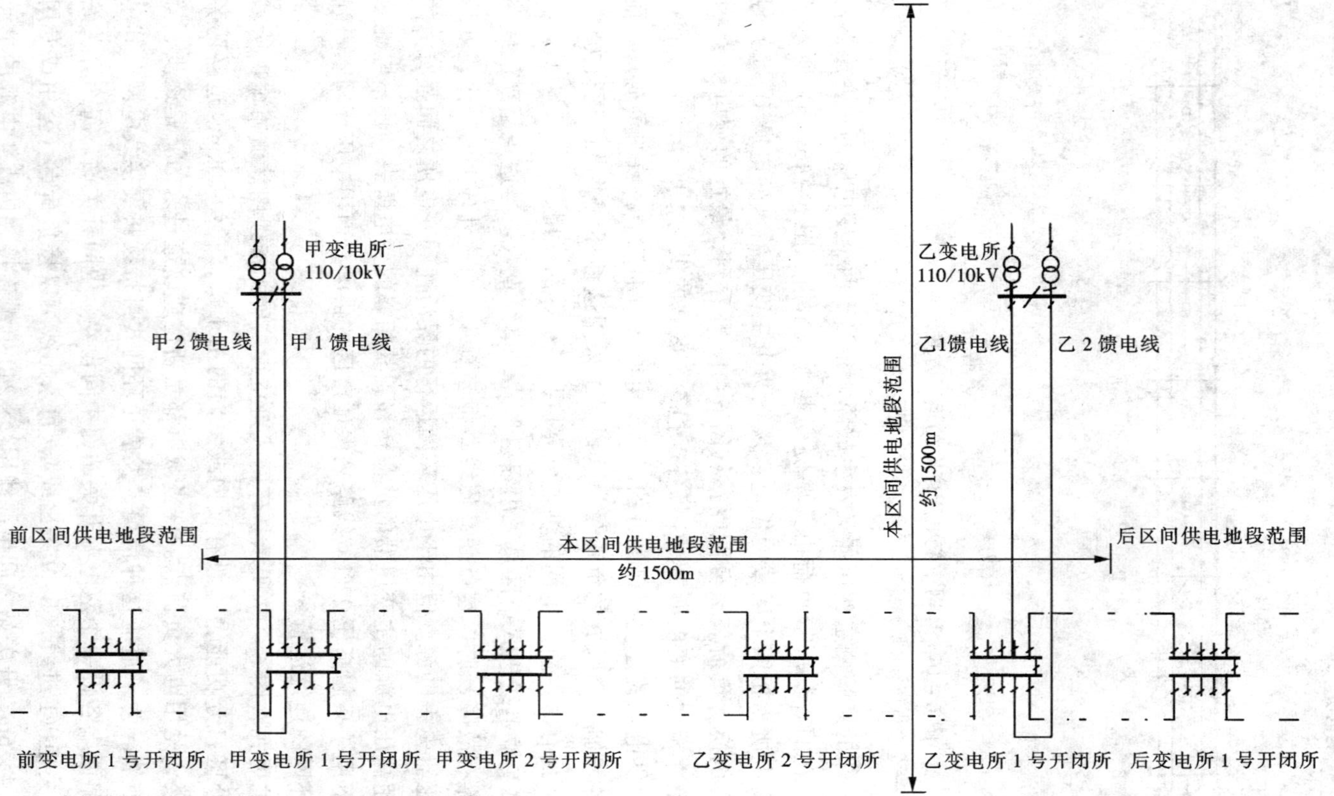
甲变电所
110/10kV
甲 2 馈电线
甲 1 馈电线
乙变电所
110/10kV
乙1馈电线
乙 2 馈电线
本区间供电地段范围
约 1500m
前区间供电地段范围
本区间供电地段范围
约 1500m
后区间供电地段范围
前变电所 1 号开闭所
甲变电所 1 号开闭所
甲变电所 2 号开闭所
乙变电所 2 号开闭所
乙变电所 1 号开闭所
后变电所 1 号开闭所

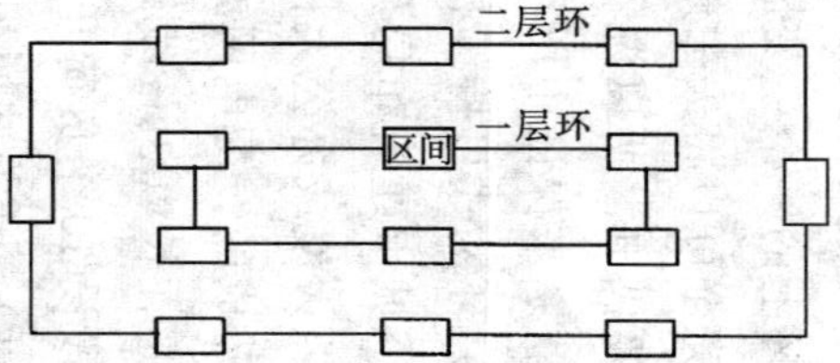
二层环
一层环
区间

有两层环包围整个城市供电示意图

各开关站出线电缆可引至配电所(公变房或综合房或用户高压房)

全部不同电源的互联线(联络线)两端开关开路运行,需要转供负荷时由调度操作

一个区间一般为 4—6 个开关站,按负荷密度而定,前后互联形成大闭环,一个城市几层环每个区间可以供电 2～4 万 kW 负荷。

图 6－17　环网可持续扩展式接线图

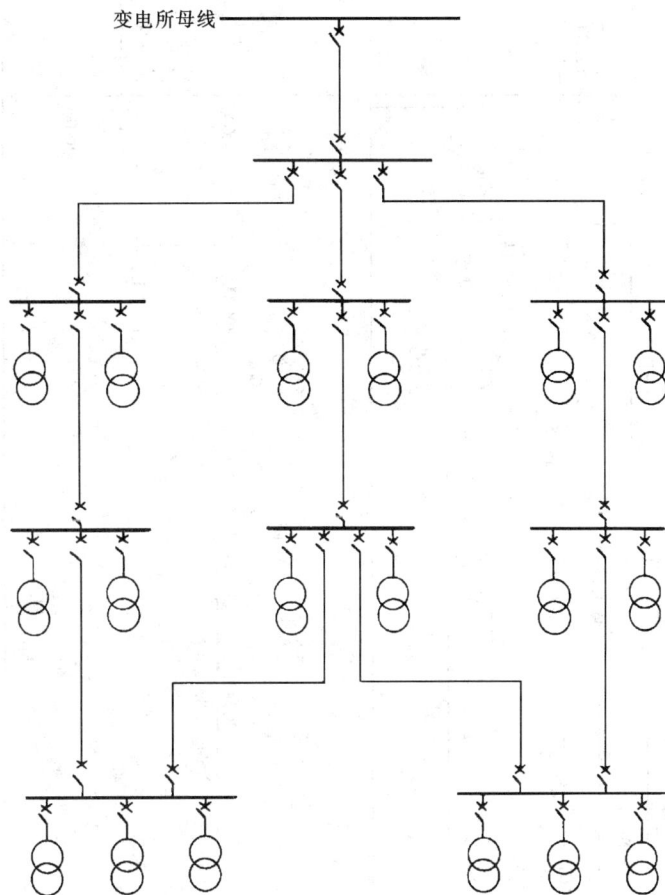

图 6-18　网孔式单电源接线图

1）电源容量不够时，可以把一个中间开关站改造为电源开关站；

2）负荷容量太小时，可以增加中间开关站的数量；

3）负荷容量太大时，可以减小中间开关站的数量；

4）电网增容时，可以换大开关和电缆；

5）电网再增容时，可以更换设备升压为 20kV。

四、网孔式

网孔式接线使用户有更多的电源线，供电可靠性更高，电压降少，线路损失少，供电容量大，但继电保护技术更高，投资更大。一般重要大城市采用。

（1）网孔式单电源接线如图 6-18 所示。某一段电缆事故时，纵差继电保护动作，自动切除事故电缆，不影响供电，用户不停电。供电可靠性最高，投资最大，仅用于大城市供电。

（2）网孔式多电源接线如图 6-19 所示。由于有多个不同变电所的电源供电，供电可靠性又有所提高，投资最大，继电保护技术复杂。适用于电缆供电的大城市商业中心等重要用户供电。

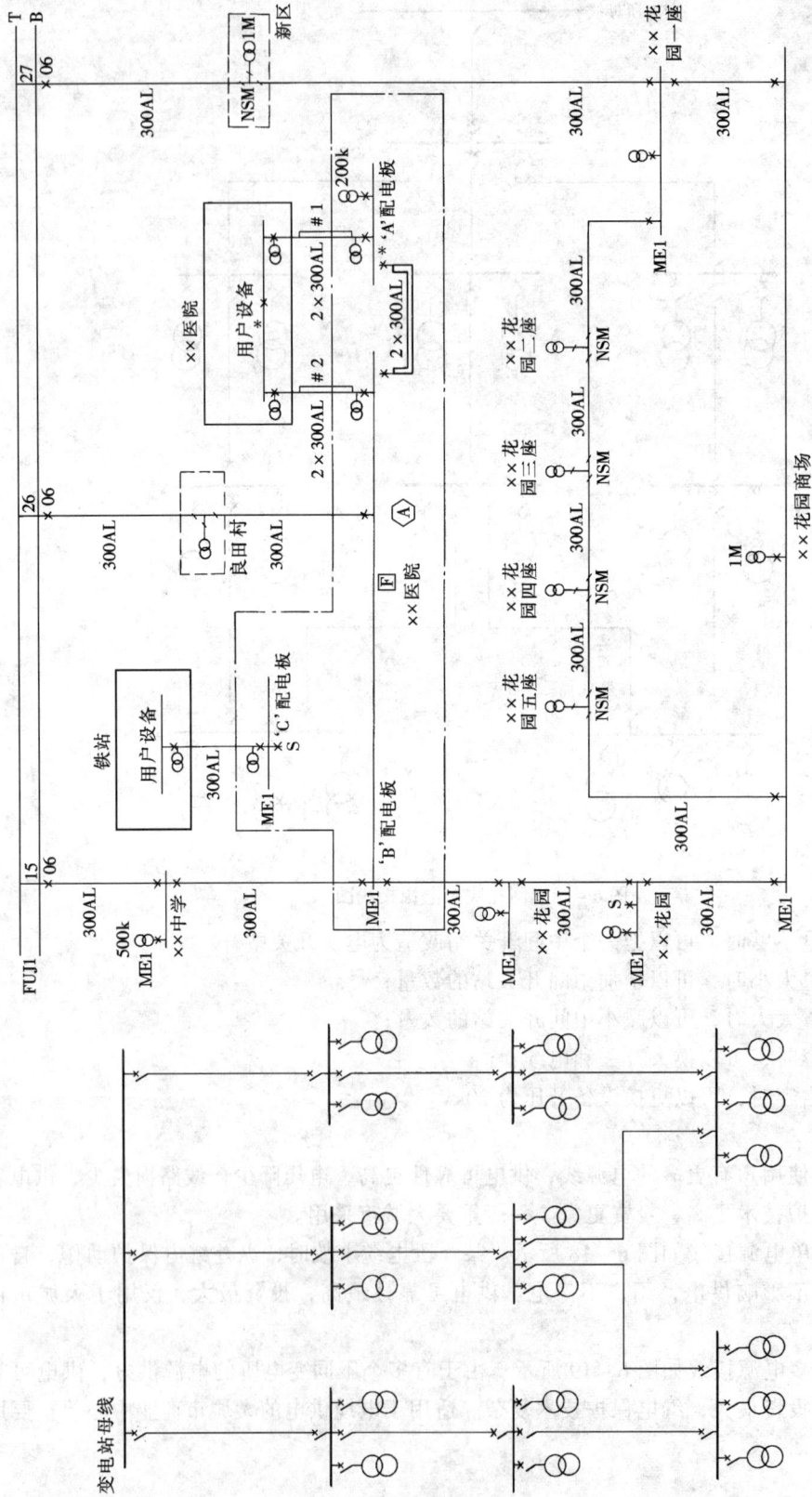

图 6－19 网孔式多电源接线图（一）

(a) 接线方式；(b) 实例 1

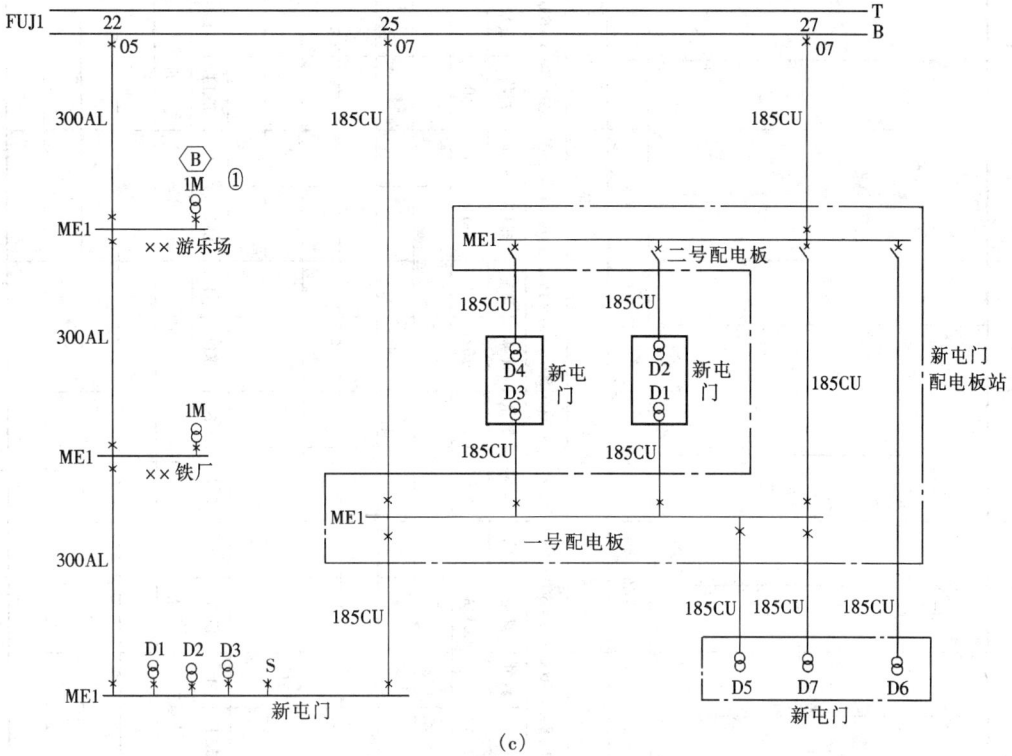

图 6 - 19　网孔式多电源接线图（二）

(c) 实例 2

第四节　公用开关站接线方式与适用范围

1. 单电源开关站

单电源开关站接线如图 6 - 20 所示，使用负荷开关，1 进线，1 ~ 9 出线，面积 2.5m × 6m；也可改变为双电源开关站（见图 6 - 21），比较普遍适用。

2. 双电源开关站

双电源开关站接线图如图 6 - 21 所示，使用负荷开关，2 进线，2 ~ 18 出线，面积 4m × 6m，比较普遍适用。

第五节　公用变配电站接线方式与适用范围

1. 公用配电站（终端站）

公用配电房（终端站）接线如图 6 - 22 所示，使用负荷开关，1 进线副柜，1 带熔丝柜，1 变压器，2 低压柜，面积 4m × 6m。

2. 公用变配电站（综合站）

公用变配电站（综合站）接线如图 6 - 23 所示，使用负荷开关柜 3 面，1 变压器，2 面低压柜，面积 4m × 6m。

图 6-20 单电源开关站接线图

主接线单线图 额定电压 ~10kV	G1		G2		G3		G4		G5		G6		G7		G8		G9		G10	
高压开关柜编号	G1		G2		G3		G4		G5		G6		G7		G8		G9		G10	
高压开关柜型号	IM		IM		IM		IM		IM		IM		IM		IM		IM		IM	
高压开关柜外形尺寸 $W \times D \times H$	500×840×1600		500×840×1600		500×840×1600		500×840×1600		500×840×1600		500×840×1600		500×840×1600		500×840×1600		500×840×1600		500×840×1600	
开关柜电气设备名称 型号 SM6	规格	数量	规格	数量	规格	数量	规格	数量	规格	数量	规格	数量	规格	数量	规格	数量	规格	数量	规格	数量
负荷开关	630A	1	630A	1	630A	1	630A	1	630A	1	630A	1	630A	1	630A	1	630A	1	630A	1
电流互感器																				
电压互感器																				
断路器																				
熔断器																				
负荷开关熔断器组合																				
带电指示器	EKL1	1	EKL1	1	EKL1	1	EKL1	1	EKL1	1	EKL1	1	EKL1	1	EKL1	1	EKL1	1	EKL1	1
故障指示器																				
高压开关柜名称	出线		出线		出线		出线		出线		出线		出线		出线		出线		进线	
设备容量 (kVA)																				
计算电流 (A)																				
进出线电缆型号规格																				
保护管径/回路编号																				

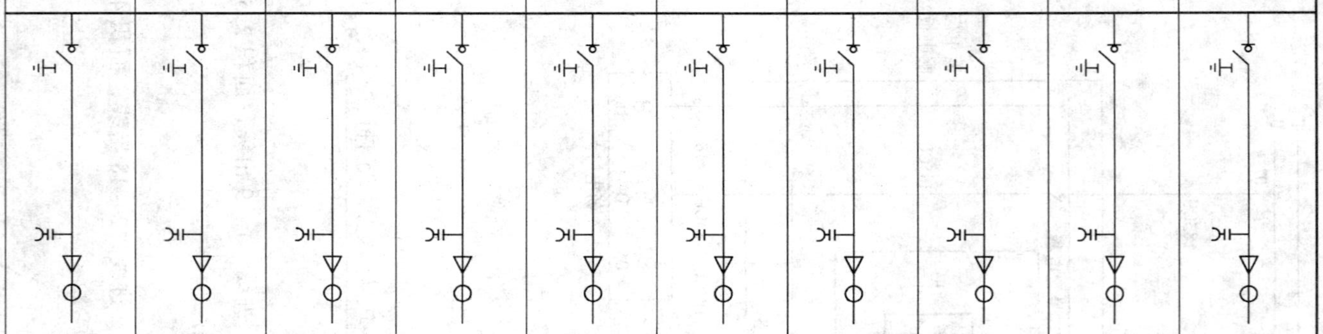

10kV 配电工程设计手册

图 6-21 双电源开关站接线图（一）

(a) 10 面开关柜；

主接线单线图 额定电压 ~10kV		G1		G2		G3		C4		C5		G6		G7		C8		G9		G10	
高压开关柜编号		G1		G2		G3		C4		C5		G6		G7		C8		G9		G10	
高压开关柜型号		IM		IM		IM		IM		IM		GAM2		IM		IM		IM		IM	
高压开关柜外形尺寸 $W \times D \times H$		500×840×1600		500×840×1600		500×840×1600		500×840×1600		500×840×1600		500×840×1600		500×840×1600		500×840×1600		500×840×1600		500×840×1600	
开关柜电气设备名称	型号	规格	数量	规格	数量	规格	数量	规格	数量	规格	数量	规格	数量	规格	数量	规格	数量	规格	数量	规格	数量
负荷开关	SM6	630A	1	630A	1	630A	1	630A	1	630A	1	630A	1	630A	1	630A	1	630A	1	630A	1
电流互感器																					
电压互感器																					
断路器																					
熔断器																					
负荷开关熔断器组合																					
带电指示器		EKL1	1	EKL1	1	EKL1	1	EKL1	1	EKL1	1	EKL1	1	EKL1	1	EKL1	1	EKL1	1	EKL1	1
故障指示器																					
高压开关柜名称		出线		出线		出线		进线		联络柜		联络副柜		进线		出线		出线		进线	
设备容量 (kVA)																					
计算电流 (A)																					
进出线电缆型号规格																					
保护管径/回路编号																					

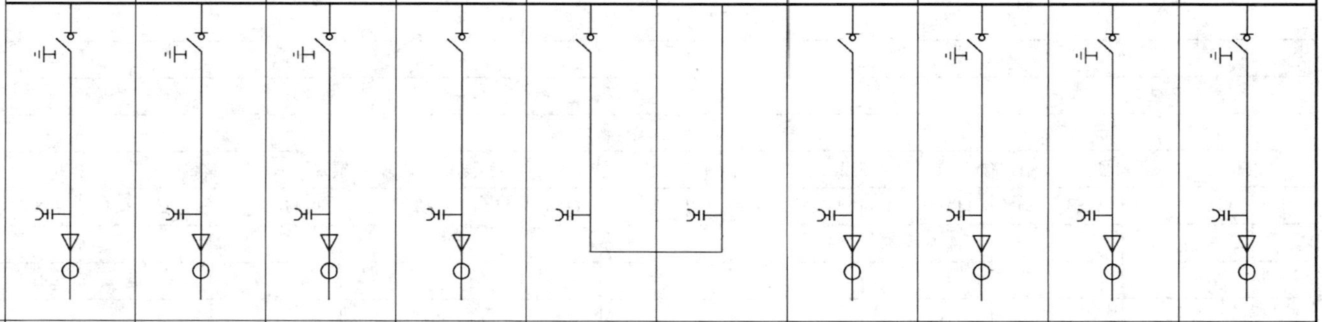

主接线单线图
额定电压 ～10kV

高压开关柜编号	G1	G2	G3	G4	G5	G6	G7	G8	G9	G10
高压开关柜型号	IM	IM	IM	IM	IM	IM	IM	IM	IM	GAN2
高压开关柜外形尺寸 $W \times D \times H$	500×840×1600	500×840×1600	500×840×1600	500×840×1600	500×840×1600	500×840×1600	500×840×1600	500×840×1600	500×840×1600	500×840×1600
开关柜电气设备名称（型号）	SM6	SM6	SM6	SM6	SM6	SM6	SM6	SM6	SM6	SM6
负荷开关（规格／数量）	630A／1	630A／1	630A／1	630A／1	630A／1	630A／1	630A／1	630A／1	630A／1	630A／1
电流互感器										
电压互感器										
断路器										
熔断器										
负荷开关熔断器组合										
带电指示器										
故障指示器（规格／数量）	EKL1／1	EKL1／1	EKL1／1	EKL1／1	EKL1／1	EKL1／1	EKL1／1	EKL1／1	EKL1／1	EKL1／1
高压开关柜名称	出线	出线	出线	进线	出线	出线	出线	出线	进线	联络
设备容量（kVA）										
计算电流（A）										
进出线电缆型号规格										
保护管径／回路编号										

主线单线图
额定电压 ~10kV

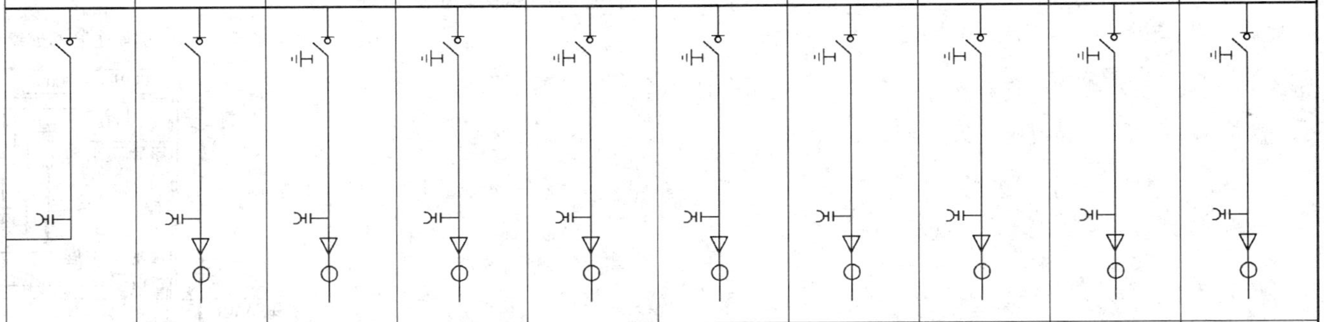

开关柜电气设备名称	型号	G11 规格	G11 数量	G12 规格	G12 数量	G13 规格	G13 数量	G14 规格	G14 数量	G15 规格	G15 数量	G16 规格	G16 数量	G17 规格	G17 数量	G18 规格	G18 数量	G19 规格	G19 数量	G20 规格	G20 数量
高压开关柜编号		G11		G12		G13		G14		G15		G16		G17		G18		G19		G20	
高压开关柜型号		GAM2		IM		IM		IM		IM		IM		IM		IM		IM		IM	
高压开关柜外形尺寸 W×D×H		500×840×1600		500×840×1600		500×840×1600		500×840×1600		500×840×1600		500×840×1600		500×840×1600		500×840×1600		500×840×1600		500×840×1600	
负荷开关	SM6	630A	1	630A	1	630A	1	630A	1	630A	1	630A	1	630A	1	630A	1	630A	1	630A	1
电流互感器																					
电压互感器																					
断路器																					
熔断器																					
负荷开关熔断器组合																					
带电指示器																					
故障指示器		EKL1	1	EKL1	1	EKL1	1	EKL1	1	EKL1	1	EKL1	1	EKL1	1	EKL1	1	EKL1	1	EKL1	1
高压开关柜名称		联络副		进线		出线		出线		出线		出线		出线		出线		进线		出线	
设备容量（kVA）																					
计算电流（A）																					
进出线电缆型号规格																					
保护管径/回路编号																					

图 6-21 双电源开关站接线图（二）
(b) 20 面开关柜

主接线单线图
额定电压 ~10kV

高压开关柜编号	G1	G2
高压开关柜型号	QM	GAM2
高压开关柜外形尺寸	500×940	500×940
主要设备	刀开关／电流互感器(零序)／断路器 SF₆/630A／熔断器／电压互感器	
高压开关柜名称	变压器出线	进线
设备容量(kVA)	630kVA	
计算电流(A)		
进出线电缆型号规格	YJV22-10/3×70	
保护管径／回路编号		
二次接线图图号		

S9-630/10/0.4
D, yn11

主接线单线图
额定电压 ~380/220V

0.4kV 母线

低压开关柜编号	N1	D2		D1
低压开关柜型号		PGL-2		
低压开关柜外形尺寸	800×600			800×600
主要设备 刀开关	HD-13/630	HD-13/630		HD-13/630
电流互感器	600/5	600/5		1600/5
断路器				DW18-1600
熔断器	HR5-400	HR5-400		
电压互感器				配网仪用TA
回路编号	N1	N2	N3	N4
设备容量(kVA)及规格				630
导线型号及规格(kVA)				ZR-3(240×2)+2×240
计算电流(A)				907
保护管径及敷设方式	出线	出线	出线	进线
二次接线图图号				

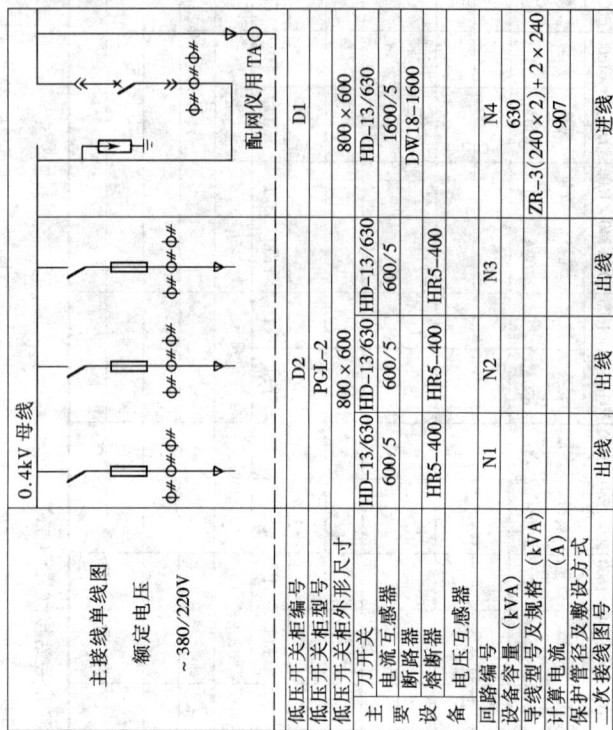

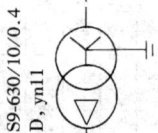

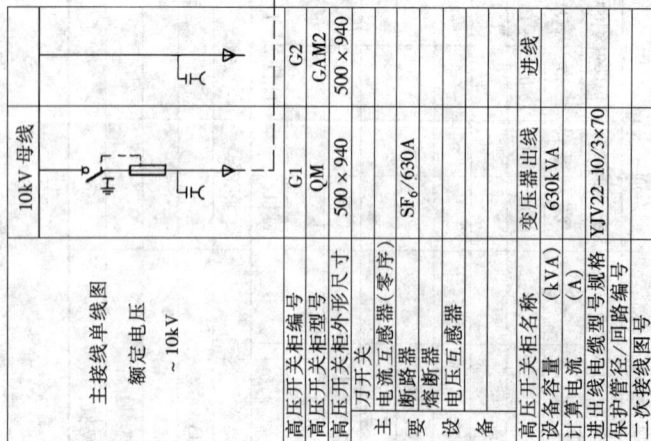

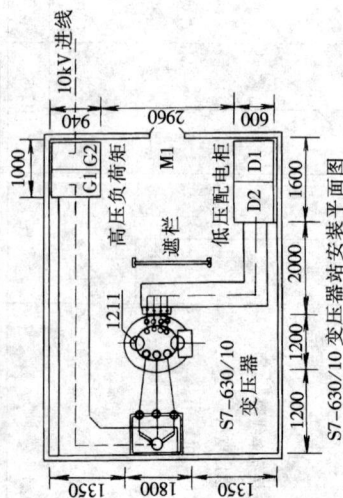

S7-630/10 变压器站安装平面图

10kV进线
940 2960 600
1000
高压负荷矩 G1 G2 M1
遮栏 低压配电柜 D2 D1
1211
S7-630/10 变压器
1200 1200 2000 1600
1350 1800 1350

图 6-22 公用配电站(终端站)接线图

主接线单线图 额定电压 ~10kV

项目	G1	G2	G3
高压开关柜编号	G1	G2	G3
高压开关柜型号	IM	QM	IM
高压开关柜外形尺寸	500×940	500×940	500×940
主要设备 负荷开关	SF₆-630A	SF₆-630A	SF₆-630A
电流互感器			
熔断器			
备用设备 高压避雷器			
电压互感器			
高压开关柜名称	进线	变压器出线	出线
设备容量（kVA）		630	
计算电流（A）		63A/10kV	
进出线电缆型号规格	YJV22-10/3×240	YJV22-10/3×70	YJV22-10/3×240
保护管径/回路编号			
一次接线图号			

S7-630 10/0.4 D,Yn11

配网仪 TA

主接线单线图 额定电压 ~380/220V

项目	D1		D2	
低压开关柜编号	D1		D2	
低压开关柜型号	PGL-2		PGL-2	
屏宽	800mm		800mm	
主要设备 刀开关	HD13/1500A	HD-13/630	HD-13/630	HD-13/630
电流互感器	1500/5A	600/5	600/5	1600/5
断路器	DW18-1600A			
熔断器				
电压互感器				
回路编号	HR5-400A	HR5-400A	HR5-400A	HR5-400A
设备容量（kVA）	630kVA			
计算电流（A）	907A			
导线型号规格及敷设方式	ZR-3(240×2)+2×240			
保护管径及数/回路名称				
回路名称	变压器低压总进线柜	出线	出线	出线

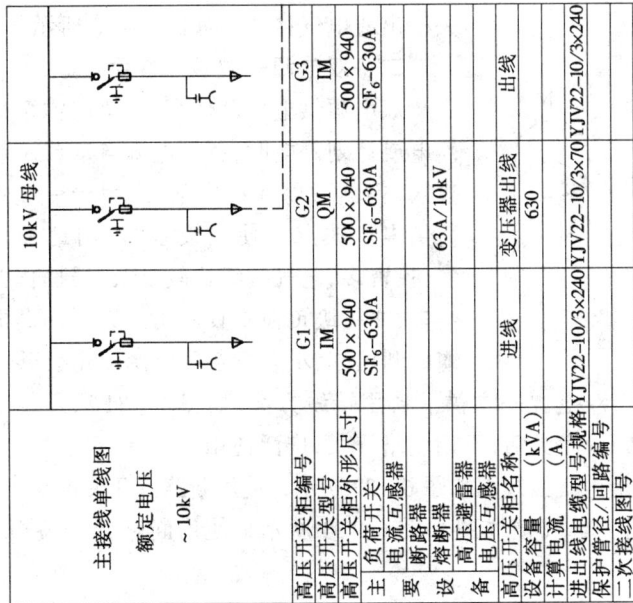

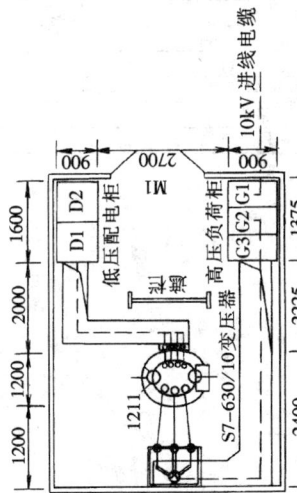

S7-630/10公用变电综合房安装平面图（一）

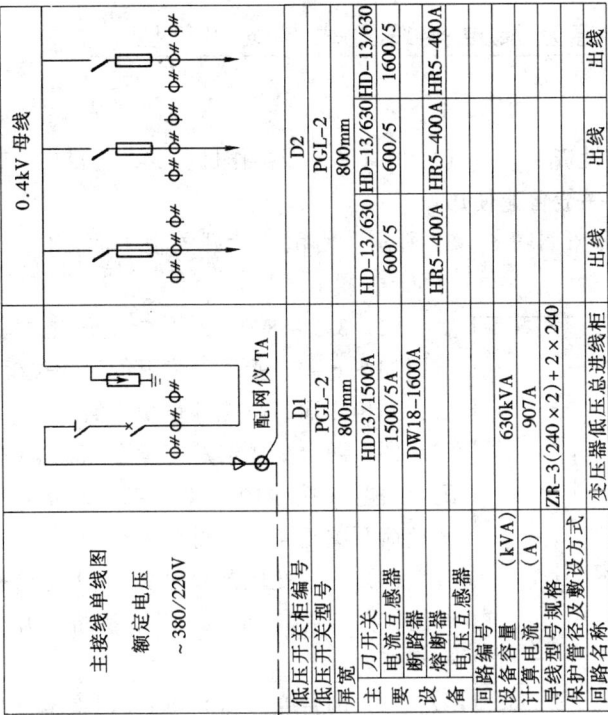

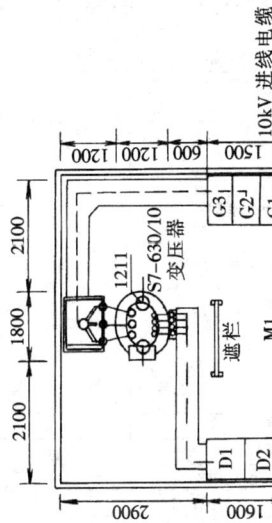

S7-630/10公用变电综合房安装平面图（二）

图6-23 公用变配电站（综合站）接线图

一、单电源

单电源使用设备少，用地面积少，投资少，电气接线简单，误操作机会少，但供电可靠性比较低，适用于二、三级负荷供电，一般普遍使用。

（1）315kVA 以下变配电站电气接线图如图 6 - 24 所示，使用负荷开关柜 1 面，付柜 1 面。

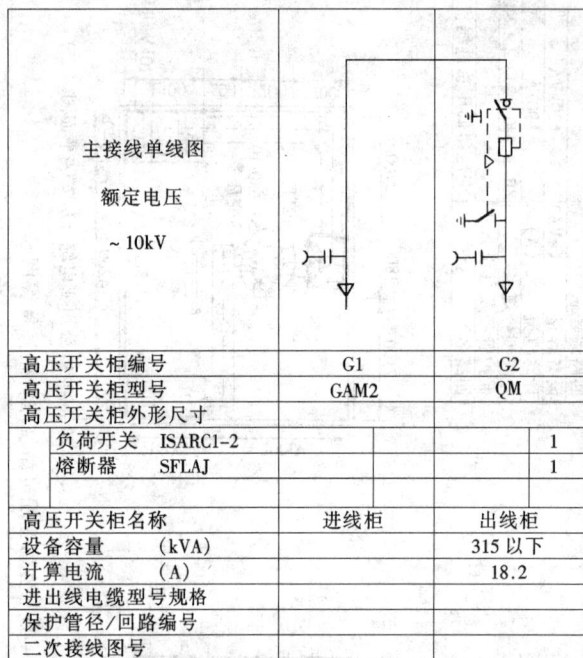

（2）315 ~ 800kVA 变配电站电气接线图如图 6 - 25 所示，使用负荷开关柜 1 面，副柜 2 面，电能计量柜 1 面。

（3）两台变压器总容量至 800kVA 变配电站电气接线图如图 6 - 26 所示。使用负荷开关柜 4 面，付柜 1 面。

（4）一台变压器 800kVA 以上电气接线图如图 6 - 27 所示，使用断路器开关柜 2 面。

（5）两台变压器 800kVA 以上电气接线图如图 6 - 28 所示，使用断路器开关柜 4 面。

（6）单电源三台变压器 800kVA 以上电气接线图如图 6 - 29 所示，使用断路器开关柜 5 面。

（7）单电源断路器柜进线、负荷开关柜出线电气接线图如图 6 - 30 所示。

二、双电源一主供一备用

双电源供电可靠性高，一个电源事故停电或计划停电时，备用电源自动或手动投入，仍然可以保持供电，适用于一级负荷供电。缺点是使用设备多，用地面积多，投资多，电气接线比较复杂，误操作机会多，非一级负荷不宜使用。为了提高电缆的利用率，小容量备用电源使用公共备用线，大容量备用电源使用专用线，常用双电源一主供一备用接线方案，如图 6 - 31 所示。双电源一主供一备用接线方案，接线简单，调度灵活，不用联络开关，广泛使用。

（1）双电源 1 台变压器 800kVA 以上电气接线图如图 6 - 32 所示，使用断路器开关柜 5 面。

（2）双电源两台变压器 800kVA 以上电气接线图如图 6 - 33 所示，使用断路器开关柜 6 面。

高压开关柜编号		G1	G2
高压开关柜型号		GAM2	QM
高压开关柜外形尺寸			
负荷开关	ISARC1-2		1
熔断器	SFLAJ		1
高压开关柜名称		进线柜	出线柜
设备容量　　　（kVA）			315 以下
计算电流　　　（A）			18.2
进出线电缆型号规格			
保护管径/回路编号			
二次接线图号			

图 6 - 24　315kVA 以下变配电站电气接线图

（主接线单线图　额定电压　~ 10kV）

图 6-26 两台变压器总容量至 800kVA 变配电站接线图

主接线单线图

额定电压 ~10kV

高压开关柜编号	1	2	3	4	5
高压开关柜型号	GAM2	1M	GBC-A	QM	QM
高压开关柜外形尺寸 $W×D×H$	850	850	850	850	850
主要设备　熔断器 RN2-10					
负荷开关 ISARC1-2		1		1	1
电流互感器 JDZ-10			1		
电压互感器 LZJ-10			1		
备　熔断器 SFLAJ			1	1	1
高压开关柜名称	副柜	进线	计量	出线	出线
设备容量 (kVA)					
计算电流 (A)					
进出线电缆型号规格					
保护管径/回路编号					
二次接线图号					

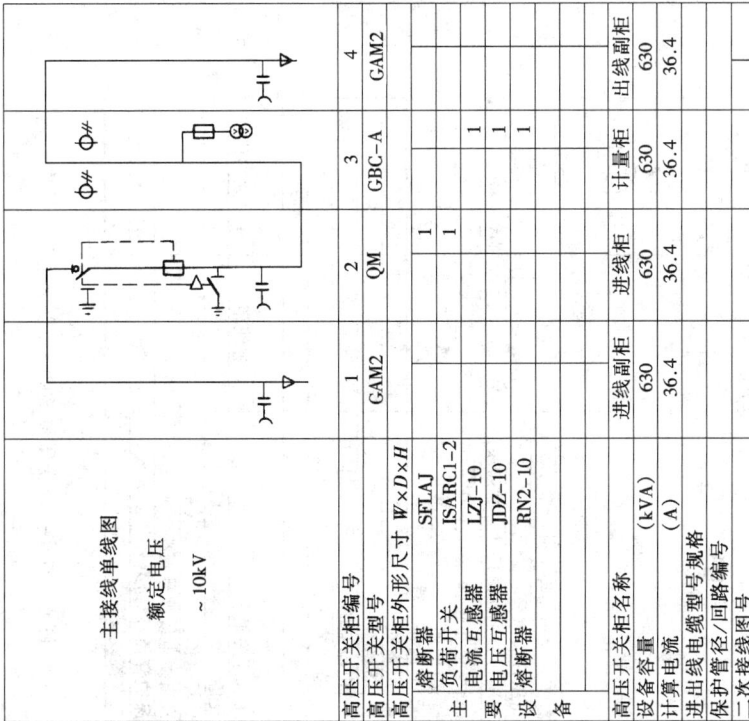

图 6-25 315~800kVA 变配电站电气接线图

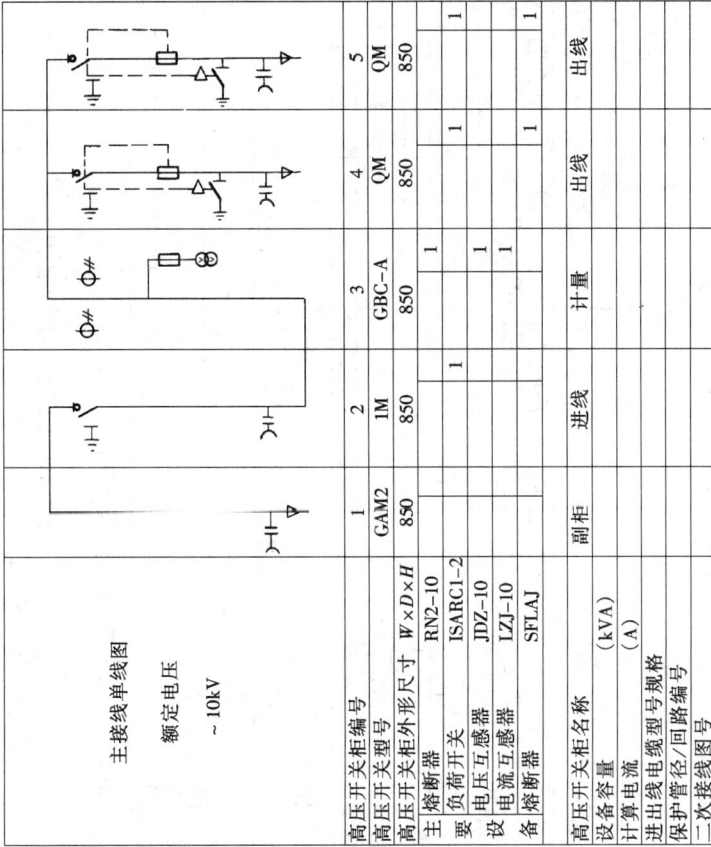

主接线单线图

额定电压 ~10kV

高压开关柜编号	1	2	3	4
高压开关柜型号	GAM2	QM	GBC-A	GAM2
高压开关柜外形尺寸 $W×D×H$				
主要设备　熔断器 SFLAJ				
负荷开关 ISARC1-2		1		
电流互感器 LZJ-10			1	
电压互感器 JDZ-10			1	
备　熔断器 RN2-10		1	1	
高压开关柜名称	进线副柜	进线柜	计量柜	出线副柜
设备容量 (kVA)	630	630	630	630
计算电流 (A)	36.4	36.4	36.4	36.4
进出线电缆型号规格				
保护管径/回路编号				
二次接线图号				

图 6-28 两台变压器 800kVA 以上电气接线图

主接线单线图

额定电压 ~10kV

项目	型号规格	G1	G2	G3	G4
高压开关柜编号		G1	G2	G3	G4
高压开关柜型号		VE-10-37(G)	VE-10-56	VE-10-29	VE-10-29
高压开关柜外形尺寸 $W \times D \times H$		800×1700×2300	800×1700×2300	800×1700×2300	800×1700×2300
电压互感器	JDZJ-10	2	2		
熔断器	RN2-10	3	3		
主要设备 电流互感器	LJY-10	1A	1A	1	1
避雷器	Y5C1-12.5	3			
断路器	ZN18-10	1			
电流互感器	LZZJ-10	2	2	2	2
监视装置	GSN-10	1			
高压开关柜名称		进线柜	计量柜	出线柜	出线柜
设备容量	(kVA)				
计算电流	(A)				
进出线电缆型号规格					
保护管径/回路编号					
二次接线图号					

（电气及机械连锁）

说明：1. 计量柜与进线柜开关装设电气及机械连锁。

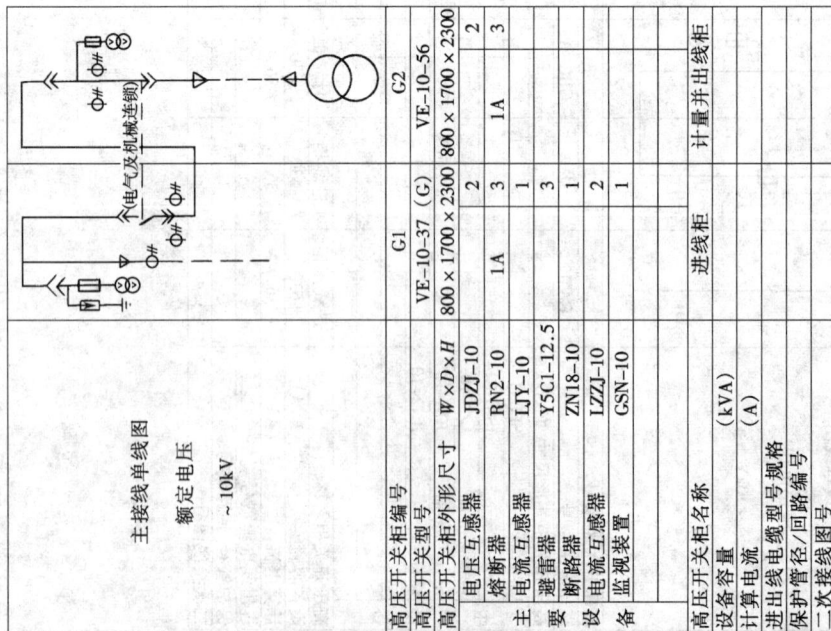

图 6-27 一台变压器 800kVA 以上电气接线图

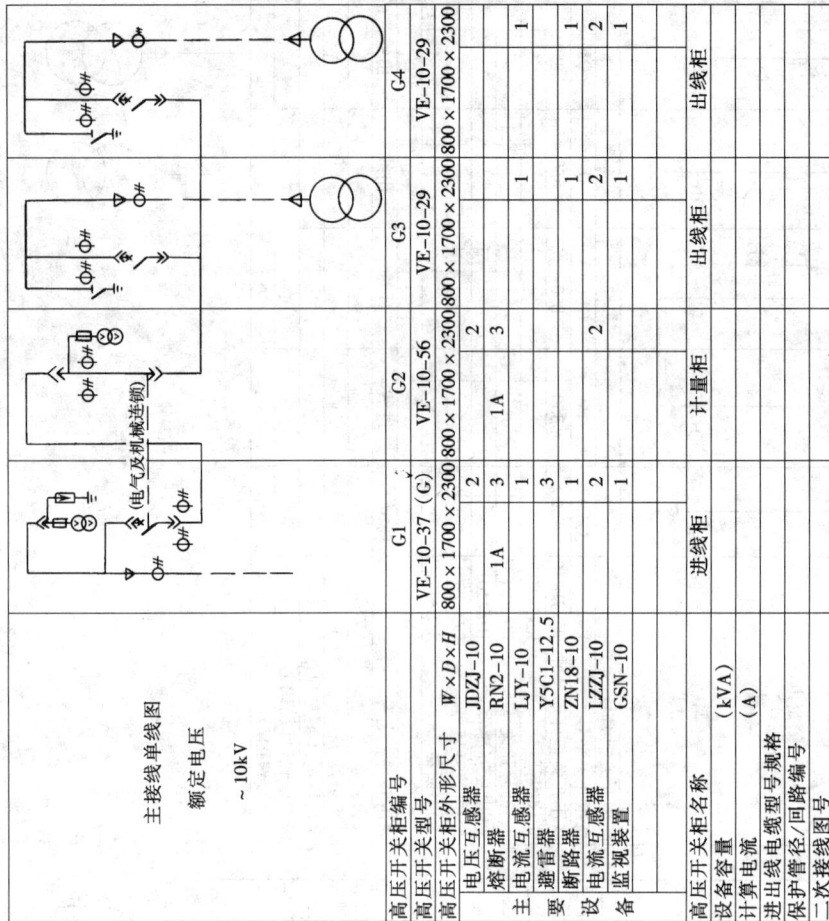

主接线单线图

额定电压 ~10kV

项目	型号规格	G1	G2
高压开关柜编号		G1	G2
高压开关柜型号		VE-10-37(G)	VE-10-56
高压开关柜外形尺寸 $W \times D \times H$		800×1700×2300	800×1700×2300
电压互感器	JDZJ-10	2	2
熔断器	RN2-10	3	3
主要设备 电流互感器	LJY-10	1A	1A
避雷器	Y5C1-12.5	3	
断路器	ZN18-10	1	
电流互感器	LZZJ-10	2	
监视装置	GSN-10	1	
高压开关柜名称		进线柜	计量并出线柜
设备容量	(kVA)		
计算电流	(A)		
进出线电缆型号规格			
保护管径/回路编号			
二次接线图号			

（电气及机械连锁）

10kV 配电工程设计手册

主接线单线图 额定电压 ~10kV					

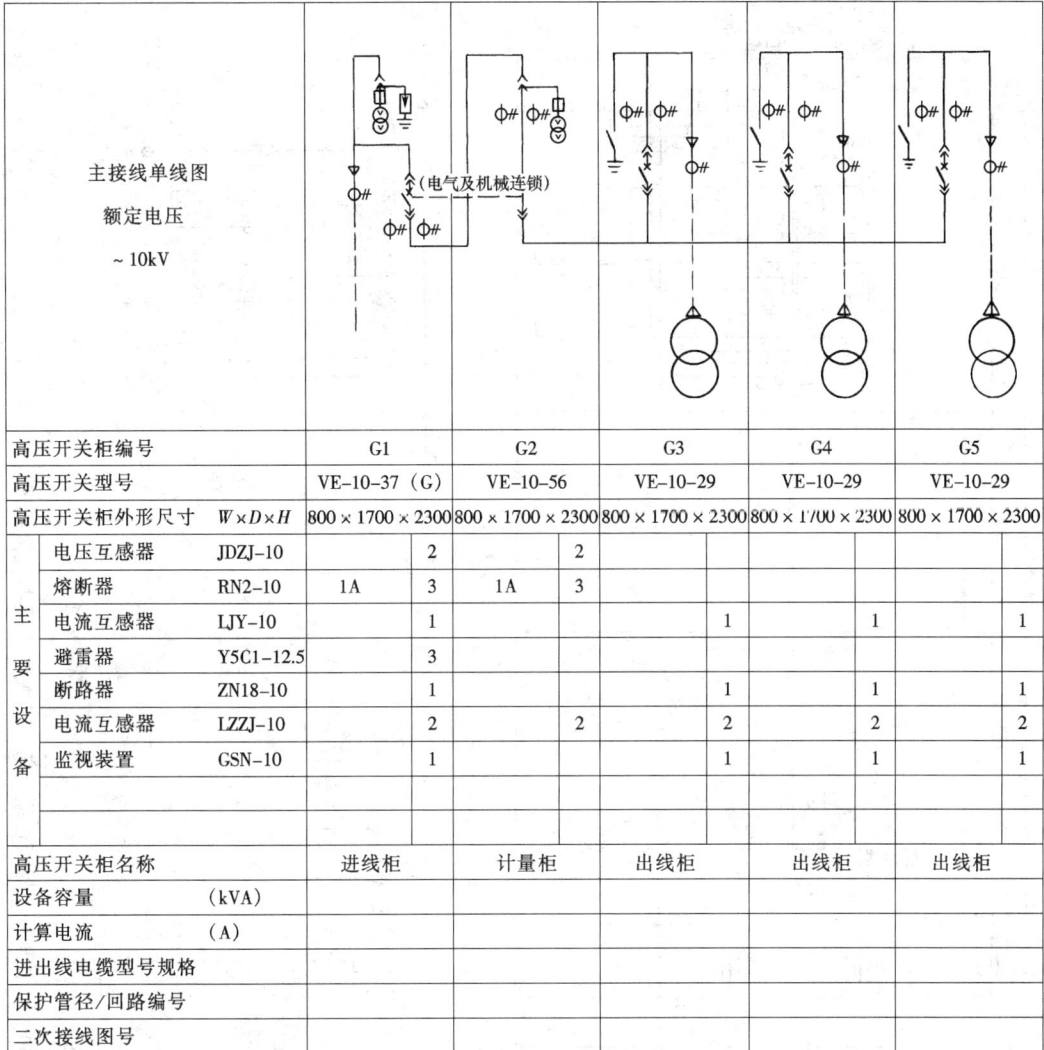

高压开关柜编号		G1	G2	G3	G4	G5
高压开关型号		VE-10-37（G）	VE-10-56	VE-10-29	VE-10-29	VE-10-29
高压开关柜外形尺寸	W×D×H	800×1700×2300	800×1700×2300	800×1700×2300	800×1700×2300	800×1700×2300
主要设备	电压互感器 JDZJ-10	2	2			
	熔断器 RN2-10	1A 3	1A 3			
	电流互感器 LJY-10		1		1	1	1
	避雷器 Y5C1-12.5	3				
	断路器 ZN18-10		1		1	1	1
	电流互感器 LZZJ-10	2	2	2	2	2
	监视装置 GSN-10	1		1	1	1
高压开关柜名称		进线柜	计量柜	出线柜	出线柜	出线柜
设备容量	（kVA）					
计算电流	（A）					
进出线电缆型号规格						
保护管径/回路编号						
二次接线图号						

说明：1. 计量柜与进线柜开关装设电气及机械连锁。

图 6-29 双电源三台变压器 800kVA 以上电气接线图

（3）双电源三台变压器 800kVA 及以上电气接线图如图 6-34 所示，使用断路器开关柜 7 面。

（4）双电源四台变压器 800kVA 及以上电气接线图如图 6-35 所示，使用断路器开关柜 9 面。

三、双电源同时分供互为备用

图 6-36 所示为常用双电源同时分供、互为备用接线图。与一主供一备用的不同是分供处安装一台联络开关，分供时开关打开。双电源同时分供，互为备用，其中一个电源停电时，通过无压检定，打开停电电源开关，合上联络开关，继续保持全部或局部供电。连联装置保证两个电源不能并列运行。

四、三电源二主供一备用

图 6-37 所示为三电源二主供一备用接线图。当一个主供电源停电时，通过无压检定，打开停电电源开关，合上备用开关，继续保持供电。

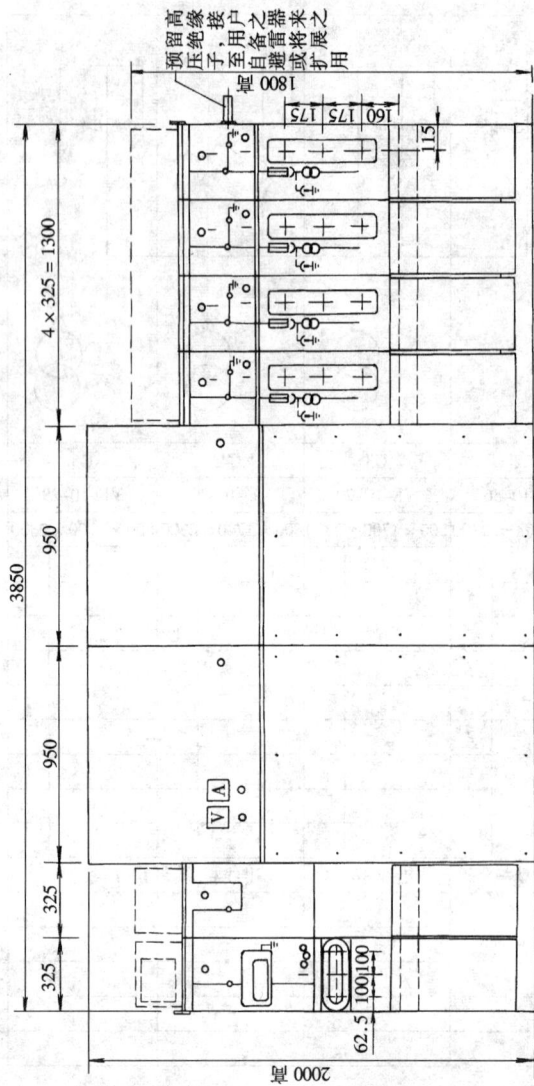

正视图

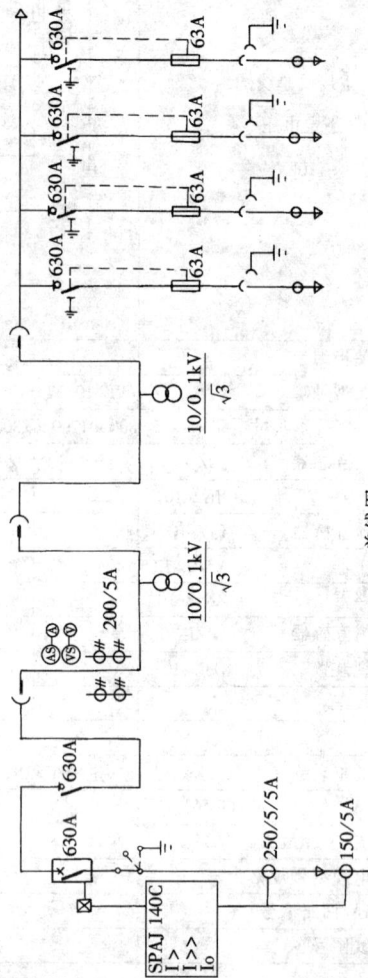

单线图

柜号	RGCV D1	RGCS D2	RGCM D3	RGCM D4	RGCF D5—D8
开关	真空断路器	负荷开关	一	一	负荷开关
隔离开关	√	一	一	一	一
接地开关					√
继电保护方案	定时、速断 零序	一	一	一	熔断器

图 6-30 单电源断路器柜进线、负荷开关出线电气接线图

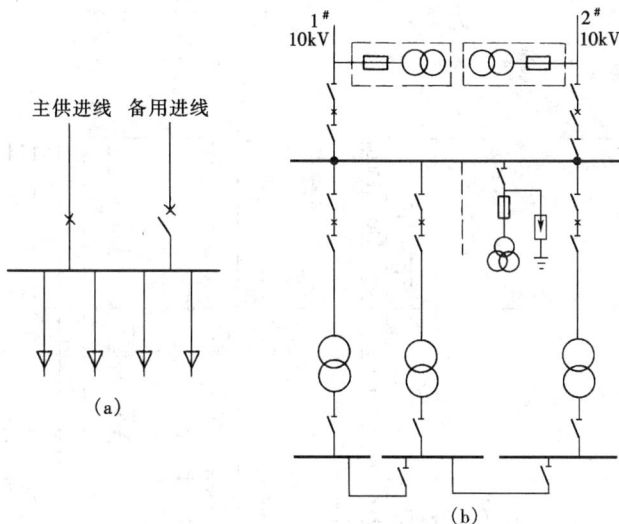

图 6 - 31 双电源—主供—备用接线方案

(a) 接线方式；(b) 实例

主接线单线图 额定电压 ~10kV					
高压开关柜编号	G1	G2	G3	G4	G5
高压开关型号	VE-10-37（G）	VE-10-56	VE-10-29	VE-10-56	VE-10-37（G）
高压开关柜外形尺寸 W×D×H	800×1700×2300	800×1700×2300	800×1700×2300	800×1700×2300	800×1700×2300

主要设备	电压互感器	JDZJ-10	2			2						2		
	熔断器	RN2-10	1A	3	1A	3			1A	3	1A	3
	电流互感器	LJY-10	1										1
	避雷器	Y5C1-12.5	3										3
	断路器	ZN18-10	1				1						1
	电流互感器	LZZJ-10	2			2		2		2			2
	监视装置	GSN-10	1				1						1

高压开关柜名称	主供进线柜	主供计量柜	出线柜	备用计量柜	备用进线柜
设备容量 （kVA）					
计算电流 （A）					
进出线电缆型号规格					
保护管径/回路编号					
二次接线图号					

说明：

1. 计量柜与主供(备用)电源开关柜装设电气及机械连锁。

2. 主供与设备用电源进线开关装设电气连锁装置，防止双电源并列。

3. 进线开关手动合闸装置加锁。

图 6 - 32 双电源—台变压器 800kVA 以上电气接线图

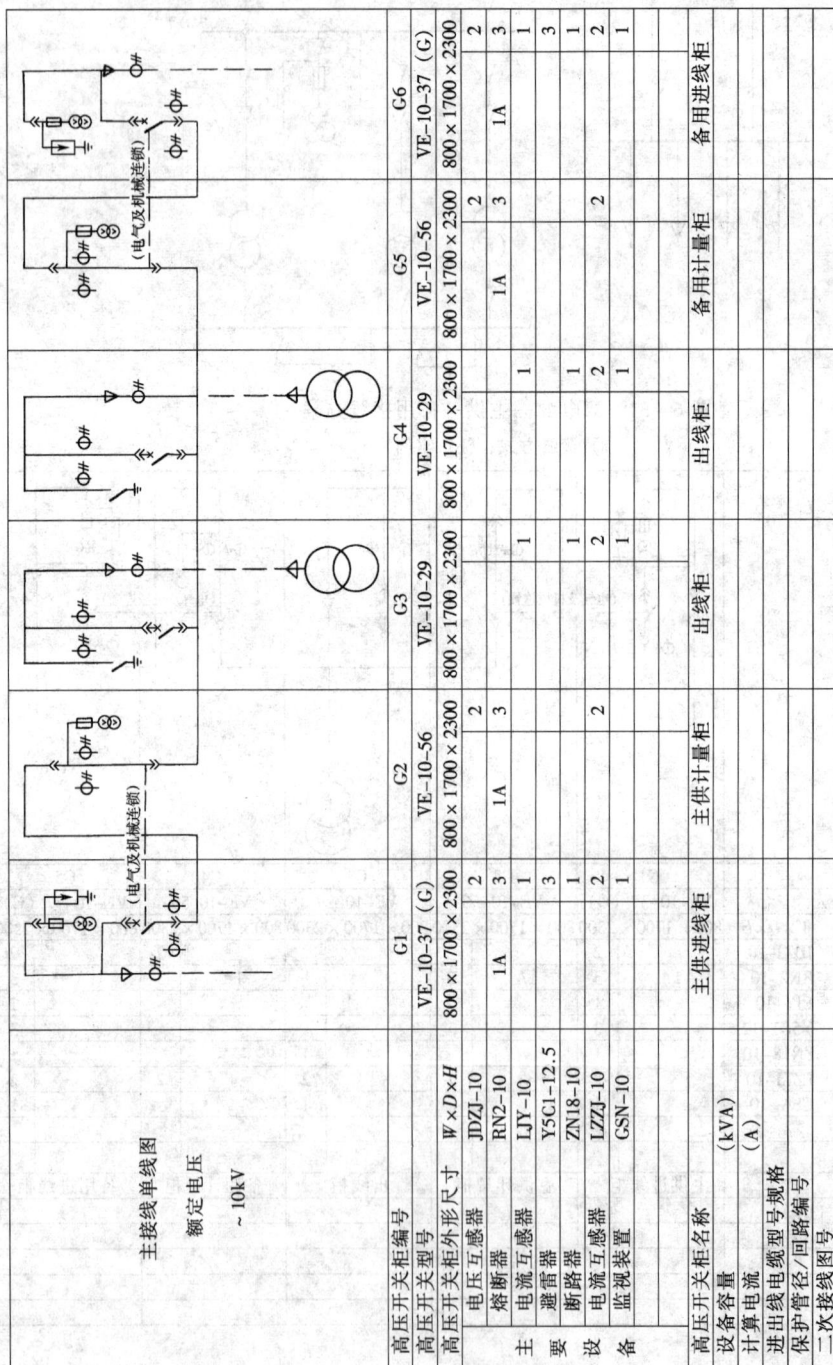

高压开关柜编号	G1	G2	G3	G4	G5	G6
高压开关柜型号	VE-10-37（G）	VE-10-56	VE-10-29	VE-10-29	VE-10-56	VE-10-37（G）
高压开关柜外形尺寸 W×D×H	800×1700×2300	800×1700×2300	800×1700×2300	800×1700×2300	800×1700×2300	800×1700×2300
电压互感器 JDZXJ-10	1A	1A			1A	1A
熔断器 RN2-10	3	3				3
电流互感器 LJY-10	3		1	1		3
避雷器 Y5C1-12.5	1		1	1		1
断路器 ZN18-10	2	2	2	2	2	2
电流互感器 LZZJ-10						
监视装置 GSN-10	1		1	1		1
高压开关柜名称	主供进线柜	主供计量柜	出线柜	出线柜	备用计量柜	备用进线柜
设备容量 （kVA）						
计算电流 （A）						
进出线电缆型号规格						
保护管径/回路编号						
二次接线图图号						

说明：
1. 计量柜与主供（备用）用电源开关柜装设电气及机械连锁。
2. 主供与备用电源进线开关装设电气连锁装置，防止双电源并列。
3. 进线开关手动合闸装置加锁。

图 6-33 双电源两台变压器 800kVA 以上电气接线图

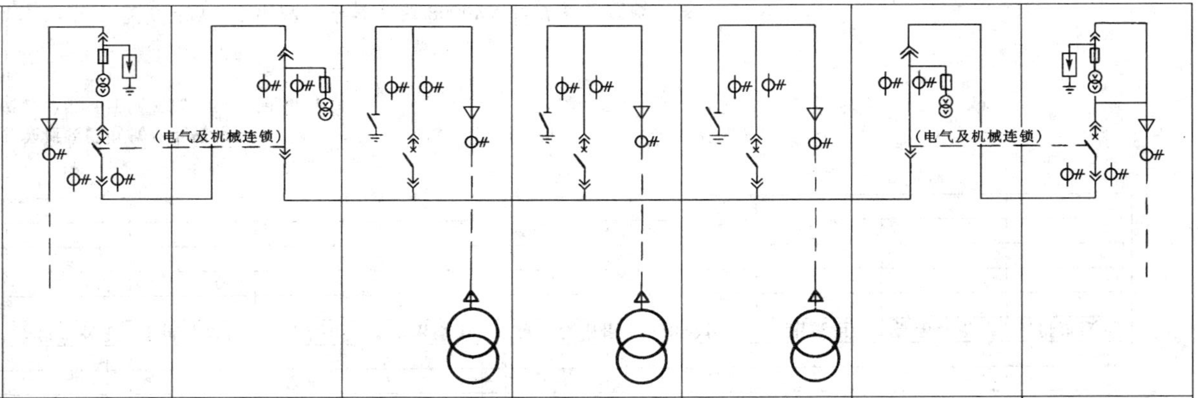

高压开关柜编号	G1	G2	G3	G4	G5	G6	G7
主接线单线图 额定电压 ~10kV							
高压开关柜型号	VE-10-37(G)	VE-10-56	VE-10-29	VE-10-29	VE-10-29	VE-10-56	VE-10-37(G)
高压开关柜外形尺寸 W×D×H	800×1700×2300	800×1700×2300	800×1700×2300	800×1700×2300	800×1700×2300	800×1700×2300	800×1700×2300
电压互视装置 JDZJ-10	2	2				2	2
监视装置 GSN-10	1		1	1	1		1
避雷器 Y5C1-12.5	3						3
熔断器 RN2-10	3	3					3
电流互感器 LJY-10	1A	1A	1	1	1	1A	1A
电流互感器 LZZJ-10	2	2	2	2	2	2	2
断路器 ZN18-10	1		1	1	1		1
高压开关柜名称	主供进线柜	主供计量柜	#变出线柜	#变出线柜	#变出线柜	备用计量柜	备用进线柜
设备容量（kVA）							
计算电流（A）							
进出线电缆型号规格							
保护管径/回路编号							
二次接线图号							

（主供柜图中标注：电气及机械连锁）（备用进线开关柜图中标注：电气及机械连锁）

图 6－34　双电源三台变压器 800kVA 及以上电气接线图

说明：
1. 计量柜与主供（备用）电源开关柜装设电气及机械连锁。
2. 主供与备用电源进线开关柜装设电气连锁装置，防止双电源并列。
3. 进线开关手动合闸装置加锁。

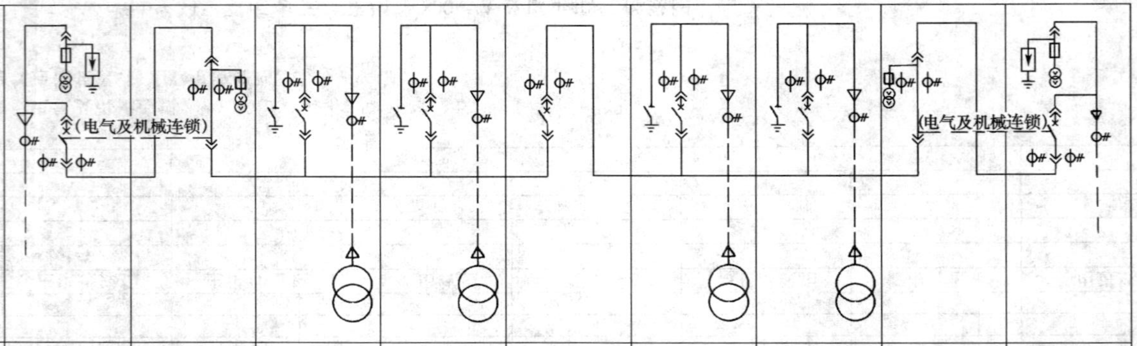

图 6-35 双电源四台变压器 800kVA 及以上电气接线图

主接线单线图
额定电压 ~10kV

（电气及机械连锁） （全（电气及机械连锁）

项目	型号	G1	G2	G3	G4	G5	G6	G7	G8	G9
高压开关柜编号		G1	G2	G3	G4	G5	G6	G7	G8	G9
高压开关柜型号		VE-10-37(G)	VE-10-56	VE-10-29	VE-10-29	VE-10-51	VE-10-29	VE-10-29	VE-10-56	VE-10-37(G)
高压开关柜外形尺寸 $W×D×H$		800×1700×2300	800×1700×2300	800×1700×2300	800×1700×2300	800×1700×2300	800×1700×2300	800×1700×2300	800×1700×2300	800×1700×2300
主要设备 电压互感器	JDZJ-10	2	2						2	2
监视装置	GSN-10	1								1
避雷器	Y5C1-12.5	3								3
熔断器	RN2-10	3	3						3	3
电流互感器	LJY-10	1A	1A	1	1		1	1	1A	1A
电流互感器	LZZJ-10	2	2	2	2	2	2	2	2	2
断路器	ZN18-10	1		1	1	1	1	1		1
高压开关柜名称		主供进线柜	主供计量柜	出线柜	出线柜	母线联络柜	出线柜	出线柜	备用计量柜	备供进线柜
设备容量 (kVA)										
计算电流 (A)										
进出线电缆型号规格										
保护管径/回路编号										
二次接线图号										

说明：
1. 计量柜与主供（备用）电源开关柜装设电气及机械连锁。
2. 主供与备用电源进线开关柜装设电气连锁装置，防止双电源并列。
3. 进线开关手动合闸装置加锁。

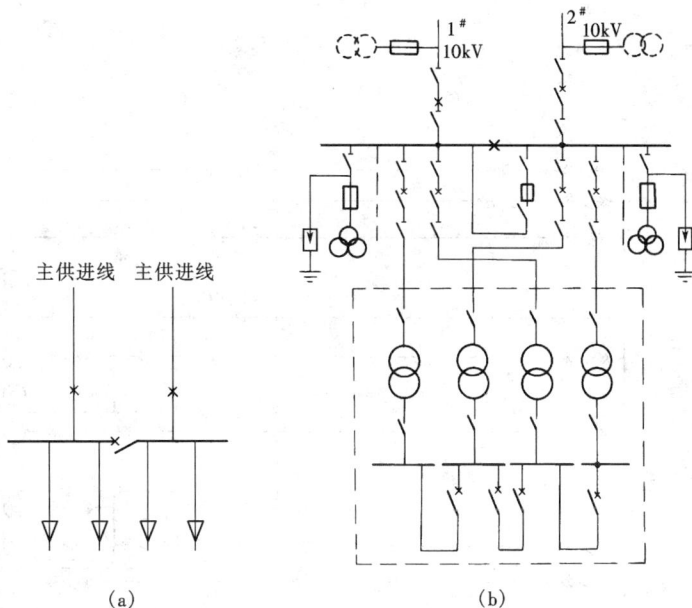

图 6-36 双电源同时分供、互为备用接线图
(a) 接线方式; (b) 实例

五、三电源同时分供互为备用

图 6-38 所示为三电源同时分供、互为备用接线图。与三电源二主供一备用接线图比较，多使用一个开关，但三条电源线路负荷平衡，电压损失少，电能损耗少，正常供电时，每条电缆的利用率为 1/2，两条电缆供电时，每条电缆的利用率为 1。

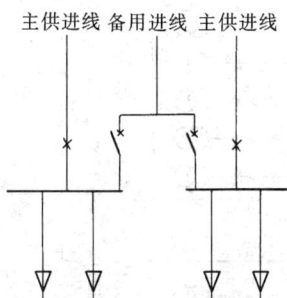

图 6-37 三电源二主供一
备用接线图

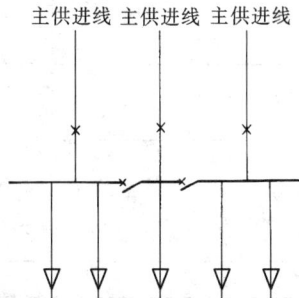

图 6-38 三电源同时分供、互
为备用接线图

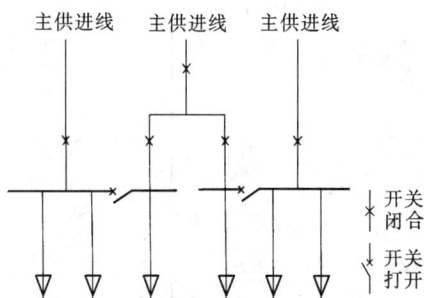

图 6-39 三电源同时分供、互为备
用四段母线接线图

六、三电源同时分供互为备用四段母线

图 6-39 所示为三电源同时分供、互为备用四段母线接线图。与三电源同时分供互为备用接线图比较，又多使用一个开关，但双电源供电时，电源负荷平衡，不会造成一边过重、一边过轻的情况，适用于大负荷采用。正常供电时，进线电缆的利用率为 2/3，两条电缆供电时为 1。

七、三电源分供一电源备用

图 6-40 所示为三电源分供一电源备用接线图，使用开关比较多，可靠性比较高，得到广泛使用。图 6-41 ~ 图 6-48 所示为某高层建筑物三主一备供电系统接线实例。

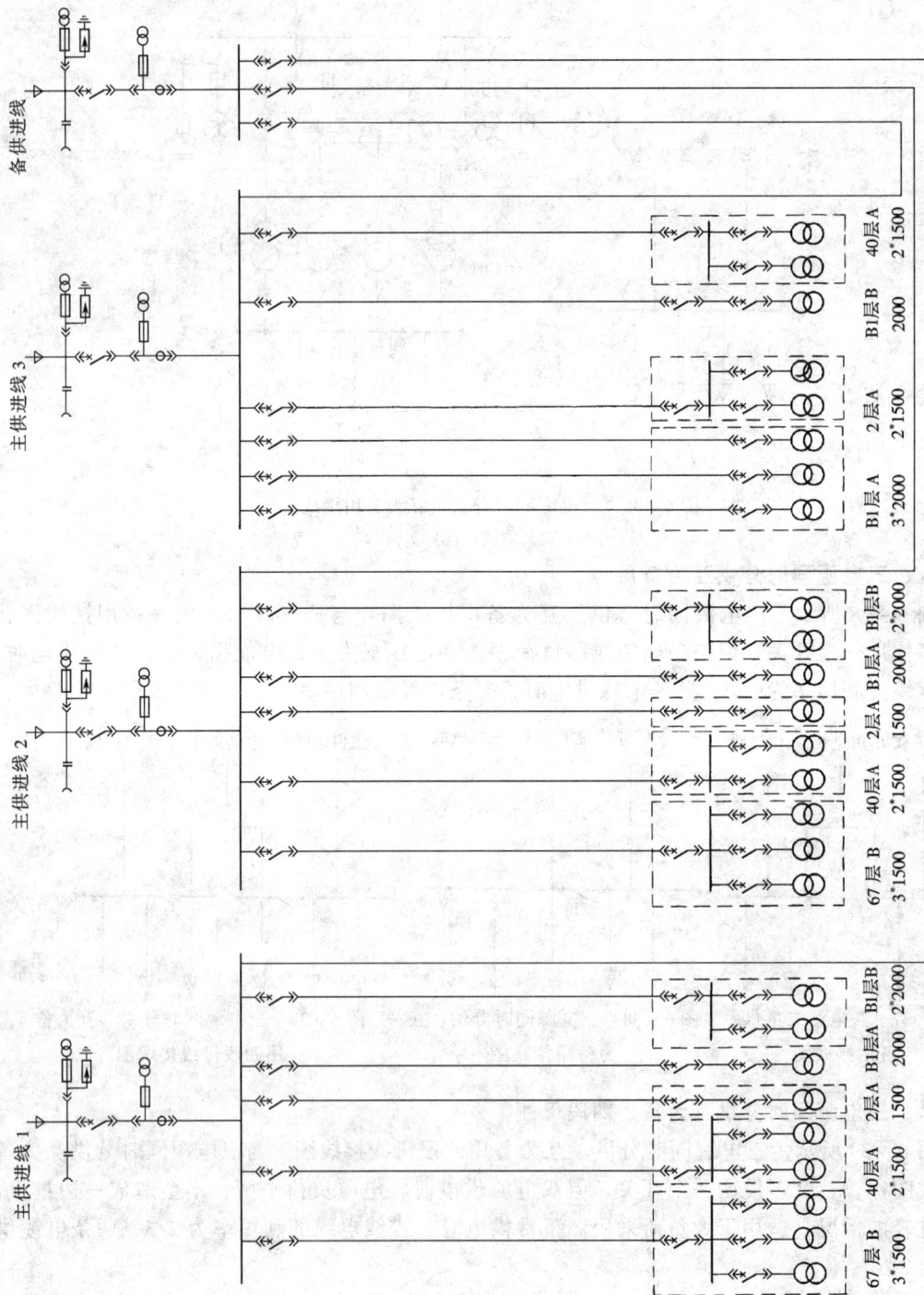

图 6 - 40 三电源分供一电源备用接线图

开关柜编号	1	2	3	4	5	6	7	8	9
开关柜名称	I电源进线柜	I进线开关柜	I计量柜	SI备用电源进线柜	F1—至67层B房	F2—至40层A房	F3—至2层A房	F4—至B房NO.4变压器	F5—至B1及B房
一次方案编号	VHIH–	VHIH–	VHIH–	VHIH–	VHIH–	VHIH–	VHIH–	VHIH–	VHIH–
一次接线方案 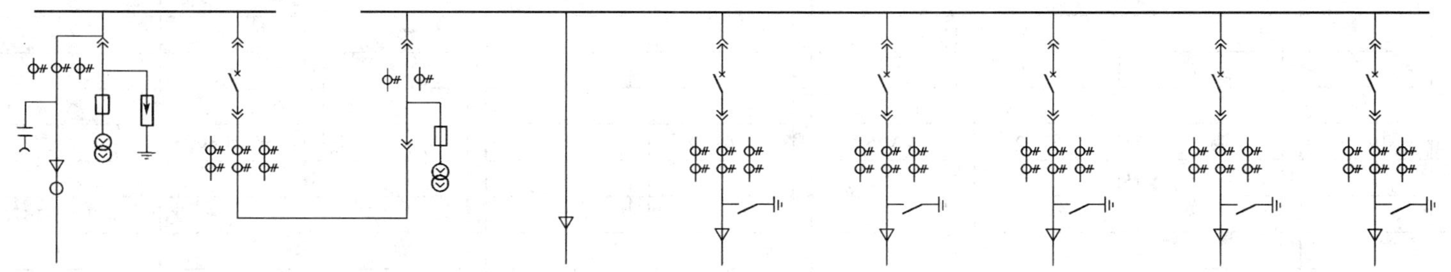									
开关柜额定电流	1250A	1250A	1250A	1250A	630A	630A	630A	630A	630A
真空断路器		VK–10M25H DC110V 1			VK–10J25H DC110V 1	VK–10J25H DC110V 1	VK–10J25H DC110V 1	VK–10J25H DC110V 1	VK–10J25H DC110V 1
电流互感器	1200/5A X级 3	1200/5A 7.5VA/15 3 3	800/5A 0.2级 2		600/5A 7.5VA/15 3 3	600/5A 7.5VA/15 3 3	150/5A 7.5VA/15 3 3	250/5A 7.5VA/15 3 3	600/5A 7.5VA/15 3 3
电压互感器	10/0.1kV 1级 2		10/0.1kV 2级 2						
高压熔断器	0.5A		0.5A 3						
避雷器	HY5W–12.7								
接地开关					1	1	1	1	1
电流表		0–1250A 1			0–600A 1	0–600A 1	0–150A 1	0–200A 1	0–600A 1
电压表	0–15kV 1								
有功电度表			0.5级 1						
无功电度表			1级 1						
继电保护装置		纵差,定时,速断及失压保护			定时,断速保护	同左	同左	定时,速断,温度零序	定时,速断保护
备注	零序电流互感器 150/5	同右	同右		零序保护	同左	同左	变压器 2000kVA	

图6–41 三电源分供—电源备用接线实例图1

注：本系统为1号主供进线配电柜接线图，图中各高压开关柜均装在B1层内（详情参见原设计平面布置图）

开关柜编号	1	2	3	4	5	6	7	8	9
开关柜名称	II电源进线柜	II进线开关柜	II计量柜	S2备用电源进线柜	F1—至1号尺A房	F2—至40尺A房	F3—至2尺A房	F4—至本栋NO.5变压器	F5—至B1及B房
一次方案编号	VHIH–	VHIH–	VHIH–	VHIH–	VHIH–	VHIH–	VHIH–	VHIH–	VHIH–
一次接线方案 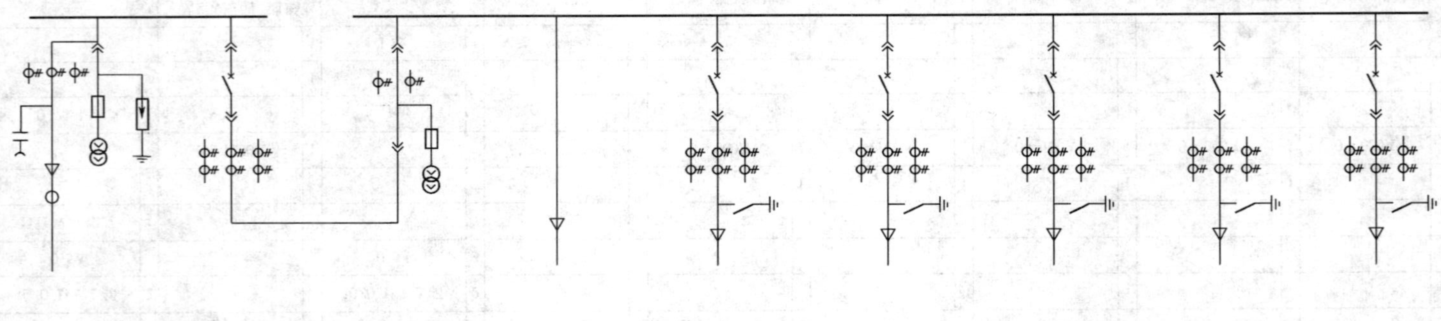									
开关柜额定电流	1250A	1250A	1250A	1250A	630A	630A	630A	630A	630A
真空断路器		VK-10M2SH DC 110V　1			VK-10D5H DC 110V　1	VK-10D5H DC 110V　1	VK-10D5H DC 110V　1	VK-10D5H DC 110V　1	VK-10D5H DC 110V　1
电流互感器	1200/5A X级　3	1200/5A 7.5VA/15　3　3	800/5A 0.2级　2		600/5A 7.5VA/15　3　3	600/5A 7.5VA/15　3　3	150/5A 7.5VA/15　3　3	200/5A 7.5VA/15　3　3	600/5A 7.5VA/15　3　3
电压互感器	10/0.1kV 1级　2	10/0.1kV 0.2级　2	10/0.1kV 0.2级　3						
高压熔断器	0.5A　3	0.5A　3	0.5A　3						
避雷器	HY5W-12.7　3								
接地开关		1			1	1	1	1	1
电流表		0~1250A　1			0~600A　1	0~600A　1	0~150A　1	0~200A　1	0~600A　1
电压表			0.5级　1						
有功电度表			0.5级　1						
无功电度表			1级　1						
继电保护装置		纵差,定时,速断,零序及失压保护			定时,速断保护	定时,速断保护	定时,速断保护	定时,速断,温度保护	定时,速断保护
备注	零序电流互感器 150/5		同右					变压器 2000kVA	

图6-42　三电源分供—电源备用接线实例图2

注：为二号主供进线配电柜接线图，本系统图中各高压开关柜均装在B1尺内(详情参见原设计原平面布置图)

开关柜编号	1	2	3	4	5	6	7	8	9	10
开关柜名称	Ⅲ电源进线柜	Ⅲ进线开关柜	Ⅲ计量柜	S3备用电源进线柜	F1一本房 NO.1变压器	R2-本房 NO.2变压器	I3一至本房 NO.5变压器	I4一至本房 2 尺 A 房	I5一至房 40 尺 A 房	I6一至 I0 尺 B 房
一次方案编号	VHIH—	VHIH—	VHIH—	VHIH—	VHIH—	VHIH—	VHIH—	VHIH—	VHIH—	VHIH—
一次接线方案 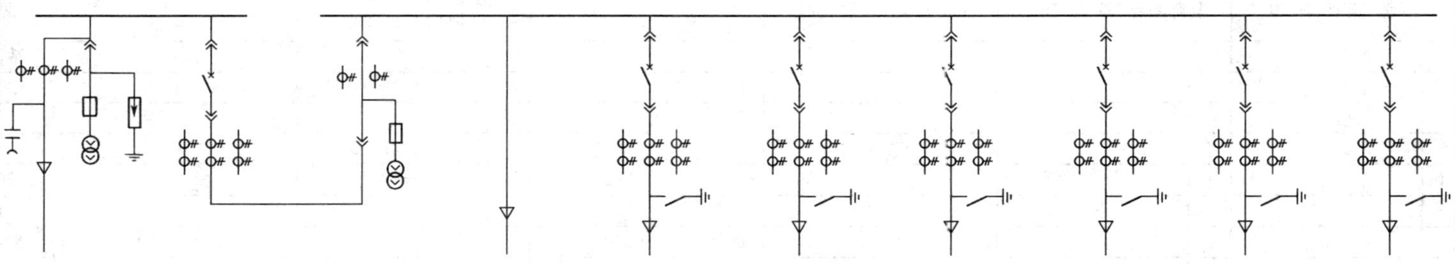										
开关柜额定电流	1250A	1250A	1250A	1250A	630A	630A	630A	630A	630A	630A
真空断路器		VK-10M25H DC 110V 1			VK-10M25H DC 110V 1	VK-10M25H DC 110V 1	VK-10M25H DC 110V 1	VK-10M25H DC 110V 1	VK-10M25H DC 110V 1	VK-10M25H DC 110V 1
电流互感器	1200/5A X 级 3	1200/5A 0.2 级 3/3	800/5A 0.2 级 2		200/5A 7.5VA/15 3/3	200/5A 7.5VA/15 3/3	200/5A 7.5VA/15 3/3	600/5A 7.5VA/15 3/3	600/5A 7.5VA/15 3/3	200/5A 7.5VA/15 3/3
电压互感器	10/0.1kV 1 级 2		10/0.1kV 0.2 级 2							
高压熔断器	0.5A 3		0.5A 3							
避雷器	HY5W-12.7 3									
接地开关		3								
电流表		0-1250A 1			0-200A 1	0-200A 1	0-200A 1	0-600A 1	0-600A 1	0-200A 1
电压表	0-15kV 1									
有功电度表			0.5 级 1					1	1	1
无功电度表			1 级 1					1	1	1
继电保护装置	纵差,定时,速断及失压保护	纵差,定时,速断及失压保护			定时,速断,温度零序	定时,速断,温度零序	定时,速断,温度零序	定时,速断,零度保护	定时,速断保护	定时,速断保护
备注	零序电流互感器 150/5		同右		变压器 2000kVA	同左	同左			

图 6-43 三电源分供—电源备用接线实例图 3

注：本系统为 3 号主供进线配电柜接线图，图中各高压开关柜均装在 B1 尺内（详情参见原设计平面布置图）

开关柜编号		1	2	3	4	5	6
开关柜名称		S 备用电源进线柜	S 供电电源开关柜	S 计量柜	S1 出线开关柜	S2 出线开关柜	S3 出线开关柜
一次接线方案编号		VHIH –	VHIH –	VHIH –	VHIH –	VHIH –	VHIH –
一次接线方案 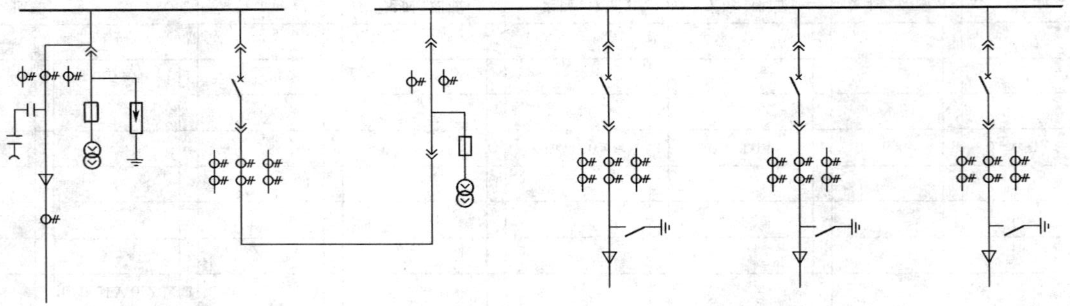							
开关柜额定电流		1250A	1250A	1250A	1250A	1250A	1250A
主要电气设备	真空断路器		VK‑10M25H DC 110V　1		VK‑10M25H DC 110V　1	VK‑10J25H DC 110V　1	VK‑10J25H DC 110V　1
	电流互感器	1200/5A X 级　3	1200/5A $7.5A/15$ VA　3　3	800/5A 0.2 级　2	1200/5A $7.5A/15$ VA　3　3	1200/5A $7.5A/15$ VA　3　3	1200/5A $7.5A/15$ VA　3　3
	电压互感器	10/0.1kV 1 级　2		10/0.1kV 0.2 级　2			
	高压熔断器	0.5A　3		0.5A　3			
	避雷器	3					
	接地开关		1		1	1	1
	电流表		1		1	1	1
	电压表			1			
	有功电度表		0 – 1250A	1	0 – 800A		
	无功电度表			1			
继电保护装置		零序电流互感器 150/5	纵差,定时,速断 零序及失压保护		定时,速断,零序保护	定时,速断,温度零序	定时,速断,零序
备 注			三路连锁,只能投一路				

注: 1. 本系统备供进线配电柜接线图,图中各高压开关柜均装在 B1 层内(详情参见原设计平面布置图)

2. S 备供电源不管在任何情况下关投入运行时,只允许供三回出线中的一路出线(容量限制),为此,S1,S2,S3 三个出线开关之间应加装电气及机械联锁装置

图 6 – 44　三电源分供一电源备用接线实例图 4

开关柜编号	1	2	3	4	5	6	7	8
开关柜名称	#1电源进线柜	NO.7变压器柜	NO.8变压器柜	#2电源进线柜	NO.9变压器柜	NO.10变压器柜	#3电源进线柜	NO.6变压器柜
一次方案编号	VHIH-	VHIH-	VHIH-	VHIH-	VHIH-	VHIH-	VHIH-	VHIH-
一次接线方案 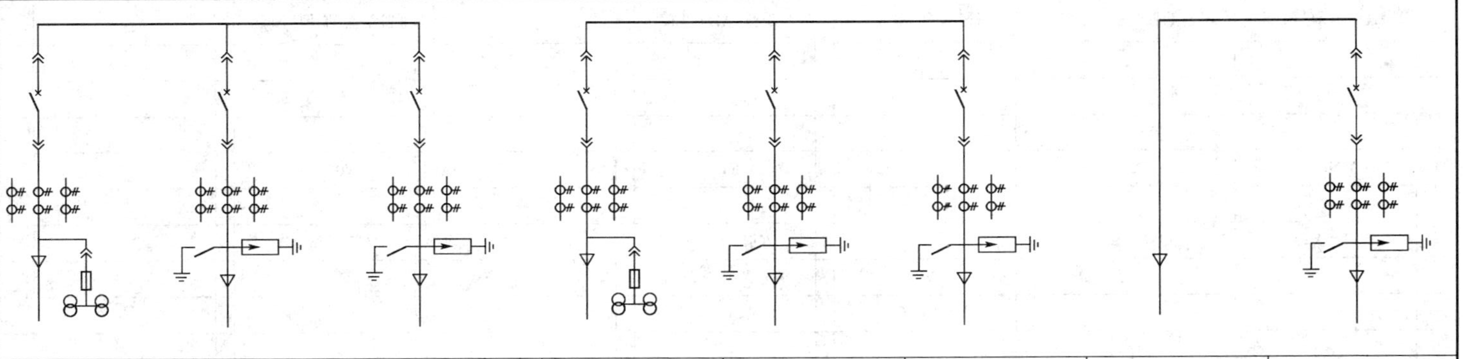								
开关柜额定电流	630A	630A	630A	630A	630A	630A	630A	630A
真空断路器	VK-10Z5H DC 110V 1	VK-10Z5H DC 110V 1	VK-10Z5H DC 110V 1	VK-10Z5H DC 110V 1	VK-10Z5H DC 110V 1	VK-10Z5H DC 110V 1	VK-10Z5H DC 110V 1	VK-10Z5H DC 110V 1
电流互感器	600/5A $\frac{7.5}{15}$VA 3/3	200/5A $\frac{7.5}{15}$VA 3/3	200/5A $\frac{7.5}{15}$VA 3/3	600/5A $\frac{7.5}{15}$VA 3/3	200/5A $\frac{7.5}{15}$VA 3/3	200/5A $\frac{7.5}{15}$VA 3/3	200/5A $\frac{7.5}{15}$VA 3/3	200/5A $\frac{7.5}{15}$VA 3/3
电压互感器	10/0.1kV 1级 2			10/0.1kV 1级 2				
高压熔断器	5A 3			5A 3				
避雷器	3	3	3	3	3	3	3	3
接地开关	1	1	1	1	1	1	1	1
电流表	1	0~200A 1	0~200A 1	1	0~200A 1	0~200A 1		0~200A 1
电压表	1			1				
有功电度表								
无功电度表								
继电保护装置	定时,速断保护	定时,速断,温度保护	定时,速断,温度保护	定时,速断保护	定时,速断,温度保护	定时,速断,温度保护	定时,速断,温度保护	定时,速断,温度保护
备注	引自一层电房10kV I段母线	T:2000kVA	T:2000kVA	引自一层电房10kV II段母线	T:2000kVA	T:2000kVA	引自一层电房10kV III段母线	T:2000kVA

注　本系统为 B1 层 B 房配电柜接线图。

图6-45　三电源分供一电源备用接线实例图5

开关柜编号	1	2	3	4	5	6	7
开关柜名称	#1电源进线柜	NO.11变压器柜	#2电源进线柜	NO.12变压器柜	#3电源进线柜	NO.12变压器柜	NO.13变压器柜
一次方案编号	VHIH-	VHIH-	VHIH-	VHIH-	VHIH-	VHIH-	VHIH-
一次接线方案 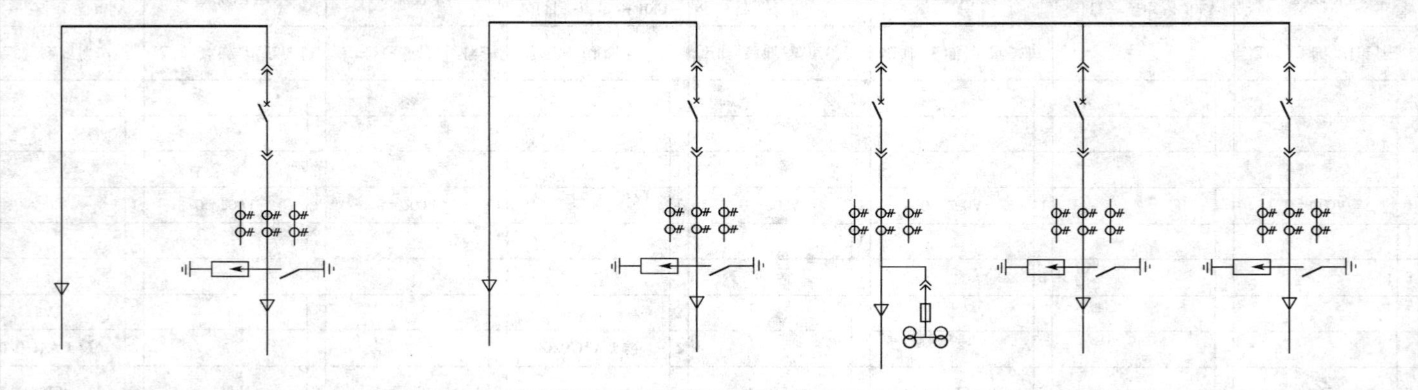							
开关柜额定电流	630A	630A	630A	630A	630A	630A	630A
真空断路器		VK-10J25H DC 110V 1		VK-10J25H DC 110V 1	VK-10J25H DC 110V 1	VK-10J25H DC 110V 1	VK-10J25H DC 110V 1
电流互感器		$150/5A \frac{7.5}{15}$ VA 3/3		$150/5A \frac{7.5}{15}$ VA 3/3	$600/5A \frac{7.5}{15}$ VA 3/3	$150/5A \frac{7.5}{15}$ VA 3/3	$150/5A \frac{7.5}{15}$ VA 3/3
电压互感器					10/0.1kV 1级 2		
高压熔断器					5A 3		
避雷器		HY5W-15.7 3		HY5W-15.7 3		HY5W-15.7 3	HY5W-15.7 3
接地开关		1		1		1	1
电流表		0-150A 1		0-150A 1	1	0-150A 1	0-150A 1
电压表					1		
有功电度表							
无功电度表							
继电保护装置		定时,速断,温度保护		定时,速断,温度保护	定时,速断保护	定时,速断,温度保护	定时,速断,温度保护
备注	引自一层电房10kV I段母线	变压器:1500kVA	引自一层电房10kV III段母线	变压器:1500kVA	引自一层电房10kV III段母线	变压器:1500kVA	变压器:1500kVA

图6-46 三电源分供—电源备用接线实例图6

注：本系统为二层电房配电柜接线图。

开关柜编号	1	2	3	4	5	6	7	8	9
开关柜名称	#1电源进线柜	NO.15变压器柜	NO.19变压器柜	#2电源进线柜	NO.17变压器柜	NO.18变压器柜	#3电源进线柜	NO.16变压器柜	NO.20变压器柜
一次柜编号	VHIH-	VHIH-	VHIH-	VHIH-	VHIH-	VHIH-	VHIH-	VHIH-	VHIH-
一次接线方案 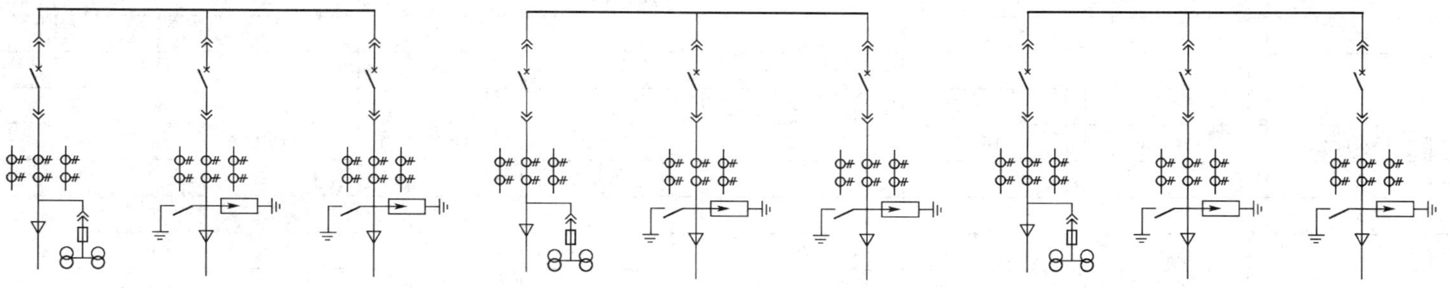	一次接线方案图								
开关柜额定电流	630A	630A	630A	630A	630A	630A	630A	630A	630A
真空断路器	VK-10/25H DC 110V，1	VK-10/25H DC 110V，1	VK-10/25H DC 110V，1	VK-10/25H DC 110V，1	VK-10/25H DC 110V，1	VK-10/25H DC 110V，1	VK-10/25H DC 110V，1	VK-10/25H DC 110V，1	VK-10/25H DC 110V，1
电流互感器	600/5A $\frac{7.5}{15}$VA，3，3	150/5A $\frac{7.5}{15}$VA，3，3	150/5A $\frac{7.5}{15}$VA，3，3	600/5A $\frac{7.5}{15}$VA，3，3	150/5A $\frac{7.5}{15}$VA，3，3	150/5A $\frac{7.5}{15}$VA，3，3	600/5A $\frac{7.5}{15}$VA，3，3	150/5A $\frac{7.5}{15}$VA，3，3	150/5A $\frac{7.5}{15}$VA，3，3
电压互感器	10/0.1kV 1级，2 5A，3			10/0.1kV 1级，2 5A，3			10/0.1kV 1级，2 5A，3		
高压熔断器									
避雷器		HY5W-15.7，3	HY5W-15.7，3		HY5W-15.7，3	HY5W-15.7，3		HY5W-15.7，3	
接地开关	1	1	1	1	1	1		1	1
电流表	0-150A，1	0-150A，1	0-150A，1		0-150A，1	0-150A，1		0-150A，1	0-150A，1
电压表									
有功电度表	1			1			1	1	
无功电度表					1				
继电保护装置	定时，速断保护	定时，速断，温度保护	定时，速断，温度保护	定时，速断保护	定时，速断，温度保护	定时，速断，温度保护	定时，速断保护	定时，速断，温度保护	定时，速断，温度保护
备注	引自一层电房10kV I段母线			引自一层电房10kV II段母线			引自一层电房10kV III段母线		

图6-47 三电源分供—电源备用接线实例图7

注：本系统为40层电房配电柜接线图。

图 6-48 三电源分供—电源备用接线实例图 8

开关柜编号	1	2	3	4	5	6	7	8
开关柜名称	#1电源进线柜	NO.21变压器柜	NO.22变压器柜	NO.23变压器柜	#2电源进线柜	NO.24变压器柜	NO.25变压器柜	NO.26变压器柜
一次方案编号	VHIH–	VHIH–	VHIH–	VHIH–	VHIH–	VHIH–	VHIH–	VHIH–
一次接线方案 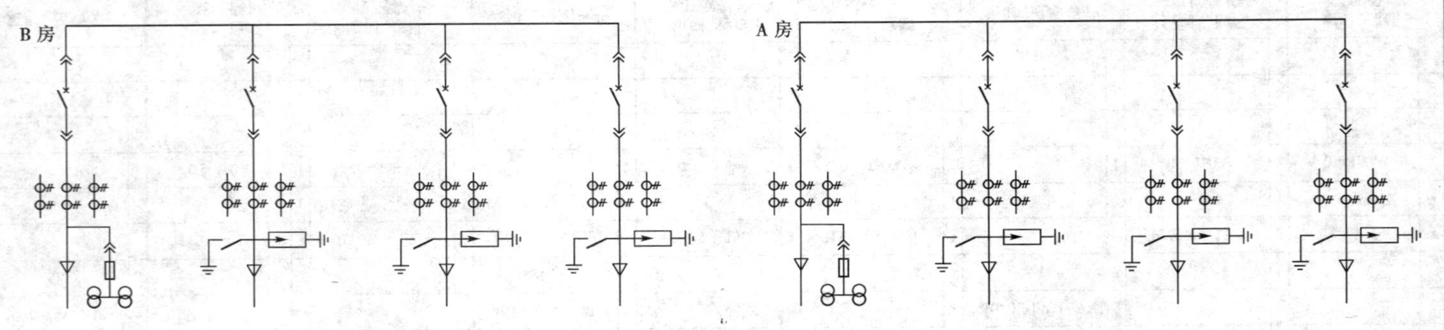	B 房（一次接线图）				A 房（一次接线图）			
开关柜额定电流	630A	630A	630A	630A	630A	630A	630A	630A

主要电气设备

设备	1	2	3	4	5	6	7	8
真空断路器	VK–10D25H DC 110V　1	VK–10D25H DC 110V　1	VK–10D25H DC 110V　1	VK–10D25H DC 110V　1	VK–10D25H DC 110V　1	VK–10D25H DC 110V　1	VK–10D25H DC 110V　1	VK–10D25H DC 110V　1
电流互感器	600/5A $\frac{7.5}{15}$ VA　3　3	150/5A $\frac{7.5}{15}$ VA　3　3	150/5A $\frac{7.5}{15}$ VA　3　3	150/5A $\frac{7.5}{15}$ VA　3　3	600/5A $\frac{7.5}{15}$ VA　3　3	150/5A $\frac{7.5}{15}$ VA　3　3	150/5A $\frac{7.5}{15}$ VA　3　3	150/5A $\frac{7.5}{15}$ VA　3　3
电压互感器	10/0.1kV 1级　2				10/0.1kV 1级　2			
高压熔断器	5A　3				5A　3			
避雷器		3	3	3		3	3	3
接地开关	1	1	1	1	1	1	1	1
电流表	0–150A　1	0–150A　1	0–150A　1	0–150A　1		0–150A　1	0–150A　1	0–150A　1
电压表	1				1			
有功电度表	1				1			
无功电度表	1				1			
继电保护装置	定时,速断保护	定时,速断,温度保护	定时,速断,温度保护	定时,速断,温度保护	定时,速断保护	定时,速断,温度保护	定时,速断,温度保护	定时,速断,温度保护
备注	引自一层电房配电柜接线图				引自一层电房 10kV Ⅱ段母线			

注：本系统为 67 层电房配电柜接线图。

八、四电源同时分供互为备用

图 6 - 49 所示为四电源同时分供互为备用接线图，使用开关多，接线复杂，投资大，可靠性高。使用于非常重要负荷的供电。

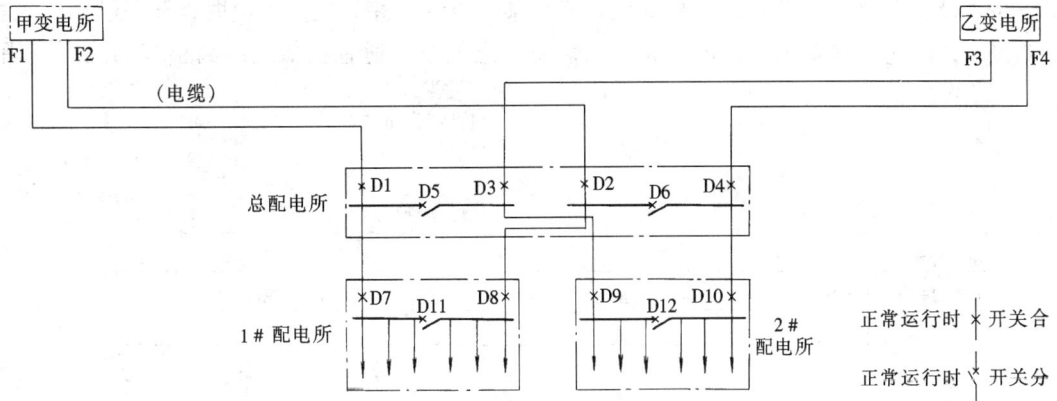

图 6 - 49 四电源同时分供互为备用接线图

九、五电源分供一电源备用

图 6 - 50 所示为五电源分供一电源备用电气接线图。

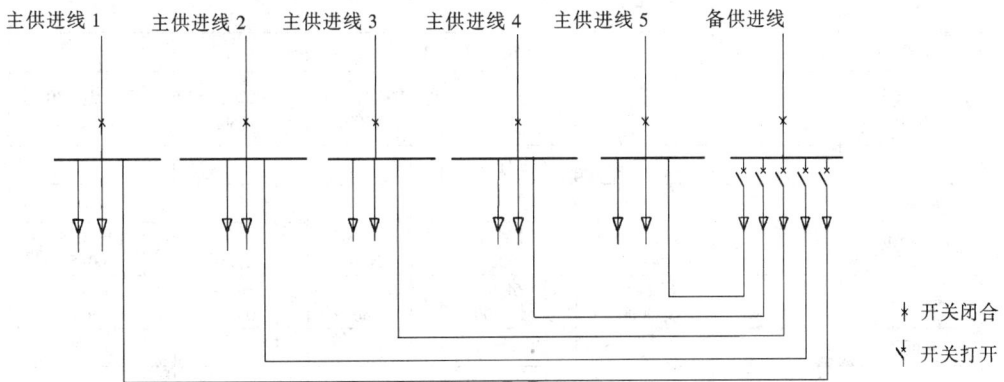

图 6 - 50 五电源分供一电源备用接线图

十、公用变压器的保护

因公用变压器的数量很多，所以要使用一种简单、有效、运行维护工作小的保护装置。高压负荷开关 + 高压限流熔断器是最完美的组合设备的典范，由高压负荷开关负责额定电流的关合和开断，由高压限流熔断器负责过载电流和短路电流的开断。高压限流熔丝额定开断电流为 31.5 ~ 50kA，开断时间为 ms 级，比继电保护动作时间少，在变压器开始故障时，开关已经断开了。它的功耗少，还可以配装撞击器，得到广泛的使用。

十一、配电变压器低压侧的保护

配电变压器低压侧保护的目的，是当发生低压线路过负荷（经常发生）、母线接地、短路或低压出线接地短路时，打开开关，保护变压器。目前广泛使用的保护方式有如下几种。

1. 低压总开关、出线开关使用空气断路器（ACB）保护

图 6-51 所示为低压使用空气断路器（ACB）保护接线图。设备先进，开关跳闸后复电操作简单，无需更换熔体和携带备品熔体。但设备复杂，开关本身发生故障时，急修工人不能应付。设备价格高，数量多，投资大。线路某一点（一相）发生事故时，开关跳闸，三相全部停电，停电范围扩大，供电可靠性低，用户意见大。适宜在供电线路很好的地方使用，

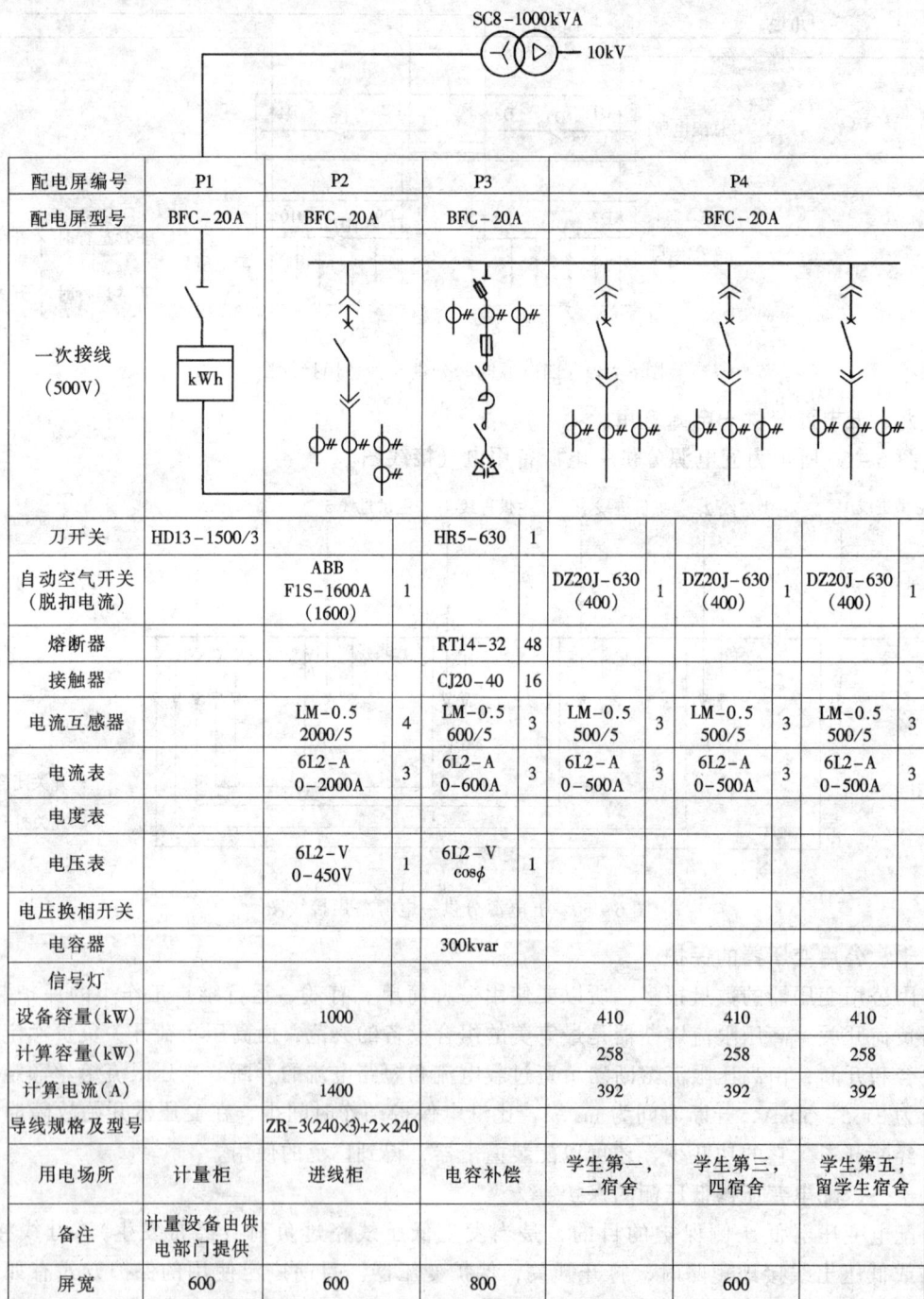

配电屏编号	P1	P2		P3		P4					
配电屏型号	BFC-20A	BFC-20A		BFC-20A		BFC-20A					
一次接线（500V）											
刀开关	HD13-1500/3			HR5-630	1						
自动空气开关（脱扣电流）		ABB F1S-1600A (1600)	1			DZ20J-630 (400)	1	DZ20J-630 (400)	1	DZ20J-630 (400)	1
熔断器				RT14-32	48						
接触器				CJ20-40	16						
电流互感器	LM-0.5 2000/5	4	LM-0.5 600/5			LM-0.5 500/5	3	LM-0.5 500/5	3	LM-0.5 500/5	3
电流表	6L2-A 0-2000A	3	6L2-A 0-600A		3	6L2-A 0-500A	3	6L2-A 0-500A	3	6L2-A 0-500A	3
电度表											
电压表	6L2-V 0-450V	1	6L2-V cosφ		1						
电压换相开关											
电容器				300kvar							
信号灯											
设备容量(kW)		1000				410		410		410	
计算容量(kW)						258		258		258	
计算电流(A)		1400				392		392		392	
导线规格及型号		ZR-3(240×3)+2×240									
用电场所	计量柜	进线柜		电容补偿		学生第一，二宿舍		学生第三，四宿舍		学生第五，留学生宿舍	
备注	计量设备由供电部门提供										
屏宽	600	600		800		600					

图 6-51 低压使用空气断路器（ACB）保护接线图

如用户室内线路。低压使用空气断路器保护接线实例如图 6－52（见文后插页）所示。

2．低压总开关、出线开关使用熔断器保护

图 6－53 所示为低压使用熔断器保护接线图。设备典型，熔体熔断后复电操作需要更换熔体和携带备品熔体。但设备简单，熔断器本身发生故障时，急修工人容易应付。设备价格低，数量多，投资少。线路某一点（一相）发生事故时，仅仅断开一相熔体，其他两相供电不变，停电范围小，复电操作过程也不需要三相停电，供电可靠性高，用户意见少。适宜户外供电线路在环境比较差、住宅密度大的地方广泛使用。低压使用熔断器保护接线实例如图 6－54 所示。

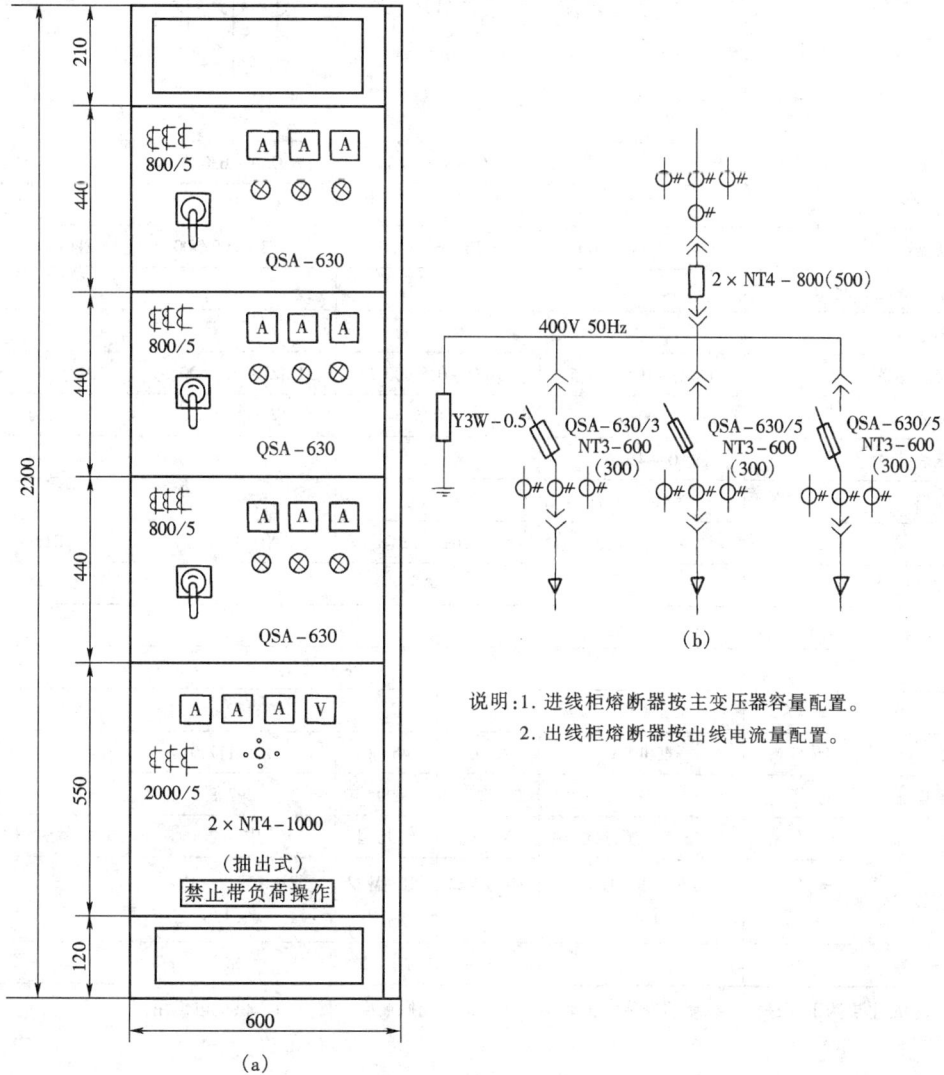

说明：1．进线柜熔断器按主变压器容量配置。
2．出线柜熔断器按出线电流量配置。

图 6－53　低压使用熔断器保护接线图
（a）屏面图；（b）接线图

3．低压总开关使用空气断路器（ACB）保护，低压出线开关使用熔断器保护

图 6－55 所示为低压总开关使用空气断路器（ACB）保护，低压出线开关使用熔断

配电盘编号	卫生院公变			
配电盘型号	TMY – 4(60 * 6)	BFC – 20(改)		
母　线				
一次接线 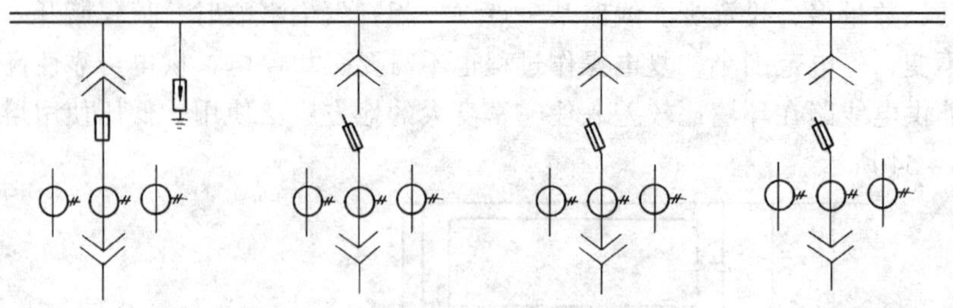				
刀开关		QSA – 630/3	QSA – 630/3	QSA – 630/3
自动空气开关				
熔断器	NT4 – 1000/800	NT3 – 600/400	NT3 – 600/400	NT3 – 600/400
接触器或磁力起动器				
热继电器				
电流互感器	LMZJ – 0.5 800/5	LMZJ – 0.5 600/5	LMZJ – 0.5 600/5	LMZJ – 0.5 600/5
电流表	800/5	600/5	600/5	600/5
电压表	0 ~ 450V			
避雷器	Y3W – 0.5			
信号灯	XD13 – 220	XD13 – 220	XD13 – 220	XD13 – 220
小室高度	550	440	440	440
柜宽	1000			
柜深	800			
设备编号				
设备安装/计算容量(kW)	400kVA	90/72	45/36	131/117.9
计算电流(A)	610	180	90	297.8
用户名称	公变电源进线	卫生院	幼儿园	中学	备用
引出线型号规格	ZR – W – 1kV 4[2(1 × 185)]	ZR – W22 4 × 95	ZR – W22 4 × 50	ZR – W22 – 1kV 4 × 185	
回路编号		N1 – 1	N1 – 2	N2	

说明：配电屏为下端进、出线靠墙安装，正面操作，维护，抽屉侧空位处开门，供接电缆用。

图 6 – 54　低压使用熔断器保护接线实例

保护接线图。由于低压母线很短，事故机会很少，空气断路器动作机会很少，所以没有图 6 – 51 的部分缺点；由于低压线路多，事故机会多，熔断器动作机会多，所以带有图 6 – 53 的部分优点。适宜户外供电线路在环境比较差、住宅密度大的地方使用，但投资比图 6 – 53 大一点。低压总开关使用空气断路器保护，低压出线开关使用熔断器保护接线实例如图 6 – 56 所示。

主接线单线图 额定电压 ～380/220V

回路名称	变压器低压总进线柜	出线			出线		
低压开关柜编号	D1	D2					
低压开关柜型号	PGL-2	PGL-2					
屏宽	800mm	800mm					
刀开关		HD-13/630	HD-13/630	HD-13/630	HD-13/630	HD-13/630	
主要设备 电流互感器	HD13/1500A 1500/5A	600/5	600/5	600/5	600/5	600/5	
主要设备 断路器	DW18-1600A						
备 熔断器		HR5-400A	HR5-400A	HR5-400A	HR5-400A	HR5-400A	
电压互感器							
回路编号							
设备容量 (kVA)	630kVA						
计算电流 (A)	907A						
导线型号规格	ZR-3(240×2)+2×240						
保护管径及敷设方式							

S7-630kVA/10/0.4 D,Yn11

主接线单线图 额定电压 ～10kV

二次接线图号			
高压开关柜编号	G1	G2	G3
高压开关柜型号	SM6-IM	SM6-QM	SM6-IM
高压开关柜外形尺寸	500×940	500×940	500×940
主要设备 负荷开关			
主要设备 电流互感器	SF6-630A	SF6-630A	SF6-630A
备 熔断器		63A/10kV	
高压避雷器			
高压开关柜名称	进线	变压器出线	出线
设备容量 (kVA)		630kVA	
计算电流 (A)			
进出线电缆型号规格	YJV22-10/3×240	YJV22-10/3×70 YJV22-10/3×240	YJV22-10/3×240
保护管径/回路编号			

S7-630/10 公用配电站 安装平面图（二）

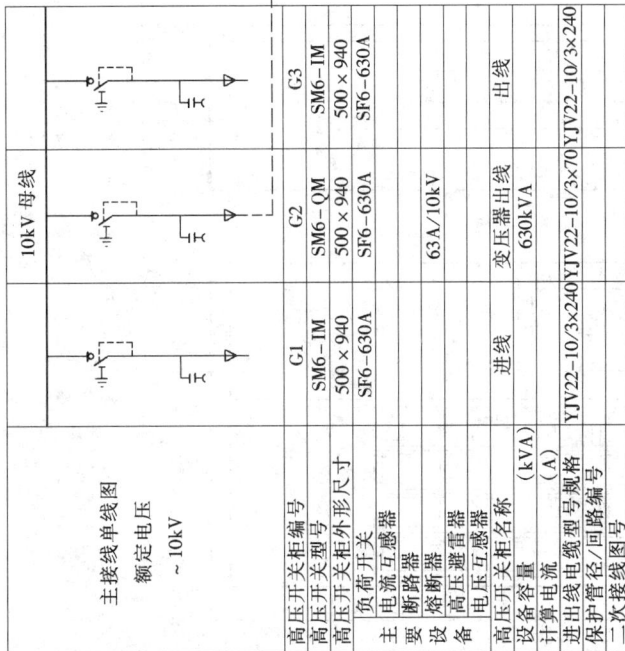

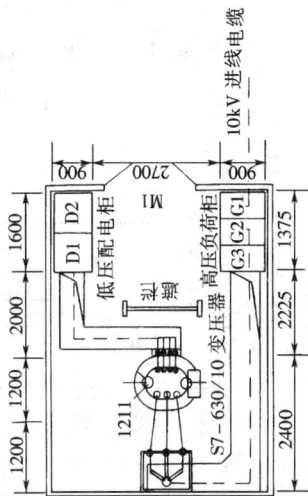

S7-630kVA/10 公用配电站安装平面图（一）

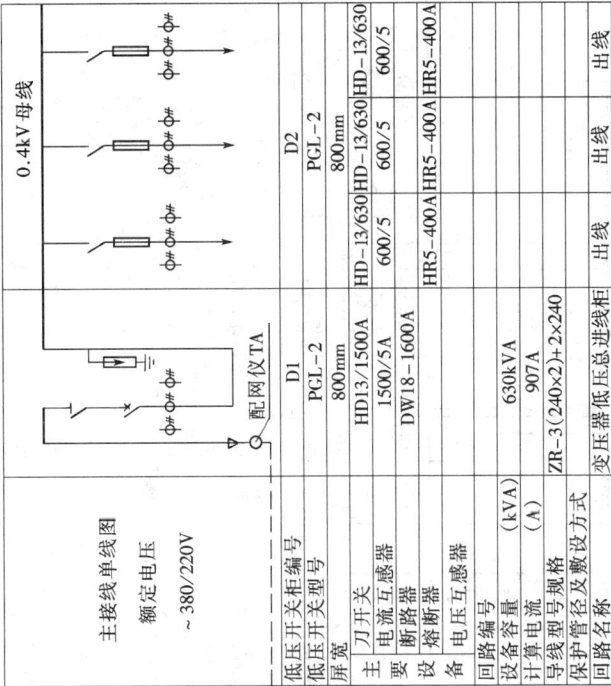

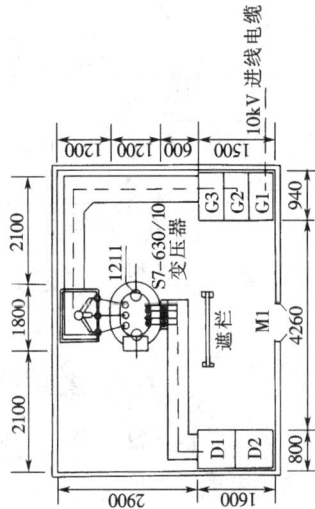

图6-55 低压总开关使用空气断路器保护，低压出线使用总开关保护接线图

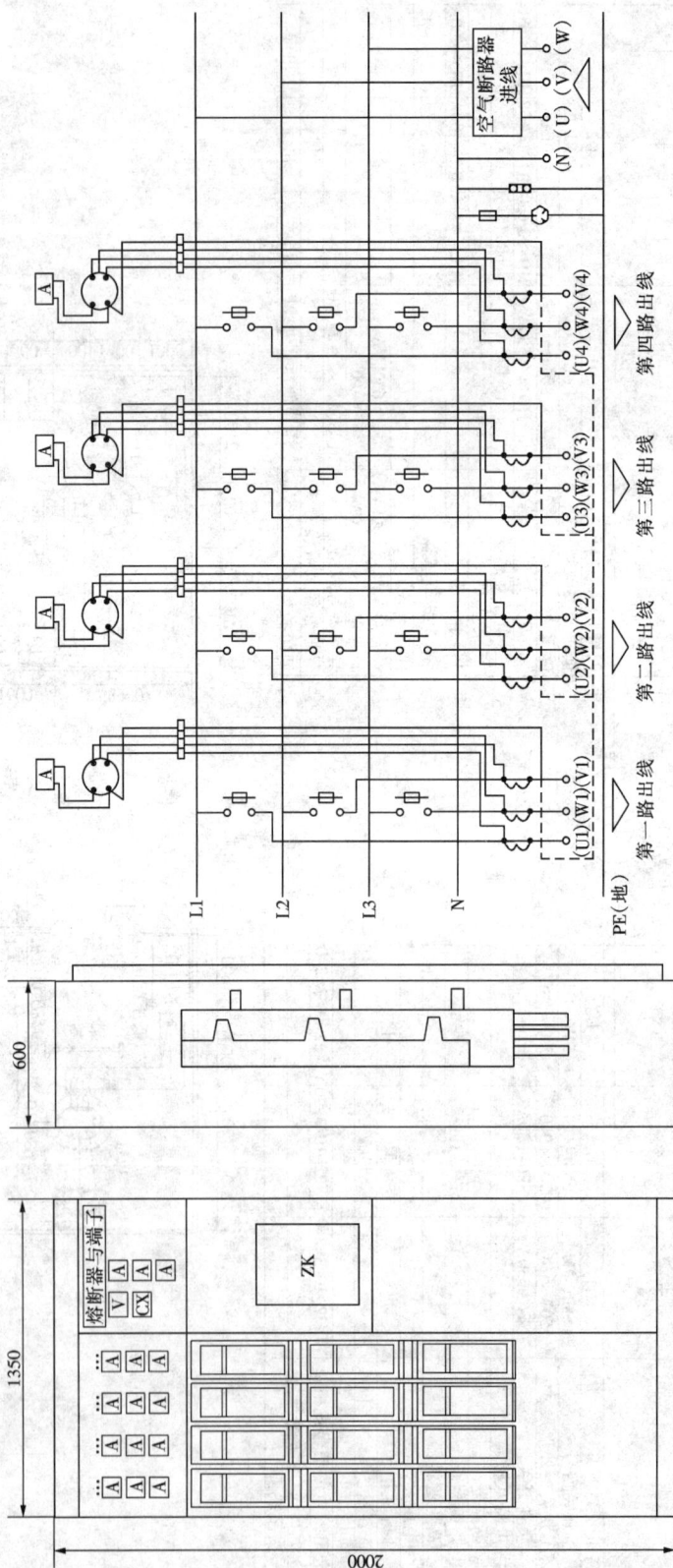

图 6－56　低压总开关使用空气断路器（ACB）保护、低压出线开关使用熔断器保护接线图

4. 低压出线开关使用熔断器保护，不设置低压总开关保护

低压出线开关使用熔断器保护，不设置低压总开关保护接线，是考虑到低压母线为全绝缘、长度很短，故障机会很少，变压器高压熔体也可以作为其短路后备保护（母线不需要过负荷保护）。这种接线可以简化设备，紧凑接线，节约投资。大量应用于中小变压器保护。

熔断器分合操作是利用弹簧操作机构进行的。熔断器的分合操作步骤如下。

（1）用手托住机构底部，并将上方的连锁横杆沿 A 方向拉动（见图 6 – 57）；

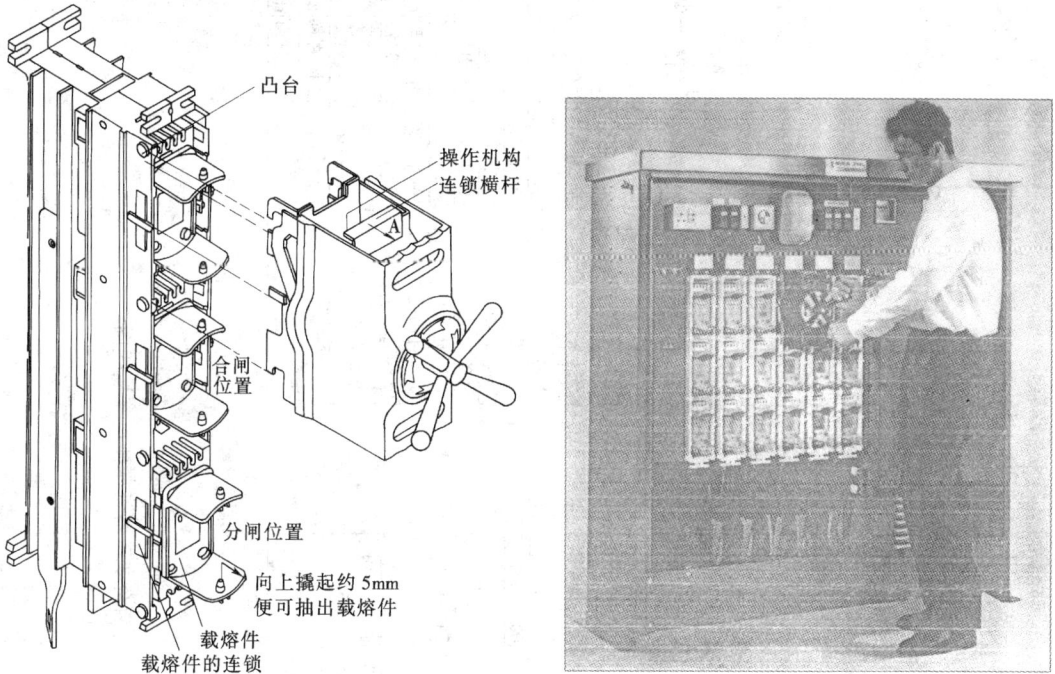

图 6 – 57　出线开关使用的熔断器及其操作图

（2）将机构扣在被操作熔断器基座两侧的凸台上，机构即自动咬着熔断器的载熔件；

（3）机构一旦就位正确，载熔件上的连锁即行自动解除，其分合位置随即由操作机构所控制；

（4）松开操作机构上方的连锁横杆；

（5）按下述方向转动操作手柄实现熔断器所需的分合操作：

1）熔断器合闸，沿时针方向转动手柄 90°；

2）熔断器分闸，反时针方向转动手柄 90°。

（6）重复步骤（1）将机构拆离熔断器基座。

说明：操作机构一旦拆离熔断器基座，载熔件随即停留并锁死在相应的分或合位置上。

5. 一个公用配电站两台变压器的低压侧

可以设联络开关，以便一台变压器故障时可以维持部分供电，还可以在冬天轻负荷时停用一台变压器，实现经济运行方式，图 6 – 58 所示为一房两台变压器低压侧电气接线图（联络开关用刀开关）。图 6 – 59 所示接线中设有熔断器刀开关联络柜；图 6 – 60 所示接线中设有断路器联络柜。

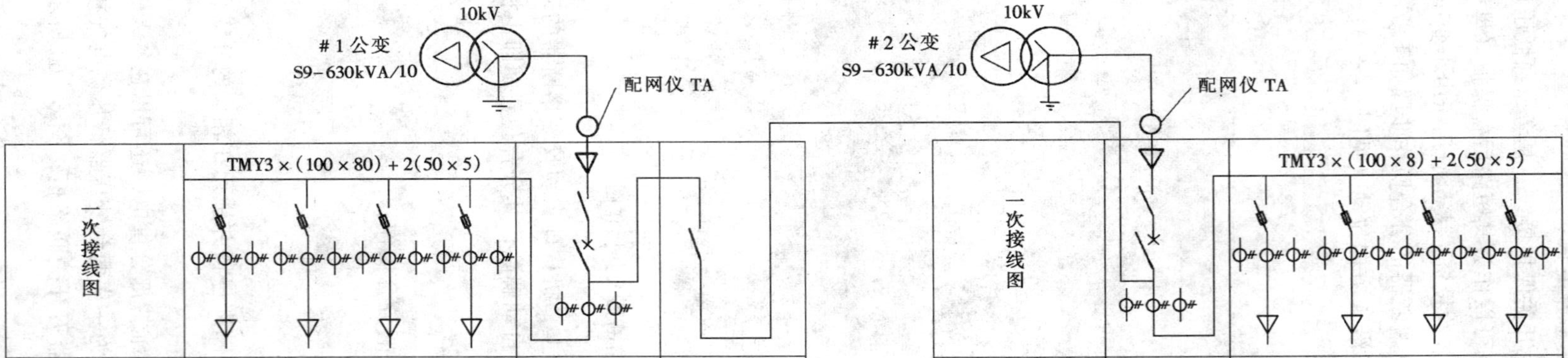

#2 公变 S9-630KVA/10 10kV 配网仪 TA

TMY3×(100×8)+2(50×5)

编号	D4	D5			
型号	PGL2	PGL2			
宽×深(mm)	1000×600	1000×600			
回路编号		N5	N6	N7	N8
设备容量	630kVA	130kW	248kW	154kW	154kW
主要刀开关	HD13-1500	HR5-630	HR5-630	HR5-630	HR5-630
电气自动空气开关	DW18-1600				
设备电流互感器	1500/5	600/5	600/5	600/5	600/5
导线规格	ZRVV-3(2×300)+2×300	VV22-3×185+1×95	VV22-3×185+1×150	VV22-3×185+1×95	VV22-3×185
用途	进线	J梯K梯住宅梯灯	E梯F梯住宅梯灯	G梯住宅梯灯	H梯住宅梯灯

一次接线图

#1 公变 S9-630KVA/10 10kV 配网仪 TA

TMY3×(100×80)+2(50×5)

编号	D1				D2	D3
型号	PGL2				PGL2	PGL2
宽×深(mm)	1000×600				1000×600	1000×600
回路编号	N1	N2	N3	N4		
设备容量	260kW	174kW	162kW	80kW	630kW	
主要刀开关	HR5-630	HR5-630	HR5-630	HR5-630	HD13-1500	HD13-1500
电气自动空气开关					DW18-1600	
设备电流互感器	600/5	600/5	600/5	600/5	1500/5	
导线规格	VV22-3×300+1×150	VV22-3×185+1×95	VV22-3×185+1×95	VV22-4×70	ZRVV-3(2×300)+2×300	ZRVV-3(2×300)+2×300
用途	A梯B梯C梯住宅梯灯住宅水泵	D梯住宅梯灯		商业	进线	母联柜

一次接线图

说明：1. 采用下进线，下出线。
　　　2. 拆除 D2、D4 失压脱扣装置。
　　　3. D3、D4 用 ZRVV-3(2×300)+2×300 电缆连接。

图6-58　一房两台变压器低压侧电气接线图

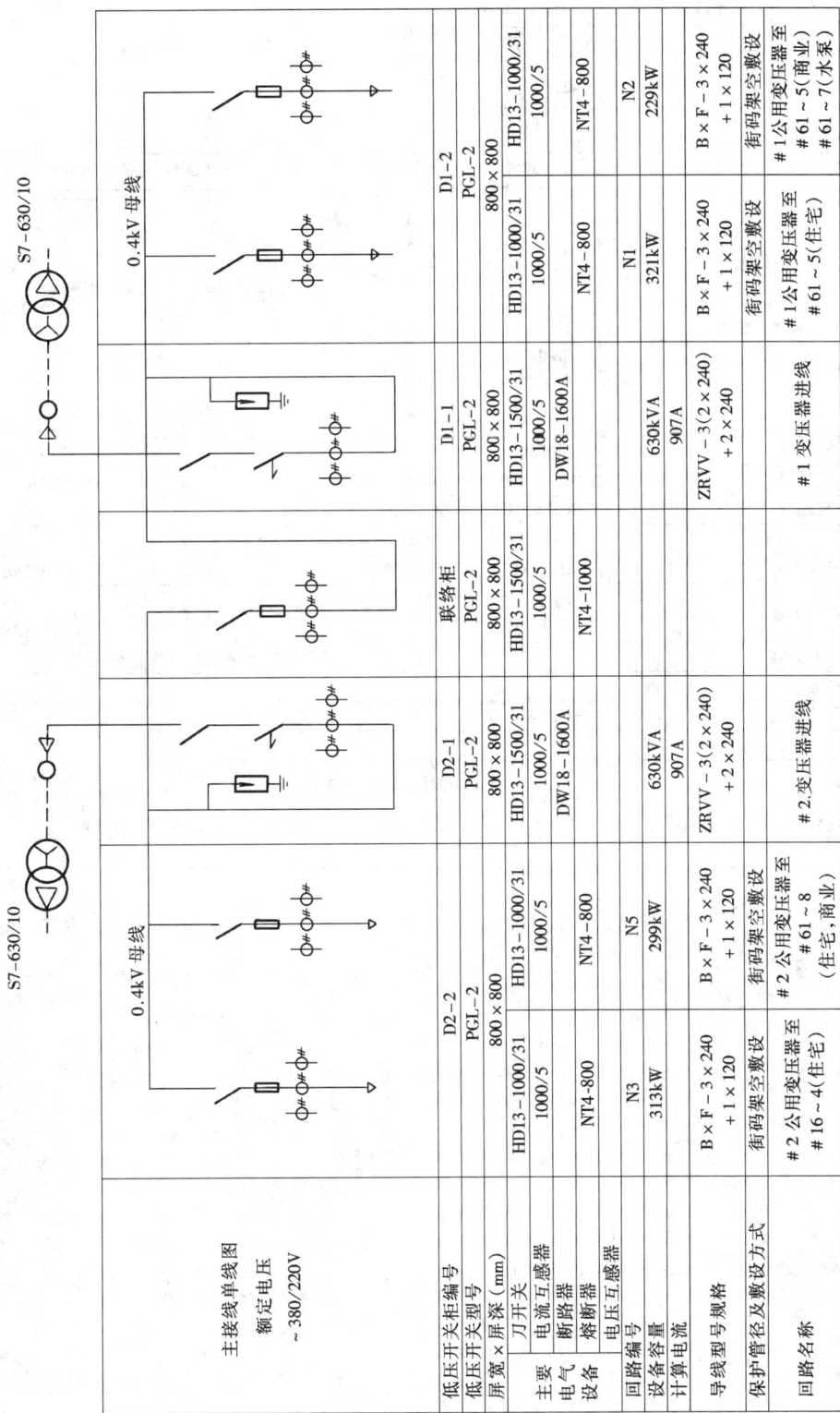

主接线单线图 额定电压 ~380/220V		D2-2 PGL-2		联络柜 PGL-2	D2-1 PGL-2		D1-1 PGL-2		0.4kV 母线	D1-2 PGL-2
低压开关柜编号		D2-2		联络柜	D2-1		D1-1			D1-2
低压开关型号		PGL-2		PGL-2	PGL-2		PGL-2			PGL-2
屏宽×屏深 (mm)		800×800		800×800	800×800		800×800			800×800
主要 电气 设备	刀开关	HD13-1000/31		HD13-1500/31	HD13-1500/31		HD13-1500/31	HD13-1000/31		HD13-1000/31
	电流互感器	1000/5		1000/5	1000/5		1000/5	1000/5		1000/5
	断路器	NT4-800		NT4-1000	DW18-1600A		DW18-1600A	NT4-800		NT4-800
	熔断器									
	电压互感器									
回路编号		N3			N5		630kVA	N1		N2
设备容量		313kW			299kW		630kVA	321kW		229kW
计算电流							907A			
导线型号及规格		B×F-3×240 +1×120			B×F-3×240 +1×120	ZRVV-3(2×240) +2×240		B×F-3×240 +1×120		B×F-3×240 +1×120
保护管径及敷设方式		街码架空敷设			街码架空敷设	#2变压器进线		街码架空敷设		街码架空敷设
回路名称		#2公用变压器至 #16～4(住宅)			#2公用变压器至 #61～8 (住宅,商业)			#1公用变压器至 #61～5(住宅)		#1公用变压器至 #61～5(商业) #61～7(水泵)

说明: 空气断路器不设失压脱扣低压电屏正面维护。

图6-59 一房两台变压器低压侧设有熔断器刀开关联络柜接线图

#1T 公用变压器

SC8-630/10
D,yn11
10.5 ± 2.5%/0.4kV
$U_K = 6\%$

CC × 6 − 1600A

TMY−4 × 100 × 6

单线图
额定电压
~ 380/220V

BUR

Wh Wh Wh

100A

		23DP	24DP	25DP			
低压开关柜编号		23DP	24DP	25DP			
低压开关柜外形尺寸 $H \times W \times D$		2300×800×800	2300 × 800 × 800	2300 × 1000 × 800			
主电路方案编号		BFC−208	BFC−208	BFC−208			
小室高度 (mm)		990	1980				600
主要电气设备	刀开关	AE−1500	QSA−600	HD13−400/31			DZ20J−100
	电流互感器	UKZA−0.5 1500/5A		电度表由	电度表由	电度表由	UKZA−0.5 100/5A
	电压互感器			供电局提供	供电局提供	供电局提供	
	熔断器						
	工作或备用	工作		工作	工作	工作	工作
回路编号							
回路名称		变压器电源进线	电容补偿厂标	梯间照明表	电梯机房配电房	给水泵动力配电箱	给水泵动力配电箱
设备容量/计算电流（kW/A）			210kVAR	10kW	105kW	42kW	
导线型号及规格							

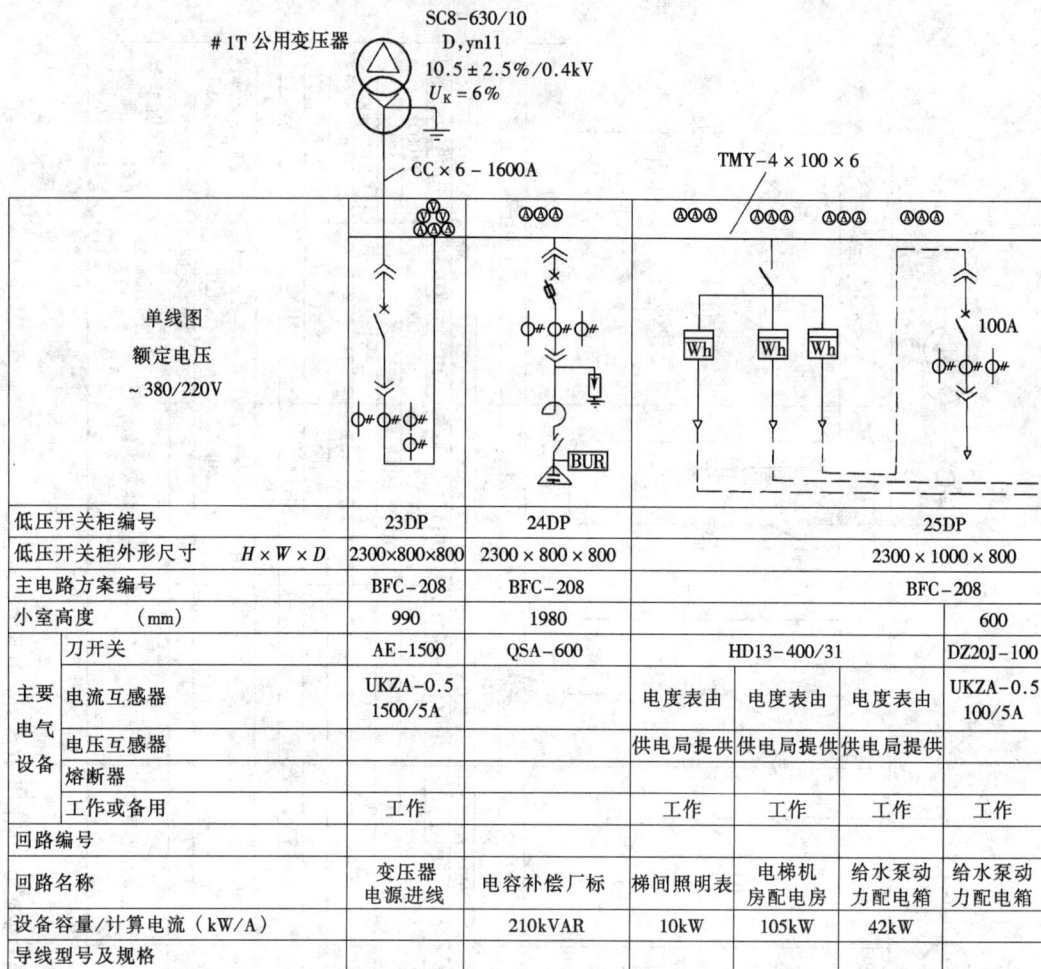

图 6 − 60　一房两台变压器低

2T 公用变压器　SC8-630/10

D,yn11

10.5 ± 2.5%/0.4kV

$U_K = 6\%$

CC×6-1250A

CC×6-1600A

CC×6-1250A　　TMY-4×100×6

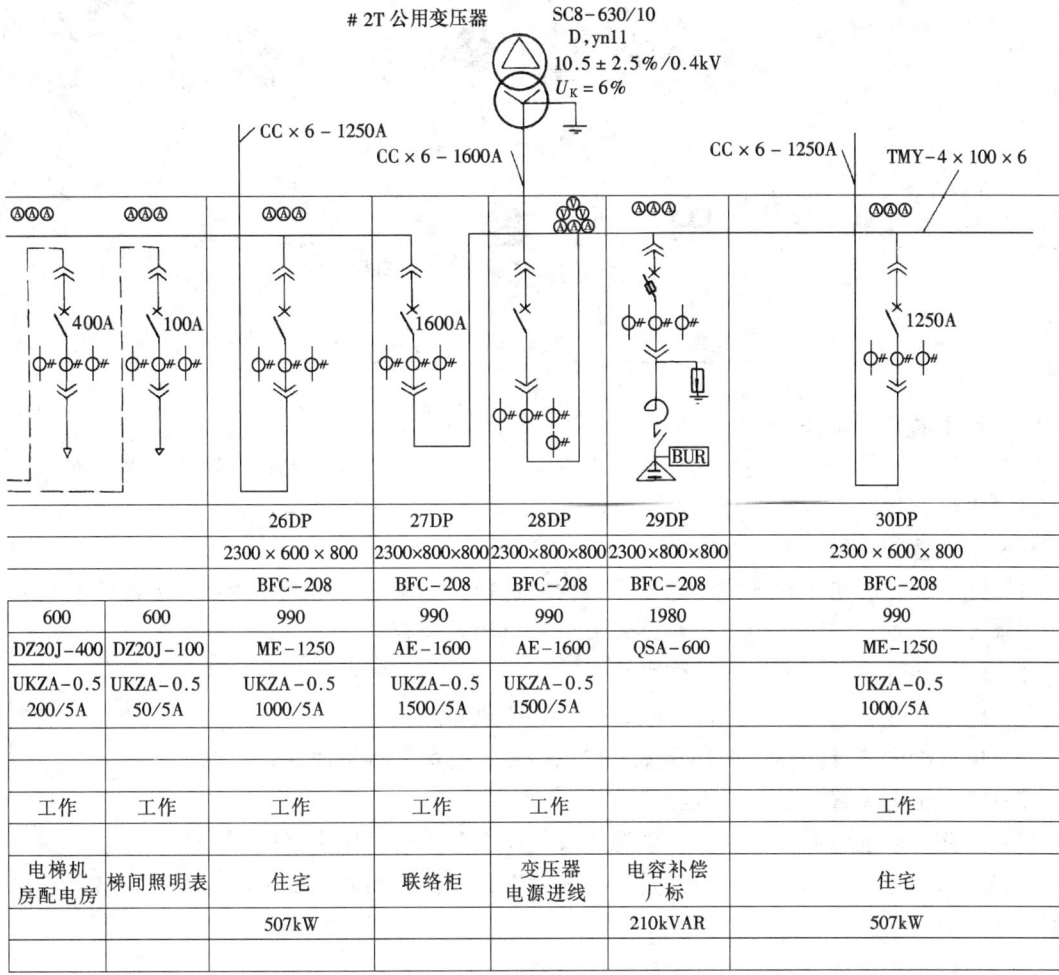

		26DP	27DP	28DP	29DP	30DP
		2300×600×800	2300×800×800	2300×800×800	2300×800×800	2300×600×800
		BFC-208	BFC-208	BFC-208	BFC-208	BFC-208
600	600	990	990	990	1980	990
DZ20J-400	DZ20J-100	ME-1250	AE-1600	AE-1600	QSA-600	ME-1250
UKZA-0.5 200/5A	UKZA-0.5 50/5A	UKZA-0.5 1000/5A	UKZA-0.5 1500/5A	UKZA-0.5 1500/5A		UKZA-0.5 1000/5A
工作	工作	工作	工作	工作		工作
电梯机房配电房	梯间照明表	住宅	联络柜	变压器电源进线	电容补偿厂标	住宅
		507kW			210kVAR	507kW

压侧设有断路器联络柜接线图

第七章

常用成套设备

第一节 技术要求

一、配电装置技术要求

配电装置是由用来接受和分配电能的电气设备组合而成，主要设备有控制电器、保护电器、测量电器、母线及载流导体等。

对配电装置的一般技术要求如下。

（1）配电装置的布置和导体、电器、架构的选择，应满足在当地环境条件下正常安全运行的要求。其布置与安装还应满足短路及过电压时的安全要求。

（2）配电装置应动作灵活，工作可靠。

（3）配电装置各回路的相序应一致，并应有相色标志。

（4）屋内配电装置间隔内的硬导体及接地线上，应留有接触面和连接端子。

（5）成套配电装置应具有"五防"功能。

（6）两路及以上电源供电时，各电源进线与联络开关之间应设置连锁装置。

（7）充油电气设备的布置，应满足在带电时观察油位、油温的安全和方便的要求，并便于抽取油样。

二、户内、外配电装置最小安全距离

配电装置的安装应按规程规定保证最小电气距离，以确保人身及设备安全。表7-1、表7-2列出了户内、户外配电装置的最小安全距离，并应按表7-1的附图（a）、（b）校验，按表7-2的附图（a）、（b）、（c）校验。

表7-1　　　　　　　　　户内配电装置的安全净距（mm）

符号	适用范围	额定电压（kV）					
		3	6	10	15	20	35
A_1	带电部分至接地部分之间	75	100	125	150	180	300
	网状和板状遮栏向上伸线距地2.3m处与遮栏上方带电部分之间						
A_2	不同相的带电部分之间	75	100	125	150	180	300
	断路器和隔离开关的断口两侧带电部分之间						
B_1	栅状遮栏至带电部分之间	825	850	875	900	930	1050
	交叉的不同时停电检修的无遮栏带电部分之间						
B_2	网状遮栏至带电部分之间	175	200	225	250	280	400
C	无遮栏裸导体至地（楼）面之间	2500	2500	2500	2500	2500	2600
D	平行的不同时停电检修的无遮栏裸导体之间	1875	1900	1925	1950	1980	2100

符 号	适 用 范 围	额 定 电 压（kV）					
		3	6	10	15	20	35
E	通向屋外的出线套管至屋外通道的路面	4000	4000	4000	4000	4000	4000
备 注	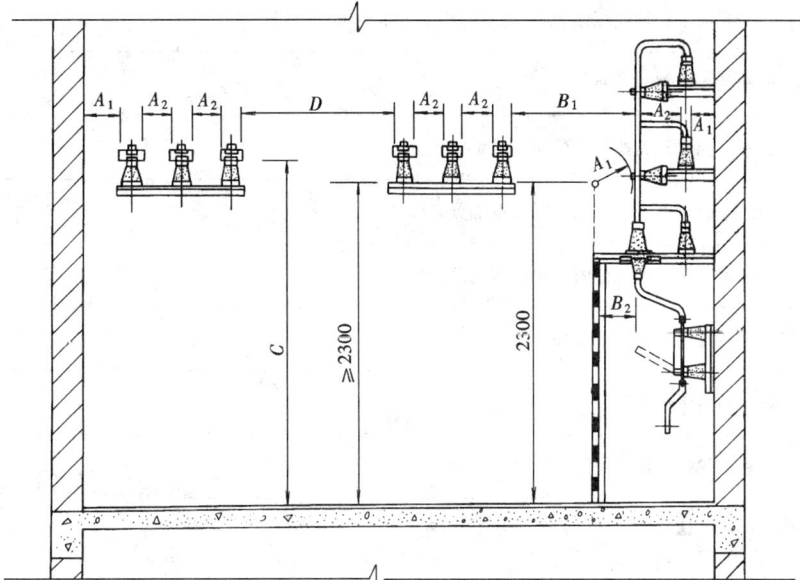 （a） 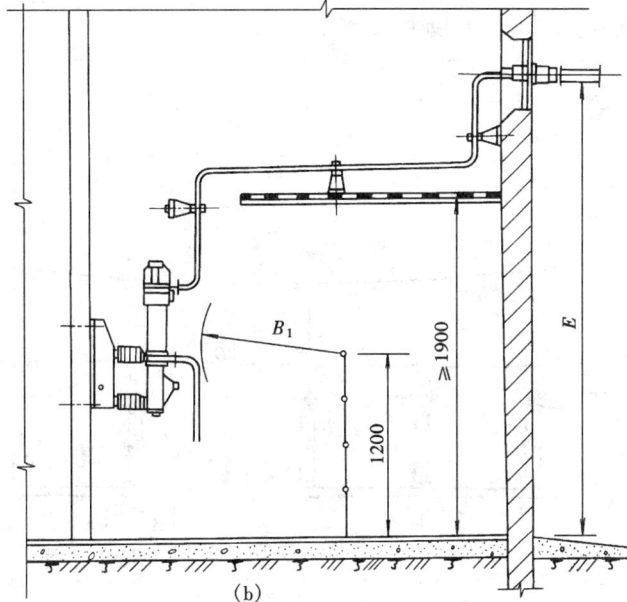 （b）						

注 1. 当为板状遮栏时，其 B_2 值可取 $A_1 + 30mm$。
  2. 通向屋外配电装置的出线套管对屋外地面的距离，不应小于表 7 - 1 中所列屋外部分之 C 值。
  3. 海拔超过 1000m 时，A 值应进行修正。
  4. 本表所列各值不适用于制造厂的产品设计。

表 7 - 2　　　　　户外配电装置的安全净距（mm）

符号	适 应 范 围	额定电压（kV）		
		3～10	15～20	35
A_1	带电部分至接地部分之间	200	300	400
	网状遮栏向上延伸线距地 2.5m 处与遮栏上方带电部分之间			
A_2	不同相的带电部分之间	200	300	400
	断路器和隔离开关的断口两侧引线带电部分之间			
B_1	设备运输时，其外廓至无遮栏带电部分之间	950	1050	1150
	交叉的不同时停电检修的无遮栏带电部分之间			
	栅状遮栏至绝缘体和带电部分之间			
B_2	网状遮栏至带电部分之间	300	400	500
C	无遮栏裸导体至地面之间	2700	2800	2900
	无遮栏裸导体至建筑物、构筑物顶部之间			
D	平行的不同时停电检修的无遮栏带电部分之间	2200	2300	2400
	带电部分与建筑物、构筑物的边沿部分之间			

备注

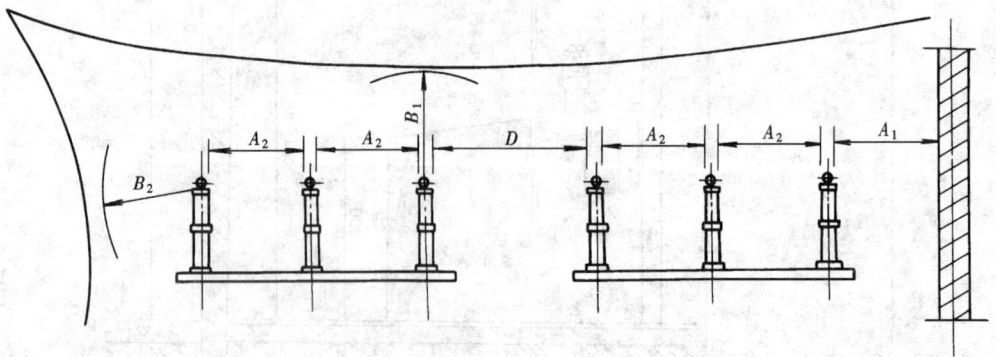

(a)

A_1、A_2、B_1、D 值校验图

符号	适 应 范 围	额定电压（kV）		
		3～10	15～20	35
备注	 （b） 外 A_1、B_1、B_2、C、D 值校验图 （c） 外 A_2、B_1、C 值校验图			

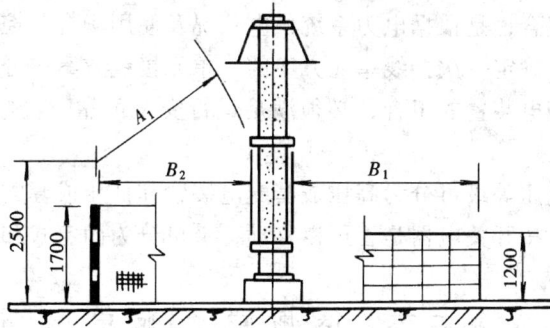

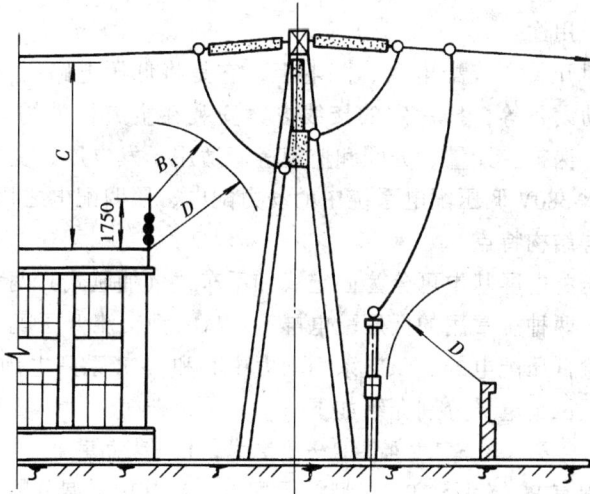

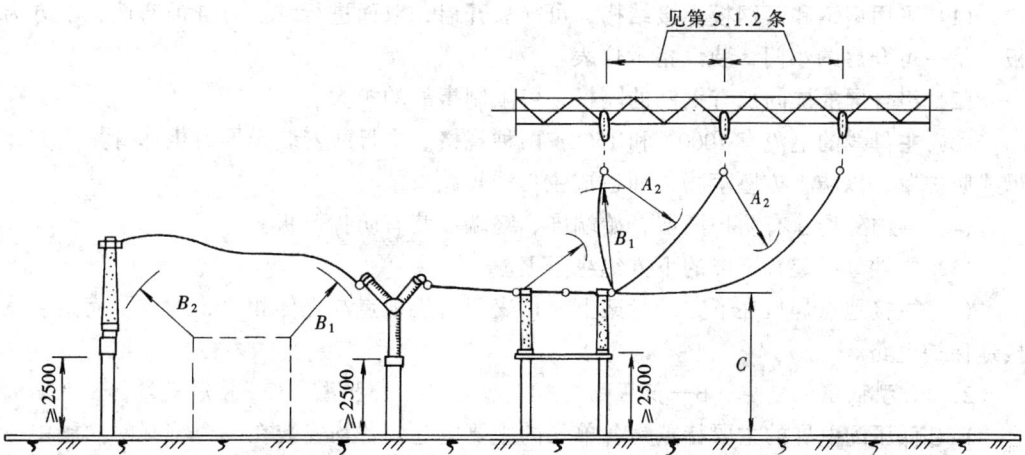

注　同表 7－1 的注 3、4。

三、成套配电装置分类和特点

成套配电装置可满足各种主接线要求，并具有占地少，安装、使用方便，适合于大量生产等特点。

成套配电装置的组合，是根据电力系统供电状况及使用场合与控制对象的要求，并结合主要电器元件的特点，确定一次接线单元方案的。单元接线方案应分别适用于电缆进出线和架空线进出线。成套配电装置的组合，必须满足运行安全可靠、检修维护方便、经济合理、实用美观等要求。

成套配电装置按电压等级可分为高压成套配电装置和低压成套配电装置，按使用地点可分为户外式和户内式。按开关电器是否可以移动，又可分为固定式和手车式等。

第二节　低压成套配电装置

一、低压配电屏用途

低压配电屏又叫开关屏或配电盘、配电柜，它是将低压电路所需的开关设备、测量仪表、保护装置和辅助设备等，按一定的接线方案安装在金属柜内构成的一种组合式电气设备，用以进行控制、保护、计量、分配和监视等。适用于发电厂、变电所、厂矿企业中作为额定工作电压不超过 380V 低压配电系统中的动力配电、照明配电之用。

二、低压配电屏结构特点

我国生产的低压配电屏基本可分为固定式和手车式（抽屉式）两大类，基本结构方式可分为焊接式和组合式两种。常用的低压配电屏有：PGL 型交流低压配电屏、BFC 系列抽屉式低压配电屏、GGL 型低压配电屏、GCL 系列动力中心和 GCK 系列电动机控制中心。

现将以上几种低压配电屏分别介绍如下。

1.PGL 型低压配电屏（P—配电屏，G—固定式，L—动力用）

现在使用的通常有 PGL1 型和 PGL2 型低压配电屏，其中 1 型分断能力为 15kA，2 型分断能力为 30kA，是用于户内安装的低压配电屏，其结构特点如下。

（1）采用型钢和薄钢板焊接结构，可前后开启，双面进行维护。屏前有门，上方为仪表板，是一可开启的小门，装设指示仪表。

（2）组合屏的屏间加有钢制的隔板，可限制事故的扩大。

（3）主母线的电流有 1000A 和 1500A 两种规格，主母线安装于屏后柜体骨架上方，设有母线防护罩，以防上方坠落物件而造成主母线短路事故。

（4）屏内外均涂有防护漆层，始端屏、终端屏装有防护侧板。

（5）中性母线装置于屏的下方绝缘子上。

（6）主接地点焊接在下方的骨架上，仪表门有接地点与壳体相连，构成了完整、良好的接地保护电路。

2.BFC 型低压配电屏（B—低压配电柜（板），F—防护型，C—抽屉式）

BFC 低压配电屏的主要特点是各单元的主要电气设备均安装在一个特制的抽屉中或手车中，当某一回路单元发生故障时，可以换用备用"抽屉"或手车，以便迅速恢复供电。而且，由于每个单元为抽屉式，密封性好，不会扩大事故，便于维护，提高了运行可靠性。BFC 型低压配电屏的主电器在抽屉或手车上均为插入式结构，抽屉或手车上均设有连锁装置，以防止误操作。

3.GGL 型低压配电屏（G—柜式结构，G—固定式，L—动力用）

GGL 型低压配电屏为组装式结构，全封闭型式，防护等级为 IP30。内部选用新型的电器元件，内部母线按三相五线配置。此种配电屏具有分断能力强、动稳定性好、维修方便等优点。

4.GCL 系列动力中心（G—柜式结构，C—抽屉式，L—动力中心）

GCL 系列动力中心适用于变电所、工矿企业大容量动力配电和照明配电，也可作电动机的直接控制使用。其结构型式为组装式全封闭结构，防护等级为 IP30。每一功能单元（回路）均为抽屉式，有隔板分开，可以防止事故扩大，主断路器导轨与柜门有机械连锁，可防止误入有电间隔，保证人身安全。

5.GCK 系列电动机控制中心（G—柜式结构，C—抽出式，K—控制中心）

GCK 系列电动机控制中心，是一种工矿企业动力配电、照明配电与电动机控制用的新型低压配电装置。根据功能特征分为 JX（进线型）和 KD（馈线型）两类。

CCK 系列电动机控制中心为全封闭、功能单元独立式结构，防护等级为 IP40 级。这种控制中心保护设备完善，保护特性好，所有功能单元均可通过接口与可编程序控制器或微处理机连接，作为自动控制系统的执行单元。

6.GGD 型交流低压配电柜（G—交流低压配电柜，G—固定安装，D—电力用柜）

GGD 型交流低压配电柜是本着安全、经济、合理、可靠的原则设计的新型低压配电柜，具有分断能力高，动热稳定性好，电气方案灵活，组合方便，系列性、实用性强，结构新颖，防护等级高等特点，可作为低压成套开关设备的更新换代产品。

GGD 型配电柜的构架采用冷弯型钢材局部焊接拼装而成，主母线列在柜的上部后方，柜门采用整门或双门结构。柜体后面采用对称式双门结构，柜门采用镀锌转轴式铰链与构架相连，安装、拆卸方便。柜门的安装件与构架间有完整的接地保护电路，防护等级为 IP30。

三、常用低压配电屏简介

1.GCS 抽出式开关柜

（1）概述。

适用于发电厂、变电所、石油化工部门、厂矿企业、饭店及高层建筑等低压配电系统的动力、配电和电动机控制中心、电容补偿等的电能转换、分配与控制用。

在大单机容量的发电厂、大规模石化等行业的低压动力控制中心和电动机控制中心等电力使用场合时能满足与计算机接口的特殊需要。

装置是根据电力工业部（主管上级）、广大电力用户及设计部门的要求，为满足不断发展的电力市场对增容、计算机接口、动力集中控制、方便安装维修、缩短事故处理时间等需要，本着安全、经济、合理、可靠原则设计的新型低压抽出式开关柜。产品具有分断、接通能力高，动稳定性好，电气方案灵活，组合方便，系列性、实用性强，结构新颖，防护等级高等特点，可以作为低压抽出式开关柜的换代产品使用。

装置符合 IEC439-1《低压成套开关设备和控制设备》、GB7251《低压成套开关设备》、EBK36001《低压抽出式成套开关设备》等标准。

（2）产品型号及含义。

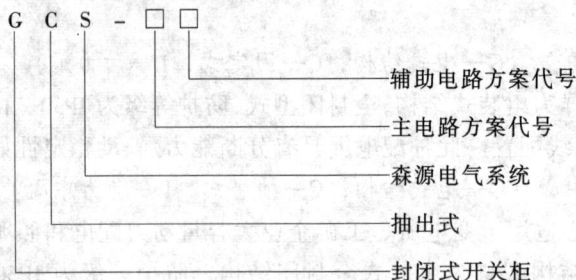

```
G C S - □□
                ├─────── 辅助电路方案代号
              ├───────── 主电路方案代号
            ├─────────── 森源电气系统
          ├───────────── 抽出式
        ├─────────────── 封闭式开关柜
```

(3) 使用条件。

1) 周围空气温度不高于 +40℃，不低于 -5℃。24h 内平均温度不得高于 +35℃。超过时，需根据实际情况降容运行。

2) 户内使用，使用地点的海拔不得超过 2000m。

3) 周围空气相对湿度，在最高温度为 +40℃时不超过 50%，在较低温度时允许有较大的相对湿度，如 +20℃时为 90%，应考虑到由于温度的变化可能会偶然产生凝露的影响。

4) 装置安装时与垂直面的倾斜度不超过 5%，且整组柜列相对平整（符合标准 GBJ232—1982）。

5) 装置应安装在无剧烈振动和冲击以及不足以使电器元件受到不应有腐蚀的场所。

6) 用户有特殊要求时，可以与制造厂协商解决。

(4) 基本电气参数。

额定绝缘电压：交流 660（1000）V；

额定工作电压：主电路交流 380（600）V；辅助电路交流 380、220V，直流 220、110V；

额定频率：50（60）Hz；

水平母线额定电流 ≤4000A；

垂直母线额定电流 1000A；

额定峰值耐受电流（0.1s）105、176kA；

额定短时耐受电流（1s）50、80kA。

(5) 主电路方案。

装置主电路方案共 32 组 118 个规格，额定工作电流为 4000A，适合 2500kVA 及以下的配电变压器选用。此外，为适应供用电提高功率因数的需要而设计了电容器补偿柜；考虑综合投资的需要而设计了电抗器柜。

(6) 辅助电路方案。

装置的辅助电路方案 120 个。

直流操作部分的辅助电路方案，主要用于发电厂、变电所的低压厂（所）用系统；适用于 200MW 及以下和 300MW 及以上容量机组低压厂用系统，工作（备用）电源进线，电源馈线和电动机馈线的一般控制方式。

交流操作部分的辅助方案主要用于厂矿企业及高层建筑的变电所的低压系统。其中有 6 种适用于双电源进线操作控制的组合方案。并设有操作电气连锁备用自投、自复等控制电路。工程设计中可以直接采用。

直流控制电源为直流 220V 或 110V，交流控制电源为交流 380V 或 220V。由抽屉单元组成的成套柜，220V 控制电源引至本柜内专设控制变压器供电的公用控制电源，公用控制电源采用不接地方式控制变压器，留有 24V 电源供需要使用弱电信号灯时采用。

（7）母线。

全部采用 TMY 系列硬铜排。

水平母线置于柜后部母线隔室内，3150A 及以上为上下双层布置，2500A 及以下为单层布置。装置水平母线铜排选用见表 7 – 3。

表 7 – 3　水平母线铜排的选用

额定电流（A）	铜排规范	额定电流（A）	铜排规范
630、1250	2（50×5）	2500	2（80×10）
1600	2（60×6）	3150	2×2（60×6）
2000	2（60×10）	4000	2×2（60×10）

垂直母线采用"L"形硬铜搪锡母线。"L"形母线规格（mm）为（高×厚）＋（底×厚）：（50×5）＋（30×5），额定电流为 1000A。

贯通水平中性接线线（PEN）或接地＋中性线（PE＋N）规格见表 7 – 4。

（8）电器元件选择。

1）主断路器。

630A 及以上的电源进线及馈线断路器，主选 AH系列，也可以用 MA40、DW48、AE、3WE 或 ME 系列。也可以选用进口的 M 系列或 F 系列。

630A 以下的馈线和电动机控制用断路器，主要选用 TG 系列、CM1 系列，塑壳断路器也可以选用 NZM系列、TM30 系列。

表 7 – 4　PE 线选择

相导线截面积（mm²）	选用 PE（N）线截面（mm²）
500～720	40×5
1200	60×6
＞1200	60×10

注　装置内垂直 PEN 线或 PE＋N 线的规格全部选用 40×5。

2）交流接触器。

主选 B 系列、LC1 系列、3TB 系列接触器以及与之配套的热继电器及连锁机构。

3）电流互感器。

全部采用 SDH 系列、SDL 系列、SDL1 系列。

4）熔断器。

选用高分断能力的 Q 系列刀熔和 NT00 系列。

为提高主电路的动稳定能力，设计了 GCS 系列专用的 CMJ 型组合式母线夹和绝缘支撑件，采用高强度、阻燃型的合成材料热塑成型，绝缘强度高，自熄性能好、结构独特，只需调整积木式间块即可适用不同规格的母线。为降低功能单元的间隔板、接插件、电缆头的温升，设计了 GCS 柜专用的转接件。

如设计部门根据用户需要，选用性能更优良，技术更先进的新型电器元件时，因 GCS系列柜具有良好的通用性，不会因更新电器元件，造成制造和安装方面的困难。

（9）结构特点。

装置的主构架采用 8MF 型钢，构架采用拼装和部分焊接的两种结构形式。主构架上均有安装模数孔 $E = 20mm$。

装置各功能室严格分开，其隔室主要分为功能单元室、母线室、电缆室、各单元的功能作用相对独立。

装置没有采用将水平主母线置于柜顶的传统设计，使电缆室上下均有出线通道。

装置柜体的外形尺寸系列见表 7－5。

一个抽屉为一个独立功能单元。

抽屉分为 1/2 单元、一单元、二单元、三单元四个尺寸系列。四路的额定电流在 400A 及以下。

一个单元抽屉的尺寸为 160mm(高)×560mm(宽)×407mm(深)，1/2 单元抽屉的宽为 280mm，二单元、三单元仅以高度作 2 倍、3 倍的变化，其余尺寸均同一单元。

功能单元的抽屉可以方便地实现互换。

装置的每柜内可以配置 11 个一单元的抽屉或 22 个 1/2 单元的抽屉。

抽屉进出线根据回路电流大小采用不同片数的同一规范片式接插件，一般一片接插件不大于 200A。

1/2 抽屉与电缆室的转接，采用背板式结构的转接件。

单元抽屉与电缆室的转接采用棒式结构的转接件。

抽屉面板有合、断、试验、抽出等位置的明显标志。抽屉设有机械连锁装置。

馈线柜和电动机控制柜设有专用的电缆隔室，功能单元室与电缆隔室内电缆的连接通过转接件或转接铜排实现。

电缆隔室有两个宽度尺寸（240mm 和 440mm），视电缆的数量、截面和用户对安装维修方便的要求而定。

装置的功能单元辅助触点对数一单元及以上的为 32 对，1/2 单元的为 20 对，能满足自动化用户和与计算机接口的需要。

考虑到干式变压器使用的普遍性、安全性和油浸变压器的经济性，装置既可以方便地与干式变压器组成一个组列，也可以与油浸变压器低压母线方便连接。

以抽屉为主体，同时具有抽出式和固定式，可以混合组合，任意选用。

装置按三相五线制和三相四线制设计，设计部门和用户可以方便地选用 PE＋N 或 PEN 方式。

柜体的防护等级为 IP30、IP40。

(10) 安装和使用。

1) 产品安装。

产品的安装应按开关柜布置图进行。基础槽钢和采用螺栓固定方式时的螺栓由用户自备。主母线连接时，如表面因运输、保管等原因有不平整时应加工平整后再连接紧固。

GCS 系列柜单独或成列安装时，其垂直度以及柜面不平度和柜间接缝的偏差应符合表 7－6 规定。

产品安装后投运前的检查与试验如下：

表 7－5　柜体的外形尺寸

高（mm）	宽（mm）	深（mm）
2200	400	800
		1000
	600	800
		1000
	800	600
		800
		1000
	1000	600
		800
		1000

表 7－6　偏　差

序号	项　目	允许偏差（mm）
1	垂直度（柜高 2200mm 时）	3.3
2	水平度相邻＝柜顶部	2
	成列柜顶部	5
3	不平度相邻＝柜边	1
	成列柜面	5
4	相间接缝	2

检查柜面漆或其他覆盖材料有否损坏，柜内是否干燥清洁。

电器元件的操作机构是否灵活，不应有卡涩或操作力过大现象。

主要电器的主辅触头的通断是否可靠、准确。

抽屉或抽出式机构抽拉应灵活、轻便，无卡阻和碰撞现象。

抽屉或抽出式结构的动、静触头的中心线应一致，触头接触应紧密。主、辅触头的插入深度应符合要求。机械连锁或电气连锁装置应动作正确，闭锁或解除均应可靠。

相同尺寸的抽屉，应能方便地互换，无卡阻和碰撞现象。

抽屉与柜体间的接地触头应接触紧密，当抽屉推入时，抽屉的接地触头应比主触头先接触，拉出时程序相反。

仪表的刻度整定，互感器的变比及极性应正确无误。

熔断器的熔芯规格应符合工程设计的要求。

继电保护的定值及整定应正确、动作可靠。

用 $1000M\Omega$ 表测量绝缘电阻值不得低于 $1M\Omega$。

各母线的连接应良好，绝缘支撑件、安装件及其他附件安装应牢固可靠。

2）使用注意事项。

GCS 系列柜为不靠墙安装，正面操作，双面维修的低压配电柜。柜的维修通道及柜门，必须是考核合格的专业人员方可进入或开启进行操作、检查和维修。

空气断路器、塑壳断路器经过多次分、合，特别是经过短路分、合后，会使触头局部烧伤和产生碳类物质，使接触电阻增大，应按断路器使用说明书进行维护和检修。

经过安装和维修后，必须严格检查各隔室之间，功能单元之间的隔离状况确已恢复，以确保本装置良好的功能分隔性，防止出现故障扩大。

3）产品成套性。

制造厂供货时应提供的文件及附件有：①装箱清单；②产品合格证；③使用说明书；④出厂试验报告；⑤有关电气图纸；⑥柜门钥匙、操作手柄及合同规定的备品配件；⑦主要元器件的安装使用说明书。

（11）主回路一次方案示例见表 7 - 7。

2.GCK 抽出式开关柜

（1）用途。

GCK 型系列电动机控制中心用于工矿企业、高层建筑、机场、医院、冶金、轻纺等作为系统 50 ～ 60Hz、380V 及以下电力系统的配电和电动机集中控制之用。

（2）特点。

1）本配电柜固定部分与抽出部分的框架、母线系统结构相同，可组成固定柜与抽屉柜混合型系统，满足不同的供配电需要，且外形美观、经济性好。

2）本配电柜同高度抽屉均可互换、通用性强。抽屉单元具有良好的机械连锁与接地系统，具有可靠的安全性。

3）本配电柜出线端子清晰、整齐、牢固、有固定电缆支架，给用户安装维护带来可靠与方便性。

4）本配电柜载流量大、分断指标高、保护可靠，灵活的组装式可适应不断发展的新型元件要求。

表7-7　　　　　　　　　　　　　　　　　　　　主 电 路 方 案

主电路方案		01							02							03				
编号		01							02							03				
单线图		受电（上进线）							受电（下侧进线）							受电（电缆进线）				
用途	规格序号	A	B	C	D	E	F	G	A	B	C	D	E	F	G	A	B	C	D	E
短时耐受电流·瞬时耐受电流 (kA)		80/176		50/105		30/63			80/176		50/105		30/83			50/105		30/83		
额定电流 (A)		4000	3150	2500	2000	1600	1000	630	4000	3150	2500	2000	1600	1000	630	2500	2000	1600	1000	630
主电路电气设备选择	AH-40C	1							1											
	AH-30CH		1							1										
	AH-25C			1							1					1				
	AH-20C				1							1					1			
	AH-16B					1							1					1		
	AH-10B						1							1					1	
	AH-6B							1							1					1
	SDL-□	3(4)	3(4)	3(4)	3(4)	3(4)	3(4)	3(4)	3(4)	3(4)	3(4)	3(4)	3(4)	3(4)	3(4)	(1)	(1)	(1)	(1)	(1)
	SDH-□/5	3(4)	3(4)	3(4)	3(4)	3(4)	3(4)	3(4)	3(4)	3(4)	3(4)	3(4)	3(4)	3(4)	3(4)	3(4)	3(4)	3(4)	3(4)	3(4)
	柜宽 (mm)	1000			800				1000			800				800		600		
	柜深 (mm)	800							800							800				
	占用小室高度 (mm)																			
二次方案图号																				

注 1. AH是主选断路器，还可选用 AE、MA40、DE48、3WE、ME 等断路器替代；
2. 馈电方案可以加装零序保护，零序电流互感器装入电缆隔室；
3. 04方案 2500A 及以下时在本柜内翻排，可以左翻或右翻，不需 05 方案转接；
4. SDL，SDH 是 GCS 柜专用电流互感器。

5）本配电柜符合 IEC439 标准，NEMAICS2～322、ZBK36001 标准。

（3）型号含义：

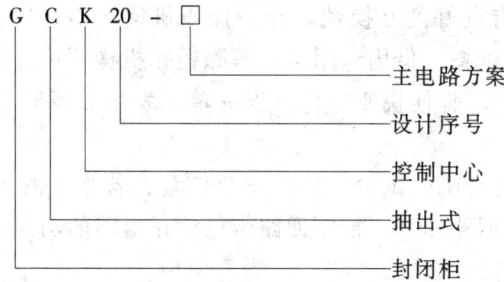

G C K 20 - □
主电路方案
设计序号
控制中心
抽出式
封闭柜

（4）使用条件。

1）周围空气温度不高于 40℃，且 24h 内平均温度不高于 35℃，不低于 – 5℃。

2）空气清洁，相对温度在最高温度 40℃时不超过 50%，在较低温度时允许有较高的相对温度，如 20℃时为 90%。海拔高度不超过 2000m。

3）无剧烈振动和冲击的地方，以及不足以腐蚀电器元件的场所。

4）安装倾斜度不超过 5%。

5）若以上条件不能满足时，应由用户和制造厂协商解决。

（5）技术参数。

1）额定绝缘电压 AC660V、AC750；

2）额定工作电压 AC380V、AC660；

3）水平母线额定工作电流 1600A～4000A；

4）馈电电路最大电流 2500A；

5）垂直母线额定工作电流 1000A；

6）额定短时耐受电流（1s，有效值）15、30、50kA；

7）额定峰值耐受电流 30、65、110kA；

8）外壳防护等级 IP40。

（6）柜体结构。

1）柜体由薄钢板冲压成型，采用 $E = 20mm$ 为模数的标准化设计，整个装置以抽屉和框架导用螺栓装成。

2）柜体分前后两大部分，前部为电器区，后部为母线及进出线电缆区，中间有挡板间隔，全封闭完整结构，保证使用安全。

3）零部件通用性强、适应性好，整个完整柜架具有足够的机械强度。

4）柜内安装中性母线（N）排，及保护接地导体（PE 排），用户可十分方便地连接出线。

5）柜防护等级达 IP40 要求。

（7）抽屉单元。

1）本配电柜抽屉单元分大、中、小三种，即高度分别是：电流等级 630A 为 660；400A 为 440；100A 为 220mm。（各单元电器元件电流等级详见一次方案）为适合新元件发展还衍变出五种标准尺寸：12E（240）、16E（320）、20E（400）、28E（560），每柜最多可安装小抽屉 9 个单元，即有效设备安装区尺寸为 1980mm（其柜高：2300mm）。

2）主回路与控制回路插座随着抽屉进出，能自动接通与断开主回路与控制回路电源。

3）各抽屉屏前均有一可拆下的小门，作仪表板用。

4）抽屉功能单元具有良好的互换性。开关操作机构与门连锁，保证操作人员的安全，如要不停电检查小室电气设备，借用专用工具解除锁扣机构即可开门进行。

5）抽屉借助拉拔机构、轻便快速分合，当一单元发生故障时，可换的备用抽屉可达到迅速恢复供电的目的。

6）抽屉单元有明显的合闸、试验、抽出三个位置，若小室的控制回路需要试验时，可将拔板拉至试验位置即主回路断开、控制回路带电，作电路的功能试验用。

（8）外形尺寸及安装尺寸。

1）GCK20 型外形尺寸为 $\frac{2300}{2300}$ mm（高）$\times \frac{600}{800}$ mm（宽）$\times \frac{800}{1000}$ mm（深），由于整体模数变化也可按用户要求灵活变化。

2）安装尺寸见图 7－1（柜高 2300 时，有效安装高度为 1980；柜高 2200 时，有效安装高度为 1840）。

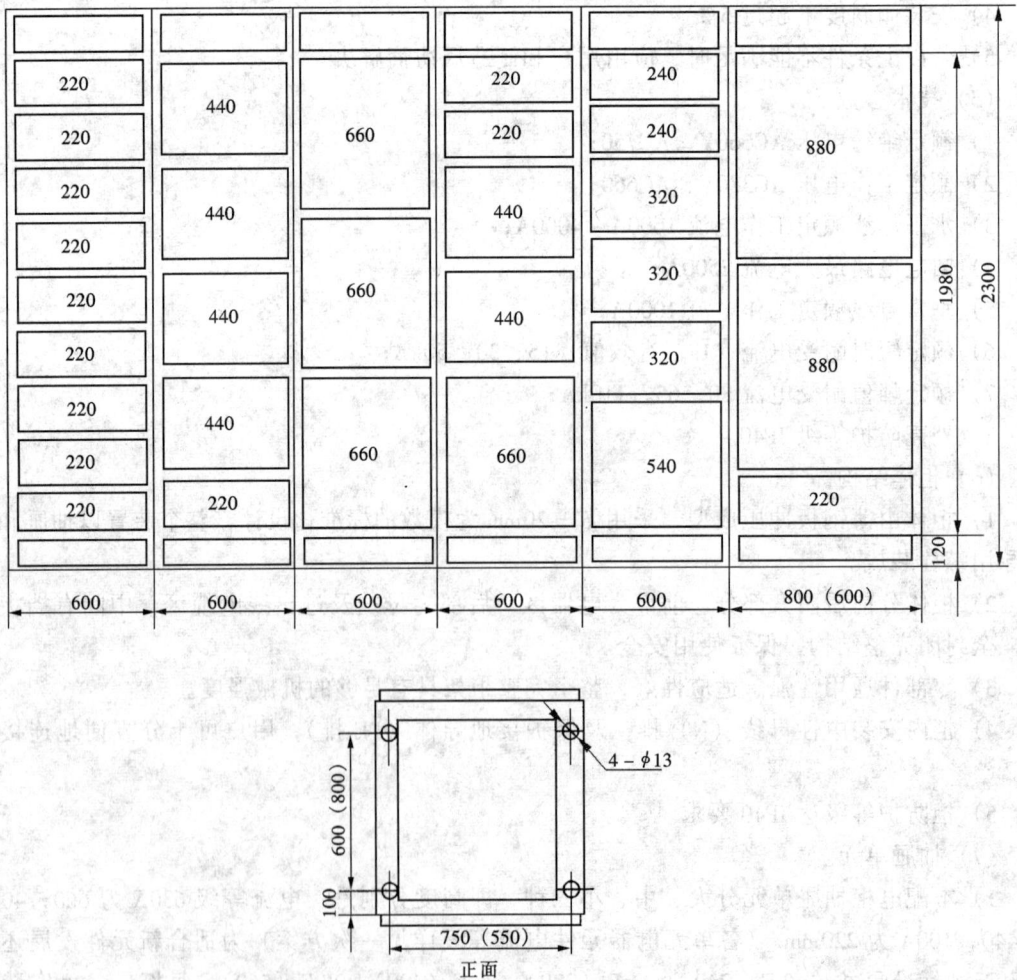

图 7－1　安装尺寸

（9）主回路一次方案示例，见表7-8。

表 7-8 主 回 路 一 次 方 案 示 例

主电路方案编号	01		02		03	
主电路方案						
用途	下进线受电		受电（或馈电）		联络	
额定电流（A）	630 ~ 4000		630 ~ 4000		630 ~ 4000	
主回路主要设备	ME630 ~ 1600	ME2000 ~ 4000	ME630 ~ 1600	ME2000 ~ 4000	ME630 ~ 1600	ME2000 ~ 4000
	AE630 ~ 1600	AE2000 ~ 4000	AE630 ~ 1600	AE2000 ~ 4000	AE630 ~ 1600	AE2000 ~ 4000
	BH - 0.66		BH - 0.66		BH - 0.66	
小室高度 mm	880	1980	880	1980	1980	1980
柜宽 mm	600	800, 1000	600	800, 1000	600	800, 1000

注　1. 选用施耐德 M08 ~ M32 开关屏宽 600，M40 屏宽 800。

　　2. 选用 ABB F1、F2 开头屏宽 600，F4 开关屏宽 800，F5 屏宽 1000。

3. GGR 低压熔断器配电分接柜

（1）简介。

GGR 低压熔断器配电分接柜是为适应城网、农网改造，参考国外同类产品设计并加以改进后开发的产品，该产品具有全面革新的概念，柜体结构紧凑合理，工作性能安全可靠，实为工矿企业、商厦、住宅公用变配电站等配电系统首选之用。该产品采用进口元件作为馈电线路保护，体积小、容量大、分断能力强、短路分断时间短、操作简易、安全可靠。

（2）型号及含义。

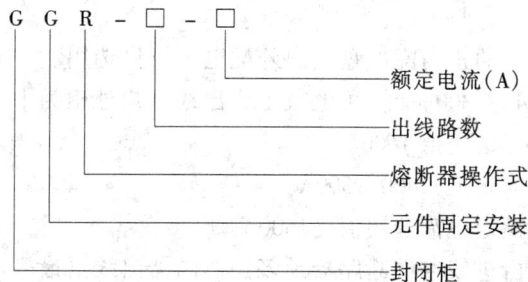

（3）特点。

产品可靠墙安装正面维护，防护等级户内柜为IP2X，户外柜为IP33（或IP54）。

无论熔断器在分或合，以及在更换熔断件的操作过程中，均达至IP2X的防护等级，为防范操作人员在操作中意外触电提供基本保障。

电缆室空间较大，每相可接4芯300mm^{2}电缆，封板采用可卸式，确保施工方便。

（4）技术参数。

1）额定工作电压：380V。

2）装置的额定电流：100、200、400、630、800、1000、1250、1600A。

3）水平母线额定电流：1250、1600A。

4）垂直母线额定电流：400、630A。

5）分路工作回路数：2~7路。

6）额定工作频率：50Hz。

7）水平母线额定短时耐受电流：50kA（1s）。

（5）装置功能。

1）五线制进出线。

2）明显分合断口。

3）柜前操作及维护。

4）柜体为箱式组装式结构。

5）电缆室空间足够高。

6）单相分合操作。

7）采用3mm电解板折弯喷漆组装而成，具有强度高，防锈能力强，尺寸紧凑之特点。

8）三相机座由绝缘材料铸成，基座设有触头便于与母线排及熔断器连接，使用实心铜排作出线及出线的连接端子，熔断器的熔断件置于由绝缘材料构成的载熔件的两片触头之间。

9）操作简单方便，各单元采用可分相分合操作的熔断器配电，减少停电用户数量，可迅速可靠恢复供电。

10）IP2X的防护等级保证熔断器无论在分合或更换中，操作人员均不会产生触电的危险。

11）各相的熔断器出线端可用PVC绝缘套互相绝缘分隔，使各路出线可在相邻出线不停电的情况下进行电缆接驳工作。

12）具有熔断器断相指示功能。

13）各路出线测量装置可采用记忆电流表，保留最大负荷资料，并可装通信端子。

（6）供应规格。

1）备有多种电流规格的户内配电盘或户外配电柜可供选用。

2）进、出线电缆（4芯300mm^2）可上或下方出线（户外柜为下方进、出线）。

3）母线最大额定电流选用值1600A。

4）配熔断器（Ⅱ型或Ⅲ型）400、500A。

5）空气断路器最大额定电流选用值：1600A。

6）配电柜（盘）可由进线空气断路器及多路熔断器出线（最多可达7路）组成。

7）备计量装置及多种配件选用。

8）根据客户需要，可选择有记忆功能装置表计，还可设置自动化遥测接口等（以上有关参数应在订货中予以选定）。

（7）外形及安装基础图，见图7-2。

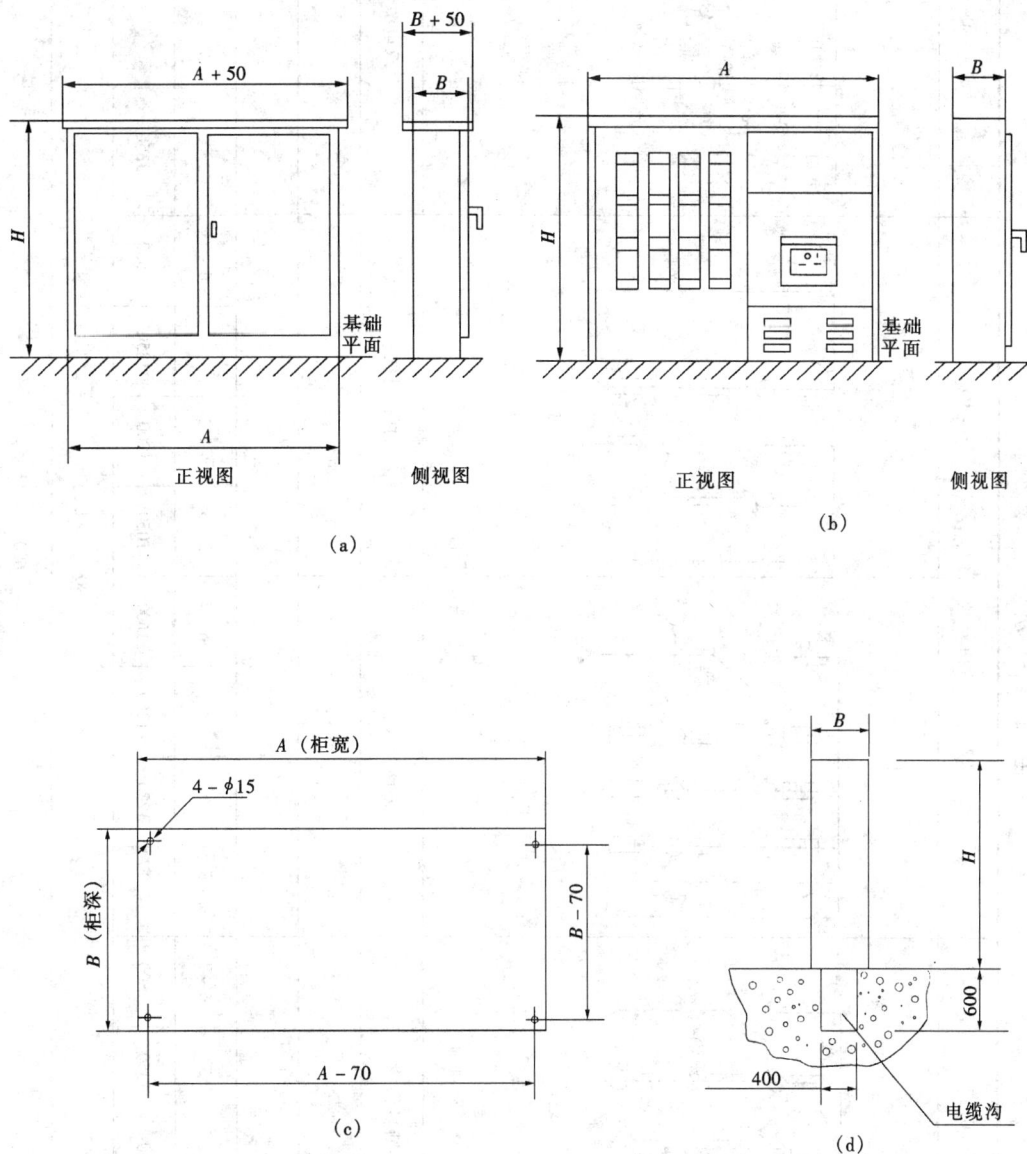

图7-2　外形及安装基础图

(a) 户外柜；(b) 户内柜；(c) 柜底部地基安装孔尺寸；(d) 地基图

（8）外形尺寸及接线图，见图7-3。

（9）主回路一次方案示例，见表7-9。

表 7-9 主 回 路 一 次 方 案 示 例

方案编号	01				02				03				04	
一次接线图	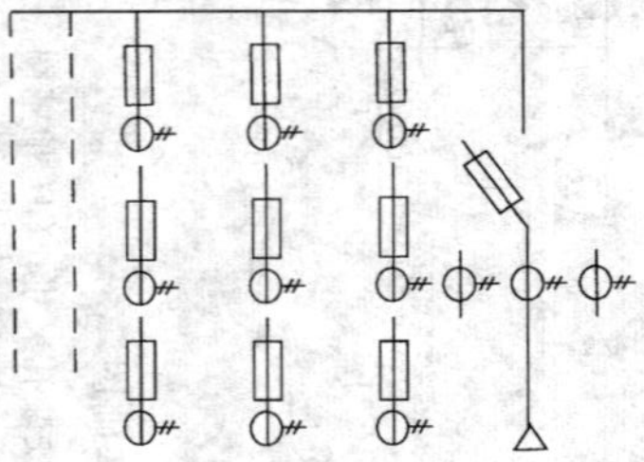				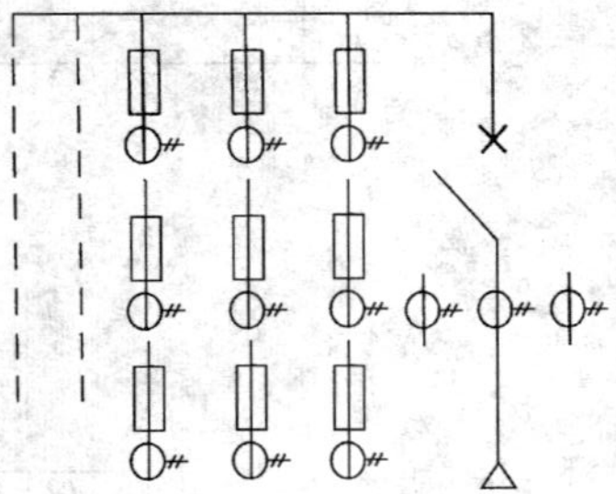				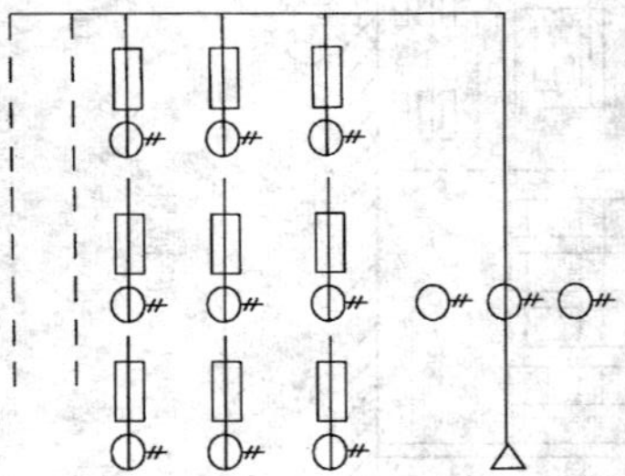				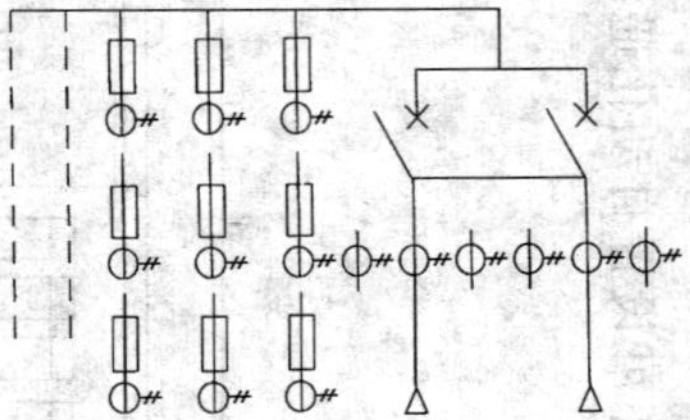	
进线分类	熔断器保护				断路器保护				直接进线				双电源转换	
刀熔开关	1													
断路器					1								2	
条形开关	2~3	4	5	6~7	2~3	4	5	6~7	2~3	4	5	6~7	2~3	4~5
柜宽 (A)	1050	1200	1350	1600	1050	1200	1350	1600	1050	1200	1350	1600	1350	1600
柜高 (H)	1900, 2000													
柜深 (B)	600													

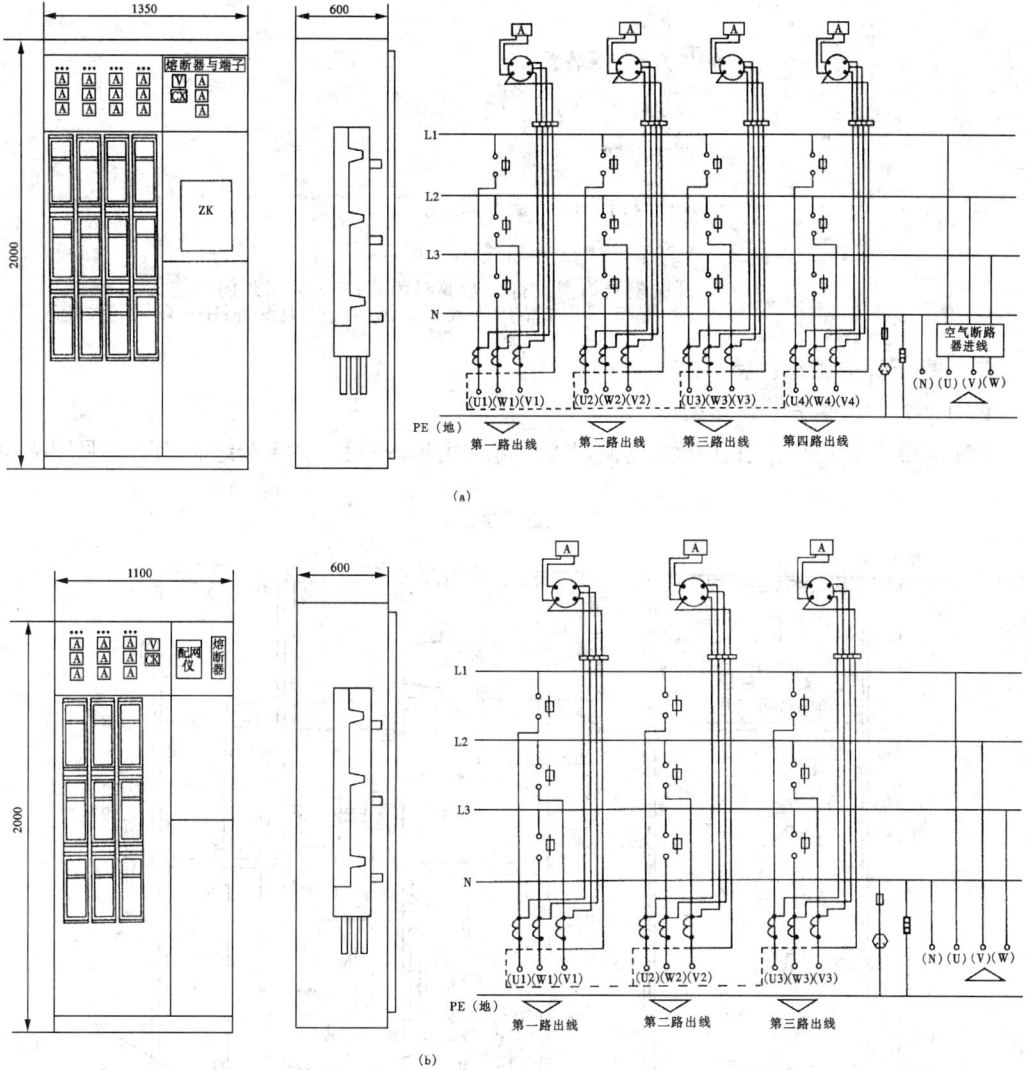

图 7 - 3 外形尺寸及接线图

（a）1600A 带空气断路器、4 路 630A 熔断器上出线外形尺寸及接线图；

（b）1250A 3 路 630A 熔断器下出线外形尺寸及接线图

第三节 高压成套配电装置

一、高压开关柜用途及型号

高压成套配电装置也称开关柜，是以开关为主的成套电器，它用于配电系统，作接受与分配电能之用。这类装置的各组成元件，按主接线的要求，以一定顺序布置在一个或几个金属柜内，具有占地少，安装、使用方便，适合于大量生产等特点，应用广泛。

高压开关柜型号含义如下：

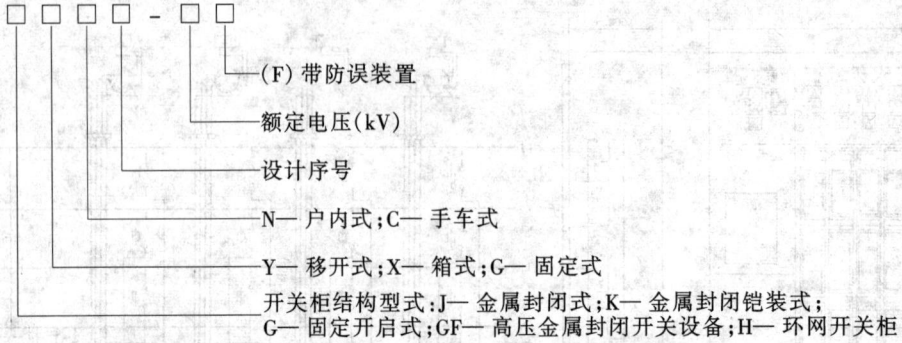

- (F) 带防误装置
- 额定电压(kV)
- 设计序号
- N— 户内式; C— 手车式
- Y— 移开式; X— 箱式; G— 固定式
- 开关柜结构型式: J— 金属封闭式; K— 金属封闭铠装式;
  G— 固定开启式; GF— 高压金属封闭开关设备; H— 环网开关柜

二、高压开关柜结构特点

1. JYN2-10型手车式开关柜

JYN2-10型手车式开关柜用钢板弯制焊接而成,它由柜体和手车两部分组成,其外形见图7-4。

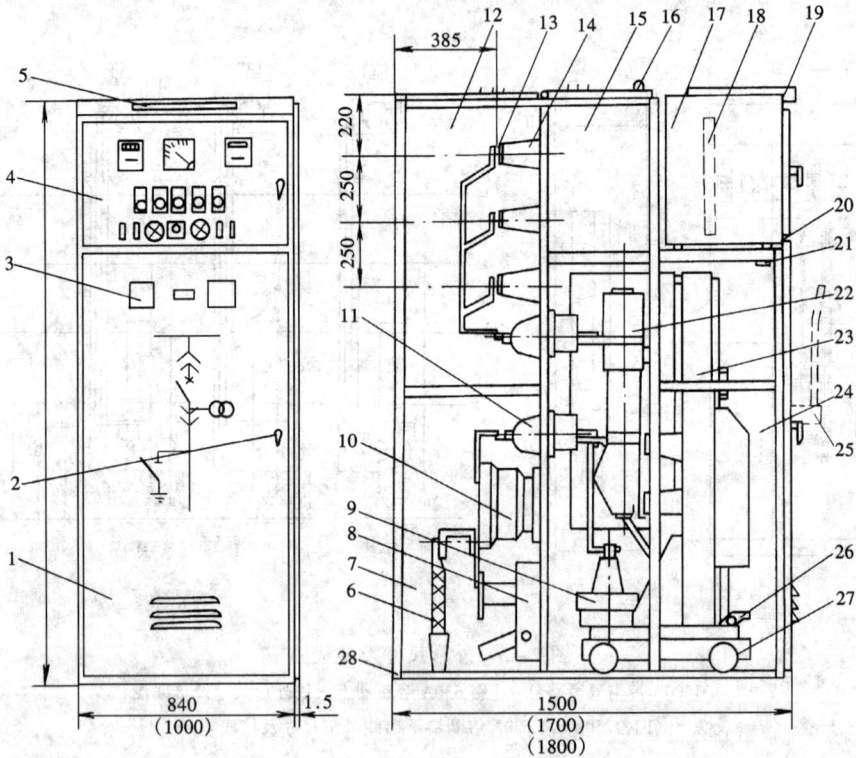

图7-4 JYN2-10型手车式开关柜外形图

1—手车室门; 2—门锁; 3—观察窗; 4—仪表屏; 5—用途标牌; 6——次电缆; 7—电缆室; 8—接地开关; 9—电压互感器; 10—电流互感器; 11——次触头隔离罩; 12—母线室; 13——次母线; 14—支持绝缘子; 15—排气通道; 16—吊环; 17—继电仪表室; 18—继电器屏; 19—小母线室; 20—减震器; 21—二次插座; 22—油断路器; 23—断路器手车; 24—手车室; 25—接地开关操作棒; 26—脚踏锁定跳闸机构; 27—手车推进机构扣攀; 28—接地母线

柜体用钢板或绝缘板分隔成手车室、母线室、电缆室以及继电仪表室四个部分,柜体的前上部位是继电保护装置及仪表室,下门内是手车室以及断路器的排气通道,门上装有观察窗,底部左下侧为二次电缆进线孔,后上部位为主母线室,后下部位为电缆室,后面封板上装有观察窗3,下封板与接地开关8有连锁。上封板下面装有电压显示灯,当母线带电时灯亮,不能拆卸上封板。

手车用钢板弯制焊接而成,底部装有四只滚轮,能沿水平方向移动,还装有接地触头、导向装置、脚踏锁定跳闸机构26及手车推进机构的扣攀27。手车拉出后用附加转向小轮可使手车灵活转向移动。手车按其功能分为:断路器手车、电压互感器手车、避雷器或连同电压互感器手车、所用变压器手车、隔离手车、电容器避雷器手车以及接地手车7种。

2.KYN2型高压金属封闭式真空开关柜

KYN2型高压金属封闭式真空开关柜由电缆进出线室、真空断路器室、水平母线室、控制室、辅助器件室等许多独立的组合单元构成。由于各组合单元均制成彼此隔离的独立室,所以能防止事故的波及。另外,各个组合件都经过严格的测试,并以组装形式出厂,因此在现场安装时工程所需的时间就可大为缩短。组合结构见图7-5。

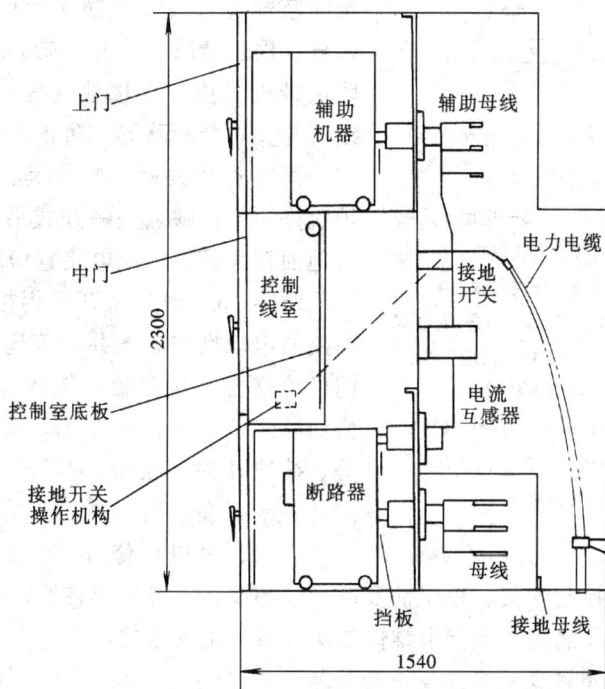

图7-5 KYN2型开关柜组合结构图

3.KYN4-10(F)A型金属铠装移开式开关柜

此种开关柜系用于三相交流单母线及单母线分段系统的户内成套配电装置,作为3~10(12)kV网络接受和分配电能和对电路实行控制保护及监测用,具有"五防"功能。

KYN4-10(F)A型开关柜由柜体和可移开部件两大部分组成,开关柜内部结构见图7-6。

开关柜外壳用薄钢弯制铠接而成,分隔成可移开的部件室、母线室、电缆室、继电器仪表室。每一单元均独立接地。

可移开部件骨架系用薄钢板弯制铠接而成。根据用途可分为断路器、电压互感器、避雷器、隔离、计量、变压器、接地、电容器7种可移开部件。各类可移开部件的高度、深度统

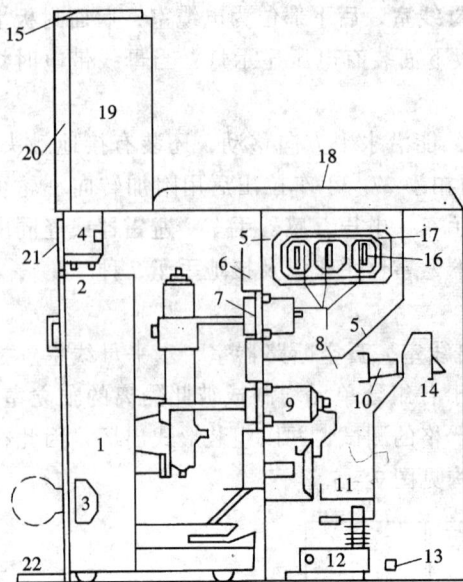

图 7 – 6 KYN4 – 10（F）A 型开关
柜内部结构图（馈线柜）

1—断路器手车；2—二次插头；3—接地开关操
动机构；4—二次端子排；5—金属隔板；6—金
属遮板；7—绝缘触头座；8—分支母线；9—套
管式电流互感器；10—电压互感器；11—支柱式
电流互感器；12—接地开关；13—接地母线；
14—进出线接线端；15—控制电缆室；16—主
母线；17—母线支持座；18—压力释放装置；
19—继电器室；20—仪表门；21—操作开关
安装门；22—延伸轨道

一，同类型同规格的可移开部件亦能互换，不同类型的可移部件由于识别装置的作用，使其不能互换。可移开部件在柜内有隔离、试验、工作三个位置，每一个位置均有定位装置，以保证可移开部件处于某一位置时不能移动，须推、拉时必须操动连锁旋钮，使断路器在可移开部件移动前先行分闸。

4．GG – 1A（F1）型固定式开关柜

固定式开关柜结构简单，制造方便，因而使用广泛。其结构由柜体构架分成断路器区，隔离开关区，仪表、继电器、端子牌区等。

该型柜是在原 GG – 1A 型高压开关柜的基础上按国家规定加设"五防"程序锁板而成，以防止误分、误合断路器；防止带负荷拉、合隔离开关，防止带电（挂）合接地（线）开关，防止带接地线（开关）合断路器，防止误入带电间隔。

固定式开关柜的特点是：安全距离较大，维护检修简便。缺点是敞开式易积灰和钻进小动物，占地面积大且要求配电装置房屋有足够高度。

GG – 1A（F1）型开关柜柜前共有四扇门（油断路器电动操作方案共有五扇门），打开左下角小门可检修合闸接触器；按照程序打开右上门可检修油断路器、电流互感器、电压电感器、负荷开关、接地开关等设备；打开右下门可检修线路隔离开关等设备；打开中门可以检修二次线路；打开左上门，可以检修仪表、继电器等设备。屏面

可装仪表、继电器、控制开关、程序锁及信号灯等设备，屏面所装设备均系板后接线，屏后与一次设备间装有金属隔板，运行中维修二次设备是很安全的。

5．GFC – 15（F）型防误手车式高压开关柜

GFC – 15（F）型开关柜用于三相交流、额定电压 3～10kV、额定电流 630～3000A 的单母线系统中接受和分配电能。

开关柜由封闭式钢板外壳和断路器手车组成，设备壳体用钢板划分为四个互相隔离的小室，即主母线室、继电器室、手车室及电缆室。

断路器手车正面上部为推进机构，正面下部为断路器操动机构，手车底部设有接地滑道、定位轴、位置指示等附件。

开关柜有较严密的防误闭锁装置，具备"五防"功能。

6．GFC – J 型手车式高压计量柜

GFC – J 型手车式高压计量柜适用于三相交流 6～10kV 单母线配电系统中，作为电力系统、工矿企业变配电站电能计量之用。一般与 GFC – 10A 型手车式高压开关柜配套使用。

本计量柜由固定的柜体和手车两大部分组成。柜体用薄钢板和绝缘板分隔成手车室、两个计量仪表室、母线室和电流互感器室。手车上装有计量用的电压互感器和避雷器，手车底部有滚轮。手车上装有机械闭锁和电气连锁装置，它与柜体、手车室内的左右定位装置等配合，能有效地防止带负荷推入或拉出手车而引起误操作，也能防止因外力而使柜内手车移动。

7. KYN□-12型（VUA）高压双层铠装移开式交流金属封闭式开关设备

开关柜的刚性外壳及骨架是由钢板弯制成各种板件，由螺栓紧固而成，无须焊接，具有足够的机械强度，开关柜以先进的制造工艺，如应用数控冲床和数控折弯机制造，保证其尺寸高度精确，使开关柜便于组装，快捷准确。为保持优美外观，外壳采用粉末喷涂工艺，具有很高的防腐性能。

开关柜外壳的防护等级 IP3X，内部分成若干个隔室，各隔室名称及组合见图 7-7。各隔室之间的隔板都达到国标 IP2X 防护等级，从而减少了隔室之间故障转移的危险，并提高

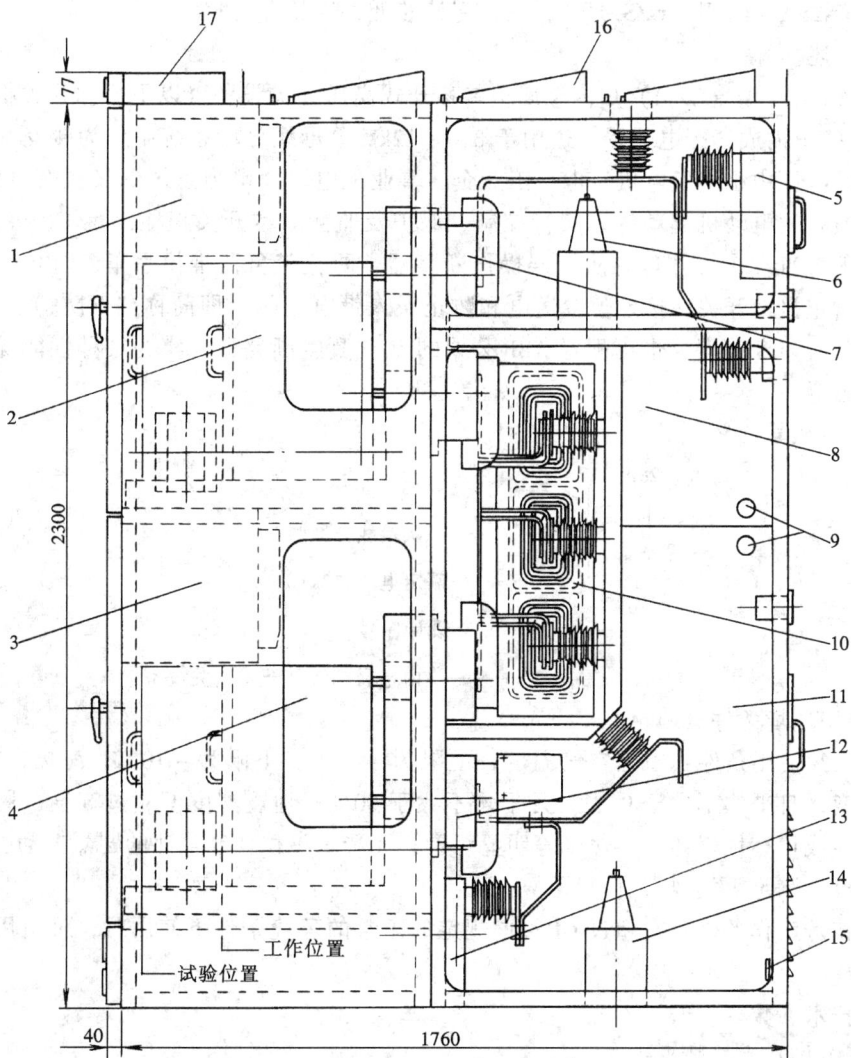

图 7-7　KYN□-12型（VUA）开关柜内部结构示意图

了设备的可靠性。

这种开关柜的特点是设计成上、下两层结构，可以设置两台真空断路器或其他辅助设备，相当于两台开关柜的功能，特别适用于配电房面积小的地方使用。

图7－7各部分简介如下。

1、3部分为控制室。主要用于安装上、下回路的二次元件。2、4部分为真空断路器手车室。在不同的方案里也可安装其他类型的手车，如TV车、计量车等。10为主母线室。主母线室额定电流最大可至3000A。7、12为上、下回路的带电流互感器的静触头。6、14位置是安放上、下回路的过电压吸收器，也可摆放避雷器。5、13位置摆放上、下回路的接地开关，根据用户需要，也可取消接地开关采用接地车的形式。8、11部分是上、下回路的电缆室。上、下回路的电缆室中间有隔板分隔。9部分为上、下电缆室的照明灯。15为柜体主接地母线。柜与柜之间的接地母线在此位置用连接板连接起来。16为开关柜压力释放板。压力释放方向朝上。17为小母线室。

8. KYN28A－12型（GZS1）户内金属铠装移开式高压开关柜

（1）概述。

KYN28A－12型（GZS1）户内金属铠装移开式高压开关设备（以下简称开关柜）系三相交流50Hz的户内成套配电装置，适用于3.6～12kV单母线分段系统中作为接受和分配电能用，用于发电厂中小型发电机送电，工业企、事业配电以及电力系统的二次变电所的受电、送电及大型高压电动机起动等，实行控制、保护及监测。本开关柜能满足GB3906、DL404、IEC－298等标准要求，并具有防止误操作断路器，防止带负荷推拉手车，防止带电关合接地开关，防止接地开关在接地位置送电和防止误入带电间隔（即简称"五防"）功能。它既能配用VS1真空断路器，也可配置ABB公司的VD4真空断路器。实为一种性能优越的跨世纪的配电装置。

1）产品型号含义：

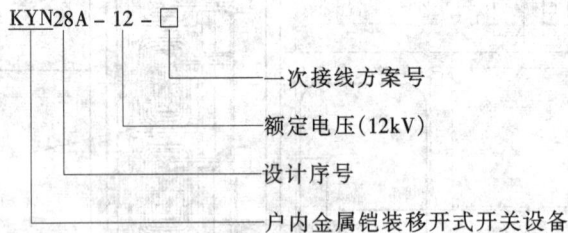

$$
\text{KYN28A} - 12 - \square
$$

- 一次接线方案号
- 额定电压（12kV）
- 设计序号
- 户内金属铠装移开式开关设备

2）使用环境条件。

（a）正常使用条件：周围空气温度，上限为＋40℃，下限为－10℃；海拔，1000m；相对环境湿度，日平均不大于95％，月平均不大于90％；地震烈度不超过8度；周围空气应不受腐蚀性或可燃性气体、水蒸气等明显污染；无严重污秽及经常性的剧烈振动，严酷条件下严酷度设计满足Ⅰ类要求。

（b）特殊工作条件：在超过GB3906规定的正常的环境条件下使用时，可由用户与制造厂协商。

（2）技术参数。

1）开关柜技术参数见表7－10。

2）VS1、VD4真空断路器技术参数见表7－11。

表 7 - 10 开关柜技术参数

项 目		主回路断路器型号					
		VS1			VD4		
额定电压（kV）		12					
额定绝缘水平	1min 工频耐受电压（kV）	相间、对地 42；隔离断口 48					
	雷电冲击耐受电压（kV）	相间、对地 75；隔离断口 85					
额定频率（Hz）		50					
额定电流（A）		630	1250	3150	630	1250	1600 ~ 3150
额定短路开断电流（有效值 kA）		25	31.5	40	16 ~ 31.5	16 ~ 50	25 ~ 50
额定热稳定电流（kA）		25	31.5	40	16 ~ 31.5	16 ~ 50	25 ~ 50
热稳定时间（s）		4			3		
额定动稳定电流（峰值 kA）		63	80	100	40 ~ 80	40 ~ 125	63 ~ 125
额定短路关合电流（峰值 kA）		63	80	100	40 ~ 80	40 ~ 125	63 ~ 125
防护等级		外壳为 IP4X，断路器室门打开时为 IP2X					

表 7 - 11 VS1、VD4 真空断路器技术参数

项 目		VS1			VD4		
额定电压（kV）		12					
额定绝缘水平	1min 工频耐受电压（kV）	42					
	雷电冲击耐受电压（kV）	75					
额定频率（Hz）		50					
额定电流（A）		630	1250	3150	630	1250	1600 ~ 3150
额定短路开断电流（有效值，kA）		25	31.5	40	16 ~ 31.5	16 ~ 50	25 ~ 50
额定热稳定电流（kA）		25	31.5	40	16 ~ 31.5	16 ~ 50	25 ~ 50
热稳定时间（s）		4			3		
额定动稳定电流（峰值，kA）		63	80	100	40 ~ 80	40 ~ 125	63 ~ 125
额定短路关合电流（峰值，kA）		63	80	100	40 ~ 80	40 ~ 125	63 ~ 125
额定操作顺序		分—180s—合分—180s—合分					
自动重合闸操作顺序		分—0.3s—合分—180s—合分					
合闸时间（ms）		≤100			≈70		
分闸时间（ms）		≤50			≤45		
燃弧时间（ms）		≤15			≤15		
额定短路开断电流开断次数（次）		50			100		
机械寿命（次）		20000			30000		

当断路器用于控制 3.6 ~ 12kV 电动机时，若起动电流小于 600A，必须加金属氧化物避雷器，其具体要求由用户与制造厂联系协商；当断路器用于开断电容器组时，电容器组的额定电流不应大于断路器额定电流的 80%。

3）操动机构的技术参数，见表 7 - 12。

表 7 - 12 操动机构技术参数

项 目		VS1	VD4
额定操作电压	合闸线圈（V）	DC 220, 110	DC 220, 110, 60, 48, 24
	分闸线圈（V）	AC 220, 110	AC 220, 110
线圈功率	合闸线圈（W）	245	≤150
	分闸线圈（W）		
储能电机功率（W）		50	
储能电机额定电压（V）		DC 220, 110	AC 220, 110
储能时间（s）		≤10	≤15

4）外形尺寸。柜体外形尺寸见表 7 – 13 及图 7 – 8。

表 7 – 13　柜体外形尺寸

高度　　　A（mm）		2300
宽度 B（mm）	分支小母线额定电流≤1250A	800
	分支小母线额定电流≥1600A	1000
深度 C（mm）	电缆进出线	1500
	架空进出线	1660
质量（kg）		700～1200

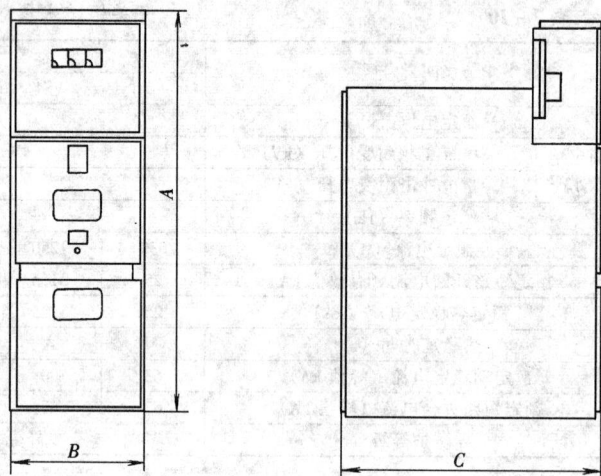

图 7 – 8　柜体外形尺寸

5）内部结构见图 7 – 9。

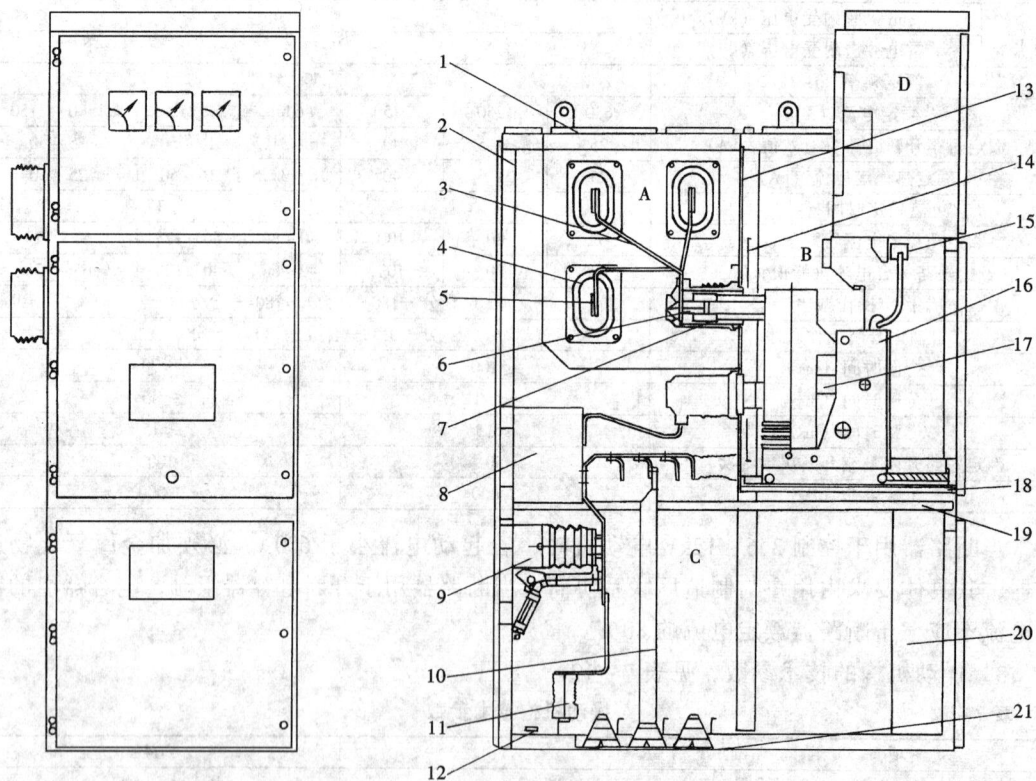

图 7 – 9　开关设备内部结构图

A—母线室；B—断路器手车室；C—电缆室；D—继电器仪表室；1—泄压装置；2—外壳；3—分支小母线；4—母线套管；5—主母线；6—静触头装置；7—静触头盒；8—电流互感器；9—接地开关；10—电缆；11—避雷器；12—接地主母线；13—装卸式隔板；14—隔板（活门）；15—二次插头；16—断路器手车；17—加热装置；18—可抽出式隔板；19—接地开关操作机构；20—控制小线槽；21—底板

6）产品主要特点：

可配用 VS1 及 ABB 公司 VD4 真空断路器；

柜体采用敷铝锌钢板多重折边组装式结构；

柜体密封度高，防护等级 IP4X；

电缆室空间大、安装维护方便；

可靠墙安装，柜前维修，占地面积小（此系特别优点）；

手车互换性好，推拉方便；

完全金属铠装及彻底分隔，所有设备操作均在柜门关闭的状态下进行；

"五防"齐全、安全可靠；

符合 GB11022、GB3906、IEC298、DL404 等标准。

7）产品用途：主要适用下列典型场所的控制、保护、监测：

发电厂、变电所以及供电系统的配电站；

宾馆、大厦的动力进线、变配电设备；

钢铁、汽车、水泥工业；

机场、矿山及铁路系统的供电；

石油化工、电化学工业、化纤工业；

冶金工业；

造船工业。

9.ZS1 铠装式金属封闭开关设备

（1）概述。

ZS1 铠装式金属封闭开关设备（简称 ZS1 开关柜）系由 ABB 集团德国 Calor Emag Schaltanlagen AG 公司开发和提供技术转让，厦门 ABB 开关有限公司生产的中压开关设备。它适用于 3.6 ~ 12kV 三相交流 50Hz 电力系统中用于接受和分配电能，并对电路实行控制、保护及监测。

ZS1 开关柜具有各种防止误操作的措施，包括防止带负荷移动手车，防止带电合接地开关和防止接地开关在断路器关合位置闭合等功能。

ZS1 开关柜配置性能优良的抽出式 VD4 真空断路器手车，也可以配置 VC 熔断器—真空接触器手车、电流互感器手车、电压互感器手车、隔离手车等，还可以安装固定式 C3 系列负荷开关等。开关柜的二次回路配置 ABB 公司先进可靠的控制保护元件。

ZS1 铠装式金属封闭开关设备是技术先进、性能稳定、结构合理、使用方便、安全可靠的配电设备。厦门 ABB 开关有限公司生产的 ZS1 开关柜已在发电厂、变电所、机场、码头、车站、钢铁厂、石油化工企业、轻工部门以及宾馆、广场及大建筑中广泛使用。

ZS1 开关柜外形如图 7 - 10 所示。

（2）依据标准。

ZS1 开关柜依据下列标准进行设计与制造。

国标电工委员会标准：IEC 60298（1990）额定电压 1kV 以上 50kV 及以下交流金属封闭开关设备和控制设备；IEC 60694（2001）高压开关设备和控制设备标准的通用条款；IEC 62271—100（2001）高压开关设备和控制设备　第 100 部分　高压交流断路器。

德国工业标准：DIN VDE 0670 额定电压 1kV 以上的交流开关设备。

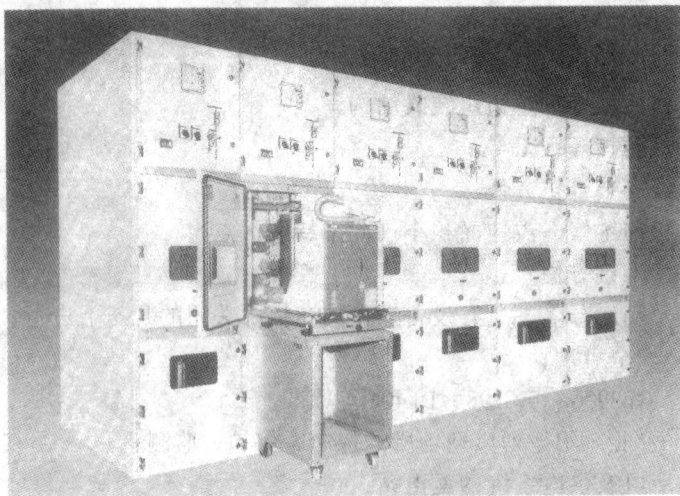

图 7 – 10 ZS1 开关柜外形图

中国国家标准：GB 3906—1991 3～35kV 交流金属封闭开关设备；GB/T 11022—1999 高压开关设备和控制设备标准的共用技术要求；GB 1984—1989 交流高压断路器；GB/T 16927.1—1997 高电压试验技术第一部分"一般试验要求"。

（3）使用条件。

1）正常使用条件。

环境温度：最高温度 +40℃；最低温度 –15℃，日平均温度不大于 +35℃；

环境湿度：日平均相对湿度 95% 及以下，月平均相对湿度 90% 及以下；

最大海拔高度：1000m；

地震烈度：不超过 8 度；

开关柜应安装在无火灾、爆炸危险、严重污秽、化学腐蚀气体及剧烈振动的场所。

2）特殊使用条件。

当开关柜安装在海拔高度大于 1000m 的地区，则订货时必须与厂家协商采取必要的加强绝缘措施。

当环境最高温度超过 +40℃时，开关柜的额定载流能力将按一定系数降低，在订货时必须得到制造厂的确认。

（4）特殊注意事项。

中国许多地区的湿度较高，温度波动速度较快且幅度较大，开关柜在这种气候环境下运行，就有凝露的危险，因此开关柜在备用和运行状态下，用户应保证加热器全天候投入！但负荷电流 1250A 以上的开关柜在运行状态下，加热器可不投入。

表 7 – 14 ZS1 开关柜主要技术参数

项　　　目		数　　据
额定电压(kV)		3.6～12
额定绝缘水平	工频耐压(1min,kV)	42
	雷电冲击耐压(峰值,kV)	75
额定频率(Hz)		50
主母线额定电流(A)		1600、2000、2500、3150、4000
分支母线额定电流(A)		630、1250、1600、2000、2500、3150、4000[①]
额定短时耐受电流[②]	4s(kA)	16、20、25、31.5
	3s(kA)	40、50
额定峰值耐受电流[②](kA)		40、50、63、80、100、125
防护等级		外壳 IP4X，断路器室门打开 IP2X

① 采取强制风冷却措施。
② 电流互感器的额定短时耐受电流和额定峰值耐受电流与变比有关，在订货时需作具体确认。

（5）ZS1 开关柜技术参数。见表 7-14。

10. i-ZS1 智能化金属铠装式开关设备

（1）概述。

i-ZS1 智能化金属铠装式开关设备（简称 i-ZS1 智能化开关柜）系由 ABB 集团德国 Calor Emag Schaltanlagen AG 公司开发和提供技术转让，厦门 ABB 开关有限公司改进生产的智能化中压开关设备。它适用于 3.6～12kV 三相交流 50Hz 电力系统中用于接受和分配电能，并对电路实行智能化控制、保护及监测。

i-ZS1 智能化开关柜具有各种防止误操作的措施，包括防止带负荷移动手车，防止带电合接地开关和防止接地开关在断路器关合位置闭合等功能。

i-ZS1 智能化开关柜配置性能优良的抽出式 VD4 真空断路器手车，也可以配置 VC 熔断器—真空接触器手车、隔离手车等，还可以安装固定式 C3 系列负荷开关等。开关柜的二次回路配置 REF542 plus 智能型控制/保护单元等 ABB 公司先进可靠的控制保护元件。

i-ZS1 智能化金属铠装式开关设备是技术先进、性能稳定、结构合理、使用方便、安全可靠的智能化配电设备。厦门 ABB 开关有限公司生产的 i-ZS1 智能化开关柜已在发电厂、变电所、机场、码头、车站、钢铁厂、石油化工企业、轻工部门以及宾馆、广场及大建筑中广泛使用。

i-ZS1 智能化开关柜外形见图 7-11。

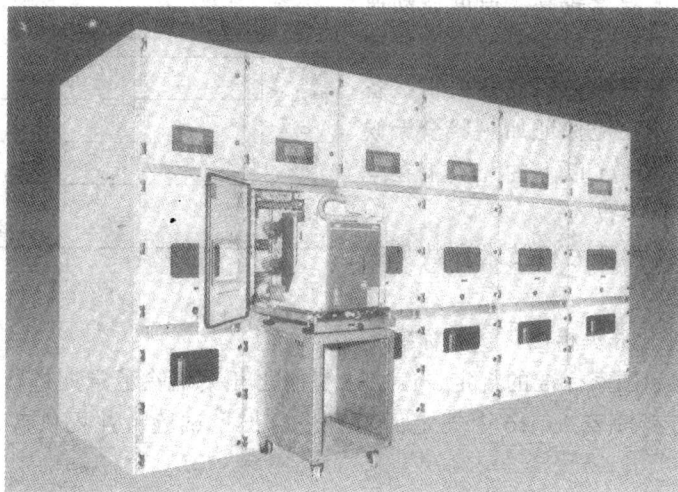

图 7-11　i-ZS1 型智能化开关柜外形图

（2）依据标准。

i-ZS1 智能化开关柜依据下列标准进行设计与制造。

国标电工委员会标准：IEC 60298（1990）额定电压 1kV 以上 50kV 及以下交流金属封闭开关设备和控制设备；IEC 60694（2001）高压开关设备和控制设备标准的通用条款；IEC 62271—100（2001）高压开关设备和控制设备　第 100 部分　高压交流断路器。

德国工业标准：DIN VDE 0670 额定电压 1kV 以上的交流开关设备。

中国国家标准：GB 3906—1991 3～35kV 交流金属封闭开关设备；GB/T 11022—1999 高

压开关设备和控制设备标准的共用技术要求；GB 1984—1989 交流高压断路器；GB/T 16927.1—1997 高电压试验技术　第一部分　一般试验要求。

（3）使用条件。

1）正常使用条件。

环境温度：最高温度 +40℃；最低温度 -15℃，日平均温度不大于 +35℃；

环境湿度：日平均相对湿度 95% 及以下，月平均相对湿度 90% 及以下；

最大海拔高度：1000m；

地震烈度：不超过 8 度；

开关柜应安装在无火灾、爆炸危险、严重污秽、化学腐蚀气体及剧烈振动的场所。

2）特殊使用条件。

当开关柜安装在海拔高度大于 1000m 的地区，则订货时必须与厂家协商采取必要的加强绝缘措施。

当环境最高温度超过 +40℃时，开关柜的额定载流能力将按一定系数降低，在订货时必须得到制造厂的确认。

（4）特殊注意事项。

中国许多地区的湿度较高，温度波动速度较快且幅度较大，开关柜在这种气候环境下运行，就有凝露的危险，因此开关柜在备用和运行状态下，用户应保证加热器全天候投入！但负荷电流 1250A 以上的开关柜在运行状态下，加热器可不投入。

1）i-ZS1 智能化开关柜技术参数见表 7-15。

2）i-ZS1 智能化开关柜出厂试验标准

根据国际标准和国家标准的规定，i-ZS1 智能化开关柜除了定期进行型式试验外，每台开关柜在出厂前都按表 7-16 中规定的项目进行出厂试验，并提供产品"出厂试验报告"。

表 7-15　i-ZS1 智能化开关柜主要技术参数

项　　目		单位	数　　据
额定电压		kV	3.6~12
额定绝缘水平	工频耐压（1min）	kV	42
	雷电冲击耐压（峰值）	kV	75
额定频率		Hz	50
主母线额定电流		A	1600，2000，2500，3150,4000
分支母线额定电流		A	630，1250，1600，2000,2500,3150
额定短时耐受电流	4s	kA	16,20,25,31.5
	3s	kA	40,50
额定峰值耐受电流		kA	40，50，63，80，100，125
防护等级			外壳 IP4X，断路器室门打开 IP2X

表 7-16　　　　i-ZS1 智能化开关柜出厂试验数据

	额定电压	kV	3.6	7.2	12
主回路	工频耐压试验（持续 1min）	kV	25	32	42
	电阻测量	μΩ	≤170 + R_{TA}* （不含负荷开关）		
辅助回路和控制回路	工频耐压试验（持续 1s）	kV	2	2	2
	绝缘电阻测试	MΩ	≥2	≥2	≥2

* R_{TA} 为传感器的直流电阻。

出厂文件中，根据所装元件情况，还提供其相关的出厂试验报告，包括：

10kV 配电工程设计手册

VD4 真空断路器出厂试验报告；

VC 真空接触器出厂试验报告；

保护继电器出厂试验报告；

电流传感器出厂检验合格证（含试验报告）；

电压传感器出厂检验合格证（含试验报告）。

11. 二次回路主要电器元件

智能型控制/保护单元 REF542 plus 是 ABB 最新型开关柜智能化控制/保护装置，它集控制、保护、测量、通信和监视功能为一体，功能强大，设置灵活，使开关柜智能化、标准化，从而使开关柜的技术革新推进到一个崭新的阶段，设备外形见图 7 - 12。其主要功能如下所列：详见 REF542 plus 智能型控制/保护单元产品说明书。

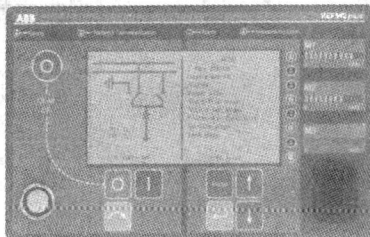

图 7 - 12 REF542 plus 外形图

（1）控制：运行、试验、设定状态切换；就地、远方状态切换；合、分闸操作；紧急分闸，各种连锁功能在软件中设置完成。

（2）保护：电流保护，接地保护；差动保护；电压保护；电动机保护；功率方向保护；距离保护；自动重合闸；频率监视；检同期等。各类保护的设置、取舍均可通过软件实现。

（3）测量：三相电流，零序电流，三相电流最大需量；三相/线电压，零序电压；有功/无功功率；有功/无功电度；功率因数；频率；开关运行时间，操作次数。测量值可同时在液晶显示屏上按数字显示和棒图显示。

（4）通信：前面板 RS232 口，用于 REF5442 plus 的设定配置；SPABUS 光纤接口；MOD-BUS RS485 接口；IEC 60870 - 5 - 103 光纤接口；LON 光纤接口。

（5）信号：液晶显示屏模拟显示主回路方案。

第四节 高压负荷开关柜

一、概述

高压负荷开关柜，适用于三相交流 10kV、50Hz 的配电系统中。广泛地用于城网建设和改造工程、工业企业、高层建筑和公共设施等，作为环网供电单元和终端设备，起着电能的分配、控制和电气设备的保护作用。

该产品具有成套性强、体积小、质量轻、寿命长、关合开断能力强、安全可靠、操作维护方便等特点。产品技术性能符合 IEC 出版物 265 和 420 及 GB 3901—1991、GB 3804—1990、GB 1985—1989 的规定。

1. 结构性能特点

高压负荷开关柜，主要由壳体、负荷开关（包括隔离开关、接地开关）、操作机构、连锁机构及测量或计量回路组成。以 HXGN□—10 型为例，其结构如图 7 - 13 所示。

2. 型号及其含义

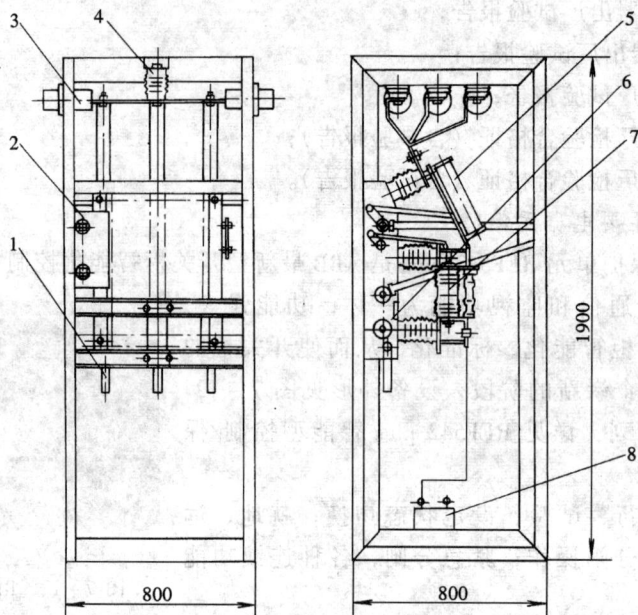

图 7 – 13 HXGN□—10 型高压负荷开关柜结构图

1—接地开关；2—操作机构；3—穿墙套管；4—绝缘子；

5—熔断器（隔离刀）；6—操动电机；7—负荷开关；8—电流互感器

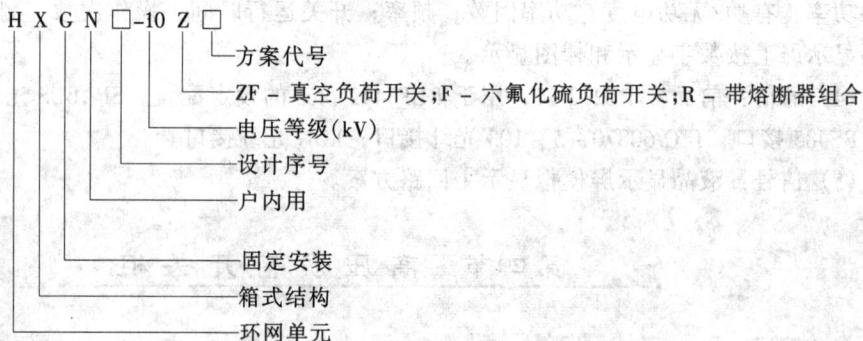

3．功能

这种开关柜适用于厂矿、住宅小区、高层建筑、学校、公园等处额定电压为 10kV 的三相配电系统，作为接受和分配电能之用。

柜内选用性能优良可靠的负荷开关和高分断能力熔断器，新颖型材拼装式柜体结构，具有体积小、质量轻、操作简单、操作力小、使用安全、维护方便，并有可靠的操作防护措施，不会造成火灾或爆炸事故，占地面积小等特点。

高压柜的外壳由基本骨架、顶板、面板、侧板等组成封闭结构。柜的顶部为母线室，母线室的前面为仪表室，仪表室底部的端子板上可装设二次回路端子及柜内照明灯等。计量柜的仪表室体积大，可装设有功、无功电能表和峰谷表等仪表。

柜与柜之间均有金属隔板，母线室之间有绝缘穿墙套管，确保每个供电单元的安全运行。

10kV 配电工程设计手册

4．负荷开关在结构上应满足的要求

（1）负荷开关在分闸位置时要有明显可见的间隙，这样负荷开关前面就无需串联隔离开关，在检修电气设备时，只要开断负荷开关即可。

（2）要能经受尽可能多的开断次数，而无需检修触头和调换灭弧室装置的组成元件。

（3）负荷开关虽不要求开断短路电流，但要求能关合短路电流，并有承受短路电流的动稳定性和热稳定性的要求（对组合式负荷开关则无此要求）。

5．负荷开关分类

负荷开关的品种可按表 7 - 17 分类。

表 7 - 17　　　　　　　　　　　　负荷开关品种分类

分类	按 用 途	按灭弧介质	按安装场所	按操作的频繁程度	按操作方式	按操动机构
种类	（1）通用负荷开关 （2）专用负荷开关 （3）特殊用途负荷开关	（1）油 （2）空气 （3）产气 （4）六氟化硫气体 （5）真空	（1）户内 （2）户外	（1）一般 （2）频繁	（1）三相同时操作 （2）逐相操作	（1）动力储能 （2）人力储能

注　特殊用途负荷开关目前大概可有：隔离负荷开关、频繁操作负荷开关、电动机负荷开关、单个电容器组负荷开关和背对背电容器组负荷开关几种。

负荷开关配合高压限流熔断组成一种新型的组合电器，作为配电变压器的保护设备。利用负荷开关作为正常开合负荷操作，利用熔断器断开变压器故障电流，并且配合安装的撞击器，熔体断开后自动打开负荷开关。这种组合电器的突出优点是快速熔断，在变压器未严重烧毁之前，熔断器就断开了短路电流，对安全、消防都有很大好处。

6．变压器保护用高压限流熔断器

本产品是高压熔断器，适用于户内交流 50Hz、额定电压 12kV 的系统，并可与其他控制保护电器（如负荷开关、真空接触器）配套使用，作为电力变压器及其他电力设备过载或短路等的保护元件。

（1）型号：

```
□ □ □ □ *
        └── 西德（DIN）标准插入式 J
      └──── N = 无，A = 有（撞击器）
    └────── 熔断件长度：L = 292mm
  └──────── 熔断件直径：D = 51mm；K、F = 76mm
└────────── 变压器保护新型熔断器 S
```

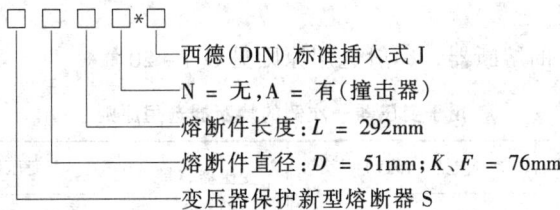

（2）熔断器的基本参数见表 7 - 18。

表 7 - 18　　　　　　　　　　　　高压熔断器基本参数

型 号	额定电压 （kV）	熔断器额定电流 （A）	熔体额定电流 （A）
SDL * J	12	40	6.3，10，J6，20，25，31.5，40
SFL * J	12	100	50，63，71，80，100
SKL * J	12	125	125

注　* 字母根据撞击器型式确定。

（3）主要技术数据。

1）熔断器应能开断最小开断电流 $[(2.5\sim3)\,I_N]$ 至表7-19所示额定开断电流之间的任何故障电流。

2）时间—电流特性曲线见图7-14，最小开断电流以上部分为虚线。

（4）熔断器的外形及安装尺寸见图7-15。

表 7-19　　熔断器的额定开断电流

型　号	额定开断电流（kA）
SDL * J，SKL * J	31.5
SFL * J	50

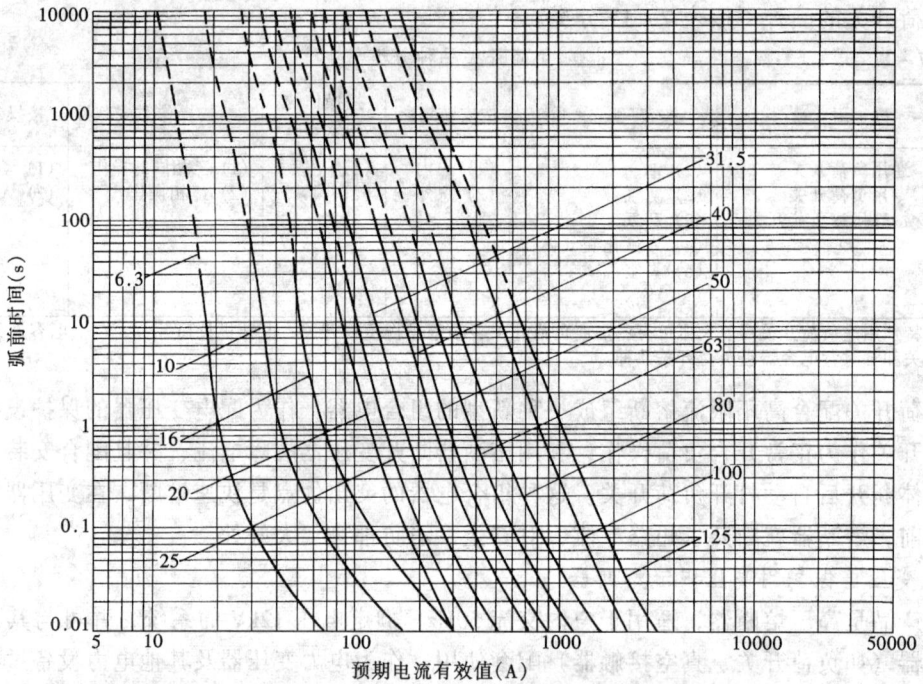

图 7-14　SDL·J、SFL·J、SKL·J型高压熔断器时间—电流特性

（5）熔断器的选用。

用于变压器一次侧的熔断器，一般选用原则见表7-20。

表 7-20　　　　　　　　　　用于变压器一次侧的熔断器选用原则

变压器容量（kVA）	变压器一次侧电压(10kV)		变压器容量（kVA）	变压器一次侧电压(10kV)	
	熔断器型号	熔断器额定电流(A)		熔断器型号	熔断器额定电流(A)
100	12kV SDL * J	16	400	12kV SDL * J	40
125	12kV SDL * J	16	500	12kV SFL * J	50
160	12kV SDL * J	16	630	12kV SFL * J	63
200	12kV SDL * J	20	750/800	12kV SFL * J	80
250	12kV SDL * J	25	1000	12kV SFL * J	80
300/315	12kV SDL * J	31.5	1250	12kV SFL * J	100

注　用于变压器特殊情况的选用及用于其他电力设备配合的选用，可与制造厂联系。

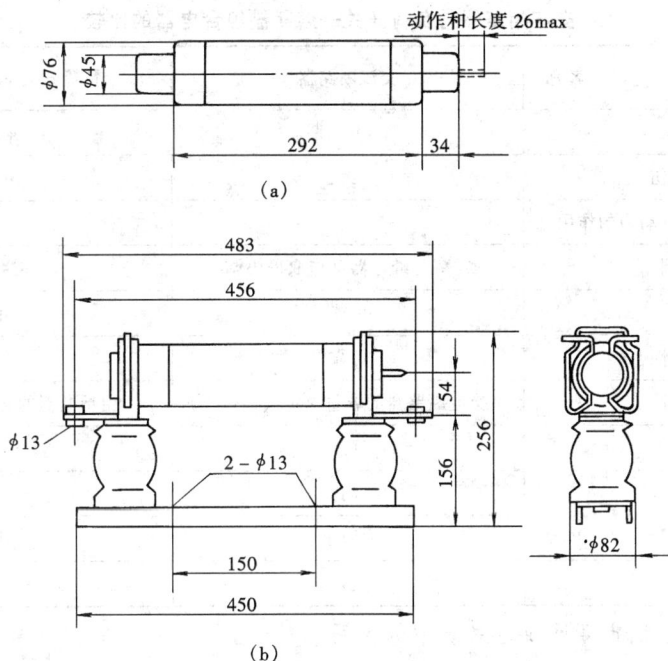

动作和长度 26max

φ76 φ45

292 34

(a)

483

456

54

256

156

φ13

2-φ13

150

450

φ82

(b)

图 7-15　熔断器外形及安装尺寸

(a) 熔断件；(b) 熔断器

7. 几种开关使用比较

从表 7-21 列出的各类开关的功能可知，简易、经济、可靠的负荷开关—熔断器组合电器，其控制和保护功能可以起到结构复杂、价格昂贵的断路器作用。如果将负荷开关—熔断器组合电器与交流断路器在性能上加以比较的话，则如表 7-22 所示。由此可见，10kV 环网供电线路中采用负荷开关—熔断器组合电器来控制、保护中压/低压配电站内的供电变压器比用断路器更合适。据欧洲一些电力公司实践证明，使用断路器作保护时，由于要经过继电保护系统，至少要经过 60ms 才能使断路器跳闸，可是变压器要求必须在 20ms 内跳开严重事故。用了高压限流熔断器保护，短路电流不到第一个半周的峰值，大约 1/6～1/4 个半周，电流就被限流下来，随之电弧电流减小到零而熄弧。因此用高压限流熔断器来保护变压器是最合适的，它不会发生变压器箱体炸裂等事故。另外，负荷开关—熔断器组合电器中用了触发联动机构，还可扩大过载保护范围。

表 7-21　　　　　　　　　　　　　环网配电单元各种设备的功能

功能	名称	隔离开关	负荷开关	熔断器	组合式熔断器负荷开关	交流断路器
回路控制	无电流的分合	○	○	×	○	○
	有电流的分合	×	○	×	○	○
短路电流的关合		×	○	×	○	○
短路电流的开断		×	×	○	○	○

注　○—能；×—不能。

注　○—能；×—不能。

149

第七章　常用成套设备

表 7 – 22 交流断路器与负荷开关—熔断器组合电器的比较

名称 项目	交流断路器	负荷开关—熔断器组合电器
开断时间	1~8 周期	1/4 周期以下
故障点损伤	大	极小
回路、设备受热和电动力的作用	大	极小
动作协调	需要与继电器动作取得协调	不需要取得协调
重合闸	可能	不可能
运行可靠性	可靠	可靠
开断容量	由交流断路器的容量决定（代价大）	由熔断器的容量决定（代价小）
构造	复杂	简单
价格	高	低
体积和质量	大而重	小而轻
维修	复杂	简单

8. 负荷开关在城市环网供电系统中的应用

城市环网供电系统如图 7 – 16 所示。在枢纽变电所 10kV 的分线 2 和 3 两点之间拉出一

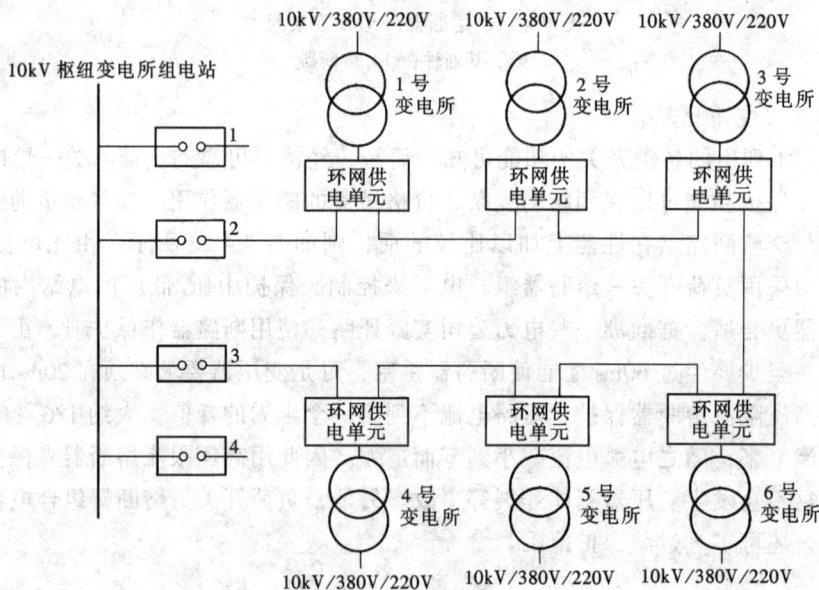

图 7 – 16 环网供电系统图

条环形电缆，在环路中大约可有 6~8 个配电站，给 10kV/380V/220V 变压器馈电。其中城市住宅小区等的公用配电站估计约占 20%~30%，而大部分将是工业企业、高层建筑和学校等用户的配电站。一般枢纽变电所用的中压开关都采用断路器作为控制和保护装置，而且要求具有自动重合闸。而环网中各配电站的供电容量一般不大，其额定电流小于环网的额定电流值，也不要求重合闸，所以环网配电站的供电单元可以采用结构简单、价格低廉而性能又能完全满足要求的负荷隔离开关加熔断器的组合电器，图 7 – 17 所示就是这种环网供电单元

的结构。它采用组合柜的方式，将柜1、柜2和柜3组合成基本的环网供电单元。柜1和柜3是环网的进线柜和出线柜，都装有负荷隔离开关，其操动机构一般采用手动弹簧储能。它与环网进线电缆和环网出线电缆相连接，故亦有称之为环网支路开关的。在环网正常运行条件下，它能关合、承载和开断环网电流，并且也能开断环网电缆的充电电流；在短路的异常情况下亦能关合短路电流及在规定的时间内承载短路电流；在分闸位置应能满足对隔离开关规定的隔离要求，同时还具有接地功能。所以它不是一种通用的负荷开关，而是一种环网用的专用负荷开关，它具有关合、开断（兼隔离）、接地三种功能。目前已有

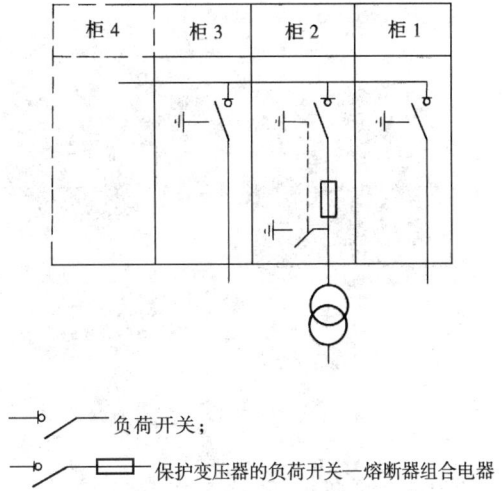

图7-17 环网供电单元结构图

称它为"三工位负荷隔离开关"。柜2是配电柜，它装有负荷隔离开关加熔断器，也有叫做变压器支路开关的。由它从环网中经负荷隔离开关、熔断器、10kV/380V/220V变压器馈电至用户。柜2用了负荷开关—熔断器组合电器作为变压器控制和保护，所配用的熔断器是一种大开断容量的高压限流熔断器。这种组合的结果，用于关合和开断变压器高压侧负荷电流时可只用负荷开关；而变压器高压侧的短路保护和过载保护是靠高压限流熔断器来承担的。这时一组三相负荷开关及三个带触发器的熔断器，只要任何一个触发器动作，其联动机构应使负荷开关三个极全部自动分闸。只有当负荷开关分闸，然后接地开关合闸使熔断器上、下两侧都接地后才可能放置或取下熔断器。

第五节 进口中压开关柜

一、进口中压开关柜主要优点

（1）体积细小，安装占地面积小。例如，一般进口负荷开关柜外形尺寸（宽×深×高，mm）为375×940×1600，质量120kg。一般国产负荷开关柜外形尺寸（宽×深×高，mm）为600×880×2000，质量250kg。进口柜与国产柜相比，体积和质量都减小一半。

（2）进口中压开关柜全部靠墙安装，柜前操作、维护，柜后无需通道，又节省了占地面积。而国产断路器柜大部分都需要留有柜后通道。

（3）结构紧凑。一个型号系列内有各种功能的柜体，既有断路器柜，又有负荷开关柜，其高度、母线等配套均合适，便于组合。如一组柜内进线采用断路器柜，出线用负荷开关柜，变压器出线用（负荷开关+高压熔体）柜，都十分匹配。

（4）柜内零部件模块组合，可靠性高，防误操作，维护工作量少。

现仅以SM6系列和SIMOSEC系列进口中压开关柜简介如下。

二、SM6系列

SM6是可扩展模块组合式金属密封开关柜系列产品，选用的开关装置包括：

（1）负荷开关；

（2）Fluarc SF1或SFset断路器；

图 7 – 18　SM6 开关柜外形

（3）Rollarc 400 或 400D 接触器；

（4）隔离开关。

SM6 开关柜用于工业企业二次变配电站 24kV 以下的用户和配电站。此外，SM6 能保证人身和设备安全，便于安装和操作。

SM6 开关柜用于户内安装（IP2 × C），实际尺寸为：宽 375 ~ 750mm；高 1600mm；深 840mm。适用于配电室或箱式变电站内安装，电缆从正面接线。所有的控制功能元件集中在正面操作板上，简化了操作。柜上可配备继电器、仪表用互感器等一些附件。其外形见图 7 – 18。

1. 标准

SM6 开关柜满足以下标准和规范。

（1）中国 GB 标准：GB3804，GB3906，GB11022；

（2）中国 DL 标准：DL404；

（3）国际标准：IEC 298，265，129，694，420，56；

（4）UTE 标准：NFC13.100，13.200，64.130，64.160；

（5）EDF 标准：HN64 – S – 41，64 – S – 43。

2. 符号

SM6 开关柜规格由以下编码确认。

（1）功能电气码：IM、QM、DM1、CM、DM2 等；

（2）额定电流：400、630、1250A；

（3）额定电压：7.2、12、24kV；

（4）最大短时耐受电流值：20kA/3s、25kA/1s。

如符号为 IM 630 – 12 – 20 的柜表示如下：

（1）IM 表示一个进线或出线柜；

（2）630 表示额定电流为 630A；

（3）12 表示额定电压为 12kV；

（4）20 表示短时耐受电流为 20kA/3s。

3. 主要电气特性

SM6 柜主要电气特性见表 7 – 23。

表 7 – 23　　　　　　　　　　　　　SM6 柜主要电气特性

额定电压（kV）		7.2	12	24
绝缘等级				
50Hz/1min（有效值，kV）	对地	28	42	50
	断口间	32	48	60

1.2/50μs （峰值，kV）	对地	75	95	125
	断口间	85	110	145

分断能力	空载变压器（A）		16		
	空载电缆（A）		25		
	短时耐受电流	25kA/1s	630～1250A		
		20kA/3s	630～1250A		
	额定闭环开断电流	630A			
	5%额定负荷开断电流	31.5A			
	额定负荷开断电流	630A			
	主开关及接地开关短时峰值耐受电流	50kA			
	主开关及接地开关热稳定电流	20kA/3s		20kA/1s	
	IM、IMC、IMB、NSM－电缆		630A		
	QM、QMC	25kA		20kA	
	带有熔断器的CRM		25kA		
	DM1－A，DM1－D，DM1－W	25kA		20kA	

最大分断能力	寿命	机械寿命	电气寿命
	柜型	IEC265	IEC265
	IM、IMC、IMB、IMP、QM、QMC	2000次操作	200次开断在额定电流，功率因数0.7时
	NSM－电缆 CRM－F	IEC56 300000次操作	IEC56 320A时，100000次开断 250A时，300000次开断
	DM1－A、DM1－D、DM1－W	IEC56 10000次操作	IEC56 12.5kA时，40次开断 20kA时，20次开断 25kA时，25次开断 In，pF＝0.7时，10000次开断

适用环境：工作温度 – 5～＋40℃，海拔低于1000m。

4.各种功能柜

（1）进出线柜如图7－19所示。

进出线柜

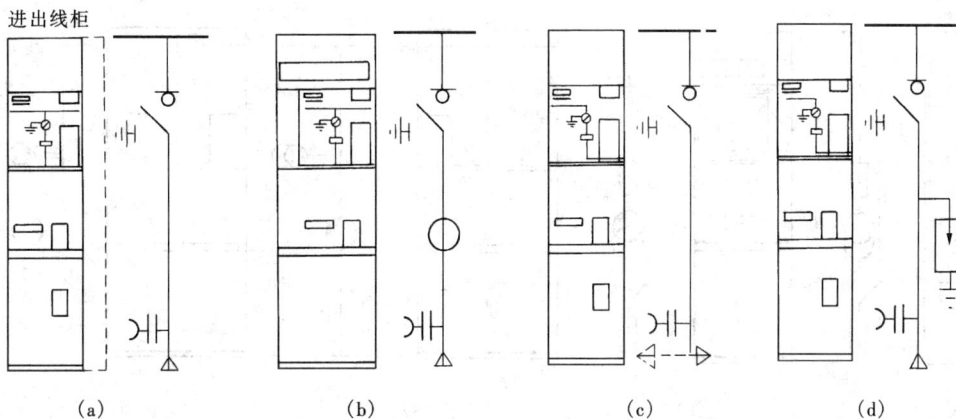

（a）　（b）　（c）　（d）

图7－19　进出线柜

（a）进线（或出线）柜 IM（375mm 或 50mm）；（b）出线（或进线）柜 IMC（500mm）；
（c）左（或右出）线柜 IMB（375mm）；（d）进线柜 IMP（500mm）

（2）保护柜如图 7 - 20 所示。

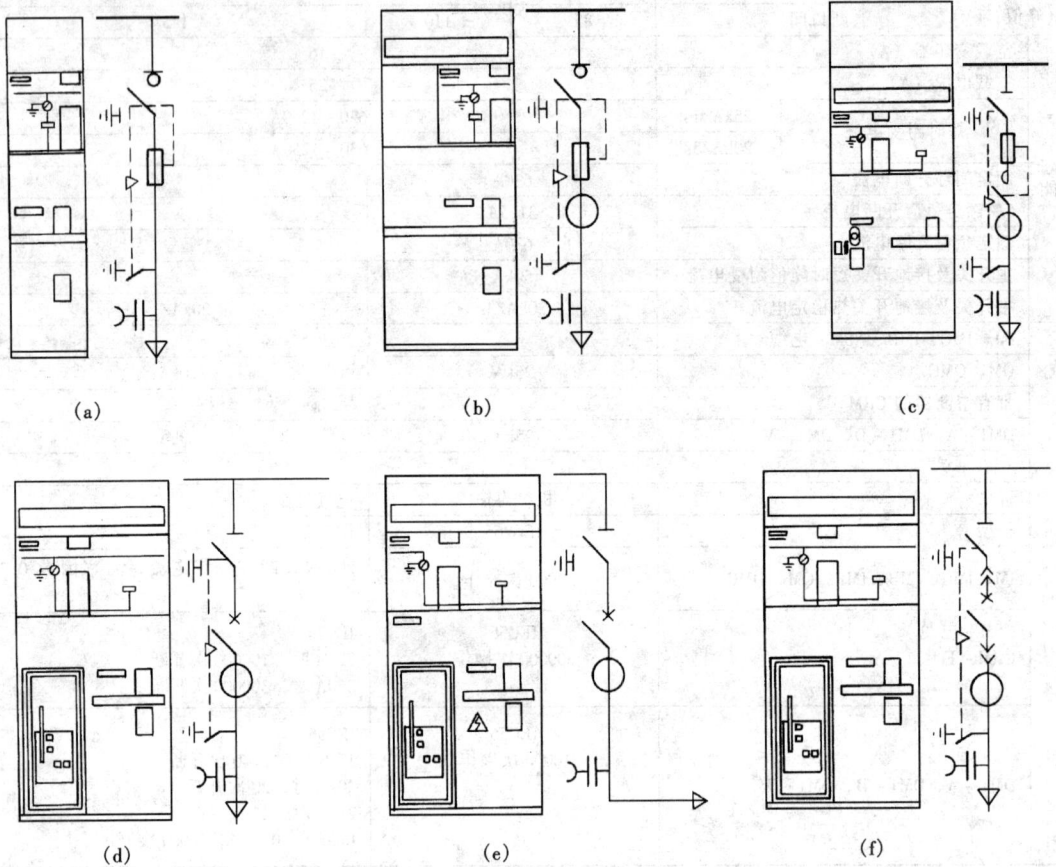

图 7 - 20　保护柜
（a）熔断器 + 负荷开关组合柜 QM（375mm）；（b）熔断器 + 负荷开关组合柜 QMC（625mm）；
（c）熔断器 + 接触器柜 CRM（750mm）；（d）隔离开关 + 断路器柜 DM1 - A（750mm）；（e）隔离开关
+ 断路器（右出线）柜 DM1 - D（750mm）；（f）可抽出式断路器 + 隔离开关柜 DM1 - W（750mm）

测量柜

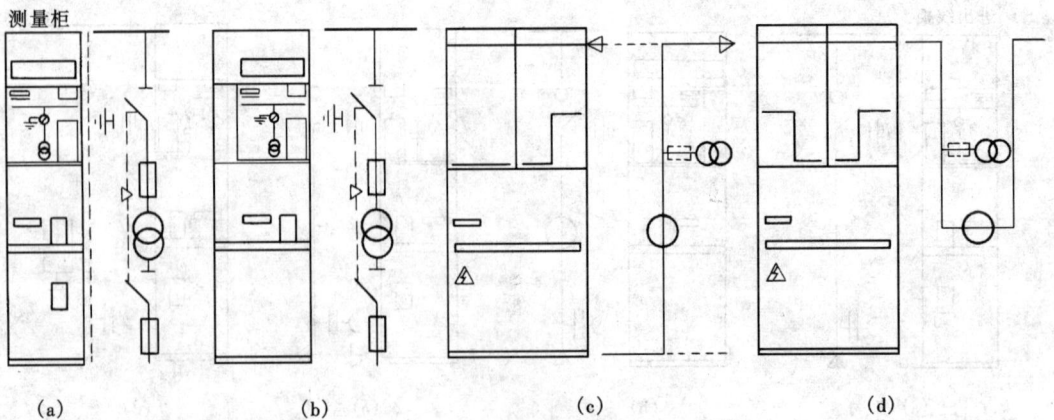

图 7 - 21　测量柜
（a）中性点接地系统电压互感器柜 CM（375mm 或 500mm）；（b）中性点不接地系统电压互感器柜 CM2（500mm）；
（c）电流/或电压测量柜（右或左出线）；GBC - A（750mm）；（d）电流/或电压测量柜 GBC - B（750mm）

（3）测量柜如图 7 - 21 所示。

（4）专用柜如图 7 - 22 所示。

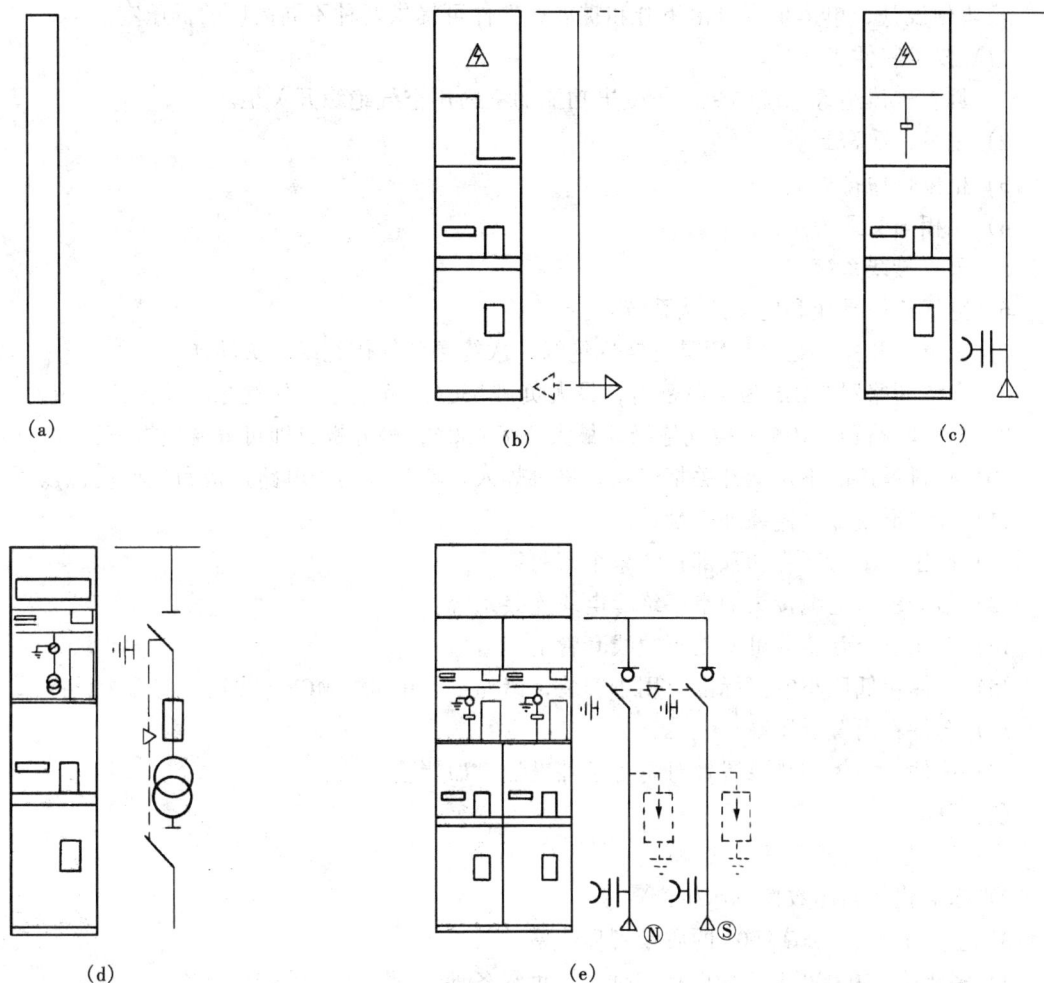

图 7 - 22　专用柜

（a）扩展柜 VM6/SM6GEM（125mm）；（b）母线升高柜（左或右出线）GBM（375mm）；（c）进线电缆连接柜 GAM2（375mm）；（d）站用变压器柜 TM（375mm）；（e）双电源进线柜 NSM - 电缆（1000mm）

三、SIMOSEC 系列

SIMOSEC 开关柜是一种工厂组装、经型式实验、三相金属封闭、金属铠装单母线开关柜。用于户内安装。参见 IEC 60 298 和 VDE 0670，第六部分对于单母线的说明。

1. 应用

SIMOSEC 开关柜可在馈线电流不超过 630A 的配电系统中用于电力传输。其模块化节约空间的设计适用于：①变电所，用户变电所，配电站以及供电和公用设施的开关站；②公共建筑，如高层楼宇、火车站、医院；③工厂。

典型用户范例：①风力发电厂；②高层楼宇；③机场；④地铁站；⑤污水处理厂；⑥港口设施；⑦牵引供电站；⑧汽车工业；⑨油田；⑩化学工业；⑪纤维材料和食品工业；⑫备

用电厂。

2．性能

模块化设计，单体柜可自由组合和扩展；选件可提供两种不同高度的低压室。

（1）技术特性。

1）具有气体绝缘系统的免维护变电功能的室内用空气绝缘开关柜。

2）三极一次密封。

3）相位依序排列。

4）无相间交叉绝缘。

5）顶置母线系统。

6）空气绝缘母线和电缆连接系统。

7）三位置开关，金属封闭具有空气绝缘一次终端和气体绝缘开关功能。

8）真空断路器3AH5为金属密封，最大负荷630A，固定于气体绝缘的开关柜气箱内。

9）真空断路器3AH6为空气绝缘，最大负荷630A，松开螺钉即可方便地拆下。

10）密封焊接的不锈钢开关柜气箱，提供焊入式套管（用于电路连接和机械设备）。

11）小室形或金属铠装外壳设计。

12）释压：①向后部和顶部；②单个密封箱。

13）用于密封电缆接头的空气绝缘电缆连接系统。

14）三相电流互感器可安装于馈线套管上。

15）一体化低压小室（标准）用于安装，诸如：①中端、MCB、按钮；②保护设施。

16）选件：内置低压室；

17）选件：柜体加热装置针对恶劣条件设计，如严重污染。

（2）可靠性。

1）通过型式实验和常规实验。

2）标准化并利用数控机床生产。

3）基于 DIN EN ISO 9001 的质量管理体系。

4）多年来350 000多件配电柜零件销往世界各地。

5）无相间交叉绝缘。

（3）操作者的安全。

1）任何开关操作都不必打开机柜面板。

2）金属密封小室形结构或金属铠装的配电柜。

3）只有当开关处于接地位置，才有可能更换高压熔丝以及对电缆封头工作。

4）机械连锁。

5）带电指示系统可提供安全隔离的保证。

6）馈出回路的接地操作是通过可承受接地的开关完成的。

（4）操作的安全性。

1）零部件，如操动机构、三位置开关、真空断路器保证多年的可靠运行。

2）金属铠装柜体（母线与开关装置之间以及开关装置与电缆连接室间用金属隔离）。

3）小室形外壳提供开关装置与母线室之间的金属隔离。

4）金属密封的三位置开关提供气体绝缘开关的功能：①封装于焊接成的永远密封的气

箱内；②无相间交叉绝缘；③提供焊入式套管连接电缆、母线和操动机构。

5）开关操动机构在开关柜气箱外。

6）免维护的操动机构（参见 IEC 60 694/VDE 0670 部分 1000）。

7）模拟线路图上提供机械开关位置指示。

8）采用连锁装置。

（5）易维护性。

1）利用气体绝缘免维护熄火原理的三位置负荷开关。

2）母线与换流装置与电缆接头室间用金属隔离。

3）每一个小室分别释压。

4）不必隔离母线就可进行电缆测试。

5）三相电流互感器的安装位置利于断路器馈线的选择性断开。

（6）经济性。

非常低的运行维护费和非常高的运行可靠性，是因为有了：

1）利用气体绝缘熄火原理的三位置开关；

2）3AH 型真空断路器；

3）最能节省空间；

4）易扩展；

5）标准继电保护装置；如多功能保护装置 SIPROTEC 4。

（7）电气性能。

1）额定电压最高至 24kV。

2）额定短时耐受电流最大至 25kA。

3）额定馈线电流：①最高 630A；如环网柜、计量柜和断路器柜；②最高 1250A，断路器柜和母线分断柜为 1250A。

4）母线额定电流最大至 1250A。

3．技术数据

SIMOSEC 开关柜电气参数、压力和温度值见表 7 – 24。

表 7 – 24　　　　　　　　**SIMOSEC 开关柜电气参数、压力和温度值**

通常的电气参数、充气压力和温度														
额定绝缘水平	额定电压 U_r	(kV)	7.2		12		15			17.5			24	
	额定短时工频耐受电压 U_d	(kV)	20		28		35			38			50	
	额定雷电冲击耐受电压 U_p	(kV)	60		75		95			95			125	
额定频率 f_N			50/60Hz											
母线额定正常电流 I_N[①]	标准		630A											
	选用		1250A											
额定短时耐受电流 I_k	开关柜 $t_k=1s$	上限 (kA)	20	25	20	25	16	20	25	16	20	25	16	20
	开关柜 $t_k=3s$	上限 (kA)	20	—	20	—	20	20	—	20	20	—	20	20
额定峰值耐受电流 I_p		上限 (kA)	50	63	50	63	40	50	63	40	50	63	40	50
额定充气压力 p_{re}[②]	绝缘情况		20℃时 500hPa											

通常的电气参数、充气压力和温度														
最低工作压力 p_{me} [②]	绝缘情况		20 摄氏度时 300hPa												
温度变化范围 t	用于无二次设备的柜子		零下 25 摄氏度至 55 摄氏度												
	用于带二次设备的柜子		零下 5 摄氏度至 55 摄氏度												

环网柜型号 RK，电缆柜型号 K

额定正常电流 I_r [①]	对于馈线柜，柜型 RK		400，630A												
	对于馈电柜，柜型 K		400，630A												
额定短路闭合电流 I_{ma}	上限（kA）	50	63	50	63	40	50	63	40	50	63	40	50

变压器柜型号 TR

额定正常电流 I_r [①]	对于馈电柜 [③]		200A												
额定峰值耐受电流 I_p [③]	上限（kA）	50	63	50	63	40	50	63	40	50	63	40	50
额定短路闭合电流 I_{ma} [③]	上限（kA）	25	25	25	25	25	25	25	25	25	25	25	25
参考尺寸 e [④]	对于高压 HRC 熔断器 （mm）	292		292			442			442			442

断路器柜型号 LS

额定正常电流 I_r [①]	对于馈线柜，柜型 LS1，配 3Ah5 *		630A												
	对于馈线柜，柜型 LS11，配 3Ah6 *		630A												
额定短路闭合电流 I_{ma}	上限（kA）	50	63	50	63	40	50	63	40	50	63	40	50
额定短路开断电流 I_{sc}	对于 3Ah 真空断路器 上限（kA）	20	25	20	25	16	20	25	16	20	25	16	20

母线接地柜型号 SE，母线电压计量柜型号 ME3 和 ME31 – F

额定短路闭合电流 I_{ma}	上限（kA）	50	63	50	63	40	50	63	40	50	63	40	50

计量柜型号 ME1

额定正常电流 I_r [①]	对于转移柜，柜型 ME1 和 ME1 – H		630A												
	对于馈电柜，电缆连接柜型号 ME1 – K		630A												
	对于母线连接柜，柜型 ME1 – S		630A												
	对于母线提升柜，型号 HF		630A												

母线分断柜型号 LT

额定正常电流 I_r [①]	对于柜型 LT1，配 3Ah5 *，可选		630A												
	对于柜型 LT10 和 HF，配 3Ah5 *		630A												
	对于柜型 LT11 和 HF，配 3Ah6 *		630A												
	对于柜型 LT2		630A												
	对于柜型 LT22		630A												
额定短路闭合电流 I_{ma}	上限（kA）	50	63	50	63	40	50	63	40	50	63	40	50
额定短路开断电流 I_{sc}	对于 3Ah 真空断路器 上限（kA）	20	25	20	25	16	20	25	16	20	25	16	20
电子寿命	对于 3Ah 真空断路器，在额定正常电流 I_r [①] 在额定短路开断电流 I_{sc}		操作 10000 次 开断 50 次，3Ah6 * 在 25kA 下可开断 35 次												

①在最高 40 摄氏度的环境温度内，按照 IEC60 694/VDE 0670，1000 部分设计的额定电流值，连续 24 小时运行时，温度不能超过 35 摄氏度。
②SF₆ 绝缘室中开关设备的压力值，如三位置负荷开关或断路器模块（在 LS1 型机柜中）。
③依据熔断器的最大允许截断电流值。
④长度 $e = 192mm$ 的熔体要接成 292mm，需要熔体加长管。
＊ 真空断路器的型号设计。

4. 开关柜的安装

(1) 开关柜靠墙布置：①单行；②双行（面对面布置），如图 7 - 23（a）所示。

(2) 开关柜自由布置，如图 7 - 23（b）所示。

5. 柜型

(1) 环网柜和变压器柜，见表 7 - 25。

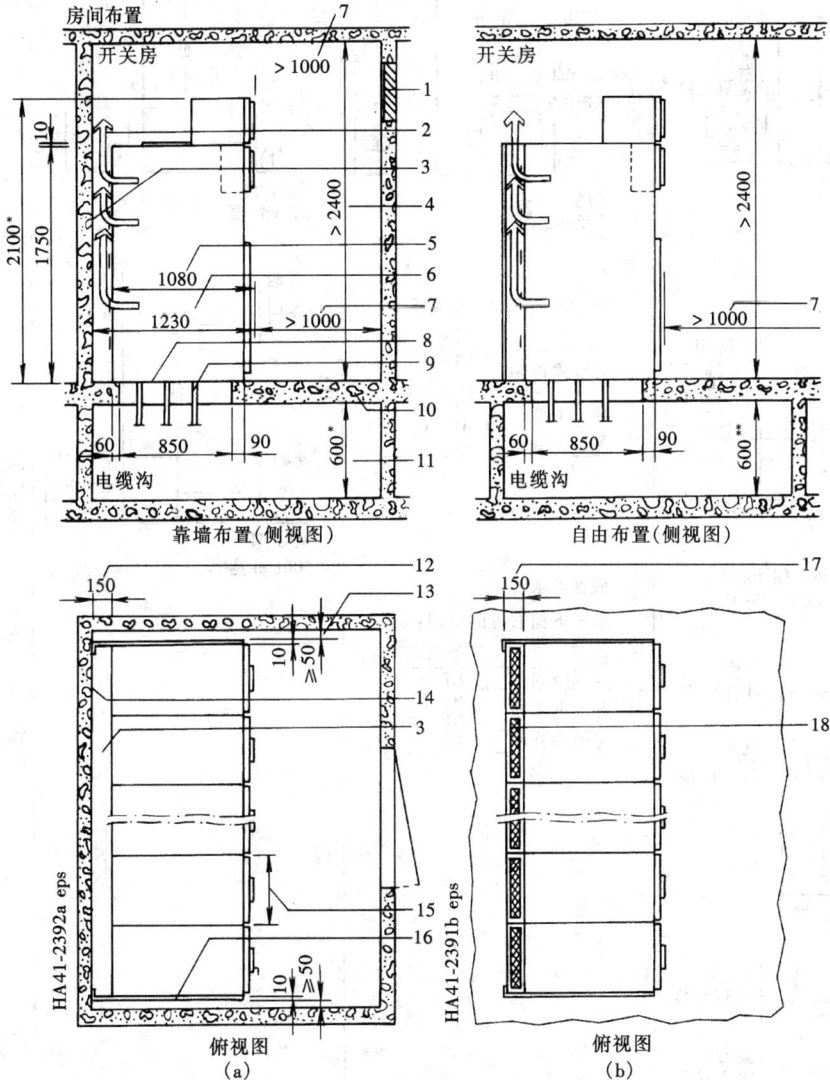

图 7 - 23　SIMOSEC 开关柜的安装布置图

（a）靠墙布置；（b）自由布置

1—外貌图；2—泄压的方向；3—泄压的通道；4—房间的高度；5—柜体自身深度；
6—计入背板的柜体深度；7—控制通道；8—选用：底盖；9—电缆；10—地基；
11—电缆沟的高度，取决于电缆的弯曲半径；12—与墙的距离；13—侧面与墙的
距离；14—埋入后墙的铆钉；15—柜宽；16—端板；17—泄压通道深度；18—各个
短时耐受电压 $I_k \leqslant 20kA$ 的开关柜的泄压通道

* 如果低压室高度 350mm，则开关柜高度 2100mm；如果低压室高度 550mm，
则开关柜高度 2300mm。

* * 取决于电缆的弯曲半径。

表 7 – 25 环网柜和变压器柜型号及电路

环网柜 作为馈线柜	环网柜 用于柜组	变压器柜 作为馈线柜	备 注
HA41-2348 eps 选用 选用* ③ 选用 ① 选用 最高至12kV* 型号 RK 375mm 宽	HA41-2352 eps 选购 选用 ③ 选用* ② 选购** 型号 RK-U 375mm 宽	HA41-2353 eps 选用 选用* ① 选用 型号 TR 375mm 宽	三位置开关 高压熔丝 电容性 电压检测器
HA41-2349 eps 选用 选用* ③ 选用 ① 选用 选用 选用 型号 RK1 500mm 宽 作为转移柜附于柜型 ME1…或 ME1-H	附于下面左方的柜型： 	柜	型号
母线隔离柜	LT10
	LT11
环网电缆柜	RK-U
	RK1-U
母线提升柜	HF | 根据需求： 附于下面右方的柜型：	HA41-2354 eps 选购 选购* ① 选购 型号 TR1 500mm 宽	① 电缆式 电流互感器 ② 环氧树脂绝缘的 模块式电流互感器 ③ 三相电流互感器
HA41-2350 eps 选用 标配： 向右转移 选用 选用： 向左转移 ③ 型号 RK-U 375mm 宽		柜	型号
母线隔离柜	LT10
环网电缆柜	RK-U
	RK1-U
母线提升柜	HF			环氧树脂绝缘的 电压互感器 电缆 (不在供货范围)
HA41-2351 eps 选用 选用 ③ 标配： 向右转移 选购： 向左转移 选用* 型号 RK1-U 500mm 宽			二次电缆 (不在供货范围) 避雷器 接地开关

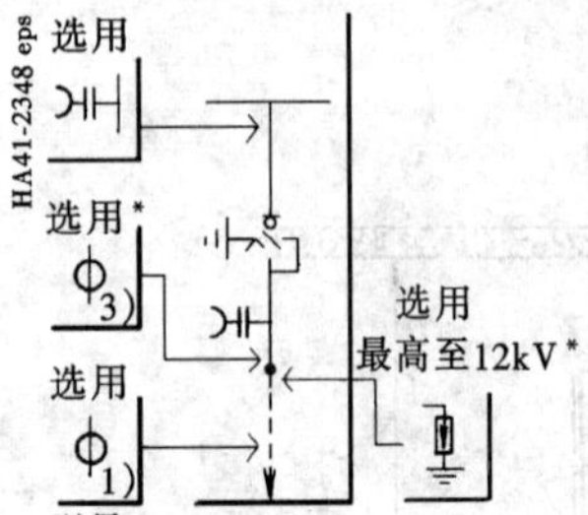

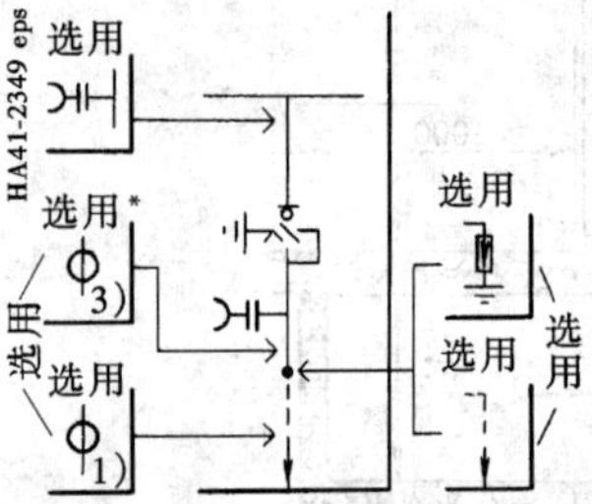

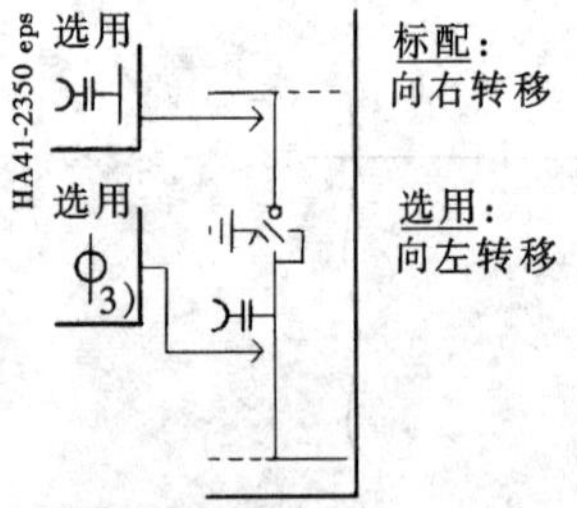

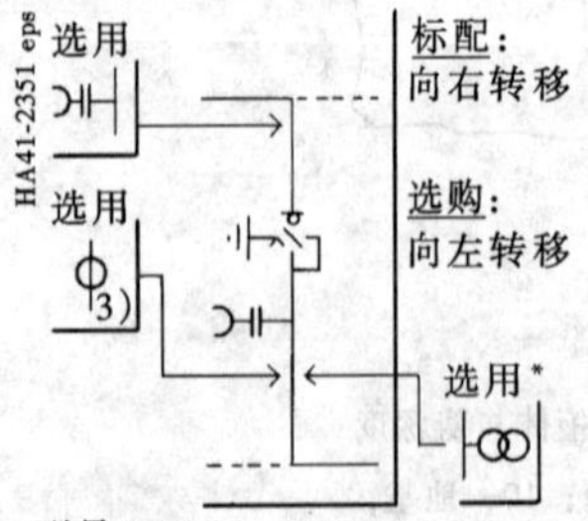

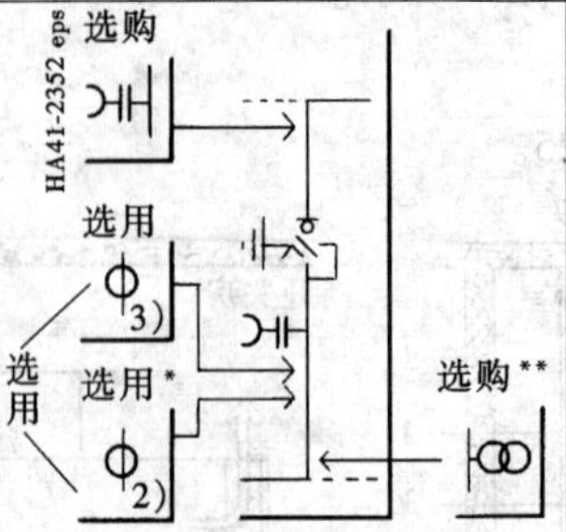

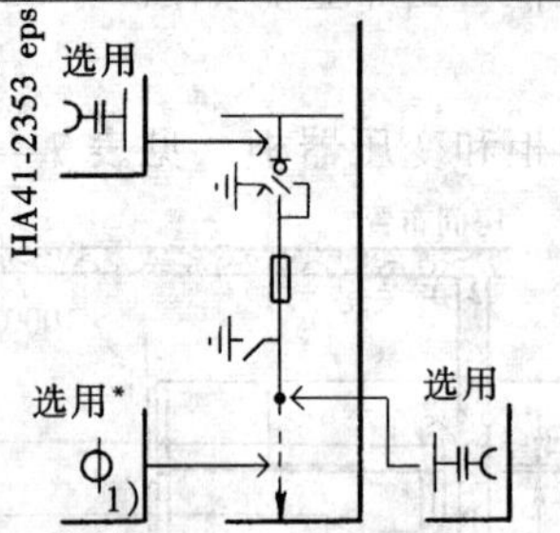

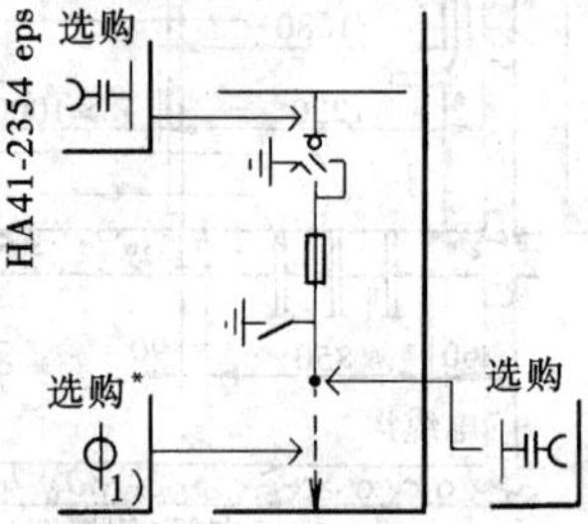

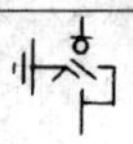

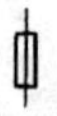

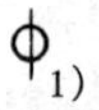

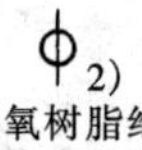

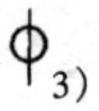

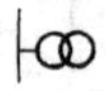

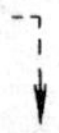

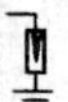

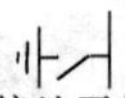

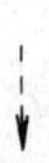

* 根据需求确定

* * 4MR 电压互感器，只能用于的柜型：①LY10；②LT11

（2）电缆柜和断路器柜，见表 7 – 26。

电缆柜 作为馈线柜	断路器柜 630A 作为馈线柜	备 注

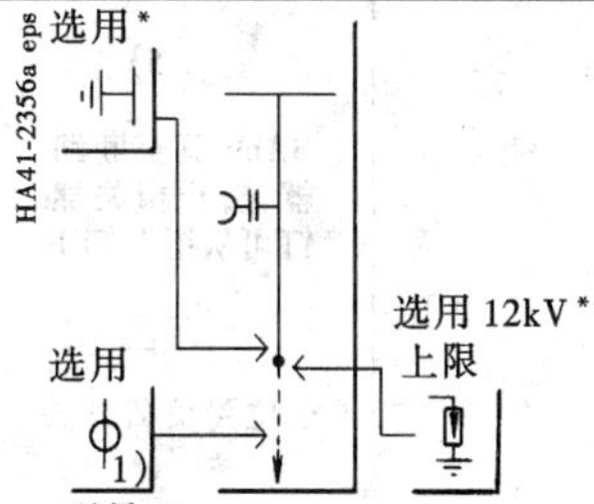

电缆柜 作为馈线柜

HA41-2356a eps

选用*

选用 12kV* 上限

选用

1)

型号 K
375mm 宽

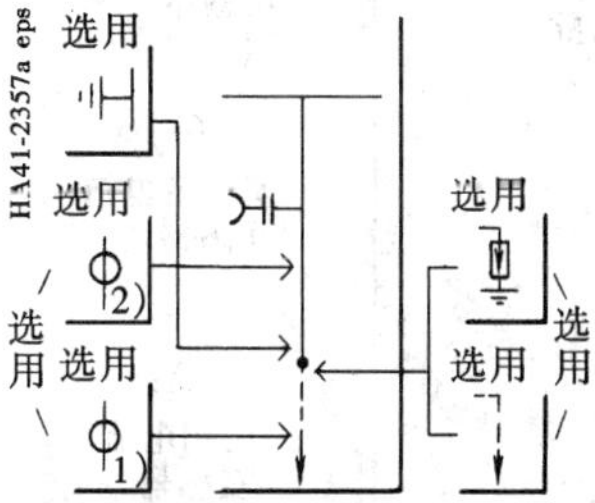

HA41-2357a eps

选用

选用

选用 2)

选用 选用

1)

型号 K1
500mm 宽

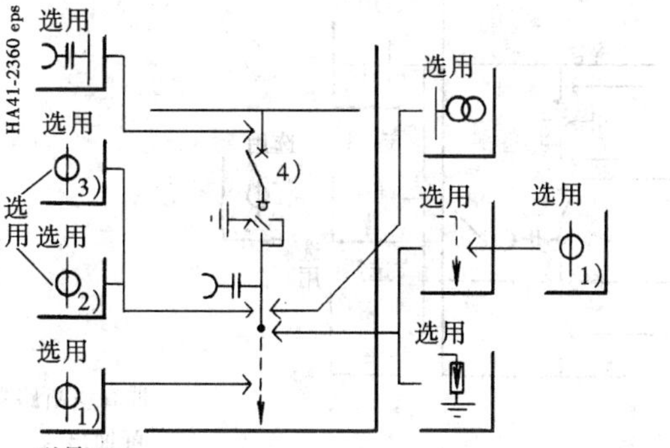

作为带保护接地开关的馈线柜

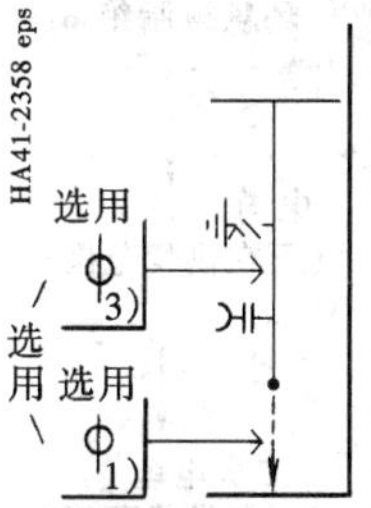

HA41-2358 eps

选用 3)

选用 1)

型号 K-E
350mm 宽

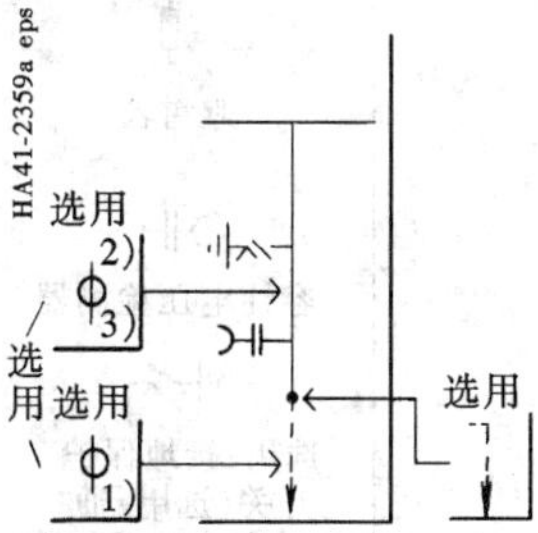

HA41-2359a eps

选用 2) 3)

选用 选用

选用 1)

型号 K1-E
500mm 宽

断路器柜 630A 作为馈线柜

HA41-2360 eps

选用

选用

选用 3)

选用 2)

4)

选用

选用

选用 选用

选用 1)

1)

型号 LS1
750mm 宽

带 3Ah5
真空断路器固定安装

作为转移柜用于柜型 ME1… 或 ME1－H

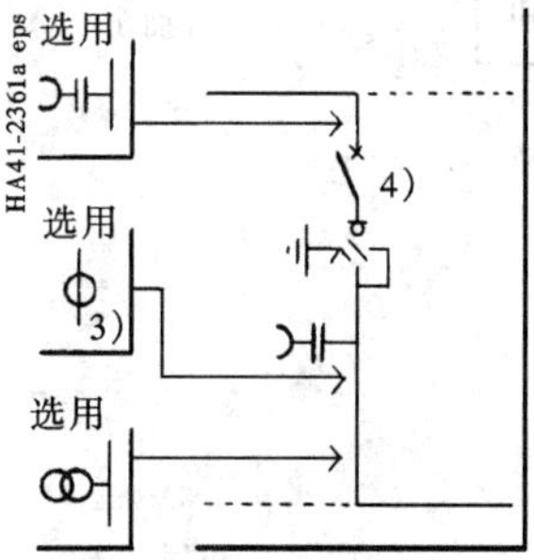

HA41-2361a eps

选用

选用 3)

选用

4)

标配：
向右转移

选购：
向左转移

型号 LS1－U
750mm 宽

带 3Ah5
真空断路器,固定安装

备注

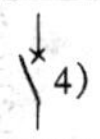

4)
3Ah5真空断路器,
固定安装

三位置负荷开关

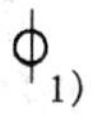

1)
电缆型
电流互感器

2)
环氧树脂绝缘的
模块型电流互感器

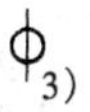

3)
三相电流互感器

电压互感器
环氧树脂绝缘

电缆
(不在供货范围)

二次电缆
(不在供货范围)

避雷器

容性电压检测器

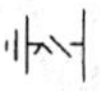

接地保护开关

固定接地点

* 根据要求确定。

断路器柜 630A 作为馈线柜	备　注

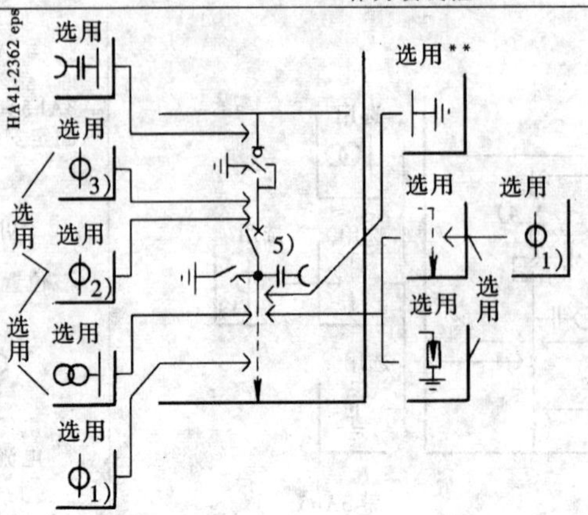

型号
750mm 宽

带真空断路器 3Ah6
可抽出

作为转移柜
俯于柜型 ME1…或 ME1－H

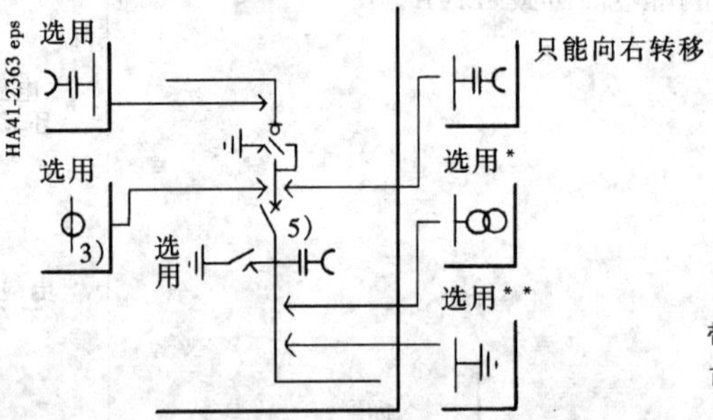

只能向右转移

型号 LS11－U
750mm 宽

带真空断路器 3Ah6
可抽出

备注栏：

* 5)

3Ah6 真空断路
器,松开相关螺
钉可从柜上卸下

三位置负荷开关

φ 1)

电缆型电流
互感器

φ 2)

模块型电流
互感器

φ 3)

三相电流
互感器

电压互感器
环氧树脂绝缘

电缆
(不在供货范围)

二次电缆
(不在供货范围)

避雷器

容性电压检测器

选用:接地保护
开关(选用:通
过带连锁的
3Ah6 真空断路
器的馈线接地)

固定接地点

* 根据需求确定。

** 固定接地点可选择接地保护开关。

（3）母线隔离柜见表 7－27。

表 7－27　　母线隔离柜型号及电路

630A 母线隔离柜与母线提升柜组合　内置 3AH5 真空断路器

HA41-2367 eps
选用
选用
2)
选用
HF 型柜附于左侧
4)
选用
选用
3)
选用*
型号 HF
375mm
型号 LT100
750mm 宽

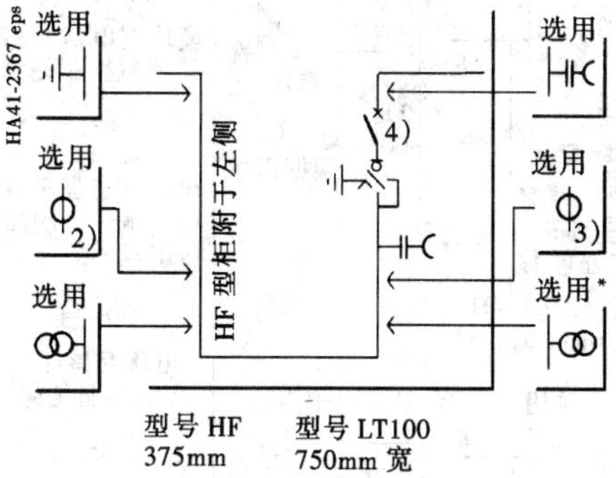

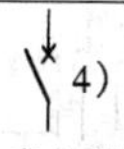

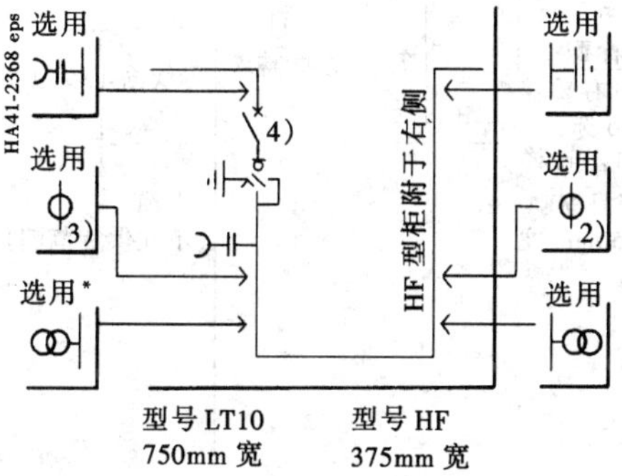

HA41-2368 eps
选用
选用
3)
选用*
4)
HF 型柜附于右侧
选用
选用
2)
选用
型号 LT10
750mm 宽
型号 HF
375mm 宽

3AH6 真空断路器，可抽出

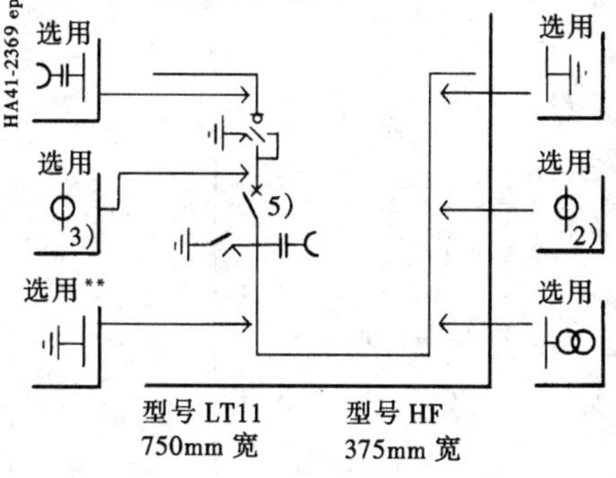

HA41-2369 eps
选用
选用
3)
选用**
5)
选用
选用
2)
选用
型号 LT11
750mm 宽
型号 HF
375mm 宽

630A 母线隔离柜　带 1 个三位置负荷开关

HA41-2371 eps
选用
型号 LT2
750mm 宽

HA41-2372 eps
选用
选用
3)
选用
选用
2)
选用
另配电流
和电压互
感器
型号 LT2－W
750mm 宽

配 2 个三位置负荷开关

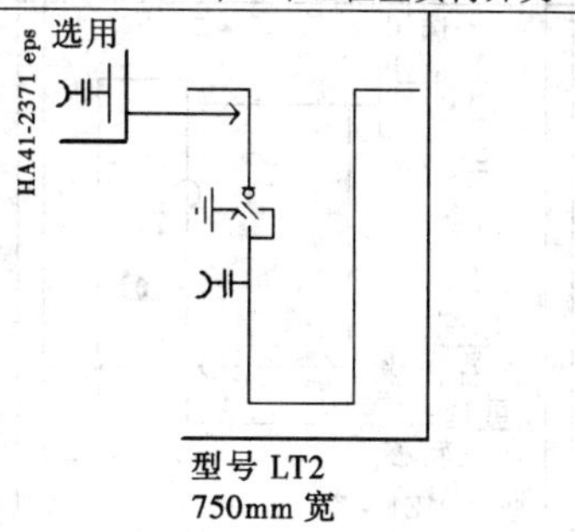

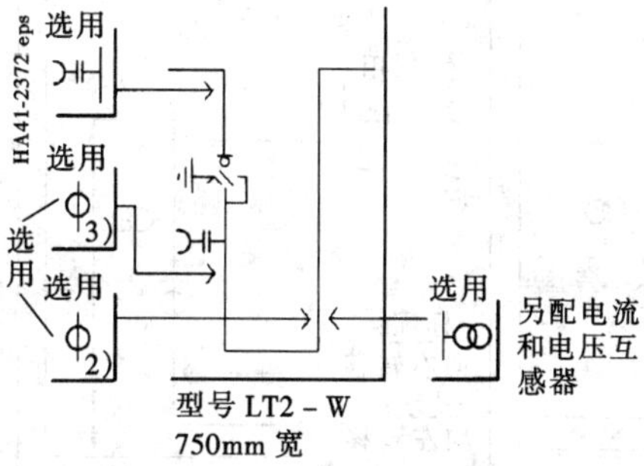

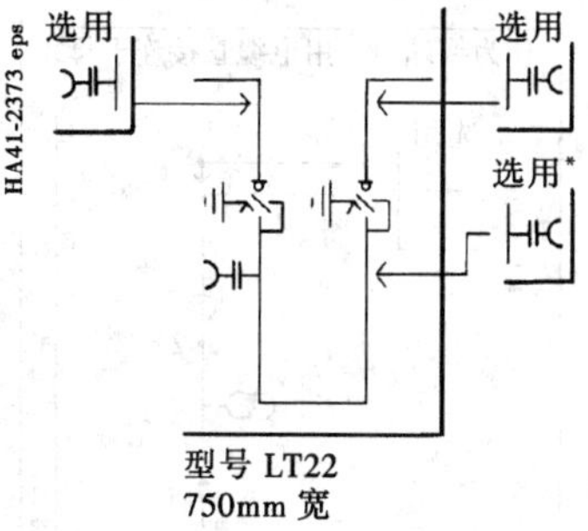

HA41-2373 eps
选用
选用
选用*
型号 LT22
750mm 宽

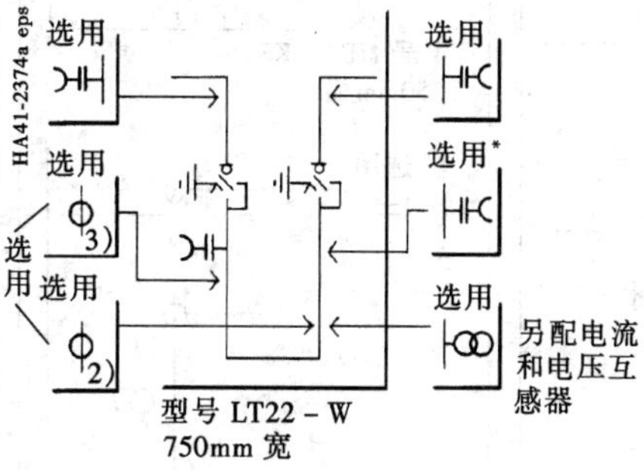

HA41-2374a eps
选用
选用
3)
选用
选用
2)
选用
选用*
选用
另配电流
和电压互
感器
型号 LT22－W
750mm 宽

备　注

4)

3Ah5 真空断路器，固定安装

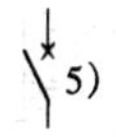

5)

3Ah6 真空断路器，松开相关螺钉即可拆卸

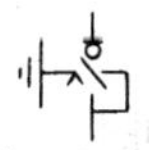

三位置负荷开关

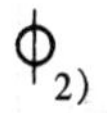

2)

模块化电流互感器，环氧树脂绝缘

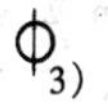

3)

三相电流互感器

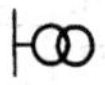

电压互感器，环氧树脂绝缘

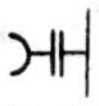

容性电压检测器

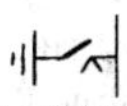

可选：接地保护开关（可选：通过带连锁的 3Ah6 真空断路器的馈线接地）

固定接地点

＊根据需求确定。

＊＊固定接地点可选择连接接地保护开关。

（4）计量柜见表7-28。

表 7-28   计量柜型号及电路

630A 计量柜 标准	630A 计量柜 作为终端柜用于电缆接线	630A 计量柜 可配备额外的电流互感器	备 注

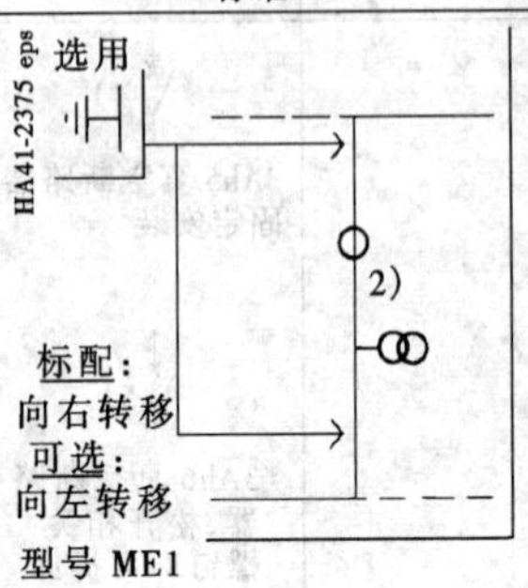

型号 ME1
750mm 宽

型号 ME1
750mm 宽

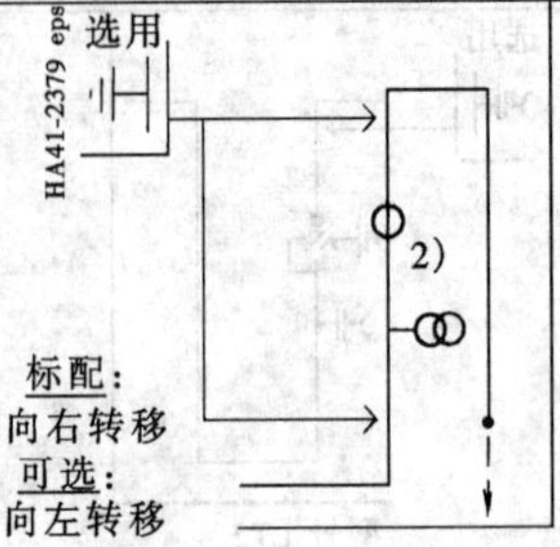

用于母线连接

型号 ME1-S
750mm 宽

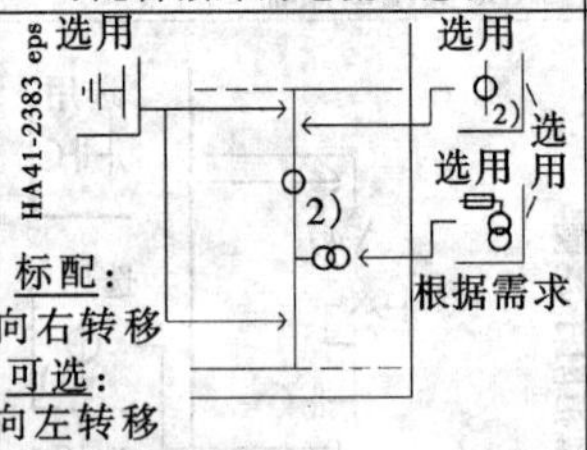

型号 ME1-S
750mm 宽

型号 ME1-K
750mm 宽

型号 ME1-K
750mm 宽

作为终端柜，用电缆直接连于母线

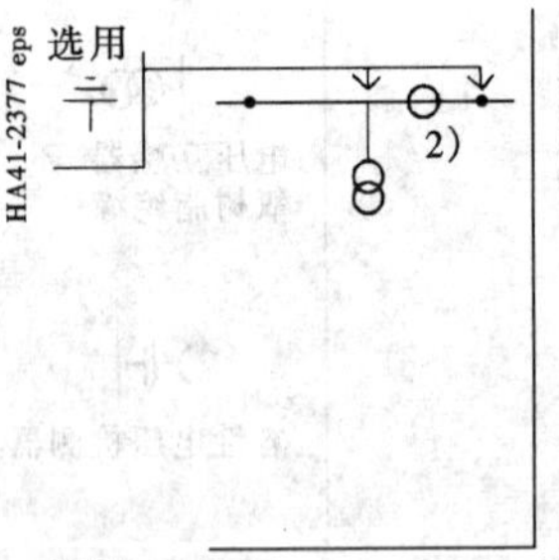

型号 ME1-KS
750mm 宽

型号 ME1-KS
750mm 宽

型号 ME1-H
750mm 宽

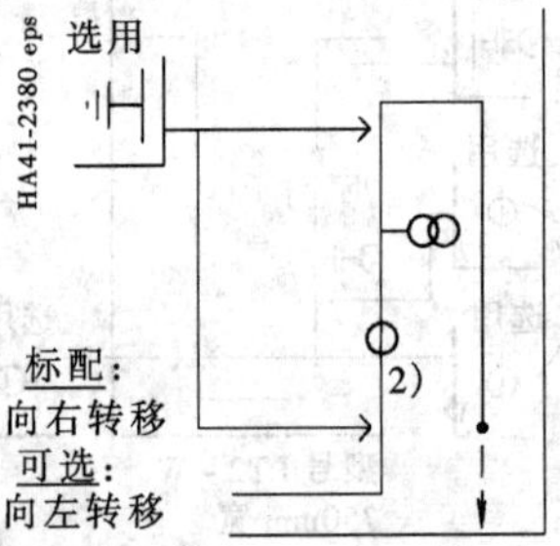

型号 ME1-H
750mm 宽

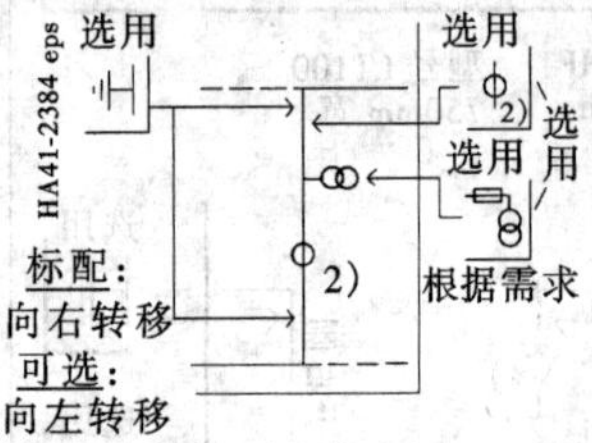

备注栏：
模块型电流互感器环氧树脂绝缘

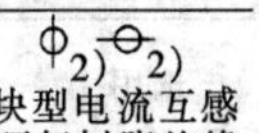

电压互感器环氧树脂绝缘可配高压熔丝

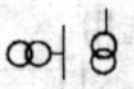

电压互感器环氧树脂绝缘

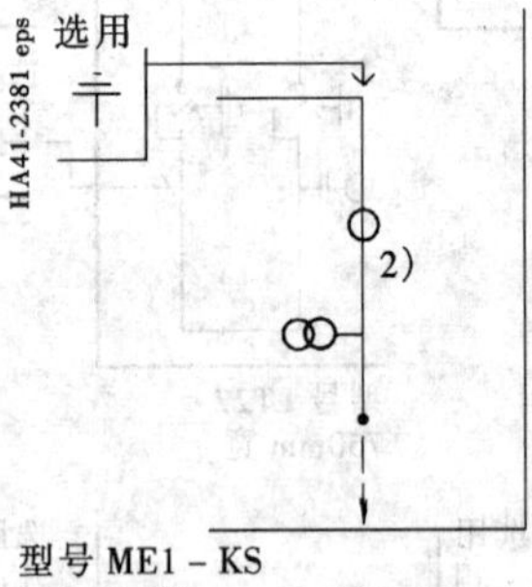

固定接地点

母线固定接地点

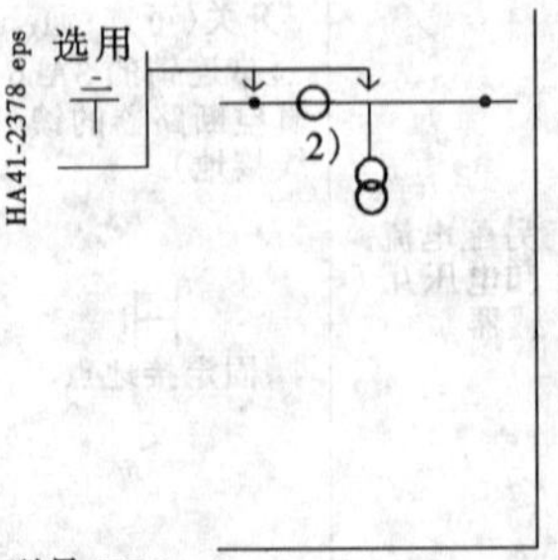

电缆
（不在供货范围）

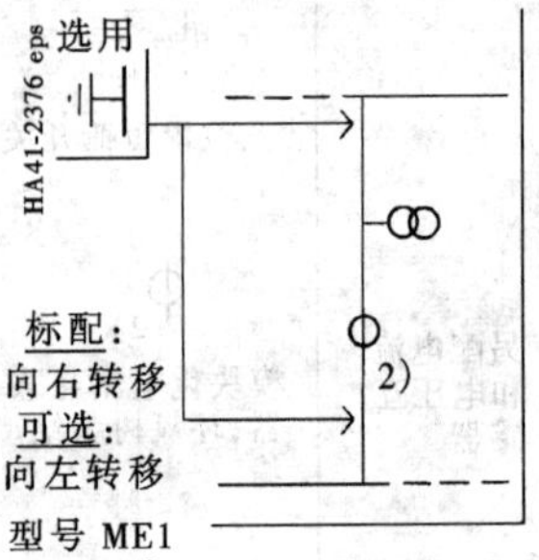

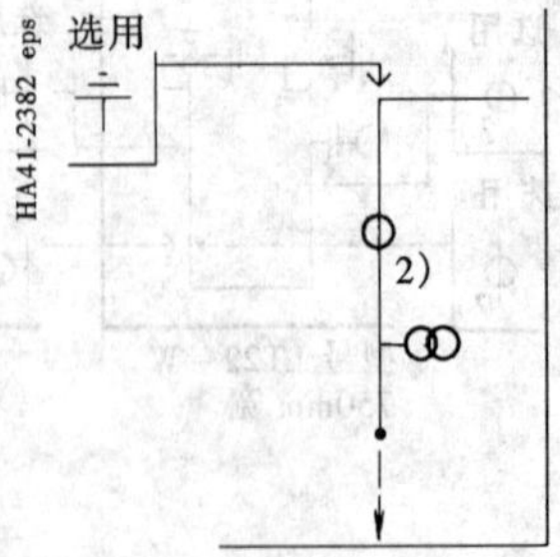

10kV 配电工程设计手册

（5）母线电压计量柜、母线接地柜和母线提升柜见表 7 - 29。

表 7 - 29　　　　　　　母线电压计量柜、母线接地柜和母线提升柜型号及电路

母线电压计量柜	母线接地柜	母线提升柜	备　注
HA41-2385 eps　选用 型号 ME3 375mm 宽	HA41-2387 eps　选用 型号 SE1 375mm 宽	HA41-2389 eps　选用 选用 * 选用 选用 型号 HF 375mm 宽	三位置负荷开关 接地保护开关 模块型电流互感器 环氧树脂绝缘 电压互感器 环氧树脂绝缘
HA41-2386 eps　选用 型号 ME31 - F 500mm 宽	HA41-2388b eps　选用 型号 SE2（根据需求） 500mm 宽	附于以下左侧或右侧柜型： | 柜	型号
---	---
环网柜	RK—U
	RK1—U		高压熔丝 接地保护开关 容性电压检测器 固定接地点

* 根据需求，上限 12kV。

6. 技术标准

（1）标准，见表 7 - 30。

表 7 – 30　　　　　　　　　　　　标　　　准

名称	IEC 标准	VDE 或 EN 标准
SIMOSEC 开关	EC 60 694*	VDE 0670，第 1000 部分
	EC 60 298*	VDE 0670，第 6 部分
	EC 60 056*	VDE 0670，第 101 至 107 部分
	IEC 60 129*	VDE 0670，第 2 部分
	IEC 60 265—1*	VDE 0670，第 301 部分
	IEC 60 420*	VDE 0670，第 303 部分
	IEC 61 243—5	VDE 0682，第 415 部分，DIN EN 61243—5
	IEC 60 529	EN 60 529（VDE 0470，第 1 部分，2002 年年底前有效）
	IEC 60 071	VDE 0111
	IEC 60 470	VDE 0660，第 103 部分
	IEC 60 632	VDE 0660，第 105 部分
电流互感器	IEC 60 044—1	VDE 0414，第 1 部分
电压互感器	IEC 60 044—2	VDE 0414，第 2 部分

* 关于开关的所有标准都将合并于 IEC 62 271 下。

根据欧盟国家的协议，欧盟国家指标与 IEC 60 298 相一致。

"可靠接地开关"指有短路功能的开关（VDE 0670，第 2 部分/DIN EN 60 129 和 IEC 60 129）。

（2）绝缘能力。

1）绝缘能力的检验是检测其短时工频可承受电压和 VDE 0670 第 1000 部分及 IEC 60 649 规定的闪电冲击可承受电压，详见表 7 – 31。

表 7 – 31　　绝　缘　能　力

额定电压（rms 值）　　　　　（kV）		7.2	12	15	17.5	24
短时工频可承受电压	—隔离距离外（kV）	23	32	39	45	60
	—相间和对地（kV）	20	28	36	38	50
额定雷电冲击可承受电压（峰值）	—隔离距离外（kV）	70	85	105	110	145
	—相间和对地（kV）	60	75	95	95	125

2）额定值参考了海拔高度和正常大气情况（1013hPa，20 摄氏度，湿度 11g/m³，根据 VDE 0111 和 IEC 60 071）。

3）绝缘能力随高度上升而减弱，但标准和指标当中在 1000 米以内的高度范围内并未考虑这一因素，必须就此制定专门的协议。

所在地高度与绝缘能力的关系：

对于 1000m 以上的地点，推荐采用邻近校正因子 a，根据所在地的海拔高度而确定其绝缘能力为

$$选用短时工频可承受电压 \geqslant \frac{额定短时工频可承受电压}{1.1a}$$

$$选用雷电冲击可承受电压 \geqslant \frac{额定雷电冲击可承受电压}{1.1a}$$

邻近校正因子 a 由图 7 – 24 所示曲线确定。

例如：海拔 3000m 处，开关额定电压 17.5kV，额定闪电冲击可承受电压 95.0kV，选用闪电冲击可承受电压时先查两线得 $a = 0.74$，计算得选用雷电冲击可承受电压应不小于 116.7kV，根据表 7 – 31，应选用额定电压 24kV 的开关。

（3）使用地点。

根据 VDE 0101 和一致化文件 HD 637S1（交流 1kV 以上的电力设备安装），SIMOSEC 开关可安装在户内使用。

1）在有锁的电力服务设施外部，在外人不能接触的位置，需要工具才能打开开关的外壳。

2）在有锁的电力服务设施内部。有锁的电力服务设施是指专用于电力设备的操作并上锁的房间或地点，仅有电力工程专家和受过电力工程培训的人员可以进入；非专业人员只有在专家或受训人员陪同下才能进入。

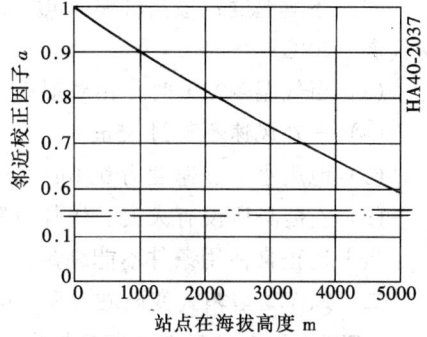

图 7-24　邻近校正因子 a 与站点海拔高度的关系曲线

第六节　成套变电站

一、成套变电站简介

成套变电站是组合式变电站、箱式变电站和可移动式变电站的统称。从 20 世纪 60 年代后，组合式变电站迅速发展，70 年代开始应用，到 80 年代已普及。目前中压变电站中，组合式变电站在工业发达国家已占 70%，而美国已占到 90%。

组合式变电站是由高压开关设备、电力变压器和低压开关设备三部分组合在一起而构成的配电装置。因其具有体积小、占地少、造价低、施工快、可靠性高、美观、适用等一系列优点，引起广大用电部门的关注。近年来在我国发展很快，制造厂家数量猛增。目前，国内各种不同型号的组合式变电站品种很多，其中包括户外式、户内式，全封闭型、半封闭型，带走廊型、不带走廊型，组合式、固定式、装置式，干式变压器、油浸变压器，终端供电、环网供电等，可适应不同用户的需要。高压室、变压器、低压室三室的布置方式为一字形排列或品字形分隔方案。高压室设备元件选用引进、国产或进口的环网柜、负荷开关加限流熔断器、真空断路器。低压室由动力、照明、计量及无功补偿柜构成。通风散热设有风扇、温度自动控制器、防凝露控制器。箱壳大都采用普通或热镀锌钢板、铝合金板，骨架用成型钢焊接或用螺栓连接。

供电部门认为可移动箱式变电站是应急电源和临时电源的理想产品，已有制造部门在加紧开发。型号如下：

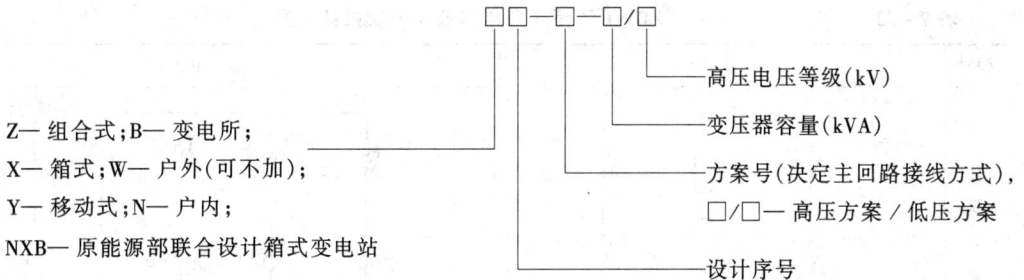

```
□□—□—□/□
```

Z— 组合式；B— 变电所；
X— 箱式；W— 户外(可不加)；
Y— 移动式；N— 户内；
NXB— 原能源部联合设计箱式变电站

高压电压等级(kV)
变压器容量(kVA)
方案号(决定主回路接线方式)，
□/□— 高压方案／低压方案
设计序号

使用条件如下。

（1）海拔高度：不超过 1000m；

（2）环境温度：最高气温 $+40$℃，最低气温 -25℃，最高日平均气温 $+30$℃，最高年平均气温 $+20$℃；

（3）当气温 $+25$℃时，相对湿度不超过 90%；

（4）户外风速不超过 35m/s；

（5）地震水平加速度为 0.4m/s^2，垂直加速度为 0.2m/s^2；

（6）安装场所没有火灾、爆炸危险、化学腐蚀及剧烈振动。

当上述正常使用条件不能满足使用要求时，由用户与制造厂协商解决。

二、ZBW1 型箱式变电站

1. ZBW1 型箱式变电站电气接线

（1）高压一次接线方案见表 7 - 32。

表 7 - 32 ZBW1 型箱式变电站高压一次接线方案

1	2	3
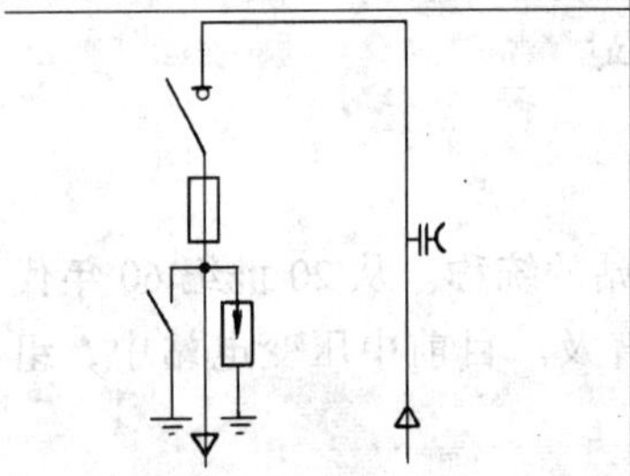	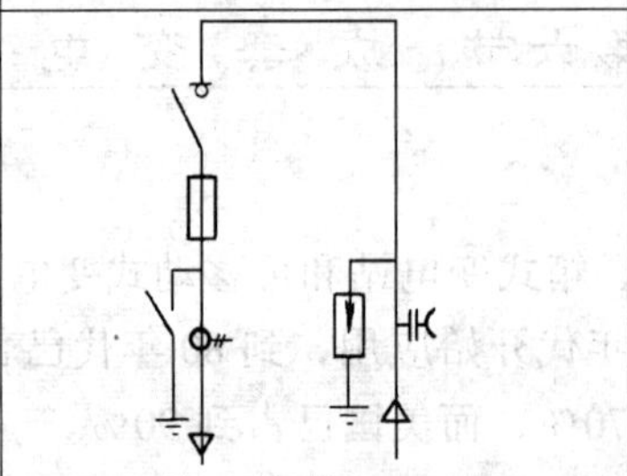	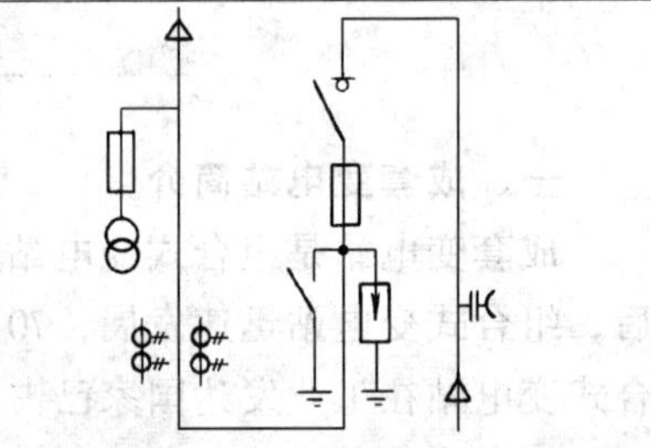
压气式、真空或 SF$_6$ 负荷开关终端，电缆进线，带电显示	压气式、真空或 SF$_6$ 负荷开关终端，电缆进线，带电显示	压气式、真空或 SF$_6$ 负荷开关终端，电缆进线，带电显示，高压计量

4	5
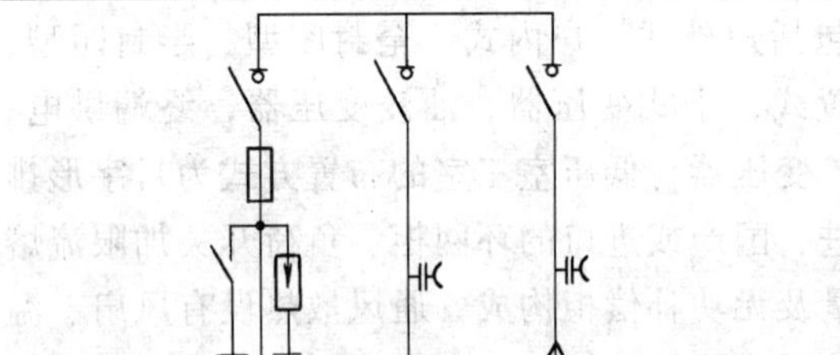	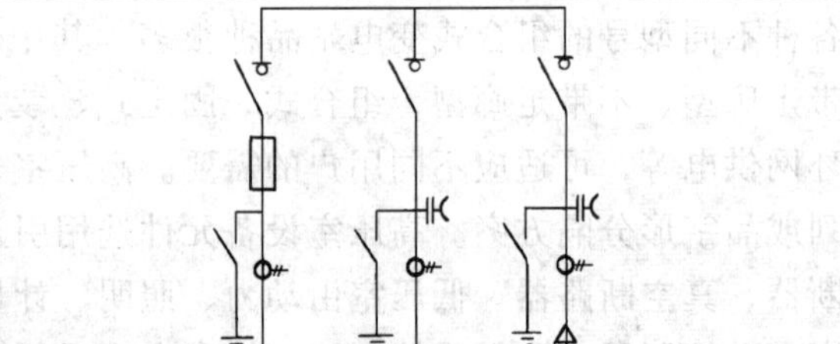
压气式、真空或 SF$_6$ 负荷开关环网，电缆进线，带电显示	压气式、真空或 SF$_6$ 负荷开关环网，电缆进线，带电显示

（2）低压一次接线方案见表 7 - 33。

表 7 - 33 ZBW1 型箱式变电站低压一次接线方案

编号	101	102
接线方案	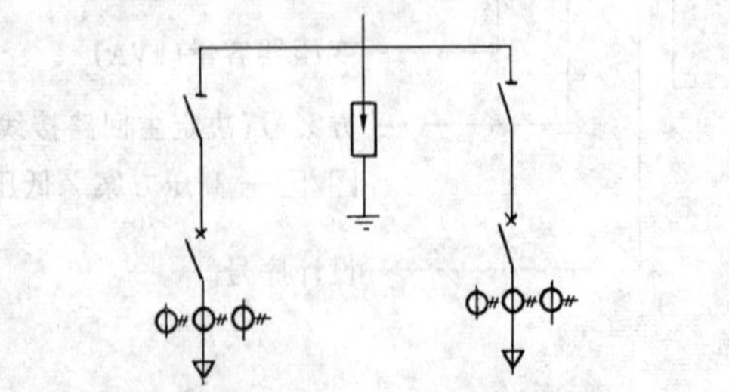	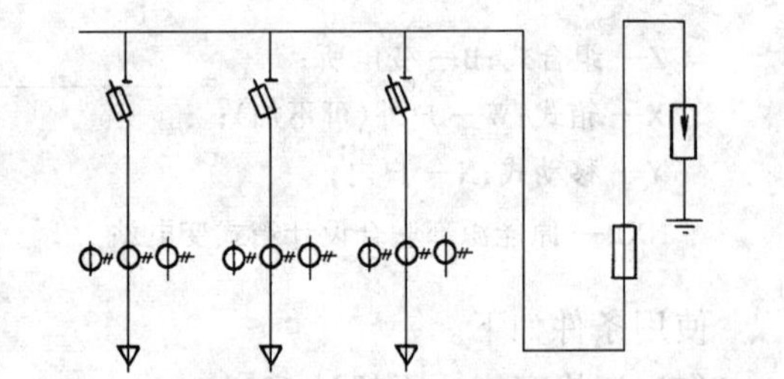

编号	103	104
接线方案	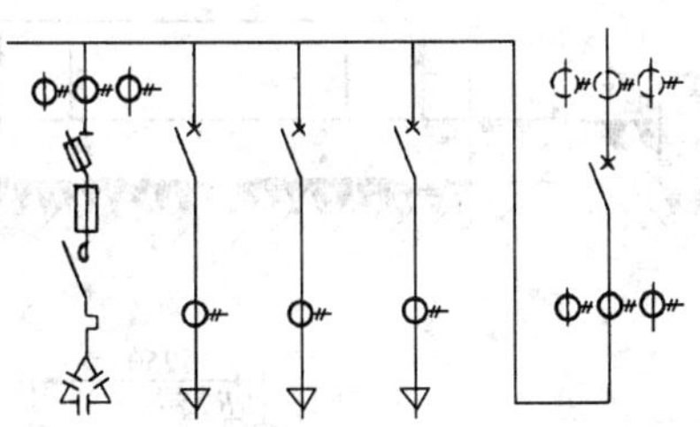	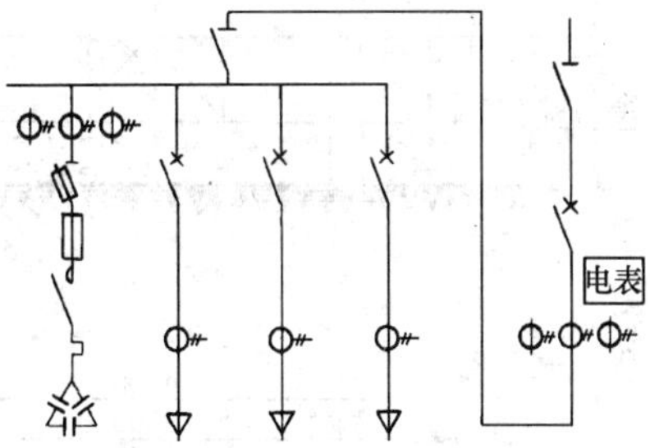
编号	105	106
接线方案	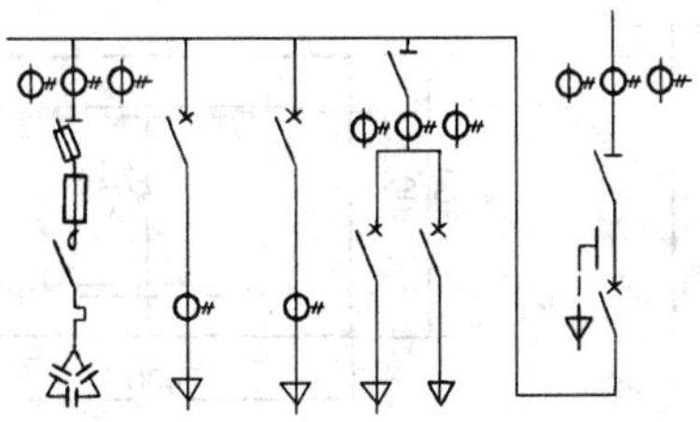	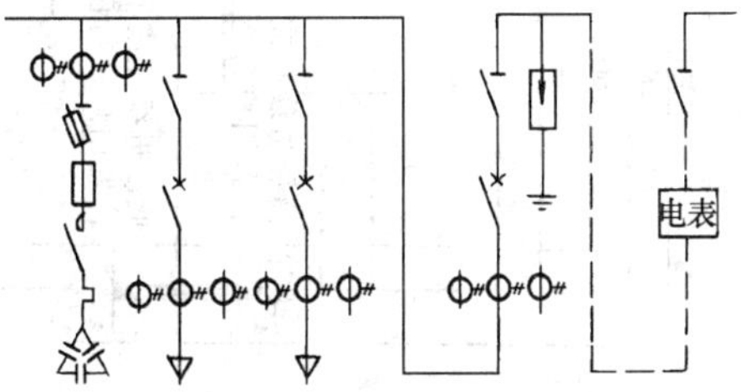
编号	107	108
接线方案	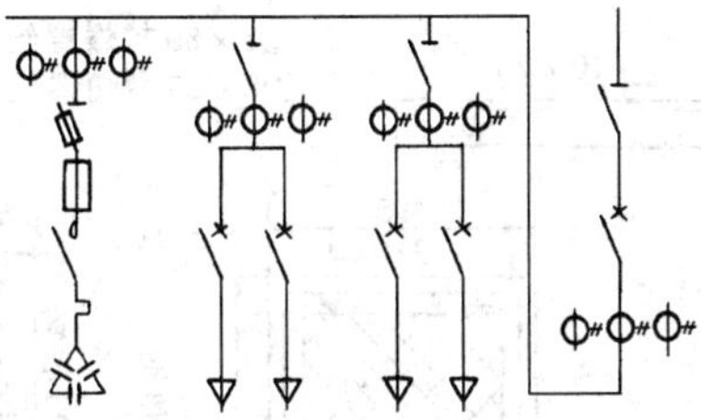	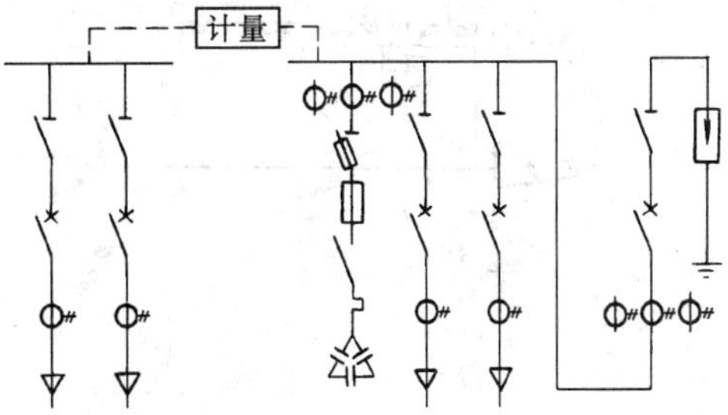
编号	109	110
接线方案	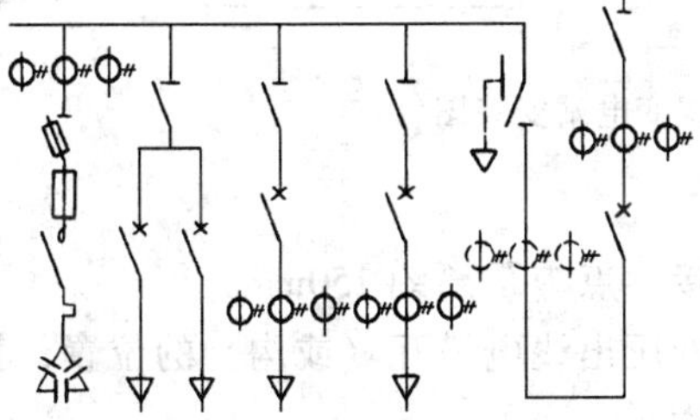	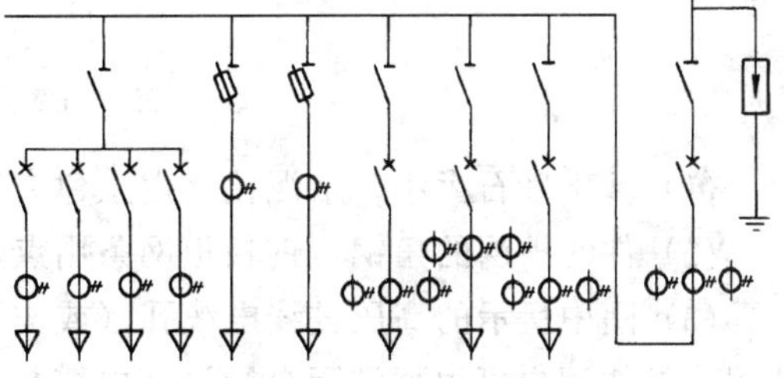

2. ZBW1 型箱式变电站安装

ZBW1 型箱式变电站安装图见图 7-25，其技术要求如下。

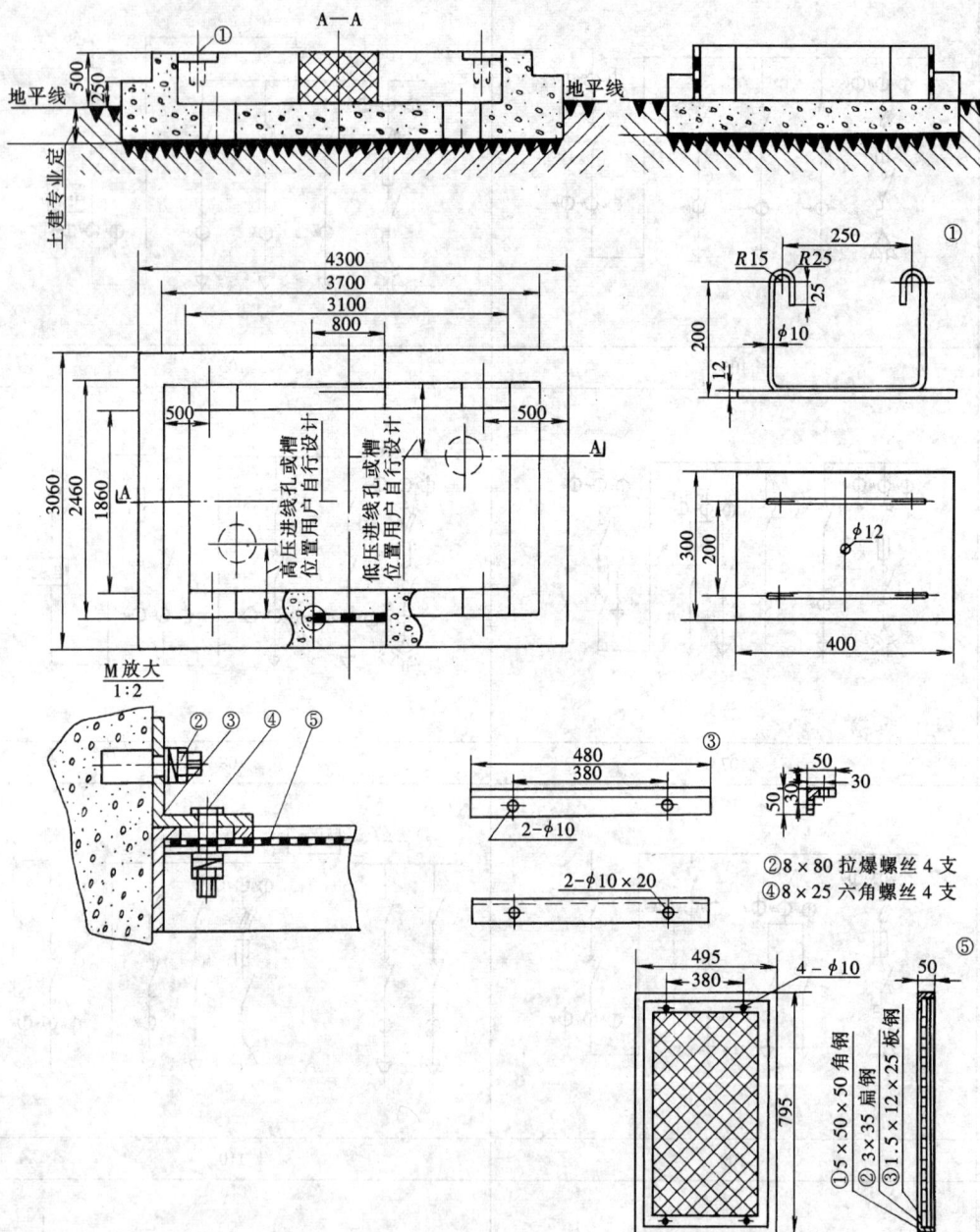

图 7-25　ZBW1 型箱式变电站安装图

(1) 基础砂石大小，水泥比例由土建专家定。

(2) 件⑤护网的角钢与钢板板网条用点焊连接，点焊距离约 150mm。

(3) 图中所示的高压进线电缆孔（或沟）和低压出线电缆孔（或沟）的位置，仅供参考位置，具体用户可根据实际自行设计电缆孔（或沟）。

三、DXB（W）1型小型化箱式变电站

（一）DXB（W）1-10 小型化箱式变电站电气接线

DXB（W）1-10 型户外小型箱式变电站是一种把高压电器设备、变压器、低压电器设备以不同排列方式组合成一个完整的供配电系统，具有运行安全可靠、成套性强、结构紧凑、占地面积小、综合造价低、安装周期短、操作简便等优点，能满足 630kVA 容量及以下不同用户需要。箱体结构属国内首创，整机设计达到国内同类产品先进水平。它适用于城市路灯、高速公路、地铁及其他公用建筑和各类工矿企业等。

型号说明如下：

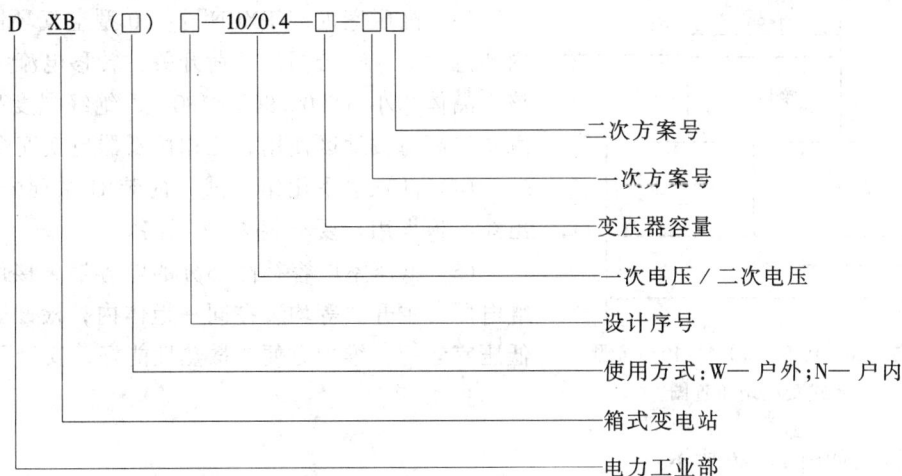

```
D  XB  (□)  □—10/0.4—□—□□
                            ├── 二次方案号
                            ├── 一次方案号
                            ├── 变压器容量
                            ├── 一次电压/二次电压
                            ├── 设计序号
                            ├── 使用方式：W—户外；N—户内
                            ├── 箱式变电站
                            └── 电力工业部
```

1. 技术参数

技术参数见表 7-34。

表 7-34   DXB（W）1-10 小型化箱式变电站技术参数

序号	名　　称	单位	高压侧	变压器	低压侧
1	额定电压	kV	12		0.4
2	额定容量	kVA		200～630	
3	额定电流	A	20～63		500～1250
4	额定短路开断电流	kA	50		
5	额定短路关合电流	kA	50		
6	额定转移电流	A	1000		
7	额定短路耐受电流	kAs	20×2		30×1
8	额定峰值耐受电流	kAs	50×0.1		80×0.1
9	1min 工频耐受电压	kV	断口：48 对地：75	35	2.5
10	额定冲击耐受电压	kV	断口：85 回路：75		
11	壳体防护等级		IP33DB	全封闭	IP33D
12	噪音水平	dB		≤55	
13	回路数	个	1		4～8

2. 结构特征

(1) DXB（W）1-10/0.4型系列箱式变电站，其变压器与高低压设备相互紧密连为一体（见布置图）。其中，变压器三面外露在空气中，散热条件好，且能与高低压设备壳体分离，便于维护、检修。

(2) 高低压电器（包括计量、无功补偿）、变压器，既相对独立，又保持为完整的箱变整体，结构紧凑、体积小、质量轻、损耗低。以500kVA容量为例，其外形尺寸如布置图所示，占地面积3.3m²，比同容量的老箱变降低了68%；质量2.6t，比同容量的老箱变降低了30%。

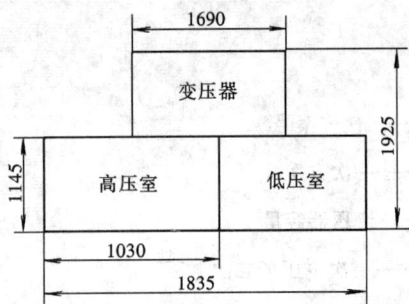

图7-26　DXB（W）1-10/0.4型
箱式变电站布置图

布置图如图7-26所示。

4. 高低压一次接线方案

(1) 高压一次接线方案见表7-35。

(3) 高压室内装HXGN□-10型空气环网柜，柜内装意大利VEI公司的负荷开关，转移电流为1000A。该产品体积小（800×900×1800），绝缘强度高，可在凝露和高海拔地区使用，三相熔断器更换安全方便。

(4) 低压室采用组合式，内装Q系列隔离开关，出线可根据用户要求装4~8回路。

(5) 低压室电容补偿部分的电容器、接触器、热继电器、主开关等均装在同一柜体内，检修时可打开低压室侧门，维护方便，散热性能好，安全可靠。

3. 布置图

表7-35　　　　　　　DXB（W）1-10/0.4型箱式变电站高压一次接线方案

方案号	08	09
一次线路图		

注　F—高压避雷器（HY5WS-16.5/50）；GSN—带电显示装置（GSN-10）；QL—高压负荷开关（ISARC-2-12）；
　　FU—高压限流熔断器（SFLAJ-10）。

(2) 低压一次接线方案见表7-36。

(二) DXB（W）1小型化箱式变电站安装

DXB（W）1型小型化箱式变电站基础及其接地安装如图7-27所示。

(1) 箱式变电站基础图，用户也可根据需要自行设计。

(2) 在箱式变基础一侧或四周埋好接地极，变压器接地与防雷接地可共用一个接地系统，但应确保接地电阻小于4Ω。

10kV配电工程设计手册

DXB（W）1—10/0.4 型箱式变电站低压一次接线方案

方案号	01	02	03	04	05
一次线路图					

注　TA—LMZJ1－0.5，500－1250/5；QF2—NYS－225A/3300；QF1—NYS－400A/3300；C—400V，15kvar；QF0—QP－1000A（600、800、1500）；F—低压氧化锌避雷器；QL—QA－160A；FU—RL8B－40A；KM—CJ16－40/11。

（3）箱式变压器上有 6 个吊耳，起吊箱变时，使用靠高低压室的两个吊耳和远离高低压室的两个吊耳，也可以用叉车叉入变压器底部两根槽钢进行装运，切忌从高压室底部用叉车运输。

（4）箱变底座与基础之间用水泥砂浆抹封，以免雨水进入电缆室。

（5）电缆进电缆室后电缆与穿管间的缝隙需密封防水。

（6）订货须知：

1）订货时应注明变压器的容量，箱变的数量及交货期，高压熔断器额定电流值，低压分开关回路数及电流大小。

2）按说明书提供高低压一次方案或一次线路图。

3）外壳着漆颜色。

4）特殊及非标方案的订货应提供详细的资料。

（7）图纸说明：

1）电缆室底面须向排污口略有倾斜，以免积水。

2）进出线电缆穿管及管径，可根据用户的实际情况和进出位置来确定，管排间距应不小于150mm。

图 7－27　DXB（W）1 型小型化箱式变电站安装图

3）接地网分别用 ϕ12 圆钢或 30×4 扁钢从两侧引至基础顶部与预埋钢板焊牢，接地电阻值应符合当地电力部门的要求。

四、YB 系列预装箱式变电站

（一）YB 系列预装箱式变电站电气接线

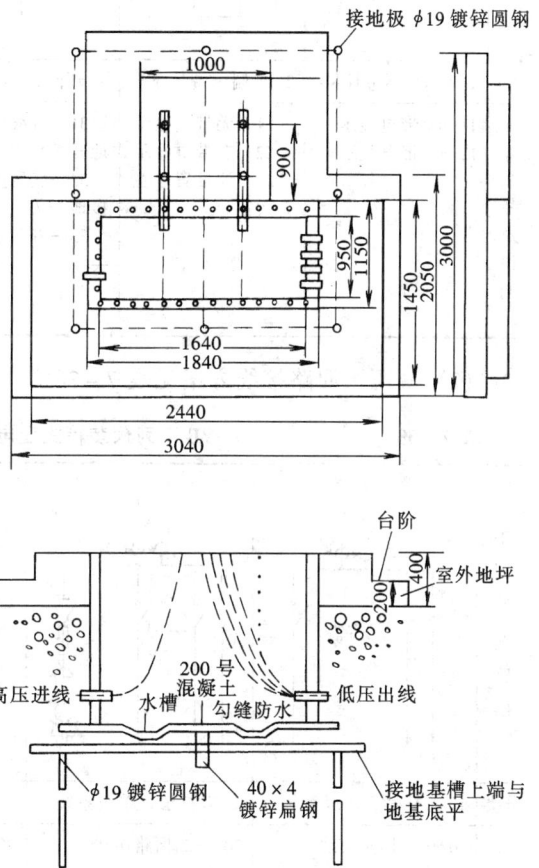

（1）高压主回路接线方案见表 7 - 37。

表 7 - 37　　　　　　　　　　**YB 系列预装箱式变电站高压主回路接线方案**

主回路线路图					
分类	1. 单端,不带计量	2. 单端,带计量	3. 环网,不带计量	4. 环网,带计量	5. 双端
方案号及说明	11—无带电显示 12—有带电显示	21—无带电显示 22—有带电显示 23—计量置于主开关前	31—进线端不带接地开关 32—变压器侧不带接地开关 33—带三个接地开关	41—进线端不带接地开关 42—计量置于主开关前 43—带三个接地开关	51—无带电显示,不带计量 52—有带电显示,不带计量 53—带计量 54—变压器端不带接地开关

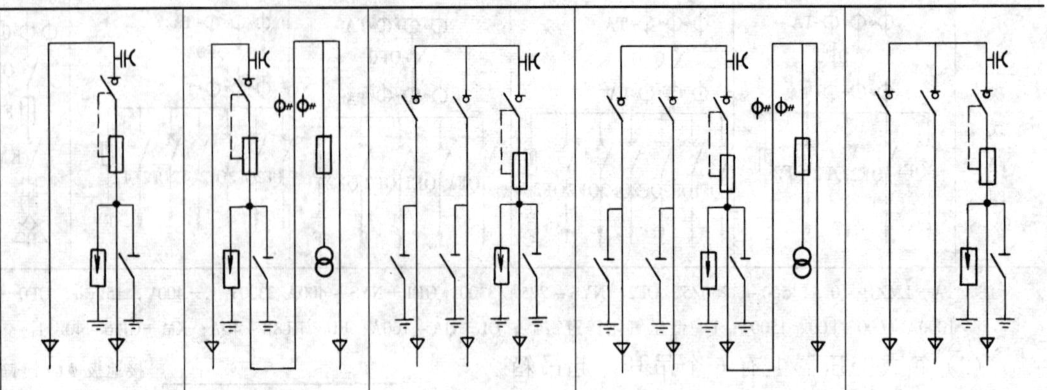

（2）低压主回路接线方案见表 7 - 38。

表 7 - 38　　　　　　　　　　**YB 系列预装箱式变电站低压主回路接线方案**

主回路线路图				
分类	1. 无补偿,单级系统	2. 有补偿,单级系统	3. 有补偿,多级系统	4. 刀熔开关简化系统
方案号及说明	102—二回路出线 103—三回路出线 104—四回路出线 105—五回路出线 106—六回路出线 107—七回路出线 108—八回路出线	202—二回路出线 203—三回路出线 204—四回路出线 205—五回路出线 206—六回路出线 207—七回路出线 208—八回路出线	301—一加二回路出线 302—二加二回路出线 303—二加三回路出线 304—二加四回路出线 305—三加三回路出线 306—三加四回路出线 307—四加四回路出线 308—五加五回路出线 309—六加六回路出线	402—二回路出线 403—三回路出线 404—四回路出线 405—五回路出线 406—六回路出线 407—七回路出线 408—八回路出线 409—九回路出线

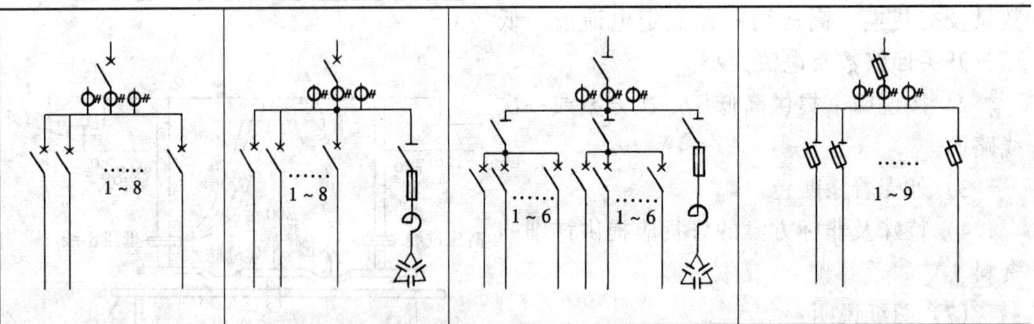

　　注　可依照用户需要,提供其他电气接线方案的产品。

（二）YB 系列预装箱式变电站安装

（1）安装地基如图 7 - 28 所示。

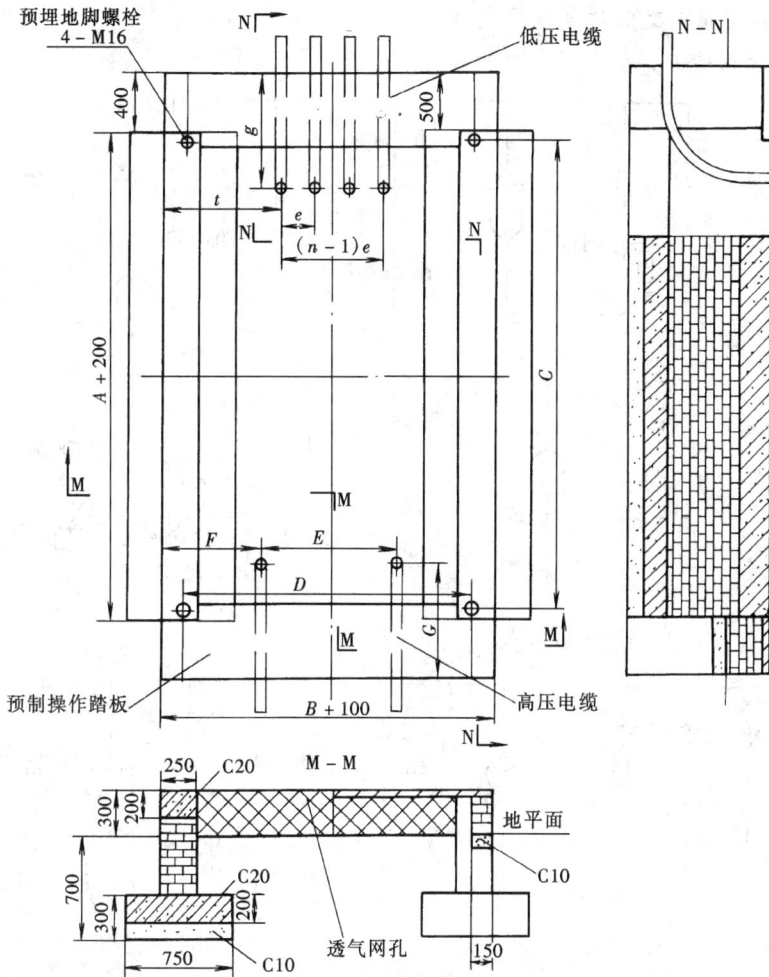

图 7 - 28　YB 系列预装箱式变电站安装地基图

（2）安装尺寸见表 7 - 39。

表 7 - 39　　　　　　　　**安 装 尺 寸 表**

产品设计序号	101	102	103	产品设计序号	101	102	103
A	2700	3200	3500	C	2750	3270	3550
B	1850	2000	2400	D	1800	1940	2340

（3）说明。

1）图 7 - 25 中所提供基础尺寸适用于一般地质条件，对于地质条件差的位置可根据情况增大基础尺寸。

2）坑挖好夯实，浇素混凝土（C10）垫层后，再浇钢盘混凝土（C20）基础，顶部设一道钢盘混凝土梁，砖壁采用水泥砂浆砌筑，内外均刷 1:2 水泥砂浆。

3）接地网根据安装地点土质条件，按照有关规程确定，接地电阻应保证不大于 4Ω。

4）尺寸 e、f、g、E、F、G 及低压电缆数 n 由具体产品确定。

5）基础有效进风面积不小于0.8m²。

五、XWB 型箱式变电站

（一）XWB 型箱式变电站电气接线

主回路典型接线方案如图 7 - 29 所示。

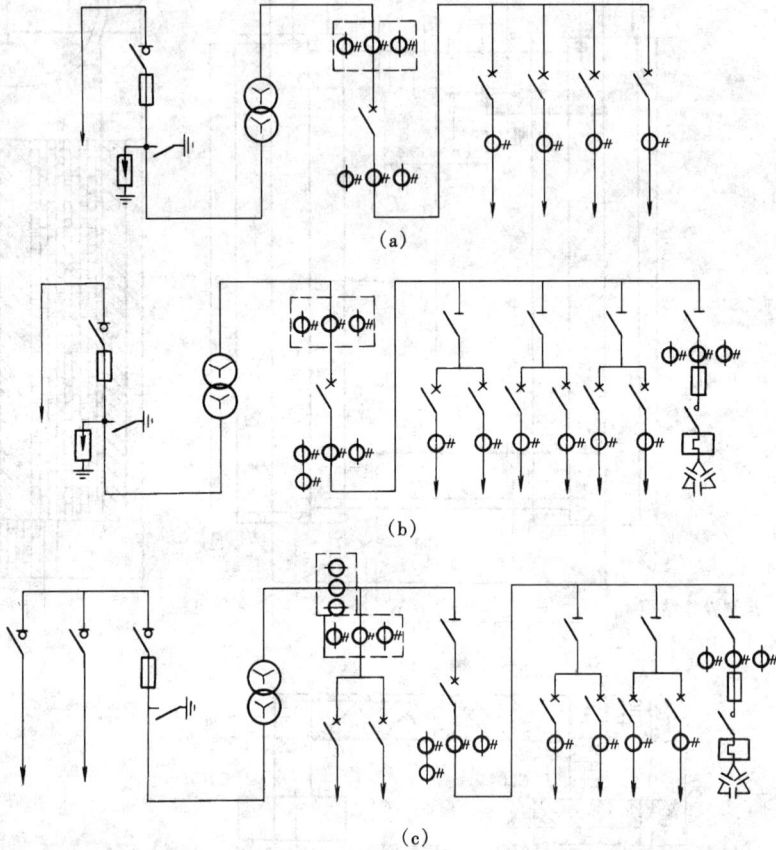

(a)

(b)

(c)

图 7 - 29 XWB 型箱式变电站电气接线图

(a)低压面板式,高供低计;(b)低压走廊式,高供低计;(c)环网供电,高供低计,低压走廊式

（二）箱式变电站外形、布置及尺寸

（1）箱式变电站外形如图 7 - 30 所示。

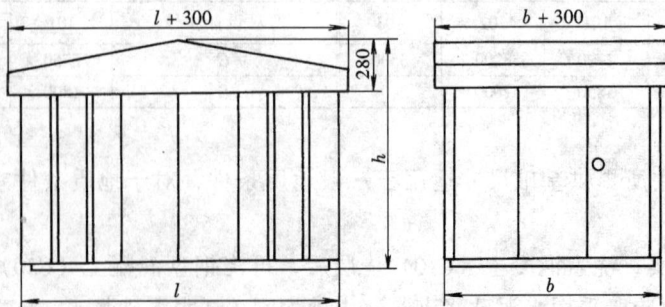

图 7 - 30 XWB 型箱式变电站外形示意图

（2）箱式变电站外形尺寸及平面布置，见表 7 - 40 和表 7 - 41。

10kV 配电工程设计手册

表 7 – 40　　　　　　　　　　　　　**箱式变电站外形尺寸及平面布置**

目 字 形 结 构	品 字 形 结 构
轮廓尺寸：长×宽×高为 3740×2500×2400（mm）	轮廓尺寸：长×宽×高为 3900×2700×2400（mm）
平面布置图 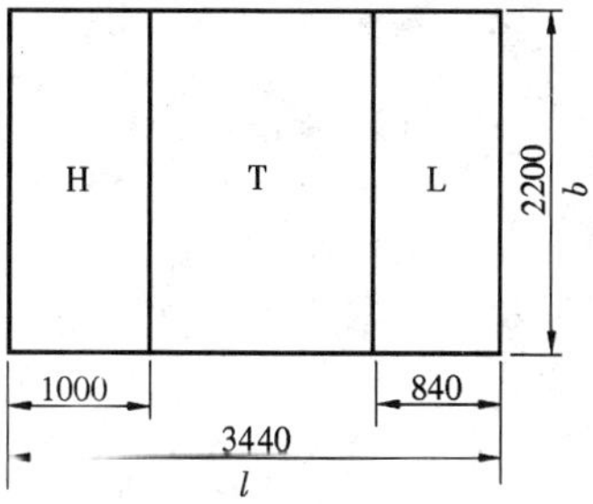 H　　T　　L 2200 (b) 1000　　840 3440 l	平面布置图 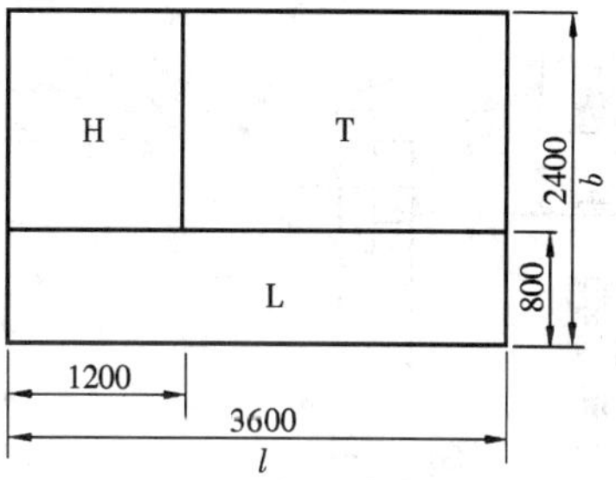 H　　T L 2400 (b)　800 1200　3600 l
注：l 与变压器型号、容量大小有关，图中尺寸 　　为 BS7 – 10/0.4 – 630 对应的尺寸	注：b 与变压器的型号、容量大小有关，图中尺寸为 　　BS7 – 10/0.4 – 630 对应的尺寸

表 7 – 41　　　　　　　**低压部分带操作走廊的箱式变电站外形尺寸及平面布置**

目 字 形 结 构	品 字 形 结 构
轮廓尺寸：长×宽×高为 4540×2500×2400（mm）	轮廓尺寸：长×宽×高为 3900×2700×2400（mm）
平面布置图 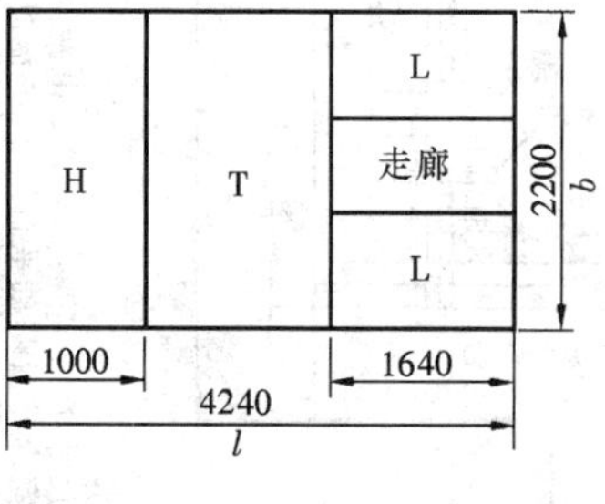 L H　　T　　走廊 L 2200 (b) 1000　　1640 4240 l	平面布置图 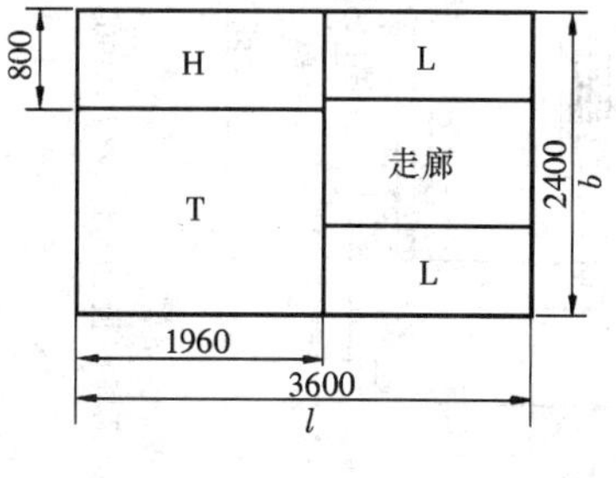 800　H　　L T　　走廊 L 2400 (b) 1960　3600 l
注：l 与变压器型号、容量大小有关，图中尺寸 　　为 BS7 – 10/0.4 – 630 对应的尺寸	注：1. 高压部分为 SF_6 环网开关柜； 　　2. b 与变压器型号、容量大小有关，图中尺寸为 　　　 BS7 – 10/0.4 – 630 对应的尺寸

（三）箱式变电站安装

图 7 – 31 所示为箱式变电站安装图。

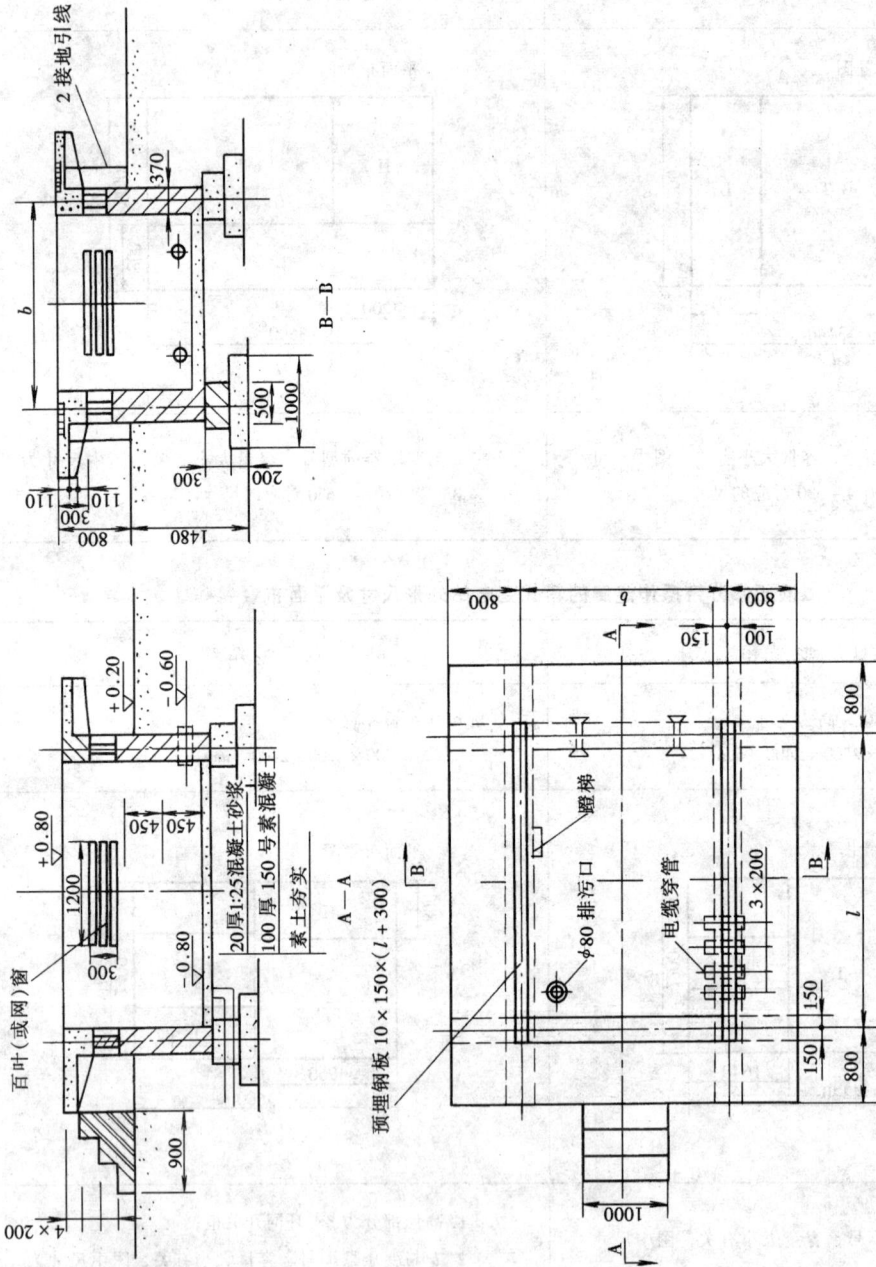

图 7 - 31 XWB 型箱式变电站安装图

安装说明
1. 基础尺寸 l、b 系根据箱式变电站用的平面设计面确定。
2. 电缆室内壁污面需向排污口略斜，以免积水。
3. 电缆室底面需向排污口略斜，以免积水。
4. 进出线电缆穿管径，可根据用户的实际情况和进出位置来确定，管排间距应不小于 200mm。
5. 爬梯用 φ12 圆钢弯制而成，埋设在箱式变电站两侧引入基础顶部与预埋钢板焊牢，接地电阻值应符合当地电力部门的要求。
6. 接地网分别用 φ12 圆钢或 30mm×4mm 扁钢从基础顶部与预埋钢板焊牢，接地电阻值应符合当地电力部门的要求。

10kV 配电工程设计手册

六、YB－12 型美式箱式变电站

（一）YB－12 型美式箱式变电站电气接线

YB－12 型美式箱式变电站电气接线见表 7－42。

表 7－42　　　　　　　YB－12 型美式箱式变电站电气接线方案

方案号		01	02
一次方案图			

主要电器设备	名　称	数　量	
	负荷开关	（四位置负荷开关）1	（两位置负荷开关）1
	电流互感器		
	电压互感器		
	后备式保护熔断器	3	3
	插入式熔断器	3	3
	避雷器		

方案号		01	02
低压侧接线图			

（二）YB－12（FR）/T 系列预装式变电站外形及尺寸

（1）YB－12（FR）/T 系列预装式箱式变电站外形如图 7－32 所示。

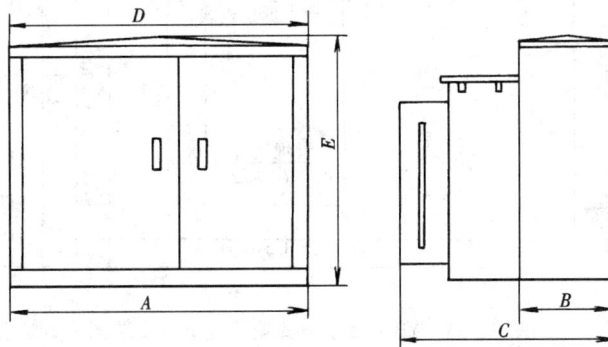

图 7－32　YB－12（FR）/T 系列预装式箱式变电站外形图

（2）YB－12（FR）/T 系列预装式箱式变电站外形尺寸见表 7－43。

表 7 – 43　　　　　　　　　**YB – 12（FR）/T 系列预装式变电站外形尺寸表**

变压器容量 （kVA）	A	B	C	D	E	F
50 ~ 400	1850	680	1450	1860	1800	2500
500 ~ 800	1850	680	1480	1860	1950	2500
1000 ~ 1600	1850	680	1530	1860	1950	2500

（三）YB – 12 型美式箱式变电站安装

图 7 – 33 所示为 YB – 12 型美式箱式变电站安装图，其技术要求如下。

（1）接地网如不按此图做法，也可用其他做法，但接地电阻须小于 4Ω。

（2）接地极与接地连接线电焊，焊接处均刷沥青油防腐。

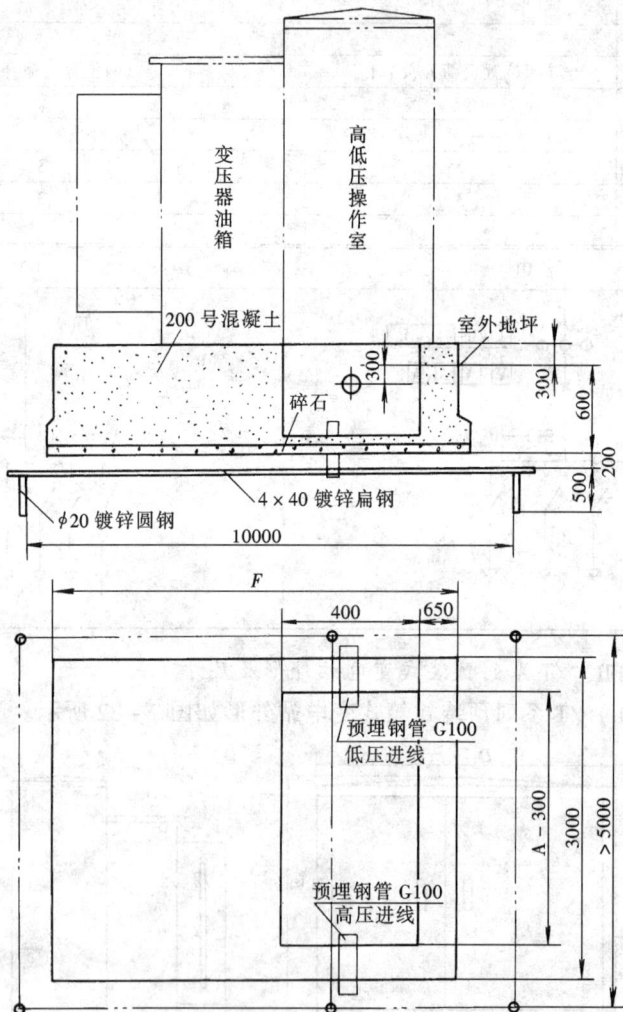

图 7 – 33　YB – 12 型美式箱式变电站安装图

七、欧式箱式变电站

（一）欧式箱式变电站电气接线

（1）高压主回路接线方案见表 7 – 44。

表 7 - 44　　　　　　　　　欧式箱式变电站高压主回路接线方案

高压主回路方案			
方案号	1.1（BF） 1.2（BF＋SA）	2.1（BFM） 2.2（BFM＋SA）	3.1（CF） 3.2（CF＋SA）
高压主回路方案			
方案号	4.1（CMF） 4.2（CMF＋SA）	5.1（CCF） 5.2（CCF＋SA）	6.1（CCMF） 6.2（CCMF＋SA）
高压主回路方案			
方案号	7.1（CCCF） 7.2（CCCF＋SA）		

（2）低压主回路接线方案见表 7 - 45。

表 7－45　　欧式箱式变电站低压主回路接线方案

低压主回路方案	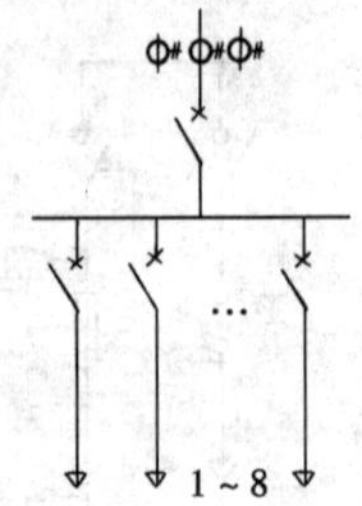	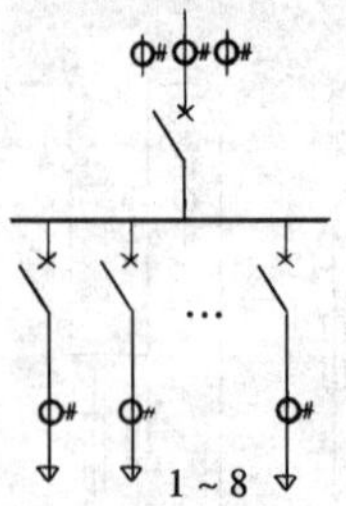	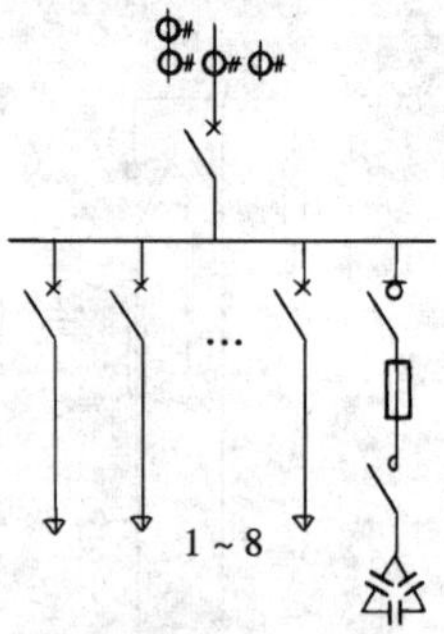
方案号	1	2	3
说明	单级系统，无补偿，出线无测量	单级系统，无补偿，出线有测量	单级系统，带补偿，出线无测量
低压主回路方案	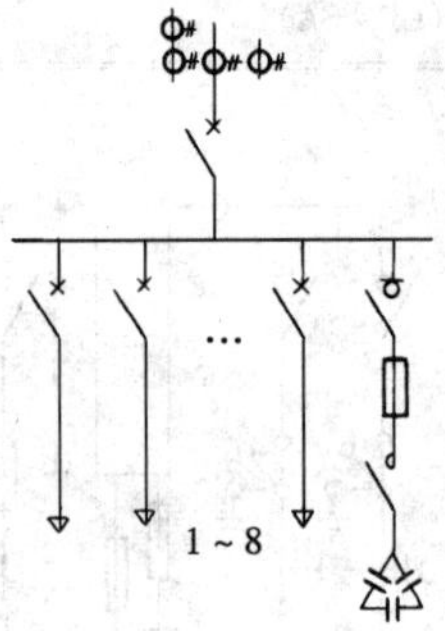	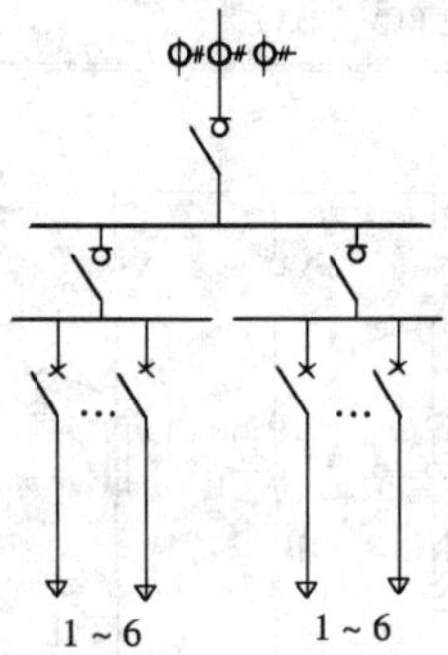	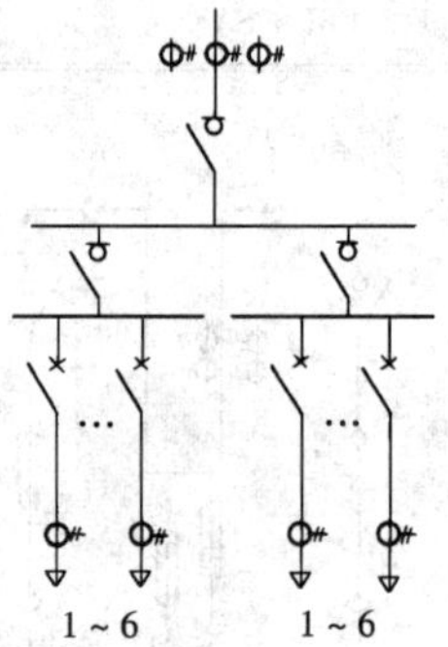
方案号	4	5	6
说明	单级系统，带补偿，出线有测量	多级系统，无补偿，出线无测量	多级系统，无补偿，出线有测量
低压主回路方案	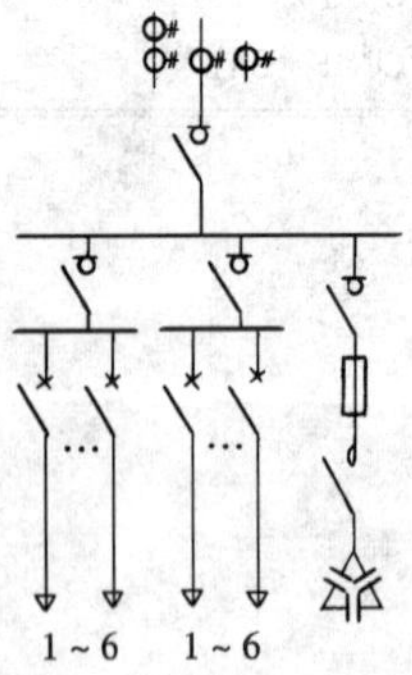	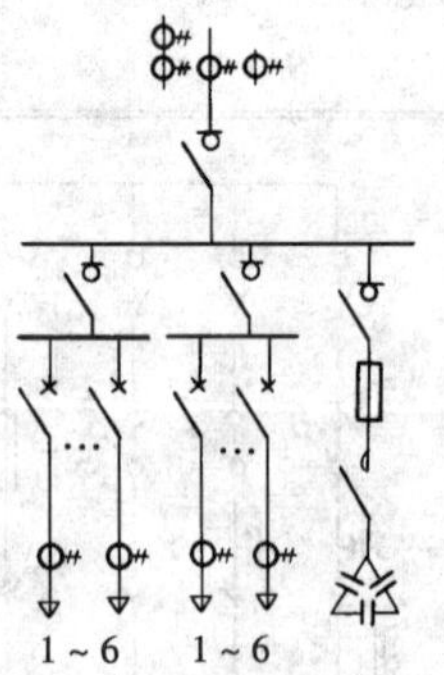	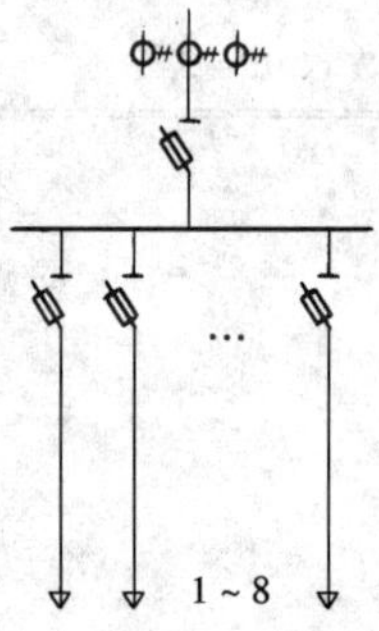
方案号	7	8	9
说明	多级系统，带补偿，出线无测量	多级系统，带补偿，出线有测量	刀熔开关系统

（二）欧式箱式变电站安装

图 7－34 所示为欧式箱式变电站安装图。

八、户内型组合变电站

（一）户内型组合变电站电气接线方案及总体布置

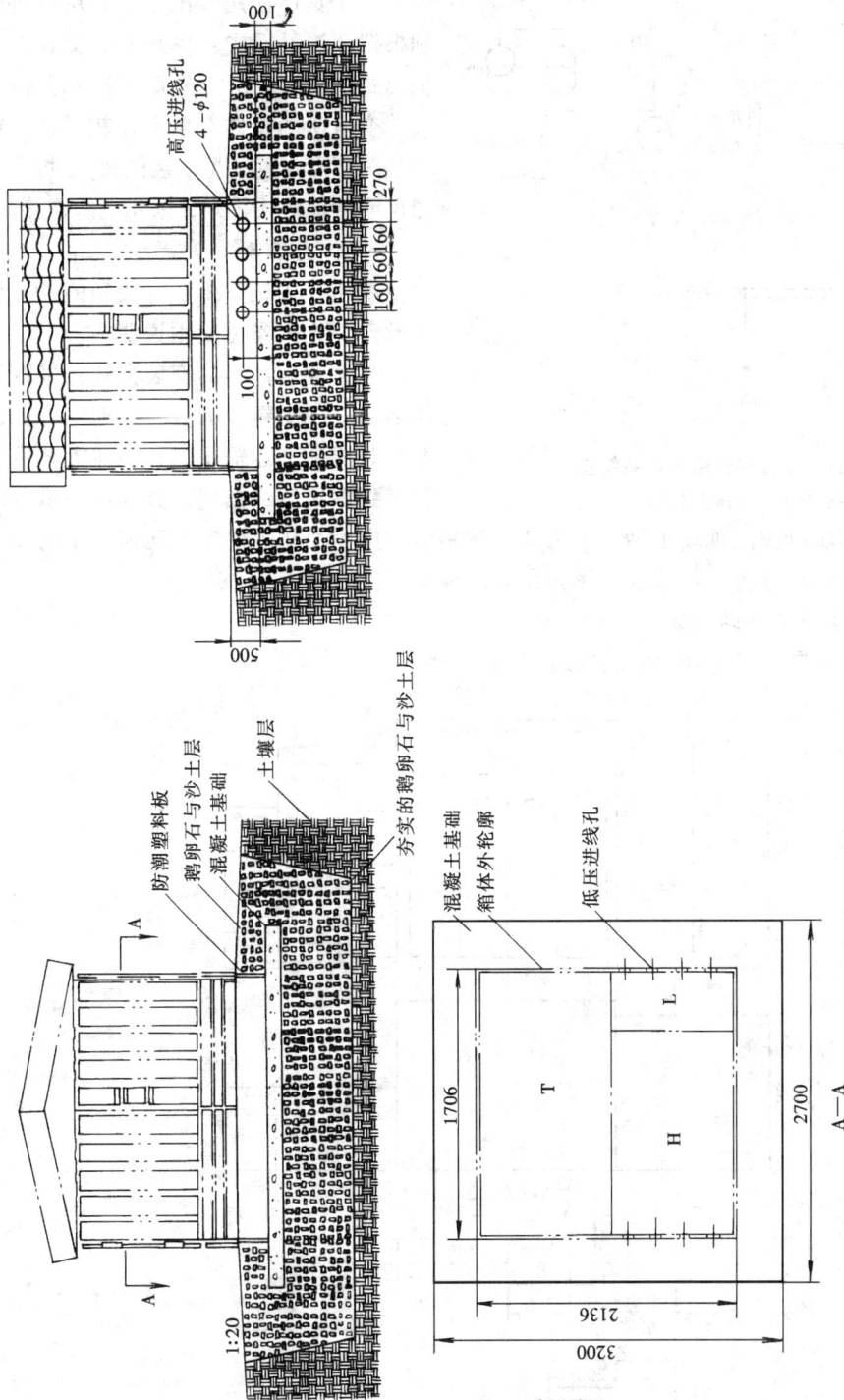

图 7-34 欧式箱式变电站安装图

技术要求：
1. 箱体的基座部分要埋入地下，埋入地下的深度应参照图上所标尺寸。
2. 箱变的混凝土基础应建制在夯实的鹅卵石与沙土层上，混凝土基础的位置要根据箱变的位置，调整好箱变的位置后，要先检查所有的门是否能够顺利打开和关上，然后检查一下整个箱体的稳固性。
3. 箱体放置在混凝土基础上，箱体与混凝土基础间的缝隙要做适当的防水处理，然后在箱体的四周放置塑料板，以防止土壤中的潮湿侵入。
4. 箱体与混凝土基础同的缝隙要用紧贴着箱体的四周紧贴着塑料盖，夯实，周围的土壤应有一定的坡度，以利于排水，建议做成 1:20 的坡度。
5. 在箱变四周回填沙土与鹅卵石，最上层用与周围土质相同的土壤覆盖、夯实，周围相同的土壤要有一定坡度。

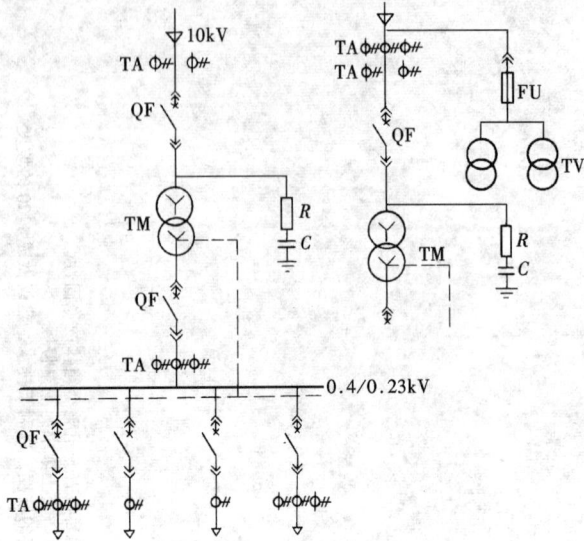

图 7-35 典型主回路接线系统图

注：右半部分为带高压计量柜的高压方案。

典型主回路接线系统图如图 7-35 所示。

由于具体使用情况不一，用户可分别根据金属封闭式真空开关柜及 GCL 型抽出式低压配电柜的有关方案进行选配。

变电所的总体布置也比较灵活，可以是一字形布置（见安装图），亦可以是曲尺或其他形式排列，采用电缆连接。

（二）外形和安装尺寸

高压开关柜、低压开关柜的外形尺寸及安装方式参见使用说明书。

电力变压器柜的安装方式：采取解体运输、现场组装的方式，即电力变压器包装成一个运输单元，柜体拆开后包装，到现场后，按照厂方提供的示意图进行安装。部分低压母排需现场配做，电力变压器柜体和电力变压器的安装无需特制的安装基础，对高压柜分组布置者，可按安装图预留电缆沟即可实现。

（三）户内型组合变电站安装

图 7-36 所示是户内型组合变电站安装图。

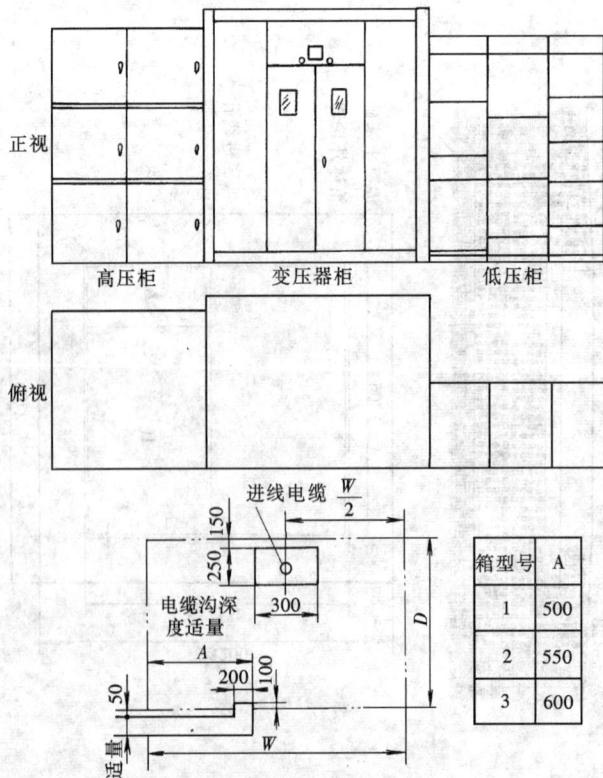

箱型号	A
1	500
2	550
3	600

图 7-36 户内型组合变电站安装图

第七节 电 力 变 压 器

一、概述

目前国内生产的中小型油浸式电力变压器主要产品是 10kV 级 S11 系列和 10kV 级 S9 系列，10kV 级 S8 系列、35kV 级 S9 系列产品亦有不少厂家生产。

S7、SL7 系列 10～35kV 级电力变压器是全国统一设计的节能产品，该产品采用 45°全斜接缝，粘带和钢带绑扎。铁芯选用优质晶粒取向冷轧硅钢片，绕组导线选用缩醛漆包线，采用片状散热器等新材料、新结构、新工艺，使它与同样等级的老型号变压器相比，具有损耗低、体积小、质量小、节约能量、节省运行费用等优点。10kV 级电力变压器的空载损耗降低 41.5%左右，负载损耗降低 14%左右；35kV 级电力变压器的空载损耗降低 38%左右，负载损耗降低 16%左右。

10kV 级 S9 系列电力变压器是全国统一设计的第二代节能新产品，它的铁芯和绕组选材方面都与 S7、SL7 系列相近，但在加工工艺及结构等方面有所改进、提高和加强，使它与 S7、SL7 系列 10～35kV 级电力变压器相比，空载损耗降低 8%左右，负载损耗降低 25%左右。因此，它是体积小、质量小、损耗小、效率高的新型节能产品，是目前国内技术经济指标处于领先地位的配电变压器。S8 系列电力变压器低压绕组均采用箔式线圈，提高了变压器在短路时的可靠性，性能与 S9 系列相近。

将 10kV 级 S9 系列电力变压器的连接组改为 Y, zn11，具有防雷变压器的特点，可用在多雷区、雷击的易击点和土壤电阻率较高的山区等场所。但在订货时应与制造厂协商。

全密封变压器采用波纹式油箱、全密封结构，延缓了变压器的老化，在寿命期内无需中途吊检、换油。在工业比较发达的国家此种产品已普遍采用，近年来在我国有较快发展。

目前国内干式变压器的生产情况是：环氧树脂绝缘干式变压器发展迅速，生产厂家逐年增多，SC 系列是主要产品。这种变压器具有难燃、防尘、耐潮、局部放电量小、耐雷电冲击性能好等优点，已在工业与民用建筑中大量应用。选用干式变压器时，要特别注意雷电过电压保护，干式变压器的工频耐压数值应能满足（大于或等于）避雷器工频放电电压的要求。

GB 6451.1～2—1986《三相油浸式电力变压器技术参数和要求》中有如下规定。

（1）高压分接范围。

1）无励磁调压变压器，容量在 6300kVA 及以下的高压分接范围为 ±5%；35kV 级 8000kVA 及以上的高压分接范围为 ±2×2.5%。但根据使用要求，变压器的高压分接范围均可提供 ±2×2.5%。

2）有载调压变压器，35kV 级高压分接范围为 ±3×2.5%；6kV、10kV 级高压分接范围为 ±4×2.5%。

（2）容量为 1000kVA 及以上的变压器，须装设户外式信号温度计；8000kVA 及以上的变压器，应装有远距离测温用的测温元件。

（3）容量为 800kVA 及以上的变压器应装有气体继电器。根据使用部门与制造厂协商，800kVA 以下的变压器也可供气体继电器。

(4) 容量为 800kVA 及以上的变压器应装有压力释放装置，当内部的压力达到 50.7kPa（0.5 标准大气压）时，应可靠释放压力。

(5) 变压器出厂时，一般不提供小车。6、10kV 级变压器，根据使用部门需要也可提供小车。

ZBK41003—1988《三相树脂绝缘干式电力变压器技术条件》中有如下规定。

(1) 变压器容量 630kVA 及以上，应装有温度测量装置（测量绕组上部的空气温度）。

(2) 变压器应装有底脚，其上设有安装用的定位孔，还可根据使用部门的要求装设滚轮。

型号及其含义：

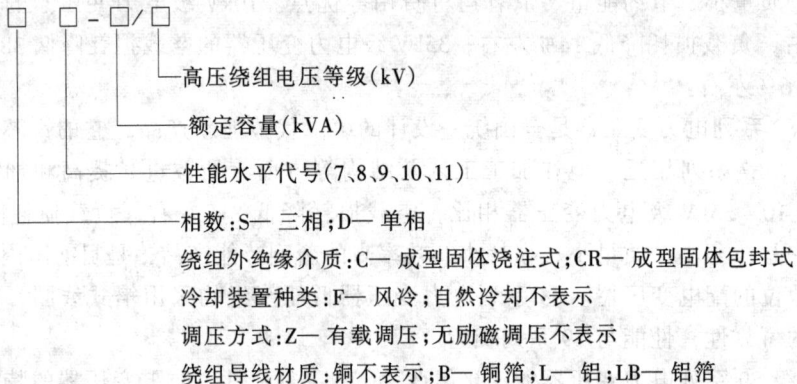

```
□ □ — □ / □
            └── 高压绕组电压等级(kV)
        └────── 额定容量(kVA)
    └────────── 性能水平代号(7、8、9、10、11)
  └──────────── 相数：S— 三相；D— 单相
  └──────────── 绕组外绝缘介质：C— 成型固体浇注式；CR— 成型固体包封式
  └──────────── 冷却装置种类：F— 风冷；自然冷却不表示
  └──────────── 调压方式：Z— 有载调压；无励磁调压不表示
  └──────────── 绕组导线材质：铜不表示；B— 铜箔；L— 铝；LB— 铝箔
```

使用条件如下。

(1) 海拔高度：不超过 1000m；

(2) 环境温度：最高气温 +40℃，最低气温 –30℃，最高日平均气温 +30℃，最高年平均气温 +20℃；

(3) 当气温 +25℃时，相对湿度不超过 90%；

(4) 安装场所无严重影响变压器绝缘的气体、蒸汽、化学性沉积、灰尘、污垢及其他爆炸性和浸蚀性介质；

(5) 安装场所无严重振动和颠簸。

二、10kV 级 BS9 系列全密封式电力变压器

10kV 级 BS9 系列三相全密封电力变压器为油浸式铜线电力变压器，适用于工业企业、民房住宅及环境恶劣、山村僻野的输配电系统中使用。

1. 结构简介

全密封式电力变压器采用 S9 系列变压器器身，不吊芯结构。外壳为特别设计的波纹式油箱，不带储油柜、吸湿器和安全气道，装有压力保护装置和油位监测装置。利用波纹油箱自然膨胀、收缩保持油位的稳定。采用真空注油、软木橡胶密封。冷却介质与外界气体隔绝，减缓绝缘材料和变压器油的老化速度，无需定期换油、检修，延长了变压器的使用寿命。

产品可根据用户需要，提供矩形或船底形两种结构形式的油箱。引出线部分采用敞开式或封闭式结构。

2. 技术数据

10kV 级 BS9 系列全密封式电力变压器技术数据，见表 7 – 46。

表 7 – 46　　　　10kV 级 BS9 系列全密封式电力变压器技术数据及外形尺寸

型　　号	额定容量（kVA）	额定电压（kV）		阻抗电压（%）	连接组标号	损　耗（kW）		空载电流（%）	质　量（kg）			外形尺寸（L × B × H，mm）	轨距（mm）
		高压	低压			空载	负载		油	器身	总体		
BS9 – 100/10	100					0.29	1.5	1.6	145	395	678	918 × 668 × 1130	550
BS9 – 125/10	125					0.34	1.8	1.5	149	455	750	958 × 668 × 1160	550
BS9 – 160/10	160					0.4	2.2	1.4	166	550	880	988 × 688 × 1190	550
BS9 – 200/10	200				Y，yn0	0.48	2.6	1.3	186	573	930	1058 × 698 × 1220	550
BS9 – 250/10	250			4	或	0.56	3.05	1.2	218	760	1170	1238 × 718 × 1280	550
BS9 – 315/10	315	11 10.5 10 6.3 6			Y，zn11	0.67	3.65	1.1	252	895	1380	1240 × 740 × 1310	550
BS9 – 400/10	400			0.4		0.8	4.3	1.0	282	1054	1655	1328 × 748 × 1390	660
BS9 – 500/10	500					0.96	5.1	1.0	324	1215	1870	1410 × 768 × 1430	660
BS9 – 630/10	630					1.2	6.2	0.9	524	1785	2700	1340 × 830 × 1675	660
BS9 – 800/10	800					1.4	7.5	0.8	610	2050	3148	1598 × 868 × 1755	820
BS9 – 1000/10	1000			4.5	Y，yn0	1.7	10.3	0.7	855	2275	3815	1740 × 918 × 1905	820
BS9 – 1250/10	1250					1.95	12	0.6	947	2730	4350	1728 × 898 × 2040	820
BS9 – 1600/10	1600					2.4	14.5	0.6	1052	3090	5210	1940 × 1085 × 2115	820

注　BS7 系列产品之数据为浙江三门变压器厂资料。

3. 外形及安装尺寸

10kV 级 BS9 系列全密封式电力变压器外形尺寸见图 7 – 37 及表 7 – 48。

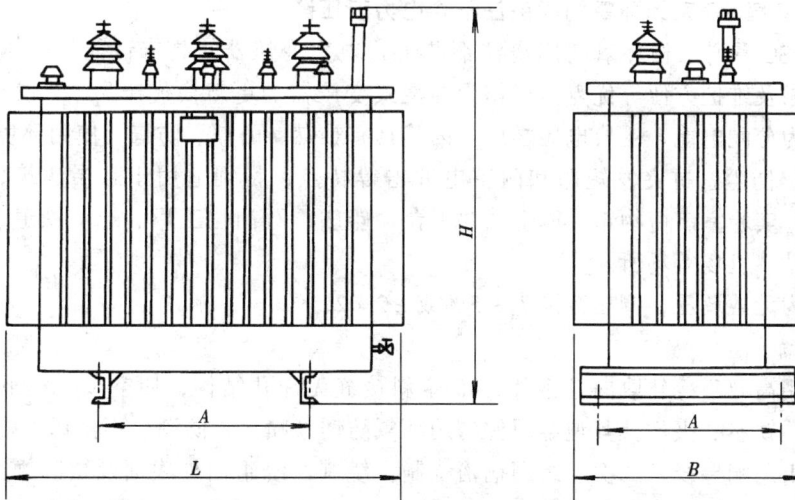

图 7 – 37　BS9 – 100～1600/10 型全密封式电力变压器外形尺寸

三、10kV 级 S9A 系列耐雷变压器

10kV 级 S9A 系列耐雷变压器可用在多雷区、雷击的易击点及土壤电阻率较高的山区，作为输变电用。

1. 结构简介

本产品的高压绕组连接方式和普通电力变压器一样，低压绕组采用 Z 形连接。它的结构特征与一般三相油浸式变压器相同，但有如下特点。

（1）防雷性能好。变压器对高压侧受雷击引起的反变换过电压和二次侧受雷击引起的正变换过电压有较好的抑制作用，因此抗雷击性能较其他连接组的变压器要好。在高压侧有避雷器保护的条件下，运行更加安全可靠。

（2）承受单相负荷能力强。由于低压绕组采用 Z 连接，因而能负担同类配电变压器所不能承受的单相负荷，为此中性线套管增大到和其他三相相同。

（3）可提高接地电阻值。对土质较差的地区，使用该系列变压器对接地电阻值可不必苛求。

（4）该系列变压器零序阻抗较小，过电流保护灵敏、简便。

2. 技术数据

10kV 级 S9A 系列耐雷变压器技术数据，见表 7 - 47。

表 7 - 47　　　　　　　　　　10kV 级 S9A 系列耐雷变压器技术数据

型　号	额定容量 (kVA)	额定电压 (kV) 高压	额定电压 (kV) 低压	阻抗电压 (%)	连接组标号	损耗 (W) 空载	损耗 (W) 负载	空载电流 (%)	质量 (kg) 油	质量 (kg) 器身	质量 (kg) 总体	外形尺寸 (长×宽×高，mm)	轨距 (mm)
S9A - 50/10	50					190	1250	2.8	108	258	468	1000×800×1175	400
S9A - 100/10	100					325	2150	2.5	129	366	638	1100×820×1235	550
S9A - 160/10	160	10	0.4	4	Y，zn11	470	3100	2.3	200	517	927	1156×853×1405	550
S9A - 200/10	200					550	3600	2.3	217	602	1076	1243×868×1435	660
S9A - 250/10	250					660	4300	2.2	256	720	1226	1270×895×1520	660

四、10kV 级 SC 系列环氧树脂浇注干式电力变压器

10kV 级 SC 系列三相环氧树脂浇注铜芯干式电力变压器，具有性能好、体积小、质量小、安全可靠及维护方便等优点，可作为油浸式变压器的更新换代产品，供交流 50Hz 输配电系统中作为分配电能、变换电压之用。因其具有难燃、耐潮、防霉（使用环境的相对湿度可达 100%）、防尘、抗突发短路和耐雷电冲击等特点，特别适用于高层建筑、商业中心、剧院、医院、实验室、博物馆、海上钻井平台、船舶、石油化工厂、地下铁道、矿山井下、隧道、火车站、机场等场所。

本产品为无载调压，调压范围为 ±5% 或 ±2×2.5%。

1. 结构简介

铁芯采用高导磁冷轧取向硅钢片，45°全斜接缝无冲孔结构，使空载损耗下降。芯柱用绝缘带绑扎。铁芯、夹件及其他金属件均用环氧防锈漆喷涂，防潮、不生锈、耐腐蚀。

一次绕组用铜导线、二次绕组用铜箔绕制。绕制时绕组内外表面及层间缠上玻璃纤维，在高真空除湿脱气下浇注环氧树脂，固化成型。绕组表面平滑、机械强度高、电气性能好。F 级绝缘（允许最热点温度 155℃，绕组最高温升 100K）的绝缘水平为：工频耐压，标准型 28kV，加强型 35kV；雷电冲击耐压 75kV。

冷却方式有空气自冷（AN）和强迫风冷（AF）两种。在强迫风冷条件下，变压器额定容量可增加 50%。当变压器安装在地下室或其他通风效果较差的环境时，应考虑通风问题。

为保证变压器正常运行的通风量，最低冷却空气通风量要求为4m³/（min·kW）。

温度测控装置，广东顺德特种变压器厂的产品配有该厂自产 VWT4.13 及 WT5.18 型温度控制箱，山东金乡变压器厂产品配带浙江科宏仪器仪表有限公司生产的 XMTB 型信号温度计，其余厂家均可配备不同类型的温度测控装置，订货时应提出要求。该装置可提供的功能：变压器运行过程中巡回显示三相绕组的温度值，显示最热一相绕组的温度值，超温报警，超温跳闸，声光警示，风机起、停，风机过载保护以及计算机接口等。

防护等级分为三种：IP00 无外壳；IP20 配外壳可防止大于 12mm 的固体异物进入，用于户内；IP23 配外壳，除具有 IP20 的功能外，还能防止与垂直线成 60°角以内的水滴流入，可用于户外。有外壳的变压器使冷却能力降低，因而较小容量的变压器需将输出容量降低 5% 左右，而较大容量的变压器则需降低 10% 左右。

2．技术数据和外形尺寸

1）10kV 级 SC 系列（工频耐压标准型）环氧树脂浇注干式电力变压器技术数据及外形尺寸，见表 7-48 和图 7-38。

表 7-48　10kV 级 SC 系列（工频耐压标准型）环氧树脂浇注干式电力变压器技术数据及外形尺寸

型　　号	额定容量(kVA)	损耗（W）		空载电流（%）	阻抗电压（%）	噪声水平(dB)	质量(kg)	外　形　尺　寸　（mm）											低压出线端子
		空载	负载					a	b	c	d	e	f	g	h	i	k	s	
SC-30/10	30	240	560	3.2		54	330	880	600	700	550	630	615	198	338	210	150		
SC-50/10	50	290	960	2.8		54	350	880	600	715	550	645	630	198	338	210	150		
SC-80/10	80	360	1380	2.2		55	470	910	600	940	550	810	810	245	360	250	150		
SC-100/10	100	400	1590	2.2		55	530	930	740	1010	550	1020	1020	255	360	250	150	40	
SC-125/10	125	440	1880	2.2		58	610	930	740	1100	550	1020	1020	255	360	250	150	40	
SC-160/10	160	540	2150	2.2		58	800	1080	740	1085	550	990	990	257	365	350	150	40	
SC-200/10	200	650	2500	2.2	4	58	880	1030	740	1150	550	1049	1049	255	363	350	150	40	
SC-250/10	250	750	2880	1.8		58	1010	1110	740	1180	550	1190	1045	280	390	350	200	40	
SC-315/10	315	840	3250	1.8		60	1225	1160	850	1270	660	1300	1155	274	381	350	150	40	
SC-400/10	400	1030	3750	1.8		60	1450	1170	850	1430	660	1460	1315	275	382	350	200	40	图 7-38
SC-500/10	500	1200	4620	1.8		62	1820	1265	850	1410	660	1485	1295	358	393	350	200	40	
SC-630/10	630	1450	5950	1.8		62	2405	1485	850	1593	660	1593	1425	386	421	350	200	40	
SC-630/10	630	1400	6400	1.3		62	2020	1550	850	1345	660	1430	1230	370	408	350	200	40	
SC-800/10	800	1650	7950	1.3		64	2445	1560	1070	1530	820	1584	1415	374	421	350	200	50	
SC-1000/10	1000	2100	9350	1.3		64	2930	1630	1070	1680	820	1765	1565	365	423	350	250	50	
SC-1250/10	1250	2400	11300	1.3	6	65	3580	1640	1070	1980	820	2085	1865	388	423	350	250	50	
SC-1600/10	1600	2900	13700	1.3		66	4555	1770	1070	2045	820	2144	1930	409	442	350	250	50	
SC-2000/10	2000	3500	16300	1.3		66	4840	1920	1070	1920	820	2010	1790	410	455	350	250	50	
SC-2500/10	2500	4200	19000	1.3		71	5780	1920	1070	2210	820	2300	2080	410	455	350	250	50	

注　1．额定电压（kV）：高压 10（11，10.5，6.3，6，3.15）；低压 0.4（6.3，6，3.15，3，0.69，0.415）。

　　2．连接组标号：D，yn11；Y，yn0（或按用户要求）。

　　3．本表为广东顺德特种变压器厂产品之数据。

2）10kV 级工频耐压加强型（SC3 型）环氧树脂浇注干式电力变压器技术数据及外形尺寸，见表 7-49。

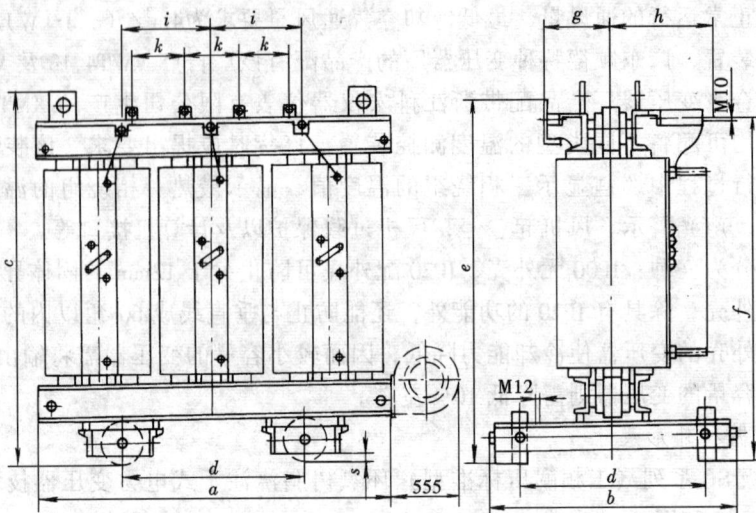

图 7 - 38　10kV 级 SC 系列（工频耐压标准型）环氧树脂
浇注干式电力变压器外形尺寸

表 7 - 49　10kV 级工频耐压加强型（SC3 型）环氧树脂浇注干式电力变压器技术数据及外形尺寸

型　号	额定容量（kVA）	损耗（W）空载	损耗（W）负载	空载电流（%）	阻抗电压（%）	噪声水平（dB）	质量（kg）	a	b	c	d	e	f	g	h	i	k	s	低压出线端子
SC3 - 30/10	30	240	560	3.2		54	335	955	600	735	550	660	650	197	337	210	150		
SC3 - 50/10	50	340	890	2.8		54	400	960	600	770	550	695	685	204	344	210	150		
SC3 - 80/10	80	460	1110	2.2		55	470	1010	600	1020	550	800	800	215	350	250	150		
SC3 - 100/10	100	530	1335	2.2		55	590	1030	740	1055	550	970	970	238	355	250	150	40	
SC3 - 125/10	125	630	1570	2.2		58	810	1100	740	1090	550	1000	1000	250	355	250	150	40	
SC3 - 160/10	160	740	1900	2.2	4	58	900	1170	740	1120	550	1025	1025	269	377	350	150	40	
SC3 - 200/10	200	860	2220	2.2		58	1050	1170	740	1255	550	1160	1160	269	377	350	150	40	
SC3 - 250/10	250	1000	2640	1.8		58	1255	1245	740	1340	550	1369	1225	275	382	350	200	40	
SC3 - 315/10	315	1200	3150	1.8		60	1335	1240	850	1300	550	1329	1185	281	388	350	200	40	
SC3 - 400/10	400	1350	3700	1.8		60	1575	1240	850	1465	550	1494	1350	281	388	350	200	40	见图 7 - 38
SC3 - 500/10	500	1600	4440	1.8		62	1970	1335	850	1535	660	1609	1420	363	398	350	200	40	
SC3 - 630/10	630	1850	5180	1.8		62	2450	1485	850	1540	660	1593	1425	386	421	350	250	40	
SC3 - 630/10	630	1800	5270	1.3		62	2360	1560	850	1405	660	1479	1290	375	410	350	200	40	
SC3 - 800/10	800	2100	7490	1.3		64	2665	1630	1070	1550	820	1604	1435	380	415	350	250	50	
SC3 - 1000/10	1000	2450	7450	1.3		64	3410	1680	1070	1785	820	1864	1670	369	427	350	250	50	
SC3 - 1250/10	1250	2900	8980	1.3	6	65	4040	1680	1070	2030	820	2130	1915	369	427	350	300	50	
SC3 - 1600/10	1600	3400	13290	1.3		66	4740	1845	1070	2030	820	2130	1915	409	442	350	350	50	
SC3 - 2000/10	2000	4600	16010	1.3		66	5350	2040	1070	2025	820	2145	1890	472	485	350	350	50	
SC3 - 2500/10	2500	5500	18970	1.3		71	6335	2040	1070	2270	820	2390	2135	472	485	350	350	50	

　　注　1. 额定电压（kV）：高压 10（11，10.5，6.3，6，3.15）；低压 0.4（6.3，6，3.15，3，0.69，0.415）。

　　　　2. 连接组标号，D，yn11；Y，yn0（或按用户要求）。

　　　　3. 本表为广东顺德特种变压器厂产品之数据。

　　3）10kV 级工频耐压加强型（SC12 型）环氧树脂浇注干式电力变压器技术数据及外形尺寸，见表 7 - 50 和图 7 - 39。

　　4）10kV 级 SC 系列环氧树脂浇注干式电力变压器可容许短时过载容量与过载时间的关

系曲线，见图 7-40。

表 7-50　10kV 级工频耐压加强型（SC12 型）环氧树脂浇注干式电力变压器技术数据及外形尺寸

型　号	额定容量 (kVA)	损耗（W）		空载电流 （％）	阻抗电压 （％）	质量 (kg)	外　形　尺　寸　（不带外壳，mm）											
		空载	负载				a	b	c	d	e	f	g	h	i	k	s	N
SC12-30/10	30	250	630	3.0	4	425	1030	620	740	550	710	451	205	197	250	200		200
SC12-50/10	50	330	920	2.8	4	540	1100	620	795	550	755	479	218	210	250	206		206
SC12-80/10	80	420	1200	2.0	4	680	1130	620	870	550	830	554	224	215	250	218		218
SC12-100/10	100	480	1500	2.0	4	775	1180	620	905	550	925	805	231	349	250	235		235
SC12-125/10	125	540	1750	2.0	4	795	1190	620	950	550	970	850	233	351	250	235		235
SC12-160/10	160	630	2100	2.0	4	920	1190	620	1010	550	1030	910	239	357	250	235		235
SC12-200/10	200	710	2450	2.0	4	1060	1240	730	1185	660	1180	1085	232	359	250	390	101	130
SC12-250/10	250	800	2850	1.8	4	1230	1260	730	1300	660	1295	1180	236	363	250	398	101	130
SC12-315/10	315	960	3400	1.8	4	1410	1320	730	1340	660	1335	1220	240	367	250	419	101	130
SC12-400/10	400	1200	4000	1.8	4	1615	1350	730	1390	660	1385	1270	247	372	250	429	101	130
SC12-500/10	500	1420	4800	1.8	4	1800	1370	730	1475	660	1505	1355	253	380	250	435	101	130
SC12-630/10	630	1500	5960	1.8	6	2015	1420	920	1620	820	1580	1500	250	373	250	449	178	170
SC12-800/10	800	1700	8100	1.3	6	2235	1470	920	1720	820	1770	1580	255	378	250	467	178	170
SC12-1000/10	1000	1800	9700	1.3	6	2700	1496	920	1840	820	1895	1700	273	392	250	479	178	170
SC12-1250/10	1250	2200	11000	1.3	6	3200	1600	920	1900	820	1965	1760	281	400	250	511	178	170
SC12-1600/10	1600	2700	12000	1.3	6	3755	1680	920	1900	820	1955	1755	292	404	300	539	178	170
SC12-2000/10	2000	3200	14200	1.3	6													
SC12-2500/10	2500	3800	17000	1.3	6													

注　1. 额定电压（kV）：高压 10；低压 0.4。

　　2. 连接组标号：Y，yn0。

　　3. 额定容量≤160kVA 低压端子为对称排列。

　　4. 上表为福州变压器厂产品之数据。

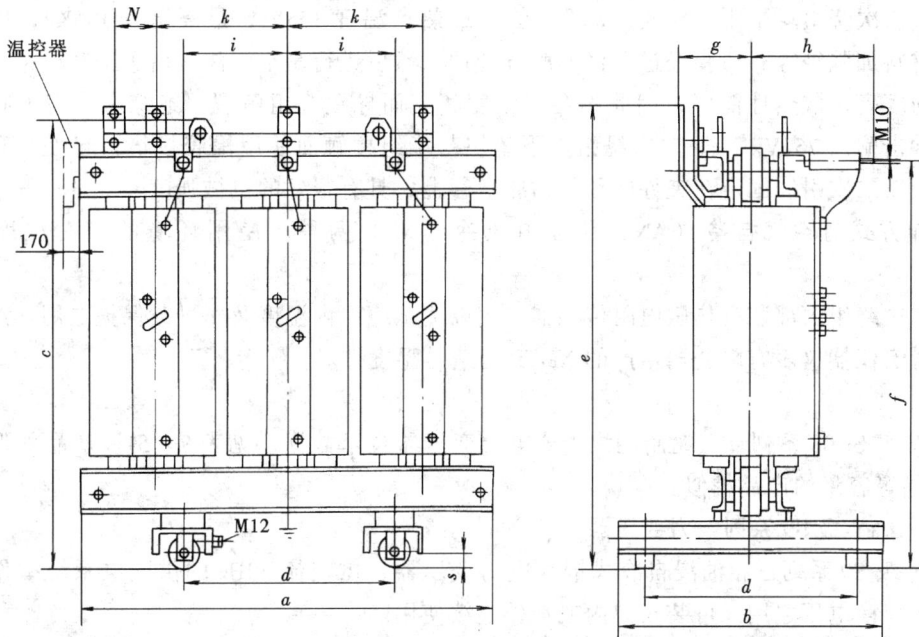

图 7-39　10kV 级工频耐压加强型（SC12 型）环氧树脂浇注干式电力变压器外形尺寸

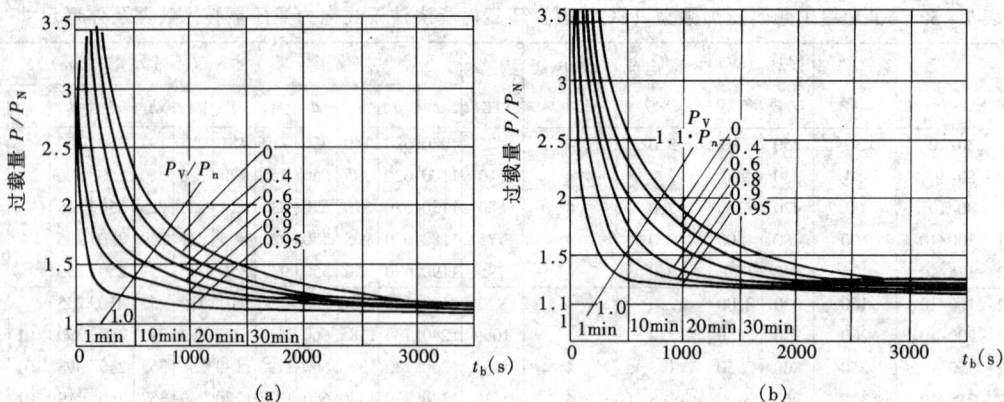

图 7-40　SC 系列环氧树脂浇注干式电力变压器容许短时过载容量与过载时间的关系曲线

(a) 环境温度为 40℃；(b) 环境温度为 20℃

P_N—额定容量；P_V—起始负载；P—过载容量；t_b—允许过载时间（s）

五、10kV 级 SCB8 系列环氧树脂浇注干式电力变压器

10kV 级 SCB8 系列三相环氧树脂浇注铜线干式电力变压器，具有良好的阻燃性能，供交流 50Hz 输配电系统中作为分配电能、变换电压之用。

本产品为无载调压，调压范围 ±5％或 ±2×2.5％。

1. 结构简介

本产品铁芯采用优质冷轧取向硅钢片，全斜 45°接缝。整个铁芯表面采用树脂漆密封，具有防潮特性好、损耗小、噪声低等优点。

一、二次绕组均采用铜导线，F 级绝缘（最热点温度 155℃，最高温升 100K），以玻璃纤维等材料加强绝缘，树脂经过严格的脱气处理，然后进行真空浇注。由于工艺严格，绕组的机械强度高，散热性能好，因此不会因温度骤变而导致绕组龟裂。绝缘水平为工频耐压 35kV，冲击耐压 75kV。一、二次绕组上下垫块与绕组接触面使用橡胶衬垫，起缓冲和吸震作用。一、二次引线固定在夹件的环氧树脂套管上，具有很好的机械强度。

冷却方式有空气自冷（AN）和强迫风冷（AF）两种。使用环境的相对湿度可为 100％。

在二次绕组内部装有热敏电阻传感器，用以测试绕组内温度及作过载保护之用。产品配装浙江科宏仪器仪表有限公司生产的 XMTB 型信号温度计。

2. 技术数据

10kV 级 SCB8 系列环氧树脂浇注干式电力变压器技术数据，见表 7-51。产品外形图与 SC 系列同等容量的产品相似。

六、10kV 级 S9 系列电力变压器

10kV 级 S9 系列三相油浸自冷式铜线电力变压器，供交流 50Hz 的供配电系统中作为分配电能、变换电压之用。可装于户内或户外连续使用。

本系列产品为全国统一设计，空载损耗和负载损耗等性能参数，已达到 20 世纪 80 年代初的国际先进水平。

表 7-51　　　　　10kV 级 SCB8 系列环氧树脂浇注干式电力变压器技术数据

型　号	额定容量(kVA)	损耗(W) 空载	损耗(W) 负载	空载电流(%)	阻抗电压(%)	噪声水平(dB)	带外壳 质量(kg)	带外壳 外形尺寸(长×宽×高，mm)	不带外壳 质量(kg)	不带外壳 外形尺寸(长×宽×高，mm)	轨距(mm)
SCB8－30/10	30	260	650	3.2		48	450	1250×880×1200	400	940×680×880	550
SCB8－50/10	50	370	920	2.8		48	500	1300×880×1250	450	960×680×920	550
SCB8－80/10	80	490	1230	2.2		48	670	1300×880×1400	600	980×680×1050	550
SCB8－100/10	100	570	1500	2.2		50	760	1370×880×1450	680	1020×680×1100	550
SCB8－125/10	125	600	1785	2.2		50	830	1380×880×1500	740	1030×680×1150	550
SCB8－160/10	160	740	2100	2.2	4	52	950	1400×880×1550	860	1050×680×1200	550
SCB8－200/10	200	770	2500	2.2		52	1250	1450×880×1600	1150	1100×680×1250	550
SCB8－250/10	250	900	2950	1.8		52	1310	1470×880×1650	1200	1120×680×1300	550
SCB8－315/10	315	1080	3500	1.8		52	1420	1500×940×1720	1300	1150×740×1370	660
SCB8－400/10	400	1210	4200	1.8		54	1580	1550×940×1750	1450	1270×740×1400	660
SCB8－500/10	500	1440	5100	1.8		54	1880	1650×940×1800	1750	1300×740×1460	660
SCB8－630/10	630	1620	5900	1.8		56	2250	1670×940×1950	2050	1320×740×1600	660
SCB8－800/10	800	1900	7480	1.3		58	2610	1710×1120×2100	2400	1400×740×1750	660
SCB8－1000/10	1000	2200	9000	1.3		58	2920	1750×1120×2250	2700	1400×920×1900	820
SCB8－1250/10	1250	2600	10750	1.3	6	60	3580	1860×1120×2350	3350	1570×920×2040	820
SCB8－1600/10	1600	3100	13000	1.3		60	4310	1960×1120×2400	4070	1610×920×2070	820
SCB8－2000/10	2000	4100	16000	1.3		64	4950	2160×1120×2500	4650	1810×920×2150	820
SCB8－2500/10	2500	4500	18000	1.3		66	6000	2300×1120×2600	5680	1950×920×2250	820

注　1. 额定电压（kV）：高压 10（11，10.5，6.3，6，3.15）；低压 0.4（6.3，6，3.15，3，0.415）。

　　2. 连接组标号：D，yn11，Y，yn0。

本系列产品为无载调压，调压范围 ±5%。根据用户要求，变压器的高压分接范围也可为 ±2×2.5%。

1. 结构简介

本产品铁芯采用优质冷轧晶粒取向硅钢片，45°全斜接缝无冲孔结构，芯柱与铁轭等截面。芯柱采用半干性玻璃粘带绑扎或刷固化漆，使片与片黏合在一起。铁轭用槽钢本身的刚性及旁轭螺栓同时夹紧。

绕组采用高强度的缩醛漆包圆铜线或纸包扁铜线。容量为 500kVA 及以下者，一、二次绕组均为圆筒式绕在一起。容量为 630kVA 及以上者，一次绕组为连续式或半连续式，二次绕组为双半螺旋、双螺旋和 4 半螺旋式。

油箱结构型式有长圆形筒式油箱装扁管式散热器、长方形油箱装片式散热器。

2. 技术数据

10kV 级 S9 系列电力变压器技术数据，见表 7-52。

表 7 – 52　　10kV 级 S9 系列电力变压器技术数据

型　号	额定容量 (kVA)	额定电压 (kV) 高压	额定电压 (kV) 低压	阻抗电压 (%)	连接组标号	损耗 (W) 空载	损耗 (W) 负载	空载电流 (%)	质量 (kg) 油	质量 (kg) 器身	质量 (kg) 总体	外形尺寸 (长×宽×高, mm)
S9 – 30/10	30					130	600	2.1	90	210	340	990 × 650 × 1055
S9 – 50/10	50					170	870	2.0	100	300	455	1070 × 690 × 1100
S9 – 63/10	63					200	1040	1.9	115	320	505	1090 × 710 × 1155
S9 – 80/10	80					240	1250	1.8	130	390	590	1120 × 770 × 1225
S9 – 100/10	100					290	1500	1.6	140	430	550	1220 × 808 × 1335
S9 – 125/10	125			4		340	1800	1.5	175	480	790	1385 × 850 × 1328
S9 – 160/10	160	11 10.5				400	2200	1.4	195	580	930	1415 × 870 × 1360
S9 – 200/10	200	10	0.4		Y, yn0	480	2600	1.3	207	660	958	1390 × 980 × 1420
S9 – 250/10	250	6.3				560	3050	1.2	255	790	1245	1410 × 860 × 1400
S9 – 315/10	315	6				670	3650	1.1	265	940	1390	1540 × 1010 × 1510
S9 – 400/10	400					800	4300	1.0	320	1070	1645	1440 × 1230 × 1580
S9 – 500/10	500					960	5100	1.0	360	1230	1890	1570 × 1250 × 1610
S9 – 630/10	630					1200	6200	0.9	605	1820	2825	1870 × 1526 × 1920
S9 – 800/10	800					1400	7500	0.8	680	2100	3215	2225 × 1550 × 2320
S9 – 100/10	1000			4.5		1700	10300	0.7	870	2350	3945	2300 × 1560 × 2480
S9 – 1250/10	1250					1950	12000	0.6	980	2785	4650	2310 × 1215 × 2662
S9 – 1600/10	1600					2400	14500	0.6	1115	3160	5205	2370 × 1892 × 2719
S9 – 630/10	630			4.5		1200	6200	1.5	660		2770	1793 × 1210 × 1972
S9 – 800/10	800					1400	7500	1.4	714		3165	2140 × 1240 × 2345
S9 – 1000/10	1000					1700	9200	1.4	825		3675	2205 × 1995 × 2395
S9 – 1250/10	1250	11 10.5				1950	12000	1.3	937		4190	2270 × 1930 × 2450
S9 – 1600/10	1600	10	3.15 6.3			2400	14500	1.3	1137		4910	1950 × 2360 × 2630
S9 – 2000/10	2000	6.3		5.5	Y, d11	3000	18000	1.2	1100		5190	2600 × 1950 × 2555
S9 – 2500/10	2500	6				3500	19000	1.2	1310		6320	2630 × 1984 × 2755
S9 – 3150/10	3150					4100	23000	1.0	1566		7690	2638 × 2018 × 2910
S9 – 4000/10	4000					5000	26000	1.0	2050		8520	3290 × 2300 × 2940
S9 – 5000/10	5000					6000	30000	0.9	2085		10735	3850 × 2200 × 3122
S9 – 6300/10	6300					7000	35000	0.9	2428		13100	2880 × 3190 × 3370

注　本表所列数据，凡低压为 6.3kV 者，系福州变压器厂产品之数据，其轨距：630 ~ 1250kVA，820mm；1600 ~ 6300kVA，1070mm。

3．外形及安装尺寸

10kV 级 S9 系列电力变压器的外形尺寸，见图 7 – 41 ~ 图 7 – 44 及表 7 – 53。

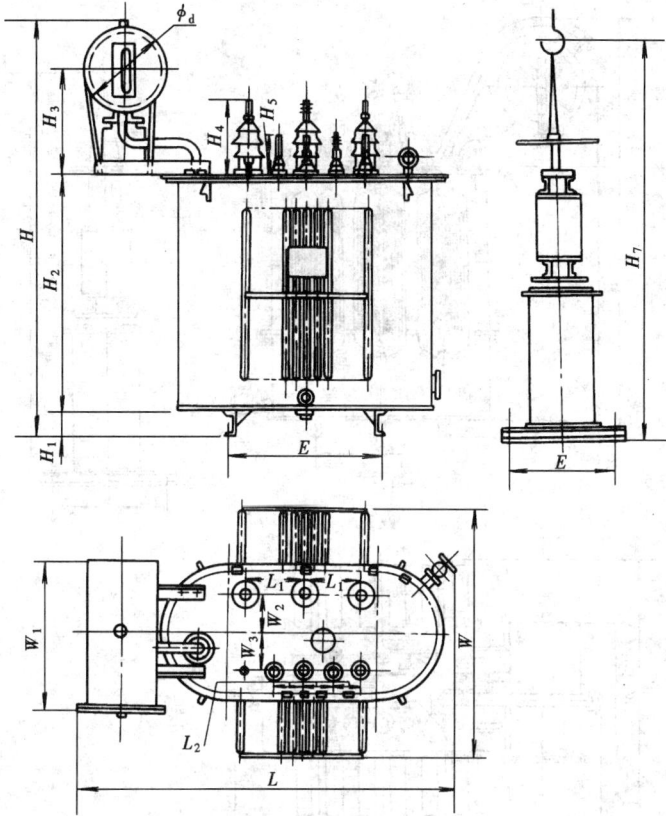

图 7 – 41　S9 – 30 ~ 100/10 型电力变压器外形尺寸（低压 0.4kV）

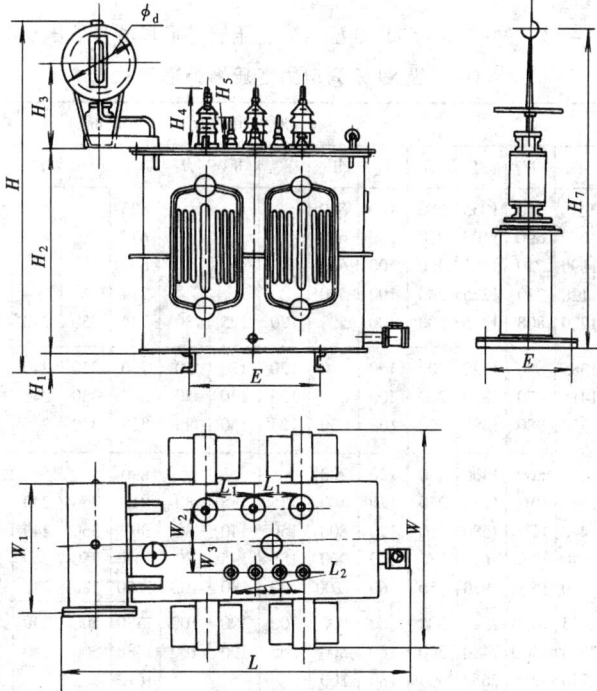

图 7 – 42　S9 – 125 ~ 200/10 型电力变压器外形尺寸（低压 0.4kV）

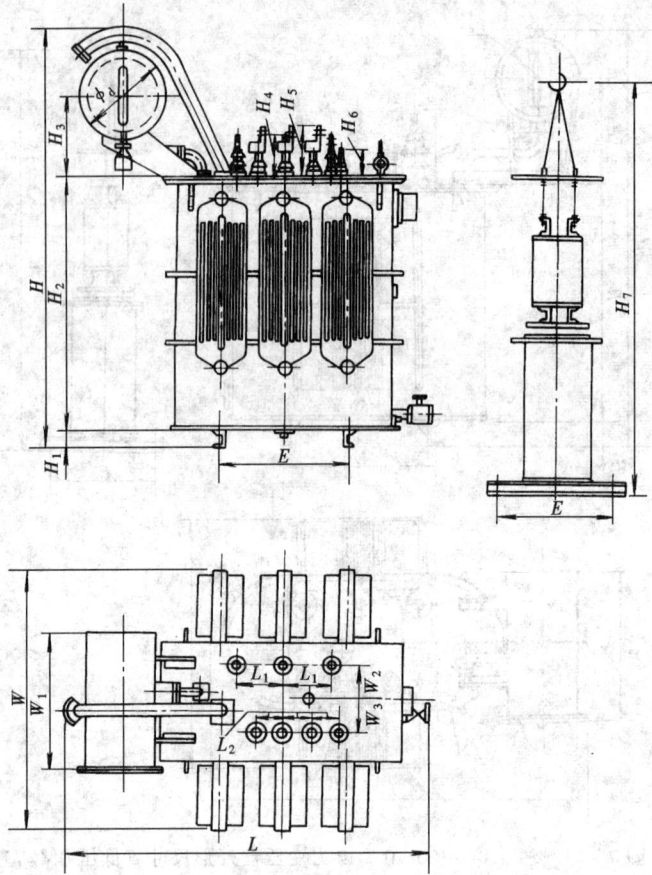

图 7 - 43　S9 - 250 ~ 630/10 型电力变压器外形尺寸 (低压 0.4kV)

表 7 - 53　　　　　　　　　　　　　**10kV 级 S9 系列电力变压器外形尺寸**

型　号	图号	外　形　尺　寸　(mm)															
		L	W	H	L_1	L_2	W_1	W_2	W_3	H_1	H_2	H_3	H_4	H_5	H_6	H_7	E	ϕ_d
S9 - 30/10		990	650	1055	200	100	500				625					2500	400	
S9 - 50/10		1070	690	1100	200	100	600				673					2600	400	
S9 - 63/10	图 7 - 41	1090	710	1155	200	100	600				693					2600	550	
S9 - 80/10		1120	770	1225	200	100	500				714					2600	550	
S9 - 100/10		1220	808	1335	200	100	500	120	125	80	744	350	240	117		2700	550	250
S9 - 125/10		1385	850	1328	200	100	500	120	120	50	770	350	240	117		2700	550	250
S9 - 160/10	图 7 - 42	1415	870	1360	200	100	500	120	130	50	800	350	240	117		2900	550	250
S9 - 200/10		1390	980	1420	200	100	630	125	130	80	829	350	240	117		2900	550	250
S9 - 250/10		1410	860	1400	250	120	700				890					3000	660	
S9 - 315/10		1540	1010	1510	250	120	700	135	135	80	919	350	240	145	117	3000	660	250
S9 - 400/10	图 7 - 43	1440	1230	1580	250	120	800	150	140	80	991	350	240	145	117	3200	660	250
S9 - 500/10		1570	1250	1610	250	120	900	155	145	80	1020	350	240	273	117	3200	660	250
S9 - 630/10		1870	1526	1920	250	160	1200	200	190	100	1250	380	240	278	117	3700	820	310
S9 - 800/10		2225	1550	2320	300	160	800	200	190	100	1330	500	240	278	117	3950	820	440
S9 - 1000/10		2300	1560	2480	300	180	800	205	190	100	1488	500	240	310	145	4200	820	440
S9 - 1250/10	图 7 - 44	2310	1215	2662	300	180	800				1612					4500	1070	
S9 - 1600/10		2370	1892	2719	300	180	900	230	200	140	1691	500	240	335	145	4900	1070	440

10kV 配电工程设计手册

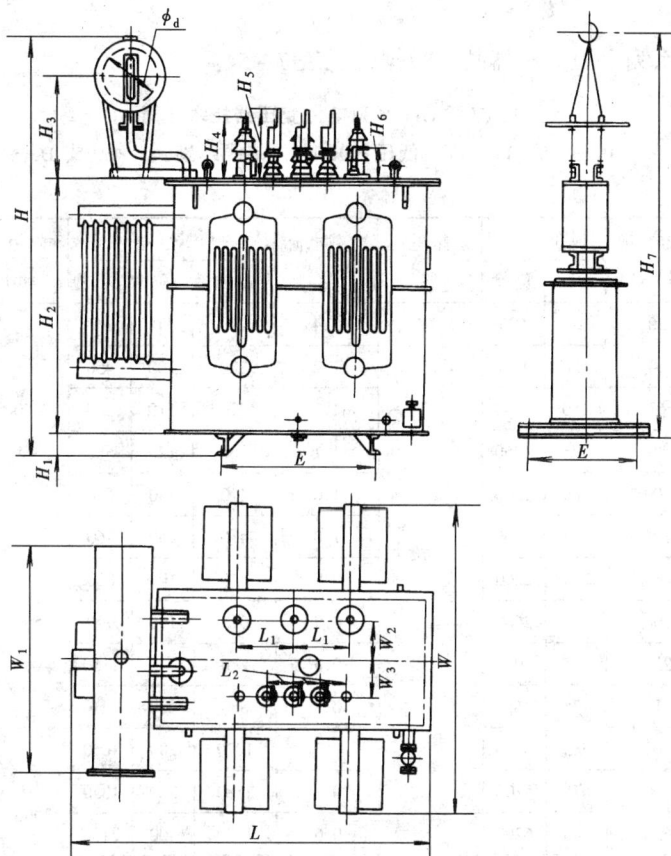

图 7 – 44   S9 – 800 ~ 1600/10 型电力变压器外形尺寸

七、10kV 级 S11 系列电力变压器

1. 结构简介

本系列产品的铁芯选用武钢产 30Q120、日本产 30ZH120 硅钢片,这类硅钢片具有性能优良,损耗低,导磁率高等特点。

铁芯采用 45°全斜接缝,改进型无冲孔三接缝结构减少了损耗。

低压绕组和铁芯之间以及低压绕组与高压绕组之间紧密结合,提高了绕组的机械强度,达到增强抗短路能力的要求,油箱波纹片用 BW – 1300A 波纹片生产线制造,材料选用 ST13、ST14 等优质冷轧钢板。

型号含义如下:

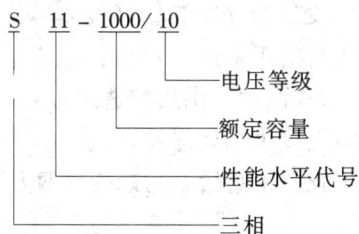

2．技术数据

10kV 级 S11 系列电力变压器技术数据，见表 7－54。

表 7－54　　　　　　　　　10kV 级 S11 系列电力变压器技术数据

高压：10（6、6.3、10、10.5、11）kV　低压：0.4kV　接线组别：Y.yn0 或 D.yn11　调压范围：±5%
或 ±2×2.5%

产品型号	额定容量（kVA）	损耗（W）		短路阻抗（%）	空载电流（%）	质量（kg）			轨距（mm）	外形尺寸（mm）
		空载	负载			器身质量	油质量	总质量		
S11－30/10	30	90	600		1.4	210	90	340		990×580×1140
S11－50/10	50	130	870		1.2	280	100	450		1030×600×1200
S11－63/10	63	150	1040		1.2	320	110	520	450	1060×640×1200
S11－80/10	80	175	1250		1.1	360	120	580		1100×680×1210
S11－100/10	100	200	1500		1.0	410	140	660		1160×710×1330
S11－125/10	125	235	1800		1.0	450	150	760		1160×750×1380
S11－160/10	160	270	2200	4.0	0.9	540	170	850		1220×750×1400
S11－200/10	200	325	2600		0.9	610	190	970	550	1220×760×1400
S11－250/10	250	395	3050		0.8	730	210	1150		1310×770×1430
S11－315/10	315	475	3650		0.8	850	250	1310		1370×890×1480
S11－400/10	400	565	4300		0.7	1020	280	1610		1420×910×1550
S11－500/10	500	675	5100		0.7	1180	320	1850		1460×930×1570
S11－630/10	630	805	6200		0.6	1380	400	2180	660	1620×980×1690
S11－800/10	800	980	7500		0.6	1610	460	2690		1900×1030×1870
S11－1000/10	1000	1155	10300	4.5	0.5	1880	550	3030		1990×1160×1900
S11－1250/10	1250	1365	12000		0.5	2280	630	3690	820	2060×1200×1980
S11－1600/10	1600	1650	14500		0.4	2790	720	4360		2150×1260×2080

八、10kV 级 S11－M 系列电力变压器

1．结构简介

S11－M 系列全密封低耗节能变压器采用 S11 系列器身，产品具有结构合理，体积小，温升低，过载能力强，运行可靠，免维护等特点。

变压器油箱采用波纹油箱，变压器油因温差引起的体积变化靠波纹片的弹性膨胀来调节。

变压器内部和外界空气处于完全隔绝状态，防止水分进入变压器内部，寿命期内正常运行情况下无需换油，减少了变压器的维护，提高电网运行的安全性和可靠性。

无储油柜，箱盖装有 QYW 型变压器保护装置（气体释放，压力保护和温度控制集一体的多功能保护装置），以保证变压器的正常运行。

箱盖密封形式分焊接式和拆卸式两种，供用户选择：

1）焊接式：箱盖与油箱之间直接用电焊焊死。

2）拆卸式：箱盖与油箱间用胶条密封后，用螺栓将两者紧固。

型号含义如下：

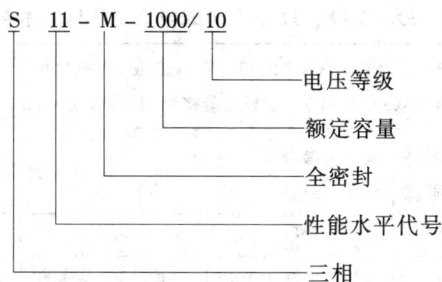

```
S  11 - M - 1000/ 10
```
- 电压等级
- 额定容量
- 全密封
- 性能水平代号
- 三相

2．技术数据

10kV级S11－M系列电力变压器技术数据，见表7－55。

表 7－55 　　　　　　10kV 级 S11－M 系列电力变压器技术数据

高压：10（6、6.3、10、10.5、11）kV　低压：0.4kV　接线组别：Y.yn0 或 D.yn11　调压范围：±5%
或 ±2×2.5%

产品型号	额定容量（kVA）	损耗（W）		短路阻抗（%）	空载电流（%）	质量（kg）			轨距（mm）	外形尺寸（mm）
		空载	负载			器身质量	油质量	总质量		
S11－M－30/10	30	90	600		1.4	270	100	440		800×630×1100
S11－M－50/10	50	130	870		1.2	280	105	460		820×650×1130
S11－M－63/10	63	150	1040		1.2	320	110	520	450	850×660×1140
S11－M－80/10	80	175	1250		1.1	360	125	590		880×680×1170
S11－M－100/10	100	200	1500		1.0	410	150	670		1160×700×1210
S11－M－125/10	125	235	1800		1.0	450	160	770		1180×700×1230
S11－M－160/10	160	270	2200	4.0	0.9	540	180	860		1230×730×1250
S11－M－200/10	200	325	2600		0.9	610	200	980	550	1230×760×1260
S11－M－250/10	250	395	3050		0.8	730	220	1170		1260×770×1300
S11－M－315/10	315	475	3650		0.8	850	250	1310		1310×800×1360
S11－M－400/10	400	565	4300		0.7	1020	280	1610		1390×840×1420
S11－M－500/10	500	675	5100		0.7	1180	320	1850		1430×880×1450
S11－M－630/10	630	805	6200		0.6	1380	390	2160	660	1530×930×1480
S11－M－800/10	800	980	7500		0.6	1610	450	2680		1650×1030×1580
S11－M－1000/10	1000	1155	10300	4.5	0.5	1880	530	3010		1780×1150×1630
S11－M－1250/10	1250	1365	12000		0.5	2280	610	3660	820	1850×1180×1690
S11－M－1600/10	1600	1650	14500		0.4	2790	700	4330		1950×1250×1780

九、10kV 级 SC（B）11 系列干式电力变压器

1．技术数据

10kV级SC（B）11系列干式电力变压器技术数据，见表7－56。

2．外形尺寸

10kV级SC（B）11系列干式电力变压器外形尺寸，见图7－45和表7－57。

表 7 – 56　　　　　10kV 级 SC（B）11 系列干式电力变压器技术数据

额定高压：10（11，10.5，6.6，6.3，6）kV　　接线组别：Y，yn0 或 D，yn11

额定低压：0.4kV　　绝缘水平：L175AC/L1 – AC3　　高压分接范围 ± 5% 或 ± 2 × 2.5%

额定容量（kVA）	空载损耗（W）	负载损耗120℃（W）	空载电流（%）	短路阻抗（%）	噪音水平（dB）	参考质量（kg）	外形尺寸（mm）								
							a	b	c	d	f	g	h	k_1	k_2
30	165	700	2.2		47	360	930	720	860	400	315	230	327	150	150
50	235	990	1.9		47	430	950	880	964	550	320	208	318	150	150
80	320	1370	1.8		47	620	1000	880	990	550	350	234	336	160	160
100	350	1570	1.6		47	680	1020	790	1030	550	340	249	296	150	150
125	410	1800	1.5		48	780	1030	880	1050	550	360	257	340	160	160
160	475	2120	1.4		48	850	1070	1104	1100	660	360	260	302	200	200
200	545	2520	1.4	4	49	1100	1130	1104	1210	660	380	265	313	210	210
250	630	2750	1.4		50	1250	1120	870	1330	660	380	262	308	200	200
315	770	3460	1.2		50	1450	1140	1104	1510	660	380	262	308	200	200
400	850	3980	1.2		50	1770	1260	1104	1470	660	360	280	326	200	200
500	1015	4870	1.2		51	2040	1270	1104	1590	660	360	280	326	200	200
630	1175	5870	1.1		51	2100	1300	1104	1520	660	430	288	382	200	200
630	1130	5950	1		51	2500	1480	1120	1510	820	490	295	341	250	250
800	1330	6950	1		51	2980	1530	1104	1590	820	510	352	352	250	250
1000	1540	8120	0.8		52	3260	1630	1104	1600	820	530	395	445	240	240
1250	1825	9690	0.8	6	52	4000	1650	1104	1590	820	550	390	390	270	270
1600	2140	11730	0.8		54	4570	1690	1104	1765	820	50	357	430	565	200
2000	2700	14450	0.6		56	6000	1880	1200	1950	1070	500	373	391	625	200
2500	3200	17170	0.6		56	6950	2070	1370	2300	1070	600	425	446	320	320

表 7 – 57　　　　　10kV 级 SC（B）11 系列干式电力变压器外形尺寸表

额定容量（kVA）	L（mm）	W（mm）	H（mm）	G（mm）	UK（mm）	额定容量（kVA）	L（mm）	W（mm）	H（mm）	G（mm）	UK（mm）
50	1200	1050	1200	350		500	1600	1350	1870	490	
80	1260	1200	1200	360		630	1600	1350	1870	490	4
100	1260	1200	1200	400		630	1860	1400	1800	490	
125	1370	1200	1200	450		800	1860	1400	1800	510	
160	1370	1200	1300	450	4	1000	1930	1500	1950	510	
200	1400	1300	1500	450		1250	2000	1500	1950	560	
250	1400	1300	1500	450		1600	2200	1500	2300	570	6
315	1570	1300	1700	470		2000	2200	1500	2500	580	
400	1570	1300	1700	480		2500	2400	1650	2700	580	

（a）

（b）

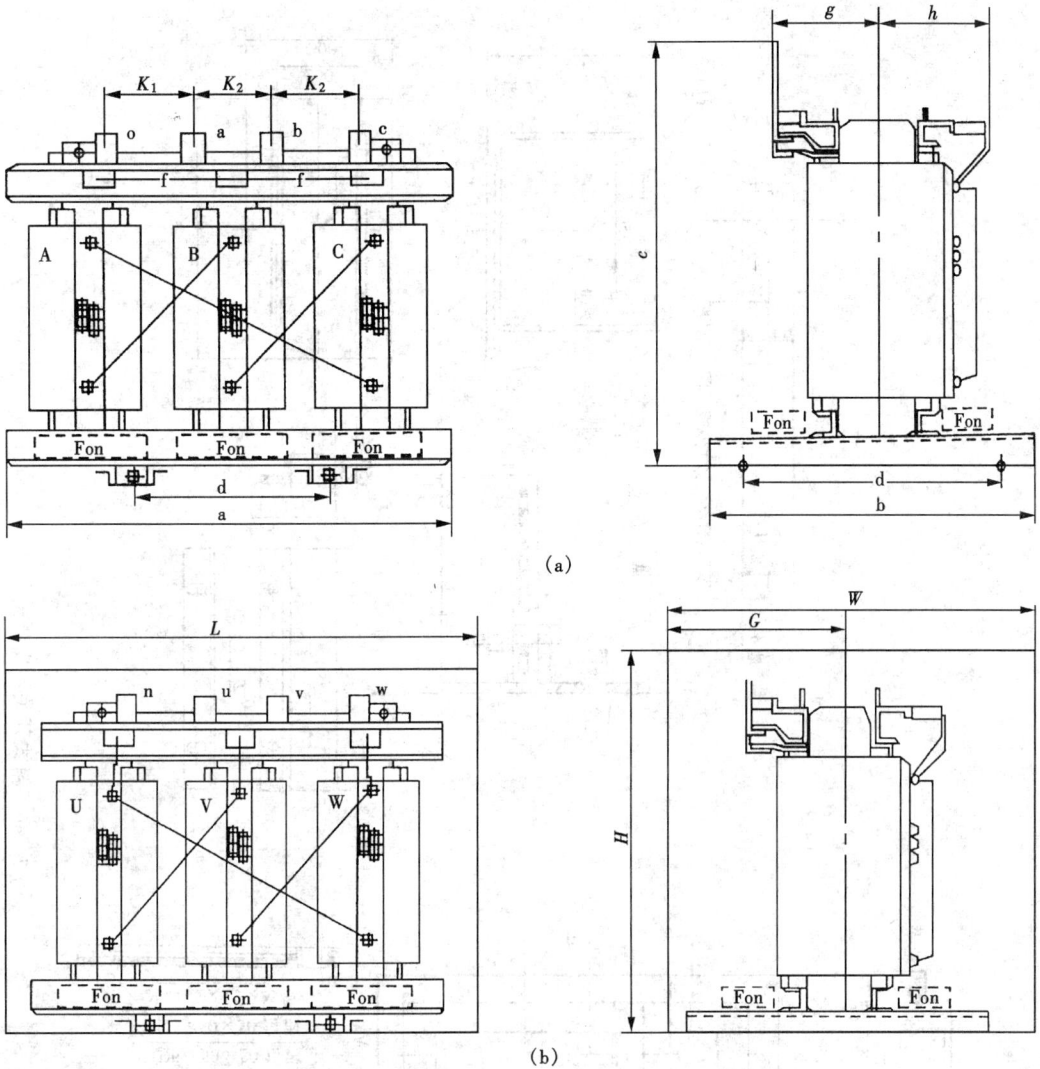

图 7 - 45   10kV 级 SC（B）11 系列干式电力变压器外形尺寸图

（a）外形图；（b）外壳图

第八节 组 合 式 开 关 站

组合式开关站的结构及外形与组合式变电站相互安装也是相似的。所不同的是组合式开关站里面全部设备都是环网负荷开关柜，共 1~10 面，一列式排列；而组合式变电站里面的设备除有环网负荷开关柜 1~3 面外，还有变压器一台，低压柜 1~3 面。

组合式开关柜适于没有房屋设置开关站的情况下使用。选址特别要注意防止车辆碰撞，防洪水浇和防小动物进入等。其安装见图 7 - 46，外形像成套变电站。

1. Safe 系列箱式开关站特点

箱式开关站由 SF$_6$ 气体全绝缘的开关柜 SafeRing & SafePlus 和箱体构成，如图 7 - 47(a)所示。

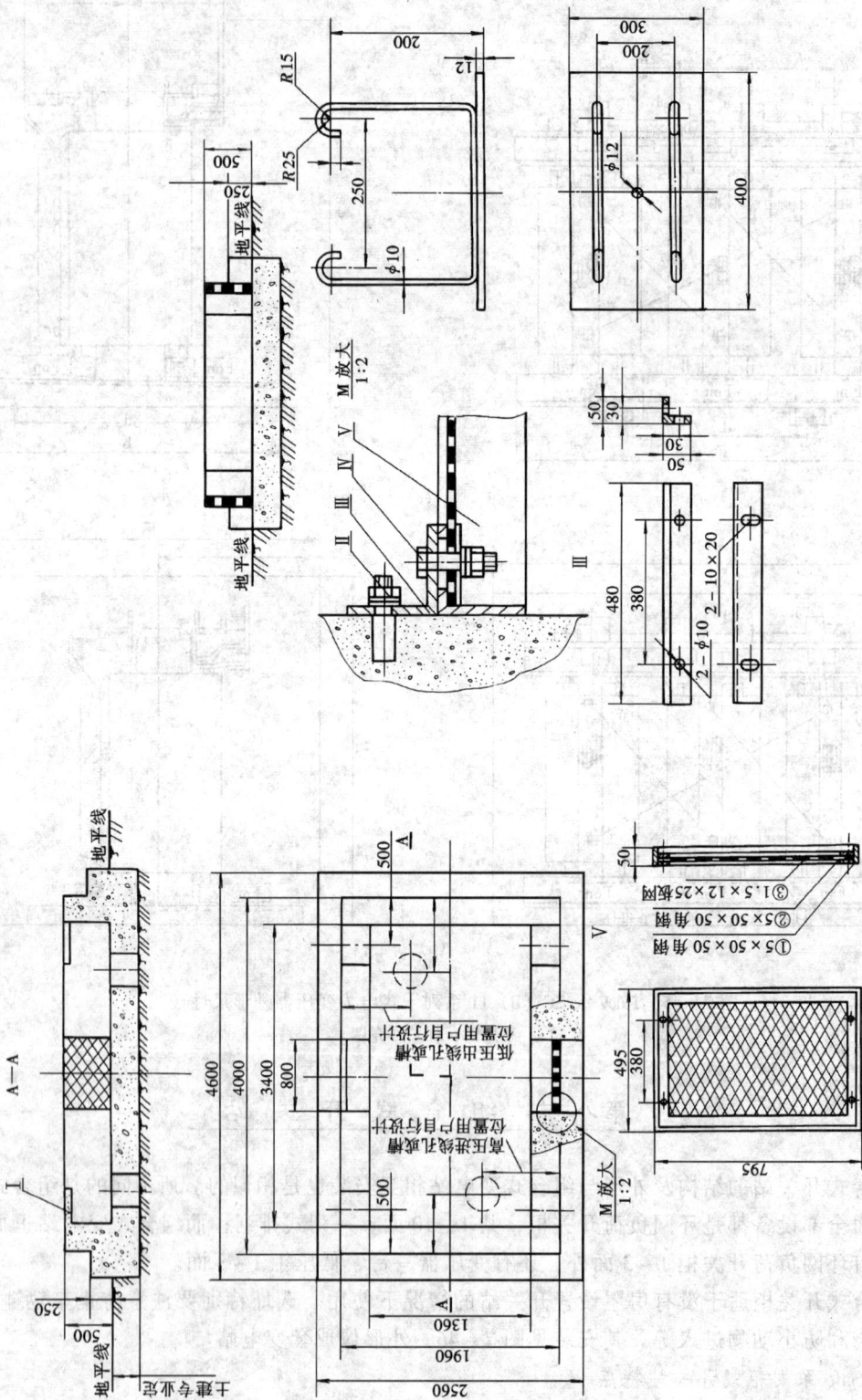

图 7 – 46　箱式开关站安装图

（a）　　　　　　　　　　　（b）

图 7 - 47　Safe 系列箱式开关站构成及外形
（a）箱式开关站的构成；（b）箱体外形

（1）箱体材料全部采用表面喷塑的覆铝锌钢板，厚度不小于 1.5mm，具有强的抗腐蚀能力。箱体零件均为板金构件，相互之间为铆接或螺栓连接而不采用易变形的焊接。质量轻，美观大方。

（2）箱体表面无紧固件可供拆卸，防盗性好。箱体具有 IP33 的防护等级，防雨性能好。

（3）顶盖为空气夹层式双层结构，并设有通风口。进风口设在箱体面板处，并有可拆卸的防尘过滤网；出风口设置在箱体顶部，并隐藏于房檐下面，形成自下而上的空气对流，使箱体具有良好的隔热与通风效果。顶盖有 3°的排水倾角。

（4）箱体电缆进线口采用密封式地板，防止电缆沟内的潮气进入箱体。

（5）门及吊耳处以密封条密封，门锁为防雨式结构，门开启时有限位拉钩使门便于固定。

（6）箱体内开关为 SF_6 全密封结构，不需加热器，无凝露问题。

（7）下列尺寸的箱体开关柜于工厂安装在箱体内，箱体外形见图 7 - 47（b）。有运输用固定吊耳使运输中不位移，现场只需将箱体吊到所需位置，使安装简单。箱体体积小，占地面积少，不遮挡视线。

（8）箱体颜色的可选择为：①RAL 7024（门框）、RAL 7032（门板）；②RAL 7032；③RAL 6005。选择其他颜色，请事先与北京 ABB 高压开关设备有限公司联系。

2．箱式开关站尺寸和质量数

对于五组及五组以下的 SafeRing/SafePlus，使用箱体的尺寸和质量数为：

$L \times W \times H$ = 1350 × 1000 × 1650（2150）mm，一进一出，350（370）kg；

$L \times W \times H$ = 1350 × 1000 × 1650（2150）mm，二进一出，450（480）kg；

$L \times W \times H$ = 1700 × 1000 × 1650（2150）mm，二进二出，580（610）kg；

$L \times W \times H$ = 2000 × 1000 × 1650（2150）mm，二进三出，680（715）kg。

第九节　直流配电屏

直流配电屏产品较多，本节仅编入有代表性的 BZGN 系列、ZKA 系列镉镍电池直流屏和 CBC 系列直流屏（柜）供选用时参考。

一、BZGN 系列镉镍电池直流屏

BZGN 系列镉镍电池直流屏适用于中、小型发电厂、变电所、配电站，作为高压断路器直流电磁操作机构的分、合闸电源及继电保护、信号回路的直流电源。

本产品分为Ⅰ、Ⅱ、Ⅲ系列。

型号及其含义如下：

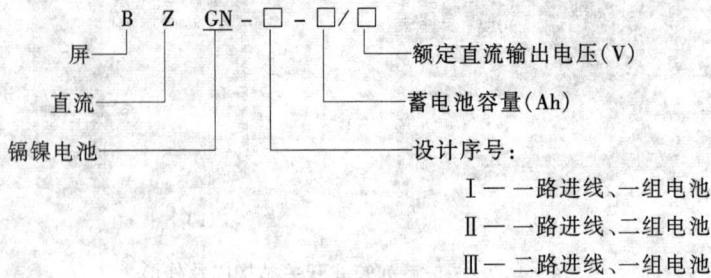

$$B \quad Z \quad GN - \square - \square / \square$$

屏 ——— 额定直流输出电压(V)

直流 ——— 蓄电池容量(Ah)

镉镍电池 ——— 设计序号：

Ⅰ —— 一路进线、一组电池
Ⅱ —— 一路进线、二组电池
Ⅲ —— 二路进线、一组电池

1. 结构简介

BZGN 系列镉镍电池直流屏由电源（电池）屏和控制（馈出）屏组成。充电机、浮充电源、蓄电池、直流馈出回路、电压监察、绝缘监察、闪光回路及直流系统的控制、故障监察回路等均集中装在屏上。不同型号屏的数量也不同，一般为 2~3 块屏，个别为 5 块屏（如 BZGN – Ⅱ – 40/220 型）。电源屏与控制屏屏体结构均采用 JP3 系列通用屏为基本骨架，屏体外形尺寸为 800mm × 550mm × 2360mm。

采用 GNG 系列全烧结式或半烧结式镉镍蓄电池，其区别在于负极板加工工艺不同，使用性能基本一致。

2. 技术数据

（1）BZGN 系列镉镍电池直流屏镉镍电池，充电和浮充电源主要技术数据见表 7 – 58 和表 7 – 59。

（2）BZGN 系列镉镍电池直流屏外形尺寸及安装如图 7 – 48 所示。

表 7 – 58　　　　BZGN 系列镉镍电池直流屏充电和浮充电源的技术数据

型　号	充 电 电 源				浮 充 电 源			
	交流输入电压 （V）	输入功率 （kVA）	直流输出电压 调节范围 （V）	直流输出 电流 （A）	交流输入 电压 （V）	输入功率 （kVA）	直流输出 电压 （V）	直流输出 电流 （A）
BZGN – Ⅰ – 10/220	1 相 220 ± 10%	2		3		2	220 ± 2%	8
BZGN – Ⅰ – 20/220	3 相 380 ± 10%	2	180 ~ 300	5		3		12
BZGN – Ⅰ – 35/220		4		8		4	250 ± 2%	15
BZGN – Ⅰ – 40/220	1 相 220 ± 10%	3		10	1 相 220 ± 10%	3	220 ± 2%	12
BZGN – Ⅰ – 10/110		1.5		3		2	110 ± 2%	8
BZGN – Ⅰ – 20/110		2	90 ~ 150	5		2	110 ± 2%	12
BZGN – Ⅰ – 35/110	3 相 380 ± 10%	2		10		3	250 ± 2%	15
BZGN – Ⅰ – 40/110	1 相 220 ± 10%	2		10		2	110 ± 2%	12
BZGN – Ⅱ – 10/220		2		3		3		8
BZGN – Ⅱ – 20/220		3	180 ~ 300	5		4	220 ± 2%	12
BZGN – Ⅱ – 40/220	1 相 220 ± 10%	4		10	1 相 220 ± 10%	5		15
BZGN – Ⅱ – 10/110		1		3		1.5		8
BZGN – Ⅱ – 20/110		1.5	90 ~ 150	5		2	110 ± 2%	12
BZGN – Ⅱ – 40/110		2		10		2.5		15
BZGN – Ⅲ – 10/220		2		3		2		8
BZGN – Ⅲ – 20/220	1 相 220 ± 10%	2	180 ~ 300	5	1 相 220 ± 10%	3	220 ± 2%	12
BZGN – Ⅲ – 40/220		3		10		5		15
BZGN – Ⅲ – 20/110		2	90 ~ 150	5		2	110 ± 2%	12
BZGN – Ⅲ – 40/110	3 相 380 ± 10%	2		10		2.5		15

直流屏型号	镉镍电池组型号	电池组数× 额定容量 （Ah）	镉镍电池组		4h 充电率		1 倍率放 电时间 （h）
			电压 （V）	蓄电池组数×每组 串联电池只数	充电电流 （A）	时间 （h）	
BZGN－$\frac{I}{III}$－10/220	GNG10－$\binom{2}{5}$	1×10	< 220	1×180	2.5	6	>1
BZGN－II－10/220		2×10		2×180			
BZGN－$\frac{I}{III}$－20/220	GNG20－$\binom{4}{5}$	1×20		1×180	5	6	
BZGN－II－20/220		2×20		2×180			
BZGN－I－35/220	GNG35－（2）	1×35		1×190	8	6	
BZGN－$\frac{I}{III}$－40/220	GNG35－（2）	1×35		1×180	10	6	
BZGN－II－40/220	GNG40－（5）	1×40		2×180			
		2×40					
BZGN－$\frac{I}{III}$－10/110	GNG10－$\binom{2}{5}$	1×10	< 110	1×90	3	6	>1
BZGN－$\frac{I}{III}$－20/110	GNG20－$\binom{4}{5}$	1×20		1×90	5	6	
BZGN－II－20/110		2×20		2×90			
BZGN－I－35/110	GNG35－（2）	1×35		1×90	8	6	
BZGN－$\frac{I}{III}$－40/110	GNG35－（2）	1×35		1×90	10	6	
BZGN－II－40/110	GNG40－（5）	1×40		2×90			
		2×40					

注　当某些用户因直流线路较长，电压降超出规定时，可适当增加镉镍电池只数，提高输出电压。增加的数量需在
　　订货时注明。

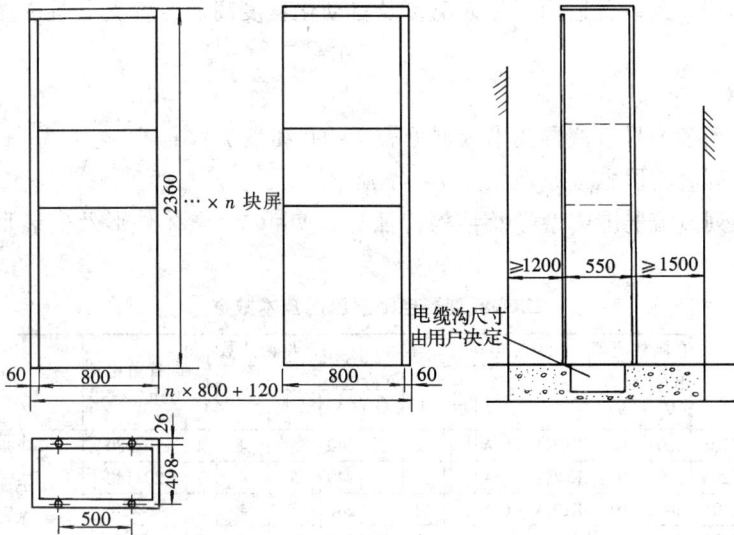

图 7－48　BZGN 系列镉镍电池直流屏外形尺寸及安装示意图

二、ZKA 系列镉镍电池直流屏

概述

本系列产品适用于发电厂、变电所及配电站作直流电源用,可以满足正常和事故状态下继电保护及自动装置操作控制、电磁分合闸、事故照明、通信等用电要求。本系列产品采用不同性能特点的电池、4 种充电机及多种屏组成 100 多种不同规格的直流屏,供用户设计选用。

型号及其含义如下:

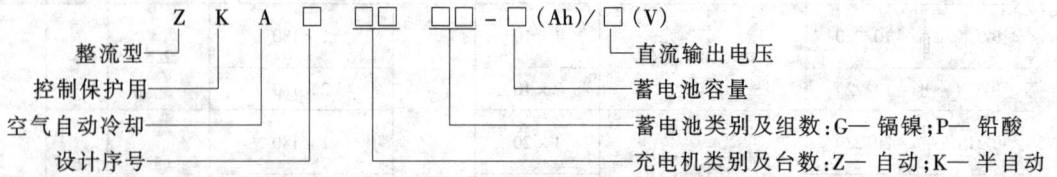

```
                    Z  K  A  □  □□  □□ - □(Ah)/□(V)
整流型 —                                          └── 直流输出电压
控制保护用 —                                  └────── 蓄电池容量
空气自动冷却 —                          └──────────── 蓄电池类别及组数:G— 镉镍;P— 铅酸
设计序号 —                            └────────────── 充电机类别及台数:Z— 自动;K— 半自动
```

1. ZKA 系列直流屏装置特点

ZKA46 型直流屏由合闸整流器、主控整流器及一组 GNY 型全封闭式镉镍电池组成,主控整流器对蓄电池正常浮充电。此设备造价较低、安装及运行简便,适宜小型变电所中使用。

ZKA56 型直流屏配备一组蓄电池,可与一台磁饱和充电机或一台 KGCA 型半自动充电机组合使用,也可与互为备用的二台 KGCA 型半自动充电器组合使用。考虑到投入运行后连续工作的特点,设备配有手动调压工作方式。此设备体积紧凑,适宜在中小型变电所中使用。

ZKA66 型直流屏是在 ZKA56 型的基础上发展的,配有两组蓄电池,可并联运行。屏内分别增设了独立的充电母线,可对两组蓄电池分别进行维护,大大提高了可靠性。

ZKA88 型直流屏配备两台充电机和两组蓄电池,电路设计集中了 ZKA56、ZKA66 型的特点,并具有高精度稳压和稳流的性能。两段直流母线可分段运行,也可并列运行,因此使用灵活,运行可靠。此设备适宜大型变电所及发电厂使用。

ZKA96 型直流屏为全自动的直流装置,具备自动恒流充电、自动稳压充电功能,能根据电池运行状态自动完成强充与浮充的转换,并根据运行情况自动调节控制母线电压,大幅度地提高了运行的稳定性和可靠性。本装置还具有软起动、停止和相序自动调整功能,同时保留了手动调节功能。此装置适用于无人值班及自动化程度高、对直流电质量要求高的变电所中使用。

2. 技术数据

(1) ZKA 系列各型号直流屏技术数据见表 7 - 60 和表 7 - 61。

(2) ZKA 系列直流屏电气原理如图 7 - 49 所示。

(3) ZKA 系列直流屏屏体型号及结构特征见表 7 - 62,屏体外形及安装尺寸如图 7 - 50所示。

表 7 - 60   ZKA46 型蓄电池直流屏技术数据

| 型号 | 合闸整流器 | | 配置充电机 | 最大负荷(A) | 事故负荷(Ah) | 合闸电流(A) | 馈出回路数 | | 屏面数 | 配置蓄电池(Ah/只数) | 适用技术参数 |
	电压(V)	容量(kVA)	型号				控制	合闸			
ZKA46K1G1 - 10Ah/220V	380	10	KGCA - 15A	12	5	240	5	4	2	10/180	稳压范围:80% ~ 125% U_N
ZKA46K1G1 - 20Ah/220V	380	10	KGCA - 15A	12	10	240	5	4	3	20/180	稳压精度: ≤ ±1%
ZKA46K1P1 - 24Ah/220V	380	10	KGCA - 15A	12	5	240	5	4	2	24/18	稳流范围:10% ~ 100% I_N
ZKA46K1P1 - 38Ah/220V	380	10	KGCA - 15A	12	8	240	5	4	2	38/18	
ZKA46K1P1 - 65Ah/220V	380	10	KGCA - 15A	12	13	240	5	4	3	65/18	稳流精度: ≤ ±1%
ZKA46K1P1 - 90Ah/220V	380	10	KGCA - 15A	12	18	240	5	4	3	90/18	纹波系数: ≤2% 噪 声: ≤50dB

注 1. 亦可制作 110V 等级的产品。
    2. U_N 为直流屏额定电压,I_N 为直流屏额定电流,下同。

型　　号	交流输入		配置充电机		最大事故负荷		合闸电流(A)	馈出回路数		屏面数	配置蓄电池(Ah/只数)	适用技术参数
	电压(V)	容量(kVA)	型　号	台数	负荷(A)	负荷(Ah)		控制	合闸			
ZKA56K1P1 – 24Ah/220V	380	6.3	KGCA – 15A	1	10	5	48	5	4	2	24/18	
ZKA56K2P1 – 24Ah/220V	380	6.3	KGCA – 15A	2	10	5	48	5	4	3	24/18	
ZKA56K1P1 – 38Ah/220V	380	6.3	KGCA – 15A	1	10	8	76	5	4	2	38/18	
ZKA56K2P1 – 38Ah/220V	380	6.3	KGCA – 15A	2	10	8	76	5	4	3	38/18	
ZKA56K1P1 – 65Ah/220V	380	6.3	KGCA – 15A	1	10	13	120	5	4	3	65/18	
ZKA56K2P1 – 65Ah/220V	380	6.3	KGCA – 15A	2	10	13	120	5	4	3	65/18	
ZKA56K1P1 – 90Ah/220V	380	8.1	KGCA – 20A	1	10	18	180	5	4	3	90/18	
ZKA56K2P1 – 90Ah/220V	380	8.1	KGCA – 20A	2	10	18	180	5	4	3	90/18	
ZKA56K1P1 – 180Ah/220V	380	12.5	KGCA – 30A	1	12	36	240	8	6	4	180/36	
ZKA56K2P1 – 180Ah/220V	380	12.5	KGCA – 30A	2	12	36	240	8	6	4	180/36	
ZKA56K1P1 – 275Ah/220V	380	16	KGCA – 40A	1	12	55	240	8	6		275/18	稳压范围：80% ~ 125% U_N
ZKA56K2P1 – 275Ah/220V	380	16	KGCA – 40A	2	12	55	240	8	6		275/18	稳压精度：≤ ±1%
ZKA56K1P1 – 370Ah/220V	380	20	KGCA – 50A	1	12	74	240	10	8		370/36	稳流范围：10% ~
ZKA56K2P1 – 370Ah/220V	380	20	KGCA – 50A	2	12	74	240	10	8		370/36	100% I_N
ZKA56K1P1 – 470Ah/220V	380	22	KGCA – 60A	1	12	94	240	10	8		470/18	稳流精度：≤ ±1%
ZKA56K2P1 – 470Ah/220V	380	22	KGCA – 60A	2	12	94	240	10	8		470/18	纹波系数：≤2%
ZKA56K1P1 – 625Ah/220V	380	25	KGCA – 75A	1	12	125	240	10	8		625/36	噪声：≤50dB
ZKA56K2P1 – 625Ah/220V	380	25	KGCA – 75A	2	12	125	240	10	8		625/36	
ZKA56K1P1 – 1015Ah/220V	380	37.5	KGCA – 125	1	20	200	240	10	8		1015Ah	
ZKA56K2P1 – 1015Ah/220V	380	37.5	KGCA – 125	2	20	200	240	10	8		1015Ah	
ZKA56K1P1 – 1250Ah/220V	380	50	KGCA – 150A	1	20	250	240	10	8		1250Ah	
ZKA56K2P1 – 1250Ah/220V	380	50	KGCA – 150A	2	20	250	240	10	8		1250Ah	
ZKA56K1P1 – 1560Ah/220V	380	50	KGCA – 150A	1	20	300	240	10	8		1560Ah	
ZKA56K2P1 – 1560Ah/220V	380	50	KGCA – 150	2	20	300	240	10	8		1560Ah	
ZKA56K1P1 – 2030Ah/220V	380	50	KGCA – 150A	1	20	400	240	10	8		2030Ah	
ZKA56K2P1 – 2030Ah/220V	380	50	KGCA – 150	2	20	400	240	10	8		2030Ah	
ZKA56K1P1 – 3045Ah/220V	380	50	KGCA – 150A	1	20	400	240	10	8		3045Ah	
ZKA56K2P1 – 3045Ah/220V	380	50	KGCA – 150	2	20	600	240	10	8		3045Ah	

注 1. 亦可制做 110V 等级的产品。
　　2. 未注屏面数者不推荐电池组安装于屏内。

表 7 - 62   **ZKA系列直流屏屏体型号及结构特征**

屏体型号	结　构　特　征	外形图	外形尺寸（高×宽×深，mm）
BZ – 101	敞开式、无后门、顶盖、面板上下活门、中间为固定板	图 7 - 50 (a)	2360 × 800 × 550 或 2260 × 800 × 600
BZ – 102	全封闭、有后门、顶盖、面板上下活门、中间为固定板		
BZ – 201	敞开式、无后门、顶盖、面板为一整板	图 7 - 50 (b)	
BZ – 202	全封闭、有后门、顶盖、面板为一整板		
PK – 101	全封闭、有后门、顶盖、玻璃门内为一整板	图 7 - 50 (c)	
PK – 102	全封闭、有后门、顶盖、玻璃门内为上下活门、中间为固定板		
PK – 103	全封闭、有后门、顶盖、面板为上下活门、下门带玻璃、中间为固定板	图 7 - 50 (d)	2360 × 800 × 550
PK – 201	敞开式、无后门、顶盖、面板为整板、角钢结构专用型	图 7 - 50 (e)	

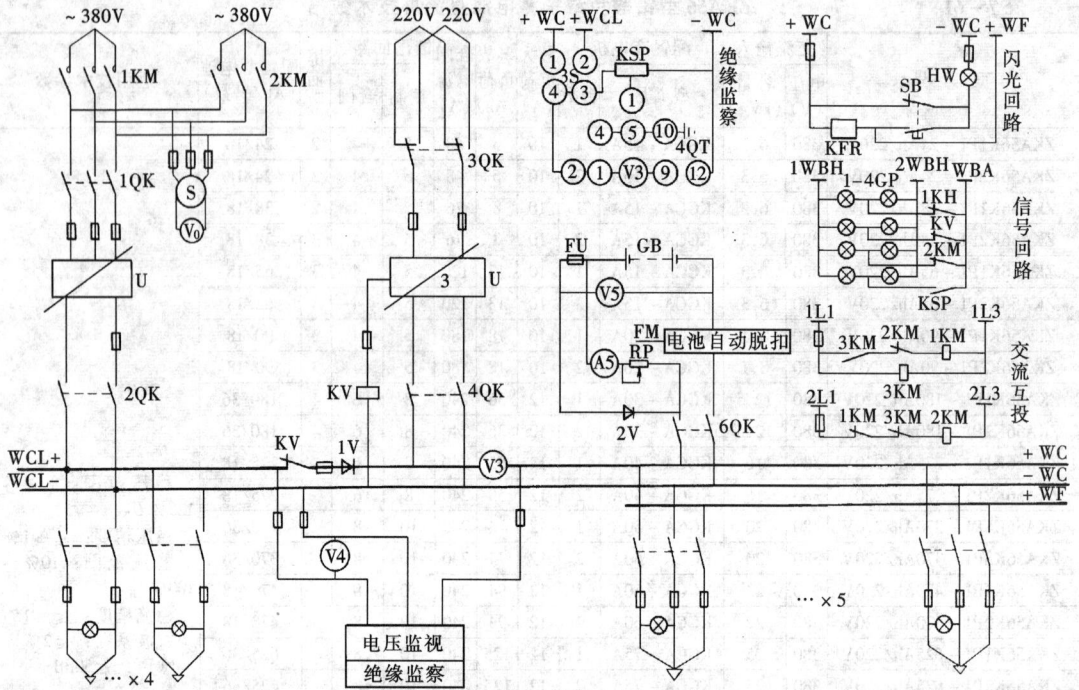

图 7-49 ZKA46C 系列直流屏电气原理

KSP—绝缘监察继电器；KFR—闪光继电器；KM—接触器；KV—电压继电器；RP—电位器；V—电压表、二极管；
QT—切换手柄；HW—白色信号灯；QK—刀开关；GB—电池组；WC—控制小母线；WF—闪光小母线；GP—光字
牌；WCL—合闸母线；SB—控制按钮；WBH—预告信号母线；WBA—辅助母线；U—充电整流装置

三、CBC 系列直流配电屏

1. CBC 系列直流配电屏性能特点

（1）全自动运行，可延长电池寿命，维护简单。

（2）有持续监测电池状态的电路，具有自动均充、浮充性能，这样可保证电池寿命，使
电池具有良好性能。

（3）采用相控晶闸管整流器，寿命长，运行可靠。

（4）低阻抗泄漏的变换器设计，为整流器提供内部短路保护，同时减小对电池的冲击电流。

（5）软启动特征，可在起动时使之达到限流提供充分的时间，即使是在短路状态下。另
外，在市电瞬时停电后恢复供电时能重新进行软启动。

（6）直流输出用熔丝保护，使过载时电路不受影响。

（7）变换器、控制板和晶闸管安装在普通的电路中，在充电器内这样标准安装可使元件
替换容易而便捷。

（8）控制印刷板完全可以替换，保证备件的可用性。

（9）有只安装充电器的机架，也有安装充电器和电池的机架，根据需要用 48cm 的支架
安装。

（10）测试仪表、控制器和指示器方便地组合，使运作更轻易。

（11）告警系统作为标准设备安装，可监测：①交流输入；②均充；③充电故障；④电

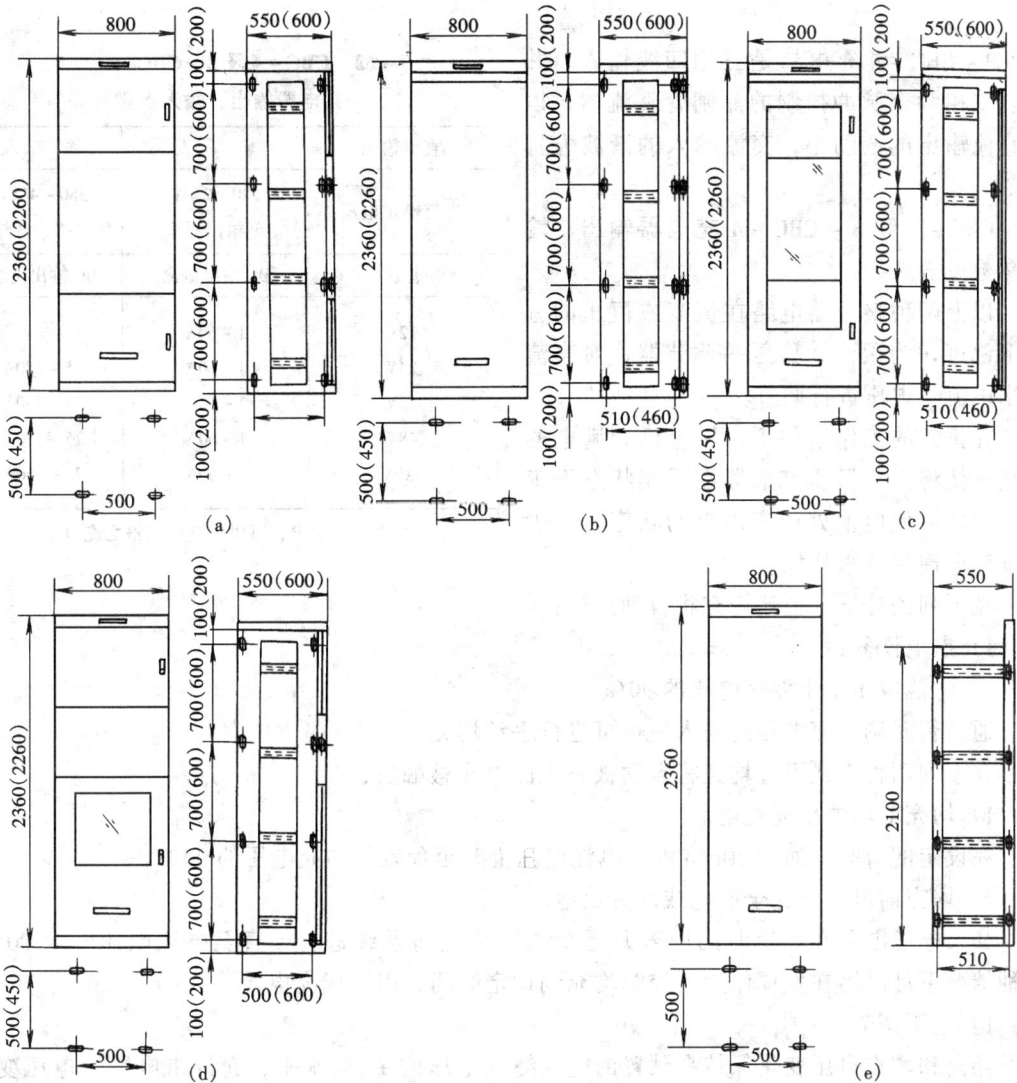

图 7 - 50　ZKA 系列直流屏屏体外形及安装尺寸

(a) BZ – 101、102 型；(b) BZ – 201、202 型；(c) PK – 101、102 型；(d) PK – 103 型；(e) PK – 201 型

注：括号中为新的统一设计尺寸。

池低电压；⑤电池高电压；⑥电解液液面低；⑦接地故障。

（12）控制板上安装有作了标记的发光二极管，以指示各种故障。

（13）故障指示一直保持，直至故障排除。告警自动清零，也可通过手动清零。

（14）故障情况远端指示和现场可闻报警都可通过装在控制板上的继电器的无电压转换触点来完成。

（15）高电压、低电压告警点可根据不同的应用场合来整定。

（16）电解液液面低告警同时供充电器停止充电，直至电解液液面恢复正常。

2. 技术规格

CBC – 4 充电器是单相输入，并配合单相全波晶闸管/二极管整流，以此作为相控调节器。

3 – CBC – 4 充电器是三相四线输入，并配合三相六个脉冲控制的晶闸管整流器，以使直流输出的波动小，交流输入的谐波失真小。

CBC – 4 和 3 – CBC – 4 充电器输出、输入参数见表 7 – 63。

以上两种整流器电路在恒流或恒压的方式下都可作为限流、稳压的调节器，对直流输出电流、电压进行调节。

在正常的工作条件下，接上已充满电的电池，便将作为恒压充电器在浮充状态下工作，这样可使电池处于充满电的状态，减少过度充电现象及水分耗量。

在下列条件下，恒流均充将自动进行：

1）市电恢复；

2）电池电压小于浮充电压的 90%。

通过暂时调节充电器的输入，也可进行手动均充。

在下列两种方式下，均充将自动被终止而浮充被触发：

1）均充前电池已充过电。

在设定的时间，通常 30min 内，电池电压上升至预置的均充电压的 90%。

2）均充前电池已完全放电或部分放电。

如果电池电压在设定时间内未升至 90%，均充将继续进行，直至电池电压升至 90%。这种情况下计时器在发挥作用，控制均充到设定时间，以完成充电。

1）电压调节。

浮充和均充电压变化保持在预置的电池终端电压的 ±1% 水平，允许市电输入电压变化范围为 +5%、–10%，负载变化为 0 ~ 100%（适于用 24V 以上系统）。

2）电流调节。

输出电流变化保持在预置值的 ±0.5%，同时允许市电输入电压为 +50%、–10%，负载变化 50% ~ 100%。

3）测试仪表。

充电电流表和电压表合乎工业标准，准确度 2.5%。

4）指示。

独立发光二极管显示：

* 交流输入；
* 均充；
* 充电故障；
* 电池低电压；
* 电池高电压；

表 7 – 63   CBC – 4 及 3 – CBC – 4
充电器输出、输入参数

直流输出	输　入	输　入
直流额定电压	220 – 250V 单相，两线	380 – 415V 三相，四线
范围	DC 输出电流	DC 输出电流
12V	1 ~ 60A	—
24V	1 ~ 60A	75 ~ 150A
32V	1 ~ 60A	75 ~ 150A
48V	1 ~ 60A	75 ~ 150A
110V	1 ~ 60A	75 ~ 150A

注　按客户之要求，可供应其他规格之充电器。

10kV 配电工程设计手册

- 电池电解液液面低；
- 接地故障。

通过继电器上不带电的转换触点，送出故障的遥信信号。

5）变换器（变压器）

漏电抗、双线圈漆浸，符合 BS 标准。

在"F"级温度下，初级和次级控制线圈中装有防静电接地保护。

6）电阻

单相为 25％；

三相为 10％。

7）整流器

晶闸管整流器装有散热片，在满负载下减少温升 50％。

8）平滑性

单相单元

在满负载下,电压浮动小于额定值的 5％;电流浮动小于电池容量(10h 放电率)的 15％。

三相单元

在满负载下,电压浮动小于额定值的 3％;电流浮动小于电池容量(10h 放电率)的 15％。

9）电气保护

交流输入设热磁脱扣断路器。

10）限流

在短路情况下限流至满负载（100％）电流，保证充电器在电池电压情况下提供调节后的电流。

11）浪涌电压抑制

在变压器初级接有压敏电阻，以防止交流输入的瞬变。

12）交货前检测

在交货前每个元件都经过试验，保证每个电路回路运行正常，元器件不致在运行中发生故障。

13）环境条件

环境温度 45℃下，每个元件均可在满负载下连续运行。

3．生产标准及技术要求

（1）设计、制造及元件的使用符合 IEC 标准；

（2）自然冷却；

（3）控制回路和电源回路电源线 $> 1.5\text{mm}^2$；

（4）印刷电路连接用 0.9mm^2 电源线；

（5）导线用金属包头连接；

（6）所有主要元件都可从机架前门进行操作；

（7）前门的主要元件都用白底黑字英文做了标记；

（8）机架内主要元件都做了标记；

（9）机架底部和两侧电缆均可方便进出。

标准参照如下。

IEC 146　半导体转变器；

IEC 529　保护程度；

IEC 76　电力变压器；

IEC 158　开关装置—接触器；

IEC 157　开关装置—断路器；

IEC 408　开关装置—低电压开关；

IEC 269　开关装置—熔丝；

IEC 227　电源线；

IEC 51　测量仪器、导线标志；

IEC 146　整流器。

4. 技术规范

CBC－4 和 3－CBC－4 充电器的技术规格概括如下。

电池充电器必须是 CBC－4 系列或恒压、限流，能在电池放电后 16h 内对电池进行充电，并具有下列特性：

(1) 电气要求。

1) 运行。

在下列条件下均充应能自动启动：①市电恢复；②电池电压低；③交流断路器瞬时动作。

在下列两种状态下均充应自动停止而转入浮充：①在均充开始前电池已充足 90% 的电，均充时间应小于完全放电后电池的充电时间的 3%；②在均充开始前电池充电不到 97%，则均充根据检测电池的电压来控制。当达到充足电的电池电压的 90%，均充从电压控制转到时间控制，同时均充再保持一般时间（事先设定，以完成充电）。

2) 容限。均充和浮充电压及输出电流之设定都按电池生产厂家说明书中推荐的数值进行整定。

充电器必须安装有调节控制器，以防止外来干扰（浮充和均充电压必须保持在预置值的 ±0.5% 内，当市电输入电压在 +50%、-10% 范围内变化时，或负载在 0%～100% 范围内变化时）。

输出电流必须保持在预置值的 ±0.5% 内，同时市电输入电压变化为 +50%、-10%，电池电压变化为均充值的 50%～100%。

(2) 装置功能。

1) 仪表。

在充电器面板上装有仪表以指示的参数有：①充电器输出电流；②电池电压；③系统负载电流。

2) 监察和告警。

充电器的面板上装有发光二极管，其监察功能如下：

①功能监察：交流输入；均充。②故障监察：充电故障；电池低电压；电池高电压；电解液液面低；接地故障。

当存在故障时，故障指示灯应接通，当故障排除时，要能自动清零。机架内的一只继电器为远距离监测提供不带电转换开关触点。

当电池充电电流为零，电池电压低于预置的浮充电压的 90％ 时，充电故障告警回路响应。

当电池电解液液面低于电池生产厂家规定的最低值，电解液液面低告警回路响应，且直至电解液液面恢复正常，充电器才开始工作。

3）环境温度。

充电器设计工作在环境温度低于 45℃，满负载连续运行状况下。

4）标签。对各种控制器、仪表、监测灯、保护装置都贴有氧化铝标签，标签通过垫圈、螺母、螺栓固定在充电器上。

（3）输入单元。

1）单相—230V 输入

充电器适用于工作在 230V ± 10％、50Hz ± 2％ 单相输入状态中。

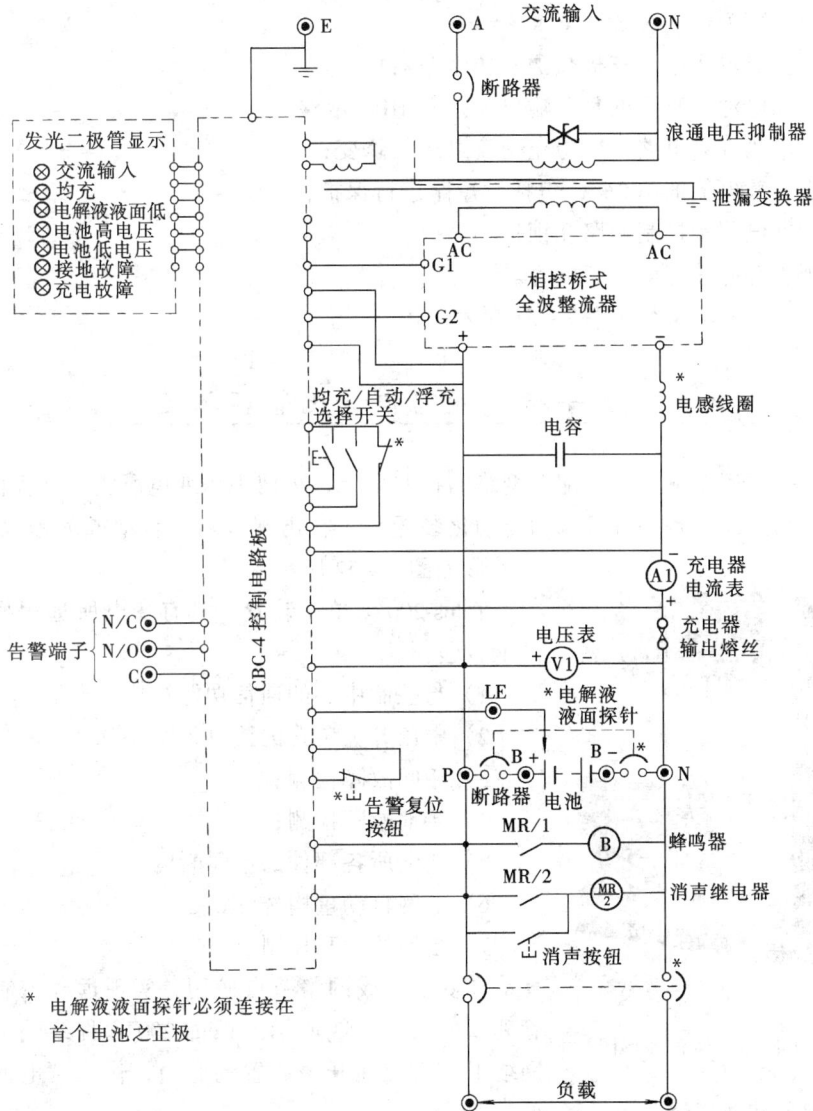

图 7 - 51　CBC - 4 原理接线图

电压波动小于满负载时的有效值 5%。电池回路的电流振荡值小于电池容量的 15%（10h 率）。

该单元提供下列保护装置：

在充电器交流输入中单极热磁脱扣断路器；

整流器和电池间直流负极输出端接有 HRC 熔丝；

装有浪涌电压抑制电路以防止交流电压的瞬变；

限流至满负载电流的 100%，包括对短路进行保护。

2）三相——400V 输入

充电器适用于工作在 400V ± 10%、50Hz ± 2% 三相四线电路中。

电压波动小于满负载时的有效值 3%。电池回路的电流振荡值小于电池容量的 15%（10h 率）。

该单元提供下列保护装置：

在充电器交流输入中有三极热磁脱扣断路器；

在整流器和电池间直流的负极输出端接有 HRC 熔丝；

装有浪涌电压抑制电路，以防止交流电压的瞬变；

限流至满负载电流的 100%，包括对短路进行保护；

相序保护继电器和控制回路互锁；

每个晶闸管都并接有电阻、电容。

5．CBC-4 原理接线图如图 7-51 所示。

第十节　网络自动化管理单元

Talus 200 是中压变电所二次配电网络的控制单元，可使中压变电所实现远程控制及电网自动化管理。Talus 200 是一种可靠的自动化装置，可在出现故障后自动或远程地重组网络，其外形如图 7-52 所示。

Talus 200 为单一装置，具有变电所远程操作的全部功能，包括：

1）与控制中心的通信功能；

2）中压开关装置的接口；

3）相间故障检测；

4）接地故障检测；

5）变电所各部件的不间断电源；

6）电网自动重构选件；

7）当地显示和控制。

在变电所或网络节点使用，实现远程控制和自动化管理，如图 7-53 所示。Talus 200 远程终端单元分布在网络中，安装在开关装置的旁边，作为“电网远动系统的永久性传感器和执行器”。

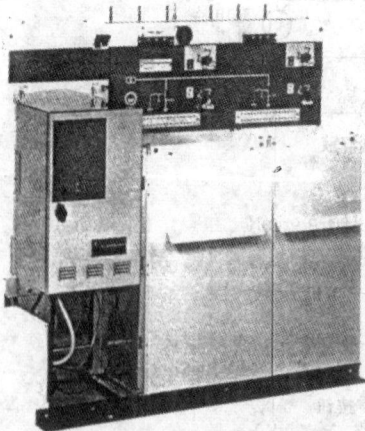

图 7-52　Talus 200 装置外形图

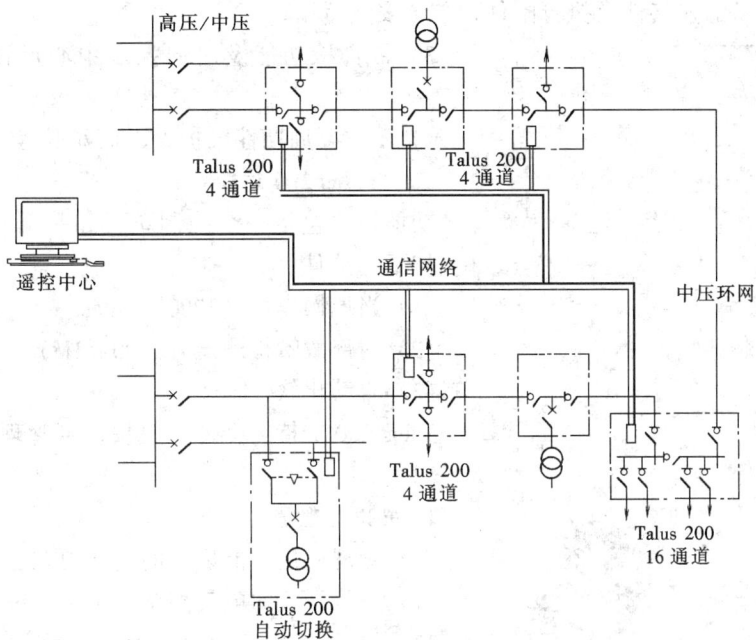

图 7 - 53 Talus 200 在配电网中的布置图

一、Talus 200 的优点

1．实施操作简单

（1）高集成度。

1）单一装置中集成了全部功能，带故障检测器；

2）Talus 200 符合 EMC 和环境的要求及相关标准；

3）带连接件和执行附件，Talus 200 可与开关装置集成在一起，优越性显著。

（2）开放式结构，适用各种远动系统。Talus 200 符合 IEC 870 - 5 - 101、DNP3、Modbus、HNZ 以及 WISP + 协议由一个专用模块进行通信管理，与新的通信规约匹配简易，不会影响操作和控制。

（3）可采用各种通信方式。Talus 200 外壳中有一个插槽，可插入各种通信设备，包括无线电、PSTN，电力载波和光纤通信等。

2．保证连续工作

（1）Talus 200 能保证数小时连续工作，操作开关装置，保持与控制中心通信。

（2）内置备用电源，可向如下设备供电：

1）开关装置电动操作机构；

2）数据传送设备（调制解调器、电台、RTU 等）；

3）故障检测器。

（3）Talus 200 连续执行自检功能。免维护，确保工作可靠性；当检测到故障后，即发出报警信号，并送到控制站。

3．良好的性能价格比

考虑了配电的操作设施，优化了配电质量，减少了客户的费用。

1）采用模块化结构，带 1～16 个开关，以及模块化的故障检测器；

2）采用简易的连接件及执行附件，节省安装费用；

3）带自检功能及时向控制中心反馈信息，免维护；

4）不需要周期性维护，因而降低运行费用。

二、Talus 200 功能

功能模块包括一个控制单元和一个开关装置接口并支持下述选件：

（1）当地操作板（T200 – FA）；

（2）内部故障检测器（T200 – TM）；

（3）自动化软件。

Talus 200 支持 4 个控制模块，可管理 16 个开关装置。

1．中央处理器

CPU 管理通信功能以外的全部功能。主要有

（1）中压开关的电气控制。

1）通过遥控中心的远动命令；

2）当地操作命令（按钮）；

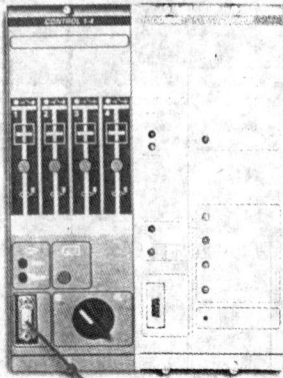

通过电脑与前端接口的连接，可以了解内部的信息及进行参数配置。

图 7 – 54　电脑与前端接口连接

3）Talus 200 内部自动化命令。

（2）指示。Talus 200 监视自己的操作状态和变电站数据，信息内容，详见表 7 – 64。

指示监测结果及时标事件，在机架的前部观察指示控制中心，或在便携式维护 PC 上（连接见图 7 – 54）读取数据。

表 7 – 64　　　　　　　　　　　监 视 信 息 内 容

指　　示	F.P.	PC	Su	指　　示	F.P.	PC	Su
分/合位置（1～16）	—	—	—	MODBUS 通信故障		—	—
接地开关位置（1～16）	—	—	—	分段自动化选项			
辅助输入（6～24）	—	—	—	自动化工作	—	—	—
相故障（开关 1～16）	—*	—	—	手动工作	—	—	—
接地故障（开关 1～16）	—*	—	—	自动化激活	—	—	—
当地	—	—	—	开关自动切换选件			
AC 电源断电	—	—	—	自动化工作	—	—	—
AC 电源延时断电	—	—	—	非自动化工作	—	—	—
充电器故障	—	—	—	输入电压 1（有）	—	—	—
电池故障	—	—	—	输入电压 2（有）	—	—	—
无开关操作电源	—	—	—	传输闭锁	—	—	—
通信电源	—	—	—				

注　F.P.—Talus 200 面板。

PC—Talus 200 设备状态菜单，配置和诊断软件。

Su—远控中心。

*—操作模块，相故障，接地故障通过一个指示灯来显示。

10kV 配电工程设计手册

（3）内部事件。控制模块管理内部事件，提供系统维护必须的时标。

2．开关装置接口

接口模块能使命令传送到开关，并采集外部信息。

（1）容量，每个模块可连接 1 ~ 4 个中压开关，包括：

1）分闸—合闸位置；

2）接地位置；

3）切换开关选件或输入空。

这些输入口与开关的连接电缆相接。

（2）电源，24 或 48V（与模块有关）。

（3）控制。

1）分/合闸命令通过 0V 或 + V 方式（可配置的），周期 3s 由继电器触点输入。

2）输出口带短路保护（熔丝）。

（4）0V 时接受开关装置上的信息，采样时间：20ms。

（5）附加信息。

1）6 个标准数字输入口；

2）1 个输入口为故障检测器复位功能；

3）1 个继电器输出口为外部故障检测器复位；

4）功率输出口用作点亮外部指示灯，周期指示检测到故障电流（6V、100mA 指示灯，50m 长、1.5mm^2 的铜电缆，闪烁周期为 1s）。

输入信号口与机箱内的螺丝接线端子相连。

注意，多于 4 个通道配置时，一个单一接口模块的输入/输出口与故障检测器配合使用（RESET、外部灯）。

（6）连接。

1）每个 MV 开关有一对免插错接线器。

2）附加的数字输入信号用螺丝接线端子。

（7）故障检测和测量信号采集模块。接口模块支持 1 块子板，用作每个 MV 开关的采集测量信号或外部故障检测器。

三、Talus 200 装置的机箱与机架

1．机箱

基本机箱中包括控制 4 个开关的全部功能单元，一个机箱选件。可扩展功能单元，控制 16 个开关。

机箱由不锈钢板制成，如图 7 – 55 所示。符合 EMC 标准要求，机箱可带挂锁装置。在不打开机箱门的情况下即可观察开关的状态、故障电流以及电源等有关数据。

图 7 – 55　壁挂式金属机箱

（1）基本机箱包括：

1）6 个模数的机架，可容纳全部电子模块；

2）外部数据采集模块和开关接口模块；

3）备用电池及供电变压器；

4）数据传送接口（需单独订货）的安装架；

5) 固定在机箱下部的插接件盒，连接开关装置的控制线。

8 通道机箱外形如图 7 - 56 所示。接地电缆的端子与变电所大地相连。

(2) 可扩展为 16 通道。

1) 通过增加扩展箱增加通道数，其中包括 4 通道管理模块。

2) 管理模块包括控制单元和开关接口模块，不同类型的控制模块可以混合使用，相互配合。

3) 扩展箱可带 4 个通道模块（或空着），可装外部设备（如保护继电器及测量仪表等）。

4) 提供一个或两个带百叶通风孔的门保护设备。

16 通道机箱外形如图 7 - 57 所示。

图 7 - 56 8 通道机箱

图 7 - 57 16 通道机箱

2. 机架

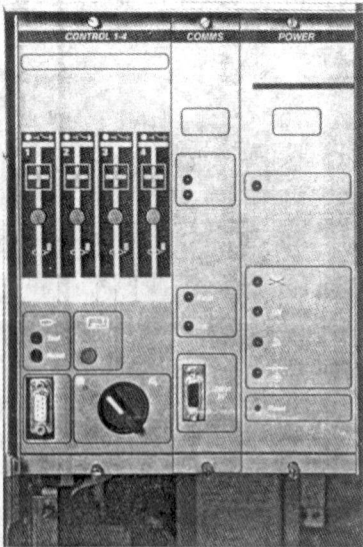

图 7 - 58 4 通道机架外形

(1) 基本机架。

机架外形如图 7 - 58 所示。它包括 3 种功能模块。

1) 电源模块，向设备、开关装置电动机构、数据转送设备提供电源。带充电电池，具有自检功能。

2) 通讯远动模块，管理与遥控中心的通信及数据传输调制解调器。

3) 当地控制和操作模块，管理除通信以外的全部功能。

(2) 扩展机架。

1) 扩展机架支撑 3 个模块，每个模块可管理 4 个开关。每个模块带一个面板，用作当地控制，有一个 CPU 板和位于机架下面的开关装置接口板。

2) 每一个 4 通道控制模块带一个配置插头。一个模块上带有"当地/遥控"转换开关。

3) 一个短扩展机架可配置最多 8 个通道，机箱内有足够的空间，带 12V 电源及 MODBUS 串行口，可安装一些相应的设备。

图 7 - 59 所示为 16 通道机架外形图。

图 7 – 59　16 通道机架外形

第八章

常用设备元件

第一节 通 则

为了保证高压电器的可靠运行,高压电器应按下列条件选择:

(1) 按正常工作条件包括电压、电流、频率、开断电流等选择;

(2) 按短路条件包括动稳定、热稳定和持续时间校验;

(3) 按环境条件如温度、湿度、海拔、环境、介质状态等选择;

(4) 按各类高压电器的不同特点,如断路器的操作性能、互感器的二次侧负荷和准确等级、熔断器的上下级选择性配合等进行选择。

选择高压电器时应校验的项目见表8-1。

表 8-1　　　　　　　　　　选择高压电器时应校验的项目

电器名称	额定电压	额定电流	额定开断电流	短路电流校验		环境条件	其 他
				动稳定	热稳定		
断路器	○	○	○	○	○	○	操作性能
负荷开关	○	○		○	○	○	操作性能
隔离开关	○	○		○	○	○	操作性能
熔断器	○	○	○			○	上、下级间配合
限流电抗器	○	○		○	○	○	
电流互感器	○	○		○	○	○	二次侧负荷、准确等级
电压互感器	○					○	二次侧负荷、准确等级
支柱绝缘子	○			○		○	
穿墙套管	○	○		○	○	○	
母线		○		○	○	○	
电缆	○	○			○	○	

注　1. 表中"○"为选择电器应进行校验的项目。

　　2. 此表是按电气设备用于50Hz的情况,用于其他频率时对频率也要校验。

第二节 按正常工作条件选择

一、按工作电压选择

选用的高压电器,其额定电压应符合所在回路的系统标称电压,其允许最高工作电压 U_{max} 不应小于所在回路的最高运行电压 U_y,即

$$U_{max} \geqslant U_y \tag{8-1}$$

熔断器、避雷器、电压互感器的额定电压应符合所在回路的系统标称电压。

二、按工作电流选择

电器和导体的额定电流 I_N 不应小于该回路的最大持续工作电流 I_{max}，即

$$I_N \geq I_{max} \tag{8-2}$$

由于高压开断电器没有连续过负荷的能力，在选择其额定电流时，应满足各种可能运行方式下回路持续工作电流的要求。

当电器的额定环境温度与实际环境温度不一致时，电器的最大允许工作电流按表 8-2 修正。

表 8-2 　　　　高压电器最高工作电压及在不同环境温度下的允许最大工作电流

项　目		支持绝缘子	穿墙套管	隔离开关	断路器	电流互感器	限流电抗器	负荷开关	熔断器	电压互感器
最高工作电压		$1.15U_N$				$1.1U_N$		$1.15U_N$		$1.1U_N$
最大工作电流	当 $\theta < \theta_N$ 时			环境温度每降低 1℃，可增加 0.5% I_N，但最大不得超过 20% I_N				I_N		
	当 $\theta_N < \theta \leqslant 60℃$ 时			环境温度每增高 1℃，应减少 1.8% I_N						

注　U_N 为高压电器额定电压，kV；I_N 为高压电器额定电流，A；θ 为实际环境温度，℃；θ_N 为额定环境温度，普通型和湿热带型为 +40℃，干热带型为 +45℃。

三、按开断电流（或断流容量）选择

按高压断路器的额定开断电流（或断流容量）选择断路器时，应满足下式要求

$$I_{off} \geq I_{sct}$$

或

$$S_{off} \geq S_{sct} \tag{8-3}$$

式中　I_{off}——断路器额定开断电流，kA；

S_{off}——断路器额定断流容量，MVA；

I_{sct}——断路器触头开始分离瞬间的短路电流有效值，kA；

S_{sct}——断路器触头开始分离瞬间的短路容量，MVA。

按开断电流（或断流容量）选择高压断路器时，宜取断路器实际开断时间（继电保护动作时间与断路器固有分闸时间之和）的短路电流作为选择条件。

IEC 和我国现行有关标准中已不采用断流容量，这是因为这个参数概念不准确，计算也不方便。

对于电网末端，如远离电源中心的用电单位，当使用低速断路器，其实际开断时间等于或大于 0.2s 时，则按短路时间为 0.2s 的短路电流周期分量有效值 $I_{0.2}$ 选择断路器；当实际开断时间小于 0.2s 时，则按超瞬变短路电流有效值 I'' 来选择断路器。

对于装有快速保护的快速断路器，当实际开断时间小于 0.1s，其开断短路电流还应考虑非周期分量的影响，即按短路全电流最大有效值来选择。

熔断器按开断电流选择时需满足下式要求

$$I_{off} \geq I_{ch} \text{ 或 } I'' \tag{8-4}$$

式中　I_{off}——熔断器额定开断电流，kA；

I_{ch}——三相短路全电流最大有效值，kA；

I''——超瞬变短路电流有效值，kA。

由于熔断器的切断特性不同，故选择时所用的短路电流计算值也不同。对一般没有限流作用的高压熔断器，可采用 I_{ch} 进行校验；对有限流作用的高压熔断器，可不考虑短路电流非周期分量而用 I'' 进行校验。

四、按机械荷载选择

所选电器端子的允许荷载应大于电器引线在正常运行和短路时的最大作用力。

断路器、屋外隔离开关（双柱、三柱式）、负荷开关接线端子允许的水平机械载荷为：10kV 及以下为 250N；35kV 为 500N（51kgf）。

第三节　按环境条件选择

一、一般要求

选择电器和导体时，应按当地环境条件校核，如温度、风速、湿度、污秽、海拔、地震烈度等。

选择电器和导体的环境温度见表 8 – 3。

表 8 – 3　　　　　　　　　　选择电器和导体的环境温度

类别	安装场所	环境温度		最　低
		最　高		
裸导体	屋　外	最热月平均最高温度		
	屋　内	该处通风设计温度。当无资料时，可取最热月平均最高温度加 5℃		
电缆	屋外电缆沟	最热月平均最高温度		年最低温度
	屋内电缆沟	屋内通风设计温度。当无资料时，可取最热月平均最高温度加 5℃		
	电缆隧道	该处通风设计温度。当无资料时，可取最热月平均最高温度		
	土中直埋	最热月的平均地温		
电器	屋　外	年最高温度		年最低温度
	屋内电抗器	该处通风设计最高排风温度		
	屋内其他处	该处通风设计温度。当无资料时，可取最热月平均最高温度加 5℃		

注　1. 年最高（或最低）温度为多年所测得的最高（或最低）温度平均值。

　　2. 最热月平均最高温度为最热月每日最高温度的月平均值，取多年平均值。

选择电器和导体的相对湿度，应采用当地湿度最高月份的平均相对湿度。

断路器、隔离开关、负荷开关、熔断器、电流互感器、电压互感器、绝缘子、套管在户内安装时，不必校核风速和污秽。在户外安装时不必校核相对湿度。

二、高海拔地区高压电器

高海拔对电器的影响是多方面的，主要是温升和外绝缘的问题。

当海拔增加时，空气密度降低，散热条件变坏，使高压电器在运行中温升增加，但空气温度则随海拔的增加而相应递减，其值足以补偿由海拔增加对电器温升的影响，因而在高海拔（不超过 4000m）地区使用时，其额定电流可以保持不变。

海拔增加，由于空气稀薄，气压降低，空气绝缘强度减弱，使电器外绝缘降低而对内绝缘没有影响。

在海拔超过 2000m 的地区，对用于 35kV 及以下电压的高压电器，可选用高原型产品或暂时采用外绝缘提高一级的产品。当海拔为 1000～2000m 时，对现有 35kV 及以下电压等级的大多数电器，如断路器、隔离开关、互感器等的外绝缘尚有一定裕度，因此设计时可选用一般产品。

选用避雷器的问题比较复杂，因为避雷器不密封，其火花间隙的放电电压易受空气密度影响，所以在高海拔地区要选用适用于该地区的高原型避雷器。

海拔的增高，对导体载流量有影响，因此裸导体的载流量应按所在地区的海拔及环境温度进行修正，其综合修正系数见表 8－4。

表 8－4　　　　　裸导体载流量在不同海拔及环境温度下的综合修正系数

导体最高允许温度（℃）	适用范围	海拔（m）	实际环境温度（℃）						
			＋20	＋25	＋30	＋35	＋40	＋45	＋50
＋70	屋内矩型导体和不计日照的屋外软导线		1.05	1.00	0.94	0.88	0.81	0.74	0.67
＋80	计及日照时屋外软导线	1000 及以下	1.05	1.00	0.95	0.89	0.83	0.76	0.69
		2000	1.01	0.96	0.91	0.85	0.79		
		3000	0.97	0.92	0.87	0.81	0.75		
		4000	0.93	0.89	0.84	0.77	0.71		

第四节　按短路电流稳定性选择

一、短路校验一般要求

高压电器和导体一般按表 8－1 的要求进行短路电流动稳定和热稳定校验，但在下列情况下例外。

（1）用熔断器保护的高压电器和导体可不验算热稳定，但动稳定仍应校验。用高压限流熔断器保护的电器和导体可根据限流熔断器的特性来校验电器和导体的动稳定。

（2）用熔断器保护的电压互感器回路，可不校验动、热稳定。

（3）架空线路可不校验动、热稳定。

高压电器和导体的动稳定、热稳定以及高压电器的开断电流，一般按三相短路校验。当单相、两相短路较三相短路严重时，则应按严重情况校验。例如，当短路点计算电抗的相对值 x_{c*} 小于 0.6（以系统容量为基准）时，则按二相短路校验热稳定。

确定短路电流时，应按可能发生最大短路电流的正常接线方式计算。

作短路电流动、热稳定校验时，短路点应选择在正常接线方式下短路电流为最大的地点。对带电抗器的 10（6）kV 出线，隔板（母线与母线隔离开关之间）前的引线和套管应按短路点在电抗器前计算；隔板后的引线和电器一般按短路点在电抗器后计算。

校验电缆的热稳定时，短路点按下述情况确定：

（1）不超过制造长度的单根电缆，短路发生在电缆的末端。

（2）有中间接头的电缆，短路发生在每一缩减电缆截面线段的首端；电缆线段为等截面时，则短路发生在第二段电缆的首端，即第一个中间接头处。

(3) 无中间接头的并列连接的电缆，短路发生在并列点后。

二、短路电流电动力效应

1. 短路电流通过平行导体产生的电动力效应

当两根平行导体中分别有电流 i_1 和 i_2 通过时，导体间的相互作用力为

$$F = 0.2 K_x i_1 i_2 \frac{l}{D} \quad (N) \tag{8-5}$$

式中　i_1、i_2——流过两根平行导体中的电流瞬时值，kA；

l——平行导体长度，m；

D——两导体中心间距，m；

K_x——导体截面形状系数，矩形截面导体的形状系数，可根据与导体厚度 b、宽度 h 和中心间距 D 有关的关系式 $\frac{D-b}{h+b}$ 和 $\frac{b}{h}$，从图 8-1 查得，对圆形及管形截面导体 $K_x = 1$。

两相短路时导体间最大作用力为

$$F_{k2} = 0.2 K_x (i_{ch\cdot k2})^2 \frac{l}{D} \quad (N) \tag{8-6}$$

式中　$i_{ch\cdot k2}$——两相短路冲击电流，kA。

当三相短路电流通过同一平面的三相导体时，中间相受力情况最严重，其最大作用力为

$$F_{k3} = 0.173 K_x (i_{ch\cdot k3})^2 \frac{l}{D} \quad (N) \tag{8-7}$$

式中　$i_{ch\cdot k3}$——三相短路冲击电流，kA。

其他量同式（8-5）。

2. 短路电流通过硬母线产生的应力

短路电流通过硬母线所产生的应力为

$$\sigma_c = \frac{M}{W} \quad (Pa) \tag{8-8}$$

式中　M——短路电流产生的力矩，N·m，当跨数大于 2 时，$M = \dfrac{F_{k3} l}{10}$，当跨数等于 2 时，$M = \dfrac{F_{k3} l}{8}$；

W——母线截面系数，m^3，与母线布置方式有关，对于水平布置的三相母线，当母线平放时为 $0.167 \delta b^2$，当母线立放时为 $0.167 \delta b^2$，其值见表 8-5；

l——母线的绝缘子跨距，m；

δ——母线厚度，m；

b——母线宽度，m。

当跨数大于 2 时，母线的应力为

$$\sigma_c = 1.73 K_x (i_{ch\cdot k3})^2 \frac{l^2}{DW} \beta \times 10^{-2} \quad (Pa) \tag{8-9}$$

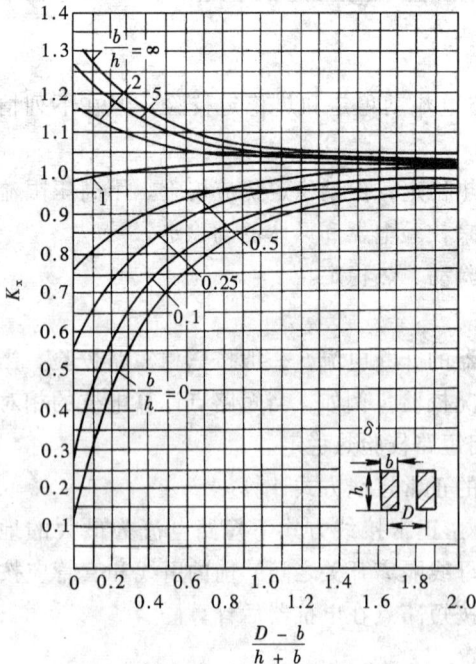

图 8-1　矩形截面导体的形状系数与 $\dfrac{D-b}{h+b}$ 与 $\dfrac{b}{h}$ 的关系曲线

10kV 配电工程设计手册

当跨数等于2时，母线的应力为

$$\sigma_c = 2.16 K_x (i_{ch \cdot k3})^2 \frac{l^2}{DW}\beta \times 10^{-2} \quad (Pa) \qquad (8-10)$$

式中　β——按机械共振条件校验的振动系数，见本节机械共振校验部分；

　　其他量同上。

3．按机械强度允许的最大跨距

母线动稳定一般要求

$$\sigma_c \leqslant \sigma_y \qquad (8-11)$$

式中　σ_c——短路时母线中的最大应力，Pa；

　　σ_y——母线最大允许应力，Pa，硬铝为69MPa，硬铜为137MPa。

对水平布置在同一平面的矩形母线，其应力按下式计算

$$\sigma_c = 1.73 \frac{l^2}{DW}(i_{ch \cdot k3})^2 \times 10^{-2} \quad (Pa) \qquad (8-12)$$

最大允许跨距 l_{max} 为

$$l_{max} = \frac{7.603}{i_{ch \cdot k3}}\sqrt{DW\sigma_y} = 7.603\sqrt{W\sigma_y}\frac{\sqrt{D}}{i_{ch \cdot k3}} = K'\frac{\sqrt{D}}{i_{ch \cdot k3}} \qquad (8-13)$$

式中　K'——随母线材料与截面而定的系数，见表8-5中 l_{max} 式的系数。

表 8-5　　　　　　　　　　　　铝母线计算数据

导体尺寸 (mm)	机械强度允许的最大跨距 l_{max} (m)		机械共振允许的最大跨距 (m)		截面系数 W (m³)		惯性半径 r_i (m)	
	平 放	竖 放	平放	竖放	平 放	竖 放	平放	竖放
40×4	$65.2\sqrt{a/i_{ch \cdot k3}}$	$20.6\sqrt{a/i_{ch \cdot k3}}$	1.14	0.36	1.069×10^{-6}	0.1069×10^{-6}	0.01156	0.001156
50×5	$91.1\sqrt{a/i_{ch \cdot k3}}$	$28.8\sqrt{a/i_{ch \cdot k3}}$	1.27	0.40	2.088×10^{-6}	0.2088×10^{-6}	0.01445	0.001445
63×6.3	$128.8\sqrt{a/i_{ch \cdot k3}}$	$40.7\sqrt{a/i_{ch \cdot k3}}$	1.43	0.45	4.176×10^{-6}	0.4176×10^{-6}	0.01821	0.001821
63×8	$145\sqrt{a/i_{ch \cdot k3}}$	$51.7\sqrt{a/i_{ch \cdot k3}}$	1.43	0.51	5.303×10^{-6}	0.673×10^{-6}	0.01821	0.002312
63×10	$162.4\sqrt{a/i_{ch \cdot k3}}$	$64.6\sqrt{a/i_{ch \cdot k3}}$	1.43	0.57	6.628×10^{-6}	1.052×10^{-6}	0.01821	0.00289
80×6.3	$163.4\sqrt{a/i_{ch \cdot k3}}$	$45.8\sqrt{a/i_{ch \cdot k3}}$	1.61	0.45	6.733×10^{-6}	0.53×10^{-6}	0.02312	0.001821
80×8	$184.1\sqrt{a/i_{ch \cdot k3}}$	$58.2\sqrt{a/i_{ch \cdot k3}}$	1.61	0.51	8.55×10^{-6}	0.855×10^{-6}	0.02312	0.002312
80×10	$205.9\sqrt{a/i_{ch \cdot k3}}$	$72.8\sqrt{a/i_{ch \cdot k3}}$	1.61	0.57	10.688×10^{-6}	1.336×10^{-6}	0.02312	0.00289
100×6.3	$204.2\sqrt{a/i_{ch \cdot k3}}$	$51.3\sqrt{a/i_{ch \cdot k3}}$	1.8	0.45	10.521×10^{-6}	0.663×10^{-6}	0.0289	0.001821
100×8	$230.2\sqrt{a/i_{ch \cdot k3}}$	$65.1\sqrt{a/i_{ch \cdot k3}}$	1.8	0.51	13.36×10^{-6}	1.069×10^{-6}	0.0289	0.002312
100×10	$257.3\sqrt{a/i_{ch \cdot k3}}$	$81.4\sqrt{a/i_{ch \cdot k3}}$	1.8	0.57	16.7×10^{-6}	1.67×10^{-6}	0.0289	0.00289
125×6.3	$255.3\sqrt{a/i_{ch \cdot k3}}$	$57.3\sqrt{a/i_{ch \cdot k3}}$	2.01	0.45	16.439×10^{-6}	0.829×10^{-6}	0.03613	0.001821
125×8	$287.7\sqrt{a/i_{ch \cdot k3}}$	$72.8\sqrt{a/i_{ch \cdot k3}}$	2.01	0.51	20.875×10^{-6}	1.336×10^{-6}	0.03613	0.002312
125×10	$321.7\sqrt{a/i_{ch \cdot k3}}$	$91\sqrt{a/i_{ch \cdot k3}}$	2.01	0.57	26.094×10^{-6}	2.088×10^{-6}	0.03613	0.00289

注　母线平放———，母线竖放|||；a 为相间距离，m；$i_{ch \cdot k3}$ 为三相短路冲击电流，kA。

第八章　常用设备元件

4．按机械共振条件校验

为避免短路电动力的工频和 2 倍工频周期分量与母线的自振频率相近而引起共振的危险，对重要母线应使母线的自振频率 f_m（对单频振动系统）限制在下列共振频率范围之外：

对单条的母线为 35～135Hz；

对多条的母线组及带有引下线的单条母线为 35～155Hz。

在单自由振动系统中，三相母线在同一平面内的母线自振频率为

$$f_m = 112 \frac{r_i}{l^2} \varepsilon \qquad (\text{Hz}) \qquad (8-14)$$

式中　r_i——母线的惯性半径，m，与母线布置方式有关，对于水平布置的三相母线，当母线平放为 $0.289b$，当母线立放时为 0.289δ，其值见表 8-5；

　　　δ—— 母线厚度，m；

　　　b——母线宽度，m；

　　　ε——材料系数，铜为 1.14×10^2，铝为 1.55×10^2，钢为 1.64×10^2；

　　　l——绝缘子跨距，m。

当母线的自振频率 f_m 能限制在上述共振频率范围之外时，振动系数 $\beta \approx 1$。

当母线的自振频率无法限制在上述共振频率范围之外时，母线受力须乘以振动系数 β。在单频振动系统中，β 可根据母线固有频率 f_0 由图 8-2 查得。

单频振动系统母线固有频率 f_0 可由下式求得

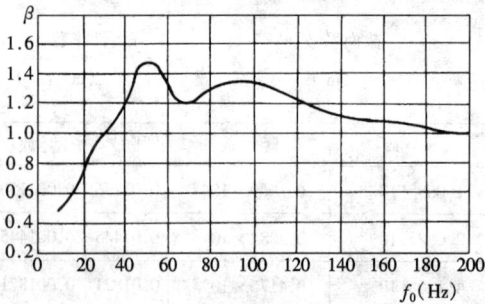

图 8-2　单频振动系统振动系数 β 与 f_0 的关系曲线

$$f_0 = \frac{a^2}{2\pi l_c^2} \sqrt{\frac{EJ}{m}} \qquad (\text{Hz}) \qquad (8-15)$$

式中　E——母线材料的弹性模数，N/m^2；

　　　J——垂直于弯曲方向的惯性矩，m^4；

　　　m——单位长度母线质量，kg/m；

　　　l_c——支持绝缘子间跨距，m；

　　　a——振型常数，与母线支撑方式有关的系数，对二端固定的母线 $a = 4.73$，对一端固定一端简支的母线 $a = 3.927$。

三、短路电流热效应

1．短路电流在导体和电器中引起的热效应

按实用计算法，短路电流在导体和电器中引起的热效应为

$$Q_t = \int_0^t i_{kt}^2 dt = \int_0^t I_z^2 dt + \int_0^t i_f^2 e^{-zt/T_a} dt$$

$$= Q_z + Q_f \qquad (\text{kA}^2 \cdot \text{s}) \qquad (8-16)$$

$$Q_z = \int_0^t I_z^2 dt = \frac{I''^2 + 10 I_{zt/2}^2 + I_{zt}^2}{12} t \qquad (\text{kA}^2 \cdot \text{s}) \qquad (8-17)$$

$$Q_f = \int_0^t i_f^2 e^{-zt/T_a} dt = T_f I''^2 \qquad (\text{kA}^2 \cdot \text{s}) \qquad (8-18)$$

式中　Q_z——短路电流周期分量引起的热效应，$\text{kA}^2 \cdot \text{s}$；

Q_f——短路电流非周期分量引起的热效应，$kA^2 \cdot s$；

i_{kt}——短路电流瞬时值，kA；

I_z——短路电流周期分量有效值，kA；

i_f——短路电流非周期分量，kA；

T_a——衰减时间常数；

t——短路电流持续时间，s；

I''——超瞬变短路电流有效值，kA；

$I_{zt/2}$——短路电流在 $t/2$ 时的周期分量有效值，kA；

I_{zt}——短路时间 t 时的短路电流周期分量有效值，kA；

T_f——非周期分量等效时间，s，为简化计算可按表8-6查得。

2. 短路电流持续时间

进行短路电流热效应校验时，短路电流持续时间 t 可按下式计算

$$t = t_b + t_{fd} = t_b + t_{gu} + t_{hu} \quad (s) \tag{8-19}$$

式中　t_b——主保护装置动作时间，s；

t_{fd}——断路器全分闸时间，s；

t_{gu}——断路器固有分闸时间，s；

t_{hu}——断路器燃弧持续时间，s。

主保护装置动作时间 t_b 应为该保护装置的启动机构、延时机构和执行机构动作时间的总和。

断路器固有分闸时间 t_{gu}，可由产品样本查得。

当断开额定容量时，断路器燃弧持续时间 t_{hu} 可参考下列数值：空气断路器为 $0.01 \sim 0.02s$，少油或多油断路器为 $0.02 \sim 0.04s$。

当主保护装置为速动时（无延时保护），短路电流持续时间 t 可取表8-7的数据。当继电保护有延时整定时，则按表中数据加上相应的整定时间。

表8-6　非周期分量等效时间

短　路　点	T_f (s)	
	$t \le 0.1$	$t > 0.1$
发电机出口及母线	0.15	0.2
发电机升压变压器高压侧及出线发电机电抗器后	0.08	0.1
变电所各级电压母线及出线	0.05	

表8-7　校验热效应的短路电流持续时间

断路器开断速度	断路器全分闸时间 t_{fd} (s)	短路电流持续时间 t (s)
高　速	< 0.08	0.1
中　速	$0.08 \sim 0.12$	0.15
低　速	> 0.12	0.2

如果主保护装置有死区时，继电保护装置动作时间应采用能对该死区起作用的后备保护动作时间，并采用相应短路点的短路电流值。

3. 按短路电流校验电器的热稳定

电器能耐受短路电流流过时间内的热效应而不致损坏，则认为该电器对短路电流是热稳定的，校验时应满足下式

第八章　常用设备元件

$$I_{th}^2 t_{th} \geqslant Q_t \tag{8-20}$$

式中　Q_t——短路电流的热效应，$kA^2 \cdot s$；

　　　I_{th}——电器在 t_{th}（s）内允许通过的热稳定电流有效值，kA；

　　　t_{th}——电器允许通过的热稳定电流的时间，s。

4. 按短路电流校验电缆的热稳定

按下式计算电缆热稳定的最小截面，并选用接近于计算值的电缆

$$S_{min} = \frac{\sqrt{I_z^2 t}}{c} \times 10^3 \tag{8-21}$$

式中　S_{min}——电缆所需最小截面，mm^2；

　　　I_z——短路电流周期分量有效值，kA；

　　　t——短路切除时间，s；

　　　c——热稳定系数。

导体或电缆长期允许工作温度和短路时的允许最高温度及相应的热稳定系数 c 见表 8-8。

表 8-8　导体或电缆长期允许工作温度和短路时的允许最高温度及相应的热稳定系数 c

导体种类和材料		导体长期允许工作温度（℃）	短路时导体允许最高温度（℃）	c
母线	铝	70	200	87
	铜	70	300	171
10kV 油浸纸绝缘电缆	铝 芯	60	200	88
	铜 芯	60	250	153
6kV 油浸纸绝缘电缆	铝 芯	65	200	87
	铜 芯	65	250	150
6~10kV 交联聚乙烯绝缘电缆	铝 芯	90	200	77
	铜 芯	90	250	137
PVC 绝缘电缆	铝 芯	65	160	74
	铜 芯	65	160	114

第五节　按设备特性要求选择

一、油断路器

装有自动重合闸装置的断路器，应考虑重合闸对额定开断电流的影响。当所选产品已按断路器标准通过额定操作循环的开断电流时，如按自动重合闸操作循环"分—θ—合分—t—合分"（θ 为无电流间隔时间，35kV 及以下为 0.3 或 0.5s；t 为 180s）完成试验的断路器，不必因重合闸而降低其断流能力。

少油断路器断流容量与操动机构型式有关。当配用电动操动机构或弹簧操动机构时，其断流容量为额定值；当配用手力操动机构时，其断流容量应适当降低。为保证手力操动机构的安全，一般仅允许使用于额定开断电流不超过 6.3kA 的场合，具体要求见有关产品规定。

二、负荷开关

额定电压为 35kV 及以下的通用负荷开关，具有以下开断及关合能力：

（1）开断有功负荷电流和闭环电流等于负荷开关的额定电流。

（2）开断电缆或限定长度的架空线充电电流，其值不大于 10A。

（3）开断 1250kVA 及以下配电变压器的空载电流。

（4）关合负荷开关的额定"短路关合电流"。

三、熔断器

（1）使用限流式高压熔断器时，工作电压要与其额定电压相符，不宜使用在工作电压低于其额定电压的电网中。例如额定电压 10kV 的熔断器就不能用于 6kV 的线路上。

（2）选择熔体时，应保证前后两级熔断器之间、熔断器与电源侧继电保护之间以及熔断器与负荷侧继电保护之间动作的选择性。当在本段保护范围内发生短路时，应能在最短的时间内切断故障，以防止熔断时间过长而加剧被保护电器的损坏。

保护 35kV 及以下电力变压器的高压熔断器，其熔体的额定电流 I_{rr} 可按下式选择

$$I_{rr} = KI_{gmax} \tag{8-22}$$

式中　K——系数，当不考虑电动机自起动时，可取 $1.1 \sim 1.3$，当考虑电动机自起动时，可取 $1.5 \sim 2$；

I_{gmax}——电力变压器回路最大工作电流，A。

保护并联电容器的高压熔断器熔体的额定电流按下式选择

$$I_{rr} = KI_{rc} \tag{8-23}$$

式中　K——系数，对限流式高压熔断器，当保护一台电力电容器时，系数取 $1.5 \sim 2.0$，当保护一组电力电容器时，系数取 $1.3 \sim 1.8$；

I_{rc}——电力电容器回路的额定电流，A。

保护电压互感器的熔断器，只需按额定电压和断流容量选择，不必校验额定电流。

（3）选择跌开式熔断器时，其断流容量应分别按上、下限值校验。对下限值，要使被保护线段的三相短路电流计算值（系统最小运行方式下）大于其断流容量的下限值。如果三相短路电流计算值小于其断流容量的下限值时，则所产生的气体有可能不足以灭弧。

跌落式熔断器一般只在屋外使用。

四、限流电抗器

普通限流电抗器电抗值的选择，要满足下列要求：

（1）将电抗器后的短路电流限制到最大允许值以内。这时，电抗器的额定电抗百分数按下式计算

$$x_{rk}\% \geqslant \left(\frac{I_j}{I_{ky}} - X_{*s} \right) \frac{I_{rk} U_j}{U_{rk} U_j} \times 100\% \tag{8-24}$$

（2）在电抗器后短路时，要使母线剩余电压保持一定水平，这时额定电抗百分数按下式计算

$$x_{rk}\% \geqslant u_y\% \frac{I_{rk}}{I''} \tag{8-25}$$

（3）正常工作时，电抗器的电压损失 $\Delta u\%$ 不得大于母线额定电压的 5%，可按下式验算

$$\Delta u\% = x_{rk}\% \frac{I_g}{I_{rk}} \sin\varphi \tag{8-26}$$

对于出线电抗器，尚应计及出线上的电压损失。

以上三式中　$x_{rk}\%$——电抗器在其额定参数条件下的额定电抗百分数；

U_j——基准电压，取连接电抗器线路的平均额定电压，kV；

I_j——基准电流，kA；

X_{*s}——电抗器前的系统电抗标么值，以 U_j、I_j 为基准；

U_{rk}——电抗器额定电压，kV；

I_{rk}——电抗器额定电流，kA；

I_{ky}——短路电流的最大允许值，kA；

$u_y\%$——母线必须保持的剩余电压百分数，一般为 60% ~ 70%；

φ——负荷功率因数角；

I_g——正常通过的负荷电流，kA；

I''——电抗器后短路时超瞬变短路电流有效值，kA。

对于母线分段电抗器、带几回出线的电抗器及其他具有无时限继电保护的出线电抗器，不必按第（2）项要求进行验算。

第六节　高压断路器

一、ZN18 – 10 型真空断路器

（一）概述

ZN18 – 10（VK – 10J25）型真空断路器为额定电压 10kV、三相交流 50Hz 的户内高压开关设备，可作为变配电站的控制和保护开关用，尤其适用于开断重要负载、开合电容器组及频繁操作的场所。

ZN18 – 10 型真空断路器是引进日本东芝公司技术（VK – 10J25 真空断路器）而生产的一种新型断路器。该断路器配有专用弹簧操动机构。

（二）结构简介

ZN18 – 10 型真空断路器是手车式，总体布局属悬挂式，真空灭弧室装在前部，操作机构装在后部。前后两部分由绝缘操作杆连接起来并由接地金属板隔开，操作安全，维修方便。

真空灭弧室是由锦州 777 厂引进美国西屋公司技术和设备生产的产品。该灭弧室采用先进的陶瓷绝缘外壳及铜铬合金触头材料。

该断路器采用三相一体的绝缘罩作为相同、相对地绝缘及固定真空灭弧室用。绝缘罩的材料选用国产的滞燃、耐弧不饱和聚脂玻璃纤维增强塑料，具有电气性能好、机械强度高、耐潮（浸水后机械、电气性能几乎不变）、有足够的阻燃性和防雷性（在湿热地区基本不长霉）等优点。

操动机构是弹簧储能式，具有手动储能和电动储能的功能，并具有防跳装置。该操动机构还有各种连锁：

（1）机构在没有完成储能时，断路器不能合闸；

（2）断路器只有处于分闸状态，才可以插入开关柜或从开关柜抽出；

（3）断路器在开关柜内只有处于工作位置、试验位置或移出位置，才可能进行分、合闸

操作；

（4）断路器在合闸状态时，二次插头不可能拔出；

（5）按用户需要，断路器的手动分、合闸按钮设有挂锁装置。

断路器手车面板上具有断路器分、合闸状态的指示及合闸弹簧储能状态的指示，并有手动分、合闸按钮和手动储能手柄的插口，面板上还可看到断路器操作次数。

（三）技术数据

ZN18－10 型真空断路器的技术数据见表 8－9。

（四）控制原理图

ZN18－10 型真空断路器控制原理见图 8－3。

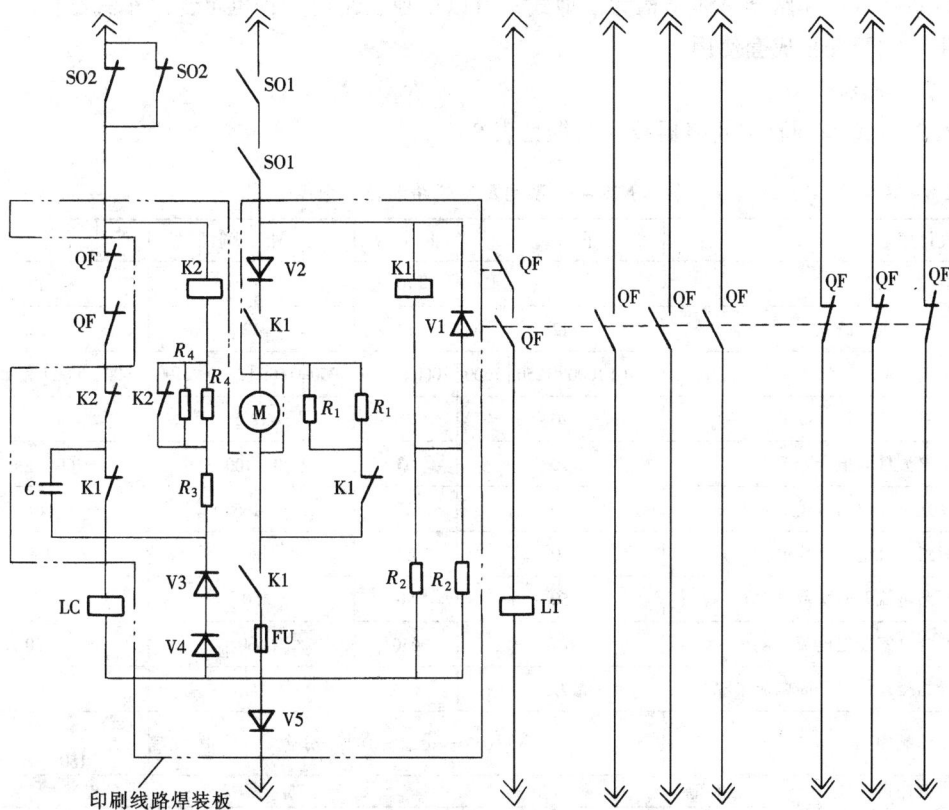

图 8－3　ZN18－10 型真空断路器控制原理图（已储能状态）

LT—分闸线圈；LC—合闸线圈；M—储能电机；K2—防跳继电器；K1—控制继电器；

FU—熔断器；C—电容器；$R_1 \sim R_4$—电阻器；V1～V5—二极管；

SQ1、SQ2—微动开关；QF—辅助开关

表 8－9　　　　　　　　　　　　ZN18－10 型真空断路器技术数据

额定电压 (kV)	最高工作电压 (kV)	额定电流 (A)	1min 工频耐受电压 (kV)	额定雷电冲击耐受电压 (kV)	额定短路开断电流 (kA)	3s 热稳定电流（有效值，kA）	额定动稳定电流（峰值，kA）	额定短路关合电流（峰值，kA）	额定操作顺序
10	11.5	630	42	75	25	25	63	63	分—0.3s—合分—180s—合分

二、ZN28 – 10 系列真空断路器

（一）概述

ZN28 – 10 系列真空断路器系额定电压 10kV、三相交流 50Hz 的户内高压开关设备，适用于发电厂、变配电站作为电气设备和线路的控制和保护之用，并适用于频繁操作的场所。

本系列真空断路器的操动机构为电磁操动机构。

（二）结构简介

ZN28 – 10 系列真空断路器主要由框架、真空灭弧室、电磁操动机构、上下支座、绝缘支座和传动系统等部分组成。真空灭弧室为中间封接式纵磁场灭弧室，体积小、熄弧能力强、断口绝缘水平高。

该系列真空断路器总体结构为落地式，可以单独安装使用；也可为手车式结构，以便组装成手车式开关柜成套使用。

（三）技术数据

ZN28 – 10 系列真空断路器技术数据见表 8 – 10。

表 8 – 10　　　　　　　　ZN28 – 10 系列真空断路器技术数据

派生设计序号	I	II			III	IV	V	VI	VII	VIII	IX	X		XI
额定电压（kV）	10				10		10				10			
最高工作电压（kV）	12				12		12				12			
额定电流（A）	630	1000	1250	1600	1000	1250	1250	1600	2000	2500	1600	2000	2500	3150
额定短路开断电流（kA）	20				25		31.5				40			
动稳定电流（峰值，kA）	50				63		80、100*				100、130*			
4s 热稳定电流（有效值，kA）	20				25		31.5				40			
额定短路关合电流（峰值，kA）	50				63		80				100			
额定短路电流开断次数（次）	50				50		50				30			
额定开合电容器组电流（A）	630				630		630				630			
额定异相接地故障开断电流（kA）	17.3				21.7		27.3				34.6			
额定操作顺序	分—0.3s—分合—180s—分合										分—180s—分合—180s—分合			
额定雷电冲击耐受电压（kV）　相对地	75													
断口间	84													
1min 工频耐受电压（kV）　相对地	42													
断口间	48													
合闸时间（不大于，s）	0.1													
分闸时间（不大于，s）　最高	0.06													
额定	0.06													
最低	0.065													
机械寿命（次）	10000													
合闸电源直流　额定电压（V）	– 220/110													
额定电流*（A）	55/110				55/110		110/220				110/220			
分闸电源　额定电压（V）	220/110													
额定电流*（A）	1.5/3				1.5/3		1.6/3.2				1.6/3.2			

*　天水长城开关厂的数据。

三、VD4 型真空断路器

（一）概述

VD4 型真空断路器是引进 ABB 公司产品，是 10kV 三相交流 50Hz 的户内高压开关设备。它适用于户内变电所及工矿企业要求频繁操作或故障较多的配电系统中。它既可切换正常负载，又可排除短路故障，且能进行快速自动重合闸操作。

（二）结构简介

VD4 型真空断路器本体是圆柱状的，安装在托架状的断路器弹簧操动机构外壳的后部。断路器本体的导电部分设置在用绝缘材料制作的圆筒体内，它能使真空灭弧室免受外界影响和机械的伤害。

根据使用场所，可在断路器本体圆筒上增装一个筒盖（作为附加装置），这样有助于防止闪络的发生，并作为断路器内部污秽的附加保护。

操动机构是扭力弹簧式，由圆筒（在此圆筒内装有扭力弹簧）、储能系统、棘轮和传动连杆组成。此外，位于断路器外壳前方还装有储能电动机、脱扣器、辅助开关、控制设备和仪表等辅助部件。

操动机构适用于自动重合闸的操作，而且由于电动储能时间很短，同样也能够进行多次自动重合闸操作。

（三）技术数据

VD4 型真空断路器技术数据见表 8－11。

表 8－11　　　　VD4 型真空断路器技术数据

额定电压 (kV)	最高工作电压 (kV)	额定雷电冲击耐受电压 (kV)	1min工频耐受电压 (kV)	额定电流 (A)	额定短路开断电流 (kA)	非对称短路开断电流 (kA)	额定短路关合电流 (峰值, kA)
10	11.5	相间与地 75、断口间 85	相间与地 42、断口间 48	630	16、20、25	17.4、21.8、27.3	40、50、63
				1250	16、20、25、31.5、40、50	17.4、21.8、27.3、43.6、55.8	40、50、63、80、100、125
				1600	20、25、31.5、40、50	21.8、27.3、34.3、43.6、55.8	50、63、80、100、125
				2000	20、25、31.5、40、50	21.8、27.3、34.3、43.6、55.8	50、63、80、100、125
				2500	20、25、31.5、40、50	21.8、27.3、34.3、43.6、55.8	50、63、80、100、125

4s 热稳定电流 (有效值, kA)	动稳定电流 (峰值, kA)	额定操作顺序	开断额定短路电流次数 (次)	开断额定电流次数 (次)	机械寿命 (次)	合闸时间 (ms)	分闸时间 (不大于, ms)	分合闸机构额定电压 (V)	质量 (kg)
16、20、25	40、50、63								
16、20、25、31.5、40、50	40、50、63、80、100、125								
20、25、31.5、40、50	50、63、80、100、125	分—0.3s—合 分—180s—合分	100	20000	30000	（约）70	45	AC 110、220, DC 48、110、220	
20、25、31.5、40、50	50、63、80、100、125								
20、25、31.5、40、50	50、63、80、100、125								

第七节 高压隔离开关

一、GN19 系列户内高压隔离开关

（一）概述

GN19 系列户内高压隔离开关系三相交流 50Hz、额定电压 10、35kV 的高压电气设备，作为电力系统中有电压而无负载的情况下分断与关合电路之用。

（二）结构简介

GN19 系列户内高压隔离开关为三极型，它由底座、转轴及杠杆、支柱绝缘子、闸刀、触头等部分组成。

GN19 系列隔离开关分 GN19 - 10 型平装结构和 GN19 - 10C1 ~ 3 型穿墙结构两种型式。GN19 - 10C1 ~ 3 型穿墙下出线端以水平接线为标准型，要求直角接线时可在订货时注明。GN19 - 10C1 型为刀片转动侧装置套管绝缘子；GN19 - 10C2 型为静触头侧装置套管绝缘子；GN19 - 10C3 型为两侧都装置套管绝缘子。

GN19 - 35 系列产品为平装结构。

GN19 - 10(35)X 型隔离开关配装了高压带电显示装置，可正确显示高压回路带电状态，对带电间隔能够实现强制性闭锁。高压带电显示装置包括传感器和电压指示器，传感器直接装在隔离开关闸刀转动侧，兼作支柱绝缘子。电压指示器按显示功能分为提示型〔GN19 - 10 (35) XT 型〕和强制型〔GN19 - 10(35)XQ 型〕两种，具有强制性功能的隔离开关配有电磁锁。

GN19 - 10 系列隔离开关配 CS6 - 1T 型手动操动机构，GN19 - 35 系列隔离开关配 CS6 - 2 型手力操动机构。

GN19 系列隔离开关和操动机构可以水平、垂直、倾斜安装在开关柜内，也可安装在支柱、墙壁、横梁、天花板及金属构架上。

导电部分由闸刀和静触头组成。每相闸刀为两片槽形铜片，它不仅增大了闸刀的散热面积对降低温升有利，而且提高了闸刀的机械强度和开关的动稳定性。开关触头的接触压力是靠两端接触弹簧维持的。每相闸刀中间均连有拉杆绝缘子，拉杆绝缘子与安装在底座上的转轴相连，转轴两端伸出底座，其任何一端均可与操动机构相连。

GN19 - 10/1000、1250 型及 GN19 - 10C/1000、1250 型在闸刀接触处安装有磁锁压板。加磁锁压板的目的是：当很大的短路电流通过时，加强了槽形闸刀的吸引力，亦即增加了闸刀接触处的接触压力，因而提高了触头的动热稳定性。400、630A 的隔离开关的极限通过电流较小，故结构上没有磁锁压板。

（三）技术数据

GN19 系列户内高压隔离开关技术数据见表 8 - 12。

表 8 - 12　　　　GN19 系列户内高压隔离开关技术数据和生产厂

型　　号	额定电压 (kV)	最高工作电压 (kV)	额定电流 (A)	动稳定电流 (峰值，kA)	2s 热稳定电流 (kA)	质　量 (kg)
GN19 - 10	10	11.5	400	31.5	12.5	31.9
			630	50	20	33.2
			1000	80	31.5	49.5
			1250	100	40	52.2

型　　号	额定电压 (kV)	最高工作电压 (kV)	额定电流 (A)	动稳定电流 (峰值, kA)	2s 热稳定电流 (kA)	质　　量 (kg)
GN19 – 10C₁ GN19 – 10C₂	10	11.5	400 630 1000 1250	31.5 50 80 100	12.5 20 31.5 40	39.8 41.8 57.4 73.7
GN19 – 10C₃	10	11.5	400 630 1000 1250	31.5 50 80 100	12.5 20 31.5 40	47.7 50.4 65.3 95.2
GN19 – 10XT GN19 – 10XQ	10	11.5	400 630 1000 1250	31.5 50 80 100	12.5 20 31.5 40	32.5 33.5 50.0 52.5
GN19 – 35	35	40.5	630 1250	50 80	20 31.5	116 130
GN19 – 35XT GN19 – 35XQ	35	40.5	630 1250	50 80	20 31.5	

二、GN30 – 10 系列户内高压隔离开关

(一) 概述

GN30 – 10 系列户内高压隔离开关为额定电压 10kV、三相交流 50Hz 的户内装置, 作为电力系统中有电压无负载情况下分断、闭合电路用。特别适用于安装高压开关柜内, 使高压开关柜结构紧凑、简单、占用空间小, 提高其安全可靠性能。

该系列隔离开关可采用 CS6 – Ⅱ 型操动机构操作, 亦可自行设计操动机构。

(二) 结构简介

GN30 – 10 系列隔离开关是一种旋转触刀式的新型隔离开关, 开关主体是通过两组绝缘子固定在开关底架上下两个面上, 上下两个面之间由固定在开关架上的隔板完全分开, 通过旋转触刀, 从而实现开关的合闸与分闸。由于触头分别安装在开关柜的上下两个面上, 使其带电部分与不带电部分在开关柜内完全隔开, 从而保证维修人员的安全。

GN30 – 10D 型是在 GN30 – 10 系列的基础上增加带接地刀的形式, 以满足开关柜内相应的需要。

导电部分主要由触刀和触头组成。触刀由两块铜板固定在旋转瓷套内, 外加磁锁板, 从而加强触刀的刚性。

该系列隔离开关可垂直、水平、倾斜安装在柜内或墙上。

(三) 技术数据

GN30 – 10 系列户内高压隔离开关技术数据见表 8 – 13。

表 8 – 13　　　　GN30 – 10 系列户内高压隔离开关技术数据

型　　号	额定电压 (kV)	最高工作电压 (kV)	额定电流 (A)	动稳定电流 (峰值, kA)	4s 热稳定电流 (有效值, kA)
GN30 – 10 GN30 – 10D	10	11.5	400 630 1000	31.5 50 80	12.5 20 31.5

三、GW9-10系列户外单极隔离开关

（一）概述

GW9-10系列隔离开关用于高压电气设备在有电压无负载情况下分断与关合电路。

（二）结构简介

隔离开关由底座、棒式绝缘子、导电部分、保险钩等部分组成。导电片上装有保险钩，合闸后即自行闭锁，不会因自重或电动力作用而自动分闸。隔离开关用钩棒进行合、分操作。隔离开关设计成单极结构，在三相线路中进行单相分别控制。

GW9-10W系列交流高压隔离开关是在GW9-10系列的基础上派生的防污型隔离开关，具有良好的防污能力。

（三）技术数据

GW9-10系列户外单极隔离开关技术数据见表8-14。

表8-14　　　　　　　　GW9-10系列户外单极隔离开关技术数据

型　号	额定电压（kV）	最高工作电压（kV）	额定电流（A）	动稳定电流（峰值，kA）	热稳定电流（有效值，kA）			质　量（kg）
					2s	4s	5s	
GW9-10 GW9-10W	10	11.5	200 400 630	8 31.5 40（50）	3.15 12.5 16（20）			17 （13）
GW9-10	10	11.5	200 400 630	15 25 35		14	5 20	13 13 14

注　括号内的数值为沈阳市第三电器开关厂产品的数据。

（四）外形及安装尺寸

GW9-10、GW9-10W型户外单极隔离开关外形尺寸见表8-15。

表8-15　　　　　　　GW9-10系列户外单极隔离开关外形尺寸

型　号	外形及安装尺寸（mm）			型　号	外形及安装尺寸（mm）		
	A	B	E		A	B	E
GW9-10/200	344	545	—	GW9-10W/200	324	525	520
GW9-10/400	345	546	—	GW9-10W/400	325	526	519
GW9-10/630	347	548	—	GW9-10W/630	327	528	549

第八节　高压负荷开关

一、真空负荷开关

1. 用途

ZFN□-10系列户内交流高压真空负荷开关（以下简称负荷开关）适用于额定电压10kV、三相交流50Hz的供电网络中，作为开断负荷电流及关合短路电流之用，特别适用于无油化、不检修及频繁操作要求的场所。

本产品配GS6-1型手动操动机构、本产品专用机构或CJ□电动操动机构。

2．使用环境条件

（1）海拔不超过 1000m；

（2）周围空气温度，上限 +40℃，下限 -25℃；

（3）相对湿度，日平均值不大于 95%，月平均值不大于 90%；

（4）周围空气应不受腐蚀性或可燃性气体、水蒸气等明显污染；

（5）无经常性的剧烈振动。

3．型号及其含义

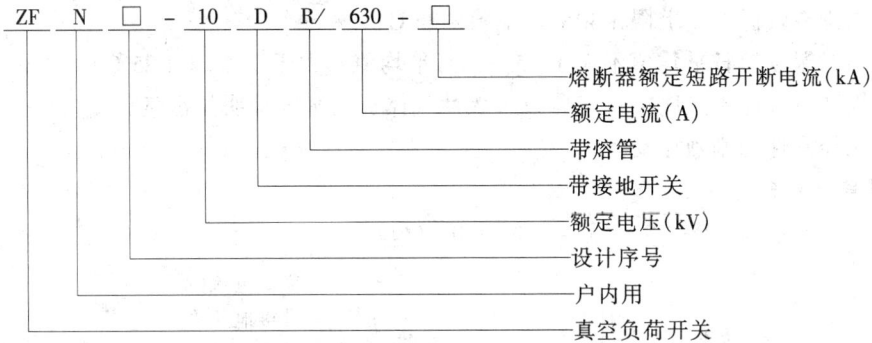

ZF N □ - 10 D R/ 630 - □

- 熔断器额定短路开断电流（kA）
- 额定电流（A）
- 带熔管
- 带接地开关
- 额定电压（kV）
- 设计序号
- 户内用
- 真空负荷开关

4．技术数据

ZFN□ - 10 系列真空负荷开关的主要技术参数见表 8 - 16。

表 8 - 16　　　　　ZFN□ - 10 系列高压真空负荷开关主要技术参数

序 号	名　称	单 位	参　数
1	额定电压	kV	10
2	最高工作电压	kV	12
3	额定频率	Hz	50
4	额定电流	A	630
5	额定有功负荷开断电流	A	630
6	额定闭环开断电流	A	630
7	5% 额定有功负载开断电流	A	31.5
8	额定电缆充电开断电流	A	10
9	额定空载变压器的开断电流		1600kVA 变压器空载电流
10	1min 工频耐受电压（有效值）对地、相间、普通断口/隔离断口	kV	42/48
11	全波雷电冲击耐受电压（峰值）对地、相间、普通断口/隔离断口	kV	75/85
12	额定短时耐受电流（热稳定）	kA/s	20/2
13	额定峰值耐受电流（动稳定）	kA	50
14	额定短路关合电流	kA	50
15	额定电流开断次数	次	10000
16	机械寿命	次	10000
17	触头允许磨损累计厚度	mm	3
18	分合闸操作力矩（力）	Nm（N）	175（350）

二、六氟化硫负荷开关

FN□ - 10 型户内交流高压六氟化硫负荷开关，性能符合 GB3804《3 ~ 63kV 交流高压负荷开关》标准要求，具有体积小、结构简单、免维护、使用安全等优点，是城市电网改造和建设需要的新一代高压电器产品。

1. 用途

FN□－10 型户内交流高压六氟化硫负荷开关适用于交流 50Hz、10kV 的配电网络中，作为开断负荷电流及关合短路电流，以控制保护电路开关之用。带有熔断器的负荷开关还可切断短路电流。

2. 使用环境条件

（1）海拔不超过 1000m；

（2）周围空气温度，上限 +40℃，下限 -25℃；

（3）相对湿度，日平均值不大于 95%，月平均值不大于 90%（+25℃）；

（4）周围空气应不受腐蚀性气体或可燃性气体、水蒸气等明显污染；

（5）无经常性的剧烈振动。

3. 型号及其含义

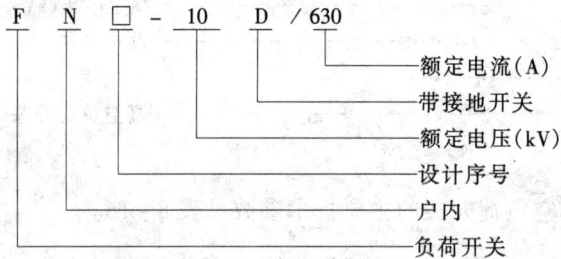

```
F    N    □  -  10   D  / 630
                              ├── 额定电流（A）
                          ├────── 带接地开关
                     ├─────────── 额定电压（kV）
                ├──────────────── 设计序号
           ├───────────────────── 户内
      ├──────────────────────── 负荷开关
```

4. 主要技术参数

FN□－10 型六氟化硫负荷开关技术参数见表 8－17。

表 8－17　　　　　　　　FN□－10 型六氟化硫负荷开关主要技术参数

名　称	单　位	参　数
额定电压	kV	10
最高工作电压	kV	12
额定电流	A	630
额定频率	Hz	50
1min 工频耐受电压（有效值，相间、对地/隔离断口）	kV	42/48
雷电冲击耐受电压（峰值，相间、对地/隔离断口）	kV	75/85
额定有功负载开断电流	A	630
5% 额定有功负载开断电流	A	31.5
额定闭环开断电流	A	630
额定电缆充电开断电流	A	10
额定空载变压器开断电流		1600kVA 变压器空载电流
满负荷开断次数	次	100
机械寿命	次	10000
主回路电阻	μΩ	≤85
额定短路关合电流	kA	50
额定短时耐受电流（热稳定电流）	kA/s	20/2、25/2
额定峰值耐受电流（动稳定电流）	kA	50
SF_6 气体额定压力（20℃时表压）	MPa	0.04
三相不同期	ms	≤3
分、合闸速度	m/s	2.4±0.2

第九节 跌落式熔断器

（一）概述

RW7-10型户外高压跌落式熔断器适用于交流50Hz、额定电压为10kV的电力系统中，作输电线路和电力变压器的短路和过负荷保护之用。

本产品的50及100A熔断器采用统一的绝缘支架，在条件变更时，只需用钩棒更换不同的熔管即可，不必停电上杆更换熔断器绝缘支架。熔管有较高的机械强度，并具有较高的断流容量和多次开断能力，可免除运行人员在熔断器动作一次后即更换消弧管的麻烦。

（二）技术数据

RW7-10型户外高压跌落式熔断器技术数据见表8-18。

表8-18　　　　　　　　RW7-10型户外高压跌落式熔断器技术数据

型　　号	额定电压（kV）	额定电流（A）	断流容量（MVA）		1min工频耐受电压（kV）		雷电冲击耐受电压（kV）	单相质量（kg）
			上限	下限	干	湿		
RW7-10/50-75		50	75	10	45	34	75	6
RW7-10/100-100		100	100	30	45	34	75	6
RW7-10/200-100	10	200	100	30	45	34	75	7
RW7-10/50-75GY		50	75	10	58.5	44.2	97.5	6.38
RW7-10/100-100GY		100	100	30	58.5	44.2	97.5	6.38

第十节 高压避雷器

HY5W系列合成绝缘氧化锌避雷器适用于中性点不接地、经消弧线圈或小电阻接地的额定电压为3~10kV交流电压系统，保护变配电设备免受大气过电压或操作过电压的损害。HY5W4型为配电用，HY5W5型为电站用。

HY5W系列合成绝缘氧化锌避雷器是由硅橡胶绝缘外套和特制的氧化锌阀片组合而成的，采用热压成型工艺使阀片、芯片与外壳融为一体。避雷器内部没有空腔，不存在内外气体互相渗漏问题，是一种新型结构的全密封高可靠性避雷器。本系列产品具有体积小、质量小（分别为瓷套避雷器质量的1/3和1/4）、安装运输无破损等优点。

（一）技术数据

HY5W系列合成绝缘氧化锌避雷器技术数据，见表8-19。

（二）外形及安装尺寸

HY5W系列合成绝缘氧化锌避雷器外形及安装尺寸见图8-4。

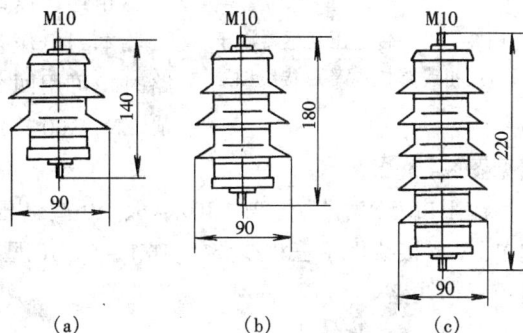

图8-4　HY5W系列合成绝缘氧化锌避雷器外形及安装尺寸

(a) HY5W-4、5-3.8型；(b) HY5W-4、5-7.6型；(c) HY5W-4、5-12.7型

表 8 – 19　　　　　　　　　　HY5W 系列合成绝缘氧化锌避雷器技术数据

型　　号	系统标称电压	避雷器额定电压	避雷器持续运行电压	直流参考电压（不小于，kV）	陡波冲击电流下残压	5kA雷电冲击电流下残压	操作冲击电流下残压	2ms方波冲击电流（不小于，A）	4/10μs冲击电流（不小于，kA）	持续运行电流（不大于，μA）		质量（kg）
	（有效值，kV）				（不大于，峰值，kV）					全电流有效值	电阻性电流峰值	
HY5W4 – 3.8/17	3	3.8	2.0	8.0	19.6	17.0	14.5	100	25			0.5
HY5W5 – 3.8/13.5		3.8	2.0	7.5	15.5	13.5	11.5	150	25			
HY5W4 – 7.6/30	6	7.6	4.0	16.0	34.5	30.0	25.5	100	25	150	50	0.9
HY5W5 – 7.6/27		7.6	4.0	15.0	31.0	27.0	23.0	150	25			
HY5W4 – 12.7/50	10	12.7	6.6	26.0	57.5	50.0	42.5	100	25			1.3
HY5W5 – 12.7/45		12.7	6.6	25.0	51.8	45.0	38.3	150	25			

第十一节　电压互感器

TDZ – 6、10 型，JDZ1 – 6、10 型及 JDZ2 – 6、10 型电压互感器为单相双绕组浇注式户内型产品，适用于交流 50Hz、10kV 及以下线路中，供测量电压、电能和功率以及继电保护、自动装置和信号装置用，并可代替 JDJ 型及 JSJB 型油浸式电压互感器。

（一）结构简介

本型电压互感器为半浇注式，体积小，气候适应性强。互感器铁芯采用优质冷轧硅钢片卷制成 C 型或叠装成方型，露在空气中。其一次、二次绕组同心地绕在一起，用环氧树脂浇注成型，浇注体固定在金属底板上。

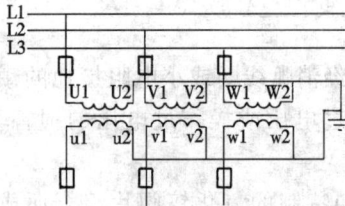

一次绕组的出线端子为 A、X，二次绕组的出线端子为 a、x。环氧树脂浇注体下面涂有半导体漆，并与金属底板、铁芯相连，以改善电场的不均匀性和电力线的畸变。

本型电压互感器可用于单相及三相线路。当用于三相线路时，可用两个互感器接成 V，v 形。也可用三个互感器接成 YN，yn0 接线，此时二次绕组额定电压为 $100/\sqrt{3}\,V$，其接线见图 8 – 5。

图 8 – 5　3 台电压互感器用于三相线路接成 Y 形接线图

沈阳市互感器厂生产的 JDZ – 6、10 型电压互感器用于单相线路，也可由两台互感器组成 V，v 形接线用于三相线路。JDZ1 – 6、10 型电压互感器，用三台互感器组成 Y，y 形接线用于三相线路。

（二）技术数据

JZD – 6、10 型，JDZ1 – 6、10 型及 JDZ2 – 6、10 型电压互感器技术数据见表 8 – 20。

（三）外形及安装尺寸

JDZ – 6、10 型、JDZ1 – 6、10 型及 JDZ2 – 6、10 型电压互感器外形及安装尺寸见图 8 – 6、图 8 – 7、表 8 – 21 及图 8 – 8、表 8 – 22。

表 8 – 20　　JDZ – 6、10 型，JDZ1 – 6、10 型及 JDZ2 – 6、10 型电压互感器技术数据

型　号	额定电压 (V)		二次绕组额定容量 ($\cos\varphi = 0.8$，VA)			二次绕组 极限容量 (VA)	绕组连接 组标号	质量 (kg)
	一次绕组	二次绕组	0.5 级	1 级	3 级			
JDZ – 6	6000	100	50	80	200	300	Ⅰ/Ⅰ – 12	16
JDZ – 6	6000	100	50	80	200	400	Ⅰ/Ⅰ – 12	17
JDZ1 – 6	6000/√3	100/√3						
JDZ2 – 6	6000	100	50	80	200	400		
JDZ – 10	10000	100	60	120	300	500	Ⅰ/Ⅰ – 12	26
	10000	100	80	120	300	500		
	10000	100	80	150	300	500		
	10000	100	80	150	300	500		20
JDZ1 – 10	10000/√3	100/√3	50	80	200	400		21
JDZ2 – 10	10000	100	50	80	200	400		18

注　当 JDZ – 6、10 型及 JDZ2 – 6、10 型产品用于三台组合接成 Y 形接线（100/√3 V）时，使用容量为额定容量的 1/3 时，其准确级次不变。

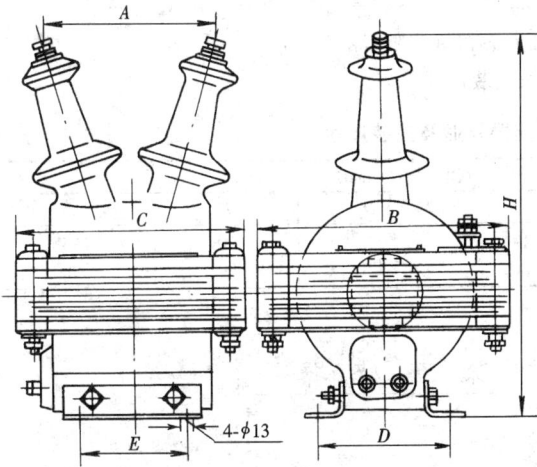

图 8 – 6　JDZ – 6、10 型及 JDZ2 – 6、10 型
电压互感器外形及安装尺寸

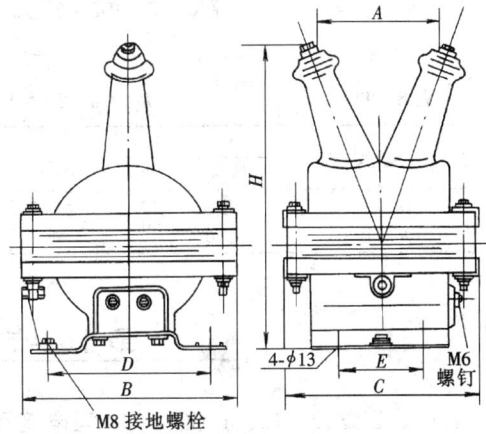

图 8 – 7　JDZ1 – 6、10 型电压互
感器外形及安装尺寸

表 8 – 21　JDZ – 6、10 型，JDZ1 – 6、10 型及 JDZ2 – 6、10 型电压互感器外形及安装尺寸

型　号	外形及安装尺寸（mm）					
	A	B	C	D	E	H
JDZ – 6	110	196	188	129	102	274
JDZ – 10	158	238	216	129	102	345
JDZ – 6	112	203	188	128	102	267
JDZ – 10	160	243	216	128	102	340
JDZ1 – 6	112	220	194	170	90	286
JDZ1 – 10	140	234	208	170	90	318
JDZ2 – 6	127	192	206	128	102	264
JDZ2 – 10	147	204	214	128	102	314

第八章　常用设备元件

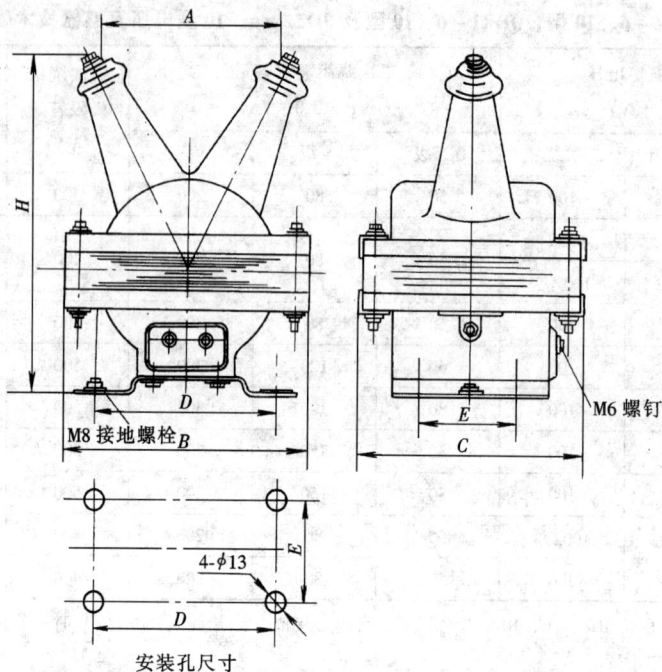

图 8-8　JDZ-6、10 型电压互感器（沈阳市互感器厂
产品）外形及安装尺寸

表 8-22　　　　　　　　　JDZ-6、10 型电压互感器外形及安装尺寸

型　　号	外形及安装尺寸（mm）					
	A	B	C	D	E	H
JDZ-6	135	220	194	170	90	275
JDZ-10	161	234	208	170	90	308

第十二节　电流互感器

一、LZZJ9-10、LFZJ9-10 型电流互感器

该型电流互感器适用于额定频率为 50Hz 或 60Hz、额定电压为 10kV 及以下的电力系统中户内装置作电气测量及电能计量用，尤适用于高精度（0.2）级电气测量及电能计量用。

型号含义：

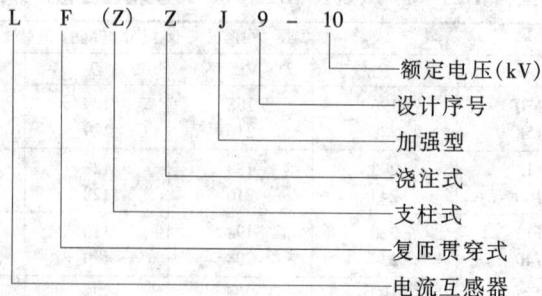

10kV 配电工程设计手册

（一）结构简介

该型电流互感器为环氧树脂浇注全封闭式结构，属全工况产品，耐污染及潮湿，尤适用于表面凝露环境、热带及高原地区。互感器分单变比和多变比两种结构型式。

（二）技术数据

（1）额定绝缘水平：11.5/42/75kV（表面凝露及人工Ⅱ级污秽条件下）。

（2）负载功率因数：0.8（滞后）。

（3）额定二次电流：5A。

（4）准确级次组合：0.2/0.2；0.2/0.5；0.5/0.5。

（5）额定一次电流、准确级次及相应的额定输出、短时电流见表8－23及表8－24。

LZZJ9－10
LFZJ9－10 型电流互感器额定一次电流、准确级次及相应的

表8－23　　　　额定输出、短时电流（单变比）

额定一次电流（A）	2s热稳定电流（有效值，kA）	4s热稳定电流（有效值，kA）	动稳定电流（峰值，kA）	准确级次及额定输出（VA）	
				0.2	0.5
20、30、40	7.5		20		
50	10		25		
75	15		40		
100	20		50	5～10	10
150、200	20		55		
300、400、500		20	55		
600、800		32	80		
1000		40	100		

LZZJ9－10
LFZJ9－10 型电流互感器额定一次电流、准确级次及相应的

表8－24　　　　额定输出、短时电流（多变比）

额定一次电流（A）	2s热稳定电流（有效值，kA）	4s热稳定电流（有效值，kA）	动稳定电流（峰值，kA）	准确级次及相应的额定输出（VA）	
				0.2	0.5
20—30—40	5		12		
30—40—50	7.5		20		
40—50—60					
50—75—100	10		25		
75—100—150			40		
100—150—200			50	5～10	10
150—200—300	20				
200—300—400			55		
300—400—500		20			
400—500—600					
500—600—800		32	80		
600—800—1000		40	100		

（6）局部放电水平符合 GB5583—1985 及 IEC44—4《互感器局部放电测量》标准，其视在放电量不大于50pC。

（三）外形及安装尺寸

LFZJ9－10 型电流互感器外形及安装尺寸分别见图8－9。

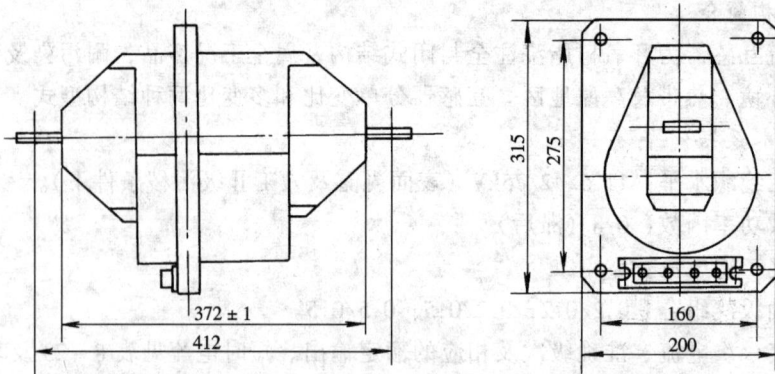

图 8 – 9 LFZJ9 – 10 型电流互感器外形及安装尺寸

二、LZZB9 – 10 型电流互感器

该型电流互感器为环氧树脂浇注绝缘全封闭户内型产品，适用于 10kV 及以下、交流 50Hz 线路中作电气测量、电能计量及继电保护用。

型号说明：

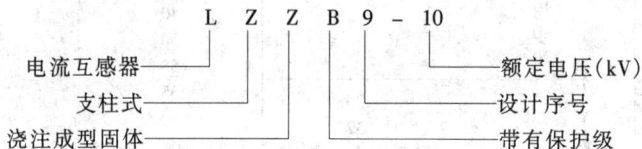

（一）结构简介

该型电流互感器为支柱式结构，采用环氧树脂全封闭浇注，耐污染及潮湿，也适用于热带地区。互感器不需特别维护，只需定期地清除表面污物。由于互感器采用环氧树脂浇注，尺寸小，质量小，适宜于任何位置、任意方向安装。

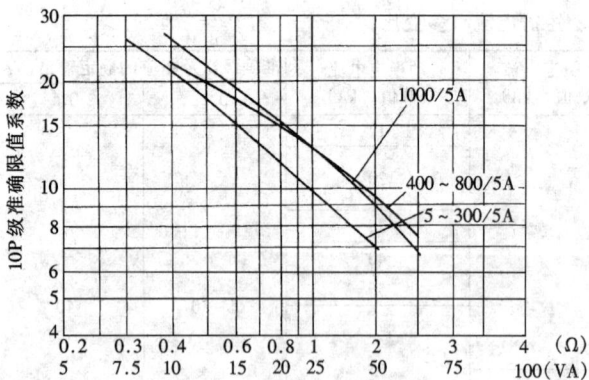

图 8 – 10 LZZB9 – 10 型电流互感器
10p 级准确限值系数曲线

（二）技术数据

（1）额定绝缘水平：11.5/42/75kV。

（2）额定一次电流、准确级次组合及其相应的额定输出、额定短时电流见表 8 – 25。

（3）负载功率因数：0.8（滞后）。

（4）额定二次电流：5A（也可做 1A）。

（5）局部放电水平：符合 GB5583—1985 及 IEC44—4《互感器局部放电测量》标准，其视在放电量不大于 50pC。

（6）10p 级准确限值系数关系曲线见图 8 – 10。

（三）外形及安装尺寸

LZZB9 – 10 型电流互感器外形及安装尺寸见图 8 – 11。

LZZB9－10 型电流互感器额定一次电流、准确级次组合及相应的额定输出、额定短时电流

表 8－25

额定一次电流 （A）	准确级次组合	额定输出 （VA）	1s 稳定热电流 （有效值，kA）	动稳定电流 （峰值，kA）
5、10、15、20、 30、40、50、 75、100	0.2/0.2 0.2/0.5 0.5/10p15	10/10 10/10 10/15	$150I_{1n}$	$2.5I_{th}$
150	0.2/0.2 0.2/0.5 0.5/10p15	10/10 10/10 10/15	22.5	45
200	0.2/0.2 0.2/0.5 0.5/10p15	10/10 10/10 10/15	24.5	45
300	0.2/0.2 0.2/0.5 0.5/10p15	10/10 10/10 10/15	45	90
400、500、600	0.2/0.2 0.2/0.5 0.5/10p15	15/15 15/15 15/20	45	90
800、1000	0.2/0.2 0.2/0.5 0.5/10p15	15/15 15/15 15/20	63	100

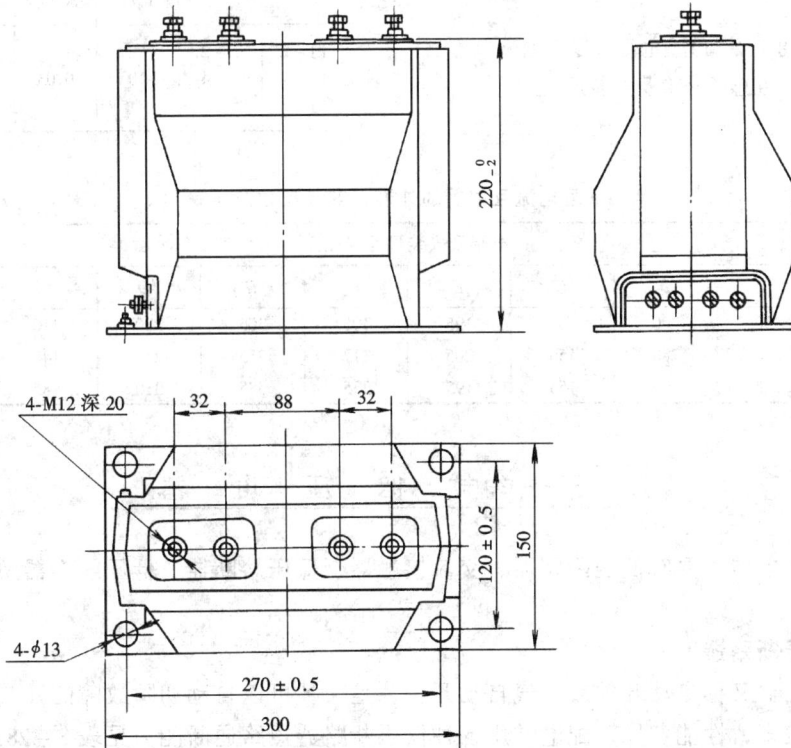

图 8－11 LZZB9－10 型电流互感器外形及安装尺寸

第十三节 零序电流互感器

LJ 型电流互感器供小接地电流系统中的发电机、同期调相机或电动机的接地保护用。与 LJ 型电流互感器连用的继电器为 DD-11/60 型。当保护范围内有接地故障时，在互感器的二次回路中即有零序电流产生，从而使继电器动作。

（一）结构简介

该型电流互感器的铁芯为环形铁芯、二次绕组分两段绕在铁芯的两边，用夹件夹紧铁芯，将铁芯与绕组支撑起来。夹件备有安装孔。

（二）技术数据

LJ 型电流互感器的技术数据见表 8-26。

（三）外形及安装尺寸

LJ 型电流互感器外形及安装尺寸见图 8-12 及表 8-27。

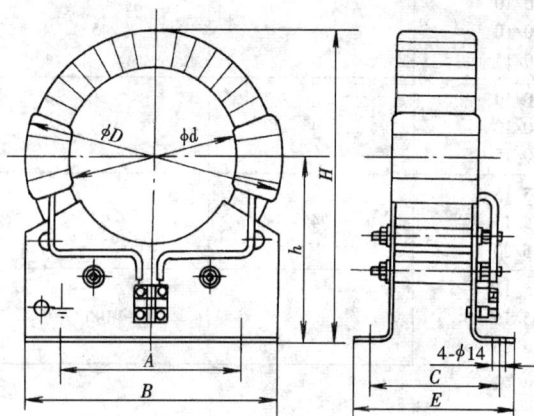

图 8-12 LJ 型电缆式零序电流
互感器外形及安装尺寸

表 8-26　　　LJ 型电流互感器的技术数据

型 号	可穿电缆根数	二次回路		一次最小动作电流（A）	二次回路中不平衡电压（mV）
		二次负载（Ω）	额定电流（A）		
LJ-2	1~2				40
LJ-4	3~4	10	0.03	1.3	40
LJ-7	5~7				30

表 8-27　　　LJ 型电流互感器的外形、安装尺寸及质量

型 号	外形及安装尺寸（mm）								质 量（kg）
	A	B	C	E	h	H	ϕD	ϕd	
LJ-2	150	200	155	195	195	305	230	110	20
LJ-4	220	280	155	205	217	355	285	140	29.5
LJ-7	220	300	155	195	235	385	310	185	30

第十四节 低 压 电 器

配电低压电器主要有低压断路器、交流接触器、低压熔断器、低压隔离器及熔断器式刀开关等。

一、低压断路器

低压断路器又称自动开关或空气自动开关，是一种可以自动切除故障的开关电器。低压断路器种类较多，性能各异，配电常用各种低压断路器短路通断能力见表 8-28。

（1）DW18 系列框架式（也称万能式）低压断路器技术参数见表 8-29，其外形及结构如图 8-13 所示。

（2）SACE E 系列低压空气断路器技术参数见表 8 – 30，SACE E 系列低压配电断路器技术参数见表 8 – 31。

（3）MW 和 NSD 型断路器技术参数见表 8 – 32。

（4）AT 系列空气断路器技术参数见表 8 – 33。

（5）3WN6 和 3VL 型断路器技术参数见表 8 – 34 和表 8 – 35。

（6）DZ20 系列低压断路器技术参数见表 8 – 36。

（7）CM1 系列塑壳式（装置式）低压断路器技术参数见表 8 – 37。

二、交流接触器

CJ 系列交流接触器技术参数见表 8 – 38。

三、刀形开关

刀形开关有隔离刀开关、熔断器刀开关和负荷开关等。负荷开关又分为 HK 系列开启式负荷开关（俗称胶木闸刀开关）和 HH 系列封闭式负荷开关（又称铁壳开关）。隔离刀开关有 HD 系列刀形隔离器和 HS 系列刀形转换隔离器。熔断器式刀开关是熔断器和刀开关的组合电器，具有一定的短路分断能力。

（1）HD11 ~ HD14 系列刀开关（单投）及 HS11 ~ HS13 系列刀形转换开关（双投）主要技术参数见表 8 – 39。

（2）HR5 型熔断器式开关技术参数见表 8 – 40。

表 8 – 28　　常用低压断路器短路通断能力

类别	型号	额定电流 (A)	过电流脱扣器额定电流范围 (A)	短路通断能力		
				电压 (V)	电流 (有效值，kA)	$\cos\varphi$
万能式（框架式）	DW15	200 400 630 1000 ~ 1500 2500 ~ 4000	100 ~ 200 200 ~ 400 300 ~ 600 630 ~ 1500 1500 ~ 4000	380/660 380/660/1140 380/660/1140 380 380	20/10 25/15/10 30/20/12 40 60	0.3 0.3 0.3 0.3 0.25
	DWX15	200 ~ 400 630	100 ~ 400 400 ~ 630	380 380	50 70	0.25 0.2
	ME （DW17）	630 ~ 1600 2000 ~ 2500 3200 ~ 4000	200 ~ 1600 500 ~ 2900 2500 ~ 4900	660 660 380/660	50 80 100/80	0.25 0.2 0.2
	AH	6B 10B 16B 20C 30C 40C	200 ~ 600 200 ~ 1000 200 ~ 1600 400 ~ 2000 1600 ~ 3200 3200 ~ 4000	380/660	42/30 50/30 65/45 65/30 65/50 120/85	
	3WE	63 ~ 1600 2000 2500 3150	200 ~ 1600 800 ~ 2000 800 ~ 2500 800 ~ 3150	500	40 50 60 80	0.2
塑料外壳式	DZ20	100 200 400 630 800 1250	16 ~ 100 100 ~ 225 200 ~ 400 350 ~ 600 500 ~ 800 800 ~ 1250	380	Y18/J35/G100 Y25/J42/G100 Y30/J42/G100 Y30/J42 G50 Y50	0.3 ~ 0.2

类别	型号	额定电流 (A)	过电流脱扣器额定电流范围 (A)	短路通断能力 电压 (V)	短路通断能力 电流 (有效值, kA)	$\cos\varphi$
塑料外壳式	TG	100B 225 400B 600B	15~100 125~225 250~400 450~600	380/440	30/25 40/30 42/30 65/35	0.15~0.2
塑料外壳式	NC	U型100 D型100	80~100 63~100	380/415	10	
微型断路器	C45N	2型 4型	100~40 50 60 1~40	380/415	8 6 5 6	
微型断路器	E4CB	32 63	6~32 40~63	380/415	8 6	
微型断路器	K	32 50	10~32 40~50	380/415	8 6	
微型断路器	DZX19	63	6~63	220	10	
漏电断路器	C45NLE	40 60	1~40 50~60	220	6 4	
漏电断路器	DZL25	32 63 100 200	10~32 25~63 40~100 40~200	380	3 5 6 15	

表 8-29　　　　　　　　　　DW18 系列万能式断路器技术参数

序号	型号规格	壳架额定电流 (A)	额定绝缘电压 (V)	极数	过电流脱扣器额定电流 (A)	中性极额定电流 (A)	额定运行短路分断能力 脱扣器有瞬时 AC 660V	额定运行短路分断能力 脱扣器有瞬时 AC 380V	额定极限短路分断能力(有效值, kA) 脱扣器无瞬时 AC 660V	额定极限短路分断能力(有效值, kA) 脱扣器无瞬时 AC 380V	1s短时耐受电流 (kA)	最大全分断时间 (s)	闭合时间 (s)	寿命(次) 通电	寿命(次) 不通电
1	DW18-1000 DW18C-1000	1000	660	3,4	1000,500,200	1000	25/30	42/50	25/25	42/42	42			1500	8500
2	DW18-1600 DW18C-1600	1600	660	3,4	1600,1000,500	1600	30/42	50/65	30/30	50/50	50			1500	8500
3	DW18-2500 DW18C-2500	2500	660	3,4	2500	1600	30/42	65/85	30/30	50/50	50			1500	6500
4	DW18-3200 DW18C-3200	3200	660	3,4	3200,2000,1000	1600	42/50	65/85	42/42	65/65	65			500	3500
5	DW18-1000Z DW18C-1000Z	1000	660	3,4	1000,800,630	1000	25/30	42/50	25/25	42/42	42	0.04	0.05	1500	8500
6	DW18-1600Z DW18C-1600Z	1600	660	3,4	1600,1250,1000	1600	30/42	50/65	30/30	50/50	50			1500	8500
7	DW18-2500Z DW18C-2500Z	2500	660	3,4	2500,2000	1600	30/42	65/85	30/30	50/50	50			1500	6500
8	DW18-3200Z DW18C-3200Z	3200	660	3,4	3200,2500,2000	1600	42/50	65/85	42/42	65/65	65			500	3500

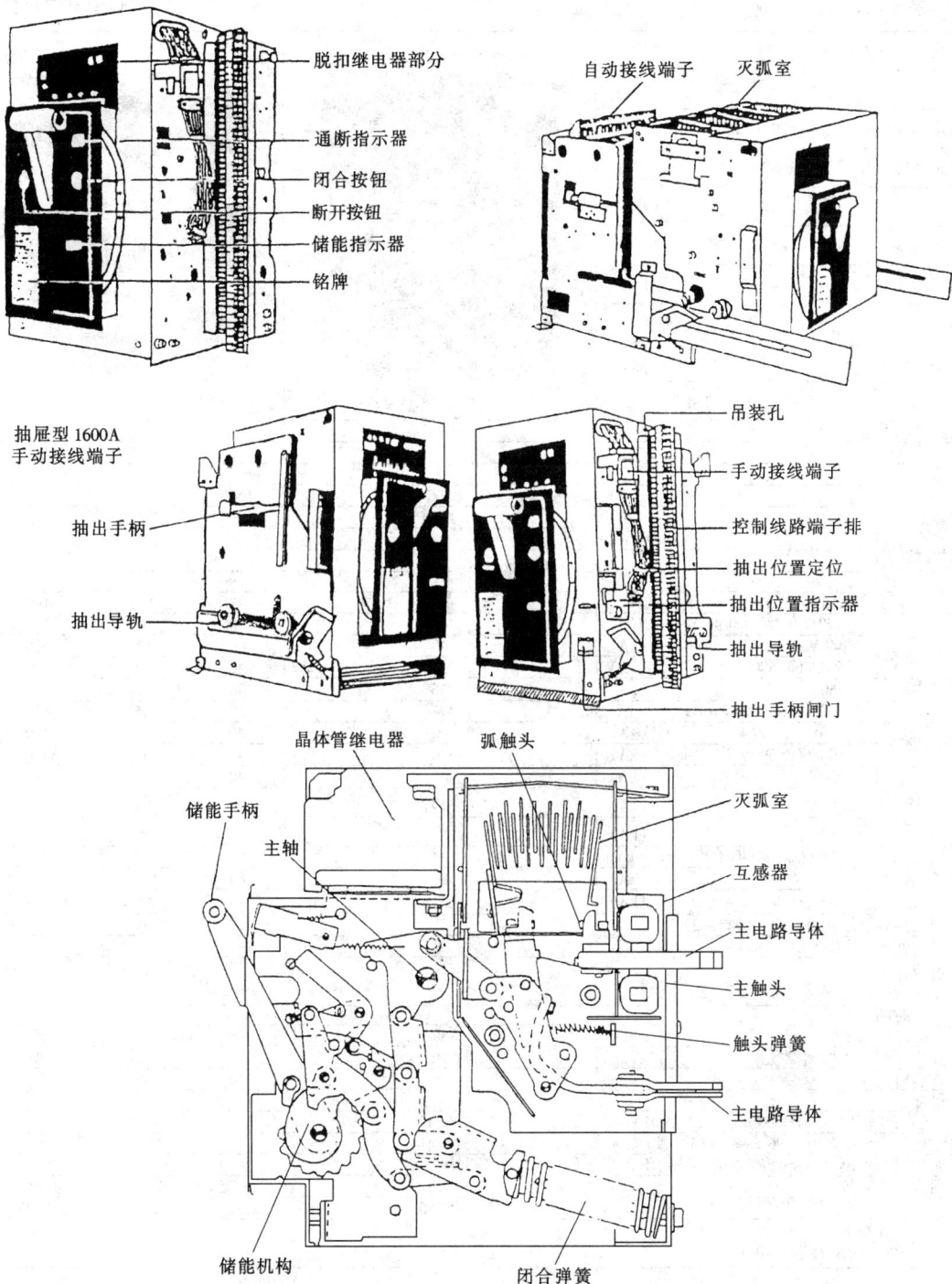

脱扣继电器部分
通断指示器
闭合按钮
断开按钮
储能指示器
铭牌

自动接线端子　灭弧室

抽屉型 1600A
手动接线端子

抽出手柄
抽出导轨

吊装孔
手动接线端子
控制线路端子排
抽出位置定位
抽出位置指示器
抽出导轨
抽出手柄闸门

晶体管继电器　弧触头
储能手柄
主轴
储能机构
闭合弹簧

灭弧室
互感器
主电路导体
主触头
触头弹簧
主电路导体

图 8-13　DW18 系列万能式断路器外形及结构图

系列产品的共同规格			E1	E2		
电压						
额定操作电压	U_e 690 ~ /250 –	(V)				
额定绝缘电压	U_i 1000	(V)				
额定脉冲耐受电压 U_{imp} 12		(kV)				
运行温度	– 5 ~ + 70	(℃)				
储存温度	– 40 ~ + 70	(℃)				
频率	f 50 ~ 60	(Hz)				
极数	3 ~ 4					
型式	固定式—抽出式					
断路器型号			E1	E2		
性能水平			B	B	N	L
电流						
额定持续电流(40℃)	I_u	(A)	800	1600	1250	1250
		(A)	1250	2000	1600	1600
		(A)		2000		
		(A)				
		(A)				
四极断路器中的中性极容量		(% I_u)	100	100	100	100
额定极限短路分断容量	I_{cu} 220/230/380/400/415V ~	(kA)	40	40	65	130
	440V ~	(kA)	40	40	65	110
	500/660/690V ~	(kA)	36	40	55	85
	250V—	(kA)	36	40	55	—
额定运行短路分断容量	I_{cs} 220/230/380/400/415V ~	(kA)	40	40	65	130
	440V ~	(kA)	40	40	65	110
	500/660/690V ~	(kA)	36	40	55	65
	250V—	(kA)	36	40	55	—
额定短时耐受电流(1s)	I_{cw} (1s)	(kA)	36	40	55	10
	I_{cw} (3s)	(kA)	—	40	40	—
额定短路合闸容量(峰值)	220/230/380/400/415V ~	(kA)	84	84	143	286
	440V ~	(kA)	84	84	143	242
	500/660/690V ~	(kA)	75,6	84	121	187
使用类别(依据 CEI EN 60947 – 2)			B	B	B	A
隔离性(依据 CEI EN 60947 – 2)			•	•	•	•
过流保护 微处理机式的装置,应用在交流系统			•	•	•	•
操作时间						
闭合时间(最大)		(ms)	80	80	80	80
开启时间 $I < I_{cw}$(最大)[①]		(ms)	70	70	70	70
开启时间 $I > I_{cw}$(最大)		(ms)	30	30	30	12
尺寸						
固定式: $H = 418mm – D = 302mm$ $L(3/4 极)$		(mm)	296/386	296/386		
抽出式: $H = 461mm – D = 396.5mm$ $L(3/4 极)$		(mm)	324/414	324/414		
质量(包括 TA 及整套装置的断路器,不含零附件)						
固定式 3/4 极		(kg)	42/50	46/55	46/55	45/53
抽出式 3/4 极(包括固定部分)		(kg)	65/80	72/89	72/89	70/87

①无时间延迟。
* 在 500V 时的性能是 100kA。

型　　号		E1B		E2B – N			E2L	
额定持续电流(40℃), I_u	(A)	800	1250	1250	1600	2000	1250	1600
机械寿命 正常维护作业下	(操作次数×1000)	25	25	25	25	25	20	20
频率	(每小时操作次数)	60	60	60	60	60	60	60
电气寿命(440V 交流)	(操作次数×1000)	10	10	15	12	10	4	3
频率	(每小时操作次数)	30	30	30	30	30	20	20

空气断路器技术参数

	E3				E4		E6	
	N	S	H	L	S	H	H	V
2500	1250	1250	2000	4000	3200	5000	3200
3200	1600	1600	2500		4000	6300	4000
	2000	2000					5000
	2500	2500					6300
	3200	3200					
100	100	100	100	50	50	50	50
65	75	100	130	75	100	100	150
65	75	100	110	75	100	100	150
65	75	85	85	75	85*	100	100
65	75	75	—	75	100	100	100
65	75	85	130	75	100	100	125
65	75	85	110	75	100	100	125
65	75	85	65	75	85*	100	100
65	75	75	—	75	100	100	100
65	75	75	15	75	100	100	100
65	65	65	—	65	65	—	—
143	165	220	286	165	220	220	330
143	165	220	242	165	220	220	330
143	165	187	187	165	187	220	220
B	B	B	A	B	B	B	B
•	•	•	•	•	•	•	•
•	•	•	•	•	•	•	•
80	80	80	80	80	80	80	80
70	70	70	70	70	70	70	70
30	30	30	12	30	30	30	30
404/530				566/656		782/908	
432/558				594/684		810/936	
68/80	68/80	68/80	67/79	95/115	95/115	140/170	140/170
100/125	100/125	100/125	100/120	147/190	147/190	210/260	210/260

E3 N - S - H					E3 L		E4 S - H		E6 H - V			
1250	1600	2000	2500	3200	2000	2500	3200	4000	3200	4000	5000	6300
20	20	20	20	20	15	15	15	15	12	12	12	12
60	60	60	60	60	60	60	60	60	60	60	60	60
12	10	9	8	6	2	1,8	7	5	5	4	3	2
20	20	20	20	20	20	20	10	10	10	10	10	10

表 8 - 31   SACE S 系列低压配

外　形　图		GSIS9133		GSIS9134			GSIS9135		
		SACE lsomax S1		SACE lsomax S2			SACE lsomax S3		
额定持续电流, I_u	(A)	125		160			160 ~ 250		
极数		3—4		3—4			3—4		
额定操作电压, U_e　(AC)50 ~ 60Hz	(V)	500		690			690		
(DC)	(V)	250		500			750		
额定脉冲耐受电压, U_{imp}	(kV)	6		6			8		
额定绝缘电压, U_i	(V)	500		690			800		
测试电压 1min	(V)	3000		3000			3000		
额定极限短路分断容量, I_{cu}		B	N	B	N	S	N	H	L
(AC)50 ~ 60Hz 220/230V	(kA)	25	40	25	50	65	65	100	170
(AC)50 ~ 60Hz 380/415V	(kA)	16	25	16	35①	50	35①	65	85
(AC)50 ~ 60Hz 440V	(kA)	10	16	10	20	25	30	50	65
(AC)50 ~ 60Hz 500V	(kA)	8	12	8	12	15	25	40	50
(AC)50 ~ 60Hz 690V	(kA)	—	—	6	8	10	14	18	20(5)
(DC)250V—2 极串联	(kA)	16	25	16	35	50	35	65	85
(DC)500V—2 极串联	(kA)	—	—	—	—	—	35	50	65
(DC)500V—3 极串联	(kA)	—	—	16	35	50	—	—	—
(DC)750V—3 极串联	(kA)	—	—	—	—	—	20	35	50
额定工作短路分断容量, I_{cs}②	[%I_{cu}]	50%	50%	100%	75%	75%	100%	75%	75%
额定短路合闸容量(415V)	(kA)	32	52.5	32	74	105	74	143	187
跳闸时间(415V 在 I_{cu})	(ms)	8	6	8	7	6	8	7	6
额定短时耐受电流(1s), I_{cw}	(kA)								
使用等级(EN 60947—2)		A		A			A		
隔离功能									
IEC 60947—2, EN 60947—2									
脱扣器:热磁　T 不可调, M 不可调 5I_{th}									
T 不可调, M 不可调 10I_{th}									
T 可调, M 不可调 3I_{th}									
T 可调, M 不可调 5I_{th}									
T 可调, M 不可调 10I_{th}									
T 可调, M 可调									
电磁　M 不可调									
微处理器　PR211/P(I – LI)									
PR212/P(LSI – LSIG)									
互换性									
型式		F—P		F—P			F—P—W		
接线端子型式　固定式		FC—R		EF—FC—FC CuAl—R			F—EF—ES—FC		
							FC CuAl—RC—R		
插入式		FC—R		FC—R			EF—FC—R		
抽出式③		—		—			EF—FC—R		
固定在 DIN 路轨上		DIN EN 50022		DIN EN 50022			DIN EN 50023		
机械寿命　[操作次数/每小时操作次数]		25000/240		25000/240			25000/120		
电气寿命(在 415V)[操作次数/每小时操作次数]		8000/120		8000/120			10000(160A) ~ 8000(250A)/120		
固定式断路器 3/4 极　L [mm]		78/103		90/120			105/140		
D [mm]		70		70			103.5		
H [mm]		120		120			170		
质量　固定式　3/4 极	[kg]	0.9/1.2		1.1/1.5			2.6/3.5		
插入式　3/4 极	[kg]	1/1.4		1.3/1.7			3.1/4.1		
抽出式　3/4 极	[kg]	—		—			3.5/4.5		

① I_{cu} = 35kA 的均在 36kA 下通过认证;
② S3N/H/L、S4N/H/L、S5N/H 和 S6N/S/H 断路器在 690V 下的 I_{cs} 降低 25%;
③ 为方便安装,抽出式开关配手柄操作结构或其替代附件(如旋转手柄或电动操作元件),抽出式前法兰配装;
④ S5 的插入式型式仅有额定电流为 400A;
⑤ 690V 下分断容量为 L 的 S3 断路器仅能从上端子供电。

电断路器技术参数

SACE Isomax S4			SACE Isomax S5			SACE Isomax S6				SACE Isomax S7			SACE Isomax S8	
160 ~ 250			400 ~ 630			630 ~ 800				1250 ~ 1600			2000 ~ 2500 ~ 3200	
3—4			3—4			3—4				3—4			3—4	
690			690			690				690			690	
—			750			750				—			—	
8			8			8				8			8	
800			800			800				800			690	
3000			3000			3000				3000			2500	
N	H	L	N	H	L	N	S	H	L	S	H	L	H	V
65	100	200	65	100	200	65	85	100	200	85	100	200	85	120
35①	65	100	35①	65	100	35①	50	65	100	50	65	100	85	120
30	50	80	30	50	80	30	45	50	80	40	55	80	70	100
25	40	65	25	40	65	25	35	40	65	35	45	70	50	70
18	22	30	20	25	30	20	22	25	30	20	25	35	40	50
—	—	—	35	65	100	35	50	65	100	—	—	—	—	—
—	—	—	35	50	65	20	35	50	65	—	—	—	—	—
—	—	—	20	35	50	16	20	35	50	—	—	—	—	—
100%	100%	75%	100%	100%	75%	100%	100%	100%	75%	100%	75%	50%	50%	50%
74	143	220	74	143	220	74	105	143	220	105	143	220	187	264
8	7	6	8	7	6	10	9	8	7	22	22	22	20	20
			5(400A)			7.6(630A) ~ 10(800A)				15(1250A) ~ 20(1600A)			35	
A			B(400A)—A(630A)			B				B			B	
F – P – W			F – P(400) – W			F – W				F – W			F	
F – EF – ES – FC			F – EF(400A) – ES – FC			F – EF – ES – FC CuAl				F – EF – ES – FC CuAl(1250A)			F(2000 – 2500A) – VR	
FC CuAl – RC – R			FC CuAl(400A) – RC(400A) – R			RC – R				HR – VR				
EF – FC – R			EF – FC – R			—				—			—	
EF – FC – R			EF(400A) – ES – FC(400A)R – VR(630A)			EF – HR – VR				EF – HR – VR				
DIN EN 50023			DIN EN 50023											
20000/120			20000/120			20000/120				10000/120			10000/20	
10000(160A) ~ 8000(250A)/120			7000(400A) ~ 5000(630A)/60			7000(630A) ~ 5000(800A)/60				7000(1250A) ~ 5000(1600A)/20			2500(2500A)/20 ~ 1500(3200A)/10	
105/140			140/184			210/280				210/280			406/556	
103.5			103.5			103.5				138.5			242	
254			254			268				406			400	
4/5.3			5/7			9.5/12				17/22			57/76	
4.5/5.9			6.1/8.4			—				—			—	
4.9/6.3			6.4/8.7			12.1/15.1				21.8/29.2			—	

型号代码　F = 固定式　　端子代码　F = 前接线端子　　　　FC = 铜质电缆前接线端子　　　RC = 铜/铝质电缆后接线端子
　　　　　P = 插入式　　　　　　　EF = 加长前接线端子　　　FC CuAl = 铜/铝前接线端子　　HR = 后水平汇流排接线端子
　　　　　W = 抽出式　　　　　　　ES = 展开前接线端子　　　R = 螺栓后接线端子　　　　　VR = 后垂直汇流排接线端子

表 8 – 32　　　　　　　　　　　　　　　　　　　　　　　　　　MW 和 NSD 型断

MW630A ~ 1600A

MW2000A ~ 4000A

共同特性			
极数			3/4
额定绝缘电压(V)	U_i		1000
额定冲击耐受电压(kV)	U_{imp}		12
额定工作电压(VAC50/60Hz)	U_N		400V
适用于隔离	IEC 60947 – 2		
污染等级	IEC 60664 – 1		3/4
依照 IEC 60947 – 2 定义的电气特性			
额定电流(A)　　　35℃[①]	I_N		
中性线保护(A)			
电流互感器(A)			
极限分断能力(有效值,kA) I_{cu} VAC 50/60Hz			
使用分断能力(有效值,kA) I_{cs}			
短时耐受电流(有效值,kA) I_{cw} VAC 50/60Hz,1s			
使用类别			
闭合时间(ms)			
分断时间(ms)			
隔离适用性			
安装、连接和维护			
寿命 C/O 周期×1000	机械	维护	
		不维护	
	电气	400V	
连接		水平	
		垂直[③]	
尺寸(长×宽×高,mm)		抽屉式	3P
			4P
		固定	3P
			4P
质量(kg) (近似值)		抽屉式	3P/4P
		固定	3P/4P

① 当断路器周围及母排温度超过 35℃时,应考虑降容,具体参数请与施耐德电气公司联系。

② 0.5s 时。

③ 厂方仅提供水平接线,垂直接线可由用户自行安装,只要把水平端子旋转 90°即可。

MW06	MW08	MW10	MW12	MW16	MW20	MW25	MW32	MW40
630	800	1000	1250	1600	2000	2500	3200	4000
无	无	无	无	无	无	无	无	无
630	800	1000	1250	1600	2000	2500	3200	4000
42	42	42	42	42	50	50	50	65
35	35	35	35	35	40	40	40	50
35[②]	35[②]	35[②]	35[②]	35[②]	40	40	40	50
B	B	B	B	B	B	B	B	B
< 50					< 70			
25								
		7				7		7
		3.5				3.5		3.5
		1				1		1
								—
		322 × 288 × 280				439 × 441 × 395		
		322 × 358 × 280				439 × 556 × 395		
		301 × 274 × 211				352 × 422 × 297		
		301 × 344 × 211				352 × 537 × 297		
		30/39				90/120		
		14/18				60/80		

断路器型号			
极数			
电气性能符合 IEC 947 – 2 和 BS. EN60947 – 2			
额定电流(A)	I_N	40℃	
额定绝缘电压(V)	U_i		
额定冲击耐压(kV)	U_{imp}		
额定工作电压(V)	U_N	AC50/60Hz	
极限分断能力	I_{cu}	AC50Hz	220/230V
(kA 有效值)			380/400V
使用分断能力	I_{cs}	(% I_{cu})	
绝缘的安全性			
使用类别			
最大期望维护值		机械	
		电气	380/400V – I_N/2
			380/400V – I_N
试验寿命			
保护			
过流保护(A)		I_r 过负荷保护(A) 40℃	
		I_m 短路保护	
安装与连接			
固定/板前连接			
监测与指示辅助装置			
辅助开关(开/关位置)			
辅助开关(脱扣位置)			
多功能辅助开关			
控制辅助装置			
分励脱扣线圈 MX/SHT(220/230V,380/400V AC)			
欠压线圈 MN/UVR(220/230V,380/400V AC)			
延伸旋转手柄			
安装和连接附件			
锁定装置			
相间隔板			
端子扩展器			
后绝缘板			
尺寸和质量			
尺寸(长×宽×高,mm)			
质量(kg)			

NSD 100K

NSD 160/250K

NSD 400/630K

* 可调试短路电流保护脱扣(瞬动倍数 2 ~ 10 × I_N)。

NSD100		NSD160	NSD250	NSD400	NSD630
3		3	3	3	3
K	F	K	K	K	K
100	100	160	250	400	630
500	500	500	500	500	500
6	6	6	6	6	6
500	500	500	500	500	500
85	50	85	85	85	85
35	25	35	35	35	35
50%	50%	75%	75%	75%	75%
A		A	A	A	A
8500	8500	30000	15000	10000	10000
4000	4000	15000	7500	4500	3000
15/20/25/30/40/50/60/75/80/100		125/160	200 225 250	315 350 400	500 630
		1000/1280	1600 1800 2000	630~3150 700~3500* 800~4000*	1000~5000* 1260~6300*
1	1	1	1	2	2
1	1	1	1	1	1
1	1	1	1	1	1
75×130×60		105×161×86	105×161×86	140×255×110	140×255×110
0.78		1.6	1.6	6.0	6.0

表 8-33　　　　　　　　　　**AT 系列空气断路器技术参数**

框架电流（A）	630		1250		1600		2000		2500		3200		4000	
型号	AT06		AT12		AT16		AT20		AT25		AT32		AT40	
最大额定电流①	630		1250		1600		2000		2500		3200		4000	
零极额定电流（A）	630		1250		1600		2000		2000		2000		2000	
极数②	2, 3	4	2, 3	4	2, 3	4	2, 3	4	2, 3	4	2, 3	4	2, 3	4
过电流保护器额定电流（A）	80 160 320 630		320 630 1250		320 630 1250 1600		320 630 1250 1600 2000		250 500 1000 2000 2500		1600 3200		4000	
额定绝缘电压（VAC）	1000		1000		1000		1000		1000		1000		1000	
额定工作电压（V）	690		690		690		690		690		690		690	

额定交流分断能力（kA）/额定交流接通能力（峰值，kA）

有瞬时脱扣	690V	22/46.2	50/105	50/105	50/105	50/105	50/105	50/105
	600V	30/63	50/105	50/105	50/105	50/105	65/143	65/143
	up to 500V	35/73.5	65/143	65/143	65/143	65/143	85/187	85/187
无瞬时脱扣	690V	22/46.2	50/105	50/105	50/105	50/105	50/105	50/105
	600V	30/63	50/105	50/105	50/105	50/105	65/143	65/143
	up to 500V	35/73.5	50/105	50/105	50/105	65/143	80/176	80/176

直流分断能力（kA）/接通能力（kA） DC250V	40/40	40/40	40/40	40/40	40/40	40/40	40/40
额定脉冲耐受电压（kV）	8	8	8	8	8	8	8
IEC947-2 使用类别	B	B	B	B	B	B	B

额定短时耐受电流（kA）	1s	35	50	50	50	65	80	80
	3s	30	45	45	50	50	65	65

总分断时间（s）	0.05	0.05	0.05	0.05	0.05	0.05	0.05
电动机储能最多需时（s）	10	10	10	10	10	10	10
最大闭合时间（s）	0.06	0.06	0.06	0.06	0.06	0.06	0.06

抽屉式质量（kg）	82	98	85	106	90	113	91	115	137	165	152	188	175	211

外形尺寸（mm）

固定式	a	380	465	380	465	380	465	380	465	470	585	530	665	530	665
	b	500		500		500		500		500		500		500	
	c	343		343		343		343		343		343		343	
	d	79		79		79		79		79		79		79	
抽屉式	a	368	453	368	453	368	453	368	453	458	573	518	653	518	653
	b	492		492		492		492		526		526		526	
	c	458		458		458		458		458		458		458	
	d	82③		82③		82③		92		82		82		82	

① 周围空气温度为 40℃（船用则为 45℃）；

② 二极断路器与三极断路器外形相同，只是中间的一极不装；

③ 如端子为垂直式，则 $d=92$mm。

表 8-34

3WN6 型断路器技术参数

		3WN60	3WN61	3WN62	3WN63	3WN64	3WN65	3WN66	3WN67
额定电流① I_N(55℃,50/60Hz)	主回路(A)	630	800	1000	1250	1600	2000	2500	3200
	N极(4-极)(A)	630	630	630	630	630	630	630	630
额定工作电压 U_N(50/60Hz)	AC(V)	至690	至690	至690	至690	至690	至690	至690	至690
额定绝缘电压 U_i(50/60Hz)	AC(V)	1000	1000	1000	1000	1000	1000	1000	1000
极数		3,4	3,4	3,4	3,4	3,4	3,4	3,4	3,4
分断能力 额定极限短路分断能力 I_{cu} IEC60947-2 试验顺序 O-CO(平均值)	至AC415V (kA)	65	65	65	65	65	80	80	80
	至AC500V (kA)	65	65	65	65	65	80	80	80
	至AC690V (kA)	50	50	50	50	50	50	50	50
分断能力 额定运行短路分断能力 I_{cs} IEC60947-2 试验顺序 O-CO-CO(平均值)	至AC415V (kA)	65	65	65	65	65	80	80	80
	至AC500V (kA)	65	65	65	65	65	80	80	80
	至AC690V (kA)	50	50	50	50	50	50	50	50
额定短时耐受电流 I_{cw}	0.5s (kA)	50	50	50	50	50	65	65	65
	1s (kA)	35/50②	35/50②	35/50②	50	50	65	65	65
	2s (kA)	25/30②	25/30②	25/30②	30	30	60	60	60
	3s (kA)	20/25②	20/25②	20/25②	25	25	50	50	50
	4s (kA)	17/20②	17/20②	17/20②	20	20	30	30	30
额定短路接通能力 I_{cm} IEC60947-2 (峰值)	至AC415V (kA)	143	143	143	143	143	176	176	176
	至AC500V (kA)	143	143	143	143	143	176	176	176
	至AC690 (kA)	110	110	110	110	110	176	176	176
冲击耐压水平 U_{imp}	主回路 (kV)	8	8	8	8	8	8	8	8
	控制回路 (kV)	4	4	4	4	4	4	4	4
适用于隔离		•	•	•	•	•	•	•	•
使用类别		B							
分断时间		40	40	40	40	40	40	40	40
闭合时间		30	30	30	30	30	30	30	30

其他特性			3WN60	3WN61	3WN62	3WN63	3WN64	3WN65	3WN66	3WN67
寿命 CO循环×1000次	机械寿命①		20	20	20	20	20	20	20	20
	电气寿命② 有维护③		20	20	20	20	20	20	20	20
	机械寿命③ 无维护③		10	10	10	10	10	10	10	10
	电气寿命④		6	6	6	6	6	2	2	2
连接	板后接线		前、后	前、后	前、后	前、后	前、后	前、后	前、后	前、后
安装	型式	固定	·	·	·	·	·	·	·	·
		抽出	·	·	·	·	·	·	·	·
尺寸(mm)	抽出式	3P 长×宽×高	320 ×485×430	320 ×485×430	320 ×485×430	320 ×485×430	320 ×485×430	420 ×485×430	420 ×485×430	420 ×485×430
		4P 长×宽×高	410 ×485×430	410 ×485×430	410 ×485×430	410 ×485×430	410 ×485×430	540 ×485×430	540 ×485×430	540 ×485×430
	固定式	3P 长×宽×高	320 ×470×330	320 ×470×330	320 ×470×330	320 ×470×330	320 ×470×330	420 ×470×330	420 ×470×330	420 ×470×330
		4P 长×宽×高	410 ×470×330	410 ×470×330	410 ×470×330	410 ×470×330	410 ×470×330	540 ×470×330	540 ×470×330	540 ×470×330
质量(kg)	抽出式	3P	58	58	58	61	61	94	98	100
		4P	76	76	76	79	79	118	122	124
	固定式	3P	34	34	34	36	36	57	59	61
		4P	76	76	76	79	79	118	122	124
附件			所有附件相同							

①对于环境温度大于55℃的,请详见样本或与西门子公司联系。

②当断路器具有K03附件时,具有该分断能力。

③维护:更换主触头。

④主触头承受 p.f=0.8,额定电流 I_N。

表 8-35　　3VL 塑壳断路器主要参数

型号	3VL160X N	3VL160X H	3VL160 N	3VL160 H	3VL160 L	3VL250 N	3VL250 H	3VL250 L	3VL400 N	3VL400 H	3VL400 L	3VL630 N	3VL630 H	3VL630 L
极数	3,4		3,4			3,4			3,4			3,4		
符合标准 IEC60947-2 和 EN60947-2，DIN VDE 060 IEC60947-3														
额定电流 I_N 主回路 AC(A) 50℃	16~160		40~160			200~250			200~400			315~630		
额定绝缘电压 U_i 辅助回路 AC(V)	750		690			690			690			690		
额定冲击电压 U_{imp} IEC60947-2 主回路(kV)	8		8			8			8			8		
额定冲击电压 辅助回路(kV)	4		4			4			4			4		
额定工作电压 AC50/60Hz(V)	690		690			690			690			690		
允许环境温度 (℃)	-25~75		-25~75			-25~75			-25~75			-25~75		
线路保护及隔离用断路器①														
额定极限短路分断能力 I_{cu} (有效值,kA) AC50/60Hz 220/240V	65	100	65	100	200	65	100	200	65	100	200	65	100	200
380/415V	40	70	40	70	100	40	70	100	45	70	100	45	70	100
440V	25	42	25	50	100	25	50	100	35	50	100	35	50	100
500V	18	42	25	50	65	25	50	65	25	50	65	25	50	65
690V	8	12	14	18	20	14	18	20	10	12	12	20	22	25
DC② 250V(1P串联)	30		30			30			30			30		
440V(2P串联)	30		30			30			30			30		
600V(3P串联)	30		30			30			30			30		
额定运行短路分断能力 I_{cs} (有效值,kA) AC50/60Hz 220/240V	65	75	65	75	150	65	75	150	65	70	150	65	70	150
380/415V	40	70	40	70	75	40	70	75	45	70	75	45	70	75
440V	20	32	20	38	50	20	38	50	26	38	50	26	38	50
500V	14	32	20	38	50	20	38	50	20	38	50	20	38	50
690V	4	6	7	9	10	7	9	20	10	12	12	10	15	17
使用类别	A	A	A	A	A	A	A	A	A	A	A	A	A	A
适用于隔离	•	•	•	•	•	•	•	•	•	•	•	•	•	•
使用寿命(×1000) (C-O循环操作)	20		20			20			20			10		
保护														
脱扣器可换性														
过流保护(A)														

型　号		3VL160X	3VL160	3VL250	3VL400	3VL630
整定电流 I_r		固定/可调	可调	可调	可调	可调
瞬时脱扣电流 I_i		固定	可调	可调	可调	可调
接地故障保护	可附加加 RCD 模块	·	·	·		
	ETU 电子脱扣器			·	·	·
安装和连接						
固定/板前连接		·	·	·	·	·
固定/板后连接		·	·	·	·	·
插入式		·	·	·		
抽出式						
附件						
辅助、报警开关		·	·	·	·	·
电子脱扣器(ETU)				·	·	·
分闸、欠压脱扣器		·	·	·	·	·
电动机操作机构		·	·	·	·	·
旋转操作机构(直接、加长)		·	·	·	·	·
安装和连接附件						
扩展式端子		·	·	·	·	·
电缆连接器		·	·	·	·	·
端子罩盖、相间隔板		·	·	·	·	·
尺寸和质量						
尺寸 (长×宽×高,mm)	3P,固定板前	157.5×104.5×90.5	174.5×104.5×90.5	185.5×104.5×90.5	279.5×139×115	279.5×190×115
	4P,固定板前	157.5×139.5×90.5	174.5×1139.5×90.5	185.5×139.5×90.5	279.5×183.5×115	279.5×253.5×115

①其他类型断路器的分断能力详见《低压配电产品目录》样本。

②不适用于电动机保护用 3VL 及带 ETU 的 3VL。L_o 时间常数 $t=10\text{ms}$。

表8-36

DZ20系列塑壳式低压断路器技术参数

型号	DZ20Y-100	DZ20J-100	DZ20G-100	DZ20Y-200	DZ20J-200	DZ20G-200	DZ20Y-400	DZ20J-400	DZ20G-400	DZ20Y-630	DZ20J-630	DZ20G-630
壳架等级电流(A)	100	100	100	200	200	200	400	400	400	630	630	630
极数	二极 三极	二极 三极	二极 三极	二极 三极	二极 三极	二极 三极	二极 三极	二极 三极	二极 三极	二极 三极	二极 三极	二极 三极
脱扣器额定电流(A)	16,20,32,40,50,63,80,100	16,20,32,40,50,63,80,100	16,20,32,40,50,63,80,100	100,125,160,180,200,225	100,125,160,180,200,225	100,125,160,180,200,225	200,250,315,350,400	250,315,350,400	250,315,350,400	250,315,350,400,500,630	250,315,350,400,500,630	630,700,800,1000,1250
额定工作电压(V) AC	380	380	380	380	380	380	380	380	380	380	380	380
额定工作电压(V) DC	220	220	220	220	220	220	220	220	220	220	220	220
额定极限短路分断能力 I_{cs}(kA) AC 660V							15					
额定极限短路分断能力 I_{cs}(kA) AC 460V							25					
额定极限短路分断能力 I_{cs}(kA) AC 380V	18	35	100	25	42	100	30	42	100	30	42	50
额定极限短路分断能力 I_{cs}(kA) AC 220V							50					
额定极限短路分断能力 I_{cs}(kA) DC 220V	10	15	20	20	20	25	25	25	30	25	25	30
额定运行短路分断能力 I_{cu}(kA) AC 660V							11					
额定运行短路分断能力 I_{cu}(kA) AC 380V	14	18	75	19	25	100	23	25	100	23	25	38
额定运行短路分断能力 I_{cu}(kA) DC 220V	10	15	20	20	20	25	25	25	30	25	25	30
外形尺寸(mm) 长	105	105	105	108.5	108.5	116.5	155	210	210	210	210	212
外形尺寸(mm) 宽	165	165	165	256.5	256.5	256.5	276	268	268	268	268	393
外形尺寸(mm) 高	86.5	86.5	140	105	105	187	116	108	208	108	108	142
外形尺寸(mm) 壳高	103	103	156.5	142	142	227	149.5	147	247	147	147	216
附件 欠电压脱扣器	4	4	4	4	4	4	4	4	4	4	4	4
附件 分励脱扣器	4	4	4	4	4	4	4	4	4	4	4	4
附件 辅助触头	4	4	4	4	4	4	4	4	4	4	4	4
附件 报警触头	4	4	4	4	4	4	4	4	4	4	4	4
附件 电动操动机构	4	4	4	4	4	4	4	4	4	4	4	4
附件 转动手柄操动机构	4	4	4	4	4	4	4	4	4	4	4	4
附件 接线端子	4	4	4	4	4	4	4	4	4	4	4	4
连接铜导线(铜母线)最大截面积	35mm²	35mm²	35mm²	95mm²	95mm²	95mm²	240mm²	240mm²	240mm²	40mm×5mm 二根	40mm×5mm 二根	40mm×5mm 二根
质量(kg)	1.1 / 1.8	1.4 / 1.9	3.9 / 4.8	3.2 / 3.8	3.3 / 3.8	7 / 8.5	5.5 / 6.0	7.1 / 7.8	16.6 / 18.5	7.5 / 8.2	7.6 / 8.4	16 / 18.9

表 8 – 37

CM1 系列塑壳断路器技术参数

型　号	额定电压（V）	通断电流（kA）	过电流脱扣器 额定电流 I_n（A）	电磁脱扣器动作电流（A）
CM1 – 100L	AC 380	35	10，16，20，32，40，50，63，80，100	$10I_N \pm 20\%$
CM1 – 100M		50		
CM1 – 100H		85		
CM1 – 225L	AC 380	35	100，125，160，180，200，225	
CM1 – 225M		50		
CM1 – 225H		85		
CM1 – 400L	AC 380	50	225，250，315，350，400	$50I_N \pm 20\%$
CM1 – 400M		65		
CM1 – 400H		100		
CM1 – 630L	AC 380	50	400，500，630	$10I_N \pm 20\%$
CM1 – 630M		65		
CM1 – 630H		100		

表 8 – 38　　　　CJ 系列交流接触器技术参数

型　号	CJ20													
额定绝缘电压 U_i（V）	660			660、1140				660			660、1140			
额定工作电压 U_r（V）	220	380	660	220	380	660	1140	220	380	660	220	380	660	1140
稳定发热电流 I_{th}（A）	80			200				315			630			
额定工作电流 I_r（A）	63		40	160		100	80	250		200	630			400
主触头接通与分断能力（AC – 4）接通	$12I_r$，$1.1U_r$，$\cos\varphi = 0.35$			$10I_r$，$1.1U_r$，$\cos\varphi = 0.35$，100 次										
主触头接通与分断能力（AC – 4）分断	$10I_r$，$1.1U_r$，$\cos\varphi = 0.35$			$8I_r$，$1.1U_r$，$\cos\varphi = 0.35$，25 次										
AC – 3 条件下控制的电动机容量（kW）	18	30	35	48	85	85	85	80	132	190	175	300	350	400
额定操作频率（次/h）	1200		600	1200		600	300	600		300	600			300
电寿命（AC – 3，万次）	120（40A 为 100）							60						
机械寿命（万次）	1000（600 投产）							600（300 投产）						

型　号	CJ24														
额定绝缘电压 U_i（V）	660														
额定工作电压 U_r（V）	220	380	660	220	380	660	220	380	660	220	380	660	220	380	660
稳定发热电流 I_{th}（A）	100			160			250			400			630		
额定工作电流 I_r（A）	100		63	160		80	250		160	400		250	630		
主触头接通与分断能力（AC – 4）接通	$1.2I_r$，$1.1U_r$，$\cos\varphi = 0.35$，100 次			$10I_r$，$1.1U_r$，$\cos\varphi = 0.35$，100 次											
主触头接通与分断能力（AC – 4）分断	$10I_r$，$1.1U_r$，$\cos\varphi = 0.35$，25 次			$8I_r$，$1.1U_r$，$\cos\varphi = 0.35$，25 次											
AC – 3 条件下控制的电动机容量（kW）	30	50	50	50	45	75	70	132	132	120	210	220	190	320	350
额定操作频率（次/h）	600									300					
电寿命（AC – 3，万次）	在 AC – 2 类条件下 18/24[①]									12/15[①]					
机械寿命（万次）	600									300					

① 表中分子数为普通型铜触头，分母数为冶金型银基触头。CJ24 系列接触器辅助触头可达 6 对。

表 8-39　　HD11~HD14 系列刀开关、HS11~HS13 系列刀形转换开关技术参数

额定电流（A）		100	200	400	600	1000	1500
1s 短时耐受电流（kA）		6	10	20	25	25	40
峰值耐受电流（kA）	手柄式	15	20	30	40	40	—
	杠杆式	20	30	40	50	50	80
通断能力	AC380V	有灭弧室 I_r　无灭弧室 $0.3I_r$					
	AC500V	有灭弧室 $0.5I_r$　无灭弧室 $0.3I_r$					
电寿命（次）		1000			500		—
机械寿命（次）		1000			500		

表 8-40　　HR5 型熔断器式刀开关技术参数

额定发热电流 I_{th}（A）			100	200	400	630
额定工作电流 I_r		380V	100	200	400	630
		660V	100	200	315	425
通断能力	接通	AC-23/380V	$10I_r$	$8I_r$	$8I_r$	$8I_r$
		AC-22/660V	$8I_r$	$6I_r$	$6I_r$	$6I_r$
	分断	AC-23/380V、AC-22/660V	$3I_r$	$3I_r$	$3I_r$	$3I_r$
额定熔断短路电流（kA）			50（$\cos\varphi=0.25$）			
电寿命（次）			600		200	
机械寿命（次）			3000		1000	

表 8-41　　QSA（HH15）系列隔离开关熔断器组技术参数

型号		QSA（HH15）—63	QSA（HH15）—125	QSA（HH15）—160	QSA（HH15）—250
极数		2、3、4			
额定绝缘电压（V）AC		1000			
额定工作电压（V）		AC：380、660、1000　　DC：220、440			
约定封闭发热电流（A）		63	125	160	250
额定工作电流（I_N）/功率					
380V $\cos\varphi=0.35$ AC—23（A/kW）		63/30	125/75	160/90	250/132
660V $\cos\varphi=0.35$ AC—23（A/kW）		63/55	125/110	160/150	250/220
1000V $\cos\varphi=0.65$ AC—22（A）		63	63	160	250
1000V $\cos\varphi=0.35$ AC—23（A/kW）				160/220	250/325
额定工作电流 I_N　DC*					
220V $L/R=15ms$ DC—23（A）		63	125	160	250
440V $L/R=15ms$ DC—23（A）		63	125	160	250
额定接通能力 660V AC—23（A）		630**	1250	1600	2500
额定分断能力 660V AC—23（A）		504***	1000	1280	2000
额定容性功率 380V（kvar）		31	62	78	123
额定容性接通和分断能力 380V（kvar）		131	131	251	251
额定熔断短路电流（kA）	380V	100			
	660V	50			
最大熔断体电流（A）		160		400	
配用熔断体尺码	刀型	00		1、2	
	螺栓连接型	00		1、2	
机械寿命（次）		15000		12000	
电寿命（次）		1000		300	
操作力矩（N·m）		7.5		16	
质量（不包括熔断体手柄）（kg）		1.6	1.7	4.1	4.5
中性极电流（A/A）		63/63	125/125	160/160	250/250
中性线电流（A）		63	125	160	250
辅助开关　380V AC—15（A）		4			
辅助开关　220V DC—13（A）		4			
直流开关连接型式					

型　　　号		QSA(HH15)—400	QSA(HH15)—630	QSA(HH15)—800
极数		2、3、4		2、3
额定绝缘电压(V)AC		1000		
额定工作电压(V)		AC:380、660、1000　　　DC:220、440		
约定封闭发热电流(A)		400	630	800
额定工作电流(I_N)/功率				
380V $\cos\varphi = 0.35$ AC—23(A/kW)		400/200	630/333	800/425
660V $\cos\varphi = 0.35$ AC—23(A/kW)		400/375	630/560	800/710
1000V $\cos\varphi = 0.65$ AC—22(A)		400	630	800
1000V $\cos\varphi = 0.35$ AC—23(A/kW)		315/425	355/475	355/475
额定工作电流 I_N　DC*				
220V $L/R = 15$ms DC—23(A)		400	630	800
440V $L/R = 15$ms DC—23(A)		400	630	800
额定接通能力 660V AC—23(A)		4000	6300	8000
额定分断能力 660V AC—23(A)		3200	5040	6400
额定容性功率 380V(kvar)		197	315	390
额定容性接通和分断能力 380V(kvar)		251	540	540
额定熔断短路电流(kA)	380V	100		
	660V	50		
最大熔断体电流(A)		400	630	800
配用熔断体尺码	刀型	1、2	3	
	螺栓连接型	1、2	3	
机械寿命(次)		12000	3000	
电寿命(次)		300	200	150
操作力矩(N·m)		16	30	
质量(不包括熔断体手柄)(kg)		4.7	14.0	14.0
中性极电流(A/A)		400/400		
中性线电流(A)		400	630	800
辅助开关　380V AC—15(A)		4	6	
辅助开关　220V DC—13(A)		4	6	
直流开关连接型式				

* 　直流开关的连接型式见表中图。
* * 　全封闭型式隔离开关熔断器组额定接通能力为750A。
* * * 　$\cos\varphi = 0.45$。

第十五节　低　压　母　线

(1)涂漆矩形母线的载流量见表8－42。

表 8－42　　　　　　　　　矩形母线的载流量（$\theta_N = 70$℃）

母线尺寸 (宽×厚,mm)	铝 (A)								铜 (A)							
	交　流				直　流				交　流				直　流			
	25℃	30℃	35℃	40℃	25℃	30℃	35℃	40℃	25℃	30℃	35℃	40℃	25℃	30℃	35℃	40℃
15×3	165	155	145	134	165	155	145	134	210	197	185	170	210	197	185	170
20×3	215	202	189	174	215	202	189	174	275	258	242	223	275	258	242	223

母线尺寸 (宽×厚, mm)	铝（A）								铜（A）							
	交 流				直 流				交 流				直 流			
	25℃	30℃	35℃	40℃	25℃	30℃	35℃	40℃	25℃	30℃	35℃	40℃	25℃	30℃	35℃	40℃
25×3	265	249	233	215	265	249	233	215	340	320	299	276	340	320	299	276
30×4	365	343	321	296	370	348	326	300	475	446	418	385	475	446	418	385
40×4	480	451	422	389	480	451	422	389	625	587	550	506	625	587	550	506
40×5	540	507	475	438	545	512	480	446	700	659	615	567	705	664	620	571
50×5	665	625	585	539	670	630	590	543	860	809	756	697	870	818	765	705
50×6.3	740	695	651	600	745	700	655	604	955	898	840	774	960	902	845	778
63×6.3	870	818	765	705	880	827	775	713	1125	1056	990	912	1145	1079	1010	928
80×6.3	1150	1080	1010	932	1170	1100	1030	950	1480	1390	1300	1200	1510	1420	1330	1225
100×6.3	1425	1340	1255	1155	1455	1368	1280	1180	1810	1700	1590	1470	1875	1760	1650	1520
63×8	1025	965	902	831	1040	977	915	844	1320	1240	1160	1070	1345	1265	1185	1090
80×8	1320	1240	1160	1070	1355	1274	1192	1100	1690	1590	1490	1370	1755	1650	1545	1420
100×8	1625	1530	1430	1315	1690	1590	1488	1370	2080	1955	1830	1685	2180	2050	1920	1770
125×8	1900	1785	1670	1540	2040	1918	1795	1655	2400	2255	2110	1945	2600	2445	2290	2105
63×10	1155	1085	1016	936	1180	1110	1040	956	1475	1388	1300	1195	1525	1432	1340	1235
80×10	1480	1390	1300	1200	1540	1450	1355	1250	1900	1786	1670	1540	1990	1870	1750	1610
100×10	1820	1710	1600	1475	1910	1795	1680	1550	2310	2170	2030	1870	2470	2320	2175	2000
125×10	2070	1945	1820	1680	2300	2160	2020	1865	2650	2490	2330	2150	2950	2770	2595	2390

注　1. 本表系母线立放的数据，当母线平放且宽度不大于 63mm 时，表中数据应乘以 0.95；当大于 63mm 时应乘以 0.92。

　　2. θ_N 为外护套温度。当人在不能触及处敷设时，θ_N 允许温度 90℃，相应载流量乘以 1.22。

（2）组合涂漆母线的载流量，见表 8-43。

表 8-43　　　　2~3 片组合涂漆母线的载流量（$\theta_n = 70℃$、$\theta_a = 25℃$）

母线尺寸 (宽×厚, mm)	铝（A）				铜（A）			
	交 流		直 流		交 流		直 流	
	2片	3片	2片	3片	2片	3片	2片	3片
40×4			855				1090	
40×5			965				1250	
50×5			1180				1525	
50×6.3			1315				1700	
63×6.3	1350	1720	1555	1940	1740	2240	1990	2495
80×6.3	1630	2100	2055	2460	2110	2720	2630	3220
100×6.3	1935	2500	2515	3040	2470	3170	3245	3940
63×8	1680	2180	1840	2330	2160	2790	2485	3020
80×8	2040	2620	2400	2975	2620	3370	3095	3850
100×8	2390	3050	2945	3620	3060	3930	3810	4690
125×8	2650	3380	3350	4250	3400	4340	4400	5600
63×10	2010	2650	2110	2720	2560	3300	2725	3530
80×10	2410	3100	2735	3440	3100	3990	3510	4450
100×10	2860	3650	3350	4160	3610	4650	4325	5385
125×10	3200	4100	3900	4860	4100	5200	5000	6250

注　1. 本表系母线立放的数据，母线间距等于厚度。

　　2. θ_a 为环境温度。

第十六节 插 接 母 线

一、型号含义

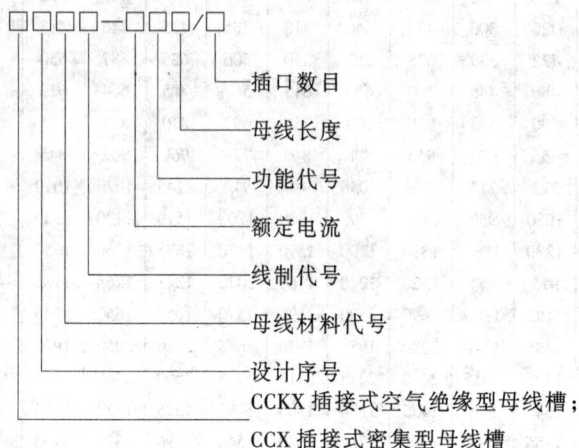

插口数目
母线长度
功能代号
额定电流
线制代号
母线材料代号
设计序号
CCKX 插接式空气绝缘型母线槽；
CCX 插接式密集型母线槽

二、主要技术参数

（1）母线槽的额定绝缘电压为交流 660V，额定工作电压为 220、380、660V，分接单元额定工作电压为交流 220、380V。

（2）额定电流：100、160、200、250、400、630、800、1000、1250、1600、2000、2500、3150、4000、5000A。

说明：铜母线最大额定电流 5000A，铝母线最大额定电流 4000A。

（3）变径母线干线单元额定电流：100～5000A 之间变径，例如：400/250——5000/4000A。

（4）频率：50Hz 或 60Hz。

（5）防护等级：IP40。

（6）线制：三相四线或三相五线制。

（7）母线槽的短时耐受电流如表 8－44 所示。

表 8－44　　　　　　　　　　母线槽的短时耐受电流

母线槽额定电流（A）	100、160	200、250、400、630	800、1000	1600、2000、2500	3150、4000、5000
额定短时耐受电流（1s，kA）	12	20	30	50	80
额定峰值耐受电流（kA）	25	40	63	105	176

（8）母线槽能耐受 3750V 的工频电压，历时 1min 而无击穿或闪络现象。

（9）母线槽相与相之间及导电部分与外壳之间在正常使用条件下的绝缘电阻不小于 20MΩ。

（10）插接箱额定电流：100，200，400，630A。

（11）插接开关的插拔次数不少于 200 次，插接箱内装 DZ20Y 型空气开关时，其技术数据如表 8－45 所示。

表 8 – 45	插接开关技术数据		
插接开关箱额定电流（A）	塑壳断路器 I_N（A）	过载保护值	短路保护值
100	16、20、32、40、50、63、80、100	$1.05I_N < 1h$	$10I_N$
200	100、125、160、200	$1.05I_N < 2h$	$5 \sim 10I_N$
400	200、250、315、350、400	$1.05I_N < 2h$	$5 \sim 10I_N$
630	250、315、350、400、500、630	$1.05I_N < 2h$	$5 \sim 10I_N$

第十七节　低压电网监测仪

一、概述

LDM – Ⅱ型智能低压电网监测仪集电流表、电压自动记录仪、电压质量监测仪、单相功率因数表、有功电度表、无功电度表等的功能于一体，是性能价格比较高、功能齐全的低压配电网络智能测量监测管理的仪器。由智能电网监测仪、数据采集器和微型计算机组成配网管理系统，可完成对整个低压配电线路的监测、分析处理、报表管理等综合管理，为低压配电线路管理提供第一手可靠数据。智能电网监测仪负责在现场采集运行数据，管理人员定期用数据采集器从监测仪中将其测量到的配变运行数据取出并送入微型计算机。监测仪起现场监测作用，数据采集器起监测仪与微型计算机数据通信桥梁作用，微型计算机起数据处理和报表输出的作用。本公司在切实做好售后服务工作的同时，不断地采用新技术对产品的硬件及配套软件进行升级和改进，使其更加适合电网运行的要求。

二、型号命名

LDM – Ⅱ/XY，其中 LDM – Ⅱ—监测仪型号；X—电压分路；Y—电流分路。

如，LDM – Ⅱ/11 表示单组三相电压、单组三相电流功能的配网仪；LDM – Ⅱ/12 表示单组三相电压、二组三相电流功能的配网仪。

为方便起见，以下将 LDM – Ⅱ/11 型简称单路型，其他监测两组及两组以上电流的（如LDM – Ⅱ/12、LDM – Ⅱ/13 等）简称多路型。

三、使用条件

（1）适用范围：本产品适用于 380V 低压配电网络，可于户内或户外安装使用。

（2）环境温度： – 25 ~ 55℃。

（3）相对湿度：40℃时，20% ~ 90%。

（4）大气压力：79.5 ~ 106.0kPa（海拔 2000m 及以下）。

（5）工作场所：工作于无明显导电性灰尘及无易燃、易爆介质的场所。

（6）工作电压：

1）额定电压：380V/220V 三相四线制，交流 50Hz；

2）允许偏差：三相电压同步变化不大于 ± 20%；

3）波形：正弦波，失真度小于 8%；

4）额定频率：50Hz ± 5%；

5）工作电源：220V，50Hz。

四、外观与结构

（1）装置外形及安装尺寸，元件的焊接、装配，端子编号等符合产品图样及有关标准要求。

(2) 装置外壳防护等级符合 GB/T 4942.2—1993 中 IP40 要求。

(3) 监测仪采用金属外壳，内外表面均涂覆处理，涂覆层均匀美观，有牢固的附着力。

(4) 防水箱：箱体采用封闭式不锈钢箱体结构，厚度为 1.5mm，门加密封圈，门锁牢靠。从而具有防水、防潮、防尘、不燃、不锈等特点并美观大方。

五、测量精度

(1) 电压：0.5 级；

(2) 电流：0.5 级；

(3) 功率（有功、无功）：1.0 级；

(4) 功率因数：0.9~1.0 范围为 0.5 级；0.6~0.9 范围为 1.0 级；

(5) 电能：1.0 级；

(6) 时钟误差：<1s/天；

(7) 谐波误差：≤±5%。

六、通信

(1) 与数字采集器传输波特率：1200/2400/4800bps；

(2) 数据采集器与计算机通讯的波特率：2400/4800/9600/19200/38400/57600bps；

(3) 通信口：RS232/RS485 接口（可选）；

(4) 抄表方式：有线/无线（可选）；

(5) 无线抄表通信频率：430Mhz；

(6) 无线抄表有效距离：≤20m。

七、主要功能

1. 数据监测功能及抄表功能

实时监测电网配变低压侧（及各分支路）的三相电压、电流、功率因数等运行数据，并通过抄表机传送到微机中的数据处理系统，可完成对整个低压配电线路的监测、统计分析、报表输出等综合管理，为低压配电线路的科学管理提供第一手可靠数据。

2. 设置功能

(1) 设置和修正本机时钟；

(2) 设置 TA 变比；

(3) 设置通信波特率；

(4) 具容错功能及软件闭锁功能。

3. 显示功能

(1) 工作状态显示：电源指示灯，滞后、过压、超前、投切状态等工作状态指示灯。

(2) 瞬时测量数据显示：三相电压、（各回路）三相电流及三相功率因数。

(3) 显示某日的运行数据，包括：三相电压、三相电流、三相功率因数、日峰及晚峰值及其出现时间、日有功及无功电能。

(4) 显示其他主要运行数据，包括电压超上下限、缺相时间；配变无功有功电能量；停电来电时刻、累计停电时间，有功功率、无功功率（及各回路三相无功功率）、TA 变比、零相电流、谐波指标等。

八、安装接线图

本装置安装在 380V 三相四线制的配电网络上，其输入为 U、V、W 三相相电压及 N 线（其额定值为 220V）和（各回路）U、V、W 三相相电流（其额定值为 5A，信号是从配变低压侧 TA 的二次接入），其中第一回路为主回路（谐波检测只检测主回路数据），其他回路为低压支路。图 8-14 单路型监测仪接线排接线图和图 8-15 多路型监测仪接线排接线图。

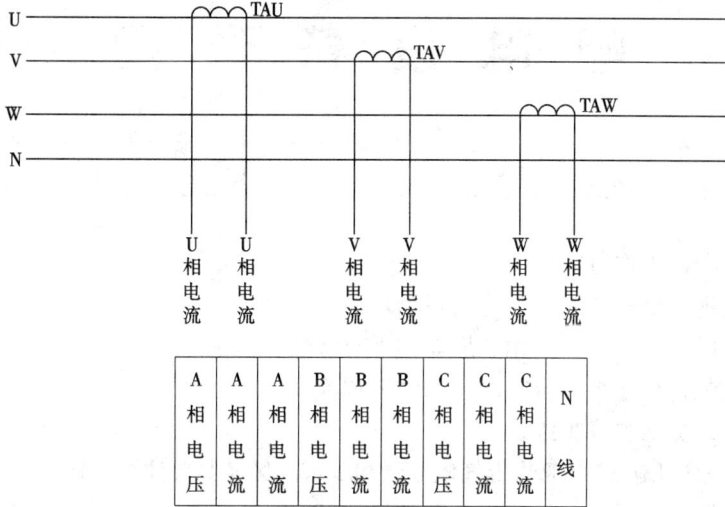

图 8-14　单路型监测仪接线排接线图

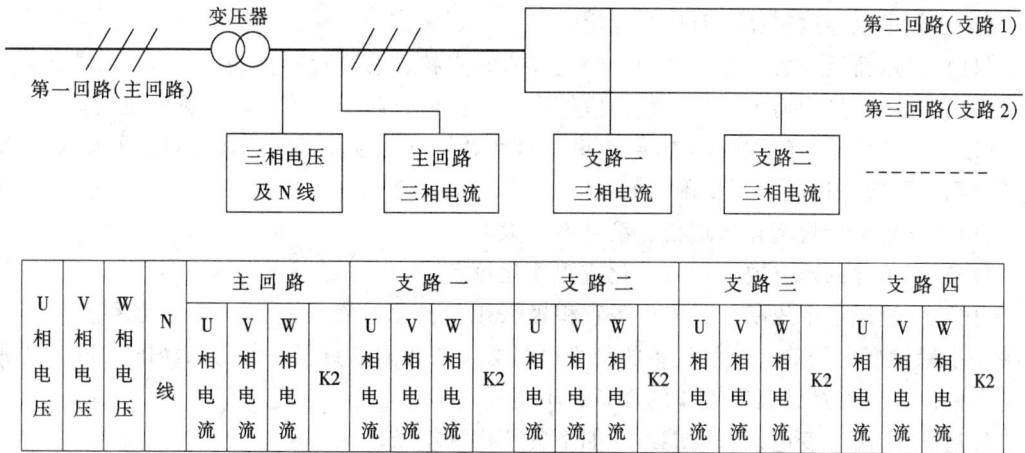

图 8-15　多路型监测仪接线排接线图（以 5 路为例）

第八章　常用设备元件

第九章

配电设备选型

第一节 通 则

(1) 运行安全，工作可靠。

(2) 技术先进，结构紧凑，占地面积小。

(3) 环保良好，无燃烧、油化、爆炸，无有毒气体泄漏。

(4) 金属铠装，全绝缘，全封闭，无触电危险。

(5) 长寿命，免维护或少维护。

(6) 结合实际，因地制宜，亚热带气候地区和多雷地区尤其要注意选择相应的产品和型号。

(7) 有一年以上挂网运行经验，证明良好的产品。

(8) 产品标准最好符合 IEC 标准。

(9) 经过国家级部门技术鉴定合格。

(10) 技术上经过选择、对比才选定。

(11) 采用新型设备审慎，组织上经过技术科审核，总工程师核准，行政主管批准。

(12) 经济上量力而为，能力差的应符合最低条件，高的则采用较完善的设备。

(13) 一般设备可使用寿命 10～15 年，而且更新换代的时间也愈来愈短，所以无需考虑太长时间的可改造问题、预留附件问题。

(14) 设备尽量规范化，规格、型号不宜太多。

(15) 有条件的地方要采用自动化或智能化设备。

(16) 一般规定中压配、变电设备宜积极采用新技术、新设备，如设备的无油化、环网开关、不燃性变压器等。电气设备的绝缘材料必须采用阻燃材料。但对未经国家规定级别的鉴定合格以及未经过试运行考验的设备，不得挂网运行。

(17) 中压配、变电设备应能适应如下的使用环境条件：

1) 环境温度 - 5～+40℃；

2) 日温差 25℃；

3) 海拔高度 1000m 及以下地区；

4) 相对湿度日平均不大于 95%，月平均不大于 90%；

5) 地震烈度不大于里氏 8 度。

(18) 中压配、变电设备的基准绝缘水平按国家标准 GB311.1—1983《高压输变电设备的绝缘配合》选取。表 9-1 是雷电冲击耐受电压值；表 9-2 是工频耐受电压值。鉴于供电系统各变电所变压器绕组的连接组别及中性点接地情况的差异，用户在选用时应与中压变压器配电装置避雷器的选择，符合表 9-3 的规定。

（19）中压配、变电设备的热稳定电流及断路器的遮断电流应大于 25kA，热稳定电流的作用时间应取为不小于 2s。动稳定电流不小于 50kA。鉴于供电系统各变电所短路容量的差异，用户在选用时应与电力部门商议。

表 9－1　　　　　中压配、变电设备的雷电冲击耐受电压（kV）（择自 GB311.1—1983）

额定电压	最高工作电压	标准雷电冲击全波（内、外绝缘，峰值）						标准雷电冲击截波（峰值）
（有效值）		变压器	并联电抗器	耦合电容器、电压互感器	高压电力电缆	高压电器	母线支柱绝缘子、穿墙套管	变压器类设备的内绝缘
3	3.5	40	40	40	—	40	40	45
6	6.9	60	60	60	—	60	60	65
10	11.5	75	75	75	—	75	75	85
15	17.5	105	105	105	105	105	105	115
20	23.0	125	125	125	125	125	125	140
35	40.5	185/200*	185/200*	185/200*	200	185	185	220
63	69.0	325	325	325	325	325	325	360
110	126.0	450/480*	450/480*	450/480*	450/550	450	450	530

注　1．带"*"的数值仅用于变压器类设备的内绝缘。

　　2．对中压电力电缆，是指在热状态下的耐受电压值。其雷电冲击耐受电压值不应超过相应电压等级中所列最高值。如需要更高的绝缘水平，可用更高电压等级的电缆。

表 9－2　　　　　中压配、变电设备的工频耐受电压（kV）（择自 GB311.1—1983）

额定电压	最高工作电压	内、外绝缘（干试与湿试）				母线支柱绝缘子	
		变压器	并联电抗器	耦合电容器、高压电器、电压互感器和穿墙套管	高压电力电缆	湿试	干试
3	3.5	18	18	18	—	18	25
6	6.9	23/25	23/25	23	—	23	32
10	11.5	30/35	30/35	30	—	30	42
15	17.5	40/45	40/45	40	40/45	40	57
20	23.0	50/55	50/55	50	50/55	50	68
35	40.5	80/85	80/85	80	80/85	80	100
63	69.0	140	140	140	140	140	165
110	126.0	185/200	185/200	185/200*	185/200	200	265

注　1．斜线上的数值适用于该类设备的外绝缘，斜线下的数值适用于该类设备的内绝缘。

　　2．带"*"的数值仅用于电磁式电压互感器的内绝缘。

表 9－3　　　　　　　　　配、变电装置中避雷器参数的选用

避雷器的主要参数	10kV 中性点经小电阻接地系统	
	有间隙（不推荐）	无　间　隙
系统电压（kV）	10	10
额定电压（kV）	12.7	12.7
1mA 参考电压（kV）	>24（配电用） >25（电站用）	>24（配电用） >25（电站用）
5kA 残压（kV）	≤50	≤45
通流容量（A）	>75（配电用） >200（电站用）	>75（配电用） >200（电站用）

负荷开关应满足的技术参数如下：

热稳定电流（额定短时电流）　20kA、3s；

动稳定电流　50kA；

额定短路开断电流（熔断器）　31.5kA；

额定短路关合电流　50kA。

（20）室内或地下室中压配、变电所选用的设备，应符合安全及防火的要求。高层建筑及地下室的电器设备，要求达到无油化，设备采用的灭弧介质应确认其结构，不会发生泄漏，或者即使发生泄漏对周围的环境不会造成污染，对经常接触设备的运行值班人员的健康不会带来不良影响或积累效应。

（21）选用配、变电设备时所依循的标准，国内产品应以国家标准为基础，参照相应的行业标准；国外进口产品应以 IEC 标准为基础，参照相应的行业标准。

（22）中压配电柜应具备"五防"功能，即防开关误操作、防误入带电间隔、防带电合地刀、防带接地线或地刀合闸以及防带负荷拉刀闸。开关柜的型式应选用符合 GB 3906—1991（关于铠装式金属封闭开关设备）所定义的型式，即要求各组件分别装在用接地金属隔板隔开的隔空中（详见 GB 3906—1991 之有关条款）。而且其母线室推荐使用柜与柜间设接地金属隔板隔开、母线由绝缘套管中穿过且其孔口密封的型式；或者使用虽然柜与柜间不设隔板，完全贯通，但其母线系统是全绝缘（如环氧树脂或 EPR 模压层包裹）的型式。如果无法避免时，作为补救措施，应使用 XLPE 热缩性塑料套将母线的裸露部分完全包裹。不推荐使用柜与柜间不设隔板完全贯通的裸母线型式。

（23）柜内高压带电部分之间的空气净距，一般情况下应符合：相对地不小于 125mm；相间不小于 125mm；复合绝缘不小于 30mm。

如确有困难并另外采取完善措施者，经征得电力局有关部门同意后，可另作处理。

（24）即使是一般污秽条件，室内绝缘子的爬电比距也不应小于 21mm/kV（等于表面的实际爬电距离除以额定电压）。

（25）裸露的带电部分，其尖端或突出部位（如母线连接处的紧固螺钉等），应当考虑有使电场均匀分布、防止产生电晕放电的措施或加强绝缘的措施。

（26）中压开关柜中的绝缘件，如绝缘子、套管、隔板和触头罩等，严禁采用酚醛树脂、聚氯乙烯及聚碳酸脂等有机绝缘材料，应采用阻燃性绝缘材料，如环氧或 SMC（环氧浇注件）。

（27）电源进线的开关设备，其电源侧不得装设接地刀。

（28）保护变压器的开关设备，应满足遮断电流和继电保护的要求，一般可按表 9 - 4 选择。

表 9 - 4　　　　　　　　　　　变压器保护用开关设备的选择

保护用开关设备的名称	设备安装地点	变压器的容量
断路器	室　内	800kVA 及以上
中压负荷开关（带熔断器）	室　内	800kVA 以下（干式）
		630kVA 及以下（油浸式）
跌落式熔断器	室　外	630kVA 及以下
断路器	室　外	1000kVA 及以下

（29）导体和电器应按正常负荷选择，并应按短路条件验算其动、热稳定。断路器及熔

断器还应满足遮断容量的要求。中压负荷开关与熔断器的组合要求应满足 IEC—420（1990）《高压交流负荷开关—熔断器的组合电器》中有关转移电流的要求。电流互感器的变比应与用电负荷相匹配。

装设在电压互感器回路内的裸导体和电器，可不验算其动、热稳定。

各项验算方法，应按部颁《高压配电装置设计技术规程》有关规定选用。

（30）双电源或多电源供电的各受电开关之间，各受电开关与母线开关之间，应根据不同运行方式装设可靠的连锁装置。

（31）参加组成环网供电系统的环网开关，其所用的开关设备应选择具有电动分、合闸功能的型号，以适应远方操作的需要。此外，还应具有指示相间短路和单相接地短路的故障指示器，其发信型式及复位方法应当符合当地有关规定。

（32）仪表用中压电压互感器的一次侧，可采用隔离开关与熔断器组合保护。

（33）配电柜应当装设完善的防潮加热器及其控制电路。

（34）中压开关柜防护等级：真空或 SF_6 灭弧　IP3X；空气灭弧　IP2X。

（35）绝缘材料有效爬距：在凝露和严重污秽的场所，纯瓷不小于 210mm，有机绝缘不小于 230mm。

第二节　网　络　接　线

（1）根据地域负荷情况，以明显的地界划分一个变电所的正常供电范围，避免交错重叠。

（2）网络结构规格化，避免五花八门。

（3）市中心区采用电缆供电，环网结构、开环运行（将来可闭环运行），开环点（联络点）宜选择在两个变电所的不同的馈电线的末端。

（4）郊区采用架空绝缘线路，树干式布线。主干线分三段，每段长度约 1km，安装分段重合器，线路末端也安装重合器，与另一个变电所的一条馈电线的末端联络，常开运行。比较长的分支线宜装分支线重合器。

（5）市中心区、郊区的结合处可以采用混合供电方式（一条馈电线路包含电缆，架空线）。

（6）环网供电宜用双环网，主环网点（开关站）10 个及以下，在主环网点引出变配电站或用户支线。

（7）网络可持续发展，便于新用户（负荷）、新电源（馈电线）接入或旧用户扩建电源。

（8）公用配电变压器采用低损耗变压器，容量为 1000kVA 及以下。低压配电线市区长度宜为 150～250m，规格为 185（240）、95、50mm^2。

（9）公用变配电设施建筑宜选择在交通方便地方。

（10）每回馈电线的最大负荷与变电站出线开关容量相适应，尽量多供电以发挥投资效益，留有余地以便发展新负荷和事故情况下转供电（备用容量）。

第三节 电 力 电 缆

（1）在有条件的城市配电网中，市中心区主要道路一律使用地下电缆。

（2）电缆敷设方式应根据电压等级、最终条数、施工条件及初期投资等因素确定，可采取直埋、沟槽、排管、隧道、架空及桥梁构架和水下敷设方式。

（3）10kV 电力电缆采用交联聚乙烯电缆：主干线截面积宜选用 240mm²，支线选用 150mm²，分支线选用 70mm²，但要验算其截面积能否满足热稳定的要求。

（4）开关站的电源电缆，每路宜采用双条铜芯 240mm² 或铝芯 240mm² 的电缆。

（5）开关站至公用变配电站电缆推荐使用单芯电缆。

（6）电缆路径的选择，应符合下列要求：

1）路径合理，使用电缆较短。

2）不易受到机械损坏、震动、化学腐蚀、电腐蚀、过热及电弧损伤等。

3）应避开施工中或计划中的建筑工程及其他用地工程等，避开上下水道及其他管线工程等需要挖掘的地方。

4）临时性通道不能作为电缆路径。

（7）电缆敷设形式的选择，必须充分考虑周围环境特点：

1）直埋，适应于中性土壤，没有障碍物及抖动负荷的通道，走廊宽度一般按电缆根数 × 200mm。

2）电缆沟，适应于一般无抖动负荷的通道。

3）排管，适应于有抖动负荷的通道。

4）隧道，电缆条数在 40 条以上时使用。

（8）对电缆结构形式的选择：

1）直埋的中压电缆应选用带铠装和防腐层的电缆、低压电缆如无直接受机械损伤及化学腐蚀的可能，可使用无铠装电缆。

2）敷设于通航河道的水底电缆，必须用钢线铠装电缆（视河流冲击情况必要时用粗双钢丝铠装电缆），在不通航的河道内，即没有拉力和电缆不受冲击，允许使用双钢铠装电缆。

3）敷设于隧道或明沟支架上的电缆应选用钢带铠装电缆，如用铅包或无铠装橡塑电缆，应于支架处用弹性垫衬托。

4）室内及隧道内及露空敷设电缆，宜使用难燃电缆。

5）两端高差大于 15m 时，应使用不滴流或橡塑类电缆。

6）接入 10kV 系统的电缆，其制造电压等级必须符合：①中性点不接地系统按 8.7/15kV；②中性点经小电阻接地系统按 6.8/10kV 的范围。

（9）对于连续性供电要求较高的用户，必要时要采用双电缆。

（10）国产电缆正常运行时，电缆导体的长期运行最高温度不应超过表 9 – 5 的数值。

（11）在正常运行方式下，电缆的长期允许负荷按表 9 – 6 所列经济电流密度确定。

（12）选择电缆时，当电缆负荷按经济电流密度超过允许值时，应按最高允许温度确定负荷量，并验算其在短路情况下的热稳定。

表 9-5 电缆导体的允许长期最高温度				表 9-6 电缆导体经济电流密度		

<table>
<tr><th colspan="2">长期允许温度（℃）　额定电压（kV）</th><th>3 及以下</th><th>6</th><th>10</th></tr>
<tr><td colspan="2">电缆种类</td><td></td><td></td><td></td></tr>
<tr><td colspan="2">橡胶绝缘</td><td>65</td><td></td><td></td></tr>
<tr><td colspan="2">纸绝缘（含不滴流及粘性纸绝缘）</td><td>80</td><td>65</td><td>60</td></tr>
<tr><td colspan="2">聚氯乙烯绝缘</td><td>65</td><td>65</td><td></td></tr>
<tr><td colspan="2">交联聚乙烯绝缘</td><td>90</td><td>90</td><td>90</td></tr>
</table>

每年最大负荷利用小时 (h)	电缆经济电流密度 (A/mm²)	
	铜芯	铝芯
1000 ~ 3000	2.50	1.92
3000 ~ 5000	2.25	1.72
5000 以上	2.00	1.54

（13）电缆的最高允许负荷与敷设方式、电缆并列条数、土壤热阻系数等有关。每一电缆的最高允许负荷应根据电缆导体允许温度及散热条件最坏的线段（不小于 10m）确定，计算时需按现场情况，采用相应的校正系数修正。地热温度参数按 29℃作参考。

（14）在三相四线制系统中，不宜采用一根三芯电缆另加一根单芯导线作中性线的方式，不应用电缆的金属护套作中性线，不得将带铠装的三芯电缆作单相使用。

（15）三相线路采用单芯电缆，或三芯电缆分相后，每相周围应无铁件构成的闭合磁路。

（16）选用单芯电缆作三相系统供电时，不接地的另一端上的正常感应电压一般不应超过 1.5V。

（17）10kV 及以下电缆的配套附件。

1）纸绝缘电缆宜采用注绝缘胶或热缩型接头；中间连接宜采用铅封注胶式接头。

2）橡塑绝缘类宜选用硅橡胶或热缩型接头和终端头。其中 380V 及以下电缆可采用橡塑粘胶类绝缘带绕包。

第四节 架 空 线 路

（1）中压架空配电线路主干线一般选用 LGJ - 240 导线，次干线选用 LGJ - 150 导线，分支线选用 LGJ - 70 导线；架空绝缘导线截面的选择与裸导线同等考虑。

（2）当采用绝缘线时，绝缘子绝缘水平按 15kV 等级考虑；当采用铜绞线或钢芯铝绞线时，绝缘子绝缘水平按 20kV 等级考虑。

（3）中压架空配电线路正常运行负荷电流宜控制在额定值 70% 左右，检修事故情况转移负荷后，不应超过额定值。

（4）为提高中压架空配电线路抵御污闪事故能力，减少检修清扫工作量，市区中压架空配电线路可适当增加泄漏距离和采用防污绝缘子。

（5）导线的截面积、路径及走廊，一般按 5 ~ 10 年发展规划考虑。

（6）路径和杆位的选择应满足下列条件：

1）路径短，转角少，运输、施工、维护方便。

2）与城镇及农田规划协调，尽量少占农田和不致使机耕、交通及人行困难。

3）尽量避开河注、冲刷地带和易被车辆碰撞处，避开有易燃、易爆或可燃液（气）体的生产厂房、仓库、堆场、存储器等。

（7）线路设计的气象条件，宜采用典型气象区数值，并根据当地气象台（站）资料以及附近已有线路运行经验补充确定。

第五节 负 荷 开 关 柜

（1）额定电压 10kV；

（2）最高工作电压 11.5kV；

（3）额定电流 630A；

（4）结构型式为全金属封闭式，应尽可能选用符合 IEC—298 及 GB 3906—1991 关于铠装式金属封闭开关设备所定义的型式（要求各组件分别装在用接地金属隔板隔开的隔室中），再将这样的柜逐个用螺栓连成一列封闭而又独立的组合；

（5）母线系统采用铜母线，接合处应有防止电场集中和局部放电的措施。

进口负荷开关柜之间的母线室推荐使用柜与柜间设接地金属隔板隔开，母线由绝缘套管中穿过、且其孔口密封的型式，或者使用虽然柜与柜间不设隔板、完全贯通，但其母线系统是全绝缘（如用环氧树脂或 EPR 模压层包裹）的型式。如果无法避免时，作为补救措施，应使用 XLPE 热缩性塑料套将母线的裸露部分完全包裹；

（6）绝缘水平。

雷电冲击耐压（峰值）：对地、相间为 75kV，断口为 84kV；

1min 工频耐压（有效值）：对地、相间为 42kV，断口间为 48kV；

（7）热稳定电流（额定短时电流）20kA、3s，在目前情况下，可根据实际情况的需要，适当考虑 20kA、2s 的设备；

（8）动稳定电流 50kA；

（9）预期开断电流（熔断器）31.5kA；

（10）额定短路关合电流 50kA；

（11）转移电流，组合电器（负荷开关—熔断器）应通过相应的转移电流型式试验，脱扣器操作的组合电器应符合交接电流的要求；

（12）互换性能，同类型的部件、元件应具有良好的互换性能；

（13）防护等级，真空或 SF$_6$ 灭弧为 IP3X，空气灭弧为 IP2X；

（14）有效爬距，在凝露和严重污秽的场所，纯瓷不小于 210mm，有机绝缘不小于 230mm；

（15）高压开关柜中的绝缘件，如绝缘子、套管、隔板和触头罩等，严禁采用酚醛树脂、聚氯乙烯及聚碳酸脂等有机绝缘材料，应采用阻燃性绝缘材料，如环氧或 SMC（环氧浇注件）；

（16）相间及相对地净距，空气绝缘 ≥125mm，复合绝缘 ≥30mm；

（17）锁，负荷开关、接地开关及远方、就地选择开关在各种位置皆能锁定；

（18）连锁要求，负荷开关与接地刀应连锁，有防止误入带电间隔的连锁，两进线开关之间及进线开关与母联开关之间应连锁；进线开关与高压计量柜的 TA、TV 手车之间应连锁；

（19）带电显示器为三相式带电显示器，并建议采用可插入式带电显示器，而固定式的带电显示器应具有投/切功能；

（20）二次回路耐压水平 2kV/1min；

（21）接地开关能快速进行分合，热稳定电流不低于 20kA/2s；

（22）自动化要求，有条件实施自动化的开关房，所选用开关应具有电动分合闸功能，预留遥控、遥信接口，以适应远方监控需要，还应具有短路和单相接地故障指示器；

（23）机械寿命，次数不少于 2000 次；

（24）对于 SF_6 负荷开关，年漏气率用封闭法测量，泄漏量应小于 1%，内部水分含量（体积比），新投运的开关应不大于 150ppm，运行中的开关应不大于厂家给定的保证值，应具备 SF_6 气体密度监测和指示装置；

（25）开关状态指示器，应具有机械式的分、合闸位置指示器，有条件的还应具备灯光式分、合闸位置指示器；

（26）适用标准，进口设备以 IEC 为基准，参照电力行业标准 DL 404—1991，国产设备以国家标准 GB 3906 为基准，参照行业标准 DL 404—1991。

第六节 柱 上 开 关

（1）新装柱上开关设备必须选用通过国家高压电器质量监督检验测试中心检验，经二部（含二部委托二厅局）技术鉴定合格的产品。首次在挂网运行的产品必须经局技术主管部门审查认定，局总工程师批准。

（2）架空线路分段、联络断路器应选用柱上 SF_6 或真空断路器，应淘汰旧的柱上油断路器或户外联络隔离开关。

（3）架空线路网推荐使用具有自动重合功能的柱上开关设备。

（4）柱上断路器应具有手动（电动）储能，关合、开断和过电流（或短路）自动脱扣开断功能，其额定短路开断电流应不低于 12.5kA。

（5）柱上开关设备订货时应注明以下五点要求：

1）断路器的额定电流、开断电流；

2）所配 TA 变比及抽头变比；

3）压力表位置（断路器本体的底部、机构箱的一侧或端盖）；

4）爬距要求，按严重污秽或相对湿度大地区考虑；

5）外观，喷漆或喷塑，压板及机构箱是普通钢或是不锈钢。

（6）架空线路配电网宜采用树干式结构，干线分段，并在适当位置安装分段开关。

（7）不同馈线间装联络开关，以便互相转供。

（8）较长的支线或地形复杂、故障率高地段的支线首端加装分段开关。

（9）瞬时故障多发的地区，应采用具有自动重合功能的开关设备。

（10）柱上断路器的安装地点宜交通方便，便于操作。

（11）必须对柱上断路器安装点的短路电流进行验算，并保证断路器的额定短路开断电流大于安装点的短路电流。

第七节 变 压 器

（1）应当根据中压配、变电所的环境条件去选用配电变压器的类型。室外使用的场合，可选用油浸式变压器，带油枕或无油枕全密封型结构。室内或地下室使用的场合，居民住宅区 630kVA 以上的室内变压器不宜使用油浸式，应优先选用干式变压器（独立电房除外）；高层建筑或地下室电房，不准使用油浸式变压器，可选用防潮和防火性能良好的干式变压器、合成绝缘液变压器、SF_6 气体绝缘变压器等。

（2）配电变压器宜选用低损耗的，其性能应当优于表 9-7 所列的参考值。

表 9-7　　　　　　　　　　配电变压器的空载损耗、短路损耗、
阻抗电压及空载电流选用的参考值

额定电压 （kV）	额定容量 （kVA）	空载损耗 （W）	短路损耗 （W）	阻抗电压 （%）	空载电流 （%）
10	50	190	1150	4	8.0
	80	270	1650	4	4.7
	100	320	2000	4	4.2
	125	370	2450	4	4.0
	160	460	2850	4	3.5
	200	540	3400	4	3.5
	250	640	4000	4	3.2
	315	760	4800	4	3.2
	400	920	5800	4	3.2
	500	1080	6900	4	3.2
	630	1300	8100	4	3.2

（3）配电变压器如选用干式变压器、合成绝缘液变压器或 SF_6 气体绝缘变压器，应配备有绕组温升的报警、保护装置。

（4）新装的配电变压器应采用低损耗变压器，现运行的高损耗变压器应逐步更换为 S9 型低损耗节能变压器或干式变压器。

（5）柱上变压器应靠近负荷中心，容量一般以 315kVA 为限，不敷需要时应增装变压器。变压器台架宜按最终容量一次建成。

（6）市区配电变压器一般为户内安装，柱上变压器的架设地点应避开车辆碰撞、易燃易爆及严重污染场所。

（7）为提高配电变压器的经济运行水平，其最大负荷电流不宜低于额定电流的 60%。

（8）核对进口型式变压器中性点的绝缘水平是否满足电网要求。

第八节　组合式变电站

（1）组合式变电站是由中压配电、配电变压器、低压配电三大部分紧凑组合在一个箱体内构成的，相当于一个变配电房。装于室外，具有中、低压变、配电功能。

（2）组合式变电站结构紧凑，占地面积少，施工期短，安装简便。适用于居民住宅小区、工厂、企业、公用设施和临时用电处所使用。

（3）选用的组合式变电站需符合部颁 SD 320—1989《箱式变电站技术条件》，并经机电部、能源部联合鉴定合格。或者，符合 ANSI、IEEE 和 NENA 标准的有关规定。

（4）为了适应南方温度高、湿度大、日照时间长的环境特点，组合式变电站宜选用防锈性能良好或铝合金的外壳，变压器室宜装有自控排风装置。

第九节　跌落式熔断器

（1）户外跌落式熔断器应淘汰遮断容量为 100MVA 的旧式熔断器，选用短路容量为 200MVA、可靠性高、体积小和维护工作量少的新型熔断器。

（2）熔体须与变压器容量相配合。

第十节　避雷器

（1）中压配电装置的每组母线和每路中压架空进线应装设无间隙氧化锌避雷器。

（2）中压架空线路上的柱上开关和互感器等，应用避雷器保护；配电变压器一次侧应装设避雷器。避雷器与变压器的电气距离应符合有关规程规定。

第十一节　直流配电屏

（1）直流配电屏容量必须按照开关操动机构分合闸电流大小选择，电磁操动机构必须使用大电流工作，弹簧操动机构可以使用小电流工作。

（2）为了减少运行维护工作，宜选用全自动的直流配电屏，应具备自动恒流充电、自动稳压充电功能，并能根据电池运行状态自动完成强充与浮充的转换。

（3）优先选择密封式铅酸免维护蓄电池，以减少运行维护工作量。

（4）当配电站面积小时，可以选择挂墙式的直流配电屏。

第十二节　低压配电网

（1）低压配电网以配电变压器为中心，一般为三路出线的放射式。每路出线则为树干式布线，供电半径 150～250m。总出线和每路出线首端加保护，使用刀熔开关或断路器保护（不要失压脱扣）。

（2）低压、配电网分区供电，每台变压器有明确的供电范围。低压架空线路不得超越其 10kV 馈电线的供电范围。

（3）一般住宅楼群、商店等采用低压绝缘线供电，新建住宅小区和高层建筑采用低压电缆供电。

（4）在以照明为主的三相四线制系统中，零线截面积宜与相线截面积相同。

（5）低压主干线的末端、分支线的末端、三相四线制用户的入户支架处，零线应重复接地。

第十三节　开关站

（1）市区开关站应配合城市改造和新区规划同时建设，应作为市政建设的配套工程。

（2）开关站既是用户分支线的 T 接点，又是电缆环形网架接线的"接点"。开关站宜设置于城市主要道路的路口附近，尽可能靠近负荷中心区，并尽量与变压器房合并，以减少开关房的数量。

（3）开关站的建设分为有独立电房、大楼内部附设电房等方式。在未具备电缆开关站位置的路段，可根据运行需要临时安装箱式开关站。

（4）开关站的接线力求简化，一般采用单母线分段，两路进线，6～10路出线。开关站应按无人值班及逐步实现综合自动化的要求设计或留有发展余地。

第十四节 公用变配电站

（1）市区的公用配电变压器宜设于公用变配电站内，每座公用变配电站的中压进出线1～3回，每台配电变压器的低压出线2～4回。

（2）在新建的住宅区内，应建设地区公用变配电站，控制、保护选用负荷开关—熔断器组合电器。变压器间的面积按630kVA或1000kVA设计，建设初期按计算负荷选装变压器。

（3）为减少开关站的数量，简化电网接线，公用变配电站内允许附设一进一出或一进二出的环网开关柜。

（4）公用变配电站的建设分为有独立电房、大楼内部附设电房等方式。在繁华地区及受场地限制无法建设变压器房而又不允许安装柱上变压器的处所，可考虑采用箱式变电站。

第十五节 继 电 保 护

（1）用户专用变压器容量630kVA及以上时，进线开关采用断路器应设成套开关柜，并配置三套继电保护：定时限过电流保护、电流速断保护和零序电流保护。

（2）向用户供电的电缆短线，当继电保护整定有困难时，可采用纵差保护。环网供电闭环运行的备投电缆宜装纵联差动保护。

第十六节 电 能 计 量

（1）采用手车式成套开关柜的用户电能计量装置，应将整套电压互感器、电流互感器、有功电能表、无功电能表、断电压记录仪、二次接线盒全部装于计量手车上。电能计量的二次线不得经过插接头引出到手车外面。

（2）电能计量的电压互感器应接在靠近电源侧，电流互感器接在靠近负荷侧。

（3）电能计量手车与电源进线开关手车设置电气和机械连锁，防止带负荷拉计量小车。

第十七节 用 户 供 电 方 式

（1）用户必须严格遵守《中华人民共和国电力供应与使用条例》。

（2）为提高设备利用率，应发展公用电缆网，严格控制建设专用电缆线路。

（3）依重要程度，以电缆向用户供电的形式如下：

1）以一路电缆向用户供电（宜用双条电缆）；

2）一路电缆主供，另一路公用架空线路备用；

3）由一个或两个电源点（变电所或开关房）供电的两路电缆向重要用户供电；

4）由两个或三个电源点供电的三路电缆向特别重要而容量又较大的用户供电。

（4）双电源用户采用一主一备供电方式，各电源之间应有可靠的机械或电气连锁，任何情况下不得向电网反送电，不得并列运行。

（5）重要用户除正常供电电源外，应有保安备用电源。保安备用电源的供电容量只限于有关重要负荷，不包括其他负荷。保安备用电源可由供电部门提供，也可由用户自备。

第十八节 配 电 网 改 造

（1）10kV 架空线改为电缆或架空绝缘导线。

（2）低压电缆取代沿街低压架空线。

（3）交联电缆取代油纸电缆。

（4）户外柱上变压器移入户内配电站，推广低损耗节能变压器和干式变压器，淘汰跌落式熔断器和高损耗变压器。

（5）淘汰柱上油断路器，代之为能满足配网自动化要求的柱上 SF_6 和真空断路器。

（6）逐步对不满足配网运行要求的简易式开关、产气式开关进行更新改造。

（7）淘汰低压刀开关和易熔片，采用低压开关柜和标准低压熔断器。

（8）推广无间隙金属氧化锌避雷器，取代普通阀型避雷器。

第十九节 进 口 变 配 电 设 备

（1）进口配、变电设备所依循的技术标准，对于 10kV 电压等级来说，可按 IEC 标准之最高工作电压为 12kV 或 15kV 的档次选用。如条件许可，最好做到 IEC 标准和我国国家标准兼顾。

（2）首次采用的进口配、变电设备，应具备由国际公认的测试部门（如荷兰的 KEMA 试验站等）出具的各项型式试验合格通过后的试验报告或试验合格证书。并应具有一定数量的销售记录和一段时间的成功运行经验。

（3）进口配、变电设备的相间、相对地绝缘净距、绝缘子表面爬电的压距比等电气参数，在确认了电场均匀措施后，如已有合格通过型式试验和出厂常规试验的试验报告作为支持性文件，而且在现场试验也能合格通过的情况下，可不受对国内设备规定的约束（可作为参考），但至少要符合 IEC 标准的要求。

（4）进口配、变电设备同样要符合本章第一节（22）条的"五防"功能要求。如果防误入带电间隔功能在某些结构上难以做到机械连锁的话，至少应具备给运行值班人员以明显的警告显示。

（5）以不同形式合资举办的制造厂，其产品即使是国外出产零部件但由国内组装者，仍需按国内产品一样，应当通过二部或二部授权的产品鉴定和一定时间的试运行。

（6）现场交接试验的试验和验收标准，应按 IEC 有关标准的要求执行。

（7）开关柜及电器外壳的防护等级，要求至少达到：装于室内 IP415；装于室外 IP547。

第二十节 配电自动化

1. 概述

配电自动化系统（DAS）是一种可以使供电企业在远方以实时方式监视、协调和操作配电设备的自动化系统，其目的是改进电能质量，与用户建立更密切、更负责的关系，降低运行费用。

从技术上讲，目前实现 DAS 已没有任何困难。对于一个供电企业来说，重要的是根据自身的配电网架结构选择适合自己条件的自动化功能。

2. 电缆网自动化系统

（1）系统构成和配置。

电缆网自动化系统由主站、中心站、远方终端单元（RTU）、远方控制负荷开关或 SF_6 和真空断路器、通信电缆五个部分组成。

系统采取分层控制、分布式监视和控制方式。

（2）系统功能。

1）实时监视，系统实时监视即遥测、遥信功能，由安装于开关房和配变房中的 RTU 实现。

2）远程操作，由中心站或主站向 RTU 发布指令，对开关房内各断路器和负荷开关进行遥控，实现计划停电或恢复正常供电。

3）故障管理，发生故障时，由 RTU 和中心站配合快速进行故障定位，自动实施开关操作，切除故障区段并对非故障停电区域恢复供电。

4）施工检修计划安排。

5）配网地理信息管理系统，包含管辖范围的地理图形信息、配电设备参数实时数据、配电网地理接线图和其他相关图表。

3. 架空线网自动化系统

（1）系统构成。架空线网自动化系统由中央控制中心（调度）、遥控副控台（变电所）、杆上开关（断路器、分段器、重合器）、故障探测器（FDR）、电池或电流变压器（SPS）和信号回传装置（通信网）构成。

（2）系统功能。目前架空线网自动化要求达到的基本功能如下。

1）对线路上电流、负荷、配电点有关参数的状态监视，并利用信号回传系统向控制中心回传信息。

2）判别故障，躲开瞬时故障，隔离永久故障。

3）自动向无故障区恢复供电。

4. 通信系统

配电自动化系统对通信有很高的要求，要求能够有效地抵制来源于电晕、闪电、无线电发射和配网开关操作等引起的电磁干扰，能够在配电网事故甚至停电时照常进行信息传输。

在配电自动化系统的总投资中，通信系统的费用是比较高的，对一次投资和以后的运行维修费用都需要仔细考虑。如果通信系统的费用过高，就会抵消实施配网自动化所带来的经济效益。

配电网通信系统可能的通信方式有配电线载波、微波、导引电缆、光导纤维和租用电话网等几种形式。在提高传输可靠性的基础上，人们考虑宜选择公用电话网作为传输线路。

第十章

短路电流计算

第一节 概 述

电力系统最严重的故障是各种形式的短路。所谓短路，就是指一相或多相载流导体的接地或者相互碰接。

在中性点不接地、直接接地或经消弧线圈阻抗接地的三相系统中，短路的类型可分为：三相短路、两相短路、单相短路和两相接地短路，如图 10 – 1 所示。

电力系统发生短路时，系统各部分的电压电流以及它们之间的相位等参数都将发生变化。例如，短路电流很大，是正常工作电流值的数十倍；使供电电源母线的电压降低，离短路点越近电压越低；通过短路电流的导体和电气设备的温度会急剧上升，承受的瞬间电动力将增大；短路电流对发电机励磁产生去磁作用，使机端电压下降；严重的短路故障会引起并列运行的发电机组失去同步，造成系统解列。

短路类型	原 理 图	符号
三相短路		$k^{(3)}$
两相短路		$k^{(2)}$
单相短路		$k^{(1)}$
两相接地短路		$k^{(1,1)}$

图 10 – 1 短路类型及其代表符号

一、工厂企业供电系统发生短路的原因

（1）雷击。架空进线容易遭受雷害，当雷击时就可能由于绝缘子损坏或电弧引起相间或相对地（杆塔）之间的短路；

（2）绝缘损坏。绝缘的老化或机械损伤，如电缆单相绝缘受损，失去承受耐压能力而导致单相短路、相间短路；

（3）操作故障。由于不严格执行操作规程而发生的误操作，引起设备、人身事故，约占全部短路故障率的 70％以上；

（4）变、配电所土建通道施工、维护不慎、飞禽或小动物跨接裸导体、咬坏设备绝缘，造成相地、相间短路等。

由于短路的后果非常严重，因此必须尽力设法消除可能引起短路故障的一切因素，同时需要计算短路电流。

工厂企业供电系统的短路电流计算以三相短路为主。三相短路是对称短路，其他为不对称短路。在中性点不接地的小电流接地系统中，单相接地不会形成短路，仅有不大的电容电流流过。为了使电气设备在最严重的短路情况下也能可靠地工作，要具有足够的动稳定性和热稳定性。实际工程计算用三相短路电流来选择校验电气设备、导线、电缆和作为整定继电

保护装置的主要参数。

二、短路电流的危害

（1）机械力。当电流流过环状导体时，就会产生一种机械力，好像要想把环状导线扩张开的情况，相反，如果电流流经两根平行导线时，两根导线之间就产生互相吸引力，这个力与电流数值的平方成正比例。

在正常电流情况下，电流经过导体时，所产生的机械力是很小的，但是在几千安培的短路电流时，就会产生很大的机械力。因此，选择电气设备元件时，例如线圈、母线、开关、互感器、导线等都应该满足最大可能的短路电流值作用下、能够经受得住而不致损坏。

（2）热效应。电流流经电阻时会产生热，短路电流经过导体时，由于导体有电阻，即使时间很短，但当电流很大时，导体也会产生不能承受的发热。发热时的温升，与电流的平方成正比。因此，在选择导体或电器时，应对短路发热的程度加以计算和检验，设计合格的设备，使之不致遭到短路电流的损坏。

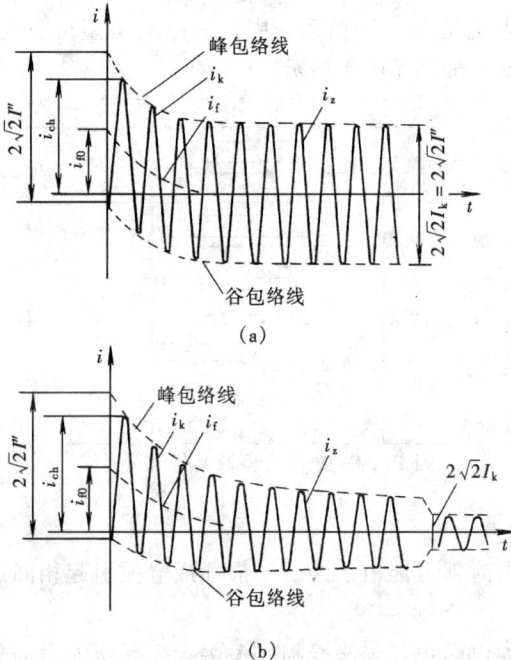

图 10-2　短路电流变化示意图
(a) 远离发电机端短路的短路电流；
(b) 靠近发电机端短路的短路电流

i_k—短路全电流；i_{ch}—短路冲击电流；i_z—短路电流周期分量；i_f—短路电流非周期衰减分量；I''—起始或0s短路电流周期分量有效值（超瞬变短路电流有效值）；I_k—稳态短路电流有效值；i_{f0}—短路电流非周期分量的起始值

三、短路故障的分类与计算

在三相交流系统中可能发生的短路故障主要有三相短路、两相短路和单相短路（包括单相接地故障），通常，三相短路电流最大。当短路点发生在发电机附近时，两相短路电流可能大于三相短路电流；当短路点靠近中性点接地的变压器时，单相短路电流也有可能大于三相短路电流。

短路过程中短路电流变化的情况决定于系统电源容量的大小或短路点离电源的远近，其瞬时值的变化如图 10-2 所示。在工程计算中，如果以供电电源容量为基准的短路电路计算电抗大于或等于3，则可认为电源母线电压维持不变，不考虑短路电流周期分量的衰减，将按短路电流不含衰减交流分量的系统，即无限大电源容量的系统或远离发电机端短路计算短路电流。否则，短路电流应按含衰减交流分量的系统，即有限电源容量的系统或靠近发电机端短路进行计算。

短路电流计算应求出最大短路电流值，以确定电气设备容量或额定参数；求出最小短路电流值，作为选择熔断器、整定继电保护装置和校验电动机起动的依据。一般需要计算下列短路电流值：

i_{ch}——短路冲击电流（短路全电流最大瞬时值或短路电流峰值）；

I_{ch}——短路全电流最大有效值（第一周期的短路全电流有效值）；

I_k'' 或 I''——超瞬变短路电流有效值（起始或0s的短路电流周期分量有效值）；

10kV 配电工程设计手册

$I_{0.2}$——短路后 0.2s 的短路电流周期分量有效值；

I_k——稳态短路电流有效值（时间为无穷大短路电流周期分量有效值）；

S''——超瞬变短路容量；

S_k——稳态短路容量。

第二节 电路元件参数换算及网络变换

进行短路电流计算时，首先要知道短路电路的电参数，如电路元件的阻抗、电路电压、电源容量等，然后通过网络变换求得电源至短路点之间的等值总阻抗，最后按照公式或运算曲线求出短路电流。

短路电路的电参数可以用有名单位制表示，也可以用标么制表示。有名单位制一般用于 1000V 以下低压网络的短路电流计算，标么制则广泛地用于高压网络。

一、标么制

标么制是一种相对单位制，电参数的标么值为其有名值与基准值之比，即

容量标么值 $$S_* = \frac{S}{S_j} \qquad (10-1)$$

电压标么值 $$U_* = \frac{U}{U_j} \qquad (10-2)$$

电流标么值 $$I_* = \frac{I}{I_j} \qquad (10-3)$$

电抗标么值 $$X_* = \frac{X}{X_j} \qquad (10-4)$$

式中 S、U、I、X——容量、电压、电流、电抗的实际值；

S_j、U_j、I_j、X_j——容量、电压、电流、电抗的基准值。

工程计算上通常首先选定基准容量 S_j 和基准电压 U_j，与其相应的电流和电抗为基准电流 I_j 和基准电抗 X_j，在三相电力系统中可由下式导出

$$I_j = \frac{S_j}{\sqrt{3}\,U_j} \qquad (10-5)$$

$$X_j = \frac{U_j}{\sqrt{3}\,I_j} = \frac{U_j^2}{S_j} \qquad (10-6)$$

根据式（10-4）和式（10-6），在三相电力系统中，电路元件电抗的标么值 X_* 可表示为

$$X_* = \frac{\sqrt{3}\,I_j X}{U_j} = \frac{S_j X}{U_j^2} \qquad (10-7)$$

原则上基准值可以任意选定。但为了计算方便，基准容量 S_j 一般取 100MVA；如为有限电源容量系统，则可选取向短路点馈送短路电流的发电机额定总容量 $S_{r\Sigma}$ 作为基准容量。基准电压 U_j 应取计算网络电压级的平均电压（指线电压）U_P，即 $U_j = U_P \approx 1.05 U_N$（$U_N$ 为系统标称电压），但对于标称电压为 220/380V 电压级的，则应计入电压系数 C（取 1.05），即 $1.05 U_N = 400V$ 或 0.4kV。常用基准值见表 10-1。表中还列出了基准容量为 100MVA 时与各级平均电压相对应的基准电流值。

表 10 – 1　　　　　　　　　常用基准值（$S_j = 100\text{MVA}$）

系统标称电压 U_N (kV)	0.38	3	6	10	35	110
基准电压 $U_j = U_p^{①}$ (kV)	0.40	3.15	6.30	10.50	37	115
基准电流 I_j (kA)	144.30	18.30	9.16	5.50	1.56	0.50

① $U_j = U_p \approx 1.05 U_N$，但对于 0.38kV，则 $U_j = CU_N = 1.05 \times 0.38 = 0.4$（kV）。

采用标么值计算短路电路的总阻抗时，必须先将元件电抗的有名值或相对值换算为同一基准容量的标么值，而基准电压采用各元件所在电压级的平均电压。电路元件阻抗标么值和有名值的换算公式见表 10 – 2。

二、有名单位制参数换算

根据有名单位制（欧姆制）参数计算短路电路的总阻抗时，必须把各元件阻抗所在电压级的相对值或欧姆值，都归算到短路点所在电压级平均电压下的欧姆值。换算公式见表10 – 2。

表 10 – 2　　　　　　　　　电路元件阻抗标么值和有名值的换算公式

序号	元件名称	标 么 值	有 名 值（Ω）	符 号 说 明
1	同步电机（同步发电机或电动机）	$X''_{*d} = \dfrac{x''_d\%}{100} \cdot \dfrac{S_j}{S_N} = x''_d \dfrac{S_j}{S_N}$	$X''_d = \dfrac{x''_d\%}{100} \cdot \dfrac{U_j^2}{S_N} = x''_d \dfrac{U_j^2}{S_N}$	S_N——同步电机的额定容量，MVA； S_{NT}——变压器的额定容量，MVA（对于三绕组变压器，是指最大容量绕组的额定容量）； x''_d——同步电机的超瞬变电抗相对值； $x''_d\%$——同步电机的超瞬变电抗百分值； $u_k\%$——变压器阻抗电压百分值； $x_k\%$——电抗器的电抗百分值； U_N——额定电压（指线电压），kV； I_N——额定电流，kA； X、R——线路每相电抗值、电阻值，Ω； S''_s——系统短路容量，MVA； S_j——基准容量，MVA； I_j——基准电流，kA； ΔP——变压器短路损耗，kW； U_j——基准电压，kV，对于发电机实际是设备电压
2	变压器	$R_{*T} = \Delta P \dfrac{S_j}{S_N^2} \times 10^{-3}$ $Z_{*T} = \dfrac{u_k\%}{100} \cdot \dfrac{S_j}{S_N}$ $X_{*T} = \sqrt{Z_{*T}^2 - R_{*T}^2}$ 当电阻值允许忽略不计时 $X_{*T} = \dfrac{u_k\%}{100} \cdot \dfrac{S_j}{S_N}$	$R_T = \dfrac{\Delta P}{3 I_N^2} \times 10^{-3} = \dfrac{\Delta P U_N^2}{S_{NT}^2} \times 10^{-3}$ $Z_T = \dfrac{u_k\%}{100} \cdot \dfrac{U_N^2}{S_N}$ $X_T = \sqrt{Z_T^2 - R_T^2}$ 当电阻值允许忽略不计时 $X_T = \dfrac{u_k\%}{100} \cdot \dfrac{U_N^2}{S_N}$	
3	电抗器	$X_{*k} = \dfrac{x_k\%}{100} \cdot \dfrac{U_N}{\sqrt{3} I_N} \cdot \dfrac{S_j}{U_j^2}$ $= \dfrac{x_k\%}{100} \cdot \dfrac{U_N}{I_N} \cdot \dfrac{I_j}{U_j}$	$X_k = \dfrac{x_k\%}{100} \cdot \dfrac{U_N}{\sqrt{3} I_N}$	
4	线路	$X_* = X \dfrac{S_j}{U_j^2}$ $R_* = R \dfrac{S_j}{U_j^2}$		
5	电力系统（已知短路容量 S''_s）	$X_{*s} = \dfrac{S''_j}{S''_s}$	$X_s = \dfrac{U_j^2}{S''_s}$	
6	基准电压相同，从某一基准容量 S_{j1} 下的标么值 X_{*1} 换算到另一基准容量 S_j 下的标么值 X_*	$X_* = X_{*1} \dfrac{S_j}{S_{j1}}$		
7	将电压 U_{j1} 下的电抗值 X_1 换算到另一电压 U_{j2} 下的电抗值 X_2		$X_2 = X_1 \dfrac{U_{j2}^2}{U_{j1}^2}$	

三、网络变换

网络变换的目的是简化短路电路，以求得电源至短路点间的等值总阻抗。

标幺制和有名单位制的常用电抗网络变换公式完全相同，详见表 10-3。

表 10-3   **常用电抗网络变换公式**

原 网 络	变换后的网络	换 算 公 式
		$X = X_1 + X_2 + \cdots + X_n$
		$X = \dfrac{1}{\dfrac{1}{X_1} + \dfrac{1}{X_2} + \cdots + \dfrac{1}{X_n}}$ 当只有两个支路时，$X = \dfrac{X_1 X_2}{X_1 + X_2}$
		$X_1 = \dfrac{X_{12} X_{31}}{X_{12} + X_{23} + X_{31}}$ $X_2 = \dfrac{X_{12} X_{23}}{X_{12} + X_{23} + X_{31}}$ $X_3 = \dfrac{X_{23} X_{31}}{X_{12} + X_{23} + X_{31}}$
		$X_{12} = X_1 + X_2 + \dfrac{X_1 X_2}{X_3}$ $X_{23} = X_2 + X_3 + \dfrac{X_2 X_3}{X_1}$ $X_{31} = X_3 + X_1 + \dfrac{X_3 X_1}{X_2}$
		$X_{12} = X_1 X_2 \Sigma Y$ $X_{23} = X_2 X_3 \Sigma Y$ $X_{24} = X_2 X_4 \Sigma Y$ $\vdots$ 式中 $\Sigma Y = \dfrac{1}{X_1} + \dfrac{1}{X_2} + \dfrac{1}{X_3} + \dfrac{1}{X_4}$
		$X_1 = \dfrac{1}{\dfrac{1}{X_{12}} + \dfrac{1}{X_{13}} + \dfrac{1}{X_{41}} + \dfrac{X_{24}}{X_{12} X_{41}}}$ $X_2 = \dfrac{1}{\dfrac{1}{X_{12}} + \dfrac{1}{X_{23}} + \dfrac{1}{X_{24}} + \dfrac{X_{13}}{X_{12} X_{23}}}$ $X_3 = \dfrac{1}{1 + \dfrac{X_{12}}{X_{23}} + \dfrac{X_{12}}{X_{24}} + \dfrac{X_{13}}{X_{23}}}$ $X_4 = \dfrac{1}{1 + \dfrac{X_{12}}{X_{13}} + \dfrac{X_{12}}{X_{41}} + \dfrac{X_{24}}{X_{41}}}$

在简化短路电路过程中，如果各电路元件的电抗和电阻均需计入，则简化过程比较复杂，例如。

当电路元件为串联时

$$总电抗 \quad X_\Sigma = X_1 + X_2 + \cdots \tag{10-8}$$

$$总电阻 \quad R_\Sigma = R_1 + R_2 + \cdots \tag{10-9}$$

当两个电路元件为并联时

$$总电抗 \quad X_\Sigma = \frac{X_1(R_2^2 + X_2^2) + X_2(R_1^2 + X_1^2)}{(R_1 + R_2)^2 + (X_1 + X_2)^2} \tag{10-10}$$

$$总电阻 \quad R_\Sigma = \frac{R_1(R_2^2 + X_2^2) + R_2(R_1^2 + X_1^2)}{(R_1 + R_2)^2 + (X_1 + X_2)^2} \tag{10-11}$$

如果两个并联元件的电阻与电抗的比值比较接近（如两台变压器并联），则并联电路的总电阻和总电抗可分别按并联公式计算，当 $\frac{R_1}{X_1} \approx \frac{R_2}{X_2}$ 时，则

$$X_\Sigma = \frac{X_1 X_2}{X_1 + X_2} \tag{10-12}$$

$$R_\Sigma = \frac{R_1 R_2}{R_1 + R_2} \tag{10-13}$$

第三节　高压系统电路元件阻抗

一、同步电机

同步电机的阻抗参数由电机制造厂提供。部分国产汽轮发电机和部分国产水轮发电机的电气参数见表 10-5 和表 10-6。若缺少资料时，在近似计算中，亦可采用表 10-4 中所列的各类同步电机电抗平均值。

表 10-4　　　　　各类同步电机的电抗平均值

序　号	同步电机类型		x_d'' 或 $x_{(1)}$（%）	$x_{(2)}$（%）	$x_{(0)}$（%）
1	汽轮发电机	≤50MW	14.5	17.5	7.5
		100～125MW	17.5	21.0	8.0
		200MW	14.5	17.5	8.5
		300MW	17.2	19.8	8.4
2	水轮发电机	无阻尼绕组时	29.0	45.0	11.0
		有阻尼绕组时	21.0	21.5	9.5
3	同步调相机		16.0	16.5	8.5
4	同步电动机		15.0	16.0	8.0

注　$x_{(1)}$、$x_{(2)}$、$x_{(0)}$ 表示正序电抗相对值、负序电抗相对值、零序电抗相对值。

二、异步电动机

高、低压异步电动机的超瞬变电抗相对值 x_d'' 可按下式计算

$$x_d'' = \frac{1}{K_{qM}} \tag{10-14}$$

10kV 配电工程设计手册

式中 K_{qM}——异步电动机的起动电流倍数，由产品样本查得。

表 10-5 部分国产汽轮发电机电气参数

发电机型号	额定容量		额定电压	时间常数 T_1	超瞬变电抗	
	（MW）	（MVA）	（kV）	（s）	百分值 $x_d'' \%$	$S_j = 100MVA$ 时标幺值 X_{*d}''
QF-1.5-2	1.5	1.875	6.3	3.874	15.22	8.126
QF-3.0-2	3	3.750	6.3	5.660	10.22	2.730
QF-6-2	6	7.500	6.3	6.360	12.40	1.650
QF-12-2	12	15.000	6.3	9.350	11.62	0.710
QF₂-12-2	12	15.000	10.5	8.520	17.78	1.190
QF₂-25-2	25	31.250	6.3	12.200	12.20	0.390
TQ₂-25-2	25	31.250	10.5	10.000	13.03	0.417
QFQ-50-2	50	62.500	6.3	11.220	11.63	0.186
TQQ-50-2	50	62.500	10.5	11.320	13.50	0.216
QFS-60-2	60	75.000	10.5	6.300	16.25	0.217
TQN-100-2	100	117.647	10.5	6.200	18.35	0.156
QTS-125-2	125	147.060	13.8	6.900	18.00	0.122
QFNS-200-2	200	235.294	15.75	6.450	14.35	0.061
QFS-300-2	300	352.941	18.00	8.375	16.70	0.047

表 10-6 部分国产水轮发电机电气参数

发电机型号	额定容量		额定电压	时间常数 T_1	超瞬变电抗	
	（MW）	（MVA）	（kV）	（s）	百分值 $x_d'' \%$	$S_j = 100MVA$ 时标幺值 X_{*d}''
SF 12.5-12/236	12.5	15.625	6.3	4.37	20.40	1.306
SF 17-28/550	17.0	21.250	6.3	4.21	17.53	0.825
SF 18-10/300	18.0	21.176	6.3	5.42	20.28	0.958
SF 35-12/384	35.0	40.000	10.5	6.00	17.76	0.444
SF 40-12/475	40.0	47.059	13.8	6.35	18.76	0.399
SF 45-56/900	45.0	52.941	10.5	4.76	18.32	0.346
SF 50-60/990	50.0	62.500	10.5	5.73	20.83	0.333
SF 65-28/640	65.0	72.222	10.5	6.10	21.20	0.294
SF 75-40/854	75.0	88.235	13.8	6.45	20.20	0.229
SF 100-40/854	100.0	111.111	13.8	7.59	22.60	0.203
SF 110-68/1280	110.0	129.412	15.75	6.58	26.36	0.204
SF 150-60/1280	150.0	176.471	15.75	7.27	21.78	0.123
SF 170-110/1760	170.0	194.286	13.8	5.95	19.70	0.101
SF 225-48/1260	225.0	257.143	15.75	8.94	20.04	0.078

三、电力变压器

三相双绕组电力变压器的电抗标幺值可按表 10-2 中有关公式计算。表 10-7 列出了常用规格三相双线绕组变压器的电抗标幺值（$S_j = 100MVA$）。

变压器容量 （kVA）	阻抗电压 （%）	$S_j = 100\text{MVA}$ 时电抗标么值	变压器容量 （kVA）	阻抗电压 （%）	$S_j = 100\text{MVA}$ 时电抗标么值
35/10.5（6.3）kV			10/6.3（3.15）kV		
1000		6.50	200		20.00
1250		5.20	250		16.00
1600	6.5	4.06	315	4	12.70
2000		3.25	400		10.00
2500		2.60	500		8.00
3150		2.22	630	4.5	8.73
4000	7	1.75	800		6.88
5000		1.40	1000		5.50
6300		1.19	1250		4.40
8000	7.5	0.94	1600		3.44
10000		0.75	2000		2.75
12500		0.64	2500	5.5	2.20
16000	8	0.50	3150		1.75
20000		0.40	4000		1.38
110/10.5（6.3）kV			5000		1.10
6300		1.67	6300		0.87
8000		1.31			
10000		1.05			
12500	10.5	0.84			
16000		0.66			
20000		0.53			
25000		0.42			

三相三绕组电力变压器每个绕组的电抗百分值按下列公式计算

$$\left.\begin{array}{l} x_1\% = \dfrac{1}{2}\left(u_{k12}\% + u_{k13}\% - u_{k23}\%\right) \\[2mm] x_2\% = \dfrac{1}{2}\left(u_{k12}\% + u_{k23}\% - u_{k13}\%\right) \\[2mm] x_3\% = \dfrac{1}{2}\left(u_{k13}\% + u_{k23}\% - u_{k12}\%\right) \end{array}\right\} \qquad (10-15)$$

式中　$u_{k12}\%$、$u_{k13}\%$、$u_{k23}\%$——每对绕组的阻抗电压百分值，其间相互关系见图 10－3。

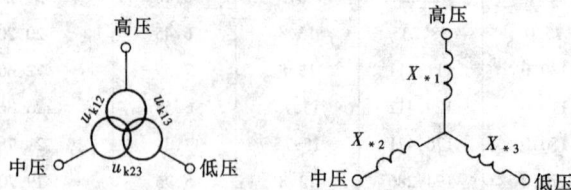

图 10－3　三相三绕组变压器等值变换

110kV 级 6300～25000kVA、三相三绕组电力变压器每个绕组的电抗标么值见表 10－8。

表 10 - 8   **110kV 三相三绕组电力变压器的电抗标么值**

变压器容量（kVA）			6300	8000	10000	12500	16000	20000	25000	变压器容量（kVA）
按阻抗电压 $u_k\%$ 的第一种组合方式	阻抗电压 $u_k\%$	高中	17	17.5	17	18	18	18	18	高低	按阻抗电压 $u_k\%$ 的第二种组合方式
		高低	10.5	10.5	10.5	10.5	10.5	10.5	10.5	高中	
		中低	6	6.5	6	6.5	6.5	6.5	6.5	中低	
	绕组电抗 x（%）	高压	10.75	10.75	10.75	11	11	11	11	高压	
		中压	6.25	6.75	6.25	7	7	7	7	低压	
		低压	− 0.25	− 0.25	− 0.25	− 0.50	− 0.50	− 0.50	− 0.50	中压	
	$S_j = 100MVA$ 时绕组电抗标么值 X_*	高压	1.706	1.344	1.075	0.880	0.688	0.550	0.440	高压	
		中压	0.992	0.844	0.625	0.560	0.438	0.350	0.280	低压	
		低压	− 0.040	− 0.031	− 0.025	− 0.04	− 0.031	− 0.025	− 0.02	中压	

四、电抗器

NKL 型铝线水泥电抗器的电抗见表 10 - 9。

表 10 - 9   **NKL 型铝线水泥电抗器的电抗**

额定电流 I_N（A）	6kV			10kV		
	额定电抗 x_N（%）	电抗标么值 X_* $\left(\begin{array}{l}U_j = 6.3kV\\S_j = 100MVA\end{array}\right)$	电抗 X（Ω）	额定电抗 x_N（%）	电抗标么值 X_* $\left(\begin{array}{l}U_j = 10.5kV\\S_j = 100MVA\end{array}\right)$	电抗 X（Ω）
150	3	1.7456	0.6928	3	1.0473	1.1547
	4	2.3274	0.9238	4	1.3965	1.5396
	5	2.9093	1.1547	5	1.7456	1.9289
	6	3.4912	1.3856	6	2.0947	2.3094
	8	4.6549	1.8475	8	2.7929	3.0792
	10	5.8186	2.3094			
200	3	1.3092	0.5196	3	0.7855	0.8660
	4	1.7456	0.6928	4	1.0473	1.1547
	5	2.1820	0.8660	5	1.3092	1.4434
	6	2.6184	1.0392	6	1.5710	1.7320
	8	3.4912	1.3856	8	2.0947	2.3094
	10	4.3639	1.7320	10	2.6184	2.8867
300	3	0.8728	0.3464	3	0.5237	0.5774
	4	1.1637	0.4619	4	0.6982	0.7698
	5	1.4546	0.5774	5	0.8728	0.9623
	6	1.7456	0.6928	6	1.0473	1.1547
	8	2.3274	0.9238	8	1.3965	1.5396
	10	2.9093	1.1547	10	1.7456	1.9289
400	3	0.6546	0.2598	3	0.3926	0.4330
	4	0.8728	0.3464	4	0.5237	0.5774
	5	1.0910	0.4330	5	0.6546	0.7217
	6	1.3092	0.5196	6	0.7855	0.8660
	8	1.7456	0.6928	8	1.0473	1.1547
	10	2.1820	0.8660	10	1.3092	1.4434

额定电流 I_N (A)	6kV			10kV		
	额定电抗 x_N (%)	电抗标么值 X_* $\left(\begin{array}{l}U_j = 6.3kV \\ S_j = 100MVA\end{array}\right)$	电抗 X (Ω)	额定电抗 x_N (%)	电抗标么值 X_* $\left(\begin{array}{l}U_j = 10.5kV \\ S_j = 100MVA\end{array}\right)$	电抗 X (Ω)
500	3	0.5237	0.2078	3	0.3142	0.3464
	4	0.6982	0.2771	4	0.4189	0.4619
	5	0.8728	0.3464	5	0.5237	0.5774
	6	1.0473	0.4157	6	0.6284	0.6928
	8	1.3965	0.5543	8	0.8379	0.9238
	10	1.7456	0.6928			
600	4	0.5819	0.2309	4	0.3491	0.3849
	5	0.7273	0.2887	5	0.4364	0.4811
	6	0.8728	0.3464	6	0.5237	0.5774
	8	1.1637	0.4619	8	0.6982	0.7698
	10	1.4546	0.5774	10	0.8728	0.9623
750	4	0.4655	0.1848			
	5	0.5819	0.2309	5	0.3491	0.3849
	6	0.6928	0.2771	6	0.4189	0.4619
	8	0.9310	0.3695	8	0.5586	0.6158
	10	1.1637	0.4619	10	0.6982	0.7698
1000	4	0.3491	0.1386			
	5	0.4364	0.1732	5	0.2618	0.2887
	6	0.5237	0.2078	6	0.3142	0.3464
	8	0.6982	0.2771	8	0.4189	0.4619
	10	0.8728	0.3464	10	0.5237	0.5774
1500	6	0.3491	0.1386	6	0.2095	0.2309
	8	0.4655	0.1848	8	0.2793	0.3079
	10	0.5819	0.2309	10	0.3491	0.3849
2000	6	0.2618	0.1039			
	8	0.3491	0.1386	8	0.2095	0.2309
	10	0.4364	0.1732	10	0.2618	0.2887
3000	10	0.2909	0.1155			

五、高压线路

三相高压线路的电抗和电阻的计算方法见第十一章。

对计算要求不十分精确时，可采用表 10-10 所列各种线路电抗的近似值。如果要求计算数据比较精确，则可查阅表 10-11～表 10-15。

表 10-10   高压线路每千米电抗近似值

线路种类	标称电压 U_N (kV)	电抗 X (Ω/km)	$S_j = 100MVA$ 时 电抗标么值 X_*	线路种类	标称电压 U_N (kV)	电抗 X (Ω/km)	$S_j = 100MVA$ 时 电抗标么值 X_*
电缆线路	6	0.07	0.176	架空线路	6	0.35	0.882
	10	0.08	0.073		10	0.35	0.317
	35	0.12	0.009		35	0.40	0.029
					110	0.40	0.003

注　计算电抗标么值时，所采用的基准电压 U_j 分别为 6.3、10.5、37、115kV。

表 10 – 11　　6kV 和 10kV 油浸纸绝缘和不滴流浸渍纸绝缘三芯电力电缆每千米阻抗

标称截面 (mm²)	6kV						10kV					
	$t = 65℃$ 时线芯交流电阻 R （Ω/km）		电抗 X （Ω/km）	$U_j = 6.3kV$、$S_j = 100MVA$ 时电阻和电抗标么值			$t = 60℃$ 时线芯交流电阻 R （Ω/km）		电抗 X （Ω/km）	$U_j = 10.5kV$、$S_j = 100MVA$ 时电阻和电抗标么值		
	铝	铜		R_*		X_*	铝	铜		R_*		X_*
				铝	铜					铝	铜	
10	3.395	2.071	0.107	8.555	5.219	0.269						
16	2.122	1.294	0.099	5.347	3.261	0.250	2.085	1.272	0.110	1.897	1.158	0.100
25	1.358	0.828	0.088	3.422	2.087	0.221	1.335	0.814	0.098	1.215	0.741	0.089
35	0.970	0.592	0.083	2.444	1.492	0.210	0.953	0.581	0.092	0.867	0.529	0.084
50	0.679	0.414	0.079	1.711	1.043	0.200	0.667	0.407	0.087	0.607	0.370	0.079
70	0.485	0.296	0.076	1.222	0.746	0.191	0.477	0.291	0.083	0.434	0.265	0.075
95	0.357	0.218	0.074	0.900	0.549	0.185	0.351	0.214	0.080	0.319	0.195	0.073
120	0.283	0.173	0.072	0.713	0.436	0.182	0.278	0.170	0.078	0.253	0.155	0.071
150	0.226	0.138	0.072	0.570	0.348	0.180	0.222	0.136	0.077	0.202	0.124	0.070
185	0.183	0.112	0.070	0.461	0.282	0.176	0.180	0.110	0.075	0.164	0.100	0.068
240	0.141	0.086	0.069	0.355	0.217	0.174	0.139	0.085	0.073	0.126	0.077	0.067

表 10 – 12　　6kV 聚氯乙烯绝缘和油浸纸滴干绝缘三芯电力电缆每千米阻抗

标称截面 (mm²)	$t = 65℃$ 时线芯交流电阻 R （Ω/km）		$U_j = 6.3kV$、$S_j = 100MVA$ 时电阻标么值 R_*		聚氯乙烯绝缘		油浸纸滴干绝缘	
					电抗 X （Ω/km）	$U_j = 6.3kV$、$S_j = 100MVA$ 时电抗标么值 X_*		电抗 X （Ω/km）
	铝	铜	铝	铜				
10	3.395	2.071	8.555	5.219	0.127	0.319		
16	2.122	1.294	5.347	3.261	0.117	0.296	0.276	0.110
25	1.358	0.828	3.422	2.087	0.105	0.265	0.246	0.098
35	0.970	0.592	2.444	1.492	0.099	0.250	0.232	0.092
50	0.679	0.414	1.711	1.043	0.094	0.236	0.220	0.087
70	0.485	0.296	1.222	0.746	0.089	0.224	0.209	0.083
95	0.357	0.218	0.900	0.549	0.085	0.214	0.201	0.080
120	0.283	0.173	0.713	0.436	0.083	0.209	0.197	0.078
150	0.226	0.138	0.570	0.348	0.081	0.204	0.193	0.077
185	0.183	0.112	0.461	0.282	0.079	0.199	0.189	0.075
240	0.141	0.086	0.355	0.217	0.077	0.194	0.185	0.073

表 10 – 13　　6kV 和 10kV 交联聚乙烯绝缘三芯电力电缆每千米阻抗

标称截面 (mm²)	$t = 90℃$ 时线芯交流电阻 R （Ω/km）		6kV				10kV			
			电抗 X （Ω/km）	$U_j = 6.3kV$、$S_j = 100MVA$ 时电阻和电抗标么值			电抗 X （Ω/km）	$U_j = 10.5kV$、$S_j = 100MVA$ 时电阻和电抗标么值		
				R_*		X_*		R_*		X_*
	铝	铜		铝	铜			铝	铜	
16	2.301	1.404	0.124	5.799	3.538	0.312	0.133	2.094	1.278	0.121
25	1.473	0.898	0.111	3.712	2.263	0.280	0.120	1.340	0.817	0.109
35	1.052	0.642	0.105	2.651	1.618	0.264	0.113	0.957	0.584	0.103
50	0.736	0.449	0.099	1.855	1.131	0.249	0.107	0.670	0.409	0.097
70	0.526	0.321	0.093	1.326	0.809	0.236	0.101	0.479	0.292	0.091
95	0.388	0.236	0.089	0.978	0.595	0.225	0.096	0.353	0.215	0.087
120	0.307	0.187	0.087	0.774	0.471	0.219	0.095	0.279	0.170	0.087
150	0.245	0.150	0.085	0.617	0.378	0.214	0.093	0.223	0.137	0.084
185	0.199	0.121	0.082	0.501	0.305	0.208	0.090	0.181	0.110	0.082
240	0.153	0.094	0.080	0.386	0.237	0.202	0.087	0.139	0.086	0.079

表 10 – 14　　　　　　　　　　　　　6kV 和 10kV 架空线路每千米阻抗

标称截面 (mm²)	t=70℃时交流电阻						线间几何均距 D_j=1000mm 时电抗			线间几何均距 D_j=1250mm 时电抗		
	R (Ω/km)		S_j=100MVA 的标么值 R*				X (Ω/km)	S_j=100MVA 的标么值 X*		X (Ω/km)	S_j=100MVA 的标么值 X*	
			U_j=6.3kV		U_j=10.5kV			U_j=6.3kV	U_j=10.5kV		U_j=6.3kV	U_j=10.5kV
	铝	铜	铝	铜	铝	铜						
16	2.16	1.32	5.44	3.32	1.96	1.20	0.39	0.98	0.35	0.41	1.03	0.37
25	1.38	0.84	3.48	2.12	1.26	0.77	0.38	0.96	0.34	0.39	0.98	0.35
35	0.99	0.60	2.49	1.52	0.90	0.55	0.37	0.93	0.34	0.38	0.96	0.34
50	0.69	0.42	1.74	1.06	0.63	0.38	0.36	0.91	0.33	0.37	0.93	0.34
70	0.49	0.30	1.24	0.76	0.45	0.27	0.35	0.88	0.32	0.36	0.91	0.33
95	0.36	0.22	0.92	0.56	0.33	0.20	0.34	0.86	0.31	0.35	0.88	0.32
120	0.29	0.18	0.73	0.44	0.26	0.16	0.33	0.83	0.30	0.34	0.86	0.31
150	0.23	0.14	0.58	0.35	0.21	0.13	0.32	0.81	0.29	0.34	0.86	0.31
185	0.19	0.11	0.47	0.29	0.17	0.10	0.31	0.78	0.28	0.33	0.83	0.30
240	0.14	0.09	0.36	0.22	0.13	0.08	0.31	0.78	0.28	0.32	0.81	0.29

表 10 – 15　　　　　　　　　35kV 和 110kV LGJ 系列架空线路每千米阻抗

标称截面 (mm²)	t=70℃时交流电阻 R (Ω/km)	U_j=37kV、D_j=3000mm			U_j=115kV、D_j=5000mm		
		电抗 X (Ω/km)	S_j=100MVA 时标么值		电抗 X (Ω/km)	S_j=100MVA 时标么值	
			R*	X*		R*	X*
35	0.99	0.43	0.07	0.031			
50	0.69	0.42	0.05	0.031			
70	0.49	0.41	0.04	0.030	0.44	0.004	0.003
95	0.36	0.40	0.03	0.029	0.43	0.003	0.003
120	0.29	0.39	0.02	0.028	0.42	0.002	0.003
150	0.23	0.39	0.02	0.028	0.42	0.002	0.003
185	0.19	0.38	0.01	0.028	0.41	0.001	0.003
240	0.14	0.37	0.01	0.027	0.40	0.001	0.003

第四节　高压系统短路电流计算

一、计算条件

（1）短路前三相系统应是正常运行情况下的接线方式，不考虑仅在切换过程中短时出现的接线方式。

校验导体和电器的稳定性时，一般以最大运行方式下的三相短路电流为依据，计算短路点应选择在流过所校验导体或电器的短路电流为最大的地点。

在继电保护计算中，不仅要考虑最大运行方式下的三相短路电流，而且还应验算最小运行方式下的两相短路或单相短路电流。

（2）假定短路回路各元件的磁路系统为不饱和状态，即认为各元件的感抗为一常数。计算中应考虑对短路电流有影响的所有元件的电抗，有效电阻可略去不计。但若短路电路中总

电阻 R_Σ 大于总电抗 X_Σ 的 1/3，则仍应计入其有效电阻。

（3）假定短路发生在短路电流为最大值的瞬间；所有电源的电动势相位角相同；所有同步电机都具有自动调整励磁装置（包括强行励磁）；系统中所有电源都在额定负荷下运行。

（4）电路电容和变压器的励磁电流略去不计。

二、远离发电机端的三相短路电流周期分量的计算

远离发电机端的（无限大电源容量的）网络发生短路时，即以电源容量为基准的计算电抗 $X_{*\mathrm{js}} \geqslant 3$ 时，短路电流周期分量在整个短路过程不发生衰减，即 $I'' = I_{0.2} = I_\mathrm{k}$，见图 10－2 （a）。其计算方法如下。

（1）用标么制计算时，三相短路电流周期分量有效值 I'' 按下式计算

$$I_{*\mathrm{z}} = S_{*\mathrm{k}} = I''_* = \frac{1}{X_{*\mathrm{js}}} \tag{10－16}$$

$$I_\mathrm{z} = I_{*\mathrm{z}} I_\mathrm{j} = I''_* I_\mathrm{j} = \frac{I_\mathrm{j}}{X_{*\mathrm{js}}} \tag{10－17}$$

$$S_\mathrm{k} = S_{*\mathrm{k}} S_\mathrm{j} = I_{*\mathrm{z}} S_\mathrm{j} = I''_* S_\mathrm{j} = \frac{S_\mathrm{j}}{X_{*\mathrm{js}}} \tag{10－18}$$

式中　$I_{*\mathrm{z}}$——短路电流周期分量有效值标么值；

　　　$S_{*\mathrm{k}}$——短路容量标么值；

　　　$X_{*\mathrm{js}}$——短路电路总电抗（计算电抗）标么值；

　　　I_z——短路电流有效值，kA；

　　　S_k——短路容量，MVA；

　　　I_j——基准电流，kA；

　　　S_j——基准容量，MVA。

（2）用有名单位制计算时，三相短路电流周期分量有效值 I_z 按下式计算

$$I_\mathrm{z} = I'' = \frac{U_\mathrm{p}}{\sqrt{3}\,X_\mathrm{js}} \qquad (\mathrm{kA}) \tag{10－19}$$

如果 $R_\mathrm{js} > \dfrac{1}{3} X_\mathrm{js}$，则应计入有效电阻 R_js，I''_z 值应按下式算出

$$I_\mathrm{z} = I'' = \frac{U_\mathrm{p}}{\sqrt{3}\,Z_\mathrm{js}} = \frac{U_\mathrm{p}}{\sqrt{3}\,\sqrt{R_\mathrm{js}^2 + X_\mathrm{js}^2}} \qquad (\mathrm{kA}) \tag{10－20}$$

式中　U_p——短路点所在级的网络平均电压，kV，见表 10－1；

　　　Z_js——短路电路总阻抗，Ω；

　　　R_js——短路电路总电阻，Ω；

　　　X_js——短路电路总电抗，Ω。

表 10－16 列出了远离发电机端短路时 10～110kV 级常用变压器低压侧三相短路的短路容量。

表 10 – 16

远离发电机端短路时 10 ~ 110kV 级常用的
变压器低压侧三相短路的短路容量

变压器容量（kVA）	阻抗电压（%）	变压器高压侧短路容量（MVA）									
		30	50	75	100	150	200	250	300	500	∞
35/10.5 (6.3) kV											
1000		10.17	11.76	12.76	13.33	13.95	14.28	14.49	14.63	14.92	15.38
1250		11.72	13.89	15.31	16.13	17.04	17.54	17.86	18.07	18.52	19.23
1600	6.5	13.52	16.50	18.54	19.76	21.15	21.92	22.41	22.75	23.46	24.62
2000		15.19	19.05	21.82	23.53	25.53	26.67	27.40	27.91	28.99	30.77
2500		16.85	21.74	25.42	27.78	30.61	32.26	33.33	34.09	35.71	38.46
3150		18.00	23.68	28.12	31.03	34.62	36.73	38.14	39.13	41.28	45.00
4000	7	19.67	26.67	32.43	36.36	41.38	44.44	46.51	48.00	51.28	57.14
5000		21.13	29.41	36.59	41.67	48.39	52.63	55.56	57.70	62.50	71.43
6300		22.11	31.34	39.62	45.65	53.85	59.15	62.87	65.62	71.92	84.00
8000	7.5	23.41	34.04	44.04	51.61	62.34	69.57	74.77	78.69	87.91	106.67
10000		24.49	36.36	48.00	57.14	70.59	80.00	86.96	92.31	105.26	133.33
12500		25.17	37.88	50.68	60.98	76.53	87.72	96.15	102.74	119.05	156.25
16000	8	26.09	40.00	54.55	66.67	85.71	100.00	111.11	120.00	142.86	200.00
20000		30.00	41.67	57.69	71.43	93.75	111.11	125.00	136.36	166.67	250.00
110/10.5(6.3)kV											
6300		20.00	27.27	33.33	37.50	42.86	46.15	48.39	50.00	53.57	60.00
8000		21.52	30.19	37.80	43.24	50.53	55.17	58.39	60.76	66.12	76.19
10000		22.81	32.79	41.96	48.78	58.25	64.52	68.97	72.29	80.00	95.24
12500		23.96	35.21	46.01	54.35	66.37	74.63	80.65	85.23	96.16	119.05
16000	10.5	25.07	37.65	50.26	60.38	75.59	86.49	94.67	101.05	116.79	152.38
20000		25.92	39.60	53.81	65.57	83.92	97.56	108.11	116.51	137.93	190.48
25000		26.64	41.32	57.03	70.42	92.03	108.70	121.95	132.74	161.29	238.10
31500		27.27	42.86	60.00	75.00	100.00	120.00	136.36	150.00	187.50	300.00
40000		27.81	44.20	62.66	79.21	107.62	131.15	150.94	167.83	216.22	380.95
10/6.3(3.15)kV											
200		4.29	4.55	4.69	4.76	4.84	4.88	4.90	4.92	4.95	5.00
250		5.17	5.56	5.77	5.88	6.00	6.06	6.10	6.12	6.17	6.25
315	4	6.24	6.81	7.13	7.30	7.49	7.58	7.64	7.68	7.76	7.88
400		7.50	8.33	8.82	9.09	9.38	9.52	9.62	9.68	9.80	10.00
500		8.82	10.00	10.71	11.11	11.54	11.76	11.90	12.00	12.20	12.50
630	4.5	8.29	9.32	9.93	10.27	10.64	10.83	10.95	11.03	11.19	11.45
800		9.8	11.27	12.19	12.70	13.26	13.56	13.75	13.88	14.14	14.55
1000		11.32	13.33	14.63	15.38	16.21	16.67	16.95	17.14	17.54	18.18
1250	5.5	12.93	15.63	17.44	18.52	19.74	20.41	20.84	21.13	21.74	22.73
1600		14.77	18.39	20.96	22.53	24.36	25.40	26.06	26.52	27.49	29.09
2000		16.44	21.05	24.49	26.66	29.27	30.77	31.74	32.43	33.90	36.36

变压器容量 (kVA)	阻抗电压 (%)	变压器高压侧短路容量(MVA)									
		30	50	75	100	150	200	250	300	500	∞
		10/6.3(3.15)kV									
2500		18.07	23.81	28.30	31.25	34.88	37.03	38.46	39.47	41.66	45.45
3150		19.69	26.69	32.47	36.42	41.45	44.52	46.60	48.09	51.38	57.27
4000	5.5	21.24	29.63	36.92	42.11	48.98	53.33	56.34	58.54	63.49	72.73
5000		22.56	32.26	41.10	47.62	56.60	62.50	66.67	69.77	76.92	90.91
6300		23.77	34.81	45.32	53.39	64.95	72.83	78.56	82.90	93.20	114.55

注 1. 本表数据按下式计算而得

$$S_{k2} = \frac{S_{k1}S_k}{S_{k1} + S_k}$$

式中 S_{k2}——变压器低压侧三相短路的短路容量，MVA；

S_{k1}——变压器高压侧短路容量，MVA；

S_k——变压器本身短路容量，其值等于高压侧接入无限大容量电源时低压侧短路的短路功率，即 $S_k = \dfrac{100S_{NT}}{u_k\%}$ （MVA）

S_{NT}——变压器的额定容量，MVA；

$u_k\%$——变压器阻抗电压百分值。

2. 粗线框以右部分为变压器低压侧发生短路时，以变压器高压侧短路容量为基准的计算电抗 $X_{*js} \geqslant 3$ 或以变压器高压侧短路容量为基准的变压器计算电抗 $X_{*js \cdot T} \geqslant 2$，其计算式为

$$X_{*js} = \frac{S_j}{S_{k1}} + \frac{S_j}{S_k} = \frac{S_{k1}}{S_{k1}} + \frac{S_{k1}}{S_k} = 1 + \frac{S_{k1}}{S_k} = 1 + \frac{S_{k1}}{100S_{NT}/u_k\%} = 1 + \frac{u_k\%/100}{S_{NT}/S_{k1}}$$

$$X_{*js \cdot T} = \frac{S_j}{S_k} = \frac{S_{k1}}{S_k} = \frac{S_{k1}}{100S_{NT}/u_k\%} = \frac{u_k\%/100}{S_{NT}/S_{k1}}$$

三、靠近发电机端三相短路电流周期分量的计算

1. 按公式计算

靠近发电机端或有限电源容量的网络发生短路的主要特点是：电源母线上的电压在短路发生后的整个过渡过程不能维持恒定，短路电流周期分量 i_z 随之变化，见图 10 - 2 (b)，电源的内阻抗不能忽略不计。

短路电流的变化与发电机的电参数及电压自动调整装置的特性有关。工程设计中常采用运算曲线法计算短路过程某一时刻的短路电流周期分量。因为同步电机的转子绕组（等效阻尼绕组及励磁绕组）的磁链在突然短路瞬间不能突变，与转子绕组的磁链成正比的超瞬变电动势 E''，在突然短路瞬间仍保持短路前的数值，因此短路电流周期分量的起始值，即超瞬变短路电流有效值 I''，可利用公式直接计算

对于汽轮发电机 $\qquad I'' = \dfrac{E''}{\sqrt{3}(X''_d + X_w)}$ （kA） （10 - 21）

或 $\qquad I'' = \dfrac{I_j}{X''_{*d} + X_{*w}}$ （kA） （10 - 22）

对于水轮发电机 $\quad I'' = \dfrac{KE''}{\sqrt{3}(X''_d + X_w)} = \dfrac{KI_j}{X''_{*d} + X_{*w}}$ （kA） （10 - 23）

式中 $\qquad I_j$——基准电流，kA；

E''——发电机超瞬变电动势，工程计算中可以认为 $E'' \approx U_{NG}$，kV；

U_{NG}——发电机额定电压，kV，$U_{NG} = 1.05 U_N$；

U_N——系统标称电压，kV；

X''_d——发电机超瞬变电抗，Ω；

X_w——自发电机出口至短路点间的短路电路电抗，Ω；

X''_{*d}、X_{*w}——以发电机额定总容量 $S_{N\Sigma}$ 为基准容量的 X''_d 和 X_w 的标么值；

K——考虑到水轮发电机的超瞬变电抗 X''_d 值比较大而引入的计算系数，见表 10-17。

表 10-17 水轮发电机的计算系数 K 值

发电机型式	$X''_{*d} + X_{*w} = X_{*js}$ 为下列诸值时								
	0.2	0.27	0.3	0.4	0.5	0.75	1	1.5	≥ 2
无阻尼绕组		1.16	1.14	1.1	1.07	1.05	1.03	1.02	1
有阻尼绕组	1.11	1.07	1.07	1.05	1.03	1.02	1	1	1

2. 按发电机运算曲线[1] 计算

将电源对短路点之等值电抗标么值 $X_{*\Sigma}$ 归算到以电源容量为基准的计算电抗 X_{js} 值，查对应的发电机运算曲线（见图 10-4 ~ 图 10-12），或查相对应的发电机运算曲线数字表

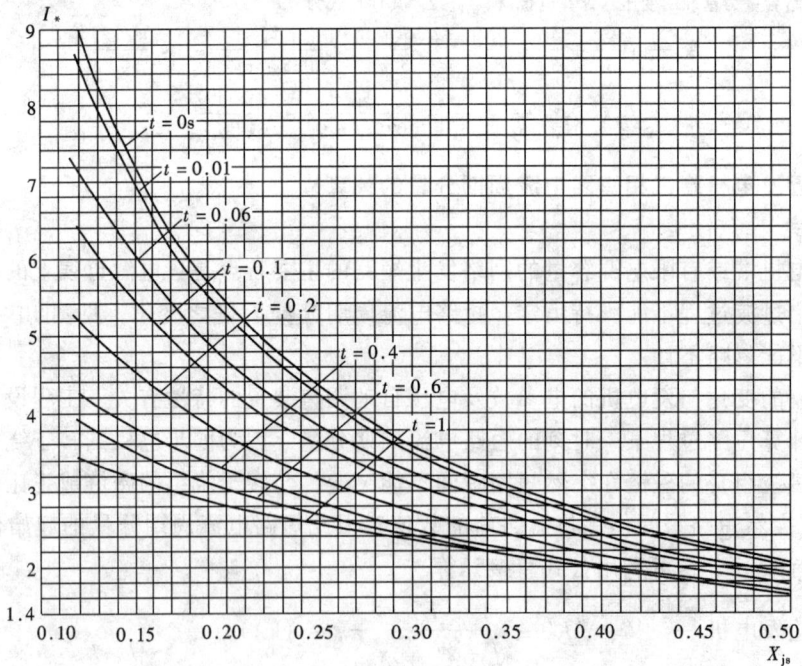

图 10-4 汽轮发电机运算曲线（一）

（$X_{js} = 0.12 \sim 0.5$，$t = 0 \sim 1s$）

---

[1] 现行《短路电流实用计算法》的运算曲线和数字是根据国内 200MW 及以下发电机的参数制定的，这将比以往依据我国借用的苏联的标准型发电机短路电流运算曲线所算出的数值约大 5% ~ 10%。

（见表10-18~表10-19），得到短路电流周期分量有效值的标么值 I_*，再由下式计算短路 t s后短路电流周期分量有效值

$$I_{zt} = I_* I_{Nz} \qquad (10-24)$$

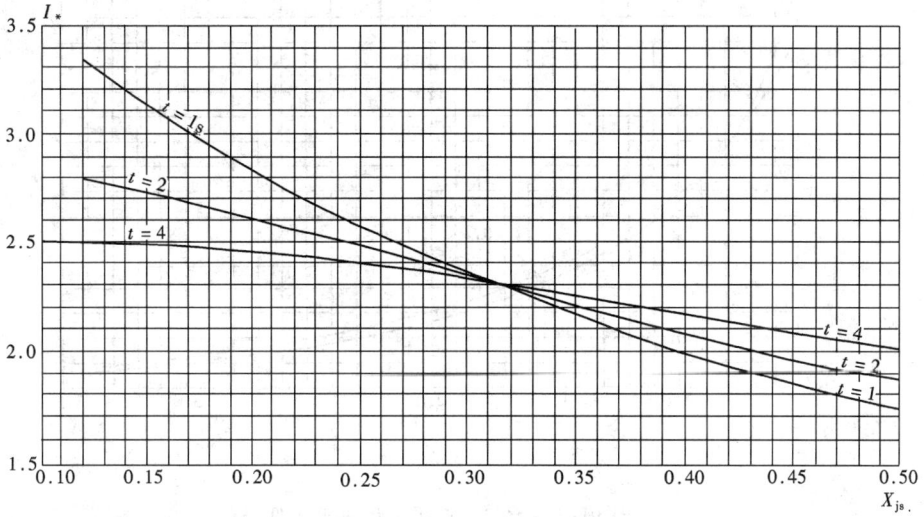

图 10-5 汽轮发电机运算曲线（二）

（$X_{js} = 0.12 \sim 0.5$，$t = 1 \sim 4$s）

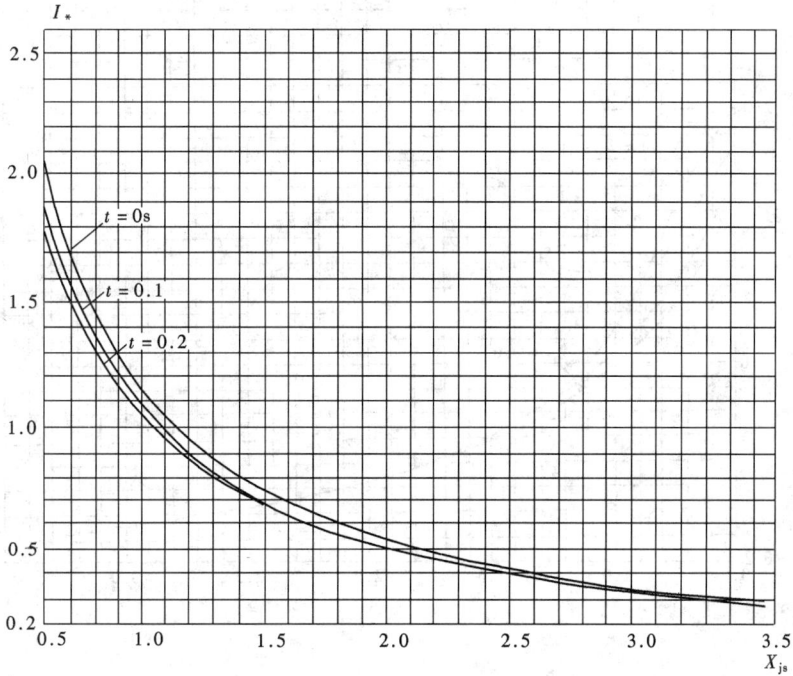

图 10-6 汽轮发电机运算曲线（三）

（$X_{js} = 0.5 \sim 3.45$，$t = 0 \sim 0.2$s）

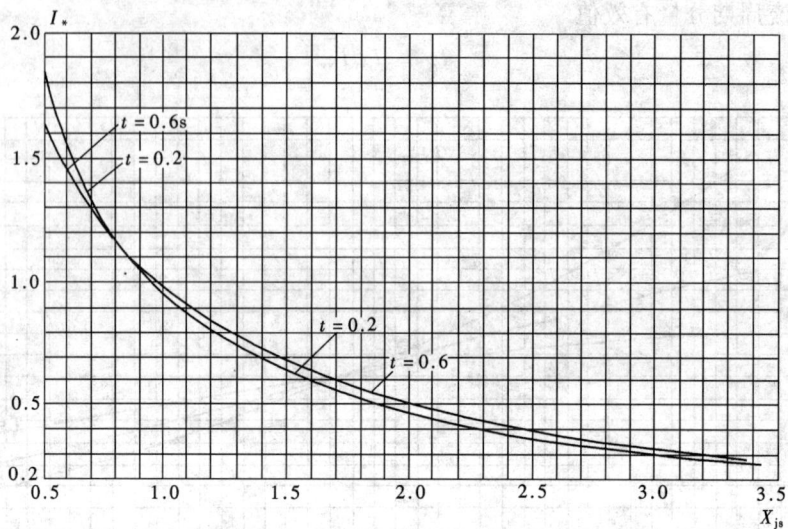

图 10 – 7 汽轮发电机运算曲线（四）

（$X_{js} = 0.5 \sim 3.45$，$t = 0.2$、0.6s）

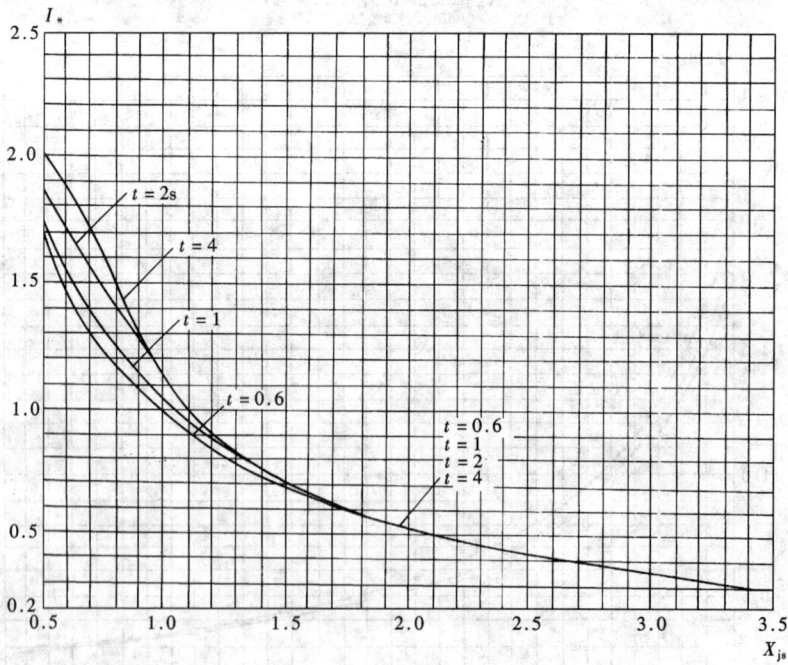

图 10 – 8 汽轮发电机运算曲线（五）

（$X_{js} = 0.5 \sim 3.45$，$t = 0.6 \sim 4s$）

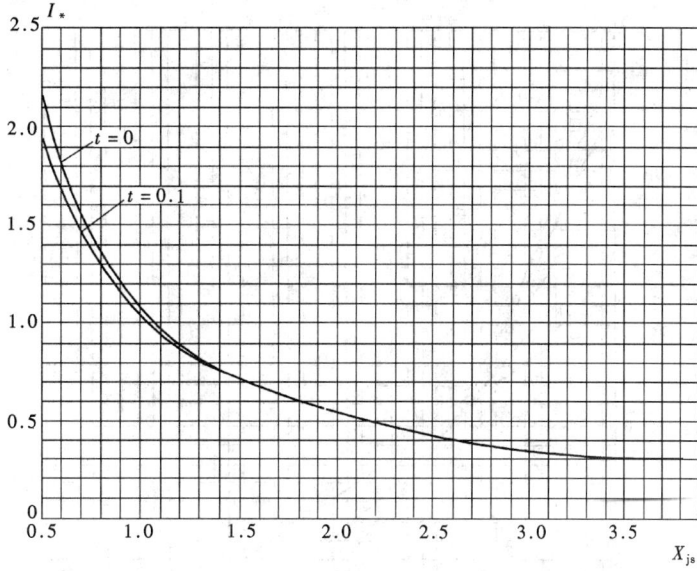

图 10 - 9　水轮发电机运算曲线 (一)

$(X_{js} = 0.5 \sim 3.5, \quad t = 0、0.1s)$

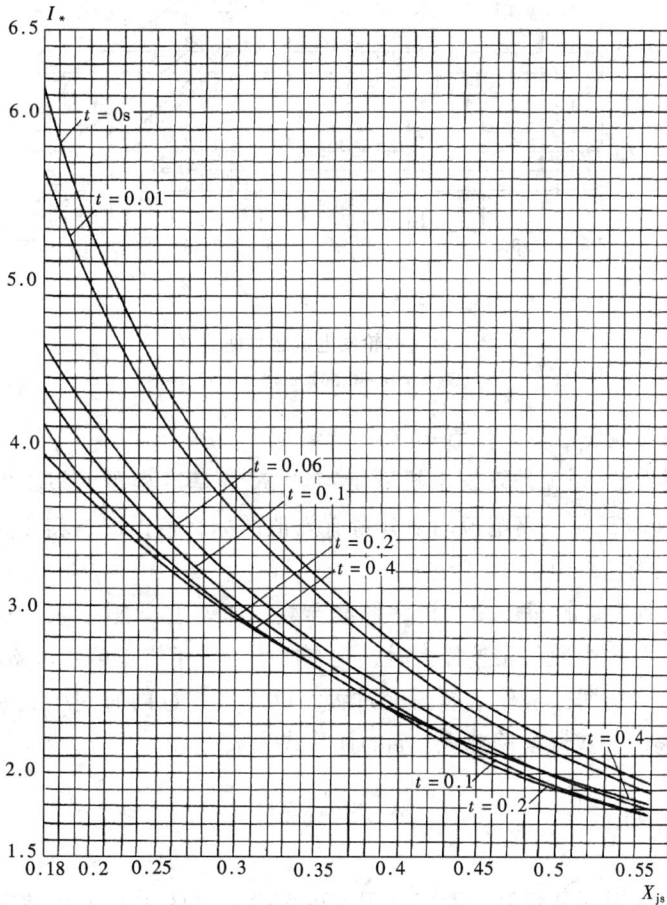

图 10 - 10　水轮发电机运算曲线 (二)

$(X_{js} = 0.18 \sim 0.56, \quad t = 0 \sim 0.4s)$

第十章　短路电流计算

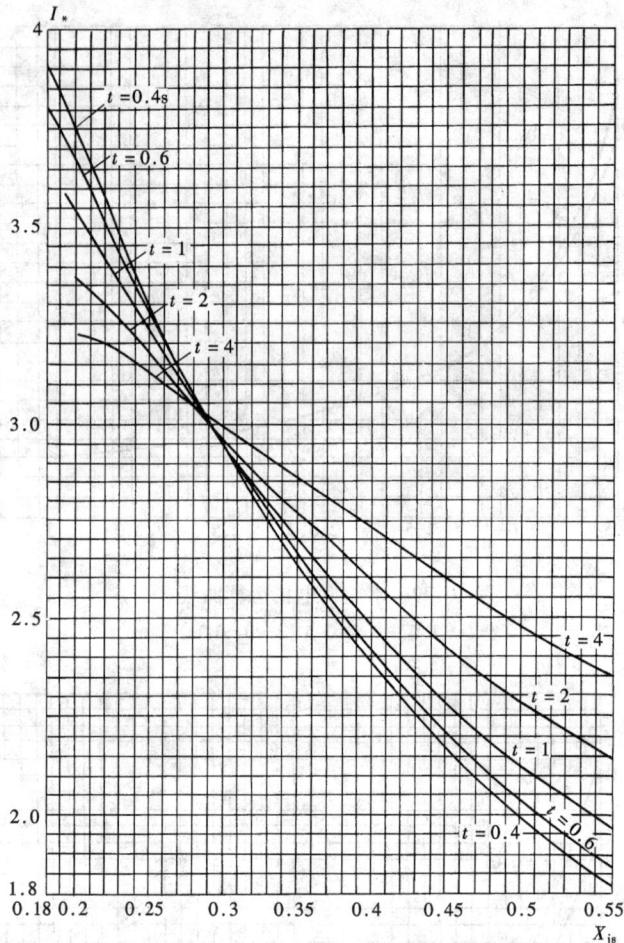

图 10 - 11 水轮发电机运算曲线（三）

（$X_{js} = 0.18 \sim 0.56$，$t = 0.4 \sim 4s$）

使用运算曲线时应注意以下几点：

（1）运算曲线横坐标 X_{js} 是以发电机额定容量 S_{Nz} 为基准容量的短路电路总电抗的标么值，纵坐标 I_* 为所求三相短路电流周期分量有效值的标么值，即三相短路电流周期分量的有效值 I_{zt} 与发电机额定总电流 I_{Nz} 之比；

（2）制定运算曲线时的同步发电机之标准参数，如表 10 - 20 所示。如果实际电源的发电机的时间常数 T 与表中数值相差较大时，则查曲线时应用修正后的短路时间。

当 $t \leqslant 0.06s$ 时，周期分量处于超瞬变过程，可用换算过的时间 t'' 代替实际短路时间 t 来查曲线，以求得 ts 的实际短路电流。t'' 的计算式为

$$t'' = \frac{T''_d(B)}{T''_d} t \qquad (10 - 25)$$

当 $t > 0.06s$ 时，周期分量处于瞬变过程，可用换算过的时间 t' 代替实际短路时间 t 来查曲线，以求得 ts 的实际短路电流。t' 的计算式为

10kV 配电工程设计手册

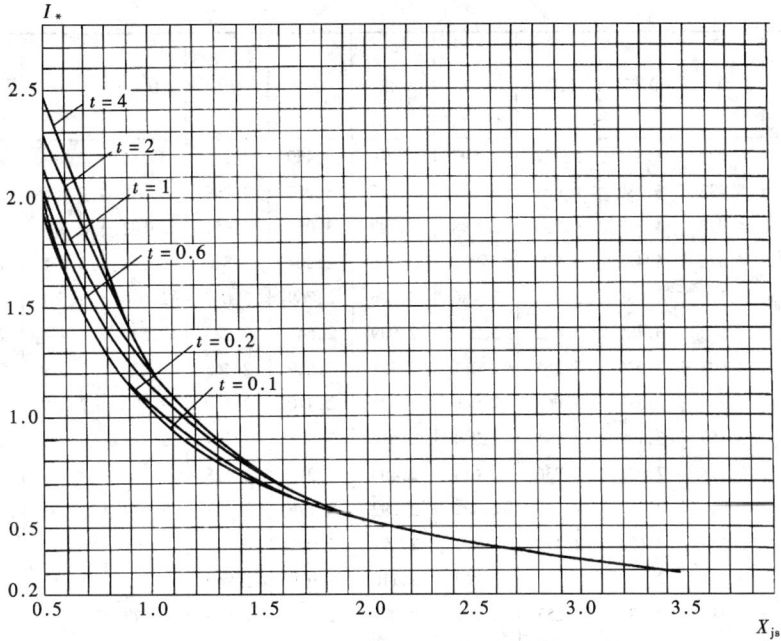

图 10 – 12　水轮发电机运算曲线（四）

（$X_{js} = 0.5 \sim 3.5$，$t = 0.1 \sim 4s$）

$$t' = \frac{T'_d(B)}{T'_d} t \qquad (10-26)$$

以上式中　$T''_d(B)$、T''_d——发电机的短路超瞬变时间常数，$T''_d(B) = \dfrac{X''_d(B)}{X'_d(B)} T''_{d0}(B)$，$T''_d = \dfrac{X''_d}{X'_d} T''_{d0}$；

$T''_{d0}(B)$、T''_{d0}——发电机的开路超瞬变时间常数；

$T'_d(B)$、T'_d——发电机的短路瞬变时间常数，$T'_d(B) = \dfrac{X'_d(B)}{X_d(B)} T'_{d0}(B)$，$T'_d = \dfrac{X'_d}{X_d} T'_{d0}$；

$T'_{d0}(B)$、T'_{d0}——发电机的开路瞬变时间常数；

$X''_d(B)$、X''_d——发电机的超瞬变电抗；

$X'_d(B)$、X'_d——发电机的瞬变电抗；

$X_d(B)$、X_d——发电机的同步电抗。

以上各式中带有标号（B）的是标准参数，不带标号（B）的是发电机的实际参数。

表 10 – 18　　　　　　　　　汽轮发电机运算曲线数字表

X_{js} ＼ I_* ＼ t (s)	0	0.01	0.06	0.1	0.2	0.4	0.5	0.6	1	2	4
0.12	8.963	8.603	7.186	6.400	5.220	4.252	4.006	3.821	3.344	2.795	2.512
0.14	7.718	7.467	6.441	5.839	4.878	4.040	3.829	3.673	3.280	2.808	2.526
0.16	6.763	6.545	5.660	5.146	4.336	3.649	3.481	3.359	3.060	2.706	2.490

X_{js} \ t(s) (I_*)	0	0.01	0.06	0.1	0.2	0.4	0.5	0.6	1	2	4
0.18	6.020	5.844	5.122	4.697	4.016	3.429	3.288	3.186	2.944	2.659	2.476
0.20	5.432	5.280	4.661	4.297	3.715	3.217	3.099	3.016	2.825	2.607	2.462
0.22	4.938	4.813	4.296	3.988	3.487	3.052	2.951	2.882	2.729	2.561	2.444
0.24	4.526	4.421	3.984	3.721	3.286	2.904	2.816	2.758	2.638	2.515	2.425
0.26	4.178	4.088	3.714	3.486	3.106	2.769	2.693	2.644	2.551	2.467	2.404
0.28	3.872	3.705	3.472	3.274	2.939	2.641	2.575	2.534	2.464	2.415	2.378
0.30	3.603	3.536	3.255	3.081	2.785	2.520	2.463	2.429	2.379	2.360	2.347
0.32	3.368	3.310	3.063	2.909	2.646	2.410	2.360	2.332	2.299	2.306	2.316
0.34	3.159	3.108	2.891	2.754	2.519	2.308	2.264	2.241	2.222	2.252	2.283
0.36	2.975	2.930	2.736	2.614	2.403	2.213	2.175	2.156	2.149	2.109	2.250
0.38	2.811	2.770	2.597	2.487	2.297	2.126	2.093	2.077	2.081	2.148	2.217
0.40	2.664	2.628	2.471	2.372	2.199	2.045	2.017	2.004	2.017	2.099	2.184
0.42	2.531	2.499	2.357	2.267	2.110	1.970	1.946	1.936	1.956	2.052	2.151
0.44	2.411	2.382	2.253	2.170	2.027	1.900	1.879	1.872	1.899	2.006	2.119
0.46	2.302	2.275	2.157	2.082	1.950	1.835	1.817	1.812	1.845	1.963	2.088
0.48	2.203	2.178	2.069	2.000	1.879	1.774	1.759	1.756	1.794	1.921	2.057
0.50	2.111	2.088	1.988	1.924	1.813	1.717	1.704	1.703	1.746	1.880	2.027
0.55	1.913	1.894	1.810	1.757	1.665	1.589	1.581	1.583	1.635	1.785	1.953
0.60	1.748	1.732	1.662	1.617	1.539	1.478	1.474	1.479	1.538	1.699	1.884
0.65	1.610	1.596	1.535	1.497	1.431	1.382	1.381	1.388	1.452	1.621	1.819
0.70	1.492	1.479	1.426	1.393	1.336	1.297	1.298	1.307	1.375	1.549	1.734
0.75	1.390	1.379	1.332	1.302	1.253	1.221	1.225	1.235	1.305	1.484	1.596
0.80	1.301	1.291	1.249	1.223	1.179	1.154	1.159	1.171	1.243	1.424	1.474
0.85	1.222	1.214	1.176	1.152	1.114	1.094	1.100	1.112	1.186	1.358	1.370
0.90	1.153	1.145	1.110	1.089	1.055	1.039	1.047	1.060	1.134	1.279	1.279
0.95	1.091	1.084	1.052	1.032	1.002	0.990	0.998	1.012	1.087	1.200	1.200
1.00	1.035	1.028	0.999	0.981	0.954	0.945	0.954	0.968	1.013	1.129	1.129
1.05	0.985	0.979	0.952	0.935	0.910	0.904	0.914	0.928	1.003	1.067	1.067
1.10	0.940	0.934	0.908	0.893	0.870	0.866	0.876	0.891	0.966	1.011	1.011
1.15	0.898	0.892	0.869	0.854	0.833	0.832	0.842	0.857	0.932	0.961	0.961
1.20	0.860	0.855	0.832	0.819	0.800	0.800	0.811	0.825	0.898	0.915	0.915
1.25	0.825	0.820	0.799	0.786	0.769	0.770	0.781	0.796	0.864	0.874	0.874
1.30	0.793	0.788	0.768	0.756	0.740	0.743	0.754	0.769	0.831	0.836	0.836
1.35	0.763	0.758	0.739	0.728	0.713	0.717	0.728	0.743	0.800	0.802	0.802
1.40	0.735	0.731	0.713	0.703	0.688	0.693	0.705	0.720	0.769	0.770	0.770
1.45	0.710	0.705	0.688	0.678	0.665	0.671	0.682	0.697	0.740	0.740	0.740
1.50	0.686	0.682	0.665	0.656	0.644	0.650	0.662	0.676	0.713	0.713	0.713
1.55	0.663	0.659	0.644	0.635	0.623	0.630	0.642	0.657	0.687	0.687	0.687
1.60	0.642	0.639	0.623	0.615	0.604	0.612	0.624	0.638	0.664	0.664	0.664
1.65	0.622	0.619	0.605	0.596	0.586	0.594	0.606	0.621	0.642	0.642	0.642
1.70	0.604	0.601	0.587	0.579	0.570	0.578	0.590	0.604	0.621	0.621	0.621

10kV 配电工程设计手册

X_{js} \ I_* / t (s)	0	0.01	0.06	0.1	0.2	0.4	0.5	0.6	1	2	4
1.75	0.586	0.583	0.570	0.562	0.554	0.562	0.574	0.589	0.602	0.602	0.602
1.80	0.570	0.567	0.554	0.547	0.539	0.548	0.559	0.573	0.584	0.584	0.584
1.85	0.554	0.551	0.539	0.532	0.524	0.534	0.545	0.559	0.566	0.566	0.566
1.90	0.540	0.537	0.525	0.518	0.511	0.521	0.532	0.544	0.550	0.550	0.550
1.95	0.526	0.523	0.511	0.505	0.498	0.508	0.520	0.530	0.535	0.535	0.535
2.00	0.512	0.510	0.498	0.492	0.486	0.496	0.508	0.517	0.521	0.521	0.521
2.05	0.500	0.497	0.486	0.480	0.474	0.485	0.496	0.504	0.507	0.507	0.507
2.10	0.488	0.485	0.475	0.469	0.463	0.474	0.485	0.492	0.494	0.494	0.494
2.15	0.476	0.474	0.464	0.458	0.453	0.463	0.474	0.481	0.482	0.482	0.482
2.20	0.465	0.463	0.453	0.448	0.443	0.453	0.464	0.470	0.470	0.470	0.470
2.25	0.455	0.453	0.443	0.438	0.433	0.444	0.454	0.459	0.459	0.459	0.459
2.30	0.445	0.443	0.433	0.428	0.424	0.435	0.444	0.448	0.448	0.448	0.448
2.35	0.435	0.433	0.424	0.419	0.415	0.426	0.435	0.438	0.438	0.438	0.438
2.40	0.426	0.424	0.415	0.411	0.407	0.418	0.426	0.428	0.428	0.428	0.428
2.45	0.417	0.415	0.407	0.402	0.399	0.410	0.417	0.419	0.419	0.419	0.419
2.50	0.409	0.407	0.399	0.394	0.391	0.402	0.409	0.410	0.410	0.410	0.410
2.55	0.400	0.399	0.391	0.387	0.383	0.394	0.401	0.402	0.402	0.402	0.402
2.60	0.392	0.391	0.383	0.379	0.376	0.387	0.393	0.393	0.393	0.393	0.393
2.65	0.385	0.384	0.376	0.372	0.369	0.380	0.385	0.386	0.386	0.386	0.386
2.70	0.377	0.377	0.369	0.365	0.362	0.373	0.378	0.378	0.378	0.378	0.378
2.75	0.370	0.370	0.362	0.359	0.356	0.367	0.371	0.371	0.371	0.371	0.371
2.80	0.363	0.363	0.356	0.352	0.350	0.361	0.364	0.364	0.364	0.364	0.364
2.85	0.357	0.356	0.350	0.346	0.344	0.354	0.357	0.357	0.357	0.357	0.357
2.90	0.350	0.350	0.344	0.340	0.338	0.348	0.351	0.351	0.351	0.351	0.351
2.95	0.344	0.344	0.338	0.335	0.333	0.343	0.344	0.344	0.344	0.344	0.344
3.00	0.338	0.338	0.332	0.329	0.327	0.337	0.338	0.338	0.338	0.338	0.338
3.05	0.332	0.332	0.327	0.324	0.322	0.331	0.332	0.332	0.332	0.332	0.332
3.10	0.327	0.326	0.322	0.319	0.317	0.326	0.327	0.327	0.327	0.327	0.327
3.15	0.321	0.321	0.317	0.314	0.312	0.321	0.321	0.321	0.321	0.321	0.321
3.20	0.316	0.316	0.312	0.309	0.307	0.316	0.316	0.316	0.316	0.316	0.316
3.25	0.311	0.311	0.307	0.304	0.303	0.311	0.311	0.311	0.311	0.311	0.311
3.30	0.306	0.306	0.302	0.300	0.298	0.306	0.306	0.306	0.306	0.306	0.306
3.35	0.301	0.301	0.298	0.295	0.294	0.301	0.301	0.301	0.301	0.301	0.301
3.40	0.297	0.297	0.293	0.291	0.290	0.297	0.297	0.297	0.297	0.297	0.297
3.45	0.292	0.292	0.289	0.287	0.286	0.292	0.292	0.292	0.292	0.292	0.292

表 10 – 19　　　　　　　　水轮发电机运算曲线数字表

X_{js} \ I_* / t (s)	0	0.01	0.06	0.1	0.2	0.4	0.5	0.6	1	2	4
0.18	6.127	5.695	4.623	4.331	4.100	3.933	3.867	3.807	3.605	3.300	3.081
0.20	5.526	5.184	4.297	4.045	3.856	3.754	3.716	3.681	3.563	3.378	3.234
0.22	5.055	4.767	4.026	3.806	3.633	3.556	3.531	3.508	3.430	3.302	3.191
0.24	4.647	4.402	3.764	3.575	3.433	3.378	3.363	3.348	3.300	3.220	3.151
0.26	4.290	4.083	3.538	3.375	3.253	3.216	3.208	3.200	3.174	3.133	3.098

X_{js} \ I_* \ $t(\text{s})$	0	0.01	0.06	0.1	0.2	0.4	0.5	0.6	1	2	4
0.28	3.993	3.816	3.343	3.200	3.096	3.073	3.070	3.067	3.060	3.049	3.043
0.30	3.727	3.574	3.163	3.039	2.950	2.938	2.941	2.943	2.952	2.970	2.993
0.32	3.494	3.360	3.001	2.892	2.817	2.815	2.822	2.828	2.851	2.895	2.943
0.34	3.285	3.168	2.851	2.755	2.692	2.699	2.709	2.719	2.754	2.820	2.891
0.36	3.095	2.991	2.712	2.627	2.574	2.589	2.602	2.614	2.660	2.745	2.837
0.38	2.922	2.831	2.583	2.508	2.464	2.484	2.500	2.515	2.569	2.671	2.782
0.40	2.767	2.685	2.464	2.398	2.361	2.388	2.405	2.422	2.484	2.600	2.728
0.42	2.627	2.554	2.356	2.297	2.267	2.297	2.317	2.336	2.404	2.532	2.675
0.44	2.500	2.434	2.256	2.204	2.179	2.214	2.235	2.255	2.329	2.467	2.624
0.46	2.385	2.325	2.164	2.117	2.098	2.136	2.158	2.180	2.258	2.406	2.575
0.48	2.280	2.225	2.079	2.038	2.023	2.064	2.087	2.110	2.192	2.348	2.527
0.50	2.183	2.134	2.001	1.964	1.953	1.996	2.021	2.044	2.130	2.293	2.482
0.52	2.095	2.050	1.928	1.895	1.887	1.933	1.958	1.983	2.071	2.241	2.438
0.54	2.013	1.972	1.861	1.831	1.826	1.874	1.900	1.925	2.015	2.191	2.396
0.56	1.938	1.899	1.798	1.771	1.769	1.818	1.845	1.870	1.963	2.143	2.355
0.60	1.802	1.770	1.683	1.662	1.665	1.717	1.744	1.770	1.866	2.054	2.263
0.65	1.658	1.630	1.559	1.543	1.550	1.605	1.633	1.660	1.759	1.950	2.137
0.70	1.534	1.511	1.452	1.440	1.451	1.507	1.535	1.562	1.663	1.846	1.964
0.75	1.428	1.408	1.358	1.349	1.363	1.420	1.449	1.476	1.578	1.741	1.794
0.80	1.336	1.318	1.276	1.270	1.286	1.343	1.372	1.400	1.498	1.620	1.642
0.85	1.254	1.239	1.203	1.199	1.217	1.274	1.303	1.331	1.423	1.507	1.513
0.90	1.182	1.169	1.138	1.135	1.155	1.212	1.241	1.268	1.352	1.403	1.403
0.95	1.118	1.106	1.080	1.078	1.099	1.156	1.185	1.210	1.282	1.308	1.308
1.00	1.061	1.050	1.027	1.027	1.048	1.105	1.132	1.156	1.211	1.225	1.225
1.05	1.009	0.999	0.979	0.980	1.002	1.058	1.084	1.105	1.146	1.152	1.152
1.10	0.962	0.953	0.936	0.937	0.959	1.015	1.038	1.057	1.085	1.087	1.087
1.15	0.919	0.911	0.896	0.898	0.920	0.974	0.995	1.011	1.029	1.029	1.029
1.20	0.880	0.872	0.859	0.862	0.885	0.936	0.955	0.966	0.977	0.977	0.977
1.25	0.843	0.837	0.825	0.829	0.852	0.900	0.916	0.923	0.930	0.930	0.930
1.30	0.810	0.804	0.794	0.798	0.821	0.866	0.878	0.884	0.888	0.888	0.888
1.35	0.780	0.774	0.765	0.769	0.792	0.834	0.843	0.847	0.849	0.849	0.849
1.40	0.751	0.746	0.738	0.743	0.766	0.803	0.810	0.812	0.813	0.813	0.813
1.45	0.725	0.720	0.713	0.718	0.740	0.774	0.778	0.780	0.780	0.780	0.780
1.50	0.700	0.696	0.690	0.695	0.717	0.746	0.749	0.750	0.750	0.750	0.750
1.55	0.677	0.673	0.668	0.673	0.694	0.719	0.722	0.722	0.722	0.722	0.722
1.60	0.655	0.652	0.647	0.652	0.673	0.694	0.696	0.696	0.695	0.696	0.696
1.65	0.635	0.632	0.628	0.633	0.653	0.671	0.672	0.672	0.672	0.672	0.672
1.70	0.616	0.613	0.610	0.615	0.634	0.649	0.649	0.649	0.649	0.649	0.649
1.75	0.598	0.595	0.592	0.598	0.616	0.628	0.628	0.628	0.628	0.628	0.628
1.80	0.581	0.578	0.576	0.582	0.599	0.608	0.608	0.608	0.608	0.608	0.608
1.85	0.565	0.563	0.561	0.566	0.582	0.590	0.590	0.590	0.590	0.590	0.590
1.90	0.550	0.548	0.546	0.552	0.566	0.572	0.572	0.572	0.572	0.572	0.572
1.95	0.536	0.533	0.532	0.538	0.551	0.556	0.556	0.556	0.556	0.556	0.556

10kV 配电工程设计手册

X_{js} / I_*	$t(s)$ 0	0.01	0.06	0.1	0.2	0.4	0.5	0.6	1	2	4
2.00	0.522	0.520	0.519	0.524	0.537	0.540	0.540	0.540	0.540	0.540	0.540
2.05	0.509	0.507	0.507	0.512	0.523	0.525	0.525	0.525	0.525	0.525	0.525
2.10	0.497	0.495	0.495	0.500	0.510	0.512	0.512	0.512	0.512	0.512	0.512
2.15	0.485	0.483	0.483	0.488	0.497	0.498	0.498	0.498	0.498	0.498	0.498
2.20	0.474	0.472	0.472	0.477	0.485	0.486	0.486	0.486	0.486	0.486	0.486
2.25	0.463	0.462	0.462	0.466	0.473	0.474	0.474	0.474	0.474	0.474	0.474
2.30	0.453	0.452	0.452	0.456	0.462	0.462	0.462	0.462	0.462	0.462	0.462
2.35	0.443	0.442	0.442	0.446	0.452	0.452	0.452	0.452	0.452	0.452	0.452
2.40	0.434	0.433	0.433	0.436	0.441	0.441	0.441	0.441	0.441	0.441	0.441
2.45	0.425	0.424	0.424	0.427	0.431	0.431	0.431	0.431	0.431	0.431	0.431
2.50	0.416	0.415	0.415	0.419	0.422	0.422	0.422	0.422	0.422	0.422	0.422
2.55	0.408	0.407	0.407	0.410	0.413	0.413	0.413	0.413	0.413	0.413	0.413
2.60	0.400	0.399	0.399	0.402	0.404	0.404	0.404	0.404	0.404	0.404	0.404
2.65	0.392	0.391	0.392	0.394	0.396	0.396	0.396	0.396	0.396	0.396	0.396
2.70	0.385	0.384	0.384	0.387	0.388	0.388	0.388	0.388	0.388	0.388	0.388
2.75	0.378	0.377	0.377	0.379	0.380	0.380	0.380	0.380	0.380	0.380	0.380
2.80	0.371	0.370	0.370	0.372	0.373	0.373	0.373	0.373	0.373	0.373	0.373
2.85	0.364	0.363	0.364	0.365	0.366	0.366	0.366	0.366	0.366	0.366	0.366
2.90	0.358	0.357	0.357	0.359	0.359	0.359	0.359	0.359	0.359	0.359	0.359
2.95	0.351	0.351	0.351	0.352	0.353	0.353	0.353	0.353	0.353	0.353	0.353
3.00	0.345	0.345	0.345	0.346	0.346	0.346	0.346	0.346	0.346	0.346	0.346
3.05	0.339	0.339	0.339	0.340	0.340	0.340	0.340	0.340	0.340	0.340	0.340
3.10	0.334	0.333	0.333	0.334	0.334	0.334	0.334	0.334	0.334	0.334	0.334
3.15	0.328	0.328	0.328	0.329	0.329	0.329	0.329	0.329	0.329	0.329	0.329
3.20	0.323	0.322	0.322	0.323	0.323	0.323	0.323	0.323	0.323	0.323	0.323
3.25	0.317	0.317	0.317	0.318	0.318	0.318	0.318	0.318	0.318	0.318	0.318
3.30	0.312	0.312	0.312	0.313	0.313	0.313	0.313	0.313	0.313	0.313	0.313
3.35	0.307	0.307	0.307	0.308	0.308	0.308	0.308	0.308	0.308	0.308	0.308
3.40	0.303	0.302	0.302	0.303	0.303	0.303	0.303	0.303	0.303	0.303	0.303
3.45	0.298	0.298	0.298	0.298	0.298	0.298	0.298	0.298	0.298	0.298	0.298

表 10－20　　　　同步发电机的标准参数

发电机类型	$X_d(B)$	$X_d'(B)$	$X_d''(B)$	$X_q(B)$	$X_q''(B)$	$T_{d0}'(B)$ (s)	$T_{d0}''(B)$ (s)	$T_{q0}''(B)$ (s)	$T_d(B)$ (s)	$T_d'(B)$ (s)	$T_d''(B)$ (s)	$\cos\varphi$
汽轮发电机	1.9040	0.2150	0.1385	0.9040	0.1385	9.0283	0.1819	2.0125	0.2560	1.0195	0.1172	0.825
水轮发电机	0.9851	0.3025	0.2055	0.6423	0.2257	5.9000	0.0673	0.1581	0.2124	1.8117	0.0457	0.850

四、短路点由多个电源供电的三相短路电流周期分量的计算

如果一个网络是由参数条件相差悬殊的多个电源供电，则在绘制短路电流计算网络时，应将参数条件相近的电源合并，分成几个等效电源组。然后分别算出各等效电源组向短路点提供的短路电流，最后将各组提供的短路电流相加，即得到通过短路点的全部短路电流。

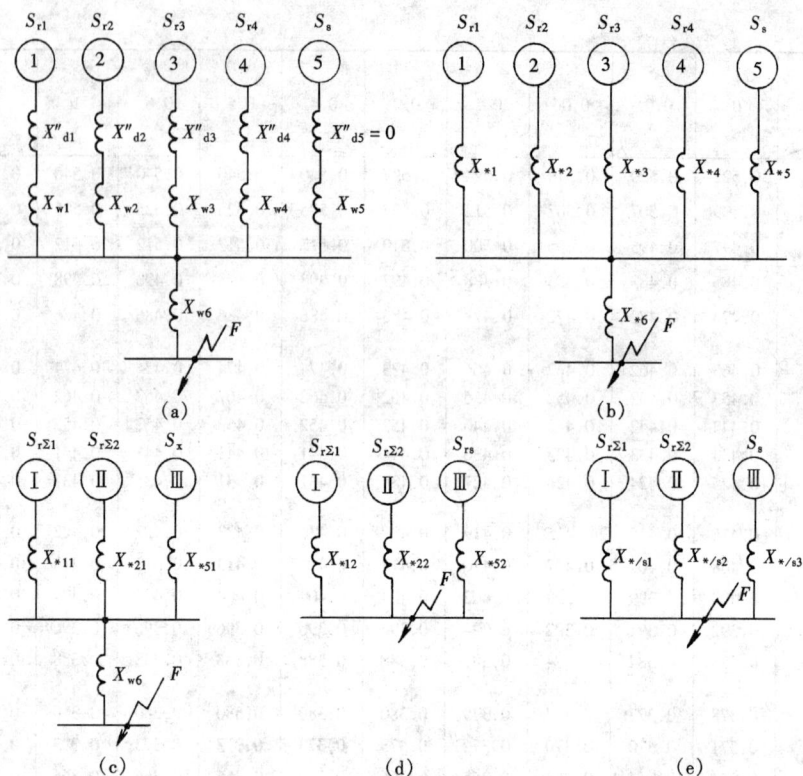

图 10 – 13 多电源网络短路电流计算程序

(a) 原等值网络；(b) 按同一基准容量归算后的等值网络；(c) 按参数条件分组合并后的
等值网络；(d) 消去公共支路电抗后的等值网络；(e) 按各支路电源总容量归算后的等值
电抗网络

电源的参数条件是指发电机型式（例如汽轮发电机、水轮发电机等）、电源容量以及电源至短路点的阻抗大小等。图 10 – 13 (d) 给出了多电源供电的例子。例中假设电源 1 和 2、3 和 4 的参数条件相近，均为有限容量电源；电源 5 为无限大容量电源。下面以计算短路点 F 的三相短路电流周期分量为例，叙述计算步骤：

(1) 先将各电源的内电抗 x''_d 及支路外电抗 x_w 按同一基准容量 S_j（一般取 $S_j = 100\text{MVA}$）归算为标么值，再将各电源及其所在的支路电抗合并成一个等效标么电抗 X_*，见图 10 – 13 (b)。

(2) 将各电源按其参数条件分组合并，电源容量 S_{r1} 和 S_{r2} 合并为 $S_{r\Sigma 1}$，电源容量 S_{r3} 和 S_{r4} 合并为 $S_{r\Sigma 2}$；支路电抗 X_{*1} 和 X_{*2} 合并为 X_{*11}；X_{*3} 和 X_{*4} 合并为 X_{*21}；见图 10 – 13 (c)。

(3) 消去公共支路电抗 X_{*6}，求出各组电源至短路点 F 之间的等值电抗，见图 10 – 13 (d)，其中

$$\left.\begin{aligned} X_{*12} &= X_{*\Sigma}/C_1 \\ X_{*22} &= X_{*\Sigma}/C_2 \\ X_{*52} &= X_{*\Sigma}/C_3 \end{aligned}\right\} \qquad (10-27)$$

10kV 配电工程设计手册

式中，$X_{*\Sigma}$ 为短路电路的总电抗，且有

$$X_{*\Sigma} = \frac{X_{*11} X_{*21} X_{*5}}{X_{*11} X_{*21} + X_{*21} X_{*5} + X_{*5} X_{*11}} + X_{*6}$$

C_1、C_2、C_3 为分布系数，且有

$$C_1 = \frac{X_{*21} X_{*5}}{X_{*11} X_{*21} + X_{*21} X_{*5} + X_{*5} X_{*11}}$$

$$C_2 = \frac{X_{*11} X_{*5}}{X_{*11} X_{*21} + X_{*21} X_{*5} + X_{*5} X_{*11}}$$

$$C_3 = \frac{X_{*11} X_{*21}}{X_{*11} X_{*21} + X_{*21} X_{*5} + X_{*5} X_{*11}}$$

对于同一个短路点，应有 $C_1 + C_2 + C_3 + \cdots + C_n = 1$。

（4）再将 X_{*12} 和 X_{*22} 分别归算到以 $S_{r\Sigma1}$ 和 $S_{r\Sigma2}$ 为基准容量的标么值 X_{*js1} 和 X_{*js2}。至于 X_{*52}，因为该支路由无限大电源容量供电，故可不必换算。经取 $X_{*js3} = X_{*52}$，见图 10 – 13 （e）。

（5）根据电源组 I 和 II 的发电机类型及其所在支路的标么值 X_{*js1} 和 X_{*js2}，即可从相应的运算曲线（见图 10 – 4 ~ 图 10 – 12）上或相对应的运算曲线数字表（见表 10 – 18 ~ 表 10 – 19）中查出某一时刻 t 由电源组 I 和 II 通过相应支路，送到短路点去的短路电流周期分量标么值 I''_{*1} 和 I''_{*2}；支路 III 采用式（10 – 16），按无限大电源容量系统计算，即 $I''_{*3} = \frac{1}{X_{*js3}}$。

（6）求出各组电源送到短路点去的短路电流周期分量有效值 I''_1、I''_2、I''_3。此三路电流之和即为通过短路点 F 的全部短路电流 I''_Σ，即

$$I''_\Sigma = I''_1 + I''_2 + I''_3 \tag{10 – 28}$$

式中，$I''_1 = I''_{*1} \dfrac{S_{r\Sigma1}}{\sqrt{3} U_j}$；$I''_2 = I''_{*2} \dfrac{S_{r\Sigma2}}{\sqrt{3} U_j}$；$I''_3 = I''_{*3} \dfrac{S_j}{\sqrt{3} U_j X_{*js3}}$。

如果支路 I 或 II 的等效电抗标么值 $X_{*js} \geq 3$，则通过该支路的短路电流周期分量有效值 I'' 在整个短路过渡过程可以认为不衰减，因而可以按无限大电源容量系统考虑，直接用公式算出，即

$$I'' = \frac{S_{r\Sigma}}{\sqrt{3} U_j X_{*js}}$$

五、三相短路冲击电流和全电流最大有效值的计算

从图 10 – 2 所示短路电流变化可知，短路全电流 i_k 包含有周期分量 i_z 和非周期分量 i_f。短路电流非周期分量的起始值 $i_{f0} = \sqrt{2} I''$，短路冲击电流 i_{ch} 即为短路全电流最大瞬时值，它出现在短路发生后的半周期（0.01s）的瞬间，其值可按下式计算

$$i_{ch} = K_{ch} \sqrt{2} I'' \tag{10 – 29}$$

短路全电流最大有效值 I_{ch} 按下式计算

$$I_{ch} = I'' \sqrt{1 + 2(K_{ch} - 1)^2} \tag{10 – 30}$$

式中　K_{ch}——短路电流冲击系数，$K_{ch} = 1 + e^{-\frac{0.01}{T_f}}$；

T_f——短路电流非周期分量衰减时间常数，s，当电网频率为 50Hz 时，$T_f = \dfrac{X_\Sigma}{314R_\Sigma}$；

X_Σ——短路电路总电抗（假定短路电路没有电阻的条件下求得），Ω；

R_Σ——短路电路总电阻（假定短路电路没有电抗的条件下求得），Ω。

如果电路只有电抗，则 $T_f = \infty$，$K_{ch} = 2$；如果电路只有电阻，则 $T_f = 0$，$K_{ch} = 1$；可见 $2 \geqslant K_{ch} \geqslant 1$。

K_{ch} 与 $\dfrac{X_\Sigma}{R_\Sigma}$ 的数值关系如图 10-14 所示曲线。工程设计中 K_{ch} 的取值以及 i_{ch} 和 I_{ch} 的计算值如下。

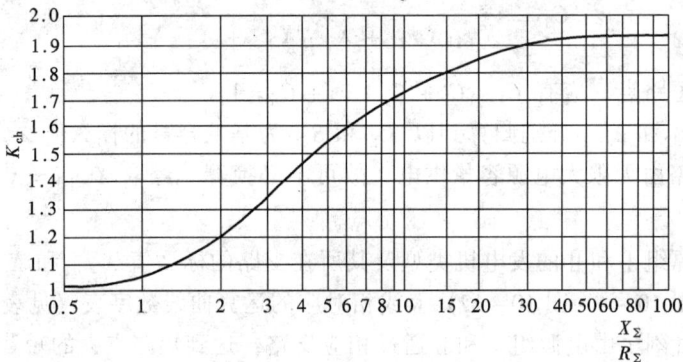

图 10-14　冲击系数 K_{ch} 与比值 $\dfrac{X_\Sigma}{R_\Sigma}$ 的关系曲线

（1）当短路发生在单机容量为 12000kW 及以上的发电机端时，取 $K_{ch} = 1.9$，$i_{ch} = 2.69I''$，$I_{ch} = 1.62I''$。

（2）短路点远离发电厂，短路电路的总电阻较小、总电抗较大 $\left(R_\Sigma \leqslant \dfrac{1}{3}X_\Sigma\right)$ 时，$T_f \approx 0.05s$，取 $K_{ch} = 1.8$，$i_{ch} = 2.55I''$，$I_{ch} = 1.51I''$。

（3）在电阻较大 $\left(R_\Sigma > \dfrac{1}{3}X_\Sigma\right)$ 的电路中，发生短路时短路电流非周期分量衰减较快，可取 $K_{ch} = 1.3$，$i_{ch} = 1.84I''$，$I_{ch} = 1.09I''$。

六、电动机对短路电流的影响

（1）高压同步电动机对短路电流的影响可按有限容量电源考虑。同步电动机在短路过渡过程任一时刻，所供给的短路电流周期分量可利用运算曲线（见图 10-4～图 10-12）、或运算曲线数字表（见表 10-18～表 10-19）计算。如果同步电动机的励磁绕组时间常数与绘制曲线的标准参数（见表 10-20）相差较大时，则时间 t 应按式（10-25）或式（10-26）修正。

（2）高压异步电动机对短路电流的影响，只有在计算电动机附近短路点的短路冲击电流和最大短路全电流有效值时才予以考虑。在下列情况下，可以不考虑高压异步电动机对短路冲击电流和最大短路全电流的影响：

1）异步电动机与短路点的连接已相隔一个变压器；

2）在计算不对称短路电流时。

由异步电动机提供的短路冲击电流 $I_{ch \cdot M}$ 按下式计算

$$I_{ch \cdot M} = 0.9\sqrt{2} K_{ch \cdot M} K_{qM} I_{NM} \qquad (kA) \qquad (10-31)$$

计入异步电动机影响后的短路冲击电流 i_{ch} 和最大短路全电流有效值 I_{ch}，按下列两式计算

$$i_{ch} = i_{ch \cdot s} + i_{ch \cdot M} \qquad (10-32)$$

$$I_{ch} = \sqrt{(I''_s + I''_M)^2 + 2[(K_{ch \cdot s} - 1)I''_s + (K_{ch \cdot M} - 1)I''_M]^2} \qquad (10-33)$$

以上式中 $i_{ch \cdot s}$——由系统送到短路点去的短路冲击电流，kA；

     I''_s——由系统送到短路点去的超瞬变短路电流、kA；

     I''_M——由短路点附近的异步电动机送到短路点去的超瞬变短路电流，kA，其值 $I''_M = 0.9 K_{qM} I_{NM}$，如有多台异步电动机，则 $I''_M = 0.9 K'_{qM} \Sigma I_{NM}$；

     K_{qM}——异步电动机的起动电流倍数，一般可取平均值6，亦可由产品样本查得，如果有多台异步电动机，则应以等效电动机起动电流倍数 K'_{qM} 代之，其值 $K'_{qM} = \dfrac{\Sigma (K_{qM} P_{NM})}{\Sigma P_{NM}}$；

     P_{NM}——异步电动机的额定功率，kW；

     I_{NM}——异步电动机的额定电流，kA，可由产品样本查得，如果有多台异步电动机，则应以各台电动机额定电流的总和 ΣI_{NM} 代之；

     $K_{ch \cdot s}$——由系统馈送的短路电流冲击系数；

     $K_{ch \cdot M}$——由异步电动机馈送的短路电流冲击系数，一般可取 1.4～1.7，准确数据可查图 10-15 所示曲线。

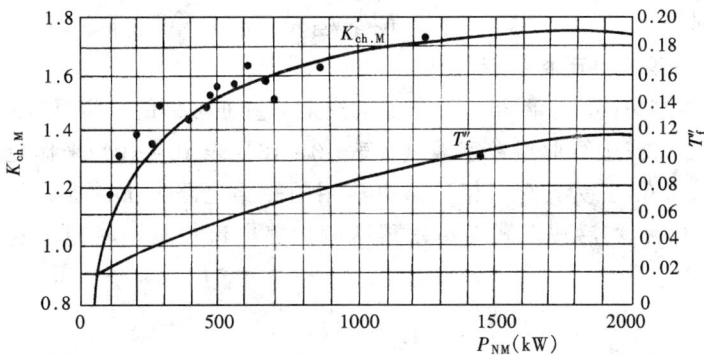

图 10-15   异步电动机额定容量 P_{NM} 与冲击系数 $K_{ch \cdot M}$ 的关系

T''_f——反馈电流周期分量衰减时间常数

七、两相短路电流的计算

1. 超瞬变短路电流 I''_{k2}、短路冲击电流 $i_{ch \cdot k2}$ 和最大短路全电流有效值 $I_{ch \cdot k2}$

两相短路超瞬变电流 I''_{k2} 的计算公式如下

对于汽轮发电机 $\qquad I''_{k2} = \dfrac{E''}{2\,(X''_d + X_w)}$

$$(10-34)$$

对于水轮发电机 $\qquad I''_{k2} = \dfrac{KE''}{2\,(X''_d + X_w)}$

将上述两式与三相短路超瞬变电流 I''_{k3} [1] 的计算式（10 – 21）、式（10 – 23）相除，即得

$$\frac{I''_{k2}}{I''_{k3}} = \frac{\sqrt{3}}{2} = 0.866$$

而 i_{ch} 和 I_{ch} 均正比于 I''，故

$$\left.\begin{array}{l} I''_{k2} = 0.866 I''_{k3} \\ i_{ch\cdot k2} = 0.866 i_{ch\cdot k3}\,[1] \\ I_{ch\cdot k2} = 0.866 I_{ch\cdot k3}\,[1] \end{array}\right\}$$

$$(10-35)$$

2. 稳态短路电流

两相短路稳态电流 I_{k2} 与三相短路稳态电流 I_{k3} 的比值关系，视短路点与电源的距离远近而定。

（1）在发电机出口处发生短路时

$$I_{k2} = 1.5 I_{k3} \qquad\qquad (10-36)$$

（2）在远距离点短路时，即 $X_{*js} > 3$ 时，因为 $I_k = I''$，故

$$I_{k2} = 0.866 I_{k3} \qquad\qquad (10-37)$$

（3）一般可以这样估计

$X_{*js} > 0.6$ 时 $\qquad\qquad I_{k2} < I_{k3}$；

$X_{*js} \approx 0.6$ 时 $\qquad\qquad I_{k2} = I_{k3}$；

$X_{*js} < 0.6$ 时 $\qquad\qquad I_{k2} > I_{k3}$。

3. 利用运算曲线确定两相短路电流

在靠近发电机端短路时，两相短路电流的周期分量亦可借助三相短路的运算曲线（见图 10 – 4～图 10 – 12），或运算曲线数字表（见表 10 – 18～表 10 – 19）来作近似的计算，其方法是以两倍的 X_{*js}（X_{*js} 为计算三相短路电流用的短路电路电抗的标幺值）作横坐标，从运算曲线上查得 I_{*z}，然后按下式即可求得两相短路电流在某一时刻 t 的周期分量有名值 I_{zk2}

$$I_{zk2} = \sqrt{3}\,I_{*z} I_{N\Sigma} \qquad\qquad (10-38)$$

式中 $\quad I_{N\Sigma}$——有限电源容量系统向短路点馈送短路电流时所有发电机额定电流的总和。

八、变压器低压侧短路时折算到高压侧穿越电流的换算关系

变压器低压侧短路时折算到高压侧穿越电流的换算关系见表 10 – 21。

---

[1] 各种三相短路电流的符号有 I''、i_{ch}、I_{ch}、I_k。在同时出现二相短路电流的符号的场合，为了便于区别比较，在三相短路电流的符号的右下角加注"k3"，例如 I''_{k3}、$i_{ch\cdot k3}$、$I_{ch\cdot k3}$、I_{k3}。

表 10 – 21　　　　　　　　变压器低压侧短路时折算到高压侧穿越电流的换算关系

连接组别	三　相　短　路	两　相　短　路	单　相　短　路
Y，yn0			
Y，d11			
D，yn11			

注　表中 I_k——短路电流；

　　　　K——变压器变比。

九、单相接地电容电流的计算

电网中的单相接地电容电流由电力线路和电力设备（同步发电机、大容量同步电动机及变压器等）两部分电容电流组成。但是电力设备的电容电流比线路的电容电流小得多，故一般工程设计中忽略不计。

(1) 电缆线路的单相接地电容电流按下式计算。

6kV 电缆线路
$$I_C = \frac{95 + 2.84S}{2200 + 6S} U_N l \quad (A) \qquad (10-39)$$

10kV 电缆线路
$$I_C = \frac{95 + 1.44S}{2200 + 0.23S} U_N l \quad (A) \qquad (10-40)$$

电缆线路的单相接地电容电流还可以按下式估算

$$I_C = 0.1 U_N l \quad (A) \qquad (10-41)$$

以上式中　S——电缆芯线的标称截面，mm^2；

$\qquad\quad U_N$——线路额定线电压，kV；

$\qquad\quad l$——线路长度，km。

(2) 架空线路单相接地电容电流按下式计算。

无架空地线单回路　　　$I_C = 2.7 U_N l \times 10^{-3} \quad (A) \qquad (10-42)$

有架空地线单回路　　　$I_C = 3.3 U_N l \times 10^{-3} \quad (A) \qquad (10-43)$

架空线路的单相接地电容电流还可以按下式估算

$$I_C = \frac{U_N l}{350} \quad (A) \qquad (10-44)$$

架空线路和电缆线路每公里单相接地电容电流的平均值见表 10-22。

表 10-22　　　　架空线路和电缆线路单相接地电容电流的平均值　　　　单位：A/km

电压 (kV)	电缆线路，当芯线截面为下列诸值时（mm^2）											架空线路	
	10	16	25	35	50	70	95	120	150	185	240	单回路	双回路
6	0.33	0.37	0.46	0.52	0.59	0.71	0.82	0.89	1.10	1.20	1.30	0.013	0.017
10	0.46	0.52	0.62	0.69	0.77	0.90	1.00	1.10	1.30	1.40	1.60	0.0256	0.035
35	—	—	—	—	—	3.70	4.10	4.40	4.80	5.20	—	0.078 (0.091)	0.102 (0.110)

注　括号内数字用于有架空地线的架空线路。

第五节　低压网络短路电流计算

本节内容主要包括 220/380V 低压网络电路元件阻抗的计算，三相短路、单相短路（包括单相接地故障）电流的计算和柴油发电机供电系统短路电流的计算。

一、计算条件

高压系统短路电流的计算条件同样适用于低压网络短路电流的计算，但低压网络还有如下一些特点：

（1）一般用电单位的电源来自地区大中型电力系统，配电用的电力变压器的容量远小于系统的容量，因此短路电流可按远离发电机端，即按无限大容量电源的网络短路进行计算，短路电流周期分量不衰减。

（2）计入短路电路各元件的有效电阻，但短路点的电弧电阻、导线连接点、开关设备和电器的接触电阻可忽略不计。

（3）当电路电阻较大时，短路电流非周期分量衰减较快，一般可以不考虑非周期分量。只有在离配电变压器低压侧很近处，例如低压侧 20m 以内大截面线路上或低压配电屏内部发生短路时，才需要计算非周期分量。

（4）单位线路长度有效电阻的计算温度不同，在计算三相最大短路电流时，导体计算温度取为 20℃；在计算单相短路（包括单相接地故障）电流时，假设的计算温度升高，电阻值增大，其值一般取 20℃时电阻的 1.5 倍。

（5）计算过程采用有名单位制，电压用 V、电流用 kA、容量用 kVA、阻抗用 mΩ。

（6）计算 220/380V 网络三相短路电流时，计算电压 cU_N 取电压系数 c 为 1.05，计算单相接地故障电流时，c 取 1.0，U_N 为系统标称电压（线电压）380V。

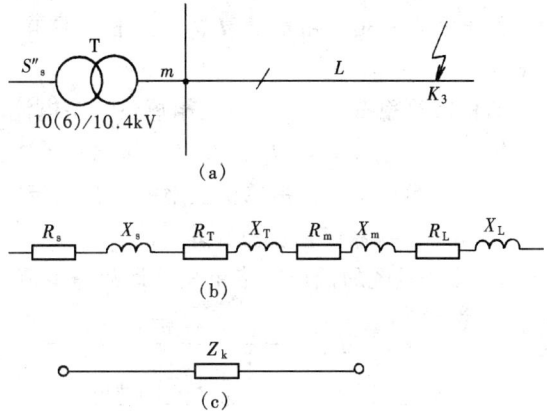

图 10 - 16　低压网络三相短路电流计算电路
(a) 系统图；(b) 等效电路图；(c) 用短路
阻抗 Z_k 表示的等效电路

二、三相和两相短路电流的计算

在 220/380V 网络中，一般以三相短路电流为最大。一台变压器供电的低压网络三相短路电流计算电路见图 10 - 16。

低压网络起始三相短路电流周期分量有效值按下式计算

$$I'' = \frac{cU_N/\sqrt{3}}{Z_k} = \frac{1.05\,U_N/\sqrt{3}}{\sqrt{R_k^2 + X_k^2}}$$

$$= \frac{230}{\sqrt{R_k^2 + X_k^2}} \quad (kA) \tag{10-45}$$

$$R_k = R_s + R_T + R_m + R_L$$

$$X_k = X_s + X_T + X_m + X_L$$

式中　　　　U_N——网络标称电压（线电压），V，220/380V 网络为 380V；

　　　　　　c——电压系数，计算三相短路电流时取 1.05；

Z_k、R_k、X_k——短路电路总阻抗、总电阻、总电抗，mΩ；

　　R_s、X_s——变压器高压侧系统的电阻、电抗（归算到 400V 侧），mΩ；

　　R_T、X_T——变压器的电阻、电抗，mΩ；

　　R_m、X_m——变压器低压侧母线段的电阻、电抗，mΩ；

　　R_L、X_L——配电线路的电阻、电抗，mΩ；

I''、I_k——三相短路电流的初始值、稳态值。

只要 $\sqrt{R_T^2 + X_T^2} / \sqrt{R_s^2 + X_s^2} \geqslant 2$，变压器低压侧短路时的短路电流周期分量不衰减，即 $I_k = I''$。

三相短路冲击电流和最大短路全电流有效值的计算与高压系统相同，见式（10-29）、式（10-30）。电动机反馈对短路冲击电流的影响，仅当短路点附近所接用电动机额定电流之和大于短路电流的 1%（$\Sigma I_{N\cdot M} > 0.01 I''$）时，才予以考虑。异步电动机起动电流倍数可取为 6~7，异步电动机的短路电流冲击系数可取 1.3。由异步电动机馈送的短路冲击电流的计算见高压系统计算式（10-30）。

低压网络两相短路电流 I''_{k2} 与三相短路电流 I''_{k3} 的关系也和高压系统一样，即 $I''_{k2} = 0.866 I''_{k3}$。

两相短路稳态电流 I_{k2} 与三相短路稳态电流 I_{k3} 的比值关系也与高压系统一样，在远离发电机短路时，$I_{k2} = 0.866 I_{k3}$；在发电机出口处短路时，$I_{k2} = 1.5 I_{k3}$。

三、单相短路（包括单相接地故障）电流的计算

1. 单相接地故障电流的计算

TN 接地系统的低压网络单相接地故障电流 I''_{k1} 可用下述公式计算

$$
\begin{aligned}
I''_{k1} &= \frac{cU_N/\sqrt{3}}{\dfrac{|\dot{Z}_{(1)} + \dot{Z}_{(2)} + \dot{Z}_{(0)}|}{3}} \\[2mm]
&= \frac{1.0 \times U_N/\sqrt{3}}{\sqrt{\left(\dfrac{R_{(1)} + R_{(2)} + R_{(0)}}{3}\right)^2 + \left(\dfrac{X_{(1)} + X_{(2)} + X_{(0)}}{3}\right)^2}} \\[2mm]
&= \frac{U_N/\sqrt{3}}{\sqrt{R_{\varphi p}^2 + X_{\varphi p}^2}} = \frac{220}{\sqrt{R_{\varphi p}^2 + X_{\varphi p}^2}} \\[2mm]
&= \frac{220}{Z_{\varphi p}} \quad (kA)
\end{aligned}
\tag{10-46}
$$

$$
\left.
\begin{aligned}
R_{\varphi p} &= \frac{R_{(1)} + R_{(2)} + R_{(0)}}{3} = R_{\varphi p\cdot s} + R_{\varphi p\cdot T} + R_{\varphi p\cdot m} + R_{\varphi p\cdot L} \\
X_{\varphi p} &= \frac{X_{(1)} + X_{(2)} + X_{(0)}}{3} = X_{\varphi p\cdot s} + X_{\varphi p\cdot T} + X_{\varphi p\cdot m} + X_{\varphi p\cdot L} \\
Z_{\varphi p} &= \sqrt{R_{\varphi p}^2 + X_{\varphi p}^2}
\end{aligned}
\right\}
\tag{10-47}
$$

$$
\begin{aligned}
R_{(1)} &= R_{(1)\cdot s} + R_{(1)\cdot T} + R_{(1)\cdot m} + R_{(1)\cdot L} \\
R_{(2)} &= R_{(2)\cdot s} + R_{(2)\cdot T} + R_{(2)\cdot m} + R_{(2)\cdot L} \\
R_{(0)} &= R_{(0)\cdot s} + R_{(0)\cdot T} + R_{(0)\cdot m} + R_{(0)\cdot L} \\
X_{(1)} &= X_{(1)\cdot s} + X_{(1)\cdot T} + X_{(1)\cdot m} + X_{(1)\cdot L} \\
X_{(2)} &= X_{(2)\cdot s} + X_{(2)\cdot T} + X_{(2)\cdot m} + X_{(2)\cdot L} \\
X_{(0)} &= X_{(0)\cdot s} + X_{(0)\cdot T} + X_{(0)\cdot m} + X_{(0)\cdot L}
\end{aligned}
$$

以上式中　　　　　U_N——220/380V 网络标称线电压，即 380V，$U_N/\sqrt{3} = 380/\sqrt{3}$，取 220V；

　　　　　　　　　c——电压系数，计算单相接地故障电流时取 1；

　　$R_{(1)}$、$R_{(2)}$、$R_{(0)}$——短路电路正序、负序、零序电阻，mΩ；

10kV 配电工程设计手册

$X_{(1)}$、$X_{(2)}$、$X_{(0)}$——短路电路正序、负序、零序电抗，$m\Omega$；

$Z_{(1)}$、$Z_{(2)}$、$Z_{(0)}$——短路电路正序、负序、零序阻抗，$m\Omega$；

$R_{\varphi p}$、$X_{\varphi p}$、$Z_{\varphi p}$——短路电路的相线—保护线回路（以下简称相保，保护线包括 PE 线和 PEN 线）电阻、相保电抗、相保阻抗，$m\Omega$。

2. 相线与中性线之间短路的单相短路电流 I''_{k1} 的计算

TN 和 TT 接地系统的低压网络相线与中性线之间短路的单相短路电流 I''_{k1} 的计算，与上述单相接地故障电流计算一样，仅需将配电线路的相保电阻 $R_{\varphi p} \cdot L$、相保电抗 $X_{\varphi p} \cdot L$ 改用相线—中性线回路的电阻、电抗。

四、10（6）/0.4kV 电力变压器低压侧短路电流值

10（6）/0.4kV 电力变压器低压侧短路电流值见表 10-23～表 10-25。

表 10-23 S7、SL7 系列 10（6）/0.4kV 变压器低压侧短路电流值（D，yn11 连接）

高压侧系统短路容量（MVA）	变压器容量（kVA）	200		250		315		400		500	
	变压器阻抗电压（%）	4									
	低压母线段规格（LMY，mm）	4×(40×4)				4×(50×5)		4×(63×6.3)		3×(80×6.3)+63×6.3	
	短路种类及电路阻抗	三相正、负序	单相接地相保	三相正、负序	单相接地相保	三相正、负序	单相接地相保	三相正、负序	单相接地相保	三相正、负序	单相接地相保
10	计算电阻（mΩ）	16.12	16.52	12.72	13.12	9.99	9.86	7.77	7.62	6.29	6.14
	计算电抗（mΩ）	45.98	41.87	40.48	36.37	35.91	31.53	31.76	27.51	28.78	24.53
	短路电流（kA）	4.72	4.89	5.42	5.69	6.17	6.66	7.03	7.71	7.81	8.70
20	计算电阻（mΩ）	15.33	15.99	11.93	12.59	9.20	9.52	6.98	7.09	5.50	5.61
	计算电抗（mΩ）	38.02	36.57	32.52	31.07	27.76	26.23	23.80	22.21	20.82	19.23
	短路电流（kA）	5.61	5.51	6.64	6.56	7.87	7.89	9.27	9.44	10.68	10.98
30	计算电阻（mΩ）	15.06	15.81	11.66	12.41	8.93	9.34	6.71	6.91	5.23	5.34
	计算电抗（mΩ）	35.36	34.79	29.86	29.29	25.10	24.45	21.14	20.43	18.16	17.45
	短路电流（kA）	5.98	5.76	7.17	6.92	8.64	8.40	10.37	10.20	12.17	12.04
50	计算电阻（mΩ）	14.85	15.67	11.45	12.27	8.72	9.20	6.50	6.77	5.02	5.29
	计算电抗（mΩ）	33.24	33.38	27.74	27.88	22.98	23.04	19.02	19.02	16.04	16.04
	短路电流（kA）	6.32	5.97	7.66	7.22	9.36	8.87	11.44	10.90	13.68	13.03
75	计算电阻（mΩ）	14.74	15.60	11.34	12.20	8.61	9.13	6.39	6.70	4.91	5.22
	计算电抗（mΩ）	32.18	32.67	26.68	27.17	21.92	22.33	17.96	18.31	14.98	15.33
	短路电流（kA）	6.50	6.08	7.93	7.39	9.77	9.12	12.07	11.28	14.59	13.58
100	计算电阻（mΩ）	14.69	15.57	11.29	12.17	8.56	9.10	6.34	6.67	4.86	5.19
	计算电抗（mΩ）	31.65	32.32	26.15	26.82	21.38	21.98	17.43	17.96	14.45	14.98
	短路电流（kA）	6.59	6.13	8.07	7.47	9.99	9.25	12.40	11.48	15.09	13.88
200	计算电阻（mΩ）	14.61	15.51	11.21	12.11	8.48	9.04	6.26	6.61	4.78	5.13
	计算电抗（mΩ）	30.86	31.79	25.36	26.29	20.60	21.45	16.64	17.43	13.66	14.45
	短路电流（kA）	6.74	6.22	8.30	7.60	10.33	9.45	12.94	11.80	15.89	14.35
300	计算电阻（mΩ）	14.58	15.49	11.18	12.09	8.45	9.02	6.23	6.59	4.75	5.11
	计算电抗（mΩ）	30.59	31.61	25.09	26.11	20.33	21.27	16.37	17.25	13.39	14.27
	短路电流（kA）	6.79	6.25	8.37	7.65	10.45	9.52	13.13	11.91	16.19	14.51
∞	计算电阻（mΩ）	14.53	15.46	11.13	12.06	8.40	8.99	6.18	6.56	4.70	5.08
	计算电抗（mΩ）	30.06	31.26	24.56	25.76	19.80	20.92	15.84	16.90	12.86	13.92
	短路电流（kA）	6.89	6.31	8.53	7.74	10.70	9.66	13.53	12.14	16.80	14.85

高压侧系统短路容量(MVA)	变压器容量(kVA)	630		800		1000		1250		1600	
	变压器阻抗电压(%)	4.5									
	低压母线段规格(LMY,mm)	3×(80×8)+63×6.3		3×(100×8)+80×8		3×(125×10)+80×8		3×[2(100×10)]+100×10		3×[2(125×10)]+125×10	
	短路种类及电路阻抗	三相正、负序	单相接地相保	三相正、负序	单相接地相保	三相正、负序	单相接地相保	三相正、负序	单相接地相保	三相正、负序	单相接地相保
10	计算电阻(mΩ)										
	计算电抗(mΩ)										
	短路电流(kA)										
20	计算电阻(mΩ)	4.35	4.46	3.50	3.48	2.84	2.82				
	计算电抗(mΩ)	19.81	18.22	17.57	15.92	15.81	14.16				
	短路电流(kA)	11.34	11.73	12.84	13.50	14.32	15.24				
30	计算电阻(mΩ)	4.08	4.28	3.23	3.30	2.57	2.64	2.01	1.99	1.60	1.56
	计算电抗(mΩ)	17.15	16.44	14.91	14.14	13.15	12.38	11.81	10.96	10.55	9.65
	短路电流(kA)	13.05	12.95	15.08	15.16	17.17	17.39	19.21	19.75	21.55	22.51
50	计算电阻(mΩ)	3.87	4.14	3.02	3.16	2.36	2.50	1.80	1.85	1.39	1.42
	计算电抗(mΩ)	15.03	15.03	12.79	12.73	11.03	10.97	9.68	9.55	8.43	8.24
	短路电流(kA)	14.82	14.11	17.50	16.78	20.39	19.56	23.35	22.62	26.92	26.31
75	计算电阻(mΩ)	3.76	4.07	2.91	3.09	2.25	2.43	1.69	1.78	1.28	1.35
	计算电抗(mΩ)	13.97	14.32	11.73	12.02	9.97	10.26	8.63	8.84	7.37	7.53
	短路电流(kA)	15.90	14.78	19.03	17.73	22.50	20.87	26.17	24.40	30.75	28.76
100	计算电阻(mΩ)	3.71	4.04	2.86	3.06	2.20	2.40	1.64	1.75	1.23	1.32
	计算电抗(mΩ)	13.44	13.97	11.20	11.67	9.44	9.91	8.10	8.49	6.84	7.18
	短路电流(kA)	16.50	15.13	19.90	18.24	23.73	21.58	27.85	25.38	33.10	30.14
200	计算电阻(mΩ)	3.63	3.98	2.78	3.00	2.12	2.34	1.56	1.69	1.15	1.26
	计算电抗(mΩ)	12.65	13.44	10.41	11.14	8.65	9.38	7.31	7.96	6.05	6.65
	短路电流(kA)	17.48	15.70	21.35	19.06	25.83	22.75	30.79	27.04	37.35	32.50
300	计算电阻(mΩ)	3.60	3.96	2.75	2.98	2.09	2.32	1.53	1.67	1.12	1.24
	计算电抗(mΩ)	12.38	13.26	10.14	10.96	8.38	9.20	7.04	7.78	5.78	6.47
	短路电流(kA)	17.84	15.90	21.89	19.38	26.63	23.20	31.95	27.65	39.07	33.40
∞	计算电阻(mΩ)	3.55	3.93	2.70	2.95	2.04	2.29	1.48	1.64	1.07	1.21
	计算电抗(mΩ)	11.85	12.91	9.61	10.61	7.85	8.85	6.51	7.43	5.25	6.12
	短路电流(kA)	18.59	16.30	23.04	19.99	28.36	24.08	34.48	28.91	42.93	35.27

注　1. 表中短路电流为周期分量有效值，计算阻抗包括高压系统阻抗、变压器阻抗和长 5m 的低压母线阻抗。

　　2. 低压母线相间距离：变压器容量≤630kVA 时取 250mm，变压器容量＞630kVA 时取 350mm。

　　3. 粗线框以下部分为变压器阻抗值与归算到 400V 的高压侧系统的阻抗值之比≥2，低压侧短路电流周期分量衰减。

表 10 - 24　　**SL7 系列 10（6）/0.4kV 变压器低压侧短路电流值（Y，yn0 连接）**

高压侧系统短路容量（MVA）	变压器容量（kVA）	200		250		315		400		500	
	变压器阻抗电压（%）	4									
	低压母线段规格（LMY，mm）	4×（40×4）				3×（50×5）+40×4		3×（63×6.3）+40×4		3×（80×6.3）+50×5	
	短路种类及电路阻抗	三相正、负序	单相接地相保	三相正、负序	单相接地相保	三相正、负序	单相接地相保	三相正、负序	单相接地相保	三相正、负序	单相接地相保
10	计算电阻（mΩ）	16.12	51.92	12.72	39.82	9.99	30.49	7.70	23.27	6.29	17.86
	计算电抗（mΩ）	45.98	117.27	40.48	97.47	35.72	80.50	31.76	66.34	28.78	55.79
	短路电流（kA）	4.72	1.72	5.42	2.09	6.20	2.56	7.04	3.13	7.81	3.76
20	计算电阻（mΩ）	15.33	51.39	11.93	39.29	9.20	29.96	6.98	22.74	5.50	17.33
	计算电抗（mΩ）	38.02	111.97	32.52	92.17	27.76	75.20	23.80	61.04	20.82	50.49
	短路电流（kA）	5.61	1.79	6.66	2.20	7.87	2.72	9.27	3.38	10.68	4.12
30	计算电阻（mΩ）	15.06	51.21	11.66	39.11	8.93	29.78	6.71	22.56	5.23	17.15
	计算电抗（mΩ）	35.36	110.19	29.86	90.39	25.10	73.42	21.14	59.26	18.16	48.71
	短路电流（kA）	5.98	1.81	7.17	2.23	8.63	2.78	10.37	3.47	12.17	4.26
50	计算电阻（mΩ）	14.85	51.07	11.45	38.97	8.72	29.64	6.50	22.42	5.02	17.01
	计算电抗（mΩ）	33.24	108.78	27.74	88.98	22.98	72.01	19.02	57.85	16.04	47.30
	短路电流（kA）	6.32	2.00	7.67	2.37	9.36	2.83	11.44	3.55	13.69	4.38
75	计算电阻（mΩ）	14.74	51.00	11.34	38.90	8.61	29.57	6.39	22.35	4.91	16.94
	计算电抗（mΩ）	32.18	108.07	26.68	88.27	21.92	71.30	17.96	57.14	14.98	46.59
	短路电流（kA）	6.48	1.84	7.93	2.28	9.77	2.85	12.07	3.59	14.59	4.44
100	计算电阻（mΩ）	14.69	50.97	11.25	38.87	8.56	29.54	6.34	22.32	4.86	16.91
	计算电抗（mΩ）	31.65	107.72	26.15	87.92	21.39	70.95	17.43	56.79	14.45	46.24
	短路电流（kA）	6.59	1.85	8.08	2.29	9.98	2.86	12.41	3.61	15.08	4.47
200	计算电阻（mΩ）	14.61	50.90	11.21	38.81	8.48	29.48	6.26	22.26	4.78	16.85
	计算电抗（mΩ）	30.86	107.19	25.36	87.39	20.60	70.42	16.64	56.26	13.48	45.71
	短路电流（kA）	6.74	1.85	8.29	2.30	10.32	2.88	12.94	3.64	16.08	4.52
300	计算电阻（mΩ）	14.58	50.89	11.18	38.79	8.45	29.46	6.23	22.24	4.75	16.83
	计算电抗（mΩ）	30.59	107.01	25.09	87.21	20.33	70.24	16.37	56.08	13.39	45.53
	短路电流（kA）	6.79	1.86	8.37	2.30	11.49	2.89	13.13	3.65	16.19	4.53
∞	计算电阻（mΩ）	14.53	50.86	11.13	38.76	8.40	29.43	6.18	22.21	4.70	16.80
	计算电抗（mΩ）	30.06	106.66	24.56	86.86	19.80	69.89	15.84	55.73	12.86	45.18
	短路电流（kA）	6.89	1.86	8.53	2.31	10.69	2.90	13.53	3.67	16.80	4.56

	变压器容量（kVA）	630		800		1000		1250		1600	
高压侧系统短路容量（MVA）	变压器阻抗电压（%）	4.5									
	低压母线段规格（LMY，mm）	3×(80×8) +50×5		3×(100×8) +63×6.3		3×(125×10) +80×6.3		3×[2×(100×10)] +80×8		3×[2×(125×10)] +80×10	
	短路种类及电路阻抗	三 相 正、负序	单相接地相保	三 相 正、负序	单相接地相保	三 相 正、负序	单相接地相保	三 相 正、负序	单相接地相保	三 相 正、负序	单相接地相保
10	计算电阻（mΩ） 计算电抗（mΩ） 短路电流（kA）										
20	计算电阻（mΩ） 计算电抗（mΩ） 短路电流（kA）	4.35 19.81 11.34	13.18 45.28 4.66	3.50 17.57 12.83	10.01 38.51 5.53	2.84 15.81 14.32	7.67 32.26 6.63				
30	计算电阻（mΩ） 计算电抗（mΩ） 短路电流（kA）	4.08 17.15 13.05	13.00 43.50 4.85	3.23 14.91 15.07	9.83 36.73 5.79	2.57 13.15 17.16	7.49 30.48 7.01	2.01 11.81 19.20	5.78 25.53 8.40	1.60 10.55 21.56	4.32 21.17 10.18
50	计算电阻（mΩ） 计算电抗（mΩ） 短路电流（kA）	3.87 15.03 14.82	12.86 42.09 5.00	3.02 12.79 17.50	9.69 35.32 6.01	2.36 11.03 20.39	7.35 29.07 7.34	1.80 9.69 23.33	5.64 24.12 8.88	1.39 8.43 26.93	4.18 19.76 10.89
75	计算电阻（mΩ） 计算电抗（mΩ） 短路电流（kA）	3.76 13.97 15.89	12.79 41.38 5.08	2.91 11.73 19.02	9.62 34.61 6.12	2.25 9.97 22.50	7.28 28.36 7.51	1.69 8.63 26.17	5.57 23.41 9.14	1.28 7.37 30.75	4.11 19.05 11.29
100	计算电阻（mΩ） 计算电抗（mΩ） 短路电流（kA）	3.71 13.44 16.50	12.76 41.03 5.12	2.86 11.20 19.90	9.59 34.26 6.18	2.20 9.44 23.74	7.25 28.01 7.60	1.64 8.10 27.85	5.54 23.06 9.27	1.23 6.84 33.09	4.08 18.70 11.49
200	计算电阻（mΩ） 计算电抗（mΩ） 短路电流（kA）	3.63 12.65 17.48	12.70 40.50 5.18	2.78 10.41 21.36	9.53 33.73 6.28	2.12 8.65 25.81	7.19 27.48 7.74	1.56 7.31 30.79	5.48 22.53 9.49	1.15 6.05 37.34	4.02 18.17 11.82
300	计算电阻（mΩ） 计算电抗（mΩ） 短路电流（kA）	3.60 12.38 17.84	12.68 40.32 5.20	2.75 10.14 21.88	9.51 33.55 6.31	2.09 8.38 26.62	7.17 27.30 7.79	1.53 7.04 31.94	5.46 22.35 9.56	1.12 5.78 39.05	4.00 17.99 11.94
∞	计算电阻（mΩ） 计算电抗（mΩ） 短路电流（kA）	3.55 11.85 18.59	12.70 39.97 5.25	2.70 9.61 23.05	9.48 33.20 6.37	2.04 7.85 28.36	7.14 26.95 7.89	1.48 6.51 34.43	5.43 22.00 9.71	1.07 5.25 42.91	3.97 17.64 12.17

注　同表 10-23 的表下注。

表 10-25　S7 系列 10(6)/0.4kV 变压器低压侧短路电流值（Y，yn0 连接）

高压侧系统短路容量（MVA）	变压器容量（kVA）	200 三相正、负序	200 单相接地相保	250 三相正、负序	250 单相接地相保	315 三相正、负序	315 单相接地相保	400 三相正、负序	400 单相接地相保	500 三相正、负序	500 单相接地相保
	变压器阻抗电压（%）	4									
	低压母线段规格（LMY，mm）	4×(40×4)				3×(50×5)+40×4		3×(63×6.3)+40×4		3×(80×6.3)+50×5	
	短路种类及电路阻抗	三相正、负序	单相接地相保	三相正、负序	单相接地相保	三相正、负序	单相接地相保	三相正、负序	单相接地相保	三相正、负序	单相接地相保
10	计算电阻（mΩ）	16.12	38.92	12.72	30.12	9.99	22.89	7.77	17.47	6.29	13.46
	计算电抗（mΩ）	45.98	128.87	40.48	112.87	35.72	92.50	31.76	75.74	28.78	63.09
	短路电流（kA）	4.72	1.63	5.42	1.88	6.20	2.31	7.03	2.83	7.81	3.41
20	计算电阻（mΩ）	15.33	38.39	11.93	29.59	9.20	22.36	6.98	16.94	5.50	12.93
	计算电抗（mΩ）	38.02	123.57	32.52	107.57	27.76	87.20	23.80	70.44	20.82	57.79
	短路电流（kA）	5.61	1.70	6.64	1.97	7.87	2.44	9.27	3.04	10.68	3.72
30	计算电阻（mΩ）	15.06	38.21	11.66	29.41	8.93	22.18	6.71	16.76	5.23	12.75
	计算电抗（mΩ）	35.36	121.79	29.86	105.79	25.10	85.42	21.14	68.66	18.16	56.01
	短路电流（kA）	5.98	1.72	7.18	2.00	8.63	2.49	10.37	3.11	12.17	3.83
50	计算电阻（mΩ）	14.85	38.07	11.45	29.27	8.72	22.04	6.50	16.62	5.02	12.61
	计算电抗（mΩ）	33.24	120.38	27.74	104.38	22.98	84.01	19.02	67.25	16.04	54.60
	短路电流（kA）	6.32	1.74	7.66	2.03	9.36	2.53	11.44	3.18	13.69	3.92
75	计算电阻（mΩ）	14.74	38.00	11.34	29.20	8.61	21.97	6.39	16.55	4.91	12.54
	计算电抗（mΩ）	32.18	119.67	26.68	103.67	21.92	83.30	17.96	66.54	14.98	53.89
	短路电流（kA）	6.50	1.75	7.93	2.04	9.77	2.55	12.07	3.21	14.59	3.98
100	计算电阻（mΩ）	14.69	37.97	11.29	29.17	8.56	21.94	6.34	16.52	4.86	12.51
	计算电抗（mΩ）	31.65	119.32	26.15	103.32	21.39	82.95	17.43	66.19	14.45	53.54
	短路电流（kA）	6.59	1.76	8.08	2.05	9.98	2.56	12.40	3.23	15.08	4.00
200	计算电阻（mΩ）	14.61	37.91	11.21	29.11	8.48	21.88	6.26	16.46	4.78	12.45
	计算电抗（mΩ）	30.86	118.79	25.36	102.79	20.60	82.42	16.64	65.66	13.66	53.01
	短路电流（kA）	6.74	1.76	8.30	2.06	10.33	2.58	12.94	3.25	15.89	4.04
300	计算电阻（mΩ）	14.58	37.89	11.18	29.09	8.45	21.86	6.23	16.44	4.75	12.43
	计算电抗（mΩ）	30.59	118.61	25.09	102.61	20.33	82.24	16.37	65.48	13.39	52.83
	短路电流（kA）	6.79	1.77	8.37	2.06	10.45	2.59	13.13	3.26	16.19	4.05
∞	计算电阻（mΩ）	14.53	37.86	11.13	29.06	8.40	21.83	6.18	16.41	4.70	12.40
	计算电抗（mΩ）	30.06	118.26	24.56	102.26	19.80	81.89	15.84	65.13	12.86	52.48
	短路电流（kA）	6.89	1.77	8.53	2.07	10.69	2.60	13.53	3.28	16.80	4.08

高压侧系统短路容量（MVA）	变压器容量（kVA）	630		800		1000		1250		1600	
	变压器阻抗电压（%）	4.5									
	低压母线段规格（LMY，mm）	3×(80×8)+50×5		3×(100×8)+63×6.3		3×(125×10)+80×6.3		3×[2×(100×10)]+80×8		3×[2×(125×10)]+80×10	
	短路种类及电路阻抗	三相正、负序	单相接地相保	三相正、负序	单相接地相保	三相正、负序	单相接地相保	三相正、负序	单相接地相保	三相正、负序	单相接地相保
10	计算电阻（mΩ） 计算电抗（mΩ） 短路电流（kA）										
20	计算电阻（mΩ）	4.35	10.08	3.50	7.61	2.84	6.77				
	计算电抗（mΩ）	19.81	47.48	17.57	39.11	15.81	35.36				
	短路电流（kA）	11.34	4.53	12.84	5.52	14.32	6.11				
30	计算电阻（mΩ）	4.08	9.90	3.23	7.43	2.57	6.59	2.01	5.08	1.60	3.82
	计算电抗（mΩ）	17.15	45.70	14.91	37.33	13.15	33.58	11.81	28.03	10.55	23.07
	短路电流（kA）	13.05	4.71	15.08	5.78	17.17	6.43	19.20	7.72	21.55	9.41
50	计算电阻（mΩ）	3.87	9.76	3.02	7.29	2.36	6.45	1.80	4.94	1.39	3.68
	计算电抗（mΩ）	15.03	44.29	12.79	35.92	11.03	32.17	9.69	26.62	8.43	21.66
	短路电流（kA）	14.82	4.85	17.50	6.00	20.39	6.71	23.34	8.13	26.92	10.01
75	计算电阻（mΩ）	3.76	9.69	2.91	7.22	2.25	6.38	1.69	4.87	1.28	3.61
	计算电抗（mΩ）	13.97	43.58	11.73	35.21	9.97	31.46	8.63	25.91	7.37	20.95
	短路电流（kA）	15.90	4.93	19.03	6.12	22.50	6.85	26.15	8.35	30.75	10.35
100	计算电阻（mΩ）	3.71	9.66	2.86	7.19	2.20	6.35	1.64	4.84	1.23	3.58
	计算电抗（mΩ）	13.44	43.23	11.20	34.86	9.44	31.11	8.10	25.56	6.84	20.60
	短路电流（kA）	16.50	4.97	19.90	6.18	23.74	6.93	27.83	8.46	33.10	10.52
200	计算电阻（mΩ）	3.63	9.60	2.78	7.13	2.12	6.29	1.56	4.78	1.15	3.52
	计算电抗（mΩ）	12.65	42.70	10.41	34.33	8.65	30.58	7.31	25.03	6.05	20.07
	短路电流（kA）	17.48	5.03	21.35	6.27	25.83	7.05	30.77	8.63	37.35	10.80
300	计算电阻（mΩ）	3.60	9.58	2.75	7.11	2.09	6.27	1.53	4.76	1.12	3.50
	计算电抗（mΩ）	12.38	42.52	10.14	34.15	8.38	30.40	7.04	24.85	4.78	19.89
	短路电流（kA）	17.84	4.05	21.89	6.31	26.63	7.09	31.93	8.70	39.07	10.89
∞	计算电阻（mΩ）	3.55	9.55	2.70	7.08	2.04	6.24	1.48	4.73	1.07	3.47
	计算电抗（mΩ）	11.85	42.17	9.61	33.80	7.85	30.05	6.51	24.50	5.25	19.54
	短路电流（kA）	18.59	5.09	23.04	6.37	28.36	7.71	34.45	8.82	42.92	11.09

注　同表 10-23 的表下注。

第六节　低压网络电路元件阻抗计算

在计算三相短路电流时，元件阻抗指的是元件的相阻抗，即相正序阻抗。因为已经假定系统是对称的，发生三相短路时只有正序分量存在，所以不需要特别提出序阻抗的概念。

在计算单相短路（包括单相接地故障）电流时，则必须引入序阻抗和相保阻抗的概念。在低压网络中发生不对称短路时，由于短路点离发电机较远，因此可以认为所有元件的负序阻抗等于正序阻抗，即等于相阻抗。

TN 接地系统低压网络的零序阻抗等于相线的零序阻抗与三倍保护线（即 PE、PEN 线）的零序阻抗之和，即

$$\left.\begin{array}{l} \dot{Z}_{(0)} = \dot{Z}_{(0) \cdot \varphi} + 3 \dot{Z}_{(0) \cdot p} \\[2mm] R_{(0)} = R_{(0) \cdot \varphi} + 3 R_{(0) \cdot p} \\[2mm] X_{(0)} = X_{(0) \cdot \varphi} + 3 X_{(0) \cdot p} \end{array}\right\} \qquad (10-48)$$

TN 接地系统低压网络的相保阻抗与各序阻抗的关系可从式（10-47）求得

$$\left.\begin{array}{l} Z_{\varphi p} = \dfrac{\dot{Z}_{(1)} + \dot{Z}_{(2)} + \dot{Z}_{(0)}}{3} \\[4mm] R_{\varphi p} = \dfrac{R_{(1)} + R_{(2)} + R_{(0)}}{3} = \dfrac{2 R_{(1)} + R_{(0)}}{3} \\[4mm] X_{\varphi p} = \dfrac{X_{(1)} + X_{(2)} + X_{(0)}}{3} = \dfrac{2 X_{(1)} + X_{(0)}}{3} \end{array}\right\} \qquad (10-49)$$

一、高压侧系统阻抗

在计算 220/380V 网络短路电流时，变压器高压侧系统阻抗需要计入。若已知高压侧系统短路容量为 S''_s，则归算到变压器低压侧的高压系统阻抗可按下式计算

$$Z_s = \frac{(c U_N)^2}{S''_s} \times 10^3 \qquad (\text{m}\Omega) \qquad (10-50)$$

如果不知道其电阻 R_s 和电抗 X_s 的确切数值，可以认为

$$R_s = 0.1 X_s, \quad X_s = 0.995 Z_s$$

以上式中　　U_N——变压器低压侧标称电压，0.38kV；

　　　　　　c——电压系数，计算三相短路电流时取 1.05；

　　　　　　S''_s——变压器高压侧系统短路容量，MVA；

　　R_s、X_s、Z_s——归算到变压器低压侧的高压系统电阻、电抗、阻抗，mΩ。

至于零序阻抗，D，yn 和 Y，yn0 连接的配电变压器，当低压侧发生单相接地短路时，由于高压侧绕组为 D，y 接法，零序电流不能在高压侧线路上流通，高压侧线路对于零序电流相当于开路状态，故在计算单相接地短路电流时可视此阻抗为无穷大。表 10-26 列出了

10（6）/0.4kV 配电变压器高压侧系统短路容量与高压侧系统阻抗、相保阻抗（归算到 400V）的数值关系。

表 10 – 26 　10（6）/0.4kV 变压器高压侧系统短路容量与高压侧阻抗、相保阻抗（归算到 400V）的数值关系　　单位：mΩ

高压侧短路容量 S''_s（MVA）	10	20	30	50	75	100	200	300	∞
$Z_s^{①}$	16.00	8.00	5.33	3.20	2.13	1.60	0.80	0.53	0
$X_s^{②}$	15.92	7.96	5.30	3.18	2.12	1.59	0.80	0.53	0
$R_s^{②}$	1.59	0.80	0.53	0.32	0.21	0.16	0.08	0.05	0
$R_{\varphi p \cdot s}^{③}$	1.06	0.53	0.35	0.21	0.14	0.11	0.05	0.03	0
$X_{\varphi p \cdot s}^{③}$	10.61	5.31	3.53	2.12	1.41	1.06	0.53	0.35	0

① $Z_s = \dfrac{U_p^2}{S''_s} \times 10^3 = \dfrac{160}{S''_s}$ （mΩ）；

② $X_s = 0.995 Z_s$，$R_s = 0.1 X_s$；

③ 对于 D，yn11 或 Y，yn0 连接变压器，零序电流不能在高压侧线路上流通，故不计入高压侧的零序阻抗 $R_{(0) \cdot s}$、$X_{(0) \cdot s}$，即

$$R_{\varphi p \cdot s} = \frac{1}{3}(R_{(1) \cdot s} + R_{(2) \cdot s} + R_{(0) \cdot s}) = \frac{2 R_{(1) \cdot s}}{3} = \frac{2 R_s}{3} \quad (mΩ)$$

$$X_{\varphi p \cdot s} = \frac{1}{3}(X_{(1) \cdot s} + X_{(2) \cdot s} + X_{(0) \cdot s}) = \frac{2 X_{(1) \cdot s}}{3} = \frac{2 X_s}{3} \quad (mΩ)$$

二、10（6）/0.4kV 三相双绕组配电变压器的阻抗

配电变压器的正序阻抗可按表 10 – 2 中有关公式计算，变压器的负序阻抗等于正序阻抗。Y，yn0 连接的变压器低压侧的零序阻抗比正序阻抗大得多，其值由制造厂通过测试提供；D，yn11 连接变压器低压侧的零序阻抗如果没有测试数据时，可取其值等于正序阻抗值，即相阻抗。表 10 – 27 至表 10 – 30 列出了几种变压器的各序阻抗值和相保阻抗值。

三、低压配电线路的阻抗

各种形式的低压配电线路阻抗（正、负序）的计算方法详见第十一章第一节。这里只对线路的零序阻抗和相保阻抗的计算方法作一补充。

1. 线路零序阻抗的计算

各种形式的低压配电线路的零序阻抗 $Z_{(0)}$ 均可由式（10 – 48）变化为

$$\left| \dot{Z}_{(0)} \right| = \left| \dot{Z}_{(0) \cdot \varphi} + 3 \dot{Z}_{(0) \cdot p} \right|$$

$$= \sqrt{[R_{(0) \cdot \varphi} + 3 R_{(0) \cdot p}]^2 + [X_{(0) \cdot \varphi} + 3 X_{(0) \cdot p}]^2} \quad (10 - 51)$$

式中　　　$Z_{(0) \cdot \varphi}$——相线的零序阻抗，$Z_{(0) \cdot \varphi} = \sqrt{R_{(0) \cdot \varphi}^2 + X_{(0) \cdot \varphi}^2}$；

　　　　　$Z_{(0) \cdot p}$——保护线的零序阻抗，$Z_{(0) \cdot p} = \sqrt{R_{(0) \cdot p}^2 + X_{(0) \cdot p}^2}$；

$R_{(0) \cdot \varphi}$、$X_{(0) \cdot \varphi}$——相线的零序电阻和电抗；

$R_{(0) \cdot p}$、$X_{(0) \cdot p}$——保护线的零序电阻和电抗。

表 10-27　S7、SL7 系列 10(6)/0.4kV 变压器的阻抗平均值（归算到 400V 侧）

单位：mΩ

电压 (kV)	容量 (kVA)	阻抗电压 (%)	负载损耗 (kW)	电阻 正、负序 $R_{(1)}$、$R_{(2)}$ R	电阻 零序 $R_{(0)}$ D,yn11 S7	电阻 零序 $R_{(0)}$ D,yn11 SL7	电阻 零序 $R_{(0)}$ Y,yn0 S7	电阻 零序 $R_{(0)}$ Y,yn0 SL7	电阻 相保 $R_{保}$ D,yn11 S7	电阻 相保 $R_{保}$ D,yn11 SL7	电阻 相保 $R_{保}$ Y,yn0 S7	电阻 相保 $R_{保}$ Y,yn0 SL7	电抗 正、负序 $X_{(1)}$、$X_{(2)}$ X	电抗 零序 $X_{(0)}$ D,yn11 S7	电抗 零序 $X_{(0)}$ D,yn11 SL7	电抗 零序 $X_{(0)}$ Y,yn0 S7	电抗 零序 $X_{(0)}$ Y,yn0 SL7	电抗 相保 $X_{保}$ D,yn11 S7	电抗 相保 $X_{保}$ D,yn11 SL7	电抗 相保 $X_{保}$ Y,yn0 S7	电抗 相保 $X_{保}$ Y,yn0 SL7
10(6)/0.4	200	4	3.40	13.60	13.60	13.60	80.80	119.80	13.60	13.60	36.00	49.00	29.00	29.00	29.00	290.00	255.30	29.00	29.00	116.00	104.40
	250	4	4.00	10.20	10.20	10.20	61.10	90.20	10.20	10.20	27.20	36.90	23.50	23.50	23.50	253.10	206.90	23.50	23.50	100.00	84.60
	315	4	4.80	7.80	7.80	7.80	45.40	68.20	7.80	7.80	20.30	27.90	18.80	18.80	18.80	201.50	165.50	18.80	18.80	79.70	67.70
	400	4	5.80	5.80	5.80	5.80	33.70	51.10	5.80	5.80	15.10	20.90	14.90	14.90	14.90	159.20	131.00	14.90	14.90	63.00	53.60
	500	4	6.90	4.40	4.40	4.40	25.70	38.90	4.40	4.40	11.50	15.90	12.00	12.00	12.00	127.50	105.60	12.00	12.00	50.50	43.20
	630	4.5	8.10	3.30	3.30	3.30	19.60	28.90	3.30	3.30	8.70	11.80	11.00	11.00	11.00	98.70	92.10	11.00	11.00	40.20	38.00
	800	4.5	9.90	2.50	2.50	2.50	14.50	21.70	2.50	2.50	6.50	8.90	8.70	8.70	8.70	78.10	76.30	8.70	8.70	31.80	31.20
	1000	4.5	11.60	1.90	1.90	1.90	13.70	16.30	1.90	1.90	5.80	6.70	7.00	7.00	7.00	70.70	61.40	7.00	7.00	28.20	25.10
	1250	4.5	13.80	1.40	1.40	1.40	10.40	12.50	1.40	1.40	4.40	5.10	5.60	5.60	5.60	56.60	49.10	5.60	5.60	22.60	20.10
	1600	4.5	16.50	1.00	1.00	1.00	7.50	9.00	1.00	1.00	3.20	3.70	4.40	4.40	4.40	44.30	38.60	4.40	4.40	17.70	15.80

注　1. S7、SL7 系列变压器负载损耗相等。

2. $R_{相} = \frac{1}{3}[R_{(1)} + R_{(2)} + R_{(0)}]$，$X_{相} = \frac{1}{3}[X_{(1)} + X_{(2)} + X_{(0)}]$。

3. $R_{(1)}$、$X_{(1)}$ 的计算公式见表 10-2（$R_{(1)}$、$X_{(1)}$ 与 R_T、X_T 相对应）。

4. 正序电阻 $R_{(1)}$、负序电阻 $R_{(2)}$ 与相电阻 R 值相同，正序电抗 $X_{(1)}$、负序电抗 $X_{(2)}$ 与相电抗 X 值相同。

表 10 – 28　　SCL2 系列 10（6）/0.4kV 变压器的阻抗平均值（归算到 400V 侧）　　单位：mΩ

电压 (kV)	容量 (kVA)	阻抗电压 (%)	负载损耗 (kW)	电阻 正、负序 R、$R_{(1)}$、$R_{(2)}$	电阻 零序 $R_{(0)}$	电阻 相保 $R_{\varphi p}$	电抗 正、负序 X、$X_{(1)}$、$X_{(2)}$	电抗 零序 $X_{(0)}$	电抗 相保 $X_{\varphi p}$
10(6)/0.4	100	4	1.60	25.60	95.80	49.00	58.70	260.70	126.00
	160		2.15	13.40	50.20	25.70	37.70	165.90	80.40
	200		2.59	10.40	38.70	19.80	30.30	133.20	64.60
	250		3.03	7.80	29.20	14.90	24.40	106.90	51.90
	315		3.58	5.80	21.70	11.10	19.50	85.20	41.40
	400		4.30	4.30	16.00	8.20	15.40	67.60	32.80
	500		5.34	3.40	12.70	6.50	12.30	53.90	26.20
	630		6.22	2.50	9.40	4.80	9.90	43.00	20.90
	800	6	6.83	1.70	6.41	3.27	11.90	26.00	16.60
	1000		8.04	1.30	4.80	2.50	9.50	20.90	13.30
	1250		9.59	1.00	3.70	1.90	7.60	15.60	10.60
	1600		11.57	0.70	2.70	1.40	6.00	13.10	8.30

注　1. 表中所列零序阻抗 $R_{(0)}$、$X_{(0)}$ 和相保阻抗 $R_{\varphi p}$、$X_{\varphi p}$ 的数据为 Y，yn0 连接变压器的，至于 D，yn11 连接变压器的零序和相保阻抗数值与本表中的 $R_{(1)}$、$X_{(1)}$ 相等。

　　2. 同表 10 – 27 的 2～4 注。

表 10 – 29　　SGZ 系列 10（6）/0.4kV 变压器的阻抗平均值（归算到 400V 侧）　　单位：mΩ

电压 (kV)	容量 (kVA)	阻抗电压 (%)	负载损耗 (kW)	电阻 正、负序 R、$R_{(1)}$、$R_{(2)}$	电阻 零序 $R_{(0)}$	电阻 相保 $R_{\varphi p}$	电抗 正、负序 X、$X_{(1)}$、$X_{(2)}$	电抗 零序 $X_{(0)}$	电抗 相保 $X_{\varphi p}$
10(6)/0.4	630	6	8.10	3.27	44.16	16.90	14.89	163.12	64.30
	800		9.70	2.43	26.94	10.60	11.75	134.30	52.60
	1000		11.30	1.81	19.87	7.83	9.43	106.84	41.90
	1250		13.30	1.36	15.76	6.16	7.56	89.58	34.90
	1600		15.80	0.99	12.69	4.89	5.92	74.86	28.90
	2000		18.60	0.74	10.31	3.93	4.74	67.32	25.60

注　1. 表中所列零序阻抗 $R_{(0)}$、$X_{(0)}$ 和相保阻抗 $R_{\varphi p}$、$X_{\varphi p}$ 的数据为 Y，yn0 连接变压器的。

　　2. 同表 10 – 27 的 2～4 注。

表 10 – 30　　SG 系列 10（6）/0.4kV 变压器的阻抗平均值（归算到 400V 侧）　　单位：mΩ

电压 (kV)	容量 (kVA)	阻抗电压 (%) B级绝缘 / H级绝缘	负载损耗 (kW) B级绝缘 / H级绝缘	电阻 正、负序 R、$R_{(1)}$、$R_{(2)}$ B级绝缘 / H级绝缘	电阻 零序 $R_{(0)}$ B级绝缘 / H级绝缘	电阻 相保 $R_{\varphi p}$ B级绝缘 / H级绝缘	电抗 正、负序 X、$X_{(1)}$、$X_{(2)}$ B级绝缘 / H级绝缘	电抗 零序 $X_{(0)}$ B级绝缘 / H级绝缘	电抗 相保 $X_{\varphi p}$ B级绝缘 / H级绝缘
10(6)/0.4	100	5.5 / 4.5	1.95 / 2.105	31.20 / 33.68	100.80 / 132.74	54.40 / 66.70	82.28 / 63.64	282.44 / 250.72	149.00 / 126.00

电 压 (kV)	容量 (kVA)	阻抗电压 (%) B级绝缘/H级绝缘	负载损耗 (kW) B级绝缘/H级绝缘	电阻 正、负序 R、$R_{(1)}$、$R_{(2)}$ B级绝缘/H级绝缘	电阻 零序 $R_{(0)}$ B级绝缘/H级绝缘	电阻 相保 $R_{\varphi p}$ B级绝缘/H级绝缘	电抗 正、负序 X、$X_{(1)}$、$X_{(2)}$ B级绝缘/H级绝缘	电抗 零序 $X_{(0)}$ B级绝缘/H级绝缘	电抗 相保 $X_{\varphi p}$ B级绝缘/H级绝缘
10(6)/0.4	200	5.5/4.5	3.07	12.28	89.14	50.70/37.90	33.84	244.32	112.00/104.00
	250	5.5/4.5	3.66/3.20	9.37/8.19	66.16/77.52	28.30/31.30	33.93/27.61	241.14/236.68	103.00/97.30
	315	5.5/5.5	4.40/5.15	7.04/8.32	52.38/69.76	24.50/28.80	27.00/26.67	226.50/223.26	93.50/92.20
	500	7/5.5	6.20/6.74	3.97/4.31	34.66/39.76	14.20/18.80	22.05/17.06	192.00/189.10	78.70/74.40
	630	5.5/7	6.55/9.61	2.62/3.87	31.96/34.56	12.40/14.10	13.72/17.35	166.06/165.40	64.50/66.70
	800	5.5/8	7.45/9.47	1.86/2.37	23.22/20.28	8.98/8.34	10.84/15.82	134.92/135.46	52.20/55.70
	1000	10/10	9.94/11.32	1.59/1.81	10.83/12.34	4.67/5.32	15.92/15.90	108.56/108.30	46.80/46.70
	1250	10	12.96	1.33	9.43	4.03	12.73	90.34	38.60
	1600	10	15.20	0.95	7.19	3.03	9.95	75.80	31.90

注　1. 表中所列零序阻抗 $R_{(0)}$、$X_{(0)}$ 和相保阻抗 $R_{\varphi p}$、$X_{\varphi p}$ 的数据为 Y，yn0 连接变压器的。

2. 同表 10 - 27 的 2～4 注。

相线、保护线的零序电阻和零序电抗的计算方法与正、负序电阻和电抗的计算方法相同，但在计算相线零序电抗 $X_{(0)\varphi}$ 和保护线零序电抗 $X_{(0)\cdot p}$ 时，线路电抗计算公式中的几何均距 D_j 改用 D_0 代替，其计算公式如下

$$D_0 = \sqrt{D_{L1P}D_{L2P}D_{L3P}} \tag{10-52}$$

式中　D_{L1p}、D_{L2p}、D_{L3p}——相线 L1、L2、L3 中心至保护线 PE 或 PEN 线中心的距离，mm。

2. 线路相保阻抗的计算公式

单相接地短路电路中任一元件（配电变压器、线路等）的相保阻抗 $Z_{\varphi p}$ 计算公式为

$$
\left.
\begin{aligned}
Z_{\varphi p} &= \sqrt{R_{\varphi p}^2 + X_{\varphi p}^2} \\
R_{\varphi p} &= \frac{1}{3}\left[R_{(1)} + R_{(2)} + R_{(0)}\right] \\
&= \frac{1}{3}\left[R_{(1)} + R_{(2)} + R_{(0)\varphi} + 3R_{(0)p}\right] = R_\varphi + R_p \\
X_{\varphi p} &= \frac{1}{3}\left[X_{(1)} + X_{(2)} + X_{(0)}\right] = \frac{1}{3}\left[X_{(1)} + X_{(2)} + X_{(0)\varphi} + 3X_{(0)p}\right] \\
&= \frac{1}{3}\left[X_{(1)} + X_{(2)} + X_{(0)\varphi}\right] + X_{(0)p}
\end{aligned}
\right\} \tag{10-53}
$$

式中

$$R_{\varphi p}——元件的相保电阻，R_{\varphi p} = \frac{1}{3}\left[R_{(1)} + R_{(2)} + R_{(0)}\right];$$

$$X_{\varphi p}——元件的相保电抗，X_{\varphi p} = \frac{1}{3}\left[X_{(1)} + X_{(2)} + X_{(0)}\right];$$

$R_{(1)}$、$X_{(1)}$——元件的正序电阻和正序电抗；

$R_{(2)}$、$X_{(2)}$——元件的负序电阻和负序电抗；

$R_{(0)}$、$X_{(0)}$——元件的零序电阻和零序电抗，$R_{(0)} = R_{(0)\varphi} + 3R_{(0)p}$，$X_{(0)} = X_{(0)\varphi} + 3X_{(0)p}$；

R_{φ}、$R_{(0)\varphi}$、$X_{(0)\varphi}$——元件相线的电阻、相线的零序电阻和相线的零序电抗；

R_{p}、$R_{(0)p}$、$X_{(0)p}$——元件保护线的电阻、保护线的零序电阻和保护线的零序电抗。

3. 线路阻抗的数据

各种形式配电线路的相线（正、负序）电阻和相线（正、负序）电抗及相保电阻、相保电抗值见表 10-31 和表 10-32。

表 10-31 　　　　　　　　　低压母线单位长度阻抗值　　　　　　　　单位：$m\Omega/m$

母 线 规 格[①] (mm)	R'[③]	$R'_{\varphi p} =$[③] $R' + R'_p$	X'[②]		$X'_{\varphi p}$[②]	
			D (mm)		$D_n = 200mm$，D (mm)	
			250	350	250	350
3 [2 (125 × 10)] + 125 × 10	0.014	0.042	0.147	0.170	0.317	0.344
3 [2 (125 × 10)] + 80 × 10	0.014	0.054	0.147	0.170	0.340	0.367
4 (125 × 10)	0.028	0.056	0.147	0.170	0.317	0.344
3 (125 × 10) + 80 × 8	0.028	0.078	0.147	0.170	0.341	0.369
3 (125 × 10) + 80 × 6.3	0.028	0.088	0.147	0.170	0.343	0.370
4 [2 (100 × 10)]	0.016	0.032	0.156	0.181	0.336	0.366
3 [2 (100 × 10)] + 100 × 10	0.016	0.048	0.156	0.181	0.336	0.366
3 [2 (100 × 10)] + 80 × 8	0.016	0.066	0.156	0.181	0.350	0.380
4 (100 × 10)	0.033	0.066	0.156	0.181	0.336	0.366
3 (100 × 10) + 80 × 10	0.033	0.073	0.156	0.181	0.349	0.378
4 (80 × 10)	0.040	0.080	0.168	0.193	0.361	0.390
3 (80 × 10) + 63 × 6.3	0.040	0.116	0.168	0.193	0.380	0.410
铜 4 (100 × 10)	0.025	0.050	0.156	0.181	0.336	0.366
铜 3 (100 × 10) + 80 × 8	0.025	0.056	0.156	0.181	0.350	0.380
铜 4 (80 × 8)	0.031	0.062	0.170	0.195	0.364	0.394
铜 3 (80 × 8) + 63 × 6.3	0.031	0.078	0.170	0.195	0.382	0.412
铜 3 (80 × 8) + 50 × 5	0.031	0.104	0.170	0.195	0.394	0.423
4 (100 × 8)	0.040	0.080	0.158	0.182	0.340	0.368
3 (100 × 8) + 80 × 8	0.040	0.090	0.158	0.182	0.352	0.381
3 (100 × 8) + 63 × 6.3	0.040	0.116	0.158	0.182	0.370	0.399
4 (80 × 8)	0.050	0.100	0.170		0.364	

10kV 配电工程设计手册

母线规格① (mm)	$R'^{③}$	$R'_{\varphi p} = ^{③}$ $R' + R'_p$	$X'^{②}$ D (mm) 250	$X'^{②}$ D (mm) 350	$X'_{\varphi p}{}^{②}$ $D_n = 200mm, D$ (mm) 250	$X'_{\varphi p}{}^{②}$ $D_n = 200mm, D$ (mm) 350
3（80×8）+63×6.3	0.050	0.126	0.170		0.382	
3（80×8）+50×5	0.050	0.169	0.170		0.394	
4（80×6.3）	0.060	0.120	0.172		0.368	
3（80×6.3）+63×6.3	0.060	0.136	0.172		0.384	
3（80×6.3）+50×5	0.060	0.179	0.172		0.396	
4（63×6.3）	0.076	0.152	0.188		0.400	
3（63×6.3）+40×4	0.076	0.262	0.188		0.426	
4（50×5）	0.119	0.238	0.199		0.423	
3（50×5）+40×4	0.119	0.305	0.199		0.437	
4（40×4）	0.186	0.372	0.212		0.451	

①母线规格一栏除注明铜以外，均为铝母线；母线规格建议优先采用 100×10、80×8、63×6.3、50×5 及 40×4。

②本表所列数据对于母线平放或竖放均适用，PEN 线在边位，D 为相线间距，D_n 为 PEN 线与邻近相线中心间距。当变压器容量≤630kVA 时，D 为 250mm；当变压器容量≥630kVA 时，D 为 350mm。

③R'、$R'_{\varphi p}$ 为 20℃时导线单位长度电阻值。

表 10-32　　　　　　　　线路单位长度阻抗值　　　　　　　单位：mΩ/m

$R'^{①}$													
S (mm²)②	185	150	120	95	70	50	35	25	16	10	6	4	2.5	1.5
铝	0.156	0.192	0.240	0.303	0.411	0.575	0.822	1.151	1.798	2.876	4.700	7.050	11.280	
铜	0.095	0.117	0.146	0.185	0.251	0.351	0.501	0.702	1.097	1.754	2.867	4.300	6.880	11.467

$R'_{\varphi p} = 1.5 \ (R'_\varphi + R'_p)^{③}$														
$S_p = S$ (mm²)②　4×	185	150	120	95	70	50	35	25	16	10	6	4	2.5	1.5
铝	0.468	0.576	0.720	0.909	1.233	1.725	2.466	3.453	5.394	8.628	14.100	21.150	33.840	
铜	0.285	0.351	0.438	0.555	0.753	1.053	1.503	2.106	3.291	5.262	8.601	12.900	20.640	34.401

$S_p \approx S/2$ (mm²)　3×	185	150	120	95	70	50	35	25	16	10	6	4
+1×	95	70	70	50	35	25	16	16	10	6	4	2.5
铝	0.689	0.905	0.977	1.317	1.850	2.589	3.930	4.424	7.011	11.364	17.625	27.495
铜	0.420	0.552	0.596	0.804	1.128	1.580	2.397	2.699	4.277	6.932	10.751	16.770
电缆铅包电阻 $R'_{(0)p}$	1.1	1.3	1.5	1.7	2.0	2.4	2.9	3.1	4.0	5.0	5.5	6.4

布线钢管电阻 $R'_{(0)p}$ 分母为管径 (mm)	0.7 G80	0.7 G65	0.8 G50	0.9 G40	1.3 G32	1.5 G25	2.5 G20

X'

线芯 S（mm²）		185	150	120	95	70	50	35	25	16	10	6	4	2.5	1.5
架空线④		0.30	0.31	0.32	0.33	0.34	0.35	0.36	0.37	0.38	0.40				
绝缘子布线⑤	D=150mm	0.208	0.216	0.223	0.231	0.242	0.251	0.266	0.277	0.290	0.306	0.325	0.338	0.353	0.368
	D=100mm	0.184						0.241	0.251	0.265	0.280	0.300	0.312	0.327	0.342
	D=70mm	0.162										0.277	0.290	0.305	0.321
全塑电缆	四芯	0.076			0.079	0.078	0.079	0.080	0.082	0.087	0.094	0.100			
纸绝缘电缆	四芯	0.068	0.070	0.069		0.070		0.073	0.082	0.088	0.093	0.098			
交联电缆（四等芯）		0.077	0.076	0.077	0.078	0.079	0.080		0.082	0.085	0.092	0.097			
管子布线		0.08			0.09			0.10			0.11		0.12	0.13	0.14

布线钢管的零序电抗 $X'_{(0)p}$ / 管径（mm）			
0.6 / G80	0.6 / G65	0.8 / G50	0.9 / G40
1.0 / G32	1.1 / G25	1.3 / G20	

$X'_{\varphi p}$

S（mm²）		185	150	120	95	70	50	35	25	16	10	6	4	2.5	1.5
架空线	$S_p=S$	0.57	0.59	0.61	0.63	0.65	0.67	0.69	0.71	0.75	0.77				
	$S_p≈S/2$	0.60	0.62	0.63	0.65	0.67	0.69	0.72	0.73	0.767					
绝缘子布线	D=150mm $S_p=S$	0.448	0.464	0.478	0.493	0.517	0.537	0.563	0.583	0.611	0.643	0.681	0.707	0.737	0.767
	D=150mm $S_p≈S/2$	0.470	0.491	0.498	0.516	0.539	0.559	0.587	0.597	0.627					
	D=100mm $S_p=S$							0.513	0.533	0.561	0.591	0.631	0.655	0.685	0.716
	D=100mm $S_p≈S/2$							0.537	0.547	0.576					
	D=70mm $S_p=S$											0.585	0.611	0.645	0.673
全塑电缆	$S_p=S$	0.152	0.152	0.152	0.158	0.156	0.158	0.160	0.164	0.174	0.188	0.200	0.200		
	$S_p≈S/2$	0.179	0.161	0.161	0.186	0.178	0.187	0.191	0.192	0.201	0.224	0.211	0.234		
纸绝缘电缆	$S_p=S$	0.136	0.136	0.140	0.138	0.138	0.140	0.146	0.146	0.164	0.176	0.186	0.196		
	$S_p≈S/2$	0.155	0.155	0.153	0.163	0.163	0.177	0.179	0.182	0.198	0.219	0.219			
钢管布线	$S_p=S$		0.20	0.21	0.23	0.22	0.21	0.24	0.23	0.25	0.26	0.26	0.28	0.29	0.32
	$S_p≈S/2$		0.21	0.21	0.21	0.23	0.22	0.25	0.25	0.25					
	钢管作保护线		0.69	0.69	0.70	0.70	0.90	1.01	1.00	1.11	1.22	1.42	1.43	1.44	1.45

①R'为导线 20℃时单位长度电阻值，$R' = C_j \dfrac{\rho_{20}}{S} \times 10^3$（mΩ），铝 $\rho_{20} = 0.0282\,\Omega \cdot mm^2/m$（$2.82 \times 10^{-6}\,\Omega \cdot cm$），铜 $\rho_{20} = 0.0172\,\Omega \cdot mm^2/m$（$1.72 \times 10^{-6}\,\Omega \cdot cm$）。$C_j$ 为绞入系数，导线截面≤6mm² 时，C_j 取为 1.0；导线截面>6mm² 时，C_j 取为 1.02。

②S 为相线线芯截面，S_p 为 PEN 线线芯截面。

③$R'_{\varphi p}$ 为计算单相对地短路电流用，其值取导线 20℃时电阻的 1.5 倍。

④架空线水平排列，PEN 线在中间，线间距离依次为 400、600、400mm。

⑤绝缘子布线水平排列，PEN 线在边位，D（mm）为线间距离。

四、钢导体的阻抗

在低压配电网络中经常采用钢导体（扁钢、角钢、钢管、钢轨等）作为保护线，因此在计算低压网络单相接地短路电流时，必须掌握钢导体的零序电阻和零序电抗。

1. 钢导体的零序电阻

作为保护线的钢导体，其零序电阻就是导体本身的交流电阻，计算方法如下。

当 $\beta \geq 1$ 时 $\qquad R_{(0)\mathrm{p}} = (0.5 + 1.16\beta) \dfrac{\rho_{40} l}{100 S}$ $\qquad\qquad$ (10 – 54)

当 $\beta < 1$ 时 $\qquad R_{(0)\mathrm{p}} = (1 + 0.84\beta) \dfrac{\rho_{40} l}{100 S}$ $\qquad\qquad$ (10 – 55)

以上式中 $\quad R_{(0)\mathrm{p}}$——钢导体的零序电阻，$\mathrm{m\Omega}$；

$\qquad\quad \beta$——钢导体的磁饱和系数，$\beta = 0.02 \dfrac{S}{p} \sqrt{\dfrac{f\mu}{\rho_{40}}}$；

$\qquad\quad \rho_{40}$——钢导体在工作温度为 40℃ 时的电阻率，一般取为 $0.159\,\Omega \cdot \mathrm{mm}^2/\mathrm{m}$；

$\qquad\quad l$——钢导体的长度，m；

$\qquad\quad S$——钢导体的截面积，mm^2；

$\qquad\quad f$——交流电频率，Hz；

$\qquad\quad p$——钢导体断面的周长，cm；

$\qquad\quad \mu$——钢导体的相对磁导率，其值与磁场强度 H 有关，可按图 10 – 17 曲线查

$\qquad\qquad$ 找，$H = 0.4\pi \dfrac{I}{p}$（$\mathrm{A/cm}$），含碳量 C 一般可取 0.22%；

$\qquad\quad I$——短路时流过钢导体的电流，A。

2. 钢导体的零序电抗

作为保护线的钢导体的零序电抗 $X_{(0)\mathrm{p}}$ 可按下式计算（电流频率按 50Hz 计算）

$$X_{(0)\mathrm{p}} = X_{(0)\mathrm{p}\cdot\mathrm{n}} + X_{(0)\mathrm{p}\cdot\mathrm{w}}$$

$$= \left[0.815\beta R_{(0)\mathrm{p}} + 0.1445 \mathrm{tg}\dfrac{D_0}{G} \right] l \qquad (\mathrm{m\Omega}) \qquad (10 – 56)$$

式中 $\quad X_{(0)\mathrm{p}\cdot\mathrm{n}}$——钢导体的零序内感抗，$\mathrm{m\Omega}$；

$\qquad\quad X_{(0)\mathrm{p}\cdot\mathrm{w}}$——钢导体的零序外感抗，$\mathrm{m\Omega}$；

$\qquad\quad l$——钢导体的长度，m；

$\qquad\quad D_0$——钢导体至各相线的几何均距，$D_0 = \sqrt[3]{D_{\mathrm{L1p}} D_{\mathrm{L2p}} D_{\mathrm{L3p}}}$，$\mathrm{mm}$；

D_{L1p}、D_{L2p}、D_{L3p}——相线 L_1、L_2、L_3 中心至保护线 PE 或 PEN 中心的距离，mm；

$\qquad\quad G$——钢导体断面的等效半径（自几何均距），mm，对于扁钢为 0.2236（a

$\qquad\qquad + b$），圆钢为 $0.3894d$，角钢为 $\sqrt{0.1586h^2 + 0.177\delta}$；

$\qquad\quad a$、b——扁钢的宽和厚，mm；

$\qquad\quad d$——圆钢的直径，mm；

$\qquad\quad h$、δ——角钢的宽和厚，mm；

$\qquad\quad \beta$、$R_{(0)\mathrm{p}}$——意义同式（10 – 54）和式（10 – 55）。

几种常用规格钢导体在不同电流下的零序阻抗 $Z_{(0)}$，可查阅图 10-18、图 10-19 和表 10-33、表 10-34。

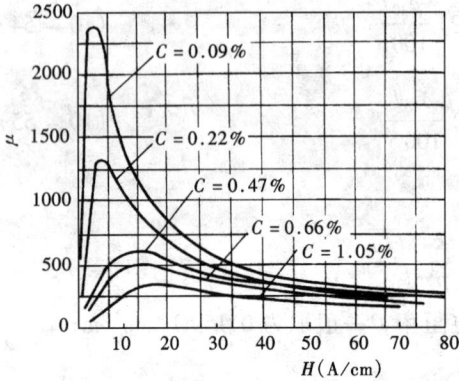

图 10-17　各种不同含碳量的
热轧型钢的 $\mu = f(H)$ 曲线

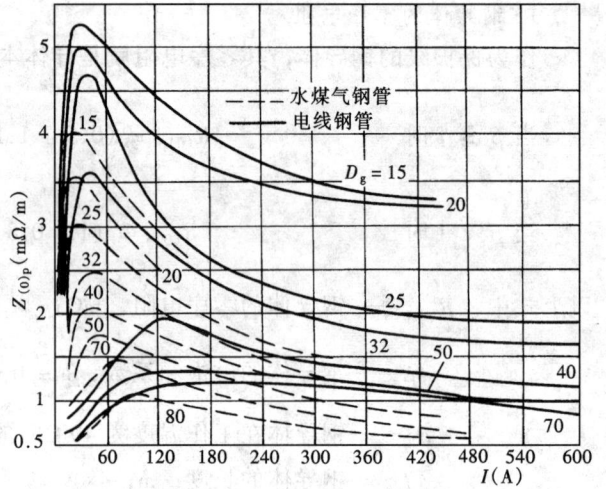

图 10-18　不同直径的焊接钢管和
电线钢管零序阻抗与电流的关系曲线

D_g—钢管公称直径，mm

表 10-33　　　　　　　　扁钢作为保护线时的零序外感抗 $X_{(0)p \cdot w}$　　　　　　　单位：$m\Omega/m$

扁钢规格 $a \times b$ (mm)	扁钢至相线的几何均距 D_0 (mm)						
	300	600	1500	2500	3500	4500	6000
25×4	0.240	0.284	0.342	0.374	0.395	0.411	0.429
40×4	0.214	0.258	0.315	0.348	0.369	0.384	0.402

表 10-34　　　　　　　　角钢、方钢、钢轨作为保护线时的零序阻抗

钢材规格	计算时采用的电流值 (A)	零序电阻 $R_{(0)p}$ ($m\Omega/m$)	零序内感抗 $X_{(0)p \cdot n}$ ($m\Omega/m$)	钢导体至相线的几何均距 D_0 (mm) 为下值时的零序外感抗 $X_{(0)p \cdot w}$ ($m\Omega/m$)				
				300	600	1500	2700	4500
角钢 40×40×5（mm）	600	0.58	0.41	0.175	0.218	0.278	0.314	0.346
方钢 60×60（mm）	800	0.41	0.25	0.151	0.195	0.252	0.290	0.319
70×70（mm）	960	0.36	0.21	0.144	0.186	0.244	0.280	0.312
80×80（mm）	1200	0.29	0.17	0.133	0.177	0.235	0.273	0.304
钢轨 38（kg/m）	800	0.39	0.24	0.136	0.179	0.237	0.274	0.306
43（kg/m）	960	0.34	0.20	0.124	0.167	0.225	0.262	0.294
50（kg/m）	1200	0.28	0.15	0.106	0.149	0.208	0.244	0.276

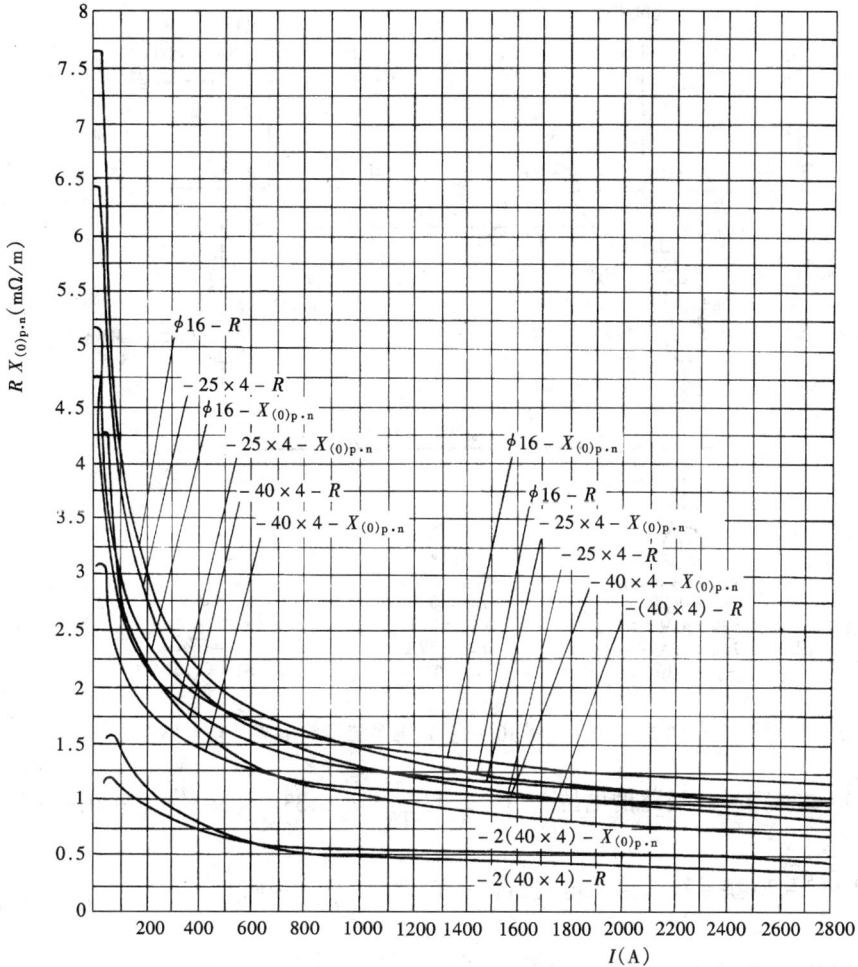

图 10 - 19　扁钢及圆钢的交流电阻 R 和零序内感抗 $X_{(0)p \cdot n}$ 与通过电流的关系曲线

第七节　短路电流计算实例

一、高压系统短路电流计算实例

【例 10 - 1】　某工厂电源来自地区电网和发电厂，系统接线和元件参数如图 10 - 20 所示，求 F 点的三相短路电流。

解：（1）用标么制计算。

1）计算短路电路的阻抗。取基准容量 S_j 为 100MVA，各元件有效电阻值较小，不予考虑。为了简便起见，略去阻抗标么值符号中的下角标"*"。归算后的等值电抗电路如图 10 - 21（a）所示。

地区电网的电抗　$X_1 = \dfrac{S_j}{S_{ks}} = \dfrac{100}{150} = 0.667$

发电机的电抗　$X_2 = \dfrac{x_k'' \%}{100} \times \dfrac{S_j}{S_{NG}} = \dfrac{12.21}{100} \times \dfrac{100}{15} = 0.814$

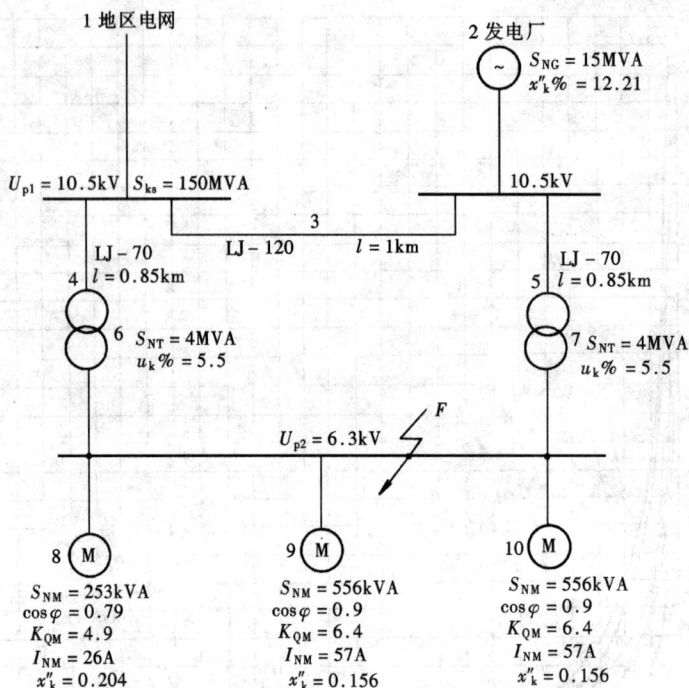

图 10 - 20　[例 10 - 1] 高压系统短路电流计算电路

1km LJ - 120 型导线线路的电抗　$X_3 = Xl\dfrac{S_j}{U_{p1}^2} = 0.33 \times 1 \times \dfrac{100}{10.5^2} = 0.299$

0.85km LJ - 70 型导线线路的电抗　$X_4 = X_5 = Xl\dfrac{S_j}{U_{p1}^2} = 0.33 \times 0.85 \times \dfrac{100}{10.5^2} = 0.269$

变压器的电抗　$X_6 = X_7 = \dfrac{u_k\%}{100} \times \dfrac{S_j}{S_{NT}} = \dfrac{5.5}{100} \times \dfrac{100}{4} = 1.375$

253kVA 电动机的电抗　$X_8 = x''_k\dfrac{S_j}{S_{NM}} = 0.204 \times \dfrac{100}{0.253} = 80.63$

556kVA 电动机的电抗　$X_9 = X_{10} = 0.156 \times \dfrac{100}{0.556} = 28.06$

电路简化过程见图 10 - 21（b）～（f），计算公式见表 10 - 2。

$$X_{11} = X_{12} = X_4 + X_6 = X_5 + X_7 = 0.269 + 1.375 = 1.644$$

$$X_{13} = \frac{X_8 X_9 X_{10}}{X_8 X_9 + X_9 X_{10} + X_8 X_{10}}$$

$$= \frac{80.63 \times 28.06 \times 28.06}{80.63 \times 28.06 + 28.06 \times 28.06 + 80.63 \times 28.06}$$

$$= 11.95$$

X_3、X_{11}、X_{12} 组成的 "△" 形网络要变换成 "Y" 形网络，按表 10 - 3 的公式换算，分别得 X_{14}、X_{15}、X_{16}

10kV 配电工程设计手册

$$X_{14} = X_{15} = \frac{X_3 X_{11}}{X_3 + X_{11} + X_{12}} = \frac{X_3 X_{12}}{X_3 + X_{11} + X_{12}}$$

$$= \frac{0.317 \times 1.644}{0.317 + 1.644 + 1.644} = 0.145$$

$$X_{16} = \frac{X_{11} X_{12}}{X_3 + X_{11} + X_{12}}$$

$$= \frac{1.644 \times 1.644}{0.317 + 1.644 + 1.644} = 0.75$$

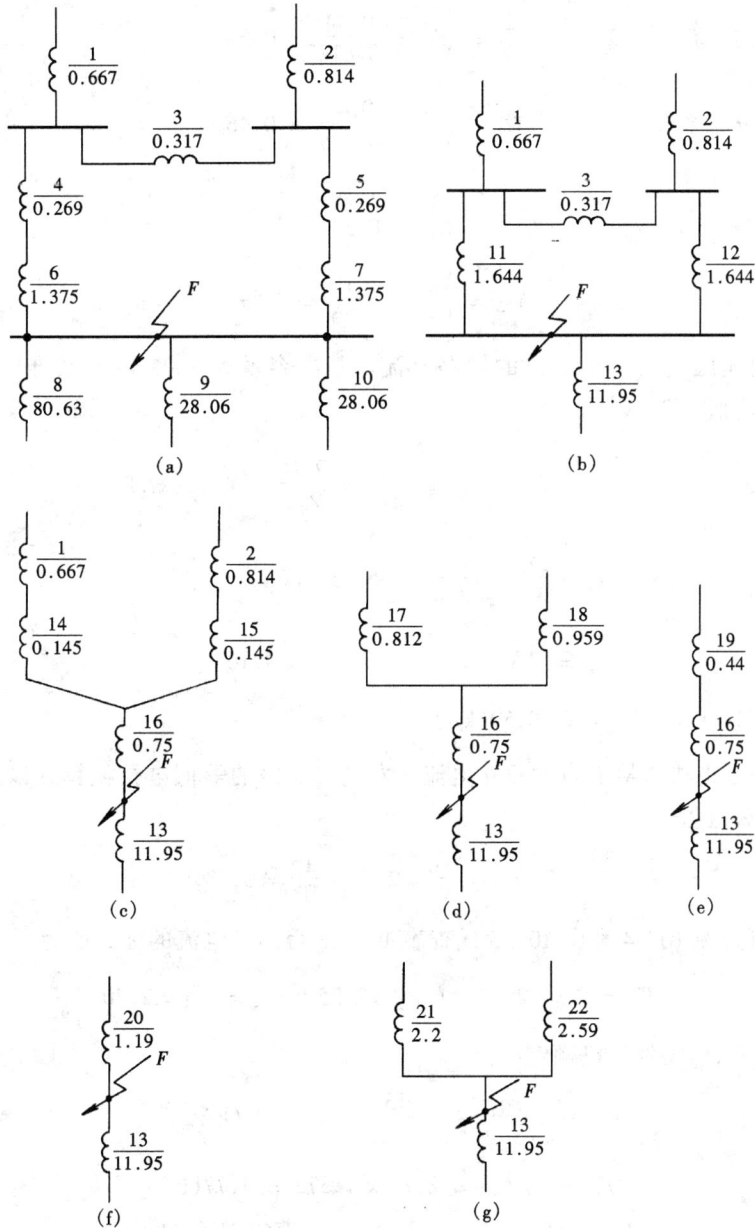

图 10-21　[例 10-1] 标么值电抗等值电路

(a) 等值电抗电路图；(b) ~ (f) 简化等值电路图

$$X_{17} = X_1 + X_{14} = 0.667 + 0.145 = 0.812$$

$$X_{18} = X_2 + X_{15} = 0.814 + 0.145 = 0.959$$

$$X_{19} = \frac{X_{17} X_{18}}{X_{17} + X_{18}} = \frac{0.812 \times 0.959}{0.812 + 0.959} = 0.44$$

$$X_{20} = X_{19} + X_{16} = 0.44 + 0.75 = 1.19$$

因地区电网与发电机属于不同类型电源，要按分布系数法求出两个电源支路的等值电抗 X_{21}、X_{22}，其等值电路见图 10-21（g）。

地区电网支路的分布系数
$$C_1 = \frac{X_{19}}{X_{17}} = \frac{0.44}{0.812} = 0.54$$

发电机支路的分布系数
$$C_2 = \frac{X_{19}}{X_{18}} = \frac{0.44}{0.959} = 0.46$$

$$X_{21} = \frac{X_{20}}{C_1} = \frac{1.19}{0.54} = 2.2$$

$$X_{22} = \frac{X_{20}}{C_2} = \frac{1.19}{0.46} = 2.59$$

2）计算由地区电网供给 F 点的短路电流。基准容量为 100MVA，基准电流为 9.16kA，冲击系数取平均值 1.8，则

$$I''_s = I_{0.2} = I_k = \frac{I_j}{X_{21}} = \frac{9.16}{2.2} = 4.16(\text{kA})$$

$$S''_s = \frac{S_j}{X_{21}} = \frac{100}{2.2} = 45.45(\text{MVA})$$

$$i_{\text{ch·s}} = \sqrt{2} K_{\text{ch·s}} I''_s = \sqrt{2} \times 1.8 \times 4.16$$
$$= 10.59(\text{kA})$$

3）计算由发电机供给 F 点的短路电流。发电机支路的等值电抗换算到以发电机容量为基准值时的标么值为

$$X_{js} = X_{22} \frac{S_{NG}}{S_j} = 2.59 \times \frac{15}{100} = 0.389$$

根据 X_{js} 可查图 10-4 和图 10-5 或查表 10-18 得到各电流的标么值为

$$I''_* = I_{*0} = 2.74 \quad I_{*0.2} = 2.25 \quad I_{*4} = I_{*k} = 2.20$$

换算到电压 U_{p2} 的发电机额定电流

$$I_{NG} = \frac{S_{NG}}{\sqrt{3} U_{p2}} = \frac{15}{\sqrt{3} \times 6.3} = 1.375(\text{kA})$$

$$I''_G = I''_* I_{NG} = 2.74 \times 1.375 = 3.77(\text{kA})$$

$$I_{0.2G} = I_{*0.2} I_{NG} = 2.25 \times 1.375 = 3.09(\text{kA})$$

$$I_{kG} = I_{*4} I_{NG} = 2.20 \times 1.375 = 3.03(\text{kA})$$

$$S''_G = \sqrt{3}\, U_{p2} I''_G = \sqrt{3} \times 6.3 \times 3.77 = 41.14 (\text{MVA})$$

$$i_{ch\cdot G} = \sqrt{2}\, K_{ch\cdot G} I''_G = \sqrt{2} \times 1.8 \times 3.77 = 9.60 (\text{kA})$$

4）计算由异步电动机向 F 点供给的短路电流

$$I''_M = \frac{I_j}{X_{13}} = \frac{9.16}{11.95} = 0.77 (\text{kA})$$

$$S''_M = \frac{S_j}{X_{13}} = \frac{100}{11.95} = 8.37 (\text{MVA})$$

$$i_{ch\cdot M} = 0.9 K_{ch\cdot M} K'_{qM} \sqrt{2} I_{NM}$$

$$= 0.9 \times 1.71 \times 6.12 \times \sqrt{2} \times 140$$

$$= 1.86 (\text{kA})$$

K'_{qM} 为等效电动机起动电流倍数，且有

$$K'_{qM} = \frac{\Sigma (K_{qM} P_{NM})}{\Sigma P_{NM}}$$

$$= \frac{4.9 \times 253 \times 0.79 + 2 \times 6.4 \times 556 \times 0.9}{253 \times 0.79 + 2 \times 556 \times 0.9}$$

$$= 6.12$$

$K_{ch\cdot M}$ 按 P_{NM}（取 ΣP_{NM} 为 1200kW）和 K_{qM}（取 K'_{qM}）从图 10 - 15 曲线查得。

5）计算 F 点的总短路电流

$$I'' = I''_s + I''_G + I''_M = 4.16 + 3.77 + 0.77$$

$$= 8.70 (\text{kA})$$

$$S'' = S''_s + S''_G + S''_M = 45.45 + 41.14 + 8.37$$

$$= 94.96 (\text{MVA})$$

$$i_{ch} = i_{ch\cdot s} + i_{ch\cdot G} + i_{ch\cdot M} = 10.59 + 9.60 + 1.86$$

$$= 22.05 (\text{kA})$$

$$I_{ch} = \sqrt{(I''_s + I''_G + I''_M)^2 + 2[(K_{ch\cdot s} - 1)(I''_s + I''_G) + (K_{ch\cdot M} - 1)I''_M]^2}$$

$$= \sqrt{(4.16 + 3.77 + 0.77)^2 + 2[(1.8 - 1)(4.16 + 3.77) + (1.71 - 1) \times 0.77]^2}$$

$$= 13.06 (\text{kA})$$

（2）用有名单位制计算。

1）计算图 10 - 22 短路电路各元件电抗的有名值，单位为 Ω（欧姆），计算结果见图 10 - 22 （a）。

地区电网的电抗 $\quad X_1 = \dfrac{U_{p2}^2}{S_{ks}} = \dfrac{6.3^2}{150} = 0.265$

发电机的电抗 $\quad X_2 = x''_k \dfrac{U_{p2}^2}{S_{NG}} = 0.1221 \times \dfrac{6.3^2}{15} = 0.323$

1kmLJ - 120 线路的电抗 $\quad X_3 = Xl \left(\dfrac{U_{p2}}{U_{p1}} \right)^2 = 0.33 \times 1 \times \left(\dfrac{6.3}{10.5} \right)^2 = 0.126$

0.85kmLJ - 70 线路的电抗 $\quad X_4 = X_5 = Xl \left(\dfrac{U_{p2}}{U_{p1}} \right)^2$

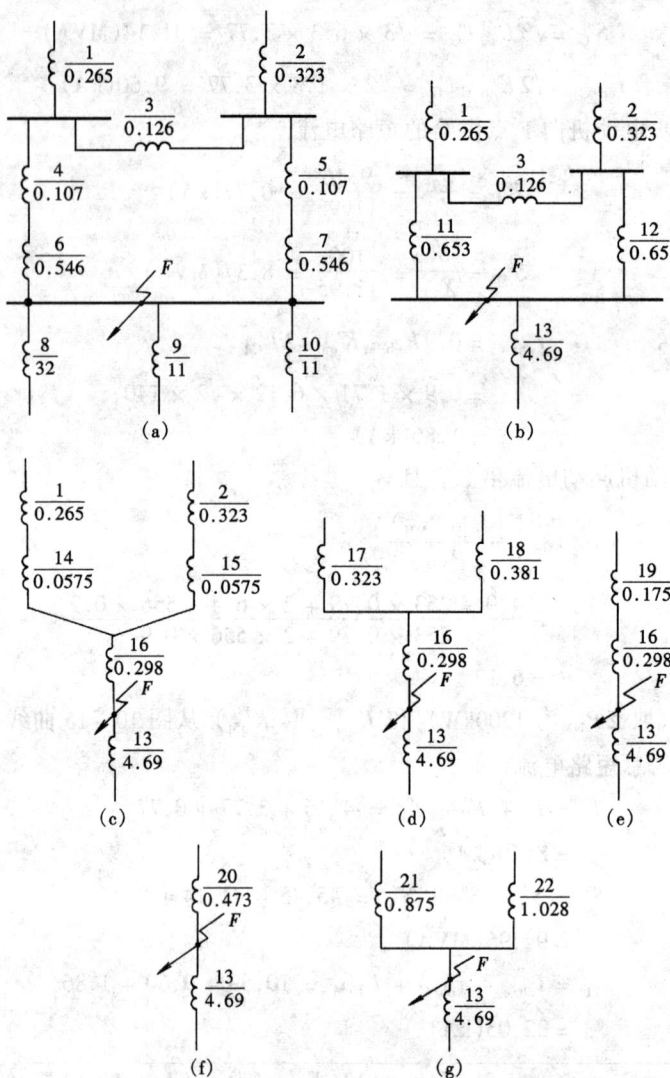

图 10 - 22　［例 10 - 1］有名值电抗等值电路

(a) 等值电路图；(b) ～ (g) 简化等值电路图

$$= 0.33 \times 0.85 \times \left(\frac{6.3}{10.5} \right)^2 = 0.107$$

变压器的电抗　　　$X_6 = X_7 = \dfrac{u_k\%}{100} \dfrac{U_{p2}^2}{S_{NT}} = \dfrac{5.5}{100} \times \dfrac{6.3^2}{4} = 0.546$

253kVA 电动机的电抗　　　$X_8 = x''_k \dfrac{U_{p2}^2}{S_{NM}} = 0.204 \times \dfrac{6.3^2}{0.253} = 32$

556kVA 电动机的电抗　　　$X_9 = X_{10} = x''_k \dfrac{U_{p2}^2}{S_{NM}} = 0.156 \times \dfrac{6.3^2}{0.556} = 11$

电路简化过程见图 10 - 22 (b) ～ (f)，计算公式见表 10 - 2。

$$X_{11} = X_{12} = X_4 + X_6 = X_5 + X_7$$

$$= 0.107 + 0.546 = 0.653$$

$$X_{13} = \frac{X_8 X_9 X_{10}}{X_8 X_9 + X_9 X_{10} + X_8 X_{10}}$$

$$= \frac{32 \times 11 \times 11}{32 \times 11 + 11 \times 11 + 32 \times 11} = 4.69$$

X_3、X_{11}、X_{12}组成的"△"形网络要变换成"Y"形网络，按表 10 – 3 公式换算，分别得 X_{14}、X_{15}、X_{16}，即

$$X_{14} = X_{15} = \frac{X_3 X_{11}}{X_3 + X_{11} + X_{12}} = \frac{X_3 X_{12}}{X_3 + X_{11} + X_{12}}$$

$$= \frac{0.126 \times 0.653}{0.126 + 0.653 + 0.653} = 0.0575$$

$$X_{16} = \frac{X_{11} X_{12}}{X_3 + X_{11} + X_{12}} = \frac{0.653 \times 0.653}{0.126 + 0.653 + 0.653} = 0.298$$

X_{17}、X_{18}、X_{19}、X_{20}的计算公式为

$$X_{17} = X_1 + X_{14} = 0.265 + 0.0575 = 0.323$$

$$X_{18} = X_2 + X_{15} = 0.323 + 0.0575 = 0.381$$

$$X_{19} = \frac{X_{17} X_{18}}{X_{17} + X_{18}} = \frac{0.323 \times 0.381}{0.323 + 0.381} = 0.175$$

$$X_{20} = X_{19} + X_{16} = 0.175 + 0.298 = 0.473$$

因地区电网与发电机属于不同类型电源，要按分布系数求出两个电源支路的等值电抗 X_{21} 和 X_{22}，见图 10 – 22（g）。

地区电网支路的分布系数　　$C_1 = \dfrac{X_{19}}{X_{17}} = \dfrac{0.175}{0.323} = 0.54$

发电机支路的分布系数　　$C_2 = \dfrac{X_{19}}{X_{18}} = \dfrac{0.175}{0.381} = 0.46$

$$X_{21} = \frac{X_{20}}{C_1} = \frac{0.473}{0.54} = 0.875$$

$$X_{22} = \frac{X_{20}}{C_2} = \frac{0.473}{0.46} = 1.028$$

2）计算由地区电网供给 F 点的短路电流

$$I''_s = I_{0.2} = I_k = \frac{U_{p2}}{\sqrt{3} X_{21}} = \frac{6.3}{\sqrt{3} \times 0.875}$$

$$= 4.16(kA)$$

$$S''_s = \sqrt{3} U_{p2} I''_s = \sqrt{3} \times 6.3 \times 4.16 = 45.4(MVA)$$

3）计算由发电机供给 F 点的短路电流

$$I''_G = \frac{U_{p2}}{\sqrt{3} X_{22}} = \frac{6.3}{\sqrt{3} \times 1.028} = 3.54(kA)$$

$$S''_G = \sqrt{3} U_{p2} I''_G = \sqrt{3} \times 6.3 \times 3.54 = 38.6(MVA)$$

由于发电机为有限容量电源，如要计算 $I_{0.2}$ 和 I_k，尚需将发电机支路的等值电抗有名值，换算成以发电机容量为基准值的电抗标么值，即

$$X_{*js} = X_{22} \frac{S_{NG}}{U_{p2}^2} = 1.028 \times \frac{15}{6.3^2} = 0.388$$

根据 X_{*js} 求算 $I_{0.2}$ 和 I_k 的方法和步骤参见本例标么值计算部分。

4）计算由异步电动机向 F 点供给的短路电流

$$I''_M = \frac{U_{p2}}{\sqrt{3} X_{13}} = \frac{6.3}{\sqrt{3} \times 4.69}$$
$$= 0.78(kA)$$

$$S''_M = \sqrt{3} U_{p2} I''_M = \sqrt{3} \times 6.3 \times 0.78$$
$$= 8.5(MVA)$$

由地区电网、发电厂和异步电动机供给短路点 F 的短路冲击电流 $i_{ch \cdot s}$、$i_{ch \cdot G}$、$i_{ch \cdot M}$ 以及通过短路点 F 的总短路电流 I''、i_{ch}、I_{ch}、S'' 的计算参见本例标么值计算部分。

二、低压网络短路电流计算实例

【例 10-2】 某车间变电所的变压器为 SL7 系列 10/0.4kV、1000kVA、D，yn11 连接、$u_k\% = 4.5$，$\Delta P_k = 11.6kW$，变压器高压侧系统短路容量 $S''_s = 200MVA$，它的低压网络短路电流计算电路如图 10-23 所示。求短路点 F1、F2、F3、F4、F5 处的三相和单相接地故障电流。

解： （1）计算有关电路元件的电阻（单位为 mΩ）。为区别各元件的阻抗，在表 10-27 至表 10-32 阻抗符号的基础上加下角字母。

高压侧系统阻抗（归算到 400V 侧），查表 10-26 得
$$Z_s = 0.80 \quad R_s = 0.8 \quad X_s = 0.80$$
$$R_{\varphi p \cdot s} = 0.05 \quad X_{\varphi p \cdot s} = 0.53$$

变压器的阻抗，查表 10-27，得
$$R_T = 1.90 \quad X_T = 7.00 \quad R_{\varphi p \cdot T} = 1.90 \quad X_{\varphi p \cdot T} = 7.00$$

母线段 m 单位长度阻抗，查表 10-31，得
$$R'_m = 0.028 \quad X'_m = 0.170 \quad R'_{\varphi p \cdot m} = 0.078 \quad X_{\varphi p \cdot m} = 0.369$$

线路 L_1 单位长度阻抗，查表 10-32，得
$$R'_{L1} = 0.050 \quad X'_{L1} = 0.170$$
$$R'_{\varphi p \cdot L1} = 0.169 \quad X'_{\varphi p \cdot L1} = 0.394$$

线路 L_2 单位长度阻抗为
$$R'_{L2} = 0.050 \quad X'_{L2} = 0.170$$
$$R'_{\varphi p \cdot L2} = 0.169 \quad X'_{\varphi p \cdot L2} = 0.394$$

线路 L_3 单位长度阻抗为
$$R'_{L3} = 0.575 \quad X'_{L3} = 0.09 \quad R'_{\varphi p \cdot L3} = 2.589 \quad X'_{\varphi p \cdot L3} = 0.22$$

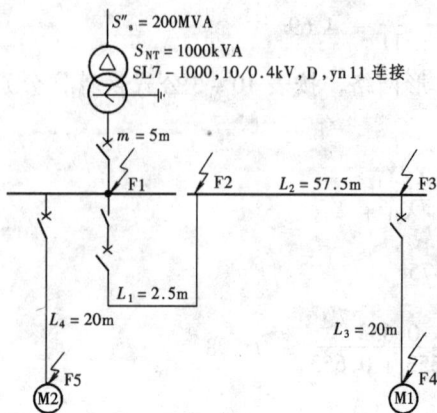

图 10-23 ［例 10-2］低压网络
短路电流计算电路

m—LMY-3（125×10）+80×8，$l = 5m$；L_1—LMY-3（80×8）+50×5，$l = 2.5m$；L_2—LMY-3（80×8）+50×5，$l = 57.5m$；L_3—BLV-（3×50+1×25）$G50$，$l = 20m$；L_4—VLV-3×120+1×70，$l = 20m$；M1 电动机—Y-225S-4，$P_N = 37kW$，$I_N = 70A$；M2 电动机—Y-2805-4，$P_N = 75kW$，$I_N = 140A$

线路 L_4 单位长度阻抗为

$$R'_{L4} = 0.240 \quad X'_{L4} = 0.076 \quad R'_{\varphi p \cdot L4} = 0.977 \quad X'_{\varphi p \cdot L4} = 0.161$$

（2）计算各短路点的短路电流。用短路电流计算公式（10－45）、式（10－46）和式（10－29）、式（10－30）算出各短路点的短路电流，表10－35列出了三相和单相接地故障电流计算的步骤及结果。

（3）异步电动机对三相短路电流影响的估算。

不计电动机对短路电流 I''_{k3} 影响的条件是

$$\Sigma I_{NM} \leqslant 0.01 I''_{k3}$$

讨论短路点 F4、F5 对电动机的影响。

1）对短路点 F4（讨论电动机 M1 的影响）。

已知 M1 为 Y－225S－4 型，$P_N = 37kW$，$I_N = 70A$。从表10－35中查出短路点 F4 的三相短路电流 $I'' = 8.67kA$，$0.01I'' = 86.7A > 70A$，即 $I_{NM1} = 70A < 0.01 I''$，所以不考虑电动机 M1 对短路点 F4 的影响，同样也不考虑电动机 M1 对短路点 F3 的影响。

2）对短路点 F5（讨论电动机 M2 的影响）。

已知 M2 为 Y－2805－4 型，$P_N = 75kW$，$I_N = 140A$。从表10－35中查出短路点 F5 的三相短路电流 $I'' = 18.70kA$，$0.01I'' = 187A > 140A$，即 $I_{NM2} = 140A < 0.01 I''$，所以不考虑电动机 M2 对短路点 F5 的影响，同样也不考虑电动机 M2 对短路点 F1 的影响。

表 10－35　　　　　　　　低压三相和单相接地故障电流计算表

序号	电路元件	短路点	元件阻抗（mΩ）				短路点阻抗（mΩ）		三相短路电流（kA）	单相接地故障电流（kA）		短路电流冲击系数	短路冲击电流（kA）	短路全电流最大有效值（kA）
			R	X	$R_{\varphi p}$	$X_{\varphi p}$	$Z_k = \sqrt{R_k^2 + X_k^2}$	$Z_{\varphi p} = \sqrt{R_{\varphi p}^2 + X_{\varphi p}^2}$	$I'' = \dfrac{1.05 U_N/\sqrt{3}}{Z_k}$	$I_d = \dfrac{U_N/\sqrt{3}}{Z_{\varphi p}}$	$\dfrac{X_k}{R_k}$	K_{ch} 查图 10－14	$i_{ch} = \sqrt{2} K_{ch} I''$	$I_{ch} = \sqrt{1 + 2(K_{ch}-1)^2}$
1	系统 S		0.08	0.80	0.05	0.53								
2	变压器 T		1.90	7.00	1.90	7.00								
3	母线 m		0.14	0.85	0.39	1.85								
4	1＋2＋3	F1	2.12	8.65	2.34	9.38	8.91	9.67	25.81	22.75	4.08	1.47	$2.08I''$	$1.44I''$
5	线路 L_1		0.13	0.43	0.42	0.99								
6	4＋5	F2	2.25	9.08	2.76	10.37	9.35	10.73	24.60	20.50				
7	线路 L_2		2.88	9.78	9.72	22.66								
8	6＋7	F3	5.13	18.86	12.48	33.03	19.55	35.31	11.76	6.23	3.67	1.42	$2.0I''$	$1.16I''$
9	线路 L_3		11.50	1.80	51.78	4.40								
10	8＋9	F4	16.63	20.66	64.26	37.43	26.52	74.37	8.67	2.96				
11	线路 L_4		4.80	1.52	19.40	3.22								
12	4＋11	F5	6.92	10.17	21.74	12.60	12.30	25.13	18.70					

注　表中 $U_N = 380V$，$1.05 U_N/\sqrt{3} = 230V$，$U_N/\sqrt{3} = 220V$。

第八节 电抗速算法

为计算高压装置中的短路电流，就必须求出短路点以前各短路回路中各元件（如变压器、发电机、架空线路、电缆线路、电抗器等）的相对电抗值。可按下式估算：

1. 变压器电抗

$$x_* = \frac{K}{S}$$

式中　x_*——相对电抗值；

　　　S——变压器的容量，MVA；

　　　K——系数，见表 10 – 36。

表 10 – 36　变压器电抗换算系数

变压器电压　（kV）	10（6）	35	110
系数 K	4.5	7	10.5

【例 10 – 3】　有一台三相变压器，容量为 1000kVA，一次侧电压为 10kV，计算相对电抗值。

解： 根据公式

$$x_* = \frac{K}{S} = \frac{4.5}{1} = 4.5$$

【例 10 – 4】　有一台三相变压器，容量为 2400kVA，一次侧电压为 35kV，计算相对电抗值。

解：
$$x_* = \frac{K}{S} = \frac{7}{2.4} = 2.92$$

【例 10 – 5】　有一台三相变压器，容量为 8000kVA，一次侧电压为 110kV，计算相对电抗值。

解：
$$x_* = \frac{K}{S} = \frac{10.5}{8} = 1.31$$

2. 发电机电抗

$$x_* = \frac{K}{S}$$

式中　x_*——相对电抗值；

　　　S——发电机的容量，MVA；

　　　K——系数，见表 10 – 37。

表 10 – 37　发电机电抗换算系数

发电机类别	水轮发电机	汽轮发电机
系数 K	20	12.5

【例 10 – 6】　有一台水轮发电机的容量为 10MVA，求它的相对电抗值。

解： 根据公式

$$x_* = \frac{K}{S} = \frac{20}{10} = 2$$

【例 10 – 7】　有一台汽轮发电机的容量为 10MVA，求它的相对电抗值。

解：
$$x_* = \frac{K}{S} = \frac{12.5}{10} = 1.25$$

3. 架空线路电抗

$$x_* = KL$$

式中　x_*——相对电抗值；

　　　L——线路长度，km；

　　　K——系数，见表 10 – 38。

表 10 – 38　架空线路电抗换算系数

线路电压（kV）	6	10	35	110
系数 K	1	0.3	0.03	0.003

【例 10 – 8】 有一条 5km、6kV 的架空线路,求它的相对电抗值。

解: 根据公式

$$x_* = KL = 1 \times 5 = 5$$

【例 10 – 9】 有一条 5km、10kV 的架空线路,求它的相对电抗值。

解:
$$x_* = KL = 0.3 \times 5 = 1.5$$

【例 10 – 10】 有一条 5km、35kV 的架空线路,求它的相对电抗值。

解:
$$x_* = KL = 0.03 \times 5 = 0.15$$

【例 10 – 11】 有一条 5km、110kV 的架空线路,求它的相对电抗值。

解:
$$x_* = KL = 0.003 \times 5 = 0.015$$

4. 电缆线路电抗

$$x_* = KL$$

式中 x_* ——相对电抗值;

L ——电缆线路的长度,km;

K ——系数,见表 10 – 39。

表 10 – 39 电缆线路电抗换算系数

线路电压/kV	6	10	35	110
系数 K	0.2	0.06	0.006	0.0006

【例 10 – 12】 有一条 5km、6kV 的电缆线路,求它的相对电抗值。

解: 根据公式

$$x_* = KL = 0.2 \times 5 = 0.1$$

【例 10 – 13】 有一条 5km、10kV 的电缆线路,求它的相对电抗值。

解:
$$x_* = KL = 0.06 \times 5 = 0.3$$

【例 10 – 14】 有一条 5km、35kV 的电缆线路,求它的相对电抗值。

解:
$$x_* = KL = 0.006 \times 5 = 0.03$$

【例 10 – 15】 有一条 5km、110kV 的电缆线路,求它的相对电抗值。

解:
$$x_* = KL = 0.0006 \times 5 = 0.003$$

5. 电抗器电抗

$$x_* = \frac{0.9 x_{*N}}{S}$$

式中 x_* ——相对电抗值;

x_{*N} ——电抗器的额定电抗,%;

S ——电抗器的容量,MVA。

【例 10 – 16】 有一台 10kV、600A、$x_{*N} = 5\%$ 的电抗器,求它的相对电抗值。

解: 根据公式

$$S = 1.73 UI = 1.73 \times 10 \times 0.6 = 10.4 \,(MVA)$$

$$x_* = \frac{0.9 x_{*N}}{S} = \frac{0.9 \times 5}{10.4} = 0.43$$

6. 系统电抗

由于一般工厂都是由电力系统供电,有时并不知道具体接线元件,但可能大概的知道系统容量,可用下式估算电力系统的电抗大小

$$x_* = \frac{100}{S}$$

式中 x_*——相对电抗值；

S——系统的容量，MVA。

【例 10 – 17】 如果一个电力系统的容量为 100MVA，求系统的相对电抗值。

解： 根据公式

$$x_* = \frac{100}{S} = \frac{100}{100} = 1$$

第九节 短路电流速算法

短路电流的计算是工厂供电系统设计中的重要环节之一，在选择供电系统电气元件时，应依据短路计算的数值来校验它在短路状态下的稳定性。同时在设计继电保护装置及选择限制短路电流电抗器时，也需进行短路电流的计算。

短路电流计算比较复杂，可用简单的公式进行估算短路容量、短路电流及短路冲击电流。

1. 短路容量计算

$$S = \frac{100}{x_*}$$

式中 S——短路容量，MVA；

x_*——短路点前面各元件的相对电抗之和。

【例 10 – 18】 某电力系统短路点前面各元件的电抗分别为 0.4、0.2，求它的短路容量。

解： 根据公式

$$S = \frac{100}{x_*} = \frac{100}{0.4 + 0.2} = 167（MVA）$$

【例 10 – 19】 某电力系统短路点之前的三个元件相对电抗分别为 0.4、0.2、2，求它的短路容量。

解：
$$S = \frac{100}{x_*} = \frac{100}{0.4 + 0.2 + 2} = 38（MVA）$$

2. 短路电流计算

$$I_k = \frac{K}{x_*}$$

式中 I_k——短路电流，kA；

x_*——短路点前面各元件相对电抗之和；

K——系数，见表 10 – 40。

表 10 – 40　　　　　　　　　　估算短路电流用系数

电压/kV	110	35	10	6	0.4
系数 K	0.5	1.6	5.5	9.2	140

【例 10 – 20】 某电力系统的线路电压为 110kV，短路点前的总相对电抗为 0.2，求它的短路电流。

解：根据公式

$$I_k = \frac{K}{x_*} = \frac{0.5}{0.2} = 2.5 \ (kA)$$

【例 10 – 21】 某电力系统的线路电压为 35kV，短路点前的总相对电抗为 0.5，求它的短路电流。

解：

$$I_k = \frac{K}{x_*} = \frac{1.6}{0.5} = 3.2 \ (kA)$$

【例 10 – 22】 某电力系统的线路电压为 10kV，短路点前的总相对电抗为 2，求它的短路电流。

解：

$$I_k = \frac{K}{x_*} = \frac{5.5}{2} = 2.75 \ (kA)$$

【例 10 – 23】 某电力系统的线路电压为 6kV，短路点前的总相对电抗为 1.6，求它的短路电流。

解：

$$I_k = \frac{K}{x_*} = \frac{9.2}{1.6} = 5.75 \ (kA)$$

【例 10 – 24】 某供电线路电压为 0.4kV，短路点前的总相对电抗为 20，求它的短路电流。

解：

$$I_k = \frac{K}{x_*} = \frac{140}{20} = 7 \ (kA)$$

3. 短路冲击电流计算

短路冲击电流常用作校验电器和母线等的重要数据。

$$I_{ch} = 1.5 I_k$$
$$i_{ch} = 2.5 I_k$$

式中　I_{ch}——最大的三相短路电流有效值，kA；

　　　i_{ch}——三相短路冲击电流，kA；

　　　I_k——短路电流有效值，kA。

【例 10 – 25】 某供电系统，当短路电流为 5.75kA 时，求最大三相短路电流的有效值及三相短路的冲击电流。

解：根据公式

$$I_{ch} = 1.5 I_k = 1.5 \times 5.75 = 8.6 \ (kA)$$
$$i_{ch} = 2.5 I_k = 2.5 \times 5.75 = 14 \ (kA)$$

对于某些电阻较大的线路（包括低压系统），I_{ch}、i_{ch} 都比较小时，估算时可以用短路电流有效值分别乘以 1.1 及 1.8。

第十一章

电 气 计 算

第一节 导线电阻和感抗的计算

1. 电阻计算

导线电阻的计算方法见表 11-1。

表 11-1 　　　　　　　　　　　　　　**导线电阻的计算方法**

导线种类	每 km 导线电阻 r_0 的计算 （Ω/km）		l（km）长度导线电阻 R（Ω）的计算
	计 算 法	查 表 法	
铜导线	$r_0 = \dfrac{18.8}{S}$	查表 11-4	$R = r_0 l$
铝导线	$r_0 = \dfrac{31.5}{S}$	查表 11-3	$R = r_0 l$

注　r_0 式中 S 为导线截面，mm^2。

2. 感抗计算

导线感抗的计算方法见表 11-2。

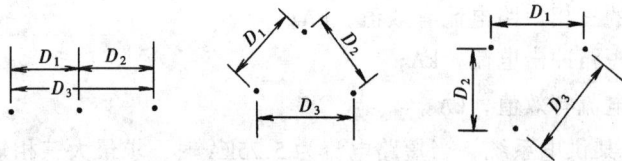

图 11-1　导线的排列

表 11-2 　　　　　　　　　　　　　　**导线感抗的计算方法**

导线种类	每 km 导线感抗 x_0 的计算（Ω/km）		长度为 l（km）导线感抗 X 的计算（Ω）
	计 算 法	查 表 法	
铜及铝导线	$x_0 = 0.144\lg\dfrac{2D_p}{d} + 0.0157\mu$	查表 11-3 或表 11-4	$X = x_0 l$
钢芯铝绞线	因有钢芯，计算较困难	查表 11-3	$X = x_0 l$

注　x_0 计算式中，d 为导线外径（mm）；D_p 为导线间的几何均距（mm），$D_p = \sqrt[3]{D_1 D_2 D_3}$，参见图 11-1；$\mu$ 为导线的相对导磁率（H/m），铜、铝导线 $\mu = 1$。

【例 11-1】　　由变电所向某用户供电的 10kV 高压架空线路，导线是 LJ-95，三角排列，每两线间距离均为 1m，线路总长度为 15km，试计算该线路的电阻 R 和感抗 X。

解：第一步先求 r_0 及 x_0，用查表法，查表 11-3 得

$$r_0 = 0.34\Omega/km$$

$$x_0 = 0.334\Omega/km$$

15km导线的电阻 R 和感抗 X 为

$$R = r_0 l = 0.34 \times 15 = 5.1(\Omega)$$

$$X = x_0 l = 0.334 \times 15 = 5.01(\Omega)$$

表 11-3 　　　　　　　铝绞线及钢芯铝绞线的电阻（r_0）和感抗（x_0）值

截面（mm²）	16	25	35	50	70	95	120	150	185	240
电阻 r_0（Ω/km）	1.98	1.28	0.92	0.64	0.46	0.34	0.27	0.21	0.17	0.132
感 抗 值 x_0 （Ω/km）										

	计算直径(mm) 几何均距（m）	5.1	6.4	7.5	9.0	10.7	12.4	14.0			
铝绞线（LJ）	0.6	0.358	0.345	0.336	0.325	0.315	0.303	0.297			
	0.8	0.377	0.363	0.352	0.341	0.331	0.319	0.313			
	1.0	0.391	0.377	0.366	0.355	0.345	0.334	0.327			
	1.25	0.405	0.391	0.380	0.369	0.359	0.347	0.341			
	1.5		0.402	0.391	0.380	0.370	0.358	0.352			
	2.0		0.421	0.410	0.389	0.388	0.377	0.371			

截面（mm²）	35	50	70	95	120	150	185	240
电阻 r_0（Ω/km）	0.92	0.64	0.46	0.34	0.27	0.21	0.17	0.132
感 抗 值 x_0 （Ω/km）								

	计算直径(mm) 几何均距（m）	8.4	9.6①	11.4①	13.7	15.2	17.0	19.0	21.6
钢芯铝绞线（LGJ）	2.0	0.403	0.392	0.382	0.371	0.365	0.358		
	2.5	0.417	0.406	0.396	0.385	0.379	0.372	0.365	0.357
	3.0	0.429	0.418	0.408	0.397	0.391	0.384	0.377	0.369
	3.5	0.438	0.427	0.417	0.406	0.400	0.398	0.386	0.378
	4.0	0.446	0.435	0.425	0.414	0.408	0.401	0.394	0.386
	4.5			0.433	0.422	0.416	0.409	0.402	0.394
	5.0			0.440	0.429	0.423	0.416	0.409	0.401
	5.5			0.446	0.435	0.429	0.422	0.415	0.407
	6.0								0.413

①按单股钢芯计算。

表 11-4 　　　　　　　铜导线的电阻（r_0）和感抗（x_0）值

导线型号	TJ-4	TJ-6	TJ-10	TJ-16	TJ-25	TJ-35	TJ-50	TJ-70	TJ-95	TJ-120
电阻 r_0（Ω/km）	4.65	3.06	1.84	1.20	0.74	0.54	0.39	0.28	0.20	0.158
感 抗 值 x_0 （Ω/km）										

	计算直径(mm) 几何均距（m）	2.2	2.7	3.5	5.04	6.33	7.47	8.91	10.7	12.45	14.0
	0.4	0.385	0.371	0.355	0.333	0.319	0.308	0.297			
	0.6	0.411	0.397	0.381	0.358	0.345	0.336	0.325	0.309	0.300	
	0.8	0.429	0.415	0.399	0.377	0.363	0.352	0.341	0.327	0.318	
	1.0		0.429	0.413	0.391	0.377	0.366	0.355	0.341	0.332	
	1.25		0.443	0.427	0.405	0.391	0.380	0.369	0.355	0.346	
	1.5			0.438	0.416	0.402	0.391	0.380	0.366	0.357	
	2.0			0.457	0.435	0.421	0.410	0.398	0.385	0.376	0.368

导线型号	TJ－4	TJ－6	TJ－10	TJ－16	TJ－25	TJ－35	TJ－50	TJ－70	TJ－95	TJ－120
电阻 r_0（Ω/km）	4.65	3.06	1.84	1.20	0.74	0.54	0.39	0.28	0.20	0.158

感 抗 值 x_0（Ω/km）

几何均距（m）＼计算直径(mm)	2.2	2.7	3.5	5.04	6.33	7.47	8.91	10.7	12.45	14.0
2.5				0.449	0.435	0.424	0.413	0.399	0.390	0.382
3.0				0.460	0.446	0.435	0.423	0.410	0.401	0.393
3.5				0.470	0.456	0.445	0.433	0.420	0.411	0.403
4.0				0.478	0.464	0.453	0.441	0.428	0.419	0.411
4.5					0.471	0.460	0.448	0.435	0.426	0.418
5.0						0.467	0.456	0.442	0.433	0.425
5.5								0.443	0.439	0.431
6.0								0.454	0.445	0.437

　注　导线型号中，TJ 表示为铜绞线；横线后的数字表示导线的截面（mm²）。

第二节　线路电压损失及其计算

（1）由图 11－2 所示电路，根据欧姆定律，电流 I 通过具有电阻 R 和感抗 X 的导线时，就要产生电压降 ΔU，此值可由式（11－1）算出

$$\dot{\Delta U} = \dot{I} \cdot (R + jX)$$

其数值　　　　　　　$|\dot{\Delta U}| = \dot{I} \cdot \sqrt{R^2 + X^2}$　　（V）　　　　　（11－1）

式中　I——通过具有电阻 R 和感抗 X 的导线的电流，A；

　　　R、X——分别为导线的电阻和感抗，Ω。

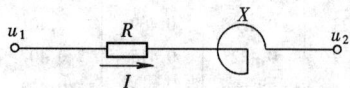

图 11－2　电阻电感串联电路

（2）从实用角度看，我们关心的是电压的数值。规定将电压差（$u_1 - u_2$）的数值叫做电压损失 Δu（V），它与电压降是有区别的。这是因为在交流电路中，各量之间除数值的关系外，还有相角的关系，所以 Δu（$u_1 - u_2$）在数值上并不等于 $\dot{\Delta U}$。电力线路电压损失 Δu（V）的近似算法可用式（11－2）计算

$$\Delta u = \frac{PR + QX}{U_N}$$

（11－2）

式中　P——线路输送的有功功率，kW；

　　　Q——线路输送的无功功率，kvar；

　　　R——线路的电阻，Ω；

　　　X——线路的感抗，Ω；

　　　U_N——线路的额定电压，kV。

可用式（11－3）来计算电压损失的百分数

$$\Delta u\% = \frac{\Delta u}{U_N \times 1000} \times 100 = \frac{PR + QX}{U_N^2 \times 1000} \times 100$$

（11－3）

【例 11 – 2】   线路如前例，当输送有功功率为 800kW、无功功率为 600kvar 时，求线路的电压损失及其百分数。

解： 已知 $P = 800\text{kW}$，$Q = 600\text{kvar}$，$U_N = 10\text{kV}$，$R = 5.1\Omega$，$X = 5.01\Omega$。

代入式（11 – 2）得电压损失为

$$\Delta u = \frac{800 \times 5.1 + 600 \times 5.01}{10} = 708.6(\text{V})$$

$$\Delta u\% = \frac{708.6 \times 100}{10 \times 1000} = 7.08$$

（3）为了简化计算，在表 11 – 5 中列出了铜铝导线将每千瓦电力输送 1km 距离时的电压损失值（叫做电压损失系数），供查阅。若已知输送有功功率数值和输送的距离，查表 11 – 5 得电压损失系数 Δu_0 后，便可用式（11 – 4）计算出全线路的电压损失 Δu 为

$$\Delta u = \Delta u_0 Pl \qquad (\text{V}) \tag{11 – 4}$$

式中 P——线路输电的有功功率，kW；

$\quad\quad$ l——送电距离，km。

表 11 – 5 　　　　　　　　三相架空线路电压损失系数（Δu_0）　　　　　　单位：V/（kW·km）

电压 (kV)	导线型号	阻抗 (Ω/km) 电阻	阻抗 (Ω/km) 电抗	功率因数 (cosφ) 0.85	0.8	0.75	0.7	0.65
0.38	LJ – 16	1.98	0.376	5.82	5.95	6.08	6.22	6.37
	LJ – 25	1.28	0.363	3.96	4.09	4.22	4.35	4.49
	LJ – 35	0.92	0.352	3.00	3.12	3.24	3.37	3.51
	LJ – 50	0.64	0.341	2.24	2.36	2.48	2.60	2.74
	TJ – 4	4.65	0.429	12.9	13.1	13.2	13.4	13.6
	TJ – 6	3.06	0.416	8.73	8.87	9.02	9.17	9.33
	TJ – 10	1.84	0.400	5.50	5.63	5.77	5.92	6.07
	TJ – 16	1.20	0.376	3.77	3.90	4.03	4.17	4.32
	TJ – 25	0.74	0.363	2.54	2.66	2.79	2.92	3.06
	TJ – 35	0.54	0.352	2.00	2.12	2.24	2.37	2.50
6	LJ – 16	1.98	0.398	0.372	0.379	0.388	0.398	0.408
	LJ – 25	1.28	0.385	0.253	0.262	0.270	0.279	0.289
	LJ – 35	0.92	0.375	0.192	0.200	0.208	0.217	0.226
	LJ – 50	0.64	0.363	0.144	0.152	0.160	0.168	0.177
	LJ – 70	0.46	0.349	0.113	0.120	0.128	0.136	0.145
	LJ – 95	0.34	0.339	0.092	0.099	0.106	0.114	0.123
	LJ – 120	0.27	0.332	0.079	0.0865	0.0938	0.101	0.110
10	LJ – 16	1.98	0.398	0.223	0.228	0.233	0.238	0.244
	LJ – 25	1.28	0.385	0.152	0.157	0.162	0.167	0.173
	LJ – 35	0.92	0.375	0.115	0.120	0.125	0.130	0.136
	LJ – 50	0.64	0.363	0.0865	0.0912	0.096	0.101	0.106
	LJ – 70	0.46	0.349	0.0676	0.0722	0.0768	0.0816	0.0868
	LJ – 95	0.34	0.339	0.0550	0.0594	0.0639	0.0686	0.0736
	LJ – 120	0.27	0.332	0.0476	0.0519	0.0563	0.0609	0.0658
35	LGJ – 35	0.85	0.432	0.0319	0.0335	0.0352	0.0369	
	LGJ – 50	0.65	0.421	0.0260	0.0276	0.0294	0.0308	
	LGJ – 70	0.46	0.411	0.0204	0.0219	0.0235	0.0251	
	LGJ – 95	0.33	0.400	0.0165	0.0180	0.0195	0.0211	
	LGJ – 120	0.27	0.394	0.0147	0.0162	0.0176	0.0192	
	LGJ – 150	0.21	0.387	0.0129	0.0143	0.0158	0.0173	
	LGJ – 185	0.17	0.380	0.0116	0.0130	0.0144	0.0159	

查表时应注意根据不同负荷的功率因数（$\cos\varphi$）来查。

【例 11 – 3】 已知某 10kV 线路总长度为 15km，输送功率为 800kW，功率因数为 0.8，导线为 LJ – 95，试计算该线路的电压损失。

解： 根据已知 10kV LJ – 95 导线、$\cos\varphi = 0.8$ 条件，查表 11 – 5 得：

$\Delta u_0 = 0.0594\text{V}/\ (\text{kW}\cdot\text{km})$。代入式（11 – 4）可得全线路电压损失为

$$\Delta u = 0.0594 \times 800 \times 15 = 712(\text{V})$$

（4）在 380V 低压架空线路上，由于导线截面小，线间距离小，感抗起的作用也小。这时，$\Delta u\%$ 可用式（11 – 5）进行简化计算

$$\Delta u\% = \frac{M}{CS} \tag{11 – 5}$$

式中　M——负荷矩（kW·m），即输送有功功率 P（kW）和输送距离 l（m）的乘积；

　　　C——常数，可查表 11 – 6；

　　　S——导线的截面积，mm^2。

【例 11 – 4】 380V 线路 LJ – 25 导线，送 20kW 功率 300m，求电压损失的百分数。

解： 查表 11 – 6 可得：$C = 50$，则

$$M = 20 \times 300 = 6000(\text{kW}\cdot\text{m})$$

代入式（11 – 5）可得电压损失的百分值为

$$\Delta u\% = \frac{6000}{50 \times 25} = 4.8$$

$$\text{电压损失}\ \Delta u = 380 \times 4.8\% = 18.2(\text{V})$$

表 11 – 6　　　　　　　　　　电 压 损 失 计 算 常 数

电压及电力分配方式	C	
	铜导线	铝导线
三相四线制，380/220V，各相负荷均匀分配	83	50
单相制，220V	14	8.3

第三节　线路功率损失及电能损失计算

在输送电能过程中，因导线电阻、感抗的作用，产生功率和电能损失。其中有功损失变为热，使导线温度升高，将能量散播到空气中；无功损失，则供给导线周围的交变电磁场。

1. 有功功率损失的计算方法

有功功率损失计算方法见表 11 – 7。

表 11 – 7　　　　　　　　　　有功功率损失计算方法　　　　　　　　　　（kW）

导线种类	计　算　法	查　表　法
铜或铝导线	$\Delta P = \dfrac{P^2 + Q^2}{U^2 \times 1000}R$ 或　$\Delta P = \dfrac{P^2}{1000U^2\cos^2\varphi}R$	先查表 11 – 8 ~ 表 11 – 11 得功率损失系数 ΔP_0，再用下式求总功率损失 $\Delta P = \Delta P_0 P^2 l$ [kW/（MW²·km）]

　　注　式中，P—线路输送的有功功率，MW；Q—线路的无功功率，Mvar；U—线路电压，kV；R—线路电阻，Ω；l—线路长度，km。

导线型号	导线电阻 (Ω/km)	$\cos\varphi$				
		0.85	0.80	0.75	0.70	0.65
		有功功率损失系数 ΔP_0 [MW/ (MW$^2 \cdot$km)]				
TJ – 4	4.65	44.6	50.3	57.2	65.7	76.2
TJ – 6	3.06	29.3	33.1	37.7	43.2	50.2
TJ – 10	1.84	17.6	19.9	22.7	26.0	30.2
TJ – 16	1.20	11.5	13.0	14.8	17.0	19.7
TJ – 25	0.74	7.09	8.01	9.11	10.5	12.1
TJ – 35	0.54	5.18	5.84	6.65	7.63	8.85
LJ – 16	1.98	19.0	21.5	24.5	28.0	32.5
LJ – 25	1.28	12.3	13.9	15.8	18.1	21.0
LJ – 35	0.92	8.83	10.0	11.3	13.0	15.1
LJ – 50	0.64	6.15	6.95	7.88	9.08	10.5
	导线感抗 (Ω/km)	无功功率损失系数 ΔQ_0 [Mvar/ (MW$^2 \cdot$km)]				
TJ – 4	0.429	4.11	4.64	5.28	6.06	7.03
TJ – 6	0.416	3.99	4.50	5.12	5.88	6.82
TJ – 10	0.400	3.83	4.33	4.92	5.65	6.56
TJ (LJ) – 16	0.376	3.60	4.07	4.63	5.31	6.16
TJ (LJ) – 25	0.363	3.48	3.93	4.47	5.13	5.95
TJ (LJ) – 35	0.352	3.37	3.81	4.33	4.97	5.77
TJ – 50	0.341	3.27	3.61	4.20	4.82	5.59

导线型号	导线电阻 (Ω/km)	$\cos\varphi$				
		0.85	0.80	0.75	0.70	0.65
		有功功率损失系数 ΔP_0 [kW/ (MW$^2 \cdot$km)]				
LJ – 16	1.98	76.0	86.1	98.0	111.5	130.0
LJ – 25	1.28	49.2	55.6	63.3	72.3	84.2
LJ – 35	0.92	35.4	40.0	45.5	52.2	60.5
LJ – 50	0.64	24.6	27.8	31.6	36.3	42.1
LJ – 70	0.46	17.7	20.0	22.7	26.1	30.2
LJ – 95	0.34	13.1	14.8	16.8	19.3	22.4
LJ – 120	0.27	10.4	11.7	13.3	15.3	17.8
	导线感抗 (Ω/km)	无功功率损失系数 ΔQ_0 [kvar/ (MW$^2 \cdot$km)]				
LJ – 16	0.398	15.3	17.7	19.7	22.6	26.2
LJ – 25	0.385	14.8	16.7	19.0	21.8	25.3
LJ – 35	0.374	14.4	16.2	18.5	21.2	24.6
LJ – 50	0.363	14.0	15.8	17.9	20.6	23.9
LJ – 70	0.349	13.4	15.2	17.2	19.8	22.9
LJ – 95	0.339	13.0	14.7	16.7	19.2	22.3
LJ – 120	0.332	12.8	14.4	16.4	18.8	21.8

表 11 - 10   **10kV 三相架空线路功率损失系数**

导线型号	导线电阻 (Ω/km)	$\cos\varphi$				
		0.85	0.80	0.75	0.70	0.65
		有功功率损失系数 ΔP_0 [kW/ (MW^2·km)]				
LJ - 16	1.98	27.4	31.0	35.2	40.4	46.8
LJ - 25	1.28	17.7	20.0	24.5	26.1	30.3
LJ - 35	0.92	12.75	14.4	16.3	18.8	21.8
LJ - 50	0.64	8.85	10.0	11.4	13.1	15.2
LJ - 70	0.46	6.37	7.20	8.17	9.40	10.9
LJ - 95	0.34	4.71	5.31	6.04	6.95	8.05
LJ - 120	0.27	3.74	4.22	4.80	5.51	6.39
	导线感抗（Ω/km)	无功功率损失系数 ΔQ_0 [kvar/ (MW^2·km)]				
LJ - 16	0.398	5.51	6.22	7.08	8.12	9.42
LJ - 25	0.385	5.33	6.02	6.85	7.85	9.11
LJ - 35	0.374	5.18	5.85	6.65	7.63	8.85
LJ - 50	0.363	5.02	5.67	6.45	7.41	8.59
LJ - 70	0.349	4.80	5.42	6.17	7.08	8.21
LJ - 95	0.339	4.69	5.30	6.03	6.92	8.02
LJ - 120	0.332	4.60	5.19	5.90	6.77	7.86

表 11 - 11   **35kV 三相架空线路功率损失系数**

导线型号	导线电阻 (Ω/km)	$\cos\varphi$				电容功率 (kvar/km)
		0.85	0.8	0.75	0.7	
		有功功率损失系数 ΔP_0 [kW/ (MW^2·km)]				
LGJ - 35	0.85	0.96	1.08	1.23	1.42	3.14
LGJ - 50	0.65	0.735	0.827	0.945	1.08	3.22
LGJ - 70	0.46	0.520	0.585	0.668	0.77	3.32
LGJ - 95	0.33	0.373	0.421	0.479	0.55	3.40
LGJ - 120	0.27	0.305	0.345	0.392	0.45	3.45
LGJ - 150	0.21	0.237	0.268	0.305	0.35	3.50
LGJ - 185	0.17	0.192	0.217	0.247	0.283	3.57
	导线感抗（Ω/km)	无功功率损失系数 ΔQ_0 [kvar/ (MW^2·km)]				
LGJ - 35	0.432	0.488	0.551	0.627	0.72	
LGJ - 50	0.421	0.476	0.537	0.611	0.701	
LGJ - 70	0.411	0.464	0.524	0.596	0.685	
LGJ - 95	0.400	0.452	0.51	0.58	0.666	
LGJ - 120	0.394	0.445	0.503	0.572	0.656	
LGJ - 150	0.387	0.437	0.494	0.562	0.645	
LGJ - 185	0.380	0.429	0.485	0.551	0.633	

2. 无功功率损失的计算方法

无功功率损失的计算方法如表 11 – 12 所示。

表 11 – 12 　　　　　　　　　　无功功率损失的计算方法　　　　　　　　　　　（kvar）

导线种类	计 算 法	查 表 法
铜或铝导线	根据已知条件用下列公式计算 $$\Delta Q = \frac{P^2 + Q^2}{1000\,U^2}X$$ $$\Delta Q = \frac{P^2}{1000\,U^2\cos^2\varphi}X$$	先查表 11 – 8 ~ 表 11 – 11 得无功功率损失系数 ΔQ_0〔kvar/（MW^2·km）〕，再用下式求总无功功率损失 $\Delta Q = \Delta Q_0 P^2 l$

注　式中，X—线路感抗，Ω；其他符号同表 11 – 7。

3. 电能损失的计算

在一定时间内线路的电能损失 ΔW 可用下式计算

$$\Delta W = \Delta Pt \quad\quad (\text{kWh}) \tag{11 – 6}$$

式中　ΔP——功率损失，kW；

　　　　t——计算时间，h。

由于线路输送的有功功率 P 及无功功率 Q 都是变化的，故损失功率 ΔP 也是变化的。为使电能损失的计算准确，须将计算时间分割成许多很小的时间间隔，分段计算，最后再加在一起即可，见式（11 – 7）

$$\Delta W = \Delta P_1 t_1 + \Delta P_2 t_2 + \Delta P_3 t_3 + \cdots + \Delta P_n t_n \tag{11 – 7}$$

式中　t_1、t_2、$t_3 \cdots t_n$——为分割成很小的计算时间间隔，h；

ΔP_1、ΔP_2、$\Delta P_3 \cdots \Delta P_n$——分别为各时间段的功率损失，kW。

4. 线损率的计算

运行中的线路，在供电端及用电端都装有电能表时，线损率为

$$\Delta P\% = \frac{供电量 - 用电量}{供电量} \times 100 \tag{11 – 8}$$

式中　供电量——供电端电能表抄见度数；

　　　　用电量——用电端各电能表抄见度数之和。

要知道某一段线路的线损率时，也可用式（11 – 9）算出

$$\Delta P\% = \frac{\Delta P}{P} \times 100 \tag{11 – 9}$$

式中　ΔP——线路的损失功率，kW；

　　　　P——线路首端输送的有功功率，kW。

【例 11 – 5】　已知一条 LJ – 95 输电线路的 $P = 800\text{kW}$，$Q = 600\text{kvar}$，$U = 10\text{kV}$，$\cos\varphi = 0.8$；$l = 15\text{km}$，求其有功功率损失 ΔP，无功功率损失 ΔQ，线损率 $\Delta P\%$ 以及每小时的线路电能损失各多少。

解：利用查表法求。根据 $U = 10\text{kV}$，需查表 11 – 10，可得

有功功率损失系数　$\Delta P_0 = 5.31\text{kW}$（$1000\text{kW}^2 \cdot \text{km}$）

无功功率损失系数　$\Delta Q_0 = 5.30\text{kvar}$（$1000\text{kW}^2 \cdot \text{km}$）

有功功率损失　$\Delta P = \Delta P_0 P^2 l = 5.31 \times 0.8^2 \times 15 = 50.9$（kW）

无功功率损失　$\Delta Q = \Delta Q_0 P^2 l = 5.30 \times 0.8^2 \times 15 = 50.9$（kvar）

线损率　$\Delta P\% = \dfrac{\Delta P \times 100}{P} = \dfrac{50.9}{800} \times 100 = 6.36$

每小时电能损失　$\Delta W = \Delta P t = 50.9 \times 1 = 50.9$（kWh）

不同电压等级的电力线路，送电能力及合理的输电距离都不同，其大概范围可参考表11-13。

表 11-13　　　　各级电压电力线路输送容量及距离的大概范围

线路电压 （kV）	输送功率 （kW）	输送距离 （km）	线路电压 （kV）	输送功率 （kW）	输送距离 （km）
0.22	50 以下	0.15 以下	6	100~1200	4~15
0.38	100 以下	0.6 以下	10	200~2000	6~20
3	100~1000	1~3	35	1000~10000	20~70

第四节　电网电容电流计算

在中性点不接地的系统中，在确定是否需要单相接地保护时，需求出电网的电容电流。电容电流较简易的计算，可先按表11-14查得系统中有电气连接的全部线路的电容电流（不考虑磁交连，如计算变压器二次侧系统电容电流时不考虑一次侧的电容电流），然后加上表11-15给出的变电设备引起的电容电流增值，便得出电网的电容电流。也可按下式估算线路电容电流值。

表 11-14　　　　每公里架空及电缆线路单相金属性接地电容电流的平均值　　　　　（A）

线路种类	线路特征	线路电压		
		6kV	10kV	35kV
架空线路	无架空地线单回路	0.013	0.0256	0.078
	有架空地线单回路	—	0.032	0.091
	无架空地线双回路	0.017	0.035	0.102
	有架空地线双回路	—	—	0.11
电缆线路	线芯截面（mm²） 10	0.33	0.46	
	16	0.37	0.52	
	25	0.46	0.62	
	35	0.52	0.69	
	50	0.59	0.77	
	70	0.71	0.9	3.7
	95	0.82	1.0	4.1
	120	0.89	1.1	4.4
	150	1.1	1.3	4.8
	185	1.2	1.4	5.2
	240	1.37	1.57	5.8

表 11 – 15　　　　　　　　　　　变电设备所造成的电容电流增值

额定电压（kV）	6	10	35	110
电容电流增值（%）	18	16	13	10

架空单回路无避雷线时　　　$I_C = 2.7U \cdot L \times 10^{-3}$　　（A）

架空单回路有避雷线时　　　$I_C = 3.3U \cdot L \times 10^{-3}$　　（A）

电缆线路　　　　　　　　　$I_C = 0.1U \cdot L$　　（A）

上三式中　U——电网额定电压，kV；

　　　　　L——线路长度，km。

按上式计算线路电容电流后，仍需按表 11 – 15 加上变电设备引起的电容电流增值，才得电网电容电流。

第五节　电容器无功补偿计算

1. 平均功率因数的测算

在配电变压器低压出口安装上有功电能表和无功电能表，在最大负荷月抄算其月有功电量 W_P 和无功电量 W_Q，然后按下式即可计算出该月的平均功率因数 $\cos\varphi_1$

$$\cos\varphi_1 = \frac{1}{\sqrt{1 + \left(\dfrac{W_Q}{W_P}\right)^2}} \tag{11 – 10}$$

为了计算方便，也可用抄见的无功电量 W_Q 和有功电量 W_P 的比值，先求出平均功率因数角的正切值 $\mathrm{tg}\varphi_1$

$$\mathrm{tg}\varphi_1 = \frac{W_Q}{W_P} \tag{11 – 11}$$

然后根据 $\mathrm{tg}\varphi_1$ 的值求出平均功率因数 $\cos\varphi_1$ 的值。

2. 补偿容量的确定

根据计算得出的实际负荷功率因数 $\cos\varphi_1$ 和要求达到的功率因数 $\cos\varphi_2$，查表 11 – 16 即可获得为达到 $\cos\varphi_2$ 值每千瓦有功负荷所需的补偿电容器容量（kvar），然后乘以最大负荷月平均有功功率，便可得出该负荷所需的补偿电容器的容量。

月平均有功功率 P 可按下式计算

$$P = \frac{W_P}{t}$$

式中　W_P——最大负荷月的有功电量，kWh；

　　　t——最大负荷月用电时间，h。

应当注意的是，$\cos\varphi_2$ 值的确定必须适当。如果 $\cos\varphi_2$ 定得太低，则不能充分达到无功补偿的效果；如果 $\cos\varphi_2$ 定得太高，则补偿容量太大，投资太高，而且轻负荷时会发生过补偿运行，使无功倒送，增加线损，得不偿失。因此，乡村工业和电力排灌用户需补偿到的功率因数 $\cos\varphi_2$，一般按 0.9 ~ 0.95 选择；其他农业用户需补偿到的功率因数 $\cos\varphi_2$，一般按 0.85 ~ 0.9 选择。

补偿前		为得到所需 $\cos\varphi_2$ 每 kW 负荷所需的电容器容量（kvar）												
$\mathrm{tg}\varphi_1$	$\cos\varphi_1$	0.70	0.75	0.80	0.82	0.84	0.86	0.88	0.90	0.92	0.94	0.96	0.98	1.00
3.18	0.30	2.16	2.30	2.42	2.48	2.52	2.59	2.65	2.70	2.76	2.82	2.89	2.98	3.18
2.68	0.35	1.66	1.80	1.93	1.98	2.03	2.08	2.14	2.19	2.25	2.31	2.38	2.47	2.68
2.29	0.40	1.27	1.41	1.54	1.60	1.65	1.70	1.76	1.81	1.87	1.93	2.00	2.09	2.29
1.99	0.45	0.97	1.11	1.24	1.29	1.34	1.40	1.45	1.50	1.56	1.62	1.69	1.78	1.99
1.73	0.50	0.71	0.85	0.98	1.04	1.09	1.14	1.20	1.25	1.31	1.37	1.44	1.53	1.73
1.64	0.52	0.62	0.76	0.89	0.95	1.00	1.05	1.11	1.16	1.22	1.28	1.35	1.44	1.64
1.56	0.54	0.54	0.68	0.81	0.86	0.92	0.97	1.02	1.08	1.14	1.20	1.27	1.36	1.56
1.48	0.56	0.46	0.60	0.73	0.78	0.84	0.89	0.94	1.00	1.05	1.12	1.19	1.28	1.48
1.41	0.58	0.39	0.52	0.66	0.71	0.76	0.81	0.87	0.92	0.98	1.04	1.11	1.20	1.41
1.33	0.60	0.31	0.45	0.58	0.64	0.69	0.74	0.80	0.85	0.91	0.97	1.04	1.13	1.33
1.27	0.62	0.25	0.39	0.52	0.57	0.62	0.67	0.73	0.78	0.84	0.90	0.97	1.06	1.27
1.20	0.64	0.18	0.32	0.45	0.51	0.56	0.61	0.67	0.72	0.78	0.84	0.91	1.00	1.20
1.14	0.66	0.12	0.26	0.39	0.45	0.49	0.55	0.60	0.66	0.71	0.78	0.85	0.94	1.14
1.08	0.68	0.06	0.20	0.33	0.38	0.43	0.49	0.54	0.60	0.65	0.72	0.79	0.88	1.08
1.02	0.70		0.14	0.27	0.33	0.38	0.43	0.49	0.54	0.60	0.66	0.73	0.82	1.02
0.97	0.72		0.08	0.22	0.27	0.32	0.37	0.43	0.48	0.54	0.60	0.67	0.76	0.97
0.91	0.74		0.03	0.16	0.21	0.26	0.32	0.37	0.43	0.48	0.55	0.62	0.71	0.91
0.86	0.76			0.11	0.16	0.21	0.26	0.32	0.37	0.43	0.50	0.56	0.65	0.86
0.80	0.78			0.05	0.11	0.16	0.21	0.27	0.32	0.38	0.44	0.51	0.60	0.80
0.75	0.80				0.05	0.10	0.16	0.21	0.27	0.33	0.39	0.46	0.55	0.75
0.70	0.82					0.05	0.10	0.16	0.22	0.27	0.33	0.40	0.49	0.70
0.65	0.84						0.05	0.11	0.16	0.22	0.28	0.35	0.44	0.65
0.59	0.86							0.06	0.11	0.17	0.23	0.30	0.39	0.59
0.54	0.88								0.06	0.11	0.17	0.25	0.33	0.54
0.48	0.90									0.06	0.12	0.19	0.28	0.48
0.43	0.92										0.06	0.13	0.22	0.43
0.36	0.94											0.07	0.16	0.36

第六节　常用电工计算

一、导线电阻速算法

导线的电阻与导线的长度、横截面积和材料有关。同一种材料的导线，其电阻与横截面积成反比，与长度成正比。

1. 单股圆线电阻

每千米长的单股圆导线的电阻与导线直径的平方成反比，对不同材料的导线再分别乘以不同的系数，便可直接算出。

（1）铝单线

$$R_0 = \frac{36}{d^2} = \left(\frac{6}{d}\right)^2$$

式中 R_0——每千米导线的直流电阻，Ω；

          d——导线直径，mm。

【例 11 - 6】 直径为 0.55mm 的圆铝单线，求每千米导线的直流电阻。

    解： 根据公式计算

$$R_0 = \frac{36}{d^2} = \frac{36}{0.55^2} = 119(\Omega)$$

【例 11 – 7】　直径为 0.72mm 的圆铝单线，如果长度为 1.5km，求导线的直流电阻。

解：先求每千米导线直流电阻为

$$R_0 = \frac{36}{d^2} = \frac{36}{0.72^2} = 69.4(\Omega)$$

该导线直流电阻为

$$R = 1.5R_0 = 1.5 \times 69.4 = 104(\Omega)$$

（2）圆铜单线

$$R_0 = \frac{22}{d^2} = \left(\frac{4.7}{d}\right)^2$$

式中　R_0——每千米导线直流电阻，Ω；

　　　d——导线直径，mm。

【例 11 – 8】　直径为 0.55mm 的圆铜单线，求每千米导线的直流电阻。

解：根据公式计算

$$R_0 = \frac{22}{d^2} = \frac{22}{0.55^2} = 72.7(\Omega)$$

【例 11 – 9】　直径为 0.72mm 的圆铜单线，如果长度为 2.5km，求导线的直流电阻。

解：先求每千米导线的直流电阻为

$$R_0 = \frac{22}{d^2} = \frac{22}{0.72^2} = 42.4(\Omega)$$

则该导线的直流电阻为

$$R = 2.5R_0 = 2.5 \times 42.4 = 106(\Omega)$$

（3）单股镀锌铁线

$$R_0 = \frac{170}{d^2} = \left(\frac{13}{d}\right)^2$$

式中　R_0——每千米导线直流电阻，Ω；

　　　d——导线直径，mm。

【例 11 – 10】　直径为 4mm 的镀锌铁线，求每千米导线的直流电阻。

解：根据公式计算

$$R_0 = \frac{170}{d^2} = \frac{170}{4^2} = 10.6(\Omega)$$

【例 11 – 11】　直径为 6mm 的镀锌铁线，如果长度为 1.8km，求导线的直流电阻。

解：先求每千米导线的直流电阻为

$$R_0 = \frac{170}{d^2} = \frac{170}{6^2} = 4.72(\Omega)$$

则该导线的直流电阻为

$$R = 1.8R_0 = 1.8 \times 4.72 = 8.5(\Omega)$$

2. 绞线电阻

每千米长多股绞线的电阻与导线的横截面积成反比，对不同材料的导线，再分别乘以不同系数，便可直接算出。

（1）铝绞线

$$R_0 = \frac{30}{S}$$

式中　R_0——每千米导线的直流电阻，Ω；

　　　　S——导线截面积，mm^2。

【例 11－12】　截面积为 $50mm^2$ 的铝绞线，求每千米导线的直流电阻。

解：根据公式计算

$$R_0 = \frac{30}{S} = \frac{30}{50} = 0.6(\Omega)$$

【例 11－13】　截面积为 $150mm^2$ 的铝绞线，如果长度为 3.5km，求导线的直流电阻。

解：先求每千米导线的直流电阻为

$$R_0 = \frac{30}{S} = \frac{30}{150} = 0.2(\Omega)$$

则该导线的直流电阻为

$$R = 3.5R_0 = 3.5 \times 0.2 = 0.7(\Omega)$$

（2）钢芯铝绞线

$$R_0 = \frac{30.5}{S}$$

式中　R_0——每千米导线的直流电阻，Ω；

　　　　S——导线截面积，mm^2。

【例 11－14】　截面积为 $95mm^2$ 的钢芯铝绞线，求每千米导线的直流电阻。

解：根据公式计算

$$R_0 = \frac{30.5}{S} = \frac{30.5}{95} = 0.321(\Omega)$$

【例 11－15】　截面积为 $70mm^2$ 的钢芯铝绞线，如果长为 1.5km，求导线的直流电阻。

解：先求每千米导线的直流电阻为

$$R_0 = \frac{30.5}{S} = \frac{30.5}{70} = 0.436(\Omega)$$

则该导线的直流电阻为

$$R = 1.5R_0 = 1.5 \times 0.436 = 0.654(\Omega)$$

3. 按导线长度、截面及电阻率计算电阻

导线电阻值的大小与导线的长度成正比，与导线的截面积成反比，与导线材料的电阻系数（见表 11－17）成正比。根据上述条件便可直接计算导线电阻，即

$$R = K\frac{L}{S}$$

式中　R——导线电阻，Ω；

　　　　L——导线长度，km；

　　　　S——导线截面积，mm^2；

　　　　K——电阻系数，见表 11－17。

表 11 - 17　　导 线 电 阻 系 数

导线材料	铝	铜
系数 K	30	17

注　导线电阻系数 K 值是根据通常条件下材料电阻率
（铜为 $0.017\Omega\cdot mm^2/m$，铝为 $0.029\Omega\cdot mm^2/m$）推算
的每千米导线的电阻值。

由铜、铝的电阻系数值可知，铜线的电阻约为铝线的 0.6 倍，故铜线的电阻也可按同长
度、同截面的铝线计算电阻，再打 6 折便是铜线电阻。

【例 11 - 17】　$4mm^2$ 的铜导线，长为 800m，求导线的电阻。

解：
$$R_{Cu} = K\frac{L}{S} = 17 \times \frac{0.8}{4} = 3.4(\Omega)$$

或
$$R_{Cu} = 0.6R_{Al} = 0.6 \times 30 \times \frac{0.8}{4} = 3.6(\Omega)$$

二、导线质量速算法

1. 单根导线质量

电工常用的单根导线是以直径标称的，计算导线质量的方法是：用该导线直径的平方乘
上相应的系数，便可直接算出该导线每千米的质量。任意长度导线质量，只要再乘上导线长
度即可求出。其估算方法简单，很适用于现场。

（1）圆铜单线

$$m_0 = 7d^2$$

式中　m_0——每千米导线质量，kg；

d——导线直径，mm。

【例 11 - 18】　导线直径为 0.2mm 的铜单线，求每千米的质量。

解：根据公式计算

$$m_0 = 7d^2 = 7 \times 0.2^2 = 0.28(kg)$$

【例 11 - 19】　导线直径为 0.8mm 的铜单线，如果长度为 1.5km，求导线质量。

解：每千米导线质量为

$$m_0 = 7d^2 = 7 \times 0.8^2 = 4.48(kg)$$

该导线质量为

$$m = 1.5m_0 = 1.5 \times 4.48 = 6.72(kg)$$

（2）圆铝单线

$$m_0 = 2.12d^2$$

式中　m_0——每千米导线质量，kg；

d——导线直径，mm。

【例 11 - 20】　导线直径为 0.8mm 的铝单线，求每千米的质量。

解：根据公式计算

$$m_0 = 2.12d^2 = 2.12 \times 0.8^2 = 1.36(kg)$$

【例 11 - 21】　导线直径为 1.0mm 的铝单线，如果长度为 2.5km，求导线质量。

解：每千米导线质量为

$$m_0 = 2.12d^2 = 2.12 \times 1.0^2 = 2.12(kg)$$

【例 11 - 16】　$10mm^2$ 的铝导线，长为
700m，求导线的电阻。

解：根据公式计算

$$R = K\frac{L}{S} = 30 \times \frac{0.7}{10} = 2.1(\Omega)$$

该导线质量为

$$m = 2.5 m_0 = 2.5 \times 2.12 = 5.3(\text{kg})$$

（3）单股镀锌铁线

$$m_0 = 6.13 d^2$$

式中　m_0——每千米铁线质量，kg；

　　　d——铁线直径，mm。

【例 11 - 22】　直径为 6mm 的镀锌铁线，求每千米的质量。

解：根据公式计算

$$m_0 = 6.13 d^2 = 6.13 \times 6^2 = 221(\text{kg})$$

【例 11 - 23】　直径为 4mm 的镀锌铁线，如果长度为 0.3km，求铁线质量。

解：每千米铁线质量为

$$m_0 = 6.13 d^2 = 6.13 \times 4^2 = 98.1(\text{kg})$$

该铁线质量为

$$m = 0.3 m_0 = 0.3 \times 98.1 = 29.4(\text{kg})$$

2. 绞线质量

常见的高、低压架空线路，多采用多股裸绞线，根据裸绞线截面积，可在现场很快算出导线质量。这有利于申报材料计划和安排工地运输。

计算多股绞线质量的方法是：用该导线截面积乘上相应材质密度，便得出每千米该导线的质量。而任意长度导线的质量，只要再乘上长度数，即可求得。

由材质密度决定导线质量计算系数为 3、8、9、4，分别为铝、铁、铜（钢）、钢芯铝绞线质量计算系数的近似值。

（1）铝绞线

$$m_0 = 3S$$

式中　m_0——每千米导线质量，kg；

　　　S——导线截面积，mm²。

【例 11 - 24】　截面积为 35mm² 的铝绞线，求每千米的质量。

解：根据公式计算

$$m_0 = 3S = 3 \times 35 = 105(\text{kg})$$

【例 11 - 25】　截面积为 50mm² 的铝绞线，如果长度为 10km，求导线质量。

解：每千米导线质量为

$$m_0 = 3S = 3 \times 50 = 150(\text{kg})$$

该导线质量为

$$m = 10 m_0 = 10 \times 150 = 1500(\text{kg})$$

（2）铁绞线

$$m_0 = 8S$$

式中　m_0——每千米导线质量，kg；

　　　S——导线截面积，mm²。

【例 11 - 26】　截面积为 35mm² 的钢绞线，求每千米的质量。

10kV 配电工程设计手册

解：根据公式计算

$$m_0 = 8S = 8 \times 35 = 280(\text{kg})$$

【例 11 – 27】 截面积为 50mm^2 的钢绞线，如果长度为 4.5km，求导线质量。

解：每千米导线质量为

$$m_0 = 8S = 8 \times 50 = 400(\text{kg})$$

该导线质量为

$$m = 4.5m_0 = 4.5 \times 400 = 1800(\text{kg})$$

（3）硬铜绞线和镀锌钢绞线

$$m_0 = 9S$$

式中　m_0——每千米导线质量，kg；

　　　S——导线截面积，mm^2。

【例 11 – 28】 截面积为 35mm^2 的硬铜绞线，求每千米的质量。

解：根据公式计算

$$m_0 = 9S = 9 \times 35 = 315(\text{kg})$$

【例 11 – 29】 截面积为 25mm^2 的镀锌钢绞线，求每千米的质量。

解：根据公式计算　　$m_0 = 9S = 9 \times 25 = 225$ （kg）

【例 11 – 30】 截面积为 35mm^2 的镀锌钢绞线，如果长度为 2.4km，求导线质量。

解：每千米导线质量为

$$m_0 = 9S = 9 \times 35 = 315(\text{kg})$$

该导线质量为

$$m = 2.4m_0 = 2.4 \times 315 = 756(\text{kg})$$

【例 11 – 31】 截面积为 50mm^2 的硬铜绞线，如果长度为 1.6km，求导线质量。

解：
$$m_0 = 9S = 9 \times 50 = 450 \text{（kg）}$$
$$m = 1.6m_0 = 1.6 \times 450 = 720 \text{（kg）}$$

（4）钢芯铝绞线质量

$$m_0 = 4S$$

式中　m_0——每千米导线质量，kg；

　　　S——导线截面积，mm^2。

【例 11 – 32】 截面积为 120mm^2 的钢芯铝绞线，求每千米的质量。

解：根据公式计算

$$m_0 = 4S = 4 \times 120 = 480(\text{kg})$$

【例 11 – 33】 截面积为 150mm^2 的钢芯铝绞线，如果长度为 100km，试求导线质量。

解：每千米导线质量为

$$m_0 = 4S = 4 \times 150 = 600(\text{kg})$$

该导线质量为

$$m = 100m_0 = 100 \times 600 = 60000(\text{kg})$$

三、电压损失速算法

线路电压损失主要决定于导线种类、敷设方法、线路长度、负荷大小和功率因数等。电压损失的计算与较多的因素有关，计算较复杂。当负荷的功率因数为 1 且负荷分布均匀时，可根据线路上的负荷矩估算供电线路上的电压损失，用以分析线路的供电能力和检查线路的供电质量。

380/220V 低压架空线路，在相数和功率因数不同的情况下，可根据线路的负荷矩和导线截面分别估算线路电压损失。通常用对额定电压损失的百分比来衡量。

1. 铝导线线路

(1) 三相 380V 线路。当低压线路采用铝导线，负载为电阻性（功率因数为 1）时，电压损失可由线路负荷矩和导线截面直接算出。

$$\Delta U\% = \frac{M}{50S}$$

式中　$\Delta U\%$——线路电压损失的百分数；

　　　M——线路的负荷矩，kW·m；

　　　S——导线截面，mm^2。

【例 11 – 34】　一条 35mm^2 铝线的 380V 三相线路，长 200m，负荷为 30kW，求线路的电压损失。

解：根据公式计算

$$\Delta U\% = \frac{M}{50S} = \frac{30 \times 200}{50 \times 35} = 3.4$$

(2) 单相 220V 线路。线路采用铝导线，负载为电阻性时，电压损失可由线路负荷矩和导线截面直接算出

$$\Delta U\% = \frac{M}{8.3S}$$

式中　$\Delta U\%$——线路电压损失的百分数；

　　　M——线路的负荷矩，kW·m；

　　　S——导线截面，mm^2。

【例 11 – 35】　一条 6mm^2 铝线的 220V 单相线路，长 40m，负荷为 2kW，求线路的电压损失。

解：根据公式计算

$$\Delta U\% = \frac{M}{8.3S} = \frac{2 \times 40}{8.3 \times 6} = 1.6$$

(3) 功率因数为 0.8 时电压损失。对电感电阻性负荷，功率因数不等于 1，电压损失要比电阻性负荷更大一些。它与导线截面和线间距离有关，而 10mm^2 及以下截面的导线，功率因数对电压损失值的影响较小，可忽略不计。

当功率因数为 0.8 时，16mm^2 及以上导线，可按导线截面不同分别乘一个系数（见表 11 – 18），便可直接算出电压损失

$$\Delta U\% = \frac{KM}{50S}$$

式中　$\Delta U\%$——线路电压损失的百分数；

M——线路的负荷矩，kW·m；

S——导线截面，mm^2；

K——功率因数影响系数，见表 11 – 18。

表 11 – 18　　　　功率因数为 0.8 时对线路电压损失影响的计算系数

导线截面（mm^2)	16 ~ 25	35 ~ 50	70 ~ 95	120 ~ 150	185 ~ 240
系　数　K	1.2	1.4	1.6	1.8	2

【例 11 – 36】　一条 $35mm^2$ 铝线的 380V 三相线路，长 200m，负荷为 30kW，功率因数为 0.8 时，求线路的电压损失。

解：根据公式计算

$$\Delta U\% = \frac{KM}{50S} = \frac{1.4 \times 30 \times 200}{50 \times 35} = 4.8$$

2. 铜线线路

如果使用的导线不是铝线而是铜线，线路电压损失就要小一些。可用同样条件铝线的计算结果再除以 1.7 便是铜线的电压损失

$$\Delta U_{Cu}\% = \frac{\Delta U_{Al}\%}{1.7}$$

式中　$\Delta U_{Cu}\%$——铜线电压损失；

　　　$\Delta U_{Al}\%$——铝线电压损失。

【例 11 – 37】　在［例 11 – 34］中，如果将铝线改为铜线，线路电压损失又为多少？

解：根据公式计算

$$\Delta U_{Cu}\% = \frac{\Delta U_{Al}\%}{1.7} = \frac{3.4}{1.7} = 2$$

四、负荷速算法

在电力系统中，用电设备所需用的电功率称为负荷。电功率分为视在功率、有功功率和无功功率。用电流表示的负荷，与视在功率是对应的，它们的关系式为 $S = \sqrt{3}\,UI$。通常，供电部门所分配的负荷指标主要指小时平均的有功功率，而变、配电所中规定的负荷指标则主要是指视在功率。

为了合理设计和选择工、企业供电系统中的电气设备和导线，需要根据用电设备的容量对有关的电力负荷进行统计计算。计算负荷确定是否合理，直接关系到电气设备的选择是否合理，如果计算负荷确定较大，会增加投资和造成浪费；而计算负荷确定过小，又会造成电气设备和导线过热，这不仅增加了电能损耗，而且直接影响设备的使用寿命和用电安全。

1. 全厂负荷

根据工厂的性质及安装的用电设备容量，估算全厂负荷来确定配电变压器的容量。工厂的性质，从用电的角度来讲，大体分为三类：一是主要设备长期开动，连续生产，负荷比较稳定的厂，如冶金、纺织、水泥等；二是主要设备时开时停，单独使用，负荷率较低且波动较大的厂，如机械制造及修理；三是介于两者之间的厂，如轻工业及化工厂等。

统计一个工厂的工艺设备容量时，为了简化，允许不计算供水、供汽、照明、卫生通风等辅助用电设备。同时也不必分单相、三相，kW 或 kVA 等，都按千瓦数相加。

根据以上方法按就近原则选择变压器容量。若留有一定富裕，则可不必担心容量不足。

全厂负荷可按下式估算

$$S = KP$$

式中　　S——全厂负荷，kVA；

　　　　P——全厂工艺设备总容量，kW；

　　　　K——系数，见表 11 – 19。

表 11 – 19　　　　　　　　　　　计算全厂负荷用系数

负荷种类	冶金、纺织	机　械	其　余
系数 K	1	0.5	0.7

【例 11 – 38】　某纺织厂，工艺设备总容量为 1000kW，计算全厂负荷并选用配电变压器容量。

解：根据公式计算

$$S = KP = 1 \times 1000 = 1000(kVA)$$

选用 1000kVA 的配电变压器。

【例 11 – 39】　筹建一座机械修理厂，工艺设备总容量为 1900kW，计算全厂负荷并选用配电变压器容量。

解：　　　　　　$S = KP = 0.5 \times 1900 = 950$（kVA）

选用 1000kVA 的配电变压器。

【例 11 – 40】　筹建一座化工厂，工艺设备总容量为 750kW，计算全厂负荷并选用配电变压器容量。

解：　　　　　　$S = KP = 0.7 \times 750 = 525$（kVA）

选用 560kVA 的配电变压器。

2. 车间负荷

根据车间内用电设备的容量（kW）统计，估算电流负荷的大小，可用来选择供电线路导线及开关设备。

为了计算简单，设备容量只按工艺用电设备统计（不必分单相或三相、kW 或 kVA 等，都按 kW 数相加），由于在估算时的电流已有适当余量，故对卫生通风、照明、吊车等允许不计。

三相或三相四线制供电线路上的电流为

$$I = KP$$

式中　　I——车间负荷电流，A；

　　　　P——车间用电设备总容量，kW；

　　　　K——系数，见表 11 – 20。

表 11 – 20　　　　　　　　　　估算车间负荷电流用计算系数

负荷种类	冷床	热　床	电热	其　余
系数 K	0.5	0.75	1.2	1.5

【例 11 – 41】　某机械加工车间，机床用电设备总容量为 300kW，求负荷电流。

解：根据公式计算

$$I = KP = 0.5 \times 300 = 150(\text{A})$$

【例 11 – 42】 锻压车间空气锤及压力机用电设备容量共 200kW，求负荷电流。

解：
$$I = KP = 0.75 \times 200 = 150（\text{A}）$$

【例 11 – 43】 热处理车间各种电阻炉用电设备容量共 300kW，求负荷电流。

解：
$$I = KP = 1.2 \times 300 = 360（\text{A}）$$

【例 11 – 44】 空气站的压缩机容量共 300kW，求负荷电流。

解：
$$I = KP = 1.5 \times 300 = 450（\text{A}）$$

3. 供两个车间负荷的干线负荷

当一条干线供两个车间用电时，根据各车间估算电流相加后，再乘以 0.8，即为这条干线上的电流负荷

$$I = 0.8(I_1 + I_2)$$

式中　I——两个车间的总负荷电流，A；

　　　I_1——第一个车间的负荷电流，A；

　　　I_2——第二个车间的负荷电流，A。

【例 11 – 45】 一条供电线路上有机械加工车间和锻压车间，其负荷电流分别为 300A 和 200A，确定供电线路的负荷电流。

解：根据公式计算

$$I = 0.8(I_1 + I_2) = 0.8(300 + 200) = 400(\text{A})$$

4. 用电设备台数较少时供电干线的负荷

当干线上用电设备较少时，干线负荷电流可按其中容量最大的两台设备容量之和加倍估算

$$I = 2(P_{1\max} + P_{2\max})$$

式中　　　　I——干线负荷电流，A；

　$P_{1\max}$、$P_{2\max}$——分别为容量最大的两台设备容量，A。

【例 11 – 46】 一条干线共安装 5 台用电设备，其容量分别为 20kW、15kW、10kW、7kW、5kW，试确定干线负荷电流。

解：根据公式计算

$$I = 2(P_{1\max} + P_{2\max}) = 2 \times (20 + 15) = 70(\text{A})$$

五、交流电路视在功率速算法

对于 380/220V 低压交流电路，视在功率可由负载电流直接算出。

1. 单相交流电路

单相交流电路的视在功率等于负荷电流乘以 0.22

$$S = 0.22I$$

式中　S——视在功率，kVA；

　　　I——线路负荷电流，A。

【例 11 – 47】 某焊接变压器，初级电压为 220V，电流为 50A，求变压器视在功率。

解：根据公式计算

$$S = 0.22I = 0.22 \times 50 = 11(\text{kVA})$$

2. 三相交流电路

对于三相交流电路，不论负载是星形接法，还是三角形接法，视在功率均可由负荷电流（线电流）乘以 0.7 直接算出

$$S = 0.7I$$

式中　S——视在功率，kVA；

　　　I——线电流，A。

【例 11－48】　某星形对称负荷，三相电压为 380V，线电流为 72A，求视在功率。

解： 根据公式计算

$$S = 0.7I = 0.7 \times 72 = 50.4(\text{kVA})$$

【例 11－49】　有一 380V 三相供电线路，负荷为对称三角形接法，线电流为 100A，求视在功率。

解：
$$S = 0.7 \times 100 = 70 \ (\text{kVA})$$

六、电抗速算法

为计算高压装置中的短路电流，就必须求出短路点以前各短路回路中各元件（如变压器、发电机、架空线路、电缆线路、电抗器等）的相对电抗值。以系统容量、电压为基准，各电路元件的相对电抗值估算方法如下。

1. 变压器的电抗

$$x_* = \frac{K}{S}$$

式中　x_*——相对电抗值；

　　　S——变压器的容量，MVA；

　　　K——系数，见表 11－21。

表 11－21　　　　　　　　　　　　估算变压器电抗计算系数

变压器高压侧电压　（kV）	10（6）	35	110
系　数　K	4.5	7	10.5

【例 11－50】　有一台三相变压器，容量为 1000kVA（即 1MVA），高压侧电压为 10kV，计算相对电抗值。

解： 根据公式计算

$$x_* = \frac{K}{S} = \frac{4.5}{1} = 4.5$$

【例 11－51】　有一台三相变压器，容量为 2400kVA（即 2.4MVA），高压侧电压为 35kV，计算相对电抗值。

解：
$$x_* = \frac{K}{S} = \frac{7}{2.4} = 2.92$$

【例 11－52】　有一台三相变压器，容量为 8000kVA（即 8MVA），高压侧电压为 110kV，计算相对电抗值。

解：
$$x_* = \frac{K}{S} = \frac{10.5}{8} = 1.31$$

2. 发电机的电抗

$$x_* = \frac{K}{S}$$

式中　x_*——相对电抗值；

　　　S——发电机的容量，MVA；

　　　K——系数，见表 11-22。

表 11-22　　　　估算发电机电抗计算系数

发电机类别	水轮发电机	汽轮发电机
系数 K	20	12.5

【例 11-53】　一台水轮发电机的容量为 10MVA（即 10000kVA），求它的相对电抗值。

解： 根据公式计算

$$x_* = \frac{K}{S} = \frac{20}{10} = 2$$

【例 11-54】　有一台汽轮发电机，容量为 10MVA，求它的相对电抗值。

解：
$$x_* = \frac{K}{S} = \frac{12.5}{10} = 1.25$$

3. 架空线路的电抗

$$x_* = KL$$

式中　x_*——相对电抗值；

　　　L——线路长度，km；

　　　K——系数，见表 11-23。

表 11-23　　　　　　　估算架空线路电抗计算系数

线路电压　（kV）	6	10	35	110
系数 K	1	0.3	0.03	0.003

【例 11-55】　有一条 5km、6kV 的架空线路，求它的相对电抗值。

解： 根据公式计算

$$x_* = KL = 1 \times 5 = 5$$

【例 11-56】　有一条 5km、10kV 的架空线路，求它的相对电抗值。

解：　　　　$x_* = KL = 0.3 \times 5 = 1.5$

【例 11-57】　有一条 5km、35kV 的架空线路，求它的相对电抗值。

解：　　　　$x_* = KL = 0.03 \times 5 = 0.15$

【例 11-58】　有一条 5km、110kV 的架空线路，求它的相对电抗值。

解：　　　　$x_* = KL = 0.003 \times 5 = 0.015$

4. 电缆线路的电抗

$$x_* = KL$$

式中　x_*——相对电抗值；

　　　L——电缆线路的长度，km；

　　　K——系数，见表 11-24。

表 11-24　　　　　　估算电缆线路电抗计算系数

线路电压　（kV）	6	10	35	110
系数 K	0.2	0.06	0.006	0.0006

【例 11 – 59】   有一条 5km、6kV 的电缆线路，求它的相对电抗值。

解：根据公式计算

$$x_* = KL = 0.2 \times 5 = 0.1$$

【例 11 – 60】   有一条 5km、10kV 的电缆线路，求它的相对电抗值。

解：
$$x_* = KL = 0.06 \times 5 = 0.3$$

【例 11 – 61】   有一条 5km、35kV 的电缆线路，求它的相对电抗值。

解：
$$x_* = KL = 0.006 \times 5 = 0.03$$

【例 11 – 62】   有一条 5km、110kV 的电缆线路，求它的相对电抗值。

解：
$$x_* = KL = 0.0006 \times 5 = 0.003$$

5. 电抗器的电抗

$$x_* = \frac{0.9 x_{*N}}{S}$$

式中 x_*——相对电抗值；

x_{*N}——电抗器的额定电抗，%；

S——电抗器的容量，MVA。

【例 11 – 63】   有一台 10kV、600A（即 0.6kA）、x_{*N} 为 5% 的电抗器，求它的相对电抗值。

解：根据公式计算

$$S = 1.73 UI = 1.73 \times 10 \times 0.6 = 10.4 (\text{MVA})$$

$$x_* = \frac{0.9 x_{*N}}{S} = \frac{0.9 \times 5}{10.4} = 0.43$$

6. 系统的电抗

由于一般工厂都是由电力系统供电，有时并不知道具体接线元件，但可能知道它的大概容量。此情况下可用下式估算电力系统的电抗大小

$$x_* = \frac{100}{S}$$

式中 x_*——相对电抗值；

S——系统的容量，MVA。

【例 11 – 64】   如果一个电力系统的容量为 100MVA，求系统的相对电抗值。

解：根据公式计算

$$x_* = \frac{100}{S} = \frac{100}{100} = 1$$

七、短路电流的速算法

短路电流的计算是工厂供电系统设计中的重要环节之一，在选择供电系统电器元件时，应依据短路计算的数值来校验它在短路状态下的稳定性。同时，在设计继电保护装置及选择限制短路电流电抗器时，也需进行短路电流的计算。

短路电流计算比较复杂，但可用下述简单的公式估算短路容量、短路电流及短路冲击电流。

1. 短路容量的估算

$$S = \frac{100}{x_*}$$

式中　S——短路容量，MVA；

　　x_*——短路点前面各元件的相对电抗之和。

【例 11 – 65】　某电力系统短路点前面各元件的电抗分别为 0.4、0.2，求它的短路容量。

解：根据公式计算

$$S = \frac{100}{x_*} = \frac{100}{0.4 + 0.2} = 167(\text{MVA})$$

【例 11 – 66】　某电力系统短路点之前的三个元件相对电抗分别为 0.4、0.2、2，求它的短路容量。

解：
$$S = \frac{100}{x_*} = \frac{100}{0.4 + 0.2 + 2} = 38(\text{MVA})$$

2. 短路电流的估算

$$I_k = \frac{K}{x_*}$$

式中　I_k——短路电流，kA；

　　x_*——短路点前面各元件相对电抗之和；

　　K——系数，见表 11 – 25。

表 11 – 25　　　　　　　　　　估算短路电流计算系数

电压 （kV）	110	35	10	6	0.4
系数 K	0.5	1.6	5.5	9.2	140

【例 11 – 67】　某电力系统的线路电压为 110kV，短路点前的总相对电抗为 0.2，求它的短路电流。

解：根据公式计算

$$I_k = \frac{K}{x_*} = \frac{0.5}{0.2} = 2.5(\text{kA})$$

【例 11 – 68】　某供电线路的电压为 0.4kV，短路点前的总相对电抗为 20，求它的短路电流。

解：
$$I_k = \frac{K}{x_*} = \frac{140}{20} = 7(\text{kA})$$

3. 短路冲击电流的估算

短路冲击电流常用作校验电器和母线等的重要数据。

$$I_{ch} = 1.5 I_k$$
$$i_{ch} = 2.5 I_k$$

式中　I_{ch}——三相短路冲击电流的有效值，kA；

　　i_{ch}——三相短路冲击电流瞬时值，kA；

　　I_k——稳态三相短路电流，kA。

【例 11 – 69】　某供电系统，当短路电流为 5.75kA 时，求三相短路冲击电流的有效值及三相短路冲击电流的瞬时值。

解：根据公式计算

$$I_{ch} = 1.5 I_k = 1.5 \times 5.75 = 8.6 \quad (kA)$$

$$i_{ch} = 2.5 I_k = 2.5 \times 5.75 = 14 \quad (kA)$$

对于某些电阻较大的线路（如低压系统），I_{ch}、i_{ch} 都比较小，估算时可以用短路电流分别乘以 1.1 及 1.8。

八、常用电路计算公式

常用电路计算公式见表 11-26。

表 11-26　　　　　　　　常 用 电 路 计 算 公 式

序号	项　目	公　式	说　明
1	直流电路中电压、电流、电阻三者关系（欧姆定律）	$I = \dfrac{U}{R}$	U——电路两端电压，V； I——电路电流，A； R——电路电阻，Ω
2	直流电路中的电功率	$P = UI = I^2 R = \dfrac{U^2}{R}$	P——电路电功率，W
3	等截面均匀导体的电阻	$R = \rho \dfrac{L}{S}$	R——导体电阻值，Ω； L——导体长度，m； S——导体截面积，mm^2； ρ——导体的电阻率，$\Omega \cdot mm^2/m$
4	电阻与温度关系	$R_t = R_{20}[1 + \alpha(t - 20)]$	R_t——导体在 t℃时的电阻； R_{20}——导体在20℃时的电阻； α——导体电阻的温度系数； t——温度，℃
5	电阻串联	$R = R_1 + R_2 + R_3$	R——总电阻，Ω；
6	电阻并联	$\dfrac{1}{R} = \dfrac{1}{R_1} + \dfrac{1}{R_2} + \dfrac{1}{R_3}$	
7	电阻混联	R_2、R_3 并联后与 R_1 串联 $R = R_1 + \dfrac{R_2 R_3}{R_2 + R_3}$	
8	交流电路中电阻、电感串联的阻抗值	$Z = \sqrt{R^2 + X_L^2}$ 其中 $X_L = 2\pi f L$	Z——阻抗，Ω； X_L——感抗，Ω； X_C——容抗，Ω；
9	电阻、电容串联的阻抗值	$Z = \sqrt{R^2 + X_C^2}$ 其中 $X_C = \dfrac{1}{2\pi f c}$	X——电抗，Ω； L——电感，H；
10	电阻、电感、电容串联的总阻抗值	$Z = \sqrt{R^2 + (X_L - X_C)^2} = \sqrt{R^2 + X^2}$ 其中 $X = X_L - X_C$	C——电容，F； f——频率，Hz； π——圆周率（≈ 3.14）
11	阻抗串联	$Z = \sqrt{(R_1 + R_2 + R_3)^2 + (X_1 + X_2 + X_3)^2}$ $= \sqrt{R^2 + X^2}$ $R = R_1 + R_2 + R_3$ $X = X_1 + X_2 + X_3$ 注意：$Z \neq Z_1 + Z_2 + Z_3$	R_1、R_2、R_3——分电阻，Ω； X_1、X_2、X_3——分电抗，Ω； Z_1、Z_2、Z_3——分阻抗，Ω； Z——总阻抗，Ω； R——总电阻，Ω； X——总电抗，Ω

序 号	项 目	公 式	说 明
12	电容串联	$\dfrac{1}{C} = \dfrac{1}{C_1} + \dfrac{1}{C_2} + \dfrac{1}{C_3}$	C_1、C_2、C_3——分电容，F； C——总电容，F
13	电容并联	$C = C_1 + C_2 + C_3$	
14	交流电路中电压、电流、阻抗三者关系	$I = \dfrac{U}{Z}$ $Z = \sqrt{R^2 + X^2}$	U——电路两端电压，V； I——电路电流，A； Z——电路的阻抗，Ω；
15	交流电路中的电功率	$P = UI\cos\varphi = I^2 R$ $Q = UI\sin\varphi = I^2 X$ $S = UI = I^2 Z$ $\cos\varphi = \dfrac{R}{Z} \quad \sin\varphi = \dfrac{X}{Z}$	P——有功功率，W； Q——无功功率，var； S——视在功率，VA； $\cos\varphi$——功率因数
16	对称三相交流电路电功率	$P = \sqrt{3}\,UI\cos\varphi$ $Q = \sqrt{3}\,UI\sin\varphi$ $S = \sqrt{3}\,UI$	U——线电压，V； I——线电流，A； φ——相电压与相电流间的相位角差
17	三相交流电路中线电压与相电压、线电流与相电流关系	$\triangle$接法： $U = U_{ph}；I = \sqrt{3}\,I_{ph}$ 星形（Y）接法： $I = I_{ph}；U = \sqrt{3}\,U_{ph}$	U、I——线电压与线电流； U_{ph}、I_{ph}——相电压与相电流 （前述关系均指三相对称时）
18	交流并联电路的总电流和电路的功率因数角	$I = \sqrt{I_1^2 + I_2^2 + 2I_1I_2\cos(\varphi_1 - \varphi_2)}$ $\varphi = \mathrm{tg}^{-1}\dfrac{I_1\sin\varphi_1 + I_2\sin\varphi_2}{I_1\cos\varphi_1 + I_2\cos\varphi_2}$ $\varphi_1 = \mathrm{tg}^{-1}\dfrac{X_1}{R_1}$ $\varphi_2 = \mathrm{tg}^{-1}\dfrac{X_2}{R_2}$	I——并联电路总电流； I_1——第一分路电流； I_2——第二分路电流； φ——$\dot{I}$ 与电压 $\dot{U}$ 间的相角； φ_1——$\dot{I}_1$ 与电压 $\dot{U}$ 间的相角； φ_2——$\dot{I}_2$ 与电压 $\dot{U}$ 间的相角

九、电工常用法定计量单位

电工常用法定计量单位（GB3102—1984），见表 11 - 27。

表 11 - 27　　　　　　　　　常用物理量及其法定计量单位

量的名称	量的符号	单位名称	单位符号	换 算 关 系
长度	l（L）	米	m	1m = 100cm（厘米）= 1000mm（毫米）
时间	t	秒	s	1h（小时）= 60min（分）= 3600s
重量，质量	m	千克（公斤）	kg	1t（吨）= 1000kg　1 磅 $\approx$ 0.4536kg 1 盎司 $\approx$ 31.1g
力 重力	F W（P，G）	牛［顿］	N	1kgf（千克力、公斤力）$\approx$ 9.81N 1tf（吨力）= 9.81 × 10³N

量的名称	量的符号	单位名称	单位符号	换 算 关 系
平面角	α、β、γ 等	弧度	rad	1°（度）$= (\pi/180)$ rad
面积	A (S)	平方米	m^2	$1m^2 = 10^4cm^2 = 10^6mm^2$
体积	V	立方米	m^3	$1L = 10^{-3}m^3$　1 加仑（美）$\approx 3.785 \times 10^{-3}$ m^3
摄氏温度	t，θ	摄氏度	℃	
能量 功 热	E W (A) Q	焦（耳）	J	$1kW \cdot h$（千瓦小时）$= 3.6 \times 10^6J$ $1cal$（卡路里）$\approx 4.18J$ $1kgf \cdot m$（千克力米）$\approx 9.81J$
压力 压强	P	帕（斯卡）	Pa	$1atm$（标准大气压）$\approx 1.013 \times 10^5Pa$ $1at$（工程大气压）$\approx 9.81 \times 10^5Pa$ $1mmHg$（毫米汞柱）$\approx 133.322Pa$
转速	n	转/分	r/min	$60r/min$（转每分）$= 1r/s$
电流	I	安（培）	A	$1A = 10^{-3}kA$（千安）$= 10^3mA$（毫安）
电位 电压 电动势	V，φ U E	伏特	V	$1V = 10^{-3}kV$（千伏）$= 10^3mV$（毫伏）
电阻	R	欧（姆）	Ω	$1M\Omega$（兆欧）$= 10^6\Omega$
电导	G	西（门子）	S	
电感	L，M	亨（利）	H	$1H = 1000mH$（毫亨）
电容	C	法（拉）	F	$1F = 10^6\mu F$（微法）$= 10^{12}\mu\mu F$（微微法）
频率	f (v)	赫（兹）	Hz	$1MHz = 10^3kHz$（千赫）$= 10^6Hz$
功率	P	瓦（特）	W	$1HP$（米制马力）$\approx 735.5W$
电荷量	Q	库（仑）	C	
磁通量	Φ	韦（伯）	Wb	$1Mx$（麦克斯韦）$\approx 10^{-4}Wb$
磁感应强度	B	特（斯拉）	T	$1GS$（高斯）$\approx 10^{-4}T$
磁场强度	H	安（培）/每米	A/m	$10c$（奥斯特）$\approx (1000/4\pi)$ A/m
光照度	E	勒（克斯）	lx	
光通量	Φ	流（明）	lm	
光亮度	L	坎（得拉）/每平方米	cd/m^2	
发光强度	I	坎（得拉）	cd	

第十二章

电 气 布 置

电气布置要体现电气走线流畅，由高压开关柜—变压器—低压开关柜顺序走线，无迂回曲折，少交叉跨越。尤其是变压器低压侧电器要紧靠变压器，以降低电压损失、电能损耗和建设成本。但由于给出的电房地形是因地而异、千变万化的，所以设计颇费脑筋。

▶ 第一节 一 般 规 定

一、变压器室布置

（1）为了保证安全及变压器的安装和维修，对室内或露天（半露天）10(6)kV 变电站的变压器布置，容量为 1000kVA 及以下应满足表 12－1 的要求。

（2）变压器单台油量在 60kg 及以上，宽面推进的变压器，低压侧宜向外；窄面推进的变压器，油枕宜向外。

（3）变压器室内可安装与变压器有关的开关和熔断器，在布置上应尽可能靠近出入口处，以方便操作。

（4）变压器室内应设置装运变压器用的地锚；有载调压变压器室，宜装有吊芯用的吊钩，吊钩高度和强度应满足使用要求。

表 12－1   **变压器布置的最小净距离**（m）

变压器安装方式	项　目	净距	备　注
室内变电所	1.变压器外廓与后壁、侧壁净距	0.6(0.8)	括号内数字适用于 1250kVA 变压器
	2.变压器与门的净距	0.8(1.0)	
露天或半露天变电所	1.变压器外廓与围栏或建筑物外墙	0.8	若达不到要求应设防火墙
	2.变压器底部距地面	0.3	
	3.相邻变压器外廓之间	1.5	
	4.对一级负荷供电时，相邻变压器间的防火净距	10	
	5.变压器四周固定围栏高度	1.7	

二、变压器间距

多台干式变压器布置在同一房间内（见图 12－1）时，变压器防护外壳间的净距不应小于表 12－2 所列数值。

三、高压配电室

（1）为了便于维修和操作，高压配电室内各种通道的宽度，不应小于表 12－3 规定的宽度。

表 12 – 2　　　　　　　　干式变压器防护外壳间的最小净距（m）

项　　　目　　　　净　距　（m）		变 压 器 容 量 （kVA） 100 ~ 1000	1250 ~ 1600
变压器侧面具有 IP2X 防护等级①及以上的金属外壳	A	0.60	0.80
变压器侧面具有 IP4X 防护等级①及以上的金属外壳	A	可贴邻布置	可贴邻布置
考虑变压器外壳之间有一台变压器拉出防护外壳	B②	变压器宽度 b 加 0.60	变压器宽度 b 加 0.60
不考虑变压器外壳之间有一台变压器拉出防护外壳	B	1.00	1.20

注　① 详见《外壳防护等级分类》GB 4208—1984。

　　② 变压器外壳的门应为可拆卸式。当变压器外壳的门为不可拆卸式时其 B 值应为门扇的宽度 c 加变压器宽度 b 之和再加 0.30m。

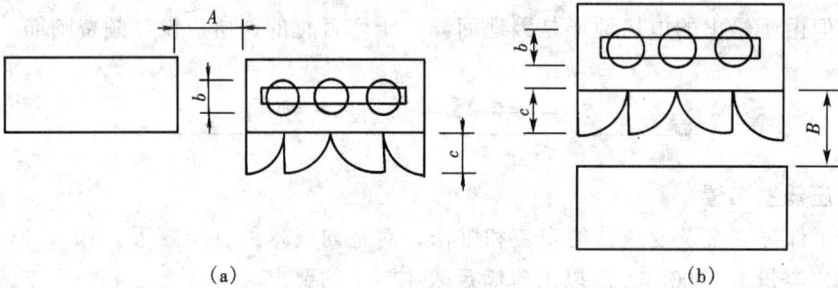

（a）　　　　　　　　　　　　　　　　　　（b）

图 12 – 1　多台干式变压器相邻布置外壳之间净距

（a）窄面相邻时 A 值；（b）宽面相邻时 B 值

表 12 – 3　　　　　　　　高压配电室内各种通道最小净宽度

通道分类　　　　　　布置方式	柜后维护通道 （mm）	柜前操作通道 （mm）	
		固　定　式	手　车　式
单列布置	800	1500	单车长 + 1200
双列面对面布置	800	2000	双车长 + 900
双列背对背布置	1000	1500	单车长 + 1200

注　当电源从柜后进线，且需在柜正背面后墙上另设隔离开关及其手动操作机构时，则柜后通道净宽不应小于 1.5m；当柜背面有防护时，可减为 1.2m。

（2）高压配电室的长度超过 8m 时应开两个门，并布置在两端；门的宽度宜按最大不可拆卸部件宽度加 0.30m，高度宜按不可拆卸部件最大高度加 0.3m。

四、低压配电室

（1）配电装置的布置，应考虑设备的操作、搬运、检修和试验的方便。

（2）低压配电室兼作值班室时，配电屏的正面宽度不得小于 3m。

（3）成排布置的配电屏，其长度超过 6m 时，屏后面的通道应有两个通向本室或其他房间的出口，并宜布置在通道的两端。当两出口之间的距离超过 15m 时，其间还应增加出口。

（4）低压配电室通道上方裸带电体距地面的高度不应低于下列数值：

1）屏前通道内为 2.5m，加护网后其高度可降低，但护网最低高度为 2.2m。

2）屏后通道内为 2.3m，否则应加遮护，遮护体的高度不应低于 1.9m。

（5）成排布置的配电屏，其屏前和屏后的通道宽度，不应小于表 12 – 4 所列数值。

通道宽度　布置方式　　装置种类	单排布置		双排对面布置		双排背对背布置		多排同向布置	
	屏前	屏后	屏前	屏后	屏前	屏后	屏前	屏后
固定式	1.50 (1.30)	1.00 (0.80)	2.00	1.00 (0.80)	1.50 (1.30)	1.50	2.00	—
抽屉式、手车式	1.80 (1.60)	0.90 (0.80)	2.30 (2.00)	0.90 (0.80)	1.80	1.50	2.30 (2.00)	—
控制屏（柜）	1.50	0.80	2.00	0.80	—	—	2.00	屏前检修时靠墙安装

注　括号内数字为有困难时的最小宽度。

（6）同一配电室内的两段母线，如任一段母线有一级负荷时，则母线分段处应有防火隔离措施。

五、配变电站对土建的要求

（1）耐火等级。变压器室（油浸式）为一级，低压配电室和低压电容器室不应低于三级，其余为二级。

（2）屋面。均应有保温、隔热及防水排水措施，坡度 5%，不设女儿墙，雨水不应沿墙流下。

（3）顶棚及内墙面。控制室、高低压配电装置室以及各辅助房间的内墙表面均应抹灰刷白，变压器室内墙面和所有顶棚均刷白。

（4）地坪。油浸式变压器室若不抬高，应在地下设能容纳 100% 油量的储油池或渗油坑，坑内用卵石铺垫厚 250mm；抬高布置用水泥地坪，中间通风，四周做 2% 排油坡度。其他各室一律水泥压光。

（5）采光窗。高压配电室和电容器室宜设不能开启的自然采光窗，窗户下沿距室外地面高度不宜小于 1.80m。临街的一面不宜开窗。低压室、值班室等设采光加纱窗。

（6）门。变压器室的门应能向外开启 180°，无门槛。单扇门宽等于或大于 1.5m 时，应加开一小门。凡向外开启的门，当夏季需要常开时，应加纱门，并能防止小动物窜入。制作门的材料应满足防火等级要求。

（7）通风。高压室宜有自然通风窗（门或窗上的固定百叶等）。为炎热地区夏季排风或事故时排风而安装的排风机，应满足每小时不少于 6 次的换气量。变压器室进、排风窗的面积根据容量大小与夏季温度而定，详见表 12－5。

表 12－5　变压器室进、排风窗面积表

变压器容量 （kVA）	夏季通风温度 （℃）	进风窗面积 （m²）	排风窗面积 （m²）
200～630	35	＞0.9	＞1.5
800～1000	30	＞1.35	＞2.25

注　进、排风窗面积不能满足时，可考虑加装排风机。

（8）其他。有人值班的大型配变电站应适当考虑上下水设施。室内有电缆沟时，应防止积水。电缆沟的盖板（花纹钢板或水泥板）每块质量，应不大于 50kg。

第二节　电气布置方案图例

一、公用开关站、变配电站布置平面图

（1）双电源开关站两列式布置平面图，见图 12－2。

（2）双电源开关站 □ 形布置平面图，见图 12－3。

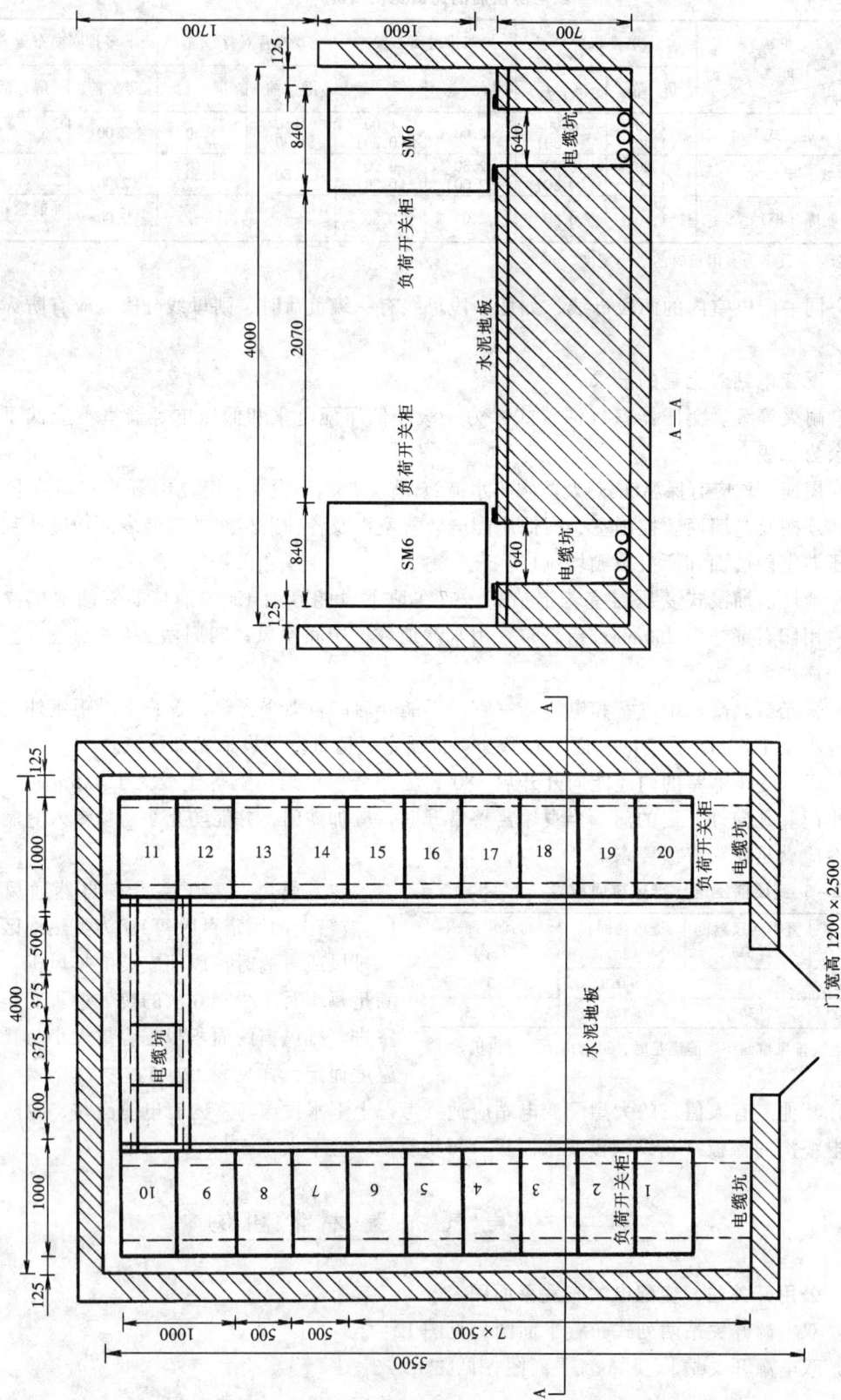

图 12－2　双电源开关站两列式布置平面图

10kV 配电工程设计手册

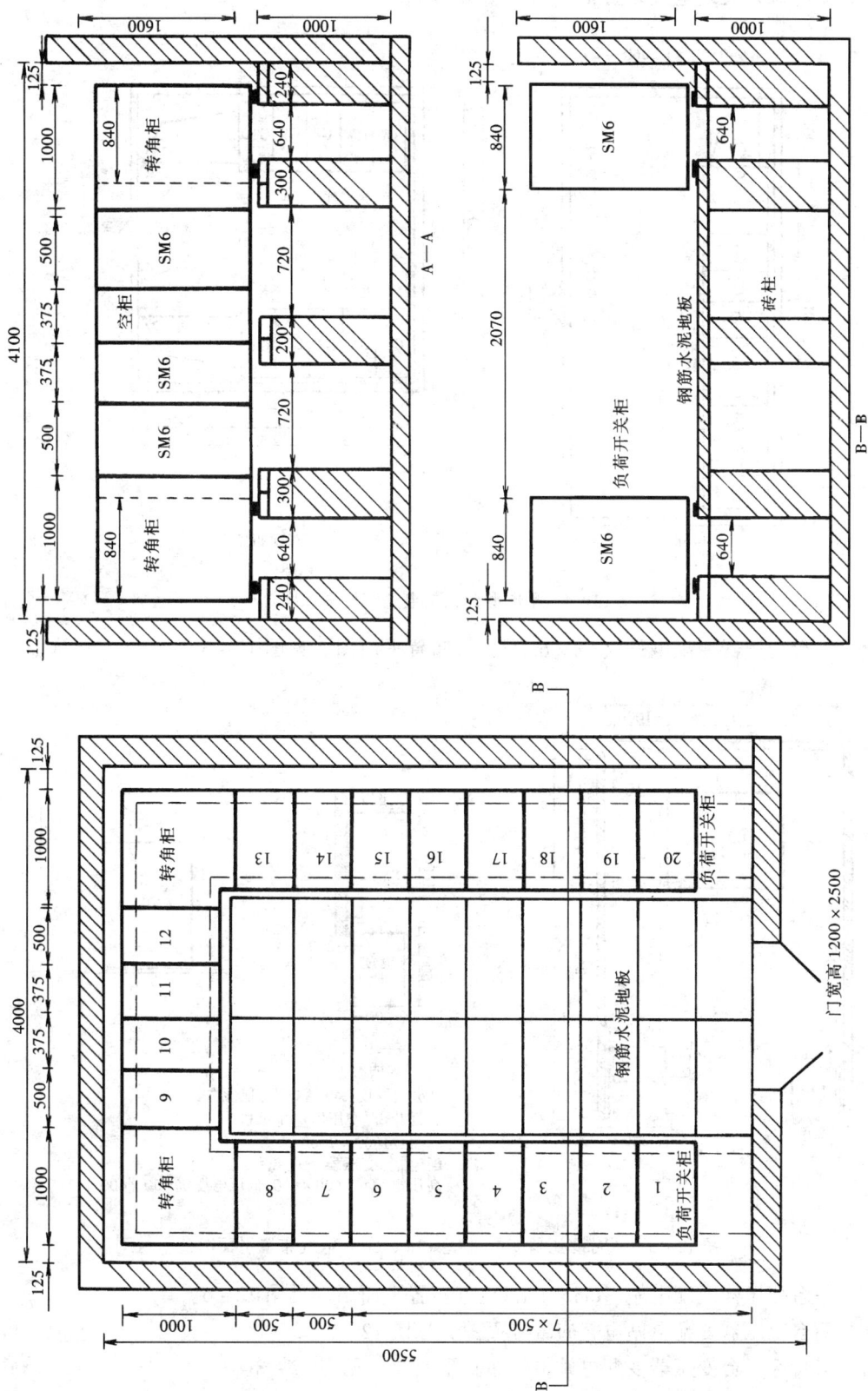

图 12 – 3 双电源开关站 门 形布置平面图

(3) 单电源开关站电气布置平面图，见图 12 – 4。

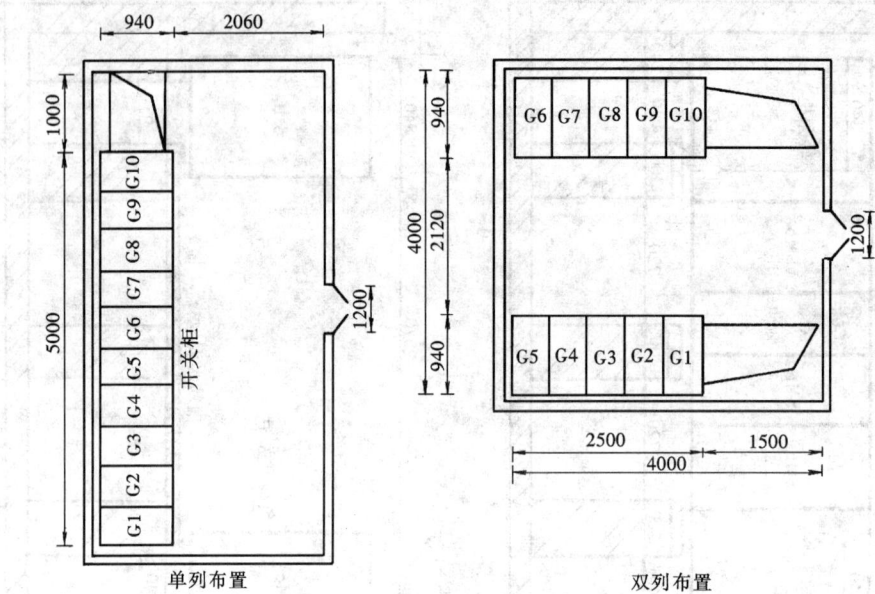

单列布置

双列布置

图 12 – 4　单电源开关站电气布置平面图

(4) 一台变压器变配电站（4m×6m）电气布置平面图，见图 12 – 5。

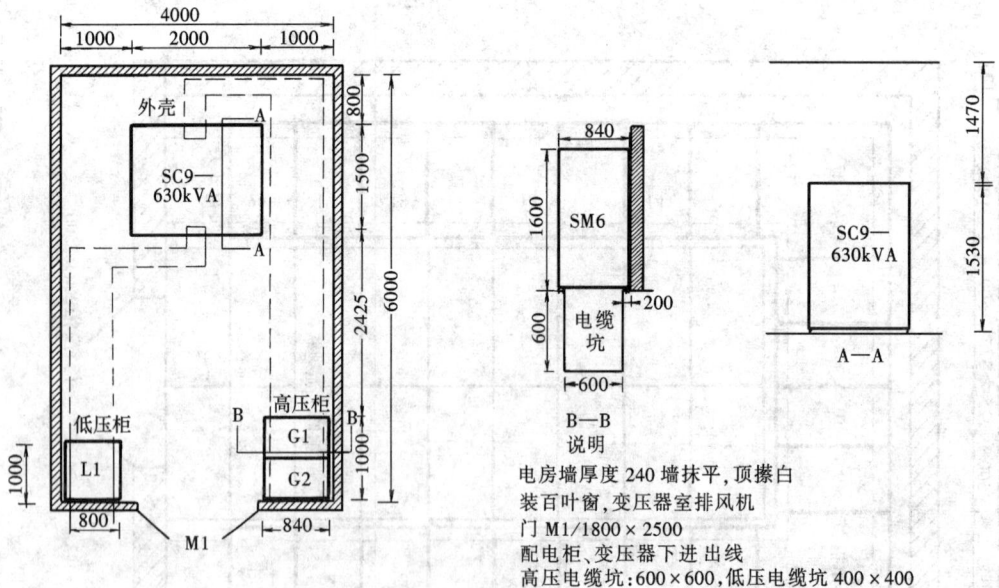

说明

电房墙厚度 240 墙抹平，顶搽白
装百叶窗，变压器室排风机
门 M1/1800×2500
配电柜、变压器下进出线
高压电缆坑：600×600，低压电缆坑 400×400

图 12 – 5　一台变压器变配电站（4m×6m）电气布置平面图

(5) 一台变压器变配电站（6m×4m）电气布置平面图，见图 12 – 6。

(6) 两台变压器变配电站电气布置平面图，见图 12 – 7。

(7) 某特区一台变压器变配电站电气布置平面图，见图 12 – 8。

10kV 配电工程设计手册

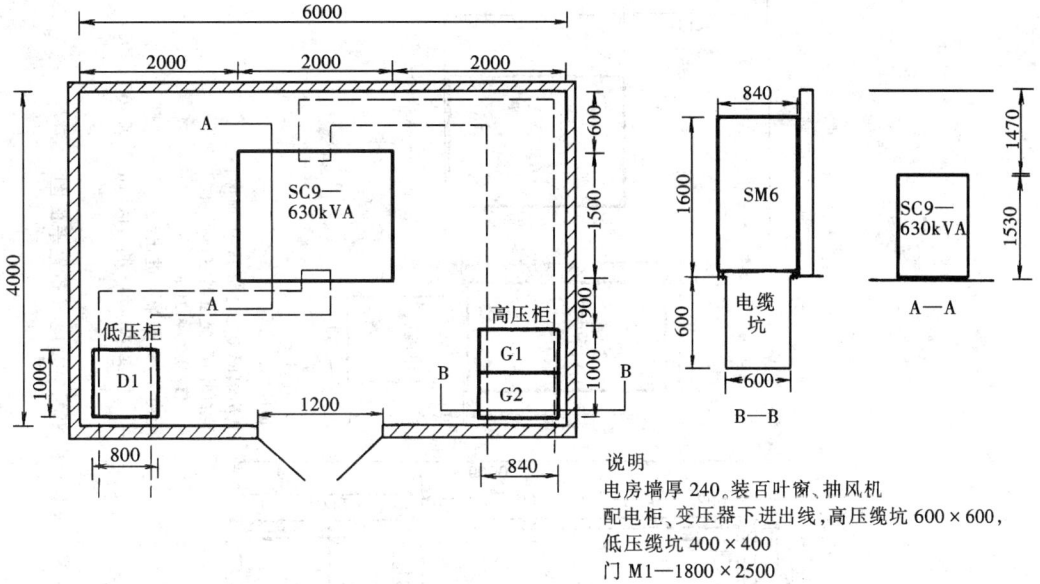

说明
电房墙厚 240。装百叶窗、抽风机
配电柜、变压器下进出线，高压缆坑 600×600，
低压缆坑 400×400
门 M1—1800×2500

图 12-6 一台变压器变配电站（6m×4m）电气布置平面图

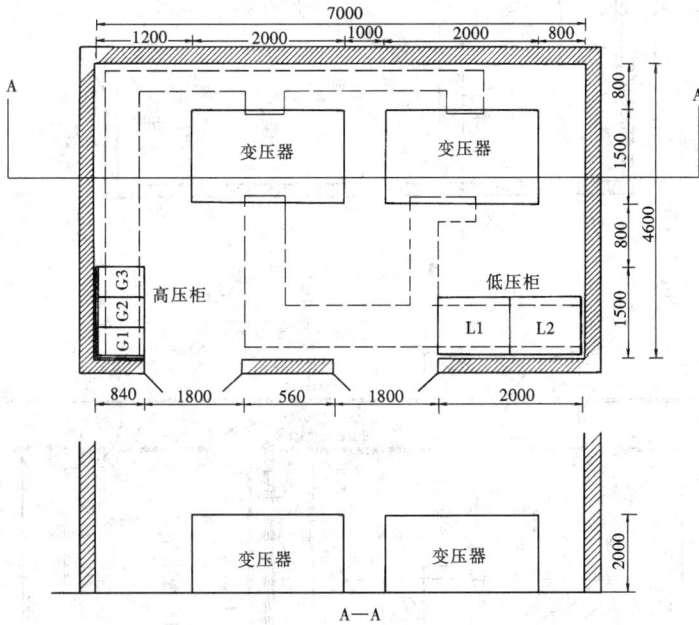

图 12-7 两台变压器变配电站电气布置平面图

二、800kVA 以下专用变配电站电气布置平面图

800kVA 以下专用变配电站电气布置平面图，见图 12-9。

三、800kVA 及以上专用变配电房电气布置平面图

（一）一种设备一房布置

（1）一台变压器独立房一行布置平面图，见图 12-10。

说明

电房墙厚度 240 墙抹平，顶搭白
装百叶窗，变压器室排风机
门 M1/1800×2500
配电柜 变压器下进出线
高压电缆坑:600×600，低压电缆坑 400×400

图 12－9 800kVA 以下专用变配电站电气布置平面图

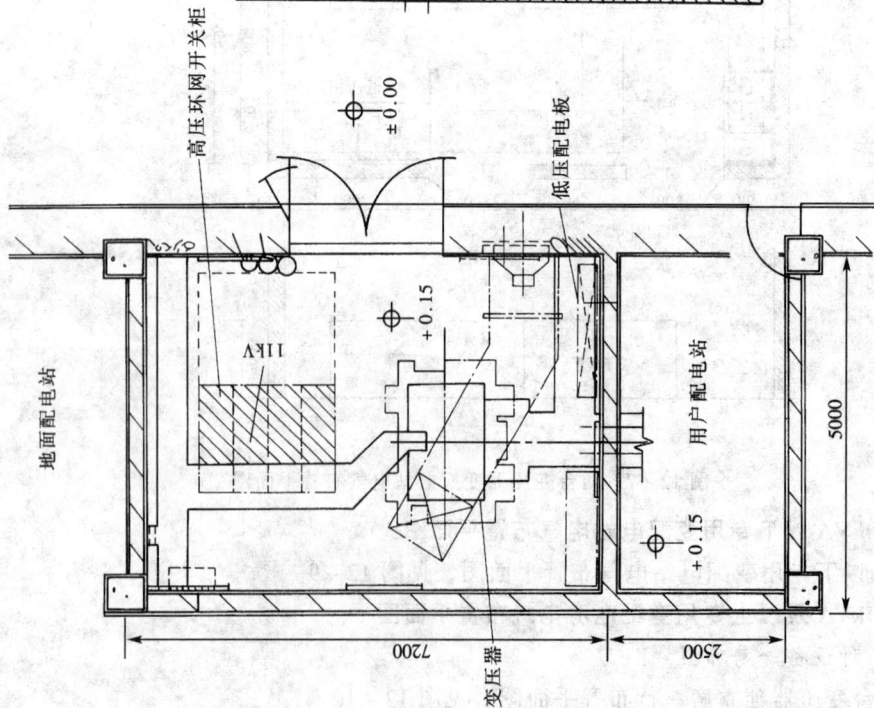

图 12－8 某特区一台变压器变配电站电气布置平面图

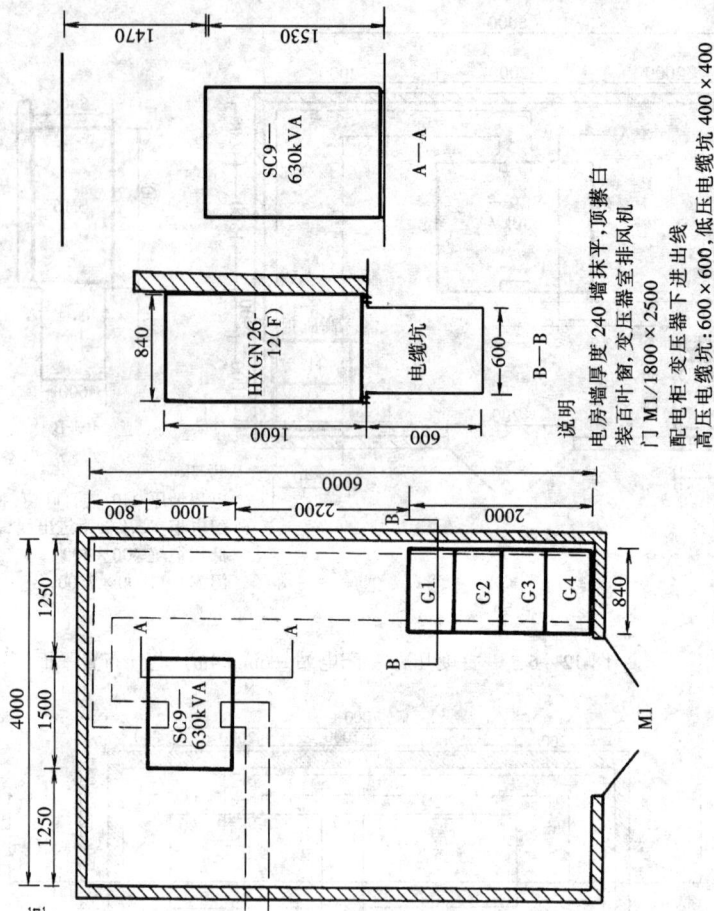

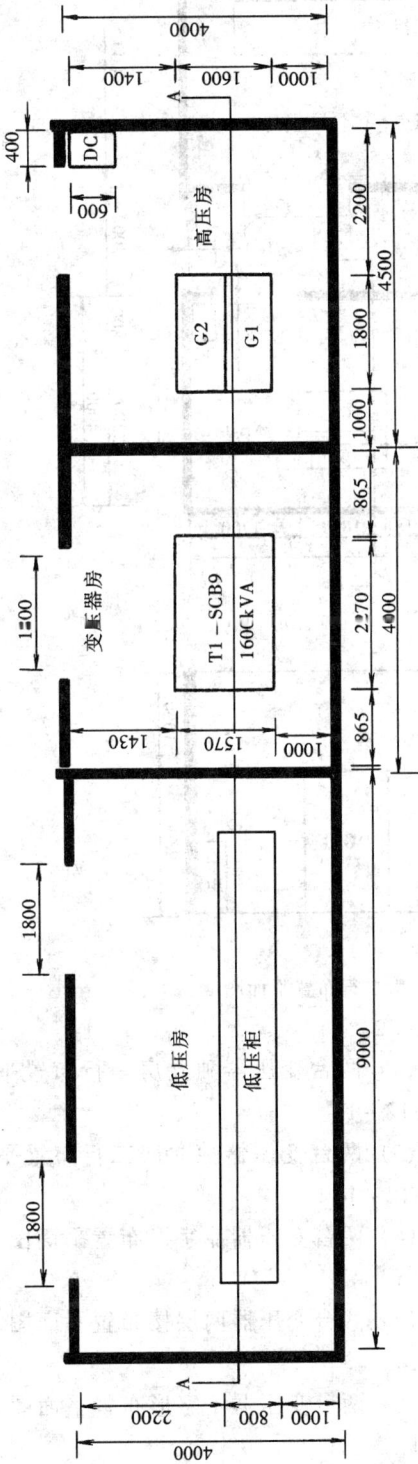

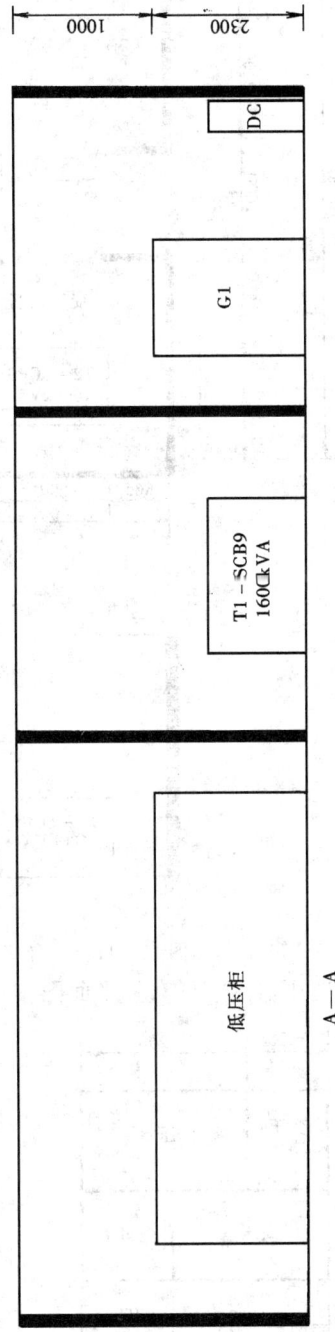

图 12－10 一台变压器独立房一行布置平面图

高压房

变压器房

低压房

DC

G2 G1

T1－SCB9
160CkVA

低压柜

A

A

4000
1400
1600
1000
400
600
2200
4500
1800
1000
865
2270
4400
865
1200
1430
1570
1000
1800
9000
1800
2200
800
1000
4000

A—A

DC

G1

T1－SCB9
160CkVA

低压柜

1000
2300

（2）一台变压器独立房二行布置平面图，见图 12 – 11。

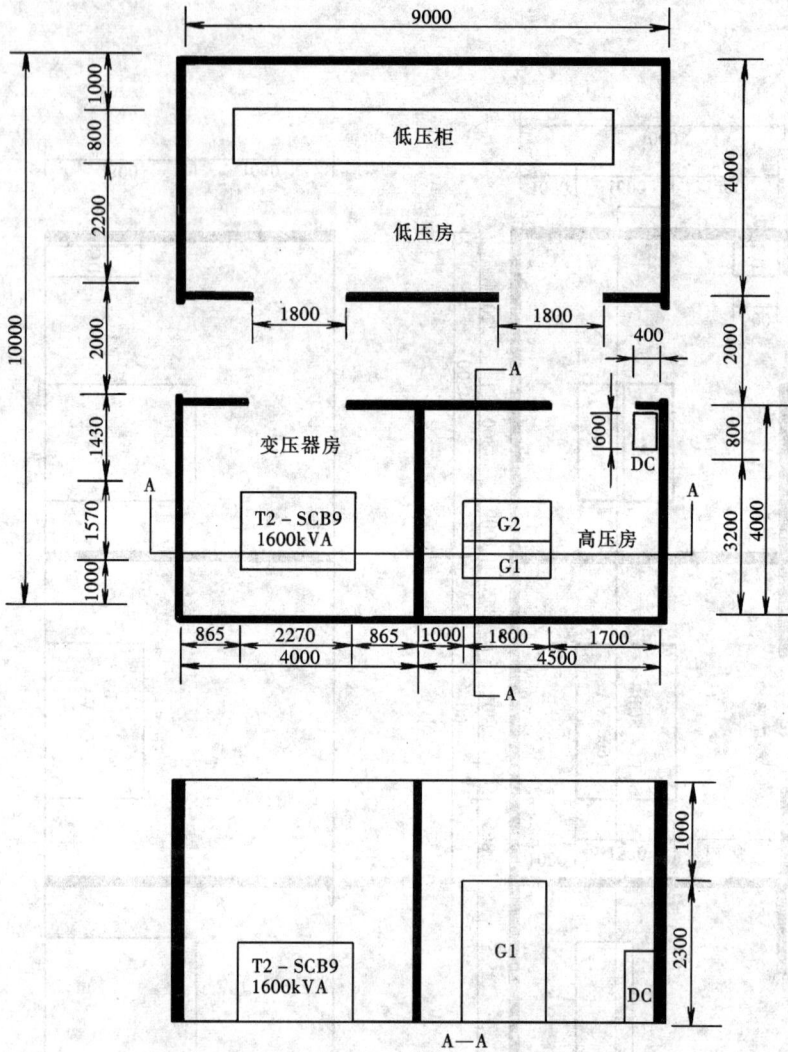

图 12 – 11 一台变压器独立房二行布置平面图

（3）一台变压器品字形布置平面图，见图 12 – 12。

图 12 – 12 一台变压器品字形布置平面图

（4）两台变压器独立房一行布置平面图，见图 12 – 13。

（5）两台变压器独立房二行布置平面图，见图 12 – 14。

（6）两台变压器品字形布置平面图，见图 12 – 15。

（7）两台变压器两层楼布置平面图，见图 12 – 16。

（8）两台变压器十字形布置平面图，见图 12 – 17。

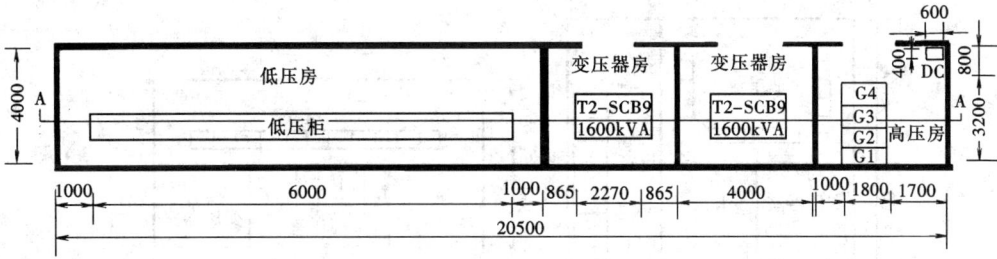

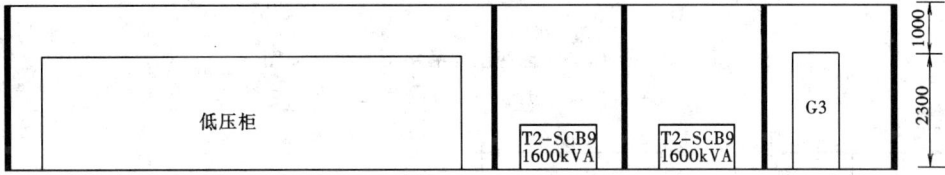

图 12-13 两台变压器独立房一行布置平面图

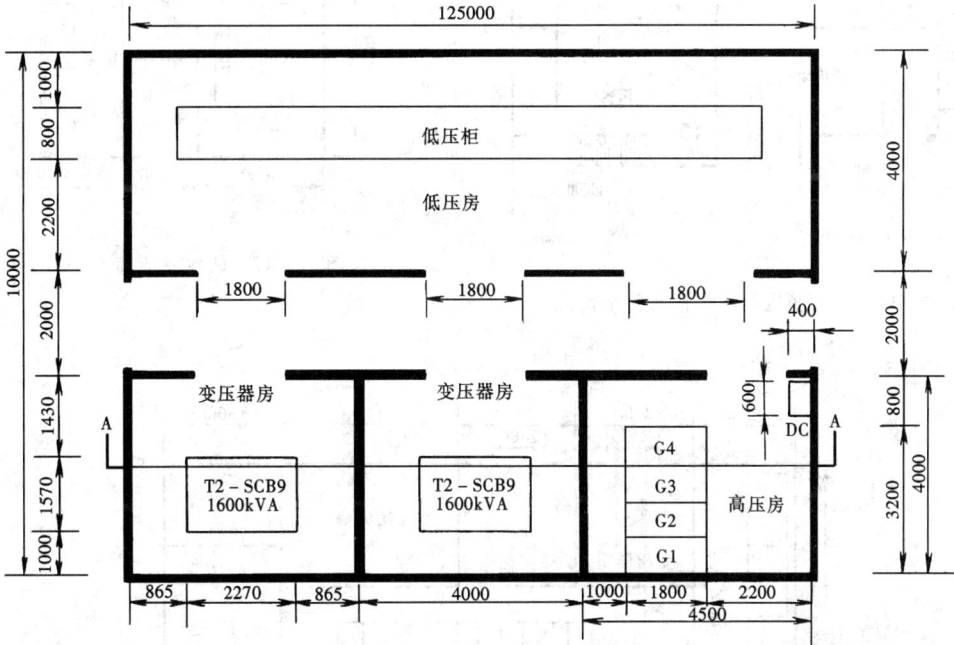

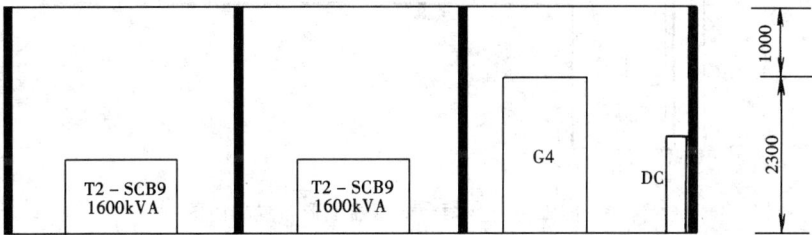

图 12-14 两台变压器独立房二行布置平面图

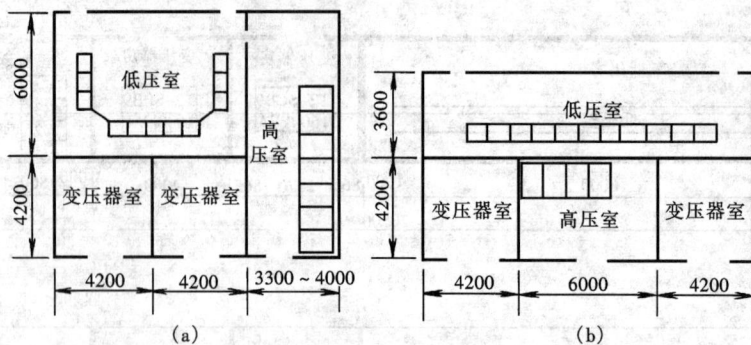

图 12 - 15 两台变压器品字形布置平面图

(a) 方案一；(b) 方案二

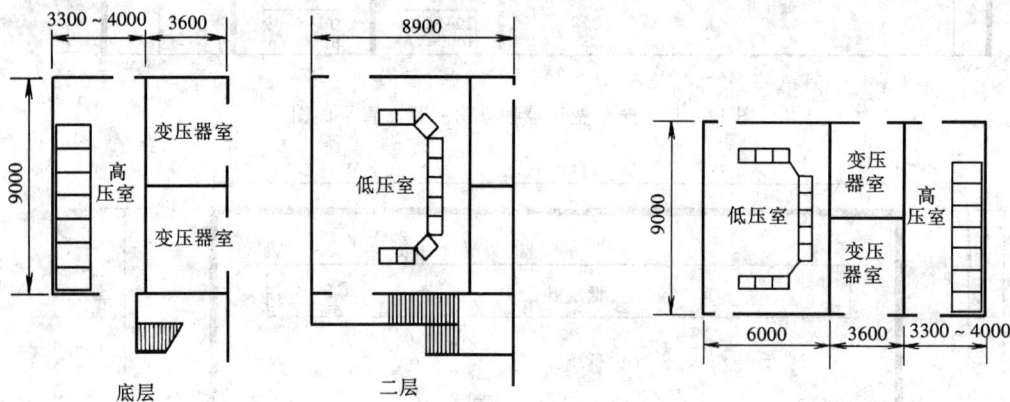

图 12 - 16 两台变压器两层楼布置平面图

图 12 - 17 两台变压器十字形布置平面图

(9) 两台变压器 F 形布置平面图，见图 12 - 18。

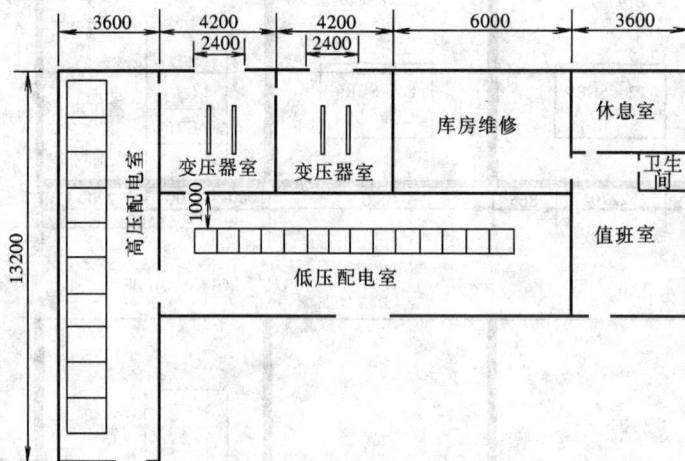

图 12 - 18 两台变压器 F 形布置平面图

(二) 多种设备同一房布置

(1) 一行式布置平面图，见图 12 - 19。

10kV 配电工程设计手册

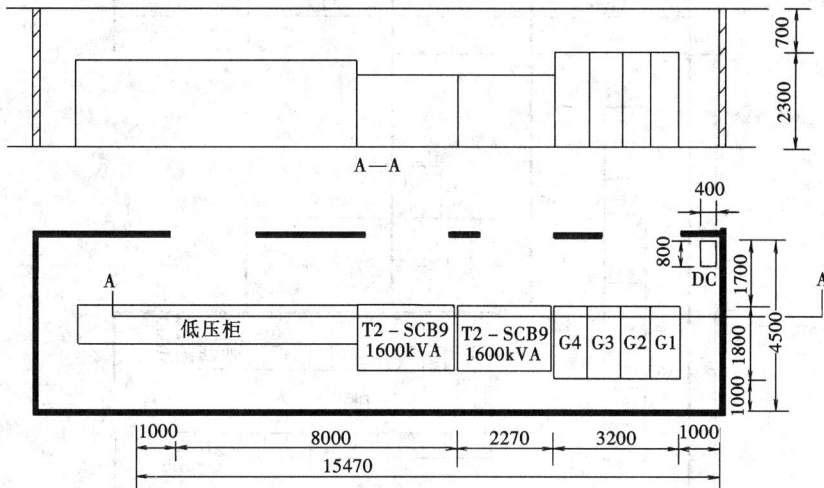

说明：同房布置的设备为封闭式无油设备，变压器外壳为 IP4X 以上金属。

图 12 - 19　一行式布置平面图

（2）二行式布置平面图，见图 12 - 20。

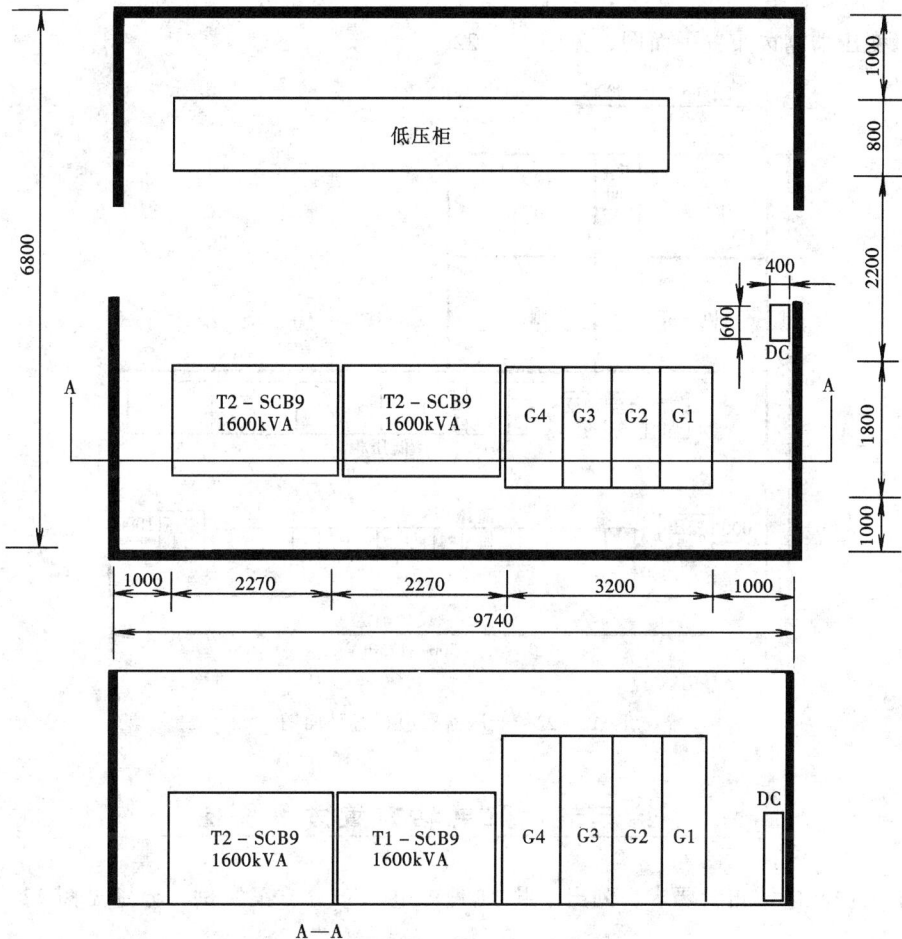

说明:同房布置的设备为封闭式无油设备,变压器外壳为 1P4X 以上金属。

图 12 - 20　二行式布置平面图

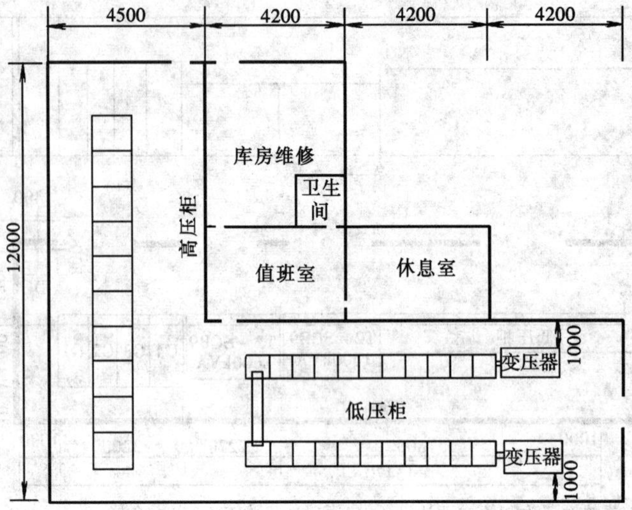

图 12 - 21　L形布置平面图

（3）L形布置平面图，见图 12 - 21。

（4）变压器靠边布置平面图，见图 12 - 22。

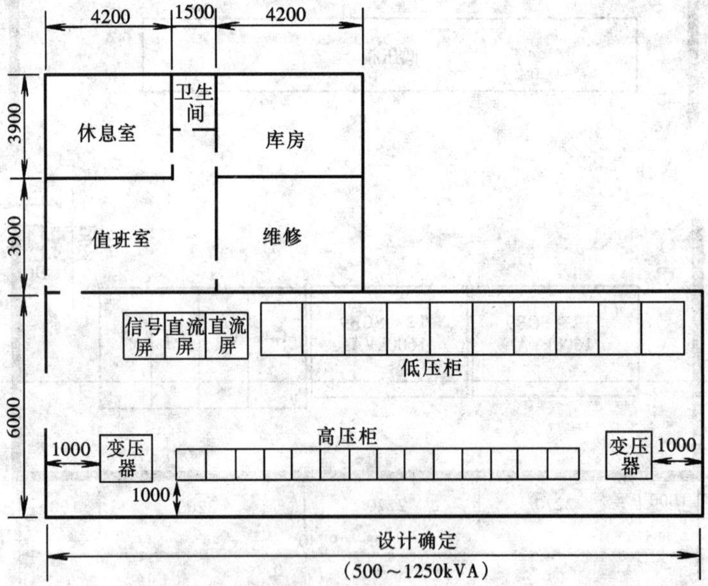

图 12 - 22　变压器靠边布置平面图

第三节　配电站布置方案图例

本节根据配电站布置要求，列出了共31种配电站布置方案实例，分别见图12-23～图12-31。

10kV 配电工程设计手册

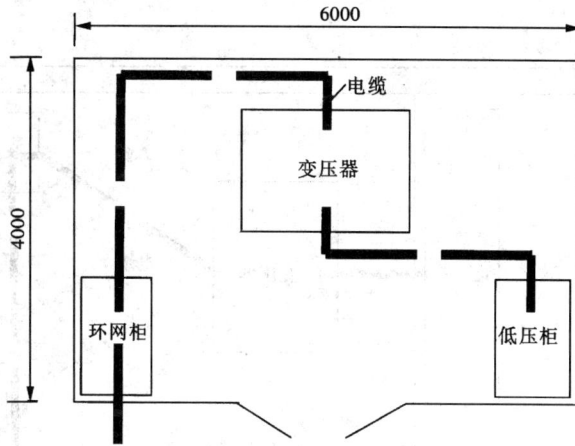

图 12-23 同室布置 6m×4m 配电站方案实例

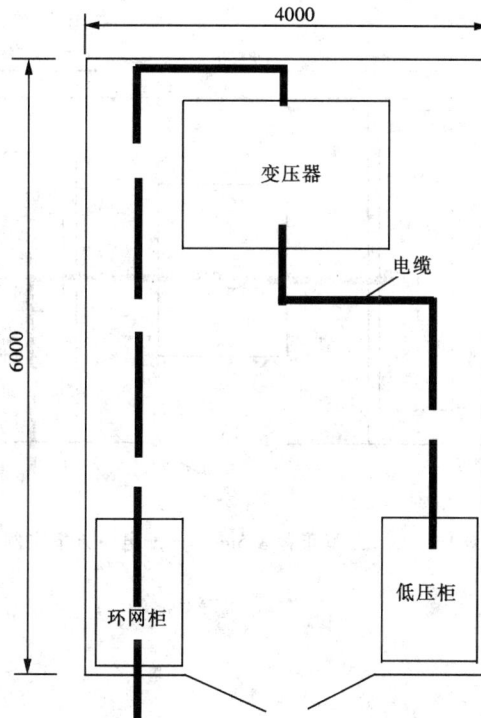

图 12-24 同室布置 4m×6m 配电站方案实例

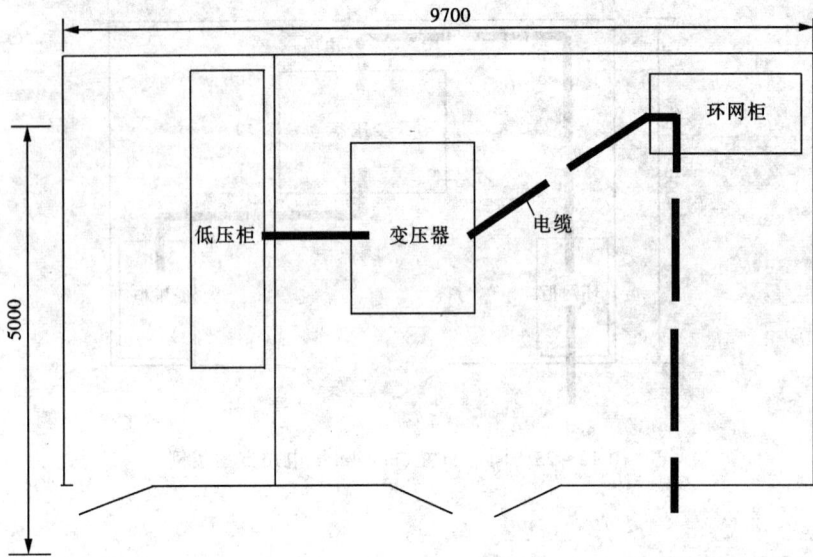

图 12 - 25 两室布置 9.7m×5m 配电站方案实例

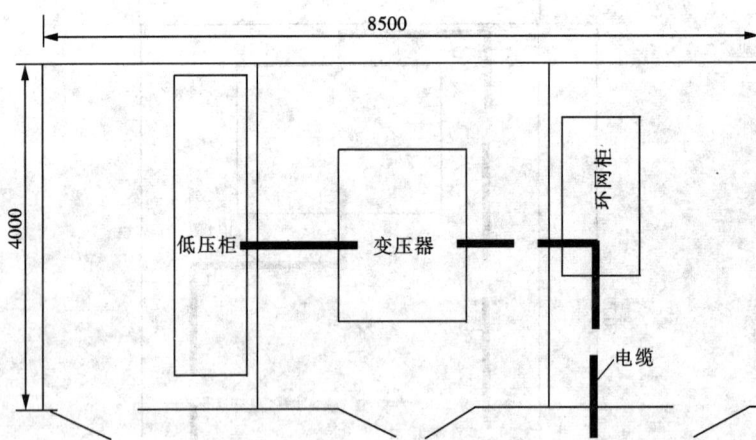

图 12 - 26 三室布置 8.5m×4m 配电站方案实例

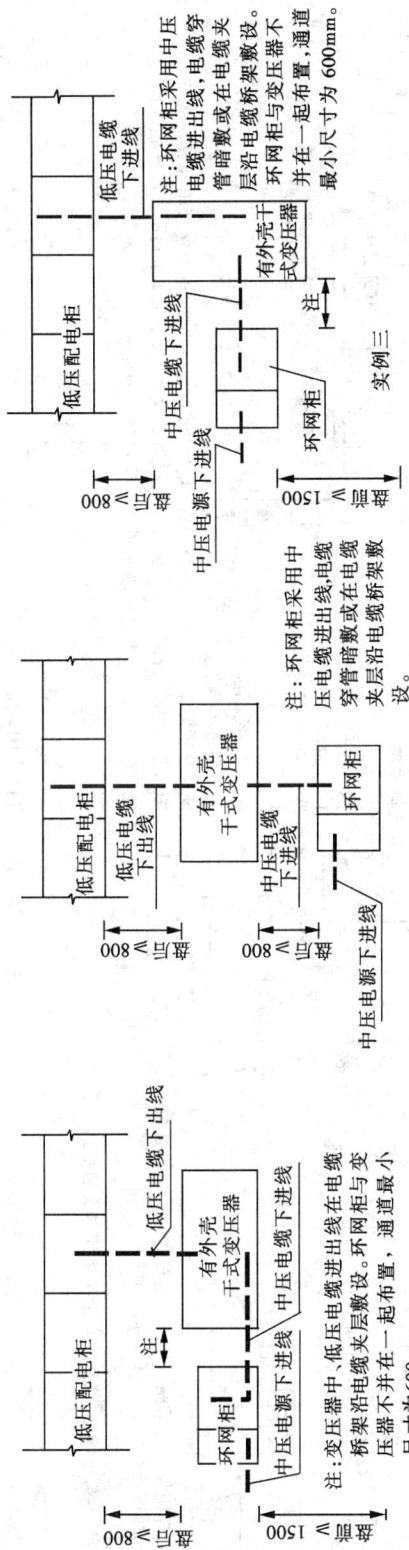

图 12-27 配电站布置七例

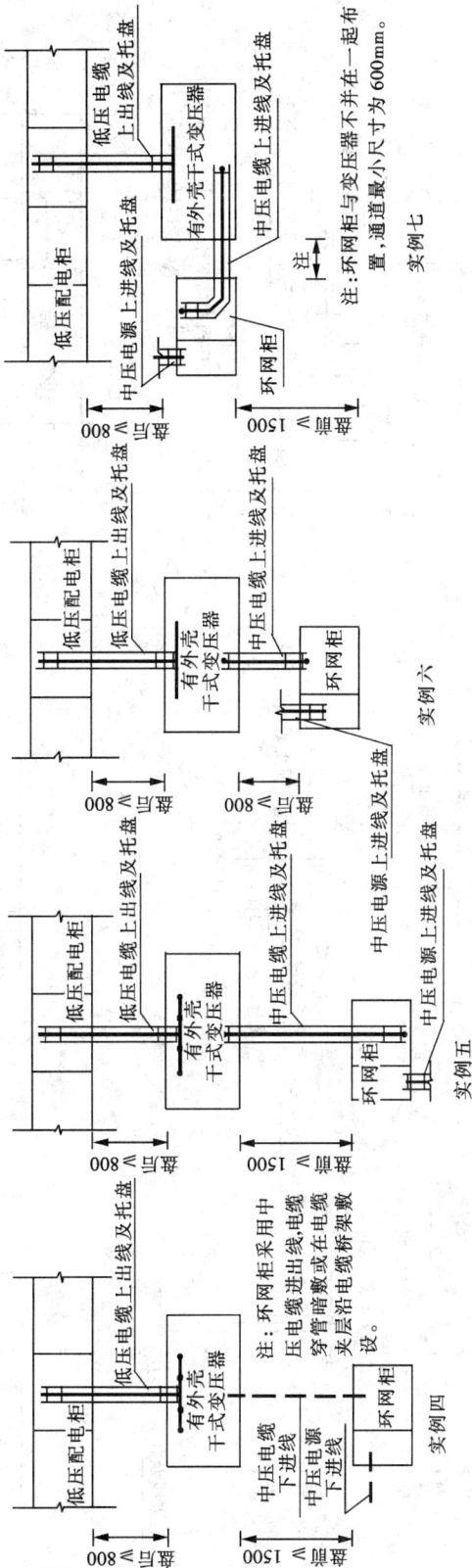

注：变压器、环网柜、低压配电柜布置须考虑运输通道。

实例一

低压配电柜 | 低压母线槽 | 有外壳干式变压器 | 中压电缆上进线及托盘 | 环网柜

中压电源上进线及托盘

柜深≥800 柜深≥1500

实例二

低压配电柜 | 低压母线槽 | 有外壳干式变压器 | 中压电缆上进线及托盘 | 环网柜

中压电源上进线及托盘

柜深≥800 柜深≥800

实例三

低压配电柜 | 低压母线槽 | 有外壳干式变压器 | 中压电缆上进线及托盘

环网柜 | 中压电源上进线及托盘

柜深≥800 柜深≥1500

注:环网柜与变压器不并在一起布置,通道最小尺寸为600mm。

实例四

低压配电柜 | 低压母线槽 | 有外壳干式变压器 | 中压电缆上进线及托盘

环网柜 | 中压电源上进线及托盘

柜深≥800 柜深≥1500

注:环网柜与变压器不并在一起布置,通道最小尺寸为600mm。

实例五

低压配电柜 | 低压母线槽 | 有外壳干式变压器 | 中压电缆下进线

环网柜

中压电源下进线

柜深≥800 柜深≥800

注:环网柜采用中压电缆进出线,电缆穿管暗敷或在电缆夹层沿电缆桥架敷设。

实例六

低压配电柜 | 低压母线槽 | 有外壳干式变压器 | 中压电缆下进线

环网柜 | 中压电源下进线

柜深≥800 柜深≥1500

注:环网柜采用中压电缆进出线,电缆穿管暗敷或在电缆夹层沿电缆桥架敷设。环网柜与变压器不并在一起布置,通道最小尺寸为600mm。

注:变压器、环网柜、低压配电柜布置须考虑运输通道。

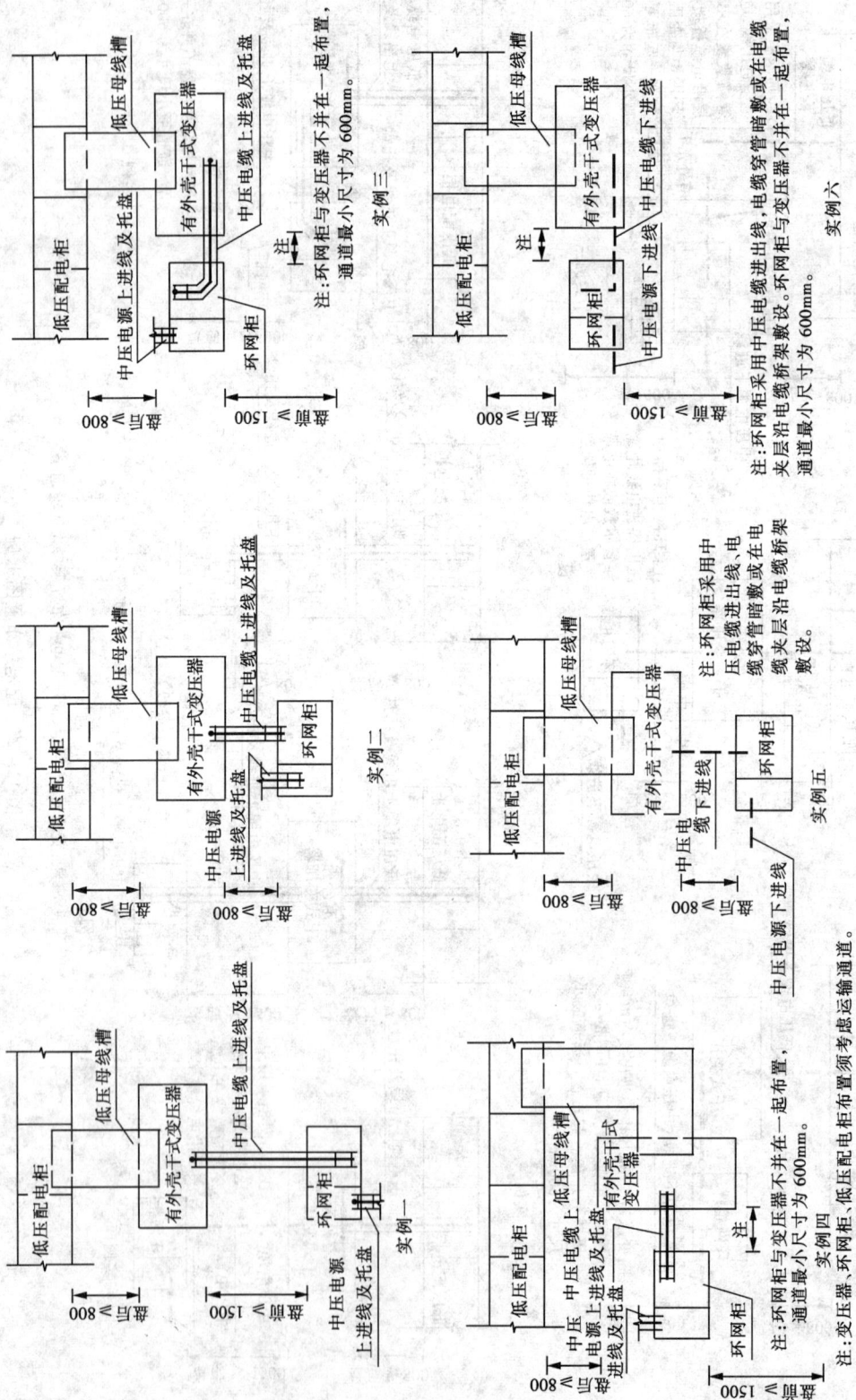

图12-28 配电站布置图六例

注：环网柜采用中压电缆进出线，电缆穿管暗敷或在电缆桥架敷设。环网柜与遮拦之间通道最小为 600mm。

无外壳干式变压器

低压母线槽

中压电缆下进线

遮拦

环网柜

中压电源下进线

低压配电柜

柜宽 ≥800

柜宽 ≥1500

实例二

注：环网柜采用中压电缆进出线，电缆穿管暗敷或在电缆桥架敷设。环网柜与遮拦之间通道布置不紧靠最小为 600mm。

无外壳干式变压器

低压母线槽

中压电缆下进线

遮拦

环网柜

中压电源进出线

低压配电柜

柜宽 ≥800

柜宽 ≥1500

实例四

注：环网柜与遮拦之间通道紧靠布置最小为 600mm。

无外壳干式变压器

低压母线槽

中压电缆上进线及托盘

遮拦

环网柜

中压电源上进线及托盘

低压配电柜

柜宽 ≥800

柜宽 ≥1500

实例一

注：环网柜与遮拦之间通道紧靠布置最小为 600mm。

外壳干式变压器

低压母线槽

中压电缆上进线及托盘

遮拦

环网柜

中压电源上进线及托盘

低压配电柜

柜宽 ≥800

柜宽 ≥1500

实例三

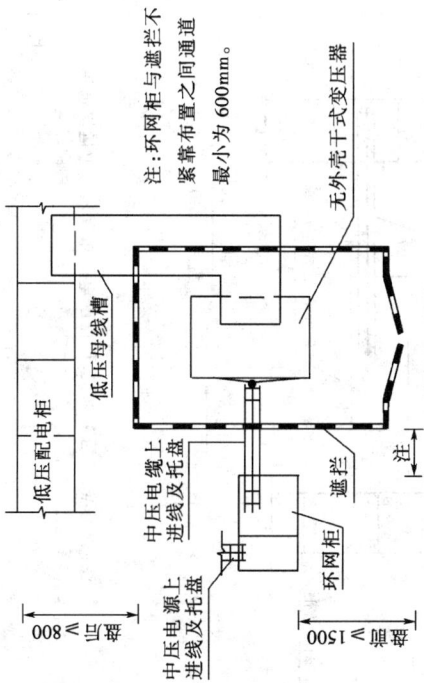

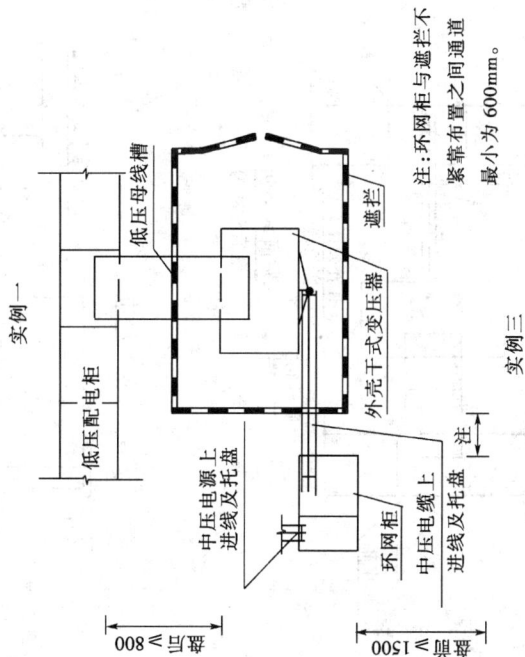

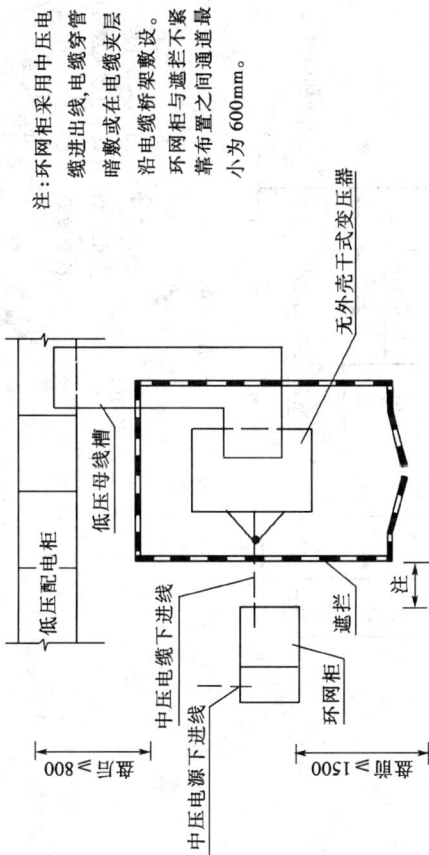

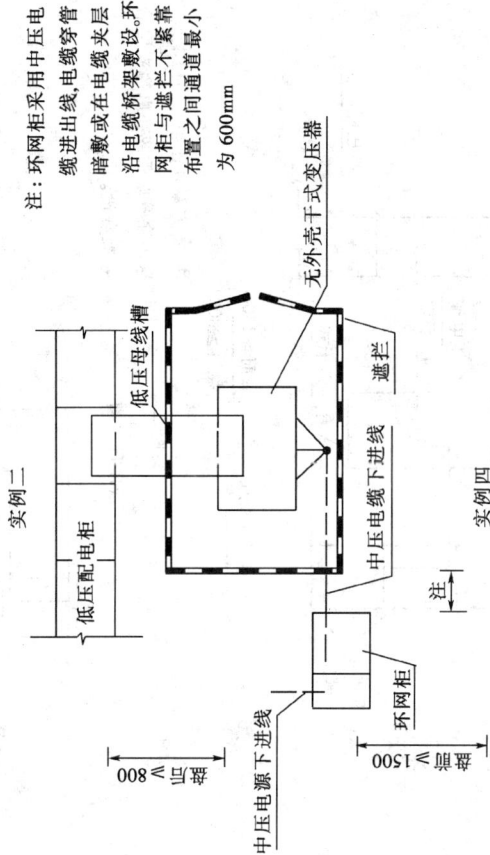

注：变压器、高压配电柜、低压配电柜布置须考虑运输通道。

图 12－29　配电站布置图四例

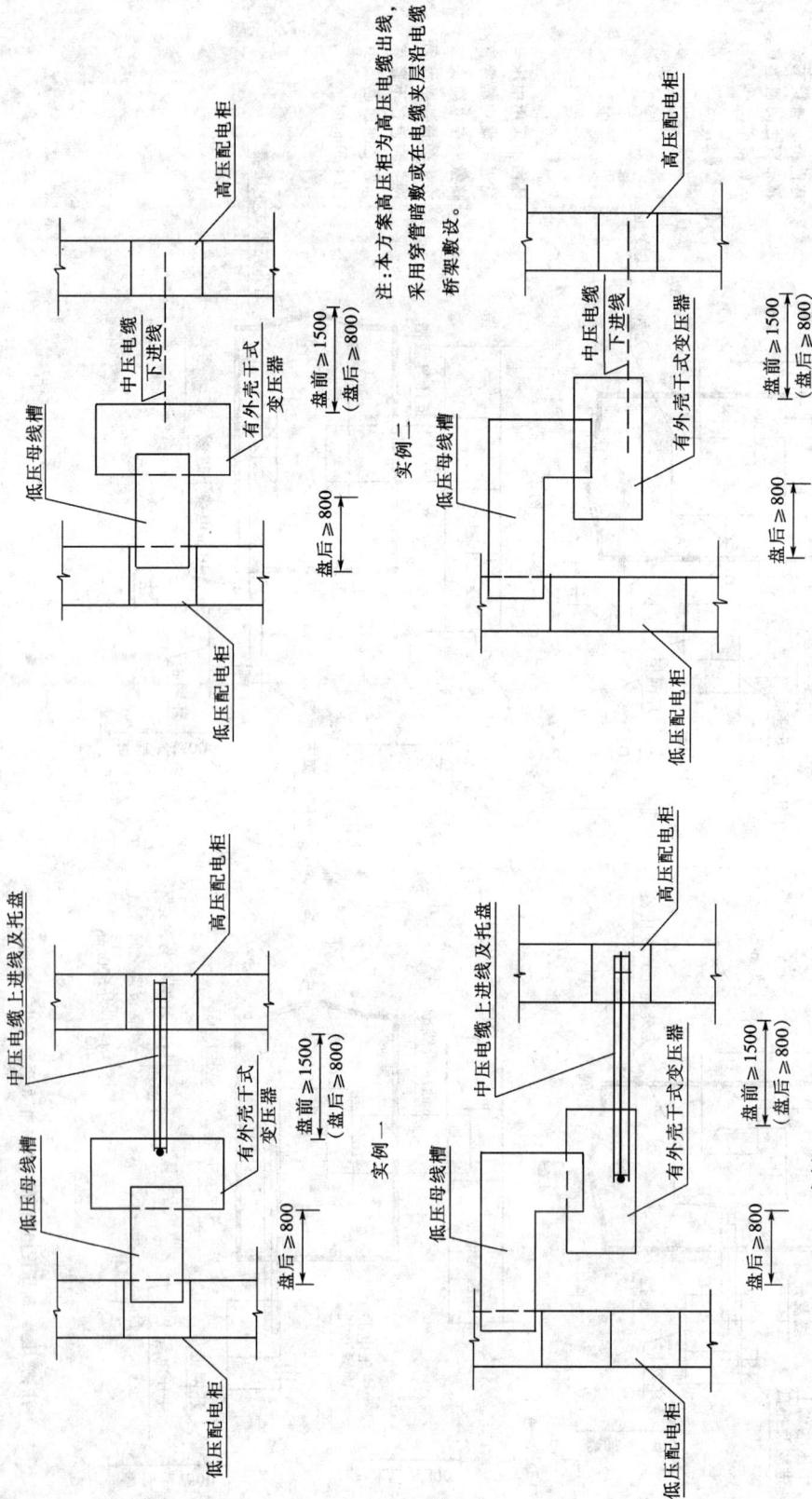

图 12-30　配电站布置示意图

实例一

中压电缆上进线及托盘　高压配电柜

有外壳干式变压器

低压母线槽

中压电缆上进线及托盘　盘前≥1500（盘后≥800）

盘后≥800

低压配电柜

实例三

中压电缆上进线及托盘　高压配电柜

有外壳干式变压器

低压母线槽

盘前≥1500（盘后≥800）

盘后≥800

低压配电柜

注：变压器、高压配电柜、低压配电柜布置须考虑运输通道。

实例二

中压电缆下进线　高压配电柜

有外壳干式变压器

低压母线槽

盘前≥1500（盘后≥800）

盘后≥800

低压配电柜

注：本方案高压柜为高压电缆出线，采用穿管暗敷或在电缆夹层沿电缆桥架敷设。

实例四

中压电缆下进线　高压配电柜

有外壳干式变压器

低压母线槽

盘前≥1500（盘后≥800）

盘后≥800

低压配电柜

注：本方案高压柜为高压电缆出线，采用穿管暗敷或在电缆夹层沿电缆桥架敷设。

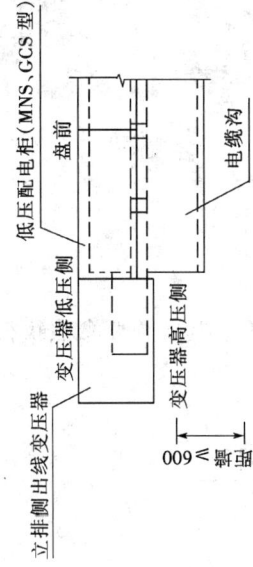

低压配电柜(MNS、GCS 型)

盘前

电缆沟

变压器低压侧

变压器高压侧

≥600

立排侧出线变压器

实例三

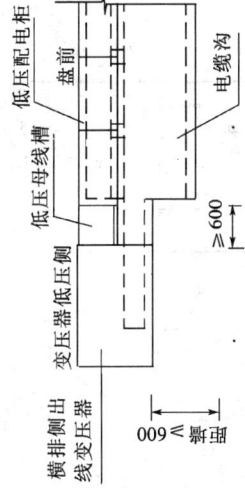

低压配电柜

低压母线槽

盘前

电缆沟

变压器低压侧

≥600

横排侧出线变压器

实例二

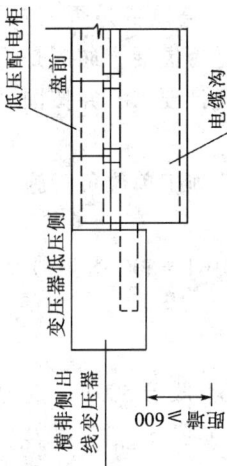

低压配电柜

盘前

电缆沟

变压器低压侧

≥600

横排侧出线变压器

实例一

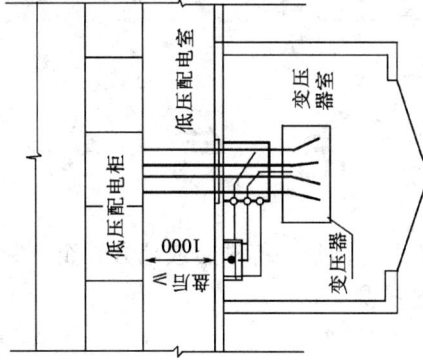

低压配电室

低压配电柜

变压器室

1000

维护

变压器

实例六

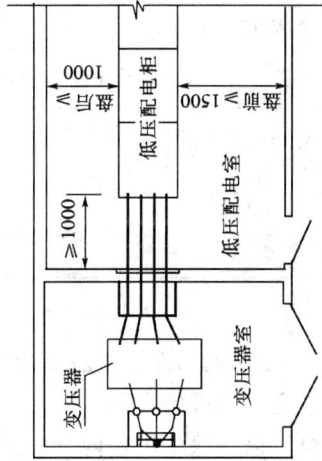

低压配电室

低压配电柜

1000

维护

≥1500

维护

≥1000

变压器室

变压器

实例五

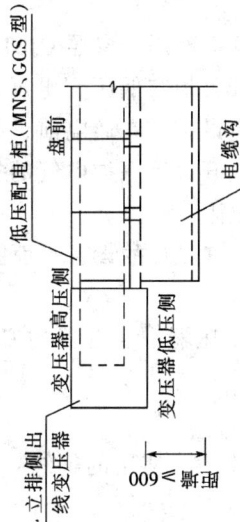

低压配电柜(MNS、GCS 型)

盘前

电缆沟

变压器高压侧

变压器低压侧

≥600

立排侧出线变压器

实例四

注：1. 变压器采用高压电缆上进线方式，变压器底部电缆沟取消。

2. 采用电缆夹层，则取消电缆沟。

3. 高压配电装置的布置可参考图 12－27～图 12－30，本图不另表示。

图 12－31　配电站布置图六例

第十三章

电 气 安 装

电气安装首先要执行全国统一标准，或地方、企业制定的标准。其次，要参照执行厂家推荐的安装方法和当地习惯安装方式。

第一节　安装设计通用说明

一、电气负荷

电气负荷填写要求，如表 13 – 1 所示。

表 13 – 1　　　　　　　　　　　　电气负荷填写表

用电性质 电气负荷种类	住　宅	办　公	商　业	工　业
设备安装容量（kW）				
电气计算负荷（kW）				

二、电源设置

（1）高压电源由当地 10kV 电网引至本工程变电所；

（2）低压电源由本工程变电所供给；

（3）自备柴油发电机组，以确保本工程内一、二级电气负荷用电。

三、变配电设备

（1）按照配电室的设备布置平面图，参照 GJBT—634 图集号 03D201 – 4 配合土建工程的施工，预埋底座的型钢，高压开关柜与低压配电屏，在安装前，应检查设备是否完好无损，并按产品所附的安装要求，固定设备，在通电前，应检查操作机构是否灵活，通断是否可靠准确，母线连接是否良好，自动开关等保护电气的整定值是否符合设计要求，并按国家电气安装工程验收规定，测试绝缘电阻；

（2）电力变压器基础，按电气设计的设备平面图的要求，由建筑施工单位负责施工，由电气安装单位配合施工；

（3）本工程采用干式电力变压器，变压器的安装大样，采用 GJBT—506 图集号 99D268 有关内容。

四、线路敷设

（1）380/220V 低压配电回路中，使用的绝缘导线，其额定电压不低于 500V；电力电缆的额定电压，应不低于 1000V。

1）采用普通塑料绝缘铜芯导线电缆；

2）采用阻燃 ZR（难燃 NR）塑料绝缘铜芯导线电缆。

（2）电力电缆线路，按国家标准图集中的有关内容进行施工。

（3）凡穿管和在线槽内敷设导线，在管内和槽板内导线不得有接头，电线管的弯曲半径，应不小于其外径的 6 倍，管路的弯曲段，不得使用水管弯头管路的分支处，不得使用水管的三通金属管的连接处，应加接地跨接线。管内导线间的绝缘电阻应不小于 0.5MΩ。

1）管敷线采用镀锌钢管（电线管）暗敷；

2）配电线路采用金属槽板明敷，应配套使用弯件、三通、大小接头等专用配件；

3）防爆线路采用镀锌厚壁钢管配线；

4）防干扰弱电线路采用镀锌钢管（电线管）或镀锌铁板槽板配线；

5）不同电压等级，不同回路的导线不宜共管、共槽敷设。

（4）室内明敷线路，穿过墙壁处，应加套管（瓷管、铁管或硬塑料管），穿过楼板处，应加套管，且在楼板以上 1.6m 穿管或金属槽板保护，在车间内，从水平明敷架空线上分支引下到开关箱，控制箱的一段线路，应穿电线管或金属槽板，沿墙（柱）明敷。

（5）在电缆井（配电竖井）内敷设线路，应每层在楼板处用相当于楼板耐火极限的非燃烧体作防火分隔，电缆井壁上的门，应采用丙级防火门。

五、电气安装

（1）落地式安装的配电箱、控制台，应有不小于 5cm 高的混凝土或金属底座，以防地面水的浸蚀。

（2）装在电缆井内、各种机房内、车间内的配电箱，采用明装挂墙式其底边距本层地板的高度为 1.6～1.8mm，当箱体高度大于 80cm 时，箱体的水平中线，距地为 1.6m。

（3）装在走廊、梯间、客房、住宅、办公室、实验室、教室、病房内的配电箱应嵌入墙内安装，其底边距本层地板的高度为 1.6～1.8mm，电能表箱装在配电箱上部；当为单独安装时，其安装高度为 1.7～1.9mm。

（4）灯具的平开关、吊扇的调速开关、风机盘管的控制器、门铃的按钮，安装高度为 1.5m，拉线开关的安装高度，当层高为 3m 以下时，与顶棚的间距为 20cm，当层高大于 3m 时；安装高度为 3m。

（5）单相插座的计算容量及安装高度，除平面图上标注外，均按每个插座 100W，安装高度为 0.3m。

（6）单独安装的组合开关、转换开关、控制按钮，安装高度为 1.3m。

（7）带短路保护装置的单极开关和熔断器，应装在相线上接零保护系统的中性线上，不得装设短路保护装置（自动开关或熔断器）。

（8）配电设备、控制设备、用电设备，均应标注与设计图上相同的编号、符号或用途，方便操作和维修。

（9）漏电开关的安装：漏电开关后的 N 线不准重复接地，不同支路不准共用（否则误动作），不准作保护线用（否则拒动），应另敷保护线（PE）或用漏电开关前的合用线（PEN）；漏电开关保护的 380/220V 移动设备宜用五芯插头插座。

六、接地

（1）电气保护的方式。

1）本工程采用接地保护。

2）本工程采用 TN－S 保护。

3）数据处理电子设备采用单独接地保护。

（2）电气设备的接地。

1）变电所内变压器的工作接地、变配电装置的保护接地、避雷器接地、共用接地装置，其接地电阻不大于 1Ω。

2）低压配电干线的中性线重复接地的接地装置，其接地电阻不大于 10Ω。

3）开关柜、配电屏（箱）、电力变压器、柴油发电机组及各种用电设备，因绝缘破损而可能带电的金属外壳、电气用的独立安装的金属支架及传动机构、电缆的金属外皮、插座的接地孔，均应以专用接地（或接零）支线，可靠地与接地（或接零）干线相连，当采用单独接地装置时，其接地电阻应不大于 1Ω。

4）本工程接地（零）线保护线（平面图中一般无示出），其截面选用应同时满足机械强度及热稳定的要求。

表 13－2　保护线的最小截面（mm²）

相线截面 S	接地（零）线及保护线最小截面
$S \leqslant 16$	S
$16 < S \leqslant 35$	16
$S > 35$	$S/2$

5）本工程接地（零）线保护线按表 13－2 选用时，则不必对其进行热稳定校验，表中接地（零）线保护线的材料与相线相同。保护的最小截面，如表 13－2 所示。

6）采用 TN－S 制式时，N 线只能在始端接地，不可再重复接地。

（3）等电位连接措施。用电设备外壳与装置外可导电体进行等电位连接，可以减少它们之间可能出现的危险电位。

1）等电位连接。主水泵房的进出水总管、空调主机房的冷冻水管、总冷却水管、采暖热水总管、变配电房的金属门窗、沟盖板、平台、独立防雷系统的建筑物钢筋和金属构件采用 BV－25mm² 或 φ10 镀锌圆钢与配供电系统最近处的保护干线（PE）或接地（零）干线（PEN）连通（可用螺栓或电焊连接）。

2）辅助等电位连接。主机房以外的其他冷热水交换器的配水干管、管道式空调系统的主风管及车间、辅助机房的金属物件采用 BV－25mm² 或 φ10 镀锌圆钢与供电配电系统最近处的保护干线（PE）或接地（零）干线（PEN）连通（螺栓或电焊连接）。

七、设备布置

（1）变压器室须改变尺寸的，则应按实际订货的变压器外形尺寸和相应的标准进行校核。

（2）当具体工程的变压器室大小尺寸与图中变压器室的大小尺寸略有出入时，应首先满足相应规范的要求。

（3）变压器低压侧需要安装零序电流互感器时，工程设计中应进行说明。

（4）变压器室为架空进线时，接户线的档距不宜大于 25m。

（5）变压器室内地坪标高参照如下条件由工程设计确定：

变压器室内地坪：低式 +0.15；高式 +0.95（+0.70）；

室外地坪：由工程设计确定。

（6）当工程设计选用有多种形式的安装结构图时，应注明选用的形式。

（7）裸母线沿墙水平敷设时，支架间的距离一般不超过 1.3m；裸母线沿墙垂直敷设时，支架间的距离一般不超过 1.5m。

(8) 屋内配电装置距屋顶（梁除外）的距离一般不小于 0.8m。

(9) 本图集对母线的连接仅采用螺栓连接方式，其余连接方式可由工程设计确定。

(10) 本图集只列了变压器室的布置及安装方式，对于变电所主接线、继电保护、管线敷设、照明布置等内容由具体工程设计统一考虑。

八、施工安装注意事项

(1) 各种金属构件上的钻孔，应在构件焊接好后施钻。

(2) 设备构件在墙上的安装、固定，建议采用电锤打洞配合使用膨胀螺栓的方法。如无此条件时，宜与土建施工密切配合，事先预塞木砖或预留安装孔，尽量避免临时凿洞。

(3) 所有金属构件均应作防腐处理，室内构件涂防腐剂；室外构件宜采用热镀锌，如镀锌无条件时，应刷一度红丹、二度灰色油漆。

(4) 横跨室内的桥形构架的长度，应按变压器室的实际尺寸下料制作。

九、常用导线穿管表

常用导线穿管表，如表 13-3 所示。

表 13-3　　　　　　　　　　　常用导线穿管表

BV 线芯截面 （mm²）	焊接钢管（G）（管内导线根数）							电线管（DG）PVC 管（VG）（管内导线根数）						
	2	3	4	5	6	7	8	2	3	4	5	6	7	8
1.0	15	15	15	15	20	20	20	15	15	20	20	25	25	25
1.5	15	15	20	20	20	25	25	20	20	20	25	25	32	32
2.5	15	15	20	20	25	25	25	20	20	25	25	25	32	32
4.0	15	20	20	20	25	25	25	20	20	25	25	32	32	32
6.0	20	20	20	25	25	25	32	20	25	25	32	32	32	40
10.0	20	25	25	32	32	40	40	25	32	32	32	40	40	40

十、常用导线穿槽板表

常用导线穿槽板表，如表 13-4 所示。

表 13-4　　　　　　　　　　　常用导线穿槽板表

BV 线芯截面 （mm²）	线槽规格与导线根数			
	25×15	40×20	60×25	100×30
1.0	18	37	70	140
1.5	10	23	44	88
2.5	8	18	34	68
4.0	7	14	26	53
6.0	5	10	20	41
10.0	3	7	13	26
16.0	2	5	9	18
25.0		3	6	12
35.0		2	5	9
50.0			3	6

第二节　箱型固定式交流金属封闭环网开关设备安装

(1) SM6 高压负荷开关柜安装图，见图 13-1。

(2) HXGN 高压负荷开关柜安装图，见图 13-2。

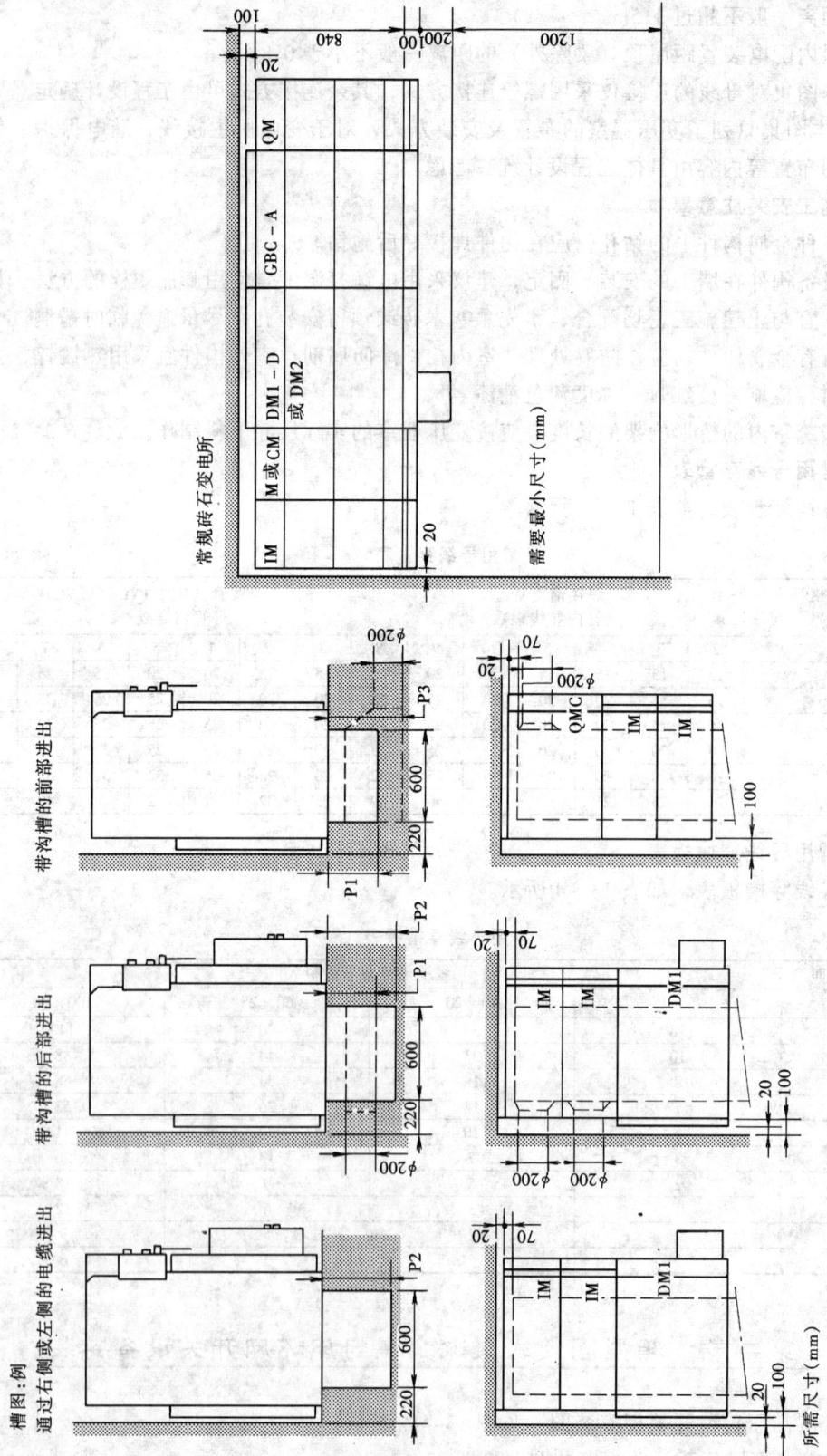

图 13 - 1　SM6 高压负荷开关柜安装图

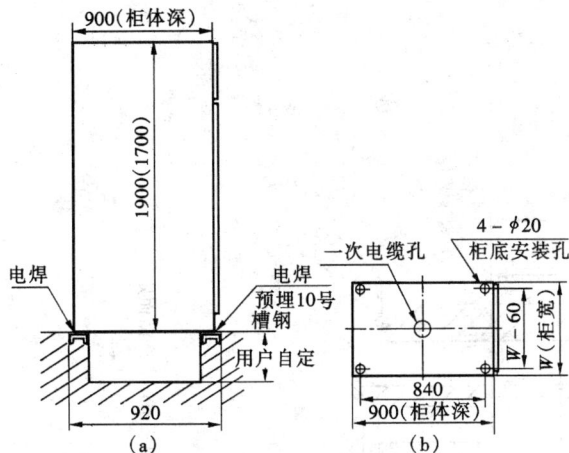

图 13 - 2　HXGN 高压负荷开关柜安装图

(a) 用电焊固定；(b) 用螺栓固定

注：离墙安装，柜前门厚 28，柜后盖板。

第三节　高压金属封闭式真空开关柜安装

(1) XGN2 高压开关柜安装图，见图 13 - 3。

(2) 高压开关柜安装图（一）～（四），见图 13 - 4～图 13 - 7。

(3) 高压开关柜安装基础及地沟方式图（一）～（七），见图 13 - 8～图 13 - 14。

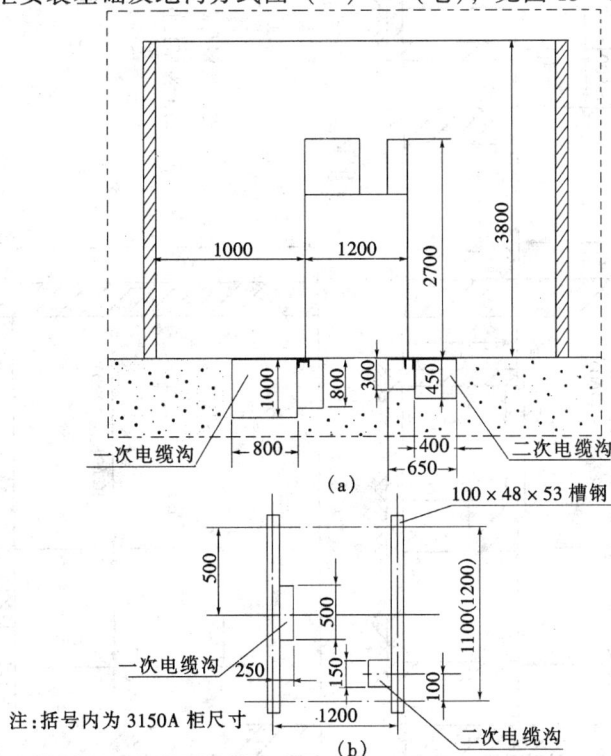

图 13 - 3　XGN2 高压开关柜安装图

(a) 开关柜基础形式图；(b) 开关柜基础平面图

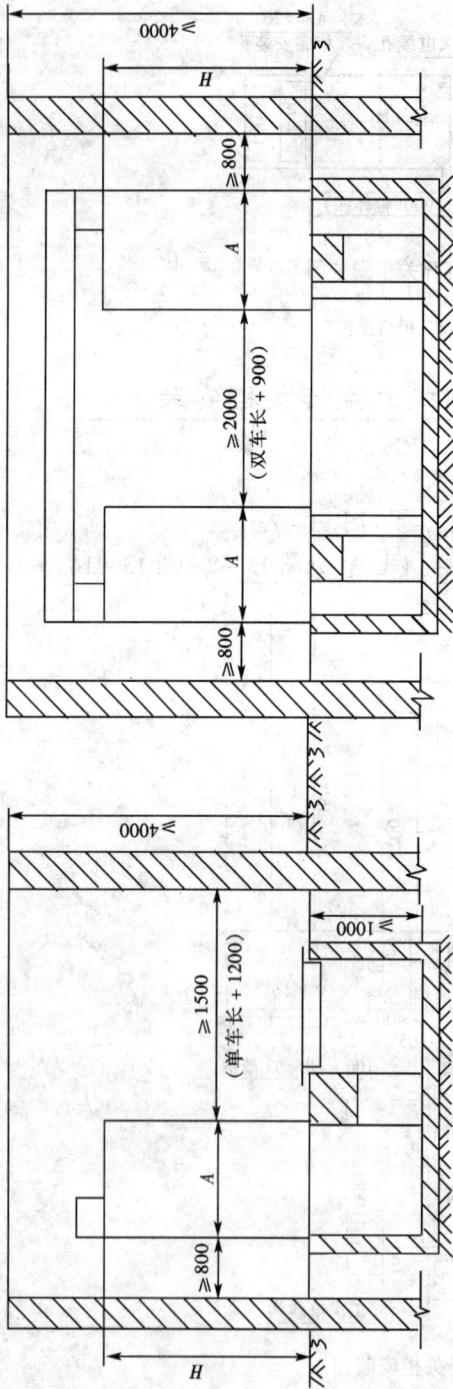

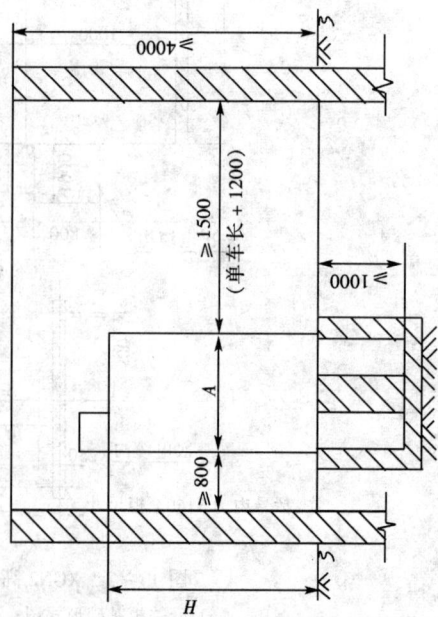

注：1. 母线桥与高压开关柜成套供应。

2. A 为开关柜的柜深，H 为开关柜高度，具体尺寸视所选连厂家产品而定。

3. 括号内的数值用于移开式开关柜。

图 13-4 高压开关柜安装图 (一) (示例)

(电缆进出线，金属封闭式母线桥)

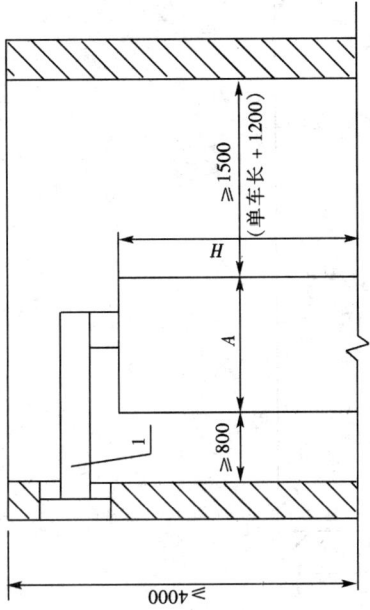

后上架空进线

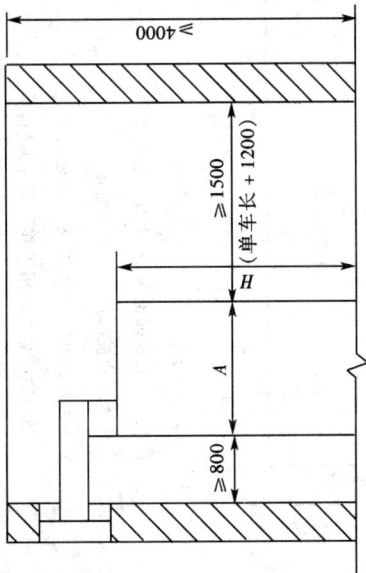

前上架空进线

注:1. 母线桥与高压开关柜成套供应。
  2. A 为开关柜的柜深,H 为开关柜高度,具体尺寸视所选厂家产品而定。
  3. 括号内的数值适用于移开式开关柜。

图 13-5 高压开关柜安装图(二)
(架空进出线、金属封闭式母线桥)(示例)

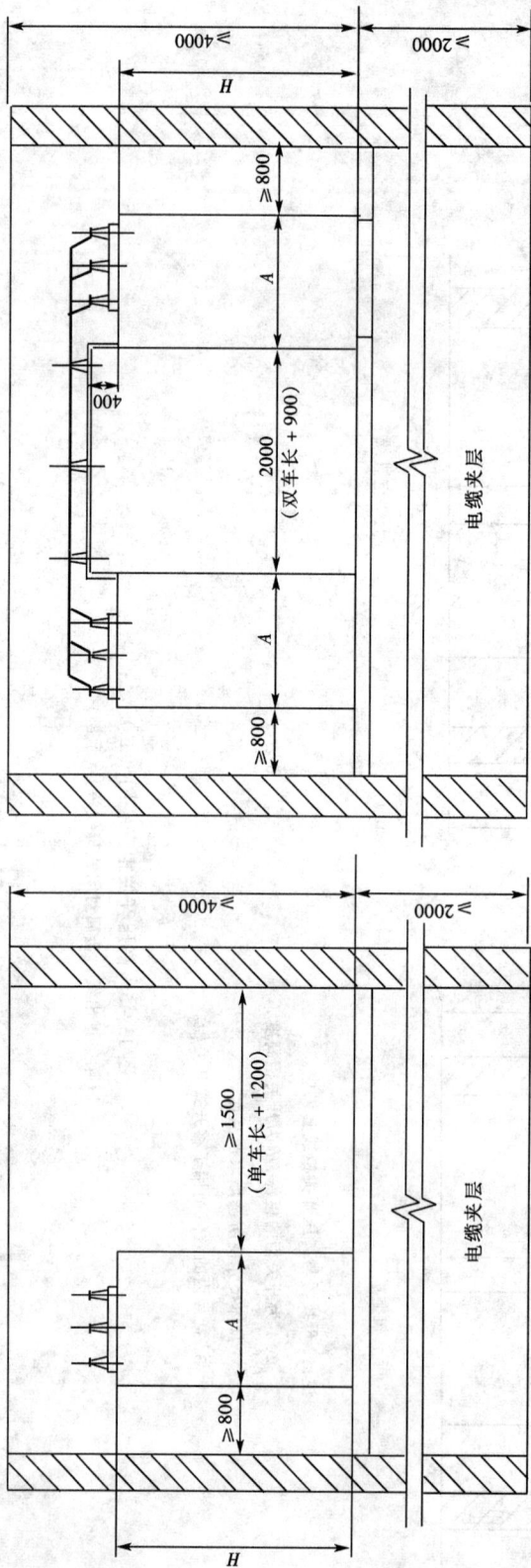

图 13 – 6 高压开关柜安装图（三）
（架空进出线，金属封闭式母线桥）（示例）

注：1. 母线桥与高压开关柜成套供应。

2. A 为开关柜的柜深，H 为开关柜高度，具体尺寸视所选厂家产品而定。

3. A 为开关柜的柜深，H 为开关柜高度。

4. 括号内的数值适用于移开式开关柜。

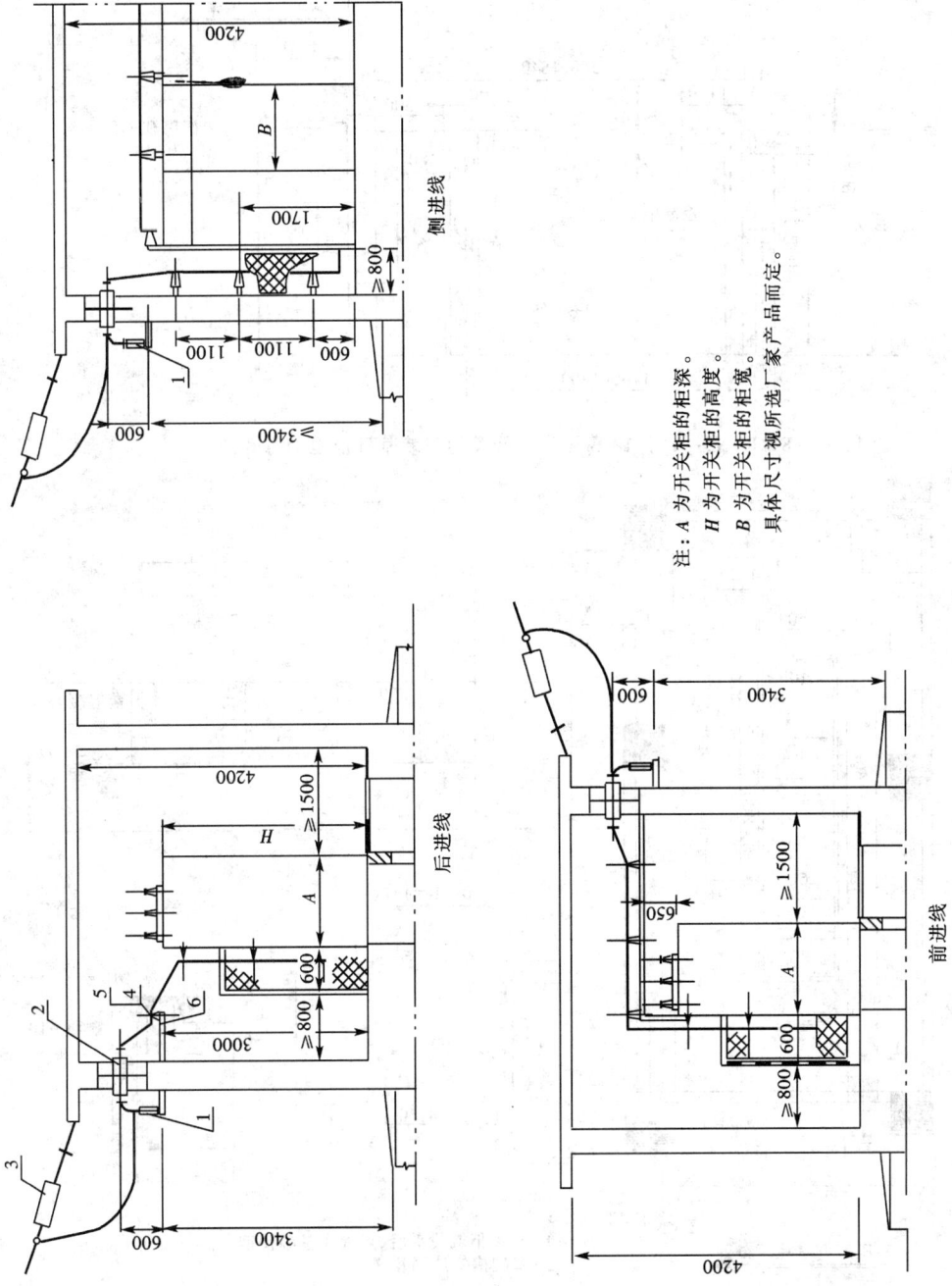

注：A 为开关柜的柜深。
H 为开关柜的高度。
B 为开关柜的柜宽。
具体尺寸视所选厂家产品而定。

图 13-7 高压开关柜安装图（四）
（架空进出线，裸母线）（示例）

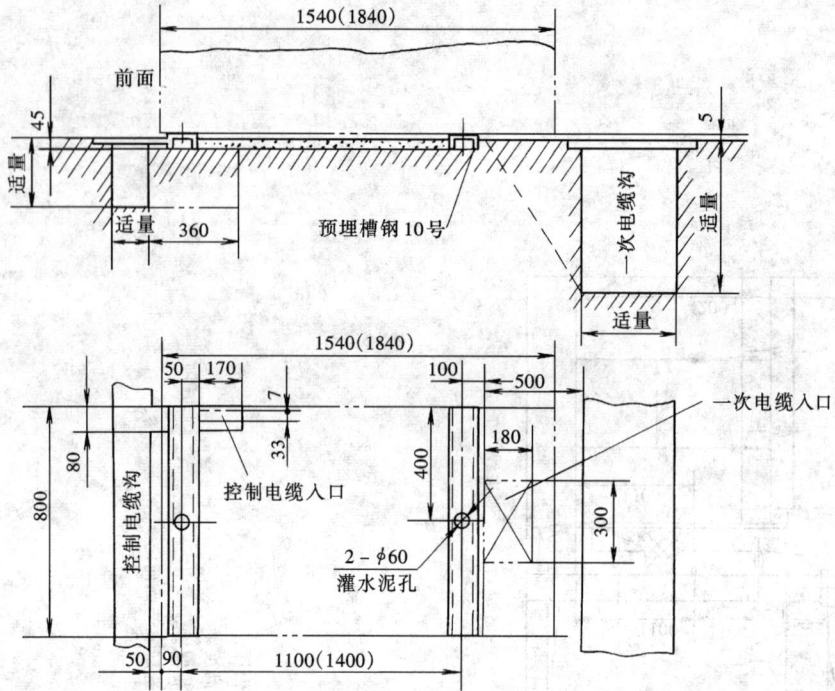

图 13-8 KYN2 (VC) 10 高压真空开关柜安装基础及地沟方式图 (一)

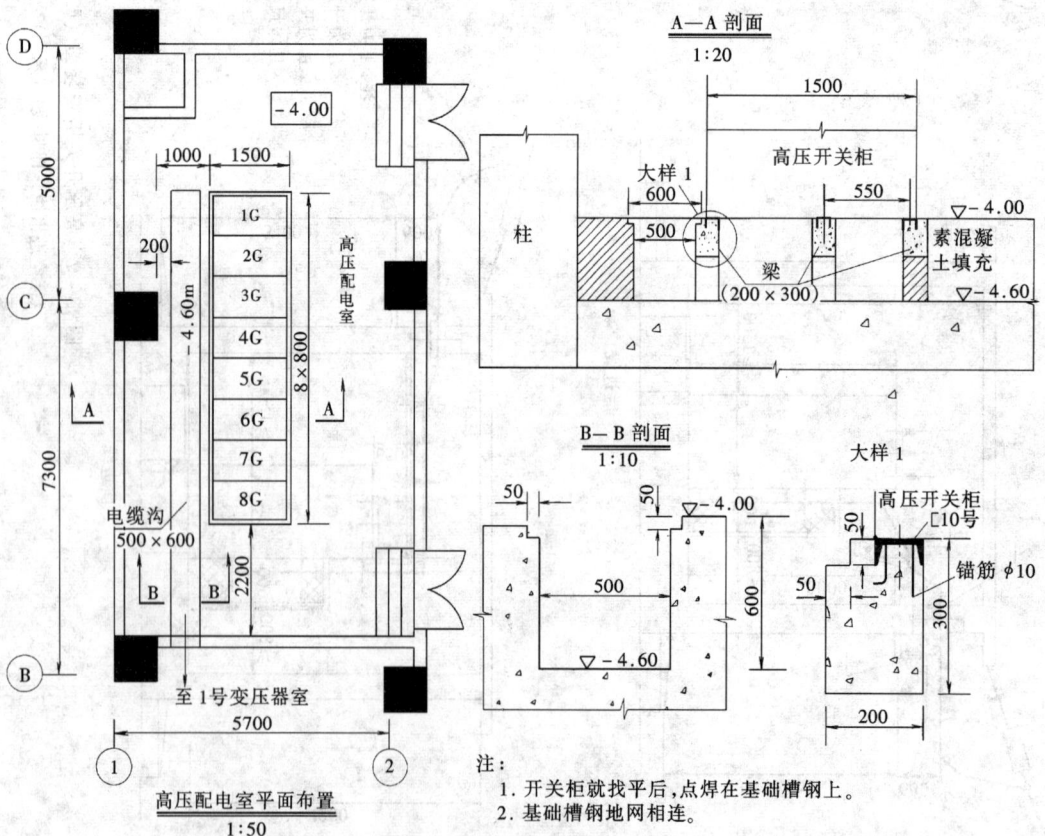

注:
1. 开关柜就找平后,点焊在基础槽钢上。
2. 基础槽钢地网相连。

图 13-9 KYN1 高压开关柜安装基础及地沟方式图 (二)

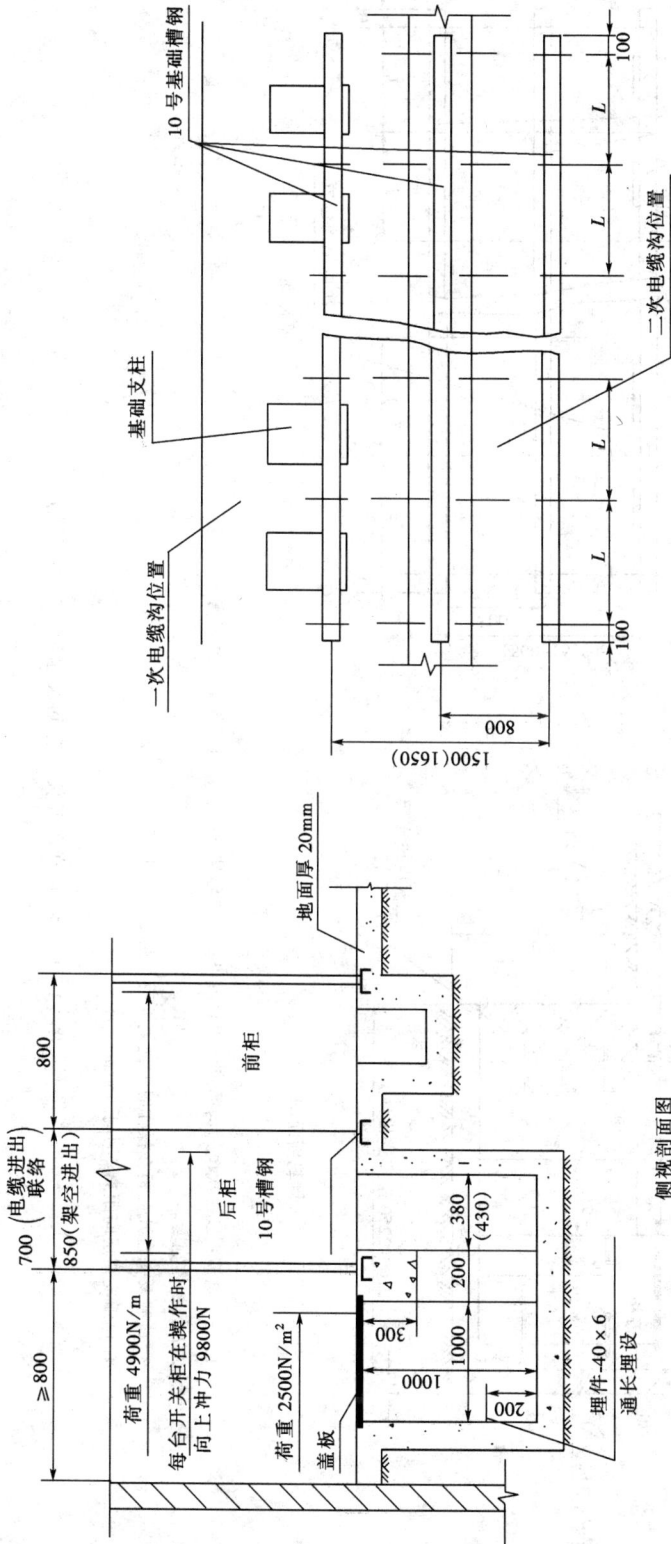

平面图

侧视剖面图

注: 1. 一次电缆孔及二次电缆沟的尺寸用户可根据实际情况变动, 但不应影响预埋槽钢的强度。

2. L 为柜体宽度。

图 13 - 10　KYN 高压开关柜基础及地沟方式图 (三)

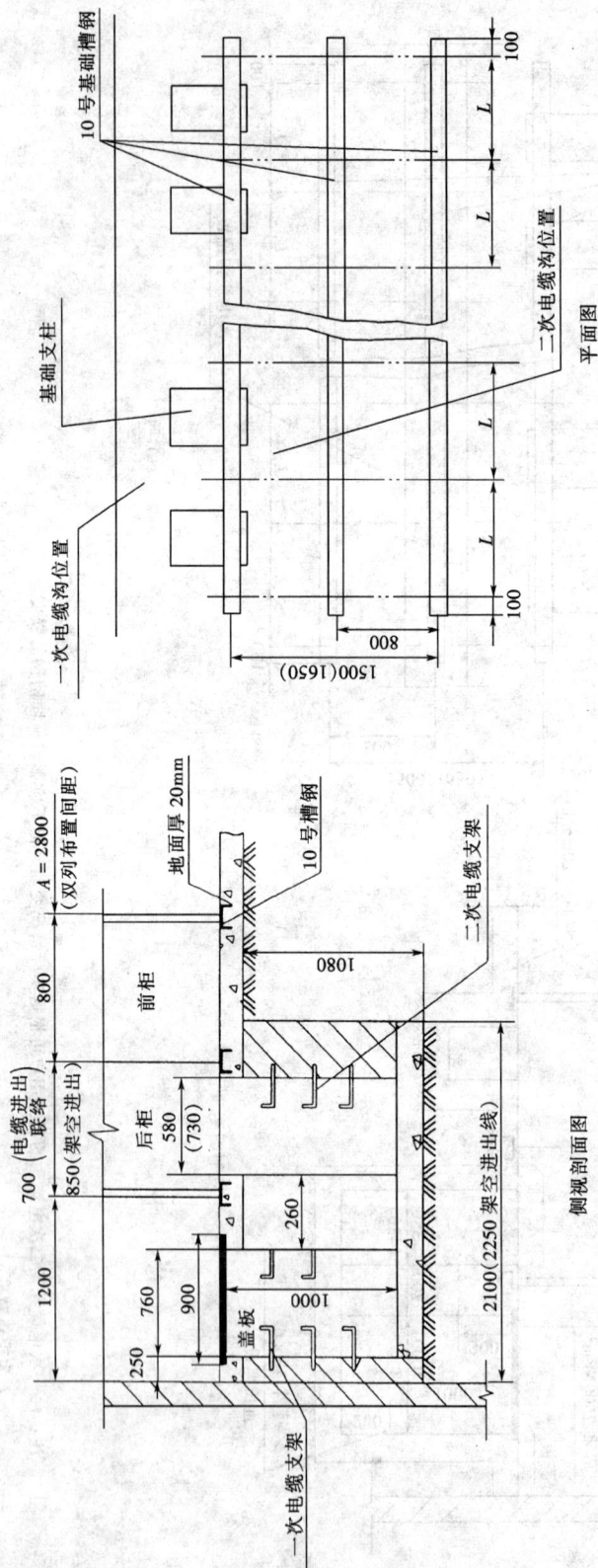

图 13 - 11　KYN 高压开关柜基础及地沟方式图（四）

注：1. 一次电缆孔及二次电缆沟的尺寸可以根据实际情况确定，但不应影响预埋槽钢的强度。
　　2. L 为柜体宽度。
　　3. 荷载及每台开关柜在操作时的向上冲力与图 13 - 10 相同。
　　4. 电缆支架层间距离不小于 150mm。

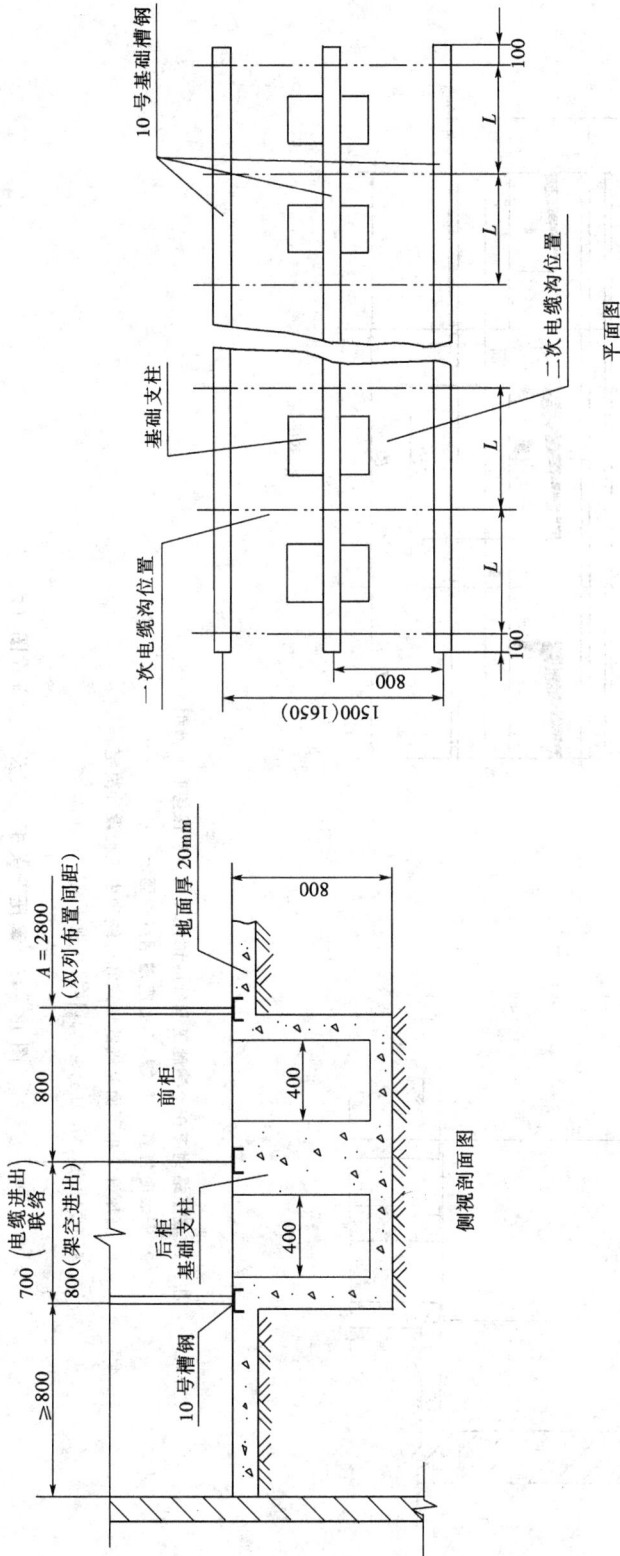

平面图

一次电缆沟位置

二次电缆沟位置

基础支柱

10 号基础槽钢

800

1500（1650）

100

L

L

L

L

100

侧视剖面图

地面厚 20mm

前柜

后柜

基础支柱

10 号槽钢

A = 2800
（双列布置间距）

800

800（架空进出）

700（电缆进出
联络）

≥800

400

400

800

注：1. 一次电缆沟及二次电缆沟的尺寸用户可以根据实际情况确定，但不应影响预埋槽钢的强度。

2. L 为柜体宽度。

3. 荷载及每台开关柜在操作时的向上冲力与图 13－10 相同。

图 13－12　KYN 高压开关柜基础及地沟方式图（五）

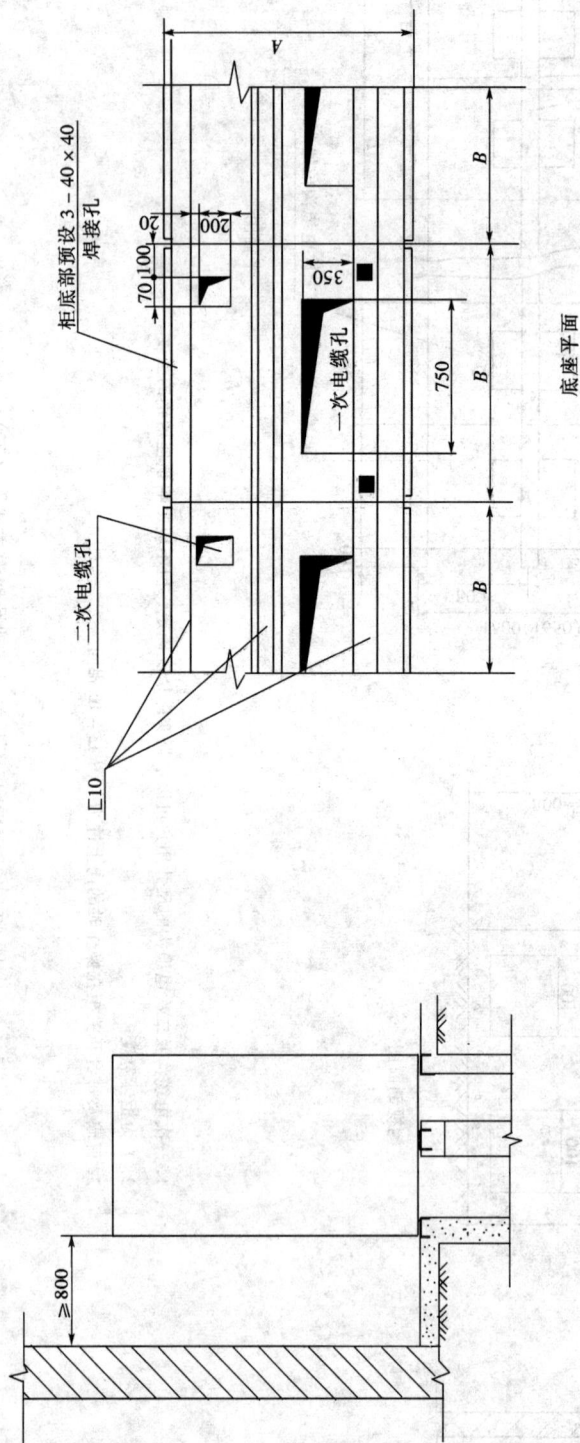

图 13 - 13　高压开关柜基础及地沟方式图（六）

注：1. 底座槽钢应在土建施工基础时预先埋入，应保持底座槽钢平整。
　　2. 安装时将高压开关柜与底座槽钢点焊固定。
　　3. 高压开关柜下面基础的形式和电缆沟由工程设计决定。
　　4. A 为柜宽，B 为柜厚，具体尺寸视所选厂家、而定。

10kV 配电工程设计手册

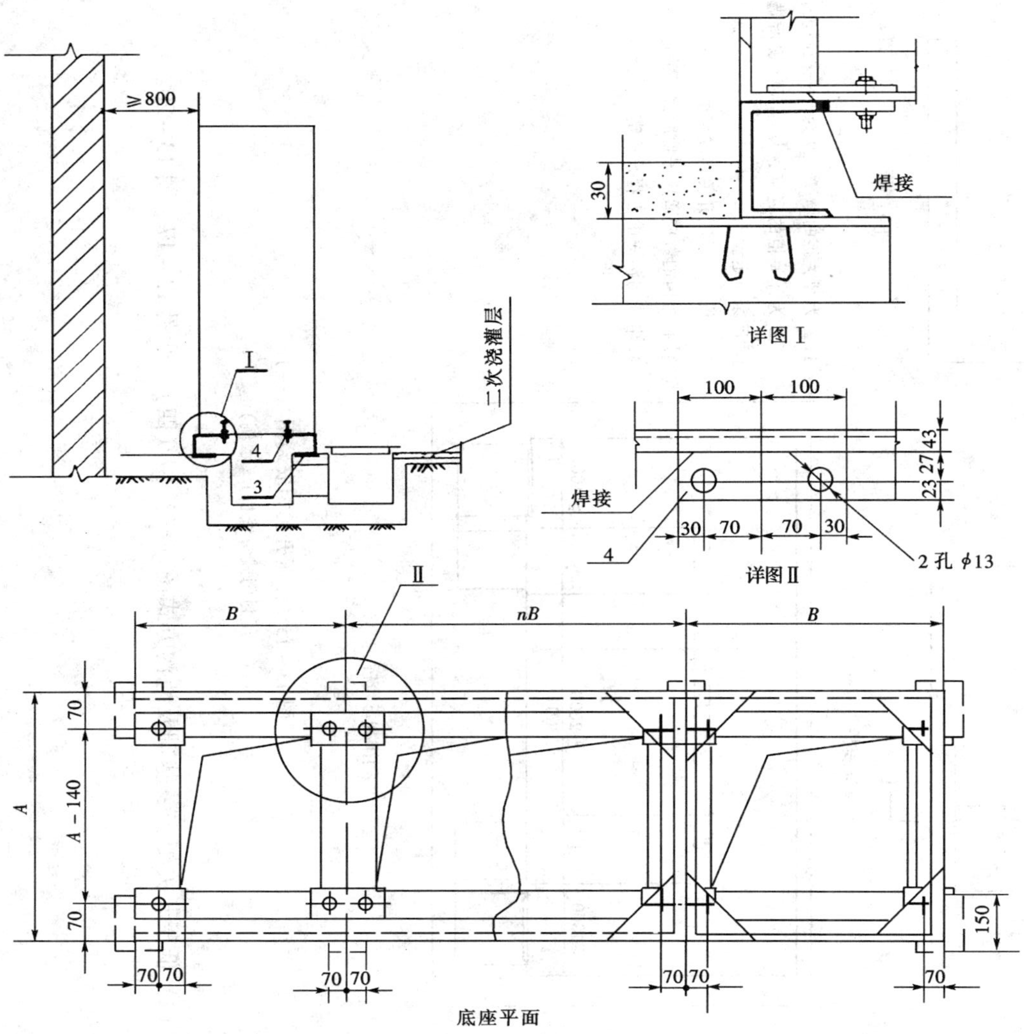

注：1. 底板（零件 3）应在土建施工基础时预先埋入。

2. 安装时，先将扁钢（零件 4 和 5）与底座槽钢（零件 2）焊接，再将底座槽钢与底板焊接，底座槽钢表面应保持平整，然后将高压开关柜与底座槽钢用螺栓固定。

3. 高压开关柜下面基础的形式和电缆沟由工程设计决定。

4. B 为开关柜宽，A 为开关柜的厚度。

详图 I

焊接

详图 II

焊接

底座平面

图 13－14 高压开关柜基础及地沟方式图（七）

（1）低压开关柜安装图（一）～（二），见图 13 – 15 ～ 图 13 – 16。

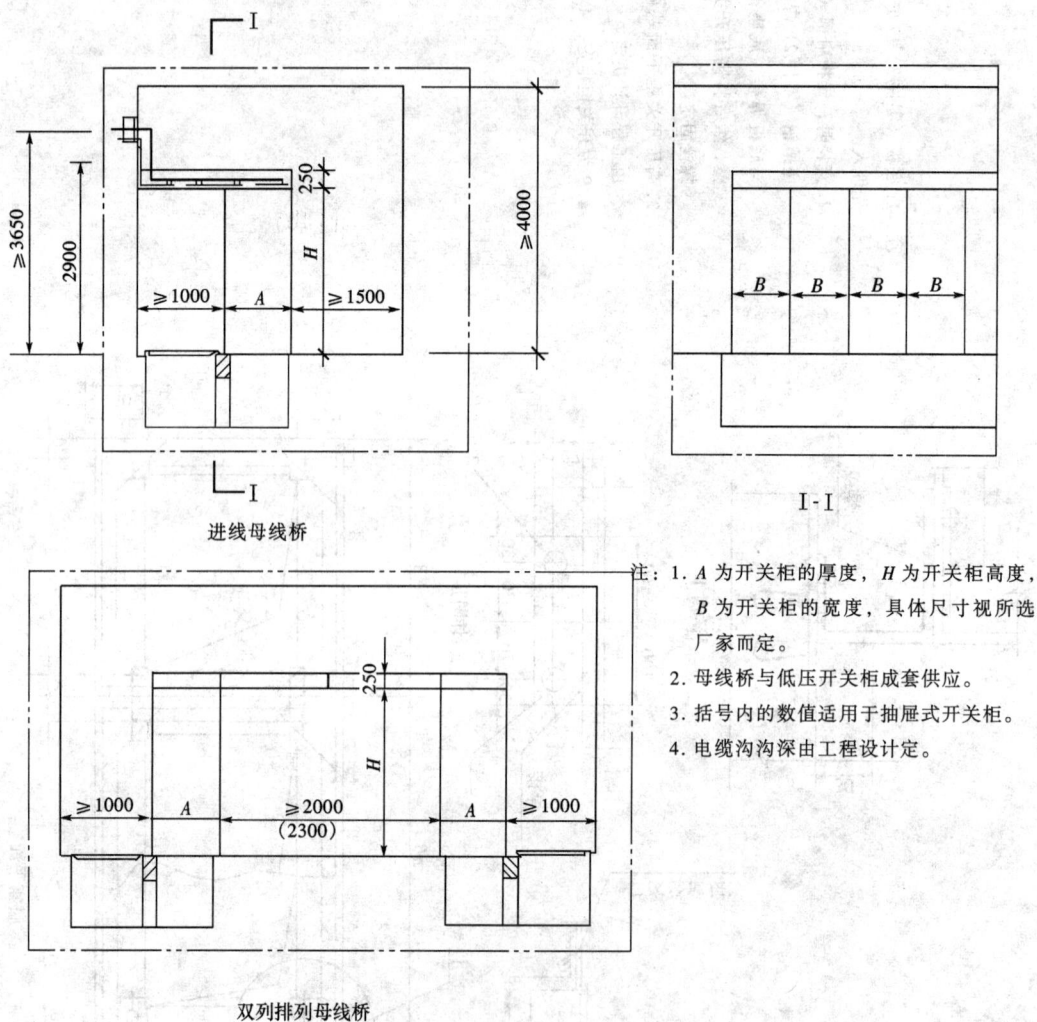

进线母线桥

I - I

注：1. *A* 为开关柜的厚度，*H* 为开关柜高度，
　　 B 为开关柜的宽度，具体尺寸视所选
　　 厂家而定。
　 2. 母线桥与低压开关柜成套供应。
　 3. 括号内的数值适用于抽屉式开关柜。
　 4. 电缆沟沟深由工程设计定。

双列排列母线桥

图 13 – 15　低压开关柜安装图（一）
（金属封闭式母线桥）（示例）

（2）低压开关柜安装基础及地沟方式图（一）～（四），见图 13 – 17 ～ 图 13 – 20。

注:1. A 为开关柜的厚度,H 为开关柜高度,B 为开关柜的宽度,具体尺寸视所选开关柜而定。

2. 括号内的数值用于抽屉式低压开关柜。

3. 电缆沟沟深由工程设计定。

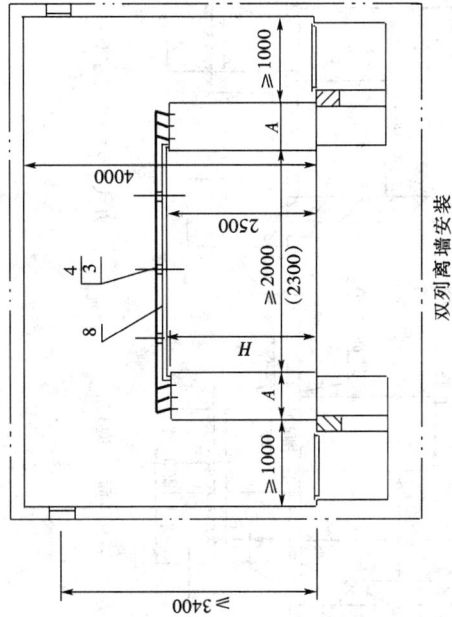

侧面进线

明 细 表

序号	名 称	型号及规格	单位	数量
1	隔离开关	GN2－10、GN19－10	台	一
2	电流互感器	LMZJ_1、LMZJ_1、LMZB_1	个	一
3	电车线路用绝缘子	WX－01	个	一
4	母线夹具	四线式	副	一
5	低压母线支架	四线式	个	一
6	低压母线支架	四线式	个	一
7	低压母线支架	四线式	个	一
8	低压母线桥架		个	一

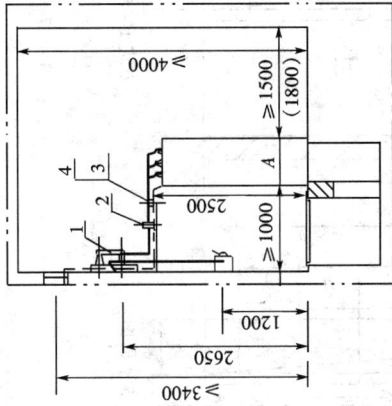

单侧离墙安装

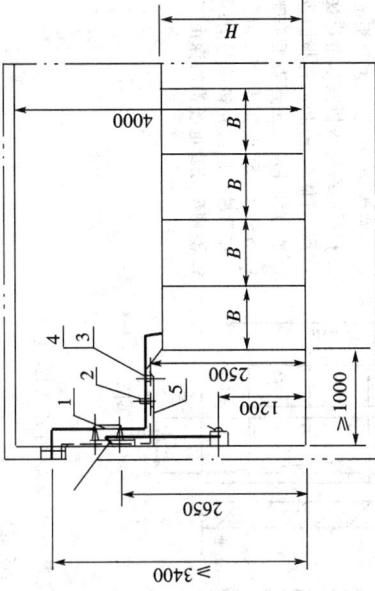

双列离墙安装

图 13－16　低压开关柜安装图（二）

（裸母线）（示例）

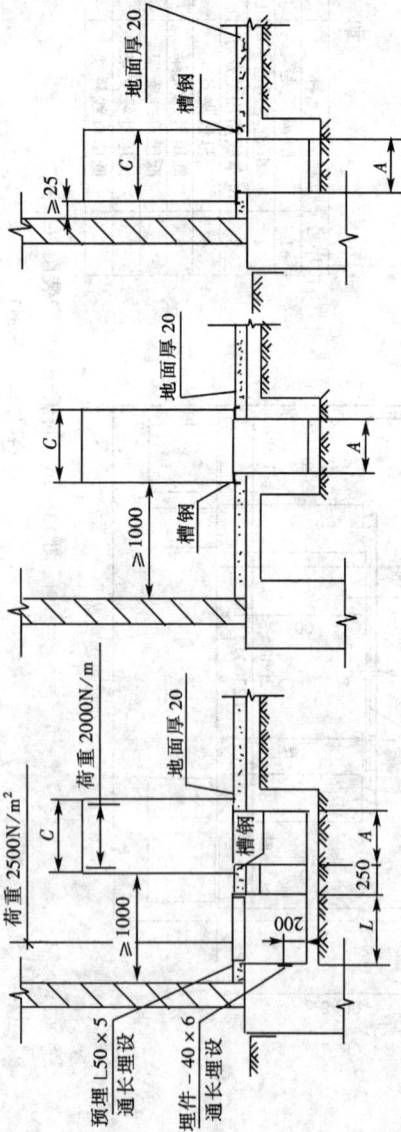

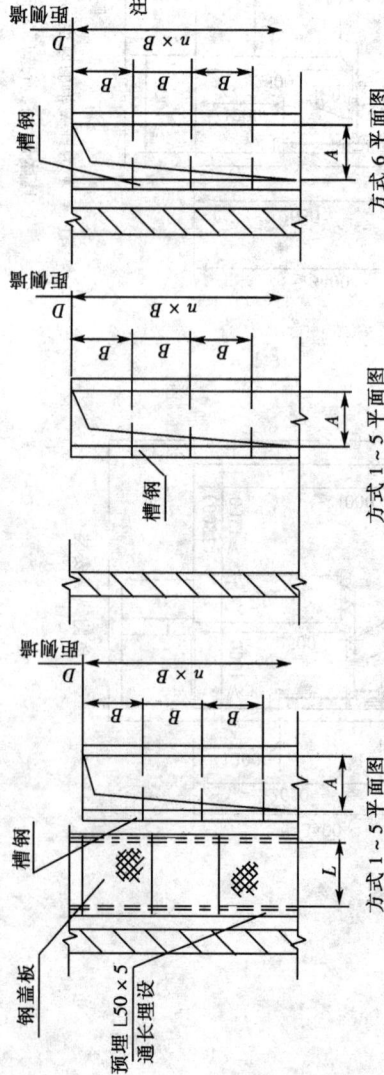

尺 寸 表

方式编号	适用屏、柜、箱型号	尺寸(mm)	
		B	C
1	GGD、GCK 低压配电柜	800 (600)	1000 (800)
2	GRJ-4 低压静电补偿装置	950	700
3	JX7系列控制箱	500~1100	850
4	JX8~JX10系列控制箱	500~1100	650
5	BZGN、ZKA、GZS直流配电屏	800	550
6	XL-21系列动力配电箱	600~800	370 (470)

注：1. 柜宽为 B，沟宽 L，A 及柜的数量 n 由工程设计决定。
2. 柜后电缆沟盖板宜采用花纹钢板制作，要求平整、盖严，且能防止窜动，盖板的重量不超过30kg。
3. 所有埋件应在土建施工基础及地沟时埋设好。
4. 方式1~5(Ⅱ型)只有在箱前开沟；一个箱时 A 为 250。箱数较多时应在箱前开沟；方式6箱型号及电缆沟沟深由工程设计决定。
5. 槽钢型号及电缆沟沟深由工程设计决定。

方式 6 剖面

方式 1~5 剖面(Ⅱ型)

方式 1~5 剖面(Ⅰ型)

方式 6 平面图

方式 1~5 平面图

方式 1~5 平面图

图 13-17　低压开关柜安装基础及地沟方式图（一）
（焊接固定）

10kV 配电工程设计手册

尺 寸 表

方式编号	适用屏、柜、箱型号	尺寸(mm) B	C
1	GGD、GCK 低压配电柜	800 (600)	1000 (800)
2	GRJ－4 低压静电补偿装置	950	700
3	JX7 系列控制箱	500~1100	850
4	JX8~JX10 系列控制箱	500~1100	650
5	BZGN、ZKA、GZS 直流配电屏	800	550
6	XL－21 系列动力配电箱	600~800	370 (470)

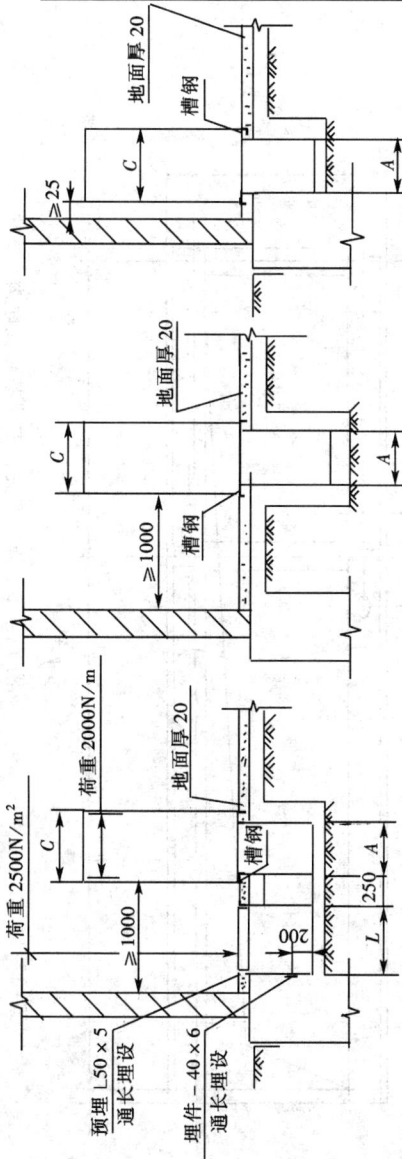

注:1. 柜宽为 B,沟宽 L,A 及柜的数量 n 由工程设计决定。
2. 柜后电缆沟盖板宜采用花纹钢板制作,要求平整,盖严,且能防止窜动,盖板的重量不超过 30kg。
3. 所有埋件应在土建施工基础及地沟时埋设好。
4. 方式 1~5(Ⅱ型)只有在箱前数较少的时候使用;方式 6 箱数较多时应在箱前开沟;一个箱开沟,A 为 250。
5. 槽钢型号及电缆沟沟深由工程设计决定。

方式 6 剖面

方式 1~5 剖面(Ⅱ型)

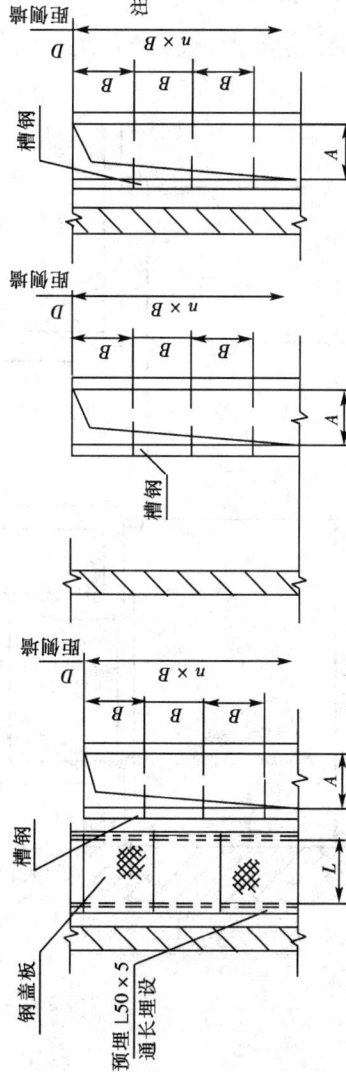

方式 1~5 剖面(Ⅰ型)

方式 6 平面图

方式 1~5 平面图

方式 1~5 平面图

图 13－18　低压开关柜安装基础及地沟方式图(二)

(螺栓固定)

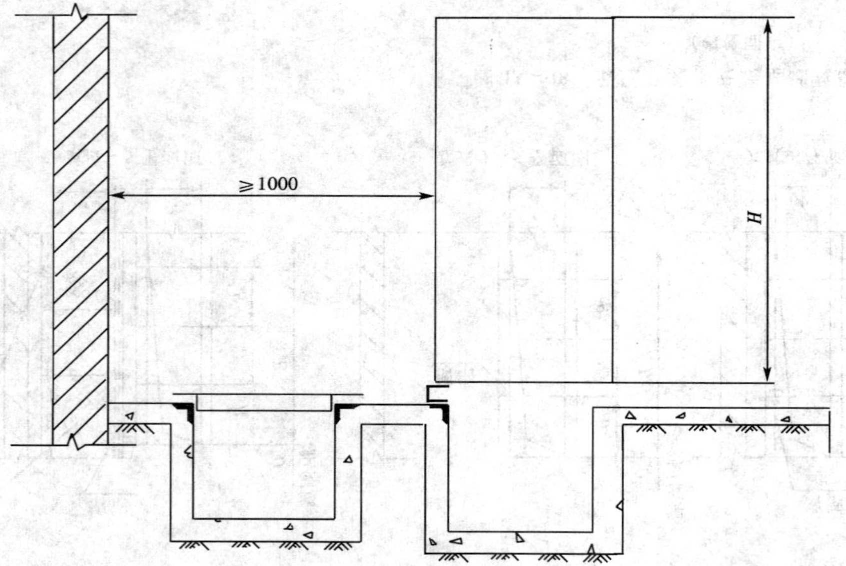

注：1. 底座角钢应在土建施工基础时预先埋入。底座角钢应保持平整。

2. 低压开关柜与底座角钢采用沿周边断续焊接固定

3. 低压开关柜下面基础的形式和电缆沟为由工程设计决定。

4. A, L 分别为柜宽、柜厚，H 为开关柜的高度。

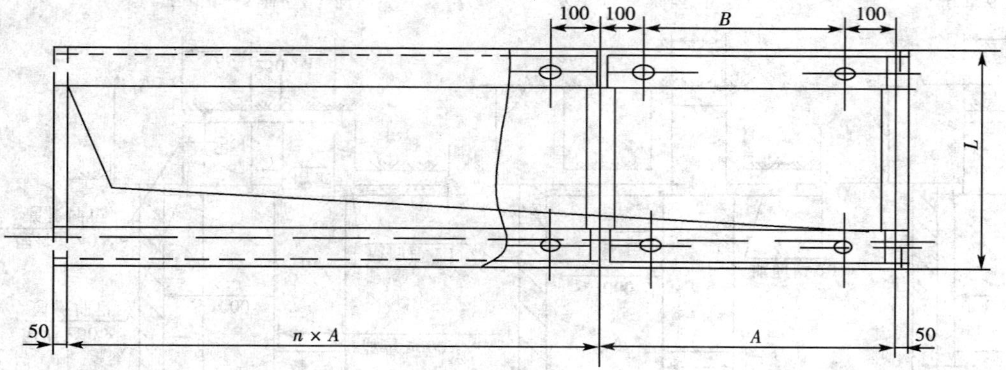

底座平面

图 13 – 19　低压开关柜安装基础及地沟方式图（三）
（焊接固定）

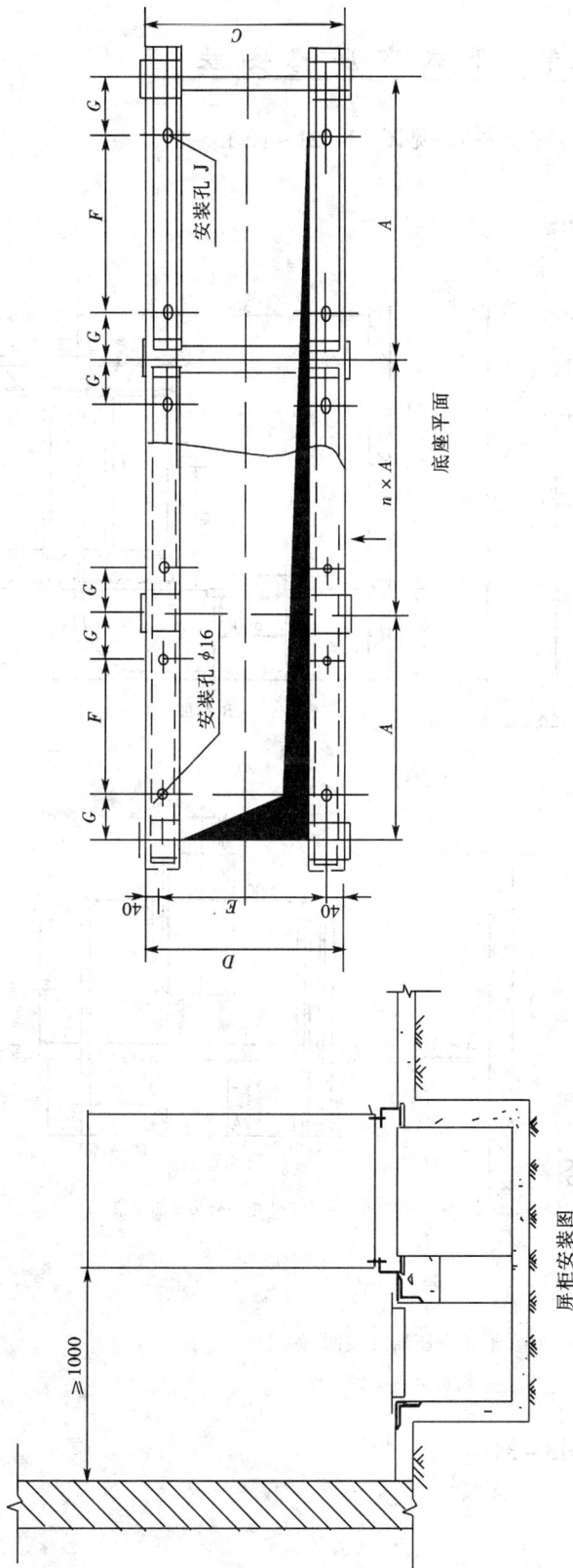

图 13-20 低压开关柜安装基础及地沟方式图（四）

（螺栓固定）

注：1. 底板（零件 2）应在土建施工基础时预先埋入。
 2. 安装时，先将底座槽钢（零件 1）与底板（零件 2）焊接，应保持底座槽钢平整，
    然后将柜屏与底座槽钢用螺栓固定。
 3. 柜屏下面基础的形式和电缆沟由工程设计决定。
 4. A、D 分别为柜屏宽和厚。
 5. 底座槽钢型号由工程设计决定。

第五节　干式变压器安装

（1）干式变压器安装图（一）～（十三），见图13-21～图13-33。

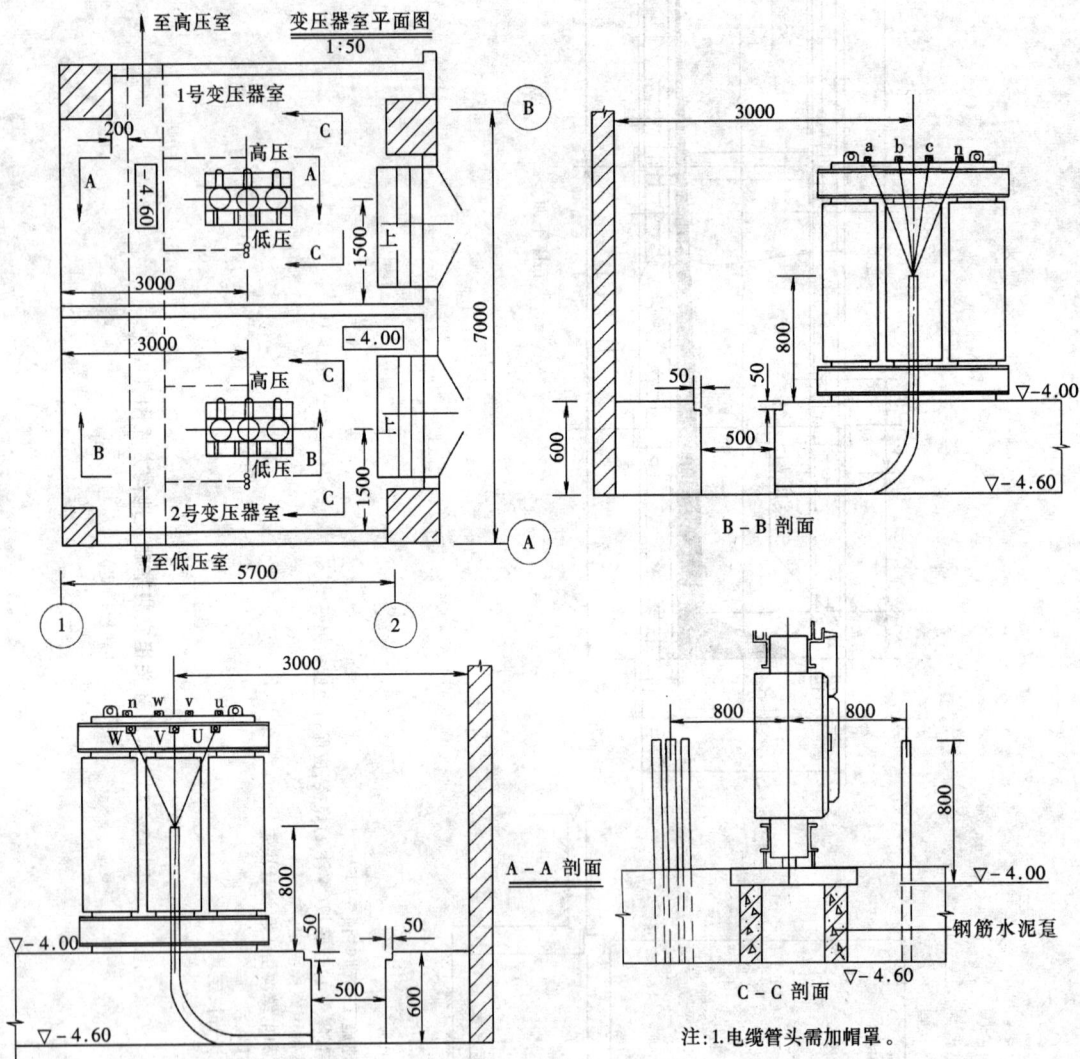

图13-21　干式变压器安装图（一）

（抬高式）

（2）干式变压器基础图，见图13-34。

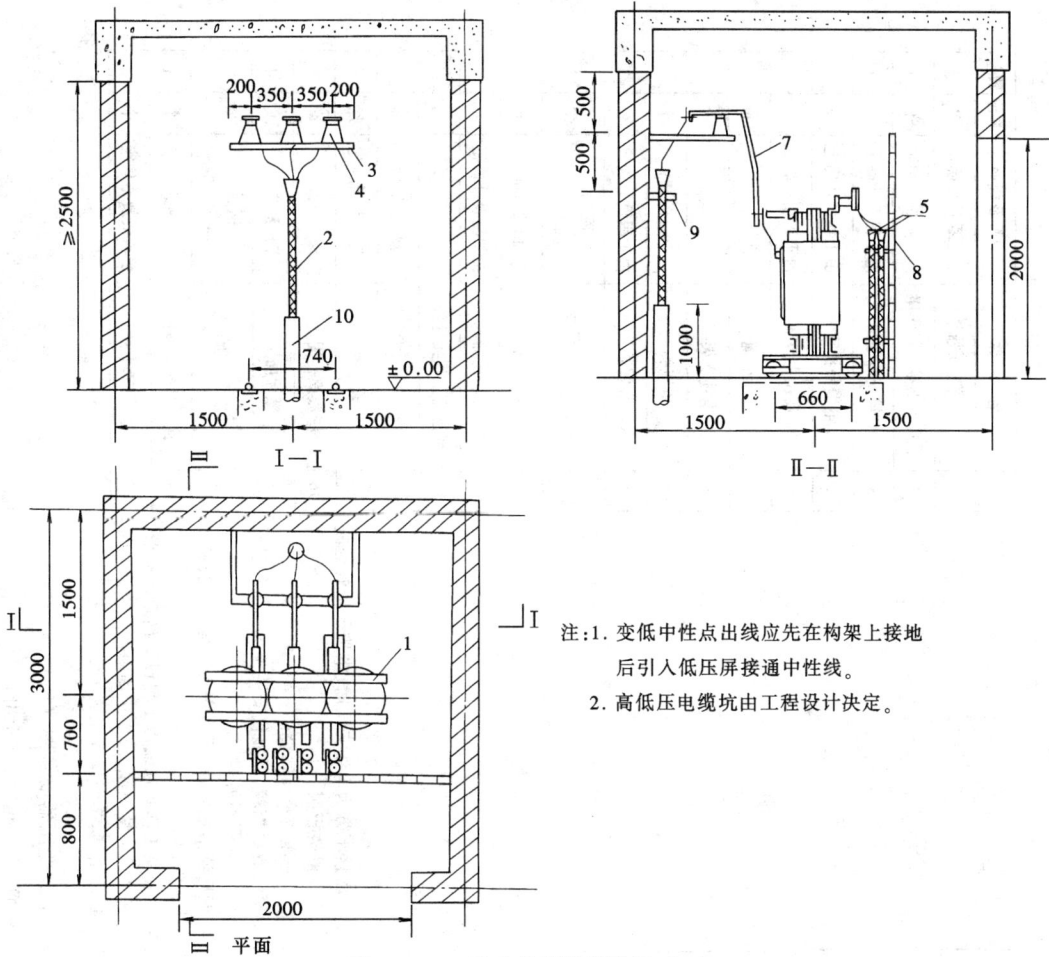

注：1. 变低中性点出线应先在构架上接地
后引入低压屏接通中性线。
2. 高低压电缆坑由工程设计决定。

图 13-22 干式变压器安装图（二）
（下进下出）

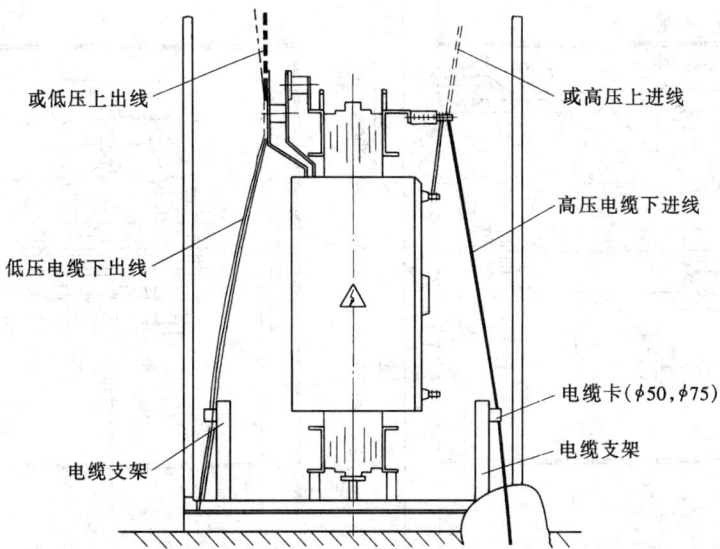

图 13-23 干式变压器安装图（三）
（带外壳）

主 要 材 料 表

序号	名 称	型号及规格	单位	数量
1	干式变压器	由工程设计确定	台	1
2	干式变压器安装底座	由工程设计确定	组	1
3	电缆安装支架	由工程设计确定	个	1
4	电缆保护管	由工程设计确定	m	
5	高压电缆	由工程设计确定	m	
6	低压电缆	由工程设计确定	m	
7	电缆支架	型式3	个	1
8	电缆头	10(6)kV	个	1
9	避雷器	由工程设计确定	台	3
10	避雷器固定支架	角钢50×4 $l=900mm$	个	1
11	电线	1×25mm²	m	
12	电缆托盘	由工程设计确定	m	
13	变压器工作接地线	扁钢40×4	m	
14	PE接地干线	由工程设计确定	组	1
15	遮栏	由工程设计确定	套	4
16	膨胀螺栓固定	M12	套	4
17	螺栓固定	M12	个	4
18	预埋钢板	钢板 150mm×150mm	块	4
19	接地螺栓、垫圈	M8	个	1
20	电缆卡	按电线规格确定	个	2

注:1. 变压器下方为电缆夹层时，电缆保护管处改为预留楼板洞。

2. b为变压器管面宽度。

3. 变压器温控箱、温显仪安装位置由工程设计确定，本图不另表示。

4. 变压器落地安装，不用安装底座时做法见图13-34。

5. 变压器工作接地线由工程设计确定接地形式及选择接地线，因变压器中性点接地位置各厂不同，本图仅按在变压器上部接取示意。

图13-24 干式变压器安装图（四）

（无外壳、窄面布置、电缆下进上出）

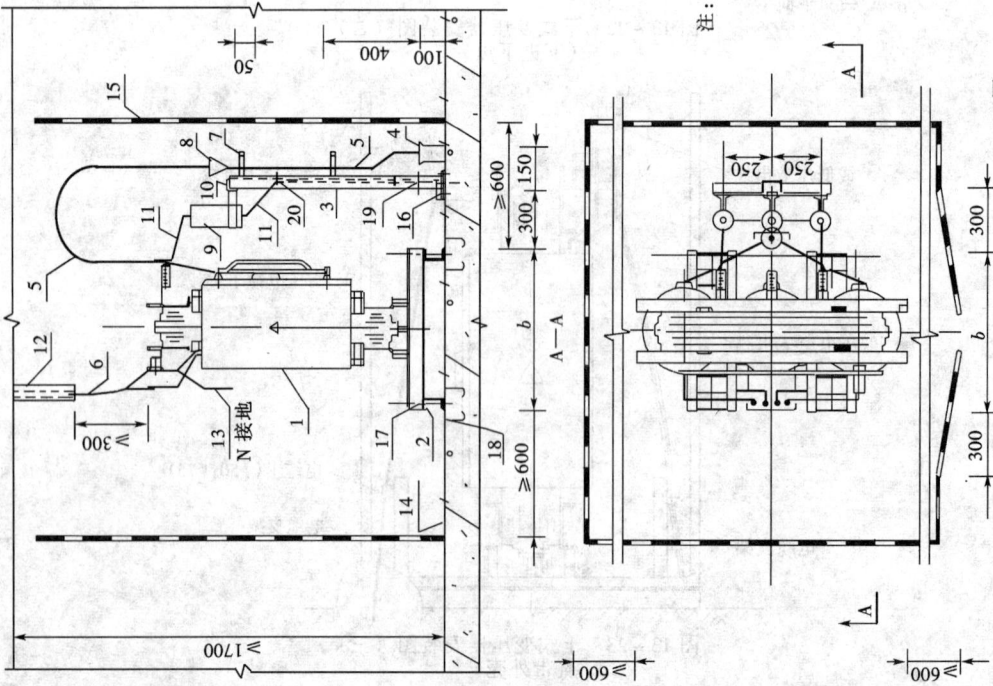

主 要 材 料 表

序号	名称	型号及规格	单位	数量
1	干式变压器	由工程设计确定	台	1
2	干式变压器安装底座	由工程设计确定	组	2
3	高压电缆	由工程设计确定	m	
4	低压电缆	由工程设计确定	m	
5	电缆头	10（6）kV	个	1
6	避雷器安装支架	由工程设计确定	个	1
7	避雷器	由工程设计确定	台	3
8	避雷器固定支架	角钢 50×4 l=900mm	个	1
9	电线	1×25mm²	m	
10	电缆托盘	由工程设计确定	m	
11	变压器工作接地线		m	
12	PE接地干线	扁钢 40×4	m	
13	遮 栏	由工程设计确定	组	1
14	膨胀螺栓固定	M12	套	4
15	螺栓固定	M12	套	4
16	预埋钢板	钢板 150mm×150mm	个	4
17	接地螺栓、垫圈	M8	个	1
18	电线卡	按照电线规格确定	套	2

注：1. a 为变压器宽面尺寸，b 为窄面尺寸。

2. 变压器温度整箱、温显仪安装位置由工程设计确定，本图不另表示。

3. 变压器落地安装，不用安装底座时做法见图 13-34。

4. 本图窄面推进，门用实线表示，宽面推进，门用虚线表示。

5. 变压器工作接地线由工程设计确定接地型式及选择接地线，因变压器中性点接取位置各厂不同，本图仅按在变压器上部接取示意。

图 13-25 干式变压器安装图（五）

（无外壳、电缆上进上出）

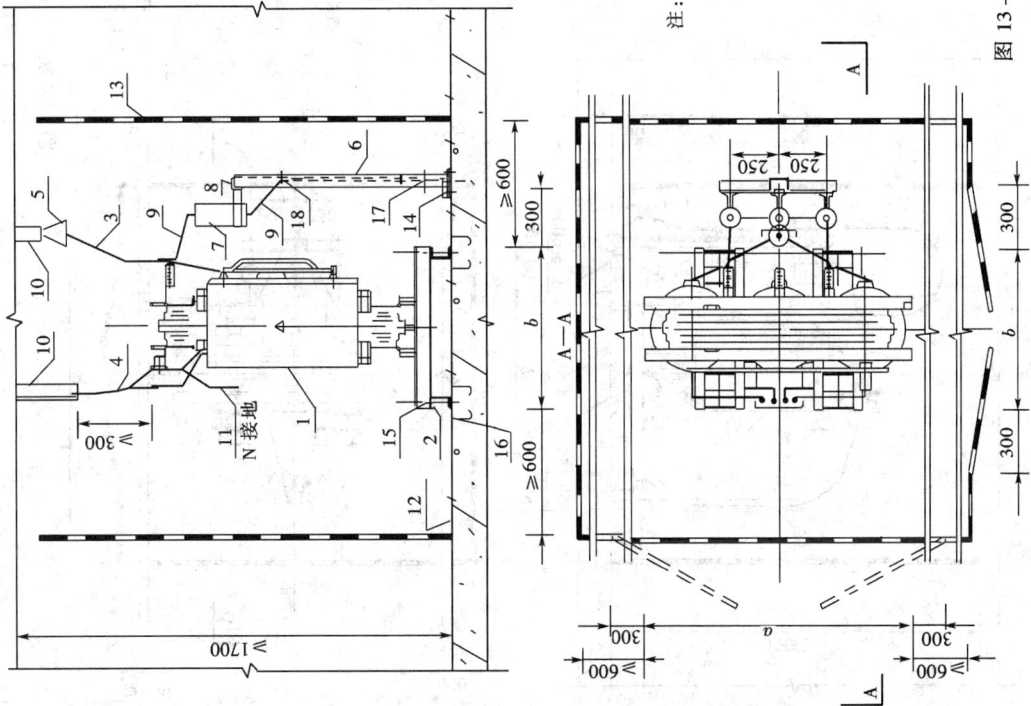

序号	名　称	型号及规格	单位	数量
1	干式变压器	由工程设计确定	台	1
2	干式变压器安装底座	由工程设计确定	组	2
3	电缆安装支架	由工程设计确定	个	1
4	电缆保护管	由工程设计确定	m	
5	高压电缆	由工程设计确定	m	
6	低压电缆		m	
7	电缆支架	型式3	个	1
8	电缆头	10（6）kV	个	1
9	避雷器	由工程设计确定	台	3
10	避雷器固定支架	角钢 50×4 $l=900mm$	个	1
11	线	1×25mm²	m	
12	电缆托盘	由工程设计确定	m	
13	变压器工作接地线	由工程设计确定	m	
14	PE接地干线	扁钢 40×4	m	
15	遮栏	由工程设计确定	组	1
16	膨胀螺栓固定	M12	套	4
17	螺栓固定	M12	套	4
18	预埋钢板	钢板 150mm×150mm	个	4
19	接地螺栓、垫圈	M8	个	1
20	电缆卡	按电线规格确定	个	2

主要材料表

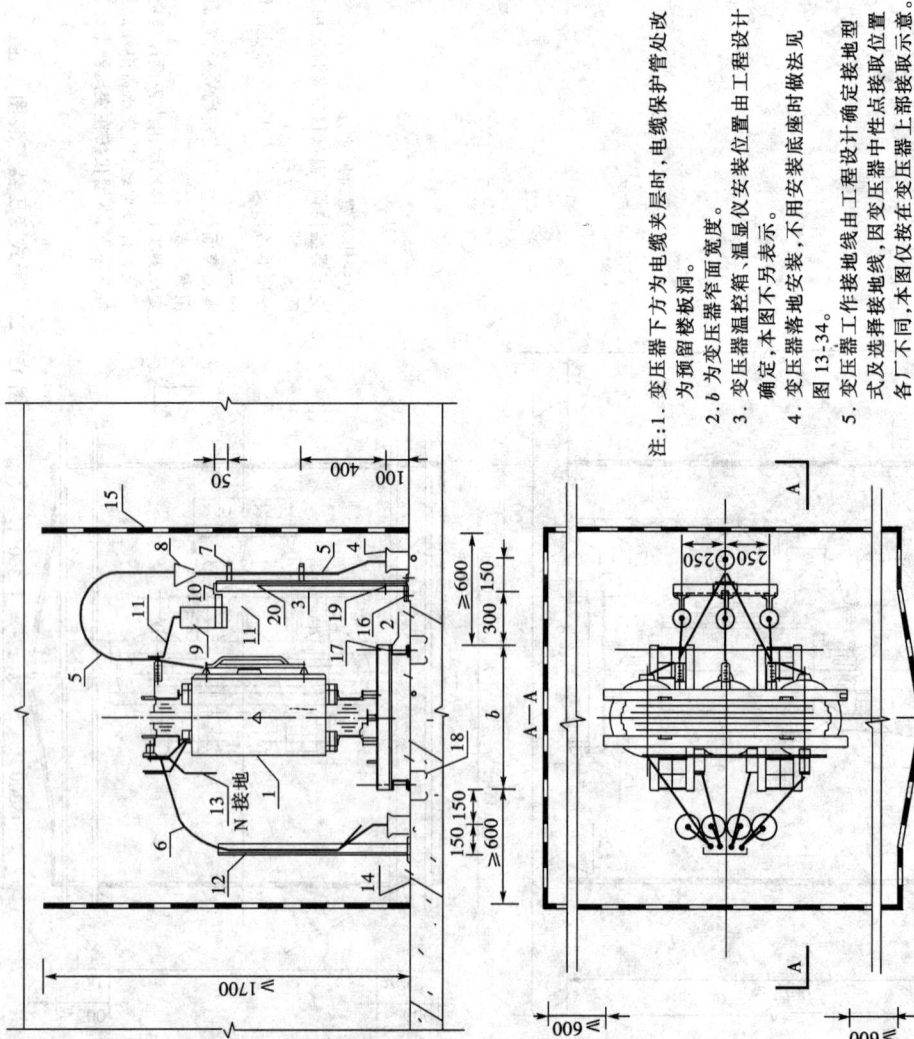

注：1. 变压器下方为电缆夹层时，电缆保护管处改为预留楼板洞。
2. b为变压器管面宽度。
3. 变压器温控箱、温显仪安装位置由工程设计确定，本图不另表示。
4. 变压器落地安装，不用安装底座时做法见图13-34。
5. 变压器工作接地线由工程设计确定接地型式及变压器中性点接取位置，因变压器接地，本图仅按在变压器上部接取示意。各厂不同，本图接取示意。

图 13-26　干式变压器安装图（六）
（无外壳、窄面布置、电缆下进下出）

主要材料表

序号	名称	型号及规格	单位	数量
1	干式变压器	由工程设计确定	台	1
2	干式变压器安装底座	由工程设计确定	组	2
3	电缆安装支架	由工程设计确定	个	1
4	电缆保护管	由工程设计确定	m	
5	高压始端母线槽	由工程设计确定	m	
6	低压始端母线槽	由工程设计确定	m	
7	母线槽		m	
8	电缆支架	型式3	个	1
9	电缆头	10(6)kV	个	3
10	避雷器	由工程设计确定	台	1
11	避雷器固定支架	角钢50×4 $l=900mm$	个	1
12	电线	$1×25mm^2$	m	
13	变压器工作接地线		m	
14	PE接地干线	扁钢40×4	m	
15	遮栏	由工程设计确定	组	1
16	膨胀螺栓固定	M12	套	4
17	螺栓螺母固定	M12	套	4
18	预埋钢板	钢板150mm×150mm	个	4
19	接地螺栓、垫圈	M8	套	1
20	电线卡	按接线确定规格	套	2

注:1. 变压器下方为电缆夹层时,电缆保护管处改为预留楼板洞。

2. b为变压器箱面宽度。

3. 变压器温度箱、温显仪安装位置由工程设计确定。本图不另表示。

4. 变压器落地安装,不用安装底座时做法见图13-34。

5. 变压器工作接地线,因变压器中性点接地位置及方式选择由工程设计确定接地形式各厂不同,本图仅按在变压器上部接取示意。

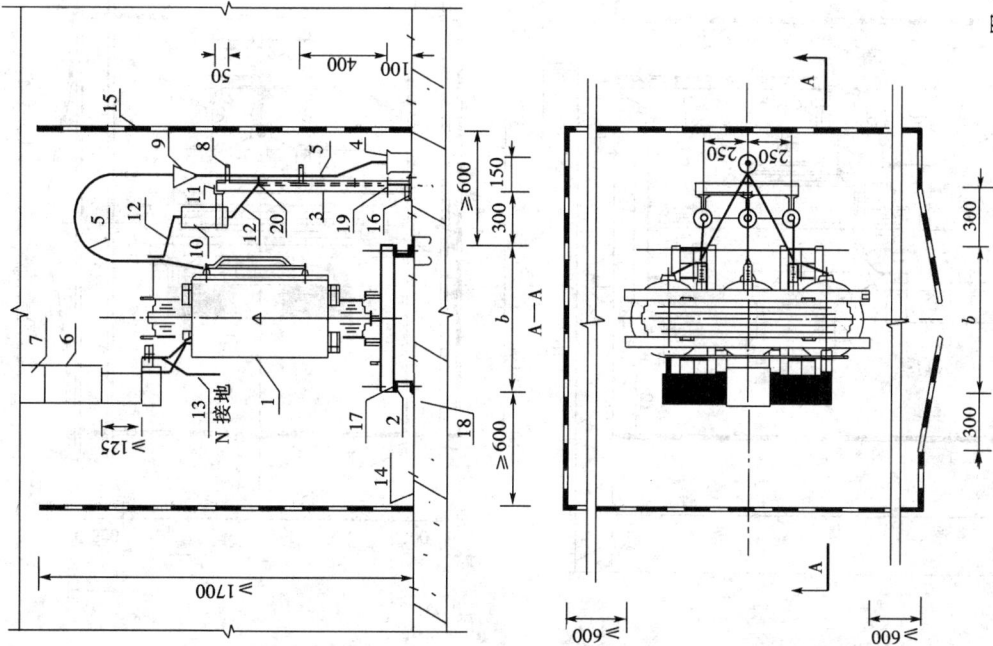

图13-27 干式变压器安装图(七)
(无外壳、窄面布置、电缆下进母线上出)

主 要 材 料 表

序号	名 称	型号及规格	单位	数量
1	干式变压器	由工程设计确定	台	1
2	干式变压器安装底座	由工程设计确定	组	1
3	高压电缆	由工程设计确定	m	
4	低压始端母线电缆槽		m	
5	低压母线电缆槽		m	
6	电缆头	10 (6) kV	个	1
7	避雷器安装支架	由工程设计确定	个	1
8	避雷器	由工程设计确定	台	3
9	避雷器固定支架	角钢 50×4 l = 900mm	个	1
10	电 线	1×25mm²	m	
11	变压器工作接地线		m	
12	PE接地干线	扁钢 40×4	m	
13	遮 栏	由工程设计确定	组	1
14	膨胀螺栓固定	M12	套	4
15	螺栓固定	M12	套	4
16	预埋钢板	钢板 150mm×150mm	个	4
17	电缆托盘	由工程设计确定	m	
18	接地螺栓、垫圈	M8	套	1
19	电线卡	按电线确定规格	套	2

注：1. a 为变压器宽面尺寸，b 为窄面尺寸。

2. 变压器温控箱、温显仪安装位置由工程设计确定，本图不另表示。

3. 变压器落地安装，不用安装底座时做法见图 13－34。

4. 本图窄面推进，门用实线表示；宽面推进，门用虚线表示。

5. 变压器工作接地线由工程设计确定接地形式及选择接地线，因变压器中性点接地位置各厂不同，本图仅按在变压器上部接出示意。

图 13－28 干式变压器安装图（八）
（无外壳、电缆上进母线上出）

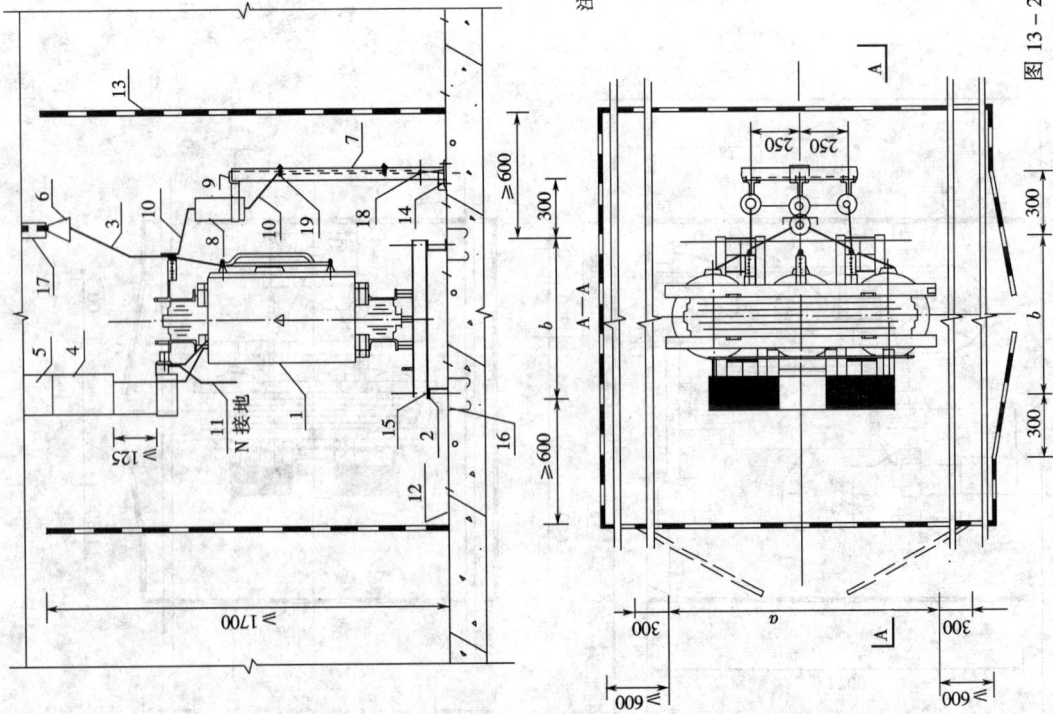

主要材料表

序号	名 称	型号及规格	单位	数量
1	干式变压器	由工程设计确定	台	1
2	干式变压器安装底座	由工程设计确定	组	1
3	电缆保护管	由工程设计确定	m	
4	高压电缆	由工程设计确定	m	
5	低压电缆		m	
6	变压器工作接地线		m	
7	PE 接地干线	扁钢 40×4	m	
8	螺栓固定	M12	套	4
9	预埋钢板	钢板 150mm×150mm	个	4

注：1. 变压器下方为电缆夹层时，电缆保护管处改为预留楼板洞。

2. d_1 为变压器固定孔位置尺寸。

3. 变压器落地安装，不用安装底座时做法见图 13-34。

4. 变压器配套温控箱、温显仪，本图不另表示。

5. 变压器装设避雷器订货时须说明。

6. 变压器工作接地线由工程设计确定型式及选择接地线，因各变压器型式中性点接地取位置各厂不同，本图仅按在变压器上部接地示意。

图 13-29　干式变压器安装图(九)
(有外壳、电缆下进下出)

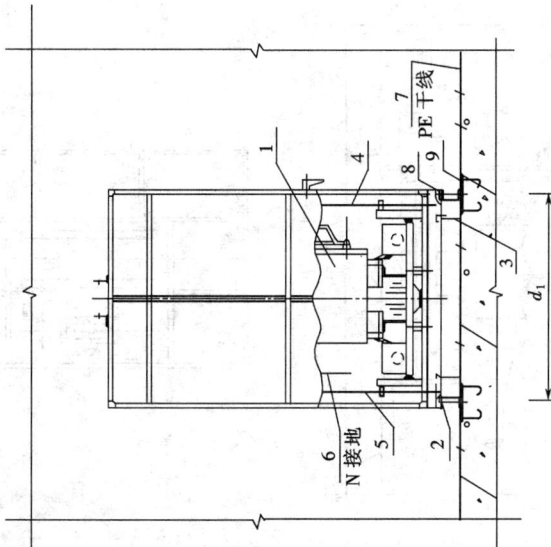

主 要 材 料 表

序号	名 称	型号及规格	单位	数量
1	干式变压器	由工程设计确定	台	1
2	干式变压器安装底座	由工程设计确定	组	1
3	电缆保护管	由工程设计确定	m	
4	高压电缆	由工程设计确定	m	
5	低压电缆		m	
6	变压器工作接地线		m	
7	PE 接地干线	扁钢 40×4	m	
8	螺栓固定	M12	套	4
9	预埋钢板	钢板 150mm×150mm	个	4
10	法 兰	由工程设计确定	组	1
11	接线盒	由工程设计确定	个	1
12	电缆桥架	由工程设计确定	个	1
13	电缆接线盒封板	由工程设计确定	个	2
14	法兰固定螺栓	M12	套	12
15	封板固定螺栓	M8	套	6

注：1. 变压器下方为电缆夹层时，电缆保护管处改为预留楼板孔洞。

2. d_1 为变压器固定孔位置尺寸。

3. 变压器落地安装，不用安装底座；落地做法见图 13-34。

4. 变压器配套温控箱、温显仪，本图不另表示。

5. 变压器装设避雷器订货时须说明。

6. 变压器工作接地型式及选择接地线由工程设计确定，因变压器中性点接地位置各厂不同，本图仅按在变压器上部接取示意。

图 13-30 干式变压器安装图（十）

（有外壳，电缆下进上出）

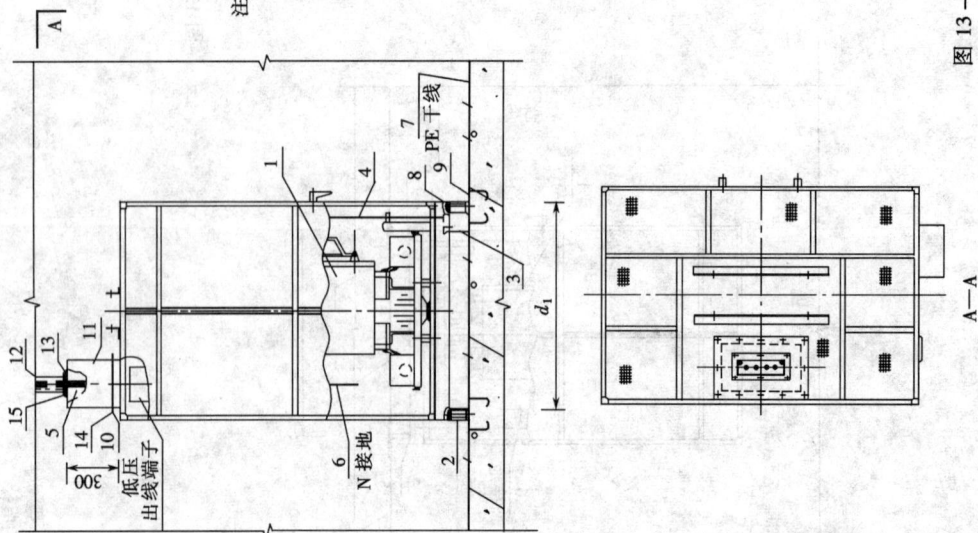

主 要 材 料 表

序号	名 称	型号及规格	单位	数量
1	干式变压器	由工程设计确定	台	1
2	干式变压器安装底座	由工程设计确定	组	1
3	电缆保护管	由工程设计确定	m	
4	高压电缆	由工程设计确定	m	
5	低压电缆		m	
6	变压器工作接地线		m	
7	PE 接地干线	扁钢 40×4	m	4
8	螺栓固定	M12	套	4
9	预埋钢板	钢板 150mm×150mm	个	4
10	电缆桥架	由工程设计确定	组	1
11	低压电缆出线盖板	电缆孔由工程设计确定	个	3

注: 1. 变压器下方为电缆夹层时, 电缆保护管处改为预留楼板洞。

2. d_1 为变压器固定位置尺寸。

3. 变压器落地安装, 不用安装底座时做法见图 13-34。

4. 变压器配套温控箱、温显仪, 本图不另表示。

5. 变压器装设避雷器订货时须说明。

6. 变压器工作接地由工程设计确定接地型式及选择接地线, 因变压器中性点接取位置各厂不同, 本图仅按变压器上部接取示意。

图 13-31 干式变压器安装图 (十一)

(有外壳、电缆下进上出)

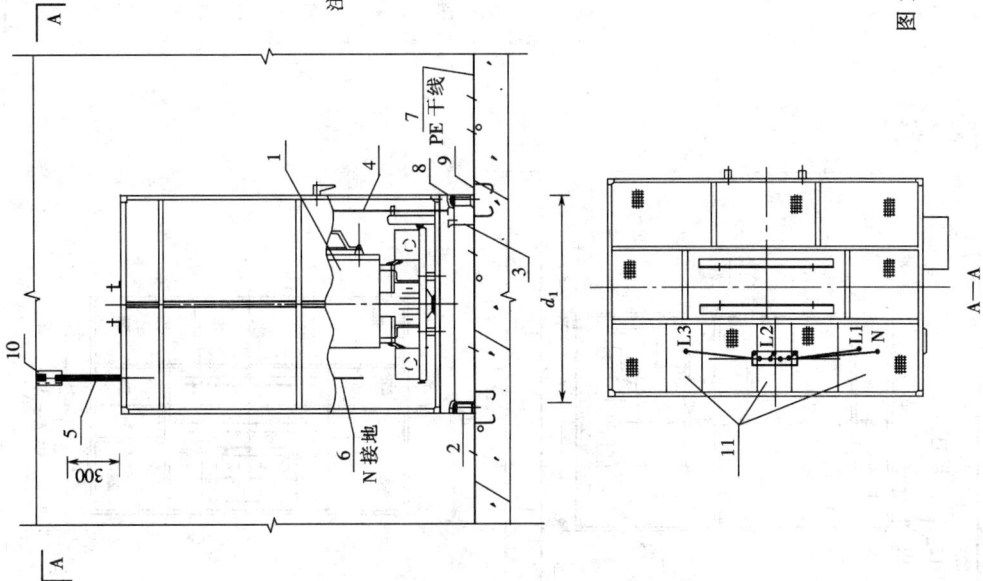

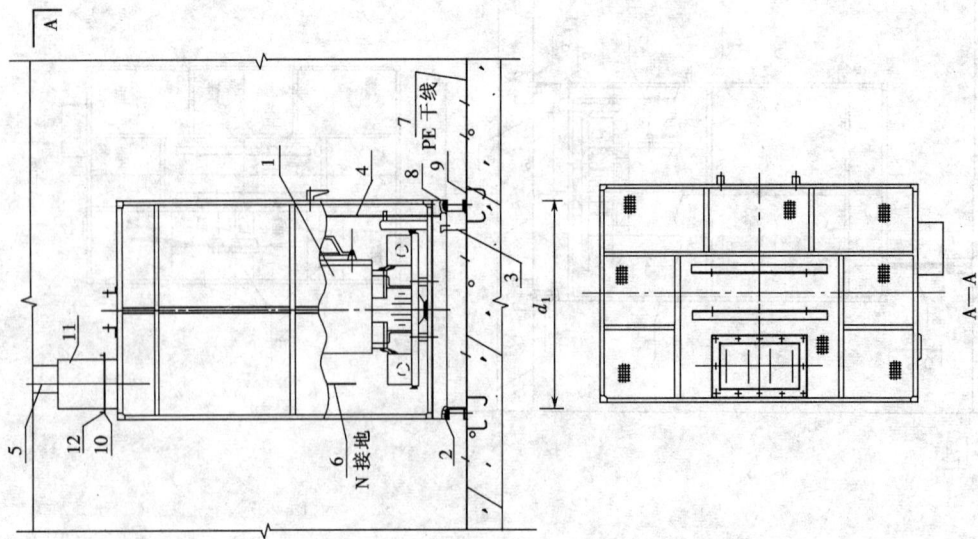

图 13-32 干式变压器安装图（十二）
（有外壳、电缆下进母线上出）

主 要 材 料 表

序号	名 称	型号及规格	单位	数量
1	干式变压器	由工程设计确定	台	1
2	干式变压器安装底座	由工程设计确定	组	1
3	电缆保护管	由工程设计确定	m	
4	高压电缆	由工程设计确定	m	
5	低压母线槽		m	
6	变压器工作接地线		m	
7	PE接地干线	扁钢 40×4	m	
8	螺栓固定	M12	套	4
9	预埋钢板	钢板150mm×150mm	个	4
10	封闭母线连接法兰		组	1
11	母线槽始端箱	尺寸由工程设计确定	个	1
12	法兰固定螺栓	M12	套	12

注：1. 变压器下方为电缆夹层时，电缆保护管处改为预留楼板洞。

2. d_1 为变压器固定孔位置尺寸。

3. 变压器落地安装，不用安装底座时做法见图13-34。

4. 变压器配套温控箱、温显仪，本图不另表示。

5. 变压器装设避雷器订货时须说明。

6. 变压器工作接地型式及选择接地线由工程设计确定接地型式中性点接取位置各厂因变压器不同，本图仅故在变压器上部接取示意。

主要材料表

序号	名称	型号及规格	单位	数量
1	干式变压器	由工程设计确定	台	1
2	干式变压器安装底座	由工程设计确定	组	1
3	高压电缆	由工程设计确定	m	
4	高压电缆头		个	1
5	低压母线槽		m	
6	变压器工作接地线		m	
7	PE接地干线	扁钢 40×4	m	4
8	螺栓固定	M12	套	4
9	预埋钢板	钢板 150mm×150mm	个	4
10	封闭母线连接法兰		组	1
11	母线槽始端箱	尺寸由工程设计确定	个	1
12	法兰固定螺栓	M12	套	12
13	电缆桥架	由工程设计确定	m	
14	高压电缆封板	电缆开孔由工程设计确定	套	1
15	电缆封板固定螺栓	M6	套	6

注：1. 变压器下方为电缆夹层时，电缆保护管处改为预留楼板洞。

2. d_1 为变压器固定孔位置尺寸。

3. 变压器落地安装，不用安装底座时做法见图 13-34。

4. 变压器配有套温控箱、温显仪，本图不另表示。

5. 变压器装设避雷器订货时须说明。

6. 变压器工作接地型式及选择接地线由工程设计确定。因变压器中性点接地位置各厂不同，本图仅按在变压器上部接取示意。

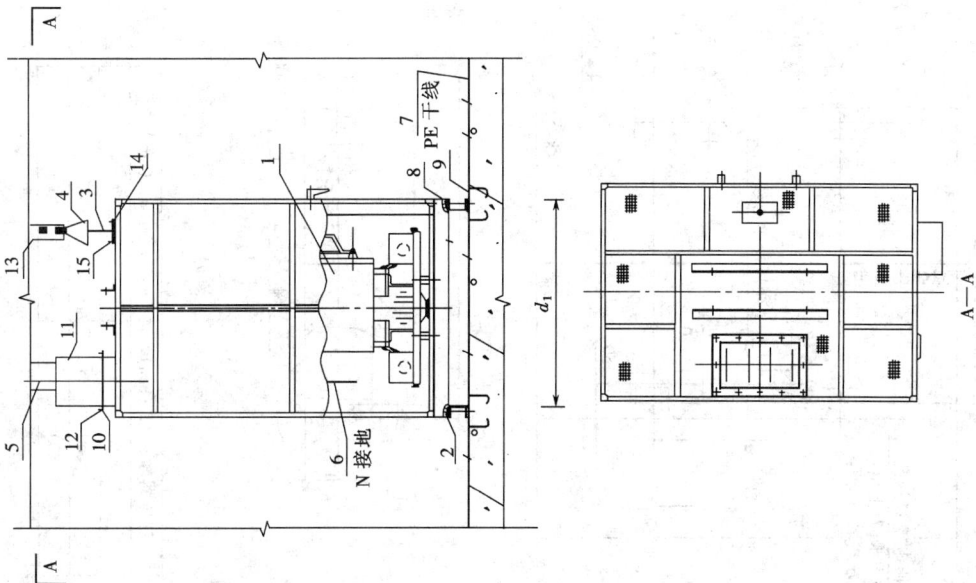

图 13-33 干式变压器安装图（十三）
（有外壳、电缆上进母线上出）

注：1. 变压器落地安装时，变压器底座与预埋扁钢焊接。
2. 螺母、垫片、螺栓的尺寸应与变压器的安装孔配合。
3. ① 安装底座图。

图 13-34　干式变压器基础图
(a) 变压器抬高安装；(b) 变压器落地安装

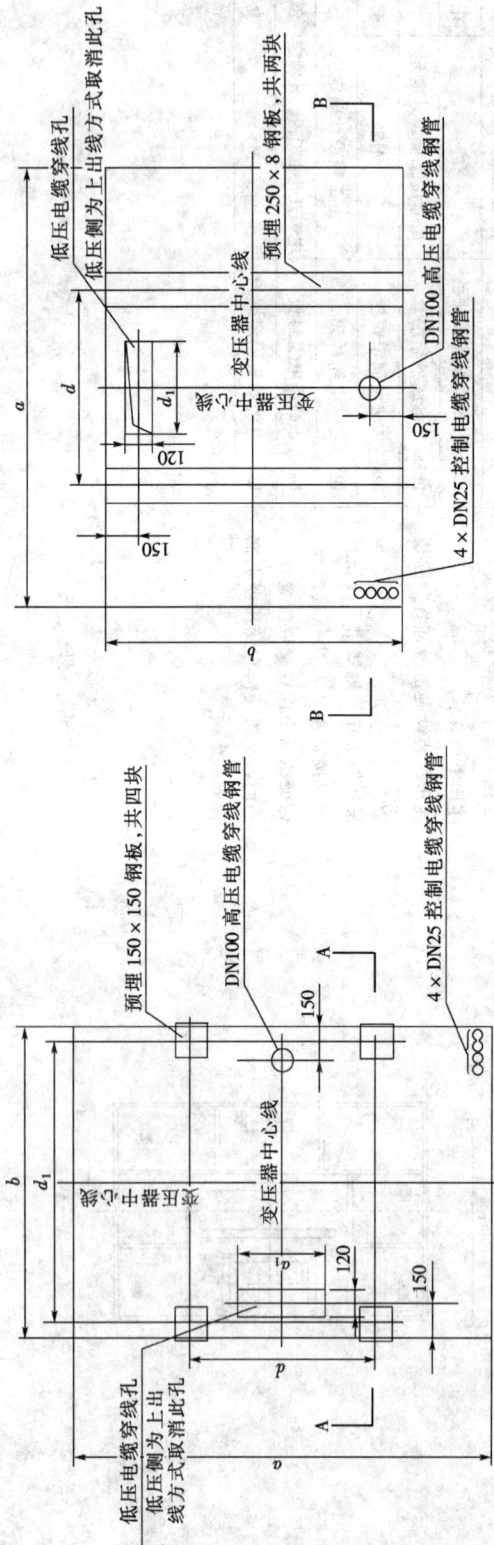

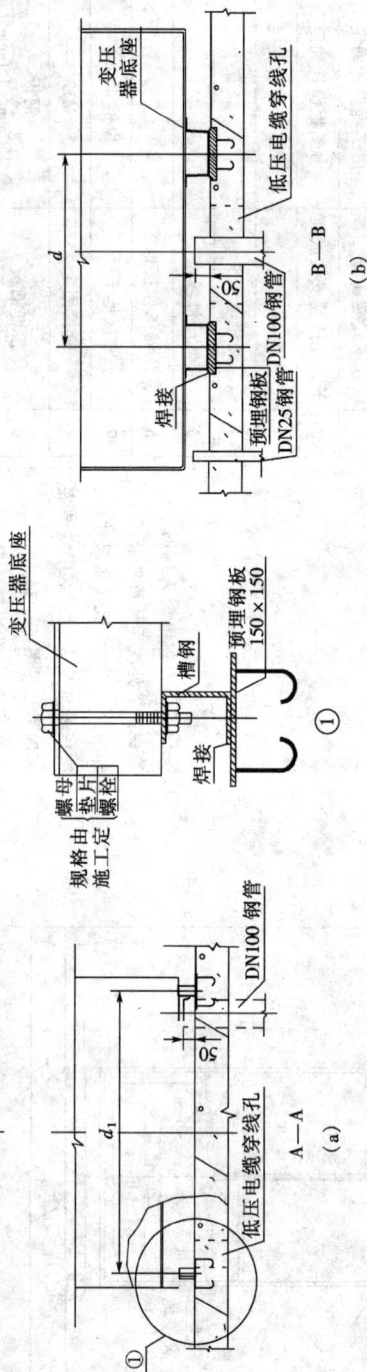

变压器轨距 d (mm)	尺寸 a_1 (mm)
550	230
660	340
820	400

第六节 油浸式变压器安装

(1) 油浸式变压器安装图（一）～（九），见图13－35～图13－43。

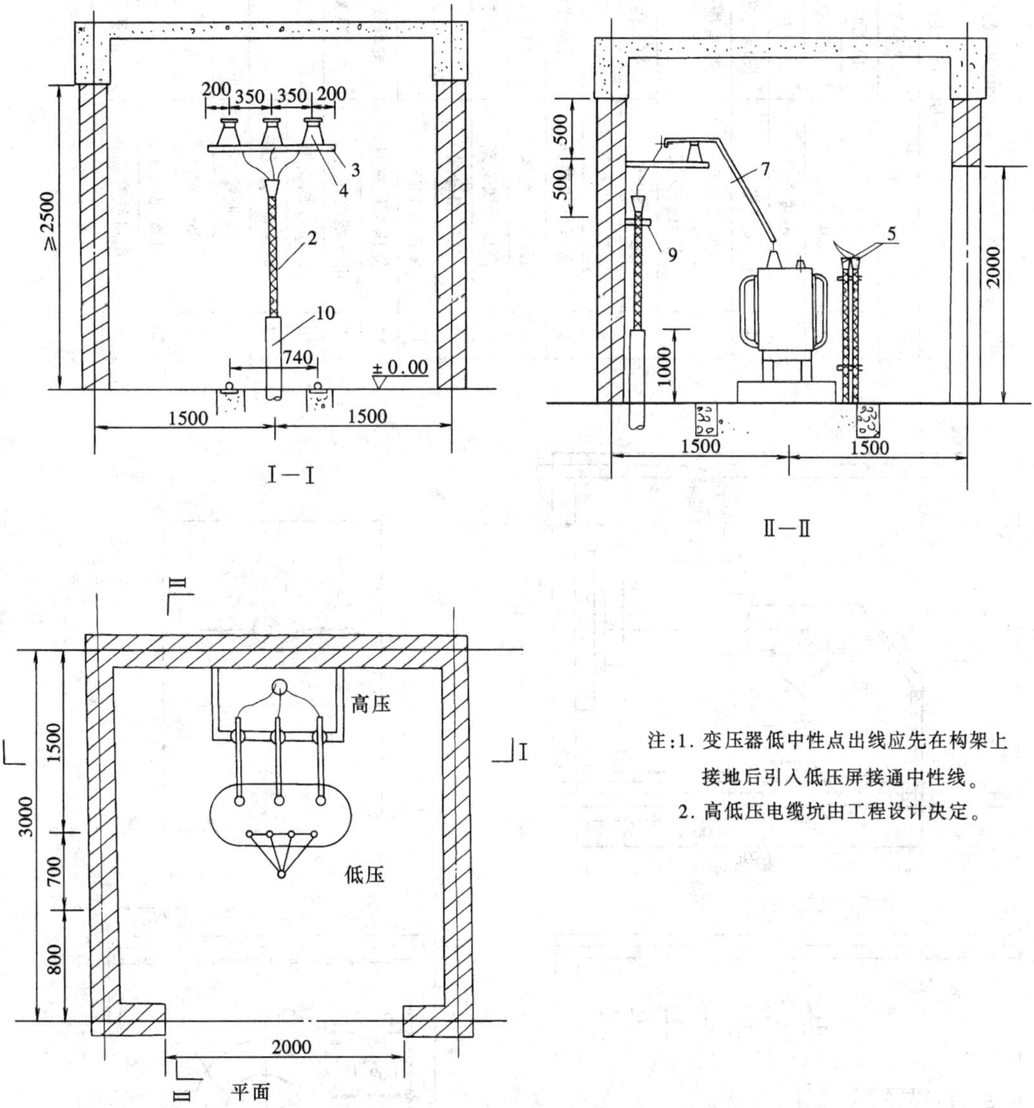

注:1. 变压器低中性点出线应先在构架上接地后引入低压屏接通中性线。
2. 高低压电缆坑由工程设计决定。

图 13－35 油浸式变压器安装图（一）

(2) 油浸式变压器室土建图（一）～（四），见图13－44～图13－47。

(3) 变压器室埋设件详图，见图13－48。

(4) 变压器室土建设计技术要求表，见表13－5。

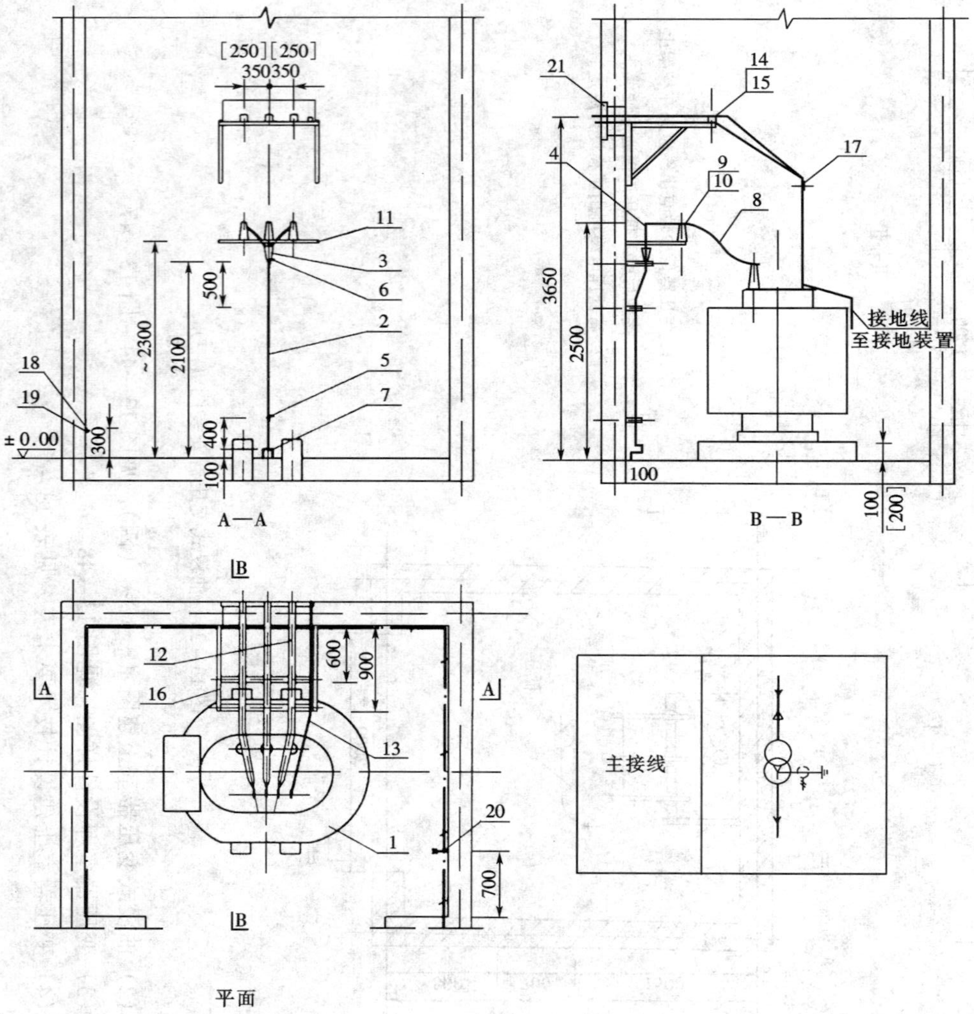

明 细 表

序号	名 称	型号及规格	单位	数量
1	电力变压器	由工程设计确定	台	1
2	电缆	由工程设计确定	m	
3	电缆头	10(6)kV	个	1
4	接线端子	按电缆芯截面确定	个	3
5	电缆支架	按电缆外径确定	个	2
6	电缆头支架		个	1
7	电缆保护管	由工程设计确定	m	
8	高压母线	TMY	m	~5
9	高压母线夹具	按母线截面确定	副	3
10	高压支柱绝缘子	ZA-12(7.2)Y	个	3
11	高压母线支架	型式 13[12]	个	1
12	低压相母线		m	~12
13	N线或PEN线	按母线截面确定	m	~4
14	低压母线夹具		副	3
15	电车线路绝缘子	WX-01	个	3
16	低压母线支架	型式 2[1]	个	1
17	低压母线夹板		副	1
18	接地线		m	~12
19	固定钩		个	10
20	临时接地接线柱		个	1
21	低压母线穿端板	型式 2[1]	套	1

注：括号内数字用于容量≤630kVA 的变压器。

图 13-36 油浸式变压器安装图（二）

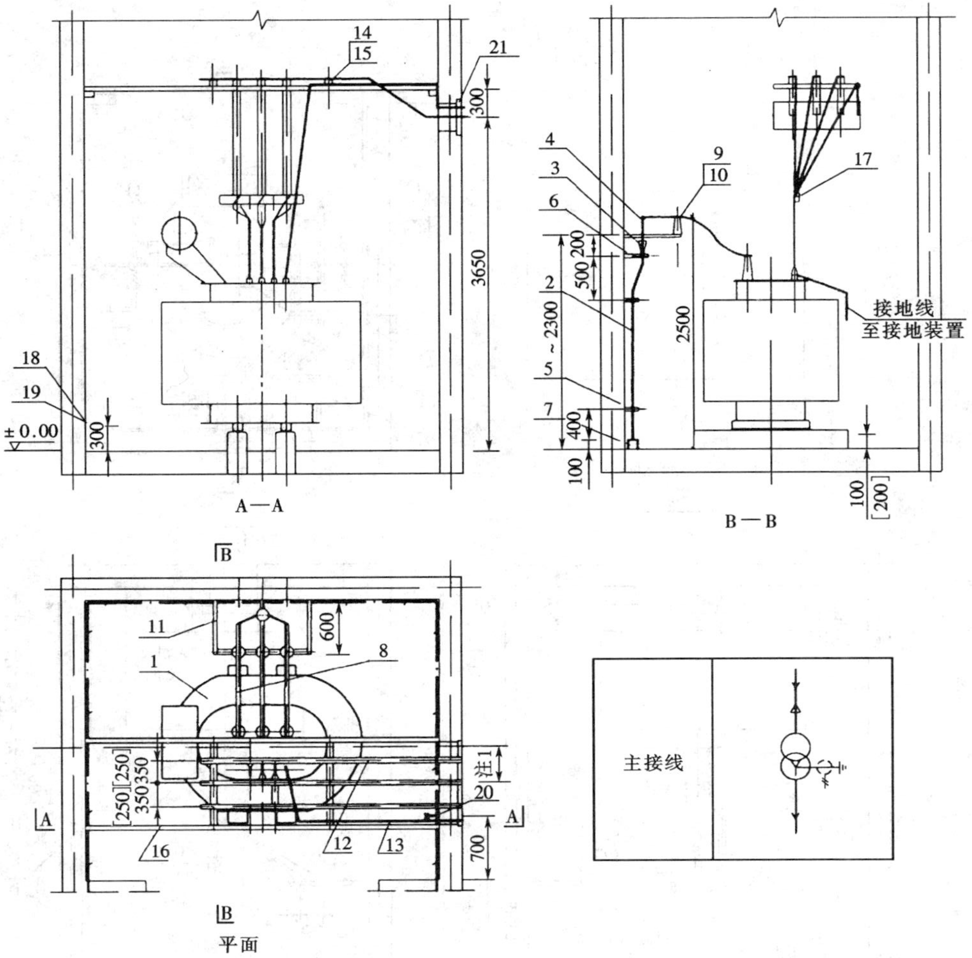

注：1. 侧墙上低压母线出线孔的平面位置由工程设计确定。
2. 括号内数字用于容量≤630kVA的变压器。

明 细 表

序号	名　称	型号及规格	单位	数量
1	电力变压器	由工程设计确定	台	1
2	电缆	由工程设计确定	m	
3	电缆头	10(6)kV	个	1
4	接线端子	按电缆芯截面确定	个	3
5	电缆头支架	按电缆外径确定	个	2
6	电缆保护管	由工程设计确定	个	1
7	高压母线	TMY	m	~5
8	高压母线夹具	按母线截面确定	m	3
9	高压支柱绝缘子	ZA-12(7.2)Y	副	3
10	高压母线支架	型式13[12]	个	1
11	低压相母线	按母线截面确定	个	~12
12	N线或PEN线	WX-01	m	~4
13	低压母线夹具	型式2[1]	副	9
14	电车线路绝缘子	型式2[1]	个	9
15	低压母线托架		个	1
16	低压母线夹板		副	1
17	接地线		m	~12
18	固定钩		个	10
19	临时接地接线柱		个	1
20	低压母线穿墙板	型式2[1]	套	1

图 13-37　油浸式变压器安装图（三）

注：1. 后墙上低压母线出线孔的平面位置由工程设计确定。
2. 括号内数字用于容量≤630kVA 的变压器。

明　细　表

序号	名　称	型号及规格	单位	数量
1	电力变压器	由工程设计确定	台	1
2	电缆	由工程设计确定	m	—
3	电缆头	10(6)kV	个	1
4	接线端子	按电缆芯截面确定	个	3
5	电缆支架	按电缆外径确定	个	2
6	电缆头支架	由工程设计确定	个	1
7	电缆保护护管		m	—
8	高压母线	TMY	m	~5
9	高压母线夹具	按母线截面确定	副	3
10	高压支柱绝缘子	ZA-10(6)Y	个	3
11	高压母线支架	形式13[12]	个	1
12	低压相母线	按母线截面确定	m	~12
13	N线或PEN线		m	~4
14	低压母线夹具	按母线截面确定	副	9
15	电车线路绝缘子	WX-01	个	9
16	低压母线绝缘子	形式2[1]	套	1
17	低压母线支架	形式5[2]	套	2
18	低压母线夹板		副	1
19	接地线		m	~12
20	固定钩		个	10
21	临时接地接线柱		个	1
22	低压母线穿墙板	形式2[1]	套	1

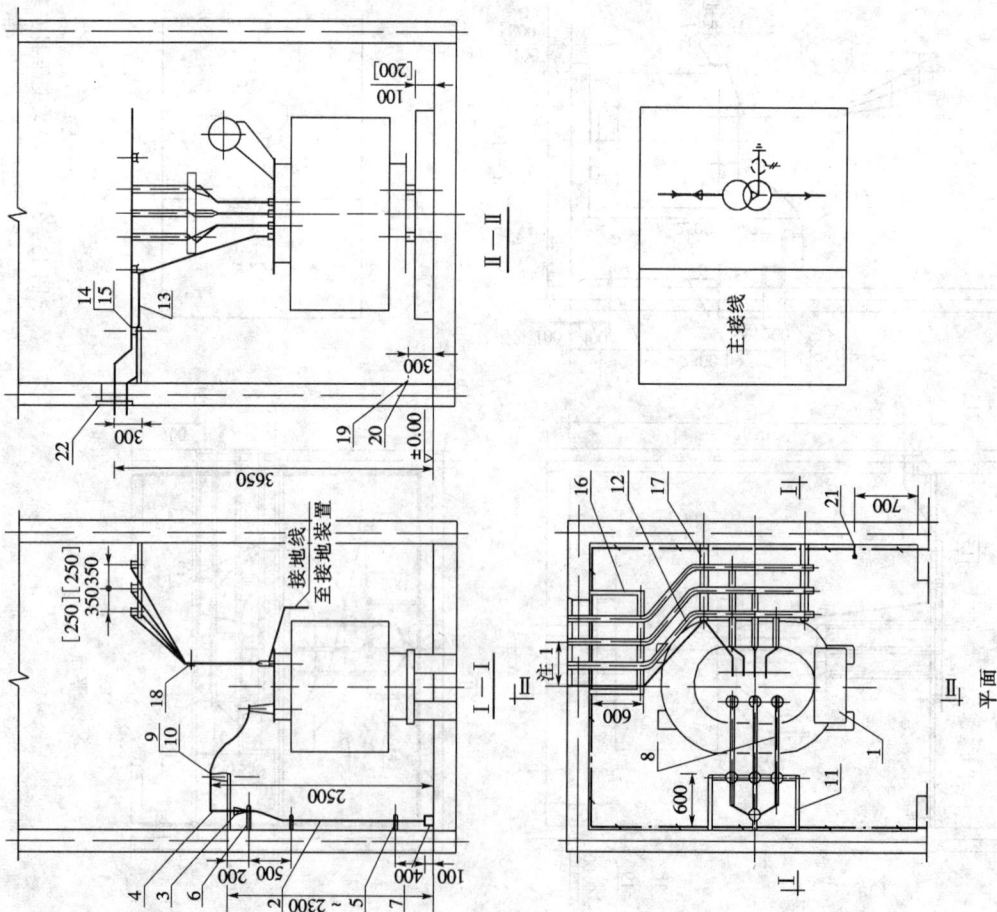

图 13-38　油浸式变压器安装图（四）

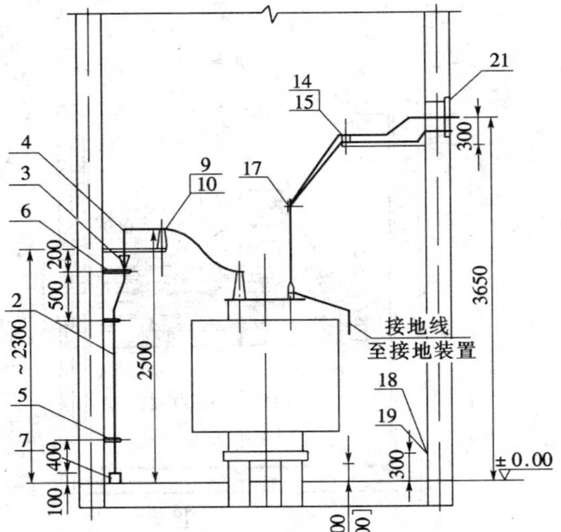

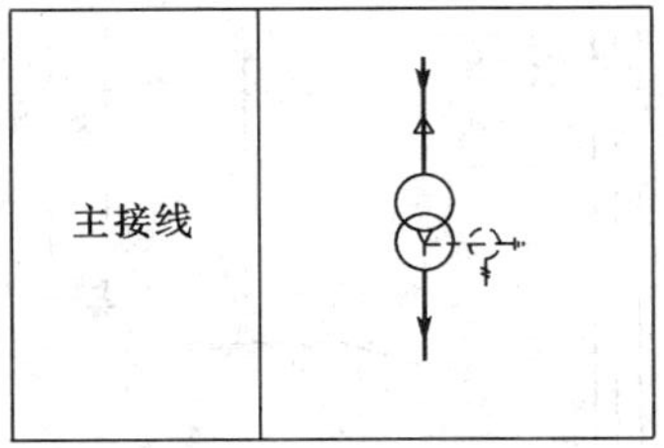

注：1. 侧墙上低压母线出线孔的平面位置由工程设计确定。
2. 括号内数字用于容量≤630kVA的变压器。

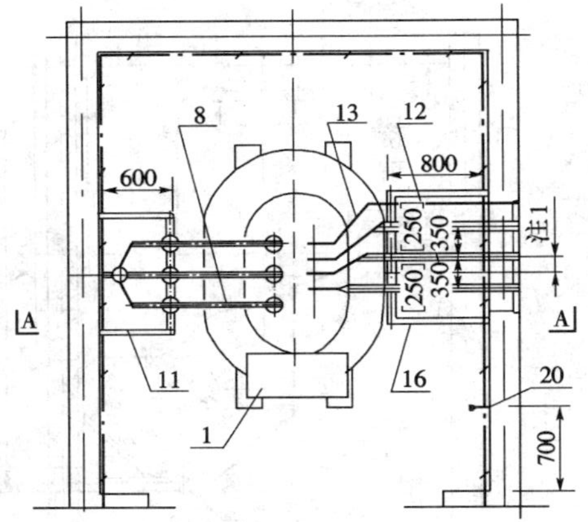

明 细 表

序号	名 称	型号及规格	单位	数量
1	电力变压器	由工程设计确定	台	1
2	电缆	由工程设计确定	m	—
3	电缆头	10(6)kV	个	1
4	接线端子	按电缆芯截面确定	个	3
5	电缆支架	按电缆外径确定	个	2
6	电缆头支架	由工程设计确定	个	1
7	电缆保护管		m	—
8	高压母线	TMY	m	~5
9	高压母线夹具	按母线截面确定	副	3
10	高压支柱绝缘子	ZA－12(7.2)Y	个	3
11	高压母线支架	型式13[12]	个	1
12	低压相母线		m	~12
13	N线或PEN线	按母线截面确定	m	~4
14	低压母线夹具		副	3
15	电车线路绝缘子	WX－01	个	3
16	低压母线支架	型式4[3]	套	1
17	低压母线夹板		副	1
18	接地线		m	~12
19	固定钩		个	10
20	临时接地接地柱		个	1
21	低压母线穿墙板	型式2[1]	套	1

主接线

图 13－39 油浸式变压器安装图（五）

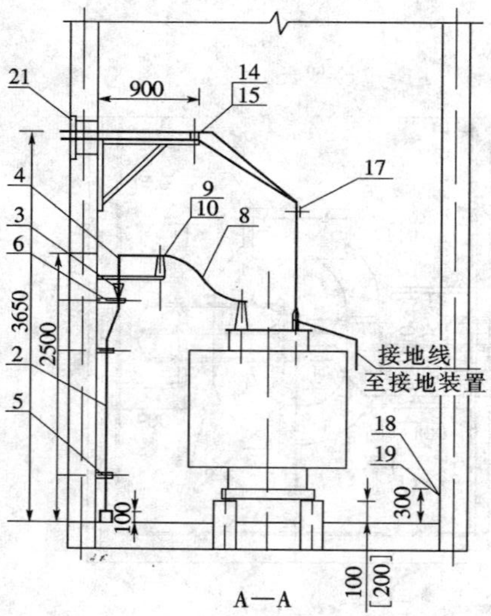

10kV 配电工程设计手册

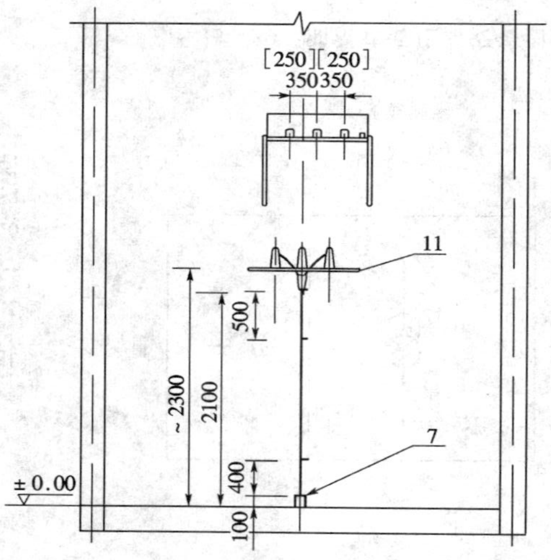

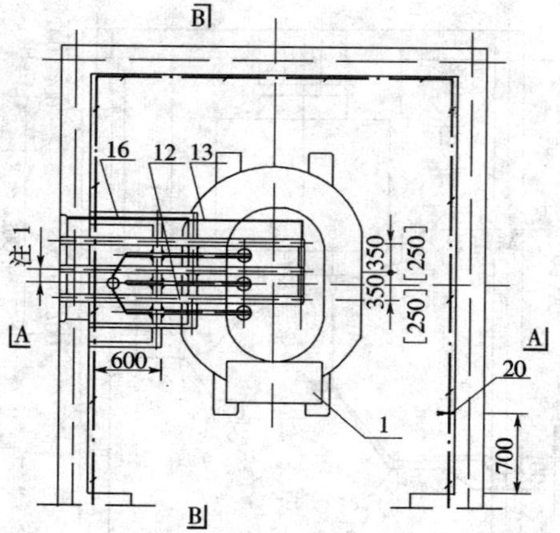

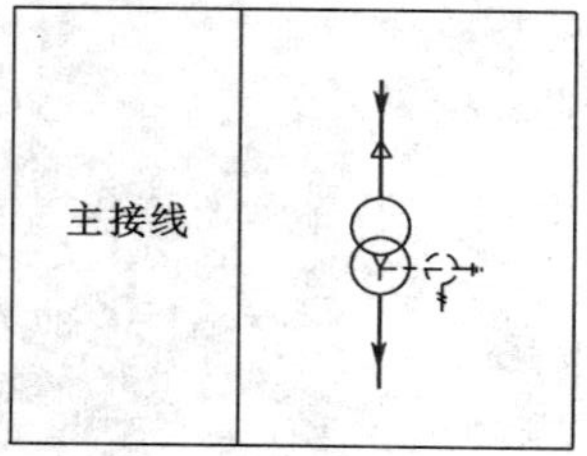

注：1. 侧墙上低压母线出线孔的平面位置由工程设计确定。
2. 括号内数字用于容量≤630kVA 的变压器。

明 细 表

序号	名 称	型号及规格	单位	数量
1	电力变压器	由工程设计确定	台	1
2	电缆	由工程设计确定	m	—
3	电缆头	10(6)kV	个	1
4	接线端子	按电缆芯截面确定	个	3
5	电缆支架	按电缆外径确定	个	2
6	电缆头支架	由工程设计确定	个	1
7	电缆保护管		m	—
8	高压母线	TMY	m	~5
9	高压母线夹具	按母线截面确定	副	3
10	高压支柱绝缘子	ZA－12(7.2)Y	个	3
11	高压母线支架	型式 13[12]	个	1
12	低压相母线	按母线截面确定	m	~12
13	N线或 PEN线		m	~4
14	低压母线夹具		副	3
15	电车线路绝缘子	WX－01	个	3
16	低压母线支架	型式 2[1]	个	1
17	低压母线夹板		副	1
18	接地线		m	~12
19	固定钩		个	10
20	临时接地接线柱		个	1
21	低压母线穿墙板	型式 2[1]	套	1

图 13－40　油浸式变压器安装图（六）

注：括号内数字用于容量≤630kVA 的变压器。

明 细 表

序号	名 称	型号及规格	单位	数量
1	电力变压器	由工程设计确定	台	1
2	电 缆	由工程设计确定	m	—
3	电缆头	10(6)kV	个	1
4	接线端子	按电缆芯截面确定	个	3
5	电缆支架	按电缆外径确定	个	3
6	高低压母线支架(三)	由工程设计确定	个	1
7	电缆保护管	型式16	m	—
8	高压母线	TMY	m	~5
9	高压母线夹具	按母线截面确定	副	7
10	高压支柱绝缘子	ZA–12(7.2)Y	个	7
11	低压相母线	型式13[12]	个	1
12	低压母线		m	~12
13	N线或PEN线	按导线截面确定	副	~4
14	低压母线夹具		个	3
15	电车线路绝缘子	WX–01	个	3
16	低压母线支架	型式2[1]	个	1
17	低压母线夹板		副	1
18	接地线		m	~12
19	固定钩		个	10
20	临时接地接线柱		个	1
21	低压母线穿墙板	型式2[1]	套	1
22	隔离开关	GN19–10	台	1
23	负荷开关	FKN–12	台	1
	手动操动机构		台	1

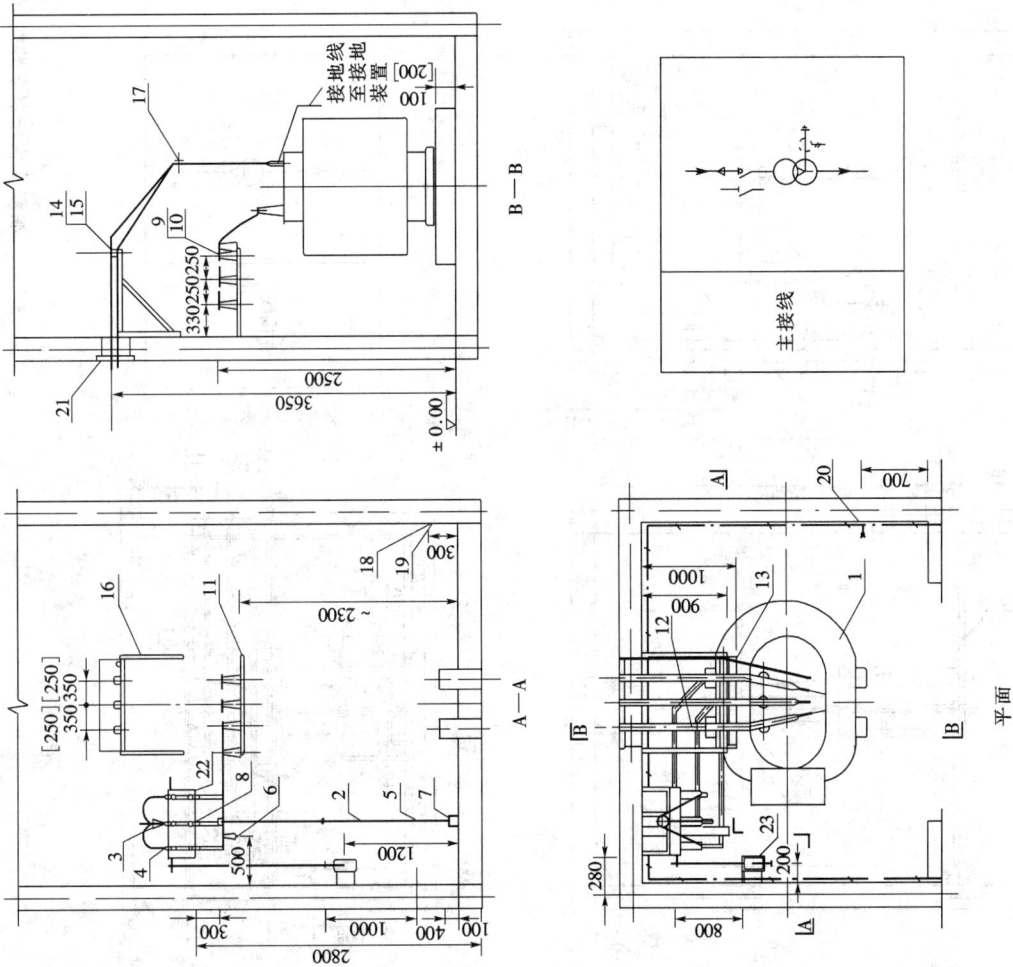

图 13–41 油浸式变压器安装图（七）

注：1. 侧墙上低压母线出线孔的平面位置由工程设计确定。
2. 括号内数字用于容量≤630kVA的变压器。

明 细 表

序号	名 称	型号及规格	单位	数量
1	电力变压器	由工程设计确定	台	1
2	电缆	由工程设计确定	m	—
3	电缆头	10(6)kV	个	1
4	接线端子	按电缆芯线截面确定	个	3
5	电缆支架	按电缆外径确定	个	3
6	电缆保护管	由工程设计确定	m	—
7	高压母线	TMY	m	~5
8	高压母线夹具	按母线截面定	副	3
9	高压支柱绝缘子	ZA-12(7.2)Y	个	3
10	高压母线支架	型式16[15]	个	1
11	低压相母线	按母线截面确定	m	~15
12	N线或PEN线		m	~5
13	低压母线夹具		副	9
14	电车线路绝缘子	WX-01	个	9
15	低压母线桥架	型式2[1]	个	1
16	低压母线穿端板		套	1
17	低压母线夹板	型式2[1]	副	1
18	接地线		m	~12
19	固定钩		个	10
20	临时接地接线柱		个	1
21	隔离开关	GN19-10	台	1
22	负荷开关	FKN-12	台	1
	手力操动机构		台	1

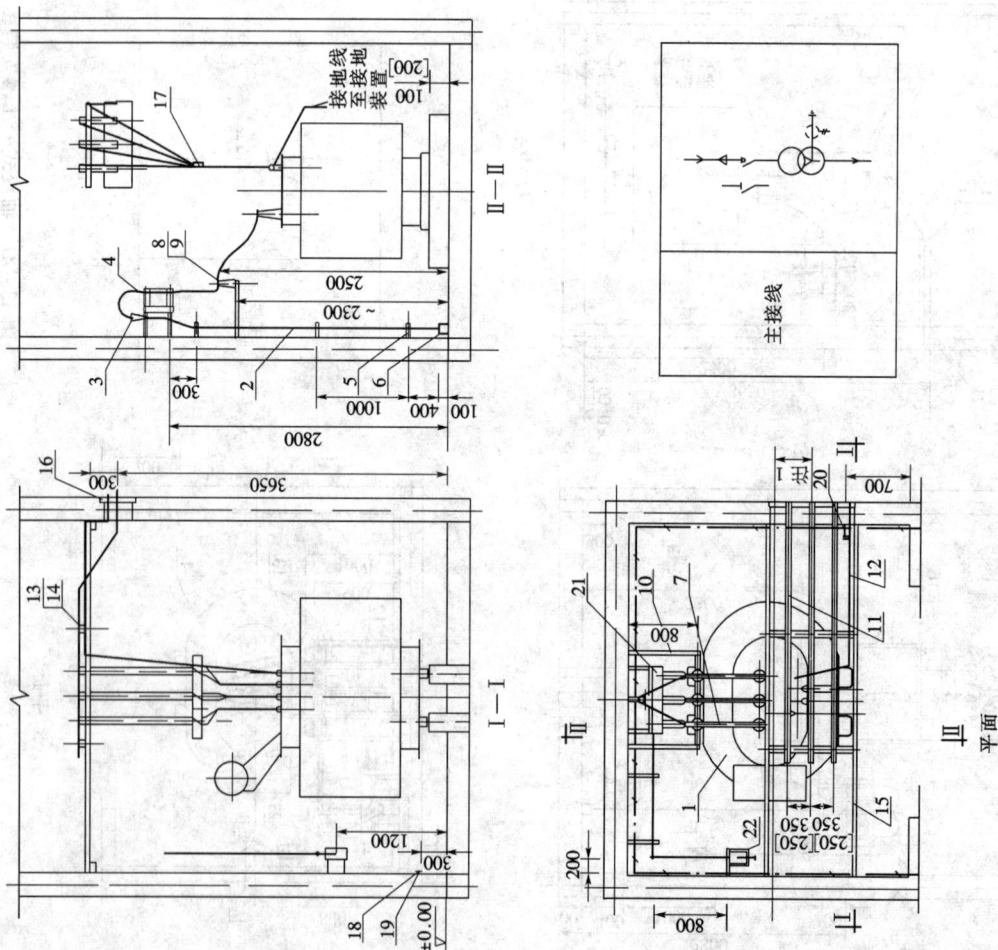

Ⅱ—Ⅱ

Ⅰ—Ⅰ

主接线

平面

图13-42 油浸式变压器安装图（八）

注：1. 后墙上低压母线出线孔的平面位置由工程设计确定。
2. 括号内数字用于容量≤630kVA 的变压器。

明　细　表

序号	名　　称	型号及规格	单位	数量
1	电力变压器	由工程设计确定	台	1
2	电　缆	由工程设计确定	m	—
3	电缆头	10(6)kV	个	1
4	接线端子	按电缆芯截面确定	个	3
5	电缆支架	按电缆外径确定	个	3
6	电缆保护管	由工程设计确定	m	—
7	高压母线	TMY	m	~5
8	高压母线夹具	按母线截面确定	副	3
9	高压支柱绝缘子	ZA－12(7.2)Y	个	3
10	高压母线支架	型式16[15]	个	1
11	低压相母线		m	~12
12	N 线或 PEN 线	按母线截面确定	m	~4
13	低压母线夹具	WX－01	副	9
14	电车线路绝缘子	型式5[2]	个	9
15	低压母线支架	型式2[1]	套	2
16	低压母线支架		套	1
17	低压母线夹板		副	1
18	接地线		m	~12
19	固定钩		个	10
20	临时接地接线柱		个	1
21	低压母线穿墙板	型式2[1]	套	1
22	隔离开关	GN19－10	台	1
23	负荷开关	FKN－12	台	1
	手力操动机构		台	1

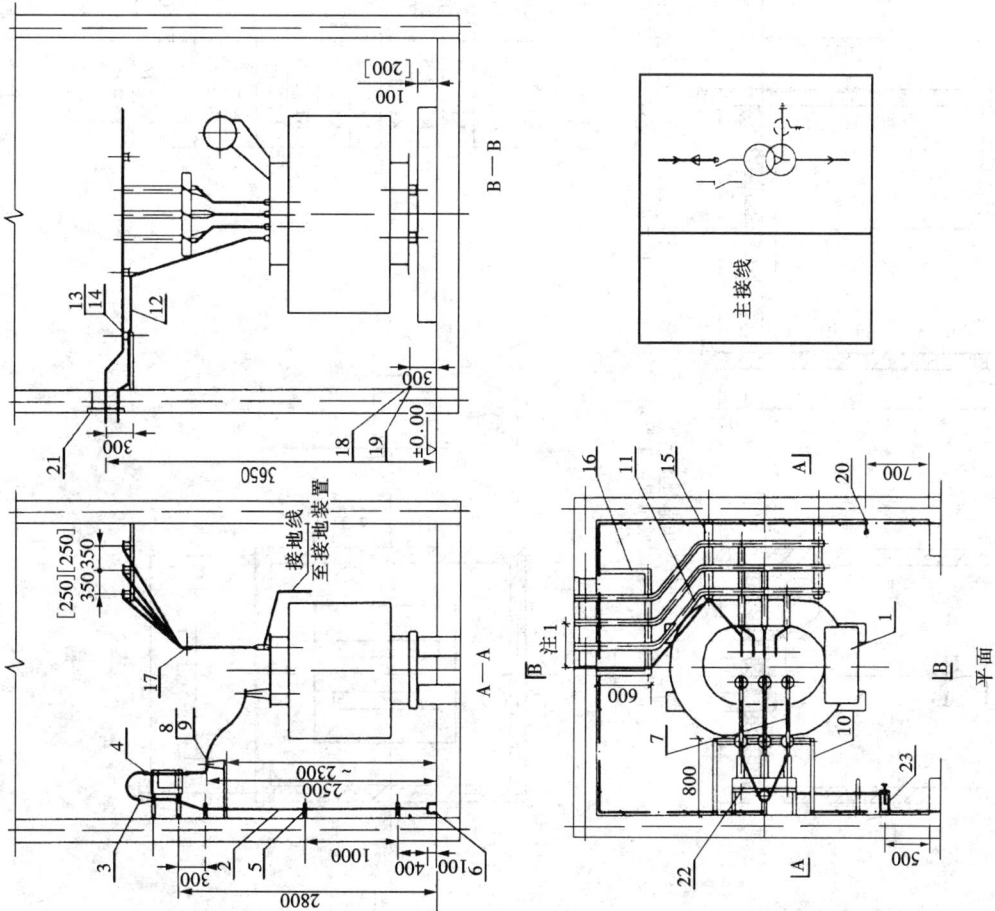

图 13－43　油浸式变压器安装图（九）

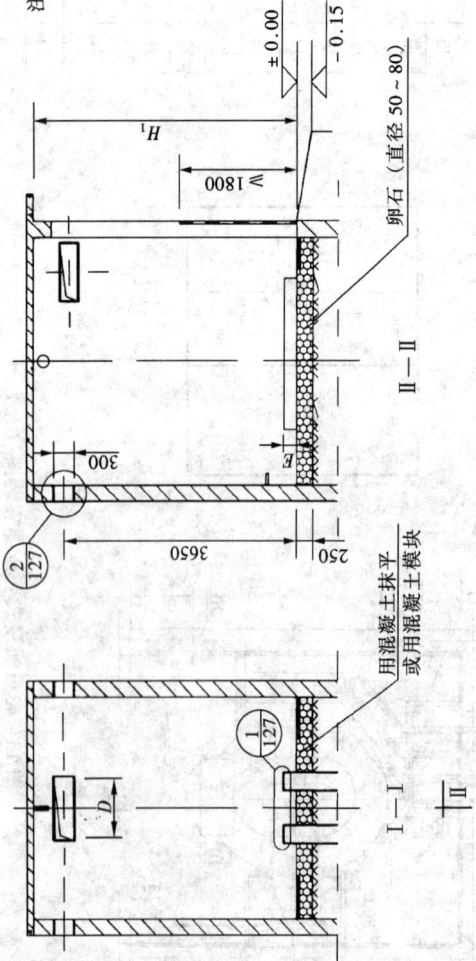

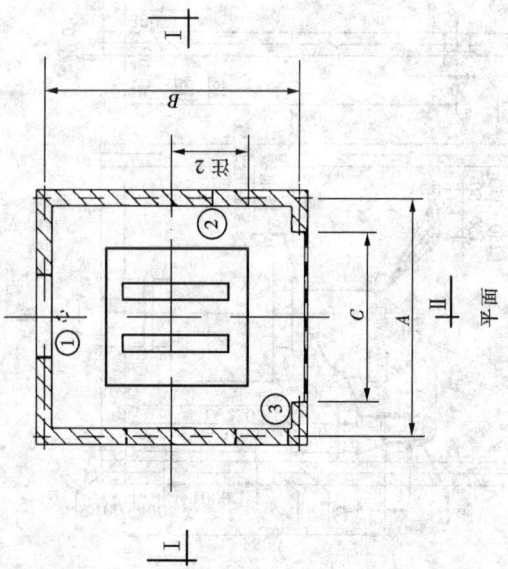

变压器室方案编号	变压器容量 (kVA)	推荐尺寸 (mm)						低压母线墙洞位置
		A	B	C	D	E	H_1	
K1-1.4	200～400	3600	3300	2400	900	200	4500（4800）	①
K1-2.5	500～630	3600	3300	2400	900	200	4500（5400）	②
K1-3.6	800～1000	3900	3300	3000	1100	100	4500（5400）	③
K1-1.7	1250～2000	4500	4500	3000	1100	100	4500（6000）	①
K1-2.8	200～400	3600	3300	2400	900	200	5100（5400）	②
K1-3.9	500～630	3600	3300	2400	900	200	5100（5400）	③
K1-10	800～1000	3900	3300	3000	1100	100	5100（5400）	①
K1-11	1250～2000	4500	4500	3000	1100	100	5100（6000）	②
K1-12								③
K1-13								①
K1-14								②
K1-15								③

注：1. 变压器室土建设计技术要求见表13-5。

2. 侧墙上低压母线出线孔中心线偏离变压器室中心线的尺寸由工程设计决定，在门侧偏离多少不限，往相反方向偏离不得大于200mm。

3. 表中 H_1 括号内数字为变压器需要在室内吊心时采用。

±0.00　−0.15

卵石（直径50～80）

≥1800　　H_1

用混凝土抹平 或用混凝土模块

300　　E　　3650　　250　　D

Ⅰ—Ⅰ　　Ⅱ—Ⅱ

Ⅰ　Ⅱ　平面

A　B　C

图13-44　油浸式变压器室土建图（一）

注: 1. 变压器室土建设计技术要求见表 13－5。

2. 侧墙上低压母线出线孔中心线偏离变压器室中心线的尺寸由工程设计决定。在门侧偏离多少不限；在相反方向偏离不得大于 200mm。

3. 表中 H_1 括号内数字为变压器需要在室内吊心时采用。

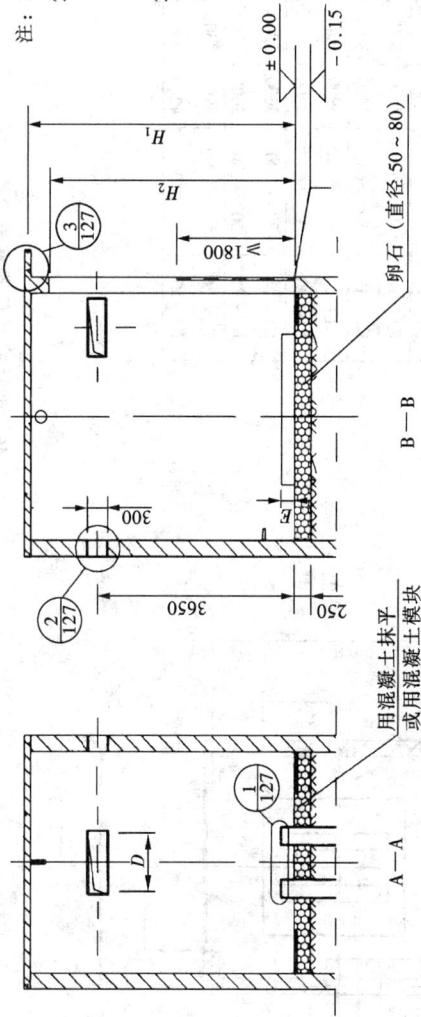

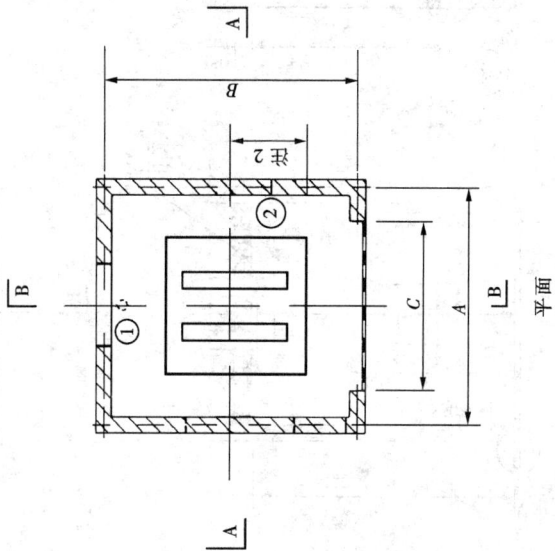

变压器室方案编号	变压器容量 (kVA)	推荐尺寸（mm）							低压母线墙洞位置
		A	B	C	D	E	H_1	H_2	
K1－16	200～400	3600	3300	2400	900	200	4800（4800）	4500	①
K1－17	500～630	3600	3300	2400	900	200	4800（5400）		②
K1－20	800～1000	3900	3300	3000	1100	100	4800（5400）		①
K1－21	1250	4200	3900	3000	1100	100	4800（6000）		②

图 13－45 油浸式变压器室土建图 （二）

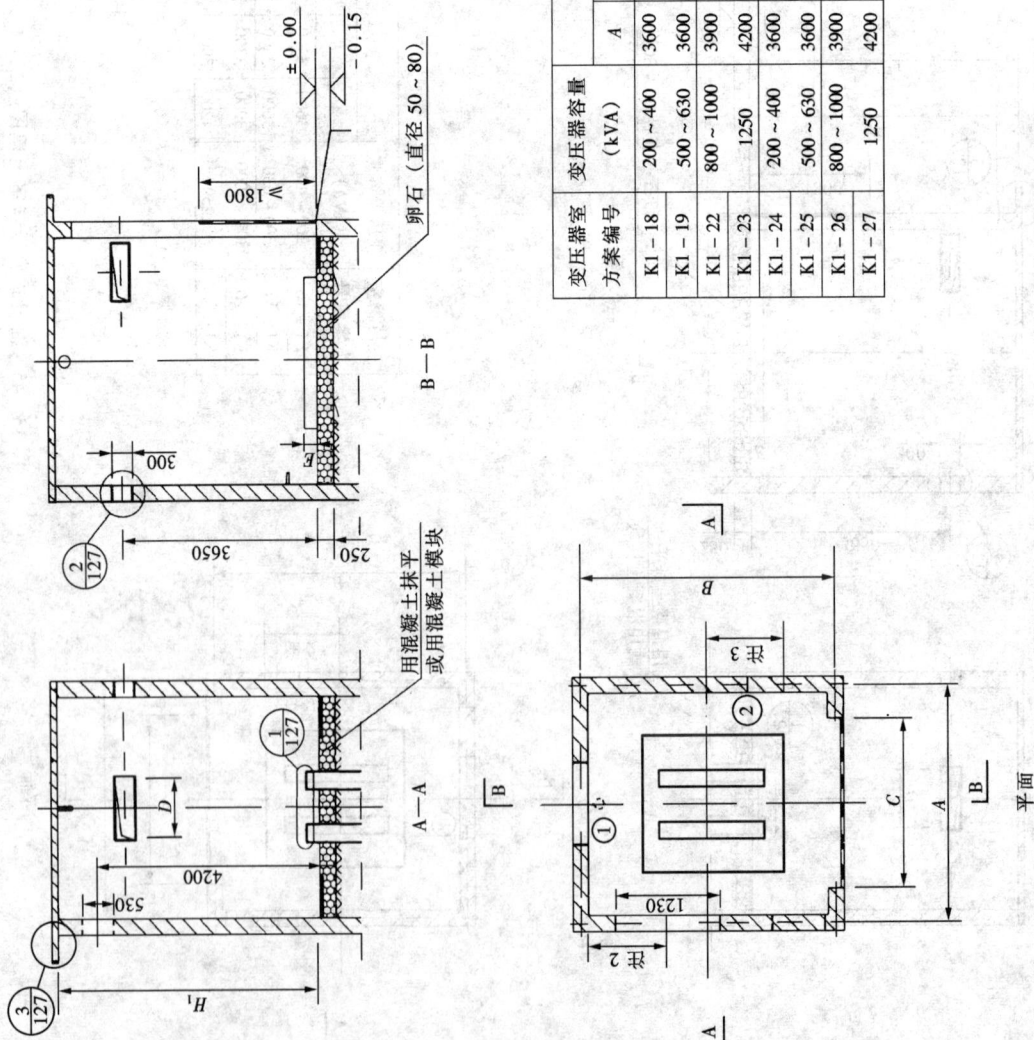

变压器室方案编号	变压器容量 (kVA)	推荐尺寸 (mm)						低压母线位置 墙洞
		A	B	C	D	E	H_1	
K1-18	200~400	3600	3300	2400	900	200	4800(4800)	①
K1-19	500~630	3600	3300	2400	900	200	4800(5400)	②
K1-22	800~1000	3900	3300	3000	1100	100	4800(5400)	①
K1-23	1250	4200	3900	3000	1100	100	4800(6000)	②
K1-24	200~400	3600	3300	2400	900	200	5400(5400)	①
K1-25	500~630	3600	3300	2400	900	200	5400(5400)	②
K1-26	800~1000	3900	3300	3000	1100	100	5400(5400)	①
K1-27	1250	4200	3900	3000	1100	100	5400(6000)	②

注：1. 变压器室土建设计技术要求见表 13-5。

2. 侧墙上高压穿墙套管安装孔中心线离后墙的尺寸由工程设计决定，不得大于 1000mm。

3. 侧墙上低压母线出线孔中心线偏离变压器室中心线的尺寸由工程设计决定，在门侧偏离不得大于 200mm 限；在相反方向偏离不得大于 200mm。

4. 表中 H_1 括号内数字为变压器需要在室内吊心时采用。

图 13-46 油浸式变压器室土建图（三）

注: 1. 变压器室土建设计技术要求见表 13－5。
2. 后墙上低压母线出线孔中心线偏离变压器室至中心线的尺寸由工程设计决定，在右偏离多少不限。
3. 侧墙上低压母线出线孔中心线偏离变压器室中心线的尺寸由工程设计决定，但不得超出室内吊心图示范围。
4. 表中 H_1 括号内数字为变压器需要在室内吊心时采用。

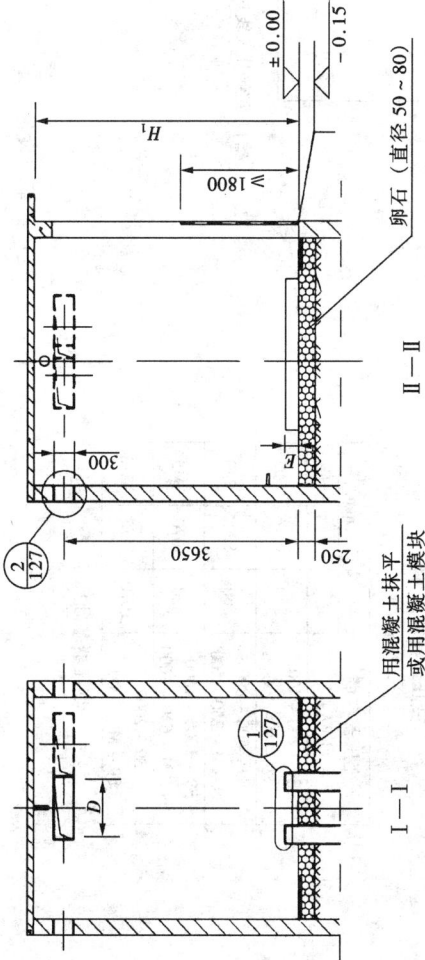

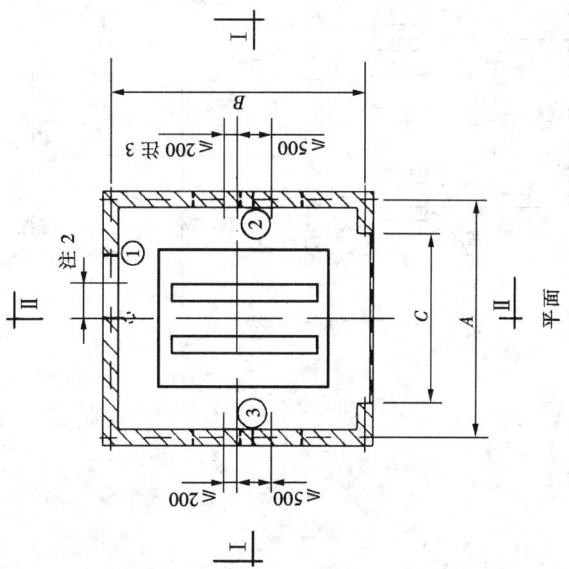

变压器室方案编号	变压器容量 (kVA)	推荐尺寸 (mm)						低压母线墙洞位置
		A	B	C	D	E	H_1	
K2-1.4	200 ~ 400	3300	3600	2000	900	200	4500 (4800)	①
K2-2.5	500 ~ 630	3300	3600	2000	900	200	4500 (5400)	②
K2-3.6								③
K2-1.7	800 ~ 1000	3300	3900	2400	1100	100	4500 (5400)	①
K2-2.8	1250 ~ 2000	4500	4500	3000	1100	100	4500 (6000)	②
K2-3.9								③
K2-10	200 ~ 400	3300	3600	2100	900	200	5100 (5400)	①
K2-11	500 ~ 630	3300	3600	2100	900	200	5100 (5400)	②
K2-12								③
K2-13	800 ~ 1000	3300	3900	2400	1100	100	5100 (5400)	①
K2-14	1250 ~ 2000	4500	4500	3000	1100	100	5100 (6000)	②
K2-15								③

图 13－47　油浸式变压器室土建图（四）

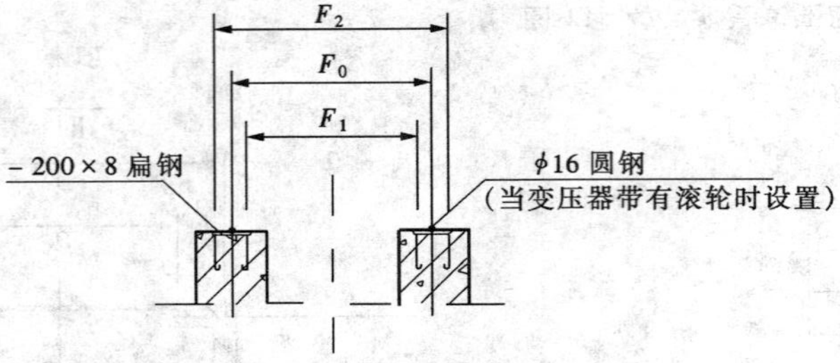
F₂
F₀
F₁
－200×8 扁钢
ϕ16 圆钢
（当变压器带有滚轮时设置）

变压器基础或梁上埋设件详图①

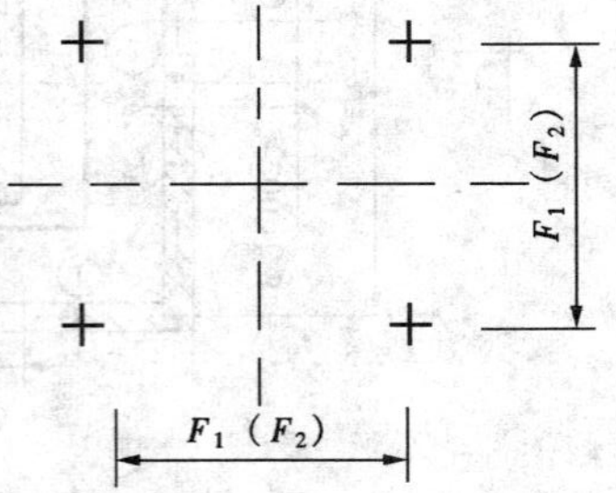
F₁（F₂）
F₁（F₂）

变压器荷重分布图

变压器容量（kVA）	尺寸（mm）		
	F_1	F_2	F_0
S9－200～400 S9－M－200	550	660	605
S9－500～800 S9－M－250～500	660	820	740
S9－1000～1600 S9－M－630～1600	820	1070	945
S9－2000 S9－M－2000	1070	1475	1273

变压器基础尺寸

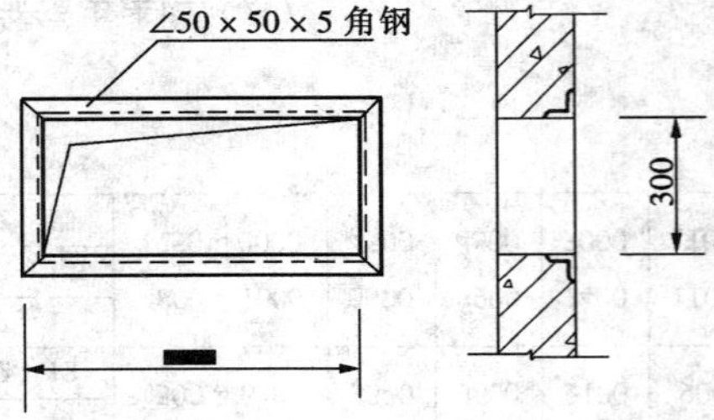
∠50×50×5 角钢
300

低压母线穿墙洞口埋设件详图②

变压器容量（kVA）	尺寸 D（mm）
200～630	900
800～2000	1100

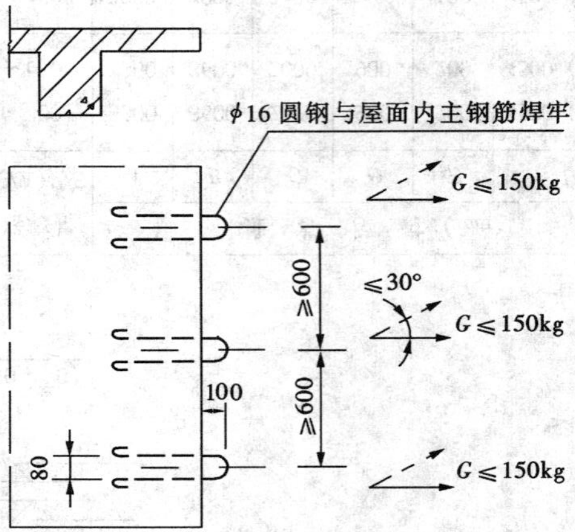
ϕ16 圆钢与屋面内主钢筋焊牢
G≤150kg
≥600
≤30°
G≤150kg
100
≥600
80
G≤150kg

檐口架空引入线拉紧装置埋设件详图③

图 13－48　变压器室埋设件详图

变压器室土建设计技术要求表

建筑物部位	不同结构型式的变压器室的土建设计技术要求		
	敞 开 式	封 闭 式	
		低 式	高 式
建筑物耐火等级	一 级		
墙 壁	1. 内墙面勾缝并刷白； 2. 墙基应防止变压器油浸蚀； 3. 与爆炸危险场所相邻的墙壁内侧应抹灰、刷白		
地 坪	采用卵石或碎石铺设，厚度为 250mm。变压器四周沿墙 600mm 需用混凝土抹平	采用混凝土地坪，向中间通风及排油孔作 2% 的坡度	
屋 面	1. 应有隔热层及防水、排水措施； 2. 平屋顶应有 5%～8% 的坡度		
	—	还应有保温层	
顶 棚	刷白或涂白油漆，严禁抹灰		
屋 檐	伸出外墙面一定距离，以防止雨水沿墙面流淌；车间内式不需要屋檐		
通风窗	—	1. 变压器室通风窗应为非燃烧材料制成； 2. 应有防止雨、雪或小动物进入的措施； 3. 出风窗和门上的进风窗可采用百叶窗，内设网孔不大于 10mm×10mm 的铁丝网，也可只设不大于 10mm×10mm 的铁丝网	
		—	门下的进风窗采用百叶窗，内设不大于 10mm×40mm 的铁丝网孔
门	1. 用轻型金属网门，其网格大小为上半部应小于 40mm×40mm，下半部应小于 10mm×10mm； 2. 门高不低于 1.8m；	1. 用铁门或木门内侧包铁皮门； 2. 单扇门宽≥1.5m 时，应在大门上加开小门，小门宽 0.8m，高 1.8m，供维护人员出入；小门上应装弹簧锁，其高度使室外开启方便；大小门应向外开启，开启角度≥120°，同时尽量降低小门门槛高度，使进出方便	
	大门及大门上的小门应向外开启，当相邻房间都有电气设备时，门应能向两个方向开或开向电压较低的房间		
其 他	—	门口应设有供人员进出上下的轻型钢筋梯	
	1. 在需要时应设变压器吊芯检查用的吊钩及安装搬运用的地锚； 2. 在建筑物底层外墙开口部位的上方应设置宽度不小于 1.0m 的防火挑檐		

第十四章

电 力 电 缆

第一节 电 缆 参 数

一、常用交联聚乙烯绝缘电力电缆技术参数

（1）电压等级：8.7/10、8.7/15（kV），型号：YJV、YJLV、ZR－YJV、ZR－YJLV 电力电缆技术参数见表 14－1。

表 14－1　　8.7/10、8.7/15（kV）YJV、YJLV、ZR－YJV、ZR－YJLV 型电力电缆技术参数

标称截面	绝缘厚度	计算外径	电 容	在空气中敷设近似载流量 (A)		埋地敷设近似载流量 (A)		成品近似质量 (kg/km)	
（mm²）	（mm）	（mm）	（μF/km）	Cu	Al	Cu	Al	Cu	Al
25	4.5	21.6	0.17	165	130	160	120	652	497
35	4.5	22.9	0.19	205	155	190	145	779	562
50	4.5	24.2	0.21	245	190	225	175	952	642
70	4.5	26.1	0.24	305	235	275	215	1190	756
95	4.5	27.7	0.26	370	290	330	255	1461	872
120	4.5	29.3	0.28	430	335	375	290	1738	994
150	4.5	30.9	0.31	490	380	425	330	2054	1124
185	4.5	32.7	0.33	560	435	480	370	2427	1231
240	4.5	35.1	0.37	665	515	555	435	3001	1513
300	4.5	37.3	0.40	765	595	630	490	3604	1744
400	4.5	41.9	0.46	890	695	725	565	4702	2222
500	4.5	45.4	0.52	1030	810	825	650	5735	2635
630	4.5	49.1	0.56	1190	950	940	745	7035	3129
3×25	4.5	45.4	0.23	123	95	153	119	2276	1810
3×35	4.5	48.0	0.25	148	114	183	142	2682	2029
3×50	4.5	51.0	0.28	178	138	218	169	3265	2333
3×70	4.5	54.8	0.30	246	172	266	206	4014	2708
3×95	4.5	58.5	0.32	267	207	318	246	4898	3126
3×120	4.5	61.7	0.34	308	239	361	280	5767	3529
3×150	4.5	65.3	0.36	335	271	406	315	6833	4036
3×185	4.5	69.0	0.41	394	310	461	359	8040	4443
3×240	4.5	74.1	0.42	465	363	529	413	9945	5469
3×300	4.5	79.1	0.45	528	413	593	464	11863	6268
3×400	4.5	89.1	0.49	622	491	682	538	15320	7860

（2）电压等级：8.7/10、8.7/15（kV），型号：YJV22、YJLV22、ZR－YJV22、ZR－YJLV22 电力电缆技术参数见表 14－2。

表 14 – 2 　　8.7/10、8.7/15(kV)YJV22、YJLV22、ZR – YJV22、ZR – YJLV22 型
电力电缆技术参数

标称截面 （mm²）	绝缘厚度 （mm）	计算外径 （mm）	电 容 （μF/km）	在空气中敷设近似载流量 （A）		埋地敷设近似载流量 （A）		成品近似质量 （kg/km）	
				Cu	Al	Cu	Al	Cu	Al
3 × 25	4.5	50.6	0.23	126	97	154	119	3358	2892
3 × 35	4.5	53.0	0.25	151	117	184	143	3816	3164
3 × 50	4.5	56.2	0.27	181	141	218	169	4494	3562
3 × 70	4.5	60.0	0.31	225	175	267	207	5333	4027
3 × 95	4.5	64.1	0.32	273	211	318	246	6359	4588
3 × 120	4.5	67.5	0.34	311	242	360	280	7338	5100
3 × 150	4.5	71.1	0.35	353	273	404	313	8493	5696
3 × 185	4.5	75.0	0.39	402	312	456	355	9824	6226
3 × 240	4.5	80.3	0.41	473	369	531	414	11894	7418
3 × 300	4.5	86.9	0.46	540	421	598	467	14826	9231
3 × 400	4.5	97.0	0.49	640	503	692	544	18650	11190

（3）电压等级：0.6/1(kV)，型号：VV、VLV、ZR(C) – VV、ZR(C) – VLV 电力电缆技术参数见表 14 – 3。

表 14 – 3 　　0.6/1(kV)VV、VLV、ZR(C) – VV、ZR(C) – VLV 型电力电缆技术参数

标称截面 （mm²）	电缆参考外径 （mm）	允许载流量（A）				电缆参考质量（kg/km）		标称截面 （mm²）	电缆参考外径 （mm）	允许载流量（A）				电缆参考质量（kg/km）	
		空气中敷设		埋地敷设						空气中敷设		埋地敷设			
		Cu	Al	Cu	Al	Cu	Al			Cu	Al	Cu	Al	Cu	Al
1.5	6.8	24	—	33	—	61	—	3 × 1.5	11.0	17	—	22	—	154	—
2.5	7.2	32	25	44	35	74	59	3 × 2.5	11.9	22	17	29	23	194	147
4.0	8.1	42	33	57	45	100	76	3 × 4.0	13.8	29	23	38	30	274	199
6.0	8.6	54	42	73	57	124	87	3 × 6.0	14.9	37	29	47	37	348	235
10	10.0	75	57	101	78	183	119	3 × 10	17.6	52	40	65	50	529	335
16	11.0	99	77	133	103	251	149	3 × 16	19.9	68	53	85	66	740	432
25	12.7	132	103	175	136	367	206	3 × 25	23.7	91	71	110	86	1058	571
35	13.9	162	125	210	163	475	252	3 × 35	26.1	112	87	134	104	1382	705
50	15.6	194	150	250	194	618	316	3 × 50	26.4	133	103	159	124	1760	839
70	17.4	246	189	314	241	840	403	3 × 70	29.8	171	131	199	153	2364	1072
95	19.7	298	231	375	291	1134	528	3 × 95	33.8	209	162	237	184	3158	1403
120	21.4	346	269	430	334	1384	618	3 × 120	36.7	242	188	271	210	3921	1687
150	23.3	395	306	484	375	1683	742	3 × 150	40.2	282	218	305	236	4868	2101
185	25.6	457	354	549	426	2084	904	3 × 185	45.6	329	255	346	269	5952	2553
240	28.7	550	427	640	496	2696	1145	3 × 240	51.7	392	304	400	310	7713	3281
300	31.7	636	492	726	562	3355	1409	3 × 300	56.1	450	348	454	351	10004	4102
400	35.1	745	578	834	647	4246	1758	3 × 400	74.8	529	410	519	403	13827	
500	38.6	876	682	959	746	5092	2060	3 × 4.0 + 1 × 2.5	14.4	30	24	38	30	311	221
630	42.3	1043	809	1113	863	6362	2510	3 × 6.0 + 1 × 4.0	15.8	38	30	48	38	407	270
2 × 1.5	10.5	19	—	25	—	129		3 × 10 + 1 × 6.0	18.5	52	40	66	51	608	377
2 × 2.5	11.3	26	20	34	27	158	126	3 × 16 + 1 × 10	21.1	69	54	86	66	876	503
2 × 4.0	13.1	35	27	44	35	221	171	3 × 25 + 1 × 16	25.0	93	72	111	86	1304	714
2 × 6.0	14.1	44	35	56	44	274	199	3 × 35 + 1 × 16	27.1	113	88	134	104	1719	856
2 × 10	16.7	60	46	76	58	378	248	3 × 50 + 1 × 25	32.4	141	110	163	126	2102	1018
2 × 16	18.8	80	62	100	77	519	314	3 × 70 + 1 × 35	36.1	180	139	203	156	2809	1289
2 × 25	22.3	107	83	129	100	758	433	3 × 95 + 1 × 50	40.2	221	172	242	188	3768	1703
2 × 35	24.6	131	102	157	121	978	510	3 × 120 + 1 × 70	45.1	258	201	276	214	4748	2063
2 × 50	23.1	152	118	187	145	1217	601	3 × 150 + 1 × 70	46.8	298	231	310	240	5707	2490
2 × 70	25.7	194	149	233	179	1613	750	3 × 185 + 1 × 95	53.9	343	267	349	271	7127	3106
2 × 95	29.3	238	185	278	215	2157	983	3 × 240 + 1 × 120	63.3	408	316	406	315	9109	3891
2 × 120	31.7	275	214	318	247	2658	1162	3 × 300 + 1 × 150	64.1	479	371	462	357	11888	5083
2 × 150	35.0	318	246	357	276	3296	1444	3 × 400 + 1 × 185	78.2	553	429	527	409	17064	
2 × 185	38.6	366	284	404	314	4027	1753								

(4) 电压等级：0.6/1(kV)，型号：VV22、VLV22、ZR(C)–VV22、ZR(C)–VLV22 电力电缆技术参数见表 14–4。

表 14–4　0.6/1（kV）VV22、VLV22、ZR(C)–VV22、ZR(C)–VLV22 型电力电缆技术参数

标称截面 (mm²)	电缆参考外径 (mm)	允许载流量 (A)				电缆参考质量 (kg/km)	
		空气中敷设		埋地敷设			
		Cu	Al	Cu	Al	Cu	Al
10	13.0	76	59	97	75	314	250
16	14.0	101	78	127	99	389	287
25	15.7	132	103	166	129	527	366
35	16.9	161	125	202	156	648	426
50	18.7	191	148	240	186	813	511
70	20.5	242	187	302	232	1050	612
95	22.7	298	231	361	280	1371	765
120	24.4	347	270	415	323	1638	873
150	26.4	395	306	468	362	1959	1019
185	28.7	459	356	530	412	2395	1215
240	31.9	554	429	623	483	3333	1783
300	36.2	637	493	708	548	4091	2145
400	39.7	750	582	814	632	4972	2573
2×4.0	16.3	34	27	41	33	388	338
2×6.0	17.3	43	34	53	42	454	379
2×10	20.0	58	45	70	54	589	459
2×16	22.0	77	60	92	71	748	543
2×25	25.5	104	81	122	95	1029	704
2×35	27.8	129	100	149	116	1276	825
2×50	26.5	146	113	171	133	1487	871
2×70	30.3	188	144	214	165	2178	1315
2×95	34.2	237	184	267	207	2800	1626
2×120	36.5	274	213	306	238	3365	1869
2×150	40.0	316	245	346	268	4059	2209
2×185	43.8	368	286	394	306	4984	2610
3×4.0	17.0	29	23	36	28	450	375
3×6.0	18.1	37	29	45	36	538	425
3×10	20.8	50	38	60	46	745	551
3×16	23.1	66	51	79	61	983	675
3×25	26.9	90	70	105	82	1344	857
3×35	29.3	111	86	127	99	1702	1025
3×50	31.2	129	100	148	115	2344	1424
3×70	34.4	165	127	185	142	3017	1725
3×95	38.6	206	160	221	176	3913	2158
3×120	41.7	242	188	261	203	4741	2507
3×150	45.5	281	218	296	229	5790	3023
3×185	51.0	328	254	337	261	7013	3614
3×240	57.3	386	299	389	302	8930	4498
3×300	61.5	445	344	441	342	11350	5447
3×400	81.0	519	403	504	391	15825	
3×4.0+1×2.5	17.6	30	24	37	29	495	405
3×6.0+1×4.0	19.1	38	30	46	37	608	471
3×10+1×6.0	21.8	52	40	64	49	834	603
3×16+1×10	25.5	70	55	84	65	1143	770
3×25+1×16	28.2	93	72	108	84	1607	1017
3×35+1×16	30.5	113	88	130	101	2060	1197
3×50+1×25	37.0	142	110	158	123	2795	1711
3×70+1×35	40.7	181	139	198	152	3581	2061
3×95+1×50	45.0	222	172	236	183	4676	2611
3×120+1×70	49.7	258	201	269	209	5751	3066
3×150+1×70	52.0	297	230	303	235	6788	3571
3×185+1×95	59.5	338	262	340	264	8371	4350
3×240+1×120	69.5	404	313	396	307	10523	5305
3×300+1×150	70.0	472	365	450	349	13572	6767
3×400+1×185	84.2	544	422	514	399	18398	
4×4.0	18.2	30	24	37	29	529	429
4×6.0	19.3	38	30	46	37	641	491
4×10	22.5	53	41	64	49	905	644
4×16	25.0	71	55	83	65	1218	804
4×25	29.2	94	73	108	84	1690	1034
4×35	33.5	11.7	91	132	102	2479	1568
4×50	34.3	140	109	157	122	2963	1733
4×70	37.8	178	137	196	151	3831	2107
4×95	43.1	219	170	234	182	5032	2689
4×120	46.3	255	198	268	208	6105	3119
4×150	51.0	294	227	301	233	7475	3781
4×185	56.2	333	258	338	262	9070	4534
4×240	61.3	397	308	393	305	11664	
4×300	69.3	464	359	448	347	15018	
4×400	90.1	548	425	515	400	20202	

注　单芯电缆铠装应采用非磁性材料或减少磁损耗的结构。

（5）电压等级：0.6／1(kV)，型号：VV22、ZR（C）－VV22 电力电缆技术参数见表 14－5。

表 14－5　　　　　　　0.6／1(kV)VV22、ZR(C)－VV22 型电力电缆技术参数

标称截面（mm²）	电缆参考外径（mm）	允许载流量（A）		电缆参考质量（kg／km）	标称截面（mm²）	电缆参考外径（mm）	允许载流量（A）		电缆参考质量（kg／km）
		空气中敷设	埋地敷设				空气中敷设	埋地敷设	
5×4	19.4	31	38	606	4×70＋1×35	45.1	184	194	4850
5×6	20.7	39	47	739	4×95＋1×50	52.2	224	229	6511
5×10	24.2	55	65	1072	4×120＋1×70	56.9	260	262	7948
5×16	27.0	72	85	1450	4×150＋1×70	61.9	296	294	9387
5×25	31.9	96	108	2143	4×185＋1×95	68.6	329	333	11652
5×35	36.4	119	131	3098	4×240＋1×120	77.1	408	388	14821
5×50	41.6	145	156	3992	4×300＋1×150	85.0	469	442	18148
5×70	46.8	187	195	5356	3×4＋2×2.5	18.5	30	37	543
5×95	54.1	225	230	7138	3×6＋2×4	20.2	38	47	686
5×120	58.8	263	264	8616	3×10＋2×6	22.9	53	64	935
5×150	64.7	301	296	10429	3×16＋2×10	26.0	71	84	1296
5×185	71.6	348	335	12817	3×25＋2×16	30.2	94	107	1880
5×240	80.8	409	387	15226	3×35＋2×16	33.5	116	129	2554
5×300	89.0	472	439	20062	3×50＋2×25	38.8	141	154	3396
4×4＋1×2.5	10.9	31	37	572	3×70＋2×35	43.6	182	193	4447
4×6＋1×4	20.5	39	47	710	3×95＋2×50	49.4	222	229	5848
4×10＋1×6	23.6	54	65	1003	3×120＋2×70	55.0	256	261	7349
4×16＋1×10	26.5	72	84	1369	3×150＋2×70	59.1	291	291	8454
4×25＋1×16	31.1	95	108	2006	3×185＋2×95	65.6	337	331	10568
4×35＋1×16	35.2	117	130	2820	3×240＋2×120	73.7	401	385	13362
4×50＋1×25	40.3	143	155	3678	3×300＋2×150	81.5	462	439	16419

二、低压聚氯乙烯绝缘聚氯乙烯护套电力电缆（线）技术参数

1. 型号

VV、VLV——铜（铝）芯聚氯乙烯绝缘、聚氯乙烯护套电力电缆；

VY、VLY——铜（铝）芯聚氯乙烯绝缘、聚乙烯护套电力电缆。

2. 用途

供固定敷设在额定交流电压 $U_0／U$ 为 0.6/1kV 及以下的室内、架空、电缆沟道、管道内的输配电力线路用。

3. 使用特性

（1）电缆敷设时的环境温度应不低于 0℃，弯曲半径应不小于电缆外径的 10 倍。

（2）电缆导体的长期最高温度不应超过 70℃。

（3）短路时（最长持续时间不超过 5s）电缆导体的最高温度应不超过 160℃。

4．产品规格

1 芯：$1.5 \sim 630 \text{mm}^2$；

2 芯：$2 \times 1.5 \sim 2 \times 185 \text{mm}^2$；

3 芯：$3 \times 1.5 \sim 3 \times 300 \text{mm}^2$；

4 芯：$4 \times 4 \sim 4 \times 300 \text{mm}^2$；

3＋1 芯：$3 \times 4 \sim 1 \times 2.5 \sim 3 \times 300 + 1 \times 150 \text{mm}^2$；

3＋2 芯：$3 \times 4 + 2 \times 2.5 \sim 3 \times 300 + 2 \times 150 \text{mm}^2$；

4＋1 芯：$4 \times 4 + 1 \times 2.5 \sim 4 \times 300 + 1 \times 150 \text{mm}^2$。

5．结构图

PVC 聚氯乙烯绝缘、护套电力电缆结构见图 14－1。

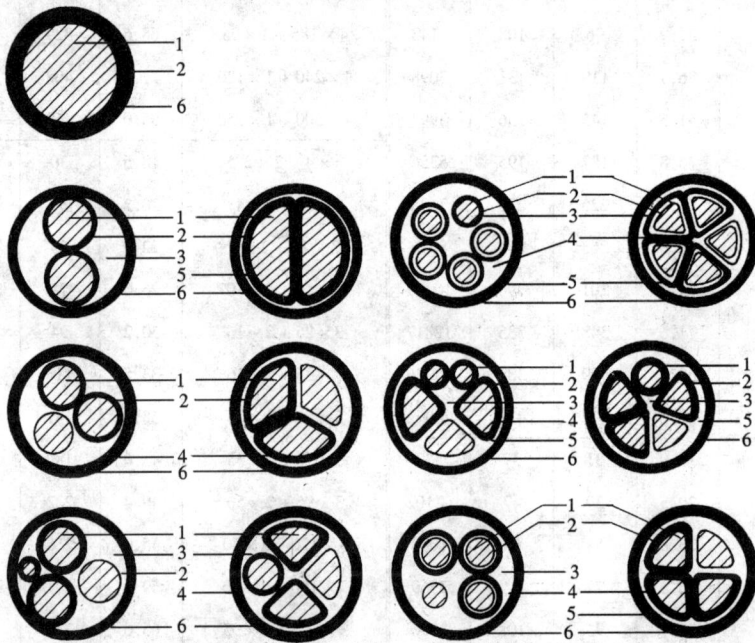

图 14－1　PVC 聚氯乙烯绝缘、护套电力电缆结构图

1—导体；2—绝缘层；3—填充物；4—内垫层；5—PVC 带；6—护套层

6．技术参数

低压聚氯乙烯绝缘、聚氯乙烯护套电力电缆技术参数见表 14－6。

表 14－6　　　　　　　低压聚氯乙烯绝缘、聚氯乙烯护套电力电缆技术参数

标称截面 (mm^2)	线芯结构 (ho/mm)	绝缘标称厚度 (mm)	护套标称厚度 (mm)	计算外径 (mm)	环境温度 25℃ 允许载流量（空气中敷设）(A)		环境温度 25℃ 允许载流量 [埋地土壤热阻系数 $g = 80$（℃·cm/W）] (A)		成品近似质量 (kg/km)	
					铜芯	铝芯	铜芯	铝芯	铜芯	铝芯
1.5	1/1.38	0.8	1.8	6.6	24	—	31	—	58	—

标称截面 （mm²）	线芯结构 （ho/mm）	绝缘标称厚度 （mm）	护套标称厚度 （mm）	计算外径 （mm）	环境温度25℃ 允许载流量 （空气中敷设） （A）		环境温度25℃ 允许载流量 ［埋地土壤 热阻系数 $g = 80$ （℃·cm/W）］ （A）		成品近似 质量 （kg/km）	
					铜芯	铝芯	铜芯	铝芯	铜芯	铝芯
2.5	1/1.78	0.8	1.8	7.0	32	25	45	35	71	56
4.0	1/2.25	1.0	1.8	7.9	45	34	61	47	97	73
6.0	1/2.76	1.0	1.8	8.4	56	43	77	59	121	84
10	7/1.35	1.0	1.8	9.7	80	61	103	80	177	111
16	7/1.70	1.0	1.8	10.7	106	83	138	106	239	139
25	7/2.14	1.2	1.8	12.4	143	111	183	140	349	190
35	7/2.52	1.2	1.8	13.6	175	133	221	170	451	232
50	19/1.78	1.4	1.8	15.3	223	170	272	210	624	309
70	19/2.14	1.4	1.8	17.1	265	207	333	256	821	384
95	19/2.52	1.6	1.8	19.4	329	254	392	302	1085	491
120	37/2.03	1.6	1.8	21.0	382	297	451	348	1338	589
150	37/2.25	1.8	1.8	23.0	445	339	516	392	1642	706
185	37/2.52	2.0	1.8	25.2	519	392	572	436	2032	858
240	61/2.25	2.2	1.9	28.5	609	472	667	516	2605	1091
300	61/2.52	2.4	2.0	31.5	700	541	721	557	3238	1340
400	61/2.88	2.6	2.1	34.7	832	641	838	647	4173	1693
500	61/3.15	2.8	2.2	39.0	970	727	955	743	5194	2085
630	61/3.55	2.8	2.3	42.9	1124	875	1039	849	6475	2542
2 × 1.5	2 × 1/1.38	0.8	1.8	10.4	20	—	26	—	120	—
2 × 2.5	2 × 1/1.78	0.8	1.8	11.2	28	21	35	27	150	119
2 × 4.0	2 × 1/2.25	1.0	1.8	12.9	36	29	45	35	206	151
2 × 6.0	2 × 1/2.76	1.0	1.8	14.0	47	36	57	48	255	178
2 × 10	2 × 7/1.35	1.0	1.8	16.5	66	51	76	59	361	235
2 × 16	2 × 7/1.70	1.0	1.8	18.6	89	69	101	77	501	300
2 × 25	2 × 7/2.14	1.2	1.8	17.2	117	91	131	101	721	375
2 × 35	2 × 7/2.55	1.2	1.8	18.6	143	111	156	120	903	450
2 × 50	2 × 10/2.55	1.4	1.8	22.0	180	138	192	148	1255	603
2 × 70	2 × 14/2.55	1.4	1.8	24.2	217	170	235	180	1680	764
2 × 95	2 × 19/2.55	1.6	1.8	27.2	238	182	280	216	2215	980
2 × 120	2 × 24/2.55	1.6	1.9	29.6	273	211	320	247	2744	1184
2 × 150	2 × 30/2.55	1.8	2.0	32.6	315	242	365	280	3396	1448
2 × 185	2 × 37/2.55	2.0	2.1	35.8	350	269	405	311	4161	1762
3 × 1.5	3 × 1/1.38	0.8	1.8	10.8	17	—	22	—	143	—
3 × 2.5	3 × 1/1.78	0.8	1.8	11.7	23	18	30	23	183	137
3 × 4.0	3 × 1/2.25	1.0	1.8	13.6	31	24	39	30	254	181
3 × 6.0	3 × 1/2.76	1.0	1.8	14.7	39	31	49	38	326	215
3 × 10	3 × 7/1.35	1.0	1.8	17.4	56	43	62	51	482	293
3 × 16	3 × 7/1.70	1.0	1.8	19.7	76	59	89	69	680	378
3 × 25	3 × 7/2.14	1.2	1.8	20.1	102	78	107	83	993	494

标称截面 （mm²）	线芯结构 （ho/mm）	绝缘标称厚度 （mm）	护套标称厚度 （mm）	计算外径 （mm）	环境温度25℃允许载流量（空气中敷设）（A）		环境温度25℃允许载流量[埋地土壤热阻系数 g=80（℃·cm/W）]（A）		成品近似质量 （kg/km）	
					铜芯	铝芯	铜芯	铝芯	铜芯	铝芯
3×35	3×7/2.55	1.2	1.8	22.5	122	94	131	101	1288	604
3×50	3×10/2.55	1.4	1.8	25.2	154	122	159	123	1812	829
3×70	3×14/2.55	1.4	1.8	27.8	191	148	195	150	2429	1054
3×95	3×19/2.55	1.6	2.0	31.8	230	180	231	178	3246	1392
3×120	3×24/2.55	1.6	2.1	34.8	270	207	262	201	4019	1680
3×150	3×30/2.55	1.8	2.2	38.3	313	244	300	231	5000	2077
3×185	3×37/2.55	2.0	2.3	42.2	360	281	339	262	6129	2532
3×240	3×48/2.55	2.2	2.5	47.5	429	334	396	301	7883	3221
3×300	3×60/2.55	2.4	2.6	52.2	477	376	451	355	9528	3879
4×4.0	4×1/2.25	1.0	1.8	14.7	28	22	38	29	328	229
4×6.0	4×1/2.76	1.0	1.8	15.9	38	28	48	37	419	272
4×10	4×7/1.35	1.0	1.8	19.0	51	40	61	47	633	386
4×16	4×7/1.70	1.0	1.8	21.5	68	53	81	62	919	575
4×25	4×7/2.14	1.2	1.8	22.0	92	71	106	82	1282	647
4×35	4×7/2.55	1.2	1.8	24.0	115	89	134	103	1699	811
4×50	4×10/2.55	1.4	1.8	28.0	144	111	163	125	2384	1108
4×70	4×14/2.55	1.4	2.0	31.5	178	136	196	151	3215	1433
4×95	4×19/2.55	1.6	2.1	35.9	218	168	234	181	4286	1872
4×120	4×24/2.55	1.6	2.2	39.1	253	195	267	206	5306	2245
4×150	4×30/2.55	1.8	2.3	43.0	297	228	301	231	6635	2807
4×185	4×37/2.55	2.0	2.5	48.2	344	263	338	261	8139	3431
4×240	4×48/2.55	2.2	2.7	53.6	406	310	390	300	10475	4358
4×300	4×60/2.55	2.4	2.9	59.3	452	351	450	354	12992	5361
								—	16844	6620
3×4.0+1×2.5	3×1/2.25+1×1/1.78	1.0/0.8	1.8	13.6	28	22	38	29	286	212
3×6.0+1×4.0	3×1/2.76+1×1/2.25	1.0/1.0	1.8	14.7	38	28	48	37	378	267
3×10+1×6.0	3×7/1.35+1×1/2.76	1.0/1.0	1.8	17.4	51	40	61	47	550	323
3×16+1×10	3×7/1.70+1×7/1.35	1.0/1.0	1.8	19.6	68	53	80	61	799	484
3×25+1×16	3×7/2.14+1×7/1.70	1.2/1.0	1.8	22.2	92	71	106	82	1197	600
3×35+1×16	3×7/2.55+1×7/1.70	1.2/1.0	1.8	24.0	115	89	130	101	1508	728
3×50+1×25	3×10/2.55+1×7/2.14	1.4/1.2	1.9	28.1	144	111	161	124	2141	1004
3×70+1×35	3×14/2.55+1×7/2.52	1.4/1.2	2.0	31.5	178	136	194	148	2890	1295
3×95+1×50	3×19/2.55+1×19/1.78	1.6/1.4	2.1	35.9	218	168	231	177	3866	1707
3×120+1×70	3×24/2.55+1×19/2.14	1.6/1.4	2.2	39.1	253	195	263	204	4852	2085
3×150+1×70	3×30/2.55+1×19/2.14	1.8/1.4	2.3	43.0	297	228	303	233	5860	2493
3×185+1×95	3×37/2.55+1×19/2.52	2.0/1.6	2.5	47.8	344	263	340	263	7299	3097
3×240+1×120	3×48/2.55+1×37/2.03	2.2/1.6	2.7	53.6	406	310	390	300	9323	3896
3×300+1×150	3×60/2.55+1×37/2.25	2.4/1.8	2.9	59.3	452	351	450	354	11328	4725
4×4+1×2.5	4×1/2.25+1×1/1.78	1.0/0.8	1.8	15.0	28	22	38	29	331	226
4×6+1×4	4×1/2.76+1×1/2.25	1.0/1.0	1.8	16.6	38	28	48	37	442	282
4×10+1×6	4×7/1.35+1×1/2.76	1.0/1.0	1.8	18.7	51	40	65	50	628	364

标称截面 （mm²）	线芯结构 （ho/mm）	绝缘标称厚度 （mm）	护套标称厚度 （mm）	计算外径 （mm）	环境温度25℃允许载流量（空气中敷设）（A）		环境温度25℃允许载流量［埋地土壤热阻系数 g = 80（℃·cm/W）］（A）		成品近似质量（kg/km）	
					铜芯	铝芯	铜芯	铝芯	铜芯	铝芯
4 × 16 + 1 × 10	4 × 7/1.70 + 1 × 7/1.35	1.0/1.0	1.8	22.6	68	53	84	65	932	505
4 × 25 + 1 × 16	4 × 7/2.14 + 1 × 7/1.70	1.2/1.0	1.8	24.4	87	68	109	82	1413	689
4 × 35 + 1 × 16	4 × 7/2.55 + 1 × 7/1.70	1.2/1.0	1.8	26.4	116	89	140	107	1691	807
4 × 50 + 1 × 25	4 × 10/2.55 + 1 × 7/2.14	1.4/1.2	2.0	31.2	144	110	171	131	2426	1130
4 × 70 + 1 × 35	4 × 14/2.55 + 1 × 7/2.52	1.4/1.2	2.1	35.0	177	132	207	159	3268	1453
4 × 95 + 1 × 50	4 × 19/2.55 + 1 × 19/1.78	1.6/1.4	2.3	39.8	219	168	250	191	4396	1916
4 × 120 + 1 × 70	4 × 24/2.55 + 1 × 19/2.14	1.6/1.4	2.4	43.6	250	195	285	220	5582	2372
4 × 150 + 1 × 70	4 × 30/2.55 + 1 × 19/2.14	1.8/1.4	2.5	48.2	290	220	322	248	6601	2790
4 × 185 + 1 × 95	4 × 37/2.55 + 1 × 19/2.52	2.0/1.6	2.7	53.6	331	256	363	280	8288	3484
4 × 240 + 1 × 120	4 × 48/2.55 + 1 × 37/2.03	2.2/1.6	2.9	59.4	408	315	415	320	10540	4353
4 × 300 + 1 × 150	4 × 60/2.55 + 1 × 37/2.25	2.4/1.8	3.1	65.8	452	351	450	354	12879	5323
3 × 25 + 2 × 16	3 × 7/2.23 + 2 × 7/1.70	1.2/1.0	1.8	24.4	92	71	111	86	1413	689
3 × 35 + 2 × 16	3 × 7/2.58 + 2 × 7/1.70	1.2/1.0	1.8	26.4	115	89	139	107	1691	807
3 × 50 + 2 × 25	3 × 10/2.58 + 2 × 7/2.14	1.4/1.2	2.0	31.2	144	111	173	133	2426	1130
3 × 70 + 2 × 35	3 × 14/2.58 + 2 × 7/2.52	1.4/1.2	2.1	35.0	178	136	208	160	3268	1453
3 × 95 + 2 × 50	3 × 19/2.55 + 2 × 19/1.78	1.6/1.4	2.2	39.8	218	168	249	191	4396	1916
3 × 120 + 2 × 70	3 × 24/2.55 + 2 × 19/2.14	1.6/1.4	2.4	43.6	253	195	285	220	5582	2372
3 × 150 + 2 × 70	3 × 30/2.55 + 2 × 19/2.14	1.8/1.4	2.5	48.2	297	228	329	253	6601	2790
3 × 185 + 2 × 95	3 × 37/2.55 + 2 × 19/2.55	2.0/1.6	2.7	53.6	344	263	370	286	8288	3484
3 × 240 + 2 × 120	3 × 48/2.55 + 2 × 37/2.03	2.2/1.6	2.9	59.4	406	310	436	341	10540	4353
3 × 300 + 2 × 150	3 × 60/2.55 + 2 × 37/2.25	2.4/1.8	3.1	65.8	452	351	450	354	12879	5323

三、8.7/15kV 中压交联及油纸电缆热缩附件技术参数

（1）8.7/15kV 中压交联及油纸电缆热缩终端头技术数据见表 14 - 7。

表 14 - 7　　　　8.7/15kV 中压交联及油纸电缆热缩终端头技术数据

户内/外使用	电缆芯数	标称截面（mm²）	外套管长度（mm）	产品标记
户内	1	35 ~ 70	—	HTI - 1 - 10B
		95 ~ 240	—	HT1 - 1 - 10C
		300 ~ 400	—	HTI - 1 - 10D
		500 ~ 800	—	HTI - 1 - 10E
	3	35 ~ 70	450	HTI - 3 - 10B/450
			650	HTI - 3 - 10B/650
			800	HTI - 3 - 10B/800
		95 ~ 240	450	HTI - 3 - 10C/450
			650	HTI - 3 - 10C/650
			800	HTI - 3 - 10C/800
		300 ~ 400	450	HTI - 3 - 10D/450
			650	HTI - 3 - 10D/650
			800	HTI - 3 - 10D/800

户内/外使用	电缆芯数	标称截面 （mm²）	外套管长度 （mm）	产品标记
户外	1	35 ~ 70	—	HT0 – 1 – 10B
		95 ~ 240	—	HT0 – 1 – 10C
		300 ~ 400	—	HT0 – 1 – 10D
		500 ~ 800	—	HT0 – 1 – 10E
	3	35 ~ 70	650	HT0 – 3 – 10B/650
			800	HT0 – 3 – 10B/800
		95 ~ 240	650	HT0 – 3 – 10C/650
			800	HT0 – 3 – 10C/800
		300 ~ 400	650	HT0 – 3 – 10D/650
			800	HT0 – 3 – 10D/800

固定弹簧	
EPPA – 034 – B	For HTI/0 – 1/3 – 10 – B/C 35 ~ 185sqmm cable
EPPA – 0340C	For HTI/0 – 1/3 – 10 – C/D 240 ~ 500sqmm cable

（2）8.7/15kV 中压交联及油纸电缆热缩中间接头技术数据见表 14 – 8。

表 14 – 8　　　　8.7/15kV 中压交联及油纸电缆热缩中间接头技术数据

电缆接线方式	标称截面 （mm²）	产品标记
交联对交联电缆	35 ~ 50	HKFX – 3 – 1025（C）
	70 ~ 95	HKFX – 3 – 1026（C）
	120 ~ 150	HKFX – 3 – 1027（C）
	185 ~ 300	HKFX – 3 – 1028（C）
交联对油纸电缆	35 ~ 50	HKFT – 3 – 1025（C）
	70 ~ 95	HKFT – 3 – 1026（C）
	120 ~ 150	HKFT – 3 – 1027（C）
	185 ~ 300	HKFT – 3 – 1028（C）
油纸对油纸电缆	35 ~ 50	HKFJ – 3 – 1025（C）
	70 ~ 95	HKFJ – 3 – 1026（C）
	120 ~ 150	HKFJ – 3 – 1027（C）
	185 ~ 300	HKFJ – 3 – 1028（C）
电缆尾套	45 ~ 65	102L048 – 37/42
电缆尾套	65 ~ 95	102L055 – 37/42

（3）波管被覆电缆，全名为波浪金属管铠装电缆，具有较好的技术先进性和成本经济性，发达国家和特区已广泛使用。

1）特性是：①易于弯曲；②质轻，机械强度佳；③气密特性优，可防止气体及湿气浸入，尤其适用于亚热带地区；④耐热，耐腐蚀；⑤易于敷设、移动及改装；⑥电磁遮蔽效果佳。

2）用途是：①用于潮湿或干燥处所之暴露或隐蔽配线；②用于直埋线路，矿厂用线；③用于含有腐蚀性气体之场所。

3）种类有：①波纹钢管（CS），最普遍之一种，适用于通信电缆、电力电缆、控制电缆需要机械强度较高或直埋敷设之场所，防止电磁感应干扰之遮蔽电缆；②波纹铝管（CA），需要耐腐蚀性之场所，遮蔽电阻要求较低及交流电气化铁路沿线重遮蔽通信电缆之遮蔽层；③波纹铜管（CC），遮蔽层导电性要求较高之电缆，如同轴电缆之外部导体，耐腐蚀性之场所，电力电缆中性点接地系统之遮蔽层。

（1）电力电缆路径图，如图 14 – 2 所示。

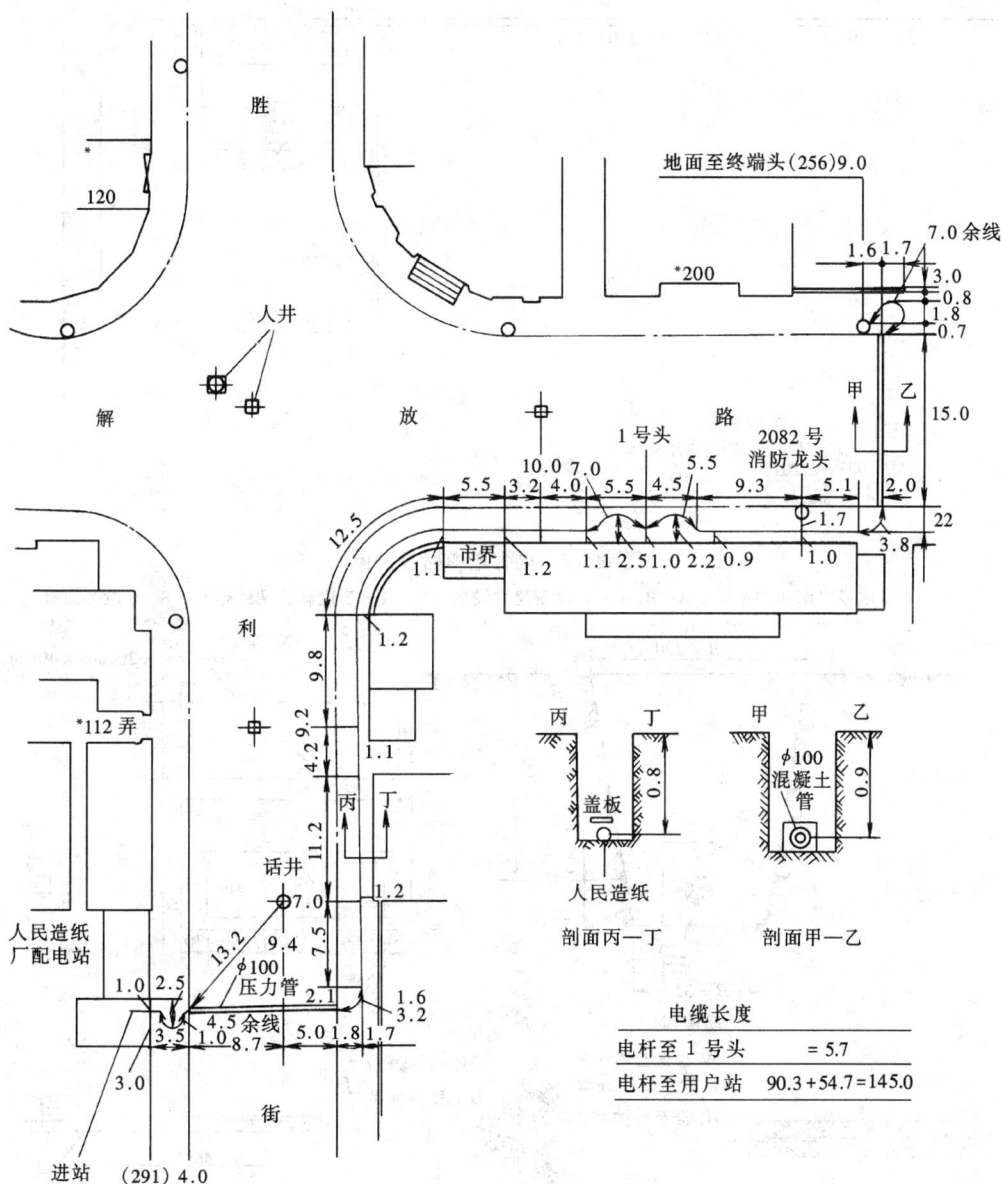

图 14 – 2　电力电缆路径图

（2）电力电缆路径简图，如图 14 – 3 所示。

（3）电力电缆直埋安装图，如图 14 – 4 所示。

（4）电力电缆两线槽安装图，如图 14 – 5 所示。

（5）电力电缆四线槽盒安装图，如图 14 – 6 所示。

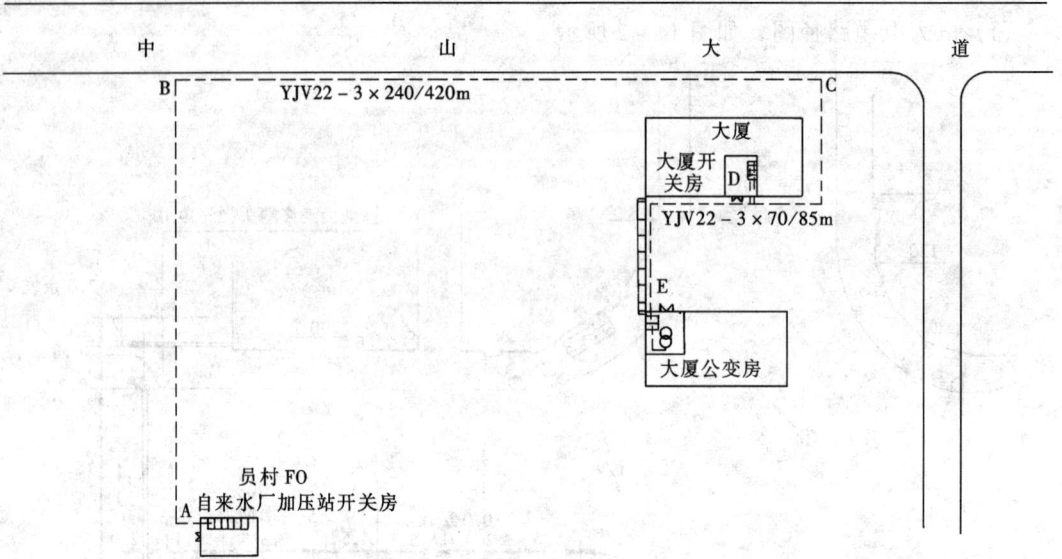

中国银行 棠下牌坊

中　　　　山　　　　大　　　　道

B　YJV22－3×240/420m　C

大厦
大厦开
关房　D

YJV22－3×70/85m

E

大厦公变房

员村 FO
自来水厂加压站开关房
A

图 14－3　电力电缆路径简图

注：10kV 电缆走廊如图所示：A—B、C—D 段新建六线单边坑，D—E 段新建两线槽盒，B—C 段为原有。

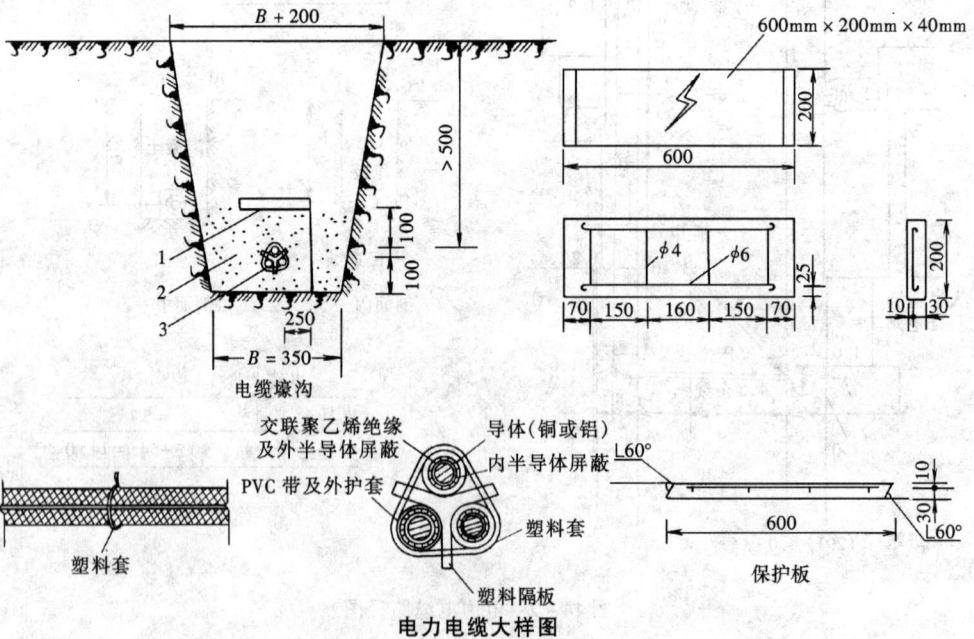

B+200

＞500

600mm×200mm×40mm

200

600

φ4　φ6

25

70 150 160 150 70

200

10 30

1
2
3

100 100

250

B＝350

电缆壕沟

交联聚乙烯绝缘
及外半导体屏蔽

导体（铜或铝）
内半导体屏蔽

PVC 带及外护套

塑料套

塑料套

塑料隔板

L60°

30 10

600

保护板

L60°

电力电缆大样图

1m 长 材 料 表					
编号	名　称	规　格	单位	数量	备注
1	混凝土保护板	600mm×200mm×40mm	块	1.66	
2	细　砂		m³	0.11	
3	电力电缆	单芯缆	条	3	

图 14－4　电力电缆直埋安装图

注：使用三芯电缆则不用塑料隔板和塑料套。

（800mm×400mm×100mm）
混凝土保护板

与路面同一水平

70

70

1000

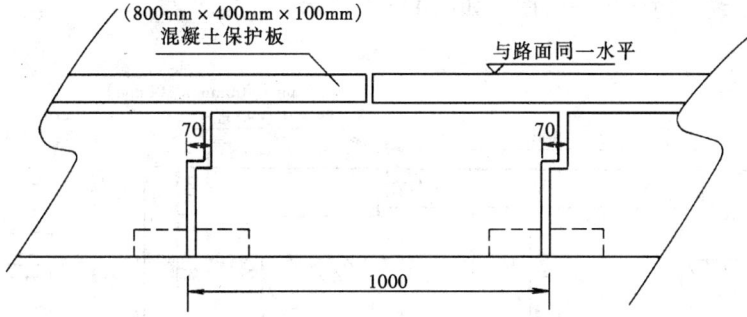

电缆混凝土盒的侧面图

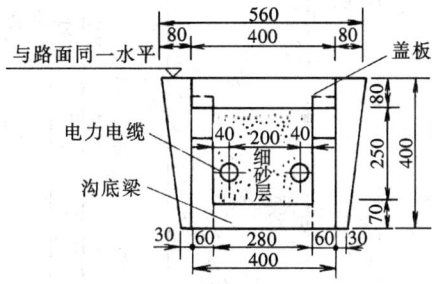

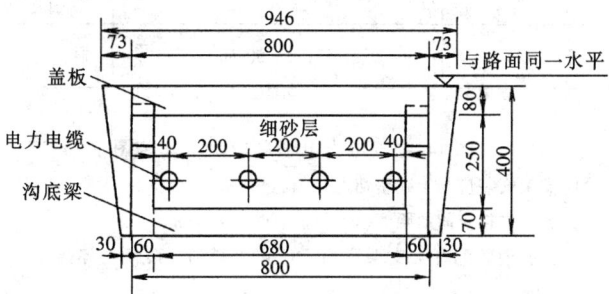

560

80 400 80

与路面同一水平

盖板

80

电力电缆

40 200 40

250

400

细砂层

沟底梁

70

30 60 280 60 30

400

断面图

图 14－5　电力电缆两线槽盒安装图

注：纸绝缘电缆放线施工时，遇到平面弯曲和垂直弯曲时，必须保证最小弯曲半
　　径，不小于 15 倍电缆外径，其他绝缘电缆按制造厂规定。

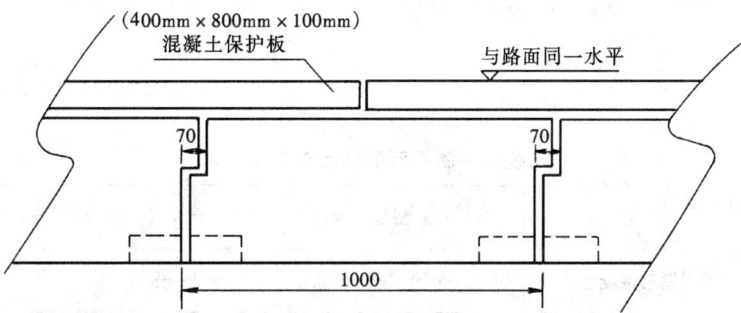

（400mm×800mm×100mm）
混凝土保护板

与路面同一水平

70

70

1000

电缆混凝土盒的侧面图

946

73 800 73

盖板

与路面同一水平

80

细砂层

电力电缆

40 200 200 200 40

250

400

沟底梁

70

30 60 680 60 30

800

断面图

图 14－6　电力电缆四线槽盒安装图

注：纸绝缘电缆放线施工时，遇到平面弯曲和垂直弯曲时，必须保证最小弯曲半
　　径，不小于 15 倍电缆外径，其他绝缘电缆按制造厂规定。

(6) 电力电缆单边明坑安装图，如图 14-7 所示。

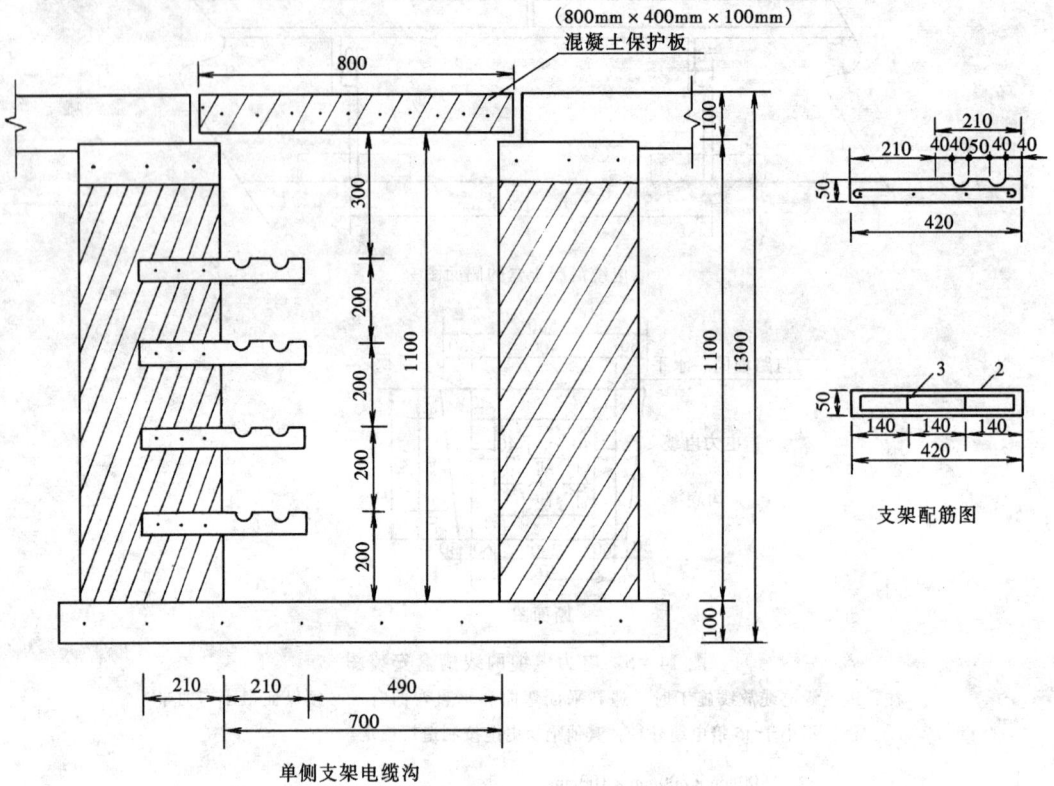

（800mm×400mm×100mm）
混凝土保护板

支架配筋图

单侧支架电缆沟

电缆沟预制钢筋混凝土支架材料表

编号	名　　称	型号及规格	单位	数量	备　注
1	预制钢筋混凝土支架	水泥 200 号 50mm×50mm×420mm	根	1	
2	钢　　筋	$\phi 4$，$l=420mm$	根	2	
3	钢　　筋	$\phi 3$，$l=50mm$	根	4	

图 14-7　电力电缆单边明坑安装图

注：1. 支架安装应与土建密切配合。

2. 支架支持点间的距离，水平敷设时为 800mm。

3. 预制钢筋混凝土支架适用于砖墙电缆沟，砖墙的厚度不得小于 240mm。

（7）电力电缆双边明坑安装图，如图 14－8 所示。

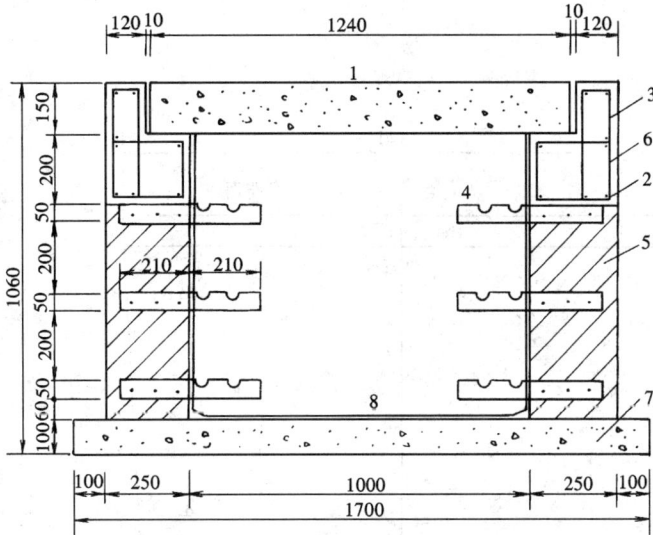

1m 坑 材 料 表

编号	名　称	规　格	单位	数量	质量（kg）		备　注
					一件	小计	
1	盖　板	100mm 150mm × 500m × 1240mm	块	2			人行板 100mm 厚 行车板 150mm 厚
2	钢　筋	φ8 × 1000mm	根	14	0.395	5.53	
3	钢　箍	φ6 × 1380mm	个	8	0.31	2.48	250
4	电缆支架	50mm × 50mm × 420mm	只	9			
5	红　砖	115mm × 120mm × 240mm	m³	0.31			75 号
6	混凝土	150 号	m³	0.14			
7	混凝土	100 号	m³	0.17			
8	砂　浆	1:2	m³	0.04			
9	砂　浆	100 号	m³	0.066			

图 14-8　电力电缆双边明坑安装图

注：1.坑内排水坡度不小于 1％，排水孔位置现场确定，并将水就近排入市政排水系统。

　　2.盖板顶面标高应与车行道面相应位置标高平。

　　3.电缆坑支架纵向间距 800mm。

（8）电力电缆穿管安装图，如图 14－9 所示。

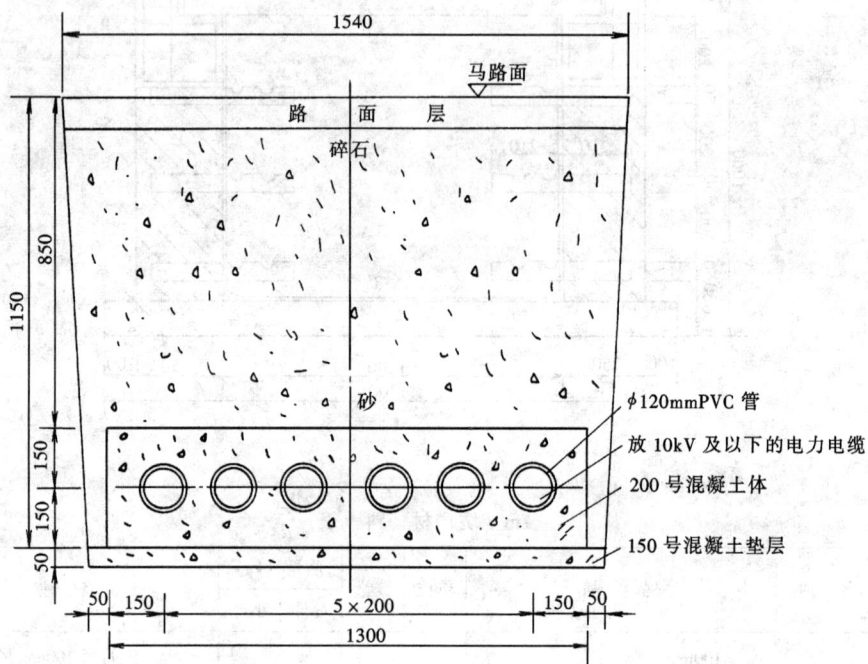

マ 马路面

路　面　层

碎石

850

1150

砂

ϕ120mmPVC 管

放 10kV 及以下的电力电缆

200 号混凝土体

150 号混凝土垫层

1540

150

150

50

50　150　5×200　150　50

1300

1m 长 材 料 表

编　号	名　称	规　格	单　位	数　量	备　注
1	混凝土	200 号	mm^3	0.40	
2	PVC 胶管	ϕ120mm	m	6	
3	混凝土	150 号	m^3	0.07	

图 14-9　电力电缆穿管安装图

注：PVC 管接头采用套大一号内径管驳接，再用胶带封牢。

（9）电力电缆双层穿管安装图，如图 14－10 所示。

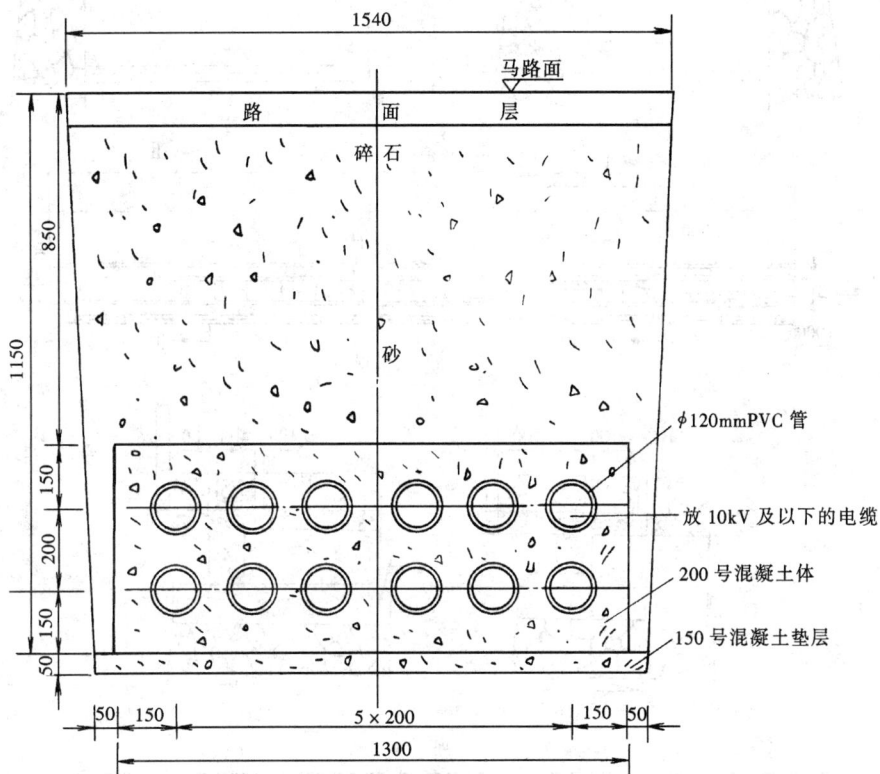

1540

马路面

路　面　层

碎石

砂

φ120mmPVC 管

放 10kV 及以下的电缆

200 号混凝土体

150 号混凝土垫层

850

1150

150

200

150

50

50 150　　5×200　　150 50

1300

1m 长 材 料 表

编 号	名 称	规 格	单 位	数 量	备 注
1	混凝土	200 号	m^3	0.56	
2	PVC 胶管	φ120mm	m	12	
3	混凝土	150 号	m^3	0.07	

图 14-10　电力电缆双层穿管安装图

注：1.PVC 管接头采用大一号内径管驳接，再用胶带封牢。

2.多层排管安装图可参照此图。

（10）电力电缆桥上安装图，如图 14 – 11 所示。

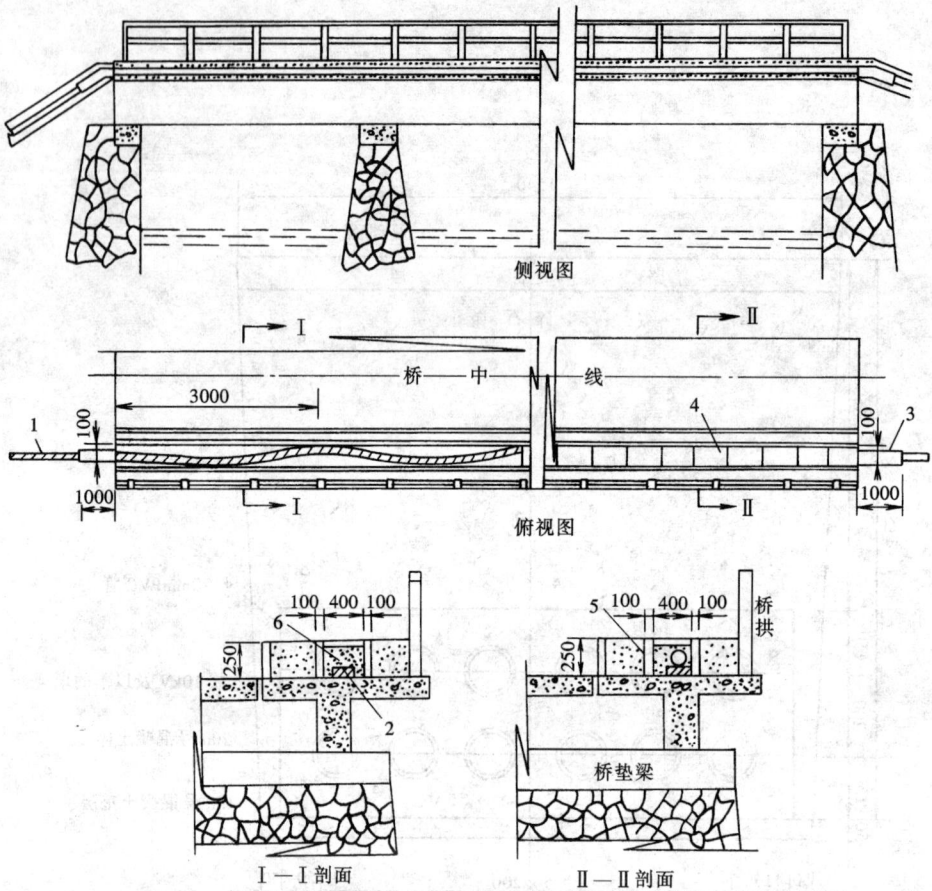

侧视图

俯视图

Ⅰ—Ⅰ剖面   Ⅱ—Ⅱ剖面

材 料 表

序 号	名 称	规 格	单 位	数 量	备 注
1	电力电缆	10kV	m		
2	防震橡胶垫	50×100×200	块		每米 1 只
3	开边钢管	φ150×1000	条	2	
4	混凝土盖板	100×500×1000	块	1	每米 1 块
5	铅		m³		
6	砂		m³		

图 14 – 11　电力电缆桥上安装图

注：1. 架设于桥梁上的电缆应加垫弹性材料制成的衬垫，如沙枕、弹性橡胶垫等，每隔 1m1 个，以防垂直震波影响电缆。

2. 桥跫两端和伸缩缝处，应留有松弛段，最好在桥上的电缆按蛇形敷放，每隔 3m 水平移 100mm，以防水平震波及电缆由于结构胀缩和桥跫处地基沉而受到损坏。

3. 电缆上桥、下桥两端应有牢固设施保护，如果桥上穿入钢管中，管壁厚度应能承受外界机械力的作用，管的内径不应小于电缆外径的 1.5 倍，且不小于 100mm。

4. 桥两端滑坡每隔 600mm 宜加支撑，水平装置时每隔 1000～1500mm 应加固定。

5. 金属附件需热镀锌。

6. 本方案列举桥人行道可造电缆浅坑的设计，如果不能造坑可穿钢管道埋敷设。

（11）户外电力电缆热缩终端头安装图，如图 14 – 12 所示。

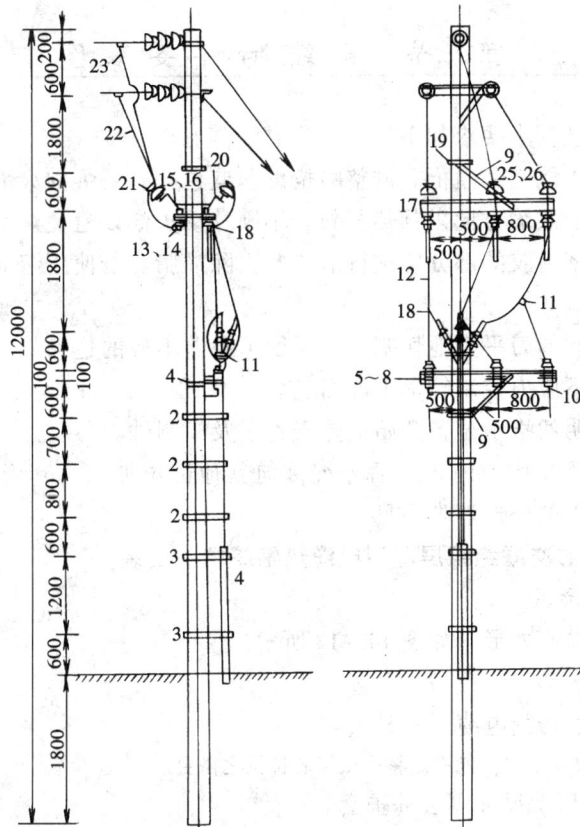

材 料 表

序 号	名 称	规 格	数 量	单 位	备 注
1	热塑电缆头	RX-10kV	1	只	
2	电缆抱箍	−5×60×φ280	3	只	10-缆零-02
3	保护管抱箍		2	只	10-缆零-03
4	开边铁管	φ100×2100	1	付	10-缆零-04
5	避雷器	FS-10	3	只	
6	避雷器抱箍及曲铁		3	副	农加-11
7	镀锌螺栓	φ16×38	12	条	连螺母
8	避雷器横担	L60×6×1900	1	条	农加-19Ⅱ
9	角铁撑臂	L45×4×940	3	条	农加-9（5）
10	胶麻铜线	7/1.68	15	m	
11	带电线夹		3	只	
12	胶麻铜线	19/12 号	12	m	
13	铜铝线夹	SLG-2A	3	只	
14	单极刀闸	GW-$\frac{400}{600}$A	3	具	
15	刀闸底板	−7×80×460	3	块	
16	镀锌螺栓	φ16×125	6	条	
17	角钢横担	L60×6×1900	2	条	农加-19Ⅱ
18	活动线耳（铜）	500A	6	只	
19	撑臂抱箍	−6×60×φ210	2	只	
20	双曲铁	−6×50×100	6	块	
21	针式绝缘子	P-15（20）T	6	只	
22	胶麻铝线	19/12 号（37/12）	12	m	
23	铝扎线	1/12 号	1	kg	
24	撑臂抱箍	−6×60×φ260	1	只	
25	镀锌铁管	φ25×275	1	条	
26	镀锌螺栓	φ16×275	1	条	
27	软钢扎线	1/12 号	1	kg	

图 14-12　户外电力电缆热缩终端头安装图

注：本表未包括材料。

电缆附件安装工艺基本要求如下。

（1）使用丙烷或丁烷气体喷枪。调整喷枪以获蓝色并有黄尖的火焰，应避免使用蓝色锥状火焰。将喷枪对准要收缩方向以预热材料，不断移动火焰以避免烤焦材料。

（2）对将要接触密封胶的部分应进行清洁及去除油脂。若使用溶剂，请遵循制造商的说明。

（3）套管应用锋利的刀平整地切割，不要留下参差不齐的边缘。

（4）在任何情况下应力控制管都不能切割。

（5）按照安装说明的指示位置开始加热于管子及模制件。

（6）确保套管平滑及均匀地收缩后才继续向其他部位加热。套管收缩后应平滑及无皱纹，而在套管内的元件的外形清晰可见。

一、10、35kV 三芯交联绝缘屏蔽型电缆热缩终端头安装

1．电缆终端头外形图

电力电缆热缩终端头外形，如图 14－13 所示。

2．电缆安装准备

（1）按需要的长度切割电缆。

注意：确保长度 B 尺寸足够，能满足将来做线芯排位之需要。

（2）按图 14－14 所示尺寸剥去外护套。

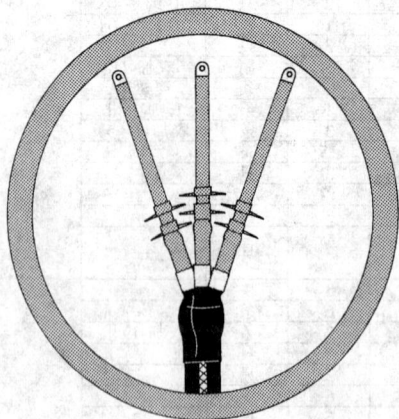

图 14－13　电力电缆热缩终端头外形图　　　　图 14－14　电缆终端剥切尺寸图

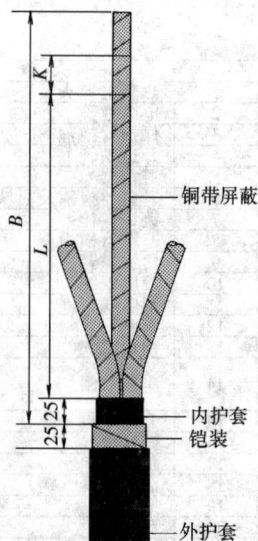

（3）将铠装（若有）剥至距外护套 25mm 处。

注意：小心切勿损坏内护套。

（4）将内护套剥至距铠装 25mm 处。

注意：小心切勿损坏铜带屏蔽。

（5）为避免铜带屏蔽松开，应用麻线或扎带绕于各电缆线芯末端铜屏蔽之上。

（6）电缆切割尺寸如表 14-9 所示。

表 14-9　　　　　　　　　　　电缆切割尺寸表

电缆最高电压 （相与相，kV）	L_{min} （户内，直驳法，mm）	L_{min} （户内，交叉相接法，mm）	L_{min} （户外，mm）	K （mm）
10	350	500	650	按线鼻子套管
35	600	800	800	深度加 5mm 计

注　L_{min} 为最小长度要求，实际长度需按所需安装电器的电缆进线位置的外形及尺寸决定。

3．电缆安装步骤

（1）在距内护套 D 位置金属屏蔽带上用一扎线扎紧金属屏蔽。将金属屏蔽往扎线后撕，以除去金属屏蔽。除去扎线后的金属屏蔽并用粘贴铜带固定金属屏蔽末端。在距内护套 S 处外剥去绝缘体半导层。注意，切勿划伤绝缘层。如图 14-15 所示。

（2）清洁及除脂于外护套的末端。在内护套上包上一层红色密封胶。在外护套末端包上一层红色密封胶，其覆盖长度为 50mm。用焊接方法或机械接地方法将接地带与电缆的铜带屏蔽连接起来。用铜接地带将接地带固定在铠装及外护套上，其位置如图 14-16 所示。注意，要确保接地带位置应尽量靠近内护套；接地带不包括在标准套件内。

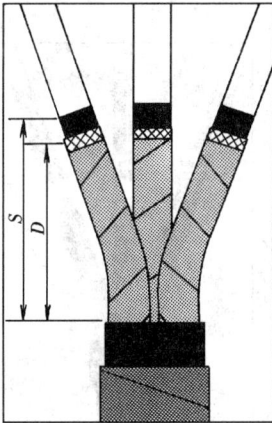

最高电压 （相与相，kV）	S （mm）	D （mm）
10	200	180
35	250	230

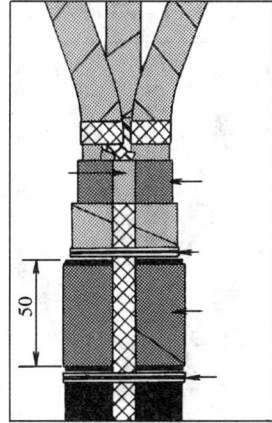

图 14-15　安装步骤 1

图 14-16　安装步骤 2

（3）将黄色填充应力控制胶从半导体切口处开始绕包，并覆盖绝缘层 10mm 及绝缘半导体层 10mm。注意，黄胶条应拉至原本的一半阔度，以使其压在绝缘层上的边缘细而薄。在黄色填充胶上方的绝缘层上涂一层薄硅脂，长度不少于 100mm。如图 14-17 所示。

（4）把黑色应力控制管套在各线芯上，其末端需覆盖至距绝缘半导体层切口 50mm 以下处。从应力控制管的末端往上加热使其收缩。如图 14-18 所示。

（5）在内护套及接地带上再绕一层红胶带以覆盖接地带。如图 14-19 所示。

（6）将电缆线芯穿进分支手套并将手套尽量推进电缆分叉处，从分支手套内取出隔离纸。从分支手套的手指处开始加热使其收缩；并逐渐往下周围加热收缩手套。如图 14-20 所示。

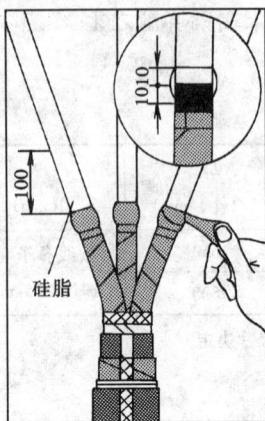

图 14-17　安装步骤 3　　　　图 14-18　安装步骤 4　　　　图 14-19　安装步骤 5

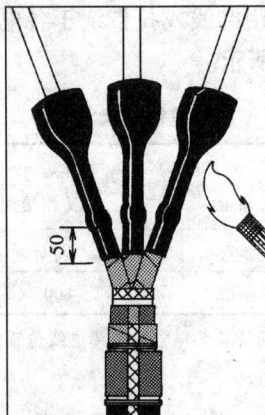

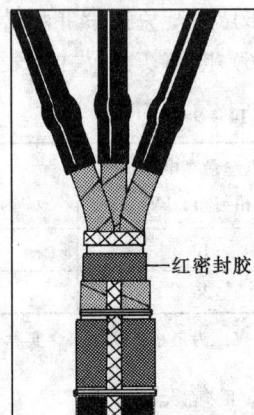

（7）把线芯扳至安装位置，按需要长度切割线芯，如图 14-21 所示。剥去 K 长度的绝缘。注意，只能用防水型线鼻子。K 为线鼻子套管深度加 5mm。

（8）将分支手套的手指清洁及去油，用红色密封胶带绕于一手指上一圈以量度其手指的圆周（红胶隔离纸不用除去）。以量度后的数值再加上 15mm 这个尺寸切下 3 条红胶带。除去隔油纸，并将每一条红胶带分别绕在每一个手指上。确保每一条红胶带需有 15mm 的末端重叠，如图 14-22 所示。

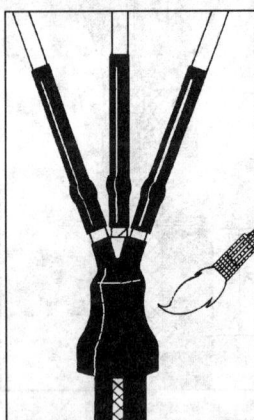

图 14-20　安装步骤 6　　　　图 14-21　安装步骤 7　　　　图 14-22　安装步骤 8

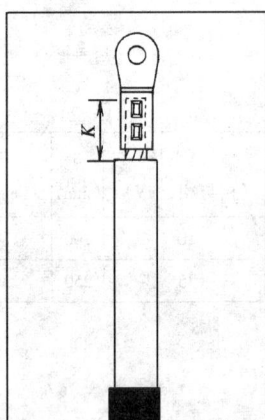

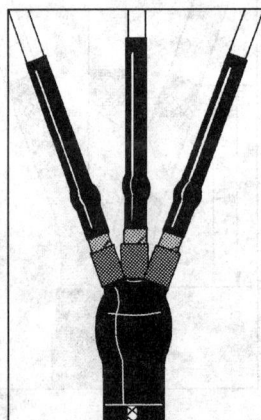

（9）将线芯绝缘及线鼻子套管的外围清洁及祛油。取出红色密封胶带并除去隔离纸，将红色密封胶带绕于线鼻子的套管上并填密线鼻子与绝缘体的空隙，将红色密封胶带往绝缘体绕下 10mm。缠绕红色密封胶带时，应加以少量拉力，并每一圈红胶带需有 1/3 重叠于上一圈。如图 14-23 所示。

（10）将红色外套管套入线芯并盖住分支手套的手指，先从手套处加热红色外套管以使其收缩，再往上加热收缩，如图 14-24 所示。

（11）若红色外套管收缩后其长度长于线鼻子，可将红色外套管切至线鼻子套管的顶端。持续加热线鼻子端部，直到有红色密封胶从红色外套管顶端跑出。注意，红色外套管须用锋利的刀平整正切割，如图 14-25 所示。

10kV 配电工程设计手册

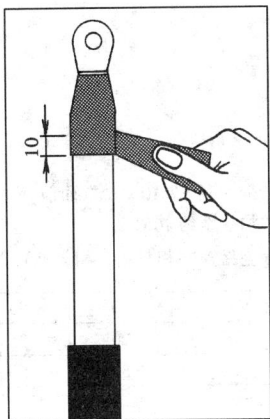

图 14-23 安装步骤 9

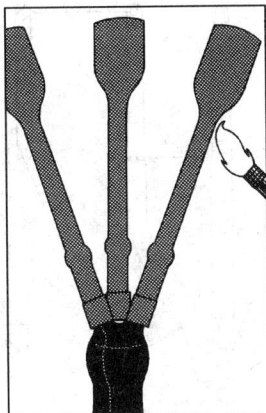

图 14-24 安装步骤 10

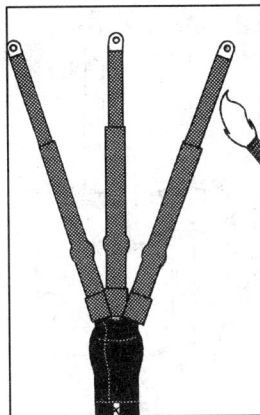

图 14-25 安装步骤 11

（12）10kV 户内终端完成后，当交叉相位接法时或转动线芯时，须确保线芯与线芯之间应有最少 C 的距离，如图 14-26 和图 14-28 所示。

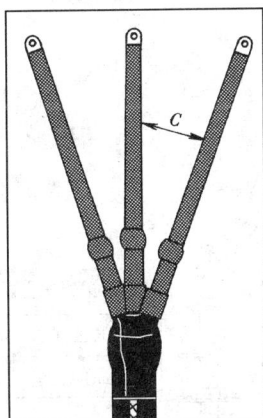

图 14-26 安装步骤 12

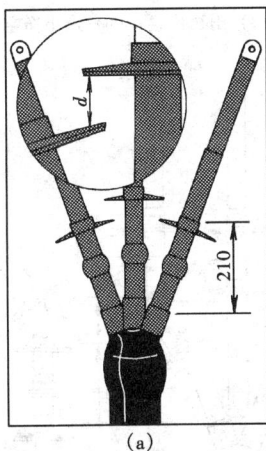

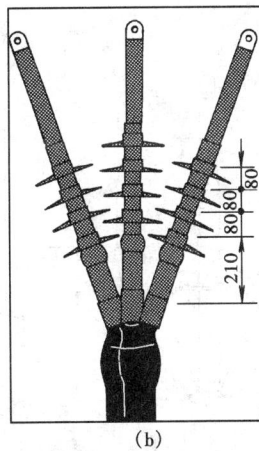

图 14-27 安装步骤 13

（a）各线芯首片雨裙位置；（b）35kV 终端雨裙

（13）室外终端头需加雨裙之安装程序，如图 14-27 和图 14-28 所示。先将芯线扳至最后安装位置并确保各线芯间有 C 的距离，然后各自热缩一雨裙于各外围的线芯上，其位置及各净空距离如图 14-28 所示。先将中间线芯的雨裙置于其位置，再与另两线芯之雨裙有 d 的最小净空距离，最后加热收缩并固定其位置。

（14）10、35kV 户外终端完成后，如图 14-29 所示。

二、17.5kV 三芯聚合物绝缘屏蔽型铠装电缆热缩中间头安装

1. 电缆中间头示意图

电力电缆热缩中间头外形如图 14-30 所示。

2. 电缆热缩中间头安装准备

（1）把将要连接的电缆重叠约 150mm，在重叠区域的中心标出参考线。

（2）清洁两电缆接头的外护套。

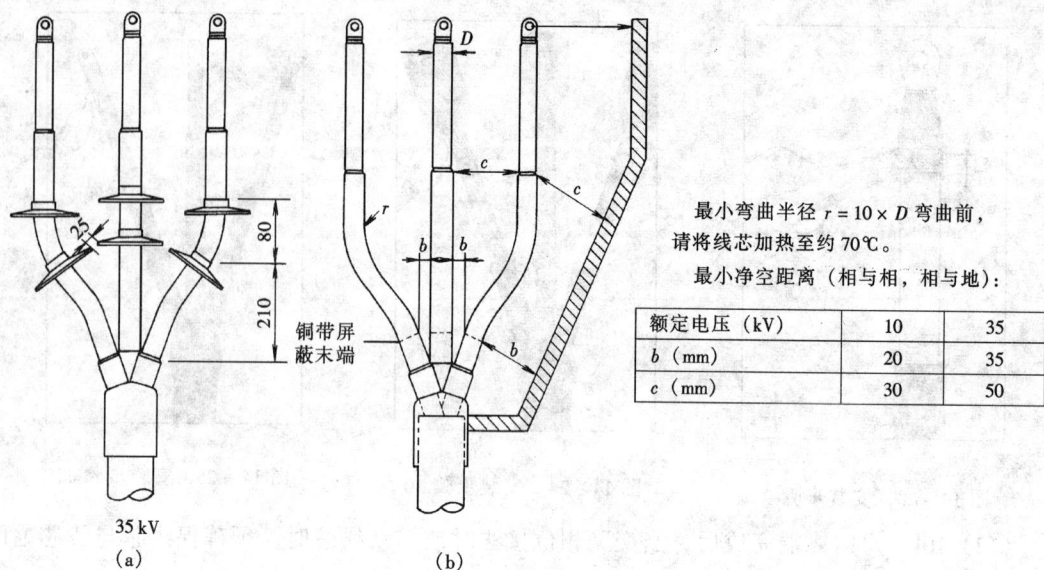

最小弯曲半径 $r = 10 \times D$ 弯曲前，
请将线芯加热至约 70℃。

最小净空距离（相与相，相与地）：

额定电压（kV）	10	35
b（mm）	20	35
c（mm）	30	50

图 14 - 28　雨裙安装图

(a) 雨裙位置；(b) 最小净空距离

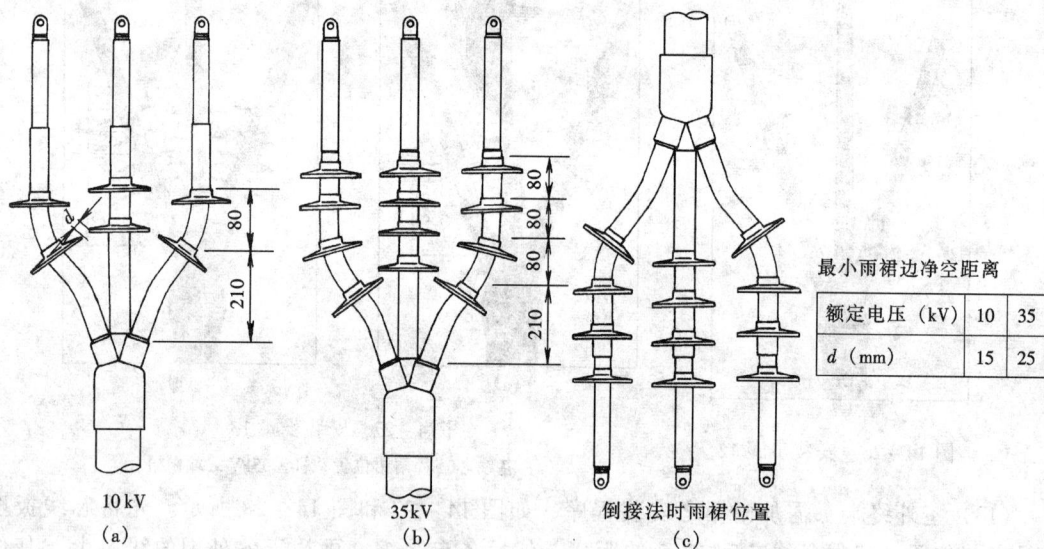

最小雨裙边净空距离

额定电压（kV）	10	35
d（mm）	15	25

图 14 - 29　10、35kV 电缆户外终端完成后的尺寸

(a) 10kV 终端；(b) 35kV 终端；(c) 倒接法

（3）用塑料袋或清洁的纸覆盖于其中一根电缆上，长度约 1200mm。

（4）把黑/褐色的内护套管穿入塑料袋覆盖着的电缆护套上，把接头内护套管放在塑料袋上。

（5）按图 14-31 所示的尺寸去除外护套、钢铠、内护套及填充物。注意，除去外护套和铠装时应小心，不要损坏电缆屏蔽层和绝缘层。

（6）电缆剥割尺寸如表 14-10 所示。

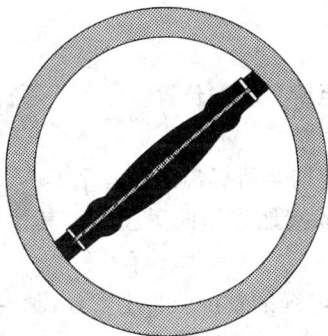

图 14-30　中间头外形图

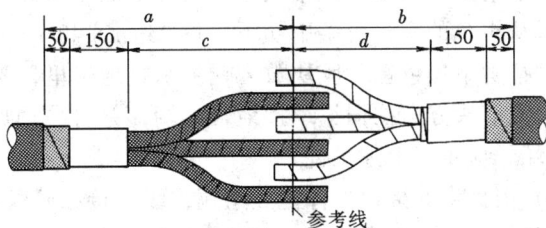

图 14-31　电缆头切割尺寸

表 14-10　　　　　　　　　　　　　　电缆剥割尺寸表

电缆规格（mm²）	a（mm）	b（mm）	c（mm）	d（mm）
50～95	700	450	500	250
120～185	750	500	550	300
240～400	800	550	600	350

（7）电缆安装前连接管的最大尺寸如表 14-11 所示。

表 14-11　　　　　　　　　　　　　　连接管最大尺寸表

截面面积（mm²）	50	95	185	300
长　度（mm）	100	110	130	150
直　径（mm）	18	23	29	35

3．电缆中间头安装步骤

（1）按表 14-12 所示尺寸 S 剥去铜带屏蔽。注意，切勿割伤绝缘体。用粘贴铜带紧固铜屏蔽的末端。如图 14-32 所示。

（2）按表 14-12 所示尺寸 T 剥去绝缘体、半导体层。注意，小心不要损坏绝缘体。确保绝缘体上没有留下导电材料的痕迹，用经许可的溶剂清洗绝缘层，如图 14-33 所示。

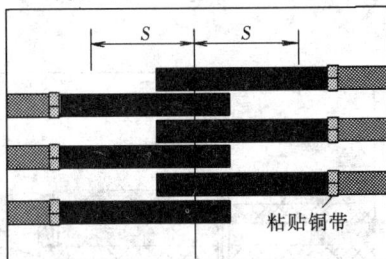

图 14-32　安装步骤 1

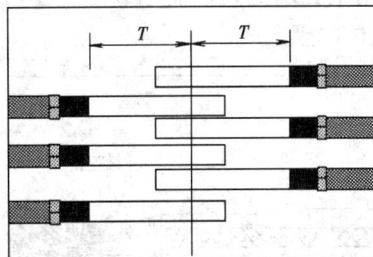

图 14-33　安装步骤 2

表 14-12　　　　　　　　　　　　　　电缆接头剥切尺寸

电缆规格（mm²）	S（mm）	T（mm）
50～95	150	130
120～185	180	160
240～400	180	160

（3）做铜编织带堵水，如图 14 – 34 所示。

1）在离接地铜编织带末端 100mm 处做上标记。

2）沿箭头方向推接地带之末端使之形成管状并打开至所标线的位置。

3）从黑色的密封胶条中切下一块 25mm×40mm 的小块。

4）把剪下黑色密封胶块放入铜编织接地带里，胶块应推至所标出的线齐平。

5）沿箭头方向拉铜编织接地带末端，并将拉回原形的接地带压向黑胶上。其他线芯接地带末端，应重复上述工艺。

（4）用提供的接地附件把 3 条铜编织带接在胶联绝缘电缆的铜屏蔽带上。注意，接地带应尽可能固定于靠近在内护套的地方，并确保铜编织接地带有黑胶的一端与铜带屏蔽相连。对另要对接的电缆，应重复上述工艺，如图 14 – 35 所示。

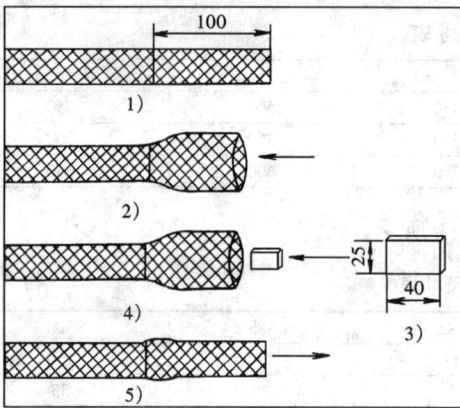

图 14 – 34　安装步骤 3

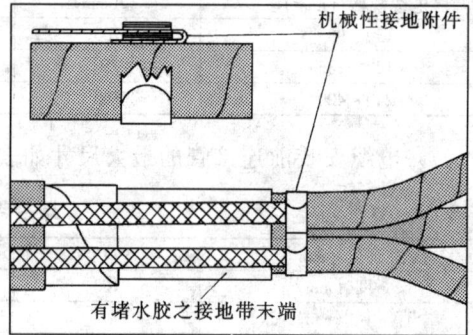

图 14 – 35　安装步骤 4

（5）把 3 根接地带从内护套上提起，清洁内护套并除去油脂，撕去红色密封胶带的隔离纸，在内护套上重叠绕包至 75mm。把 3 条铜编织带翻回红色密封胶上并把它压入胶内。对其他要对接的电缆，应重复以上工艺，如图 14 – 36 所示。

（6）用铜扎线把 3 条接地带固定在内护套上，如图 14 – 37 所示。对其他要对接的电缆，应重复上述工艺。

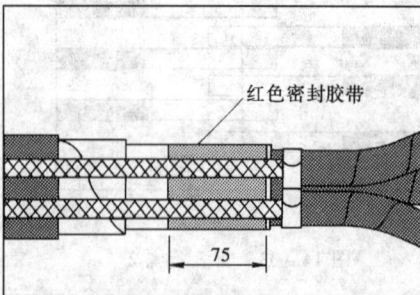

图 14 – 36　安装步骤 5

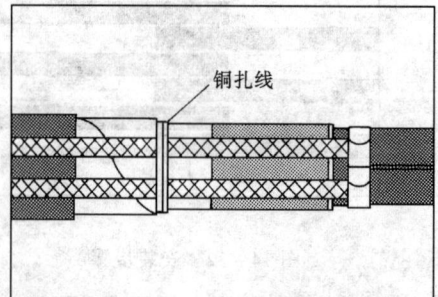

图 14 – 37　安装步骤 6

（7）把线芯扳至安装位置，沿参考线处切去过长的线芯。注意，要确保步骤（2）中 T 的长度。按 1/2 接管长度加 5mm，去除绝缘层，清洁绝缘层并清除油脂，除去短黄色填充应力控制胶带的隔离纸，将黄色填充应力控制胶带从半导体切口开始围绕。把黄胶带拉至原本的一半宽度并在半导体切口上绕 4~5 圈。黄胶带应覆盖绝缘层及半导层各 10mm。对其他要对接的电缆，应重复上述步骤，如图 14-38 所示。

（8）把红色高压加强内护套管套在每根线芯上，从线芯分叉处往线芯末端加热使其收缩，确保套管收缩平滑。冷却后将红内护套管切至与绝缘层末端有 5mm 距离的长度。注意，套管应平整地切割。对其他要对接的电缆，应重复上述步骤，如图 14-39 所示。

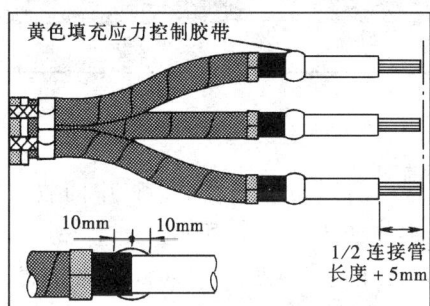

图 14-38　安装步骤 7

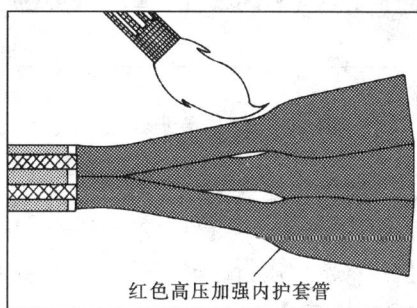

图 14-39　安装步骤 8

（9）将电缆线芯穿进手套，并将手套尽量推进电缆分叉处。从分支手套的手指处开始加热使其收缩，并逐渐往下周围加热收缩手套。对其他要对接的电缆，应重复以上步骤，如图 14-40 所示。

（10）在安装连接管前，要确保黑褐色内护套管已套在其中一条擦净的电缆外皮上。把 3 条红色的绝缘管和 3 条黑色的压力保障管套在接头线芯较长的电缆线芯上，如图 14-41 所示。

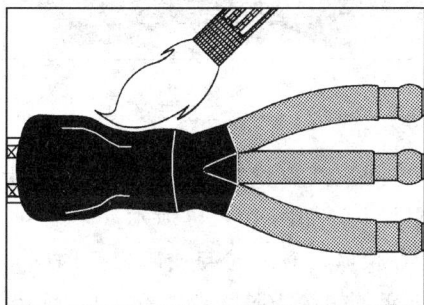

图 14-40　安装步骤 9

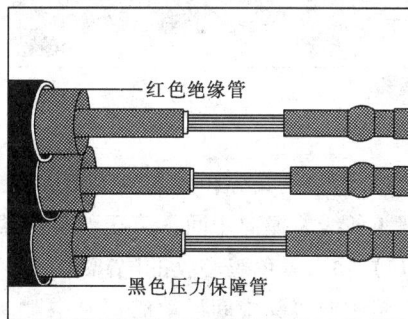

图 14-41　安装步骤 10

（11）连接管的安装方法可按当地常规做法进行。注意，如用焊接的方法连接连接管，在焊接过程中应用棉布带来包裹以保护红色内护套管。焊接后，去掉棉布带，清洁连接管，并确保连接管上所有的尖端全部清除，如图 14-42 所示。

（12）去掉长的黄色填充应力控制胶带的隔离纸，然后将它卷成适当大小的一卷。将黄色填充应力控制胶绕于连接管上。绕时将黄胶带拉至原宽度的一半，要使黄胶带完全覆盖连接管，还需覆盖红色内护套管上，但覆盖尺寸不超过 5mm。注意，黄胶带覆盖后的接线管直径，应略大于线芯的直径。在其他连接管覆盖黄胶带前，把红色绝缘管套在已覆盖黄胶带的连接管上。如图 14-43 所示。

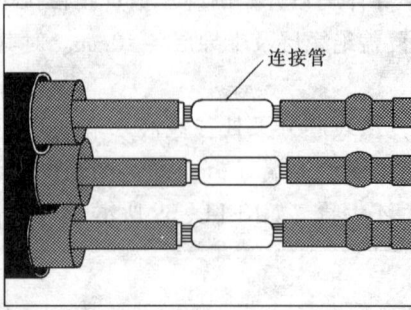

图 14-42　安装步骤 11

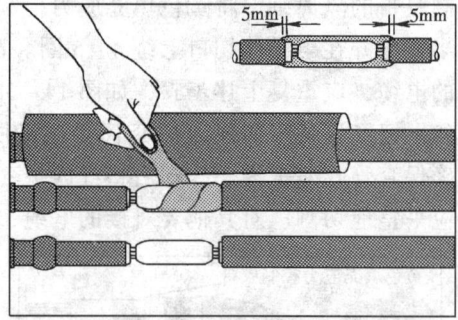

图 14-43　安装步骤 12

（13）将红色绝缘管正中放在连接管上，从套管中间开始加热收缩，待中间收缩完后，再往两边加热收缩。套管应完全收缩，并且没有皱痕，如图 14-44 所示。

（14）将黑色压力保障管放于两线芯半导体切口之中间，从套管中间处加热收缩，待中间收缩完后，再往两边加热收缩，如图 14-45 所示。

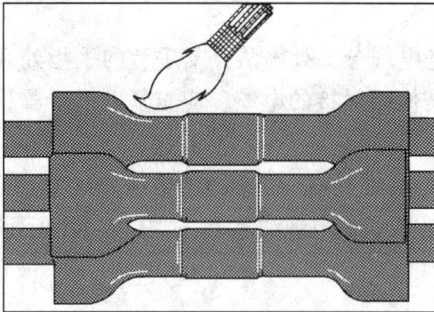

图 14-44　安装步骤 13

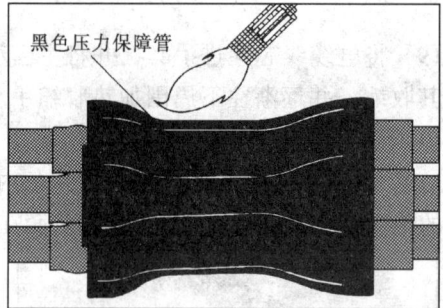

图 14-45　安装步骤 14

（15）剥去三叉分相胶的隔离纸，将它插进线芯中间。其位置需让红色绝缘管置于其中间。把 3 条线芯捏向中间，直至红色绝缘管靠在分相胶上，如图 14-46 所示。

（16）除去黑色鸡心胶的隔离纸。把 3 条黑色鸡心胶填在各线芯与线芯之空隙间，把黑色鸡心胶压向接头中间以填满所有空隙。注意，对于交叉相接法时，把黑色鸡心胶切至适当长度，然后填入交叉接相之间的任何空隙，如图 14-47 所示。

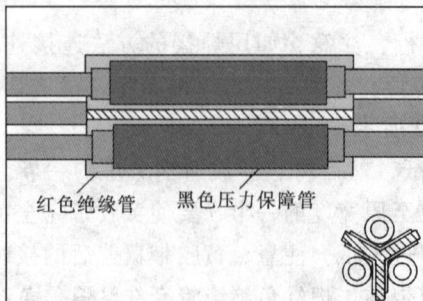

图 14-46　安装步骤 15

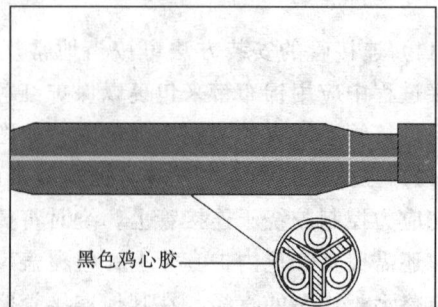

图 14-47　安装步骤 16

（17）去掉黑色密封胶带的隔离纸，如图 14 – 48 所示。

1）位置1-2：在红色绝缘管两端的位置上，用黑密封胶带在黑色鸡心胶上绕一圈。

2）位置3-4：从手套的铸模线开始，把黑色密封胶带以半重叠方式绕向黑色鸡心胶的末端，使之有一个顺滑外形。绕时应轻轻拉紧黑胶带。

（18）如图 14 – 49 所示，榨压接头并在1、2 的位置上各包3 圈电工胶布。

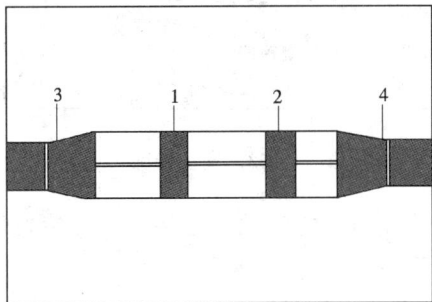

图 14 – 48　安装步骤 17

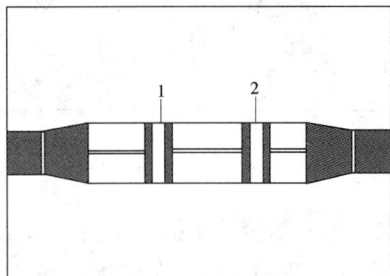

图 14 – 49　安装步骤 18

（19）除去红色密封胶带的隔离纸，从距离手套的铸模线 75mm 处开始以一半重叠方式缠至铸模线，其末端应重叠于黑色密封胶带上 15mm。对另一端可重复以上做法，如图 14 – 50所示。

（20）用供应的套件硅脂涂抹在接头表面，特别是直径大的地方。注意，避免涂得过厚。把黑/褐色内护套管套进接头中间位置，对套管两端内层进行清洁和去油处理，如图 14 – 51 所示。

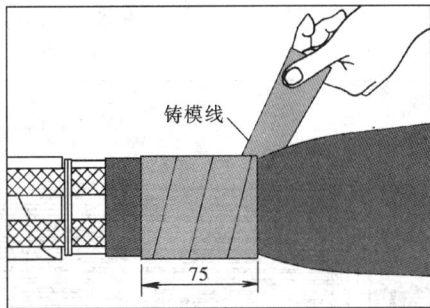

铸模线

75

图 14 – 50　安装步骤 19

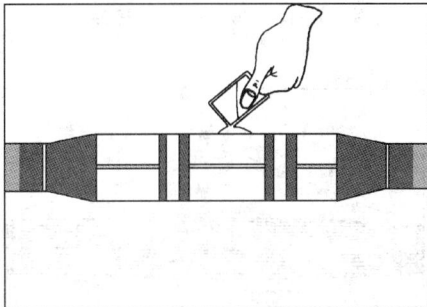

图 14 – 51　安装步骤 20

（21）从中间开始收缩黑/褐色内护套管，待中间收缩后，再往其中一端加热收缩，收缩后把喷灯带回中间，然后往另一端加热收缩。当两端收缩好后，应继续把喷灯来回拖扫整个套管，以确保套管有一个光滑和平整的外表。彻底加热套管末端，以保证密封性。注意，至少对黑/褐色外护套管补充加热 1min，如图 14 – 52 所示。

（22）以半层重叠方式把铜钢带绕包整个中间接头。铜钢带两端应覆盖铠装 25mm，如图 14 – 53 所示。

（23）按图 14 – 54 所示用铜扎线将 3 条铜接地带固定在铠装上。在另一端重复上述步骤。

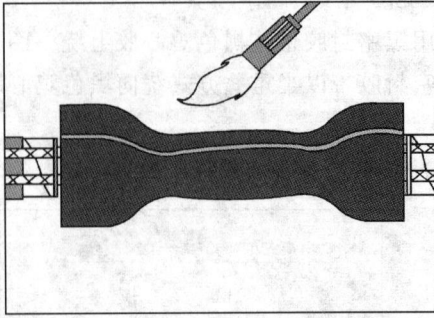

图 14 - 52　安装步骤 21

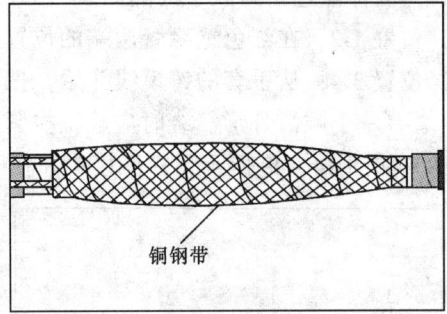

图 14 - 53　安装步骤 22

（24）把两端接地带折回中间接头上，用焊接或用压接方法独立连接各相之接地带。注意，在操作过程中勿损接头套管，如图 14 - 55 所示。

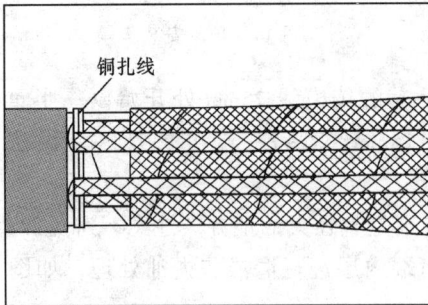

图 14 - 54　安装步骤 23

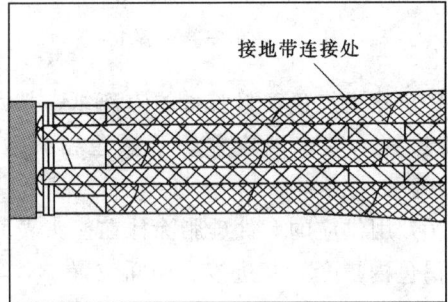

图 14 - 55　安装步骤 24

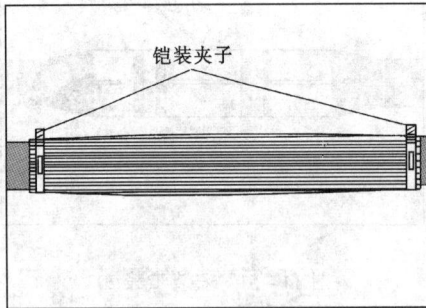

图 14 - 56　安装步骤 25

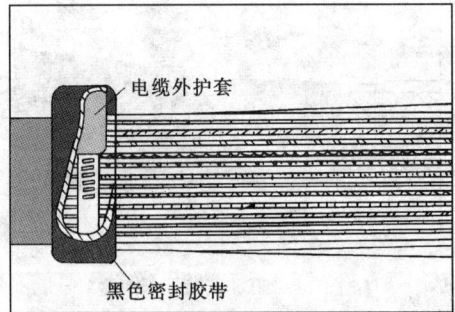

图 14 - 57　安装步骤 26

（25）将百页铁皮套置于接头中间，卷绕铁皮于接头上。卷绕后中间接头的顶部需有最少两层的铁皮。用铠装夹子把铠装末端固定，如图 14 - 56 所示。

（26）用一片电缆外护套将各铠装夹子锋利的边缘套住，在接头的两端包上两层黑色密封胶带，盖住铠装夹子。把电缆外护套末端的 100mm 进行清洁、打磨和去油，如图 14 - 57 所示。

（27）剥去外密封包管的隔离纸，将该包管置于接头的中间，并把它包在接头上直至包

10kV 配电工程设计手册

管两突轨拼拢。把拉链套进突轨上，并用拉链固定搭扣夹在拉链相连的部位。从中间开始收缩包管，然后向两边收缩，在拉链处多加热。注意，待接头冷却后才能施加外力或将填充式接头放回电缆沟。如图 14 – 58 所示。

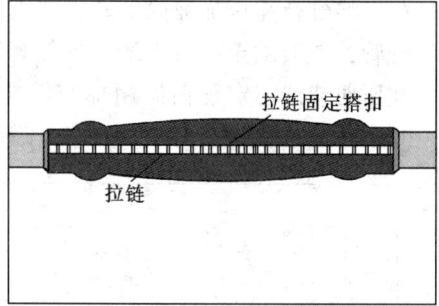

图 14 – 58　安装步骤 27

三、17.5kV 三芯交联绝缘屏蔽型铠装电缆与三芯统包油纸电缆过渡中间接头安装

1. 电缆铜铝过渡中间头示意图

电力电缆热缩铜铝过渡中间接头外形如图 14 – 59 所示。

2. 电缆安装准备

图 14 – 59　电缆铜铝
过渡中间头外形图

（1）把将要连接的电缆重叠约 150mm，在重叠区域的中心标出参考线。

（2）清洁两电缆接头的外护套。

（3）用提供的塑料袋或清洁的纸覆盖于其中一根电缆上，长度约 1200mm。

（4）把黑/褐色的内护套管穿入塑料袋覆盖的电缆护套上，把接头内护套管放在塑料袋上。

（5）按图 14 – 60 所示的尺寸去除外护套、钢铠、内护套及填充物。注意，除去外护套和铠装时要小心，不要损坏电缆屏蔽层和绝缘层。

（6）电缆剥割尺寸如表 14 – 13 所示。

（7）电缆安装前连接管的最大尺寸如表 14 – 14 所示。

3. 电缆安装步骤

（1）油纸电缆。按图 14 – 61 所示尺寸剥去铅护层，注意不可损坏绕包纸。距铅护套末端 5mm 处扎上棉线，沿棉线撕下绕包纸，电缆填充料应除至余下绕包纸的位置。

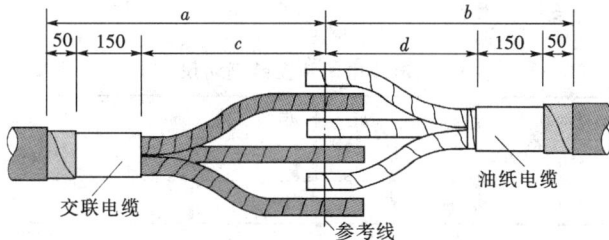

图 14 – 60　电缆铜铝过渡中间头连接剥切尺寸

表 14 – 13　电缆剥割尺寸表

电缆规格（mm²）	a（mm）	b（mm）	c（mm）	d（mm）
50～95	700	450	500	250
120～185	750	500	550	300
240～400	800	550	600	350

表 14 – 14　连接管最大尺寸表

截面面积（mm²）	50	95	185	300
长　度（mm）	100	110	130	150
直　径（mm）	18	23	29	35

（2）将红色高压加强内护套管套入各线芯，并尽量推入电缆分叉处。从分叉处开始加热收缩套管，一直缩至线芯末端。确保套管均匀收缩，且套管中没有被堵住的空气和油泡。注意，在屈曲或线芯定位前需用棉布带扎住电缆分叉处，用以保护电缆线芯及分叉口。如图14-62所示。在完成步骤（1）、（2）后，才可拆去棉布带。

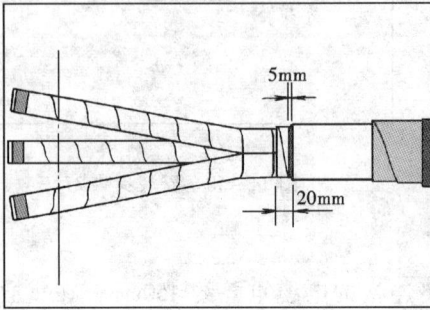

图 14-61　安装步骤 1

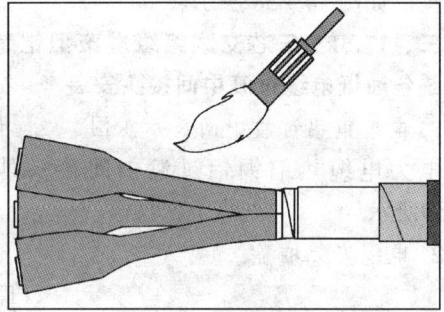

图 14-62　安装步骤 2

（3）交联电缆。按表14-15所示尺寸 S 剥去铜带屏蔽。注意，切勿割伤绝缘体。用粘贴铜带紧固铜屏蔽的末端，如图14-63所示。

（4）按表14-15所示尺寸 T 剥去绝缘体、半导体层。注意，小心不要损坏绝缘体。确保绝缘体上没有留下导电材料的痕迹，用经许可的溶剂清洗绝缘层，如图14-64所示。

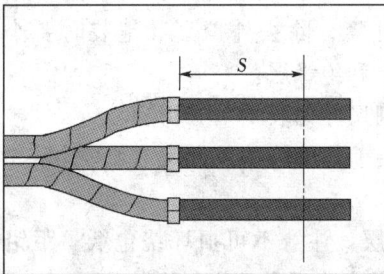

图 14-63　安装步骤 3

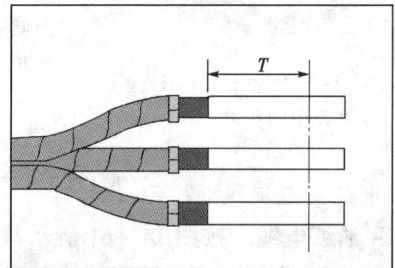

图 14-64　安装步骤 4

表 14-15　　　　　　　　　　　　交联电缆中间头安装剥切尺寸

电缆规格（mm²）	S（mm）	T（mm）	电缆规格（mm²）	S（mm）	T（mm）
50~95	150	130	240~400	180	160
120~185	180	160			

（5）铜编织带堵水，如图14-65所示。

1）在离接地带末端100mm处做上标记。

2）沿箭头方向推接地带末端使之形成管状打开至所标的线。

3）从黑色的密封胶条中切出一块 25mm×40mm 的小块。

4）把剪下黑色密封胶块放入铜编织接地带里，胶块应推至接地带末端所标出的线齐平。

5）沿箭头方向拉铜编织接地带末端，并将拉回原形的接地带压向黑胶条上。对其他接地带末端，应重复上述步骤。

（6）用提供的接地附件把 3 条铜编织带接在胶联绝缘电缆的铜屏蔽带上。注意，接地带应尽可能固定于靠近内护套的地方，确保铜编织接地带有黑胶的一端与铜带屏蔽相连，如图 14-66 所示。

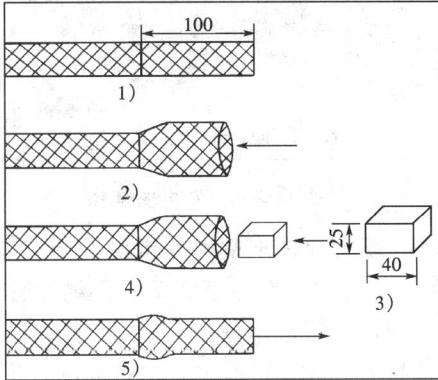

图 14-65　安装步骤 5

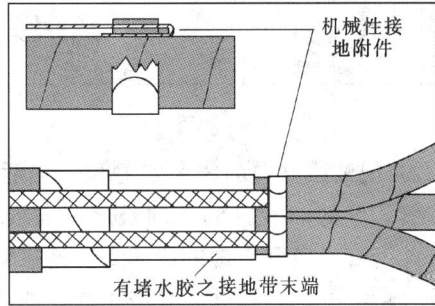

图 14-66　安装步骤 6

（7）把 3 根接地带从内护套上提起，清洁内护套并除去油脂。撕去红色密封胶带的隔离纸，在内护套上重叠绕包长 75mm。把 3 条铜编织带翻回红色密封胶带上并把它压入胶内，如图 14-67 所示。

（8）用铜扎线把 3 条接地带固定在内护套上，如图 14-68 所示。

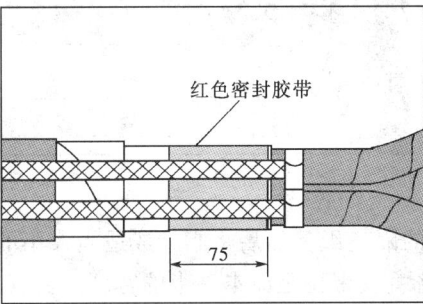

图 14-67　安装步骤 7

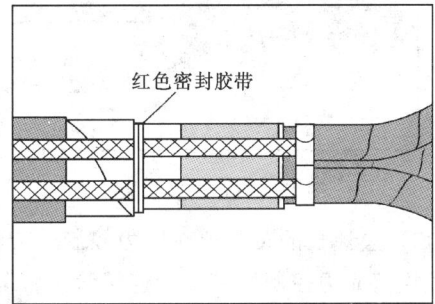

图 14-68　安装步骤 8

（9）把线芯扳至安装位置，沿参考线处切去过长的线芯。注意，要确保保持步骤（4）中 T 的长度。按 1/2 接管长度加 5mm，去除绝缘层，清洁绝缘层并清除油脂。除去短黄色应力控制胶带的隔离纸，用黄色填充应力控制胶带从半导体切口开始缠绕。把黄胶带拉至原本一半的宽度并于半导体切口上绕 4~5 圈。黄胶带应覆盖绝缘层及半导体层各 10mm。如图 14-69 所示。

（10）把红色高压加强内护套管套在每根线芯上，并从线芯分叉处往线芯末端加热使其收缩，要确保套管收缩平滑。冷却后将红内护套管切至与绝缘层末端有 5mm 距离的长度。注意，套管应平整地切割，如图 14-70 所示。

（11）将交联电缆线芯穿进手套，并将手套尽量推进电缆分叉处。从分支手套的手指处开始加热使其收缩并逐渐往下周围加热收缩手套，如图 14-71 所示。

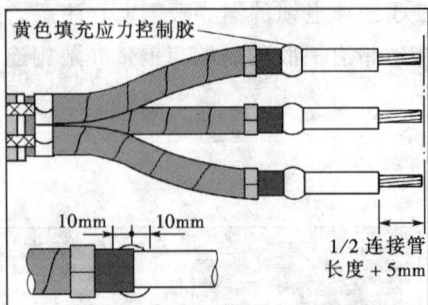

图 14 – 69　安装步骤 9

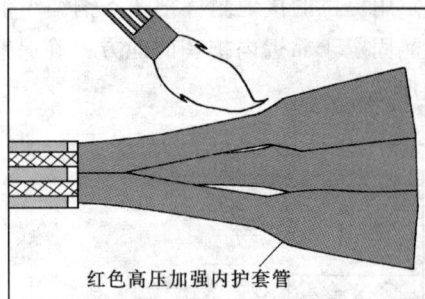

图 14 – 70　安装步骤 10

（12）把油纸电缆的线芯定好位，然后沿胶联电缆的导体末端将油纸电缆的线芯割断。按连接管长度的一半加 5mm 的长度切去纸绝缘和红色内护套管。把 3 条红色绝缘管和 3 条压力保障管套入胶联电缆的线芯上。连接管的安装方法，可采用按当地常规做法。注意，应采用完全堵油式的连接管。如采用焊接的方法连接接管，在焊接时要用棉布带包裹及保护红色内护套管。焊接后，去掉棉布带，清洁连接管并确保连接管上所有的尖端全部清除，如图 14 – 72 所示。

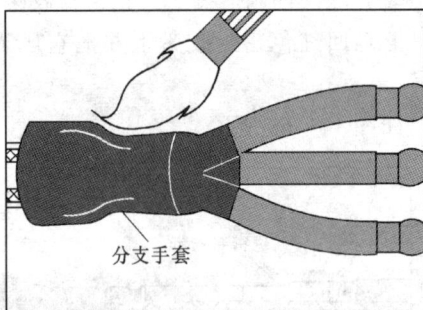

图 14 – 71　安装步骤 11

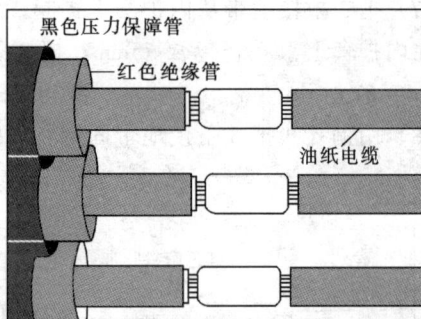

图 14 – 72　安装步骤 12

（13）去掉长的黄色填充应力控制胶带其一面的隔离纸，然后将它卷成适当大小的一卷。将黄色填充应力控制胶带绕于连接管上，绕时要将黄胶带拉至原本一半的宽度。黄胶带除完全覆盖连接管外，更需覆盖红色内护套管上，但其尺寸不超过 5mm。注意，黄胶带覆盖后的接线管直径应略大于线芯的直径。在覆盖黄胶带于其他连接管之前，把红色绝缘管套在已覆盖黄胶带的连接管上，如图 14 – 73 所示。

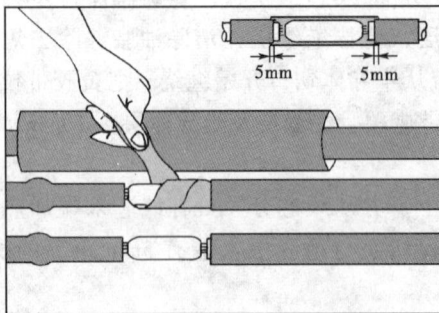

图 14 – 73　安装步骤 13

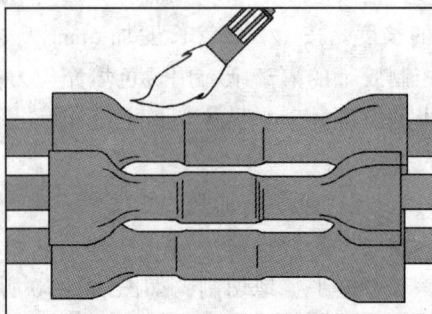

图 14 – 74　安装步骤 14

10kV 配电工程设计手册

（14）将红色绝缘管正中放在连接管上，从套管中间开始加热收缩。待中间收缩完后，再往两边加热收缩。套管应完全收缩，并且没有皱痕，如图14-74所示。

（15）将黑色压力保障管放于交联电缆半导体切口之前方，如图14-75所示。从套管中间处加热收缩，待中间收缩完后，再往两边加热收缩。

（16）油纸电缆。拆去电缆分叉处的棉布带。按图14-76所示位置塞入黄色鸡心胶填充应力控制胶于三叉口中间处。将黄色鸡心胶小心地推入分叉口处直至其末端底尖略低于绕包纸、黄色鸡心胶在缆芯中挤压变形并部分挤出。

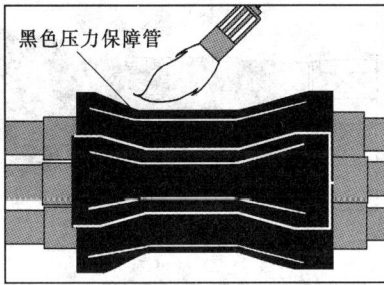

图14-75　安装步骤15

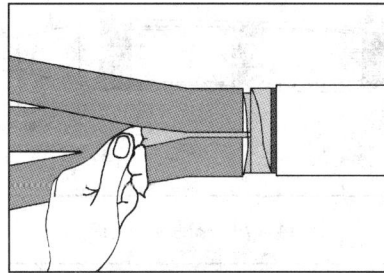

图14-76　安装步骤16

（17）剥去三叉分相胶的隔离纸，将它插进线芯中间。其位置需让红色绝缘管置于其中间。把3条线芯捏向中间，直至红色绝缘管和黑色压力保障管靠在分相胶上，如图14-77所示。

（18）除去黑色鸡心胶的隔离纸，把3条黑色鸡心胶填在各线芯与线芯之空隙间。接近油纸电缆那一端的黑色鸡心胶需与铅护层有45mm之距离。把黑色鸡心胶压向接头中间以填满所有空隙。注意，对于交叉相接法时，把黑色鸡心胶切至适当长度，然后填入交叉接相之间的任何空隙，如图14-78所示。

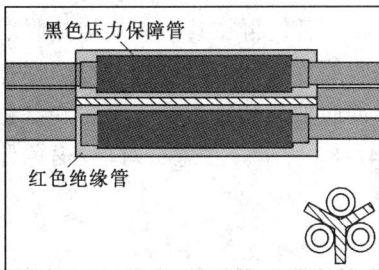

图14-77　安装步骤17

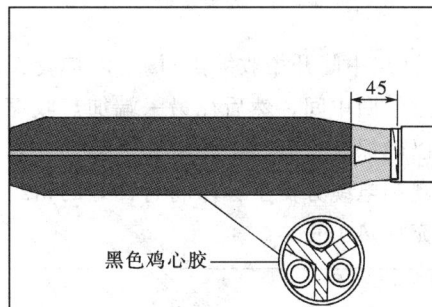

图14-78　安装步骤18

（19）去掉黑色密封胶带的隔离纸，如图14-79所示。

1）位置1-2：在红色绝缘管两端的位置上，把黑密封胶带于黑色鸡心胶上绕一圈。

2）位置3：从手套的铸模线开始，把黑色密封胶带以半重叠方式向黑色鸡心胶的末端绕去。绕时应轻轻拉紧黑胶带，使之有一个顺滑的外形。

3）位置4：从铅护层末端50mm处开始，以半重叠方法将黄色应力填充胶带绕向黑鸡心胶末端，使之有一个顺滑外形，黄胶带应重叠于黑鸡心胶上，绕包时需拉伸黄胶带。

（20）除下红色密封胶带的隔离纸，从距离手套的铸模线75mm处开始以半重叠方式缠至铸模线，其末端应重叠于黑色密封胶带上 15mm，如图 14 - 80 所示。

（21）捏紧接头并在 1、2 的位置上各包 3 圈电工胶布，如图 14 - 81 所示。

（22）用供应的套件硅脂涂抹在接头表面，特别是直径大的地方。注意，避免涂得过厚。把黑/褐色内护套管套进接头中间位置，对套管两端内层进行清洁和去油处理，如图 14 - 82 所示。

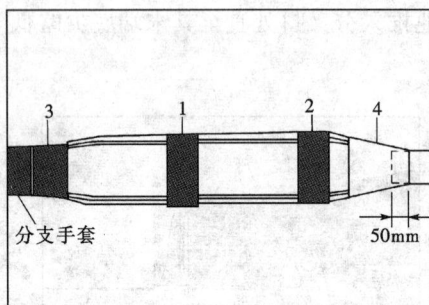

图 14 - 79　安装步骤 19

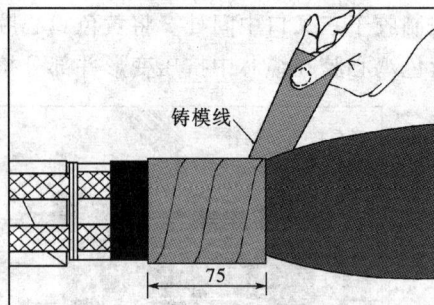

图 14 - 80　安装步骤 20

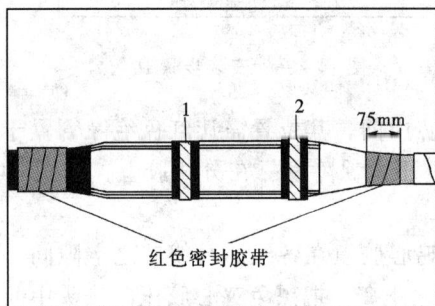

图 14 - 81　安装步骤 21

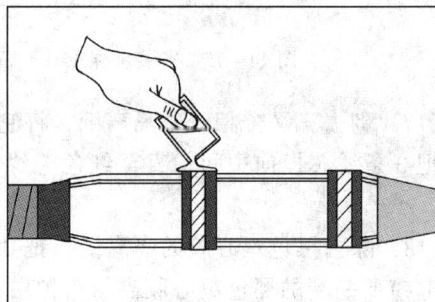

图 14 - 82　安装步骤 22

（23）从中间开始收缩黑/褐色内护套管，待中间收缩后，再往其中一端加热收缩，收缩后把喷灯带回中间，然后往另一端加热收缩。当两端收缩好后，应继续把喷灯来回拖扫整个套管，以确保套管有一个光滑和平整的外表。应确保彻底加热套管末端，使得在红色密封胶与铅护套和电缆分支手套体间有良好的密封，如图 14 - 83 所示。注意，对黑/褐色外护套管至少补充加热 1min。

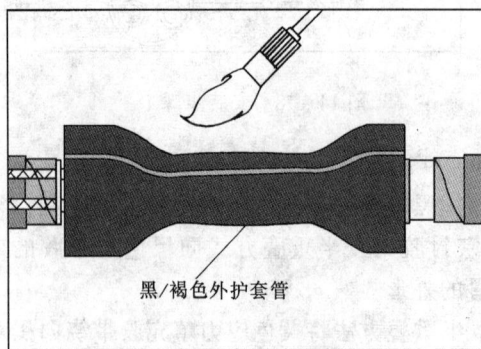

图 14 - 83　安装步骤 23

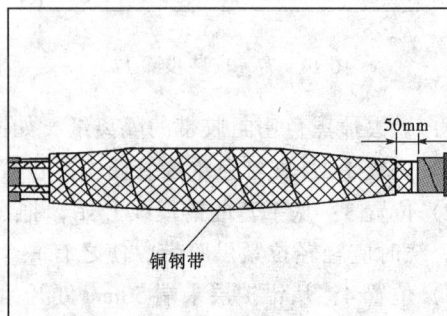

图 14 - 84　安装步骤 24

10kV 配电工程设计手册

（24）确保中间接头之纸电缆末端有 50mm 的裸露铅护套。如果裸露之铅护套不到 50mm，须用锋利的刀切割部分黑/褐色内护套管之末端以达要求。注意不要损伤接头内护套其他部分和铅护套。从铅护套开始，以半重叠的方式，把铜钢带绕包整个中间接头，需将提供的铜钢带全部用完。注意，裸露的铅护套上应包上一层铜钢带，如图 14 - 84 所示。

（25）按图 14 - 85 所示用铜扎线将 3 条铜接地带固定在铠装上。

（26）在电缆铠装与铅护套之空隙处绕上一层黑色密封胶带。将 3 条铜接地带跨过整个接头，并按图 14 - 86 所示 a、b、c 三点放置。将铜接地带的末端散开，并用大的弹簧圈在接地带上先绕两圈，再把它连接在铅护套上，把长出来的铜编织带翻过弹簧圈。最后把余下的几圈弹簧全部绕在铜编织接地带上，并扭动它压紧于接地带上。将接地带的末端再翻过弹簧圈，并用铜扎线将其系在铠装上，如图 14 - 86 所示。

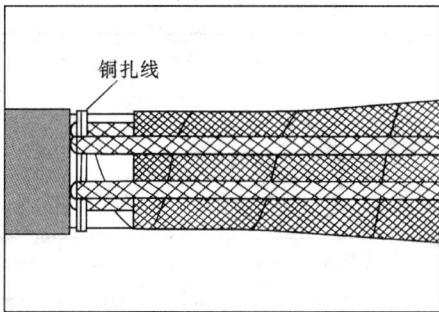

图 14 - 85　安装步骤 25

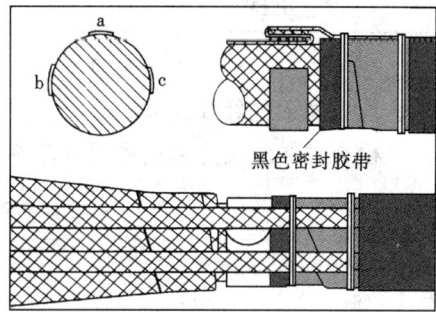

图 14 - 86　安装步骤 26

（27）在弹簧圈上包绕上两层黑色密封胶带，并把裸露的铅护套全部覆盖住，黑密封胶带要覆盖黑内护套和铠装上 20mm，如图 14 - 87 所示。

（28）将百页铁皮套置于接头中间，卷绕铁皮于接头上。卷绕后中间接头的顶部最少需有两层铁皮，用铠装夹子把铠装末端固定，如图 14 - 88 所示。

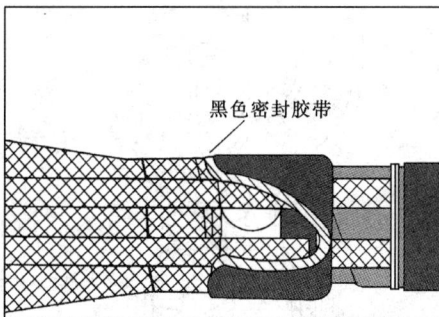

图 14 - 87　安装步骤 27

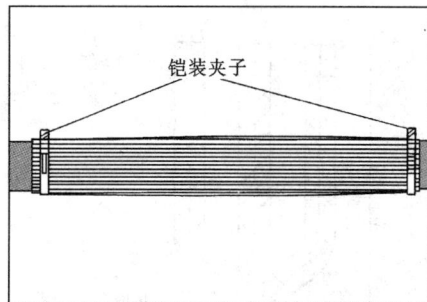

图 14 - 88　安装步骤 28

（29）用一片电缆外护套将各铠装夹子锋利的边缘套住。同在接头的两端包上两层黑色密封胶带，盖住铠装夹子。把电缆外护套末端的 100mm 进行清洁、打磨和去油，如图 14 - 89 所示。

第十四章　电　力　电　缆

（30）剥去外密封包管的隔离纸，将该包管置于接头的中间，并把它包在接头上直至包管两突轨拼拢。把拉链套进突轨上并用拉链固定搭扣夹在拉链相连的部位。从中间开始收缩包管，然后向两边收缩，在拉链处多加热。待接头冷却后才能施加外力或将填充式接头放回电缆沟，如图 14 - 90 所示。

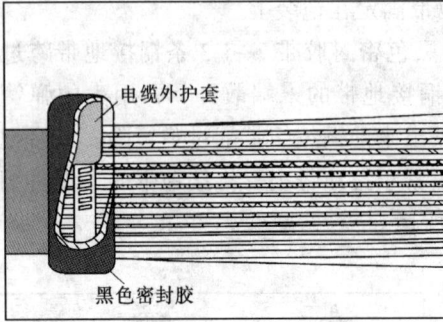

图 14 - 89　安装步骤 29

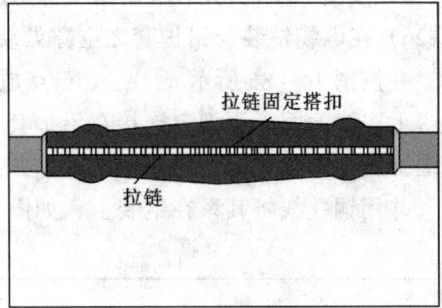

图 14 - 90　安装步骤 30

四、电缆插入式终端头安装

（1）检查硅橡胶应力套应和电缆芯绝缘直径相符合，如表 14 - 16 所示。

表 14 - 16　　　　　　　　　应力套与电缆芯绝缘直径配合表

编号	电缆截面（mm²）	芯绝缘直径（mm）	L_1（mm）	L_2（mm）	编号	电缆截面（mm²）	芯绝缘直径（mm）	L_1（mm）	L_2（mm）
2	25	14.8 ~ 17.5	215	190	5005	120 ~ 300	22.4 ~ 33.6	215	180
3	35	16.0 ~ 19.2	215	180	5410	400	30.9 ~ 36.1	215	180
5003	50 ~ 95	17.0 ~ 24.3	215	180					

（2）按安装需要，参照图 14 - 91 所示尺寸，剥切电缆外护套，并将电缆稍加整形调直。剥切长度 650 ~ 800mm，其中钢铠留 25mm，准备接地用；内护套留 10mm，以免钢铠划破铜屏蔽带和芯绝缘。然后去掉多余的填充物，再用 PVC 带将铜屏蔽端部作临时包扎。

（3）按照图 14 - 92 所示安装三指套。

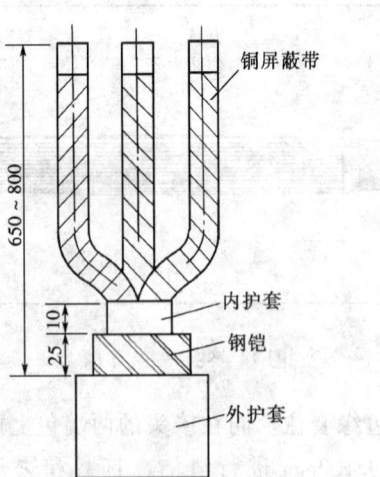

图 14 - 91　安装步骤 2

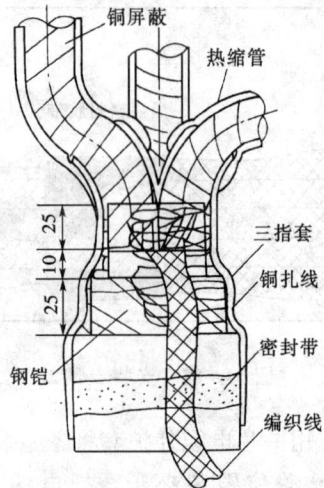

图 14 - 92　安装步骤 3

10kV 配电工程设计手册

1）将电缆外护套打毛，并将钢铠锉光。

2）按图 14-92 中尺寸，用铜扎线将铜屏蔽和钢铠扎紧，然后把编织线绑在铜扎线中，用锡焊焊牢，防止尖角外露，最后包绕一层 PVC 带。

3）在外护套上，向下约 30mm 缠绕密封带，在编织线处多加填充。

4）在三叉部套上三指套，套住铜扎线和密封带等，然后用喷灯均匀加热，使其收缩。

5）给三相铜屏蔽分别套上热缩管，并让其下端套在三指套手指上，用喷灯均匀加热，使其收缩。

（4）按图 14-93 所示剥切电缆头。

1）在电缆端部剥去 $L_2 + 20$mm 的热缩管，注意留下 10mm 铜屏蔽带。

2）在铜屏蔽带上方，留下 35mm 半导体层，其余的全部剥去，确保芯绝缘表面没有导电的颗粒，注意半导体层和芯绝缘过渡处应整齐光滑，不允许出现台阶，芯绝缘表面应尽量光滑，应无凹坑。

（5）按图 14-94 所示尺寸，包绕半导体带并形成台阶，注意总长度为 40mm，包去 10mm 半导体层，加 10mm 铜屏蔽，再加 20mm 热缩管；包绕厚度为 3mm，即直径大于热缩管 6mm。

（6）按图 14-95 所示，在电缆端头剥去线耳孔深加 10mm 长的芯绝缘，用 PVC 带临时包扎电缆线芯端部。

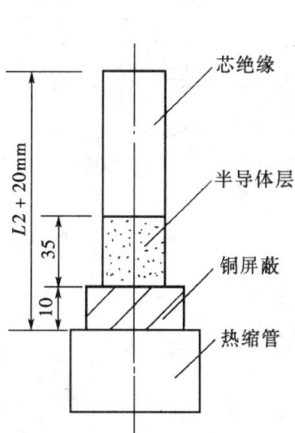

图 14-93　安装步骤 4　　　图 14-94　安装步骤 5　　　图 14-95　安装步骤 6

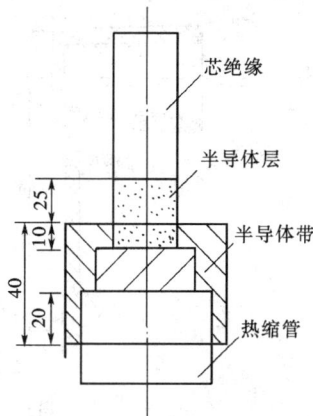

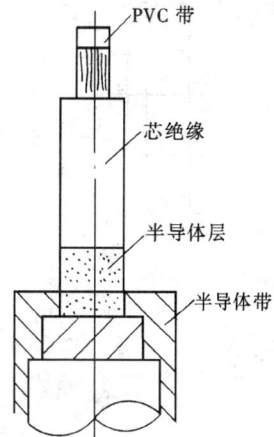

（7）清洁芯绝缘表面，稍后将硅脂均匀涂抹在芯绝缘表面和硅橡胶应力锥内孔中。注意，不要涂在半导体层上。

（8）将应力锥边转动边往电缆芯绝缘上套，直到应力套内部凸缘抵紧半导体带台阶为止，参见图 14-96。

（9）去掉电缆线芯端部的 PVC 保护带，套上符合标准的线耳，按图 14-97 所示的顺序进行压接。

（10）按图 14-98 所示，在标有 A 记号的区域均匀抹上安装膏，以保证连接器能顺利地进行下面的安装：

1）用螺丝刀将双头螺杆旋入开关柜插座。

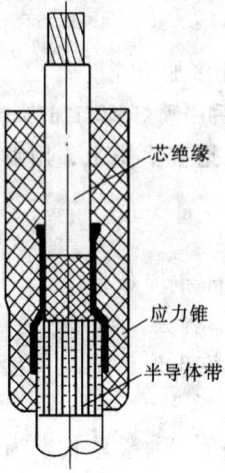

芯绝缘

应力锥

半导体带

图 14-96　安装步骤 8

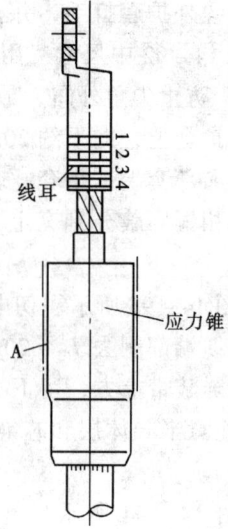

线耳

应力锥

A

图 14-97　安装步骤 9

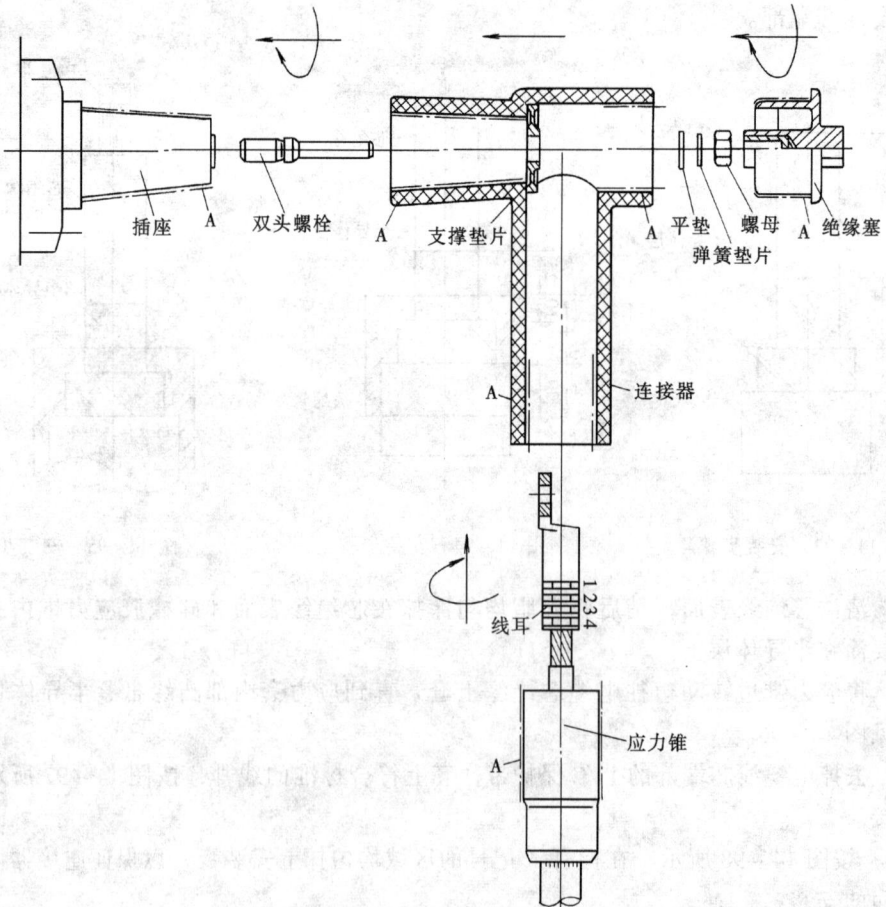

插座　A　双头螺栓　A　支撑垫片　A　平垫　A　绝缘塞

弹簧垫片　螺母

连接器

A

线耳

应力锥

A

图 14-98　安装步骤 10

10kV 配电工程设计手册

2）将压好线耳的电缆及应力锥不停地以单向运动方式装入连接器，到线耳孔对准为止。

3）将连接器和电缆外套以同样的方式套上插座。

4）按顺序套入平垫圈、弹簧垫圈和螺母，再用专用套筒扳手扳紧螺母。

5）最后套上绝缘塞，并拧紧它。

（11）按图14－99所示检查一遍，然后以同样方式安装其他两相。

（12）整理外形，接好地线，清洁电缆及连接器，完工。

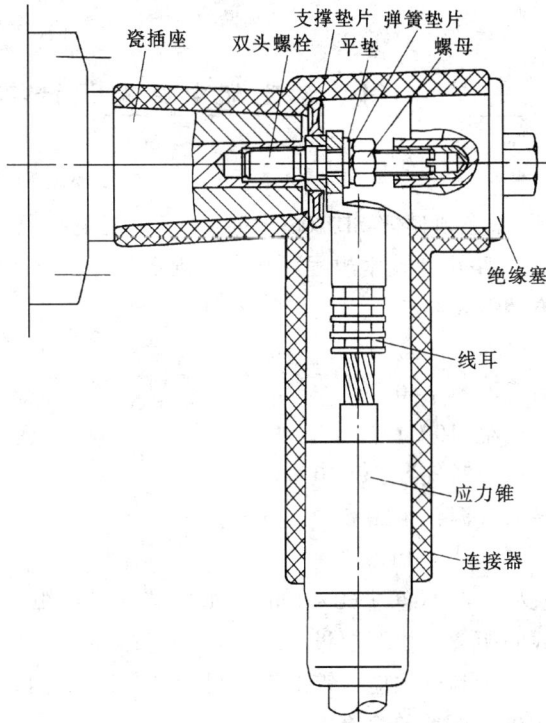

图14－99　安装步骤11

第十五章

架 空 线 路

第一节　10kV架空配电线路设计要求

一、设计原则

10kV架空配电线路设计必须遵守SDJ206—1987《架空配电线路设计技术规程》、DL/T 601—1996《架空绝缘配电线路设计技术规程》和有关规定，并按以下的设计要求进行设计。

二、设计要求（南方地区用）

（1）气象条件。最大风速：30m/s；

最高气温：+40℃；

最低气温：0℃；

最大风速时气温：+10℃；

年平均气温：+20℃；

覆　　　冰：0℃。

（2）档距。郊区及农村一般不超过60～100m，如特殊情况档距超过100m者，需验算电杆及导线的机械强度和线间距离，档距超过120m应采取防震措施。

（3）主杆。采用离心式浇制的预应力锥形钢筋混凝土电杆。杆长9～11m、杆梢径φ170。杆长12～15m、杆梢径φ190，配筋符合有关规定。

（4）拉线。一律采用镀锌钢绞线，安全系数正常为2.5；事故为2.0。

（5）导线。铝绞线（LJ），居民区最小截面为35cm²；非居民区最小截面为25cm²。

钢芯铝线（LGJ），居民区最小截面为25cm²；非居民区最小截面为25cm²。

LJ-25～120，安全系数：$K=2.5$。

LJ-150～240，安全系数：$K=3.0$。

LGJ-35～70，安全系数：$K=2.5$。

LGJ-95～240，安全系数：$K=3.0$。

大、中城市的主要街道及人口稠密的地方，LJ及LGJ型导线$K \geqslant 3$。

（6）横担。直线杆三相均采用圆型陶瓷横担（LGJ-70及以上导线和污秽地区需采用35kV陶瓷横担），导线固定处应加铝包带。终端及分支杆采用角钢横担（LGJ-95及以下导线采用L6×65×65×1900横担，LGJ-120及以上导线采用L8×75×75×1900横担）。重要地区（大、中城市的主要街道及人口稠密的地方）应采用胶装式瓷横担。

（7）绝缘配合。一般耐张、分支、终端杆每相采用X-3C悬式绝缘子3片，或X-4.5悬式绝缘子2片。跨河高杆每相采用X-1.5绝缘子3～4片，应装相应的避雷器保护（接地电阻不超过10Ω）或横担接地（接地电阻不超过30Ω）。如高杆无避雷线保护，两侧断连杆，每相采用 3 片 X-3C 或 2 片 X-4.5 时，应装避雷器保护（接地电阻不超过 10Ω）或横担（或者绝缘子串挂环）接地。电阻不超过 30Ω。45°斜装时针式绝缘子需用 15kV 级。

（8）线路上的各类开关原则上均应加装避雷器保护：①双侧电源常开者两侧都装，常闭者一侧装；②单侧电源常开或常闭均装于电源一侧。断路器外壳应接地并与避雷器接地线连通，常闭的隔离开关如三相采用木横担可不装避雷器。

（9）配电变压器高压侧的避雷器一般可装于跌落式熔断器之后（靠近变压器一侧），但对跌落式熔断器常开或农网等季节性用电的配电变压器，避雷器应装于跌落式熔断器之前，以防止拉开跌落式熔断器后无保护。如配电变压器按跌落式熔断器常闭运行考虑，避雷器装于跌落式熔断器之后，由于某些原因虽接上高压线但未投入运行，或配电变压器已拆除时，应将变压器引线解口扎好并合上跌落式熔断器将避雷器投入运行，如配电变压器取消或支线停用时，应通知有关工区所或县公司，以便将支线解口，以防止雷击支线时在开路终端造成雷击事故。

（10）配电变压器的外壳、高压避雷器、低压避雷器及中性点四点的接地应在台架上连通。

（11）终端杆尽量采用垂直布线（一列式装置），如受地形环境限制必须采用三角形布置时，终端横担应根据导线大小选用，即 LGJ-95 及以下采用 L6×65×65×1900 角钢；LGJ-120～240 采用 L8×75×75×1900 角钢。

（12）一列式转角杆前后两基杆如为直线杆，须采用 35kV 跨越杆装置。

（13）全部铁件、金具均需热镀锌。

（14）装置图中材料表的底盘、拉盘、拉线、拉棒、线夹等的规格，在具体设计时应根据实际情况进行适当选用。

（15）装置图上的电杆埋深仅适用于一般土壤，如在山区或游泥、流砂地带，需根据实际情况适当增减埋深，或加装卡盘或采取其他措施进行加固。

（16）变压器的接地电阻：100kVA 及以下不大于 10Ω，100kVA 以上（不包括 100kVA）不大于 4Ω。

（17）柱上变压器台架，100kVA 以上需加水泥顶桩。

（18）新架设的 10kV 配电线路及变压器台架应按下列相序排列：

1）垂直布线的由上而下为绿相、黄相、红相。

2）三角形布线的以靠西、北方向的一边为黄相，顶线为绿相。

3）水平布线的以靠西北向的一边为黄相，中间一相为绿相。

4）变压器高压侧以面向高压，左手为黄相，中间为绿相，右手为红相。低压侧以面向低压，右手为黄相，第二为绿相，第三为红相，左手为 0（中性线）。

（19）迁移或更换的线路，除有特别说明者外，应按原有相序接回供电。

（20）配电变压器台架上应安装阀型避雷器。

（21）拉线基础如埋设在水田或有腐蚀性的地方，拉线棒的直径应采用比容许拉力大一级的材料加工，加工后需热镀锌，并在可能范围内加强防腐蚀措施。

（22）LGJ-150～LGJ-240 导线的耐张型杆塔（包括耐张、转角和终端杆）应采用 X-4.5 悬式绝缘子（每相两片），及加颈抱箍和相应的挂线金具，以满足线路的机械强度。

（23）铝绞线和钢芯铝绞线都应按部颁规程标准进行钳压施工，禁止使用非标准钳压法或编织法进行施工。

（24）单横担应装于馈电线的电源侧。

（25）每条电杆必须有杆号牌，标明馈电线编号、名称、杆号。

（26）导线应力—弛度数值需符合当地标准规定。

（27）导线限距，交叉跨越距离等应符合国家标准 GB50061—1997。

《66kV 及以下架空电力线路设计规范》的规定和当地有关补充规定。

三、典型气象区和适用范围

1. 典型气象区

典型气象区的划分及其标准见表 15－1。

表 15－1　　　　　　　　　　　　典型气象区的划分及其标准

气　象　区		I	II	III	IV	V	VI	VII
大 气 温 度（℃）	最　　高	+40						
	最　　低	－5	－10	－5	－20	－20	－40	－20
	导 线 覆 冰	—	－5					
	最 大 风	+10	+10	－5	－5	－5	－5	－5
风速（m/s）	最 大 风	30	25	25	25	25	25	25
	导 线 覆 冰	10						
	最高、最低气温	0						
覆 冰 厚 度（mm）		—	5	5	5	10	10	15
冰 的 密 度		0.9						

2. 典型气象区适用地区

典型气象区适用地区见表 15－2。

表 15－2　　　　　　　　　　　　典型气象区适用地区

气象区	适 用 地 区	最大风速（m/s）	覆冰厚（mm）	最低气温（℃）
I	南方沿海受台风侵袭地区，如浙江、福建、广东、广西、上海	30	0	－5
II	华东大部分地区	25	5	－10
III	西南非重冰地区、福建、广东等台风影响较弱地区	25	5	－5
IV	西北大部分地区、京津地区	25	5	－20
V	华北平原、湖北、湖南、河南	25	10	－20
VI	东北、西北、华北受寒潮风影响较大地区	25	10	－40
VII	覆冰严重地区，如山东、河南部分地区、湘中、鄂北覆冰地带	25	15	－20

第二节　导　线　参　数

一、导线设计最小安全系数

（1）导线设计的最小安全系数，见表 15－3。

表 15 – 3　　　　　　　　　　　　　　　　导线设计最小安全系数

导　线　种　类	单　股	多　股	
		一般地区	重要地区
铝绞线、钢芯铝绞线及铝合金线	—	2.5	3.0
铜　绞　线	2.5	2.0	2.5
绝　缘　线	3.0		

（2）拉线的强度设计安全系数及最小规格，见表 15 – 4。

表 15 – 4　　　　　　　　　　拉线设计的强度安全系数及最小规格

拉线材料	镀锌钢绞线	镀锌铁线
强度安全系数	≥2.0	≥2.5
最小规格	25mm²	3×φ4.0mm

（3）绝缘子及金具机械强度的最小使用安全系数，见表 15 – 5。

表 15 – 5　　　　　　　　绝缘子及金具机械强度的最小使用安全系数

绝缘子、金具	瓷横担	针式绝缘子	悬式绝缘子	蝴蝶式绝缘子	金　具
强度安全系数	3.0	2.5	2.0	2.5	2.5

二、导线的安全载流量

各种导线采用不同敷设方式的安全载流量，见表 15 – 6。

表 15 – 6　　　　　　　　各种导线采用不同敷设方式的安全载流量

标准截面 (mm²)	室外架空线 裸铜线	室外架空线 裸铝线	室外架空线 裸钢线	室外架空线 裸钢芯铝绞线	室外架空线 胶麻铜线	室外架空线 胶麻铝线	室内明敷 双套橡皮塑料单芯 铜	双套橡皮塑料单芯 铝	单芯胶麻线 铜	单芯胶麻线 铝	双芯胶麻线 铜	双芯胶麻线 铝	三芯导线 铜	三芯导线 铝	管内两根单芯线 铜	管内两根单芯线 铝	管内三根单芯线 铜	管内三根单芯线 铝	管内四根单芯线 铜	管内四根单芯线 铝	管内一根二芯线 铜	管内一根二芯线 铝	管内一根三芯线 铜	管内一根三芯线 铝
1							6		6		6		6		6		6		6		6		4	
1.5							10		10		10		10		10		10		10		9		8	
2.5							15	12	15	15	15	15	15	15	15	12	14	9	12	8				
4.0	50			36	19		25	19	26	18	25	17	25	17	25	17	25	19	22	15	20	14		
6.0	70			46	27		35	27	35	24	35	24	35	24	35	27	35	20	29	20	26	18		
10	95			68	45		60	46	62	43	54	38	52	43	60	46	55	30	45	35	43	30	38	26
16	129	97		92	70		90	69	84	69	73	51	70	49	75	52	70	40	65	50	58	40	52	36
25	178	125	85	123	95		125	96	111	78	98	69	94	66	100	77	90	55	80	62	77	54	69	48
35	218	155	106	155	152	115	150	116	138	97	122	86	118	86	120	92	110	68	100	77	96	67	86	60
50	267	200	127	200	192	145	190	145	174	122	154	108	147	103	165	105	150	86	135	105	122	86	108	76
70	337	245	177	250	242	185	240	185	220	160	194	136	186	130	200	155	185	108	165	125	155	103	139	95
95	412	300	199	310	292	225	290	226	260	186	240	168	230	161	245	190	225	135	200	155	190	133	170	119
120	480	340		350	342	260	340	260	312	218	274	192	262	184	280	215	255	150	230	175	216	152	193	135
150	560	405		410	392	300	390	300	356	250	314	220	300	210	320		290	175	250	185	246	173	221	156
185	637	460		475	450	335	400	308	410	286	360	250	343	240	340	262	300	201	274	192	283	199	254	178
240	760			560	532	410	347		485	340	428	300	410		360	277	342	240	325	228	337	237	302	212
300				655	614	473	397		560	392	490	343	470	330	412	290	390	274	370	260	385	270	395	277
400				795	737	567	477		670	470	590	415	565	395	495	346	373	331	447	313	465	325	415	290

注　1．本表计算各种导线载流量系根据各种不同导线和不同布线方式，采用下列线芯极限温度进行计算，裸铜线为80℃，裸铝线为70℃，裸钢线为125℃，室外架空胶麻线为65℃，室内敷设胶麻线为60℃，双套橡皮线、塑料线、铅皮线为55℃，管子及木槽板布线所用各种绝缘导线为55℃。

2．当采用木槽板布线时，导线的安全载流量与管子布线相同。

3．本表适用于周围空气温度在35℃以下的场所，对高温车间或不同温度场所，应根据不同温度，按不同系数进行校正。

三、铝绞线及钢芯铝绞线技术参数

（1）铝绞线及钢芯铝绞线型号及名称，见表 15 – 7。

表 15 – 7　　　　　　　铝绞线及钢芯铝绞线的型号及名称

型　号	名　称	型　号	名　称
LJ	铝绞线	LGJF	防腐钢芯铝绞线
LGJ	钢芯铝绞线		

（2）LJ 型铝绞线规格及技术数据，见表 15 – 8。

表 15 – 8　　　　　　　　　　LJ 型铝绞线规格及技术数据

标称截面 （mm²）	结　构 （根数/直径， mm）	计算截面 （mm²）	外　径 （mm）	直流电阻 （不大于， Ω/km）	计算拉断力 （N）*	质　量 （kg/km）	交货长度 （不小于， m）
16	7/1.70	15.89	5.10	1.802	2840	43.5	4000
25	7/2.15	25.41	6.45	1.127	4355	69.6	3000
35	7/2.50	34.36	7.50	0.8332	5760	94.1	2000
50	7/3.00	49.48	9.00	0.5786	7930	135.5	1500
70	7/3.60	71.25	10.80	0.4018	10950	195.1	1250
95	7/4.16	95.14	12.48	0.3009	14450	260.5	1000
120	19/2.85	121.21	14.25	0.2373	19420	333.5	1500
150	19/3.15	148.07	15.75	0.1943	23310	407.4	1250
185	19/3.50	182.80	17.50	0.1574	28440	503.0	1000
210	19/3.75	209.85	18.75	0.1371	32260	577.4	1000
240	19/4.00	238.76	20.00	0.1205	36260	656.9	1000
300	37/3.20	297.57	22.40	0.09689	46850	820.4	1000
400	37/3.70	397.83	25.90	0.07247	61150	1097	1000
500	37/4.16	502.90	29.12	0.05733	76370	1387	1000
630	61/3.63	631.30	32.67	0.04577	91940	1744	800
800	61/4.10	805.36	36.90	0.03588	115900	2225	800

*　1N = 0.102kgf

（3）LGJ 型钢芯铝绞线及 LGJF 型防腐钢芯铝绞线规格及技术数据，见表 15 – 9。

表 15 – 9　　　　　　　LGJ 及 LGJF 型钢芯铝绞线规格及技术数据

标称截面 （铝/钢， mm²）	结　构 （根数/直径，mm）		计算截面（mm²）			外　径 （mm）	直流电阻 （不大于， Ω/km）	计　算 拉断力 （N）	质　量 （kg/km）	交货长度 （不小于，m）
	铝	钢	铝	钢	总计					
10/2	6/1.50	1/1.50	10.60	1.77	12.37	4.50	2.706	4120	42.9	3000
16/3	6/1.85	1/1.85	16.13	2.69	18.82	5.55	1.779	6130	65.2	3000
25/4	6/2.32	1/2.32	25.36	4.23	29.59	6.96	1.131	9290	102.6	3000
35/6	6/2.72	1/2.72	34.86	5.81	40.67	8.16	0.8230	12630	141.0	3000
50/8	6/3.20	1/3.20	48.25	8.04	56.29	9.60	0.5946	16870	195.1	2000
50/30	12/2.32	7/2.32	50.73	29.59	80.32	11.60	0.5692	42620	372.0	3000
70/10	6/3.80	1/3.80	68.05	11.34	79.39	11.40	0.4217	23390	275.0	2000
70/40	12/2.72	7/2.72	69.73	40.67	110.40	13.60	0.4141	58300	511.3	2000
95/15	26/2.15	7/1.67	94.39	15.33	109.72	13.61	0.3058	35000	380.8	2000
95/20	7/4.16	7/1.85	95.14	18.82	113.96	13.87	0.3019	37200	408.9	2000
95/55	12/3.20	7/3.20	96.51	56.30	152.81	16.00	0.2992	78110	707.7	2000
120/7	18/2.90	1/2.90	118.89	6.61	125.50	14.50	0.2422	27570	379.0	2000
120/20	26/2.38	7/1.85	115.67	18.82	134.49	15.07	0.2496	41000	466.8	2000
120/25	7/4.72	7/2.10	122.48	24.25	146.73	15.74	0.2345	47880	526.6	2000
120/70	12/3.60	7/3.60	122.15	71.25	193.40	18.00	0.2364	98370	895.6	2000

10kV 配电工程设计手册

标称截面 （铝/钢， mm²）	结构 （根数/直径，mm）		计算截面（mm²）			外　径 （mm）	直流电阻 （不大于， Ω/km）	计　算 拉断力 （N）	质　量 （kg/km）	交货长度 （不小于，m）
	铝	钢	铝	钢	总计					
150/8	18/3.20	1/3.20	144.76	8.04	152.80	16.00	0.1989	32860	461.4	2000
150/20	24/2.78	7/1.85	145.68	18.82	164.50	16.67	0.1980	46630	549.4	2000
150/25	26/2.70	7/2.10	148.86	24.25	173.11	17.10	0.1939	54110	601.0	2000
150/35	30/2.50	7/2.50	147.26	34.36	181.62	17.50	0.1962	65020	676.2	2000
185/10	18/3.60	1/3.60	183.22	10.18	193.40	18.00	0.1572	40880	584.0	2000
185/25	24/3.15	7/2.10	187.04	24.25	211.29	18.90	0.1542	59420	706.1	2000
185/30	26/2.98	7/2.32	181.34	29.59	210.93	18.88	0.1592	64320	732.6	2000
185/45	20/2.80	7/2.80	184.73	43.10	227.83	19.60	0.1564	80190	848.2	2000
210/10	18/3.80	1/3.80	204.14	11.34	215.48	19.00	0.1411	45140	650.7	2000
210/25	24/3.33	7/2.22	209.02	27.10	236.12	19.98	0.1380	65990	789.1	2000
210/35	26/3.22	7/2.50	211.73	34.36	246.09	20.38	0.1363	74250	853.9	2000
210/50	30/2.98	7/2.98	209.24	48.82	258.06	20.86	0.1381	90830	960.8	2000
240/30	24/3.60	7/2.40	244.29	31.67	275.96	21.60	0.1181	75620	922.2	2000
240/40	26/3.42	7/2.66	238.85	38.90	277.75	21.66	0.1209	83370	964.3	2000
240/55	30/3.20	7/3.20	241.27	56.30	297.57	22.40	0.1198	102100	1108	2000
300/15	42/3.00	7/1.67	296.88	15.33	312.21	23.01	0.09724	68060	939.8	2000
300/20	45/2.93	7/1.95	303.42	20.91	324.33	23.43	0.09520	75680	1002	2000
300/25	48/2.85	7/2.22	306.21	27.10	333.31	23.76	0.09433	83410	1058	2000
300/40	24/3.99	7/2.66	300.09	38.90	338.99	23.94	0.09614	92220	1133	2000
300/50	26/3.83	7/2.98	299.54	48.82	348.36	24.26	0.09636	103400	1210	2000
300/70	30/3.60	7/3.60	305.36	71.25	376.61	25.20	0.09463	128000	1402	2000
400/20	42/3.51	7/1.95	406.40	20.91	427.31	26.91	0.07104	88850	1286	1500
400/25	45/3.33	7/2.22	391.91	27.10	419.01	26.64	0.07370	95940	1295	1500
400/35	48/3.22	7/2.50	390.88	34.36	425.24	26.82	0.07389	103900	1349	1500
400/50	54/3.07	7/3.07	399.73	51.82	451.55	27.63	0.07232	123400	1511	1500
400/65	26/4.42	7/3.44	398.94	65.06	464.00	28.00	0.07236	135200	1611	1500
400/95	30/4.16	19/2.50	407.75	93.27	501.02	29.14	0.07087	171300	18600	1500
500/35	45/3.75	7/2.50	497.01	34.36	531.37	30.00	0.05812	119500	1642	1500
500/45	48/3.60	7/2.80	488.58	43.10	531.68	30.00	0.05912	128100	1688	1500
500/65	54/3.44	7/3.44	501.88	65.06	566.94	30.96	0.05760	154000	1897	1500
630/45	45/4.20	7/2.80	623.45	43.10	666.55	33.60	0.04633	148700	2060	1200
630/55	48/4.12	7/3.20	639.92	56.30	696.22	34.32	0.04514	164400	2209	1200
630/80	54/3.87	19/2.32	635.19	80.32	715.51	34.82	0.04551	192900	2388	1200
800/55	45/4.80	7/3.20	814.30	56.30	870.60	38.40	0.03547	191500	2690	1000
800/70	48/4.63	7/3.60	808.15	71.25	879.40	38.58	0.03574	207000	2791	1000
800/100	54/4.33	19/2.60	795.17	100.88	896.05	38.98	0.03635	241100	2991	1000

注　LGJF 型的计算质量，应在本表规定值中增加防腐涂料的质量，其增值为：钢芯涂防腐涂料者增加 2%，内部铝钢各层间涂防腐涂料者增加 5%。

第三节　杆上布线图例

（1）直线杆瓷横担三角形布线，如图 15－1 所示。

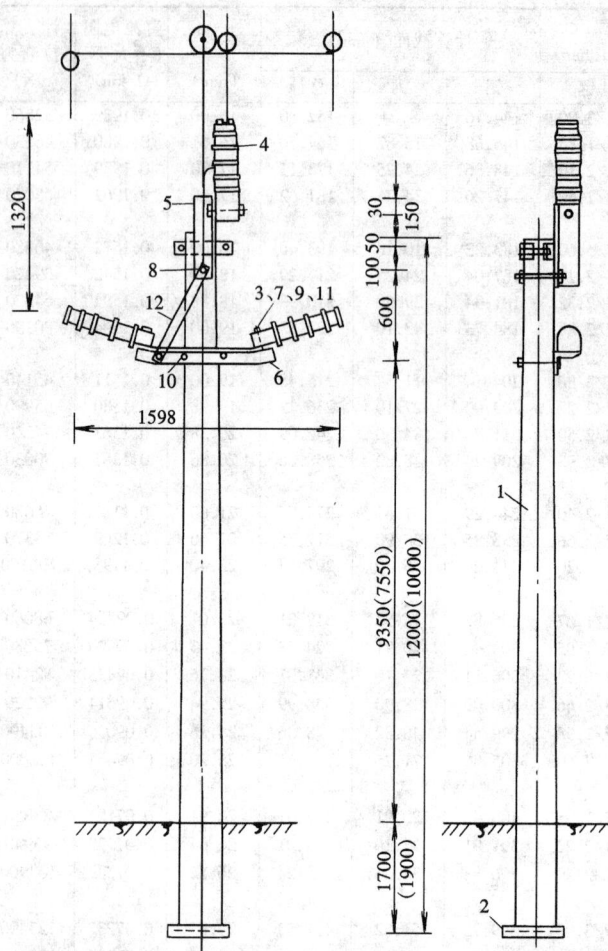

材 料 表

编号	名　称	规　格	单位	数量	备　注
1	锥形混凝土杆	$\phi190 \times 12000$ （$\phi170 \times 11000$）	根	1	
2	底盘		块	1	
3	陶瓷横担	SC－210	根	2	用于 LGJ－70 以下导线
	陶瓷横担	SC－280	根	2	用于 LGJ－70 及以上导线
4	陶瓷横担	SC－210Z	根	1	用于 LGJ－70 以下导线
5	上瓷担配件	$\phi200$（$\phi170$）	副	1	农加－26
6	瓷担角铁	$L5 \times 60^2 \times 900$	根	1	用于 LGJ－70 以下导线，农加－18
	瓷担角铁	$L6 \times 70^2 \times 900$	根	1	用于 LGJ－70 及以上导线，农加－10
7	瓷担垫片	$5 \times 50^2 \times \phi20.5$	块	6	旧汽车轮胎
8	镀锌螺栓	$\phi16 \times 250$（$\phi16 \times 225$）	条	1	
9	镀锌螺栓	$\phi16 \times 125$	条	3	用于 LGJ－70 以下导线
	镀锌螺栓	$\phi19 \times 150$	条	3	用于 LGJ－70 及以上导线
10	夹铁担卡环	$\phi16 \times 226$（$\phi16 \times 206$）	副	1	农加－18
11	方华司	$3 \times 50^2 \times \phi20.5$	只	3	
4	陶瓷横担	SC－280Z	根	1	用于 LGJ－70 及以上导线
12	平铁板	$6 \times 50 \times 710$	块	1	农加－18
13	镀锌螺丝	$\phi16 \times 38$	条	1	

图 15－1　直线杆瓷横担三角形布线

注：1. 同项有括号的数字适用 $\phi170 \times 10000$ 杆。

　　2. 横担角铁应装在电源侧。

492　· · · · · · · · · · · · · · · ·

10kV 配电工程设计手册

(2) 直线跨越杆瓷横担三角形布线，见图 15-2。

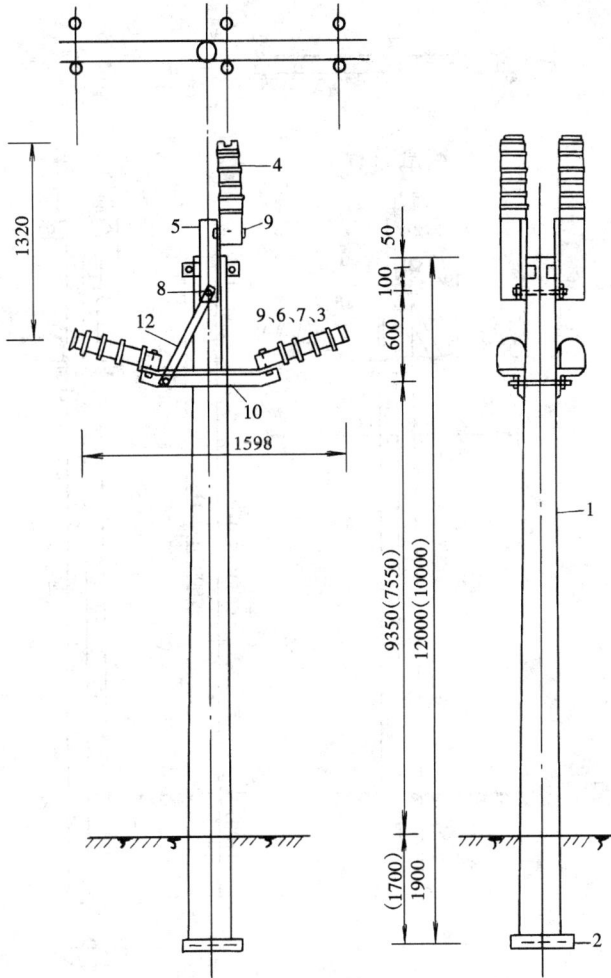

材 料 表

编号	名　　称	规　　格	单位	数量	备　　注
1	锥形混凝土杆	$\phi190 \times 12000$ （$\phi190 \times 11000$）	根	1	
2	底盘		块	1	
3	陶瓷横担	SC－210	根	4	用于 LGJ－70 以下导线
	陶瓷横担	SC－280	根	4	用于 LGJ－70 及以上导线
4	陶瓷横担	SC－210Z	根	2	用于 LGJ－70 以下导线
	陶瓷横担	SC－280Z	根	2	用于 LGJ－70 及以上导线
5	上瓷担配件	$\phi200$（$\phi180$）	副	1	农加－27
6	瓷担角铁	$L5 \times 60^2 \times 900$	根	2	农加－18，用于 LGJ－70 以下导线
	瓷担角铁	$L6 \times 70^2 \times 900$	根	2	农加－18，用于 LGJ－70 及以上导线
7	瓷担垫片	$5 \times 50^2 \times \phi20.5$	块	12	旧汽车轮胎
8	镀锌螺栓	$\phi16 \times 250$（$\phi16 \times 225$）	条	1	
	镀锌螺栓	$\phi16 \times 38$	条	2	
9	镀锌螺栓	$\phi \begin{matrix}16\\19\end{matrix} \begin{matrix}125\\150\end{matrix}$	条	6	用于 LGJ－70 以下导线 用于 LGJ－70 及以上导线
10	镀锌螺栓	$\phi16 \times 250$（$\phi16 \times 225$）	条	2	
11	方华司	$3 \times 50^2 \times \phi20.5$	块	6	
12	平铁板	$6 \times 50 \times 710$	块	2	农加－18

图 15-2　直线跨越杆瓷横担三角形布线
注：1. 底盘、卡盘在实际设计施工过程中视土壤性质适当选用。
　　2. 同项有括号的数字适用 $\phi170 \times 10000$ 杆。

（3）0°～5°转角杆瓷横担三角形布线，见图15-3。

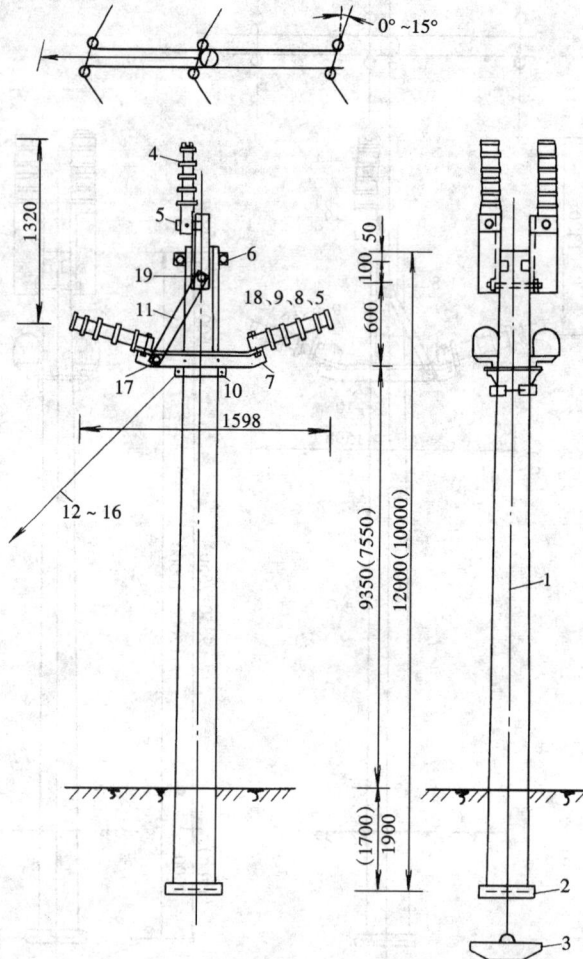

材 料 表

编号	名 称	规 格	单位	数量	备 注	编号	名 称	规 格	单位	数量	备 注
1	锥形混凝土杆	φ190×12000 (φ170×10000)	根	1		11	平铁板	6×50×710	块	2	农加-18⑤
2	底盘		块	1		12	扭 铁	10×50×200	块	1	农加-10
3	拉盘		块	1		13	楔型线夹	LX-1	只	1	
4	陶瓷横担	SC-210Z	根	2		14	UT线夹	UT-1	只	1	
5	陶瓷横担	SC-210	根	4		15	U型挂环	U1-	只	1	
6	上瓷担配件	φ200(φ180)	副	1	农加-28	16	钢绞线	GJ-	kg		
7	瓷担角铁	L6×70²×900	根	2	农加-18①	17	镀锌丝闩	φ16×38	条	2	
8	瓷担垫片	5×50²×φ20.5	块	12		18	镀锌丝闩	φ16×125	条	6	
9	方华司	3×50²×φ20.5	块	6		19	镀锌丝闩	φ16×250 (φ16×225)	条	3	
10	双合抱箍	φ200(φ180)	副	1	农加-14	20	单拉棒		条	1	

图 15-3　0°～5°转角杆瓷横担三角形布线

注：1. 底盘、卡盘在实际设计施工过程中视土壤性质适当选用。

2. 同项有括号的数字适用 φ170×10000 杆。

3. 本杆型只适用于 LGJ-50 及以下导线。

10kV 配电工程设计手册

（4）5°～45°转角杆—列式布线，见图15-4。

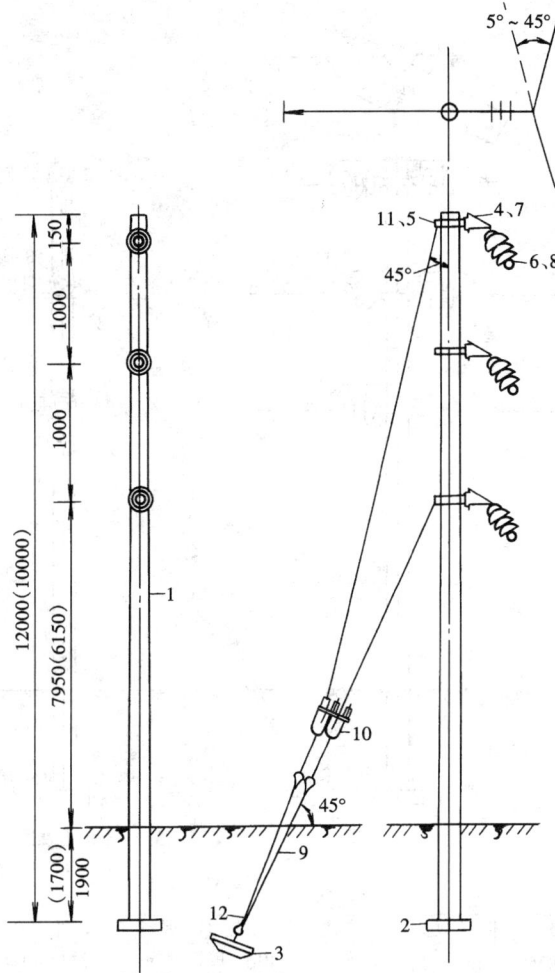

材 料 表

编号	名　称	规　格	单位	数量	备　注
1	锥形混凝土杆	$\phi190\times12000$ （$\phi170\times10000$）	根	1	
2	底盘		块	1	视土壤性质情况适当选用
3	拉盘		块	1	
4	挂线钩	$\phi16$	只	3	农加－17
5	挂线钩抱箍	-8×60	只	3	农加－17丁、戊（甲、乙）
6	悬垂线夹	XGU－	只	3	
7	U型挂环	U1－6	只	3	
8	悬式绝缘子	X－3C	只	9	
9	单拉棒		副	2	农加－24
10	UT线夹	UT－	只	2	
11	楔型线夹	LX－	只	2	
12	U型挂环	U1－	条	2	定型金具
13	钢绞线		kg		

图15-4　5°～45°转角杆—列式布线

注：1. 本杆型装置适用于 LGJ－70 及以上导线，5°～45°转角杆，也适用于 LGJ－50 及以上导线 0°～5°杆。

2. 转弯角度小于 20°时应加内角拉线。

3. 拉盘、拉棒及钢绞线规格，按导线及转弯角度大小和实际土壤情况选用。

4. 施工时，主杆孔应向外角偏移 700cm。

（5）45°～75°转角杆—列式布线，见图15-5。

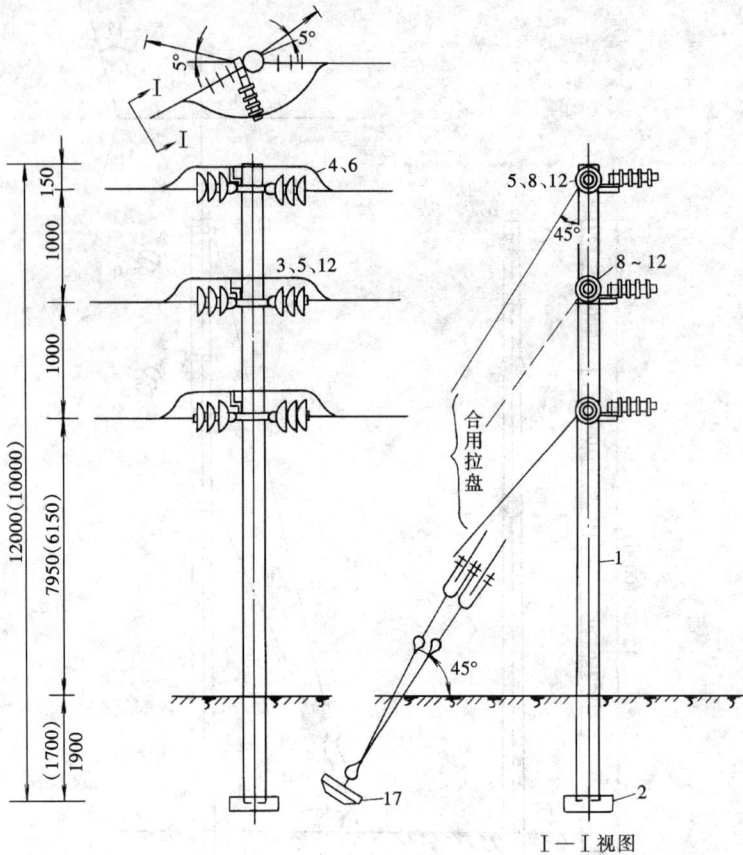

I—I视图

材 料 表

编号	名 称	规 格	单位	数量	备 注	编号	名 称	规 格	单位	数量	备 注
1	锥形混凝土杆	$\phi190\times12000$（$\phi170\times10000$）	根	1		10	镀锌丝闩	$\phi16\times125$	条	3	
2	底盘		块	1		11	方华司	$3\times50^2\times\phi20$	块	3	
3	悬式绝缘子	（X-3C）	只	18		12	垫（胶）片		块	6	（旧汽车轮胎）
4	塞 古	$\phi13$（$\phi16$）	只	6		13	双合抱箍	$6\times50\times\dfrac{\phi200(180)}{220(200)}$	副	2 4	农加-14
5	扭 铁	$10\times50\times200$	块	10	农加-10	14	UT 线夹	UT-	只	4	
6	牛眼圈	（用于LGJ-50以下）	只	6	农加-8	15	单拉棒	ϕ	条	4（6）	农加-24
	（耐张线夹）	（用于LGJ-70以上）	只	6		16	U型挂环	U1-	副	4（6）	定型金具
7	楔型线夹	LX-	只	4		17	铅拉盘		只	(4)2	
8	陶瓷横担	SC-210	条	3		18	夹铁担卡环	$\phi16\times226$（$\phi16\times206$）	只	3	农加-18
9	跳线瓷担角铁	$L5\times50^2\times350$	条	3	农加-18						

图 15-5 45°～75°转角杆—列式布线

注：1. 对穿板线须向外预偏5°角。
2. 同项有括号数字 170×10000 混凝土杆。
3. LGJ-70～150 导线用双拉线（上、下托）。
4. 钢绞线未列。
5. LGJ-35～50 导线用单拉线（上托）。
6. 底盘、拉盘、拉棒及钢绞线规格按导线及转弯角度大小和实际土壤情况选用。
7. LGJ-185 以上装三托对消拉线，中、下托合盘。

（6）75°～90°转角杆一列式布线，见图15－6。

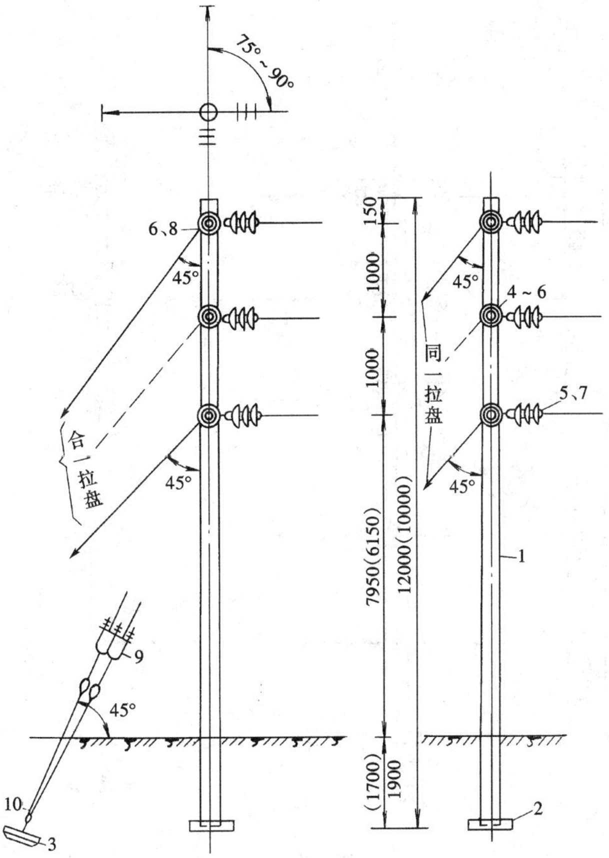

材 料 表

编号	名 称	规 格	单位	数量	质量（公斤）一件	小计	备 注
1	锥形混凝土杆	φ190×12000（φ170×10000）	根	1			
2	底盘		块	1			
3	拉盘		块	(6)2			LGJ－185 及以上导线 LGJ－150 及以下导线
4	悬式绝缘子	(X－3C)	只	18			
5	塞古	φ13	只	6			LGJ－70 以上用 φ16
6	扭铁	10×50×200	块	(12)10			农加－10
7	牛眼圈	3	只	6			LGJ－70 以上导线采用耐张线夹
8	楔型线夹	LX－	只	(6)4			
9	UT 线夹	UT－	只	(6)4			
10	U 型挂环	U1－	只	(6)4			定型金具
11	单拉棒	φ	副	(6)4			农加－24
12	钢绞线		kg				
13	双合抱箍	6×50× φ200 φ180	副	2			农加－14
14	双合抱箍	6×50× φ220 φ200	副	4			农加－14

图 15-6　75°～90°转角杆一列式布线

注：1. LGJ－150 及以下导线采用两层对穿拉线、LGJ－185 及以上导线采用三层对穿拉线、中、下托拉线合盘。
　　2. 底盘、拉盘、拉棒及钢绞线规格按导线及转弯角度大小和实际土壤情况选用。
　　3. 13、14 项有括号的数字适用 φ170×1000 杆。

（7）直线耐张杆一列式布线，见图15－7。

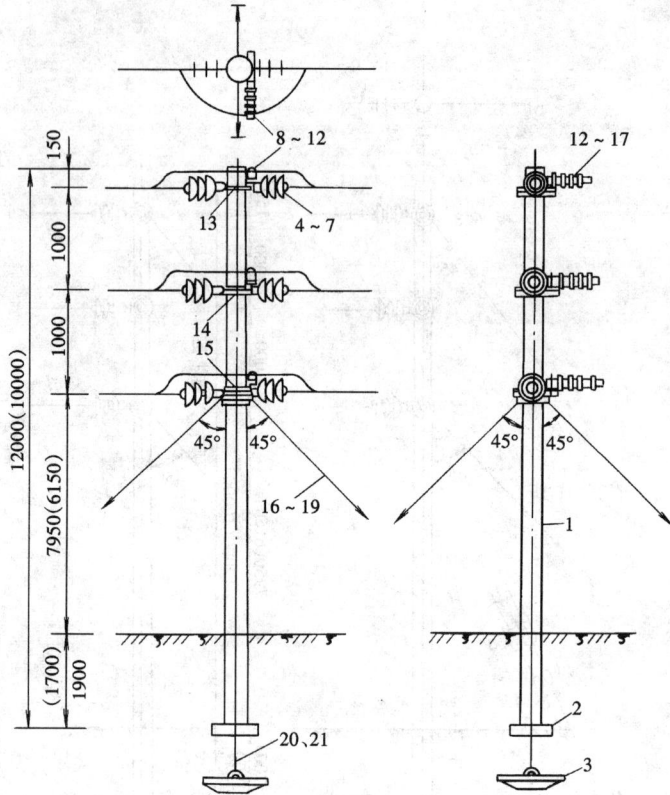

材　料　表

编号	名　称	规　格	单位	数量	编号	名　称	规　格	单位	数量
1	锥形混凝土杆	$\phi190 \times 12000$ ($\phi170 \times 10000$)	根	1	13	双合抱箍	$6 \times 50 \times \frac{\phi200}{\phi180}$	副	1
2	底盘		块	1	14	双合抱箍	$6 \times 50 \times \frac{\phi220}{\phi200}$	副	1
3	拉盘		块	4	15	双合抱箍	$6 \times 50 \times \frac{\phi220}{\phi200}$	副	3
4	悬式绝缘子	X－3C	只	18	16	扭　铁	$10 \times 50 \times 200$	只	4
5	扭　铁	$10 \times 50 \times 200$	块	6	17	楔型线夹	LX－	只	4
6	塞　古	$\phi13$	只	6	18	UT线夹	UT－	只	4
7	牛眼圈或耐张线夹	#3	只	6	19	钢绞线	50m 40m	kg	15 (12)
8	垫（胶）片	$5 \times 50^2 \times 20$	块	6					
9	方华司	$3 \times 50^2 \times \phi20$	块	3	20	单拉棒		根	4
10	陶瓷横担	SC－210	条	3	21	U型挂环	U1－	只	4
11	跳线瓷担角铁	$L5 \times 60^2 \times 350$	条	3	22	镀锌丝闩	$\phi16 \times 125$	条	3
12	夹铁担卡环	$\phi16 \times 226$ ($\phi16 \times 206$)	只	3					

图15-7　直线耐张杆一列式布线

注：1. 表中材料用于 LGJ－50 及以下，LGJ－70 以上用耐张线夹，塞古用 $\phi16$。

2. 底、拉盘视土壤性质情况而定。

3. 拉棒及钢绞线规格按导线大小适当选用。

4. 同项有括号的数字用于 $\phi170 \times 10000$ 杆。

(8) 直线耐张杆三角形布线，见图 15 - 8。

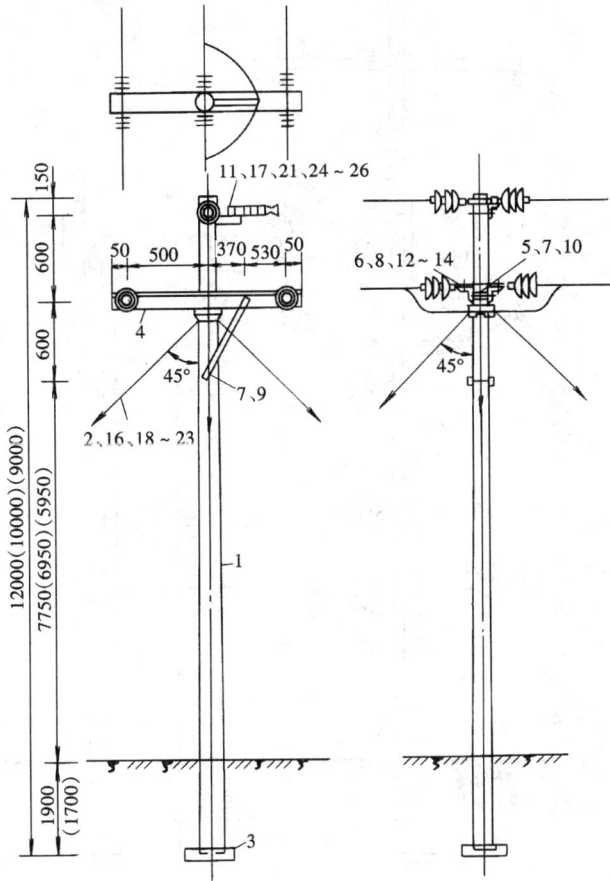

材　料　表

编号	名　称	规　格	单位	数量	编号	名　称	规　格	单位	数量
1	锥形混凝土杆	$\phi190 \times 12000$ ($\phi170 \times 10000$)	根	1	14	牛眼圈	(用于 LGJ - 50 以下)	只	6
2	拉盘		块	4	15	耐张线夹	(用于 LGJ - 70 以上)	只	6
3	底盘		块	1	16	双合抱箍	$6 \times 50 \times \binom{\phi200}{\phi180}$	副	3
4	角铁横担	($L8 \times 75^2 \times 1900$) $L6 \times 60^2 \times 1900$	根	2	17	跳线瓷担角铁	$L5 \times 50^2 \times 350$	条	1
5	镀锌铁管	$\phi25 \times 190$ ($\phi25 \times 170$)	根	1	18	UT 线夹	UT -	只	4
6	镀锌丝闩	$\phi16 \times 38$	根	4	19	楔型线夹	LX -	只	4
7	镀锌丝闩	$\phi16 \times 250$ ($\phi16 \times 230$)	根	3	20	U 型挂环	U1 -	只	4
8	镀锌平铁板	$6 \times 50 \times 360$	块	2	21	方华司	$3 \times 50^2 \times \phi20$	只	10
9	镀锌平铁板	$6 \times 50 \times 760$	块	2	22	单拉棒	$\phi16 \times 2000$	条	4
10	扭　铁	$10 \times 50 \times 200$	块	10	23	钢绞线		kg	
11	陶瓷横担	SC - 210	条	1	24	夹铁担卡环	$\phi16 \times 226$ ($\phi16 \times 206$)	只	1
12	悬式绝缘子	X - 3C	只	18	25	垫(胶)片		块	2
13	塞　古	$\phi13$	只	6	26	镀锌丝闩	$\phi16 \times 125$	条	1

图 15-8　直线耐张杆三角形布线

注：1. 材料表中第 4 项 L6 × 60 × 1900 适用于 LGJ - 95 及以下导线，L8 × 75² × 1900 适用于 LGJ - 120 及以上导线。
　　2. 底盘在实际设计、施工过程中视土壤情况考虑是否采用。
　　3. 材料表中有括号适用于 $\phi170 \times 10000$ 杆。
　　4. 拉盘、拉棒及钢绞线规格按导线大小，适当选用。

（9）直线杆三角形布线、分支杆—列式布线，见图 15-9。

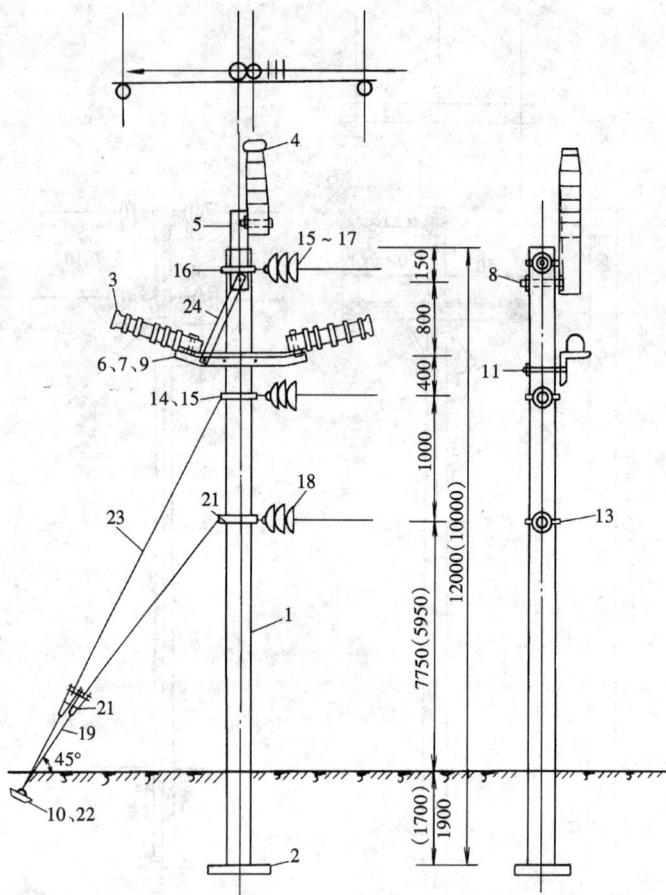

材料表

编号	名 称	规 格	单位	数量	备 注	编号	名 称	规 格	单位	数量	备 注
1	锥形混凝土杆	$\phi190 \times 12000$ ($\phi170 \times 11000$)	根	1		10	镀锌螺栓	$\phi16 \times 38$	条	1	
2	底盘		块	1		11	夹瓷担卡环	$\phi16 \times 226$($\phi16 \times 206$)	副	1	农加-18
3	陶瓷横担	SC-210	根	2	用于 LGJ-70 以下导线	12	方华司	$3 \times 50^2 \times \phi20.5$	块	4	
	陶瓷横担	SC-280	根	2	用于 LGJ-70 及以上导线	13	双合抱箍	$6 \times 50 \times \phi200$($\phi180$)	只	1	农加-14
4	陶瓷横担	SC-210Z	根	1	用于 LGJ-70 以下导线	14	双合抱箍	$6 \times 50 \times \phi220$($\phi200$)	只	2	农加-14
	陶瓷横担	SC-280Z	根	1	用于 LGJ-70 及以上导线	15	扭 铁	$10 \times 50 \times 200$	块	5	农加-10
5	上瓷担配件	$\phi200$($\phi180$)	副	1	农加-26	16	塞 古	$\phi13$	只	3	用于 LGJ-70 以下导线
6	瓷担角铁	L5×60×900 农加-19①	副	1	用于 LGJ-70 以下导线		塞 古	$\phi16$	只	3	用于 LGJ-70 及以上导线
	瓷担角铁	L6×65×900 农加-30①	副	1	用于 LGJ-70 及以上导线	17	牛眼圈	#1	只	3	用于 LGJ-70 以下导线
7	瓷垫片	$5 \times 50^2 \times \phi205$	块	6			耐张线夹	NLD-	只	3	用于 LGJ-70 及以上导线
8	镀锌螺栓	$\phi16 \times 250$($\phi16 \times 225$)	条	1		18	悬式线夹	X-3C	只	9	
9	镀锌螺栓	$\phi16 \times 125$	条	3	用于 LGJ-70 以下导线	19	单拉棒		副	2	农加-24
						20	UT 线夹	UT-	只	2	
	镀锌螺栓	$\phi16 \times 150$	条	3	用于 LGJ-70 及以上导线	21	楔型线夹	LX-	只	2	
						22	U 型挂环	U1-16	只	2	
						23	钢绞线		kg		
						24	平铁板	$6 \times 50 \times 710$	块	1	农加-18
						25	铅拉盘		块	1	

图 15-9　直线杆三角形—分支杆—列式布线
注：1. 底盘、拉盘、拉棒及钢绞线规格按导线及转弯角度大小和实际土壤情况选用。
　　2. 同项有括号的数字用于 $\phi170 \times 10000$ 杆。
　　3. 横担角铁应装在电源侧。

（10）直线杆、分支杆三角形布线，见图15－10。

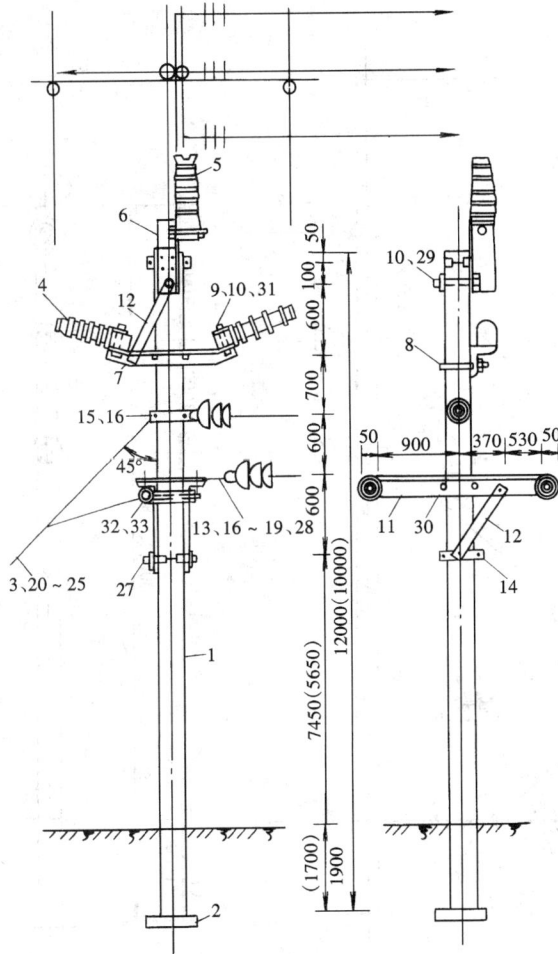

材 料 表

编号	名称	规格	单位	数量	备注	编号	名称	规格	单位	数量	备注
1	锥形混凝土杆	$\phi190\times12000$ ($\phi170\times11000$)	根	1		17	悬式瓷瓶	X－3C	只	9	
2	底盘		块	1		18	牛眼圈	#1	只	3	用于 LGJ－70 以下导线
3	拉盘		块	1			耐张线夹	NLD－	只	3	用于 LGJ－70 及以上导线
4	陶瓷横担	SC－210	根	2	用于 LGJ－70 以下导线	19	塞古	$\phi13$	只	3	用于 LGJ－70 以下导线
	陶瓷横担	SC－280	根	2	用于 LGJ－70 及以上导线		塞古	$\phi16$	只	3	用于 LGJ－70 及以上导线
5	陶瓷横担	SC－210Z	根	1	用于 LGJ－70 以下导线	20	楔型线夹	LX	只	4	
	陶瓷横担	SC－280Z	根	1	用于 LGJ－70 及以上导线	21	UT 线夹	UT－1	只	1	
6	上瓷担配件	$\phi200(\phi180)$	副	1	农加－26	22	U 型挂环	U1－	只	1	
7	瓷担角铁	L5×60×900 农加－19	根	1	用于 LGJ－70 以下导线	23	单拉棒		条	1	农加－24
	瓷担角铁	L6×65×900 农加－30	根	1	用于 LGJ－70 及以上导线	24	牛眼圈	#1	只	2	农加－8
8	夹铁担卡环	$\phi16\times226(206)$	副	1	农加－19	25	钢绞线	C－25 C－35	kg		用于 LGJ－70 以下导线
9	瓷担垫片	5×50×$\phi20.5$	只	6		26	蹄形线夹	GQ－3	只	3	
10	方华司	3×50²×$\phi20.5$	只	3		27	镀锌螺栓	$\phi16\times38$	条	5	
11	横担角铁	L6×60×1900	根	2	用于 LGJ－95 及以下导线	28	镀锌螺栓	$\phi16\times50$	条	2	
	横担角铁	L8×75×1900	根	2	用于 LGJ－120~185 导线	29	镀锌螺栓	$\phi16\times250(225)$	条	2	
12	平铁板	6×50×710	块	3	农加－18	30	镀锌螺栓	$\phi16\times275(250)$	条	2	
		6×50×760		9		31	镀锌螺栓	$\phi16\times125$	条	3	用于 LGJ－70 以下导线
13	平铁板	4×38×360	块	2	农加－19		镀锌螺栓	$\phi19\times150$	条	3	用于 LGJ－70 及以上导线
14	撑臂抱箍	6×50×$\phi230(\phi205)$	只	1	农加－16	32	镀锌铁管	$\phi25\times210(190)$	条	2	
15	双合抱箍	6×50×$\phi220(\phi200)$	只	1	农加－10	33	牛眼丝闩	$\phi16\times350(300)$	条	2	农加－8
16	扭铁	10×50×200	块	4	农加－19						

图 15-10　直线杆分支杆三角形布线
注：1. 底盘、拉盘规格视实际情况适当选用。
　　2. 同项有括号的数字用于 $\phi170\times10000$ 杆。

（11）终端杆一列式布线，见图 15-11。

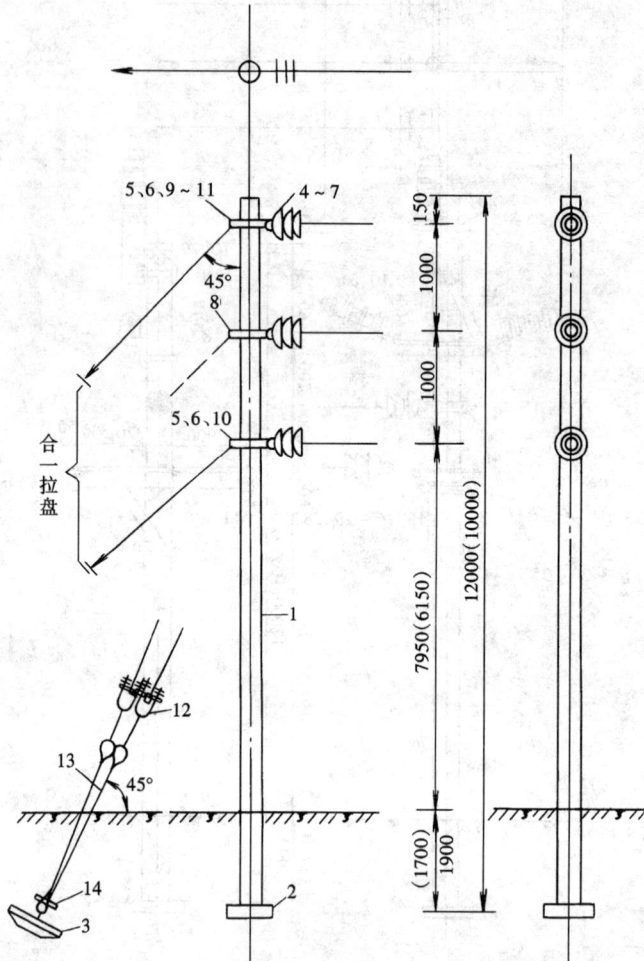

材料表

编号	名 称	规 格	数量	单位	质量(kg)		备 注
					一件	小计	
1	锥形混凝土杆	φ190×12000 (φ170×10000)	1	根			
2	底盘		1	块			
3	拉盘		1 (2)	块			LGJ-150 及以下导线 LGJ-185 及以上导线
4	悬式绝缘子	10kV (X-3C)	9	只			
5	塞古	φ13 (φ16)	5	只			用于 LGJ-50 及以下 用于 LGJ-70 及以下
6	扭铁	10×50×200	5 (6)	块			农加-10
7	牛眼圈 (耐张线夹)	NLD-	3 3	只 只			用于 LGJ-50 及以下 用于 LGJ-70 及以上
8	双合抱箍	6×50×(φ180)φ200	1	副			农加-14
9	双合抱箍	6×50×(φ200)φ220	2	副			农加-14
10	楔型线夹	LX-	2 (3)	只			
11	钢绞线		8、3	m			
12	UT 线夹	UT-	2 (3)	只			
13	单拉棒		2 (3)	根			农加-24
14	U 型挂环	U1-	2 (3)	副			

图 15-11 终端杆一列式布线

注：1. LGJ-185 及以上导线采用三层拉线，LGJ-150 及以下导线采用两层拉线。
    2. 底盘及拉盘规格视实际土壤情况适当选用。
    3. 线夹、拉棒及钢绞线规格视导线大小适当选用。
    4. 材料表中有括号的数字用于 φ170×10000 杆。

10kV 配电工程设计手册

（12）终端杆三角形布线，见图 15 – 12。

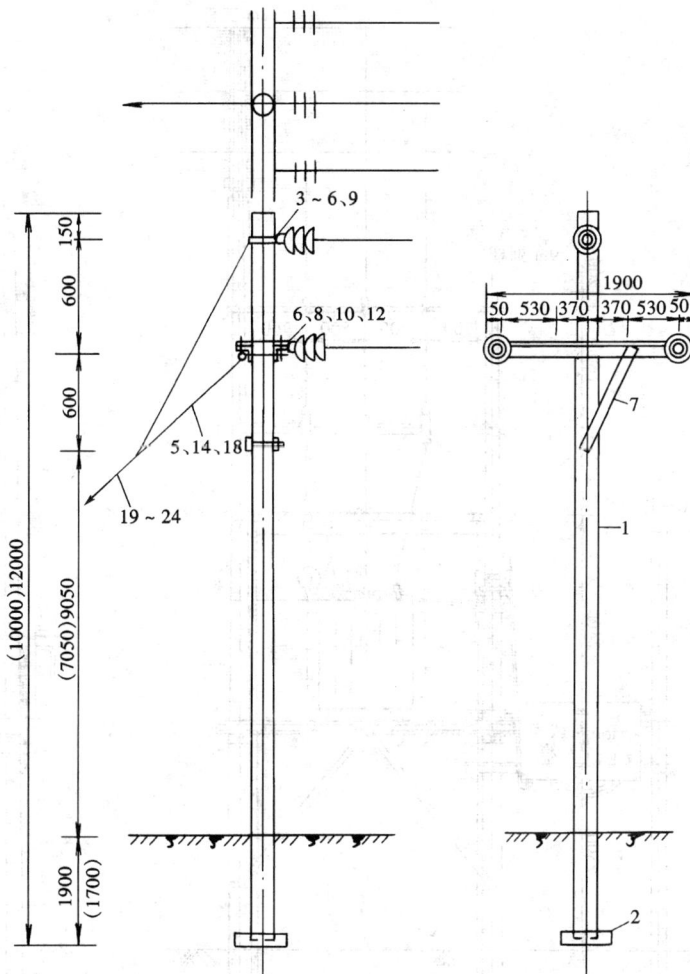

材料表

编号	名　称	规　　格	单位	数量	编号	名　称	规　　格	单位	数量
1	锥形混凝土杆	$\phi190 \times 12000$ ($\phi170 \times 10000$)	根	1	11	镀锌丝闩	$\phi16 \times 38$	条	2
					12	镀锌丝闩	$\phi16 \times 50$	条	2
2	底盘		块	1	13	镀锌丝闩	$\phi16 \times$ (230) 250	条	2
3	悬式瓷瓶	10kV（X – 3C）	只	9	14	牛眼丝闩	$\phi16 \times$ (320) 350	条	2
4	塞　古	$\phi13$（$\phi16$）	只	5	15	镀锌铁管	$\phi25 \times$ (170) 190	条	2
5	牛眼圈		只	7	16	蹄型线夹	GQ – 4	只	6
	（耐张线夹）	NLD –	只	3	17	蹄型线夹	GQ – 3	只	6
6	扭　铁	$10 \times 50 \times 200$	块	4	18	钢绞线	GJ	kg	
7	平铁板	$6 \times 50 \times 760$	块	2	19	楔型线夹	LX –	只	1
8	平铁板	$6 \times 50 \times 360$	块	2	20	UT 线夹	UT –	只	1
9	合抱箍	$6 \times 50 \times \left(\begin{array}{c}\phi200\\\phi180\end{array}\right)$	副	1	21	钢绞线	GJ –	m	3
					22	单拉棒	ϕ	条	1
10	角铁横担	L8 $\times$ 75² $\times$ 1900 (L6 $\times$ 60² $\times$ 1900)	条	2	23	U 型挂环	U1 –	副	1
					24	拉　盘		块	1

图 15-12　终端杆三角形布线

注：1．底盘视土壤性质情况而定，拉盘亦视土壤性质情况而定。
　　2．材料表中有括号的数字用于 $\phi170 \times 10000$ 杆。
　　3．拉线对地夹角45°。
　　4．拉盘、线夹、钢绞线及拉棒规格按导线大小适当选用。
　　5．材料表中第10项 L6 $\times$ 60² $\times$ 1900 用于 LGJ – 95 及以下的导线，L8 $\times$ 75² $\times$ 1900 用于 LGJ – 120 及以上的导线。

（13）杆上式变压器台架图，见图 15 – 13。

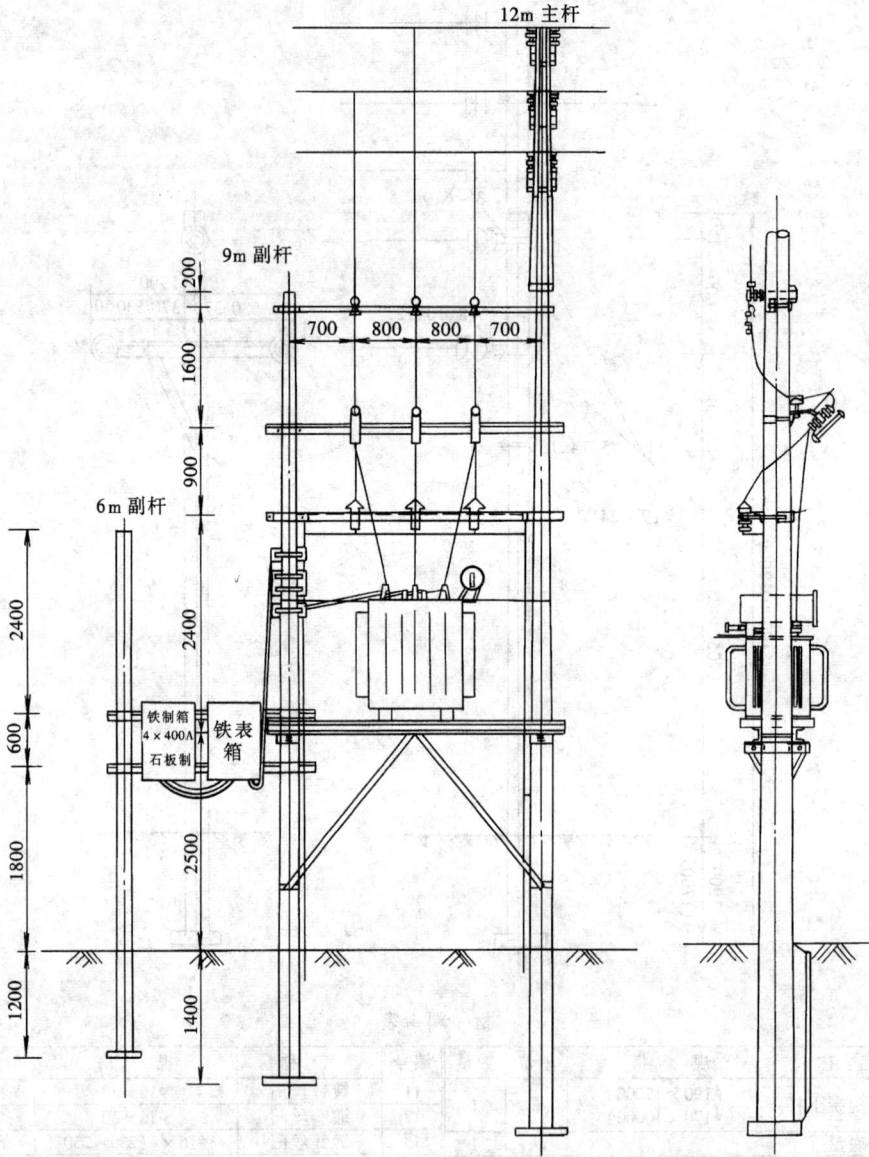

台架立面图

材料编号	材料名称	规 格	单位	数量	材料编号	材料名称	规 格	单位	数量
1	混凝土杆	12m	条	1	7	跳线横担	$6 \times 50 \times 350$	条	5
2	混凝土杆	9m	条	1	8	陶瓷横担	S – 210Z	条	13
3	混凝土底盘	$8 \times 500 \times 500$	只	2	9	陶瓷横担	S – 加强型	条	6
4	锥形混凝土夹盘	$250 \times 300 \times 1000$	只	2	10	槽钢横担	［140×3500	条	2
5	角铁横担	$6 \times 65 \times 3500$	条	4	11	铜铝设备线夹	SL – 1	只	3
6	角铁撑比	$5 \times 50 \times 2470$	条	4	12	瓷担三角环		只	3

图 15 – 13　杆上式变压器台架图（一）

材料编号	材料名称	规　格	单位	数量	材料编号	材料名称	规　格	单位	数量
13	绝缘引下线	50	m	21	47	铝包带	1×10mm	kg	0.8
14	铜芯六丁线	BXF－25	m	40	48	铝扎线	12号	kg	0.8
15	接地角铁	5×50×2000	条	6	49	夹盘抱箍	12m杆用	只	2
16	圆铁	12	m	30	50	铜芯六丁线	BXF－240	m	30
17	蹄型线夹	GQ－4	只	4	51	铜芯六丁线	BXF－120	m	10
18	带电线夹	镀锡	只	3	52	铜压接线耳	240	只	6
19	瓷担卡环	16×226	只	3	53	铜压接线耳	120	只	2
20	多洞平铁板	6×50×400	块	2	54	瓷担角铁	6×70×900	条	6
21	方华司	φ20	只	30	55	平铁板	6×50×710	块	6
22	防蛙罩	瓷质	只	3	56	镀锌螺丝	13×38	支	26
23	变压器垫木		条	2	57	镀锌螺丝	13×175	支	4
24	户外氧化锌避雷器	Y5W－16.5/50FT	只	3	58	镀锌螺丝	13×225	支	4
25	铁线	8号	kg	5	59	镀锌螺丝	13×250	支	4
26	双槽线夹	B1－2	只	6	60	镀锌螺丝	13×275	支	4
27	地线保护板	2m	条	2	61	镀锌螺丝	16×38	支	20
28	户外低压制	1000A	只	1	62	镀锌螺丝	16×50	支	28
29	变压器	3S9－80	台	1	63	镀锌螺丝	16×100	支	4
30	低压熔丝片	200	片	3	64	镀锌螺丝	16×125	支	10
31	跌落式吉勾	RW3－10/200A	只	3	65	镀锌螺丝	16×200	支	20
32	倾斜铁板	15°3′	块	3	66	镀锌螺丝	16×250	支	10
33	低压避雷器	FS－0.5kV	只	3	67	镀锌螺丝	16×300	支	10
34	低压避雷器角铁	3×30×850	条	1	68	镀锌螺丝	16×350	支	4
35	高压熔丝条	10A	条	3	69	镀锌螺丝	16×375	支	4
36	铜扎线		kg	1	70	圆抱箍	180	副	1
37	曲华司	14号	只	20	71	圆抱箍	200	副	2
38	警告牌	高压止步	件	2	72	圆抱箍	220	副	4
39	黑胶布		瓶	4	73	圆抱箍	240	副	2
40	铜圆介子	12号	只	30	74	圆抱箍	260	副	2
41	弹王介子	12号	只	30	75	圆抱箍	280	副	1
42	街码	四位	只	3	76	加径抱箍	220	副	1
43	瓦碌	500V	只	12	77	加径抱箍	300	副	1
44	双塑铜线	VV－10	m	10	78	双头担抱箍	240	副	1
45	麻皮铝线	35	m	25	79	双夹担抱箍	300	副	1
46	瓷担销钉	6×28	条	6	80	铜芯六丁线	BXF－16	m	30

图 15－13　杆上式变压器台架图（二）

（14）砖凳式变压器台架图，见图15－14。

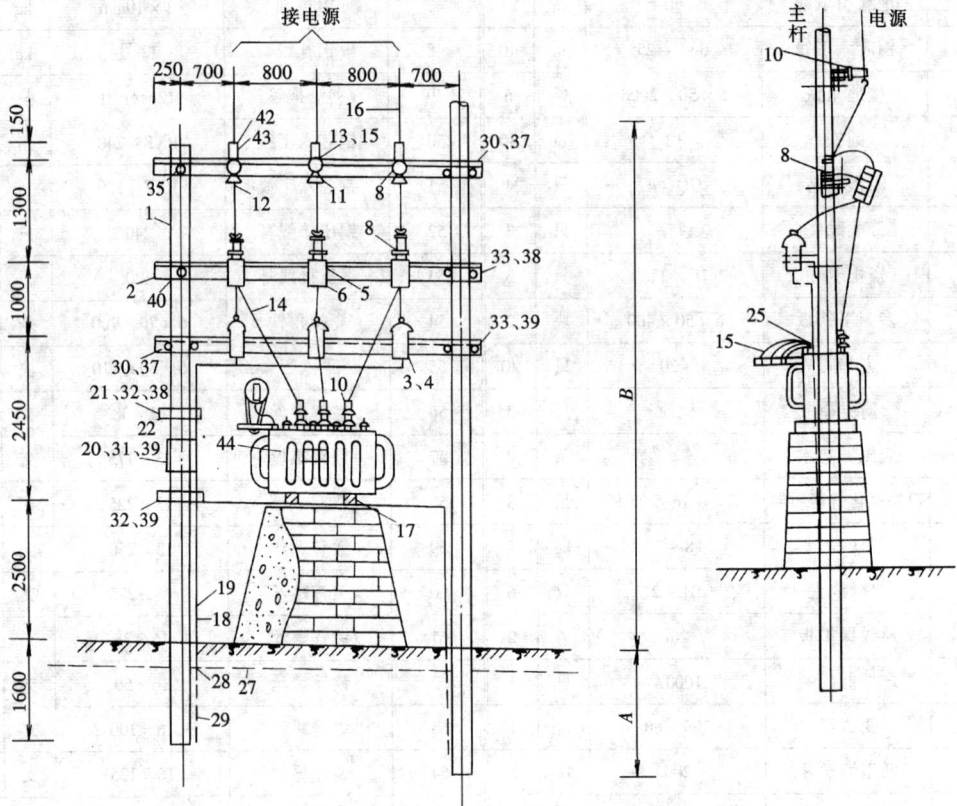

编号	名　称	规　格	单位	数量	备　注	编号	名　称	规　格	单位	数量	备　注
1	钢筋混凝土电杆	$\phi170 \times 9m$	条	1		22	瓦碟	500V 75D	只	8	
2	角铁横担	$6 \times 65^2 \times 3500$	条	3	农加－20	23	曲华司	$\phi16$	只	4	
3	阀型避雷器	FS－10	具	3		24	方华司	$3 \times 50^2 （\phi18）$	只	16	
4	避雷器抱箍及曲铁		副	3	农加－11	25	铜活动线耳	400A	只	10	
5	跌落式保险丝具	10kV 100A	具	3	按变压器容量选择	26	软铜扎线	1/2.6	kg	1/2	
6	高压保险丝		条	3		27	接地圆铁	9ϕ	kg		
7	倾斜铁板	15°30′	块	3	农加－13	28	电焊条	1/3.2	kg	1/2	
8	陶瓷横担	SC－210	条	6		29	铁　管	$25\phi \times 2000$	条		
9	瓷担垫片	$5 \times 50^2 \times \phi20$	块	12		30	圆形抱箍	$6 \times 50 \times \phi220$	只	1	农加－14
10	防蛙罩	瓷质	只	3		31	圆形抱箍	$6 \times 50 \times \phi240$	只	1	农加－14
11	裸铜线	7/12 号	kg	1		32	圆形抱箍	$6 \times 50 \times \phi240$	只	1	农加－14
12	带电夹头		只	3		33	圆形抱箍	$6 \times 50 \times \phi240$	只	1	农加－14
13	铜铝设备夹	SL－	只	3		34	镀锌螺丝	$\phi13 \times 38$	条	6	
14	铜胶麻线	7/16 号	m	10		35	镀锌螺丝	$\phi13 \times 200$	条	1	
15	铜胶麻线	7/16 号	m	7		36	镀锌螺丝	$\phi16 \times 38$	条	6	
16	铝胶麻线	7/12 号	m	7		37	镀锌螺丝	$\phi16 \times 150$	条	4	
17	变压器垫木	$90 \times 115 \times 700$	块	2		38	镀锌螺丝	$\phi16 \times 175$	条	4	
18	地线保护板	$38 \times 64 \times 2000$	条	2		39	镀锌螺丝	$\phi16 \times 200$	条	8	
19	蹄形线夹	GQ－3	只	2		40	镀锌螺丝	$\phi13 \times 250$	条	1	
20	户外低压开关	500V A	具	1		41	镀锌螺丝	$\phi16 \times 250$	条	2	
21	角铁街码	4 位	只	2		42	镀锌螺丝	$\phi10 \times 25$	条	3	
						43	镀锌螺丝	$\phi16 \times 125$	条	6	
						44	变压器		具	1	

注：
1. 副杆是否加底盘按实际而定。
2. 接地电阻 100kVA 以上的变压器要求不大于 4Ω，100kVA 以下者要求不大于 10Ω。
3. 本台架不包括砖墩用料及主杆用料。

图 15-14　砖凳式变压器台架图

注：座地式高度视变压器尺寸而定，以变压器箱壳顶盖至地面净高 3m 为标准。

（15）直线杆三角形布线电缆分支杆，见图 15－15。

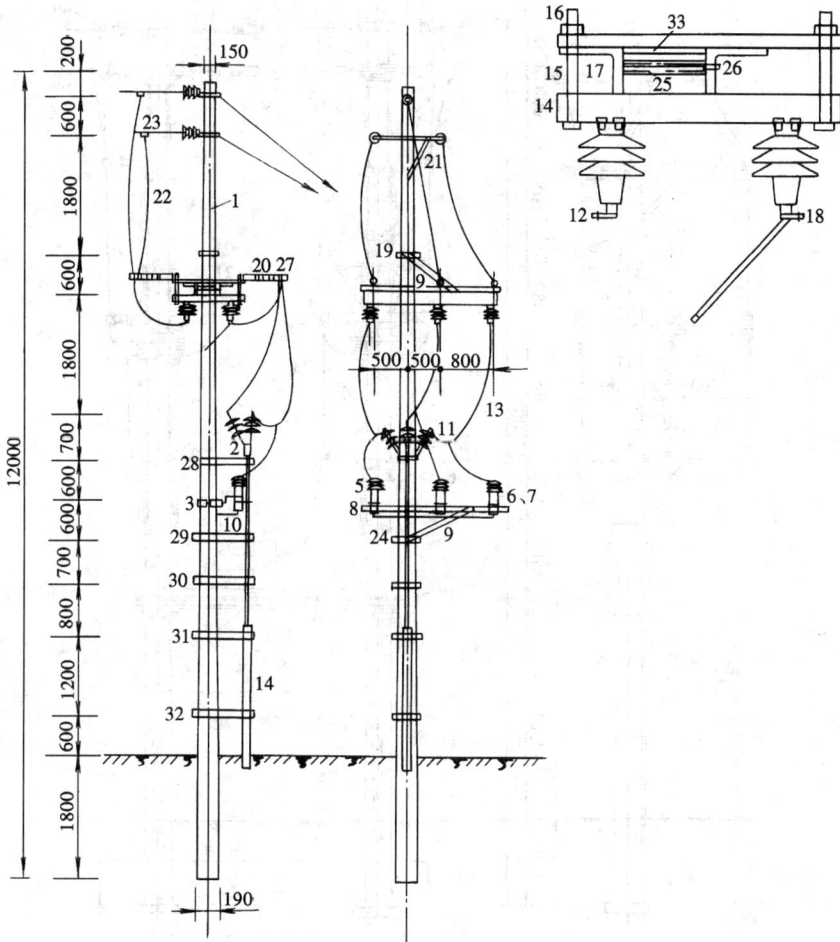

材　料　表

序号	设备名称	型号规格	数量	单位	备注	序号	设备名称	型号规格	数量	单位	备注
1	钢筋混凝电杆					18	活动铜线耳	500A	6	只	
2	热塑电缆头	RX－10kV	1	只		19	撑臂抱箍	－6×60×φ230	1	副	
3	夹担抱箍	5×50×φ280	1	副		20	陶瓷横担	S－210	6	只	
4	开边铁管	φ100×2100	1	副	10－缆零－04	21	角铁撑臂	L45×4×780	1	条	
5	避雷器	Y5WS－17/50	3	只		22	钢芯铝绞线	LGJ	12	m	
6	避雷器抱箍及曲铁		3	只	农加－11	23	铝扎线	1/12号	1	kg	
7	镀锌螺栓	φ16×35	12	支		24	撑臂抱箍	－6×60×φ280	1	副	
8	避雷器横担	L60×6×1900	1	条	农加－19Ⅱ	25	镀锌铁管	φ25×250	1	条	
9	角铁撑臂及吊臂	L45×4×940	2	条	农加－9（5）	26	镀锌螺栓	φ16×270	1	支	
10	氯丁线	25mm	1.5	m		27	软铜扎线	1/12号	1	kg	
11	带电线夹	YE	3	只		28	电缆抱箍	5×60×φ260	1	副	10－缆零－02
12	铜铝过渡线夹	SLG－2A	3	只		29	电缆抱箍		1	副	10－缆零－02
13	氯丁线	95mm	12	m		30	电缆抱箍		1	副	10－缆零－02
14	单极刀闸	GW－10/600A	3	只		31	保护管抱箍		1	副	10－缆零－03
15	刀闸底板	－7×80×540	3	块		32	保护管抱箍		1	副	10－缆零－03
16	镀锌螺栓	φ16×150	6	支		33	夹担抱箍		1	副	
17	角铁横担	L63×6×1900	1	条							

图 15－15　直线杆三角形布线电缆分支杆

（16）柱上 SF$_6$ 开关台架图，见图 15 – 16。

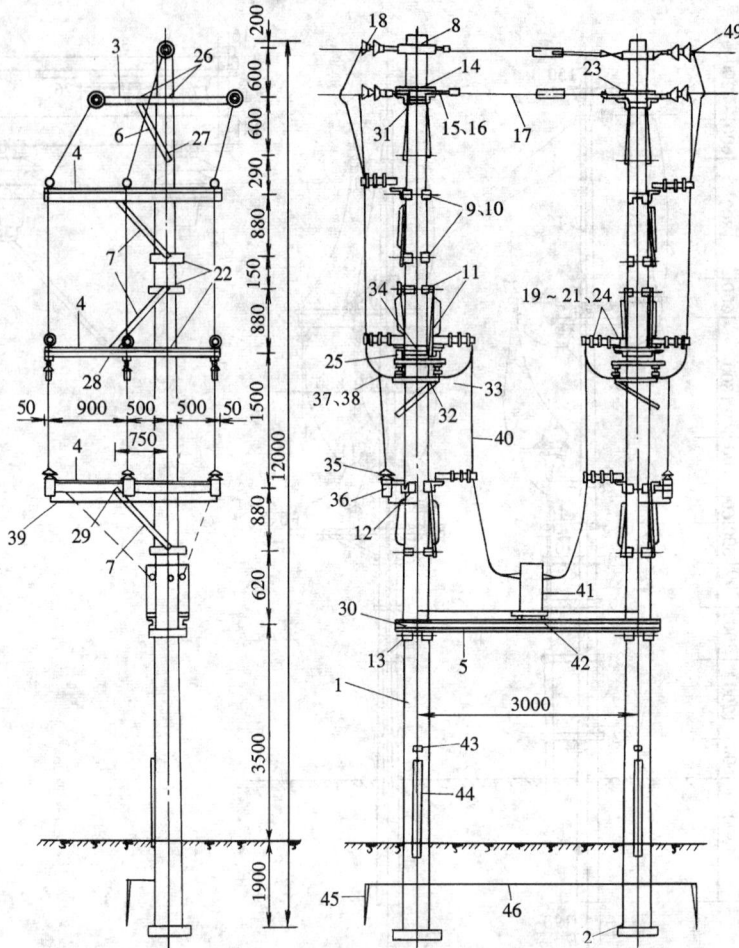

材 料 表

编号	材料名称	规 范	单位	数量	编号	材料名称	规 范	单位	数量
1	混凝土圆杆	$\phi190 \times 12000$	条	2	26	镀锌螺栓	$\phi16 \times 220$	条	4
2	混凝土底盘	50×500^2	只	2	27	镀锌螺栓	$\phi16 \times 240$	条	2
3	镀锌角铁担	$6 \times 65^2 \times 1700$	条	4	28	镀锌螺栓	$\phi16 \times 260$	条	2
4	镀锌角铁担	$6 \times 65^2 \times 2000$	条	10	29	镀锌螺栓	$\phi16 \times 300$	条	2
5	镀锌槽钢担	80×3500	条	2	30	镀锌螺栓	$\phi16 \times 350$	条	4
6	镀锌手铁板	$6 \times 50 \times 710$	条	4	31	横担铁管	$\phi25 \times 200$	条	2
7	镀锌角铁撑铁	$5 \times 50^2 \times 1157$	条	10	32	横担铁管	$\phi25 \times 220$	条	4
8	镀锌圆抱箍	$6 \times 50 \times \phi200$	只	2	33	单极刀闸	$GW_1 - 10$	具	6
9	镀锌圆抱箍	$6 \times 50 \times \phi240$	只	2	34	刀闸底板	$10 \times 75 \times 690$	块	6
10	镀锌圆抱箍	$6 \times 50 \times \phi240$	只	2	35	阀型避雷器	$FS - 10$	具	6
11	镀锌圆抱箍	$6 \times 50 \times \phi260$	只	4	36	避雷器抱箍连曲铁		副	6
12	镀锌圆抱箍	$6 \times 50 \times \phi280$	只	4	37	铜带电夹头	镀锡	只	6
13	加强形抱箍	$8 \times 80 \times \phi300$	只	2	38	铜铝设备夹	$SL_1 - $	只	6
14	镀锌手铁板	$6 \times 50 \times 300$	条	4	39	铜胶麻线	$M - 7/163$	m	8
15	镀锌扭铁	$8 \times 50 \times 203$	条	12	40	铜胶麻线	$M - $	m	10
16	镀锌塞古	$\phi16$	只	6	41	柱上开关	$SF_6 - 10$	台	1
17	花质连杆	（另图加工）	条	2	42	油闸垫木	$90 \times 115 \times 100$	块	2
18	悬式绝缘子	$X - 3C$	只	12	43	蹄型线夹	$GQ - $	只	4
19	陶瓷横担	10kV（棒式）	只	24	44	抱板保护板	$38 \times 64 \times 2000$	条	2
20	弹簧介子	$\phi20$	只	24	45	地 极	$\phi25 \times 2000$	条	6
21	方华司	$3 \times 50^2 \times \phi20$	只	24	46	地极圆钢	$\phi9$	kg	20
22	镀锌螺栓	$\phi16 \times 30$	条	36	47	焊 条	$\phi4$	kg	4
23	镀锌螺栓	$\phi16 \times 50$	条	8	48	镀锌铁线	$1/40$	kg	5
24	镀锌螺栓	$\phi16 \times 100$	条	24	49	耐张线夹	$NLD - $	只	6
25	镀锌螺栓	$\phi16 \times 120$	条	12					

图 15 – 16 柱上 SF$_6$ 开关台架图

第四节　电瓷件技术参数

一、针式瓷绝缘子技术参数

高压针式绝缘子用于额定电压 6、10、35kV 高压架空输配电线路，用于绝缘和支持导线。

绝缘子按额定电压分为 6、10、35kV 和 10kV 加强绝缘型四种，每种按钢脚形式又分为铁横担直脚和木横担直脚两种规格。

型号及字母含义如下：

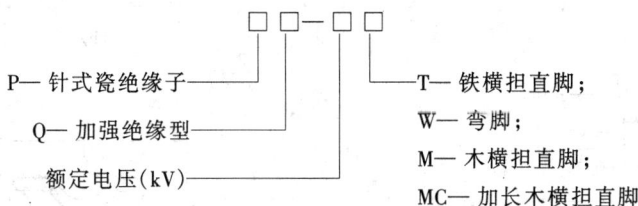

```
            □□—□□
  P— 针式瓷绝缘子           T— 铁横担直脚；
  Q— 加强绝缘型            W— 弯脚；
  额定电压(kV)             M— 木横担直脚；
                        MC— 加长木横担直脚
```

1. 技术数据

高压针式瓷绝缘子技术数据，见表 15－10。

表 15－10　　　　　　　　　　高压针式瓷绝缘子技术数据

额定电压 （kV）	泄漏距离 （不小于， mm）	工频试验电压有效值 （不小于，kV）			50%全波冲击闪络 电压幅值 （不小于，kV）	瓷件抗弯破坏负荷 （不小于，kN）	钢脚中心偏斜 5°时 抗弯负荷 （不小于，kN）
		干闪络	湿闪络	击　穿			
6	160	50	28	65	70	14	1.6
10	195	60	32	78	80	14	1.6
10Q	260	70	45	110	110	10.8	2.5
35	560	120	80	156	175	13.5	

2. 外形图及外形尺寸

（1）高压针式瓷绝缘子外形，见图 15－17。

（2）高压针式瓷绝缘子外形尺寸，见表 15－11。

表 15－11　　　　　　　　　　高压针式瓷绝缘子外形尺寸

型　　号	额定电压 （kV）	外 形 尺 寸　（mm）							质　量 （kg）
		H	h_1	h_2	D	d	R	r	
P－6M	6	132	140	50	125	M16	9	9	1.6
P－6T	6	132	35		125	M16	9	9	1.4
P－10M	10	150	140	50	145	M16	10	10	2.2
P－10T	10	150	35		145	M16	10	10	2.0
P－10MC	10	176	—	165	145	M16	11	9	3.4
P－35M P－35T	35	285	210 45	76 42	228	M20	13	13	9.9 9.6
PQ－10M PQ－10T	10	190	140 40	50 —	140	M20	13	9.5	2.7 2.5
P1－10T	11	169	38	33	145	M16	17	13.5	1.9

注　各制造厂产品的尺寸互有差异。

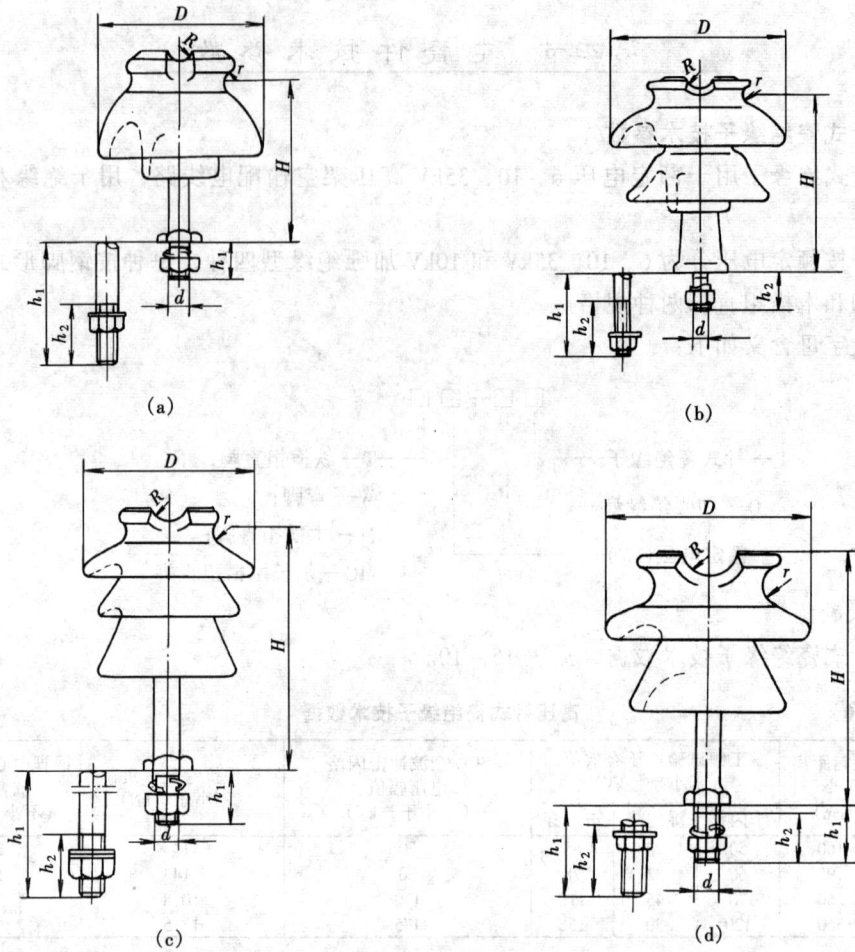

图 15 – 17　高压针式瓷绝缘子外形图

(a) P—6、10 M、T 型；(b) P—35M、T 型；(c) T 型；(d) P1—10T 型

二、普通型盘形悬式绝缘子技术参数

普通型盘形悬式绝缘子供高压架空输配电线路中绝缘和固定导线用。一般组装成绝缘子串，用于不同电压等级的线路上。

普通绝缘子适用于一般地区，如适当增加绝缘子片数亦可提高污闪性能。

绝缘子按连接方式分球型和槽型两种。按材料分还有钢化玻璃盘形悬式绝缘子，它是普通型悬式绝缘子的一个新品种，具有尺寸小、质量小、强度高、爬距大、不易老化、零值自破和维修方便等优点，因此使用范围日渐扩大。

型号及字母含义如下：

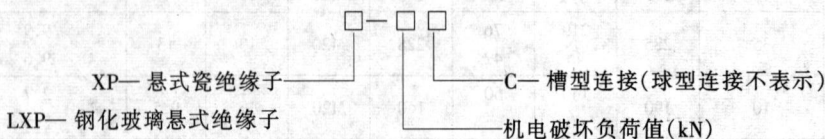

XP— 悬式瓷绝缘子

LXP— 钢化玻璃悬式绝缘子

C— 槽型连接（球型连接不表示）

机电破坏负荷值(kN)

1. 技术数据

悬式绝缘子技术数据，见表 15 – 12。

表 15 - 12　　　　　　　　　　　高压悬式绝缘子技术数据

型　号	泄漏距离（不小于，mm）	工频试验电压有效值（不小于，kV）			50%全波冲击闪络电压幅值（不小于，kV）	机电试验负荷（不小于，kV）	
		干闪络	湿闪络	击　穿		1h	破坏值
XP - 60	280	75	45	110	120	45	60
XP - 70	300	75	45	110	120	52	70
XP - 100	300	75	45	110	120	75	100
XP - 120	300	75	45	110	120	90	120
XP - 160	310	75	45	110	120	120	160
XP - 210	340	80	50	120	130	160	210
XP - 300	380	80	50	120	130	225	300
XP - 40C	200	60	30	90	115	30	40
XP - 60C	280	75	45	110	120	45	60
XP - 70C	300	75	45	110	120	52	70
XP - 82C	300	75	45	110	120	52	82
LXP - 70	305		40	110	100		70
LXP - 100	305		40	110	100		100
LXP - 120	305		40	110	100		120
LXP - 160	330		42	110	105		160
LXP - 210	375		42	120	105		210
LXP - 300	425		42	120	110		300

2．外形图及外形尺寸

（1）高压悬式绝缘子外形，见图 15 - 18。

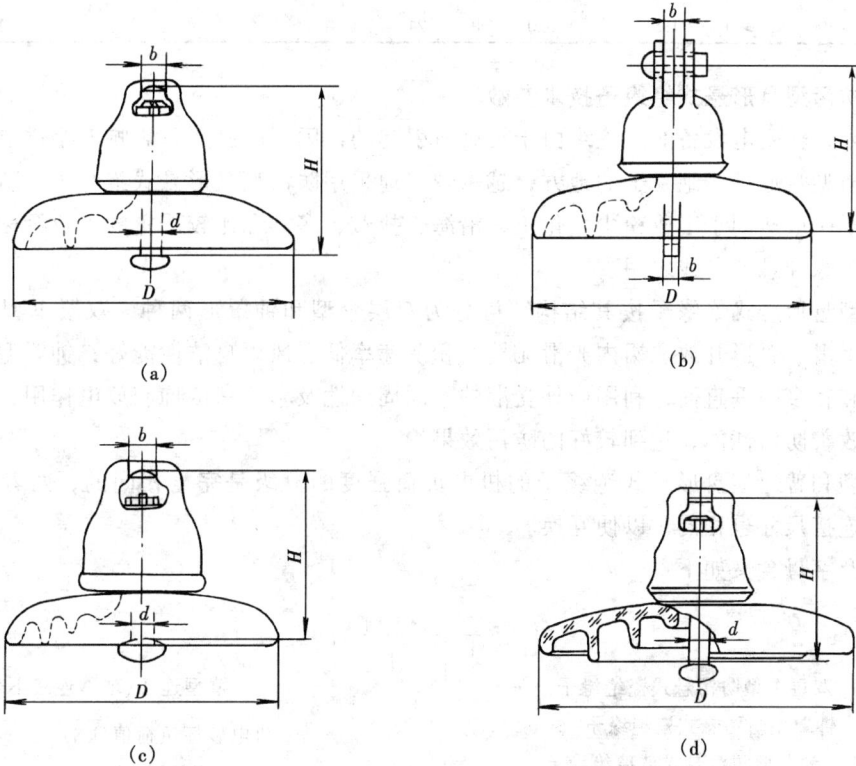

（a）　　　　　　　　　　　　　　　　（b）

（c）　　　　　　　　　　　　　　　　（d）

图 15 - 18　高压悬式绝缘子外形图

（a）球型连接悬式绝缘子；（b）槽型连接悬式绝缘子；

（c）XP - 210、XP - 300 型悬式绝缘子；（d）钢化玻璃悬式绝缘子

（2）悬式绝缘子外形尺寸，见表 15-13。

表 15-13 悬式绝缘子外形尺寸

型 号	外 形 尺 寸 （mm）					质 量 （kg）
	H	D	d	b	b_1	
XP-60	146	255	16		—	
XP-70	146	255	16	19.5	—	5.2
XP-100	146	255	16	19.5	—	5.4
XP-120	146	255	16	19.5	—	6
XP-160	155	255	20	23	—	6.2
XP-210	170	280	24	27.5	—	8.9
XP-300	195	320	24	27.5	—	13.6
XP-40C	140	190	—	13		
XP-60C	146	255	—	16		
XP-60C	146	255	—	19	12.7	5.2
XP-82C	146	255	—	19	12.7	5.2
LXP-70	146	255	16			3.5
LXP-100	146	255	16			4
LXP-120	146	255	16			4
LXP-160	155	280	20			6.4
LXP-210	170	280	20			7.8
LXP-300	195	320	24			10

三、防污型盘形悬式绝缘子技术参数

近年来，输变电设备的外绝缘由于污染所引起的污闪事故已严重影响安全供电，不少原来采用普通型盘形悬式绝缘子的地方，越来越多地采用防污型盘形悬式绝缘子。防污型盘形悬式绝缘子一般适用于工业粉尘、化工、沿海、盐碱、多雾和比较严重的工业污秽地区，供高压线路绝缘和悬挂导线之用。

防污型盘形悬式绝缘子按其结构，可分为双层伞型和钟罩形两种。双层伞型泄漏距离大、伞面平滑、伞形开放、裙内光滑无棱、积灰速率低、风雨自洁性能好；钟罩型具有较大的伞倾角和较多的垂直面，利用内外受潮的不同周期性及伞下高棱抑制放电作用，以提高污闪电压，改善防污性能，达到较好的防污效果。

防污型和普通型盘形悬式绝缘子的机电负荷强度的分级是完全相同的，两者等级相同时，球型连接尺寸也相同，以便互换。

型号及字母含义如下：

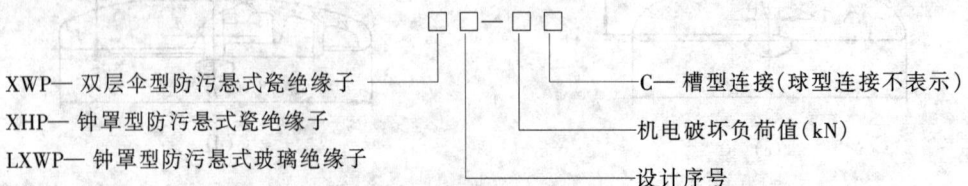

XWP— 双层伞型防污悬式瓷绝缘子 ——— C— 槽型连接(球型连接不表示)
XHP— 钟罩型防污悬式瓷绝缘子 ——— 机电破坏负荷值(kN)
LXWP— 钟罩型防污悬式玻璃绝缘子 ——— 设计序号

1. 技术数据

（1）防污悬式瓷绝缘子技术数据，见表 15-14。

10kV 配电工程设计手册

表 15-14 防污悬式瓷绝缘子技术数据

型号	泄漏距离(不小于,mm)	工频试验电压有效值(不小于,kV)			50%全波冲击闪络电压幅值(不小于,kV)	机电试验负荷(不小于,kN)		外形尺寸(mm)		质量(kg)
		干闪络	湿闪络	击穿		1h	破坏值	H	D	
XWP—60	400	90	45	110	130	45	60	146	255	5.4
XWP—70	400	90	45	110	130	60	70	146	255	5.6
XWP—100	400	90	50	120	130		100	160	255	6.8
XWP1—70	400	90	45	120	130		70	160	255	5.5
XWP1—100	400	107	45	120	120	75	100	160	255	5.8
XWP1—160	400						160	160	280	6
XWP1—210	450						210	170	300	6.6
XWP2—60	400	80	45	120	120	45	60	146	255	
XWP2—70	400	80	45	120	120	52.5	70	146	255	5.25
XWP2—70C	400	90	45	120	130		70	146	255	5.25
XWP2—160	450	90	50	120	130		160	155	300	9.25
XHP1—100	410	90	50	110	130	75	100	155	270	6.8
XHP1—160	420	90	50	110	130	80	160	155	280	7.5

（2）钟罩型防污悬式玻璃绝缘子技术数据见表 15 - 15。

表 15 - 15 钟罩型防污悬式玻璃绝缘子技术数据及外形尺寸

型号	泄漏距离(不小于,mm)	工频试验电压有效值(不小于,kV)			50%全波冲击闪络电压幅值(不小于,kV)	机电试验负荷(不小于,kN)		外形尺寸(mm)		质量(kg)
		干闪络	湿闪络	击穿		1h	破坏值	H	D	
LXWP—70	400		45	120	120		70	160	280	5.2
LXWP—70	400		45	120	120		70	146	280	5.2
LXWP—100	450		45	120	120		100	160	280	6
LXWP—100	450		45	120	120		100	146	280	6
LXWP—120	450		45	120	120		120	160	280	6
LXWP—120	450		45	120	120		120	146	280	6
LXWP—160	400		50	120	130		160	155	280	6.5
LXWP—160	450		55	120	140		160	155	320	8
LXWP—160	540		55	120	140		160	170	320	8.5
LXWP—210	450		55	130	140		210	170	320	8.5
LXWP—210	540		55	130	140		210	170	320	9
LXWP—300	540		55	130	140		300	195	320	10

2．外形图

防污悬式绝缘子外形见图 15 - 19。

四、瓷横担绝缘子技术参数

瓷横担绝缘子可代替针式、悬式绝缘子和木、铁横担，供高压架空线路作绝缘和固定导线用。它有如下优点：

（1）由于采用可转动结构，在断线时因两侧导线张力不平衡，可使瓷横担转动，从而有效的缓和断线事故的扩大；

（2）因系实心结构，不易击穿，不易老化，有较高的绝缘水平，运行安全可靠，能减少线路事故率；

（3）易于清扫，自洁性好，运行维护简单，可减少线路维护工作；

（4）线路结构简单，安装方便；

（5）能节约钢材或木材，线路造价有所降低。

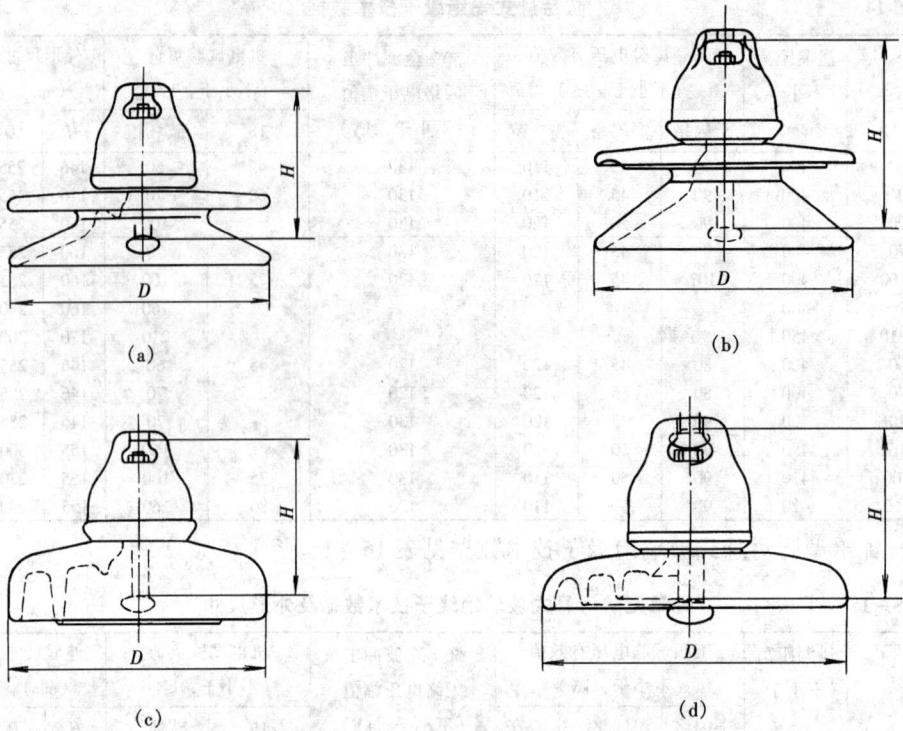

图 15 - 19 防污悬式绝缘子外形图

(a) 双层伞型防污悬式绝缘子一；(b) 双层伞型防污悬式绝缘子二；

(c) 钟罩型防污悬式瓷绝缘子；(d) 钟罩型防污悬式玻璃绝缘子

瓷横担绝缘子有带金属附件和不带金属附件之分。绑扎线的形式有两种：一是直接绑扎；二是瓷件头部带有连接金具，用以悬挂线夹。按其安装方式分为水平式（边相用）和直立式（顶相用）。

型号及字母含义如下：

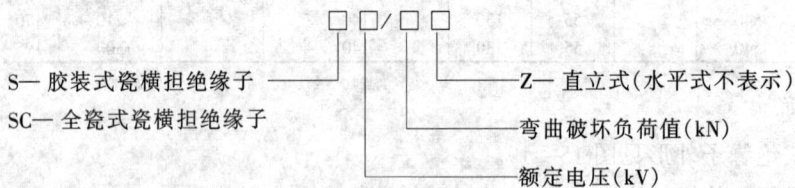

S— 胶装式瓷横担绝缘子

SC— 全瓷式瓷横担绝缘子

Z— 直立式（水平式不表示）

弯曲破坏负荷值(kN)

额定电压(kV)

1. 技术数据

瓷横担绝缘子技术数据见表 15 - 16。

表 15 - 16　　　　　　　　　　瓷横担绝缘子技术数据

型　　号	额定电压 （kV）	泄漏距离 （mm）	工频湿闪络 电压（kV）	50%全波冲击闪 络电压（kV）	抗弯破坏负荷 （kN）	质　量 （kg）
SC - 10/2.5 S - 10/2.5 S - 10/2.5Z	10	320	50	185	2.5	
S1 - 10/5	10	380			5	6.25
S2 - 10/2.5	10	380			2.5	5
S1 - 35/5	35	750			5	13
S3 - 35/5	35	1120			5	19.5
S4 - 35/5	35	800			5	14.9

2.外形图及外形尺寸

（1）瓷横担绝缘子外形，见图 15 - 20。

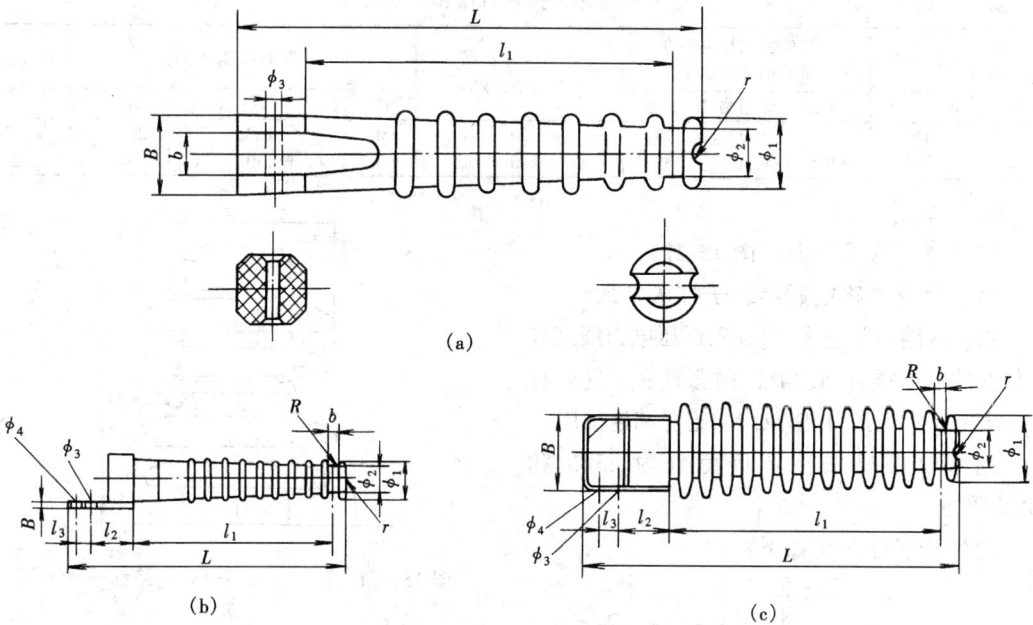

(a)

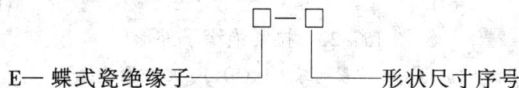

(b)

(c)

图 15 - 20　瓷横担绝缘子外形图

(a) 全瓷式瓷横担绝缘子；(b) 胶装式瓷横担绝缘子一；(c) 胶装式瓷横担绝缘子二

（2）瓷横担绝缘子外形尺寸，见表 15 - 17。

表 15 - 17　　　　　　　　　　瓷横担绝缘子外形尺寸

型　　号	外　形　尺　寸　　（mm）											
	L	l_1	l_2	l_3	ϕ_1	ϕ_2	ϕ_3	ϕ_4	B	b	R	r
SC—10/2.5	400	315	—	—	70	45	18	—	$\phi80$	45	—	11
S—10/2.5	450	310	80	32	70	46	18	6	14	22	—	11
S—10/2.5Z	450	310	80	32	70	46	18	6	14	22	—	11
S1—10/5	482	320	75	35	90	55	18	12	112	24	8	13
S2—10/2.5	510	360	80	30	75	44	18	6.5	10	22	8	10
S1—35/5	676	490	98	35	120	64	22	11	134	26	8	13
S3—35/5	715	524	98	35	120	70	22	11	134	31	8	13
S4—35/5	770			35			22	11	134			

五、架空线路蝶式瓷绝缘子技术参数

架空线路一般蝶式瓷绝缘子与悬式绝缘子配合使用，供架空线路的终端杆、耐张杆和转角杆作为绝缘和固定导线用，以简化线路金具结构。绝缘子所用穿钉和铁拉板，制造厂一般不供应。

型号及字母含义如下：

E— 蝶式瓷绝缘子　　　　　　　　　　　形状尺寸序号

1．技术数据

蝶式瓷绝缘子技术数据见表 15 - 18。

表 15 - 18　　　　　　蝶式瓷绝缘子技术数据和外形尺寸

型号	额定电压 (kV)	工频试验电压有效值 (不小于，kV)			机电破坏负荷 (不小于，kN)	外形尺寸 （mm）						质量 （kg）
		干闪络	湿闪络	击穿		H	h	D	d_1	d_2	R	
E - 1	10	45	27	78	20	180	95	150	70	26	12	3
E - 2	6	38	23	65	20	150	80	130	70	26	12	2.2

2．外形图

蝶式瓷绝缘子外形见图 15-21。

六、架空线路拉紧绝缘子技术参数

架空线路拉紧绝缘子供高、低压电力线路和通信线路的终端杆、转角杆、耐张杆和大跨距杆上平衡电杆所受张力，作拉线的绝缘和连接用。

绝缘子按机械破坏负荷分为 45kN 和 90kN 两种。

型号及字母含义如下：

□ — □
J— 拉紧瓷绝缘子　　　机械破坏负荷值(kN)

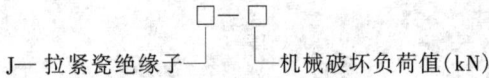

图 15 - 21　E - 1、2 型蝶式瓷绝缘子外形图

1．技术数据

拉紧绝缘子技术数据见表 15 - 19。

表 15 - 19　　　　　　拉紧绝缘子技术数据和外形尺寸

型号	工频试验电压有效值 (不小于，kV)		机械破坏负荷值 (kN)	外形尺寸 （mm）							质量 （kg）
	干闪络	湿闪络		L	l	D	B	b	d	R	
J - 45	20	10	45	90	42	64	58	45	14	10	0.52
J - 90	30	20	90	172	72		88	60	25	14	1.9

2．外形图

拉紧绝缘子外形见图 15 - 22。

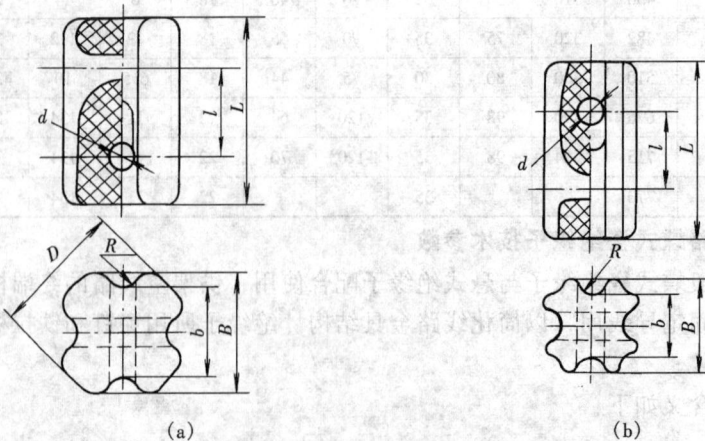

图 15 - 22　拉紧绝缘子外形图

(a) J - 45 拉紧绝缘子；(b) J - 90 拉紧绝缘子

第五节 架空电力线路杆塔图例

一、直线塔

（1）10kV、ZSN10 型直线塔图例见图 15－23。

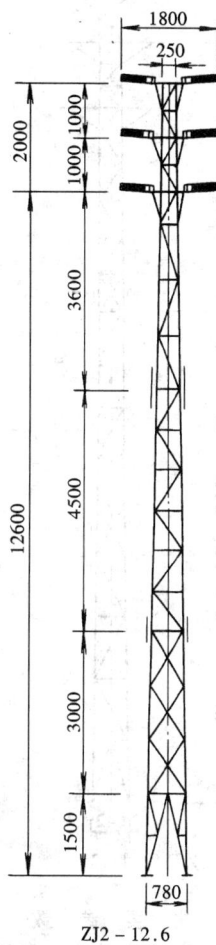

ZSN10－50.5

主　要　参　数

呼称高（m）	21.5	25.5	30.5	35.5	40.5	45.5	50.5
铁塔根开（mm）	4464	4832	5466	5904	6344	6784	7244
基础根开（mm）	4504	4872	5506	5944	6404	6864	7324
质　　量（kg）	4466.7	5375.1	6562.6	7966.1	9694.8	11453.5	13092.8
导　　线	240						
档　　距（m）	300						
回　路　数	双						
风　速（m/s）	30						
转　　角	0°						

图 15－23　10kV、ZSN10 型直线塔图例

（2）10kV、ZJ2 型直线塔图例见图 15－24。

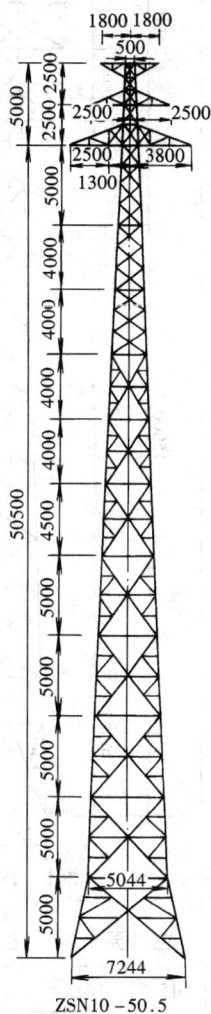

ZJ2－12.6

主　要　参　数

呼称高（m）	12.6	11.1	9.6
铁塔根开（mm）	780	723	665
基础根开（mm）	840	783	725
质　　量（kg）	1380	1210	1100
导　　线	120		
档　　距（m）	100		
回　路　数	单、双		
风　速（m/s）	30		
转　　角	0°		

图 15－24　10kV、ZJ2 型直线塔图例

（3）10kV、ZGY2 型直线塔图例见图 15 - 25。

（4）10kV、ZGU 型直线塔图例见图 15 - 26。

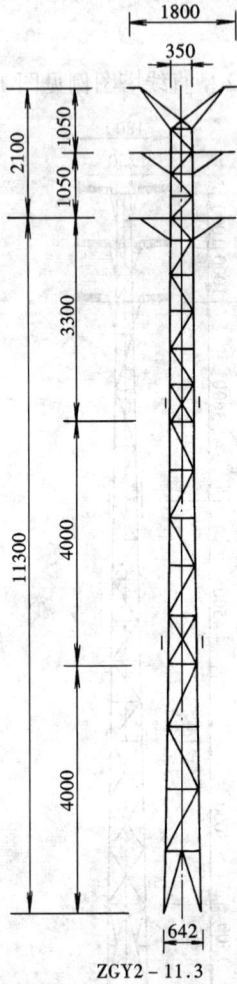

ZGY2 - 11.3

主　要　参　数

呼称高(m)	11.3	13.3	15.3	17.5	19.3
铁塔根开(mm)	642	722	802	882	962
基础根开(mm)	692	772	852	932	1012
质　　量(kg)	1291	1417			
导　　线	120				
档　距(m)	120				
回　路　数	双				
风　速(m/s)	30				
转　角	0°～5°				

图 15 - 25　10kV、ZGY2 型直线塔图例

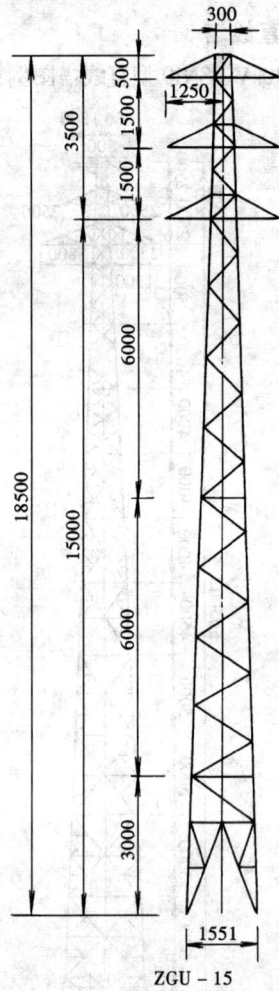

ZGU - 15

主　要　参　数

呼称高(m)	15	18		
铁塔根开(mm)	1551	1761		
基础根开(mm)	1601	1811		
质　　量(kg)	1598	1887		
导　　线	120			
档　距(m)	150			
回　路　数	双			
风　速(m/s)	30			
转　角	0°			

图 15 - 26　10kV、ZGU 型直线塔图例

（5）10kV、ZID 型直线塔图例，见图 15 - 27。

（6）10kV、Z 直线塔图例，见图 15 - 28。

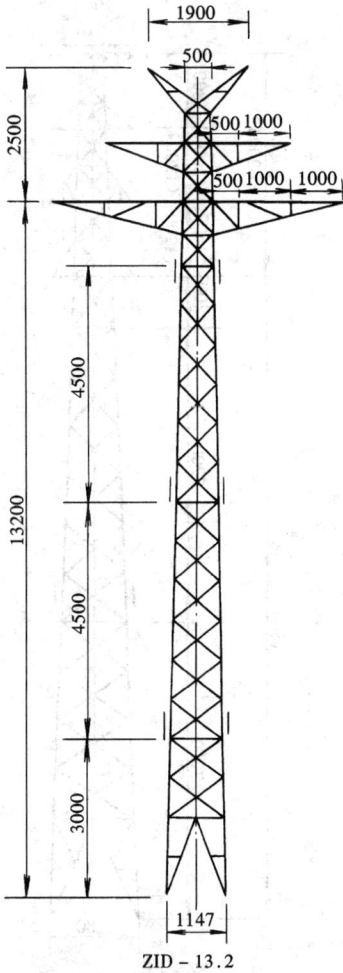

ZID - 13.2

主 要 参 数

呼称高(m)	10.2	12.2	13.2	14.2	15.2
铁塔根开(mm)	980	1091	1147	1202	1258
基础根开(mm)	1030	1141	1197	1252	1308
质量(kg)	1454	1677	1818	1935	2035
导　线	185				
档　距(m)	80				
回路数	单、双、三、四				
风速(m/s)	30				
转　角	0°～5°				

图 15 - 27　10kV、ZID 型直线塔图例

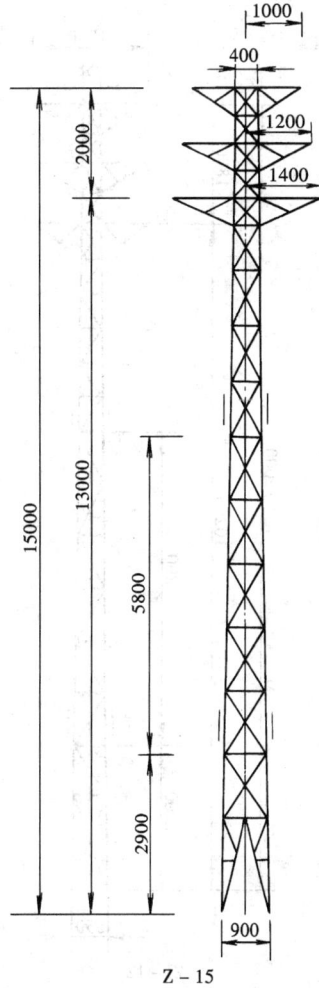

Z - 15

主 要 参 数

全　高（m）	15	18		
铁塔根开（mm）	900	1000		
基础根开（mm）	936	1036		
质　量（kg）	1534	1814		
导　线	单回路：120　双回路：95			
档　距（m）	小于80			
回路数	单、双			
风　速（m/s）	25			
转　角	0°			

图 15 - 28　10kV、Z 型直线塔图例

（7）10kV、ZI 型直线塔图例，见图 15－29。

（8）10kV、SZ 型直线塔图例，见图 15－30。

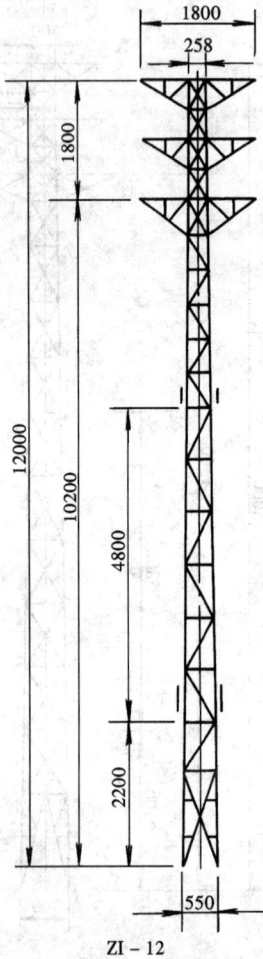

ZI－12

主 要 参 数

全高（m）	10	12	13
铁塔根开（mm）	500	550	575
基础根开（mm）	500	550	575
质 量（kg）	913	1070	1139
导 线	75		
档 距（m）	小于80		
回 路 数	单、双		
风 速（m/s）	25		
转 角	0°		

图 15－29 10kV、ZI 型直线塔图例

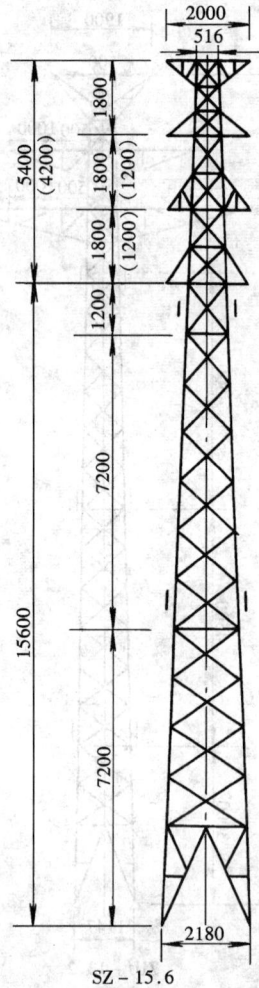

SZ－15.6

主 要 参 数

呼称高（m）	10	11.6	15.6	19.6	22.6
铁塔根开（mm）	1733	1860	2180	2500	2720
基础根开（mm）	1768	1896	2216	2536	2770
质 量（kg）	1991	2132	2479	3029	3468
导 线	240				
档 距（m）	150				
回 路 数	单、双、三				
风 速（m/s）	30				
转 角	0°				

图 15－30 10kV、SZ 型直线塔图例

（9）10kV、LS2 型直线塔图例，见图 15-31。

二、转角塔

（1）10kV、W3 型转角塔图例，见图 15-32。

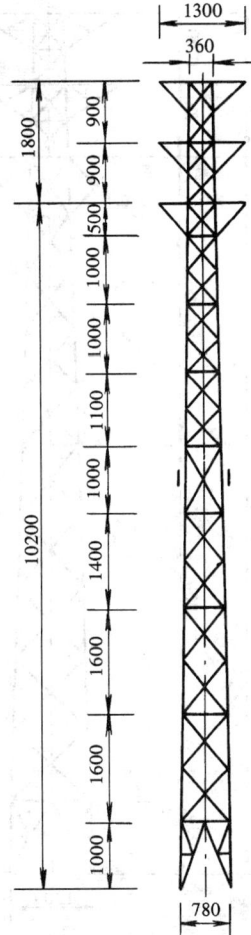

LS2 - 14.3

主 要 参 数

呼称高（m）	11.3	14.3	17.3
铁塔根开（mm）	1713	2015	2287
基础根开（mm）	1763	2065	2337
质 量（kg）	2073.1	2155.2	2545
导 线	240		
档 距（m）	100		
回 路 数	双		
风 速（m/s）	30		
转 角	0°		

图 15-31　10kV、LS2 型直线塔图例

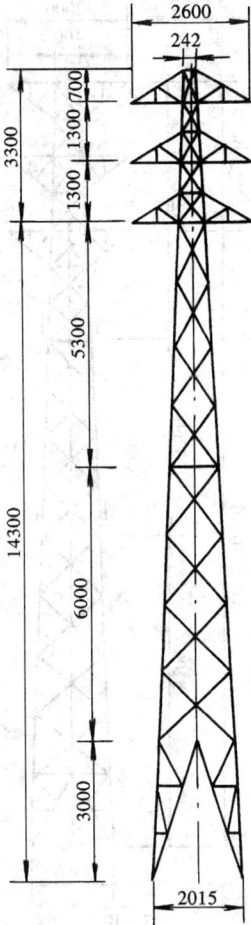

W3 - 10.2

主 要 参 数

呼称高（m）	10.2	8.8
铁塔根开（mm）	780	729
基础根开（mm）	840	789
质 量（kg）	1777	1651
导 线	120	
档 距（m）	100	
回 路 数	双	
风 速（m/s）	30	
转 角	30°	

图 15-32　10kV、W3 型转角塔图例

（2）10kV、SJGU 型转角塔图例，见图 15 – 33。

（3）10kV、SJ3 型转角塔图例，见图 15 – 34。

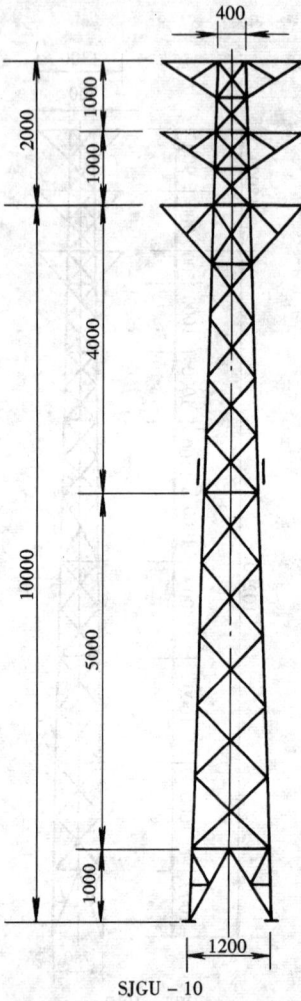

SJGU – 10

主 要 参 数

呼称高（m）	10				
铁塔根开（mm）	1200				
基础根开（mm）	1260				
质 量（kg）	2442.4				
导 线	120				
档 距（m）	80				
回 路 数	双				
风 速（m/s）	30				
转 角	60°				

图 15 – 33　10kV、SJGU 型转角塔图例

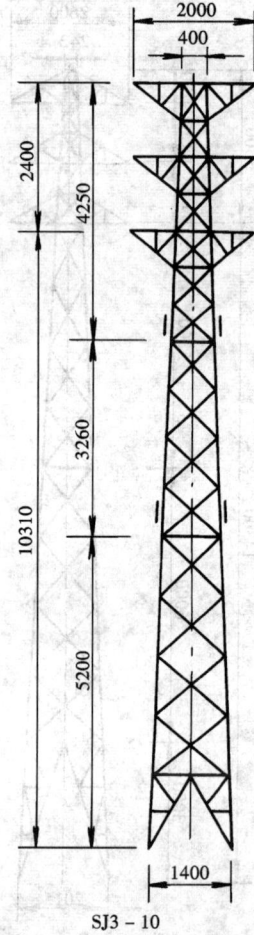

SJ3 – 10

主 要 参 数

呼称高（m）	7	10	13	15.5	20
铁塔根开（mm）	1140	1400	1666	1888	2268
基础根开（mm）	1210	1470	1736	1958	2348
质 量（kg）	2060	2614	3192	3690	4990
导 线	LGJ – 150				
档 距（m）	100				
回 路 数	单、双、三、四				
风 速（m/s）	25				
转 角	30°～60°				

图 15 – 34　10kV、SJ3 型转角塔图例

（4）10kV、SG3 型转角塔图例，见图 15－35。

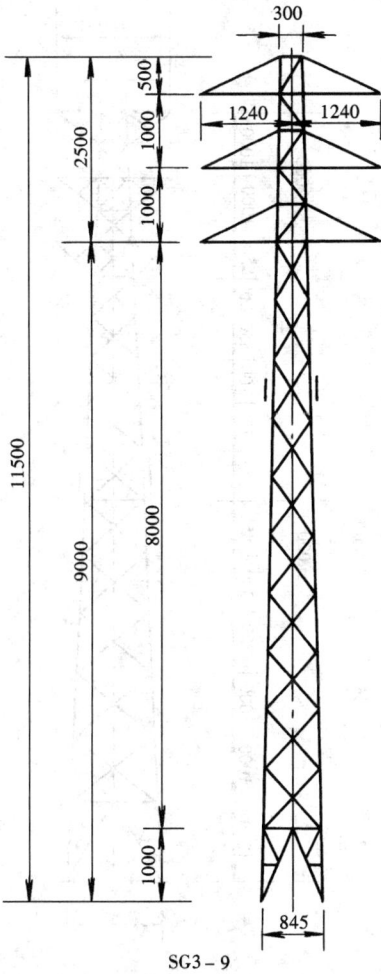

（5）10kV、NJ9 型转角塔图例，见图 15－36。

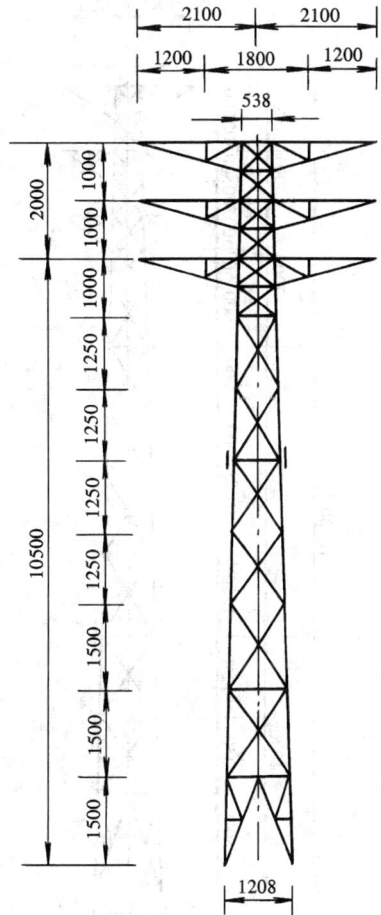

SG3－9

图 15－35　10kV、SG3 型转角塔图例

NJ9－10.5

图 15－36　10kV、NJ9 型转角塔图例

主　要　参　数

呼称高（m）	9				
铁塔根开（mm）	845				
基础根开（mm）	895				
质　　量（kg）	1170				
导　　线	150				
档　　距（m）	80				
回　路　数	双				
风　速（m/s）	30				
转　　角	60°				

主　要　参　数

呼称高（m）	10.5				
铁塔根开（mm）	1208				
基础根开（mm）	1288				
质　　量（kg）	4478.7				
导　　线	240				
档　　距（m）	80				
回　路　数	四				
风　速（m/s）	30				
转　　角	60°～90°				

（6）10kV、NJ6 型转角塔图例，见图 15 - 37。

（7）10kV、NJ5 型转角塔图例，见图 15 - 38。

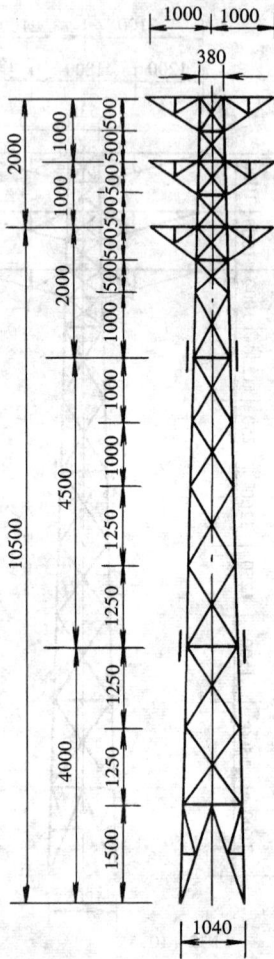

NJ6 - 10.5

图 15 - 37 10kV、NJ6 型转角塔图例

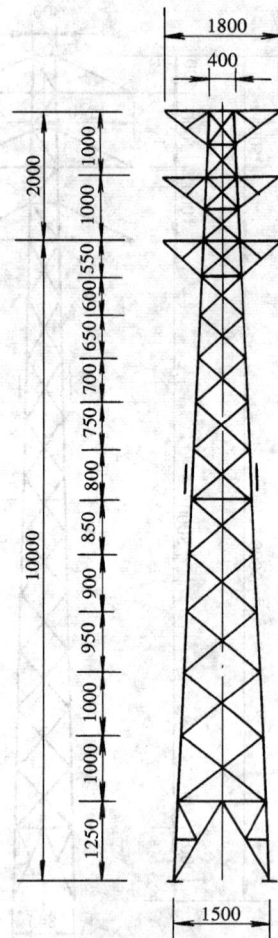

主 要 参 数

呼称高（m）	10.5	13.5
铁塔根开（mm）	1040	1208
基础根开（mm）	1144	1288
质 量（kg）	3312.3	4027.5
导 线	240	
档 距（m）	80	
回 路 数	双、四	
风 速（m/s）	30	
转 角	60°~90°	

图 15 - 37 10kV、NJ6 型转角塔图例

NJ5 - 10

主 要 参 数

呼称高（m）	10
铁塔根开（mm）	1500
基础根开（mm）	1570
质 量（kg）	3364.2
导 线	240
档 距（m）	80
回 路 数	双
风 速（m/s）	30
转 角	90°

图 15 - 38 10kV、NJ5 型转角塔图例

（8）10kV、NJ4 型转角塔图例，见图 15-39。

（9）10kV、NJ3 型转角塔图例，见图 15-40。

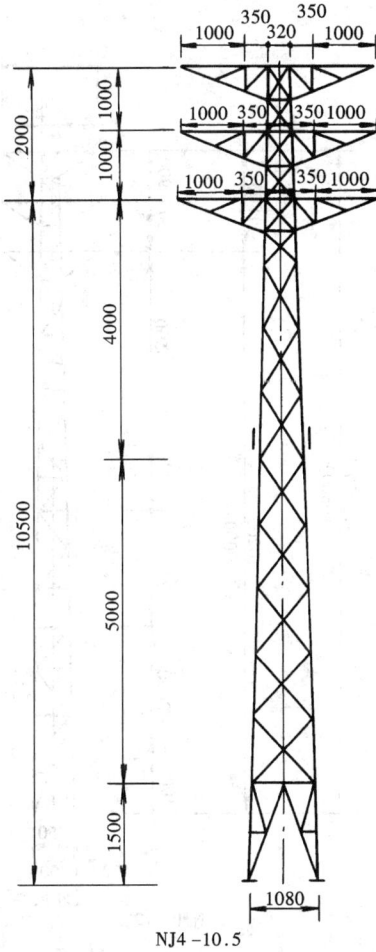

NJ4-10.5

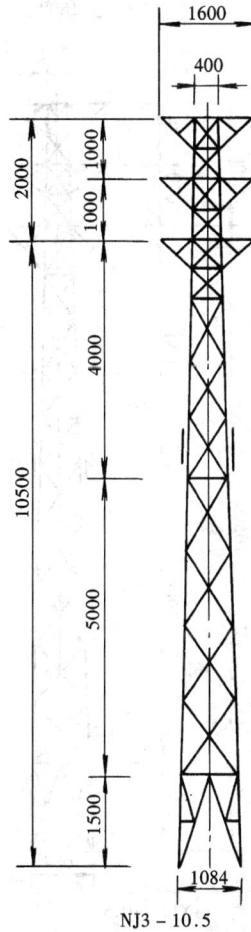

NJ3-10.5

主 要 参 数

呼称高（m）	10.5			
铁塔根开（mm）	1084			
基础根开（mm）	1144			
质 量（kg）	2334.5			
导 线	240			
档 距（m）	55			
回 路 数	四			
风 速（m/s）	30			
转 角	5°以下			

图 15-39 10kV、NJ4 型转角塔图例

主 要 参 数

呼称高（m）	NJ3-10.5	NJ3A-10.5	
铁塔根开（mm）	1084	1084	
基础根开（mm）	1144	1144	
质 量（kg）	2015		
导 线	150	240	
档 距（m）	80	60	
回 路 数	双	双	
风 速（m/s）	30	30	
转 角	30°	60°	

图 15-40 10kV、NJ3 型转角塔图例

（10）10kV、NJ2 型转角塔图例，见图 15 – 41。

（11）10kV、NJ1 型转角塔图例，见图 15 – 42。

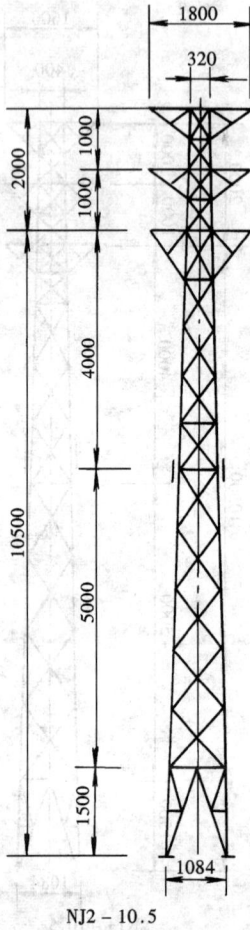

NJ2 – 10.5

主 要 参 数

呼称高（m）	NJ2 – 10.5	NJ2A – 10.5	NJ2B – 10.5	
铁塔根开（mm）	1084	1084	1084	
基础根开（mm）	1144	1144	1144	
质 量（kg）	1896.6	1993.9	2315	
导 线	120	240	150	
档 距（m）	80	60	80	
回 路 数	双	双	双	
风 速（m/s）	30	30	30	
转 角	30° ~ 60°	30°	60° ~ 90°	

图 15 – 41　10kV、NJ2 型转角塔图例

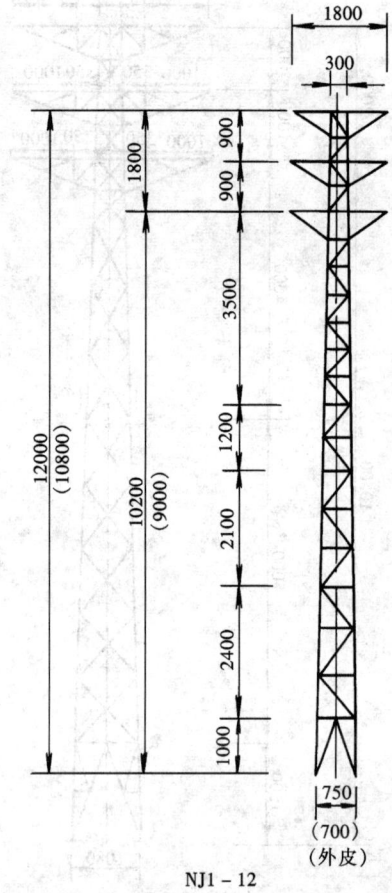

NJ1 – 12

主 要 参 数

全 高（m）	12	10.8		
铁塔根开（mm）	750（外皮）	700（外皮）		
基础根开（mm）	725	675		
质 量（kg）	1570	1420		
导 线	120			
档 距（m）	80			
回 路 数	双			
风 速（m/s）	30			
转 角	30°			

图 15 – 42　10kV、NJ1 型转角塔图例

（12）10kV、JW1 型转角塔图例，见图 15－43。

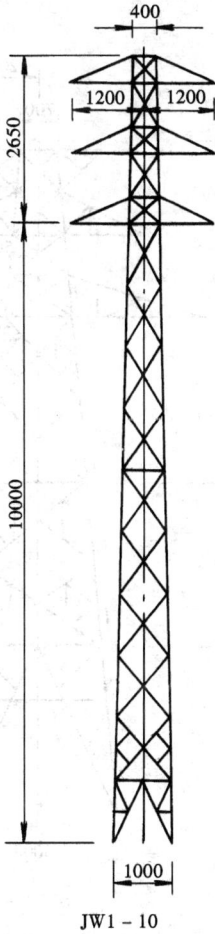

（13）10kV、JSN6 型转角塔图例，见图 15－44。

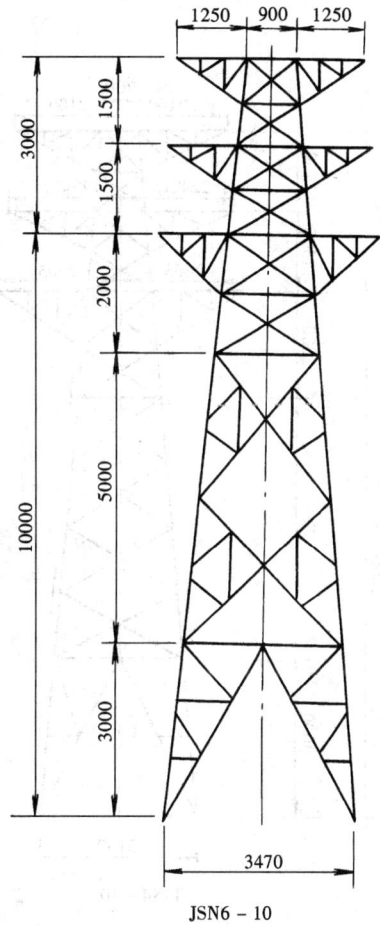

JW1－10

JSN6－10

主　要　参　数

呼称高（m）	10			
铁塔根开（mm）	1000			
基础根开（mm）	1050			
质　　量（kg）	1842			
导　　线	120			
档　距（m）	100			
回　路　数	双			
风　速（m/s）	30			
转　角	30°			

图 15－43　10kV、JW1 型转角塔图例

主　要　参　数

呼称高（m）	10			
铁塔根开（mm）	3470			
基础根开（mm）	3540			
质　　量（kg）	5424.7			
导　　线	240			
档　距（m）	100			
回　路　数	四			
风　速（m/s）	30			
转　角	60°			

图 15－44　10kV、JSN6 型转角塔图例

（14）10kV、JSN4 型转角塔图例，见图 15 - 45。

（15）10kV、JSN3 型转角塔图例，见图 15 - 46。

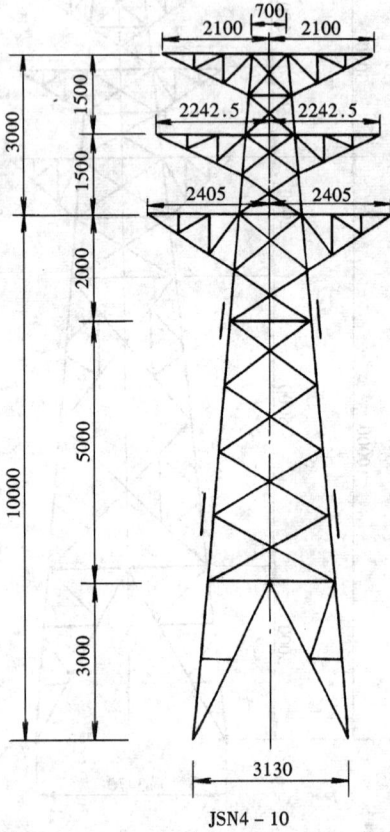

JSN4 - 10

主 要 参 数

呼称高（m）	10	
铁塔根开（mm）	3130	
基础根开（mm）	3190	
质 量（kg）	3845.6	
导 线	240	
档 距（m）	80	
回 路 数	四	
风 速（m/s）	30	
转 角	30°～60°	

图 15 - 45 10kV、JSN4 型转角塔图例

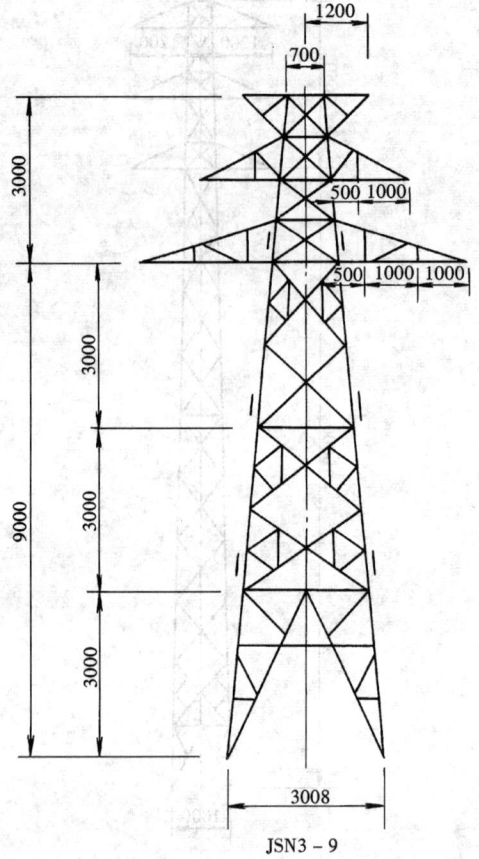

JSN3 - 9

主 要 参 数

呼称高（m）	9	
铁塔根开（mm）	3008	
基础根开（mm）	3088	
质 量（kg）	4250	
导 线	185	
档 距（m）	100	
回 路 数	双、三、四	
风 速（m/s）	30	
转 角	60°～90°	

图 15 - 46 10kV、JSN3 型转角塔图例

（16）10kV、JSN1 型转角塔图例，见图 15－47。

（17）10kV、JSN10 型转角塔图例，见图 15－48。

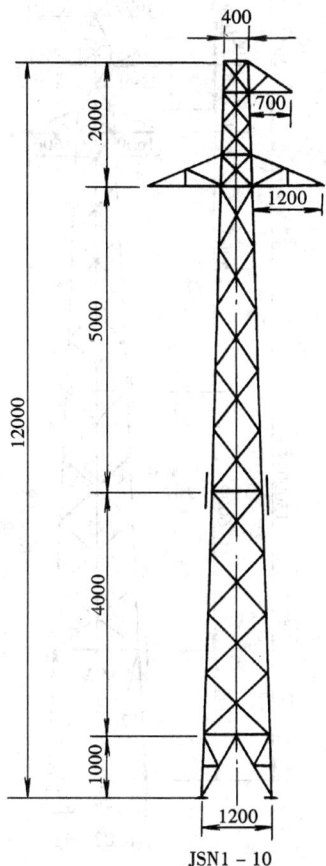

JSN1－10

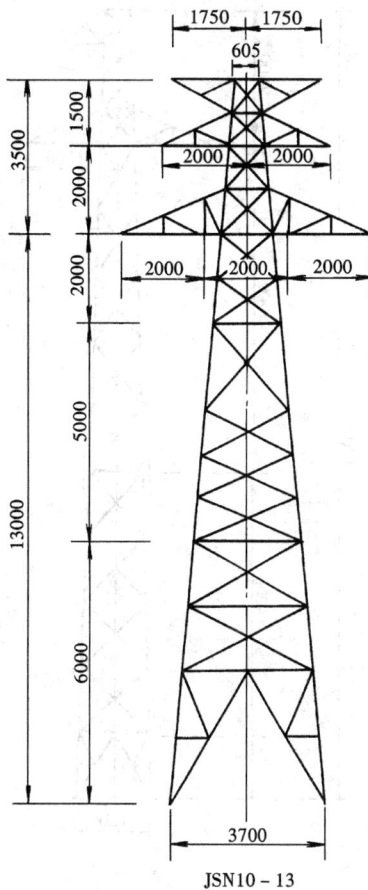

JSN10－13

主 要 参 数

呼称高（m）	10	13			
铁塔根开（mm）	1200	1400			
基础根开（mm）	1260	1460			
质 量（kg）	2281.8	2832.3			
导 线	150				
档 距（m）	80				
回 路 数	单				
风 速（m/s）	30				
转 角	60°				

图 15－47 10kV、JSN1 型转角塔图例

主 要 参 数

呼称高（m）	10	13			
铁塔根开（mm）	3130	3700			
基础根开（mm）	3190	3760			
质 量（kg）	3383				
导 线	240				
档 距（m）	80				
回 路 数	双				
风 速（m/s）	30				
转 角	60°				

图 15－48 10kV、JSN10 型转角塔图例

（18）10kV、JSN 型转角塔图例，见图 15－49。

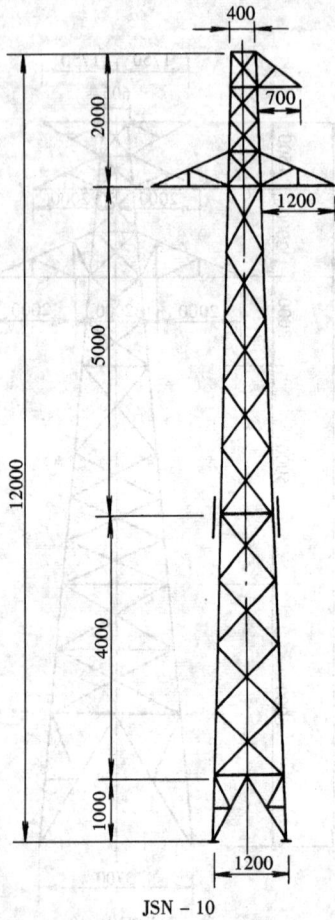

JSN－10

主 要 参 数

呼称高（m）	10				
铁塔根开（mm）	1200				
基础根开（mm）	1260				
质 量（kg）	1648.3				
导 线	120				
档 距（m）	80				
回 路 数	单				
风 速（m/s）	30				
转 角	30°				

图 15－49 10kV、JSN 型转角塔图例

（19）10kV、JGU3 型转角塔图例，见图 15－50。

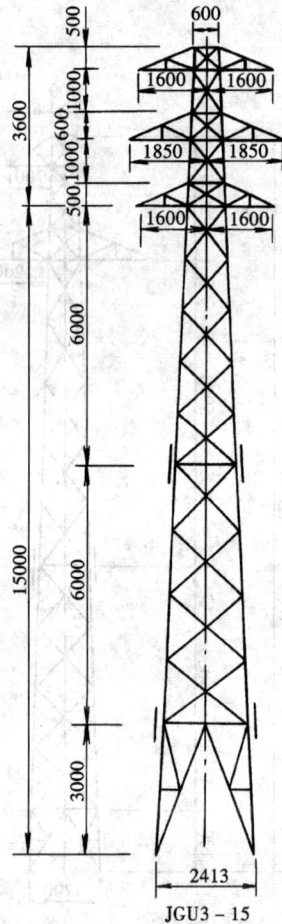

JGU3－15

主 要 参 数

呼称高（m）	15	18			
铁塔根开（mm）	2413	2720			
基础根开（mm）	2483	2790			
质 量（kg）	5072	5936			
导 线	150				
档 距（m）	200				
回 路 数	双				
风 速（m/s）	30				
转 角	60°～90°				

图 15－50 10kV、JGU3 型转角塔图例

（20）10kV、JGU2 型转角塔图例，见图 15 - 51。

（21）10kV、JGU1 型转角塔图例，见图 15 - 52。

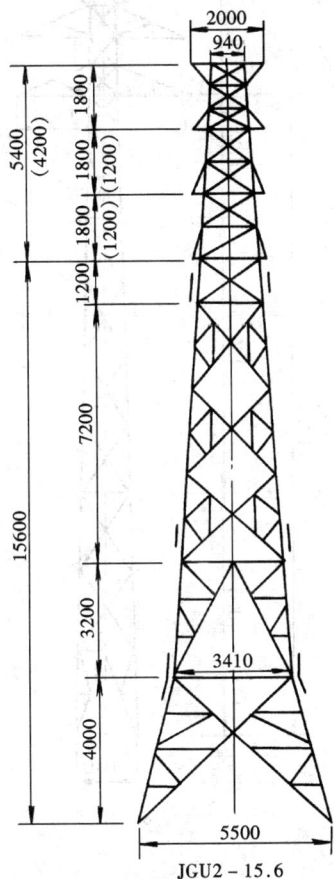

JGU2 - 15.6

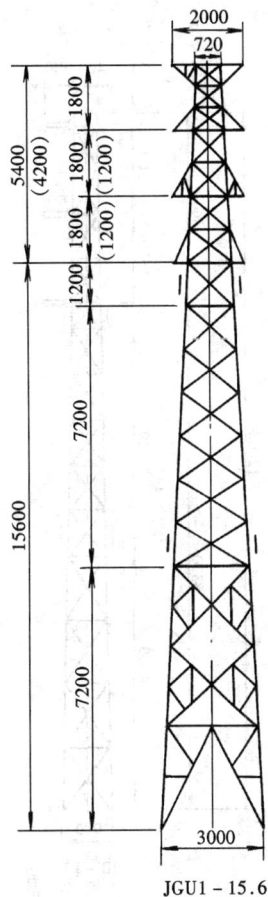

JGU1 - 15.6

主 要 参 数

呼称高（m）	10	13	15.6		
铁塔根开（mm）	4673	5237	5500		
基础根开（mm）	4743	5307	5570		
质 量（kg）	5287	5696	6320		
导 线	240				
档 距（m）	150				
回 路 数	双、三				
风 速（m/s）	30				
转 角	90°				

图 15 - 51 10kV、JGU2 型转角塔图例

主 要 参 数

呼称高（m）	10.2	11.6	15.6	18.6	21.6
铁塔根开（mm）	2408	2562	3000	3303	3638
基础根开（mm）	2468	2622	3060	3383	3718
质 量（kg）	3130	3464	4100	5601	6455
导 线	240				
档 距（m）	150				
回 路 数	双、三				
风 速（m/s）	30				
转 角	30°～60°				

图 15 - 52 10kV、JGU1 型转角塔图例

（22）10kV、JB 型转角塔图例，见图 15-53。

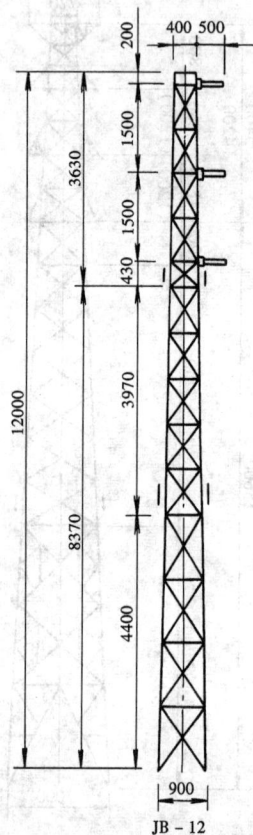

（23）10kV、J8 型转角塔图例，见图 15-54。

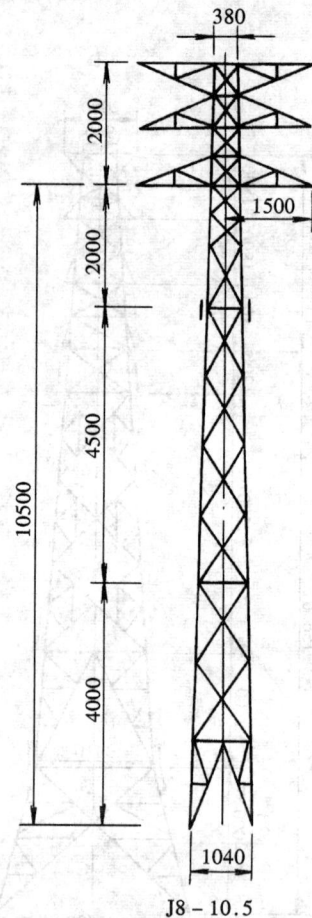

图 15-53 中标注尺寸：200、400、500、1500、3630、1500、430、3970、8370、4400、12000、900，塔型 JB-12

图 15-54 中标注尺寸：380、2000、2000、1500、4500、10500、4000、1040、J8-10.5

主　要　参　数

全　高（m）	12
铁塔根开（mm）	900
基础根开（mm）	900
质　　量（kg）	1218
导　线	90
档　距（m）	100
回　路　数	单
风　速（m/s）	25
转　角	60°

图 15-53　10kV、JB 型转角塔图例

主　要　参　数

呼称高（m）	10.5	13.5
铁塔根开（mm）	1040	1208
基础根开（mm）	1120	1288
质　　量（kg）	3312	4028
导　线	240	
档　距（m）	80	
回　路　数	双	
风　速（m/s）	30	
转　角	60°～90°	

图 15-54　10kV、J8 型转角塔图例

（24）10kV、J6（J7）型转角塔图例，见图 15－55。

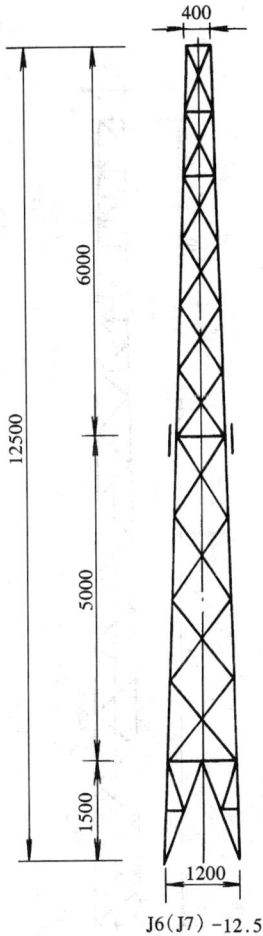

J6(J7)-12.5

主　要　参　数

全高（m）	12.5(J6)	12.5(J7)		
铁塔根开（mm）	1200	1200		
基础根开（mm）	1150	1144		
质　量（kg）	1232	1370		
导　线	90			
档　距（m）	80			
回　路　数	单			
风　速（m/s）	30			
转　角	60°			

图 15－55　10kV、J6（J7）型转角塔图例

（25）10kV、J 型直线塔、转角塔图例，见图 15－56。

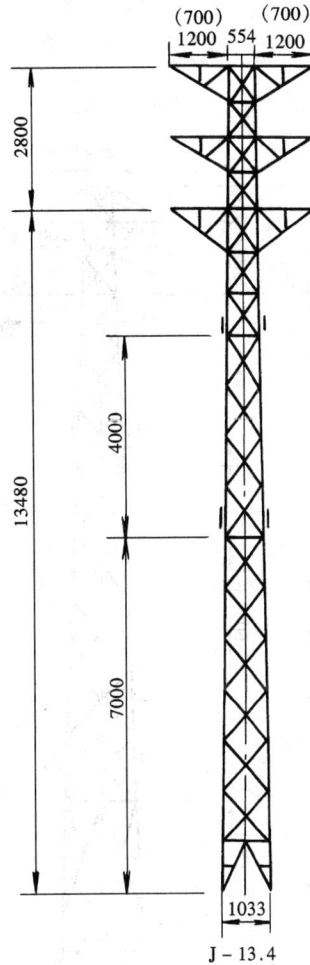

J－13.4

主　要　参　数

呼称高（m）	10.4	13.4
铁塔根开（mm）	902	1033
基础根开（mm）	954	1085
质　量（kg）	2100	2428
导　线	75	
档　距（m）	80	
回　路　数	单、双、三	
风　速（m/s）	25	
转　角	0°～60°	

图 15－56　10kV、J 型直线、转角塔图例

三、终端塔

10kV、DSN3 型终端图例见图 15 – 57。

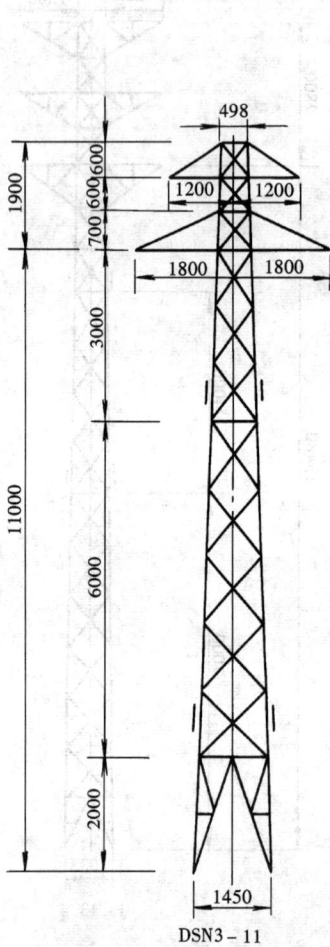

DSN3 – 11

主 要 参 数

呼称高（m）	11			
铁塔根开（mm）	1450			
基础根开（mm）	1500			
质 量（kg）	1473			
导 线	90			
档 距（m）	100			
回 路 数	双			
风 速（m/s）	30			
转 角	60°			

图 15 – 57　10kV、DSN3 型终端塔图例

四、焊接塔

1．角钢焊接塔

（1）10kV、DJ1 型焊接塔图例，见图 15 – 58。

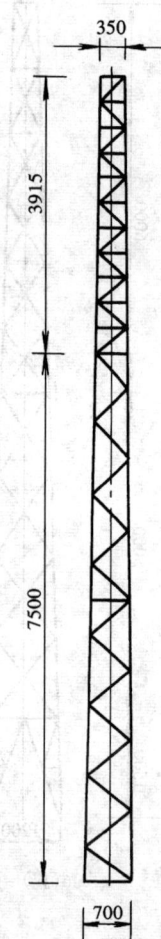

DJ1 – 11.4

主 要 参 数

全高（m）	11.4			
铁塔根开（mm）	700			
基础根开（mm）	658			
质 量（kg）	1092			
导 线	95			
档 距（m）	80			
回 路 数	单			
风 速（m/s）	30			
转 角	15°			

图 15 – 58　10kV、DJ1 型焊接塔图例

（2）10kV、HJ（ZJ）焊接塔图例，见图 15-59。

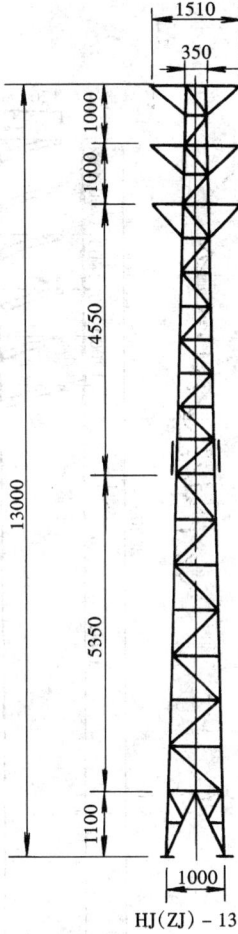

2. 钢管焊接塔

（1）10kV、SJG$_{90-2}$型四回路转角钢管杆图例，见图 15-60。

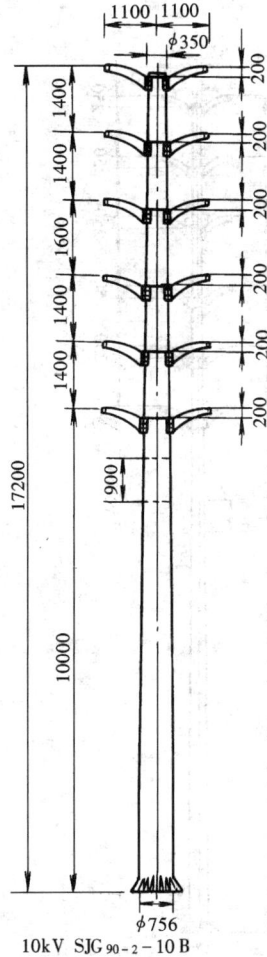

HJ（ZJ）-13

主 要 参 数

全高（m）	HJ-13	ZJ-13		
铁塔根开（mm）	900	900		
基础根开（mm）	950	950		
质 量（kg）	1732.2	1364.6		
导 线	120	120		
档 距（m）	80	80		
回 路 数	双	双		
风 速（m/s）	30	30		
转 角	30°	15°		

图 15-59 10kV、HJ（ZJ）型焊接塔图例

10kV SJG$_{90-2}$-10B

技 术 参 数

导线规格	LGJ-150
档 距（m）	100
允许转角（°）	90
最大风速（m/s）	20
质 量（kg）	5900

图 15-60 10kV、SJG$_{90-2}$型四回路转角钢管杆图例

（2）10kV、SZG3 型四回路直线钢管杆图例见图 15-61。

（3）10kV、GZS1 型单边四回直线钢管杆图例见图 15-62。

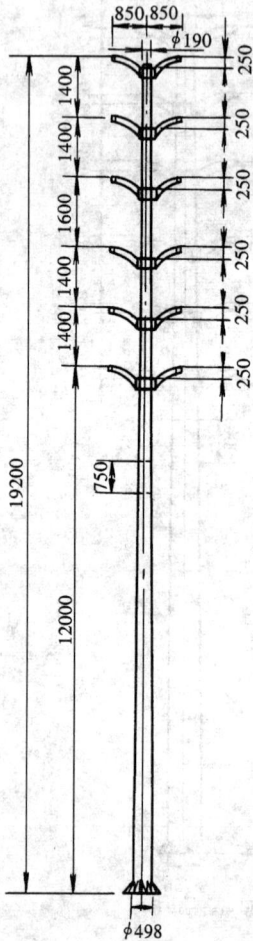

10kV SZG3-12 B

技 术 参 数

导线规格	LGJ-150
档　距（m）	100
允许转角（°）	0
最大风速（m/s）	20
质　量（kg）	2400

图 15-61　10kV、SZG3 型四回路
直线钢管杆图例

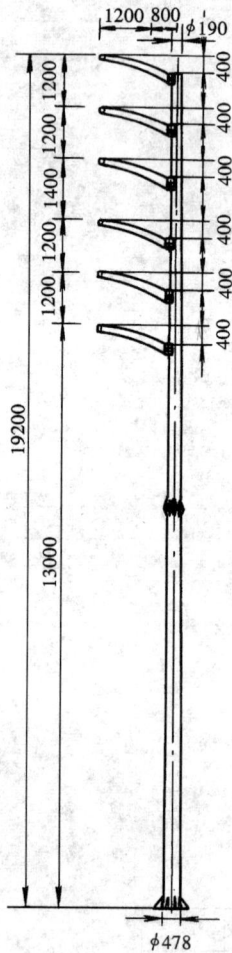

10kV GZS1-13m

技 术 参 数

导　线	LGJ-240
档　距（m）	100
允许转角（°）	0
最大风速（m/s）	35
质　量（kg）	3500

10kV GZS1-15m

技 术 参 数

导　线	LGJ-240
档　距（m）	100
允许转角（°）	0
最大风速（m/s）	35
质　量（kg）	3840

图 15-62　10kV、GZS1 型单边四回直线钢管杆图例

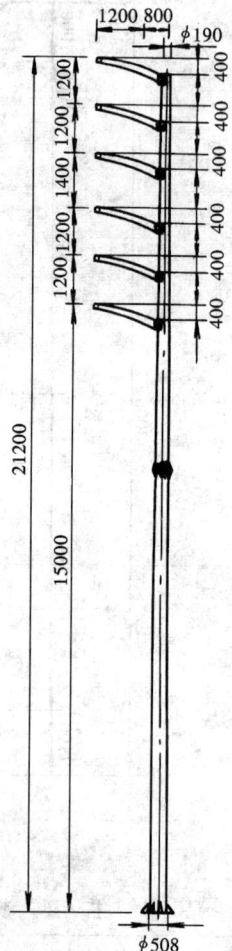

10kV 配电工程设计手册

（4）10kV、GJS3 型单边四回转角钢管杆图例见图 15－63。

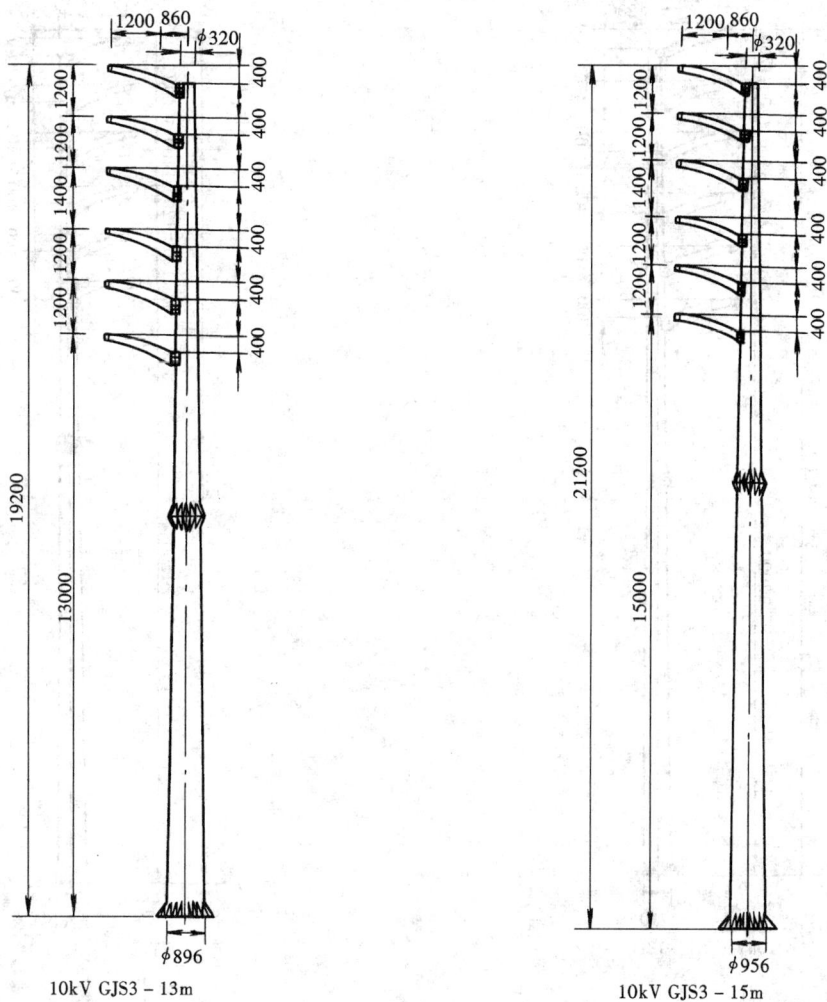

10kV GJS3－13m

10kV GJS3－15m

技 术 参 数

导　　线	LGJ－240
档　　距（m）	100
允许转角（°）	70
最大风速（m/s）	35
质　　量（kg）	9960

技 术 参 数

导　　线	LGJ－240
档　　距（m）	100
允许转角（°）	70
最大风速（m/s）	35
质　　量（kg）	11000

图 15－63　10kV、GJS3 型单边四回转角钢管杆图例

（5）10kV、GJS1 型单边四回转角钢管杆图例见图 15-64。

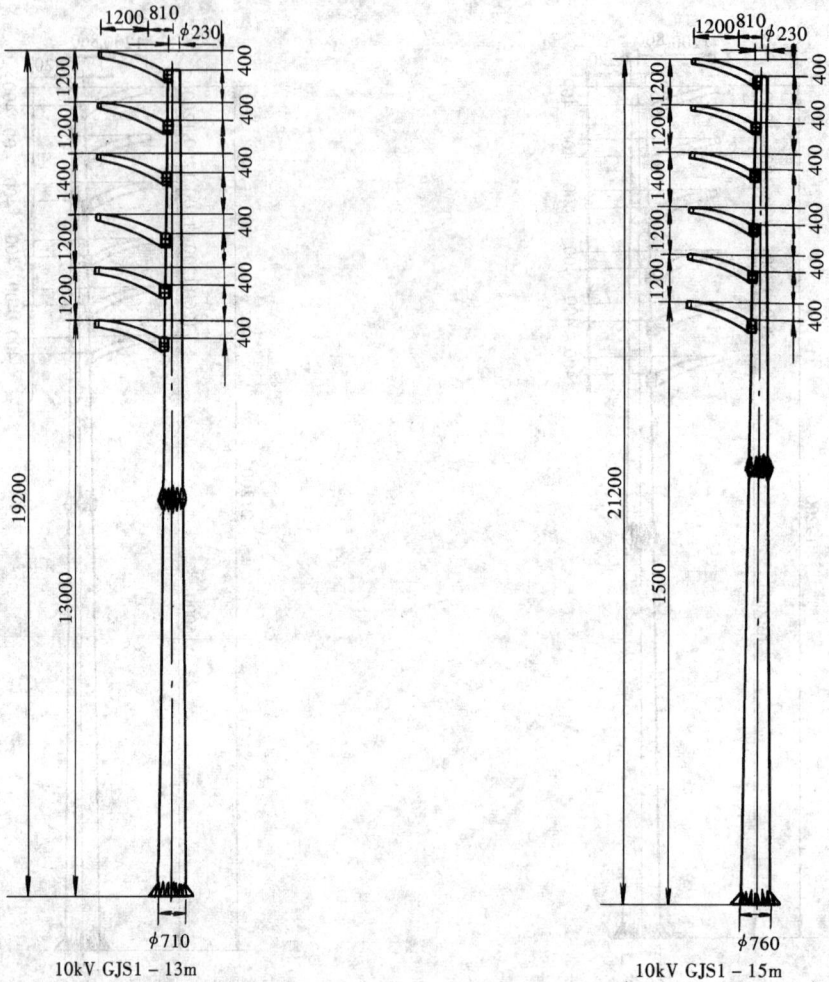

10kV GJS1-13m

技 术 参 数

导　　线	LGJ-240
档　距（m）	100
允许转角（°）	30
最大风速（m/s）	35
质　量（kg）	6400

10kV GJS1-15m

技 术 参 数

导　　线	LGJ-240
档　距（m）	100
允许转角（°）	30
最大风速（m/s）	35
质　量（kg）	7100

图 15-64　GJS1 型单边四回转角钢管杆图例

（6）10kV、EJG$_{90-1}$型双回路直线钢管杆图例见图15-65。

（7）10kV、SJG$_{90-2}$型双回路转角钢管杆图例见图15-66。

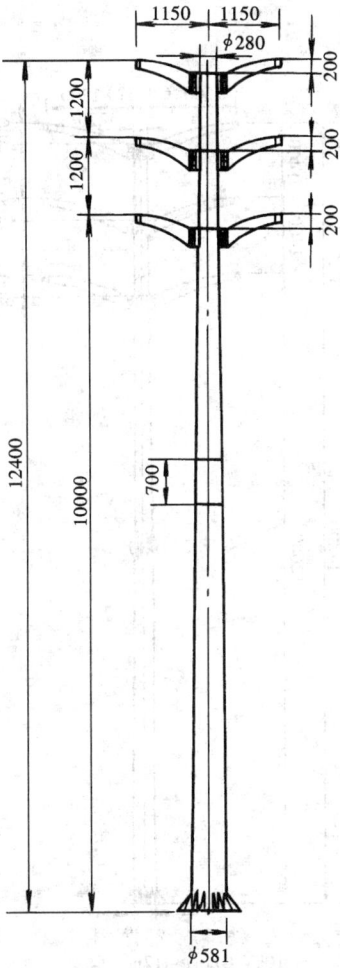

10kV EJG$_{90-1}$-10m

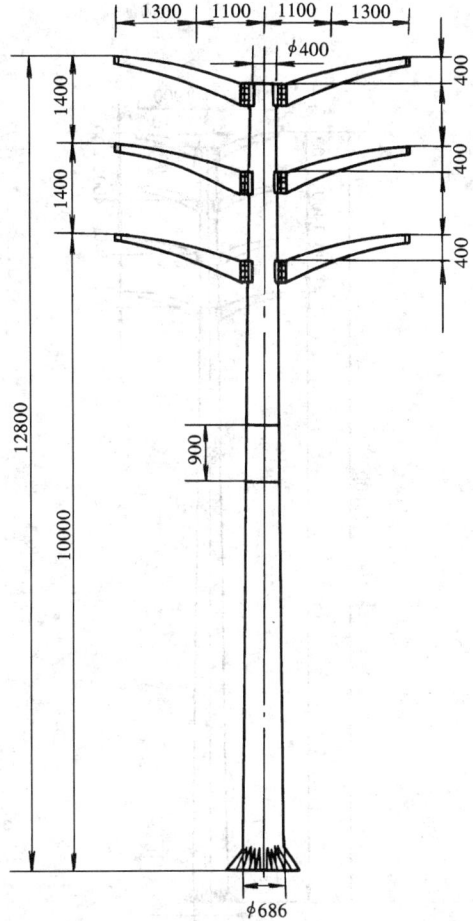

10kV SJG$_{90-2}$-10m

技 术 参 数

导　　　线	LGJ-240
档　　距（m）	100
允许转角（°）	0
最大风速（m/s）	35
质　　量（kg）	3345

技 术 参 数

导　　　线	LGJ-240
档　　距（m）	100
允许转角（°）	60
最大风速（m/s）	35
质　　量（kg）	5124

图15-65　10kV、EJG90-1型双回路直线
钢管杆图例

图15-66　10kV、SJG90-2型双回路转角
钢管杆图例

（8）10kV、GJSa1 型三回路转角钢管杆图例见图 15 – 67。

（9）10kV、GZSi1 型四回路直线钢管杆图例见图 15 – 68。

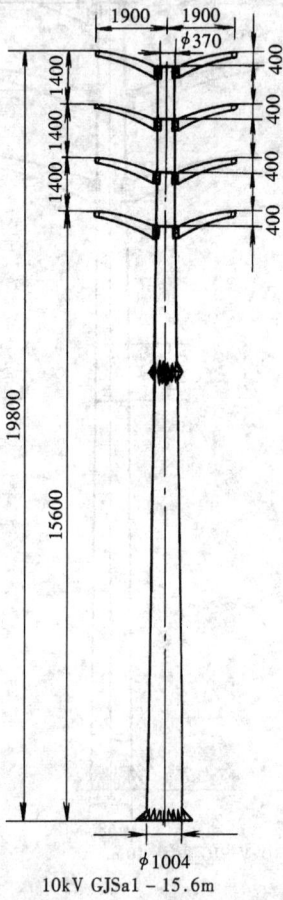

10kV GJSa1 – 15.6m

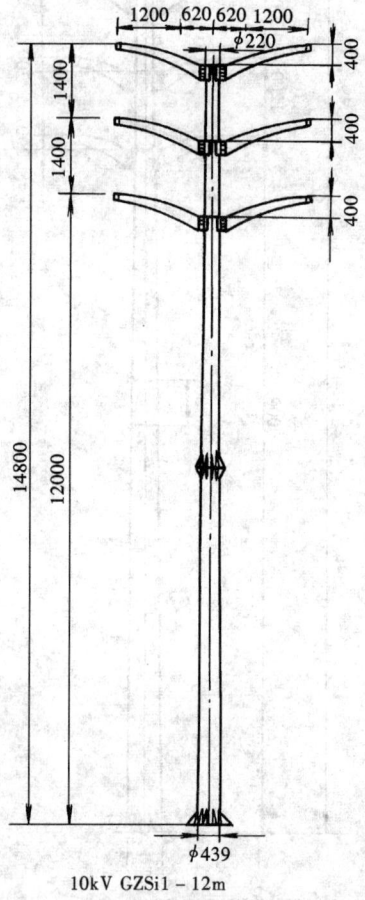

10kV GZSi1 – 12m

技 术 参 数

导 线	LGJ – 240
档 距 （m）	100
允许转角 （°）	60
最大风速 （m/s）	35
质 量 （kg）	7290

技 术 参 数

导 线	LGJ – 240
档 距 （m）	100
允许转角 （°）	0
最大风速 （m/s）	35
质 量 （kg）	2450

图 15 – 67　10kV、GJSa1 型三回路转角钢管杆图例　　　图 15 – 68　10kV、GZSi1 型四回路直线钢管杆图例

（10）10kV、GJSH1 型单回路转角钢管杆图例见图 15 – 69。

（11）10kV、GJS2 型双回路转角钢管杆图例见图 15 – 70。

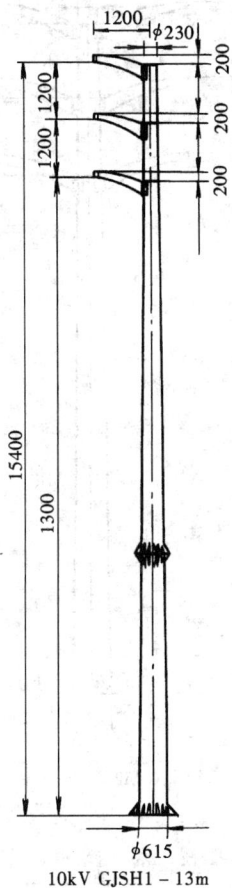

10kV GJSH1 – 13m

10kV GJS2 – 13m

技 术 参 数

导　　　线	LGJ – 240
档　　距（m）	100
允许转角（°）	30
最大风速（m/s）	35
质　　量（kg）	3582

技 术 参 数

导　　　线	LGJ – 240
档　　距（m）	100
允许转角（°）	30
最大风速（m/s）	35
质　　量（kg）	4638

图 15 – 69　10kV、GJSH1 型单回路
转角钢管杆图例

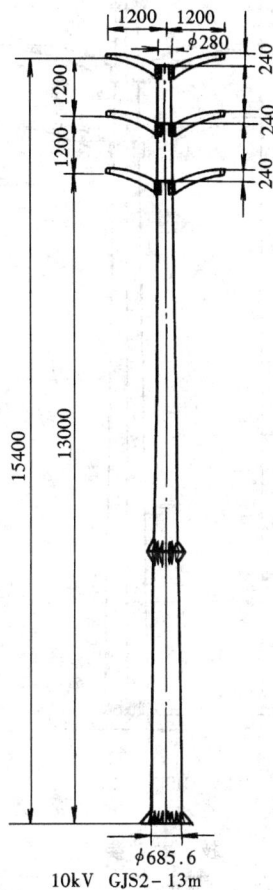

图 15 – 70　10kV、GJS2 型双回路
转角钢管杆图例

（12）10kV、GJSi3（2）型四回路转角钢管杆图例见图 15 – 71。

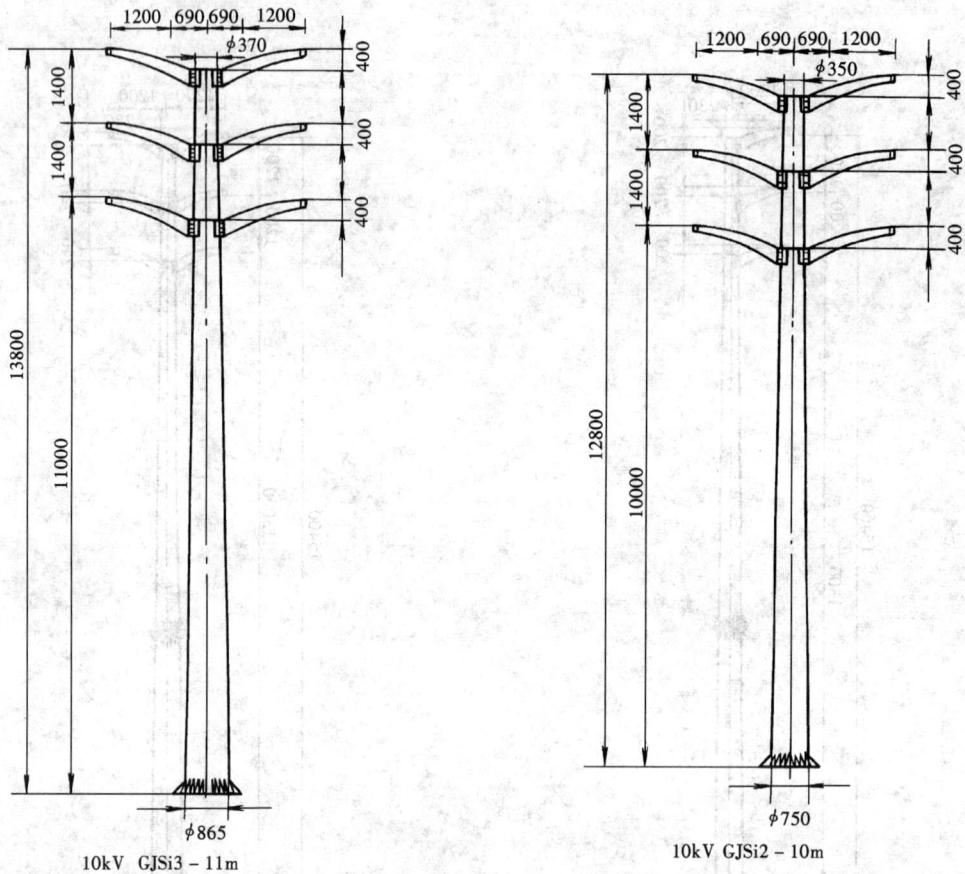

1200 690,690 1200
φ370
400
1400
400
1400
400
13800
11000
φ865
10kV GJSi3 – 11m

技 术 参 数

导　　线	LGJ – 240
档　　距（m）	100
允许转角（°）	90
最大风速（m/s）	35
质　　量（kg）	5790

1200 690,690 1200
φ350
400
1400
400
1400
400
12800
10000
φ750
10kV GJSi2 – 10m

技 术 参 数

导　　线	LGJ – 240
档　　距（m）	100
允许转角（°）	60
最大风速（m/s）	35
质　　量（kg）	4505

图 15 – 71　10kV、GJSi3（2）型四回路转角钢管杆图例

第六节　常用钢绞线、钢材、钢筋混凝土电杆技术参数

一、镀锌钢绞线技术参数

镀锌钢绞线技术数据，见表 15 – 20。

表 15 - 20   镀 锌 钢 绞 线 技 术 数 据

钢丝 1×7=7					钢丝 1×19=19				
钢绞线 直 径 （mm）	钢丝直径 （mm）	钢丝 总截面 （mm²）	质 量 （kg/100m）	钢丝总抗拉 力（不小于， kN）	钢绞线 直 径 （mm）	钢丝直径 （mm）	钢 丝 总截面 （mm²）	质 量 （kg/100m）	钢丝总抗拉 力（不小于， kg·N）
4.2	1.4	10.77	9.23	18.0	5.0	1.0	14.92	12.70	24.8
5.1	1.7	15.88	13.60	26.4	6.0	1.2	21.48	18.29	35.8
6.0	2.0	21.98	18.82	36.6	6.5	1.3	25.21	21.47	42.0
6.6	2.2	26.60	22.77	44.3	7.0	1.4	29.23	24.92	48.6
7.2	2.4	31.65	27.09	52.8	9.0	1.8	48.32	41.11	80.5
7.8	2.6	37.15	31.82	61.9	10.0	2.0	59.66	50.82	99.0
9.0	3.0	49.46	42.37	82.5	11.0	2.2	72.19	61.50	120.1
9.6	3.2	56.27	48.18	88.3	12.0	2.4	85.91	73.15	143.1
10.5	3.6	71.24	61.05	111.8	13.0	2.6	100.83	85.94	167.6
12.0	4.0	87.92	75.33	138.0	14.0	2.8	116.93	99.50	177.5
					15.0	3.0	134.24	114.40	204.0

二、热轧圆钢、扁钢、等边角钢、普通槽钢技术参数

（1）热轧圆钢技术数据，见表 15 - 21。

表 15 - 21   热轧圆钢技术数据

直 径 （mm）	质 量 （kg/m）	直 径 （mm）	质 量 （kg/m）	直 径 （mm）	质 量 （kg/m）	直 径 （mm）	质 量 （kg/m）
5	0.154	13	1.04	23	3.26	38	8.90
5.5	0.187	14	1.21	24	3.55	40	9.87
6	0.222	15	1.39	25	3.85	42	10.87
6.5	0.260	16	1.58	26	4.17	45	12.48
7	0.302	17	1.78	27	4.49	48	14.21
8	0.395	18	2.00	28	4.83	50	15.42
9	0.499	19	2.23	30	5.55	55	18.65
10	0.617	20	2.47	32	6.31	60	22.19
11	0.746	21	2.72	35	7.55	65	26.05
12	0.888	22	2.98	36	7.99	70	30.21

（2）热轧扁钢技术数据，见表 15 - 22。

表 15 - 22   热轧扁钢技术数据

宽度 （mm）	厚　　　　度（mm）											
	3	4	5	6	7	8	9	10	11	12	14	16
	理　论　质　量（kg/m）											
10	0.24	0.31	0.39	0.47	0.55	0.63	—	—	—	—	—	—
12	0.28	0.38	0.47	0.57	0.66	0.75	—	—	—	—	—	—
14	0.33	0.44	0.55	0.66	0.77	0.88	—	—	—	—	—	—
16	0.38	0.50	0.63	0.75	0.88	1.00	1.15	1.26	—	—	—	—
18	0.42	0.57	0.71	0.85	0.99	1.13	1.27	1.41	—	—	—	—
20	0.47	0.63	0.79	0.94	1.10	1.26	1.41	1.57	1.73	1.88	—	—
22	0.52	0.69	0.86	1.04	1.21	1.38	1.55	1.73	1.90	2.07	—	—
25	0.59	0.79	0.98	1.18	1.37	1.57	1.77	1.96	2.16	2.36	2.75	3.14
28	0.66	0.88	1.10	1.32	1.54	1.76	1.98	2.20	2.42	2.64	3.08	3.53

宽度(mm)	厚 度(mm)											
	3	4	5	6	7	8	9	10	11	12	14	16
	理 论 质 量(kg/m)											
30	0.71	0.94	1.18	1.41	1.65	1.88	2.12	2.36	2.59	2.83	3.36	3.77
32	0.75	1.01	1.25	1.50	1.76	2.01	2.26	2.54	2.76	3.01	3.51	4.02
36	0.85	1.13	1.41	1.69	1.97	2.26	2.51	2.82	3.11	3.39	2.95	4.52
40	0.94	1.26	1.57	1.88	2.20	2.51	2.83	3.14	3.45	3.77	4.40	5.02
45	1.06	1.41	1.77	2.12	2.47	2.83	3.18	3.53	3.89	4.24	4.95	5.65
50	1.18	1.57	1.96	2.36	2.75	3.14	3.53	3.93	4.32	4.71	5.50	6.28
56	1.32	1.76	2.20	2.64	3.08	3.52	3.95	4.39	4.83	5.27	6.15	7.03
60	1.41	1.88	2.36	2.83	3.30	3.77	4.24	4.71	5.18	5.65	6.59	7.54
63	1.48	1.98	2.47	2.97	3.46	3.95	4.45	4.94	5.44	5.93	6.92	7.91
65	1.53	2.04	2.55	3.06	3.57	4.08	4.59	5.10	5.61	6.12	7.14	8.16
70	1.65	2.20	2.75	3.30	3.85	4.40	4.95	5.50	6.04	6.59	7.69	8.79
75	1.77	2.36	2.94	3.53	4.12	4.71	5.30	5.89	6.48	7.07	8.24	9.42
80	1.88	2.51	3.14	3.77	4.40	5.02	5.65	6.28	6.91	7.54	8.79	10.05
85	2.00	2.67	3.34	4.00	4.67	5.34	6.01	6.67	7.34	8.01	9.34	10.68
90	2.12	2.83	3.53	4.24	4.95	5.65	6.36	7.07	7.77	8.48	9.89	11.30
95	2.24	2.98	3.73	4.47	5.22	5.97	6.71	7.46	8.20	8.95	10.44	11.93
100	2.36	3.14	3.93	4.71	5.50	6.28	7.07	7.85	8.64	9.42	10.99	12.56

（3）热轧等边角钢技术数据见表15-23。

表15-23　　　　　　　　　热轧等边角钢技术数据

钢号	尺寸(mm) b	尺寸(mm) d	质量(kg/m)	钢号	尺寸(mm) b	尺寸(mm) d	质量(kg/m)	钢号	尺寸(mm) b	尺寸(mm) d	质量(kg/m)
2	20	3	0.889	5.6	56	3	2.624	7.5	75	5	5.818
		4	1.145			4	3.446			6	6.905
2.5	25	3	1.124			5	4.251			7	7.976
		4	1.459			8	6.568			8	9.030
3	30	3	1.373	6	60	5	4.57			10	11.089
		4	1.786			6	5.42	8	80	5	6.211
3.6	36	3	1.656			8	7.09			6	7.376
		4	2.163	6.3	63	4	3.907			7	8.525
		5	2.654			5	4.822			8	9.658
4	40	3	1.852			6	5.721			10	11.874
		4	2.422			8	7.469	9	90	6	8.350
		5	2.976			10	9.151			7	9.656
4.5	45	3	2.088	6.5	65	6	5.93			8	10.946
		4	2.736			8	7.75			10	13.476
		5	3.369	7	70	4	4.372			12	15.940
		8	3.985			5	5.397	10	100	6	9.366
5	50	3	2.332			6	6.406			7	10.830
		4	3.059			7	7.398			8	12.276
		5	3.770			8	8.373			10	15.120
		6	4.465							12	17.898
										14	20.611
										16	23.257

注　b—边宽；d—边厚。

10kV配电工程设计手册

（4）热轧普通槽钢技术数据见表 15 - 24。

表 15 - 24 热轧普通槽钢技术数据

型 号	尺 寸（mm）			质量（kg/m）	型 号	尺 寸（mm）			质量（kg/m）
	h	b	d			h	b	d	
5	50	37	4.5	5.44	20a	200	73	7.0	22.63
6.3	63	40	4.8	6.63	20	200	75	9.0	25.77
					22a	220	77	7.0	24.99
8	80	43	5.0	8.04	22	220	79	9.0	28.45
10	100	48	5.3	10.00	25a	250	78	7.0	27.47
12.6	126	53	5.5	12.37	25b	250	80	9.0	31.39
14a	140	58	6.0	14.53	25c	250	82	11.0	35.32
14b	140	60	8.0	16.73	28a	280	82	7.5	31.42
16a	160	63	6.5	17.23	28b	280	84	9.5	35.81
16	160	65	8.5	19.74	28c	280	86	11.5	40.21
18a	180	68	7.0	20.17	32a	320	88	8.0	38.22
18	180	70	9.0	22.99	32b	320	90	10.0	43.25
					32c	320	92	12.0	48.28

注 h—高度；b—腿宽；d—腰厚。

三、钢筋混凝土电杆技术参数

（1）预应力钢筋混凝土电杆主要技术数据见表 15 - 25。

表 15 - 25 预应力钢筋混凝土电杆主要技术数据

序号	电杆规格	主 要 尺 寸				主筋钢材	混凝土体积（m³）	理论质量（kg）	标准弯矩（kN·m）
		稍径（mm）	根径（mm）	壁厚（cm）	杆长（m）				
1	Yφ150 - 9	150	270	3.5	9	A₃ 冷拔钢丝	0.173	467	12.0
2	Yφ150 - 10	150	283	3.5	10	A₃ 冷拔钢丝	0.200	540	13.0
3	Yφ190 - 10	190	323	4	10	A₃ 冷拔钢丝	0.272	734	16.0
4	Yφ190 - 12	190	350	4	12	A₃ 冷拔钢丝	0.347	937	19.0
5	YS190 - 9	190	310	5	9	高强钢丝	0.283	764	24.5
6	YX310 - 6	310	390	5	6	高强钢丝	0.283	764	49.0
7	YX310 - 9	310	430	5	9	高强钢丝	0.452	1220	59.0
8	YS230 - 9	230	350	5	9	高强钢丝	0.339	915	34.0
9	YX350 - 9	350	470	5	9	高强钢丝	0.509	1394	69.0
10	Yφ300 - 6	300	300	5	6	高强钢丝	0.233	637	30.0
11	Yφ300 - 9	300	300	5	9	高强钢丝	0.353	953	30.0
12	Yφ400 - 6	400	400	6	6	高强钢丝	0.385	1040	59.0

注 安全系数 $K \geqslant 1.8$，锥度为 1/75。

（2）普通钢筋混凝土电杆主要技术数据见表 15 - 26。

表 15 - 26　　　　　　　　　普通钢筋混凝土电杆主要技术数据

序号	电杆规格	主要尺寸				混凝土体积 (m³)	理论质量 (kg)	标准弯矩（配筋/弯矩，kN·m）			
		稍径 (mm)	根径 (mm)	壁厚 (cm)	杆长 (m)						
1	φ150 - 8	150	257	4	8	0.165	446	24φ5.5/11.6			
2	φ150 - 9	150	270	4	9	0.192	518	24φ5.5/12.4			
3	φ150 - 10	150	283	4	10	0.222	600	28φ5.5/15.1	24φ5.5/13.0		
4	φ190 - 8	190	297	5	8	0.243	656	12φ12/17.2	12φ14/22.7		
5	φ190 - 9	190	310	5	9	0.283	764	12φ12/18.0	14φ12/21.1	12φ14/24.1	14φ14/27.7
6	φ190 - 10	190	323	5	10	0.324	875	12φ12/19.0	12φ14/25.2		
7	φ190 - 12	190	350	5	12	0.415	1120	12φ12/20.9	12φ14/27.8		
8	S230 - 9	230	350	5	9	0.339	915	12φ14/28.4	14φ14/32.8	12φ16/36.1	14φ16/41.5
9	S230 - 12	230	390	5	12	0.490	1323	12φ14/38.6	12φ16/40.8	14φ16/46.9	16φ16/52.8
10	X310 - 6	310	390	5	6	0.283	764	16φ12/33.2	14φ14/37.8	16φ14/42.7	14φ16/48.1
11	X310 - 9	310	430	5	9	0.452	1220	14φ14/42.9	16φ14/48.5	14φ16/54.6	16φ16/61.6
12	X350 - 9	350	470	5	9	0.509	1374	16φ14/54.3	14φ16/61.3	16φ16/69.0	18φ16/76.9
13	X390 - 9	390	510	5	9	0.565	1526	18φ14/67.1	16φ16/76.7	18φ16/85.5	20φ16/93.8
14	Z390 - 6	390	470	5	6	0.358	967	14φ16/61.3	16φ16/69.1	18φ16/76.9	20φ16/84.3
15	X470 - 6	470	550	5	6	0.433	1169	16φ16/84.3	18φ16/93.8	20φ16/103.0	22φ16/112.3

注　1. φ—整根杆；S—上段；Z—中段；X—下段。

　　2. 锥度为 1/75；φ5.5 为冷拔钢丝；安全系数 K≥1.7。

10kV 配电工程设计手册

第十六章

防 雷 保 护

第一节 雷 云 生 成

　　无风的夏天，当太阳把地面晒得很热的时候，地面空气受热变轻。由于太阳几乎不能直接使空气变热，所以上部空气仍然是冷的。这样地面上的热空气就要上升，同时还带着土壤中一部分水分变成的水蒸气上升。在炎热的夏天，地平线远处的物体看上去都似乎有发抖的现象，这就是存在上升气流的证明。由于山丘上热得要比森林及河流区域更厉害些，所以在有凸出的山丘的地方就最容易形成这种上升的气流（见图16-1）。这时山丘上的空气受热上升，它的四周平原或森林上比较冷的空气因为压力及密度比较大就向压力比较小的山丘上流动，到了山丘上又得到增温上升，这样就在山丘上形成连续不断地垂直上升的气流。这些上升的气流流到高空后遇到两种情况：第一是高空气压较低；第二是高空温度较低，测量证明大约每高 1km 温度下降

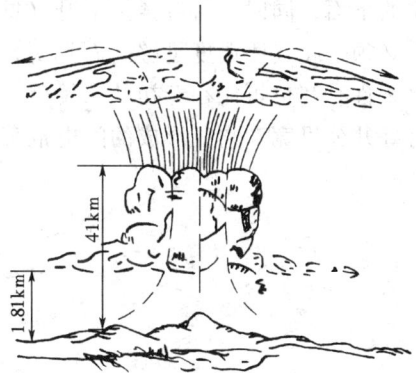

图 16-1　热雷云的形成

6℃。上升的气流进入比较稀薄的大气层就逐渐膨胀而冷却，同时高空区域又很冷，于是气流中的水蒸气开始凝成小水滴，形成大块的积云，如图16-2所示。如果地面晒得不十分热而且水份也不多的话，这种积云到了晚上就消失了。因为太阳越接近地平线，则照射到地面上的热量就越少，空气上升的运动减弱，积云失去了上升的气流的支持就要下降、增温而消失到大气中。此时不会形成雷闪。

图 16-2　淡积云

图 16-3　浓积云

　　但是当天气炎热而且空气中水份又很多时，情况就不同了。此时强烈的潮湿气流上升到

图 16 - 4 积雨云

2～5km 的高空，就会形成浓积云（见图 16 - 3），此时云中水汽凝结时所放出来的潜热很大，使得上升的气流仍然比周围空气热，于是云的发展将继续下去，最后变成巨大的乌云。由于它的厚度很大（甚至达数千米），太阳光不能透过，所以颜色成乌黑色。这样形成的乌云叫积雨云，见图 16 - 4。它是有区域性的，范围较小，通常在午后发生。在我国华北及西北一带这种积雨云发生得很多。一般来说，这种闪雷危害性不很大。

除了上面所说的由于垂直气流形成的积雨云外，水平移动的气流也会形成雷云。

当冷气团或暖气团移动时，在其相遇的前锋交界面上，冷气团因为比重较大而留在暖气团的下面，同时把后者猛抬上升（见图 16 - 5），于是便形成积云。这时要形成巨大的乌云，也必须是暖气团温度足够高而且所含水蒸气相当多。因此这种乌云也大多在夏季形成。但如果条件有利也可能在春初秋末发生。这种雷云叫做锋面雷云。锋面雷云波及范围较大，可以有好几公里宽。它所形成的闪电危害性较大。

图 16 - 5 锋面雷云

雷云常随高空气流而流动，因此它流动的方向可能与地面的风向相反。我国雷云移动的方向在华北多自西北而向东南，华中以向西或西南为常见，东北多为自西而东。积雨云要比锋面雷云移动得慢，有时几乎停在一个地方徘徊几个小时之久。锋面雷云流动速度可达 100～170km/h，因此它们在一个地区所形成的雷雨通常 15～20min 内就结束了。

第二节　雷　电　生　成

积雨云越往高空发展，云顶温度越低，当积雨云上部温度降到 - 20℃以下时，一般雷电开始出现。

雷电的形成是云体带电的结果。观测表明：积雨云的云顶主要带正电荷，中下部多带负电荷，最底部上升气流强盛区域又带正电荷。这种电场形势是怎样形成的呢？

我们知道，在一定高度以上气温极低，云中的水以一个个小冰晶形式存在。当这些小冰晶的两头有温度差异时，热的一头自由活动的 H^+ 离子和 OH^- 离子多，两种离子就会向冷的一头扩散。但是，H⁺离子比OH⁻离子扩散得快，不久，冷的一头就出现H⁺离子过剩的现象。这就使得小冰晶冷的一头带正电，热的一头带负电。由于气流的冲击等原因，小冰晶一旦从中间断裂，正、负电荷分离，这就是所谓的冰晶温差起电。

在积雨云中，一般都有霰粒（也叫雹子）存在，它实际上是个小冰球。当霰粒与冰晶相碰时，由于短时的接触摩擦，霰粒表面的局部温度升高，霰粒表面带有负电，冰晶则带有正电。一旦二者碰撞后马上分开，也会产生正、负电荷的分离。

另一方面，当积雨云中低于0℃的云滴与霰粒表面碰撞时，云滴外部生成一个冰壳，而内部仍是液态水，表面温度不同，使冰壳内外呈正负电性。一旦云滴内部的水也冻结起来，冰壳就会膨胀破裂成碎屑，碎屑带正电荷飞散出去，霰粒上则带负电荷。

冰晶与冰屑一般较小、较轻，霰粒一般较大、较重。在重力作用下，云的上部大多是冰晶冰屑，带正电；云的中下部大多是霰粒，带负电。在云底负电的感应作用下，使地面又带正电荷。在云底上升气流强烈区域，上升气流将地面正电荷带到云底，因而常带正电荷。

积雨云中起电作用剧烈地进行着，云体内正负电荷区之间，云底与地面之间，电位差越来越大。当电位差大到每厘米几十千伏特时，就会产生击穿云雾的放电现象，这就是闪电。

闪电的电流是在几毫秒内释放的，在这一刹那，闪电通道上的空气急剧增温，它的温度可高达15000℃以上，造成空气急速膨胀，因而形成强烈的爆炸，爆发出巨大的响声，这就是雷。雷声与闪电是同时产生的，但由于闪电传播的速度是30万km/s，而雷声的传播速度仅有340m/s，所以我们总是先看到闪电，后听到雷声。记录闪电与听到雷声的时间间隔，我们就可以计算出雷电源与我们的大致距离。

雷电按其发生的母体，可以分为两类。一是发生在空中云体内部或云体之间的"横闪"；另一类是发生在云块与地面之间的"竖闪"，也就是落地闪，也叫落地雷。落地雷的强大电流及其炽热的高温与猛烈的冲击波，具有强大的破坏力。而"横闪"的破坏力却难以到达地面。

带电的云块对大地也有静电感应，此时云块下的大地感应出异号的电荷，两者组成了一个巨大的"电容器"。雷云中电荷的分布不是均匀的，而是形成许多堆积中心。因而无论是在云中或是在云对地之间，电场强度都不是到处一样的。当云中电荷密集处的电场达到25~30kV/cm时，就会由云向地开始了先导放电。当先导放电到达"电容器"的另一"极"时，产生强烈的"中和"，出现极大的电流，这就是雷电的主放电阶段，雷鸣和闪光都伴随着出现。主放电存在的时间极短，约50~100μs（μs——百万分之一秒），主放电的过程是逆着先导通路发展的，速度约为光速的1/20~1/2，相当于主放电的电流可达数十万安，是全部雷电流中最主要的部分。主放电到达云端时就结束了，然后云中的残余电荷经过主放电通道流下来，称为余光阶段。由于云中电阻较大，余光阶段对应的电流不大（约数百安），持续的时间却较长（0.03~0.15s）。

由于云中可能同时存在着几个电荷中心，所以第一个电荷中心的上述放电完成之后，可能引起第二个、第三个中心向第一个通道放电，因之雷电往往是多重性的。每次放电相隔600μs到0.8s，放电的数目平均为2~3次，最多曾记录到42次。但第二次及以后的放电电流一般较小，不超过30kA。图16-6是用底片迅速转动的照像设备拍得的雷电放电过程图。

雷电的一般特性如下。

（1）雷云体积，雷云底部高1~2km，最低150m，厚度最高9km，长度3~5km，最高64km。

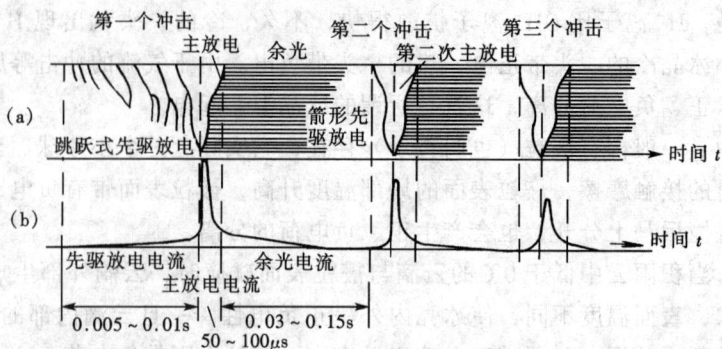

图 16-6　雷电放电过程

（2）雷云电荷，负雷平均电荷 22.2C，正雷平均电荷 44.5C，极性改荡的雷平均 120C。

（3）雷云电位，10～100kV。

（4）雷云放电电流，主放电电流 100～200kA，最大 230kA，最小 2.5kA，第二、三次放电电流 30kA。

（5）雷云放电电流陡度，12kA/μs，最大 50kA/μs，最小 1.3kA/μs。

了解雷电的特性，对设计防雷方式、计算防雷水平，是非常有用的。

第三节　雷电效应与危害

（1）引燃效应。雷电放电通道的温度可达数万摄氏度，它碰到可燃物体时，能引起后者燃烧，如木屋顶、麦草堆顶、薄铁皮屋顶等。

（2）发热效应。发热能使金属熔化，如烧断架空导线、烧溶沙土等。

（3）生理效应。雷击生物时发生烧伤或死亡。有时虽无发现外伤，但解剖后发现是心脏或脑子麻痹为致命原因。

（4）机械效应。由于闪电通道温度很高，所以当它流经木材内部纤维缝或砖结构缝隙时，可使空气剧烈膨胀，同时使水分或其他物质分解为气体，因之呈现极强大的机械力，如把树木劈成碎片，使木块飞出几十米远。

（5）破坏绝缘。雷击电器设备时破坏正常绝缘，引致工频放电，如雷击绝缘子，引致工频闪络，建弧跳闸，造成停电。这是人们最关心的。

（6）静电感应。在雷云对地面放电的先导阶段时，先导体中充满了与雷云同步的电荷，当它离建筑物比较近时，就会在建筑物的某一部分，如铁屋顶上感应出电荷。此时屋顶的电位升高，可能发生铁屋顶与其他金属物之间的放电。

（7）电磁感应。发生雷击时，由于雷电流很大，电流的变化又极其迅速，所以在空中的磁力线变化极快，使其附近环链的金属感应出电势。如果为开口金属环，就会在开口处放电；如果为闭口金属环，就会产生环流，环流中电阻大的地方会发热或引燃。

（8）雷电的波作用。雷电击中导线时，放电电荷会沿导线两侧以电磁波形式传播开去，沿导线产生高电压，特别是当开关断开时因波反射作用，电压更高，遇到绝缘薄弱处造成放电。

第四节　配电防雷特点

（1）配电设备数量多，分布广、价格不贵，更换容易，造成停电的损失不会很大，因此配电防雷保护要简单、经济、易行。

（2）配电设备的绝缘级数低，容易发生雷击事故。

（3）配电设备的工作电压低，雷击之后不容易建弧。

（4）配电设备高度一般在15m以下，与附近树木或建筑物相比不算高，直击雷的机会比较小。

第五节　防雷保护方式

一、变电所配电装置

（1）变电所的3～10kV配电装置（包括电力变压器），应在每组母线和架空进线上装设阀型避雷器（分别采用变电所和配电型），并应采用图16-7所示的保护接线方式。母线上阀型避雷器与主变压器的电气距离不宜大于表16-1所列数值。

（2）架空进线全部在厂区内，且受到其他建筑物屏蔽时，可只在母线上装阀型避雷器。

（3）有电缆线段的架空线路，阀型避雷器应装设在电缆头附近，其接地端应和电缆金属外皮相连。如各架空进线均有电缆段，则阀型避雷器与主变压器的最大电气距离不受限制。

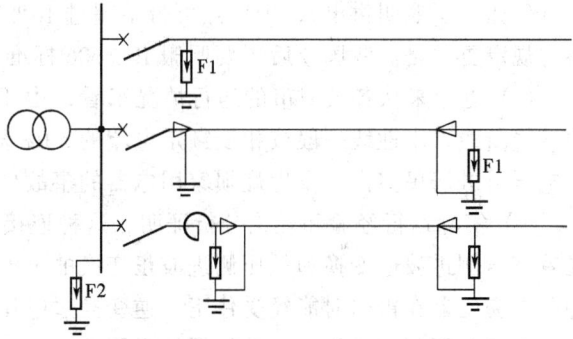

图16-7　3～10kV配电装置防雷电侵入波的保护接线图

表 16-1　　　　　　　　　阀型避雷器与3～10kV主变压器的最大电气距离

雷季经常运行的进线回路数	1	2	3	4 及以上
最大电气距离（m）	15	20	25	30

（4）阀型避雷器应以最短的接地线与变电所、配电站的主接地网连接（包括通过电缆金属外皮连接）。阀型避雷器附近应装设集中接地装置。

（5）3～10kV配电站，当无站用变压器时，可仅在每路架空进线上装设阀型避雷器。

二、配电变压器

（1）配电变压器的高、低压侧均应装设阀型避雷器保护。

（2）阀型避雷器应尽量靠近变压器装设，其接地线应与变压器低压侧中性点（中性点不接地时则为中性点的击穿保险器的接地端）以及金属外壳等连在一起接地。

（3）Y，yn和Y，y接线的配电变压器，宜在低压侧装设一组阀型避雷器或击穿熔断器，以防止反变换波和低压侧雷电侵入波击穿高压侧绝缘。但厂区内的配电变压器可根据运行经验确定。

(4) 常用三种变压器连接组别标号的优缺点和防雷要求。

1) 连接组标号 Y, yn0 的优缺点。

(a) 绕组导线截面较大, 绕组的空间利用率高, 材料用量较少, 制造成本较低。

(b) 由于三相的三次谐波电流不能在高压侧 Y 接法的绕组内流通, 励磁电流近于正弦波形, 主磁通及相电势将不是正弦波形。但对三相三柱铁心结构, 三次谐波磁通从铁心向外, 通过绝缘油等非铁磁介质以及油箱壁形成闭合回路, 磁阻很大, 三次谐波磁通很小 (一般为基波磁通的 5% 以下), 所以主磁通和相电势仍接近正弦波形。不过三次谐波磁通将在油箱壁等钢结构件中产生损耗。

(c) 低压侧三相负荷不平衡时, 除了三相的阻抗电压不同外, 由于中性线内有零序电流, 各相高、低压绕组的磁势不相等, 有剩余零序磁势, 从而产生零序磁通。同上所述, 由于零序磁通与三次谐波磁通的闭合回路相同, 零序磁通和零序电势都较小。按国家标准 GB 1094.1 ~ 5—1985 规定: 中性线电流不超过额定电流的 25% 时中性点偏移很小, 对运行影响不大。不过零序磁通将在油箱壁等钢结构件中产生损耗。

(d) IEC 606—1978《电力变压器应用导则》7.2.1b (2) 规定: 由于要维持电压的对称性 (例如为了照明供电), 中性点可带不超过 10% 额定电流的连续负载。可见国际电工委员会的规定更严格。我国今后还要照搬 IEC 606 标准, 对此应予重视。

(e) 近年来从各大城市的运行情况来看, 由于配电变压器低压侧三相负荷严重不平衡, 中性线断线 (中性线一般按相线额定电流的 50% 设计), 往往导致中性点电位偏移过多, 将高电压引进居民室内, 发生烧损家用电器的事故, 而且对居民人身安全构成潜在危害。

(f) 实际运行经验和理论分析证明, 这种连接组标号的配电变压器的防雷性能较差, 存在着高压侧进波逆变换和低压侧进波正变换的过电压问题, 所以雷击的损坏率较高。为使这种配电变压器在雷击时能经受住正、逆变换过电压, 不仅要求安装地点的接地电阻低, 而且在变压器低压侧也要设置完善的保护元器件。

2) 连接组标号 Y, zn11 的优缺点。

(a) 低压绕组 z 接法与 y 接法比较, 在理论上单是低压绕组的导线要多用 15.5%。实际上, 由于低压绕组放在高压绕组的里面, 低压绕组体积增大后高压绕组和铁心的材料用量都随之增加。据分析, 50 ~ 500kVA 配电变压器采用 Y, zn11 的制造成本比采用 Y, yn0 的要相应增加 17% ~ 5%, 即额定容量越小, 制造成本增加越多。

(b) 低压绕组 z 接法, 在每个铁心柱上绕有匝数相等的两半 (线匝), 由每一相的上一半与另一相的下一半反接串联而成, 当雷电流通过时两半的磁势大小相等而方向相反, 雷电流在每个铁心柱上的总磁势几乎等于零, 因此在高压绕组中就不会感应出高电压, 从而消除了正、逆变换过电压。所以, Y, zn11 的配电变压器防雷性能甚好。

(c) 同理, 低压绕组 z 接法, 在相电压中无三次谐波分量。

(d) 同理, 低压绕组 z 接法, 在低压侧三相负载不平衡时由于所需要的零序系统的平衡安匝可在绕组自身中产生, 所以其中性线电流可允许达到额定电流的 100% (参见 IEC 606—1978《电力变压器应用导则》7.3 条)。

3) 连接组标号 D, yn11 的优缺点。

(a) 高压绕组 D 接法与 Y 接法比较, 匝数增加, 导线截面较小, 绕组的空间利用率低; 由于高压绕组体积增大, 铁心的材料用量随之增加。另外, 配电变压器的额定容量较小时,

10kV 配电工程设计手册

高压绕组的机械强度较差。据分析，50～500kVA 配电变压器采用 D，yn11 的制造成本比采用 Y，yn0 的要相应增加 10%～2%，即额定容量越小，制造成本增加越多；额定容量大于 500kVA 时，两者制造成本几乎相同。

（b）由于三次谐波电流可以在 D 接法高压绕组的闭合回路内流通，所以相电压中没有三次谐波分量（绕组的短路阻抗较小，三次谐波电压降忽略不计）。

（c）由于雷电流可以在 D 接法高压绕组的闭合回路内流通，雷电流在每个铁心柱上的总磁势几乎等于零，消除了正、逆变换过电压。所以，D，yn11 的配电变压器防雷性能良好。

（d）在低压侧三相负载不平衡时，零序电流在每个铁心柱上的总磁势几乎等于零，所以低压侧中性线电流可允许达到额定电流的 100%（参见 IEC 606—1978《电力变压器应用导则》7.2.4 条）。

4）连接组标号的选用。

前苏联制定变压器标准 ГОСТ401－41 时正处在卫国战争年代，物资相当贫乏，当时的设计原则是要以最少的材料制造出最多的变压器以满足国民经济增长的需要，因此配电变压器在限定的使用条件下采用 Y，yn0 是适宜的。解放初期，我国经济相当落后，在当时的路线方针政策的指引下沿用前苏联标准也是合情合理的。

现在，我国经过八个五年计划的建设，有了一定的物质基础，在市场经济的新形势下配电变压器的连接组标号问题应该从长计议，不能单纯从制造成本最低出发来制定标准，而应对配电变压器进行全面的评估，从制造成本、使用性能、运行效率以及运行可靠性等多方面综合考虑。

综上所述，通过三种连接组标号的对比，建议按下列方案选用连接组标号。

（a）配电变压器低压侧负荷中三相动力负荷占其额定容量的 80% 及以上时，可选用 Y，yn0。配电变压器低压侧负荷不论性质如何，三相负载基本上保持平衡，或者其中性线电流不超过额定电流的 10% 时，亦可选用 Y，yn0。为保证安全运行，低压侧必须装设完善的防雷保护器件。

（b）配电变压器低压侧负荷中居民单相用电器负荷占其额定容量的 50% 及以上时，宜选用 D，yn11。若配电变压器的额定容量为 315～400kVA 及以下时，更宜选用 Y，zn11。

（c）配电变压器使用地点的接地电阻较大，且属多雷地区时，宜选用 D，yn11。若配电变压器的额定容量为 315～400kVA 及以下时，更宜选用 Y，zn11。

必须指出，Y，zn11 或 D，yn11 配电变压器低压侧的中性点套管应按额定电流设计。

三、柱上断路器、负荷开关、隔离开关等

（1）柱上断路器、负荷开关应装设阀型避雷器保护。经常断路运行而又带电的柱上断路器、负荷开关、隔离开关，应在其带电侧装设阀型避雷器，其接地线应与柱上断路器等的金属外壳连接，且接地电阻不应超过 10Ω。

（2）装设在架空线路上的电容器宜装设阀型避雷器保护。

四、架空线路

（1）钢筋混凝土杆线路一般采用瓷横担；如采用铁横担，宜采用高一级绝缘水平的绝缘子，并尽量以较短的时间切除故障，以减少雷击跳闸和断线等事故。

（2）架空线路应尽量采用自动重合闸。

(3) 与架空线相连接的长度超过 50m 的电缆，应在其两端装设阀型避雷器或保护间隙；长度不超过 50m 的电缆，只在任何一端装设即可。

第六节 避 雷 器

(1) 型号说明如下：

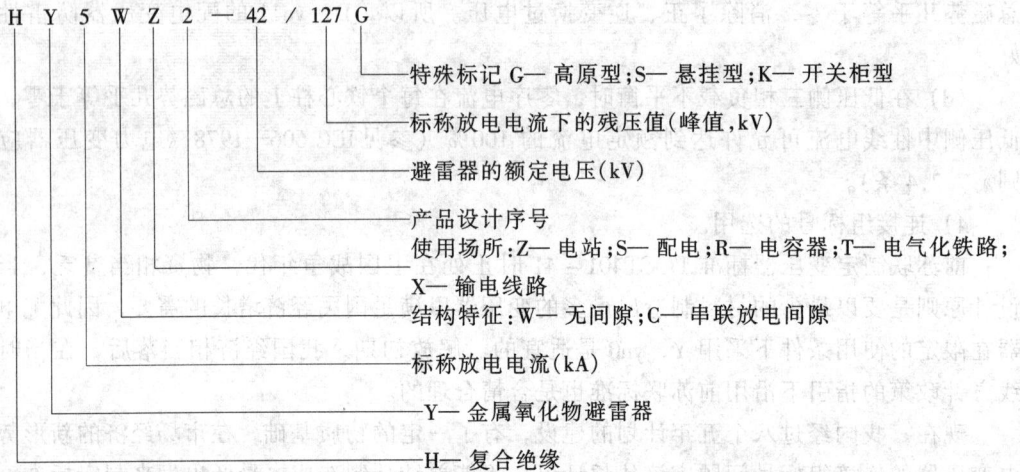

```
H Y 5 W Z 2 — 42 / 127 G
                        └── 特殊标记 G— 高原型;S— 悬挂型;K— 开关柜型
                      └──── 标称放电电流下的残压值(峰值,kV)
                   └─────── 避雷器的额定电压(kV)
               └─────────── 产品设计序号
             └───────────── 使用场所:Z— 电站;S— 配电;R— 电容器;T— 电气化铁路;
                            X— 输电线路
         └───────────────── 结构特征:W— 无间隙;C— 串联放电间隙
       └─────────────────── 标称放电电流(kA)
     └───────────────────── Y— 金属氧化物避雷器
   └─────────────────────── H— 复合绝缘
```

HY5WZ2 型避雷器正常使用条件为：适用于户内或户外；环境温度为 -40℃ ~ +40℃；海拔高度不超过 2500m；交流系统的额定频率为 48~62Hz；风速在 35m/s 以内；地震列度为 7 度以下地区；运行电压不超过产品规定的持续运行电压值。

非正常运行条件的产品根据供需双方协议提供。

(2) 合成绝缘外套型金属氧化物避雷器，由于其外套具有良好的憎水、耐污、防爆和密封等性能，且体积小、质量轻、易于安装，已广泛应用于变电及配电设备的过电压保护。其主要技术参数见表 16-2，外形见图 16-8。

表 16-2　　　　合成绝缘外套型无间隙金属氧化物避雷器主要技术参数

产品型号	系统额定电压 (kV)	避雷器额定电压 (kV)	持续运行电压 (kV)	直流 1mA 参考电压 (不小于, kV)	雷电冲击残压 (不大于, kV)	操作冲击残压 (不大于, kV)	陡波冲击残压 (不大于, kV)	2ms 方波冲击容量 (A)	4/10μs 冲击电流 (不小于, kA)	备注
HY5W - 7.6/30	6	7.6	4.0	15	30	25.5	34.5	100	100	
HY5W - 12.7/50	10	12.7	6.6	25	50	42.5	57.5	100	100	配电
HY5W - 16.5/50	10	16.5	12.7	26	50	42.5	57.5	100	100	
HY5WZ - 7.6/27	6	7.6	4.0	14.4	27	23	31	150, 400	100, 150	
HY5WZ - 12.7/45	10	12.7	6.6	24	45	38.3	51.8	150, 400	100, 150	电站
HY5WZ - 16.5/45	10	16.5	12.7	25	45	38.3	51.8	150, 400	100, 150	
HY5WR - 7.6/27	6	7.6	4.0	14.4	27	20.8	/	400, 600	150	
HY5WR - 12.7/45	10	12.7	6.6	23	45	35	/	400, 600	150	电容器
HY5WR - 16.5/45	10	16.5	12.7	24	45	35	/	400, 600	150	

产品型号	系统额定电压(kV)	避雷器额定电压(kV)	持续运行电压(kV)	直流1mA参考电压(不小于,kV)	雷电冲击残压(不大于,kV)	操作冲击残压(不大于,kV)	陡波冲击残压(不大于,kV)	2ms方波冲击容量(A)	4/10μs冲击电流(不小于,kA)	备注
HY5W－42/128	35	42	23.4	73	128	108	146	200，400	150	
HY5W－42/134	35	42	23.4	73	134	114	154	200，400	150	电站
HY5W－54/134	35	54	41	78	134	114	154	200，400	150	

图 16－8　合成绝缘外套型无间隙金属氧化物避雷器外形图

（3）额定电压 7.6～16.5kV 无间隙金属氧化物避雷器适用于 6～10kV 中性点非有效接地、经小电阻接地、经高阻接地和直接接地系统，是电力系统电站及配电设备免受过电压损害的主要保护电器。采用了特殊技术措施和结构，避雷器既不会发生内部沿面闪络、又不会因闪络而建立电弧，杜绝了瓷套型避雷器因内部闪络而引起的爆炸。其主要技术参数见表 16－3。

表 16－3　　　　　　6～10kV 瓷套式无间隙金属氧化物避雷器主要技术参数

产品型号	系统额定电压(kV)	避雷器额定电压(kV)	持续运行电压(kV)	直流1mA参考电压(不小于,kV)	雷电冲击残压(不大于,kV)	操作冲击残压(不大于,kV)	陡波冲击残压(不大于,kV)	2ms方波冲击容量(A)	4/10μs冲击电流(不小于,kA)	备注
Y5W－7.6/30	6	7.6	4.0	15	30	25.5	34.5	100	100	
Y5W－7.6/30FT	6	7.6	4.0	15	30	25.5	34.5	100	100	
Y5W－12.7/50	10	12.7	6.6	25	50	42.5	57.5	100	100	
Y5W－16.5/50	10	16.5	12.7	26	50	42.5	57.5	100	100	配电
Y5W－12.7/50FT	10	12.7	6.6	25	50	42.5	57.5	100	100	
Y5W－16.5/50FT	10	16.5	12.7	26	50	42.5	57.5	100	100	
Y5WZ－12.7/45	10	12.7	6.6	24	45	38.3	51.8	150，400	100，150	
Y5WZ－16.5/45	10	16.5	12.7	25	45	38.3	51.8	150，400	100，150	电站
Y5WZ－12.7/45FT	10	12.7	6.6	24	45	38.3	51.8	150，400	100，150	
Y5WZ－16.5/45FT	10	16.5	12.7	25	45	38.3	51.8	150，400	100，150	

（4）由于发电机绝缘的冲击强度比较弱，宜采用残压低、保护特性好的无间隙金属氧化物避雷器，保护直接与架空线路连接的发电机，可以免受大气过电压的损坏。

断路器开断高压感应电动机时，由于电弧强制熄弧或重燃，可产生截流。若不采用适当保护措施，电动机定子的绝缘就可能损坏。在发电厂、炼钢厂等使用场所，保护电动机的无间隙金属氧化物避雷器已取得了良好的保护效果。

为了提高运行的可靠性，发电机及电动机保护用无间隙金属氧化物避雷器还安装有防爆脱离装置。其主要技术参数见表 16 - 4，外形见图 16 - 9。

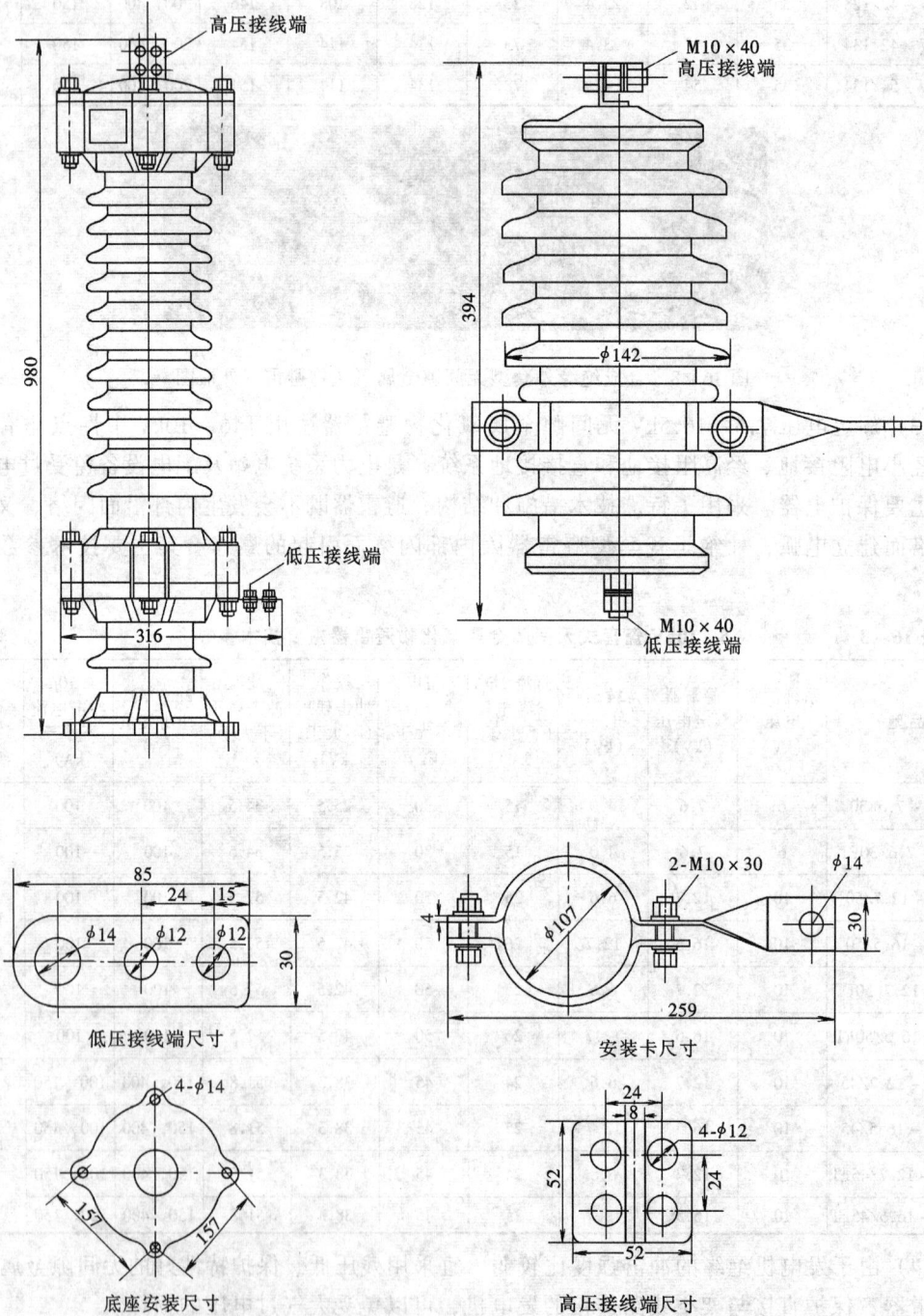

图 16 - 9 发电机、电动机保护用无间隙氧化物避雷器外形图

表 16 – 4　发电机、电动机及发电机中性点保护用无间隙氧化物避雷器主要技术参数

产品型号	系统额定电压（kV）	避雷器额定电压（kV）	持续运行电压（kV）	直流 1mA 参考电压（不小于，kV）	雷电冲击残压（不大于，kV）	操作冲击残压（不大于，kV）	陡波冲击残压（不大于，kV）	2ms 方波冲击容量（不小于）（A）	4/10μs 冲击电流（不小于，kA）	备注
Y2.5W – 7.6/19	6.3	7.6	4	11.5	19	15	21.9	200，400	150	发电机
Y2.5W – 12.7/31	10.5	12.7	6.6	18.9	31	25	35.7	200，400	150	
Y2.5W – 16.7/40	13.8	16.7	9	24.8	40	32	46	200，400	150	
Y2.5W – 19/45	15.75	19	10	28.2	45	36	51.8	200，400	150	
Y2.5W – 7.6/19FT	6.3	7.6	4	11.5	19	15	21.9	200，400	150	电动机
Y2.5W – 12.7/31FT	10.5	12.7	6.6	18.9	31	25	35.7	200，400	150	
Y2.5W – 16.7/40FT	13.8	16.7	9	24.8	40	32	46	200，400	150	
Y2.5W – 19/45FT	15.75	19	10	28.2	45	36	51.8	200，400	150	
Y1W – 2.3/6	3.15	2.3	/	3.4	6	/	/	400	150	电机中性点
Y1W – 4.6/12	6.3	4.6	/	6.9	12	/	/	400	150	
Y1W – 7.6/19	10.5	7.6	/	11.3	19	/	/	400	150	

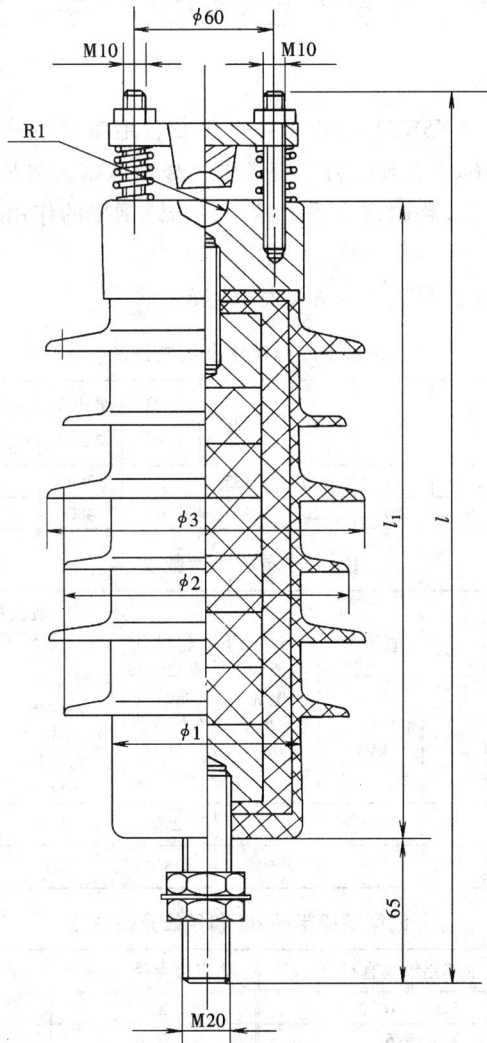

图 16 – 10　P – L 外形图

（5）低压避雷器主要技术参数见表 16-5，外形见图 16-10。

表 16-5 　　　　　　　　　　　　　　**低压避雷器主要技术参数**

| 型号 | 避雷器额定电压（kV） | 系统标称电压（kV） | 避雷器持续运行电压（kV） | 直流参考电压 U_{1mA} 1mA D.C（不小于，kV） | 残压（峰值，kV） | | | 通流容量 | | 漏电流 0.75U_{1mA}（不大于，μA） | 爬电比距（不小于，mm/kV） | 外形尺寸 | | | 质量（kg） |
					雷电冲击电流 8/20 1.5kA	陡波冲击电流 1/10 1.5kA	操作冲击电流 30/60 0.1kA	2ms 方波（A）	4/10μs 大电流（kA）			安装高度 H（mm）	结构高度 h（mm）	最大裙径 $\phi 1$（mm）	
HY1.5WS2 -0.28/1.3	0.28	0.22	0.24	0.6	1.3	1.49	1.1	100	10	50	250	65	32	65	0.2
HY1.5WS2 -0.5/2.6	0.5	0.38	0.42	1.2	2.6	2.98	2.2	100	10	50	156	65	32	65	0.2
ZB-1.0	220			1.2	2.6			600	65	50	100MΩ	115	44	112	0.6

第七节　复合绝缘线路针式绝缘子—避雷器

一、用途

HY5WS2-10/33-P3、HY5WS2-17/56-P3 型复合绝缘线路针（柱）式绝缘子—避雷器（缩写为 P-L），用于 6~10kV 交流电力系统各种污秽地区雷害事故频繁的架空电力线路中，具有限制雷电过电压、提高线路耐雷水平、减少雷击跳闸率的作用。

二、结构与性能

绝缘子的外形结构、性能见表 16-6~表 16-8。

表 16-6 　　　　　　　　　　**绝缘子外形尺寸及机械性能**

型　号	l	l_1	Φ_1	Φ_2	Φ_3	裙数（个）	最小爬电距离	弯曲耐受负荷（不小于，kN）	弯曲破坏负荷（不小于，kN）
HY5WS2-10/33-P3	320	210	80	120	135	5	380	3.0	13.3
HY5WS2-17/56-P3	370	260	80	120	135	6	480	3.0	13.3

表 16-7 　　　　　　　　　　　　**P-L 主要技术参数表**

| 型号 | 产品额定电压（kV） | 系统额定电压（kV） | 持续运行电压（kV） | 直流参考电压 U_{1mA}（不小于，kV） | 0.75U_{1mA}下泄漏电流（不小于，μA） | 绝缘电阻 2500V 兆欧表（不小于，MΩ） | 通流容量 | | 残压 雷电冲击电流下 8/10μs 5kA下（不大于，kV） | 外绝缘标准雷电冲击全波耐受电压（不小于，kV） |
							长持续电流冲击 2ms 方波 18 次（不小于，A）	大电流冲击 4/10μs 2次（不小于，kA）		
HY5WS2-10/33-P3	10	6	8	19	50	2500	200	100	33	125
HY5WS2-17/56-P3	17	10	13.6	33	50	2500	200	100	56	150

表 16-8 　　　　　　　**导线固定槽半径 R1 和导线直径对照**

固定槽半径（mm）	铝绞线或钢芯铝绞线直径（mm）	固定槽半径（mm）	铝绞线或钢芯铝绞线直径（mm）
3.5	5.1~7.0	8.5	14.5~17.5
5.0	7.5~9.6	11.0	18.1~22.0
7.0	10.8~14.0		

10kV 配电工程设计手册

本系列绝缘子—避雷器是由金属氧化物非线性电阻片和玻璃钢构成。首先用特殊工艺将金属氧化物电阻片连成一个整体，然后再用特殊工艺将玻璃钢制备在电阻片周围，这样形成了陶瓷和玻璃钢的复合绝缘子杆体。复合杆体抗弯、抗拉性能较单一材料优异。然后将硅橡胶一次硫化到杆体周围，制备成防雷型复合绝缘子式避雷器。该绝缘子和传统陶瓷绝缘子相比，具有如下优异特性。

（1）具有高抗弯性能，同类瓷绝缘子的弯曲耐受负荷为 1.4、2.0、3.0kN。本产品最大弯曲耐受负荷达到 3.0kN。

（2）采用硅橡胶材料作为外绝缘，具有优异的外绝缘性能。抗污能力强，采取大爬距，可用于任何污秽地区和高原地区。

（3）提高线路的耐雷水平，减少雷击跳闸率。线路遭受雷击时，避雷器导通，泄放雷电流能量。

（4）安装方便，以往为解决雷击跳闸曾采取多种办法，但均未取得理想效果。采用本产品避雷器作线路保护，能取得较好效果，只要将原有瓷绝缘子换下装上本产品（耐张杆除外）即可。

（5）体积小，质量轻。

三、安装

P－L 接于相与地之间。将其下端用螺母固定在铁横担上，并接地。上端将导线穿入线槽，用锁紧螺母将导线固定夹紧。

四、用户须知

（1）P－L 不适用于安装在有严重腐蚀金属和绝缘体气体的严重污秽地点。

（2）安装前应确认线槽尺寸和导线的线径是否相匹配。

（3）投运前应做如下试验：

1）直流参考电压 U_{1mA}，其值不得小于表 16－7 的规定值。

2）测量 75% U_{1mA} 下的泄漏电流，其值不得大于 50μA。

3）绝缘电阻值，用 2500V 兆欧表摇测应大于 2500MΩ。

（4）除特殊要求外，一般投运后不需做任何试验。

第八节 避 雷 针

避雷针主要用于户外配电装置和建筑物防止直击雷的保护。

避雷针由突出地面的金属针尖（亦称接闪器）和引下线、接地装置等组成。避雷针的防雷原理是：当带电雷云与避雷针针尖接近到一定距离时，针尖上便感应了与雷云电荷相异的大量电荷；两者相互作用，雷云便首先对针尖放电；强大的雷电流经引下线与接地装置导入地中，从而保护了避雷针附近一定空间范围内的电气设备和建筑物免遭雷电的直接袭击。这个被保护的空间称为保护范围。避雷针高度越高，避雷针数量越多，保护范围也就越大。避雷线和避雷带的防雷原理也是如此。按照一定的方式表示避雷针、避雷线、避雷带的保护范围的图纸，称为其保护范围图。下面主要介绍避雷针保护范围图的阅读方法。

避雷针有单支、双支、多支等不同的设置，双支以上又有等高和不等高之分，其保护范围也是不同的。这里仅以单支和双支等高避雷针的保护范围图为例做如下介绍。

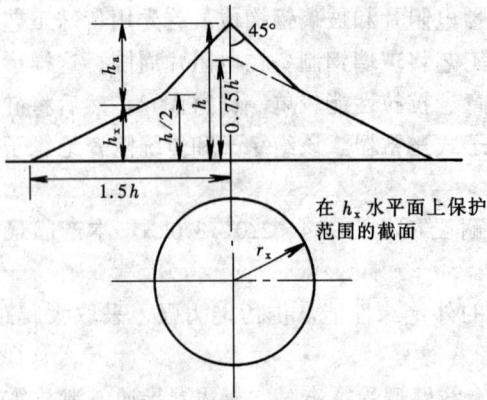

图 16－11　单支避雷针保护范围

h—避雷针的高度；h_x—被保护物的高度；$h_a = h - h_x$—避雷针的有效高度；r_x—避雷针在被保护物高度为 h_x 时的水平面上的保护半径；r—避雷针在地坪面上的最大保护半径，$r = 1.5h$

一、单支避雷针的保护范围

图 16－11 表示的是单支避雷针的保护范围。它好像一座尖顶圆锥形帐篷，在地坪面上的投影是一圆，其圆心就是避雷针的针尖。

当避雷针的高度 $h \leqslant 30 \mathrm{m}$ 时，其保护半 r_x 可按下式确定：

$h_x \geqslant \dfrac{h}{2}$ 时，$r_x = h - h_x$，则 $h_x = h - r_x$；

$h_x < \dfrac{h}{2}$ 时，$r_x = 1.5h - 2h_x$，则 $h_x = \dfrac{1}{2}(1.5h - r_x)$。

例如，某单支避雷针的高度 $h = 18 \mathrm{m}$，在距针中心 $r_x = 15 \mathrm{m}$ 处有一建筑物，高度为 $h_x = 5 \mathrm{m}$，它是否在保护范围内？

因为 $h_x = 5 < \dfrac{h}{2} = \dfrac{18}{2} = 9$，所以计算被保护物的最大高度为

$$h'_x = \frac{1}{2}(1.5h - r_x) = \frac{1}{2} \times (1.5 \times 18 - 15) = 6\,(\mathrm{m})$$

此值大于被保护物 5m 的高度，故此建筑物在此避雷针的保护范围内。

实际上，图 16－11 所示的保护范围并不是避雷针的保护范围工程图，因为这样表示太复杂了。避雷针的保护范围图是以避雷针的有效高度 $h_a = h - h_x$ 在圆锥上水平截取的圆，作为避雷针的保护范围图。在图 16－11 中，以避雷针针尖为圆心、以 r_x 为半径的圆，就是这根单支避雷针的保护范围图。

避雷针的保护范围图与其保护范围是有一定区别的，在保护范围图以外的电气设备，如果其高度较低，仍可能在保护范围之内。这一点，在阅读避雷针的保护范围图时是应明确的。

二、双支等高避雷针的保护范围

双支等高避雷针的保护范围如图 16－12 所示。从图 16－12 可看出，双支等高避雷针两

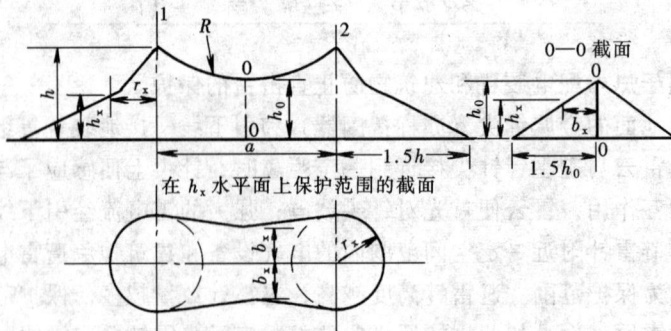

图 16－12　双支避雷针的保护范围

a—两针间的距离；$2b_x$—两针之间在 h_x 水平面上保护范围的最小宽度；r_x—单支避雷针的保护半径；h_0—两针间保护范围的最小高度

端的保护范围与单支避雷针的保护范围相同，两针之间的保护范围则要大得多。

当避雷针的高度小于30m时，h_0、b_x 可按下式计算

$$h_0 = h - \frac{a}{7}$$

$$b_x = 1.6(h_0 - h_x)$$

例如，两支18m的等高避雷针，相距21m，则

$$h_0 = h - \frac{a}{7} = 18 - \frac{21}{7} = 15(\text{m})$$

若被保护物的高度 $h_x = 12\text{m}$，则在此水平面上
两针间保护范围的最小宽度的一半为

$$b_x = 1.6(h_0 - h_x) = 1.6(15 - 12) = 4.8(\text{m})$$

避雷针两端在 $h_x = 12\text{m}$ 水平面上的保护半径为

$$r_x = h - h_x = 18 - 12 = 6(\text{m})$$

由此可得出，这两支避雷针在 $h_x = 12\text{m}$ 的水平面上的保护范围图如图 16-13 所示。

图 16-13　保护范围图示例图
（$h = 18\text{m}$，$a = 21\text{m}$，$r_x = 6\text{m}$，$b_x = 4.8\text{m}$）

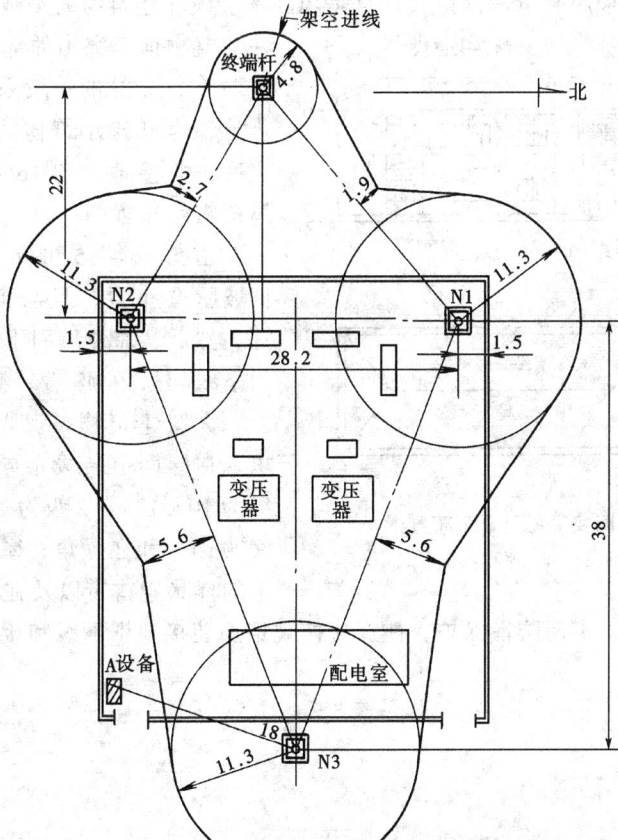

三、避雷针保护范围图示例

图 16-14 是某工厂厂用变电所避雷针保护范围图。表 16-9 是图 16-14 所附计算说明。

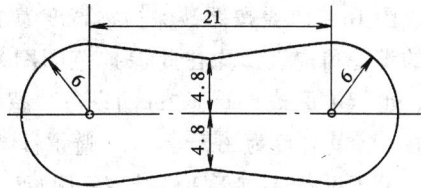

图 16-14　某厂用变电所避雷针保护范围图

表 16 – 9

避雷针编号	针高 h（m）	有效高度 h_a（m）	被保护高度 h_x（m）	单支针保护半径 r_x（m）	最小保护宽度 $2b_x$（m）
1、2、3	17	10	7	11.3	见图
终端杆针	12	5	7	4.8	

由图可知，这个变电站装有三支 17m 高避雷针和一支利用进线终端杆的 12m 高的避雷针。图 16 – 14 是按照被保护物高度为 7m 而确定的保护范围图。此图表明，凡是 7m 高度以下的设备和构筑物均在此保护范围图之内。但是，高于 7m 的设备，如果离某支避雷针很近，也能被保护；低于 7m 的设备，超过图示范围也可能在保护之内。例如，图 16 – 14 中某设备 A，其高度为 3m，距 3 号避雷针 18m，是否能被保护呢？

由于设备 A 位于 3 号避雷针附近，因此，只要将 3 号避雷针按单支进行验算，如果在此单支保护范围之内，那么设备 A 肯定在整个避雷针的保护范围之内。

设备 A 的高度为 3m，即 $h_x = 3m$，它显然小于 3 号避雷针高度的一半（$h/2 = 17/2 = 8.5m$），所以 3 号避雷针在 $h_x = 3m$ 的保护半径为

$$r_x = 1.5h - 2h_x = 1.5 \times 17 - 2 \times 3 = 19.5(m) > 18m$$

这表明，3 号避雷针在被保护物高度为 3m 时的保护半径达到 19.5m，设备 A 距其中心只有 18m，显然设备 A 在避雷针的保护范围之内——尽管设备 A 在保护范围图之外。

四、避雷带保护

独立建筑物广泛采用避雷带保护，优点是隐蔽不会破坏建筑物的美观和谐。避雷带安装在建筑物顶部突出的部位上，如屋脊、女儿墙等。避雷带一般采用 $\phi 8$ 钢筋，互相焊连，也可与建筑物混凝土内钢筋焊连，之后一并接地。图 16 – 15 是一四面坡房屋避雷带布置图。

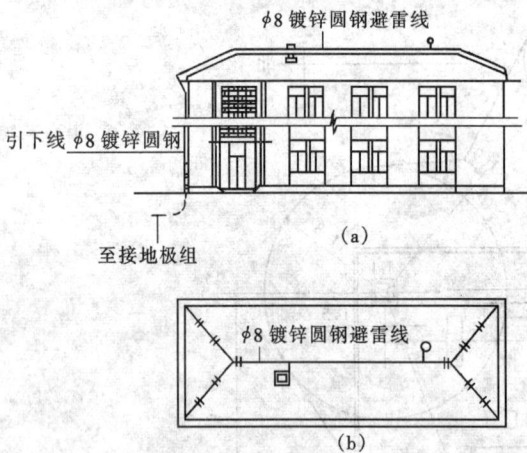

图 16 – 15 某四坡房屋避雷带布置图
(a) 立面图；(b) 平面图

由图 16 – 15 可知，避雷带在屋顶沿四坡屋脊布置，且与突出的出气孔等相连，然后从左侧墙引下并接地。避雷带及引下线均采用 $\phi 8$ 镀锌钢圆。

大型建筑物按其防雷级别的不同要求，在屋面上装设不同的避雷带网格（1 级为 $10 \times 10m$，2 级为 $15 \times 15m$，3 级为 $20 \times 20m$），和在屋角、屋脊、女儿墙或屋檐上的环状避雷带以及在避雷带保护范围之外加装的接闪器相连，实现防雷保护，注意应按规定加装接地引下线和接地装置。

第十七章

继电保护装置

第一节 继电保护原理

一、概述

(一) 继电保护基本要求和基本原理

在电力系统运行过程中，由于绝缘老化、外力破坏和操作维护不当等原因，可能造成各种故障或不正常运行状态。

当电力系统发生事故时，继电保护装置能自动将故障切除，限制事故的范围；当出现不正常运行状态时，继电保护装置能及时发出信号或警报，通知运行值班人员进行处理。

1. 继电保护装置基本要求

继电保护装置应满足四项基本要求，即选择性、速动性、灵敏性和可靠性。对于反应不正常工作状态而作用于信号的继电保护装置，则不要求这四项基本要求都同时满足。

(1) 选择性。当电力系统发生故障时，使距离故障点最近的继电保护装置动作，切除故障设备或线路，从而保证无故障部分继续运行，继电保护装置的这种动作行为称为选择性。选择性的要求是保证对用户可靠供电的基本条件之一。

(2) 速动性。为了限制短路电流对电气设备的破坏程度，减少短路故障时因电压降低而对用户产生的不利影响，加快恢复电力系统正常运行的过程，防止系统瓦解，要求继电保护装置以尽可能快的速度动作来切除故障，这就是继电保护的速动性。

在某些情况下，速动性与选择性要求有矛盾时，应首先满足选择性的要求。但是如果不快速切除故障就会产生很大的破坏时，则应选择速动性好而选择性较差的保护。

对于只是反映电力系统不正常运行状态的保护装置，一般无需要求迅速动作。因此，一般给以一定的时限而不立即断开电路，或仅发出信号以引起运行人员注意。

(3) 灵敏性。保护范围内发生故障或不正常工作状态时，继电保护装置的反应能力称为灵敏性。在保护范围内，不管故障发生在哪一处或故障性质如何，它都应该感觉灵敏，正确反应。

保护装置的灵敏与否，一般都用灵敏系数 K_{sen} 来衡量，灵敏系数越高就越能反应轻微故障，要求灵敏系数 $K_{sen} > 1$。

(4) 可靠性。投入运行的保护装置，应随时处于准备动作状态。当属于该保护范围内的故障或不正常运行状态发生时，应能可靠动作；保护范围外的故障或不正常工作状态发生时，不应误动作，这就是继电保护装置的可靠性。

为了保证保护装置动作的可靠性，则要求保护装置的设计原理、整定计算、安装调试均应正确无误；组成保护装置的各元件质量可靠；继电保护装置接线力求简化有效，运行维护良好，以提高装置的可靠性。

2. 继电保护装置基本原理

电力系统发生故障时，其特点一般是电流增大、电压降低、电流与电压的相位角发生变化等。因此，继电保护装置对电力系统实行保护的依据就是利用正常运行与故障时这些物理量的差别。如反应电流变化的有电流速断、定时过电流等保护；反应电压改变的有低电压（或过电压）保护；反应输入输出电流之差的有变压器差动保护等。

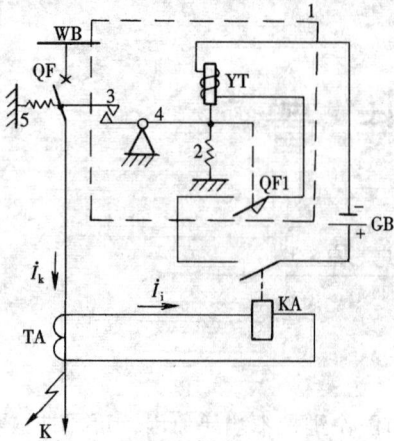

图 17−1 为过电流保护原理图。正常运行时断路器 QF 处在合闸位置，电流互感器 TA 的一次流过负荷电流，流入继电器 KA 的电流 $\dot{I}_i$ 比较小，不足以使继电器 KA 动作，KA 触点为断开状态。

当线路发生故障时，线路中流过很大的短路电流 $\dot{I}_k$，短路电流流经 TA 的一次绕组并传变到二次绕组，则流入继电器线圈的电流也突然增大，必使 KA 动合触点闭合，经断路器辅助触点 QF1（已闭合）接通断路器的跳闸线圈 YT 回路，断路器在操动机构作用下迅速跳闸，将故障切除。断路器跳闸后，其辅助触点 QF1 也断开，YT 线圈断电。此时 $\dot{I}_i$ 为零，继电器 KA 返回，其触点 KA 打开。

图 17−1 过电流保护原理图

1—断路器的操动机构；2—搭扣弹簧；3—搭扣；4—杠杆；5—分闸弹簧；QF、QF1—断路器及其辅助触点；TA—电流互感器；KA—电流继电器；YT—跳闸线圈；GB—蓄电池

继电保护装置一般由测量部分、比较部分和执行部分组成。各部分作用如下。

1）测量部分：用来测量反应被保护设备的工作状态（如正常工作状态、不正常工作状态或故障状态），由相应物理量的变化予以反应。

2）比较部分（又称逻辑部分）：将测量部分所测到的物理量值与保护装置事先所整定的基准值进行比较，判断是否发生故障，以便决定保护是否动作。

3）执行部分：是根据比较部分所作出的决定，执行保护的任务（发出信号或跳闸或不动作）。

在结构简单的继电保护装置中，执行部分和比较部分实际上是结合在一起的，很难区分。

（二）继电器作用和型号

继电器是组成继电保护装置的基本元件。继电器的主要作用是按其所测到的物理量值（如电流、电压、瓦斯气体等）达到一定数值时或当某一物理量输入时就能自动动作，通过执行元件发出信号或作用于跳闸。

各种继电器的型号一般由汉语拼音字母和阿拉伯数字两部分组成，其中第一个字母表示继电器的动作原理，第二、三个字母表示继电器反应物理量的性质，即它的用途；第一个阿拉伯数字表示设计序号；第二个阿拉伯数字表示触点对数。

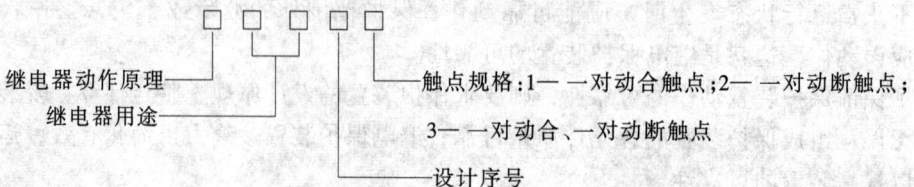

继电器动作原理————
继电器用途————
触点规格：1—一对动合触点；2—一对动断触点；
3—一对动合、一对动断触点
设计序号

继电器型号中常用字母含义，参见表 17 - 1。

表 17 - 1   **继电器型号中常用字母含义**

第一个字母	第二、三个字母
D—电磁型 G—感应型 L—整流型	L—电流继电器；CH—重合闸继电器；Y—电压继电器；CD—差动继电器；G—功率继电器；S—时间继电器；Z—中间继电器；X—信号继电器

（三）电磁型和感应型继电器工作原理

1. 电磁型继电器工作原理

电磁型继电器主要有螺管线圈式、吸引衔铁式和转动舌片式三种结构型式，它们的结构如图 17 - 2 所示。

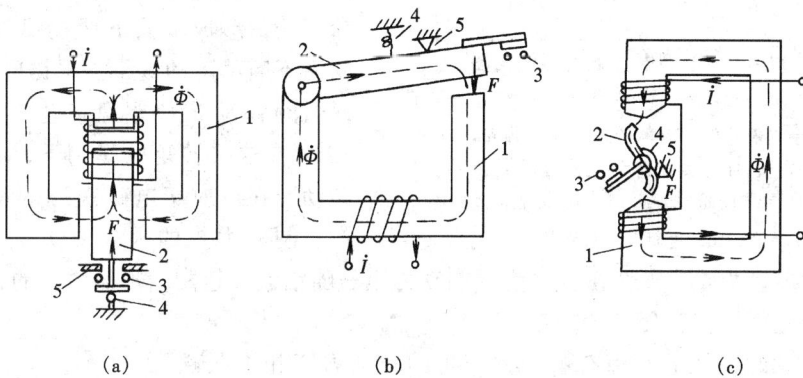

图 17 - 2   电磁型继电器结构图

(a) 螺管线圈式；(b) 吸引衔铁式；(c) 转动舌片式

1—电磁铁；2—可动衔铁或舌片；3—触点；4—反作用弹簧；5—止档

当继电器接入电路时，线圈中通过电流 i，在导磁体中就立即建立起磁通 $\dot{\Phi}$，该磁通经过电磁铁 1 的导磁体、空气间隙和衔铁（或舌片）形成闭合回路，于是可动衔铁（或舌片）2 被磁化，产生电磁力 F，该电磁力与通过线圈的电流 i 的平方成正比，与其方向无关。当电磁力大于弹簧及轴承摩擦所产生的反作用力时，图 17 - 2 (a) 中的衔铁就会被吸上去；图 17 - 2 (b) 中的衔铁就会被吸下来；图 17 - 2 (c) 中的舌片就会沿顺时针方向偏转，从而使触点 3 闭合。

由于作用于衔铁（或舌片）的电磁力与流经其线圈电流 i 的方向有关，所以根据电磁原理制成的继电器，可以是直流的也可以是交流的。常见的电磁式继电器有电流继电器、电压继电器、时间继电器、中间继电器和信号继电器等。

与电磁型仪表相比，其作用原理虽然相似，但有一个主要区别：仪表随被测量的变化而指示出不同的读数，而继电器则是按预先调好的一数值，当控制的电量大于这个数值时才动作。

2. 感应型继电器工作原理

感应型继电器的工作原理和感应系仪表基本相同。常用的感应型继电器为 GL 系列过电流继电器，它的结构如图 17－3 所示。

感应型继电器由感应型反时限元件和电磁型速断元件两部分组成，分别叙述如下。

（1）感应型反时限元件工作原理。感应型反时限元件中电磁铁的极面被分成两部分，一部分套有短路环 2，当线圈中通过电流 I 时，在电磁铁 1 铁芯中产生两部分磁通 Φ_A 和 Φ_B，如图 17－4 所示。由于短路环的作用，Φ_A 和 Φ_B 不仅在空间有不同的位置，而且在时间上也相差一个时间角度 φ，形成极面下穿过铝盘的磁通随时间而不断移动的效果。根据电磁感应原理，磁通的移动将使铝盘产生转动力矩 $M = KI^2$，在这一转矩的作用下，力图使铝盘 3 转动。在对应于电磁铁的另一侧装有一个产生制动力矩的永久磁铁 4，当铝盘转动

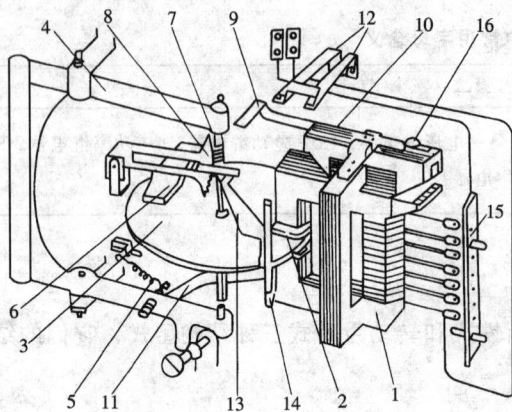

图 17－3　GL 型电流继电器结构图

1—电磁铁；2—短路环；3—铝盘；4—框架；5—调节弹簧；6—永久磁铁；7—蜗杆；8—扇形齿轮；9—手柄；10—衔铁；11—感应钢片；12—触点；13—时间调节旋钮；14—时间标度盘；15—过电流定值调整插孔；16—速断倍数调节螺丝

时，它产生制动力矩。永久磁铁产生的制动力矩是随铝盘转速的增加而增大的，当转动力矩大于制动力矩时，铝盘便开始转动。

铝盘转动时，其上作用有电磁铁产生的转动力矩和永久磁铁产生的制动力矩，这两个力矩都随转速的增加而增大并力图使铝盘 3 和框架一道转动，但被弹簧 5 反抗着。只有当继电器电流线圈中流过的电流等于起动电流时，铝盘的转速才能达到足以克服调节弹簧 5 的反作用力而使框架 4 转动。此时，扇形齿轮 8 将与蜗杆 7 啮合而上升，随着扇形齿轮的上升，扇形齿轮的杠杆碰到手柄 9 上，手柄上升使衔铁 10 与电磁铁的铁芯接近至某一距离时，衔铁便被吸向铁芯，触点 12 闭合，继电器动作。继电器动作时，手柄同时作用于信号牌，使其落下。

当电流增大时，铝盘的转矩增大使其转速加快，扇形齿轮的杠杆上升速度亦加快，致使继电器动作时间减少。当电流减小时，效果相反。感应型电流继电器的这种动作时间随电流增大而减小的特性称为反时限特性。

继电器动作电流可用改变过电流定值调整插孔 15 的位置来整定，动作时间曲线则由改变时间调节旋钮 13 的位置来整定。

（2）感应型速断元件工作原理。电磁速断元件是由衔铁 10 和电磁铁 1 组成。衔铁固定在电磁铁铁芯上面的轴上，其左右两端可上下活动。衔铁的左半部比右半部重，正常时衔铁是左边落下，继电器触点打开。当电流线圈通过瞬动的起动电流时，将使衔铁右端吸向铁芯，使触点瞬间闭合，这要比杠杆动作来得快。它的动作时间约为 $0.05 \sim 0.1\text{s}$。

电流速断的起动电流可以用速断倍数调节螺丝 16 改变衔铁与电磁铁之间的空气隙来调

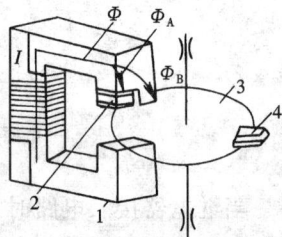

图 17－4　GL 型电流继电器磁路图

1—电磁铁；2—短路环；3—铝盘；4—永久磁铁

整，气隙越大，速断起动电流就越大。速断的起动电流采用感应元件起动电流倍数来表示，一般为 2~8 倍。

（四）继电器和电流互感器接线方式及其主要用途

1. 三相电流互感器与三继电器式星形接线方式

这种方式在三相交流电力系统上每相都装设单独的电流互感器，三个互感器二次绕组接成星形。在每一电流互感器的二次绕组回路内分别接入继电器的电流线圈，三个继电器的电流线圈亦接成星形，其接线如图 17 - 5 所示。它的特点是对各种故障都能起到保护作用，而且保护的灵敏度不会因故障相别的不同而变化。在 110kV 及以上直接接地系统中均采用此种接线方式。当发生单相接地时，故障相上对应的继电器动作；当发生相间短路时，装在短路相上的继电器都动作。

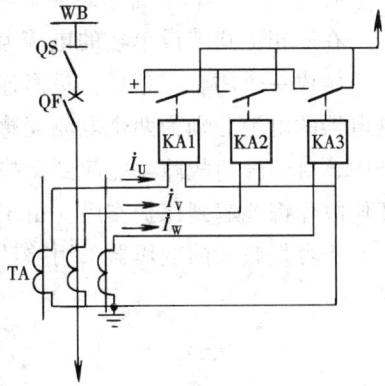

图 17 - 5　三相三继电器式星形接线图

2. 两相电流互感器与两继电器式不完全星形接线方式

电流互感器装设在两相上，电流互感器的二次绕组和继电器的电流线圈都接成不完全星形，如图 17 - 6 所示。其特点是能反应各种类型的相间短路故障。在 35kV 及以下中性点不直接接地系统中得到了广泛的应用。因为在上述系统中单相接地只是一种不正常的运行方式，不需要跳闸。

为了提高不完全星形接线方式保护的灵敏度，通常在不完全星形接线上再装一个电流继电器，如图 17 - 7 所示。此时流过该继电器的电流为 $-\dot{I}_V$。这种接线方式保护的灵敏度提高了一倍。

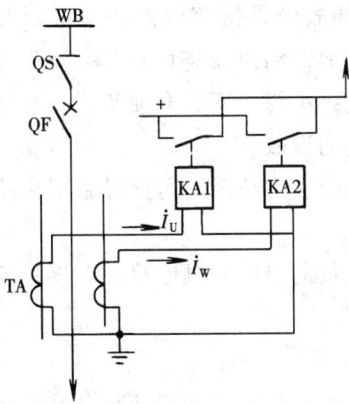

图 17 - 6　两相两继电器式不完全星形接线图

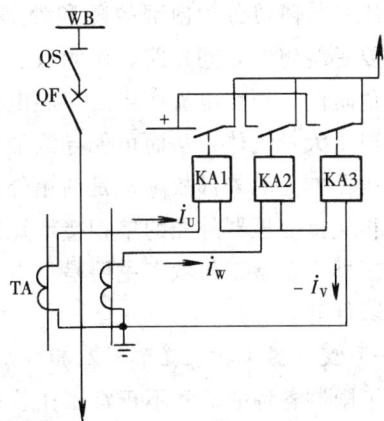

图 17 - 7　两相三继电器式不完全星形接线图

3. 一个继电器接于两个电流互感器的电流差接线方式

电流互感器装设在两相上，两个电流互感器的二次绕组的不同接线端子相连，即一个互感器二次绕组的头与另一个互感器二次绕组的尾相连，继电器线圈接于其差电流上，如图 17 - 8 所示。它的特点能反应各种相间短路故障，具有使用设备少，接线简单的优点。此种方式广泛用于工矿企业 10kV 及以下中小容量高压电动机的保护。

4．电流互感器三角形连接而继电器线圈星形连接的接线方式

在三相上均装设单独的电流互感器，三个电流互感器二次绕组的不同极性端子依次串联，构成一个闭合三角形，星形连接的继电器接于该三角形的顶点，如图 17－9 所示。流入继电器的电流分别为两个电流互感器二次电流之差。此种接线方式，在中性点直接接地的系统中，对于任何故障都能起到保护作用；在中性点不直接接地系统中，对于单相接地以外的任何故障都能起到保护作用。由于这种接线比较复杂，投资多，因此一般情况下均不采用。但对于容量较大的变压器采用差动保护时，为了改变二次电流相位，则必须采用此种接线方式。

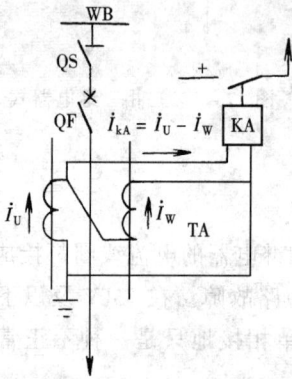

图 17－8　两相单继电器式差电流接线图

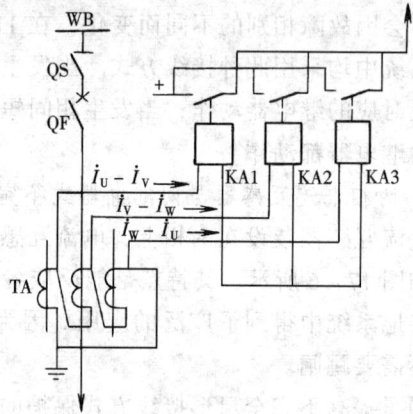

图 17－9　三相三继电器式三角形接线图

二、电力用户变压器常用继电保护

变压器故障可分为内部故障和外部故障两种，内部故障是指变压器油箱里面发生的故障，主要是绕组的相间短路、匝间或层间短路、单相接地短路以及烧坏铁芯等。发生内部故障是很危险的，短路电流产生的高温电弧不仅会损坏绕组绝缘，而且会使绝缘材料和变压器油分解产生大量气体，从而可能导致油箱爆炸等更严重的事故。

变压器常见的外部故障，是油箱外部的套管及引出线上的故障，可能导致引出线相间短路或一相碰接变压器外壳的单相接地短路。

变压器不正常工作状态主要是：由于外部短路和过负荷引起的过电流、温度过高以及油面过度降低等。

（一）变压器保护装置配置及其作用

为了限制各种故障和不正常工作状态的影响，根据 GB 50062—1992《电力装置的继电保护和自动装置设计规范》的规定，变压器一般应配置下列继电保护装置：

（1）瓦斯保护：反应变压器内部故障和油面降低的保护。对于 0.8MVA 及以上的油浸式变压器以及 0.4MVA 及以上的车间油浸式变压器均应装设。通常轻瓦斯动作于信号，重瓦斯动作于跳闸。

（2）纵联差动保护或电流速断保护：反应变压器绕组和引出线的相间短路、中性点直接接地侧绕组和引出线的接地短路以及绕组匝间短路。

对于 10MVA 及以上单独运行变压器、6.3MVA 及以上并列运行变压器、6.3MVA 及以下

单独运行的重要变压器以及电流速断不符合灵敏度要求的容量在 2MVA 及以上变压器，均应装设纵联差动保护。

对于 10MVA 以下的变压器可以装设电流速断保护。

（3）过电流保护：反应变压器外部的短路故障，并作为变压器主保护的后备。一般降压变压器均应装设。

（4）低压侧零序电流保护：对于 0.4MVA 及以上，绕组为星形—星形连接低压侧中性点直接接地的变压器可装设接于低压侧中性线上的零序电流保护。

（5）过负荷保护：对于 0.4MVA 及以上变压器，应根据可能过负荷的情况装设过负荷保护。对于三绕组变压器，保护装置应能反应各侧过负荷的情况。

（6）温度保护：对于变压器温度升高，应按现行电力变压器标准的要求，装设温度保护。

（二）变压器保护装置原理

1. 瓦斯保护

油浸变压器利用变压器油作为绝缘和冷却介质。当变压器内部发生故障时，故障点局部产生高温，使油内的气体被排出，变成气泡上升；故障点产生的电弧，使绝缘物和变压器油分解而产生大量的气体。气体排出的多少，与变压器故障的严重程度和性质有关。利用这种气体的出现来实现保护的装置，称为瓦斯保护。它是反应变压器内部故障最有效的一种保护装置。

瓦斯保护由气体继电器来实现，气体继电器安装在油箱和油枕之间的连接管道中，油箱内的气体出现时都要通过气体继电器流向油枕。气体继电器有挡板式、浮筒式和由开口杯与挡板构成跳闸元件的复合式等。

变压器内部发生轻微故障时，产生的气体聚集在继电器上部，迫使油面下降，使干簧触点闭合，发出"轻瓦斯动作"信号。

变压器内部发生严重故障时，产生大量的气体以及强烈的油流冲击挡板。当油流速度达到整定值时，触点闭合发出"重瓦斯跳闸"脉冲，切断变压器电源。

变压器严重漏油使油面降低时，干簧触点闭合，同样发出"轻瓦斯"信号。

瓦斯保护原理接线如图 17－10 所示。它由一只气体继电器 KG、一只出口中间继电器 KOM、二只信号继电器 KS1、KS2 和一只切换片 XB 组成。当变压器内部发生轻微故障时，气体继电器上触点闭合发出信号，此通路由 "＋"→KG→信号继电器 KS2 线圈→ "－"，KS2 动作掉牌发出信号。

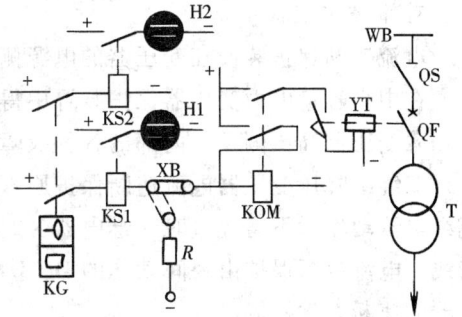

图 17－10　瓦斯保护原理接线图

KG—气体继电器；KS1、KS2—信号继电器；

XB—切换片；KOM—出口中间继电器

当变压器内部发生严重故障时，气体继电器下触点闭合，出口中间继电器动作，断路器跳闸，此通路由 "＋"→KG→信号继电器 KS1 线圈→切换片 XB→KOM→ "－"，KS1 动作发出重瓦斯动作信号；出口中间继电器 KOM 动作，动合触点闭合自保持；另一对动合触点也闭合，"＋"→KOM→QF 辅助触点→跳闸线圈 YT→ "－"，使断路器跳闸。

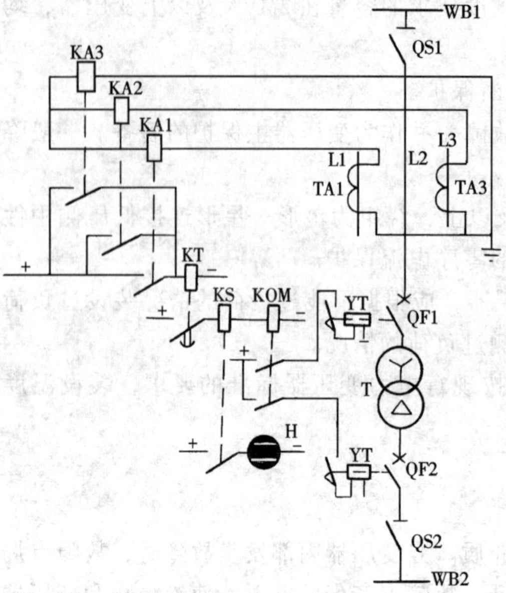

图 17－11　双绕组降压变压器过电流保护原理接线图

2. 过电流保护

变压器的过电流保护一般装在变压器的电源侧，动作后跳开变压器各侧的断路器。它主要是作为变压器外部短路引起过电流的保护，同时也作为变压器及其出线的后备保护。

图 17－11 所示为双绕组降压变压器过电流保护原理接线图。其交流电流回路接线可以是两相式的，也可以是三相式的。在中性点非直接接地系统中，过电流保护通常采用两相三继电器接线方式。

过电流保护动作后，过流继电器 KA 动作，经过时间继电器 KT 延时，然后通过出口中间继电器 KOM 作用于被保护变压器两侧的断路器。这样，当发生外部故障时，如靠近故障点一侧的断路器拒动时，则故障可被变压器高压侧的断路器切除。

变压器过电流保护的一次动作电流应按躲过最大负荷电流整定，即

$$I_{op} = \frac{K_{rel}}{K_r} I_{L \cdot max}$$

式中　　K_{rel}——可靠系数，一般取 $K_{rel} = 1.2 \sim 1.3$；

　　　　K_r——返回系数，一般取 $K_r = 0.85$；

　　$I_{L \cdot max}$——变压器的最大负荷电流。

3. 电流速断保护

电流速断保护装设在变压器的电源侧，作为变压器一次绕组及其引线短路故障的速断保护，在中小容量电力变压器保护装置中得到了广泛的应用。电流速断保护与瓦斯保护配合，可切除变压器高压侧及其内部的各种故障。

双绕组降压变压器电流速断保护原理接线图，与其过电流保护原理接线图相似，只是电流继电器动作后不需经过时间继电器 KT 延时，在小电流接地系统中一般采用两相三继电器接线。电流速断保护由瞬间动作的 DL 型电流继电器完成，对工矿企业来说，可由反时限继电器的速断元件构成。

电流速断保护动作后，跳变压器两侧断路器，将故障切除。电流速断保护接线简单，动作迅速，广泛用作中小型变压器的保护。

变压器电流速断保护的动作电流一般按躲过变压器二次侧母线三相短路时最大短路电流整定，即

$$I_{op} = K_{rel} I_{k \cdot max}^{(3)}$$

式中　　K_{rel}——可靠系数，对于 DL 型继电器，取 $K_{rel} = 1.4 \sim 1.5$；

　　$I_{k \cdot max}^{(3)}$——变压器外部（二次侧母线）三相短路时的最大短路电流。

4.差动保护

变压器的纵联差动保护,是将变压器的一次侧和二次侧电流的数值和相位进行比较而构成的保护装置,是变压器的主保护之一。

差动保护是按照循环电流原理构成的,图 17-12 为单侧电源双绕组变压器差动保护单相原理接线图。在变压器两侧都装设电流互感器,其二次绕组按循环电流原理相串联,差动

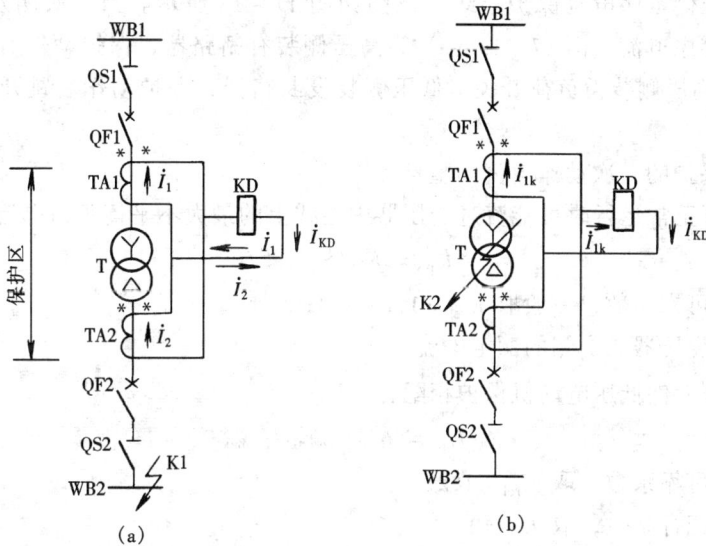

图 17-12 双绕组变压器差动保护单相原理接线图
(a)正常运行和外部故障时;(b)单侧电源内部故障时

继电器 KD 并接在差电流回路臂中。由于变压器一次侧和二次侧额定电流不同,相位不一定相同,因此必须适当选择两侧电流互感器的变比,注意电流互感器的接线,使得正常运行和外部故障(如 K1 点故障)时两侧的互感器二次侧电流大小相等,相位相反,流进差动继电器的电流在理论上应为零。如图 17-12(a)所示,流入差动继电器电流 $\dot{I}_{KD} = \dot{I}_1 - \dot{I}_2 = 0$。当在保护范围内故障,如图 17-12(b)中 K_2 点发生短路故障时,流入差动继电器电流 $\dot{I}_{KD} = \dot{I}_{1K}$,大于差动继电器的动作电流,继电器动作,跳开变压器两侧断路器,将故障变压器从电源上切除。三绕组变压器的原理和上述相同。

为了使变压器在正常运行和区外故障时流入差动继电器的电流理论上为零,可在电流互感器接线和差动保护装置中采取不同措施予以解决。

差动保护灵敏度高、动作迅速、选择性

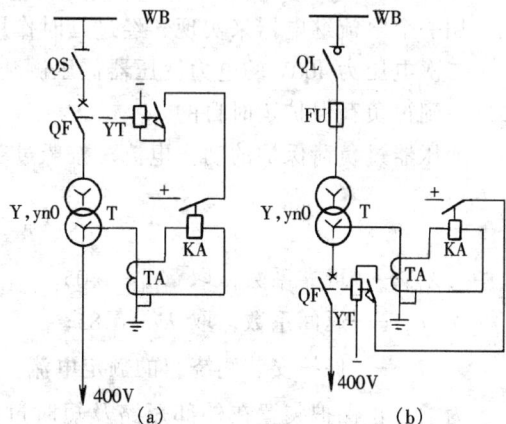

图 17-13 降压变压器低压侧零序
电流保护接线示意图
(a)动作于高压侧断路器跳闸;(b)动作于低压
侧断路器跳闸

好，不需与相邻元件在保护整定值上配合，在电力用户的变压器保护中得到了广泛的应用。

5. 低压侧零序电流保护

对于电力用户常用的低压侧电压为 400V 双绕组降压变压器，除利用相间短路的过电流保护（或熔断器保护）作为低压侧单相接地保护外，还在变压器低压中性线上装设零序电流保护装置，作为变压器低压侧的单相接地保护。

变压器低压侧零序电流保护接线示意图如图 17－13 所示。当二次侧发生单相接地时，中性线上流过零序电流。图 17－13（a）为高压侧装有断路器，保护动作后跳开断路器；图 17－13（b）为高压侧装设负荷开关，低压侧装设断路器，保护动作后跳开低压断路器，将故障切除。

零序电流保护的一次动作电流的整定计算。

（1）应躲开正常运行时可能流过变压器中性线上的最大不平衡负荷电流

$$I_{op} = K_{rel} \times 0.25 I_N$$

式中　K_{rel}——可靠系数，一般取 $K_{rel} = 1.2 \sim 1.3$；

　　　I_N——变压器二次侧的额定电流。

（2）和相邻元件低压电动机保护相配合

$$I_{op} = K_{rel} K_{co} K_{st} I_{N \cdot max}$$

式中　K_{rel}——可靠系数，取 $K_{rel} = 1.2$；

　　　K_{co}——配合系数，取 $K_{co} = 1.1$；

　　　K_{st}——电动机起动电流倍数；

　　　$I_{N \cdot max}$——最大电动机的额定电流。

6. 过负荷保护

在可能发生过负荷运行的变压器上，都需装设过负荷保护装置。在有人值班的情况下，过负荷保护通常作用于信号；在无人值班变电所，过负荷保护可动作于跳闸或断开部分负荷。变压器的过负荷电流，在大多情况下都是三相对称的，因此过负荷保护只需接入一相电流，用一个电流继电器来实现，经过延时作用于跳闸或信号。

二次电压为 400V 的电力变压器低压侧装设低压断路器时，可利用低压断路器长延时脱扣器达到过负荷保护延时目的。

变压器过负荷保护的动作电流，按躲过变压器额定电流来整定，即

$$I_{op} = \frac{K_{rel}}{K_r} I_N$$

式中　K_{rel}——可靠系数，取 $K_{rel} = 1.05$；

　　　K_r——返回系数，取 $K_r = 0.85$；

　　　I_N——保护安装侧绕组的额定电流。

为了防止保护装置在外部短路及短时过负荷时也作用于信号，其动作时限一般整定为 9～10s。

7. 温度保护

部颁 DL/T 572—1995《电力变压器运行规程》规定，油浸式自然循环自冷、风冷电力变压器在正常运行情况下允许温度按顶层油温检查，顶层油温最高不得超过 95℃（制造厂有

规定时按制造厂规定执行)。为防止变压器油迅速劣化,顶层油温一般不宜经常超过85℃。根据规定凡容量在1MVA及以上的油浸式变压器均应有温度信号计,当顶层油温超过85℃时,温度计动作发出超温信号。

三、电力用户线路常用继电保护

电力用户的高压线路一般为中性点不直接接地系统,当系统中发生单相接地时,只在接地点流过不大的电容电流,其值比负荷电流小得多。此时,一般仍允许电气设备继续运行1~2h。在这段时间内,运行人员及时查找出故障线路,并采取相应的措施予以处理。

除了发生单相接地外,还会发生两相短路和三相短路事故。发生的原因主要是内部过电压、直接雷击、绝缘材料老化、机械损伤等,电缆故障主要原因是受外力损伤(如挖土、打桩、载重汽车压坏等)。

为了防止事故扩大,尽快将短路故障切除,电力用户线路常配用定时限过电流保护或反时限过电流保护,电缆线路还配用单相接地保护。

发生短路时,最主要的特征之一就是线路中的电流要大大增加,过电流保护装置就是根据这一特征构成的。

1. 定时限过电流保护

继电保护的动作时间(时限)与短路电流的数值无关,当短路电流大于保护装置的起动电流时,保护装置就动作,称为定时限过电流保护。定时限过电流保护的动作时限是由时间继电器确定的,整定时可根据给定的时间进行调整。

定时限过电流保护两相不完全星形的原理接线如图17-14所示。当发生两相或三相短路时,电流继电器KA1和KA2中有一只动作或同时动作,动合触点闭合,接通时间继电器KT电源,时间继电器起动,经过预先整定的时间后,时间继电器动合触点闭合,起动中间继电器KOM,KOM动作,经信号继电器KS线圈接通跳闸线圈YT电源,断路器QF跳闸,将故障线路切除。信号继电器掉牌,给出过电流保护动作信号。

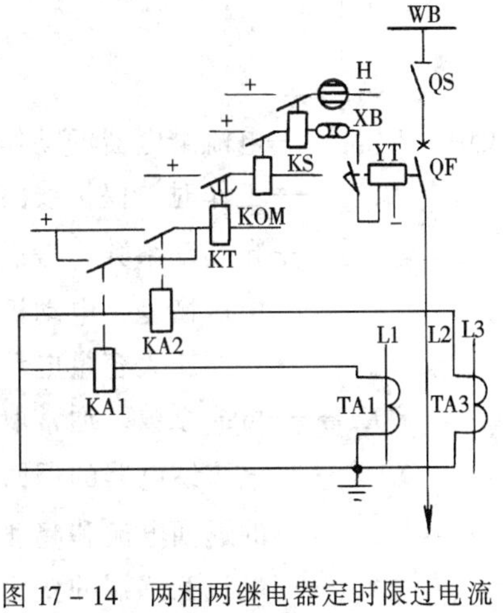

2. 反时限过电流保护

继电保护的动作时限与短路电流的大小成反比,即短路电流越大,保护的动作时间越短;短路电流越小,则保护的动作时间就越大。这种过电流保护具有反时限特性,称为反时限过电流保护。

图17-14 两相两继电器定时限过电流保护原理接线图

反时限过电流保护一般由感应型继电器构成,其原理接线图如图17-15所示。

图17-15(a)为两相不完全星形接线原理图。当发生两相短路或三相短路时,电流互感器TA1、TA3流过很大的短路电流,TA1、TA3二次电流经KA1、KA2的动断触点KA1·2、KA2·2和其电流线圈构成回路。当故障电流达到继电器的整定值后,继电器动作,动合触点KA1·1和KA2·1闭合,动断触点打开,于是TA1、TA3的二次电流经过闭合的动合触点和跳闸线圈YT1、YT2构成回路,使断路器跳闸。

图17-15(b)为两相差接线的过电流保护,动作原理与图17-15(a)相似。只是当被保护线路发生L1、L3两相短路时,流过继电器和跳闸线圈的电流为一相故障电流的两倍;

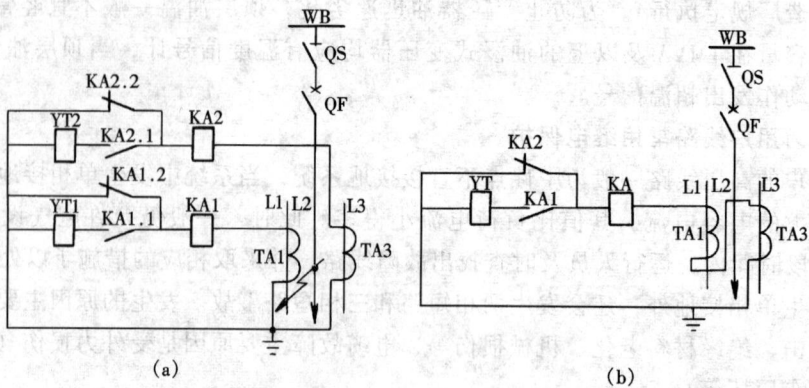

图 17 - 15　反时限过电流保护原理接线图

(a) 两相不完全星形接线；(b) 两相差接线

当发生三相短路时，流过继电器线圈的电流为一相故障电流的$\sqrt{3}$倍。采用两相差接线可以节省一只继电器和一个跳闸线圈。

3. 过电流保护动作电流值整定

无论是定时限过电流保护还是反时限过电流保护，其动作电流均按下式整定

$$I_{op \cdot KA} = \frac{K_{rel} K_{ast} K_{con}}{K_r K_{TA}} I_{L \cdot max}$$

式中　$I_{op \cdot KA}$——电流继电器的动作电流；

$I_{L \cdot max}$——工作时被保护线路的最大负荷电流；

K_{ast}——自起动系数，考虑外部故障引起母线电压下降，当外部故障消失后，母线电压恢复，电动机自起动引起电流增大，自起动系数一般为 1.5 ~ 3，当没有高压大容量电动机时，K_{ast} 不予考虑；

K_{rel}——可靠系数，通常取 $K_{rel} \geq 1.2$；

K_r——电流继电器的返回系数，一般取 $K_r = 0.85 ~ 0.95$，返回系数为电流继电器的返回电流和起动电流之比；

K_{TA}——电流互感器的变比；

K_{con}——电流互感器的接线系数，对于星形接线，取 $K_{con} = 1$；对于三角形和两相电流差接线，取 $K_{con} = \sqrt{3}$。

过电流保护的动作时间的整定采取阶梯原则，即位于电源侧的上一级保护的动作时间比下一级保护的动作时间长一个时间级差 Δt，Δt 一般取 0.3 ~ 0.5s，对于反时限过流保护，Δt 取 0.5 ~ 0.7s。

4. 定时限与反时限过电流保护配合

在 10kV 及以下电力用户中，其主进线断路器多采用反时限过电流保护，而向其供电的变电所的 10kV 出线多采用定时限过电流保护，因此存在着定时限过电流保护与反时限过电流保护的配合问题。由于反时限保护的动作时间与短路电流大小成反比，因此它们之间的配合比定时限保护上、下级之间的配合要复杂一些。

为了保证过电流保护装置动作的选择性，上一级定时限过电流保护装置与下一级反时限过电流保护装置之间必须有一个时间差，在实际应用中一般取 $0.5 \sim 0.7$s。同时上一级定时限过电流保护的动作电流与下一级反时限过电流保护的动作电流在整定时必须满足配合系数 K_{co}（为 $1.1 \sim 1.2$），即假定定时限保护一次动作电流整定为 I_1，反时限保护一次动作电流整定为 I_2，则 $K_{co} = I_1/I_2$，因为 $K_{co} > 1$，所以通常 $I_1 > I_2$。

如果变电所出线断路器定时限过电流保护的整定值 I_1 能大于用户主进线断路器反时限过电流保护的整定值 I_2，且保持 $0.5 \sim 0.7$s 的动作时间级差，那么，这两套保护在其他各点上均能配合。当故障电流小于定时限保护的起动值 I_1 时，定时限保护不会动作；而当故障电流大于定时限保护的起动值时，两套保护同时起动，由于定时限保护动作时间长 $0.5 \sim 0.7$s，所以定时限保护也不会先动作，从而达到选择性的要求。

5. 电缆线路的单相接地保护

在小电流接地系统中，利用单相接地时故障线路的零序电流大于非故障线路的零序电流这一特点，可以实现单相接地保护。电力用户当为电缆引出线或为经电缆引出的架空线路时，采用零序电流互感器构成的电缆单相接地保护（零序电流保护），如图 17 – 16 所示。电流互感器 TA 套在电缆外面，其一次绕组为被保护电缆的三相引线，在正常运行或发生相间短路时，二次绕组只输出不平衡电流，保护不动作。当发生单相接地时，三相电流之和 $\dot{i}_U + \dot{i}_V + \dot{i}_W \neq 0$，在电流互感器铁芯中出现零序磁通，该磁通在二次绕组产生的零序电流流过继电器 KA，当流过继电器的电流大于整定电流时，继电器动作，发出电缆单相接地信号。

必须指出，在发生单相接地时，接地电流不仅可能沿着发生故障电缆的外皮流动，也有可能沿着非故障电缆的外皮流动。在正常运行时电缆的外皮也有可能因某种原因流过地中电流。为了避免非故障电缆线路上接地保护装置误动作，应将电缆头与固定用的支架绝缘起来，并将电缆头的接地线穿过互感器，如图 17 – 16（b）所示。采取这一措施后，流过非故障电缆外皮的电流与其接地线内的电流数值相等、方向相反，所以不会在铁芯中产生零序磁通。这一接地方式的另一优点是，当该电缆头发生单相接地故障时，零序保护装置也能可靠动作。

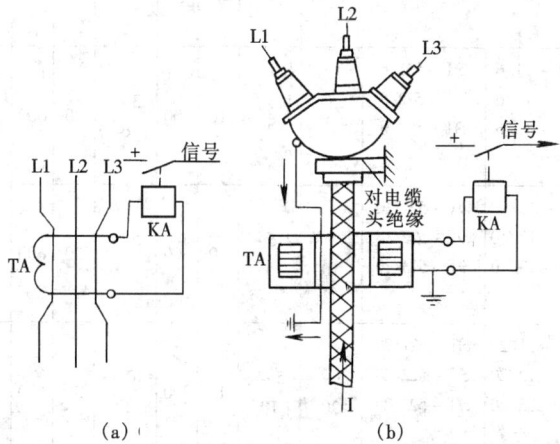

图 17 – 16 用零序电流互感器构成的电缆单相接地保护
(a) 接线示意图；(b) 安装图

保护的一次动作电流的整定值应躲过与被保护线路同一网络的其他线路发生单相接地故障时，由被保护线路流出的（被保护线路本线的）接地电容电流值 $I_{e \cdot C}$，即

$$I_{op} \geqslant K_{rel} I_{e \cdot C}$$

式中　K_{rel}——可靠系数，当保护作用于瞬时信号时，选 $K_{rel} = 4 \sim 5$，当保护作用于延时信号时，选 $K_{rel} = 1.5 \sim 2$；

　　　$I_{e \cdot C}$——被保护线路本线的接地电容电流。

第二节　常用继电器技术数据

(1) 电流继电器的技术数据，见表 17－2。

表 17－2　　　　　　　　　　　电流继电器的技术数据

| 继电器型号 | | 整定范围(A) | 线圈串联 | | | 线圈并联 | | | 触点规格 | 线圈数据(圈数) | | | 线圈串联阻抗(串联,Ω) | 时间特性 | 触点遮断容量 | 消耗的功率(最小整定值时) |
新型号	前苏联型号		动作电流(A)	热稳定性 长时(A)	1s(A)	动作电流(A)	热稳定性 长时(A)	1s(A)		线号	圈数	直流电阻(Ω)				
DL－11/0.2 DL－12/0.2 DL－13/0.2	ЭТ－521/0.2 ЭТ－522/0.2 ЭТ－523/0.2	0.05～0.2	0.05～0.1	0.3	12	0.1～0.2	0.6	20	1动合 1动断 1动合,1动断	0.38	500	7.8	38			
DL－11/0.6 DL－12/0.6 DL－13/0.6	ЭТ－521/0.6 ЭТ－522/0.6 ЭТ－523/0.6	0.15～0.6	0.15～0.3	1	45	0.3～0.6	2	90	1动合 1动断 1动合,1动断				3.6			
DL－11/2 DL－12/2 DL－13/2	ЭТ－521/2 ЭТ－522/2 ЭТ－523/2	0.5～2	0.5～1	4	100	1～2	8	200	1动合 1动断 1动合,1动断				0.48			
DL－11/6 DL－12/6 DL－13/6	ЭТ－521/6 ЭТ－522/6 ЭТ－523/6	1.5～6	1.5～3	10	300	3～6	20	600	1动合 1动断 1动合,1动断	1.8	16.5	0.148	0.113	当1.2倍整定值时为0.15s 当2倍时为0.02～0.03s	电压在220V以下,电流在2A以下时直流为50W 在交流回路中,当电压在220伏以下和电流在2A以下时为250VA	0.1VA
DL－11/10 DL－12/10 DL－13/10	ЭТ－521/10 ЭТ－522/10 ЭТ－523/10	2.5～10	2.5～5	10	300	5～10	20	600	1动合 1动断 1动合,1动断				0.0596			
DL－11/20 DL－12/20 DL－13/20	ЭТ－521/20 ЭТ－522/20 ЭТ－523/20	5～20	5～10	15	300	10～20	30	600	1动合 1动断 1动合,1动断	1.8	5	0.08	0.0079			
DL－11/50 DL－12/50 DL－13/50	ЭТ－521/50 ЭТ－522/50 ЭТ－523/50	12.5～50	12.5～25	20	450	25～50	40	900	1动合 1动断 1动合,1动断							
DL－11/100 DL－12/100 DL－13/100	ЭТ－521/100 ЭТ－522/100 ЭТ－523/100	25～100	25～50	20	450	50～100	40	900	1动合 1动断 1动合,1动断							
DL－11/200	ЭТ－521/200	50～200	50～100	20	450	100～200	40	900	1动合							

(2) 接地用电流继电器的技术数据，见表 17－3。

10kV 配电工程设计手册

表 17－3   **接地用电流继电器的技术数据**

继电器型号		整定范围 (mA)	线圈串联		线圈并联		触点规格	线圈数据			阻抗角	时间特性	触点遮断容量	消耗功率(最小整定值时)
新型号	前苏联型号		动作电流(mA)	阻抗(Ω)	动作电流(mA)	阻抗(Ω)		线号	圈数	直流电阻(Ω)				
DD－11/40	ЭТД－551/40	10～40	10～20	80	20～40	20	1动合	ПЭЛ0.1 ПШДК0.27	6500×2 530×2	22.5×2	35°	当1.2倍整定值时为0.15s 当2倍整定值时为0.03s	在电感性的直流电路中遮断容量为20W 在交流回路中,当电压在250V以下,电流在0.5A以下时为100VA	0.008VA
DD－11/50	ЭТД－551/50	12.5～50	12.5～25	52	25～50	13								
DD－11/60	ЭТД－551/60	15～60	15～30	36	30～60	9		ПЭЛ0.1 ПШДК0.27	6500×2 350×2	8.7×2				

（3）电压继电器的技术数据，见表 17－4。

表 17－4   **电压继电器的技术数据**

继电器型号		整定范围(V)	长时间容许电压(V)		触点规格	线圈数据（串联）			时间特性	触点遮断容量	动作方式	消耗的功率(最小整定值时)
新型号	前苏联型号		线圈串联	线圈并联		线号	圈数	电阻				
DJ－111/60	ЭН－524/60	15～60	70	35	1动合	ПЭД0.15 ПШДК0.3	250 735 }×2	600 ×2	在1.2倍整定值时为0.15s 在2倍整定值时为0.03～0.04s	电压在220V以下,电流在2A以下时直流为50W 在交流回路中,当电压在220V以下和电流在2A以下时为250VA	过电压	1VA
DJ－111/200	ЭН－524/200	50～200	220	110								
DJ－111/400	ЭН－524/400	100～400	440	220								
DJ－131/60	ЭН－526/60	15～60	70	35	1动合, 1动断	ПЭЛ0.15 ПШДК0.3	250 735 }×2	600 ×2				
DJ－131/60C	ЭН－526/60Д	15～60	240	120								线圈并联在30V时为2.5VA
DJ－131/200	ЭН－526/200	50～200	220	110		ПЭЛ0.08 ПШДК0.15	1285 1885 }×2	6340 ×2				
DJ－131/400	ЭН－526/400	100～400	440	220								
DJ－122/48	ЭН－528/48	12～18	70	35	1动断	ПЭЛ0.15 ПШДК0.3	520 735 }×2	600 ×2	在0.5倍整定值时为0.15s		欠电压	1VA
DJ－122/160	ЭН－528/160	40～160	220	110		ПЭЛ0.08 ПШДК0.15	1285 1885 }×2	6340 ×2				
DJ－122/320	ЭН－528/320	80～320	440	220								
DJ－132/160	ЭН－529/160	40～160	220	110	1动合, 1动断	ПЭЛ0.08 ПШДК0.15		6340 ×2				

注 ПЭД—漆皮线；ПШДК—双纱包线。

（4）信号继电器的技术数据，见表 17－5。

表 17－5   **信号继电器的技术数据**

电流继电器		动作电流(A)	动合触点数目	持续电流(A)	电阻(Ω)	热稳定(A)	电压继电器		动作电压(V)	额定电压(V)	持续电压(V)	电阻(Ω)	热稳定	备注
新型号	前苏联型号						新型号	前苏联型号						
DX－11/0.01	ЭС－21/0.01	0.01	2	0.025	2200	0.062								接点容量在具有感应负荷的直流回路中为50W 在交流回路中当电压至250V和电流至2A时为250VA
DX－11/0.015	ЭС－21/0.015	0.015	2	0.04	1000	0.1								
DX－11/0.025	ЭС－21/0.025	0.025	2	0.06	320	0.15	DX－11/12	ЭС－21/12	7.2	12	13.5	87	110%额定电压	
DX－11/0.05	ЭС－21/0.05	0.05	2	0.125	70	0.312	DX－11/24	ЭС－21/24	14.5	24	27	360		
DX－11/0.075	ЭС－21/0.075	0.075	2	0.2	35	0.5	DX－11/48	ЭС－21/48	29	48	55	1,440		
DX－11/0.1	ЭС－21/0.1	0.1	2	0.25	18	0.625	DX－11/110	ЭС－21/110	66	110	120	7,500		
DX－11/0.15	ЭС－21/0.15	0.15	2	0.4	8	1.0	DX－11/220	ЭС－21/220	132	220	245	28,000		
DX－11/0.25	ЭС－21/0.25	0.25	2	0.6	3	1.5								
DX－11/0.55	ЭС－21/0.55	0.55	2	1.25	0.7	3.12								
DX－11/1	ЭС－21/1	1	2	2.5	0.2	6.25								

(5) 辅助继电器的技术数据，见表 17-6。

表 17-6　辅助继电器的技术数据

新型号	前苏联型号	直流额定电压(V)	动合	动断	消耗电力	动作电压	热稳定性	线圈电阻	负荷特性	直流	交流	长时通过电流(A)	最大开路电流(A)
DZ-15	ЭП-101A	24	2	2				100	无感负荷	220		5	1
DZ-15	ЭП-101A	110	2	2	额定电压时为6W	0.7额定电压	长时间110%的额定电压	2150		110		5	5
DZ-15	ЭП-101A	220	2	2				10000	有感负荷	220		5	0.5
DZ-17	ЭП-103A	24	4	—				100		110		5	4
DZ-17	ЭП-103A	110	4					2150			220	5	
											110	5	10

(6) 中间继电器的技术数据，见表 17-7。

表 17-7　DZS 中间继电器技术数据

新型号	前苏联型号	直流额定电压(V)	直流额定电流(A)	动合	动断	电压线圈	电流线圈	动作电压	热稳定性	线圈电阻	负荷特性	直流	交流	长时通过电流(A)	最大开路电流(A)
DZS-117	ЭПВ-11			4	—	3	—				无感负荷	220		5	1
DZS-115	ЭПВ-12			2	2	3	—		长时间110%的额定电压。DZS-127和136型电流线圈允许流过3倍额定值历时5s			110		5	5
DZS-127	ЭПВ-11/3	24,48,110,220	2,4,6 1,2,4	4		5	5	0.7额定电压			有感负荷	220		5	0.5
DZS-136	ЭПВ-11/4			3		5	5					110		5	4
													220	5	
													110	5	10
DZS-145	ЭПВ-32			2	3	6	—	同上	同上		DZS-145型在无感回路中当直流电压在110V和220V时长时通过电流为2A，最大开路电流在110V时为5A，220V下为1A。在有感回路中直流电压在110V和220V时长时电流为2A，最大开路电流110V下为4A，220V下为0.5A，在交流110V和220V时长时电流为2A，最大开路在110V下为10A，220V下为5A				

(7) DZB 中间继电器的技术数据，见表 17-8。

表 17-8　DZB 中间继电器技术数据

新型号	前苏联型号	直流额定电压(V)	直流额定电流(A)	常开	常闭	电流线圈数量	电压线圈	电流线圈	动作电压	热稳定性	线圈电阻	触点容量
DZB-115	ЭП-131	48,110,220	1,2,4	2	2	1	4	1		DZB-115型继电器并联线圈长时间110%的额定电压，电流线圈在3倍额定值时历时2s。DZB-127和138型并联线圈在110%额定电压下历时20s，电流线圈在1.25倍额定值时历时10s		同表17-6 DZ-10型
DZB-127	ЭП-132	24,48,110,220		2	2	2	20	6	0.7额定电压			同表17-7 DZS-145型
DZB-138	ЭП-133	24,48,110,220	1,2,4,8	3	1	2	10	9				接点在直流电压220V下最大开路电流为1A，长时通过电流为8A

（8）DZ－300 和 DZS－200 中间继电器的技术数据，见表 17－9。

表 17－9　　　　　　　　　**DZ－300 和 DZS－200 中间继电器技术数据**

继电器型式		额定电阻（Ω）	直流额定电压（V）			消耗功率（W）	动作电压	返回电压	触点遮断容量
新型号	前苏联型号		长期	短时（min）					
				2	0.25				
DZ－300 КДР－1		17000	220	—		在额定电压下不大于3	最小动作电压为55%额定值	不得少于额定值的2%	遮断的电流为3A 和电压为220V（交流或直流）遮断功率：直流负载80W，交流负载400VA。在有感回路中遮断功率降低20%～30%，而电压降低50%～70%，接点闭合功率较上述遮断功率增大1.5～3倍
		9000	110	220	—				
		4000	48	110	220				
		2000	48	110	220				
		650	24	48	110				
		435	24	48	110				
		280	24	48	110				
DZS－200 КДР－3		120	12	24	48				
		72	12	24	48				
		48	12	24	48				
		31	6	12	24				

（9）PHH 和 PCM 电话继电器的技术数据，见表 17－10。

表 17－10　　　　　　　**PHH 和 PCM 电话继电器技术数据**

型式	触点组数	最大触点弹片数	当只有一组接点时的灵敏度（mW）	消耗功率（W）	正常继电器时间（ms）		延时继电器的时间（ms）	
					动作	返回	动作	返回
PHH	3	18	39.7	0.64	7～70	6～50	20～80	20～300
PCM	2	4	147	0.8	2～10	1.5～3	—	—

（10）时间继电器的技术数据，见表 17－11。

表 17－11　　　　　　　**时间继电器的技术数据**

继电器型号		电流类别	时限调整范围（s）	额定电压（V）	在额定电压时所消耗的电力	触点容量	动作电压	热稳定性	线圈数据		电阻（Ω）	附置装置		触点数目	质量（kg）
新型号	前苏联型号								线号	圈数		电阻	电容		
	ЭB－181	直流	0.25～4	12	40W，70VA	10A 在 30s 以内	0.7额定电压110%的额定电压在30s以内		ПЭЛ0.44	1，160	13.5	100Ω 291mA	1微法+5%，600V	1动合	≈3
	ЭB－182		0.5～10	24					ПЭЛ0.31	2，250	54	100Ω 291mA			
				48					ПЭЛ0.21	4，900	268	100Ω 120mA			
				110											
				220											
	ЭB－201	交流	0.25～4	110			0.85额定电压		ПЭЛ0.29	1，820					
	ЭB－202		0.5～10	220					ПЭЛ0.2	3，800					
				380											

続表

继电器型号 新型号	前苏联型号	电流类别(V)	时限调整范围(s)	额定电压(V)	在额定电压时所消耗的电力	触点容量	动作电压	热稳定性	线圈数据 线号	圈数	电阻(Ω)	附置装置 电阻	电容	触点数目	质量(kg)
DS-111	ЭB-114	直流	0.1~1.3					110%的额定电压在2min以内						1动合及一组瞬时切换触点	
DS-112	ЭB-124		0.25~3.5												
DS-113	ЭB-134		0.5~9												
DS-115	ЭB-122		0.25~3.5	24,48,110,220			0.7额定电压							1动合终止触点 1动合滑过触点 1组瞬时换触点	
DS-116	ЭB-132		0.5~9												
DS-111-C	ЭB-113		0.1~1.3					110%的额定电压常时间使用						1动合及1动合瞬时触点	
DS-112-C	ЭB-123		0.25~3.5												
DS-113-C	ЭB-133		0.5~9												
DS-121	ЭB-214		0.1~1.3	100										1动合及一组瞬时切换触点	
DS-122	ЭB-224		0.25~3.5	110											
DS-123	ЭB-234		0.5~9	127											
DS-125	ЭB-222	交流	0.25~3.5	220										1动合终止触点 1动合滑过触点 1组瞬时切换触点	
DS-126	ЭB-232		0.5~9	380											

注 ПЭП——漆包铜线。

（11）感应型电流继电器的技术数据，见表17-12。

表17-12 感应型电流继电器的技术数据

继电器型号 新型号	前苏联型号	整定范围(A)	额定电流(A)	时间特性	触点规格	返回系数	触点遮断容量	热稳定性(A) 长时	1s	消耗的功率(最小整定值时)	备注
GL-11/10	ИТ-81/1	4~10	10	在10倍电流时0.5~4s 在10倍电流时2~6s	1动合	0.85	电压至220V时接通电流5A，断开电流2A	11	—	当电流等于整定电流时为15W	
GL-11/5	ИТ-81/2	2~5	5					5.5	—		
GL-12/10	ИТ-82/1	4~10	10					11	—		
GL-12/5	ИТ-82/2	2~5	5					5.5	—		
GL-13/10	ИТ-83/1	4~10	10		主触点1动合 信号触点1动合						
GL-13/5	ИТ-83/2	2~5	5								
GL-14/10	ИТ-84/1	4~10	10		主触点1动合 信号触点1动合						
GL-14/5	ИТ-84/2	2~5	5								
GL-15/10	ИТ-85/1	4~10	10	在10倍电流时0.5~4s 在10倍电流时4~16s	主触点1动合 1动断	0.8	主触点用于仪表变流器供电回路、短触点直流150A 信号触点电压至220V时为接通或断开电流时，交流1A，直流0.2A			当电流等于整定电流时为10VA	用于交流操作电路
GL-15/5	ИТ-85/2	2~5	5								
GL-16/10	ИТ-86/1	4~10	10		主触点1动合1动断，信号触点1动合						
GL-16/5	ИТ-86/2	2~5	5								

第三节 常用继电保护接线图例

（1）单电源单台变压器进线柜（手车柜）继电保护回路展开图，见图17-17。

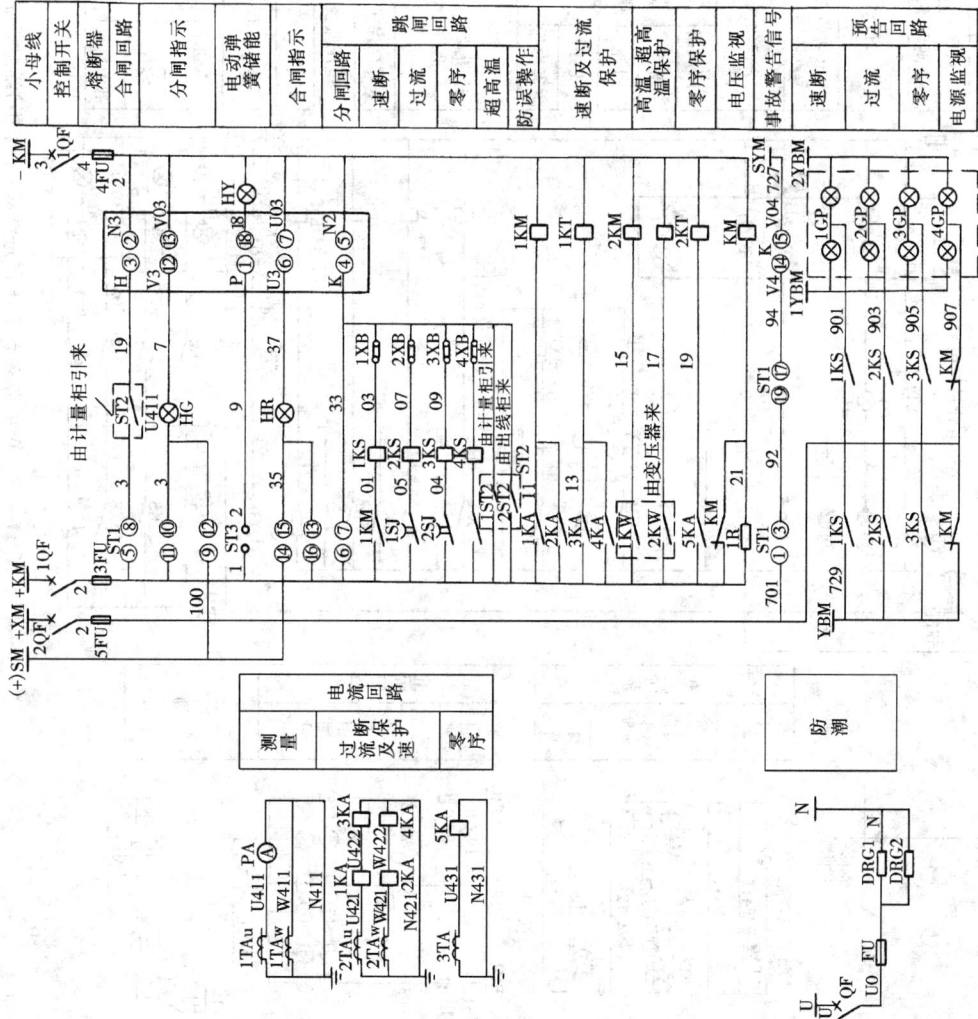

序数	符号	名称	型号及规格	数量
		进线柜		
1	1FU~5FU	低压熔断器	RT14	6
2	3TA、1TAu 1TAU、1TAw 2TAw	电流互感器	LZJ-10	3
3	3KA、4KA	电流继电器	DL-32/10A	2
4	1KA、2KA	电流继电器	DL-32/50A	2
5	DRG1 DRG2	发热电器	JGQ-220V/80W	2
6	PA	交流电流表	42L6-A 100/5A	1
7		连接片	YY1-D	4
8	1XB~4XB	连接片	YY1-D	4
9	1KT、2KT	时间继电器	DS-32C/2 220V	2
10	QF、2QF	塑料外壳式断路器	DZ12-60/1	2
11	1QF	塑料外壳式断路器	DZ12-60/2	1
12	HR	信号灯	XD5 220V 红	1
13	HY	信号灯	XD5 220V 黄	1
14	HG	信号灯	XD5 220V 绿	1
15	1KS~4KS	信号继电器	DX-31A/0.75A	4
16	K	真空继电器	VK-10M、-31.5	1
17	1KM、2KM	中间继电器	DZY-204/220V	2
18	KM	中间继电器	DZY-205/220V	1
19	ST2	转换开关	LW2-55/F4	1
20	ST1	转换开关	LW2-ZLa*6a402V/F8	1
21	ST3	组合开关	HZ10-10/1	1
22	5KA	电流继电器	DL-32/2A	1
23	5KS	信号继电器	DX-31A/220V	1

图17-17 单电源单台变压器进线柜(手车柜)继电保护回路展开图

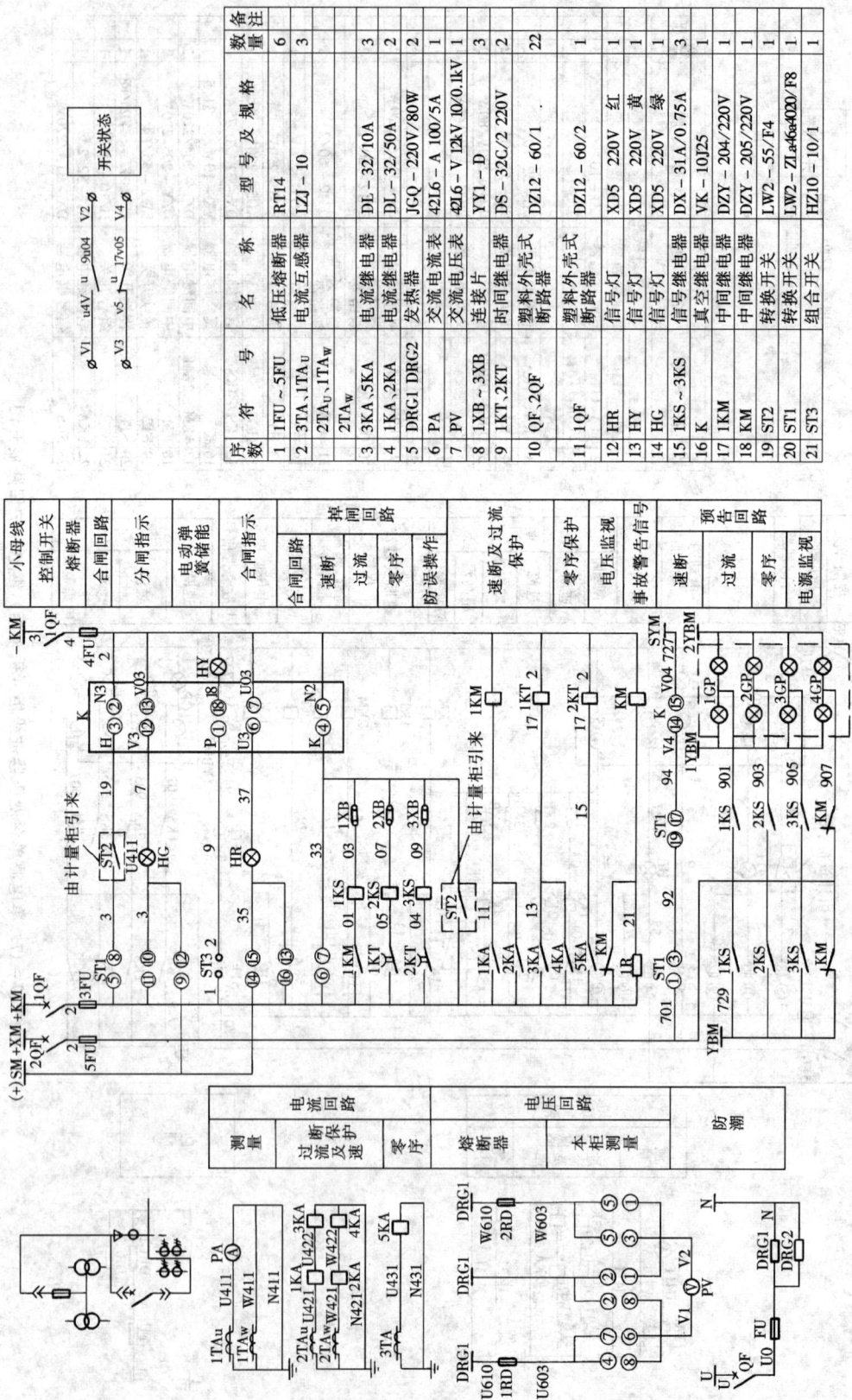

图 17-18 单电源多台变压器进线柜(手车柜)继电保护回路展开图

序数	符号	名称	型号及规格	数量	备注
1	1FU~5FU	低压熔断器	RT14	6	
2	2TA$_U$、1TA$_U$ 2TA$_W$	电流互感器	LZJ-10	3	
3	3KA、5KA	电流继电器	DL-32/10A	3	
4	1KA、2KA	电流继电器	DL-32/50A	2	
5	DRG1 DRG2	发热器	JGQ-220V/80W	2	
6	PA	交流电流表	42L6-A 100/5A	1	
7	PV	交流电压表	42L6-V 12kV 10/0.1kV	1	
8	1XB~3XB	连接片	YY1-D	3	
9	1KT.2KT	时间继电器	DS-32C/2 220V	2	
10	QF.2QF	塑料外壳式断路器	DZ12-60/1	22	
11	1QF	塑料外壳式断路器	DZ12-60/2	1	
12	HR	信号灯	XD5 220V 红	1	
13	HY	信号灯	XD5 220V 黄	1	
14	HG	信号灯	XD5 220V 绿	1	
15	1KS~3KS	信号继电器	DX-31A/0.75A	3	
16	K	真空继电器	VK-10J25	1	
17	1KM	中间继电器	DZY-204/220V	1	
18	KM	中间继电器	DZY-205/220V	1	
19	ST2	转换开关	LW2-55/F4	1	
20	ST1	转换开关	LW2-ZLa4α4020/F8	1	
21	ST3	组合开关	HZ10-10/1	1	

序数	符号	名称	型号及规格	数量	备注
		进线柜			
1	1FU～3FU	低压熔断器	RT14	4	
2	1TA$_U$、2TA$_U$	电流互感器	LZJ－10	3	
	TA$_U$	电流互感器 (零序)	LM4－10 15C/5	1	修造电
	1TD$_W$、2TA$_W$				
3	3kA、4kA	电流继电器	DL－32/10A	2	
4	1kA、2kA	电流继电器	DL－32/50A	2	
5	1R	电阻	ZG11－100W	1	
6	DRG1、DRG2	发热器	JGQ－220V/80W	2	
7	PA	交流电流表	42L6－A 100/5A	1	
8	Q	接地开关	ESW－10A25	1	
9	1XB～3XB	连接片	YY1－D	3	
10	1KT、2KT	时间继电器	DS－31C/ 220V	1	
11	QF、2QF	塑料外壳式断路器	DZ12－60/1 (C45N)	2	
12	1QF	塑料外壳式断路器	DZ12－60/2 (C45N)	1	
13	1HR、2HR	信号灯	XD5 220V 红 (AD11－25/21)	2	
14	HY	信号灯	XD5 220V 黄 (AD11－25/21)	1	
15	HG	信号灯	XD5 220V 绿 (AD11－25/21)	1	
16	1KS～3KS	信号继电器	DX－31A/0.75A	3	
17	4KS～6KS	信号继电器	DX－31A/220V	3	
18	K	真空继电器	VK－10J25	1	
19	1KM、2KM	中间继电器	DZY－204/220V	2	
20	KM	中间继电器	DZY－205/220V	1	
21	ST1	转换开关	LW2－ZLa46a4020/F8	1	
22	ST2	组合开关	HZ10－10/1 (1S2－2)	1	
23	KA	电流继电器	DL－32/2A	1	

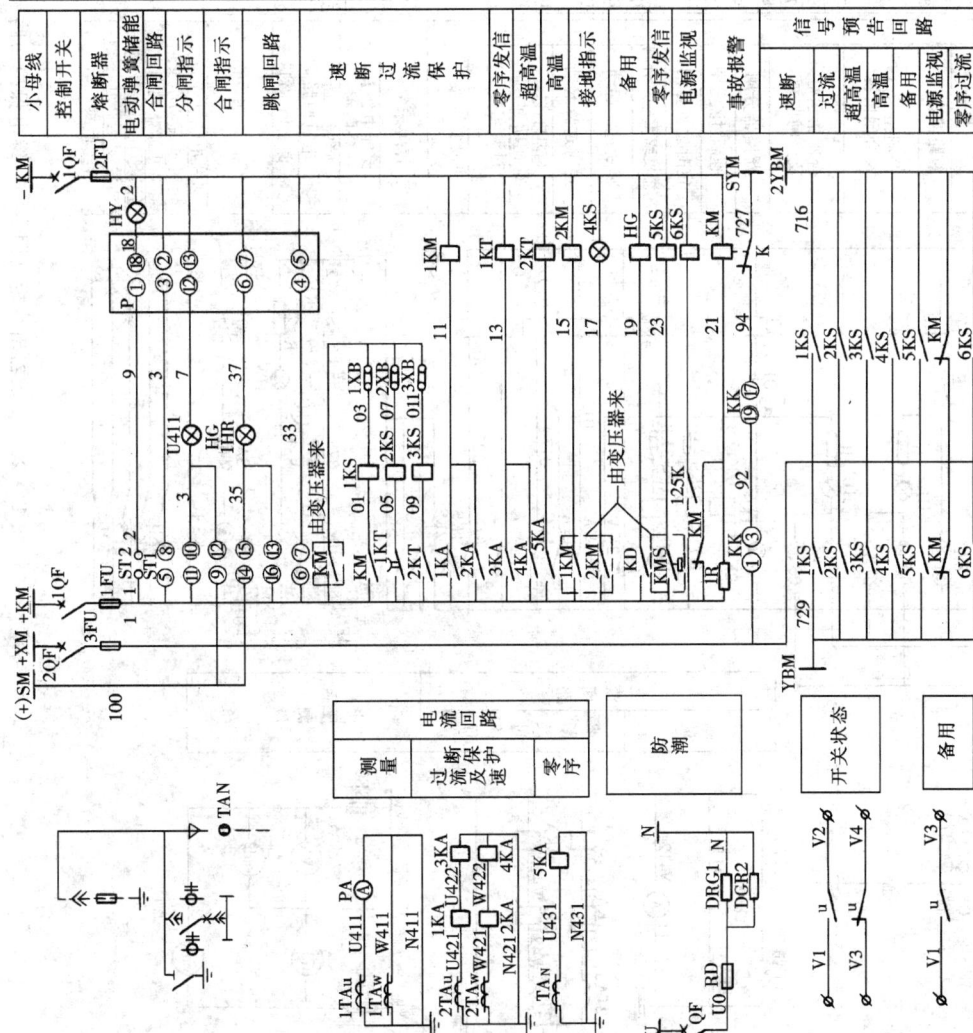

图 17－19 变压器出线柜（手车柜）继电保护回路展开图

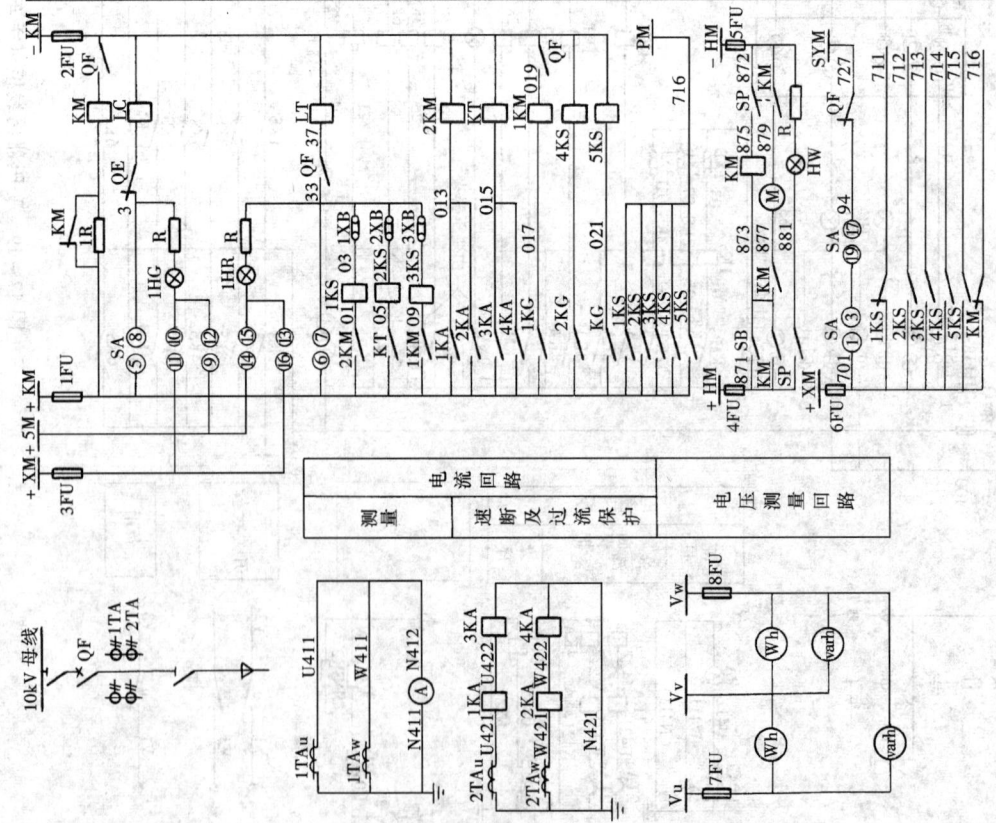

序数号	符号	设备名称	型号规格	数量	备注
1	LC	合闸线圈	DC 220V 2.34A	1	附于 CT－8 弹簧储能机构
2	LT	分闸线圈	DC 220V 2.34A	1	附于 CT－8 弹簧储能机构
3	QF	油断路器辅助触点		1	附于 CT－8 弹簧储能机构
4	M	储能电机	DC 220V	1	附于 CT－8 弹簧储能机构
5	SP	储能行程开关	LX12－2	1	附于 CT－8 弹簧储能机构
6	KM	储能接触器	DC 220V CJ－10/10	1	附于高压开关柜
7	HW	储能指示灯	XD5/220V（白色）	1	附于高压开关柜
8	SB	储能起动按钮	LA2	1	附于高压开关柜
9	1FU～6FU	熔断器	R1－10/10A	5	附于高压开关柜
10	7FU、8FU	熔断器	R1－10/3A	2	附于高压开关柜
11	SA	控制开关	Lw2－Zla46a40A/F8	1	附于高压开关柜
12	HG	合闸指示灯	XD5/220V（绿色）	1	附于高压开关柜
13	HR	分闸指示灯	XD5/220V（红色）	1	附于高压开关柜
14	A	电流表	4AL－1－A	1	附于高压开关柜
15	Wh	有功电能表	DS2 100V 5A	1	附于高压开关柜
16	VARh	无功电能表	DX2 100V 5A	1	附于高压开关柜
17	1R	熔管电阻（绕线）	3kΩ 50W	3	附于高压开关柜
18	1XB～3XB	连接片（压板）	YY1－D	1	附于高压开关柜
19	1KA、2KA	电流继电器	DL－31/20	2	附于高压开关柜
20	3KA、4KA	电流继电器	DL－31/10	2	附于高压开关柜
21	KT	时间继电器	DS－31/220V	1	附于高压开关柜
22	KM	中间继电器	DZY－215×/220V	1	附于高压开关柜
23	2KM	中间继电器	DZY－220/220V	1	附于高压开关柜
24	1KM	中间继电器	DZY－204/220V	1	附于高压开关柜
25	1KS～3KS	信号继电器	DX－31B/1A	3	附于高压开关柜
26	4KS、5KS	信号继电器	DX－31B/220V	2	附于高压开关柜

图 17－20 变压器出线柜（固定柜）继电保护回路展开图

10kV 配电工程设计手册

序数	符号	名称	型号及规格	数量	备注
		进线柜			
1	1FU~6FU	低压熔断器	RT14	7	
2	1TAu、2TAu；1TAw、2TAw、3TA	电流互感器	LZJ－10	2	
3	3KA~5KA	电流继电器	DL－32/10A	3	
4	1KA、2KA	电流继电器	DL－32/50A	2	
5	1KV、2KV	电压继电器	DY－36/160W	2	
6	1R	电阻	ZG11－100W	1	
7	DRG1、DRG2	发热电阻		2	
8	A	交流电流表	42L6－A100/5A	1	
9	V	交流电压表	42L6－V12kV 10/0.kV	1	
10	1XB~4XB	连接片	YY1－D	4	
11	1KT、2KT	时间继电器	DS－32C/2 220V	2	
12	3KT	时间继电器	DS32C/2 220V	1	
13	QF、2QF	塑料外壳式断路器	DZ12－60/1 (C45N)	2	
14	1QF	塑料外壳式断路器	DZ12－60/2 (C45N)	1	
15	HW	信号灯	XD5 220V 白 (AD11－25/11)	1	
16	HR	信号灯	XD5 220V 红 (AD11－25/11)	1	
17	HY	信号灯	XD5 220V 黄 (AD11－25/11)	1	
18	HG	信号灯	XD5 220V 绿 (AD11－25/11)	1	
19	1KS~4KS	信号继电器	DX－31A/0.75A	4	
20	1K	真空继电器	VK－10J25	1	
21	KM4	中间继电器	DZS－233/220V	1	
22	KM2、KM3	中间继电器	DZY－204/220V	2	
23	KM1	中间继电器	DZY－205/220V	1	
24	SA3	转换开关	LW2－55/F4	1	
25	SA2	转换开关	LW2－ZLa46a4020/F8	1	
26	SA1	转换开关	LW5－15C5391/2	1	
27	S	组合开关	HZ10－10/1 (1S2－2)	1	

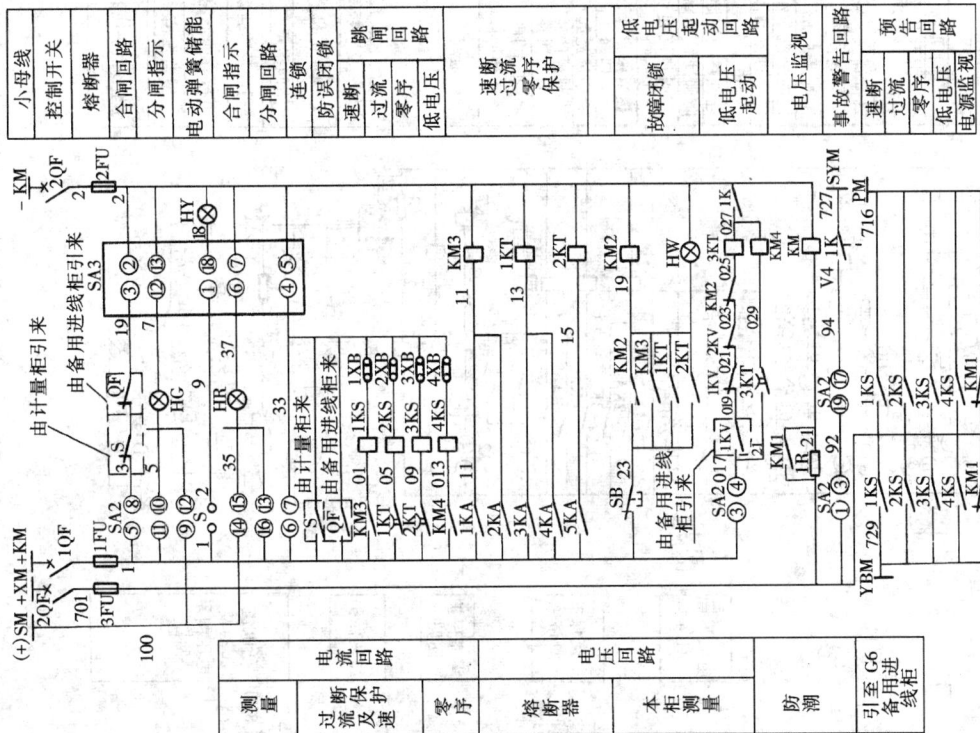

图 17－21 双电源主供进线柜（手车柜）继电保护回路展开图

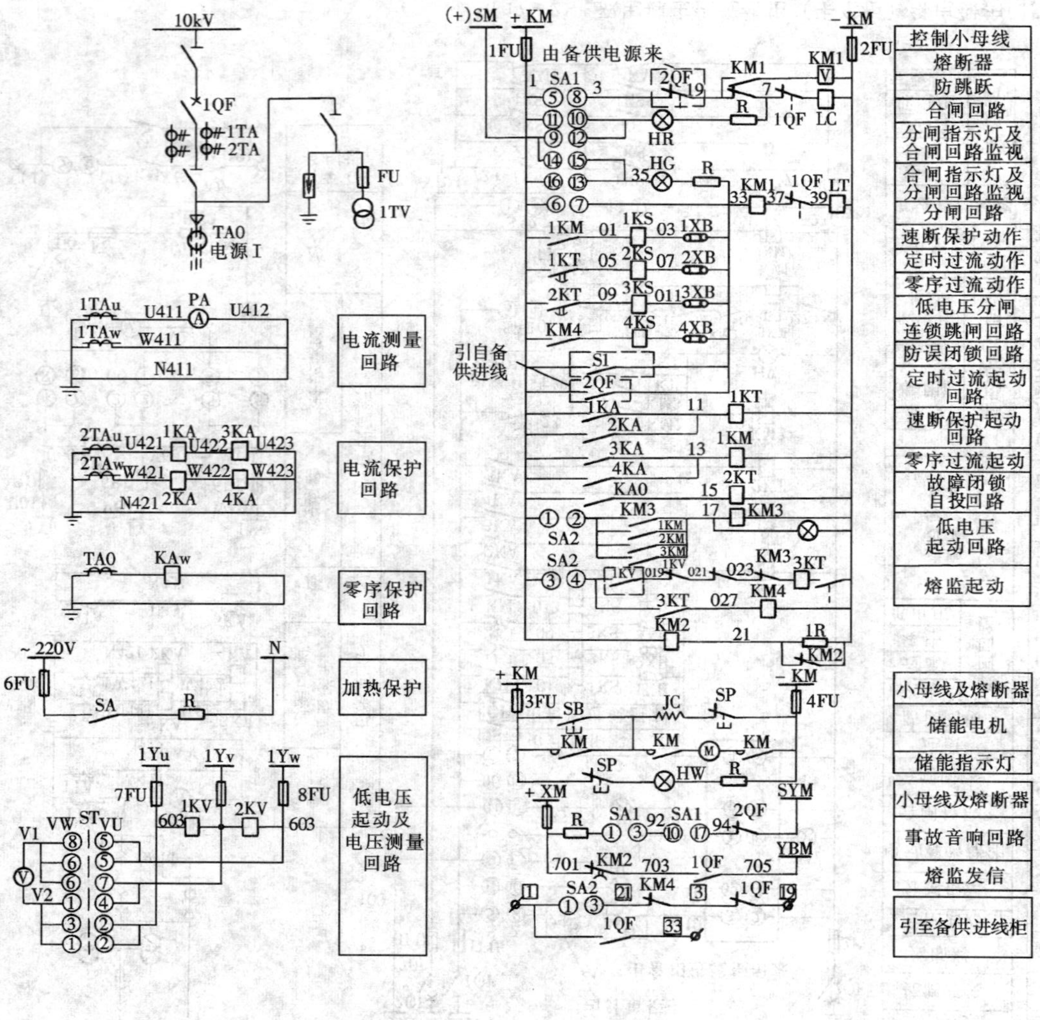

序号	符号	设备名称	型号规格	数量	备注
1	LC	合闸线圈	220V -	1	
2	LT	分闸线圈	220V -	1	
3	M	储能电机	220V -	1	
4	SP	储能行程开关	LX12 - 2		
5	QF	断路器辅助触点		1组	
6	1FU ~ 8FU	熔断器	R1 - 10/64	8	
7	SA1	控制开关	LW - Z - 12.4.6a.40.20/F3		
8	SB	储能按钮	LA1		
9	HW	指示灯	XD5 - 220V（白色）	2	
10	HR、HG	分合闸指示灯	XD5 - 220V（红、绿色）	2	
11	1XB ~ 4XB	连接片	YY1 - 2	4	
12	1R	熔监电阻	ZG - 30W/4RΩ	1	
13	A	电流表	$42L_1$ - A/5	1	
14	KA0	电流继电器	DL - 32/2	1	
15	1KA、2KA	电流继电器	DL - 32/10	2	
16	3KA、4KA	电流继电器	DL - 32/50	2	
17	KM2	中间继电器	DZS - 214/220V	1	
18	KM1	中间继电器	DZS - 254/220V	1	
19	KM	中间继电器	DZ - 25A/220	1	
20	1KT、2KT	时间继电器	DS - 32C/2.220kV	2	
21	1KS ~ 4KS	信号继电器	DX - 31B/14	4	
22	R	电阻	ZG - $252K_n$	3	
23	R	加热装置		1	
24	SA	控制开关	DZ12 - 60/A	1	
25	SG/	连锁开关			计量柜
26	1TA、2TA	电流互感器	LZJ - 10/5	2	
27	TA0	电流互感器	LM410 150/5	1	
28	KM	储能接触器	CJ	1	
29	1TV	电压互感器	JDJ - 10/0.1	2	
30	FU	熔断器	RN1 - 10/0.5	3	
31	ST	电压换相开关	LW255/F4X	2	
32	V	电压表	$42L_1$ - V - 10/0.1kV	1	
33	KM4	中间继电器	DZS - 233/220	1	
34	3KT	时间继电器	DS - 31C/220kV	1	
35	1KV、2KV	电压继电器	DY - 36/160	2	
36	KM3	中间继电器	DZY - 204/ 220V	1	
37	SA2	控制开关	$LW_5 - 15_e5$ 391/2	1	

图 17 - 22　双电源主供进线柜（固定柜）继电保护回路展开图

序数	符号	名称	型号及规格	数量	备注
1	1FU～6FU	低压熔断器	RT14	7	
2	1TAu、2TAu、1TAw、2TAw、3TA	电流互感器	LZJ－10	2	
3	3KA、5KA	电流继电器	DL－32/10A	3	
4	1KA、2KA	电流继电器	DL－32/50A	2	
5	1KV、2KV	电压继电器	DY－36/160V	2	
6	1R	电阻	ZG11－100W	1	
7	DRG1、DRG2	发热电阻	JGQ－220V/80W	2	
8	A	交流电流表	42L6－A100/5A	1	
9	V	交流电压表	42L6－V12kV 10/0.1kV	1	
10	1XB～3XB	连接片	YY1－D	4	
11	1KT、2KT	时间继电器	DS－31C/2 220V	2	
12	1KT	时间继电器	DS－32C/2 220V	1	
13	QF、2QF	塑料外壳式断路器	DZ12－60/1（C45N）	2	
14	1QF	塑料外壳式断路器	DZ12－60/2（C45N）	1	
15	HR	信号灯	XD5 220V 红（AD11－25/11）	1	
16	HY	信号灯	XD5 220V 黄（AD11－25/11）	1	
17	HG	信号灯	XD5 220V 绿（AD11－25/11）	1	
18	1KS～3KS	信号继电器	DX－31A/0.75A	4	
19	2KD	真空继电器	VK－10/25	1	
20	KM1	中间继电器	DZS－233/220V	1	
21	KM2	中间继电器	DZY－204/220V	1	
22	KM3	中间继电器	DZY－205/220V	1	
23	ST1	转换开关	LW2－55/F4	1	
24	ST2	转换开关	LW2－ZLa46a 4020/F8	1	
25	ST3	转换开关	LW5－15C5391/2	1	
26	S	组合开关	HZ10－10/1	1	

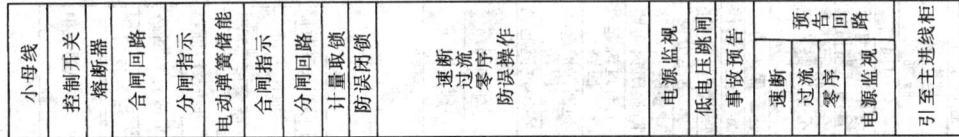

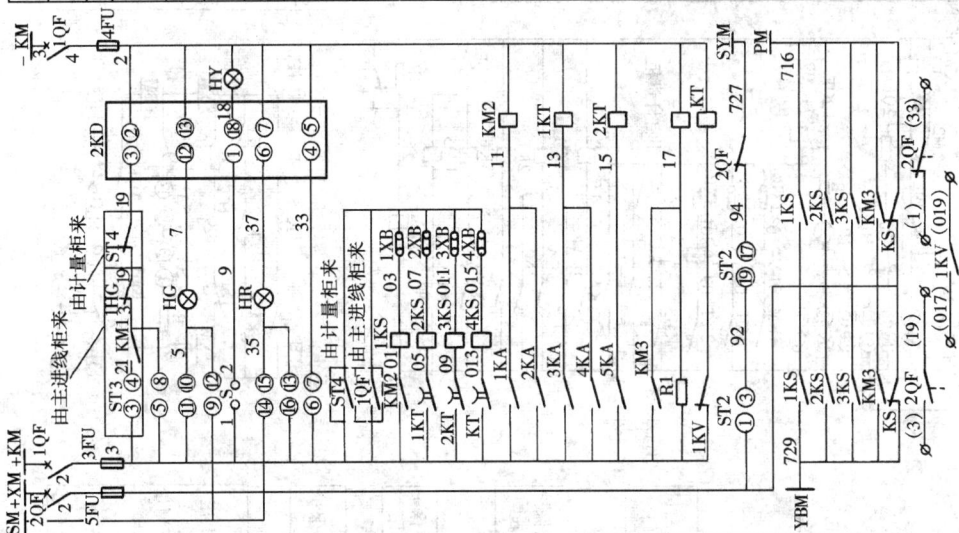

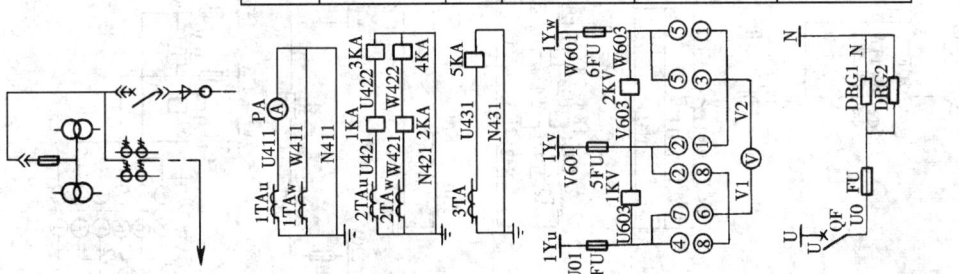

图 17－23　双电源备供进线柜（手车柜）继电保护回路展开图

序号	符号	设备名称	型号规格	数量	备注
1	LC	合闸线圈	220V~	1	
2	LT	分闸线圈	220V~	1	
3	M	储能电机	220V~	1	
4	SP	储能行程开关	LX12-2	1	
5	QF	断路器辅助触点		1组	
6	1FU~8FU	熔断器	R₁-10/64	8	
7	SA	控制开关	LW-Z-12.4、6a.40.20/F3 LA₁	1	
8	SB	储能按钮			
9	HW	指示灯	XD5-220V (红、绿色)	2	
10	HR、HG	分合闸指示灯	XD5-220V (白色)	2	
11	1XB~4XB	连接片	YY₁-2	4	
12	1R	熔监电阻	42Lₐ-A/5	1	
13	KAO	电流表	ZG-30W4RΩ	1	
15	1KA、2KA	电流继电器	DL-32/10	2	
16	3KA、4KA	电流继电器	DL-32/50	2	
17	KM1	中间继电器	DZS-214/220V	1	
18	KM2	中间继电器	DZS-254/220V	1	
19	1KM	时间继电器	DZ-25A/220	1	
20	1KT、2KT	信号继电器	DS-32C/2.220kV	2	
21	1KS~4KS	电阻	DX-31B/14	3	
22	R	加热装置	ZG-25 2Kₙ	1	
23	R	控制开关	DZ12-60/A	1	计量柜
24	SA1	连锁开关			
25	S1	电流互感器	LZJ-10/5	2	
26	1TA、2TA	电流互感器	LM₄10 150/5	1	
27	TAO	储能接触器	CJ	1	
28	KM	电压互感器	JDJ-10/0.1	2	
29	2TV	熔断器	RN₁-10/0.5	3	
30	FU	电压换相开关	LW₂55/F4X	2	
31	S	电压表	42Lₐ-V-10/0.1kV	1	
32	V	电压继电器	DY-36/160	2	
33	1KV、2KV	时间继电器	DS-31C/220V	2	
34	3KT	中间继电器	DZY-204 220V	1	
35	KM3				

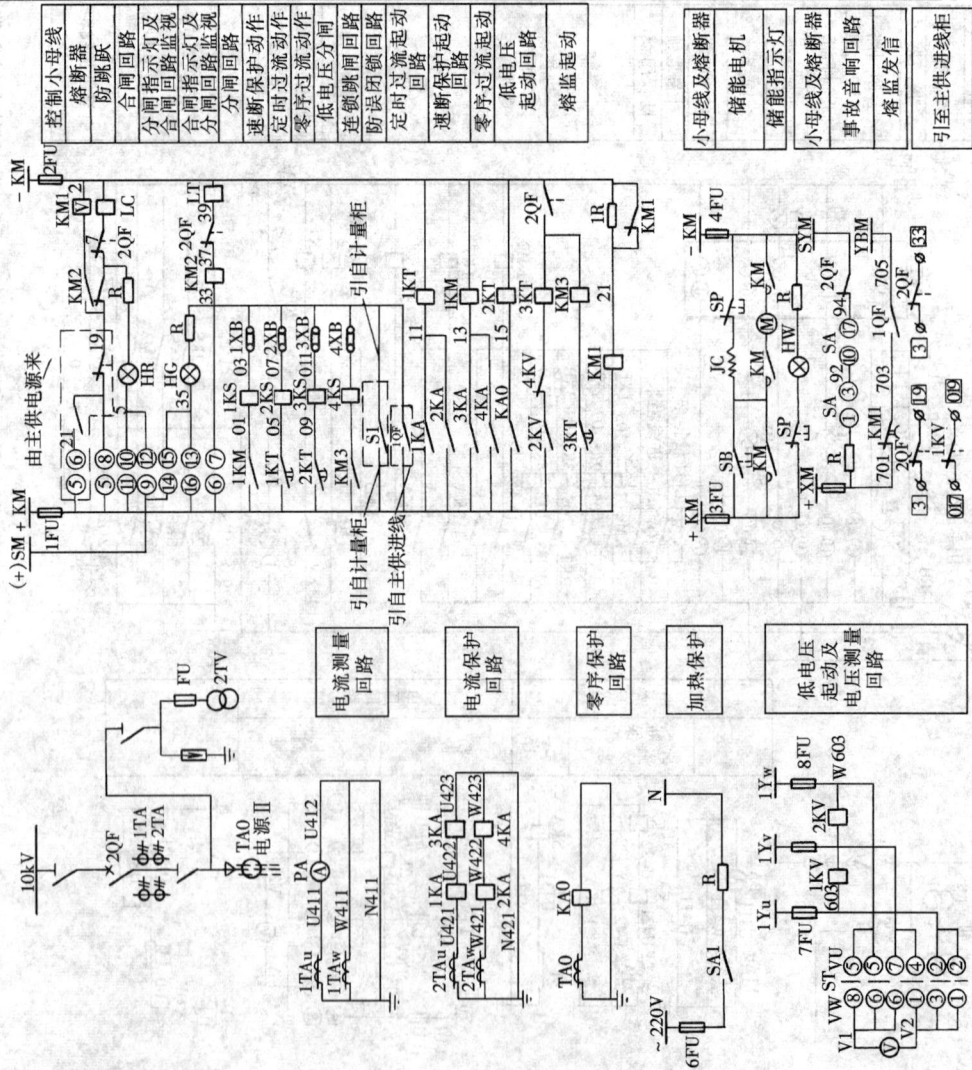

控制小母线　熔断器　防跳跃　合闸回路　分闸指示灯及合闸回路监视　合闸指示灯及分闸回路监视　分闸回路　速断保护动作　定时过流动作　零电压分闸　连锁跳闸回路　防误闭锁回路　定时过流起动回路　速断保护起动　零序过流起动回路　低电压起动回路　熔监起动

小母线及熔断器　储能电机　储能指示灯　小母线及熔断器　事故音响回路　熔监发信　引至主供进线柜

电流测量回路　电流保护回路　零序保护回路　加热保护回路　低电压起动及电压测量回路

图 17-24　双电源备供进线柜（固定柜）继电保护回路展开图

(2) 单电源多台变压器进线柜（手车柜）继电保护回路展开图，见图 17-18。

(3) 变压器出线柜（手车柜）继电保护回路展开图，见图 17-19。

(4) 变压器出线柜（固定柜）继电保护回路展开图，见图 17-20。

(5) 双电源主供进线柜（手车柜）继电保护回路展开图，见图 17-21。

(6) 双电源主供进线柜（固定柜）继电保护回路展开图，见图 17-22。

(7) 双电源备供进线柜（手车柜）继电保护回路展开图，见图 17-23。

(8) 双电源备供进线柜（固定柜）继电保护回路展开图，见图 17-24。

第四节　电子型继电保护装置

20 世纪 70 年代以前我国电力系统继电保护基本上采用机电型继电器产品，70 年代中期开始采用晶体管保护和集成电路保护装置，80 年代中期开始采用微机型保护装置，90 年代又开始采用可编程序控制器型保护装置，现举例如下。

一、ZGB-10 型高压柜保护装置

1. 概述

该装置是参照安装在高压开关柜上的继电保护而设计的，其功能多于原常规保护。其中 ZGB-11 可代替四台电流继电器（或两台反时限过流继电器）、两台时间继电器、一台信号继电器、一台三相一次重合闸装置；ZGB-12 可替代四台电流继电器（或两台反时限过流继电器）、两台时间继电器、一台信号继电器、一台接地继电器；ZGB-13 可替代四台电流继电器（或两台反时限过流继电器、两台时间继电器、一台信号继电器、一台欠电压继电器。

该装置的原理采用集成电路。用集成电路构成的装置，体积小、功耗低、可靠性高、抗干扰能力强、质量轻、具有良好的抗震性，并可节约大量原材料，减少工作量，大大降低了劳动强度，价格也较低，该装置的推广使用具有很大的经济效益和社会效益。

该装置主要用于 10kV 以下线路，也可用于 110kV、66kV、35kV 线路的各种故障保护，安装在高压开关柜上，或用作电力、石油、化工、冶金、煤炭等工业企业配电线路的继电保护。

2. 功能及特点

(1) 产品功能。根据用户需求，按以下主要功能可构成不同品种的装置。

1) 两相过流电流保护（由面板上的开关选择是否跳闸）；

2) 两相速断保护；

3) 具有速断保持信号（可以手动复归）；

4) 过流保护的延时特性，或者是反时限特性，或者是定时限特性（由面板上的开关进行选择）；

5) 接地保护（由面板上的开关选择是否跳闸）；

6) 接地保护延时为定时限；

7) 欠电压保护；

8) 三相一次重合闸；

9) 装置的型号及功能见表 17-13。

(2) 产品主要特点。

1) 本产品在同一台装置上实现定时限和反时限，由面板上的开关进行选择；

2) 辅助电源接反，不会损坏本装置。

表 17 – 13　ZGB – 10 型高压开关柜的型号及功能

型号	功　　　能
ZGB – 11	两相过流（反时限或定时限）速断保护 + 三相一次重合闸
ZGB – 12	两相过流（反时限或定时限）速断保护 + 接地保护
ZGB – 13	两相过流（反时限或定时限）速断保护 + 欠电压保护

3. 原理

该装置采用标准的 CJ – 4 一号短壳体，前盖为透明有机玻璃，可以清楚地观察到装置的整定位置和信号灯的显示，取下有机玻璃盖，调节各整定旋钮可以方便地改变动作整定值。装置设置不同时，数字开关可以方便地改变延时整定值，拔出机芯可以方便地进行维修。为了叙述方便，以下均以该装置嵌入式安装方式的端子号为例。

该装置各部分原理框图如图 17 – 25 ~ 图 17 – 28 所示，现将其原理简介如下。

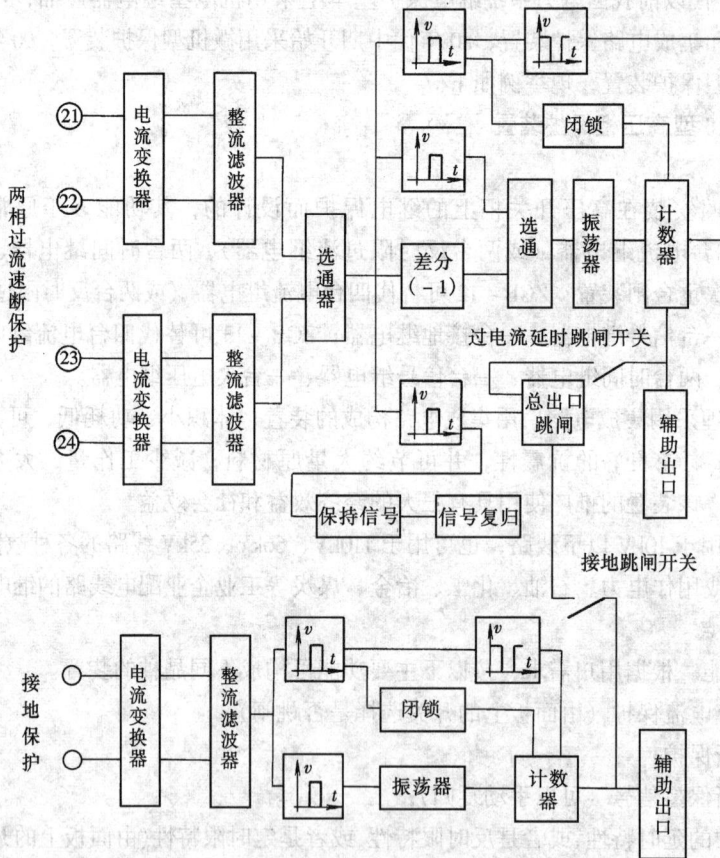

图 17 – 25　两相过流（反时限或定时限）速断保护部分与接地保护部分（定时限）

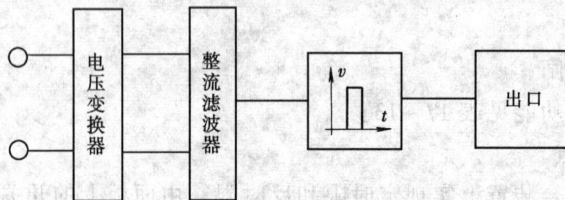

图 17 – 26　欠电压部分

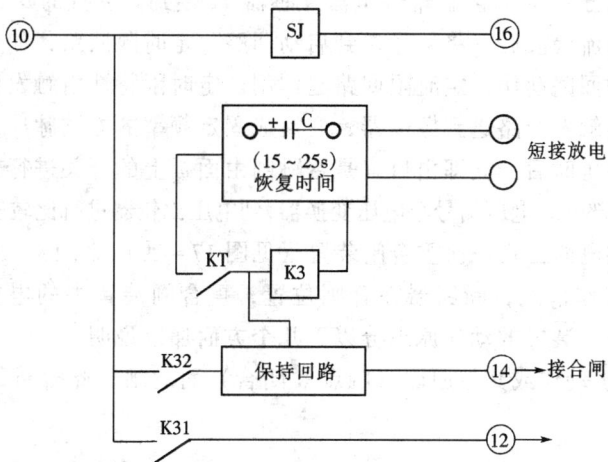

图 17 - 27 三相一次重合闸部分

（1）两相过流（反时限或定时限）速断保护部分。通过端子㉑、㉒、㉓及㉔可分别输入两相故障电流，经过电流变换器、整流滤波后，由选通器自动选择两相中故障较严重（故障电流较大）的一相，并将其信号分别送到启动回路、反时限回路、定时限回路、速动回路。如果输入电流大于动作整定值，则启动回路动作，反时限（或定时限）回路起作用并按照反时限公式 1（或定时限）进行延时，达到预定的时间后，立即出口（是否跳闸由面板上的开关进行选择）。如

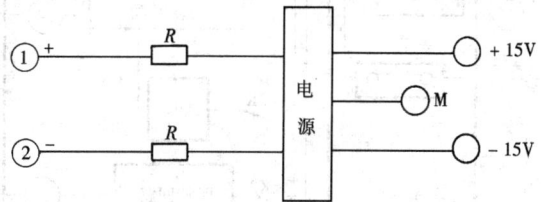

图 17 - 28 辅助电源激励量部分

果输入的电流很大，达到或超过速动电流整定值，则不经过延时，直接出口跳闸。

装置的反时限延时特性曲线应符合下式

$$t = \frac{K_1}{\dfrac{I}{I_b} - 1} + 0.1K_2$$

式中　K_1、K_2——系数；

　　　I_b——电流的基本值 $I_b = I_d/1.2$，A；

　　　I_d——动作电流整定值，A；

　　　I——装置的实际输入电流（故障电流），A；

　　　t——延时动作时间，s。

反时限特性由差分回路、振荡及计数回路组成，电流信号经差分回路（实现式中的功能）送到振荡器，变换成频率与输入电流信号大小成正比的方波脉冲，经计数器计数以实现反时限，从而使反时限延时特性符合上式。

定时限特性曲线由触发回路、振荡及计数回路组成，电流信号经触发回路送到振荡器，变换成固定频率的方波脉冲，经计数器计数以实现定时限延时。

两相的动作电流可以分别整定。其速动电流倍数及其延时整定为两相公用。

（2）接地保护部分。零序电流 I_0 经电流互感器 I_N 接到该装置的㉕、㉖端子(ZGB–12)，经过电流变换器、整流滤波后，将信号送到启动回路、定时限回路，如果输入电流大于动作电流整定值，则起动回路动作，定时限回路起作用。定时限特性由触发回路、振荡及计数回路组成，电流信号经触发回路送到振荡器，变换成固定频率的方波脉冲，经计数器计数以实现延时。达到预定的延时后，立即出口（是否跳闸由面板上的开关进行选择）。

（3）欠电压保护部分。电压信号经电压变换器，到电压比较器进行比较触发驱动，并出口。

（4）用于单端供电的三相一次重合闸装置（见图17–29）。图17–29中触点的位置相当于输电线路的正常工作情况，断路器在合闸位置，重合闸装置中的电容器 C 已经充满电，整个装置准备着动作，装置的动作原理分以下几个方面加以说明。

1）断路器由保护动作或其他原因（触点 K 闭合）而跳闸。此时断路器辅助触点 QF1 返

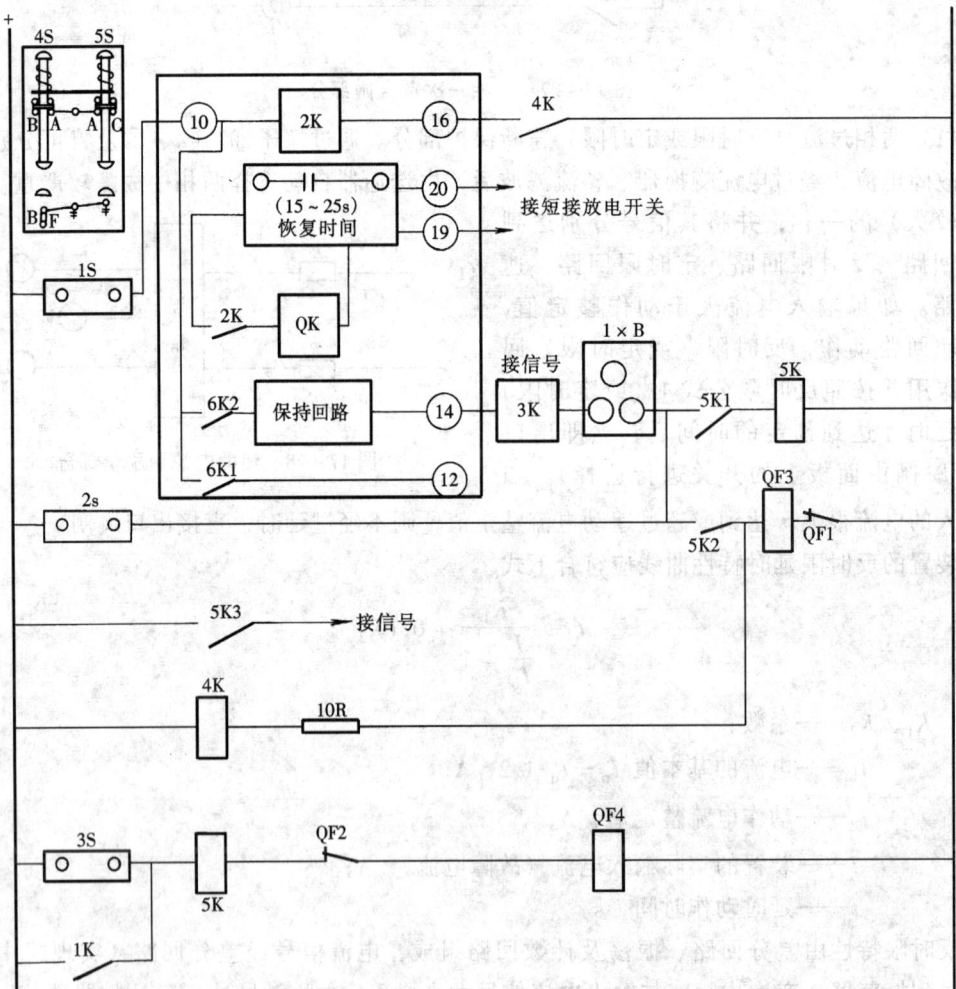

图 17–29　ZGB–11（重合闸部分）用于单端供电的一次重合闸接线图

1K—保护继电器触点；2K—时间元件；3K—信号继电器；4K、5K—中间继电器；6K—重合闸出口继电器；1S～3S—按钮开关；4S—合闸按钮；5S—分闸按钮；10R—附加电阻；QF1、QF2—断路器辅助触点；QF3—断路器合闸线圈；QF4—断路器分闸线圈；XB—连接片

回，中间继电器 4K 启动（利用 10R 限制电流，以防止断路器合闸线圈 QF3 同时启动），其触点闭合后，启动重合闸装置的时间元件 2K，经过延时后，使电容 C 与中间继电器 6K 接通，即电容 C 对 6K 放电，6K 动作后，接通了断路器合闸电路（由正电源→1S→端子 10→6K2→保持回路→端子 14→3K→XB→5K2→QF3→QF1→负电源）。QF3 通电后，实现一次重合闸，与此同时，信号继电器 3K 发出信号，由于保持回路的作用，使 6K2 能保持到断路器完成合闸，其触点 QF1 断开为止。如果线路上发生的是暂时性故障，则合闸成功后，电容器自行充电，装置重新处于准备动作的状态。

2）如果线路上存在永久性故障。此时重合闸不成功，断路器第二次跳闸，4K 与 2K 仍同前面启动，但是这一段时间是远远小于电容器充电到 6K 动作所必须的时间（15～25s），此时，电容器 C 与 6K 接通，故电容器 C 不能再继续充电到使 6K 动作所需的电压值，因而保证了装置只动作一次。

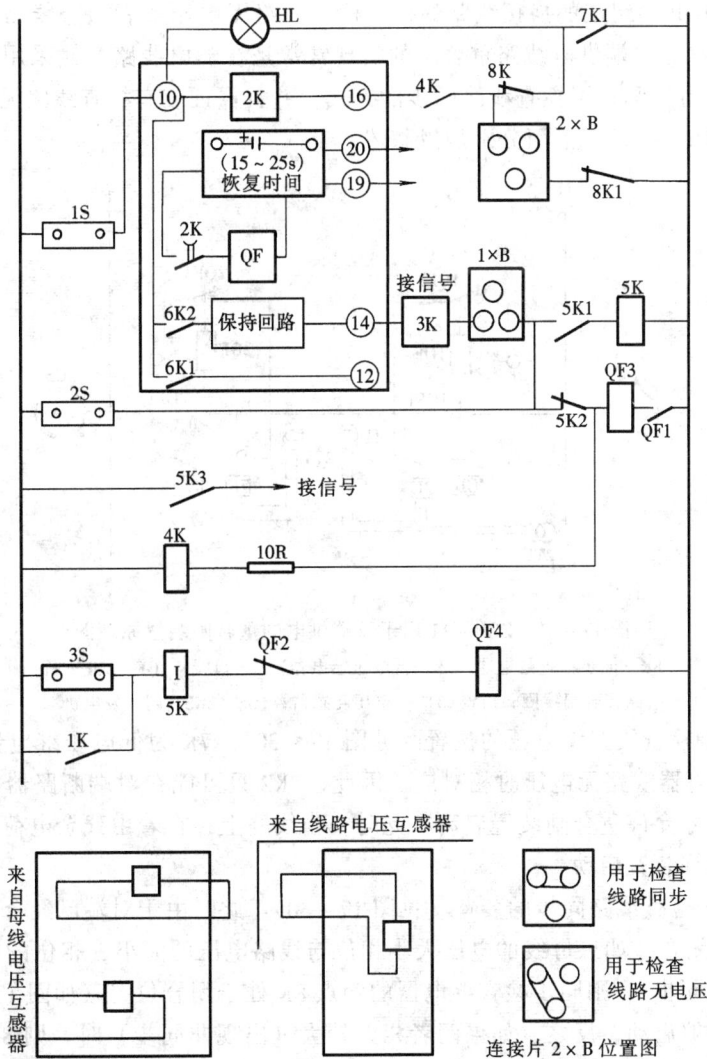

图 17-30　ZGB-11（重合闸部分）用于双端供电的一次重合闸接线图

第十七章　继电保护装置

3）重合闸装置中间元件的触点 6K2 发生卡住或者熔接。为了防止在这种情况下，断路器多次合闸到永久性故障的线路上去，采用中间继电器 5K 加以避免。因为断路器合闸于永久性故障时，触点 1K 再次闭合跳闸回路（正电源→1K→5K→QF2→QF4→负电源）5K 电流绕组启动，如果 6K2 已熔接或卡住，则中间继电器通过 5K 的电压绕组自保持，并通过触点 5K3 发出信号，其动断触点 5K2 断开了合闸线路回路，从而防止了断路器多次合闸。

4）手动跳闸。当按下 1S，断路器跳闸后，由于 1S 已断开，切断了装置的启动回路，避免了断路器发生合闸。

5）手动合闸。在投入前应先将装置中电容器 C 放电完毕（短接⑲、⑳端子即可）。

当按下 4S，此时如果在输电线路上存有永久性故障，则断路器很快又被切除，因为电容器不及充电到使 6K 启动所必需的电压，从而避免了断路器发生合闸。

（5）用于双端供电的一次重合闸装置（见图 17-30）。图 17-30 与图 17-29 不同之处，仅仅是在重合闸装置内增加了由低电压继电器的触发点，7K1 与 7K2 同步检查继电器的触点 8K 及连接片 2XB 共同组成的换接线路的执行检查线路无电压或者检查线路同步的任务，氖灯 HL 是用于指示，双端供电线路重合闸的实现常常是在输电线路一侧采用检查线路无电压的接线方式，而另一侧采用检查线路同步的方式，并且保证装有检查线路无电压这一侧的合闸先动作（见图 17-31），下面分别加以叙述。

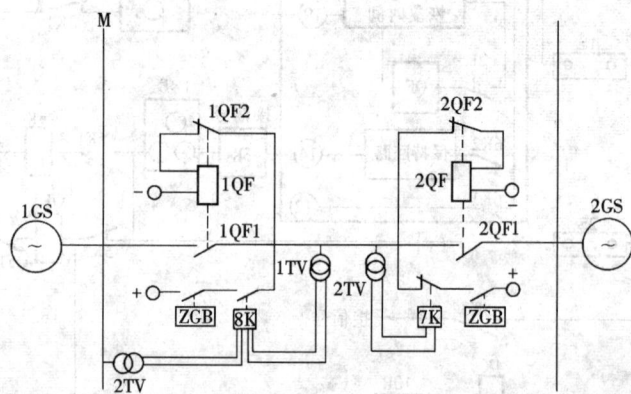

图 17-31　ZGB-11 用于双端供电的重合闸装置原理图

8K—同步检查继电器；7K—低电压继电器；M—母线；1QF、2QF—断
路器合闸线圈；1TV～3TV—电压互感器；1GS、2GS—同步发电机

1）2XB 处于检查线路无电压的位置（见图 17-30）。7K 为低电压继电器，触点 7K1 与 7K2 的位置与继电器线路无电压时相对应。因此，7K2 只可能在对端断路器确定跳闸后（线路无电压存在）才允许重合闸装置启动。此时，当线路上存在着由残余电荷造成的较大静电电压时，也不允许装置启动。

2）2XB 处于检查线路同步的装置（见图 17-30）。此时由于对端已经合闸，故线路上出现电压，7K1 应闭合。如果母线的电压大小相位与线路电压的大小、相位的差别在允许合闸的范围内（认为同步），则同步检查继电器的触点 8K 处于闭合位置（如图 17-30 所示），此时重合闸装置能够启动，反之，如果两者相差较大（出现非同步）时，则 8K 启动，其触点打开，重合闸就不能启动。

4．技术数据

（1）额定参数。

1）过电流速断保护部分：额定电流 1、5、10A；额定频率 50Hz。

2）接地保护部分：额定电流 1A；额定频率 50Hz。

3）欠电压保护部分：额定电压 100V；额定频率 50Hz。

4）三相一次重合闸部分：额定电压（直流电压回路）110、220V；保持电流（直流电流回路）：0.25、0.5、1、2.5A。

5）辅助激励量额定值：直流 48、110、220V；允差 -20% +10%。

6）装置的规格列于表 17-14 中。

表 17-14　　　　　　　　　　　　　ZGB 开关柜装置规格

分类	额定值		动作整定值		速动电流整定倍数	动作时间整定范围（s）	恢复时间（s）	出口主触点1	辅助触点
	A	V	A	V					
两相过流及速断保护	1		0.5、0.75、1、1.5、2		2 4 6 8 10	（1）反时限 0.5~16（10 倍过电流动作延时） （2）定时限 0.1~9.9		一副动合触点	一副动合触点过电流输出
	5		1、1.5、2、3、5						
	10		3、4.5、6、9、12						
接地保护	1		0.5、0.75、1、1.5、2（TA 的原边电流）			0.1~9.9			两副动合触点
欠电压保护		100		50 60 70 80 90					一副动合触点 一副动断触点
三相一次重合闸	0.25 0.5 1 2.5	110 220				0.5~5	15~25		两副动断触点

注　正常情况下为速断保护输出主触点，过电流保护及接地保护由面板上的开关选择是否通过触点跳闸。

二、JSY-2000 系列微机保护测控单元

（一）简要技术说明及主要技术性能指标

"微机保护测控单元"以微处理器为核心，采用交流采样技术对电网的电流、电压实时检测，根据各保护算法及自适控制原理，实现 110kV 终端站及以下线路、馈线、变压器、电动机、电容器的保护，计量、控制、显示、故障录波及通信，替代电力系统中原有二次部分，全面实现对断路器的智能化控制，可分散安装于开关柜中，又可集中组屏。它将电力系统继电保护与"四遥"系统融于一体，其主要技术指标如下。

（1）交流输入电流：5A；交流输入电压：100V。

（2）交流回路功耗：1VA/相。

（3）交、直流工作电源：220V±10%。

（4）计量精度：电流误差≤0.5%；电压误差≤0.5%；功率误差≤1.0%；电能误差≤1.0%；电网频率≤0.02Hz。

（5）保护精度：误差≤3.0%。

（6）通道配置：模拟通道为14路；开关量输入通道为32路（8路为保护投入设置）；开关量输出通道为11路继电器输出。

（二）推广应用前景与措施

微机保护测控单元可取代电力系统的二次所有部分。从以下分析可看出，具有可观的经济效益和社会效益。

（1）从二次设备投资来看，取代了各种电流继电器、电压继电器、零序继电器、温度继电器、中间继电器、起动继电器、时间继电器；电流表、电压表、功率表、电度表、频率计、故障录波器；中央信号屏、集控台。由于金属材料价格呈上升势头，计算机等电子材料价格却走下降趋势，这样对于一个中等规模的变电所、水电站，这些硬件开支可减少。

（2）由于微机保护测控单元的功能强，可靠性高，可以减少由于人为因素所造成的误操作，从而使由于误操作而导致的人员伤亡、设备损坏、大面积、长时间停电事故减少到最少，保护功能的强大与可靠使在设备与线路发生故障时能可靠快速动作，切除故障，保护设备和线路，其经济效益与社会效益甚为可观。

（3）由于微机保护测控单元可分散安装于开关柜中，使电缆使用大为减少。

（4）简化开关柜的设计，不必再在开关柜上开很多孔来装传统机电式二次设备。

（5）使变电所可做到无人或少人值守，其经济效益可见一斑。

（6）微机保护测控单元的使用，是电力系统自动化的发展方向，是全面实现电力系统"四遥"功能及电力网调度管理自动化所必需的物质基础，也是电力系统运行管理上水平的必备设备。

（三）通信

通信接口采用 RS485/RS422 接口标准，由9芯 DB 插头引出。

（四）单元结构

单元内部结构见图 17-32，可分为以下五大部分：

（1）电源部分：交直流 220V；

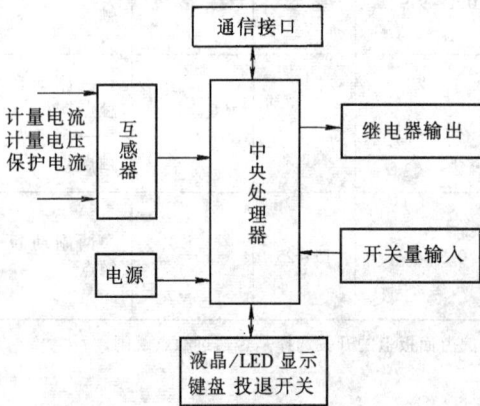

图 17-32 智能单元结构框图

（2）输入、输出部分；

（3）中央微处理器；

（4）通信接口：RS232/RS485 及光纤接口；

（5）液晶显示屏、触摸式按键、投退开关及 LED 状态指示。

（五）外形尺寸

标准单元外形尺寸见图 17-33。

（六）安装开孔图

JSY-2000 系列微机保护测控单元，具有灵活的安装方式，可安装于开关设备上，也可集中组屏。一般在开关柜及屏面板上开孔，其安装方式为嵌入式。在开关柜及屏面板上安装

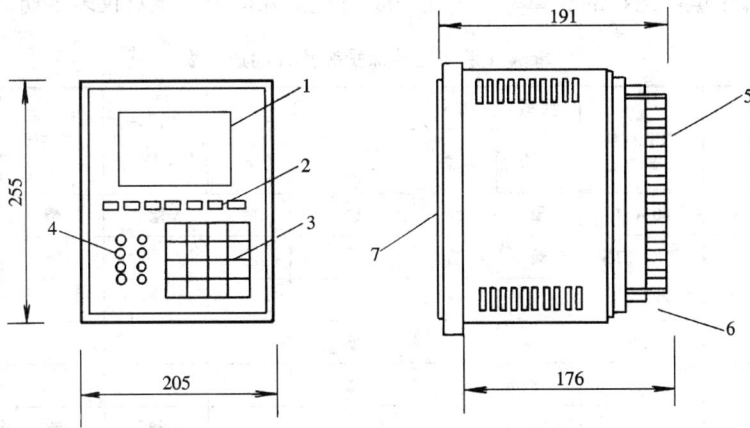

图 17 – 33 标准单元外形尺寸图
1—液晶显示屏；2—功能投退开关；3—触摸式按键；
4—LED 状态指示；5—接线端子；6—通信接口；7—面板

开孔尺寸如图 17 – 34 所示。

三、Sepam 系列监控保护装置

1. Sepam 系列

Sepam 系列是数字化监控保护装置，适用于中压电网。Sepam1000 系列用于保护电网、变压器和电动机等，亦可测量电压和电流等参数。Sepam2000 系列具有监控、保护、控制逻辑、通讯和多种数字显示等功能，能满足不同用户的需求。其特点如下。

动态调整范围宽。

与各类传感器兼容。

能记录每一相的跳闸电流，显示实际测量值，使用方便。

具有连续监控、自诊断、电磁兼容性好等特点，运行安全可靠。

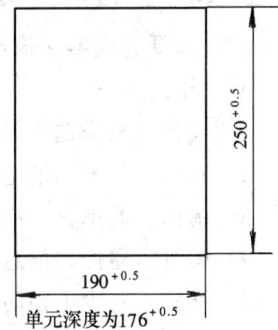

图 17 – 34 标准单元
安装开孔尺寸

2. VIP 系列

Fluarc SFset 断路器的 VIP 保护系统可保护相间故障和零序故障，不需辅助电源。VIP13 只具有"相"监控功能，而 VIP200/201 是以微处理器为基础的，具有"相间"和"零序"监控保护功能，跳闸电流设定范围宽，设定操作灵活简便等优点。其特点如下。

抗电磁干扰；

无零漂，动作正确，延时精度高。

断路器装有继电器和传感器，操作维护方便。

3. 性能选择

Sepam 系列监控保护装置性能选择，见表 17 – 15。

4. 主要优点

(1) 实用性。采用自检和自诊断手段,用户能不间断地监视 Sepam 的运行状态,动作迅速可

靠,极大地降低了电网运行的故障率。因此,Sepam 能免除电力系统对仪表定期标定的手续。

表 17 – 15　　　　　　　　　　Sepam 系列监控保护装置性能选择表

保　护	ANSI 代码	典型应用电网		连接		变压器 P < 3MVA	电机	保护设备 Sepam	
		进线	出线	自动控制有	无			2000	1000
三相过流	50 – 51	■	■	■	■	■	■	■	■
零序过流	50N – 51N	■	■	□	□	□	■	■	■
方向性零序过流	67N		△					■	
低电压	27			■				■	
过电压	59			■				■	
热保护	49					■	■	■	
零序过电压	59N					△		■	
负序过流	46						■	■	■
长时间起动和堵转	51LR						■	■	■
最大起动次数	66						■	■	■
单相低电流	37						■	■	■

■ 适应中性点接地系统

□ 适应阻抗接地系统

△ 适应中性点不接地系统

注　这些设备（VIP 除外）都安装在低压间内。

（2）降低总成本。该产品把保护和控制功能集成在一起，优化了性能，使系统运行合理，降低了总成本。

1）设计。只需选型设计不必作详细的技术设计。

2）安装。与辅助继电器测量仪表及信号设备组装在一起。

3）调试。简单，一次成功。

4）运行。遥控，信息量大。

5）维护：减少了预防性维护。

（3）可靠性。具有强抗干扰能力，可靠性计算表明故障率极低，总体可靠性极高。

（4）简单性。只需设定简单的参数，如电流互感器、电压互感器的标定值及电网的一般数据。

（5）灵活性。由于核心是可编程控制器（PLC），控制逻辑编程容易，体现了高度的灵活性。

5．PLC 基本结构及工作原理

（1）PLC 基本结构。目前 PLC 生产厂家很多，产品结构也各不相同，但其基本组成部分大致如图 17 – 35 和图 17 – 36 所示。

由图 17 – 36 看出，PLC 采用了典型的计算机结构，主要包括 CPU、RAM、ROM 和输入、输出接口电路等。其内部采用总线结构，进行数据和指令的传输。如果把 PLC 看作一个系统，该系统由输入变量→PLC→输出变量组成，外部的各种开关信号、模拟信号、传感器检测的各种信号均作为 PLC 的输入变量，它们经 PLC 外部输入端子输入到内部寄存器中，经

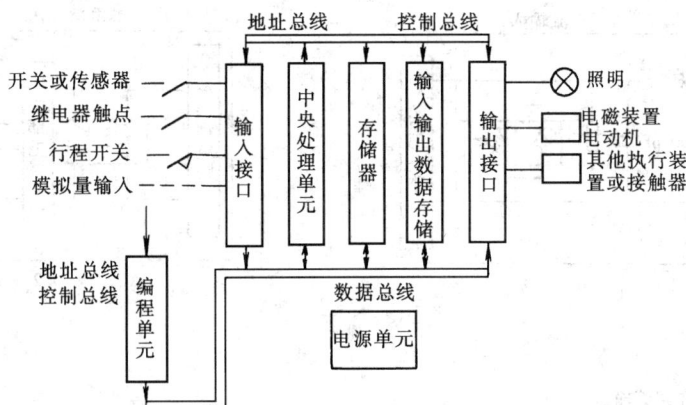

图 17 - 35　PLC 结构示意图

PLC 内部逻辑运算或其他各种运算、处理后送到输出端子，它们是 PLC 的输出变量。由这些输出变量对外围设备进行各种控制。这里可以将 PLC 看作一个中间处理器或变换器，以将输入变量变换为输出变量。

　　下面结合图 17 - 35、图 17 - 36 具体介绍各部分的作用。

　　1）CPU。CPU 是中央处理器（Centre Processing Unit）的英文缩写。它作为整个 PLC 的核心，起着总指挥的作用。它主要完成的功能有：①将输入信号送入 PLC 中存储起来。②按存放的先后顺序取出用户指令，进行编译。③完成用户指令规定的各种操作。④将结果送到输出端。⑤响应各种外围设备（如编程器、打印机等）的请求。

　　目前 PLC 中所用的 CPU 多为单片机，在高档机中现已采用 16 位甚至 32 位 CPU，功能极强。

　　2）存储器。PLC 内部存储器有两类：一类是 RAM（即随机存取存储器），可以随时由 CPU 对它进行读出、写入；另一类是 ROM（即只读存储

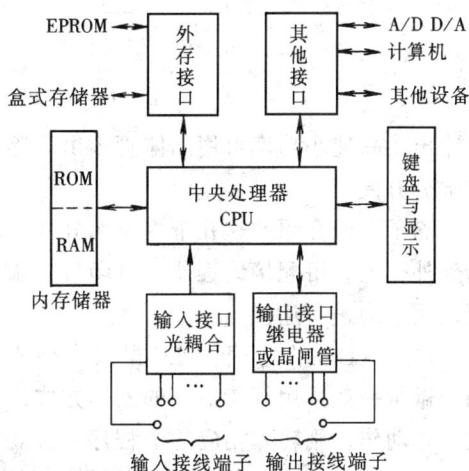

图 17 - 36　PLC 逻辑结构示意图

器），CPU 只能从中读取而不能写入。RAM 主要用来存放各种暂存的数据、中间结果及用户正在调试的程序，ROM 主要存放监控程序及用户已调试好的程序，这些程序都事先烧在 ROM 芯片中，开机后便可运行其中程序。

　　3）输入、输出接口电路。它起着 PLC 和外围设备之间传递信息的作用。为了保证 PLC 可靠工作，设计者在 PLC 的接口电路上采取了不少措施。常用接口电路的结构如图 17 - 37 所示。由图 17 - 37 可见，这些接口电路有以下特点。

　　（a）输入采用光电耦合电路，可大大减少电磁干扰。

　　（b）输出也采用光电隔离并有继电器、晶体管和晶闸管三种方式。这使得 PLC 可以适合各种用户的不同要求。如低速、大功率负荷一般采用继电器输出；高速大功率则采用晶闸

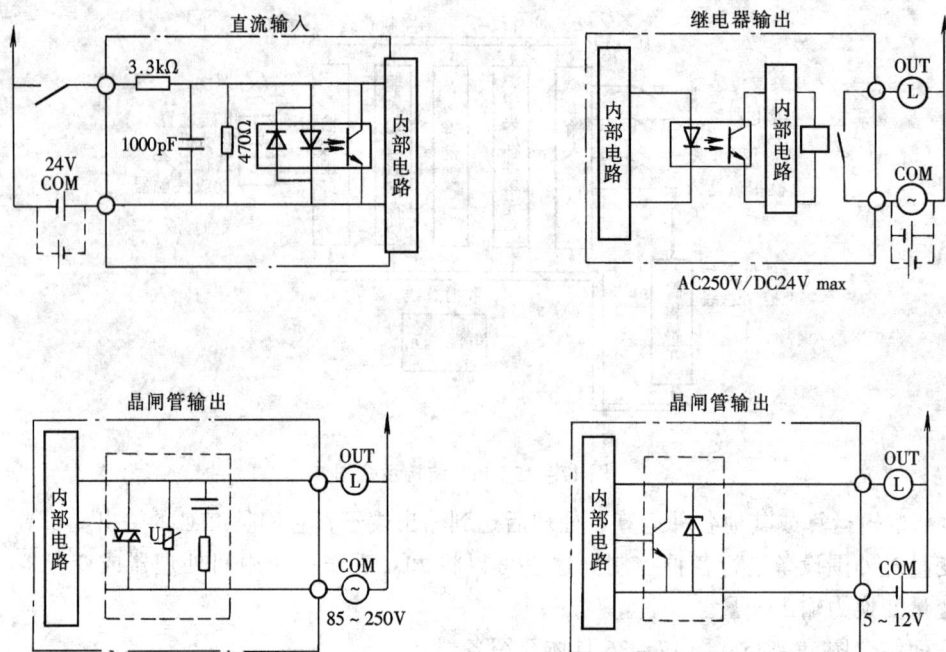

图 17 - 37　PLC 常用输入、输出接口电路

管输出；高速小功率可用晶体管输出等等。而且有些输出电路做成模块式，可插拔，更换起来十分方便。

除了上面介绍的这几个主要部分外，PLC 上还配有和各种外围设备的接口，均用插座引出到外壳上，可配接编程器、打印机、录音机以及 A/D、D/A、串行通信模块等，可十分方便地用电缆进行连接。

(2) PLC 工作原理。PLC 虽具有微机的许多特点，但它的工作方式却与微机有很大不同。微机一般采用等待命令的工作方式，如常见的键盘扫描方式或 I/O 扫描方式，有键按下或 I/O 动作，则转入相应的子程序，无键按下，则继续扫描。PLC 则采用循环扫描工作方式。在 PLC 中，用户程序按先后顺序存放，如图 17 - 38 所示。

CPU 从第一条指令开始执行程序，直至遇到结束符后又返回第一条。如此周而复始不断循环。每一个循环称为一个扫描周期。一个扫描周期大致可分为 I/O 刷新和执行指令两个阶段，如图 17 - 39 所示。

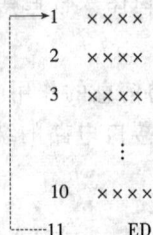

```
  ┌→ 1    ××××
  │   2    ××××
  │   3    ××××
  │        ⋮
  │  10    ××××
  └‥‥ 11    ED
```

I/O 刷新	执行指令	I/O 刷新	执行指令

第一个扫描周期　　第二个扫描周期

图 17 - 38　用户程序存放顺序　　　　图 17 - 39　I/O 刷新和执行指令

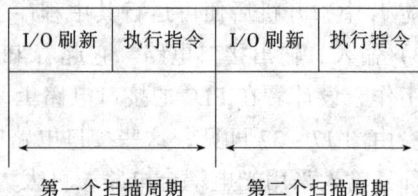

所谓 I/O 刷新即对 PLC 的输入进行一次读取，将输入端各变量的状态重新读入 PLC 中

存入内部寄存器，同时将新的运算结果送到输出端。这实际是将存放输入、输出状态的寄存器内容进行了一次更新，故称为"I（输入）/O（输出）刷新"。

由此可见，若输入变量在 I/O 刷新期间状态发生变化，则本次扫描期间输出端也会相应地发生变化，或者说输出对输入产生了响应。反之，若在本次 I/O 刷新之后，输入变量才发生变化，则本次扫描输出不变，即不响应，而要到下一次扫描期间输出才会产生响应。由于 PLC 采用循环扫描的工作方式，所以它的输出对输入的响应速度要受扫描周期的影响。扫描周期的长短主要取决于的因素有：一是 CPU 执行指令的速度，二是每条指令占用的时间，三是指令条数的多少，即程序的长短。

对于慢速控制系统，响应速度常常不是主要的，故这种工作方式不但没有坏处反而可以增强系统抗干扰能力。因为干扰常是脉冲式的、短时的，而由于系统响应较慢，常常要几个扫描周期才响应一次，而多次扫描后，瞬间干扰所引起的误动作将会大大减少，故增加了抗干扰能力。

但对控制时间要求较严格、响应速度要求较快的系统，这一问题就须慎重考虑。应对响应时间作出精确的计算，精心编排程序，合理安排指令的顺序，以尽可能减少扫描周期造成的响应延时等不良影响。

总之，采用循环扫描的工作方式，是 PLC 区别于微机和其他控制设备的最大特点，使用者应充分注意。

PLC 除了在继电保护方面应用外，还有配电网自动化方面的成功例子，但最广泛的应用是钢铁、化工、机械等行业的自动控制（用于开关逻辑控制）。

四、高频开关型直流电源系统

微机型模块化高频开关直流电源系统具有稳压精度高、稳流精度高、纹波系数小、可靠性高、易监控等优点，是传统的相控整流器式合闸电流的理想换代新产品。

1. 系统工作原理

系统工作原理与可控硅直流系统基本相同，均由两路交流电源输入，通过自动切换，再经整流模块转变为直流，一面向蓄电池提供浮充电，一面与蓄电池并联向合闸母线提供电源并通过调压模块向控制母线提供电源。不同的是用以实现其功能的元件不一样，即用高频开关整流模块代替可控硅整流模块实现交流变直流的功能。

系统工作原理如图 17 - 40 所示。

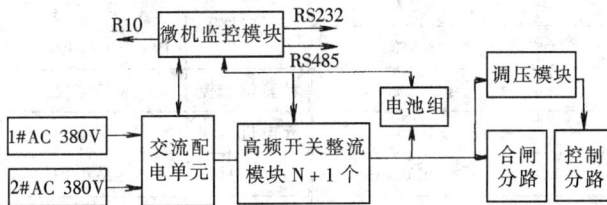

图 17 - 40　WGZDW 工业微机模块化高频开关直流电源系统工作原理图

高频开关整流模块的基本构成框图如图 17 - 41。图 17 - 41 中输入回路的作用是将交流输入电压整流滤波变为较为平滑的高压直流电压；功率变换器的作用是将高压直流电压转换为频率大于 20kHz 的高频脉冲电压；开关电源控制器的作用是将输出直流电压取样，来控制功率开关器件的驱动脉冲的宽度，从而调整开通时间以使输出电压可调且稳定。微机监控模块的作用是：对交流配电单元、高频整流模块、蓄电池组、调压模块、馈线输出进行全面监控，并提供丰富的数据维护、操作管理、曲线绘制功能，以及多种通信接口。同时记录直流系统告警信息、直流系统运行状态及参数、实时遥控、遥调控制参数、蓄电池组运行状态及诊断分析等基本功能。

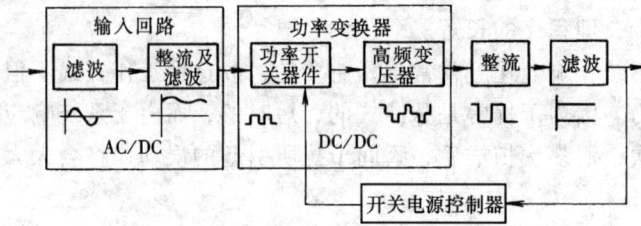

图 17 - 41　高频开关整流模块的基本构成框图

2．系统技术参数

与传统的相控电源对比，开关整流器的特点是：①采用高频变压器取代笨重的工频变压器，使稳压电源的体积和重量大大减少、同时降低了噪音；②相控整流器的功率因数随可控硅导通角的变化而变化，而经过校正的开关电源功率因数基本不受负荷变化的影响；③开机的冲击电流可限制在额定输入电流水平；④由于体积小、质量轻，可设计为模块结构，检修维护简单。

高频开关直流电源系统与可控硅整流直流电源系统技术性能比较如表 17 - 16 所示，可见高频开关直流电源系统的技术性能远优于可控硅整流直流电源系统。需注意的是当采用同型号同参数的高频开关电源模块整流器，以（N + 1）多块并联方式运行时，为使每一个模块均匀地承担总的负荷电流并有效地输出功率，使系统各模块处于最佳工作状态，高频开关直流电源系统还需满足均流不平衡度 ≤ 5% 的技术指标。

表 17 - 16　　　　　　　　　　两种直流系统技术性能比较表

技术指标	高频开关直流系统	可控硅直流系统	技术指标	高频开关直流系统	可控硅直流系统
稳压精度	≤ ±0.5%	≤ ±2%	系统结构	紧凑、模块化结构、N+1 冗余	不紧凑、系统结构、1+1 备份
稳流精度	≤ ±1%	≤ ±5%			
纹波系数	≤ ±0.5%	≤ ±2%	计算机监控	易监控	不易监控
效　率	> 0.90	> 0.75	充电机体积	小	大
功率因数	> 0.92	> 0.70	可维护性	易维护	不易维护
噪　音	≤55dB	≤55dB	质　量	轻	重

3．使用环境

（1）一般的使用环境要求是：①海拔高度 2000m 以下；②相对湿度 ≤ 90%（20℃ ±5℃）；③运行地点为无剧烈振动和冲击，垂直倾斜度不超过 5°，无腐蚀金属和破坏绝缘的有害气体，无导电尘埃和引发火灾及爆炸的危险介质。

（2）由于微机型模块化高频开关电源直流系统对环境清洁度、散热能力要求较高，为确保系统稳定运行，建议单台电源模块功率≤3kW时可选用自然冷却的方式，功率＞3kW时选用强迫风冷方式。同时系统应密封良好，不易积尘。运行维护人员每月应对充电装置作一次清洁除尘。

（3）由于该系统具有自动化装置，对电磁兼容性、三级振荡和一级静电放电等抗扰项目的检验，要严格执行相关标准。

第十八章

接 地 保 护

第一节 概 述

接地，一般是指电气装置为达到安全和功能的目的，采用接地系统❶ 与大地做电气连接，即接大地；或是电气装置与某一基准电位点做电气连接，即接基准地。接地的类型可分为以下几种。

1. 功能性接地

为了保证电网的正常运行，或为了实现电气装置的固有功能，提高其可靠性而进行的接地。例如电力系统正常运行需要的接地（如电源中性点接地），又称工作接地。

2. 保护性接地

为了保证电网故障时人身和设备的安全而进行的接地。它可分为以下几种。

(1) 保护接地。电气装置外露可导电部分❷ 和装置外可导电部分❸ 在故障情况下可能带电压，为了降低此电压，减少对人身的危害，应将其接地。例如电气装置金属外壳的接地、母线的金属支架的接地等。

(2) 过电压保护接地。为了防止过电压对电气装置和人身安全的危害而进行的接地。例如电气设备或线路的防雷接地。依次类推，建筑物防雷接地也属此类接地。

(3) 防静电接地。为了消除静电对电气装置和人身安全的危害而进行的接地。例如输送某些液体或气体的金属管道的接地。

3. 功能性与保护性合一的接地

将功能性与保护性结合在一起的接地，如屏蔽接地。这种接地应首先满足保护性接地的要求。

第二节 低压配电系统接地方式

一、低压配电系统的接地方式

(1) TN❹ 系统。电源有一点（通常是中性点）直接接地，负荷侧的建筑物电气装

---

❶ 接地系统：包括地中的接地极、建筑物内设置的总接地端子（或接地母线）、接地线。

❷ 外露可导电部分：电气装置容易触及的可导电部分，它在正常时不带电压，但在故障情况下能带电压。故障情况下通过外露可导电部分才能带电压的导电部分，不算是外露导电部分。

❸ 装置外可导电部分：不属于电气装置一部分的导电部分。它可能引入电位，一般是地电位。

❹ 字母代号的意义：第一个字母 T 或 I 表示电源的对地关系，T——点直接接地，I——所有带电部分与地绝缘或一点经阻抗接地；第二个字母 N 或 T 表示装置的外露导电部分的对地关系，N——外露导电部分与低压系统的接地点直接电气连接（在交流系统中，接地点通常就是中性点），T——外露导电部分对地直接连接与低压系统的任何接地点无关。横线后字母 S、C 或 C－S 表示保护线与中性线的组合情况，S——中性线与保护线分开，C——中性线与保护线合一（PEN）线。

置● 的外露可导电部分通过保护线（即 PE 线包括 PEN 线）与该接地点连接的系统。按照中性线（N 线）与保护线的组合情况，TN 系统又分为以下三种形式：

1）TN—S● 系统。整个系统中保护线 PE 与中性线 N 是分开的，见图 18-1。

2）TN—C● 系统。整个系统中保护线与中性线是合一的，见图 18-2。

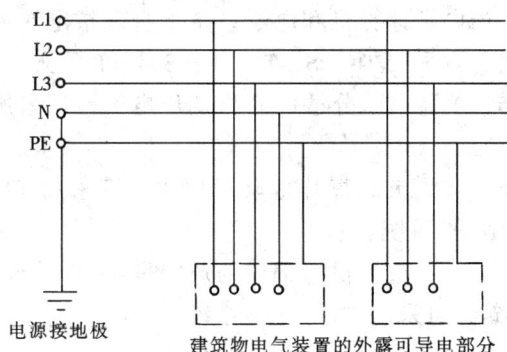

图 18-1　TN—S 系统接线方式

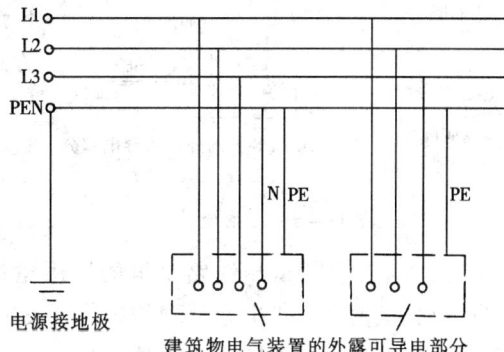

图 18-2　TN—C 系统接线方式

3）TN—C—S● 系统。系统中有一部分保护线与中性线是合一的，见图 18-3。

（2）TT● 系统。电源有一点（通常是中性点）直接接地，装置的外露可导电部分接至电气上与电源接地点无关的接地极的系统，见图 18-4。

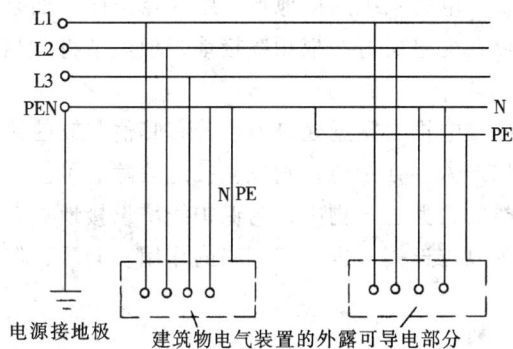

图 18-3　TN—C—S 系统接线方式

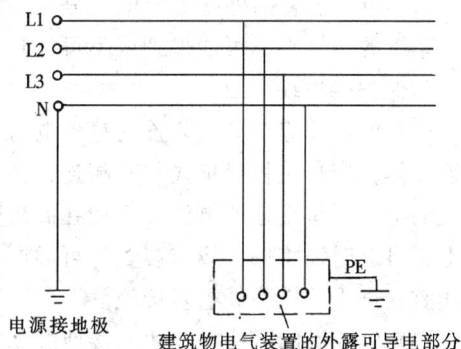

图 18-4　TT 系统接线方式

（3）IT 系统。电源与地绝缘或通过阻抗连接，而装置的外露可导电部分接地的系统，见图 18-5。

二、配电系统中各种接地方式的适用范围

从技术和安全方面考虑，各种接地方式的适用范围一般可划分如下。

（1）在一般三相负荷基本平衡、有专职电工负责维护管理电气装置的工业厂房，可采用 TN—C 系统。

（2）在单相试验负荷较大和有可控硅负荷的科研试验单位，宜采用 TN—S 或 TN—C—S

● 建筑物电气装置：建筑物中互相连接的总配电箱、分配电箱和用电器具等若干电气设备的组合，以下简称装置。
● 同上页注●

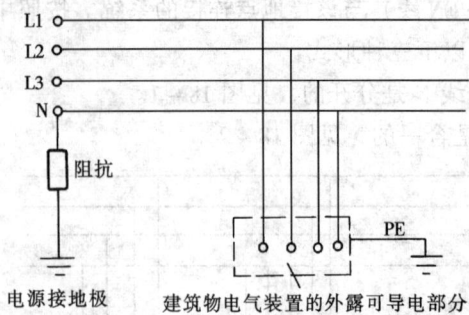

图 18-5 IT系统

图中标注：L1, L2, L3, N, 阻抗, 电源接地极, 建筑物电气装置的外露可导电部分, PE

系统。

(3) 附设有或附近有变电所的高层建筑可采用 TN—S 系统。

(4) 电子计算机房、生产和使用电子设备的厂房，当电子计算机和电子设备本身未指定接地方式时，宜采用 TN—S、TN—C—S 或 TT 系统。

(5) 负荷小而分散的农村低压电网，宜采用 TT 系统。

(6) 在火灾和爆炸危险厂房中，宜采用 TT、IT 或 TN—S 系统。

(7) 由城市公用低压线路供电的民用建筑和工厂，应按供电部门的规定采用 TT 系统；由本单位自设变压器供电和管理的居住区民用建筑，可采用 TN—C—S 系统。

(8) 对不间断供电要求高的某些场所（如矿山、井下等）宜采用 IT 系统。

三、配电系统接地要求

(1) 电气装置的外露可导电部分应与保护线连接。

(2) 能同时触及的外露可导电部分应接至同一接地系统。

(3) 建筑物电气装置应在电源进线处作总等电位连接。

1．TN 系统

(1) 电气装置的外露可导电部分应采用保护线与电力系统的接地点即中性点连接。如果电力系统的中性点不可能得到或不可能达到，则可在变电所将一根相线接地，但严禁将此相线作为保护接地线使用。

(2) 保护线应在电气装置的每台电力变压器或发电机的靠近处接地。若有其他有效的接地连接体，应尽量将保护线与其相连，并尽量均匀地做多处接地，则发生接地故障时可使保护线的电位尽量接近地电位。但如在高层建筑等类的大型建筑物中，为保护线增设接地点实际上不可能时，将保护线与装置外可导电部分作等电位连接，也具有相同的作用。同理，保护线宜在进入建筑物处重复接地。

(3) 应装设能迅速自动切除接地故障的保护电器。

2．TT 系统

(1) 共用同一保护电器保护的所有电气装置的外露可导电部分，应采用保护线与这些装置外露可导电部分共用的接地极相互连接。当几套保护电器串联使用时，此要求分别适用于每套保护电器保护的所有电气装置的外露可导电部分。

电力系统中性点应接地。若没有中性点，则每台发电机或电力变压器应有一根相线接地。

(2) 应装设能迅速自动切除接地故障的保护电器。

3．IT 系统

(1) 电气装置外露可导电部分都应单独接地、成组接地或集中接地。

(2) 应装设能迅速反应接地故障的信号装置，必要时也可装设自动切除接地故障的电器。

四、保护线及保护中性线

某些防间接电击保护措施所要求用于连接外露可导电部分、装置外可导电部分、总接地端子（接地母排）、接地极及接地的导线（PE 线）、带电部分接地（PEN 线）的导线，称为保护线，这是广义的。本章的保护线是狭义的，指回路（电气回路）保护线，即 PE 线包括 PEN 线，不包括与装置外可导电部分连接的等电位连接线及与接地极连接的接地线。

具有保护线和中性线两种作用的接地导线，称为保护中性线（PEN 线）。

1. 保护线截面确定

（1）按机械强度要求，保护线若采用供电电缆或电缆金属外护层构成时，其截面不受限制；若采用绝缘导线或裸导线有机械保护（敷设在套管、线槽等外护物内）时截面不应小于 $2.5mm^2$，无机械保护（敷设在绝缘子、瓷夹上）时，不应小于 $4mm^2$。

（2）按接地故障时热稳定要求，当故障电流作用时间不超过 5s（具有固定设备供电电路的末端电路及与向其他电路供电的连接板连接的末端电路）和不小于 0.1s（保护器动作时间）时，保护线的最小截面应满足下式要求

$$S_p = \frac{I\sqrt{t}}{K} \quad (mm^2)$$

式中　I——接地故障电流有效值，A；

　　　t——故障电流作用时间，s；

　　　K——计算系数，常用的多芯塑料绝缘电缆或护套线的一根芯线或穿管绝缘电线作保护线时，铝芯为 76，铜芯为 115；将绝缘电线紧贴电缆外皮时，铝线为 95，铜线为 143。

表 18-1　保护线的最小截面

相线截面 S（mm^2）	保护线截面 S_p（mm^2）
$S \leqslant 16$	S
$16 < S \leqslant 35$	16
$S > 35$	$S/2$

注　使用本表时应选用最接近标准规格的导线截面；如果保护线的材质与相线不同时，要使其得出的电导相当。

如果采用表18-1所列数值，就不需按上式校验，但选用较大截面（$120mm^2$ 及以上）时数值偏大。

2. 保护中性线截面确定

保护中性线截面应首先满足关于保护线截面的所有要求之后再按以下要求确定。

（1）当采用单芯导线作配电干线（建筑物总配电箱的电源进线）的 PEN 线时，铜芯导线截面不应小于 $10mm^2$，铝芯导线截面不应小于 $16mm^2$。

（2）当采用同心中性线型电缆（四川电缆厂等生产）的同心中性线芯作配电干线的 PEN 线，且其全长上所有的接头及端子都是双重持续性连接（芯线的端子连接和芯线靠近端部用金属固定件连接）时，则最小截面可为 $4mm^2$。无此电缆时，也可采用多芯电缆的芯线，其最小截面也为 $4mm^2$。

3. 保护线电气连续性

（1）严禁开关电器接入保护线，但允许设置供测试用的、只有使用工具才能断开的接头。

（2）保护线应适当地加以保护，使之不受机械损伤、化学腐蚀并能耐受电动力。

（3）保护线的接头应便于检查和测试，但注有绝缘膏的或封装的接头除外。

（4）对保护线的接地连续性采用电气监察时，严禁将监察电器的动作线圈接入保护线。

4. 保护线构成

保护线的构成有下列几种形式：

（1）多芯电缆的芯线；

(2) 与带电导线一起在共用外护物内的绝缘导线或裸电线；

(3) 固定的裸导线或绝缘导线；

(4) 电缆的金属护套、屏蔽体及铠装层等；

(5) 导线的金属保护管、金属线槽或金属封闭式母线槽的框架。当其电气连续性得到确实保证且电导符合要求时，可作为相应回路的保护线。

5. 保护线和保护中性线其他要求

(1) 严禁将装置外可导电部分用作 PEN 线。

(2) 保护线必须按可能承受的最高电压选择绝缘（成套设备中的除外），以避免杂散电流。

(3) 在 TN—C—S 系统中，保护线和中性线从分开点起不允许再互相连接。

(4) 保护线和保护中性线严禁接入开关电器。

(5) 保护线和保护中性线应采用黄绿相间的色标。

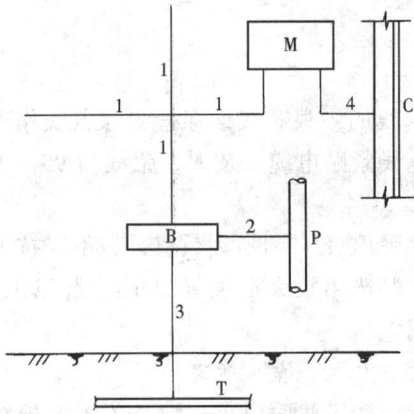

图 18 - 6　等电位连接示意图
1—保护线；2—等电位连接干线；3—接地线；4—局部等电位连接线；B—总接地端子；M—外露可导电部分；C—装置外可导电部分；P—金属水管；T—接地极

五、等电位连接

等电位连接示意图见图 18 - 6。等电位连接是接地故障保护的一项基本措施。它可以在发生接地故障时显著降低电气装置外露可导电部分的预期接触电压，减少保护电器动作不可靠的危险性；消除或降低从建筑物外部窜入电气装置外露可导电部分上的危险电压的影响。

1. 总等电位连接及其连接干线

(1) 总等电位连接是使建筑物电气装置的各外露可导电体与装置外可导电部分的电位基本相等的电气连接。

(2) 等电位连接干线是用于总等电位连接的导线。每个建筑物中的等电位连接干线，就是在建筑物电源进线处通过连接保护干线和接地线的总接地端子（用作总等电位连接端子），与建筑物内的装置外可导电部分，如给排水干管、煤气干管、集中采暖和空调立管以及建筑物金属结构等可导电体互相连接的导线。一般在进线配电箱近旁设置总接地端子，将上述连接干线汇接到该端子上。来自建筑物外面的装置外可导电部分，如给水干管、煤气干管，宜在建筑物内管线入口处接至总接地端子。

(3) 等电位连接干线的截面不应小于该电气装置内最大保护线截面的一半，且不得小于 $6mm^2$；若采用铜导线，则其截面不需大于 $25mm^2$；若采用非铜导线，其截面应按与其相同的电导值或按与其相当的载流量选择。

2. 局部等电位连接及其连接线

(1) 局部等电位连接，是当电气装置或电气装置某一部分的接地故障保护的条件不能满足时，在局部范围内设置的等电位连接。

(2) 局部等电位连接线是用于局部范围内等电位连接的导线。局部等电位连接应包括该范围内所有能同时触及的装置的外露可导电部分和装置外可导电部分，如能做到，还宜包括钢筋混凝土结构的主钢筋等。局部等电位连接线还应与所有设备的保护线、包括插座的保护线相连接，可以互相就近连接，也可设置局部等电位连接端子 LEB 汇接。

（3）局部等电位连接线的截面，用于连接装置外露可导电体与装置外可导电部分时，不应小于相应保护线截面的一半，用于连接两个外露可导电部分时，不应小于其中较小保护线的截面。

3．其他

（1）因条件限制，采用等电位连接后接地故障保护仍不能满足要求时，对于装置的某些部分还可采用下列措施之一防人身间接电击：

1）将电气设备安装在非导电场所内。如果所在场所有绝缘的地板和墙，其每点的对地电阻当装置额定电压不超过 500V 时，不小于 50kΩ；小于 1000V 时，不小于 100kΩ，则可使用 0 级设备❶。但在伸臂范围内不应有带地电位的金属导体——保护线和装置外可导电部分，且与另一台电气设备外露可导电部分的相互间距及与装置外可导电部分的间距不应小于 2m，以使操作人员在正常情况下不会同时触碰或进入。

2）设置不接地的局部等电位连接。其连接线应将所有能同时触及的设备的外露可导电部分及装置外可导电部分互相连接，但在伸臂范围内不应有带地电位的导电部分——保护线和装置外管道。

（2）个别设备、局部采用双重绝缘或加强绝缘的电气设备（即 Ⅱ 级设备）、采用电气隔离措施以及采用 50V 及以下安全超低压设备，均可代替接地故障保护，用于防人身间接电击。

第三节　电气装置接地

一、接地电阻最大允许值

电力设备接地系统的接地电阻的最大允许值见表 18 - 2。

表 18 - 2　　　　　　　　电力设备接地系统的接地电阻最大允许值

接　地　设　施　名　称	接地电阻值（Ω）
3～35kV 配变电所高低压宜共用接地系统①	4②
3～35kV 线路在居民区的钢筋混凝土电杆、金属杆塔的接地系统	30
低压配电线路的 PE 线或 PEN 线的每一重复接地系统	10

① 高低压电气装置外露可导电部分的保护接地和低压 220/380V 侧中性点接地。

② 表中数据引自现行规范，但 3～10kV 变电所高低压共用接地电阻 R 宜为 $\leqslant \dfrac{50}{I} \Omega$，式中 I 为 3～10kV 系统计算接地故障电流，其值为 30A，即 $R \leqslant 1.67\Omega$。这是考虑到高压接地故障时，相应地在低压配电 TN 系统的 PE 线或 PEN 线上呈现的接触电压不超过 50V。若是 TT 系统，则 R 宜为 $\leqslant \dfrac{30}{I} \Omega$，即 $R \leqslant 1\Omega$。当高压接地故障时，加在 220V 用电设备端子上的电压为 250 =（220 + 30）V，不超过用电设备的工频耐压允许值 250V。

二、保护接地范围

（1）下列电气设备外露可导电部分及装置外可导电部分，均应接地或接保护线。

---

❶　0 级设备：只靠基本绝缘而又无保护线相连的手段，一旦基本绝缘失效，则其防间接电击保护完全取决于周围环境。

1）电器的柜、屏、箱的框架，金属架构和钢筋混凝土架构，以及靠近带电体的金属围栏和金属门；

2）电缆的金属外皮，穿导线的钢管和电缆接线盒、终端盒的金属外壳；

3）有避雷线的电力线路杆塔；

4）在非沥青地面的居民区内，无避雷线的小接地短路电流系统中架空电力线路的金属杆塔和钢筋混凝土杆塔。

（2）下列电气设备的外露可导电部分，除另有要求者外，可不接地或不接保护线。

1）正常环境干燥场所的交流标称电压 50V 以下、直流 120V 以下的电气设备（Ⅲ级设备）的金属外壳；

2）安装在电器屏、柜上的电器和仪表的外壳；

3）安装在已接地的金属架构上的设备，如套管等（应保证电气接触良好）。

三、电气装置接地要求

1．一般电气装置要求

（1）按照电气装置的要求，保护性和功能性接地设施可以采用共用的或分开的接地系统。当采用共用的接地系统时，应首先满足保护性接地的各项要求。

（2）在每个建筑物电源进线处，应设置总接地端子（接地母排），以连接保护干线、接地线和功能性接地线（若需要时），并用等电位连接干线分别与装置外可导电部分，如给水干管、煤气干管、采暖通风干管以及建筑物的金属构件相连接。

（3）交流电力设备应充分利用自然接地设施接地，但应校验其热稳定，不合格者除外。金属水管只有在得到所属部门同意且非唯一的接地极（必须还有其他接地设施）时方可利用。

（4）人工接地设施，首先推荐在直接与大地接触的建筑物外墙基础内底部埋置环形水平接地体。如果基础底部有橡胶或塑料密封层，则可在其底下的混凝土垫层内埋置，而密封层上部的钢筋混凝土中的钢筋宜利用其作等电位连接。

2．35kV 及以下变电所接地设施

（1）对于屋内变电所，若利用建筑物钢筋混凝土基础内钢筋体作接地体，且接地电阻又满足要求时，可不另设人工接地极。

（2）变电所的接地系统，除可利用自然接地设施外，若还需设置人工接地设施时，则首先推荐利用基础槽底部在混凝土内或垫层内埋置环形水平接地体。

用于变电所露天部分电气装置的人工接地网应以水平接地极为主，其外缘应闭合。

杆上配电变压器的接地极宜敷设成闭合环形。

（3）35kV 变电所的接地网，应在地下与进线避雷线的接地体相连接，以降低变电所接地网的接地电阻值。连接线埋设长度不应小于 15m。连接处应便于分开，以便测量变电所的接地电阻值。

（4）35～6kV 小接地短路电流系统发生单相接地故障时，一般不能迅速切除故障，为此变电所及电气设备的接地设施的接触电压不应大于 50V。

3．架空线路杆塔接地系统

（1）在土壤电阻率 $\rho \leqslant 100\Omega m$ 的潮湿地区，可利用铁塔和钢筋混凝土电杆的自然接地，不必另设接地极，但变电所的进线段除外。在居民区，如自然接地电阻值符合要求，可不另设人工接地极。

（2）在 $100\Omega m < \rho \leqslant 300\Omega m$ 的地区，除利用铁塔和钢筋混凝土电杆的自然接地外，还应设置人工接地极，其埋深不宜小于 $0.6 \sim 0.8m$。

在 $300\Omega m < \rho \leqslant 2000\Omega m$ 的地区，一般采用水平敷设的接地极，其埋深不宜小于 $0.5m$。

敷设在耕地中的接地极，埋深应在耕作深度以下。

（3）在 $\rho > 2000\Omega m$ 的地区，可采用 $6 \sim 8$ 根总长度不超过 $500m$ 的放射形接地极，或连续伸长形接地极；放射形接地极可采用长短结合的方式。接地极埋深不宜小于 $0.3m$。

（4）居民区和水田中的接地极，宜围绕杆塔基础敷设成闭合环形。

（5）在土壤电阻率较高的地区（以下简称高阻区），当采用放射形接地体时，如杆塔基础附近有土壤电阻率较低的地带，可部分采用外引式接地。

4．高阻区和永冻土地区电力设备接地

（1）在高阻区为降低接地电阻，可采取如下措施。

1）一般在电力设备附近土壤电阻率较低处敷设外引式接地极；经过公路的外引线，其埋深不应小于 $0.8m$。

2）如地下较深处的土壤电阻率较低，可采用井式或深钻式接地极。

3）充填电阻率较低的物质或降阻剂。

4）敷设水下接地网。

（2）在永冻土地区，除可采取高阻区的降阻措施外，还可采取下列措施。

1）将接地极敷设在溶化地带或溶化地带的水池、水坑中。

2）敷设深钻式接地极，或充分利用井管或其他深埋在地下的金属构件作为接地极。

3）在房屋溶化盘内敷设接地极。

4）除深埋式接地极外，还应敷设适当深度的伸长式接地极，以便在夏季地表层化冻时起散流作用。

5）在接地极周围人工处理土壤，以降低冻结温度和土壤电阻率。

5．携带式和移动式电力设备接地

（1）携带式用电设备应采用多芯线中的专用保护芯线（PE 线）接地，此芯线严禁同时用作 N 线通过工作电流。严禁利用其他用电设备的中性线接地，中性线和保护线应分别与接地网相连接。

携带式用电设备的保护芯线应采用多股软铜线（多芯软电缆中的专用芯线），其截面不应小于 $1.5mm^2$。

（2）由固定式电源或由移动式发电设备供电的移动式设备的外露导电部分，如采用 TN 系统，则应与电源的接地系统有可靠的金属连接。

在 TT、IT 系统中，可在移动式机械附近装设接地系统，用插座供电，PE 线与上述接地系统连接。如附近有自然接地设施应充分利用，但其接地电阻值及电气连续性应符合要求。

6．火灾危险环境电气装置接地

（1）在火灾危险环境内的电气装置外露导电部分应通过保护线可靠接地。

（2）保护干线至少应有两处与接地网连接。

（3）必须设置等电位连接，以减少电位差引起电火花的危险。

7．气体或蒸汽、粉尘爆炸危险环境电气装置接地

（1）本节二（2）1）、3）中有关的电气设备的外露导电部分仍应通过保护线接地，但粉尘爆炸危险环境10区和11区生产上有特殊要求者除外。

（2）在爆炸危险环境内电气设备的外露导电部分应通过保护线可靠接地。

在1区和10区内的所有电气设备以及2区内除照明灯具外的其他电气设备，应采用专用保护线。该保护线若与相线敷设在同一保护管内时，则应具有与相线相等的绝缘等级。此时爆炸危险环境的金属管线、电缆的金属外皮等，只能作为辅助保护线。

在2区内的照明灯具，在11区内的所有电气设备，可利用有可靠电气连接的金属管线或金属构件作为保护线，但不得利用输送爆炸危险物质的管道。

（3）为了提高接地的可靠性，保护干线除接总接地端子外，还宜在爆炸危险区域不同方向与接地极相连接。

（4）电气设备的接地系统与防直接雷击的独立避雷针的接地系统应分开设置，与装设在建筑物上防直接雷击的避雷针的接地系统应合并设置，兼作防雷电感应的接地系统之用。接地电阻应取其中最小值。无论分开设置还是合并设置，电气设备的接地电阻都不应大于10Ω。

（5）除总等电位连接外，还应作局部等电位连接。

第十九章

某供电公司配电设计和验收
实施细则（摘要）

第一节　总　　则

　　1　本细则系根据国家有关电力设计和验收标准、规范，参照国内外先进地区的技术资料，结合本地区具体情况和实际运行经验制定的。如本细则未有规定者，应按国家有关规定执行。

　　2　本地区电力系统 10kV 及以下新建、扩建及改建的中、低压电气工程的设计、安装和查验，应执行本细则。

　　3　电气工程的设计与安装，要做到安全可靠、经济合理、技术先进、整齐美观。在选用电气产品方面作如下要求：

　　（1）所选用国内的电气产品应是通过省级鉴定的合格产品，未经鉴定的电气产品严禁挂网运行。

　　（2）选用国外电气产品，首先，产品应满足 LEC 标准；其次，产品还应满足本地区电力系统的要求。

　　（3）积极推广和采用新技术、新产品，对通过省级鉴定，首次使用的新型电气产品，必须经本地区电力公司有关主管部门认可后，方可挂网试运行，试运行合格的产品，可在本地区推广应用。

　　4　为了满足电网规划和本地区发展的需要，解决本地区的供电来源，新建用电户在进行可行性研究或扩初设计时，应考虑如下几种情况：

　　（1）协助解决供电变电所用地（原则上建筑面积 30 万 m² 及以上，或住宅单元 5000 套及以上的开发小区，以及建筑面积很大、用电量很大的工程项目），其规格有：36m×17.5m² 和 46×23m² 两种（首层占地尺寸，建筑高度为 35m），可按不同容量选择，所供变电所用地，必须满足进出线的要求。

　　（2）首层提供公用电缆开关站用房，同时满足电缆进出线的要求，其规格，双列柜房≥5.5m（长）×4.5m（宽）×3.5m（高）；单列柜房≥5.5m（长）×2.5m（宽）×3.5m（高）。

　　（3）首层或负一层提供公用变压器房，并应满足设备安装、维护和更换的要求。装设单台变压器的房规格为≥6.0m（长）×4.5m（宽）×3.5m（高）。属公用变压器供电以及规程上有要求者。

　　（4）适当位置设置专用变配电设备用房，并应满足设备安装、维护和更换的要求。属专用性质的用电者，其规格按实际使用设备预留。

613

第十九章　某供电公司配电设计和验收实施细则（摘要）

5　电力用户应装置无功自动补偿装置，而且要保证其有效、合理运行。用电功率因数应符合国家规定：高、中、低压供电的工业用户必须保证在 0.9 以上，其他用户应保持在 0.85 以上。

6　根据用电设备对供电可靠性的要求，工业企业的电力负荷分为下列三级。

一级负荷：突然停电将造成人身伤亡，或重大生产设备损坏且难以修复，或给国民经济带来重大损失者。

二级负荷：突然停电，将造成大量废品，大量减产，损坏生产设备等，在经济上造成较大损失者。

三级负荷：停电损失不大者。

7　根据民用建筑的重要性，其电力负荷分为下列三级。

一级负荷：有重大政治意义的场所（如大型体育馆、大会堂、重要展览馆、宾馆、党政军首脑机关、主要交通和通讯枢纽站、电台、电视台、机场等）或突然停电会造成人身伤亡者（如重点医院的手术室等）。

二级负荷：人员密集的重要公共场所（如重要的大型影剧院及大型百货大楼等）或突然停电在经济上有较大损失者（如生物制品研究所）。

三级负荷：停电影响不大者。

8　各级负荷的供电方式。

（1）一级负荷的供电方式：应由两个独立电源供电，按照生产需要和允许停电时间，采用双电源自动（或手动）切换的接线或双电源对多台一级用电设备分组同时供电的接线等。

（2）一级负荷中的特别重要负荷，除上述两电源外，还应增加用户自备应急电源。

（3）二级负荷供电方式：根据负荷性质在配电系统运行方式允许时，可考虑由两个电源供电。

（4）三级负荷供电方式：无特殊要求。

9　企业内车间变电所之间、重要用电场所之间和重要用电设备之间，宜设置低压联络线或备用电源。也可为环网供电接线方式，开环运行。

10　高层建筑及住宅小区的电气设备装置应符合省电力公司有关规定。

11　对电压幅值波动有特殊要求的用电设备，需要装设调压装置时，总容量达 50kVA 及以上者，应事先征得供电部门同意。

12　与电网连接的电气设备、装置新建、扩建工程，施工前应按《供电营业规则》有关规定将有关资料送交当地供电部门办理报审手续。对于一级负荷用户、变压器容量为 630kVA 及以上的中压用户和中压线路工程的用户，应报送下列技术资料。

（1）设计说明书（包括负荷性质，保安电力情况，负荷及电压降计算结果等）。

（2）用电功率因数及无功补偿情况。

（3）中压设备、中压线路及低压干线的一次接线方式、布置图和杆塔组装图。

（4）过压保护、继电保护、接地和计量装置方式。

13　用户新建、扩建的电气工程，应经有关部门及当地供电部门作竣工检查，合格后方可投入运行。

凡属 12 条规定的用户工程，应由施工单位和用电单位提供下列资料交给供电部门，作检查之用。

（1）变、配电装置的一次及二次接线图。

（2）一、二次设备的调整、试验记录及接地装置的测量记录。

（3）按第 12 条规定，经供电部门审核同意的技术资料。

（4）杆塔明细表及线路交叉、跨越记录。

（5）电缆隐蔽工程竣工图。

14　冶金、化工、电气化铁路等换流设备及其他非线性用电设备等产生谐波的用电单位，在新建或扩建时，设计上应考虑谐波指标，并采取限制谐波电流的措施，如装设滤波器等。在投产前，应进行谐波测试，谐波测试合格后方能正式供电。

15　10kV 配电设备装置的工程设计和验收，必须符合国家标准、行业标准有关规范、规程的规定。

第二节　架　空　线　路

一、设计原则

1　架空线路设计规程实施细则系根据部颁《架空配电线路设计技术规程》和本地区供电局的《中、低压配电网规划设计技术原则》及《架空配电线路装置标准》的规定，并结合本地区电网实际运行的要求而编制的。

2　架空配电线路（以下简称配电线路）设计应符合城镇的总体规划。新建中压配电线路路径必须报市规划局审批同意后才能进行施工。

3　市中心区不再发展架空配电线路，原有的架空配电线路应逐步改为电缆线路。新发展的开发区（包括新住宅区）内的电网也不应采用架空配电线路供电。

4　架空配电线路的导线截面、路径及预留走廊等，一般按 5～10 年用电负荷发展规划确定。

5　路径和杆位的选择，应符合下列原则。

（1）路径短，转角小，便于运输、施工和维护；尽量与公用道路平行。

（2）与城镇及农田基本建设规划相协调，尽量少占农田和不应引起机耕、交通及人行困难。

（3）尽量避开河洼、冲刷地带和易被车辆碰撞处，避开有易燃、易爆或可燃液（气）体的生产厂房、仓库、堆场、存储器等。

6　配电线路是电力系统的重要组成部分。配电线路的设计必须全面地贯彻国家的技术经济政策，并积极慎重地采用新设备、新材料，做到技术先进，经济合理，安全实用。

二、气象条件

1　架空线路设计的计算气象条件，应根据当地气象台（站）资料以及附近已有线路的运行经验确定，本地区一般选用：

　　　　最大风速 30m/s

　　　　最大风速时气温 + 10℃

　　　　最高气温 + 40℃

　　　　最低气温 0℃

2　电杆、导线的风荷载，应按下式计算

$$W = 9.807CFV^2/16$$

式中 W——电杆或导线的风荷载，N；

C——风载体型系数，采用下列数值，环形截面钢筋混凝土杆为 0.6，矩形截面钢筋混凝土杆为 1.4，导线直径 $<17mm$ 为 1.2，导线直径 $\geqslant 17mm$ 为 1.1；

F——电杆杆身侧面的投影面积或导线直径与水平档距的乘积，m^2；

V——设计风速，m/s。

各种电杆，均应按风向与线路方向垂直的情况计算（转角杆按转角等分线方向）。

三、导线、绝缘子和金具

（一）导线

1 线路所采用的导线应符合国家电线产品技术标准。导线的设计安全系数，不应小于表 19－1 所列数值。

表 19－1   导线安全系数

导线种类	单股	多股	
		一般地区	重要地区
铝绞线、钢芯铝线及铝合金线	—	2.5	3.0
铜线	2.5	2.0	2.5

注　重要地区指大、中城市的主要街道及人口稠密的地区。

2 导线的截面宜按下列条件选择。

（1）配电线路导线截面选择应规格化，主干线的通流容量应与变电站出线、开关柜的通流容量相匹配。一般主干线选用 LGJ—240，次干线选用 LGJ—150，分支线选用 LGJ—70。架空绝缘导线截面选择，与裸导线同等考虑，但应验算允许运行载流量。

（2）采用允许电压降校核时，自供电的变电所二次侧出口至线路末端变压器或末端受电变电所一次侧入口的允许电压降，为供电变电所二次侧额定电压（10kV）的 5%，农村为 7%。

（3）按本地区规定中压架空线路最小导线截面铜绞线为 TJ—35mm^2；低压架空线路最小导线截面，铝及铝合金线、钢芯铝绞线为 16mm^2，铜线为 6mm^2（跨越通车街道的铜线最小为 10mm^2）。

（4）中压架空线路不应采用单股线，低压架空线路不应采用单股的铝线或铝合金线。

（5）校验导线的载流量时，导线的允许温度一般采用 +70℃，环境气温采用 +35℃。

3 三相四线制的零线截面，不宜小于表 19－2 所列数值。单相及两相三线制的零线截面，应与相线截面相同。

表 19－2   零线最小截面（mm^2）

导线种类	相线截面	零线截面	导线种类	相线截面	零线截面
铝绞线及钢芯铝绞线	LJ/LGJ—70 及以下	与相截面相同	铜绞线	TJ—35 及以下	与相线截面相同
	LJ/LGJ—70 以上	不少于相线截面 50%		TJ—35 以上	不少于相线截面 50%

4 低压线路应采用工作电压为 500V 及以上的胶麻线、塑料线、氯丁橡皮线等绝缘导线架设。布线方式可分为明敷及暗敷。

（1）明敷（含架空）——导线直接架于电杆或街码，导线直接或穿管（含其他保护物）敷设于墙壁、顶棚的表面及桁架、支架等处。

（2）暗敷——导线穿管敷设于墙壁、顶棚、地坪及楼板等处内部或混凝土板孔内敷线等。

（3）敷设方式的选择应根据建筑物的性质及要求、用电设备的分布及环境特征等因素确定。

5 导线的连接，应符合下列要求。

（1）不同金属、不同规格、不同绞向的导线，严禁在档距内连接。

（2）在一个档距内，每根导线不应超过一个接头。

（3）接头距导线的固定点不应小于 0.5m。

6 导线的接头，应符合下列要求。

（1）钢芯铝绞线、铝线、铝合金线在档距内的接头应采用钳压接法。

（2）铜绞线在档距内的接头，宜采用钳压或绕接法。

（3）铜绞线与铝绞线之间的连接，宜采用铜铝过渡线夹或铜铝过渡线、铜线搪锡接等接法。

（4）铝绞线、铜绞线的跳线连接，宜采用钳压或线夹连接。

（5）所有导线接头应连接牢固可靠，其接触电阻值不应大于同截面、同类型、同长度导线的电阻值；档距内接头的机械强度，不应小于导线计算拉断力的90%。

（6）不受拉力的接头和跳线接头用扎线缠接时，扎线应符合表 19 – 3 的规定。

表 19 – 3　　　　　　　不受拉力的接头和跳线接头用扎线连接的规定

导线截面（mm²）	10 及以下	16 ~ 25		35 ~ 50		70 ~ 95		120 ~ 150	185 ~ 240
接头类别	铜—铜	铜—铜	铝—铝	铜—铜	铝—铝	铜—铜	铝—铝	铝—铝	铝—铝
扎线直径（mm）	可直接用本身导线缠接	2.0	2.6	2.6	2.6	2.6	3.2	4.0	4.0
扎线缠接长度（mm）		80	100	120	150	160 170	200	250	300

7 导线的弧垂应根据计算确定。线架设后初伸长对弧垂的影响，宜采用减少弧垂法补偿，弧垂减少的百分数为：

铝绞线 20%；

钢芯铝绞线 12%；

铜绞线 7% ~ 8%。

8 导线与绝缘子的固定，应采用与导线同类的金属扎线绕扎紧。裸铝线、钢芯铝绞线和合金铝绞线与绝缘子或金具的固定处，应缠绕铝包带。低压终端杆及耐张杆，可采用与导线同类金属扎线固定。中压终端杆和耐张杆，应采用相应的线夹固定，导线截面为 50mm² 及以下者，也可采用牛眼圈固定。

9 为解决线路与建筑物间的安全距离，缓和城市绿化与电力架空线路之间的矛盾，减少外力破坏事故，可采用架空绝缘导线、架空绝缘电缆。

（二）绝缘子及金具

1 架空线路的绝缘子及金具应符合国家标准。各类杆型所采用的绝缘子，应符合下列要求。

（1）中压架空线路。

1）直线杆及15°以下的小转角杆，应采用针式绝缘子或瓷横担，但应推广瓷横担。

2）耐张杆每串应采用 3 片 X—3（或 X—3C）型或 2 片 X—4.5 型悬式绝缘子串。

3）架设在空气污秽地区或滨海地区的中压架空线路，应参照表 19 - 4 选用绝缘子或采用其他防污措施。

表 19 - 4　　　　　　　　中压架空线路污秽等级及泄漏比距的对应

污秽等级	0	Ⅰ	Ⅱ	Ⅲ	Ⅳ
盐密值（mg/cm²）	0 ~ 0.03	0.03 ~ 0.06	0.06 ~ 0.10	0.10 ~ 0.25	> 0.25
泄漏比距（cm/kV）	1.39	1.39 ~ 1.74	1.74 ~ 2.17	2.17 ~ 2.78	2.78 ~ 3.30

注　泄漏比距的电压值按额定电压计算。

（2）低压架空线路。

1）横担水平布线的直线杆，可选用低压线轴式绝缘子、针式绝缘子或蝴蝶式绝缘子。

2）横担水平布线的耐张杆，应采用蝴蝶式绝缘子。

3）垂直布线可选用角铁街码。

（3）绝缘子的安装应符合下列要求。

1）防止积水。

2）导线与针式绝缘子的固定方式，直线杆应用扎线将导线绑扎在绝缘子顶部的线槽处；转角杆应用扎线将导线绑扎在绝缘子顶部的外角侧。

3）对于侧装的中压针式绝缘子，应采用高一级电压的绝缘子，并作 45°角斜装。

4）瓷横担与铁件衔接处应加厚度不小于 3mm 的橡胶片（卡装瓷横担除外）。水平装设的瓷横担，应有 15°的仰角。

2　绝缘子机械强度的安全系数，应按下式计算

$$K = T/T_{max}$$

式中　　T——瓷横担的受弯破坏荷载，针式绝缘子的受弯破坏荷载，悬式绝缘子 1h 机电试验的试验荷载，蝴蝶式绝缘子的破坏荷载，N；

　　　　T_{max}——绝缘子最大使用荷载，N。

绝缘子机械强度的安全系数，不应小于表 19 - 5 的数值。

表 19 - 5　　　　　　　　绝缘子机械强度安全系数表

类　　别	瓷　横　担	针式绝缘子	悬式绝缘子	蝴蝶式绝缘子
安全系数	3	2.5	2	2.5

3　配电线路采用的金具，应符合国家的有关技术标准。

4　金具的使用安全系数不应小于 2.5。

5　金具应采用热镀锌。在化工地区，金具除镀锌外，尚应采取其他防腐蚀措施。

6　低压角铁街码的材料，应符合下列要求。

（1）码羹铁片厚度不得小于 2.5mm。

（2）角铁不小于∠25 × 2.5（mm）。

（3）禁止使用驳长的街码。

7　安装街码的金具，应符合下列要求。

（1）街码装设在砖柱或砖墙上时，应采用直径 13mm、长度不小于 127mm 的鱼尾丝闩或六角丝闩藏墙固定后才装设街码。街码装设在混凝土柱混凝土墙上或坚固的砖柱砖墙上时，也可以使用直径 13mm、长度不小于 127mm 的膨胀螺丝藏墙固定。若使用单曲铁固定街码

时，则应采用 5×50×200（mm）单曲铁，丝闩（或螺丝）藏入砖墙的深度不得小于 100mm。

（2）在水泥杆上安装街码时，应采用贯通丝闩或用丝闩夹板安装。

（3）铜线截面 70mm² 及以上、铝线截面 95mm² 及以上，其 60°角以上的转角码和终端码宜贯通丝闩或夹柱固定，且必须牢固可靠。

8 架空线路上所用丝闩的长度，在安装紧固丝母后，丝闩宜露出 3～5 个丝扣。金具上的所有开口销子均应劈开。

四、导线排列

1 中压架空线路的导线一般采用三角排列。多回路导线亦可采用三角、水平混合排列或垂直排列。相序应符合当地供电部门规定。

2 低压架空线路的相序排列。

（1）垂直排列者，自上而下为 L3、L2、L1、N（即 3、2、1、0）。

（2）水平排列者，自马路（街道）一边至行人道（建筑物）为 L3、L2、L1、N。

架空线路的档距，一般采用表 19－6 的数值。耐张段长度不宜大于 2km。

表 19－6　　　　　　　　　　档　　距（m）

电压等级地区	中压	低压		电压等级地区	中压	低压	
		横担水平布线	街码垂直布线			横担水平布线	街码垂直布线
城　镇	40～50	40～50	8～12	郊　区	60～100	40～50	15～25

3 架空线路的线间距离，不应小于表 19－7 的规定。

表 19－7　　　　　　　　导线间最小距离　　　（mm）

导线排列方式 电压	线路档距（m） 导线间最小距离	10 及以下	15	25	30	40	50	60	70	80	90	100	110	120
中压	各种排列	600	600	600	600	600	650	700	760	800	900	1000	1060	1150
低压	铁街码 沿墙装设	100	100											
	电杆装设	100	100	100										
	横担水平布线	300	300	300	350	350	400	450	700					

① 考虑登杆需要，接近电杆的两导线间水平距离不宜小于 500mm。

4 同杆架设的双回路或多回路线路，横担间的垂直距离，不应小于表 19－8 规定。

5 导线的跳线或引下线至邻相导线的净距，导线与拉线、电杆或构架表面的净距，不得小于表 19－9 的规定。

表 19－8　同杆架设线路横担之间的最小垂直距离（m）

类　别	直线杆	分支或转角杆
中压与中压	0.80	0.45/0.6①
中压与低压	1.20	1.00
低压与低压	0.60	0.30

① 转角或分支线横担，距上横担为 0.45m，距下横担为 0.6m。

表 19－9　导线至拉线、电杆、构架的净距以及跳线、引下线与邻相导线的净距（mm）

电压等级	布线方式	跳线、引下线至邻相导线	导线至拉线、电杆	导线至构架表面
中压	各种排列	300	200	200
低压	横担水平布线	150	100	100
低压	街码布线	50	50	10

五、电杆、拉线和基础

1　中压架空线路的电杆，应采用符合国家规定的技术标准的钢筋混凝土电杆，特别是预应力混凝土杆。一些受环境和地形限制的地方，或多回路架设的，可采用小型铁塔架设。基建工地和其他临时用电线路，若用电时间不超过一年者，可采用梢径不小于100mm 的木杆。

2　各种杆型，除垂直荷载外，尚应以下列主要荷载进行强度计算。

(1) 直线杆——导线和电杆所受水平横向的风压荷载。

(2) 耐张杆——导线和电杆所受水平横向的风压荷载以及邻档导线拉力差引起的水平纵向荷载。

(3) 转角杆——由导线拉力引起的水平合成荷载以及导线和电杆所受水平横向风压荷载。

(4) 终端杆——一侧导线拉力引起的水平纵向荷载。

(5) 直线分支杆——导线和电杆所受水平横向风压荷载以及分支侧导线拉力。

各项计算所依据的荷载条件为。

(1) 最大风速、无冰、未断线。

(2) 最低气温、无冰、无风、未断线（适用于转角杆和终端杆）。

3　钢筋混凝土杆应满足下列要求。

(1) 其强度计算，应采用安全系数方法计算。普通钢筋混凝土杆的强度设计安全系数不应小于1.7；预应力混凝土杆的强度设计安全系数不应小于1.8。

(2) 混凝土杆应尽量采用定型产品，电杆结构的要求应符合国家标准。

(3) 要求电杆表面平滑，不应有损伤、剥落和露钢筋等现象。

(4) 立杆前，置于地面检查时，预应力钢筋混凝土杆不允许有纵向或横向裂纹，其裂纹宽度不得超过0.2mm，长度不得超过电杆周长的1/3。

(5) 电杆的弯曲不得超过杆高的5/1000。

4　架空线路的铁横担应热镀锌；木横担应选用好材质，并作防腐处理，不得使用松木。横担规格根据计算确定，常用规格可参照表19 – 10。

表 19 – 10　　　　　　　　横担常用规格（mm）

横担名称	线 路 电 压		横担名称	线 路 电 压	
	中 压	低 压		中 压	低 压
角铁横担	∠65×6	∠50×5	圆木横担	φ120	φ100
装设瓷担用角铁横担	∠50×5	∠50×5	方木横担	90×115	80×100

5　15°以下的转角杆及直线杆，一般采用单横担；15°～30°的转角杆、终端杆和表19 – 18 规定的双固定跨越杆，均应采用双横担。30°以上的转角杆及终端杆一般采用一列式或横担装置。直线杆的单横担应装在电源测，斜撑应装在黄相导线的一侧。如采用圆木横担，横担直径较小的一端应与斜撑同一侧。

6　跨越市区马路及厂区行车主干线通道（指相当于市区大马路宽度的通道）的低压线

路，利用建筑物作夹柱装置的横担，一般采用∠65×6mm角铁。夹横担用的铁板，不应小于60×8mm，并采用ϕ16mm双母丝闩紧固。

7 横担应水平安装，其最大倾斜度不应超过横担长度的1%。各种杆型的横担，在断线情况下，允许有偏移。

8 拉线应采用镀锌钢绞线，但低压线路亦可采用镀锌铁线，其截面选择应根据设计计算确定。拉线的强度设计安全系数和最小截面或直径应符合表19-11的要求。

表 19-11　　　　　　　　拉线的强度设计安全系数及最小截面和直径

拉线材料	镀锌钢绞线	镀锌铁线	拉线材料	镀锌钢绞线	镀锌铁线
强度安全系数	≥2.0	≥2.5	最小截面或直径	25mm²	3×ϕ4mm

注　计算拉线安全系数时，其破坏应力应采用：镀锌钢绞线为1200N/mm²；镀锌铁线为370N/mm²。

9 拉线应按电杆的受力情况装设，对电杆的夹角一般采用45°，如受地形限制，可适当减少，但不应小于30°。

水平拉线跨越马路、厂区通道和其他设施时，应符合下列规定。

（1）跨越汽车通道时，拉线对路边的垂直距离不小于4.5m，对行车路面中线的垂直距离不小于6m。

（2）跨越无轨电车道时，拉线与无轨电车道的垂直距离不小于2m。

（3）拉线柱倾斜角一般采用10°～20°。

10 架空线路的转角、断连和终端杆拉线的装置，应符合下列规定。

（1）线路转角45°及以下时，允许仅装设分角拉线。

（2）线路转角在45°以上时，应装设顺线路方向拉线。

（3）大细线的断连杆应装设对穿拉线。

（4）终端杆应装设终端拉线。

11 农村架空线路的直线杆，每隔10基左右应设置防风拉线。

12 拉线的装置不得妨碍交通。有可能被外人碰触、摇动或易被车辆碰撞的拉线，应加装涂有"红"、"白"相间色标志的拉线保护桩。

13 金属电杆和钢筋混凝土电杆的拉线，一般不装设拉线绝缘子。若拉线穿越导线或因环境受到限制，导致拉线与导线间安全距离不足时，拉线上下均应分别装拉线绝缘子。在断拉线情况下拉线绝缘子距地面不应小于2.5m。

14 因受地区环境限制不能装设拉线时，允许采用顶桩代替，其大小应按受力情况确定。

15 拉线棒应采用热镀锌圆钢，其尺寸大小应按承受拉力计算确定，并适当加大直径2～4mm，且不得小于16mm。在腐蚀严重地区，除镀锌外，尚应采取其他有效的防腐措施。

低压架空线路拉线的下把，如采用拉棒有困难时，可采用镀锌铁线代替，必须大于地面拉线2股以上，其直径不得小于5×ϕ4.0mm。

16 中压架空线路拉线上下把的连接，应采用楔形线夹或UT型线夹，如有困难时可采用牛眼圈（心形环），但应用3～4只蹄形线夹（圆宝螺丝）紧固或用镀锌铁线缠绕。

17　电杆基础应根据运行经验、材料来源、地质情况等条件设计。底盘、卡盘和拉盘一般采用钢筋混凝土结构，有条件的地方宜采用坚硬的岩石制造。严禁使用旧丝杆、旧丝母。

18　电杆和拉线基础的埋深，应根据地质条件计算确定。对一般土质，电杆埋深不应小于下列规定。

(1)　电杆全高在 8m 及以上时，埋深为杆长的 10% + 0.6m；

(2)　电杆全高在 8m 以下时，埋深为杆长的 10% + 0.5m。

19　电杆基础的上拔及倾复稳定安全系数，不应小于表 19 - 12 的数值。

表 19 - 12　　电杆基础的上拔及倾复稳定安全系数

杆　型	直线杆	耐张杆	转角、终端杆
稳定安全系数	1.5	1.8	2.0

采用岩石制造的底盘、卡盘、拉盘，应选择结构完整、质地坚硬的石料（如花岗岩等），并进行强度试验。其强度设计安全系数不应小于：岩石底盘为 3；岩石卡盘为 4；岩石拉盘为 5。

当土质不良（流沙地带等），杆基埋深难以满足上述要求时，应采取加设人字拉线、卡盘及培土等辅助措施。

20　钢筋混凝土基础的强度安全系数不应小于 1.7，混凝土标号应不低于 200 号。

21　电杆组立后回土时，应每隔 0.3 ~ 0.4m 左右分层夯实，培土高度应超出地面 0.3m。

六、接户线

1　由配电线路至用户建筑物第一个支持点之间的一段架空导线，称为接户线。
沿墙用街码敷设的低压线路，也适用本规定。

2　接户线的长度，中压不应大于 25m，低压不应大于 15m。超过时，应按有关规定架设。

3　接户线的截面，应按负荷的大小选择，并应符合表 19 - 13 的规定。低压接户线应采用绝缘导线敷设。

4　接户线的最小线间距离，应符合表 19 - 7 的规定，但低压接户线的零线和相线交叉处，需保证足够的距离。必要时，尚应采取绝缘措施，如加设绝缘套管等。

表 19 - 13　　接户线最小截面（mm²）

接户线类别	档距（m）	铜	铝
低　压	6 及以下	2.5	4
	6 ～ 10	4	10
中　压	25 及以下	16	25

5　低压接户线采用角铁街码或瓷街码沿墙敷设时，应用丝闩牢固地装设在墙上，街码间距离不宜大于 6m。

6　截面在 16mm² 及以上的低压接户线，当采用电杆横担布线时，从电杆引下的第一个支持点的绝缘子应采用终端装置，绝缘子应装设在牢固的横担或支架上，并能承受接户线的全部拉力。当采用街码布线时，其架设方式、安装工艺和终端码要求，应符合本节有关规定。

7　接户线在用电侧的最小对地距离：中压接户线为 4.5m；低压接户线为 3m（特殊情况不小于 2.5m）。

8　跨越街道的低压接户线，至路面中心的最小垂直距离：通车街道为 6m；人行道和交通困难的街道为 3.5m；里、巷为 3m。

9 低压接户线与建筑物有关部分的距离，应符合第七项 8 和 9 的规定。接户线与各种工程设施交叉、接近时，应符合表 19 – 18 的规定。

七、对地距离及交叉跨越

1 确定导线与建筑物及各种工程设施距离的计算条件。

(1) 按线路正常工作条件计算，即不考虑由于断线引起的导线弧垂增大。

(2) 确定导线的垂直距离时，应采用最大弧垂，即按最高气温、无风这一条件计算。

(3) 确定导线在最大偏斜时的间隔，按导线无冰、最大风速及相应温度这一条件计算。

2 架空线路的导线对地面、水面和山岳地带的最小允许距离，应满足表 19 – 14 的规定。

表 19 – 14 　　　　　　　　　导线对地最小距离（m）

线 路 经 过 地 区 的 特 点	线 路 电 压		
	中 压	低 压	
		横担水平布线	街码布线
一、对地面和水面			
1. 居民区；	6.5	6.0	6.0
2. 非居民区；	5.5	5.0	5.0
3. 不能通航及不能浮运的河湖，至最高水位；	3.0	3.0	3.0
4. 居民密度很小，交通困难地区；	4.5	4.0	4.0
5. 沿人行道旁边（骑楼柱）或小街横巷架设	—	—	3.0（注）
二、对山岳地带突出部分			
1. 步行可以到达的山坡；	4.5	3.0	1.0
2. 步行不能到达的陡坡、峭壁和岩石	1.5	1.0	

注　特殊情况下，不应小于 2.5m。

3 导线对房屋建筑物的距离

(1) 中压架空线路不应跨越以易燃材料为顶盖的建筑物，对其他建筑物亦应尽量不跨越。如需跨越时，应与有关单位协商或取得当地政府的同意。导线与建筑物的最小垂直距离，在最大弧垂时，不应小于 3m。

(2) 低压架空线路跨越房屋建筑物的最小垂直距离，在最大弧垂时，不应小于 2.5m。

(3) 架空线路边线在最大偏斜时，对房屋建筑物的水平距离，不应小于中压为 1.5m；低压为 1.0m。

4 架空线路不应跨越人员密集的露天场所，如会场、体育馆、影剧场、游泳池等。

架空线路与特殊管道交叉时，应避开管道的检查井或检查孔。同时，交叉的管道上所有部件应接地。

5 架空线路与通航河流、铁路、二级弱电线路交叉跨越时，应按有关规定或协议办理，并需征得有关部门同意后方可施工。

6 架空线路与弱电线路交叉时，架空线路一般架设在弱电线路的上方。架空线路的电杆，应尽量接近交叉点，但不宜小于 7m（城区线路不受此限制）。交叉角应符合表 19-15 要求。

表 19-15　架空线路与弱电线路的交叉角

弱电线路等级	交　叉　角
一	≥45°
二	≥30°
三	不作具体规定

在通道附近，对威胁线路安全运行的树林，如腐朽树木、树枝与导线风偏时的接近距离小于表 19-16 规定的树木等，均应砍伐。

7 架空线路通过林区和绿化地带的通道及间隔，规定如下。

（1）架空线路通过林区，应砍伐出通道，其宽度为线路两侧导线向外引伸各 5m。

（2）在下列情况下，如不妨碍架线施工，可不砍伐通道。

1）树木自然生长高度不超过 2m。

2）树木自然高度与导线间的垂直距离，不小于 3m。

（3）架空线路通过公园、绿化区和防护林带时，通道宽度应和有关单位协商确定，但导线在最大风偏时与树木的距离不应小于 3m。

（4）架空线路通过果林、经济作物以及城市灌木林时，不应砍伐通道，但导线至树梢的距离不应小于 2m。

（5）架空线路的导线，在最大风偏时，与街道绿化树木间的距离不应小于表 19-16 数值。

（6）修剪树木时，应保证在修剪周期内生长的树枝与导线的距离亦不应小于上述规定数值。

表 19-16　导线与树木的最小距离（m）

最大弧垂的垂直距离		最大风偏时的水平距离	
中　压	低　压	中　压	低　压
1.5	1.0	2.0	1.0

8 采用街码沿墙敷设的低压架空线路，导线与各种金属物（如招牌、檐、蓬、铁闸等）的距离不得小于 0.2m，与各种不良导体的距离不小于 0.1m。

9 低压架空线路不应妨碍门窗开闭。当导线通过门窗上下方时，导线与门窗的最小距离不应小于表 19-17 的规定。

表 19-17　低压架空线路与门窗的最小距离（m）

分　　类	导线排列方式	
	横担水平布线	街码布线
导线通过门窗上方时的垂直距离	0.3	0.15
导线通过门窗下方时的垂直距离	0.7	0.7
导线平行通过门窗前的水平距离	1	0.7

10 架空配电线路不应跨越高速铁路和高速公路。若需跨越，应改用电力电缆从地下通过。若架空配电线路施工比高速铁路、公路施工在先，应由后建设者负责改造费用。

11 架空线路与各种工程设施交叉、接近时的基本要求，应符合表 19-18 的规定。

表 19-18　架空线路与铁路、道路、河道、管道、索道及各种架空线路交叉或接近的基本要求

项目	铁路 标准轨道	铁路 窄轨道	公路 一、二级公路	公路 三、四级公路	电车道 有轨或无轨	通航河流 主要	通航河流 次要	弱电线路 一、二级	弱电线路 三级	电力线路(kV) 1以下	6~10	35~110	154~220	330	特殊管道	索道
导线最小载面								铝绞线及铝合金线为35mm²，铜芯铝绞线为25mm²		铝绞线及铝合金线为25mm²，铜线为6mm²						
导线在跨越档内的接头	不应接头		不应接头		不应接头	不应接头		不应接头		—	—	—	—	—	不应接头	不应接头
导线支持方式	双固定	双固定	单固定	双固定	双固定	单固定	双固定	单固定	单固定	双固定				双固定		
最小垂直距离(m) 中压	至承力索或接触线 7.50 / 至轨顶 3.0	6.0 / 3.0	至路面 7.0		至承力索或接触线 3.0 / 至路面 9.0	至50年一遇洪水位 6.0 / 至最高航行船只桅顶 1.5	至最高行水位 6.0	至被跨越线 2.0		至导线 2	3	3	4	5	电力线在下面 3.0	电力线在下面 2.0
最小垂直距离(m) 低压	7.5 / 3.0	6.0 / 3.0	6.0		3.0 / 9.0	6.0 / 1.0	6.0 / 1.0	1.0		1	2	—	—	—	—	1.5
最小水平距离(m) 中压	交叉：3.0 平行：杆高加3.0		公路分级见附录城市道路的分级，参照公路的规定		电杆中心至路面边缘 0.5 / 电杆外缘至轨道中心 0.5	最高电杆高度		2.0		在路径受限制地区，两线路边导线间 2.5	2.5	5.0	7.0	9.0	在路径受限制地区，至管道、索道任何部分 2.0	在开阔地区，至管、索道的水平距离不应小于电杆高度 2.0
最小水平距离(m) 低压	杆高加3.0		0.5		0.5			1.0		1					0.5	0.5

备注
（1）两平行线路在开阔地区的水平距离不应小于电杆高度
（2）弱电线路分段见附录

备注（公路）：公路分级见附录城市道路的分级，参照公路的规定

备注（特殊管道）：（1）在开阔地区与管、索道的水平距离不应小于电杆高度（2）输送易燃、易爆物的管道

注（索道）：电力线宜架设在上面

注　中压电力接户线与工业企业内同电压等级的架空线路交叉时，电力接户线宜架设在上方。

第三节　电力电缆线路

一、设计原则

1　电缆路径的选择，应符合下列要求。

（1）路径合理，使用电缆较短。

（2）不易受到机械损坏、震动、化学腐蚀、电腐蚀、过热及电弧损伤等。

（3）应避开施工中或计划中的建筑工程或用地等工程，避开上下水道及其他管线工程等需要挖掘的地方。

（4）临时性通道不能作为电缆路径。

2　电缆敷设形式的选择，必须充分考虑周围环境特点。

（1）直埋　适应于中性土壤，没有障碍物及抖动负载的通道，走廊宽度一般按电缆根数×200mm。

（2）电缆沟　适应于一般抖支负载的通道。

（3）排管　适应于有抖支负载的通道。

（4）隧道　电缆条数在40条以上时使用。

3　对电缆型式的选择

（1）直埋的中压电缆应选用带铠装和防腐层的电缆，低压电缆如无直接受机械损伤及化学腐蚀的可能，可使用无铠装电缆。

（2）敷设于通航河道的水底电缆，必须用钢线铠装电缆（视河流冲击情况必要时用粗双钢丝铠装电缆）。在不通航的河道内，即没有拉力和电缆不受冲击，允许使用双钢铠装电缆。

（3）敷设于隧道或明沟支架上的电缆应选用钢带铠装电缆。若用铅包或无铠装橡塑电缆，应于支架处用弹性垫衬托。

（4）室内及隧道内及露空敷设电缆，宜使用难燃电缆。

（5）两端高差大于15m时，应使用不滴流或橡塑类电缆。

（6）接入10kV系统的电缆，其制造电压等级必须符合：①不接地系统按8.7/15kV；②经小电阻接地系统按6.8/10kV的范围。

4　对于连续性供电要求较高的用户，必要时要采用双电缆。

5　国产电缆正常运行时，电缆导体的允许长期最高温度不应超过表19－19的数值。

表 19－19　　　　　　　　　电缆导体允许长期最高温度

长期允许温度（℃）　　额定电压（kV）　　　电缆种类	3及以下	6	10	长期允许温度（℃）　　额定电压（kV）　　　电缆种类	3及以下	6	10
橡胶绝缘	65			聚氯乙烯绝缘	65	65	
纸绝缘（含不滴流及黏性纸绝缘）	80	65	60	交联聚乙烯绝缘	90	90	90

其他国家制造的电缆，原则上也应不超过表19－19的规定（厂家另有规定者除外）。

6　在正常运行方式下，电缆的长期允许负荷按表19－20所列经济电流密度确定。

表 19-20　经 济 电 流 密 度

每年最大负荷利用小时（h）	电缆经济电流密度（A/mm²）		每年最大负荷利用小时（h）	电缆经济电流密度（A/mm²）	
	铜 芯	铝 芯		铜 芯	铝 芯
1000～3000	2.50	1.92	5000 以上	2.00	1.54
3000～5000	2.25	1.72			

7　选择电缆时，当电缆负荷超过经济电流密度允许值时，应按最高允许温度确定负荷量，并验算其在短路情况下的热稳定。

8　电缆的最高允许负荷与敷设方式、电缆并列条数、土壤热阻系数等有关。每一电缆的最高允许负荷应根据电缆导体允许温度及散热条件最坏的线段（不小于10m）确定，计算时需按现场情况，采用相应的校正系数修正。地热温度参数按29℃作参考。

9　在三相四线制系统中，不宜采用一根三芯电缆另加一根单芯导线作中性线的方式，不应用电缆的金属护套作中性线，不得将带铠装的三芯电缆作单相使用。

10　三相线路采用单芯电缆或三芯电缆分相后，每相周围应无铁件构成的闭合磁路。

11　选用单芯电缆作三相系统供电时，不接地的另一端上的正常感应电压一般不应超过1.5V。

12　10kV 及以下电缆的配套附件。

（1）纸绝缘电缆宜采用注绝缘胶或热缩型接头；中间连接宜采用铅封注胶式接头。

（2）橡塑绝缘类宜选用硅橡胶或热缩型接头和终端头（其中380V 及以下电缆可采用橡塑粘胶类绝缘带绕包）。

二、电缆路径

1　电缆的弯曲半径应不小于下列规定。

（1）纸绝缘多芯电力电缆和控制电缆（铅包、铠装）为15倍电缆外径。

（2）纸绝缘单芯电力电缆（铅包、铠装或无铠装）为20倍电缆外径。

（3）橡塑绝缘类的多芯及单芯电力电缆或控制电缆（铅包或塑料护套），有铠装者为10倍电缆外径；无铠装者为6倍电缆外径。

2　电缆线路最大允许高差见表 19-21。

表 19-21　　电缆最大允许高差

额定电压	有无铠装	最大允许高差（m）		
		铅 包	铝 包	橡塑绝缘
1kV 及以下	铠　装	25	25	不作规定
2～3kV	无 铠 装	20	25	不作规定
6～10kV	铠装或无铠装	15	20	不作规定

3　10kV 电缆线路的电缆选型有如下规定。

（1）电缆绝缘类型，以交联聚乙烯电缆为主。

（2）电缆金属类型，干线第一段选用大截面铜芯电缆，配出电缆按需要选择。

4　敷设在房屋内、隧道内和不填砂的电缆沟内的电缆，应采用非燃性外护层电缆。若是裸钢带或剥掉麻皮的电缆，必须涂上难燃涂料。电缆接头上应复盖耐火隔板。

5　固定在建筑物上的电缆，水平敷设时，外径大于50mm的电力电缆每隔1m和外径小于50mm的电力电缆以及控制电缆每隔0.6m，宜加支撑；排成三角形的单芯电缆，每隔1m

应用绑带扎牢；垂直装置时，电力电缆和控制电缆，每隔 1~1.5m 应加固定。

6 电缆从地下引出地面时，地面上 2m 的一段应用金属管或罩加以保护，其埋入地下的一段应不小于 0.1m。

对于发配变电所内的无铠装电缆，也必须加以保护。

7 低压电缆穿墙或穿楼层时，均应穿管保护。

8 电缆保护管的加工及安装，应符合下列要求。

(1) 不应有穿孔、裂缝及显著的凹凸不平等情况。

(2) 管口应作成喇叭形并磨光，管子内壁应光滑。

(3) 管子内径不应小于电缆外径的 1.5 倍，但电缆与城市街道、公路或铁道交叉时，管子内径不得小于 100mm。

(4) 保护管的弯曲半径应与所穿电缆弯曲半径的规定相一致，且一根管子上的直角弯不得多于 2 个。

(5) 采用煤气管作电缆时，外面应涂防腐漆（埋入混凝土内者除外）。采用镀锌管时，如锌皮有剥落亦应涂防腐漆。

(6) 连接时应用带有丝扣的管接头，连接处应缠麻筋并涂油漆。若用焊接，应避免直接对焊，以防焊渣进入管内。

(7) 管口应与设备进出线口对准，管子应排列整齐，并应便于拆装设备进出线。

(8) 当利用电缆管作接地线时，管接头处要用跳线焊接。

9 电缆线路的金属附件及金属构架，需按现场环境加涂防腐漆或镀锌。

10 敷设在地下的电缆线路，地面上应有明显的防外力破坏的标志。

11 电缆中间接头和终端头处的金属护层和接头盒应有良好的电气连接，使其同一电位。接地部位应符合"电气设备接地装置规程"的规定。

12 对于采用钢丝牵引的大长度电缆，应遵守电缆敷设时允许拉力的规定。

(1) 铜芯电缆不超过 $70N/mm^2$；

(2) 铝芯电缆不超过 $40N/mm^2$。

13 用户进线电缆，应在电缆线路末端装设隔离开关。

三、电缆直埋

1 直埋电缆应符合下列要求。

(1) 电缆沟有足够的深度，宽度按电缆根数×200mm 开挖。沟底平整后，应铺以 100mm 的中性软土或砂层，电缆敷设后再铺以 100mm 中性软土或砂层，然后盖上混凝土保护板，板宽应超过电缆两侧各 50mm，并覆盖泥土。

(2) 周围泥土不应含有腐蚀电缆金属外皮的物质（如酸碱溶液、石灰、炉渣、垃圾等）。

(3) 电缆自土沟引入隧道、人孔及建筑物时，应穿在管中，并堵塞管口，以防进水。

2 电缆埋置深度、电缆之间的距离、电缆与其他管线间接近和交叉的距离，应符合下列规定。

(1) 电缆对地面和建筑物的最小允许距离。

1) 直埋电缆的埋置深度（由地面至电缆外皮）为 0.7m；有困难时，穿钢管保护后，埋置深度可为 0.5m；如穿越农田，宜加深至 1m。

2) 电缆外皮至建筑物的地下基础的水平距离为 0.6m，如因特殊情况，需要减少时，应征得当地城建部门同意，但任何情况下均不得小于 0.3m。

（2）电缆之间相互距离的规定。

1）控制电缆间不作规定。

2）10kV 及以下的电力电缆之间，或与控制电缆之间为 0.1m。

3）10kV 及以下的电缆与 35kV 及以上的电缆之间为 0.25m。

4）不同部门使用的电缆（包括通信电缆）相互间为 0.5m。

5）水底电缆相互间为 50m。

上列第 3）、4）两项如电缆用隔板隔开时，可减少为 0.1m，穿入管中则另作规定。

（3）电缆相互交叉时的最小净距为 0.5m。

电缆在交叉点前后 1m 范围内如用隔板隔开时，可减少为 0.25m，穿入管中则不作规定。

（4）电缆与地上管道间接近和交叉的最小净距。

1）电缆与热力管道接近时为 2m。

2）电缆与热力管道交叉时为 0.5m。

3）电缆与其他管道接近或交叉时为 0.5m。

上列第 1）、2）两项要求的热力管道，视现场情况应加裹绝热材料或装置隔热板、通风道等，使埋置电缆地点的土壤温升在任何时间内不超过 10℃。

上列第 3）项如电缆敷设在管中时，则距离可减为 0.25m。禁止将电缆平行敷设在管道的上面和下面。电缆与热力管道交叉时，电缆应在热力管道下面通过。

（5）电缆沟内禁止安置煤气管。

3 电缆穿越城市、街道、公路、铁路、排水沟或其他有机械损伤可能的地方，均应穿钢管或钢筋混凝土管保护，管顶距轨底或路面不应小于 1m。如在排水沟底下穿越时，管顶距排水沟底不应小于 0.5m。跨越公路或铁路时，管长除跨越路面或轨道宽度外，一般两端应各伸出 2m；跨越城市道路时，两端应各伸出 0.5m。

4 电缆沿铁路边敷设时，与铁路轨的最小允许距离为 3m。否则，应将电缆穿入管中。

四、电缆沟和隧道

1 电缆在电缆沟和隧道内的最小允许距离，应符合表 19－22 的规定。

2 电缆沟应有不小于 1/1000 的坡度，并有排水措施。沟的坡度及弯曲度，应保护在安装电缆时不损伤电缆。

表 19－22　　　　　　　　　电缆在电缆沟和隧道内最少距离（mm）

名　　　　称			电缆隧道	电缆沟
高　　　　度			1800	不作规定
两边有电缆架时，架间水平净距（通道宽）			1000	300
一边有电缆架时，架与壁间水平净距（通道宽）			900	300
电缆架各层间垂直净距	电力电缆	外径≤75mm	250	200
		外径>75m	250	200
	控制及通信电缆		100	100
电力电缆水平净距			35（但不小于电缆外径）	

五、电缆在桥梁上安装

1 敷设在桥梁上的电缆，应符合下列要求。

（1）从木桥上通过的电缆应穿在铁管中。

（2）从水泥或金属结构的桥上通过电缆时，应将电缆敷设于人行道下，并尽可能覆盖泥土或置于耐火材料的槽盒中。但如无外人接触时，可将电缆露空敷设在桥厢或沟槽中，露空铺设的电缆应考虑防火措施，并作固定。

（3）如桥上电缆能受到震动，应用弹性材料制成的衬垫加以解决。

2　属临时性桥梁不允许架设电缆。

六、电缆水底敷设

1　在水底敷设的电缆，应符合下列要求。

（1）选择河床比较稳定、河底及河岸很少受到冲击的河段敷设。禁止敷设在码头、停泊所、港湾、渡口或船只经常停泊处。

（2）新敷的水底电缆应是整根的，但允许有软接头，电缆全长直埋在河床下。直接敷设于河床上的电缆，应预留适当的松弛。

（3）引到河岸部分应加以保护（穿管或加盖保护板），保护范围的下端在最低水位下0.8m，上端高于最高洪水位。

（4）电缆敷设在船只频繁通过的河流时，为防止船只起锚损伤电缆，在电缆两侧20～25m应加装栏河链。

（5）在河床可能遭到冲刷的地方，应采取保护措施，防止电缆在洪水期露出。

（6）水中电缆不允许相互交叉，不得悬敷，一般不应有中间接头，事故情况下的中间接头必须符合密封要求。

（7）电缆线路与小河或小溪交叉时，应置于金属的或钢筋混凝土的电缆桥上，或穿入管内埋在河床深处敷设。

（8）敷设水底电缆地段，应按内河航标规范的规定，在河岸上设置固定的信号标志。

2　敷设于湖泊或池塘的电缆，应参照河床敷设条件采取保护措施。

七、电缆终端头和中间接头

1　对电缆终端头和中间接头的选择，原则上应满足电气、密封、机械和导体连接等技术性能要求。

2　户外环境用的电缆终端头。

（1）纸绝缘电缆类应选择密封可靠和绝缘性能良好的铸铝或铸铁型终端盒，并注满绝缘胶。

（2）橡塑类电缆应选用经鉴定合格并在运行中确认安全可靠性较高的橡塑类附件。

（3）用于硅橡胶或其他终端向上形式的电缆头，其端子应采用防水裙的整体型接线端子，以防水分进入线芯破坏绝缘。

（4）户外终端头的引接线必须保持足够的电气距离，任何情况下其相间应不小于200mm。

3　电缆中间接头。

（1）油浸纸绝缘电缆中间连接应采用无缝铅管以封铅方法密封，铅管制作参照表19-23的规定。

（2）交联聚乙烯绝缘电缆选用经鉴定合格并在运行中确认安全可靠性较高的橡塑类电缆接头附件。

（3）中间接头盒外应有生铁或混凝土的保护盒。当周围介质对电缆有腐蚀作用时，保护

表 19-23 　　　　　　　　　　油浸纸绝缘电缆中间连接用铅管尺寸

电缆截面 （mm²）	铅管内径 （mm）	铅管长度 （mm）	电缆截面 （mm²）	铅管内径 （mm）	铅管长度 （mm）
50 及以下	100	600	150~185	110	660
70~120	100	620	240	110	660

盒内应注沥青。直埋的电缆接头底部，必须垫以混凝土基础板，板长应伸出接头保护盒两端各 600~700mm。

（4）地下并列敷设的电缆，中间接头盒位置必须相互错开，其净距不应小于 0.5m。

4　户内环境安装的电缆终端头，按电缆绝缘类型可采用尼龙、硅橡胶、热收缩以及电缆附件厂生产的其他定型终端盒，但不允许采用"干包"和绕缠绝缘带等简易形式的终端头。

5　各类型电缆终端头的相序应按统一方式排列，相色明显，并与电网相位一致。

6　在终端间和中间接头处的电缆铠装、铅包、铜屏蔽及绝缘外半导电层和金属接头盒均应有良好的电气连接，使其处于同一电位。电缆两端也应按有关规定接地。

7　导体连接

（1）电缆接头和终端头原则上采用液压机具压接，铜芯电缆在必要时视施工环境情况也可采用锡焊连接，务必符合接触电阻小而稳定的要求。

（2）铜—铝导体连接应采用铜—铝棒成型连接管（或铜—铝成型棒材车制而成的连接管），不允许采用单一材质的金属管进行连接。

（3）导体连接前应清洁导线及管壁，表层涂少量导电油膏，使导体保持接触良好状态。

（4）无论采用围压或局部压接，必须保持中间接线管的平直和尽量避免接线管伸长（若采用点压，则必须注意不超过压孔深度，确保导线完整）。

第四节　变　配　电　站

一、一般规定

1　中压配、变电站作为市政建设的配套工程，应当配合城市改造和开发新区规划同步建设，中压变配电站的位置应按下列原则选择。

（1）靠近负荷中心。

（2）进出线方便。

（3）靠近电源侧。

（4）避免设在有剧烈震动、化学腐蚀、严重污秽、导电粉尘或特别潮湿的场所。

（5）不应设在厕所、浴室、厨房及生产过程中地面经常有积水等场所的下面，变电所的室内不应通过无关的管道和明敷线路。

（6）交通运输和运行维护方便。

（7）中压变配电站可为独立的建筑物、高层建筑物的地下室或者与有大量中压用电设备的厂房合建。

（8）中压变配电站原则上应当是永久性的建筑，但是对于临时性供电或因某些原因难以安排的情况，在取得电力有关部门同意后，可酌情选用箱式变电站等流动性的设施。

2　中压变配电站周围应有畅通的排水渠道。其地势标高应考虑超过历年的最高水位，否则应有防护设施。设置在地下室的中压配、变电站应有良好的通风、防火、防潮及排泄设施。

3 中压变配电装置的各回路和母线相序排列，应与电力系统一致。所有硬导体，应按规定色别涂漆：U相（第一相）黄色；V相（第二相）绿色；W相（第三相）红色。

软母线、电缆头及引线和架空出线，均应标明相序。

4 室外配、变电装置中的电气设备和绝缘子，其最小爬电比距的选择应符合《高压电力设备外绝缘污秽等级》（GB 5582—1985）中与安装地点自然污秽环境条件相对应的等级划分的要求。在空气污秽地区，应采取加强外绝缘、防尘、防腐蚀等措施，并应考虑便于清扫。如技术经济合理时，可采用屋内装置（此时爬电比距的要求可参见本节四、2和3介绍）。

5 变配电装置中，相邻带电部分的额定电压不相同时，应按较高的额定电压确定其安全净距。

6 屋外变配电装置带电部分的上面或下面，不应有照明、通信和信号线路架空跨越或穿过。变配电装置室和变压器室，不应有非其本身所用的管道通过。

7 围栏分为栅栏和遮栏。栅栏高度不应低于1.2m；栏条间距离和栅栏最低栏杆至地面的距离，均不应超过200mm。遮栏分为网状和板状两种，其高度不应低于1.7m。遮栏网眼不应大于20mm×20mm。

变配电装置围栏的门应加锁。

8 有人值班的变配电站，宜设单独的值班室，当条件限制时，可将值班室和低压配电室合并。

值班室应有门与中压配电室相通。

9 中压变配电站应配置与运行、检修相适应的安全工具和消防设施，并应考虑适当的事故照明。有人值班者，应设置电话通讯。

10 室内中压变配电站的母线上方，应尽量避免电气线路和设备跨越。若装设站内照明线路必需跨越时，应采用硬质管子布线。照明灯具应固定装设，且不应装设在母线正上方和靠近母线。以利拆、换和安全。

二、电气接线

1 城市配网由电力部门按照部颁《城市电力网规划设计导则》的有关规定进行规划和设计。用户的专用变压器接入配电网供电系统的方式，应与地区供电公司有关部门商定，一般可采取以下方式。

（1）多个用户接入公共的环网系统。

（2）由供电系统变电所或公共电房辐射式供电。

（3）将多台变压器接成一个或多个环网，接入中心电房的母线，再经进线开关与中压馈电线连接。

（4）由供电系统变电所的用户专线供电。

2 城区优先采用环网供电，若为闭环运行，一般采用从同一母线接出的环网方式；若为开环运行，也可采用从同站不同母线或不同站接出的环网方式。环网串接的负荷点不宜超过10个。

3 串接于环网干线的负荷点，其变配电站的开关设备应采用环网开关柜。

4 辐射式供电的方式。为提高供电可靠性和缩小停电面，推荐在架空线分支接点处装设柱上自动断路器。

5 专用线的用户侧，其进线开关应选用断路器。用户专线电房与供电系统变电所之间的连接线路，其继电保护的要求应符合第六节二、1 和 3 的规定。

6 中压变配电站的母线，一般采用单母线或单母线分段的接线方式。

7 环网中的用户中压变配电站，其环网开关除串入环网支线的进、出线侧要求设置负荷开关外，当该负荷点变压器的装设总容量达到 800kVA 及以上时，应经过断路器后才将变压器回路接入。

8 非环网中的用户中压变配电站，与电力系统连接的中压电源进线侧，应装设带保护的开关设备。这些设备选用的种类，可参看表 19－28。

9 自本企业总降压变电所或总配电站以放射式供电至车间变配电站时，车间变配电站的进线电源开关，仅作检修隔离用者，允许只装隔离开关；如需经常操作、自动切换或有保护要求者，仍应装设带保护的开关设备。

10 接在母线上的避雷器和电压互感器，可公用一组隔离开关。

11 10kV 母线的分段，一般装设负荷开关或隔离开关。但在下列情况下，应装设断路器。

（1）每段母线的出线回路达 5 路及以上者。

（2）需要自动切换或快速切换者。

12 在有反馈可能的中压出线上，应装设线路隔离开关。

13 下列情况可采用隔离开关操作。

（1）开合电压互感器及避雷器。

（2）开合励磁电流不超过 2A 的空载变压器。

（3）开合电容电流不超过 5A 的空载线路。

（4）开合电压为 10kV 及以下且电流为 15kA 以下的线路；

（5）开合电压为 10kV 及以下，均衡电流为 70A 及以下的环路。

14 对于单路电源、单台变压器、供电容量在 800kVA 及以上的用户，电气接线可采用进线断路器柜和计量柜的接线。

三、设备选型

1 一般规定中压变配电设备宜积极采用新技术、新设备，如设备的无油化、环网开关、不燃性变压器等。电气设备的绝缘材料必须采用阻燃材料。但对未经国家规定级别的鉴定合格以及未经过试运行考验的设备，不得挂网运行。

2 中压变配电设备应能适应如下的使用环境条件。

环境温度：－5～＋40℃

日温差：不大于 25℃

海拔高度：不大于 1000m

相对湿度：日平均不大于 95%，月平均不大于 90%

地震烈度：不大于里氏 8 度

3 中压变配电设备的基准绝缘水平按国家标准 GB 311.1《高压输变电设备的绝缘配合》选取。表 19－24 是雷电冲击耐受电压值；表 19－25 是工频耐受电压值；表 19－26 是避雷器系数选用。鉴于供电系统各变电所变压器绕组的连接组别及中性点接地情况的差异，用户在选用时应与电力部门商议。

4 中压变配电设备的热稳定电流及断路器的遮断电流应大于 25kA，热稳定电流的作用时间应取为不小于 2s。动稳定电流不小于 50kA。鉴于供电系统各变电所短路容量的差异，用户在选用时应与电力部门商议。

负荷开关的技术参数如下。

热稳电流（额定短时电流）　20kA、3s

动稳电流　50kA

预期开断电流（熔断器）　31.5kA

预期短路开合电流　50kA

5　室内或地下室中压变配电站选用的设备，应符合安全及防火的要求，高层建筑及地下室的电器设备要求达到无油化，设备应采用灭弧介质，应确认其结构不会发生泄漏，或者即使发生泄漏对周围的环境不会造成污染，对经常接触设备的运行值班人员的健康不会带来不良影响或积累效应。

表 19－24　　　　　　中压变配电设备的雷电冲击耐受电压
（择自 GB 311.1）

额定电压	最高工作电压	标准雷电冲击全波（内、外绝缘，峰值，kV）						标准雷电冲击截波变压器类设备的内绝缘（峰值，kV）
		变压器	并联电抗器	耦合电容器、电压互感器	高压电力电缆	高压电器	母线支柱绝缘子、穿墙套管	
(有效值，kV)								
3	3.5	40	40	40	—	40	40	45
6	6.9	60	60	60	—	60	60	65
10	11.5	75	75	75	—	75	75	85
15	17.5	105	105	105	105	105	105	115
20	23.0	125	125	125	125	125	125	140
35	40.5	185/200*	185/200*	185/200*	200	185	185	220
63	69.0	325	325	325	325	325	325	360
110	126.0	450/480*	450/480*	450/480*	450/550	450	450	530

＊　数值仅用于变压器类设备的内绝缘。

注　对中压电力电缆，是指在热状态下的耐受电压值。其雷电冲击耐受电压值应不超过相应电压等级中所列最高值。如需要更高的绝缘水平，可用更高电压等级的电缆。

表 19－25　　　　　　中压变配电设备的工频耐受电压
（择自 GB 311.1）

额定电压（kV）	最高工作电压（kV）	内、外绝缘（干试与湿试，kV）				母线支柱绝缘子（kV）	
		变压器	并联电抗器	耦合电容器、高压电器、电压互感器和穿墙套管	高压电力电缆	湿试	干试
3	3.5	18	18	18	—	18	25
6	6.9	23/25	23/25	23	—	23	32
10	11.5	30/35	30/35	30	—	30	42
15	17.5	40/45	40/45	40	40/45	40	57
20	23.0	50/55	50/55	50	50/55	50	68
35	40.5	80/85	80/85	80	80/85	80	100
63	69.0	140	140	140	140	140	165
110	126.0	185/200	185/200	185/200*	185/200	200	265

＊　数值仅用于电磁式电压互感器的内绝缘。

注　斜线上的数值适用于该类设备的外绝缘；斜线下的数值适用于该类设备的内绝缘。

表 19 – 26　　　　　　　　　变配电装置中避雷器参数选用

避雷器的主要参数	10kV 中性点经小电阻接地系统		避雷器的主要参数	10kV 中性点经小电阻接地系统	
	有间隙（不推荐）	无间隙		有间隙（不推荐）	无间隙
系统电压（kV）	10	10	5kA 残压（kV）	≤50	≤45
额定电压（kV）	12.7	12.7			
mA 参考电压（kV）	>24（配电用） >25（电站用）	>24（配电用） >25（电站用）	通流容量（A）	>75（配电用） >200（电站用）	>75（配电用） >200（电站用）

6　选用变配电设备时所依循的标准，国内产品应以国家标准为基础，参照相应的行业标准。国外进口产品应以 IEC 标准为基础，参照相应的行业标准。

四、配电柜规定

1　中压配电柜应具备"五防"功能，即防开关误操作、防误入带电间隔、防带电合接地开关、防带接地线或接地开关合闸以及防带负荷拉隔离开关。开关柜的型式应选用符合 GB 3906 关于铠装式金属封闭开关设备所定义的型式（即要求各组件分别装在用接地金属隔板隔开的隔空中，详见 GB 3906 之有关条款）。而且推荐其母线室使用柜与柜间设接地金属隔板隔开，母线由绝缘套管中穿过的型式，且其孔口为密封的形式；或者使用虽然柜与柜之间不设隔板，完全贯通，但其母线系统是全绝缘（如环氧树脂或 EPR 模压层包裹）的型式。如果无法避免时，作为补救措施，应使用 XLPE 热缩性塑料套将母线的裸露部分完全包裹。不推荐使用柜与柜间不设隔板完全贯通的型式。

2　柜内高压带电部分之间的空气净距，一般情况下应符合：相对地不小于 125mm；相间不小于 125mm；复合绝缘　不小于 30mm。如确有困难并另外采取完善措施者，经征得有关电力部门同意后，可另作处理。

3　即使是一般污秽条件，室内绝缘子的爬电比距也不应小于 21mm/kV（等于表面的实际爬电距离除以额定电压）。

4　裸露的带电部分，其尖端或突出部位（如母线连接处的紧固螺钉等），应当考虑有使电场均匀分布、防止产生电晕放电的措施，或加强绝缘的措施。

5　中压开关柜中的绝缘件，如绝缘子、套管、隔板和触头罩等，严禁采用酚醛树脂、聚氯乙烯及聚碳酸脂等有机绝缘材料，应采用阻燃性绝缘材料，如环氧或 SMC（环氧浇注件）。

6　电源进线的开关设备，其电源侧不得装设接地开关。

7　保护变压器的开关设备，应满足遮断电流和继电保护的要求，一般可按表 19 – 27 和表 19 – 28 选择。

表 19 – 27　干式变压器保护用开关设备的选择

保护用开关设备的名称	设备安装地点	变压器的容量
断路器	室　内	800kVA 及以上
中压负荷开关（带熔断器）	室　内	800kVA 以下
跌落式熔断器	室　外	630kVA 及以下
断路器	室　外	1000kVA 及以下

表 19 – 28　油浸式变压器保护用开关设备的选择

保护用开关设备的名称	设备安装地点	变压器的容量
断路器	室　内	800kVA 及以上
中压负荷开关（带熔断器）	室　内	630kVA 及以下
跌落式熔断器	室　外	630kVA 及以下
柱上开关	室　外	1000kVA 及以下

8　导体和电器应按正常负荷选择，并应按短路条件验算其动、热稳定。断路器及熔断器还应满足遮断容量的要求。中压负荷开关与熔断器的组合要求应满足 IEC—420（1990）《高压交流负荷开关—熔断器的组合电器》中有关转移电流的要求。电流互感器的变比应与用电负荷相匹配。

装设在电压互感器回路内的裸导体和电器，可不验算其动、热稳定。

各项验算方法，应按部颁《高压配电装置设计技术规程》有关规定选用。

9　双电源或多电源供电的各受电开关之间，各受电开关与母线开关之间，应根据不同运行方式装设可靠的连锁装置。

10　组成环网供电系统的环网开关，其所用的开关设备应选择具有电动分、合闸功能的型式，以适应远方操作的需要。此外，还应具有指示相间短路和单相接地短路的故障指示器，其发讯型式及复位方法应当与地区供电公司有关部门商定。

11　仪表用中压电压互感器的一次侧，可采用隔离开关与熔断器组合保护。

12　配电柜应当装设完善的防潮加热器及其控制电路。

13　中压开关柜防护等级：真空或 SF$_6$ 灭弧 IP3X；空气灭弧 IP2X。

14　绝缘材料有效爬距：在凝露和严重污秽的场所，纯瓷不小于 210mm；有机绝缘不小于 230mm。

五、变压器选用

1　应当根据中压变配电站的环境条件去选用配电变压器的类型。室外场合使用的，可选用油浸式变压器，带油枕或无油枕全密封型结构。室内或地下室使用的，居民住宅区 630kVA 以上的室内变压器不宜使用油浸式，应优先选用干式变压器（独立电房除外）；高层建筑或地下室电房，不准使用油浸式变压器，可选用防潮和防火性能良好的干式变压器、合成绝缘液变压器、SF$_6$ 气体绝缘变压器等。

2　配电变压器宜选用低损耗的，其性能应当优于表 19－29 所列的参考值。

表 19－29　　配电变压器的空载损耗、短路损耗、阻抗电压及空载电流选用的参考值

额定电压 （kV）	额定容量 （kVA）	空载损耗 （W）	短路损耗 （W）	阻抗电压 （%）	空载电流 （%）	额定电压 （kV）	额定容量 （kVA）	空载损耗 （W）	短路损耗 （W）	阻抗电压 （%）	空载电流 （%）
10	50	190	1150	4	8.0	10	250	640	4000	4	3.2
	80	270	1650	4	4.7		315	760	4800	4	3.2
	100	320	2000	4	4.2		400	920	5800	4	3.2
	125	370	2450	4	4.0		500	1080	6900	4	3.2
	160	460	2850	4	3.5		630	1300	8100	4	3.2
	200	540	3400	4	3.5						

3　配电变压器如选用干式变压器、合成绝缘液变压器或 SF$_6$ 气体绝缘变压器，应配备有线圈温升的报警、保护装置。

六、组合式变电站

1　组合式变电站是由中压配电装置、配电变压器、低压配电装置三大部分紧凑组合在一个箱体内组成的，相当于一个变配电房，装于室外，具有中低压变配电功能。

2　组合式变电站结构紧凑，占地面积少，施工期短，安装简便。适用于居民住宅小区、

工厂、企业、公用设施和临时用电处所使用。

3 选用的组合式变电站需符合部颁《箱式变电站技术条件》，并经部鉴定合格或需符合 ANSI、IEEE 和 NENA 标准的有关规定。

4 为了适应南方温度高、湿度大、日照时间长的环境特点，组合式变电站宜选用防锈性能良好或铝合金的外壳，变压器室宜装有自控排风装置。

七、进口变配电设备

1 进口变配电设备所依循的技术标准，对于 10kV 电压等级来说，可按 IEC 标准之最高工作电压为 12kV 或 15kV 的档次选用。如条件许可，最好做到 IEC 标准和国家标准兼顾。

2 首次采用的进口变配电设备，应具备由国际公认的测试部门（如荷兰的 KEMA 试验站等）出具的各项型式试验合格通过后的试验报告或试验合格证书，并应具有一定数量的销售记录和一段时间的成功运行经验。

3 进口变配电设备的相间及相对地绝缘净距、绝缘子表面爬电的压距比等电气参数，在确认了其零部件质量、电场均匀措施后，如已有合格通过型式试验和出厂常规试验的试验报告作为支持性文件，而且在现场试验也能合格通过的情况下，可不受对国内设备规定的约束（可作为参考），但至少要符合 IEC 标准的要求。

4 进口变配电设备同样要符合第 1 条款的"五防"功能要求，如果防误入带电间隔功能在某些结构上难以做到机械连锁的话，至少应具备给运行值班人员以明显的警告显示。

5 以不同形式合资举办的制造厂，其产品即使是国外生产零部件但由国内组装者，仍需按国内产品一样，应当通过两部或两部授权的产品鉴定和一定时间的试运行。

6 现场交接试验的试验和验收标准，应按 IEC 有关标准的要求进行。

7 开关柜及电器外壳的防护等级，要求至少达到：装于室内，IP415；装于室外，IP547。

八、土建要求

1 屋内中压配电装置，一般装于单独房内。当中压开关柜不超过 5 台时，允许将中、低压配电装置装在同一室内，并作单列布置，两者间的距离，不应小于 1.5m。

若使用真空断路器柜和带外壳干式变压器时，可以在同一室内布置。

2 装设在屋内的三相变压器，一般为一台一室。多台一室时，变压器之间应有防火隔墙。干式变压器可采用外加保护罩，采取强迫通风散热。

变压器外廓与变压器室四壁间的净距，不应小于表 19－30 所列数值。

表 19－30　　　　　　　　　　变压器外廓与变压器室四壁间的最小净距

变压器容量（kVA）	1000 及以下	1250 及以上	变压器容量（kVA）	1000 及以下	1250 及以上
变压器与侧壁、后壁之间（mm）	600	800	变压器与门之间（mm）	800	1000

多台干式变压器布置在同一房间内时，变压器防护外壳间的净距不应小于表 12－1 所列数值。

3 配电装置的布置，应考虑设备搬运、检修和试验的便利。配电室内各种通道的宽度，不应小于表 19－31 所列数值。

表 19 – 31　　　　　　　　　　　　　配电室内各种通道的宽度（mm）

通道分类 布置方式	维护通道	操作通道	通向防爆间 隔的通道	通道分类 布置方式	维护通道	操作通道	通向防爆间 隔的通道
一面有开关设备时	800	1500	1200	两面有开关设备时	1000	2000	1200

若使用手车柜时，操作通道的最小宽度不应小于：一面有开关柜时，单车长 + 1200mm；两面有开关柜时，双车长 + 900mm。

4　配电装置室和变压器室的建筑，应符合下列规定。

（1）配电装置室长度大于 7m 时，应有两个出口。

（2）出线回路较多的装配式配电装置的母线分段处，一般设置有门洞的门墙。

（3）门应向外开，并装锁，配电装置室的门应装弹簧门锁。相邻配电室之间如有门时，应能向两个方向开启。

（4）变压器室的耐火等级不应低于一级，配电室的耐火等级不应低于二级，内墙应刷白，地（楼）面一般铺混凝土。

（5）充油电气设备间内的总油量为 60kg 及以上，且门开向不属配电装置范围的建筑物内时，其门应为非燃烧体或难燃烧体的实体门。

（6）一般应有良好的自然通风，并根据排风温度不大于 + 45℃计算。当不能满足要求或发生事故时排烟有困难者，应增设机械通风。

室内通风管道，应采用非燃性材料。

（7）变压器室的门和通风窗，应采用非燃烧体或难燃烧体的建筑材料。

（8）中压配电室和变压器室，应采取防止小动物进入的措施。电缆的进出口处应无空隙。

（9）室内油浸式变压器的正上方应装设消防部门认可的自动灭火装置。

5　3～10kV 双母线布置的屋内配电装置中，母线和母线隔离开关之间，宜装设耐火隔板。

6　屋内单台断路器、电流互感器或电压互感器，其油量为 60kg 以下时，一般安装在两侧有隔板的间隔内；其油量在 60kg 及以上时，应安装在有防爆隔墙的间隔内。

7　屋内断路器、电流互感器及电压互感器总油量在 60kg 以上时，应设置储油设施或挡油设施。当门开向建筑物内时，应设置能容纳 100% 油量的储油设施或设置能容纳 20% 油量的挡油设施，但后者应有将油排至安全处的设施；当门开向建筑物外时，应设置能容纳 100% 油量的挡油设施。

8　变压器一般不设贮油池，而应设不少于其总油量 20% 的挡油设施。但下列情况应设 100% 的挡油设施。

（1）变压器室下面有地下室。

（2）变压器室位于二层或更高层。

（3）变压器室在车间内。

（4）具有特殊消防要求场所的变压器室。

9　座地式变压器应设固定围栏或围墙。围墙或围栏的要求、安全净距、维护通道和操作通道，应符合本节有关规定。电杆和引下线应符合第二节有关规定。

九、安全净距

1 屋外配电装置的各项安全净距，不应小于表 19 – 32 所列数值。

2 屋内配电装置的各项安全净距，不应小于表 19 – 33 所列数值。围栏向上延伸线距地 2.3m 处与围栏上方带电部分的净距，不应小于表 19 – 33 中的 A_1 值。

表 19 – 32　10kV 屋外配电装置的最小安全净距（mm）

名　　称	符号	净距
带电部分至接地部分	A_1	200
不同相的带电部分之间	A_2	200
带电部分至栅栏	B_1	950
带电部分至网状遮栏	B_2	300
无遮栏裸导体至地面	C	2700
不同时停电检修的无遮栏裸导体之间的水平净距	D	2200

注　本表所列各值，不适用于制造厂的产品设计。

表 19 – 33　屋内配电装置的最小安全净距（mm）

名称及符号		额定电压（kV） 3	6	10
带电部分至接地部分	A_1	75	100	125
不同相的带电部分之间	A_2	75	75	125
带电部分至栅栏	B_1	825	850	875
带电部分至网状遮栏	B_2	175	200	225
带电部分至板状遮栏	B_3	105	130	155
无遮栏裸导体至地楼面	C	2375	2400	2425
不同时停电检修的无遮栏裸导体之间的水平净距	D	1875	1900	1925
进出线套管至屋外通道的路面	E	4000	4000	4000

注　本表所列各值，不适用于制造厂的产品设计。

十、电气设备安装

1 经远途运输的变压器，安装前应吊心检查。制造厂家有说明安装时无须吊心检查的密封变压器或组合式配电站，且运输过程无异常情况者除外。

变压器必须使用低损耗型。变压器外壳应有铭牌，各相应有明显相序标志。装在屋外的变压器，容量在 630kVA 及以上者，应有固定温度计。

2 变压器防爆管的安装，应使其在事故喷油时不致喷及邻近的电气设备，必要时，应装隔墙或金属挡板。

3 变压器基础应水平，装有气体继电器的变压器，应使其顶盖沿气体继电器方向有 1%～1.5% 的升高坡度。

居民区非独立建筑的变压器室，安装 630kVA 以上容量时，应使用干式变压器。

室内变压器一次侧应选用负荷开关加熔断器保护，断一相熔丝时联跳三相负荷开关，不应使用跌落式熔断器保护。

4 硬母线的加工应符合下列要求。

（1）母线应平直。

（2）母线弯曲处不得有裂纹及显著的折皱，其弯曲半径不应小于表 19 – 34 所列数值。

（3）母线的弯曲位置，应离连接点接触面的边缘 50mm 以上。

（4）母线扭转 90° 时，其扭转部分的长度不应小于母线宽度的 2.5 倍。

5 母线安装应符合下列要求。

（1）母线及连接线的布置应对称一致，整齐美观。

表 19 – 34　硬母线最小弯曲半径（mm）

项目	弯曲种类	母线截面	最小弯曲半径 铜	铝	钢
1	立弯	50×5 及以下	1A	1.5A	0.5A
		120×10 及以下	1.5A	2A	1A
2	平弯	50×5 及以下	2B	2B	2B
		120×10 及以下	2B	2.5B	2B
3	圆棒	直径 16 及以下	50	70	50
		直径 30 及以下	100	150	100

注　A—母线宽度；B—母线厚度。

（2）母线在电器端子上的连接，应使接触部分的允许载流量不小于该回路负荷电流或所接设备的额定电流，必要时应采用辅助连接板。

（3）母线与螺杆端子连接时，应用加大的螺母，螺母的接触面应加工平整。为防止松脱，螺杆上应加一个备用螺母，母线孔径不应大于螺杆直径 1mm。户外用螺杆螺母应热镀锌。

（4）母线连接点的接触部分应紧密，并应以 0.05mm×10mm 的塞尺检查，其塞入深度为：母线宽度在 60mm 及以上者，不超过 6mm；母线宽度在 50mm 以下者，不超过 4mm。

（5）母线相互连接或与电器端子连接时，不应使其接点受到任何外加应力。

（6）母线一般应每隔 20m 左右装一补偿装置（伸缩接头）。补偿装置可用 0.2～0.5mm 厚的铜或铝薄片组装，薄片不应有裂纹或折皱，并应除去氧化层。铜片尚应涂锡，铝片应涂中性凡士林。补偿装置的总截面不应小于原母线截面。

6　母线用绝缘子固定时，应符合下列要求。

（1）母线支持夹板与支持绝缘子间的固定应平整牢固，不应使其所支持的母线受到任何机械应力。

（2）母线固定装置应无显著的棱角。

（3）母线在支持绝缘子上的结实固定点，应位于母线全长或两个母线补偿装置的中点，以便母线有纵向伸缩的可能。

（4）母线弯曲处距最近绝缘子的母线支持夹板边缘，不应小于 50mm，同时应大于弯曲处两端支持绝缘子间沿母线中心线距离的 25%。

（5）当母线工作电流大于 1500A 时，每相母线的支持夹板及其零件（双头螺栓、压板、垫板等）不应构成闭合磁路；

（6）当母线平置时，支持夹板的上部压板应与母线有 1～1.5mm 的间隙。

7　穿墙套管的安装应符合下列要求：

（1）中压穿墙套管间中心带电部分的净距，不应小于 400mm，在潮湿场所应适当加大。

（2）在墙壁或楼板上安装穿墙套管时，不应将法兰盘埋入墙内或楼板内，应使用螺栓固定。

（3）穿墙套管垂直安装时，法兰平面应在上；水平安装时，法兰平面应在外；

（4）安装在潮湿或污秽地点的穿墙套管，两端应加密封。

（5）电流在 1500A 及以上的穿墙套管，装于钢板上时，周围不应成闭合磁路。

（6）套管法兰应接地。

8　单极中压隔离开关的安装应符合下列规定。

（1）闭锁装置的动作应灵活可靠。

（2）相间最小净距：屋内为 500mm；屋外为 600mm。

9　柱上开关的安装应符合下列规定。

（1）牢固可靠，方便操作。

（2）台架对地面的距离不小于 3m，但农村可不小于 2.5m。

（3）开关的电源侧，应装设隔离开关。

（4）柱上自动开关动作电流的整定值，应与负荷及系统继电保护相配合。

10　装在杆架上或砖墩上的屋外变压器装置，称为变压器台（简称变台）。变压器台架应尽量设置在负荷中心，需结合市政建设远景规划确定。位置应方便更换和检修，并尽量避开车辆和行人较多的场所。下列电杆不宜装设变台。

（1）转角、分支杆。

（2）有中压接户线或中压电缆的电杆。

（3）装有线路开关设备的电杆。

（4）交叉路口的电杆。

（5）狭窄的路段。

11　台架型式的选择。

（1）装设容量不超过 50kVA 的单台变压器时，市郊及农村地区宜采用单杆引下砖墩式变台。

（2）单台变压器容量为 100～630kVA 或台数为二台时，应采用杆架式（龙门式）变台。单台变压器容量超过 630kVA 时，不应采用变台。

12　变台应符合下列规定。

（1）牢固可靠。安装变压器后，变台倾斜度不应大于台高的 1/100。金属构架应热镀锌或涂防锈漆。

（2）杆架式（龙门式）变台宽度应为 3m，特殊情况下，在容量为 180kVA 以下时，可为 2.5m；横台座距地面高度不少于 2.5m。变压器套管带电部分距地高度不应小于 3m。容量超过 100kVA 时，横台座中应加钢筋混凝土支柱。

（3）变台与树木的距离不应小于 3m。

（4）变台应有危险警告标志。

（5）变台的主杆或副杆，不得安装跨越道路等有较大拉力的低压线。

13　变压器的引下线、引上线和母线（横台线）应符合下列要求：

（1）一般采用多股绝缘软线，其截面按安全电流选择，但不得小于 16mm²。在未解决铜铝接头情况下，宜使用铜线。

（2）不同截面的导线不得互相驳接。

（3）中压引下线与架空线路的连接：

1）铜—铜导线连接，可直接绑扎，接线口另用软扎线缠绕，长度按表 19-3 确定。或使用 T 接线夹。

2）铜—铝导线连接，应采用铜铝过渡设备线夹接头连接。

（4）砖墩式变台的中压引线与变压器套管间的连接导线要预留两圈（每圈直径为 50mm 左右）。

（5）城市中有电车的路段变压器引下线应使用 10kV 架空绝缘线。

14　装设在屋外的变压器，其中压套管的导电部分应套防护罩（如瓷罩、橡胶罩、塑料罩或硬塑料管等）。

15　中压跌落式熔断器的装设，应考虑安全和地面操作方便，根据不同装置型式、装设地点，其装置对地面高度一般为 4.5～5.6m，相间中线水平净距不应小于 0.68～0.8m。变压器的低压保护装置一般装设在低压侧出线 2m 范围内；如变压器与低压配电室的电气距离不超过 20m 时，可装在配电室内。

16　中压跌落式熔断器应选用国家的定型产品，并应与负荷电流、运行电压及安装地点的短路容量相配合。选择低压熔断器时，其额定电流应大于工作电流。

17　变压器熔丝的选择宜按下列要求进行：

容量在 100kVA 及以下者，高压侧熔丝按变压器容量额定电流的 2～3 倍选择；容量在 100kVA 以上者，高压侧熔丝按变压器容量额定电流的 1.5～2 倍选择；变压器低压侧熔丝（片）按低压侧额定电流选择。

18　中压配电线路较长的主干线或分支线，应装设分段或分支开关设备；环形供电网络应装设联络开关设备，并有明显断开点。中压配电线路在线路的管辖分界、资产分界处，宜装开关设备。

19　SF$_6$ 断路器安装前可不进行现场解体检查，若发现问题有必要解体检查时，应经制造厂同意并在厂方人员指导下进行。

20　充气环网断路器柜，具有体积小、耐各种不良环境、不需停电检修的优点，适合重要用户和不良环境地方安装使用。

21　组合式配电站具有结构紧凑、无裸露带电部分、占地面积小、接线简单的优点，可以在配电网中安装使用。

22　真空断路器具有结构简单、体积小、维修方便的优点，适合在配电网中安装使用，但切空载变压器时产生幅值高、陡度大的过电压，需采取防止措施。

十一、移相电容装置

1　装设矿物油介质电容器的中压电容器室，其耐火等级应不低于二级，低压室应不低于三级，不允许采用木质门窗。

2　电容器室应有良好的自然通风。如自然通风不能将室内温度控制在 +40℃ 及以下时，应增设机械通风。

电容器室的进风窗，应设有网眼不大于 6mm×6mm 的铁丝网。

3　为了监视屋内电容器的运行温度，应在每组电容器中选择散热条件最差的一台，在其高度 2/3 处装设温度计。温度计的装设位置应便于运行监视。

专用电容器室应设有室内温度计。

4　电容器装置的载流部分（如开关、导体等），应按下列要求选择。

（1）长期允许电流应不小于电容器额定电流的 130%。

（2）屋内中压电容器装置，当三相容量不超过 400kvar 时，一般采用负荷开关控制，并用复式熔断器保护；超过 400kvar 时，应采用断路器控制。

（3）屋外中压电容器装置，当三相总容量不超过 110kvar 时，可采用跌落式熔断器保护；超过 110kvar 时，可分组安装，或采用柱上开关保护。

（4）低压电容器装置，三相总容量在 30kvar 及以下时，可采用石板开关或铁壳开关控制；三相总容量在 30～100kvar 时，应采用闸刀带有消弧弹簧的石板开关；三相总容量在 100kvar 以上时，应采用空气自动开关控制。符合国家标准的成套电容器柜除外。

（5）保护电容器的熔断器，其熔体的额定电流一般不应超过电容器额定电流的 130%。

5　每组电容器应装整组的短路电流保护装置。

6　中压电网单相接地电流大于 20A，且短路电流保护对接地短路的灵敏度不足时，每一电容器组以及每具大容量中压电容器，均应装设单相接地保护。

7　所有中压电容器组和总容量在 30kvar 及以上的低压电容器组，应每相加装电压、电流表。

8 电容器组应装设放电设备（例如中压用电压互感器、低压用白炽灯），并保证放电1min后，电容器两端的残余电压不大于65V。

对用于提高单台电气设备（如感应电动机）功率因数的电容器，应利用该电气设备放电。

9 电容器组与放电设备的连接，应采取直接固定方式，共用一套控制和保护装置。但低压电容器组的放电设备，亦可采用电容器组断电后自动投入的方式。

10 并联电容器的接线方式：

（1）当电容器和电力网的额定电压相同时，应将电容器接成三角形并分组，按功率因数0.9自动投切，不准倒供无功。

（2）当电容器的额定电压低于电力网的额定电压时，可将若干电容器或电容器组串接，以满足电网额定电压的要求，然后接成三角形，但应加强对地绝缘。

11 中压电容器组一般装设在单独的室内。当电容器数量不超过10台、且总容量在200kvar及以下时，允许装在中压配电室或无人值班的低压配电室，但应有防爆挡板。

12 低压电容器组可装设在环境正常的车间或高、低压配电室内。

13 屋内电容器的布置，应符合下列规定：

（1）电容器的布置不宜超过三层，下层电容器的底部距地面，不应小于0.3m；上层电容器的底部距地面，不宜大于2.5m；

（2）电容器外壳间的安装净距，一般不应小于100mm。如每具电容器容量在50kvar及以上时，应不小于120mm；如每具电容器容量在20kvar及以下，且在成套电容器柜内安装时，则应不小于50mm。

14 屋外电容器一般采用台架安装，如采用座地安装时，应符合下列要求。

（1）电容器组四周应设围墙或固定围栏，地面应铺混凝土。中压电容器组并应有防小动物措施；

（2）下层电容器底部距地面不应小于0.4m。

第五节 防 雷 保 护

一、10kV 及以下变配电站防雷保护

1 雷电活动频繁地区，且四周没有建筑物等遮蔽的独立变、配电站，可考虑装设独立避雷针防直击雷。避雷针的保护范围按部颁《电力设备过电压保护设计技术规程》有关计算方法决定。在主控室及配电装置等屋顶上，不宜装设避雷针。

2 变配电站的建筑物或设备如为金属屋顶或屋顶上有金属结构时，可将金属部分接地，但应根据建筑物或设备的具体情况适当增加接地点（不少于两点），做到多点接地，并可利用变配电站的地网，但应在接地点加设集中接地装置。

3 独立避雷针宜设独立接地装置。在非高土壤电阻率地区，其接地电阻不宜超过10Ω。若与主接地网连接，避雷针与主接地网的地下连接点至电气设备与主接地网的地下连接点，沿接地体的长度不得小于15m。

4 独立避雷针不应设在人经常通行的地方。避雷针及其接地装置与道路或出入口等的

距离不宜小于 3m。否则应采取均压措施，或铺设砾石或沥青地面。

5　独立避雷针与变配电装置导电部分间的空气距离不宜小于 5m。独立避雷针的接地装置与变配电站或其他用电设备的接地网的地中距离不宜小于 3m。

6　装有避雷针的构架或灯塔上的照明电源线，均必须采用金属外皮的电缆或穿入金属管的导线，并应直接埋入地中经 10m 以上，才允许与室内低压配电装置及主接地网相连接。

7　严禁在避雷针及其构件物上架设低压线、通信线或有线电视天线、广播线等。

8　中压配电装置的每组母线和每路中压架空进线应装设阀型或无间隙氧化锌避雷器，并应采用图 19－1 的保护接线。母线上的避雷器与变压器的电气距离不宜大于表 19－35 所列数值。

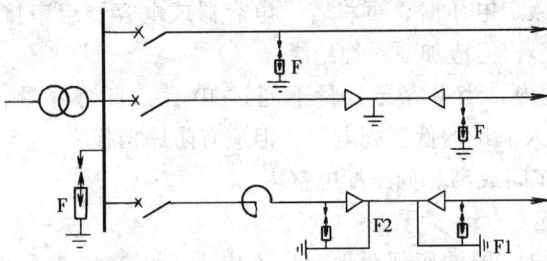

图 19－1　3～10kV 变配电装置防雷接线

有电缆段的架空线路，避雷器应装在电缆终端头附近，其接地线应与电缆外皮相连。

表 19－35　避雷器与 3～10kV 变压器最大电气距离

经常运行的进线路数	1	2	3	4 及以上
最大电气距离（m）	15	23	27	30

若进线带有电抗器时，亦应在电抗器前加装一组避雷器，避雷器应以最短的接线与变配电站的主接地网连接（包括通过电缆金属外皮连接）。避雷器附近尚应装设集中接地装置。

9　郊外多雷地区，低压出线受雷击机会较多时，配电室低压侧母线应加装避雷器保护。有困难时，可将出线低压瓷瓶铁脚及中性线接地，接地电阻应符合本细则有关接地装置要求。

10　为了减少雷击断线事故，应尽量缩短线路跳闸时限。中压架空配电线路应尽量装设自动重合闸。

二、配电网防雷保护

1　配电变压器一次侧应装设阀型避雷器，避雷器应靠近配电变压器安装，与变压器的电气距离不宜大于 5m。

中、低压避雷器的接地线、变压器金属外壳、变压器低压侧中性线出线、低压瓷瓶铁脚和街码铁架，应连在一起共同接地。避雷器一般装于跌落式熔断器之后（见图 19－2实线），但对停电时间较长或季节性用电的变压器，避雷器应装在跌落熔断器之前（见图19－2虚线）。

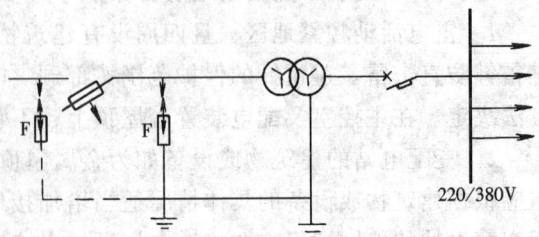

图 19－2　10kV 及以下配电变压器防雷接线

具有中压电缆进线的配电变压器避雷器
F 可装在线路侧电缆终端头附近，避雷器的接地引线应和电缆金属外皮相连，如图 19－3 所示。

2　有低压架空出线的 3 ~ 10kV Y, yn0 和 Y, y0 接线的配电变压器, 应在低压侧装设一组低压避雷器或击穿熔断器。如架空线路较短时, 可将出线第一支持物的低压绝缘子铁脚接地。低压中性点不接地的配电变压器, 必须在中性点装设击穿熔断器。

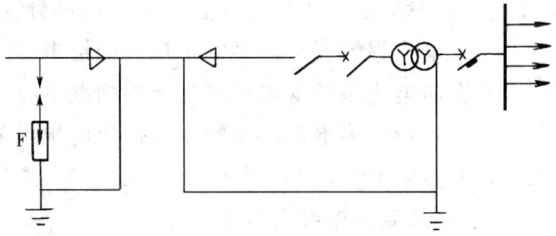
图 19 – 3　具有进线电缆的 10kV 及以下配电变压器防雷接线

3　中压侧避雷器的接地端、变压器金属外壳、变压器低压侧中性点（或中性点不接地电网中的中性点击穿熔断器接地端）等, 应连在一起接地。但变压器金属外壳不能作为工作过流导体。接地引下线应尽量短而直, 接口应牢固。

4　中压架空线路上的柱上开关和互感器等, 应用避雷器保护。常开开关应在开关两侧装设避雷器保护; 终端的开关且仅一侧带电的, 非带电侧可不装避雷器。避雷器的接地端与被保护设备的金属外壳连接, 且接地电阻不应超过 10Ω。

5　低压架空线路接户线的低压绝缘子铁脚或角铁街码铁架宜接地, 接地电阻不宜超过 30Ω。土壤电阻率在 200Ω·m 及以下的铁横担钢筋混凝土杆线路, 由于连续多杆自然接地作用, 可不另设接地装置。屋内有电力设备接地装置的建筑物, 在入口处宜将绝缘子铁脚与该接地装置相连接, 不另设接地装置。人员密集的公共场所, 如剧院和教室等的接户线, 其绝缘子铁脚应接地, 并应装设专用的接地装置, 但钢筋混凝土杆的自然接地电阻不超过 30Ω 者除外。

低压线路被建筑物等屏蔽的地区或接户线距低压线路接地点不超过 50m 的地方, 接户线绝缘子铁脚均可不接地。

6　在多雷地区或易受雷击地段, 直接与架空线路相连接的电能表, 宜装设低压避雷器等防雷保护装置。

7　高层建筑物顶部露天装设的节日彩灯、广告牌和其他电气设备的线路, 应采用金属外皮的电缆或将导线穿入金属管内敷设。所有设备的金属外壳、导线金属外皮及金属布线管内均需多点可靠接地; 电源线进入室内尚需加装隔离变压器。

第六节　继电保护、测量仪表及自动装置

一、一般规定

1　用户中、低压配电设备和配电线应参照下列规程要求, 合理选择继电保护、电气仪表和自动化装置。

(1)《电力装置的继电保护和自动装置设计规范》GB 50062—1992;

(2)《电测量仪表装置设计技术规程》SDJ 9—1987;

(3)《35 ~ 110kV 变电所设计技术规范》GB 50054—1995。

2　电气仪表和继电器不应装设在振动过大的地方, 以防接头松脱和继电保护误动作。

3　配电盘的电气仪表和继电保护应校验合格, 安装整齐、牢固。电气仪表和继电器的

端子与金属盘间必须可靠绝缘，端子带电部分与金属盘距离应不小于 3mm。

4　与电力系统直接连接的中压一级继电保护，应由当地供电部门负责检验加封。

5　在与电力系统继电保护配合的情况下，保护装置一般采用直流操作电源。

6　开环系统多电源供电的中、低压配电装置，不同电源进线侧一般应设置电气连锁装置，以防止不同电源的并列。

二、中压变配电装置保护

1　中压变配电设备和配电线路的继电保护装置，应根据电力系统的要求和被保护设备的容量、特点选择，一般应装设过负荷、短路和接地保护装置，采用定时限保护，其整定值应与电力系统相配合。

2　中压变配电装置的接地保护，一般应采用零序电流互感器的零序电流保护。当采用上述方式有困难或采用架空进线时，可采用滤过式电流互感器的零序保护。

3　距变电所较近、供电可靠性要求较高的专用供电线路的中压变配电设备，当采用上述保护不能满足选择性、灵敏性或速动性的要求时，又为提高继电保护装置的选择性，应设置专用进线的纵联差动保护。对构成闭环系统的环形供电电缆线路，每段电缆应加装纵差保护。

当采用负荷开关、熔断器作为被保护设备的保护装置时，负荷开关的遮断容量要求因熔断器的截流作用而有所下降。

4　当中压负荷开关的最大开断电流大于熔断器的最小熔断电流，且负荷开关脱扣器的动作时间大于熔断器在该电流（即负荷开关最大开断电流）下的开断时间时，负荷开关和熔断器的组合可装设继电器作为被保护设备的过负荷保护。

5　"高压负荷开关——熔断器组合电器"满足额定的技术要求时，可直接应用于被保护设备的短路和过负荷保护。

6　容量为 800kVA 及以上的普通油浸式变压器，应设气体继电器保护，其重瓦斯动作于跳闸，轻瓦斯动作于发信。

装设在车间内部的油浸式变压器，其容量在 400kVA 及以上时，亦需装设气体继电器保护。

7　干式变压器应设温度保护，当变压器绕组温度超过安全报警值时，温度控制箱应发出超温报警信号，若绕组温度进一步升高至绝缘最高耐受温度，温度控制箱控制跳闸。

三、低压配电线路保护

1　低压配电线路，一般应装设短路保护装置。各级保护装置应适当配合。用户用电设备容量 100kW 及以上，应装设自动空气开关保护。

下列线路尚应设有过负荷保护。

（1）办公场所、居住场所、重要仓库以及公共建筑物中的照明线路。

（2）有可能引起导线或电缆长时间过负荷的动力线路。

当采用只带瞬时（或短延时）动作过电流脱扣器的自动开关时，其脱扣器的整定电流应躲开负荷尖峰电流。

（3）采用有延燃性外护层的绝缘导线，敷设在易燃或难燃的建筑结构上时。

2　熔断器熔体的额定电流应与自动开关过电流脱扣器的整定电流相配合，但不小于被保护线路的负荷计算电流；并要保证在正常条件下，出现短时间的负荷尖峰电流（如电动机的起动或自起动电流等）时，保护装置不致错误地将被保护线路切断。

3 当配电线路仅需装设短路保护装置时，保护电器应符合下列规定。

（1）用熔断器保护时，其熔体的额定电流不大于线路长期容许负荷电流的 250%。

（2）用自动开关保护时，宜采用带延时（或短延时）动作的过电流脱扣器的自动开关。其长延时脱扣器的整定电流应不大于线路长期允许负荷电流，动作时间应躲开负荷尖峰电流的持续时间；其瞬时（或短延时）脱扣器的整定电流应躲开负荷尖峰电流。

（3）必要时（如为了确保电动机起动或自起动等），允许超过上述规定数值。

4 设有过负荷保护的线路，其导体长期允许负荷电流，不应小于熔体额定电流或自动开关长延时动作过电流脱扣器整定电流的 125%。

5 熔断器应装设在所有不接地的各相或各极上。

用电环境场所正常，且用电设备无接零要求（如居住场所）的单相线路零线上，宜装设熔断器。但在检修时应能同时切断相线和零线。

在两相三线系统和三相四线系统的零线上，以及用电设备有接零要求的单相线路零线上，均不应装设熔断器。

6 自动开关过电流脱扣器的装设，应符合下列规定。

（1）在中性点不接地的三相三线制系统中，允许装设在两相上。

（2）在中性点直接接地的三相四线制系统中，应装设在各相上。

（3）在中性点不接地的两相两线制系统中，允许装设在一相上。

（4）在直流两线制回路中，允许装设在一极上。

（5）对同一电源供电的配电线路，应装设在相同的相或极上。

（6）在零线或中性线上，仅在过电流脱扣器动作后能同时切断相线（极）时，才允许装设。

四、电气测量仪表及二次接线

1 各级变配电装置的电气测量仪表，应满足运行监视和测量的需要，一般应符合下列规定。

（1）总回路的中、低压配电柜（屏）应装设三相电压和电流表；负荷电流为 50A 及以上的各分路，应装设电流表。

（2）总容量为 50kW 及以上的低压用户，宜在总进线上装设电压表和电流表。

2 配电柜（屏）的电压表和电流表，可分别通过换相开关测量三相电压和电流，但电压换相开关前应有熔断器保护。

3 电压互感器之一、二次回路或直流电压回路，以及由低压母线直接供给表计的电压回路，每相均应分别装设熔断器保护。

4 所有仪表的倍率应与所接互感器的倍率相配合。

5 电流互感器的二次回路在任何情况下不得开路，并不应装设熔断器保护。

6 二次回路应采用铜芯的绝缘导线或控制电缆，其截面应满足二次负荷要求，但不应小于 1.5mm^2。

7 二次回路的导线，应安装牢固，整齐美观，并不应有中间接头。应防止导线被油侵蚀或机械损伤。在可能受到油侵蚀的地方，应采用耐油绝缘导线。

导线端子接头的弯曲方向应与紧固螺丝方向一致，螺丝与导线间应加垫圈。所有螺丝及配件应采用铜件或电镀防锈。

8　各配电柜（屏）的总开关应装设指示灯，指示灯宜接在电源侧，并应有熔断器保护。

9　直流回路中如有水银触点时（如气体继电器等），正极应接在触点断开后与水银相连的一端，负极应装在另一端。

10　二次回路所有接线应分别用绝缘小牌和不褪色的颜色编号或注明用途。熔断器还应注明熔体容量。

绝缘小牌应系在连接导线上，严禁在导线上系金属牌或金属线。

11　配电柜（屏）所有操动机构、按钮和把手，都应有表示其工作状态，如"合"、"断"、"增"、"减"等标记；信号灯及其他信号器件，亦应标有显示信号的性质，如"合上"、"切断"、"过载"等标记。

12　二次回路的每一支路和断路器、隔离开关操动机构的电源回路，其绝缘电阻应不小于 $1M\Omega$；在比较潮湿的地方，允许降到 $0.5M\Omega$。

五、自动装置

1　备用电源自动投入装置 BZT 除满足有关动作要求外，还应符合下列规定。

（1）BZT 装置应在工作电源确已断开后，才将备用电源投入。

（2）BZT 装置在后级短路、过负荷、零序保护动作等情况下不应投入，应设置事故闭锁。

（3）当电压互感器的熔断器熔断时，BZT 装置不应动作。注，采用一主一备方式供电，备用电源侧电压互感器的熔断器熔断时不作要求。

（4）BZT 装置只应动作一次。

2　对于供电线路较长、负荷分布广的变配电系统，应考虑安装高压重合式自动分段器，以限制起动涌流和提高选择性。

3　对用电设备容量较大的用户配电系统，按电力部门要求宜装设负荷监控器，负荷监控器不宜与计量装置共用一回路。

4　独立变配电系统，原则上应备有电话通信工具，对大型企业或用电大户一般应配备专用的自动电话；对涉及并网发电的系统还应根据需要增设一套独立的通信工具（无线或载波通信等）。

第七节　电　能　计　量

一、一般规定

1　电能计量装置应按《供电营业规则》规定进行设计安装。

2　电能计量装置装设位置。

（1）一般用户计费电能计量装置应装设在供用电资产分界处；

（2）专线用户以供用电资产分界处为计费点。为了计量准确、维护方便，电能计量装置应装设在用户处，但应加装线损表或计收线损电费；

（3）在签订供用电协议时，应按规定明确计费点和计算方法，确定电能计量装置安装位置。

3 对新建、扩建和改建工程中有关电能计量的设计和施工，凡不符合规程要求的不准投入运行，并且要迅速整改。

4 电能计量装置的安装、移动、更换、检验、拆除、启封、接线等一律由供电计量部门负责进行，违反者按章处罚。

5 用户的用电应根据供电方式和用电类别分别安装电能计量装置。

（1）同一用户的不同用电类别，分别安装电能计量装置。

（2）同一用电类别的多个用户（具有法人资格）可视情况，分户装设电能计量装置。

6 电能计量装置的分类和其配备电能表、互感器的准确等级，见表 19 - 36。

表 19 - 36 电能计量装置的分类和准确等级

用电类别	用 电 类 别	电能计量装置的准确等级			
		有功电能表	无功电能表	电压互感器	电流互感器
第Ⅰ类	10000kW 及以上发电机发电量； 120000kVA 及以上变压器供电量； 主网线损与 220kV 及以上地区分界电量； 月平均用电电量一百万 kWh 及以上用户	0.5 级	2.0 级	0.2S 级	0.2 级
第Ⅱ类	10000kW 以下发电机发电量；发电厂总厂用电电量及供电量；月平均用电量 10 万 kWh 及以上计费用户	1.0 级	2.0 级	0.2 级或 0.5* 级	0.2 级或 0.2S 级 0.5*
第Ⅲ类	月平均用电量 10 万 kWh 以下的高压表计费用户； 215（320）kVA 及以上变压器的计费用户	1.0 级	2.0 级	0.5 级	0.5 级 0.5S 级
第Ⅳ类	315（320）kVA 以下变压器低压计费用户；居民住宅用电计费用户； 非计费的计量	2.0 级	3.0 级	0.5 级	0.5 级 0.5S 级

* 0.5 级的电压或电流互感器，在正常工作电压或负荷电流范围内及实际二次负荷下，其实际误差应符合 0.2 级互感器的要求。

7 电能计量装置允许设置"子母表"，不允许设"孙表"。

二、低压电能计量装置

1 低压供电的电能计量装置的安装位置称为表位（以下简称表位），规定如下：

（1）表位应选择在干燥、清洁、明亮，不易损坏，没有振动，无腐蚀性气体，不受强磁场影响，便于装表、拆表和抄表的地方。

（2）低压三相供电的用户的表位应装设在屋内进门后 3m 范围内。

（3）低压单相供电的用户的表位，一般应装设在屋外，但城市规划指定的主要马路者，应装设在屋内。

（4）基建工地和临时用电的屋外表位，宜装设在固定的建筑物上或变压器台架的杆上固定。

（5）农村用户的表位，一般应装设在变压器低压侧首端。如因条件限制，表位离变压器也不能超过 20m。

（6）住宅用户，每梯间 15 户及以上应设置专用表房，具体设置要求参照本节四。

（7）有配电房的用户，应采用低压计量柜，计量柜应该是经过鉴定合格的产品。

2 电能表箱（以下简称表箱）的规定。

（1）表箱分为单相表箱和三相表箱，又分为室内表箱和室外表箱，室外表箱应有防雨水设施。多户表箱采用铁制表箱，单户表箱采用难燃塑料表箱。

（2）多户单相表箱的最小尺寸为：表与表距离 0.1m；表与箱的左边、右边、上边的距离 0.1m；表与箱底边的距离为 0.2m。

（3）低压三相表箱应用铁制表箱。

（4）表箱门应标有门牌、楼次、房号。临时用电的应标明用电单位名称。

3 表箱表位的规定。表箱表位的高度应方便装表和抄表，并应考虑安全。

（1）单户表箱的电能表底部对地面的垂直距离一般为 1.7～1.9m。

（2）多户表箱的电能表底部对地面的垂直距离不得低于 0.8m。

（3）单户表箱安装布置原则：采用横排一行式。如因条件限制，允许上下两行（或个）布置，但上表箱底对地面垂直距离不应超过 2.1m。

4 电能表的出线的规定。

（1）出线应采用额定电压为 500V 的绝缘铜芯导线，导线的载流量应与负荷相适应。其最小截面，铜芯线不少于 2.5mm²。

（2）塑料绝缘导线的敷设，应采用线码塑料槽板或塑料管敷设。

（3）三相三线和三相四线制表的出表线的相序应分别涂以黄、绿、红颜色标志。单相两线表出表相线应涂以红色标志，中性线均不涂颜色。

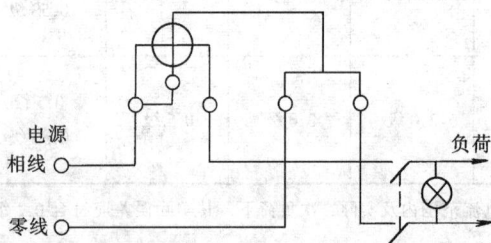

图 19-4 低压单相电能表接线图

（4）与电流互感器二次侧连接的出表线，应压接线耳或装活动接线夹，当出表线为 2.5mm² 及以下的铜芯导线时，可不压接线耳。

5 电能表的入表线的规定。

（1）低压入表线应采用额定电压 500V 的绝缘铜芯导线，导线的载流量应与负荷相适应，导线的截面不少于 2.5mm²。

（2）低压入表线，在任何情况下不允许有接头。

（3）低压入表线与建筑物有关部分的距离按本节有关规定设计安装。

6 低压入表线可用低压电缆布线，进入建筑后加装电缆接线箱引线入表内。

7 低压单相电能表的接线规定：入表线的相线必须接入电能表第一个接线端子孔（从左到右），应按图 19-4 接线。

8 低压三相四线电能表的接线规定：三相相线入表和出表线按图 19-5 接线。但零线不能剪断，直接接到开关，而电能表的零线采用叉接入表。

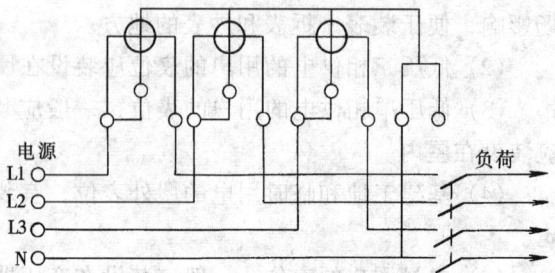

图 19-5 低压三相四线电能表接线图

10kV 配电工程设计手册

9 低压三相电能表带有电流互感器的接线规定：电流互感器每一相的二次线对应接入电能表每一相的电流元件，电流互感器二次不接地，如图 19 – 6 所示。

三、中压电能计量装置

1 用户的用电变压器容量在 315kVA 及以上者必须装设中压电能计量装置。

2 中压电能计量装置室内应采用专用的中压电能计量柜。

3 中压电能计量柜内的设备应有电压互感器、中压保险丝、电流互感器、有功、无功电能表、断压指示器、接线盒。电压二次回路不设保险丝，计量柜应有加铅印的装置。

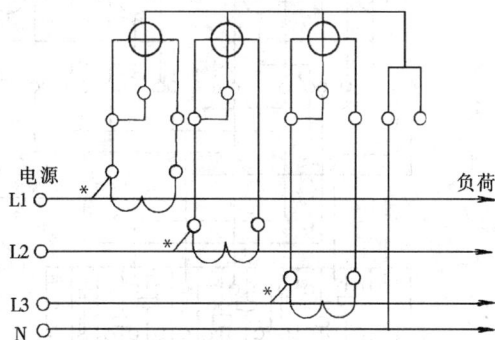

电源 L1 ＊ 负荷
L2 ＊
L3 ＊
N

图 19 – 6　低压三相带电流
互感器电能表接线图

4 用户由于环境所限不能加装专用计量柜时，经供电计量部门批准，可在室内或室外装设台架和表箱作为计量装置进行计量。

5 电能计量专用柜的布置次序，应该在进线柜之后。计量柜和进线柜必须有联锁装置，防止带负荷拉刀闸和误入带电间隔。

6 中压电能计量装置配置的电能表、互感器的准确等级，应根据本节一、6 条规定的准确等级配置。

7 电能计量柜二次线的截面积。

（1）计量单元的电流回路不应小于 $4mm^2$。

（2）计量单元的电压回路不应小于 $2.5mm^2$。

（3）辅助单元为 $1.5mm^2$。

电能计量装置的电流互感器、电压互感器二次回路出线距离电能表大于 10m 时，应采用钢皮铜芯单支多芯绝缘线，导线截面积要求为 $4mm^2$，至少不小于 $2.5mm^2$。

8 应合理选用电流互感器的变比，正常运行负荷电流宜是额定电流的 2/3，至少不得低于 1/2。最好采用二次绕组为多抽头有多变比的电流互感器，以便选用合适变比。多抽头的接线端子必须有加封装置，应便于铅封。

9 手车式的电能计量专用柜，要求电压互感器、电流互感器及电能计量表全部装在手车上，能够一并拉出，方便换高压保险丝和测试维护。严禁电压互感器单独安装在可以抽出的手车式电能计量专用柜的抽柜里，严防偷电或造成电能表断电压少计量。

10 手车式电能计量专用柜的电流二次电路的接线，在装置运行中必须保证其不开路。

11 电能计量柜过盘的二次线应采用多股软线，额定电压不低于 500V 的铜质绝缘导线。

12 电能计量的仪表接入电压、电流互感器二次电路中的负载，不应大于互感器的额定输出。

13 电压互感器二次电路中严禁串联任何仪表、仪器，不得设置熔断器、自动开关以及串接隔离开关辅助触头。

14 计量单元的电压电路，应设置监视运行中的各相电压的失压指示仪或检查信号

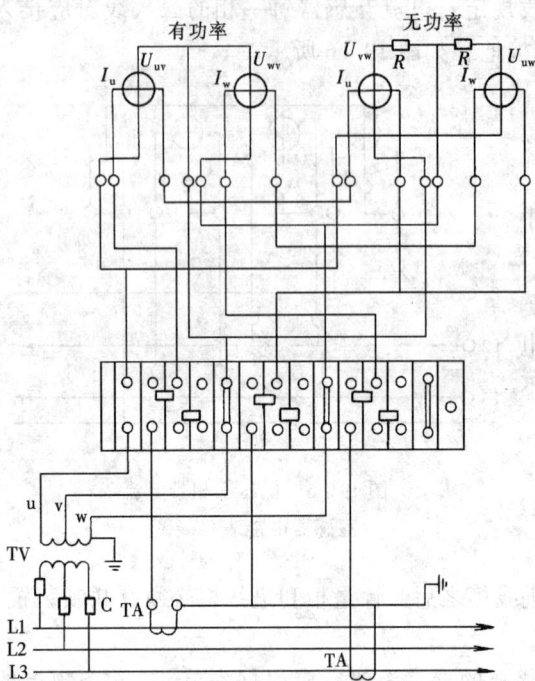

图 19-7 中压电能计量接线图

灯。

15 电能计量的二次电路规定只能接入电能计量仪表，其他电力负荷控制设备等仪表仪器不得接入，应分别接入各自专用电流、电压互感器的二次绕组。

16 计量单元的电压电路，不得作辅助单元的供电电源。

17 计量单元的电流和电压电路应先经试验接线盒再接入电能计量仪表。

18 整体式电能计量柜要求。

（1）壳体及机械组件具有足够的机械强度，在储运、安装、操作及检修时不致发生有害的变形。

（2）柜顶设置吊装用的挂环。

（3）各柜的门上设置可铅封的门锁。

（4）观察窗应采用无色透明的有机玻璃，厚度不小于 4mm，面积满足监视及抄表的要求。

（5）设置有安装夹紧电能表的专用装置。

（6）设置有二次接线的专用接线盒，导线中间不得有接头。

19 中压有功、无功电能表的接线见图 19-7。

四、高层建筑及小区用电的电能计量装置

1 高层建筑及小区住宅的用电，按一户一表的原则安装电能计量装置。

2 高层建筑、小区建设的设计均应留有适当和足够的位置安装电能计量装置。

3 高层建筑及小区建设供电的计量装置必须符合国家现行的电能计量装置规程有关规定的要求。

4 高层建筑及小区的用电，按不同用电类别安装电能计量装置。

5 同一用户的不同用电类别，分别安装电能计量装置。

6 同一用电类别的多个用户（具有法人资格），可视情况分户装设电能计量装置。

7 无电梯九层及以下的住宅楼，应在首层预留专用表房，预留的专用表房应满足分户装表的需要。

专用表房内的操作通道安全净距单列为 1.2m；双列为 1.8m，高度不少于 2.5m。并应满足自然通风、透光良好的要求。

预留专用表房的面积按每 8~10 户预留 1m² 的建筑面积。

8 凡未设有电梯的高层住宅，其电能表应集中在首层，并按符合本节计量装置规定的要求安装电能表。

9 凡有电梯的高层住宅，宜分层在靠近电缆竖井的适当位置安装电能表。

10 高层住宅的电梯、水泵、消防、楼梯照明等公共用电，必须独立装设电能表。

11　供电部门应采用各种现代化的计量和抄表计费手段，以实施科学管理，提供优质服务，用户应予以支持和配合。

12　电源为三相四线入户后安装开关，然后将三相平衡原则分配到各层楼，接到电能表上，开关的容量应根据负荷大小选择。

13　铁表箱规格分为 10 个表和 6 个表。10 个表的尺寸为 $1m \times 0.5m \times 0.25m$（见图 19 - 8），6 个表的尺寸为 $0.6m \times 0.5m \times 0.25m$（见图 19 - 9）。单门表箱门上玻璃窗口应能方便抄表并有铅封装置。

14　高层建筑垂直供电竖井应使用插接母线供电。

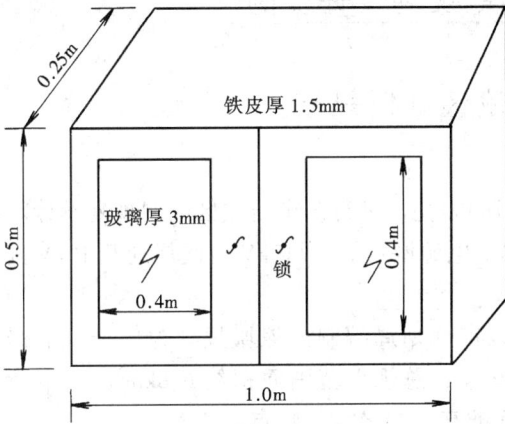

图 19 - 8　10 个电能表表箱（双门）尺寸图
（$1m \times 0.5m \times 0.25m$）

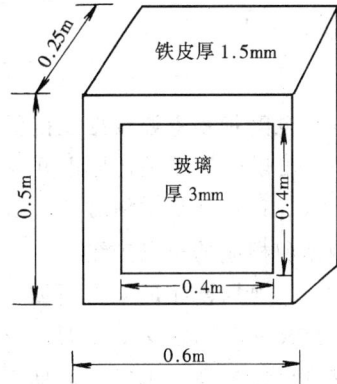

图 19 - 9　6 个电能表表箱（单门）尺寸图
（$0.6m \times 0.5m \times 0.25m$）

第二十章

供电规划与施工设计实例

第一节　供电规划设计实例

——某市新城区电网规划

一、电网规划主要依据及范围

（1）市供电局受某市城市开发建设总公司的委托，进行某市新城区电网规划设计。根据合同，本规划包括某市新城区负荷预测、220kV 电源网规划、110kV 电网规划及 10kV 配电网原则规划和相应的布点走线。

（2）本规划设计是某市新城目标规划，以市规划局编制的该城规划为依据。根据该规划，北靠××，南临××，西起××，东至××，总规划范围面积约 6.6km²，该市新城区是将来现代化的新城市中心，具有起点高、标准高、规模大的特点。

（3）本规划设计遵循规划设计导则及有关规程。

二、负荷预测

为了保证某市新城区发展对电力的需求，根据 1998 年对某市各类性质的用电负荷调查情况，并参照香港、中欧、美国、日本等国家和地区的用电负荷指标，结合该市新城区的功

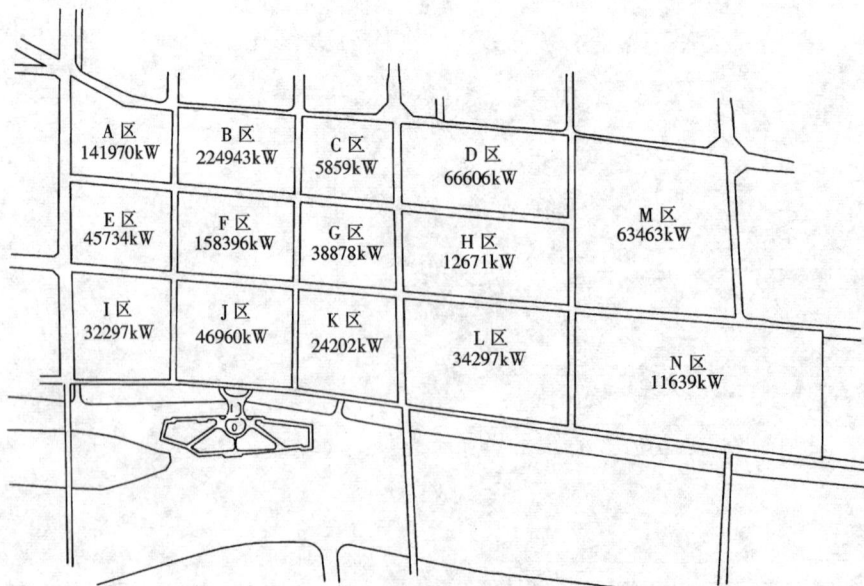

图 20-1　某市新城区规划负荷分布图

注：各区负荷合计 907915kW；综合系数 0.8；全区综合负荷 726332kW。

能分区、建筑面积、容积率、人口等有关资料，采用各种功能建筑物单位建筑面积负荷密度法进行分区负荷预测，小区及全区综合系数均取 0.8，最终预测该市新城区的全区综合最大负荷为 726MW，详见表 20-1 及该市图 20-1（新城区规划负荷分布图）。

表 20-1 某市新城区负荷预测

区号	地块编号	用地面积 (m²)	建筑面积 (m²)	人口 (人)	单位建筑负荷密度 (W/m²)	小区负荷 (kW)	小区综合负荷 (kW)
A	A-1	16484.501	41211.253	1855	30.0	1236.338	
	A-2	31704.647	317046.47		120.0	38045.576	
	A-3	44471.23	444712.3		120.0	53365.476	
	A-4	41039.637	410396.37		120.0	49247.564	
	A-5	40417.888	323343.104		110.0	35567.741	
小计		174117.903	1536709.497	1855	115.5	177462.696	141970.157
B	B-1	43934.527	590477.226		120.0	70857.267	
	B-2	45810.667	614795.247		120.0	73775.430	
	B-3	44706.917	571389.594		120.0	68566.751	
	B-4	45810.667	566489.784		120.0	67978.774	
	B-5	26015.908					
	B-6	7097.954					
小计		213376.64	2343151.851		120.0	281178.222	224942.578
E	E-1	31289.67	222156.657	5443	60.0	13329.399	
	E-2	28926.81	202487.67	4252	60.0	12149.260	
	E-3	28824.23	106712.628	2615	30.0	3201.379	
	E-4	29810.07	109018.86	1380	30.0	3270.566	
	E-5	31220.47	221665.337	6431	60.0	13299.920	
	E-6	29645.5	198624.85	4358	60.0	11917.491	
小计		179716.75	848532.8016	24479	67.4	57168.015	45734.412
F	F-1	31483.432	283350.078		120.0	34002.009	
	F-2	47170.144	424531.296		120.0	50943.756	
	F-3	32098.62	288887.57		100.0	28888.757	
	F-4	31483.842	283354.578		120.0	34002.549	
	F-5	46442.531	417982.779		120.0	50157.933	
	F-6	33691.43					
小计		222369.999	1698106.301		116.6	197995.0047	158396.004
G	G-1	44848.533	273021.341	5242	60.0	16381.280	
	G-2	45844.005	206298.023	3961	40.0	8251.921	
	G-3	44168.531	269961.33	5183	60.0	16197.680	
	G-4	43146.287	194158.292	3728	40.0	7766.332	
小计		178007.356	943438.986	18114	51.5	48597.213	38877.770
I	I-1	43372.161	216860.805	3470	40.0	8674.432	
	I-2	38288.336	191441.68	3063	40.0	7657.667	
	I-3	35272.612	176363.06	3086	40.0	7054.522	
	I-4	37885.79	37885.79		80.0	3030.863	
	I-5	37513.838	262596.866		80.0	21007.749	
	I-6	40018.513	80037.026		80.0	6402.962	
小计		232351.25	965185.227	9619	55.8	53828.196	32296.918
J	J-1	37578.736	225472.416		60.0	13528.345	
	J-2	37578.736	263051.152		60.0	15783.069	
	J-3	40402.389	242414.334		60.0	14544.860	
	J-4	40402.389	242414.334		60.0	14544.860	
	J-5	41973.067	167892.148		60.0	10073.529	
	J-6	40979.617	163190.468		60.0	9791.428	
	J-7	41026.253					
小计		279941.187	1304434.852		60.0	78266.091	46959.655

区号	地块编号	用地面积（m²）	建筑面积（m²）	人口（人）	单位建筑负荷密度（W/m²）	小区负荷（kW）	小区综合负荷（kW）
H	H-1	61325.579	122651.158		60.0	7359.069	
	H-2	286034.691	28603		60.0	1716.180	
	H-3	33452.495	200714.97		60.0	12042.898	
小计		380812.765	351969.128		60.0	21118.148	12670.889
K	K-1	35750	214500	3504	60.0	12870.000	
	K-2	35452.858	141811.432	3474	40.0	5672.457	
	K-3	38407.077	153628.308	3293	40.0	6145.132	
	K-4	21709.167	43418.334	1563	24.0	1042.000	
	K-5	40078.763	120236.289	2946	16.3	1964.000	
	K-6	29082.498	58164.996	1832	21.0	1221.333	
	K-7	31853.133	63706.266	2007	21.0	1338.000	
小计		232333.496	795465.625	18619	38.0	30252.923	24202.338
L	L-1	5616.344	56163.44		120.0	6739.613	
	L-2	15868.418	55539.463	1143	60.0	3332.368	
	L-3	26010.254	91035.889	1821	60.0	5462.153	
	L-4	33572.489	117503.712	2350	60.0	7050.223	
	L-5	34283.684	113689.394	2274	60.0	6821.364	
	L-6	43222.125	86444.25	3112	24.0	2074.667	
	L-7	43136.416	107841.04	3019	18.7	2012.667	
	L-8	45916.32	114790.8	3214	18.7	2142.667	
	L-9	54748.156	136870.39	3832	18.7	2554.667	
	L-10	4774.591	9549.182	344	24.0	229.333	
	L-11	29189.101	58378.202	1868	21.3	1245.333	
	L-12	25353.421	50706.842	1437	18.9	958.000	
	L-13	31517.518	63035.036	1787	18.9	1191.333	
	L-14	27960.359	55920.718	1585	18.9	1056.667	
小计		421169.196	1117468.358	27786	38.4	42871.054	34296.843
M	M-1	105353.382	579443.601		110.0	63738.796	
	M-2	355644.46	127902		100.0	12790.200	
	M-3	88712.745	354850.98	8694	60.0	21291.059	
	M-4	147253.721	265056.698	4771	30.0	7951.701	
小计		696964.308	1327253.279	13465	79.7	105771.756	63463.054
C	C-1	46383.306	92766.612	2969	21.3	1979.333	
	C-2	37624.653	75249.306	2408	21.3	1605.333	
	C-3	44025.547	88051.094	2818	21.3	1878.667	
	C-4	43611.107	87222.214	2791	21.3	1860.667	
小计		171644.613	343289.226	10986	85.2	7324.000	5859.199
D	D-1	39455.913	276191.391	6042	60.0	16571.483	
	D-2	27517.613	192623.291	4214	60.0	11557.397	
	D-3	56065.26	280326.3	8585	60.0	16819.578	
	D-4	37784.56	226707.36		110.0	24937.810	
	D-5	49570.09	148710.27	2855	60.0	8922.616	
	D-6	20720.984	51800	1326	40.0	2072.000	
	D-7	60693.53	303467.65	8497	60.0	18208.059	
	D-8	39738.319	198691.595	6084	60.0	11921.496	
小计		331546.269	1678517.857	37603	66.1	111010.439	66606.264
N	N-1	33608.254	117628.089	3602	60.0	7057.685	
	N-5	63179.499	157948.74	5528	40.0	6317.950	

区号	地块编号	用地面积（m²）	建筑面积（m²）	人口（人）	单位建筑负荷密度（W/m²）	小区负荷（kW）	小区综合负荷（kW）
	N－6	28933.689	72334.223	2532	40.0	2893.369	
	N－2	42111.18	21055.59				
	N－7	44234.217	22117.109				
	N－3	116521.93			10.0	1165.219	
	N－4	119273.907			5.0	596.370	
	N－8	127973.86			5.0	639.869	
	N－9	145660.344			5.0	728.302	
小计		721496.88	391083.751	11662	49.6	19398.764	11639.258
总计		4435848.612	15644606.7396	174188	78.8	1232242.5217	907915.339
全区综合负荷							726332.271

三、新城区电压等级选择

某市新城区是一座负荷密集型的中心城市，预计最大负荷 72.6 万 kW，根据《城市电力网规划设计导则》，结合该地区电网电压等级的实际情况，区内需设 220kV、110kV、10kV 及 380/220V 四级电压，其中 220kV 为电源网，110kV、10kV 和 380/220V 分别为高、中、低压配电网。本电网规划设计包括电源网及高、中压配电网规划设计。

四、220kV 电源网规划

全区综合最大负荷 72.6 万 kW，全部需由 220kV 电网供电，按导则规定的 220kV 变电容载比 1.8 要求，全区至少需要 130 万 kVA 的 220kV 变电所容量。为减少变电所数量，节省用地，区内建设两座大容量 220kV 变电所和相应的大容量输电线路，使该 220kV 电网适应负荷需要，并满足 $n-1$ 安全准则要求。

1.220kV 变电所布点及建设规模

新城区两座 220kV 变电所 144 万 kVA，容载比为 2。一座为枢纽变电所，一座为终端变电所。每座变电所均设 3 台 24 万 kVA 主变压器，220/110/10kV 三级电压。枢纽变电所设在某厂东北角，称 2A 变电所，该变电所是该市新城区 220kV 电源的汇集点，四路 220kV 电源分别来自 500kV 的 2D 变电所和 220kV 的 2E 变电所，同时该变电所还承担向本区另一座 220kV 终端站（2B 变电所）和 2C 变电所（两台主变压器）穿越供电的任务，故该站 220kV 出线共计 10 回。另一座 220kV 终端变电所建在新城区西南角，扩大现有 110kV 的 2B 变电所，升压为 220kV 变电所。该变电所 220kV 采用线路变压器组接线，3 路 220kV 电源从 2A 变电所引 3 回 220kV 电缆线路直接上主变压器 220kV 侧。以上两座 220kV 变电所，每座有 110kV 出线 8 回，10kV 出线 32 回，供 8 万 kVA10kV 视在功率，110kV 及 10kV 均采用电缆出线。各 220kV 变电所所供 110kV 变电所主变容量见表 20－2。

2A 变电所采用国产常规设备，需占地 40000m²，若用进口 GIS，占地可减至 4000m²，但增加近 2 亿元投资，为节省用地，推荐占地少的方案。

2B 变电所占地 3000m²。为不影响现有 110kV 的 2B 变电所运行，要求向南或向东扩大 2000m²。

2.220kV 线路

2D—2A 采用双回路大容量架空线路，是本区主供电源，采用双分裂 630mm² 导线，全长约 2×20km。

表 20 – 2　　　　　　　　各 220kV 变电所所供 110kV 变电所主变容量统计　　　　（单位：万 kVA）

供 110 kV 容量 110kV 变电所名 ＼ 220kV 变电所名	2C 变电所	2A 变电所	2B 变电所	110kV 变电所 总容量
A			3×6.3	3×6.3
B – 2	1×4		2×4	3×4
B – 1	1×4		2×4	3×4
F		1×6.3	2×6.3	3×6.3
H		3×6.3		3×6.3
D		3×6.3		3×6.3
C		1×6.3	2×6.3	3×6.3
220kV 变电所总容量	8	50.4	60.1	118.5

2E—2A 由现有 2E—2C 双回路 π 接进 2A 变电所，进变电所一段约 1km 改用 1000mm² 的 XLPE 电缆。

2A—2B 采用 3 回电缆线路，选用 XLPE630mm² 电缆，与 110kV 电缆同沟敷设。电缆路径见电缆走向规划图。

3. 220kV 电网投资估算

（1）2A 输变电工程。　　　　　　　　　　45800 万元（进口）、26400 万元（国产）

其中：变电所方案Ⅰ，国产户外变电所　　　　11200 万元

变电所方案Ⅱ，进口 GIS　　　　　　　　　30600 万元

2A—2D 线路、LGJQ—2×630，2×20km　　　8000 万元

2E 线 π 进 220kV、XLPE、1000mm² 电缆，4×1km　　7200 万元

（2）2B 输变电工程。　　　　　　　　　　42000 万元

其中：变电所　　　　　　　　　　　　　18000 万元

2A—2B220kV3 回 XLPE630mm² 电缆，3×5km　　24000 万元

（3）按楼面价征地费：10000m²/所 × 2 × 3500 元/m² = 7000 万元

（4）220kV 电网总投资 94800 万元，详见表 20 – 3。

投资中未计进口设备税金。美金按 9 元/美元折合。

每 kVA 综合造价 658.33 元/kVA

表 20 – 3　　　　　　　　　　　220kV 电网规划投资估算汇总表

项目名称	变电规模（万 kVA）	线路长度（km）		占地面积（m²）	建设投资（现值） （万元）
		架空	电缆		
2A 变电所	3×24			4000	30600
2B 变电所	3×24			3000	18000
2D—2A 线路		2×20			8000
2A—2Eπ 进线			4		7200
2A—2B 电缆			15		24000
征地费			15		7000
合　　计	144	40	19	7000	94800

五、110kV 电网规划

1. 电网现状

区内现有的 110kV2B 变电所，主变压器 2×4 万 kVA。110kV 采用线路变压器组接线，2 回 110kV 电源分别来自 220kV2C 变电所和 110kVF 变电所，该变电所现有 10kV 馈线 17 回，主要向某新村、某村等市区方向供电，现有最大负荷 3.3 万 kW。目前该变电所尚有一定余量可供区内开发施工用电。按本电网规划，该变电所要扩大 2000m²，升压改造为 220kV 变电所。

2. 110kV 电网结构及模式

本城区为高密度区域，平均负荷密度超过 10 万 kW/km²，110kV 变电所间距离很小。根据本地区 110kV 电网结构及其多年的运行经验，为减少变电所占地，简化电网保护，提高电网运行的可靠性，节省电网建设投资，推荐采用单侧电源辐射式"3T"线路变压器组"3－1"简化接线方式。即以 220kV 变电所为中心，多回路辐射式向各 110kV 变电所以"T"接方式供电。变电所 110kV 侧不设母线和断路器，每座变电所 3 台主变压器分别"T"接在 3 回来自 220kV 变电所（不同所或同一所不同母线）的 3 回 110kV 电缆干线上。根据主变压器容量和电缆截面，每回 110kV 电缆干线可"T"接 3 台或 2 台不同 110kV 变电所的变压器，接线模式见图 20－2。

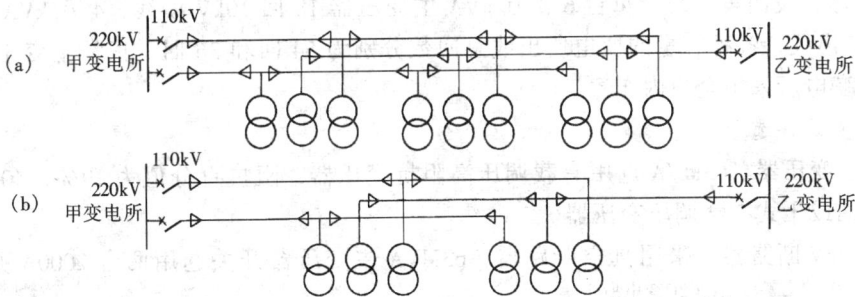

图 20－2 单侧电源辐射式"3T"线路变压器组"3－1"简化接线方式
(a) T 接 3 台 110kV 主变压器；(b) T 接 2 台 110kV 主变压器

当单台主变压器选用 4 万 kVA 时，每回电缆"T"接 3 台主变压器，供 12 万 kVA 容量；当单台主变压器选用 6.3 万 kVA 时，每回电缆"T"接 2 台主变压器，供 12.6 万 kVA 容量，均用 630mm² 交联电缆。当单台主变压器用 6.3 万 kVA，采用供 3 台主变压器的方案，则每回电缆需供 18.9 万 kVA，但要选用 1000mm² 以上的交联电缆。虽然因供电容量增大减少了区内电缆总长度约 3km，但大截面电缆单价增大，总投资仍略有增加，且施工不便。故本规划推荐每回电缆"T"接 2 台大容量（6.3 万 kVA）的方案，只有 2B 变电所—A 变电所的 2 回电缆供 2×4＋6.3＝14.3 万 kVA 容量。

3. 110kV 电网建设规模及变电所布点

该市新城区总负荷 72.6 万 kW，2 座 220kV 变电所 10kV 可供综合负荷约 12 万 kW，其余 60.6 万 kW 负荷需由 110kV 电网供电。110kV 变电容载比取 1.8～2.0，全区需 110kV 变电总容量 110～120 万 kVA。可以采用不同方案来满足全区变电总容量需要，按前述电网结构，可以按本地区电网目前的惯例，每变电所主变压器容量为 3×40MVA（方案二），也可扩大主变压器容量为每变电所 3×63MVA（方案一），现就两种方案进行综合比较，见表 20－4。

从表 20－4 的比较结果可见，方案一远优于方案二。本规划本应全部采用每座变电所设 3×6.3 万 kVA 主变压器的方案，但由于 B 区用地紧张，只能在大楼内附设 110kV 变电所，基底面积限于 600m²，设备要进口，且只能建 3×4 万 kVA 变电所，故本规划全区设 5 座 3×6.3 万 kVA110kV 变电所，2 座 3×4 万 kVA110kV 变电所，总容量 118.5 万 kVA，分别在 A、B、C、D、F、H 各区布点，详见图 20－3。其中

表 20－4	110kV 电网变电所布点方案比较		
项　　目	方案一 （3×63MVA）	方案二 （3×40MVA）	方案一比 方案二
全区变电所总数（座）	6	10	少 4
变电所总占地面积（m²）	1000×6＝6000	800×10＝8000	少 2000
110kV 电缆总长度（km）	31	36	少 5
变电所投资（万元）	1800×6＝10800	1300×10＝13000	少 2200
110kV 电缆投资（万元）	18800	21830	少 3030
征地费（万元）	6300	8750	少 2450
电网建设总投资（万元）	29600	34830	少 7680

B 区建 2 座 3×4 万 kVA 变电所，附设在大楼内，其余各变电所独立设置。采用该布点方案，勉强能使各区负荷和容量达到基本平衡，减小 10kV 供电半径，节省配电网投资，降低线损。

110kV 变电所设 110/10kV 两级电压，采用标准接线，110kV 侧为线路变压器组接线，10kV 为单母，设四段母线。每台 6.3 万 kVA 主变压器 18 回 10kV 馈线，4 万 kVA 主变压器 12 回 10kV 出线，各种容量的变电所出线总回数分别为 54 回和 36 回，正常主变压器运行率为 75%。变电所采用全户内布置。

4．主要设备选型

（1）主变压器。63MVA 选用有载调压高阻抗变压器，阻抗百分值为 19%；40MVA 选用进口不燃油或干式有载调压变压器。

（2）10kV 断路器。采用真空断路器，63MVA 主变压器开关选用两台 2000A 并联使用；

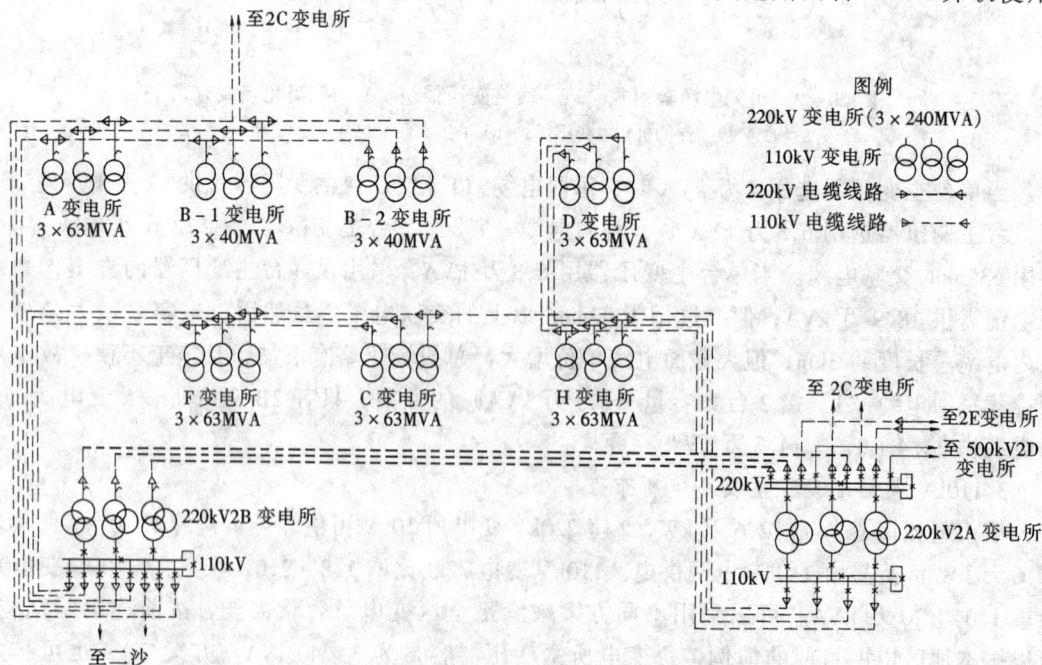

图 20－3　某市新城区 110kV 系统接线图

10kV 配电工程设计手册

40MVA 主变压器开关选用 3000A。分段选用 3000A 开关。出线开关选用 1000A，断流容量均用 31.5kA。

（3）110kV 电缆。选用 XLPE 630mm² 电缆。沿道路敷设（见图 20 - 4）。根据电缆数量可以采用直埋、沟道或隧道等不同敷设方式。

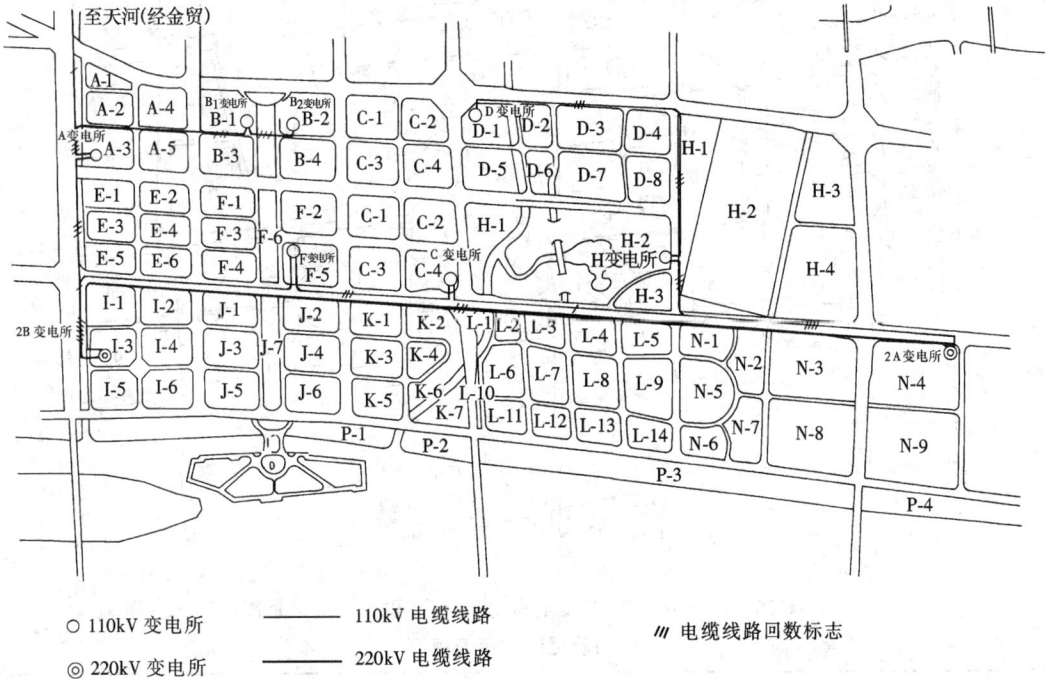

图 20 - 4　某市新城区 110kV 及 220kV 变电所布点及电缆走向规划图

变电所 110kV 侧选用 GIS 负荷开关，由 110kV 进出线电缆头及主变压器高压负荷开关组合而成。

5. 电网投资估算

每座变电所投资　5×2500 + 2×3500 = 19500 万元

全区 110kV 电缆 33km 需投资　25000 万元

征地费　7000 万元

110kV 电网总投资　51500 万元

110kV 电网平均 1kVA 造价　434.6 元/kVA

六、110kV 及以上电网投资估算汇总

总投资　146300 万元。其中：220kV 电网 94800 万元（含按楼面地价征地费 7000 万元）；110kV 电网 51500 万元（含按楼面地价征地费 7000 万元）。

以上投资未计电缆沟道（或隧道）造价和进口设备税金。

七、10kV 配电网规划设计

（一）供电范围

根据提供的新城区各功能区域的负荷预测（详见表 20 - 5，功能区划分见图 20 - 5）及 110kV 及以上高压变电所的布点，对各区基本上按相对独立的分区配电网原则，将各变电所

10kV 配电网的供电范围作如表 20 – 6 的分配。

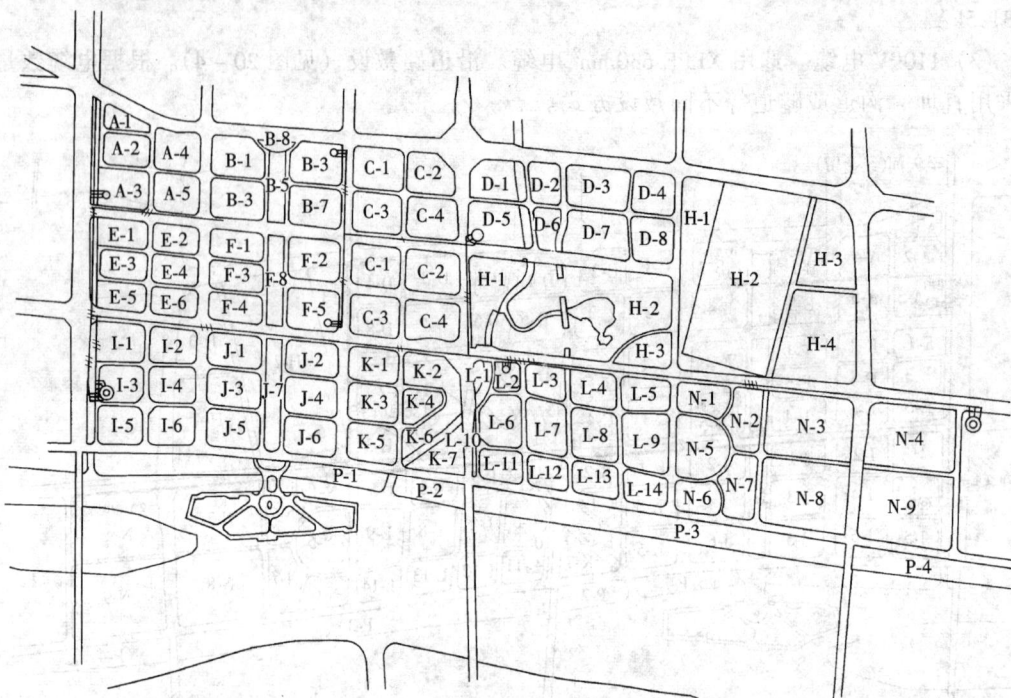

图 20 – 5   110～220kV 变电所 10kV 馈线供电范围示意图

表 20 – 5   **各功能区域的负荷预测**

地块编号	小区负荷 （kW）	小区综合负荷 （kW）	小区计算负荷 （kVA）	地块编号	小区负荷 （kW）	小区综合负荷 （kW）	小区计算负荷 （kVA）
A—1	1236	989	1163	F—3	28889	23111	27190
A—2	38046	30437	35808	F—4	34003	27202	32003
A—3	53365	42692	50226	F—5	50150	40120	47200
A—4	49248	39398	46351	合计	197987	158389	186341
A—5	35568	28454	33476	G—1	16381	13105	15417
合计	177463	141970	167024	G—2	8252	6602	7767
B—1	70857	56686	66689	G—3	16197	12958	15244
B—2	73775	59020	69435	G—4	7766	6213	7309
B—3	68566	54853	64533	合计	48596	38878	45737
B—4	67978	54382	63979	I—1	8674	5204	6123
合计	281176	224941	264636	I—2	7658	4595	5406
E—1	13329	10663	12545	I—3	7055	4233	4980
E—2	12149	9719	11434	I—4	3031	1819	2140
E—3	3201	2561	3013	I—5	21007	12604	14828
E—4	3270	2616	3078	I—6	6403	3842	4520
E—5	13300	10640	12518	合计	53828	32297	37997
E—6	11917	9534	11216	J—1	13528	8117	9549
合计	57166	45733	53804	J—2	15783	9470	11141
F—1	34002	27202	32002	J—3	14545	8727	10267
F—2	50943	40754	47946	J—4	14545	8727	10267

地块编号	小区负荷 （kW）	小区综合负荷 （kW）	小区计算负荷 （kVA）	地块编号	小区负荷 （kW）	小区综合负荷 （kW）	小区计算负荷 （kVA）
J—5	10073	6044	7110	D—1	16571	9943	11697
J—6	9791	5875	6911	D—2	11557	6934	8158
合计	78265	46960	55245	D—3	16819	10091	11872
M—1	63738	38243	44992	D—4	24938	14963	17603
M—2	12790	7674	9028	D—5	8923	5354	6299
M—3	21291	12775	15029	D—6	2072	1243	1463
M—4	7951	4771	5612	D—7	18208	10925	12853
合计	105770	63463	74661	D—8	11921	7153	8415
L—1	6740	5392	6344	合计	111009	66606	78360
L—2	3332	2666	3136	N—1	7058	4235	4982
L—3	5462	4370	5141	N—5	6317	3790	4459
L—4	7050	5640	6635	N—6	2893	1736	2042
L—5	6821	5457	6420	N—3	1165	699	822
L—6	2075	1660	1953	N—4	596	358	421
L—7	2013	1610	1895	N—8	639	383	451
L—8	2143	1714	2017	N—9	728	437	514
L—9	2555	2044	2405	合计	19396	11638	13691
L—10	229	183	216	K—1	12870	10296	12113
L—11	1245	996	1172	K—2	5672	4538	5338
L—12	958	766	902	K—3	6145	4916	5784
L—13	1191	953	1121	K—4	1042	834	981
L—14	1057	846	995	K—5	1964	1571	1848
合计	42871	34297	40352	K—6	1221	977	1149
C—1	1979	1583	1863	K—7	1338	1070	1259
C—2	1605	1284	1511	合计	30252	24202	28472
C—3	1879	1503	1768	H—1	7359	4415	5195
C—4	1861	1489	1752	H—2	1716	1030	1211
合计	7324	5859	6894	H—3	12043	7226	8501
全区总计	1232221	907904	1068121	合计	21118	12671	14907

由表20-6可知，各变电所负荷基本上是均匀分布，并具有一定的容量储备，以利于将来负荷的发展及停电检修时互为备用，并保证持续向用户供电。

（二）网架形式

根据部颁《城市电力网规划设计导则》，针对每个小区负荷密度大、供电要求高的特点，各小区均需一条以上馈电线供电，以保证每个小区独立供电。每条馈线不跨区供电（事故情况除外），以便于管理，因此推荐环网供电、开环运行方式，并配置配电线路自动化。每个配电点均可有两个电源，当主供电源故障时，自动化装置立即判断故障点，自动隔离故障电缆，自动或手动操作备用电源恢复供电，以实现配电线路的互倒互带。在新城内设置无人值班处理中心，与区局调度实行遥信遥控功能，由区调实行监视和遥控工作，提高运行的灵活性，可靠性。

根据规划原则：中压配电网应具有一定的备用容量，一般应有1/3裕度（过渡期间应留

1/2 裕度），当负荷转移时不致使配电网各元件过负荷，即应能满足（3−1）或（2−1）的要求。

为达到供电可靠性，网架形式作（3−1）及（2−1）两个规划方案，其概略图如图20−6所示。根据两个方案做出了规划、分区布线、设备选型及工程投资的比较。

（三）出线规划

新城区内有 220kV 变电所两个，每个站有 2 台主变压器，每台主变压器可供 10kV 配电网容量为 40MVA；110kV 变电所 6 个，每个变电所有 3 台主变压器，每台主变压器为 63MVA。根据各区负荷密度大的特点，可采用高压交联电缆单芯 400 或双 × 3 × 240 铜芯缆两个方案。

表 20 − 6　　　　　变电所供电范围表

变电所名称	主变容量 MVA	供电范围	负荷合计 (MW)
2A 变电所	2×40	M, N3、4、8、9	65.34
2B 变电所	2×40	I, J3、5, E5、6	67.24
L 变电所	3×63	L,H,K,J2、4、6,N1、5、6	105.01
D 变电所	3×63	D, C, G, F2 南片	131.72
B−2 变电所	3×63	B2, B4, F2 北片	133.78
B−3 变电所	3×63	B1, B3, A5	139.99
A 变电所	3×63	A1、2、3、4, E1、2、3、4	139.08
F 变电所	3×63	F1、3、4、5, J1	125.75
总　计	1294		907.91

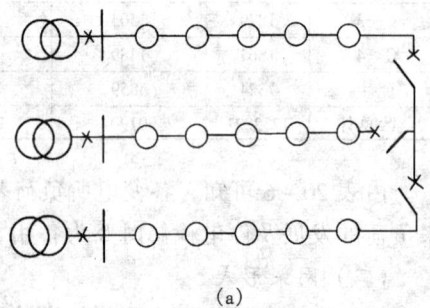

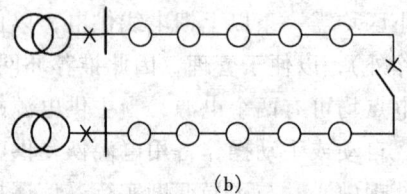

每台主变压器出线数量，原则上按《城市电力网规划设计导则》计算方法确定，还考虑各条馈线正常运行时带满的总负荷刚好与主变压器正常运行时可带满的总负荷相等，计得 63MVA 主变压器出线 16 回，40MVA 主变压器出线 10 回。例如，铜芯单芯 400 电缆，载流量为 690A，最大允许 $1.2 \times 690 = 828A$，则：（2−1）网架时正常使用，$0.5 \times 828 = 414$（A），为 7170kVA；（3−1）网架时正常使用，$2 \times 828/3 = 552$（A），为 9560kVA。

63MVA 出线回数（2−1）时，$63/7 = 9$ 回，留有裕度取 16 回；（3−1）时，$63/9.5 \approx 7$ 回，留有裕度取 16 回。

40MVA 出线回数（2−1）时，$40/7 \approx 6$ 回，留有裕度取 10 回；（3−1）时，$40/9.5 \approx 4$ 回，留有裕度取 10 回。

按照规划原则，每回出线带 5 个环网配电点，任一馈线、任一变电所停电都可以转移负荷，用户不停电。现针对（2−1）方案及（3−1）方案，就两种电缆带负荷情况的出线回数作如表 20−7 的比较。

（四）分区布线

根据各小区的计算负荷、两种型号电缆馈线的正常载流量及各变电所的供电范围，就两个方案对各小区进行布线规划，详见表 20−8。

由于缺乏各功能区建筑物的具体分布设计，因此，目前对各小区的配网布线规划也只能规划到各小区的边缘，即主环网线路。至于各小区内线路的走向及较为准确的出线回数，尚待各小区的建筑平

图 20−6　10kV 网架接线形式概略图
(a) 3−1 接线方案；(b) 2−1 接线方案

面设计定稿后再作进一步修改。

表 20 - 7　　　　　　　　　　　　　10kV 电缆技术参数一览表

高压交联电缆技术参数	2 - 1 接线方案		3 - 1 接线方案	
	单芯 400	双×3×240	单芯 400	双×3×240
标准载流量（A）	609	1000	609	1000
最大载流量（A，kVA）	828，14000	1200，20000	828，14000	1200，20000
正常载流量（A，kVA）	400，7000	600，10000	550，9500	800，13000
63MVA 主变压器可出线回数	9	7	7	5
考虑裕量远期出线回数	16	16	16	12
40MVA 主变压器可出线回数	6	4	4	3
考虑裕量远期出线回数	10	10	10	8

表 20 - 8　　　　　　　　　　　　某市新城区 10kV 馈线分区布线表

变电所别	2 - 1 接线方案				3 - 1 接线方案			
	单芯 400		双×3×240		单芯 400		双×3×240	
	回数	供电范围	回数	供电范围	回数	供电范围	回数	供电范围
2A 变电所	7	M1	5	M1	5	M1	3	M1
	2	M1，M2	2	M1，M2	2	M1，M2	2	M1，M2
	4	M3，M4	3	M3，M4	3	M3，M4	2	M3，M4
	1	M3、4、8、9	1	N3、4、8、9	1	N3、4、8、9	1	N3、4、8、9
近期出线	14		11		11		9	
远期出线	21		18		15		12	
2B 变电所	2	I1、2	2	I1、2、4	2	I1、2、4	1	I1、2
	2	I3、4	2	I3、5	2	I3、5	1	I3、6
	3	I4、5、6	1	I5、6	1	I5、6	2	I4、5
	2	E5	3	E5、6	3	E5、6	1	E5
	2	E6	1	J3	3	J3、5	1	E6
	3	J3、5	1	J5			2	J3、5
近期出线	14		10		11		8	
远期出线	20		16		15		12	
F 变电所	6	F1	5	F1	5	F1	4	F1
	5	F3	4	F3	5	F3	3	F3
	6	F4	5	F4	5	F4	4	F4
	8	F5	6	F5	6	F5	5	F5
	2	J1	2	J1	2	J1	1	J1
近期出线	27		22		22		17	
远期出线	40		33		29		23	
A 变电所	7	A1、2	5	A1、2	5	A1、2	4	A1、2
	8	A3	7	A3	7	A3	5	A3
	8	A4	6	A4	6	A4	5	A4
	5	E1、2、3、4	4	E1、2、3、4	4	E1、2、3、4	4	E1、2、3、4
近期出线	28		22		22		17	
远期出线	40		33		29		23	

变电所别	2-1接线方案 单芯 400 回数	供电范围	2-1接线方案 双×3×240 回数	供电范围	3-1接线方案 单芯 400 回数	供电范围	3-1接线方案 双×3×240 回数	供电范围
B-2变电所	12	B2	8	B2	9	B2	7	B2
	12	B4	8	B4	8	B4	6	B4
	5	F2北片	4	F2北片	4	F2北片	3	F2北片
近期出线	29		20		21		16	
远期出线	40		30		27		22	
B-3变电所	12	B1	8	B1	9	B1	7	B1
	12	B3	8	B3	8	B3	6	B3
	6	A5	5	A5	5	A5	4	A5
近期出线	30		21		22		17	
远期出线	40		30		29		24	
D变电所	4	D4、8	3	D4、8	3	D4、8	3	D4、8
	4	D3、7	3	D3、7	3	D3、7	3	D3、7
	2	D2、6	2	D2、6	2	D2、6	1	D2、6
	3	D5、1	2	D5、1	2	D5、1	2	D5、1
	2	C	1	C	1	C	1	C
	3	G2、4	2	G2、4	2	G2、4	2	G2、4
	5	G1、3	4	G1、3	4	G1、3	3	G1、3
	4	F2南片	3	F2南片	3	F2南片	3	F2南片
近期出线	27		20		20		18	
远期出线	40		30		27		24	
L变电所	1	L2、6、11	1	L2、6、11	1	L2、6、11	1	L2、6、11
	3	L3、4、5	1	L3、7、12	1	L3、7、12	1	L3、7、12
	1	L7、8、12、13	1	L4、8、13	1	L4、8、13	1	L4、8、13
	1	L9、14	1	L5、9、14	1	L5、9、14	1	L5、9、14
			1	L1、10	1	L1、10	1	L1、10
	2	N1、5、6	1	N1、5、6	2	N1、5、6	1	N1、5、6
	3	H	2	H	2	H	2	H
	2	K2、4、6、7	2	K2、4、6、7	2	K2、4、6、7	2	K2、4、6、7
	4	K1、3、5	3	K1、3、5	3	K1、3、5	2	K1、3、5
	5	J2、4、6	4	J2、4、6	4	J2、4、6	3	J2、4、6
近期出线	23		17		18		15	
远期出线	34		28		24		20	

变电所别	供 电 范 围	出 线 回 数 2-1接线方案 单芯400	2-1接线方案 双×3×240	3-1接线方案 单芯400	3-1接线方案 双×3×240
2A变电所	M，N3、4、8、9	14	11	11	9
2B变电所	I，J3、5，E5、6	14	10	11	8
L变电所	L，H，K，J2、4、6，N1、5、6	23	17	18	15
D变电所	D，C，G，F2南片	27	20	20	18
A变电所	A1、2、3、4，E1、2、3、4	28	22	22	17

变电所别	供 电 范 围	出 线 回 数			
		2－1接线方案		3－1接线方案	
		单芯400	双×3×240	单芯400	双×3×240
B－3变电所	B1、3，A5	30	21	22	17
B－2变电所	B2、4 F2北片	29	20	21	16
F变电所	F1、3、5，J1	27	22	22	17
出线回数总计		192	143	147	117
电缆总长（以每回出线1.5km估算）		864	429	662	351
断路器合计　　（台）		4800	3575	3675	2925
项　　目	综 合 单 价	各方案投资估算　　单位：万元			
		总造价	总造价	总造价	总造价
电缆	单芯：15.35万元/km 3×240：34.94万元/km	13262	14989	10162	12264
电缆坑	约10万元/（km·回）	2880	2145	2205	1755
断路器	约15万元/台（未含税）	72000	53625	55125	43875
自动化设施	约350万元/km²	2310	2310	2310	2310
合　　计	以主环网主设备计	90452	73069	69802	60204
综合总投资	含人工费用及其他	162814	131524	125644	108367

注　1.断路器台数以每回出线带5个环网点，每个环网点一进一出带3台配电变压器即5台柜计算。

　　2.自动化设施报价参照现有某变电所的综合造价。

　　3.电缆坑数以每坑放8回馈线估算。

（五）设备选型

该市新城区作为新兴城市中心的标志，其高起点，高标准的规划原则亦应该贯穿于电网规划之中。因此，在设备选型方面应该考虑到未来发展的需要，应具备超前意识，引进一些较为现代化、较为先进的技术设备。

本规划中主要设备拟采用。

1. 断路器

由于新城负荷密度大的特点，大容量的配变必将大量使用。考虑到变压器的主保护应是瓦斯保护或是温控保护，带熔丝的负荷开关已不能满足要求，故需要采用断路器才能切断故障变压器电源。至于主环网开关，由于每个配电点进线开关与上一个配电点出线开关采用纵差保护，故需采用断路器。当主环网任一段馈线出故障时，可自动跳开两侧断路器，避免全线停电，其他开关也不会动作，且能较好地实现"三遥"功能。因此，本规划建议10kV开关全部选择真空灭弧、六氟化硫绝缘的全密封免维护的小型开关柜，其绝缘性能高，通流容量大，使用寿命长，维护工作少，体积小，适宜于在用地较为紧张的建筑物内安装，但其价格较高。

2. 电缆

由于新城区负荷密度大，变电所出线宜采用载流量大的单芯400交联电缆，每条电缆质量为3×240的1/3，方便施工及装接电缆头。

3. 变压器

新城区内高层建筑负荷占相当大比例，且变压器多设置在负一层或高层建筑的中间层，不能采用普通油浸变压器，建议选用防火性能好、强冷式的干式变压器，容量以 800kVA、1000kVA、1600kVA 为主。

（六）投资估算

通过对主环网各方案所需设备的投资估算，并且从负荷分配，近、远期馈线裕度，转供电的灵活性，网架的繁简，投资的大小，施工的方便等方面作综合比较，认为主环网采用 2-1 接线方式、单芯 400 出线方案较为合理。其优点是网架简单，转供电操作灵活，馈线裕度大，可靠性较高，但投资额较大。

综上所述，本规划就主环网（其范围是指从变电所到用户进线入口的主设备，不含用户的配电柜和配电变压器高压计量柜等电器设备）综合总投资为 16.3 亿元。

第二节　供电施工设计实例

一、设计说明

1. 设计依据

根据用电处批转（供用电协议）××××号和用户提供资料。

2. 用电地点

天河区石牌西路××号。

3. 供电容量

新增住宅用电公用变压器 SC9 – 1000kVA3 台。

新增商业用电专用变压器 SC9 2000kVA1 台。

4. 供电方式

由 10kV 某变电所 E23 电缆 02 头驳入用户新建开关房接取电源，经负荷开关出线敷电缆至用户新建综合房、专用高压房，变压器房高压供电，变压器出口插接母线供电到配电柜和高层住宅。

5. 电能计量

商业高压计量，新装商业高压表 1 套。

住宅低压计量，新装 4kW 户表 456 具，6kW 户表 152 具，12kW 户表 2 具，56kW 梯灯表 2 具，90kW 电梯表 2 具，45kW 水泵表 1 具。

6. 土建工程

新建开关房、综合房、高压房各 1 间，变压器房 3 间，公变压器、专变压器低压房各 1 间。

7. 主要设备

开关房和综合房使用环网开关柜，下进出线，高压房采用手车式真空开关柜，变压器房采用干式变压器，低压房采用成套低压开关柜，上进出线。

8. 继电保护

高压进出线柜采用速断、定时、零序保护、整定值由某供电局提供。

9. 保护和接地

低压母线用 ZNO2 避雷器保护，500V 变压器零线、中性线、外壳三点共同接地，接地电阻 4Ω 以下，公用低压进线开关解除失压跳闸线圈，专用低压进线开关和母联开关设电气和机械连锁。

10. 无功补偿

功率因数 0.9 以上，低压侧安装电容器组，分组自动投切。

11. 主要设备一览表

设备名称	规格	单位	数量
（1）高压开关柜	KYN2（VC）型 10kV，1000A	面	2
（2）高压环网柜	SM6 型 10kV，630A	面	8
（3）干式变压器	SC9 型 1000kVA， D，yn11 10.5/0.4kV ± 2 × 2.5%	台	3
（4）干式变压器	SC9 型 2000kVA D，yn11 – 10.5/0.4kV ± 2 × 2.5%	台	1
（5）低压开关柜	GCL – 3 型 400V，4000A	面	12
（6）低压开关柜	PGL – 3 型 400V，3150A	面	12
（7）高压电力电缆	YJV22-3 × 240	m	1200
（8）高压电力电缆	YJV22 – 3 × 70	m	300
（9）低压插接母线	CGW – 400A – 1800A/4	m	300

二、图纸目录

（1）图 20 – 07　供电总平面图。

（2）图 20 – 08　供电系统总接线图。

（3）图 20 – 09　室外电缆沿布图。

（4）图 20 – 10　室内电缆走向图。

（5）图 20 – 11　开关站一次电气接线图。

（6）图 20 – 12　开关站电气平面剖面图。

（7）图 20 – 13　开关站土建图。

（8）图 20 – 14　住宅公用配电站电气接线图。

（9）图 20 – 15　B1 层住宅公用配电站电气平面剖面图。

（10）图 20 – 16　B1 层住宅公用高压配电站土建图。

（11）图 20 – 17　商业专用高压配电站一次电气接线图。

（12）图 20 – 18　商业专用高压配电站电气平面剖面图。

（13）图 20 – 19　商业专用高压配电站土建图。

（14）图 20 – 20　住宅公用 1 号变压器低压电气接线图。

（15）图 20 – 21　住宅公用 2 号变压器低压电气接线图。

（16）图 20 – 22　住宅公用 3 号变压器低压电气接线图。

（17）图 20 – 23　备用发电机转换接线图。

（18）图 20 – 24　插接母线垂直配电图。

（19）图 20 – 25　商业专用低压配电站电气接线图。

（20）图 20 – 26　高压进线柜二次接线图。

（21）图 20 – 27　高压计量柜二次接线图。

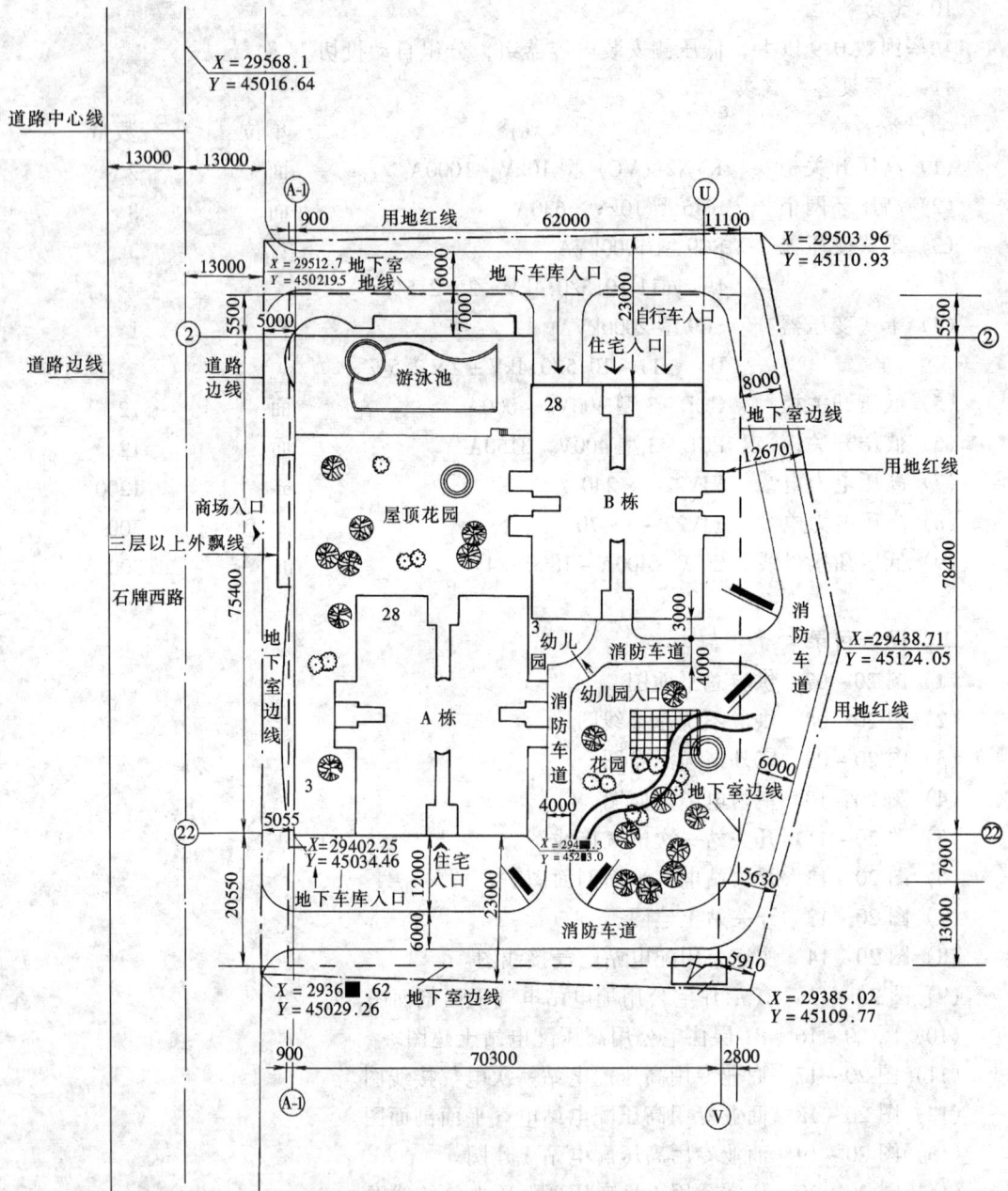

图中文字标注：

X = 29568.1
Y = 45016.64

道路中心线

13000　13000

A-1　900　用地红线　62000　U　11100

X = 29503.96
Y = 45110.93

13000

X = 29512.7　地下室　地线
Y = 450219.5

6000
7000

地下车库入口

自行车入口

23000

住宅入口

5500
5000

道路边线

2　道路边线

游泳池

28

B 栋

8000

5500
2

地下室边线

12670

用地红线

商场入口

屋顶花园

三层以上外飘线

石牌西路

28

75400

地下室边线

3 幼儿园

消防车道

3000

幼儿园入口

消防车道

4000

X=29438.71
Y = 45124.05

用地红线

78400

A 栋

花园

地下室边线

6000

3

4000

X=294■3
Y = 452■3.0

地下室边线

22　5055

X=29402.25
Y = 45034.46

住宅入口

5630

22

20550

地下车库入口

12000

23000

6000

消防车道

5910

7900

13000

X = 2936■.62　地下室边线
Y = 45029.26

X = 29385.02
Y = 45109.77

900　70300　2800

A-1　V

经济技术指标	
总用地面积	11122m²
总建筑面积	59042.36m²
容积率	5.3
建筑密度	41%
绿化率	29.8%
住宅套数	538
地下车库机动车	292 辆

公建配套设施建筑面积	
文化站	165m²
居委会	52m²
幼儿园	1405m²
肉菜分销站	388m²
公厕	64m²
非机动车停车	2033m²
垃圾集散点	50m²

面积表		
部位	功能	建筑面积
地下室面积	车库　设备用房	15614m²
裙楼 1～3 层	商场及配套用房	13303.16m²
第四层架空	绿化	—
5～28 层	住宅	45739.4m²
总建筑面积(不包括地下室面积)		59042.36m²

用电负荷表		
部位	功能	负荷 (kVA)
A 栋 5～28 层	住宅	1500
B 栋 5～28 层	住宅	1500
裙楼 B2～4 层	商业	2000

图 20-7　供电总平面图

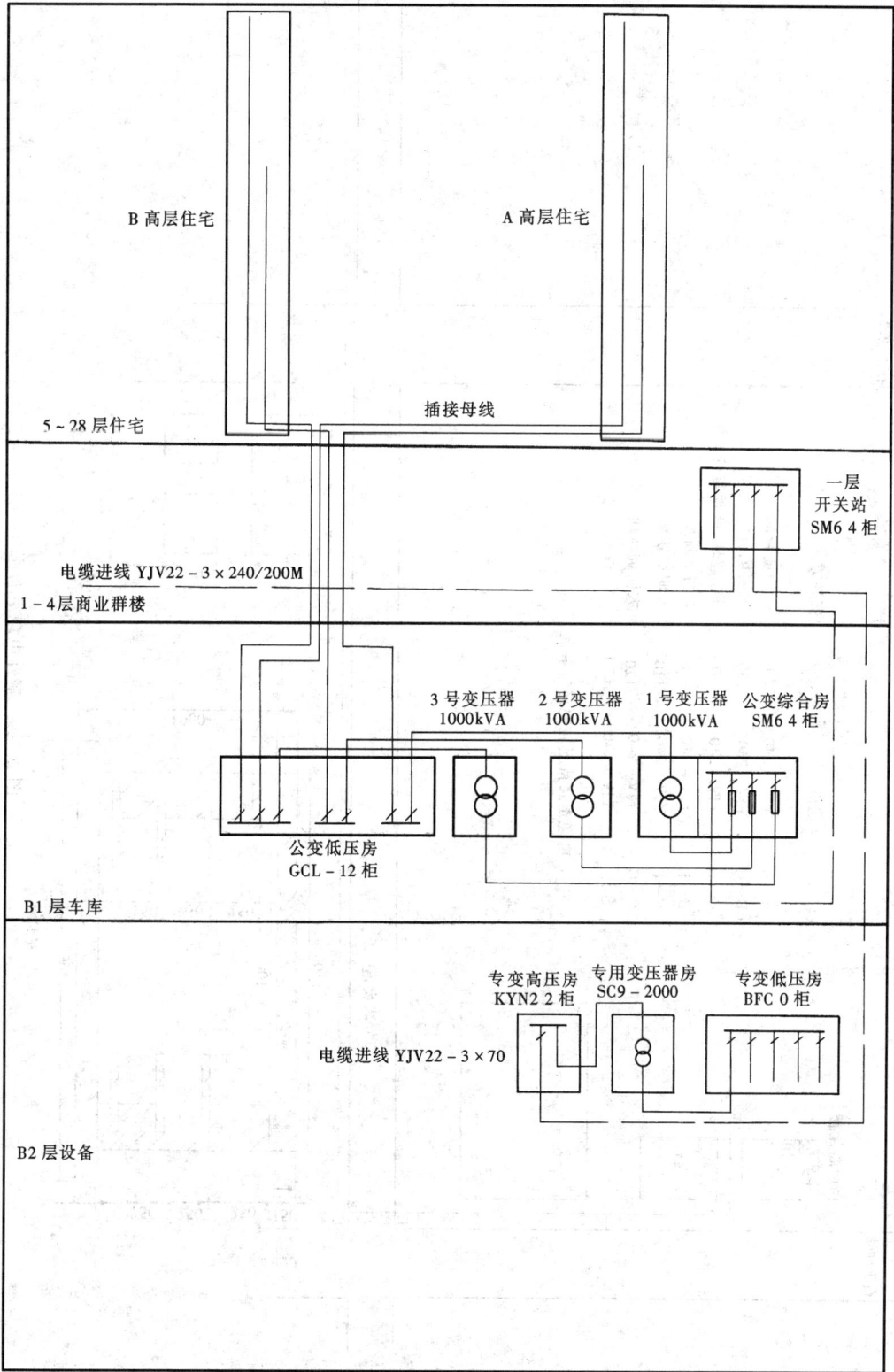

图 20-8 供电系统总接线图

10kV 配电工程设计手册

线段	规格	距离（m）	安装方式
A—B	YJV－240	30	大明坑新加
B—C	YJV－240	530	大明坑新加
C—D	YJV－240	80	穿管埋地，有预留管新加线
D—E	YJV－240	150	大明坑新加
E—F	YJV－240	110	大明坑新加
F—G	YJV－240	120	大明坑新加
合计	YJV－240	1020	

电缆走廊待报城建部门审批

N

石牌东路

马场路

A

B

名车城

黄埔大道

C

D

石牌市场

岛内价

商住楼

开关房

E

F

G

石牌西路

大明坑安装图

1060

1760

1500

1000

250 250 250

110

100

150

210

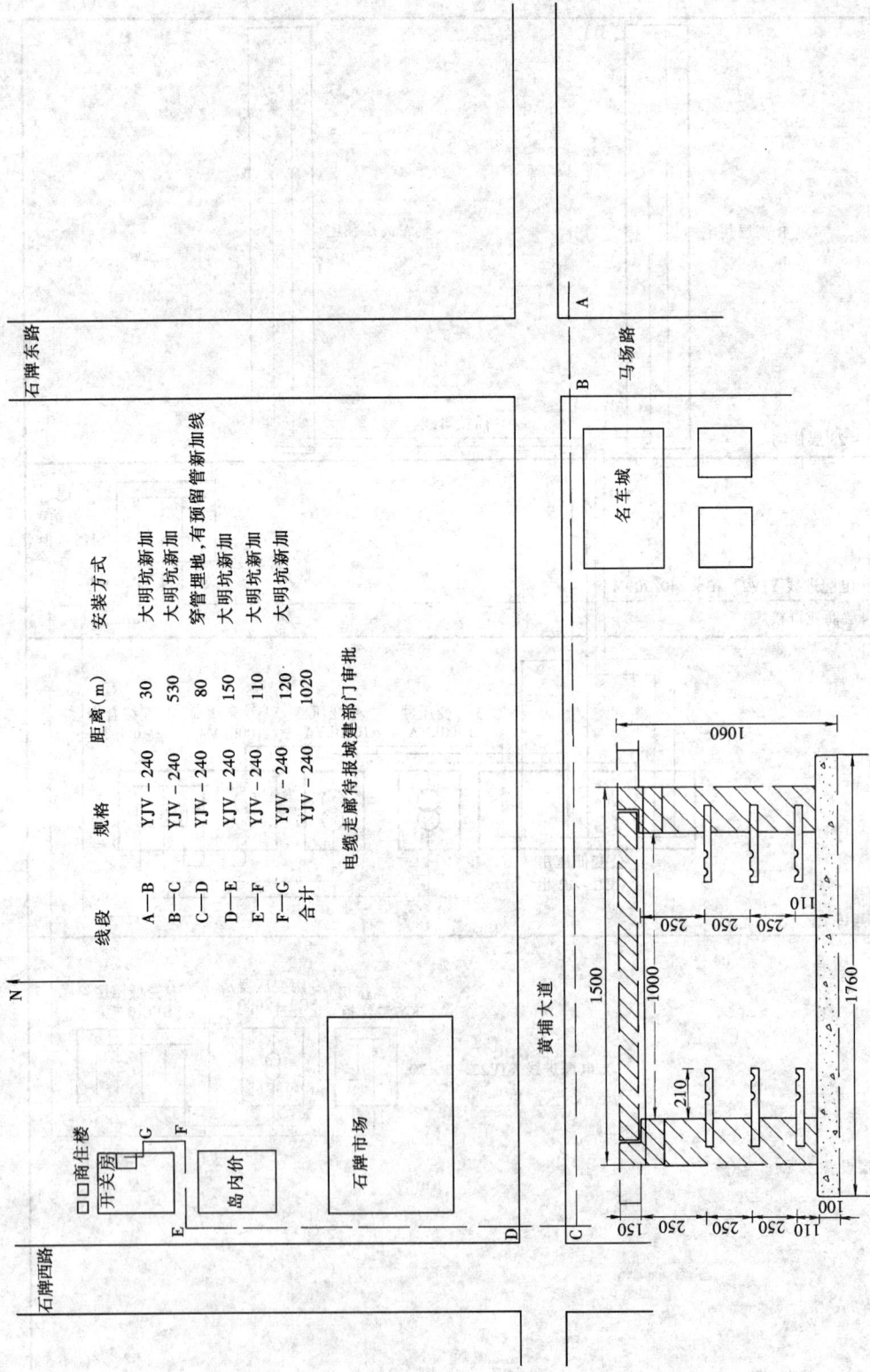

图 20－9 室外电缆沿布图

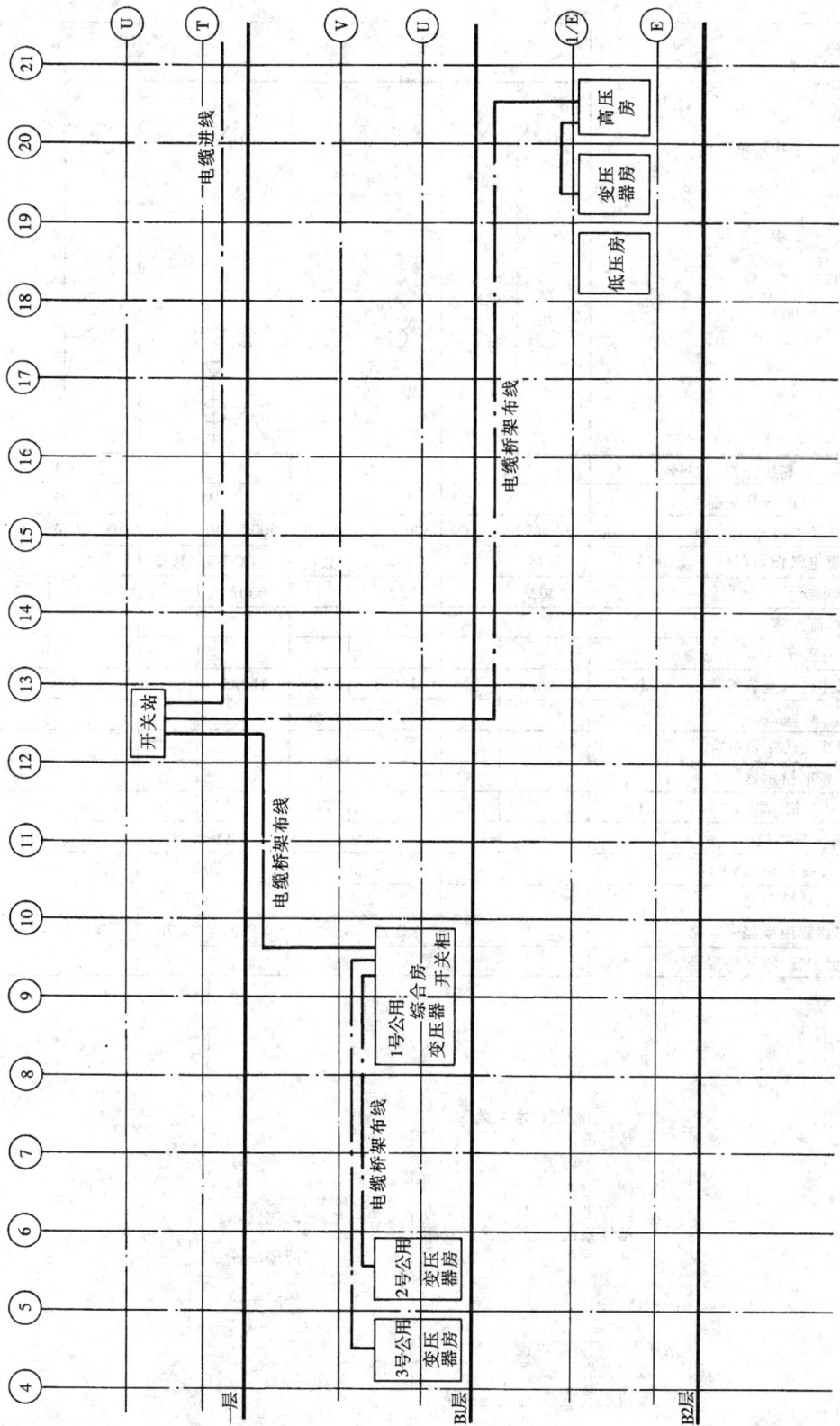

图 20 – 10 室内电缆走向图

主接线单线图				
额定电压				
10kV				
高压开关柜编号	G1	G2	G3	G4
高压开关柜型号	IM	IM	IM	IM

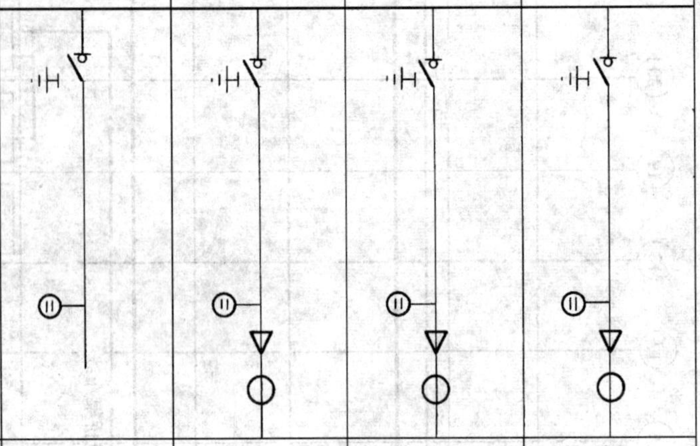

高压开关柜外形尺寸(长×宽×高,mm)		500×840×1600		500×840×1600		500×840×1600		500×840×1600	
开关柜电气设备名称	型号	规格	数量	规格	数量	规格	数量	规格	数量
负荷开关	SM6	630A	1	630A	1	630A	1	630A	1
电流互感器									
电压互感器									
另序电流互感器	LJ	150/5	1	150/5	1	150/5	1	150/5	1
熔断器									
负荷开关熔断器组合									
带电指示器			1		1		1		1
故障指示器	EKL1		1		1		1		1

高压开关柜名称	联络(备用)	进线	出线专变	出线公变
设备容量(kVA)		5000	2000	3000
计算电流 (A)		289	115.6	173.4
进出线电缆型号规格		YJV22-3×240	YJV22-3×70	YJV22-240
保护管径/回路编号				

SF₆ 柜技术参数

额定电压	10kV
最高工作电压	11.5kV
额定电流	630A
结构型式	金属封闭
母线系统	绝缘封闭
冲击耐压	75kV
工频耐压	42kV
热稳定电流	20kA/3s
动稳定电流	50kA
熔断器预期开断电流	31.5kA
额定关合电流	50kA
防护等级	IP3X

加防潮发热管

加防潮湿控器

加防鼠器

图 20-11 开关站一次电气接线图

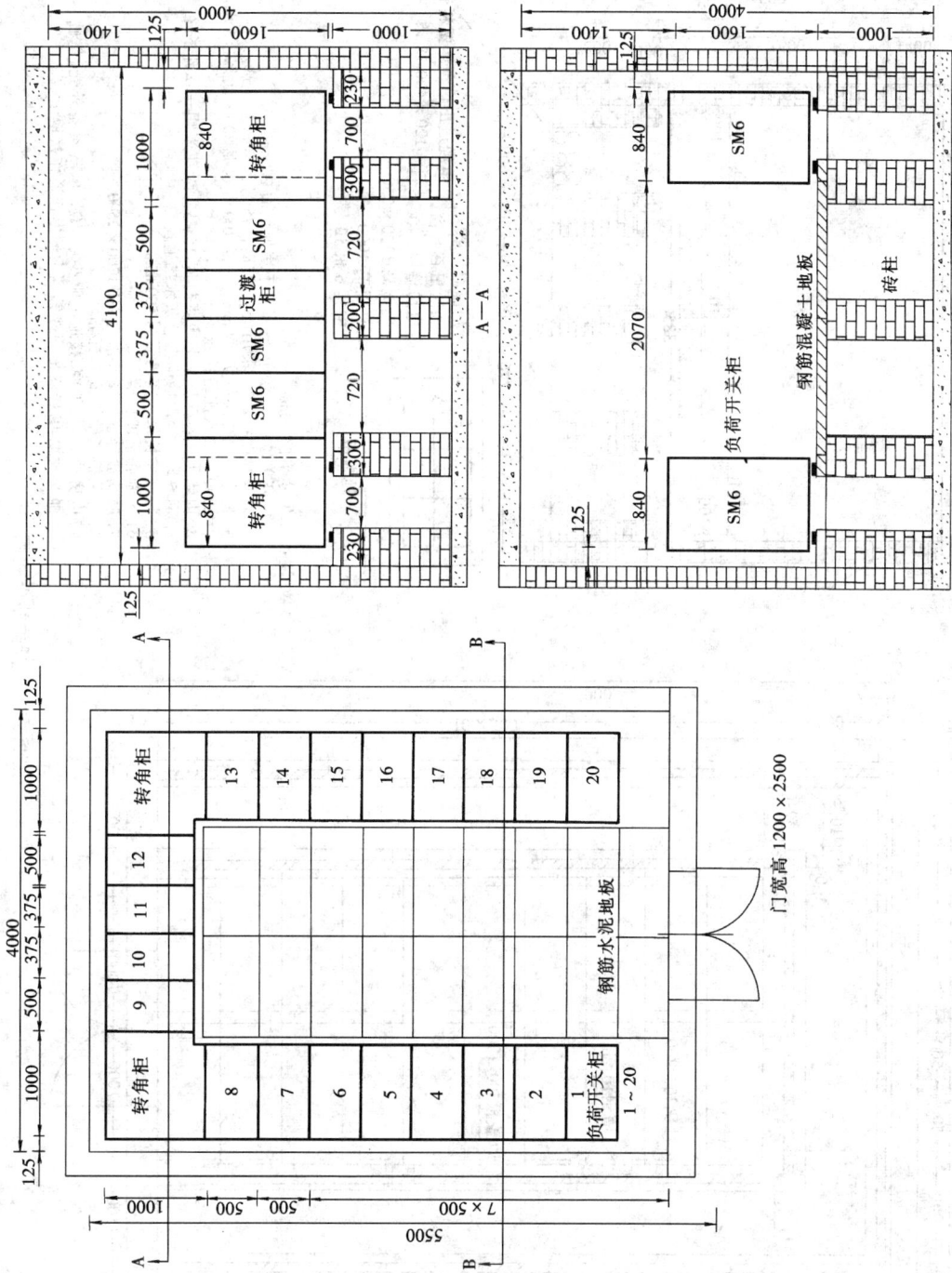

图 20 - 12 开关站电气平面剖面图

第二十章 供电规划与施工设计实例

图 20 – 13 开关站土建图

注：1. 尺寸单位：mm，房内地面高于房外地面 200cm。
2. 墙身厚度：240，采用 75 号红砖，75 号混合砂浆建筑。
地台填土分层打实 200mm，一层 100 号水泥 80 厚面批 1:2 水泥砂浆
20 厚，加水泥粉抹光。
3. 内墙 1:2:6 石灰浆打底 15 厚，面层 100 号水泥白色灰水二遍。
面 5 厚，全部墙面白色灰水二遍，天花采用一次水根石灰浆批光。
4. 门过梁长每边宽出门洞 500mm。
5. 砖墙底下加反梁。
6. 过墙镀锌钢门宽 × 深为 M1 1200 × 2500。
7. 开关柜基础门承重 1.5t/m。
8. 电房独立，接地电阻少于 4Ω，电气设备外壳、基础、电房门
都要接地，电房内部用镀锌圆钢环形连通作接地干线。
9. 喷朔镀锌基础门宽 × 深 × 深为 M1 1200 × 2500。

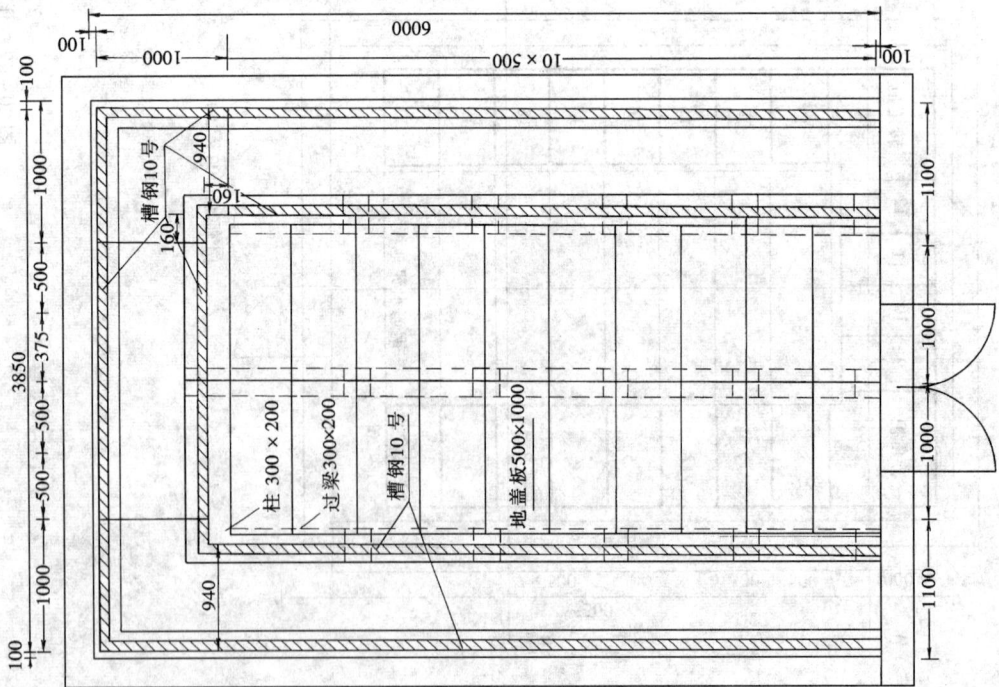

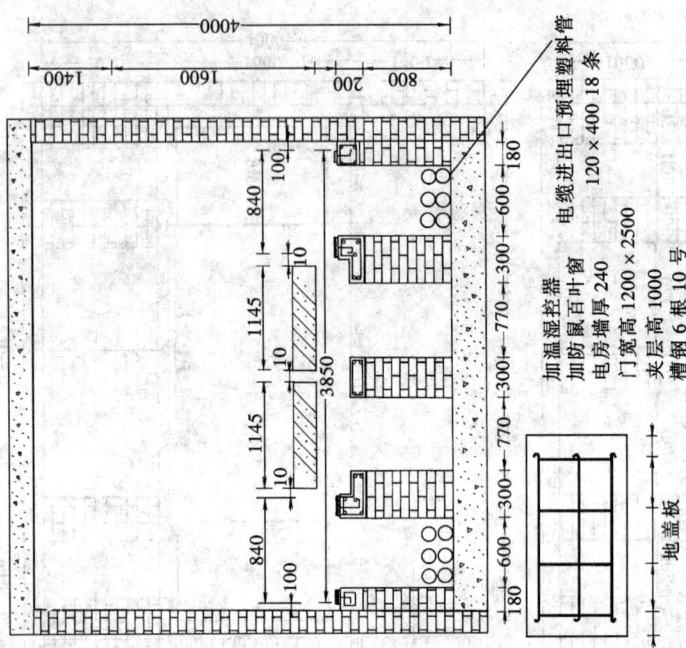

加温湿控器
加防鼠百叶窗
电房墙厚 240
门宽高 1200 × 2500
夹层高 1000
槽钢 6 根 10 号

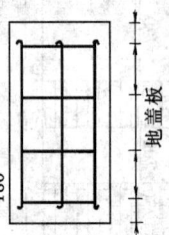

电缆进出口预埋塑料管
120 × 400 18 条

地盖板

主接线单线图 额定电压 10kV		G5		G6		G7		G8	
高压开关柜编号		G5		G6		G7		G8	
高压开关柜型号		IM		QM		QM		QM	
高压开关柜外形尺寸(长×宽×高,mm)		500×840×1600		500×840×1600		500×840×1600		500×840×1600	
开关柜电气设备名称	型号	规格	数量	规格	数量	规格	数量	规格	数量
负荷开关	SM6	630	1						
电流互感器									
电压互感器									
断路器									
熔丝				100A	3	100A	3	100A	3
负荷开关熔断器组合	SM6			630A	1	630	1	630A	1
带电显示器			1		1		1		1
故障指示器	EKL1		1				1		
高压开关柜名称		进线		1号变压器		2号变压器		3号变压器	
设备容量(kVA)		3000		1000		1000		1000	
计算电流(A)		173.4		57.8		57.8		57.8	
进出线电缆型号规格		YJV-240		YJV-70		YJV-70		YJV-70	
保护管径/回路编号									

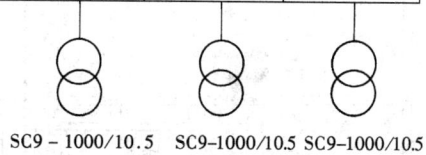

SC9-1000/10.5   SC9-1000/10.5   SC9-1000/10.5

加防潮发热管

加防潮湿控器

加防鼠器

SF₆柜技术参数

额定电压	10kV
最高工作电压	11.5kV
额定电流	630A
结构型式	金属封闭
母线系统	绝缘封闭
冲击耐压	75kV
工频耐压	42kV
热稳定电流	20kA/3s
动稳定电流	50kA
熔断器预期开断电流	31.5kA
额定关合电流	50kA
防护等级	IP3X

变压器技术参数

SC9-1000   XD-6%

D, yn11-10.5   2×2.5%/0.4kV

长×宽×高 = 1570×1100×1610

Total = 2920kg

图 20-14 公用住宅配电站电气接线图

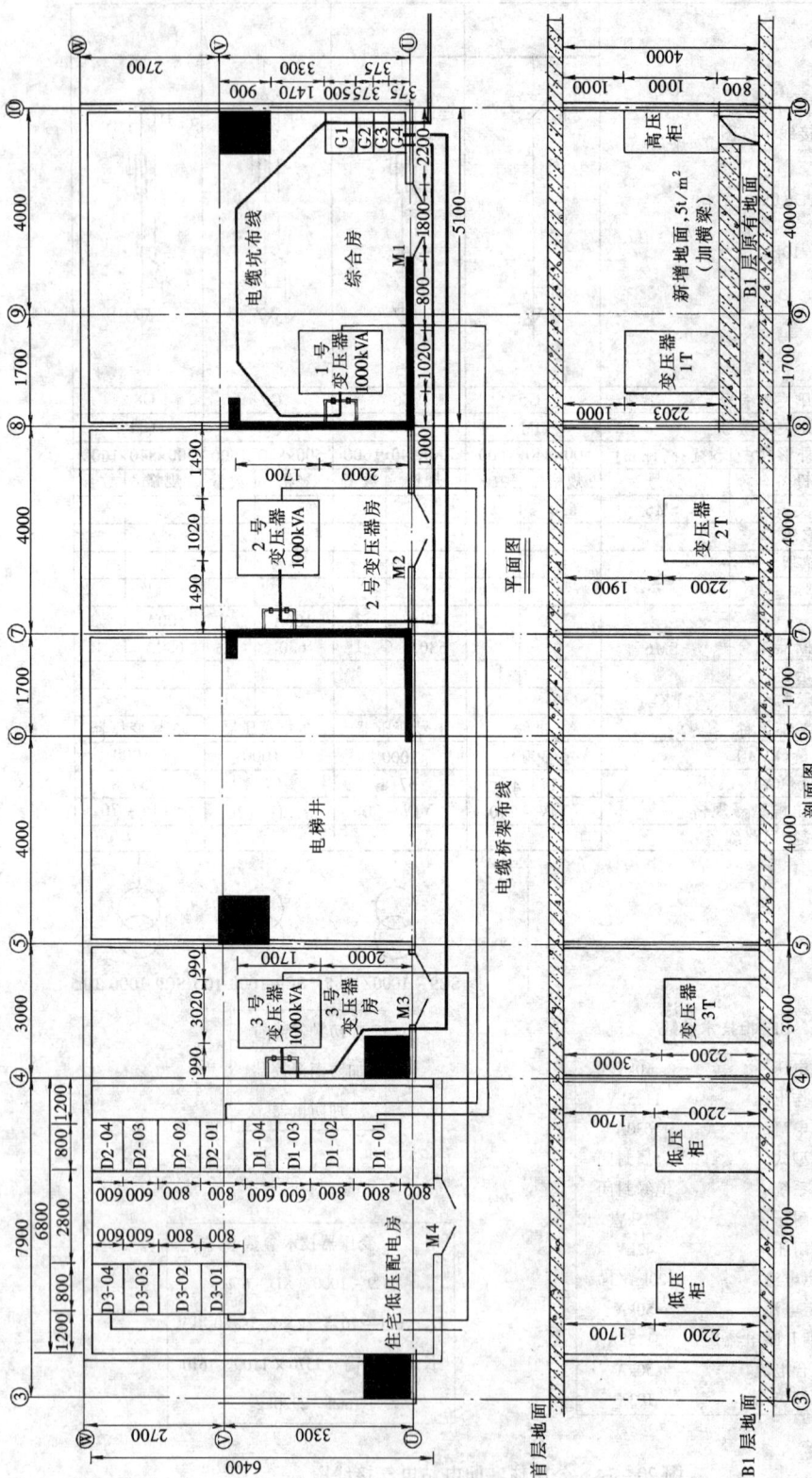

平面图

剖面图

图 20—15 B1层住宅公用配电站平面剖面图

注：B1层全高3~4m，V线后4m，V线后3m。
　　全部电气设备范围内地面安全荷重5t/m²以上，包括运输通道请甲方建筑部门核实。
　　标高单位：m。
　　墙身厚度：240，采用75号砖墙，75号混合砂浆建筑。
　　地台垫土分层打实一层100号水泥80厚混凝防水地平线。
　　1:2水泥砂浆20厚。
　　1:2:6石灰粘土砂浆打底15厚，加水泥粉抹浆。
　　内墙：1:2:6石灰粘土砂浆打底15厚，天花采用一次抹石灰浆批底5厚。
　　全部墙面白色灰水二遍。
　　门过梁长每边出门洞500mm。
　　砖墙及变压器底下加反梁。
　　喷频镀锌钢门宽×高；M1~M4 1800×2500。
　　开关柜内部用镀锌钢架连接作接地平线。
　　电房内部钢架布线，综合房内电缆坑布线宽400，深800，高压柜下进出线，低压柜上进出线，变压器前加遮栏。
　　高压电缆桥架布线，抽风装置，甲方统一安排。
　　变压器室安装接地网，电气设备外壳、基础、电房门都要接地。
　　电房独立接地网，接地电阻少于4Ω，电气设备外壳、基础、电房门都要接地。

图 20—16 B1层住宅公用配电站土建图

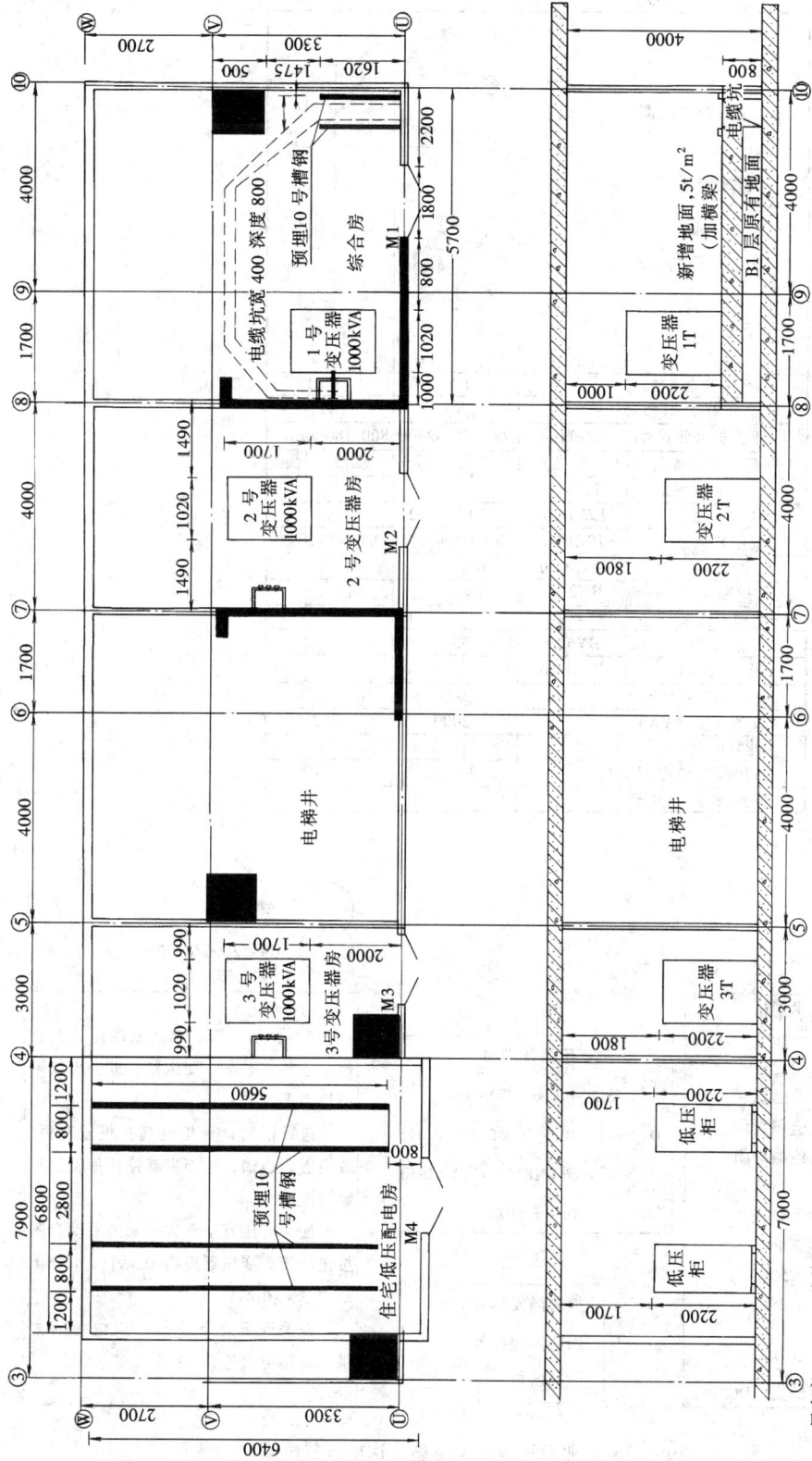

注：B1层全高3～4m，V线前4m，V线后3m。
全部电气设备布置范围内地面高于房外地面安全所重5t/m²以上，包括运输通道，请甲方建筑部门方核实。
标高单位：m，房内地面高于房外地面100cm。
墙身厚度：240，采用75号砖砌，75号混合砂浆建筑。
地台土分层打实，一层100号水泥打实，加水泥75号水泥80厚前批钢筋混水泥地面光。
1:2水泥砂浆20厚，加水泥粉批底15厚，天花采用一次纸根石灰浆批面5厚。
内墙1:2:6石灰粘土砂浆打底15厚，电气设备外壳、基础、电房门都要接地。
电房独立接地网，接地电阻少于4Ω，甲方统一安排。

全部墙面白色灰水二遍。
门过梁长每边宽出门洞500mm。
碎墙及变压器底下加反梁；门高：M1～M4 1800×2500。
喷频镀锌扁钢承载镀锌钢丝连通作接地干线。
开关柜基础采用镀锌圆钢环形连通，综合房内墙抗布线，抽风装置，
电房内部电缆桥架安装位置，高压柜下进出线，低压柜上进出线。
高压电缆环沟布线，沟断面尺寸400深800，高压柜前加遮栏。
变压器室安装抽风送风、抽风装置，甲方统一安排。

电缆坑宽度400 深度800
预埋10号槽钢 800
综合房
1号变压器 1000kVA
2号变压器 1000kVA
2号变压器房
电梯井
3号变压器 1000kVA
3号变压器房
住宅低压配电房
预埋10号槽钢
低压柜
变压器 1T
变压器 2T
变压器 3T
新增地面，5t/m²（加横梁）
B1层原有地面
电缆坑
M1 M2 M3 M4

主接线单线图

额定电压

10kV

高压开关柜编号		G9		G10	
高压开关柜型号		KYN		KYN	
高压开关柜外形尺寸(长×宽×高,mm)		800×1800×2300		800×1800×2300	
开关柜电气设备名称	型号	规格	数量	规格	数量
零序电流互感器	LJY-10	150/5	1		
电流互感器	LZZJ-10	150/5	2	150/5	2
电压互感器	JDZJ-10	10000/100	2	10000/100	2
断路器	ZN18-10	630	1		
熔断器	RN2-10	1A	2	1A	2
接地刀开关			1		
避雷器	HY5WS	17/50	3		
电压显示器	GSN-10		1		1
高压开关柜名称		进线		出线,计量	
设备容量(kVA)		2000		2000	
计算电流(A)		115.6		115.6	
进出线电缆型号规格		3×70		3×70	
保护管径/回路编号					

4号专变
SC9－2000/10.5

真空开关柜技术规格

额定电压	10kV
最高工作电压	11.5kV
额定电流	630A
结构型式	金属封闭
母线系统	绝缘封闭
冲击耐压	75kV
工频耐压	42kV
热稳定电流	20kA/3s
动稳定电流	50kA
开断电流	25kA
额定关合电流	50kA
防护等级	IP3X
操作机构	弹簧储能,DC220V

变压器技术参数

SC9－2000 XD－6%

D, yn11－10.5 2×2.5%/0.4kV

长×宽×高＝1820×1200×1950

Total＝5200kg

加防潮发热管

加防潮湿控器

加防鼠器

计量 TA、TV、电能表断压计时仪接线盒共装手车,变压器下进上出线带温控温湿。

进线柜舆计量柜电气及机械连锁,各柜五防连锁,电柜带湿控计量柜带视窗读电能表。

使用高压真空泡进线开关手动合闸按钮加锁,变压器规格 D, y11, 10.5 + 2×2.5%/0.4kV。

开关柜下进下出线,双电源时主供、备用电气连锁。

图 20－17 商业专用高压配电站一次电气接线图

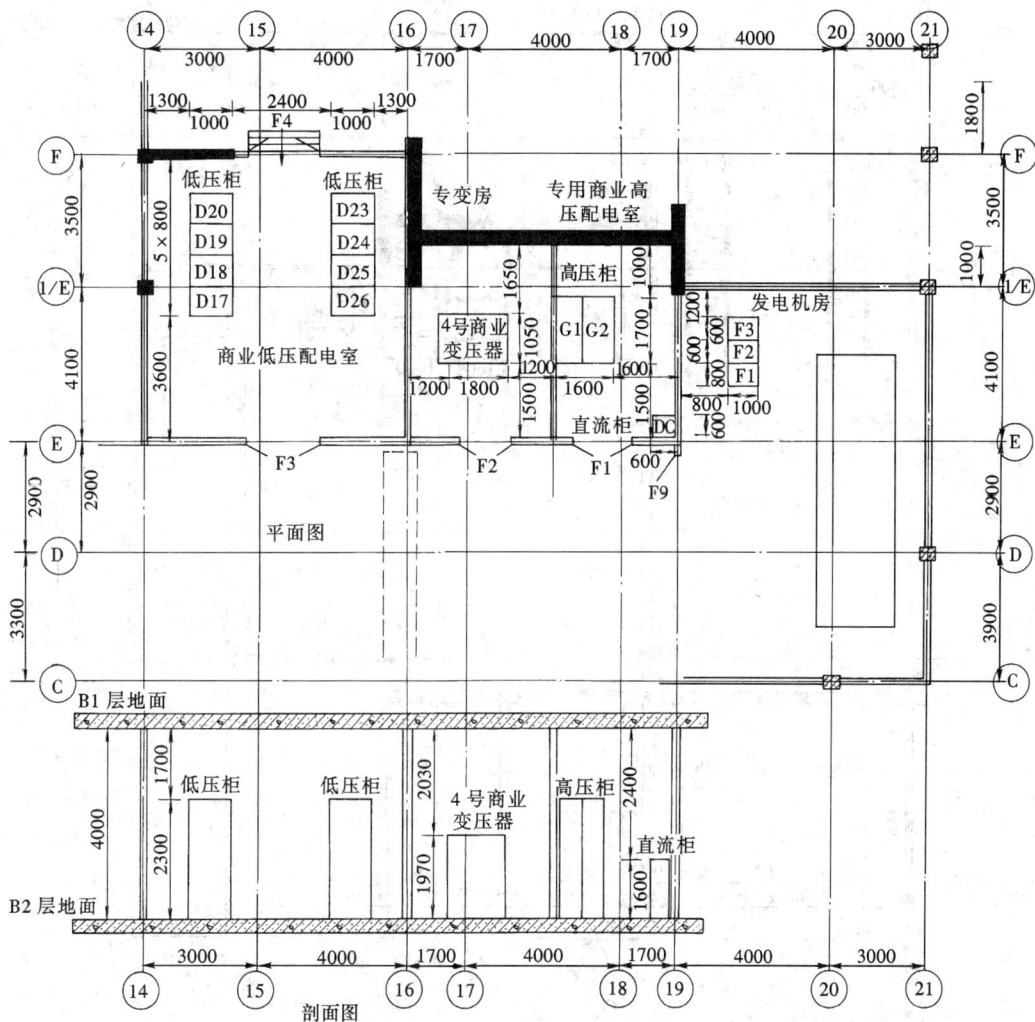

注：B2 层全高 6m，电房地面范围填高 1.5m，以防水浸。

　　全部电气设备布置范围内地面安全荷重 5t/m² 以上，包括运输通道请甲方建筑部门核实。

　　标高单位：m，房内地面高于房外地面 100cm。

　　墙身厚度：240，采用 75 号砖砌，75 号混合沙浆建筑。

　　地台填土分层打实一层 100 号水泥 80 厚面批钢筋水泥地面光。

　　1:2 水泥砂浆 20 厚，加水泥粉抹光。

　　内墙：1:2:6 石灰粘土沙浆打底 15 厚，天花采用一次纸根石灰浆批面 5 厚。

　　电房独立接地网，接地电阻少于 4Ω，电气设备外壳、基础、电房门都要接地。

　　全部墙面白色灰水二遍。

　　门过梁长每边宽出门洞 500mm。

　　砖墙及变压器底下加反梁。

　　喷塑镀锌钢门宽×高：m1～m41800×2500。

　　开关柜基础承重 1.5t/m，变压器及运输通道基础承重 5t/m。

　　电房内部用镀锌圆钢环形连通作接地干线。

　　高压电缆桥架布线，高、低压柜上进出线变压器前加遮栏。

　　变压器室安装送风，抽风装置，甲方统一安排。

图 20-18　商业专用变配电站电气平面剖面图

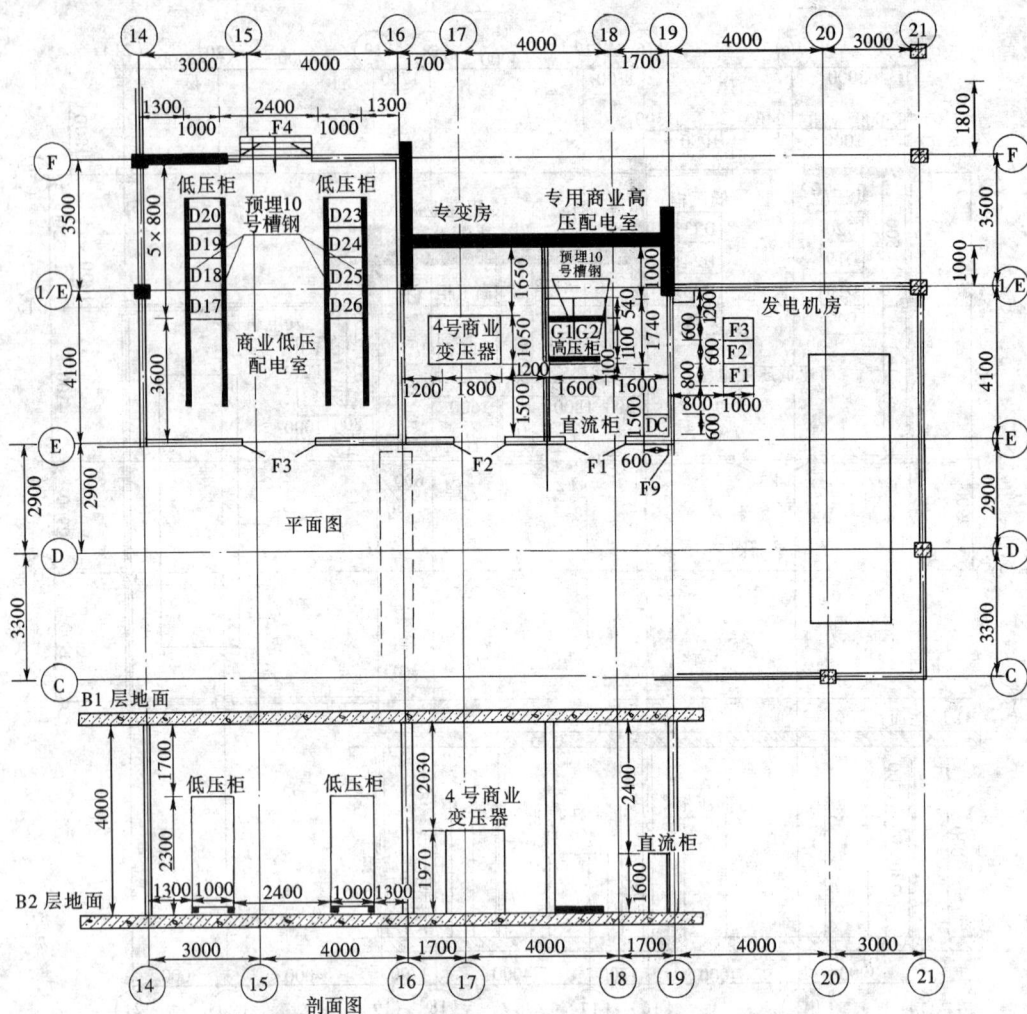

平面图

剖面图

图 20-19　商业专用配电站土建图

注：B2 层高 6m，电房地面范围填高 1.5m，以防水浸。

全部电气设备布置范围内地面安全荷重 5t/m² 以上，包括运输通道请甲方建筑部门核实。

标高单位：m，房内地面高于房外地面 100cm。

墙身厚度：240，采用 75 号砖砌，75 号混合沙浆建筑。

地台填土分层打实一层 100 号水泥 80 厚面批钢筋水泥地面光。

1:2 水泥砂浆 20 厚，加水泥粉抹光。

内墙：1:2:6 石灰粘土沙浆打底 15 厚，天花采用一次纸根石灰浆批面 5 厚。

电房独立接地网，接地电阻少于 4Ω，电气设备外壳、基础、电房门都要接地。

全部墙面白色灰水二遍。

门过梁长每边宽出门洞 500mm。

砖墙及变压器底下加反梁。

喷塑镀锌钢门宽×高：m1～m41800×2500。

开关柜基础承重 1.5t/m，变压器及运输通道基础承重 5t/m。

电房内部用镀锌圆钢环形连通作接地干线。

高压电缆桥架布线，高、低压柜上进出线变压器前加遮栏。

变压器室安装送风，抽风装置，甲方统一安排。

10kV 配电工程设计手册

图 20-20　住宅公用 1 号公用变压器低压电气接线图

1号公用变压器　SC9-1000/10.5
插接母线　CGW-3B-2000A

插接母线　CGW-3B-1600A

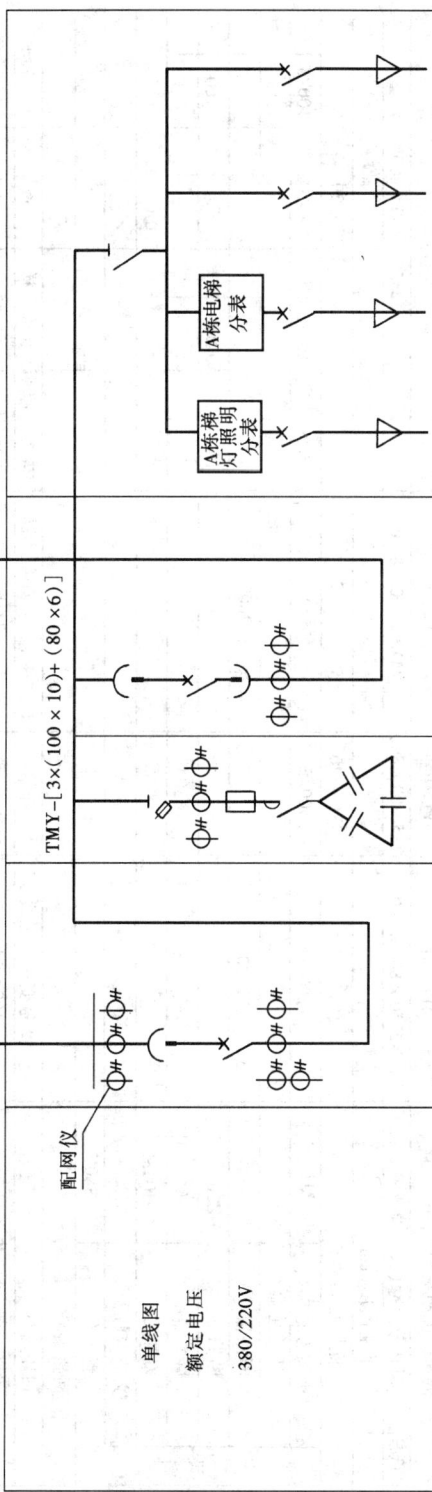

单线图
额定电压　380/220V

TMY-[3×(100×10)+(80×6)]

配网仪

低压开关柜编号		D1-01	D1-02	D1-03	D1-04			
低压开关柜外形尺寸（长×宽×高，mm）		2350×800×800	2350×800×800	2350×600×800	2350×600×800			
小室高度（mm）								
低压柜型号		BFC-20	BFC-20	BFC-20	BFC-20			
主要设备 电流互感器	LMZJ1-0.5	2000/5	500/5	1500/5	100/5	100/5	100/5	100/5
					3	3	3	3
电压互感器								
断路器	ABB DZ20-100	2000		2000	100	100	100	100
					1	1	1	1
熔断器	QSA-630		630A					
刀开关	HD13B							
交流接触器	CJ20-63		63A		500A			
配网仪	380V							
回路编号								
回路名称		1号变压器进线	补偿	A栋住宅5-21层出线	A栋楼梯照明	A栋电梯	备用	备用
设备容量/计算电流（kW/A）		1000/1445	330kvar/482	1008/1451	28/41	45/65		
母线型号规格		CGW-3B-2000A		CGW-3B-1600A				

A栋楼梯灯照明分表　　A栋电梯分表

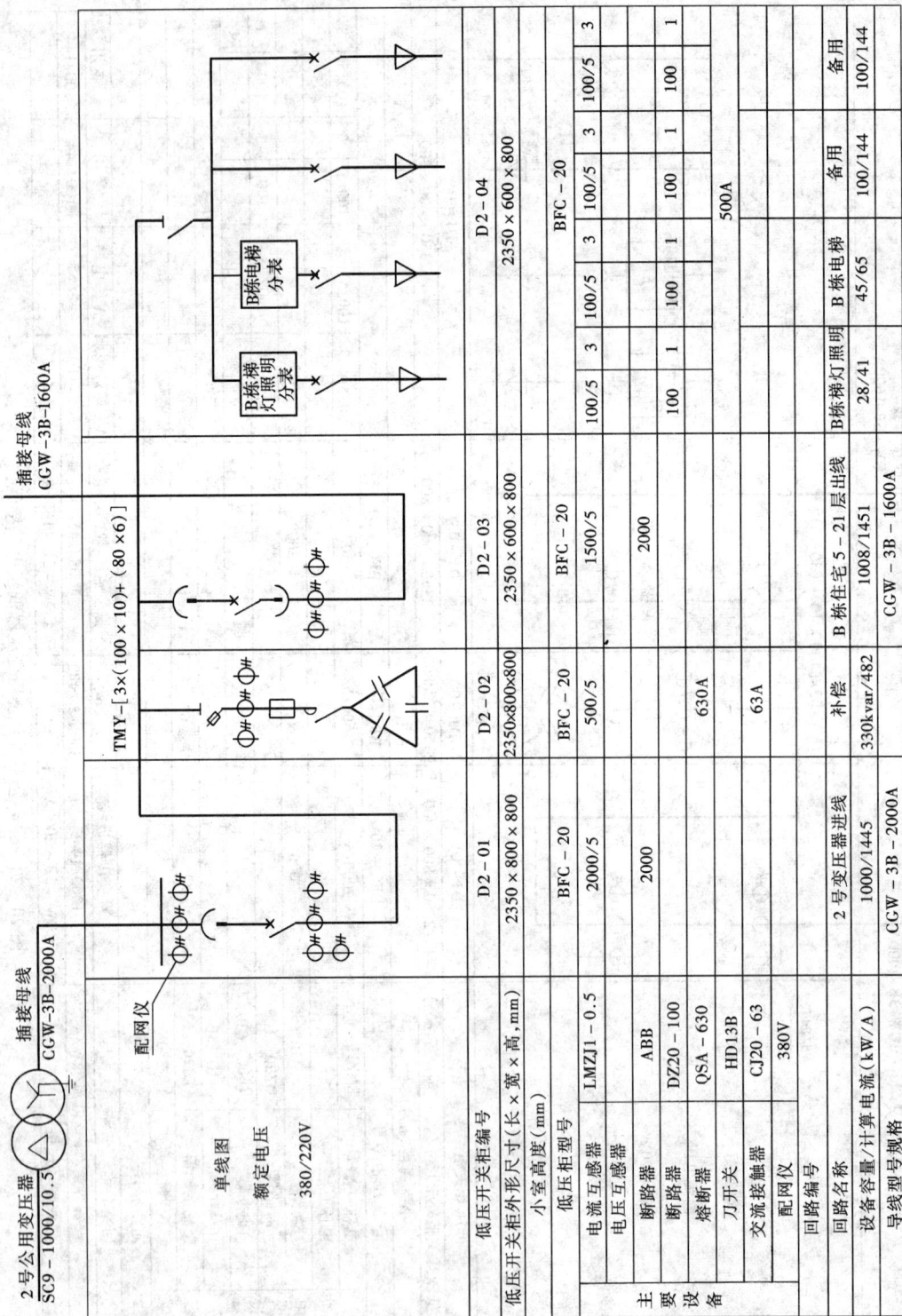

图 20 - 21　住宅公用 2 号公用变压器低压电气接线图

2号公用变压器　SC9－1000/10.5

单线图　额定电压　380/220V

插接母线　CGW－3B－2000A

插接母线　CGW－3B－1600A

TMY－[3×(100×10)+(80×6)]

配网仪

低压开关柜编号	D2 - 01	D2 - 02	D2 - 03	D2 - 04			
低压开关柜外形尺寸(长×宽×高,mm)	2350×800×800	2350×800×800	2350×600×800	2350×600×800			
小室高度(mm)	BFC - 20	BFC - 20	BFC - 20	BFC - 20			
主要设备 电流互感器 LMZJ1 - 0.5	2000/5	500/5	1500/5	100/5　3	100/5　3	100/5　3	100/5　3
电压互感器 ABB							
断路器 DZ20 - 100	2000		2000	100　1	100　1	100　1	100　1
熔断器 QSA - 630		630A					
刀开关 HD13B		63A					
交流接触器 CJ20 - 63					500A		
配网仪 380V							
回路编号							
回路名称	2 号变压器进线	补偿	B 栋住宅 5－21 层出线	B 栋楼梯灯照明	B 栋电梯	备用	备用
设备容量/计算电流(kW/A)	1000/1445	330kvar/482	1008/1451	28/41	45/65	100/144	100/144
导线型号规格	CGW - 3B - 2000A		CGW - 3B - 1600A				

B栋楼梯灯照明分表　　B栋电梯分表

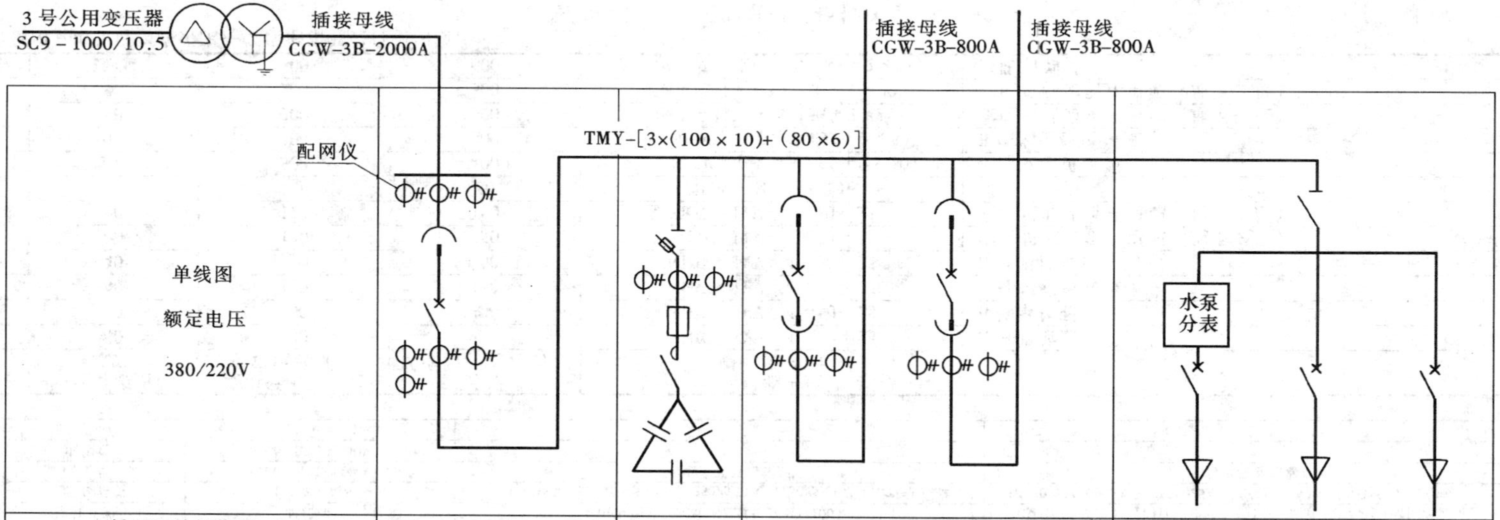

3 号公用变压器
SC9－1000/10.5

插接母线 CGW－3B－2000A

插母线 CGW－3B－800A

插接母线 CGW－3B－800A

TMY－[3×(100×10)+(80×6)]

配网仪

		D3－01	D3－02	D3－03		D3－04			BFC－20
单线图 额定电压 380/220V	低压开关柜编号	D3－01	D3－02	D3－03		D3－04			
	低压开关柜外形尺寸(长×宽×高,mm)	2350×800×800	2350×800×800	2350×600×800		2350×600×800			
	小室高度(mm)								
	低压柜型号	BFC－20	BFC－20	BFC－20		BFC－20			
主要设备	电流互感器 LMZJ1－0.5	2000/5	500/5	1000/5		100/5	100/5	100/5	
	电压互感器 ABB								
	断路器 DZ20－100	2000		1000	1000	100	100	100	
	断路器 QSA－630		630A						
	熔断器 HD13B		63A						
	刀开关 CJ20－63								
	交流接触器 380V					500A			
	配网仪			3 1	3 1	3 1	3 1	3 1	
	回路编号								
	回路名称	3号变压器进线	补偿	A栋住宅22-28层出线	B栋住宅22-28层出线	水泵 分表	备用	备用	
	设备容量/计算电流(kW/A)	1000/1445	330kvar/482	372/536	372/536	45/65	100/144	100/144	
	号线型号规格	CGW－3B－2000A	CGW－3B－800A	CGW－3B－800A	CGW－3B－800A				

图 20-22 住宅公用 3 号公用变压器低压电气接线图

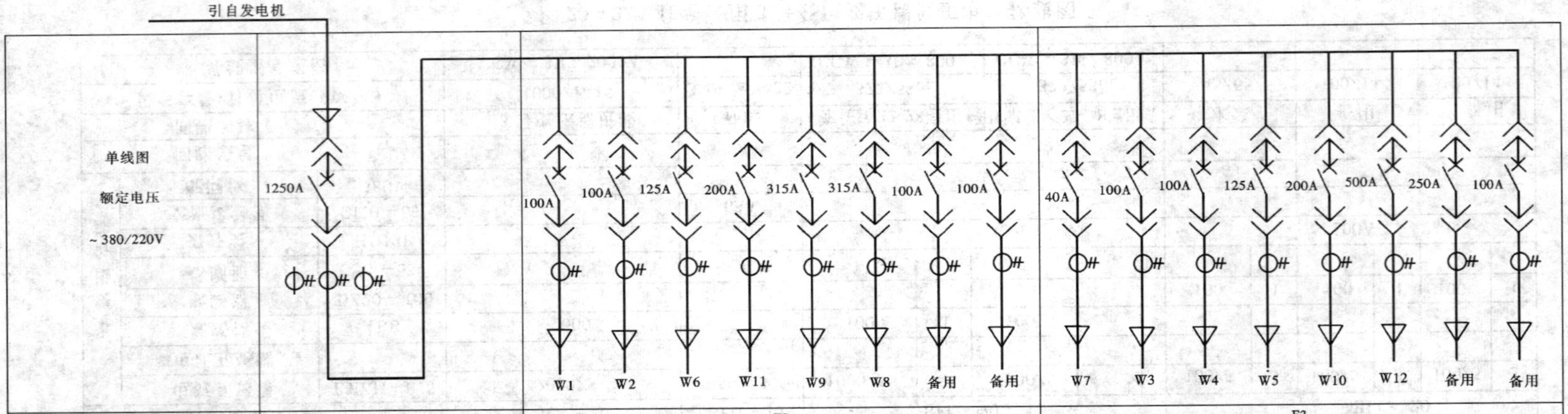

单线图

额定电压　~380/220V

低压开关柜编号	F1	F2	F3
低压开关柜型号	GCL－B	GCL－B	GCL－B
低压开关柜名称	进线柜	馈电柜	馈电柜
低压开关柜容量	600kW	600	600
柜宽(mm)	800		
主要设备	空气开关　M12/4P×1 电流互感器　LMZT－0.66(1500/5A)×3 电压表　62L6－A(1500/5A)×3 转换开关　62L6－V(0－450V)×1　HZ10－0.4×1	CM1－400(电动)×2 CM1－225×2 CM1－100×2 LMK－0.66(400/5A)×2(250/5A)×1(150/5A)×1(100/5A)×4 与电流互感器相配	CM1(630电动)×1 CM1－400(电动)×1CM1－225×2 CM1－100×3 LMK－0.66(500/5A)×2(250/5A)×2(150/5A)×1(100/5A)×3(50/5A)×1 与电流互感器相配

1250A　1200A　引自发电机

回路编号	计算容量(kW)	变电所出线开关整定电流(A)	互感器次侧电流(A)	互感器一次侧电流(A)	电缆	备注
W1	40	100	150		NHW－1kV－4×50+25	A栋事故照明
W2	40	100	150		NHW－1kV－4×50+25	B栋事故照明
W3	40	100	150		NHW－1kV－4×50+25	A栋裙楼事故照明
W4	40	100	150		NHW－1kV－4×50+25	B栋裙楼事故照明
W5	40	120	150		ZRW－1kV－4×70+35	发电机照明备用电源（地下一层）
W6	40	120	150		ZRW－1kV－4×70+35	发电机照明备用电源（地下二层）
W7	10	40	50		NHW－1kV－5×16	消防值班室
W8	101	300	400		2×(NHW－1kV－3×95+2×50)	A栋发电机电源
W9	101	300	400		2×(NHW－1kV－3×95+2×50)	B栋发电机电源
W10	90	200	300		NHW－1kV－3×150+2×70	发电机动力备用电源（地下一层）
W11	90	200	300		NHW－1kV－3×150+2×70	发电机动力备用电源（地下二层）
W12	223.4	500	600		2×(NHW－1kV－3×185+2×95)	消防喷洒泵

注：备用发电机电泵在最末一级配电箱开关自动切换。

图 20－23　备用发电机转换接线图

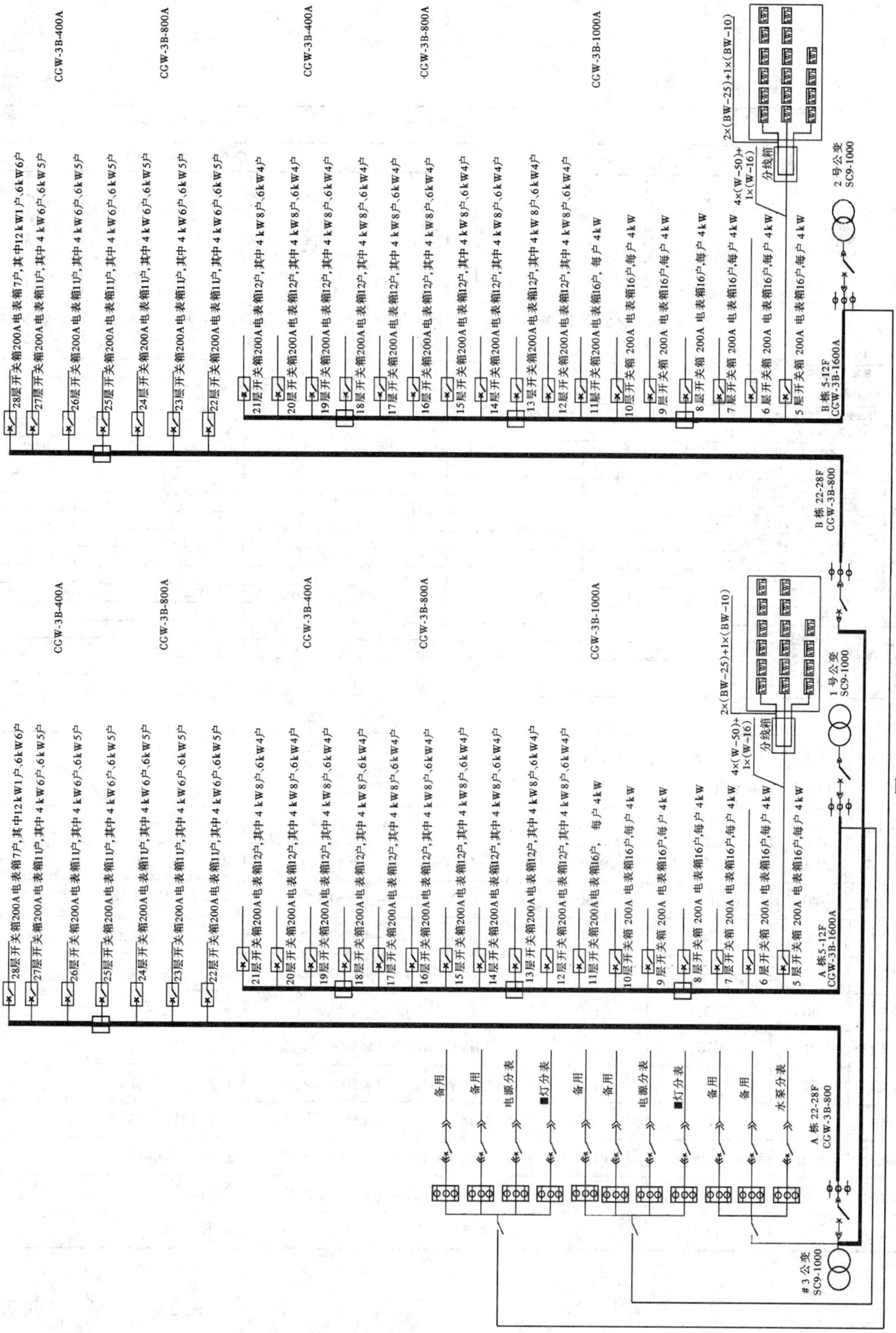

图 20-24 插接母线垂直供电图

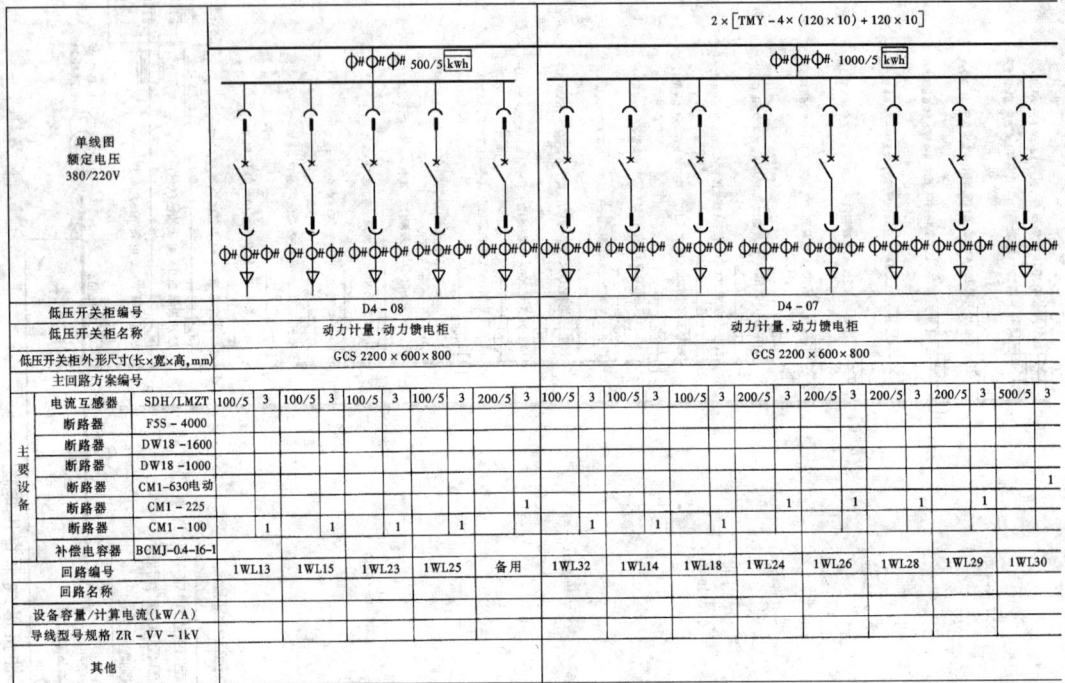

2 × [TMY − 4 × (120 × 10) + 120 × 10]

Φ#Φ#Φ# 500/5 kwh   Φ#Φ#Φ# 1000/5 kwh

单线图
额定电压
380/220V

低压开关柜编号			D4 − 08					D4 − 07			
低压开关柜名称			动力计量,动力馈电柜					动力计量,动力馈电柜			
低压开关柜外形尺寸(长×宽×高,mm)			GCS 2200 × 600 × 800					GCS 2200 × 600 × 800			
主回路方案编号											

		电流互感器	SDH/LMZT	100/5	3	100/5	3	100/5	3	100/5	3	200/5	3	100/5	3	100/5	3	100/5	3	200/5	3	200/5	3	200/5	3	200/5	3	500/5	3

主要设备
断路器	F5S − 4000															
断路器	DW18 −1600															
断路器	DW18 −1000															
断路器	CM1−630电动															1
断路器	CM1 − 225						1					1	1	1	1	
断路器	CM1 − 100	1	1	1	1			1	1	1					
补偿电容器	BCMJ-0.4-16-1														

回路编号	1WL13	1WL15	1WL23	1WL25	备用	1WL32	1WL14	1WL18	1WL24	1WL26	1WL28	1WL29	1WL30
回路名称													
设备容量/计算电流(kW/A)													
导线型号规格 ZR − VV − 1kV													
其他													

回路编号	计算容量(kW)	变电所出线开关整定电流(A)	互感器一次侧电流(A)	出线规格	备注
1WL5	440	1000	1200	CFW − 1250A(五线制)	A栋裙房用电
1WL6	440	1000	1200	CFW − 1250A(五线制)	B栋裙房用电
1WL9	40	100	150	NHVV − 1kV − 4 × 50 + 25	A栋裙房事故照明
1WL10	40	100	150	NHVV − 1kV − 4 × 50 + 25	B栋裙房事故照明
1WL11	40	120	150	ZRVV − 1kV − 4 × 70 + 35	地下一层照明
1WL12	40	120	150	ZRVV − 1kV − 4 × 70 + 35	地下二层照明
1WL13	41	100	150	NHVV − 1kV − 3 × 50 + 2 × 25	A栋正压风机
1WL14	41	100	150	NHVV − 1kV − 3 × 50 + 2 × 25	B栋正压风机
1WL15	20	100	150	NHVV − 1kV − 3 × 50 + 2 × 25	A栋消防电梯
1WL18	20	100	150	NHVV − 1kV − 3 × 50 + 2 × 25	B栋消防电梯
1WL23	30	100	150	ZRVV − 1kV − 3 × 50 + 2 × 25	扶梯
1WL24	40	160	200	ZRVV − 1kV − 3 × 95 + 2 × 50	裙楼扶梯

图 20 − 25 商业专用低压

配电站电气接线图

4 号专用变压器 SC9-200010.5/0.4kV　　插接母线 CCX6-4000

母线: 2×(TMY-4×(120×10)+120×10)

柜号	D4-06	D4-05	D4-04	D4-03	D4-02	D4-01
名称	照明馈电柜	照明馈电柜	冷冻机房馈电柜	电容补偿柜	电容补偿柜	进线柜
规格	GCS 2200×600×800	GCS 2200×600×800	GCS2200×800×800	GCS2200×800×800	GCS2200×800×800	GCS2200×800×800
回路编号	1WL6　1WL10　1WL11　1WL12　1WL33　1WL35　备用	1WL5　1WL27　1WL34　1WL9　直流屏	WK1	300 kvar	300 kvar	
仪表	Ⓐ×9	Ⓐ×7	Ⓐ×3	自动补偿器 ATS　Ⓐ×3		功率因数表

回路编号	计算容量 (kW)	变电所出线开关整定电流 (A)	互感器一次侧电流 (A)	出线规格	备 注
1WL25	20	100	150	ZRVV-1kV-3×50+2×25	货梯
1WL26	100	200	300	ZRVV-1kV-3×150+2×70	厨房动力
1WL27	10	40	50	NHVV-1kV-5×16	消防值班
1WL28	90	200	300	NHVV-1kV-3×150+2×70	地下一层送、排风机防火卷帘
1WL29	90	200	300	NHVV-1kV-3×150+2×70	地下二层送、排风机防火卷帘
1WL30	223.4	500	600	2×(NHVV-1kV-3×185+2×95)	消防、喷洒泵
1WL32	37.7	80	100	ZRVV-1kV-3×35+2×16	人防配电
1WL33	60	200	300	ZRVV-1kV-4×150+70	裙楼泛光照明
1WL34	30	100	150	ZRVV-1kV-4×50+25	A 栋房顶泛光照明
1WL35	30	100	150	ZRVV-1kV-4×50+25	B 栋房顶泛光照明
WK1	652	1000	1200	CFW-1600A（五线制）	冷冻机房
合计	2575.1				

配电站电气接线图

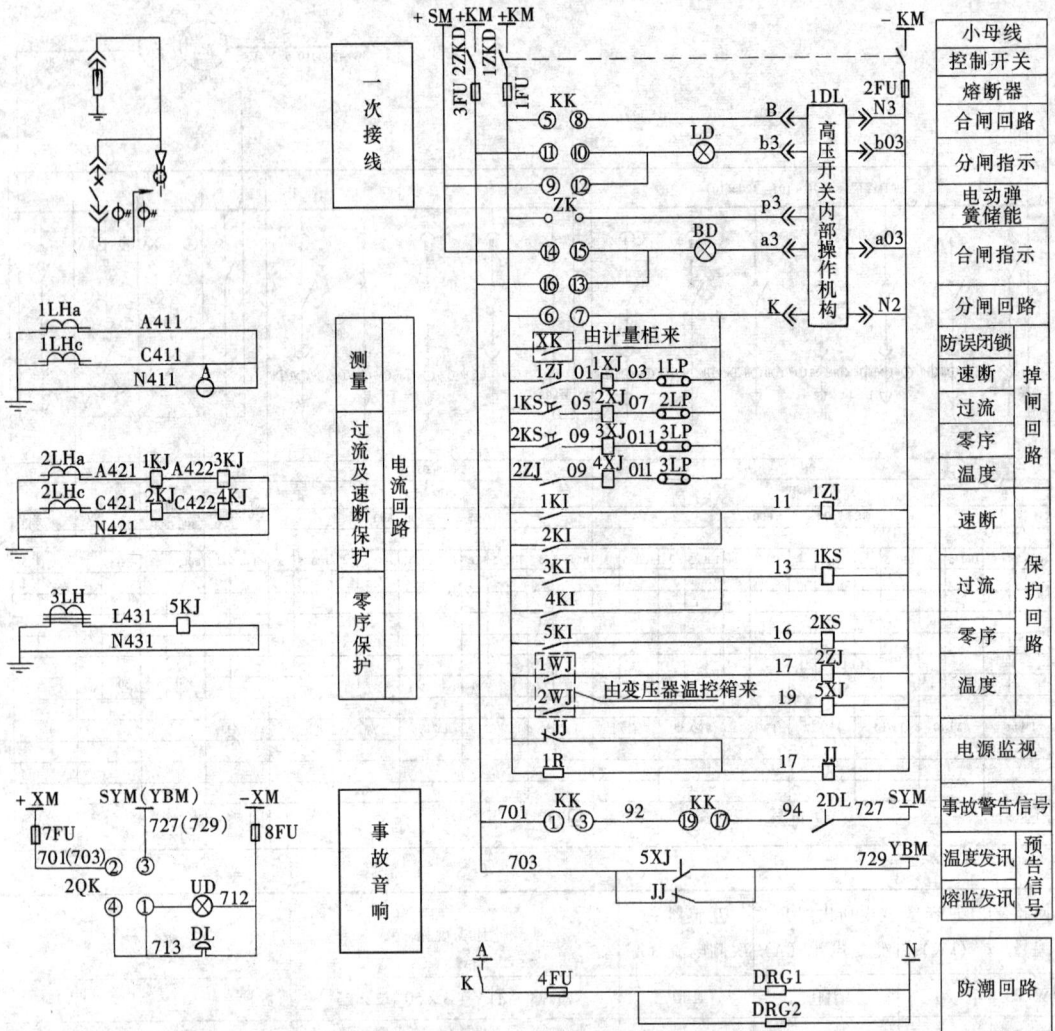

序号	符号	名称	型号规格	数量
23	DRG1、DRG2	发热器	JGQ－220V/80W	2
22	DL	电铃	D629 DC220V	1
21	V	电压表	42L6－V 10/0.1	1
20	LK	辅助开关	C45N－10/3	1
19	2QK	转换开关	LW12－16/5628.2	1
18	1QK	转换开关	LW12－16/9.6912.3	1
17	1R	电阻	ZG11－25W 2.5kΩ	1
16	1～8FU	熔断器	RT14－10/6	8
15	1～3XB	连接片	YY1－D	3
14	LD、HD、UD	指示灯	XD5－220V（AD11－25/11）	3
13	2ZKD、K	控制开关	DZ12－10/1（C45N）	2
12	1ZKD	控制开关	DZ12－15/2（C45N）	1
11	ZK	组合开关	BZ10－10/1	1
10	KK	转换开关	LWZ1－1a、4、60、40、20/F8	1
9	5K	信号继电器	DX－31/220V	1
8	1～4K	信号继电器	DX－31/0.75A	4
7	1～2kg	时间继电器	DS－31C/220V	2
6	km	中间继电器	DZY－205 220V	1
5	1～2km	中间继电器	DZY－204 220V	2
4	5KI	电流继电器	DL－32/2	1
3	3～4KI	电流继电器	DL－32/10	2
2	1～2KI	电流继电器	DL－32/50	2
1	A	电流表	42L6－A 50/5	1
序号	符号	名称	型号规格	数量

图 20－26　高压进线柜二次接线图

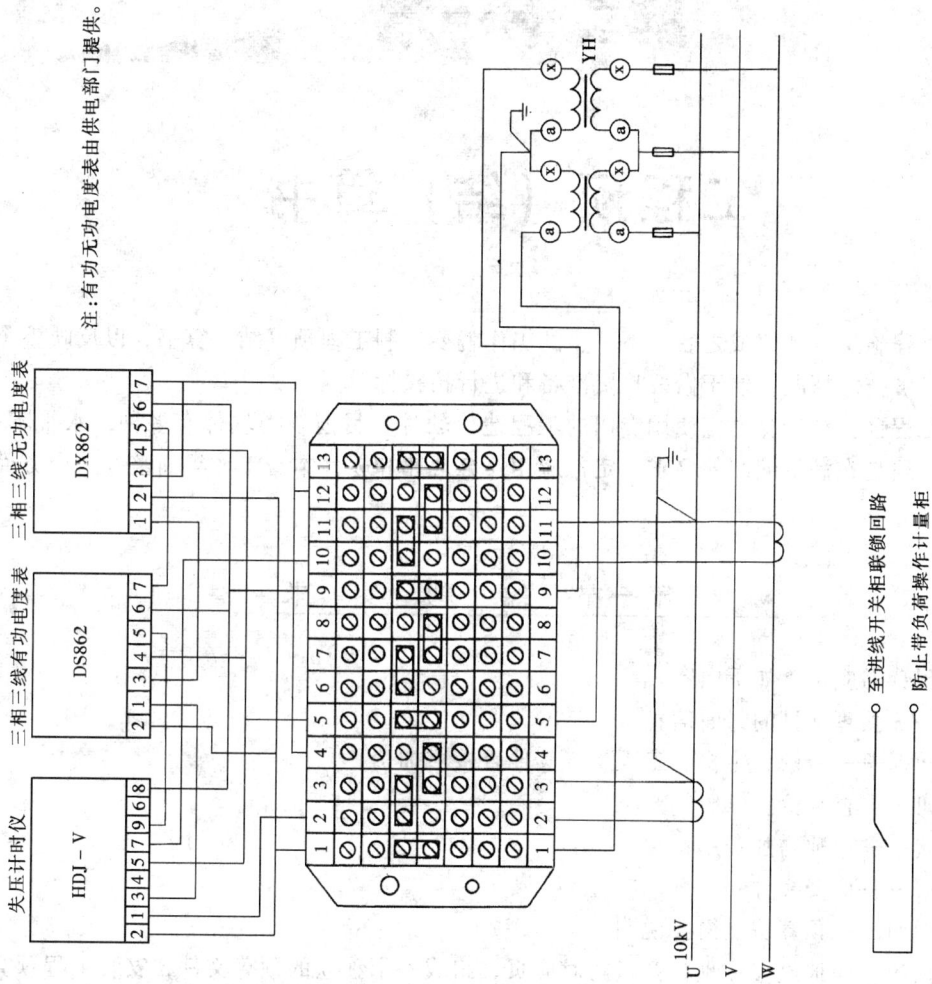

图 20 - 27　高压计量柜二次接线图

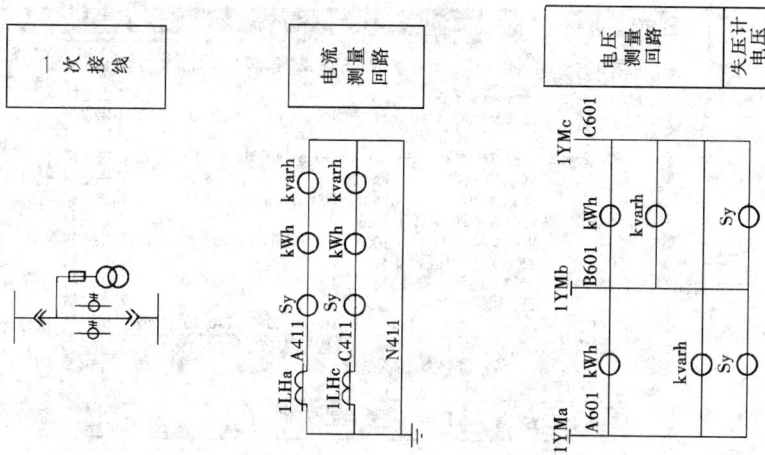

第二十一章

工程预（结）算书

供电工程施工设计完成之后，下一步的工作就要编制工程预（结）算书，以反映整个工程设计的经济技术情况，便于做好投资准备和进行招投标。

编制工程预（结）算书应使用专门的工程造价软件。目前该类软件有多种，水平不一。好的软件必须是在满足编制的要求、定额应用符合规律和软件本身工作界面整齐三个方面有良好的结合。

第一节　编　制　要　求

一份预算书应包含如下内容。

封面——预算项目的封面信息；

工程数据——定额、主材、工程量、其他直接增加费；

工料机——材料价差；

独立费——单独增加费用；

费用表——取费文件；

编制说明——预算编制简要说明。

这些内容相应地放置在预算窗口的对应页，组成一个独立的预算文件，安装工程预算如图 21-1 所示。

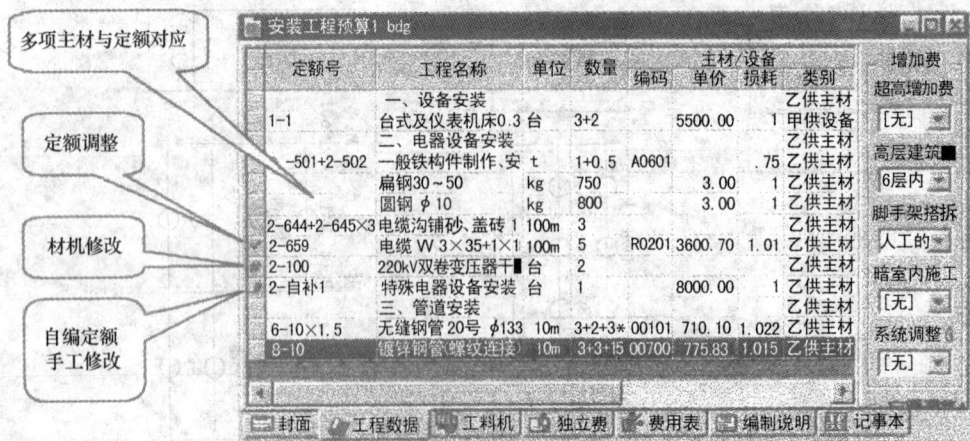

图 21-1　安装工程预算页界面

第二节 工 程 数 据

一、定额输入

1. 查询输入

在"工程数据"页，单击左边"功能栏"的"查找定额"或在"定额号"处双击，弹出定额库浏览窗口，如图21-2所示。在此浏览查找所需的定额号，选定后双击选定行或按"替换"，即可输入定额。

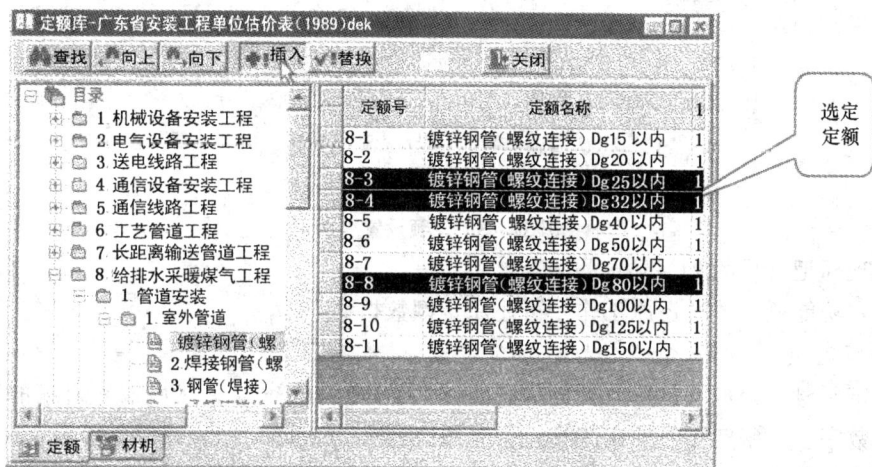

图 21-2 定额库界面

浏览定额库时，在某一定额号处，按住鼠标的左键，上下移动鼠标可选定一批相邻的定额；按住键盘的"CTRL"键，再用鼠标点击各个需要的定额号，可选定不相邻的一批定额。

按"插入"即可输入选定的一批定额（见图21-2可同时输入蓝色的三个定额）。

定额库浏览是一个浮动窗口，查询输入完一次定额后，不需要退出此窗口，可直接回到"工程数据"页中继续下一步的工作。需要再次查询时，又可随时回来浏览查找。

浮动窗口的使用方法以下均相同。

2. 调用其他定额

使用建筑或市政定额时如需调用安装子目，或使用省、市安装估价表需调用全统定额子目，可单击功能栏中的"预算设置"，选择"库文件"页，界面如图21-3所示。

将定额库文件改为需要的其他定额，按"确定"即可。

3. 定额号乘系数

定额号可直接乘系数输入，如6-10×1.5，即将定额的人工、材料、机械乘1.5。

4. 定额号的计算式

定额相加的计算式输入，如2-501+2-502，2-644+2-645×3，表示将两个定额相加或乘系数相加。

5. 直接修改

在定额的"人工、材料或机械"单价处按回车键或双击，可直接修改数据，修改后在定

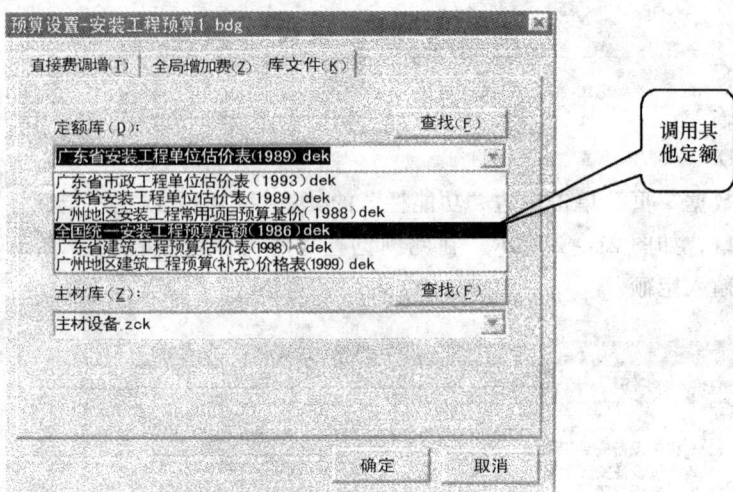

图 21 - 3 定额设置界面

额号前出现标记（见图 21 - 1 的手工修改）。

单击"功能栏"的"还原工作"可还原定额数据。

6. 自编定额

在"定额号"处可直接输入自编的定额号，如"2 - 自补 1"，然后输入自编的工程名称及工料机数字。自编定额号前出现标记（见图 21 - 1）。

二、定额调整

单击"功能栏"中的"定额调整"，显示对应窗口。

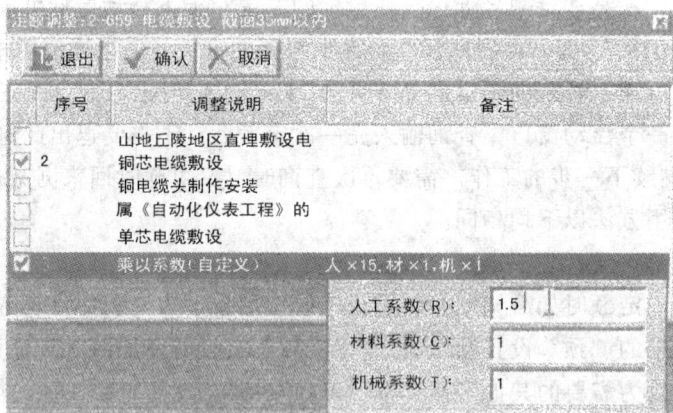

图 21 - 4 定额调整窗口

该窗口也是浮动窗口，显示当前定额号的章节说明中的附注调整。

单击"序号"前的复选框可选定一个调整项。同时选定多项调整时，可通过序号分别确定计算的先后顺序。选择完成后，按"确认"或直接回到"工程数据"页中，即可完成相应的计算，并在定额号前出现"定额调整"标记（见图 21 - 1）。

单击"乘以系数（自定义）"前的复选框，并在"备注"列双击或按回车，在下拉表中

10kV 配电工程设计手册

可输入该定额的工料机的自定义调整系数。

单击"功能栏"的"还原工作"可还原定额数据。

其他各项表格制作方法详见软件使用说明书。

第三节 操 作 界 面

在软件的操作界面上，一份预算涉及的内容一字排开，封面、工程数据、独立费、费用表、编制说明等一目了然。特别设立的功能栏，自动针对当前窗口显示有关的操作按钮。

定额号、工程量可直接以计算式输入，各种数据在表格内直接输入、修改。光标自动按习惯顺序移动，数据录入很快。定额章节附注说明中的工料机调整项目，按定额号自动逐项提示，自动计算，不易漏项。

取费文件、材料价格文件直接调用即可，编制说明也可以复制模板。

除按定额号自动排序外，预算表的顺序编排，只需用鼠标来回拖动即可。预算结果的查看、预览、打印样样简单。单项报价表的自动生成，令您轻松应付招投标工作。

特别是现在可以同时编制多份预算，用鼠标拖动，便可以把一份预算的数据复制到另一份预算，使大量同类型的预算轻松完成。

建筑、安装、市政、修缮等各专业的工程预算编制，在软件中首次实现完全的合并。不同的定额，专业特点、计费结构各有规律，而界面风格、操作方法则完全一样。

打印排版比以往显得功能丰富，而又操作简单。表格的各部分字体可以分别设定，行高、列宽可以调整，列内容可以选择打印与否，表肩、脚注、列标题版式还可自行设计。配合输出到电子表格（Excel）的功能，版面设计几乎可以任意发挥。

更为重要的是，整个系统都是基于文件结构设计的，非常切合网络应用日趋普及的要求。若您单位的电脑已互联，预算文件的内部传送、调用自然畅通无阻。工地和基地、总公司和分公司、甲方和乙方之间的预算文件传递，通过电子邮件，则再简单不过。

第四节 项目预（结）算书实例

项目预（结）算书（总）

工 程 编 号：＿＿＿＿＿＿＿＿＿＿＿＿＿＿＿＿＿＿＿＿＿＿＿＿＿＿＿＿

子 编 号：＿＿＿＿＿＿＿＿＿＿＿＿＿＿＿＿＿＿＿＿＿＿＿＿＿＿＿＿

工 程 名 称：＿＿＿＿＿＿＿＿＿＿＿＿＿＿＿＿＿＿＿＿＿＿＿＿＿＿＿＿

工 程 地 点：＿＿＿＿＿＿＿＿＿＿＿＿＿＿＿＿＿＿＿＿＿＿＿＿＿＿＿＿

总 费 用：＿＿＿＿＿＿＿＿＿＿＿＿＿＿＿＿＿＿＿＿＿＿＿＿＿＿＿＿

其中施工费：＿＿＿＿＿＿＿＿＿＿＿＿＿＿＿＿＿＿＿＿＿＿＿＿＿＿＿＿

其中设计费：＿＿＿＿＿＿＿＿＿＿＿＿＿＿＿＿＿＿＿＿＿＿＿＿＿＿＿＿

编 制 单 位：＿＿＿＿＿＿＿＿＿＿＿＿＿＿＿＿＿＿＿＿＿＿＿＿＿＿＿＿

编 制 人：＿＿＿＿＿＿＿＿＿＿＿＿＿＿ 日 期：＿＿＿＿＿＿＿＿＿＿＿＿

校 核：＿＿＿＿＿＿＿＿＿＿＿＿＿＿ 日 期：＿＿＿＿＿＿＿＿＿＿＿＿

审 核：＿＿＿＿＿＿＿＿＿＿＿＿＿＿ 日 期：＿＿＿＿＿＿＿＿＿＿＿＿

主 管：＿＿＿＿＿＿＿＿＿＿＿＿＿＿ 日 期：＿＿＿＿＿＿＿＿＿＿＿＿

联 系 人：＿＿＿＿＿＿＿＿＿＿＿＿＿＿ 联系电话：＿＿＿＿＿＿＿＿＿＿＿＿

工程总费用表

序号	编码	费用名称	总造价	设备费	安装费(含主材)	建筑工程费	其他费用	单位	单位造价	备注
1		工程总费用	2,507,234.33	1,628,002.14	771,265.16		107,967.03			

[编制人]:　　　　　　　　　　　　　　[编制证]:　　　　　　[编制日期]:

编 制 说 明

1: 10kV 电缆敷设;

2: 公专变房及低压房设备安装。

3: 10kV 电缆土建(修复路面费用由用户负责)。

[编制人]:　　　　　　　　　　　　　　[编制证]:　　　　　　[编制日期]:

工程其他费用表

序 号	费 用 名 称	计 算 公 式	合 计
1	1　建设场地占用费及清理费		0.00
2	1.1　建设场地占用费	根据省国土局规定(或批准)按实计列	0.00
3	1.2　青苗赔偿费	10kV 线路: 珠江三角洲 5000 元内, 其他 3000 元内	0.00
4	1.3　余物拆除清理费	2002 年新版预规表 13	0.00
5	2　项目建设管理费		0.00
6	2.1　建设项目法人管理费	安装工程费×3.06%	0.00
7	2.2　招标费	安装工程费×0.75%	0.00
8	2.3　备品备件购置费	设备购置费×0.3%	0.00
9	2.4　设备成套服务费	设备购置费×0.5%	0.00
A	3　项目建设技术服务费		107,967.03
B	3.1　勘测设计费	(设备购置费 + 安装工程费)×4.5%	107,967.03
C	3.2　工程监理费	工程静态总投资×2.5%	0.00
D	4　行政事业性收费		0.00
E	4.1　工程定额测定费	安装工程费×0.1%	0.00
F	4.2　建筑企业管理费	安装工程费×0.2%	0.00
G	4.3　防洪工程维护费	安装工程费×0%	0.00
H	4.4　政府其他收费	根据省政府规定或批准的标准计列	0.00
I	5　基本预备费	(设备购置费 + 安装工程费)×3%	0.00
J	6　贷款利息	静态工程投资×6/12×5.76%×0.5	0.00
K	7　其他费用合计		107,967.03

[编制人]:　　　　　　　　　　　　　　[编制证]:　　　　　　[编制日期]:

安装工程费用表

费 用 名 称	计 算 公 式	金额（元）
1 实体项目费		
1.1 主材费		
1.2 定额人工费		
1.3 定额材料费（辅材费）		
1.4 机械费		
1.5 管理费		
1.6 设备费		
2 价差	[2.1] + [2.2] + [2.3]	
2.1 定额人工价差		
2.2 材料价差	[2.2.1] + [2.2.2]	
2.2.1 主材价差		
2.2.2 定额材料价差		
2.3 定额机械价差		
3 实体项目利润	（[1.2] + [2.1]）×30%	
4 措施项目费	[4.1] + [4.2]	
4.1 技术措施项目费		
4.2 其他措施项目费	（[1.2] + [2.1]）×18.80%	
5 预算包干费	（[1] + [2] + [3]）×2%	
6 其他项目费		
7 行政事业性收费	[7.1]：[7.4]	
7.1 社会保险金	[1.2] ×27.81%	
7.2 住房公积金	[1.2] ×8%	
7.3 工程定额测定费	（[1] + [2] + [3] + [4] + [5] + [6]）×0.1%	
7.4 建筑企业管理费	（[1] + [2] + [3] + [4] + [5] + [6]）×0.2%	
8 不含税工程造价	[1] + [2] + [3] + [4] + [5] + [6] + [7]	
9 甲供材料退价（文件价部分）	甲供材料退价（文件价部分）	
10 甲供材料退价（市场价部分）	9甲供材料退价（市场价部分）	
11 堤围防护费与税金	（[8] – [9] – [10]）×3.54%	
12 含税安装工程费	[8] + [11] – [9] – [10] – [1.6]	
13 含税工程造价	[8] + [11] – [9] – [10]	

[编制人]：　　　　　　　　　　[编制证]：　　　　　　　　　　[编制日期]：

分项工程费汇总表（实体项目费）

[子号名称]：电缆敷设、公专变房、低压房

[负荷书编号]： [子号]：1

序号	定额编号	费用名称	单位	数量	主材设备	基价	单位价值 其中					材设费	总价 其中			合计
							人工费	材料费	机械费	人调	机调		人工费	材料费	机械费	
1	2-1-12	干式变压器安装 容量1000kVA以下	台	3	120194.55	703.43	257.49	98.19	254.16			360584	772.47	294.57	762.48	362,693.94
2	2-1-13	干式变压器安装 容量2000kVA以下	台	1	198088.65	813.73	307.3	102.97	291.77			198089	307.3	102.97	291.77	198,902.38
3	2-2-62	单母线柜断路器柜安装	台	2	58684.5	294.72	146.61	29.96	64.86			117369	293.22	59.92	129.72	117,958.44
4	2-2-64	单母线柜 电容器柜、其他柜安装	台	8	35024.4	169.46	70.22	20.54	53.18			280195	561.76	164.32	425.44	281,550.90
5	2-3-3	绝缘子安装 10kV以下户内式支持绝缘子2孔	10单	1.2	360	127.78	36.43	65.9	12.21			432	43.716	79.08	14.652	585.34
6	2-3-22	带形铜母线安装 每相一片截面800mm²以下	0m/单	1.2	800	227.80	45.06	70.48	95.88			960	54.072	84.576	115.056	1,233.36
7	2-3-22	带形铜母线安装 每相一片截面800mm²以下	0m/单	1.2	800	227.80	45.06	70.48	95.88			960	54.072	84.576	115.056	1,233.36
8	2-3-23	带形铜母线安装 每相一片截面1000mm²以下	0m/单	3.6	1250	268.39	51.74	93.93	103.91			4500	186.26	338.148	374.076	5,466.19
9	2-3-23	带形铜母线安装 每相一片截面1000mm²以下	0m/单	3	1250	268.39	51.74	93.93	103.91			3750	155.22	281.79	311.73	4,555.16
10	2-3-101	低压封闭式桶接母线槽每相电流800A以下	10m	15	8000	327.03	70.4	144.78	86.26			120000	1056	2171.7	1293.9	124,905.42
11	2-3-103	低压封闭式桶接母线槽每相电流1600A以下	10m	4	16000	490.37	132	216.82	93.57			64000	528	867.28	374.28	65,961.47
12	2-3-103	低压封闭式桶接母线槽每相电流2000A以下	10m	2	20000	490.37	132	216.82	93.57			40000	264	433.64	187.14	40,980.74
13	2-3-104	低压封闭式桶接母线槽每相电流4000A以下	10m	4	40000	598.08	180.58	250.98	100.88			160000	722.32	1003.92	403.52	162,392.30
14	2-4-5	配电（电源）屏 底开关柜安装	台(10t)	20	28109.57	197.36	83.25	34.74	49.11			562191	1665	694.8	982.2	566,138.58
15	2-4-20	直流馈电屏安装	台	1	55890	198.99	69.87	80.38	23.34			55890	69.87	80.38	23.34	56,088.99
16	2-4-123	一般铁构件制作	100kg	5	380	409.08	190.08	76.8	73.11			1900	950.4	384	365.55	3,945.39

[负荷书编号]： [子号]：1 [子号名称]：电缆敷设、公专变房、低压房

序号	定额编号	费用名称	单位	数量	主材设备	基价	单位价值					材设费	总价值			合计
							人工费	材料费	机械费	人调	机调		人工费	材料费	机械费	
17	2-4-124	一般铁构件安装	100kg	5	0	240.29	123.55	16.05	55.78			0	617.75	80.25	278.9	1,201.43
18	2-8-15	揭（盖）盖板（板长1500mm以下）	100m	5	0	391.70	287.28	0	0			0	1436.4	0	0	1,958.49
19	2-8-24	钢制槽式桥架（宽＋高600mm以下）	10m	11	1800	155.35	89.76	21.86	11.1			19800	987.36	240.46	122.1	21,508.80
20	2-8-99	铜芯电力电缆敷设（截面120mm²以下）	100m	2	11000	436.58	222.99	96.37	36.17			22000	445.98	192.74	72.34	22,873.16
21	2-8-100	铜芯电力电缆敷设（截面240mm²以下）	100m	6	21000	736.83	314.34	112.74	195.5			126000	1886.0	676.44	1173	130,421.00
22	2-8-125	户内热缩式10kV以下终端头（截面70mm²以下）	个	10	1200	190.51	29.92	149.71	0			12000	299.2	1497.1	0	13,905.05
23	2-8-126	户内热缩式10kV以下终端头（截面240mm²以下）	个	4	1400	253.50	38.72	200.71	0			5600	154.88	802.84	0	6,614.01
24	2-8-150	热缩式中间头10kV以下（截面240mm²以下）	个	1	5300	400.36	57.9	321.42	0			5300	57.9	321.42	0	5,700.36
25	2-8-153	控制电缆敷设14芯以下	100m	6	850	165.89	81.31	50.16	4.87			510	48.786	30.096	2.922	609.54
26	2-8-161	控制电缆头终端头14芯以下	个	6	240	58.95	11.09	43.83	0			1440	66.54	262.98	0	1,793.71
27	2-9-15	接地电跨接线安装构架接地	处	10	75	92.40	40.66	31.26	5.7			750	406.6	312.6	57	1,673.99
28	2-177	电力设施号牌安装	100个	4	45	55.32	32.4	11.15	0			18	12.96	4.46	0	40.13
29	2-237	敷设电缆辅助设施安装电缆牵引	只/盘	2	0	123.48	52.38	43.13	8.94			0	104.76	86.26	17.88	246.97
30	2-238	敷设电缆辅助设施安装电缆敷设设施	100m	5	0	268.40	154.44	48.9	8.94			0	772.2	244.5	44.7	1,342.02
31	2-239	敷设电缆辅助设施安装	处	6	0	166.85	37.98	106.13	8.94			0	227.88	636.78	53.64	1,001.11
32		小计1										2164238	15209	12514.6	7992.39	2,205,481.72

[编制人]： [编制证]： [编制日期]：

[负荷书编号]:　　　　[子号]:1　　[子号名称]：电缆敷设、公专变房、低压房　　第1页共1页

序号	费用编号	费用名称	单位	费率与数量	基价	人工费	价差	利润	合　计
1	2－14－7	电力变压器系统调试 10kV 以下（容量 2000kVA 以下）	系统	4.00	5,030.12	1,513.60	550.40	619.20	24,798.87
2	2－14－12	送配电装置系统调试 1kV 以下交流供电（综合）	系统	4.00	427.35	176.00	64.00	72.00	2,253.40
3	2－14－14	送配电装置系统调试 10kV 以下交流供电 断路器	系统	2.00	2,419.79	704.00	256.00	288.00	5,927.59
4	2－14－43	母线系统调试（1kV 以下）	段	2.00	356.11	103.49	37.63	42.34	872.15
5	2－14－44	母线系统调试（10kV 以下）	段	3.00	1,521.84	352.00	128.00	144.00	5,381.52
6	2－14－49	接地网调试	系统	1.00	517.01	172.48	62.72	70.56	650.29
7	2－14－137	电缆试验 泄漏试验	根次	9.00	96.56	23.23	8.45	9.50	1,030.63
8	2－15－1	人力运输 平均运距200m 内	10t·km	0.50	2,012.88	1,476.29	574.11	615.12	1,601.05
9	2－15－3	汽车运输 装卸	10t	0.40	378.67	80.50	31.30	33.54	177.41
10	2－15－4	汽车运输 运输	10t·km	12.00	13.69	4.32	1.68	1.80	206.04
11	ZJZJF1	1 脚手架搭拆费	%	4.37	15,208.92	15,208.92	5,159.74		890.11
12		小计							43,789.07

　注　按系数计算的措施项目费:(实体人工费＋人工价差)×费率＝合价。

[编制人]:　　　　　　　　　　[编制证]:　　　　　　　　　　　[编制日期]:

其他措施项目费汇总表

[负荷书编号]:　　　　[子号]:1　　[子号名称]:电缆敷设、公专变房、低压房　　第1页共1页

序号	费　用　名　称	计　算　公　式	合　　计
1	临时设施费(13.00％)	(人工费＋人工价差)×13.00％	2,647.93
2	文明施工费(4.00％)	(人工费＋人工价差)×4.00％	814.75
3	工程保险费(0.30％)	(人工费＋人工价差)×0.30％	61.11
4	工程保修费(1.50％)	(人工费＋人工价差)×1.50％	305.53
5	赶工措施费(0.00％,4.00％,8.00％)	(人工费＋人工价差)×0.00％	0.00
6	总包服务费(1.00％至2.00％)	(人工费＋人工价差)×0.00％	0.00
7	其他措施	(人工费＋人工价差)×0.00％	0.00
8	小计		3,829.32

[编制人]:　　　　　　　　　　[编制证]:　　　　　　　　　　　[编制日期]:

其他项目费汇总表

[负荷书编号]:　　　　[子号]:1　　[子号名称]:电缆敷设、公专变房、低压房　　第1页共1页

序号	费　用　名　称	计算公式	合　计	序号	费　用　名　称	计算公式	合　计
1	一、建设场地占用及清理费		0.00	9	三、其他费		0.00
2	1.土地占用费(含临时占用青苗赔偿)		0.00	A	1.工程测量费		275.00
				B	2.地质钻探费		0.00
3	2.道路路面修复费		0.00	C	3.文明施工设施增加费（按 75 元/m）		0.00
4	3.设施迁移补偿费		0.00				
5	4.余物拆除清理费		0.00	D	4.交叉跨越架设（含电缆铺设）措施费		0.00
6	二、生产准备费		0.00				
7	1.备品备件购置费		0.00	E	5.施工车辆		512.00
8	2.联合试运转调试费		0.00	F	6.电缆坑土建费		0.00
				G	小计		787.00

[编制人]:　　　　　　　　　　[编制证]:　　　　　　　　　　　[编制日期]:

第二十二章

某特区电力公司 10kV 变配电站
设计技术守则择要

第一节 术 语

一、开关站

具有分配 10kV 电力并对配电线路及配电设备实现控制和保护的配电设施，称为开关站；对于供电部门管辖的开关站，称为公用开关站，简称开关站；对于用户自己管辖的开关站，称为用户开关站。

二、配电站

具有变换配电电压，分配 10/0.4kV 电力并对配电线路及配电设备实现控制和保护的配电设施，称为配电站；对于供电部门管辖的配电站，称为公用配电站，简称配电站；对于用户自己管辖的配电站，称为用户配电站。

三、变电分站

同时具有以上开关站和配电站功能的配电设施，称为变电分站，简称分站。

第二节 图 纸 认 可

（1）由建筑师或顾问提供的变电分站平面图，应有电力公司相关领域内的规划和设计经理认可。

（2）经由特区政府房屋署同意的标准（或典型）的变电分站平面图，应有电力公司系统管理部门的电力工程经理认可。

第三节 设 计 标 准

变电分站设计应符合这一章节的标准。变电分站位置在不是首层地面时，场地应装置没有可燃性的变压器，如 SF_6 变压器；变电分站场地在首层地面时应装置有硅油填充的变压器或设备，这样可避免需要安装混合的灭火装置。

一、通则

（1）变电分站应位于建筑物的外围而且在任何时间能直接容易地到达开放的场地（没有覆盖的地方），通向变电分站的永久通道应有足够高度、宽度和足够的负荷能力去承受变压器和运输车辆的总质量。

（2）所有变电分站应遵守特区政府电力条例有关章节要求、政府建筑条例有关章节要求和"对用户配电站使用油浸式变压器和开关柜在建筑物内的用火服务要求"。

（3）变电分站最少要有 3.3m 的净空，如果一个通风的空气管道被放置在区域通道门口上，净空应有 3.7m。

（4）当单芯电缆用作连接 10kV/0.4V 变压器和低压终点时，用户的配电站应接近开关站；电缆路径在地面应有标记，电缆在建筑物进出口应封缄至耐燃 2h。

（5）变电分站天花板和用户开关站天花板应采用符合防水结构以防止漏水，不能将给水、排水管或用户的安装装置放置或穿过变电分站。

（6）不能有建筑伸缩缝在变电分站内的任何部分。

（7）应提供完全与主要建筑物分离开的足够和长久的通风。

（8）变电分站内的照明应普遍有 200~300lx。

（9）变电分站地面标高应普遍比外地面标高高 150mm，使水淹的危险减到最低。

（10）要防止水进入变电分站和建筑物应有 2h 的耐燃能力，开放的电缆出入口应适当地由发展商或用户封堵。

（11）在任一个房间或围蔽区域内不能容纳多于 3 台变压器。

（12）在这个操作规程内，应在任何可以使用的地方使用典型的变电分站分布平面。

（13）变电分站墙壁应于 1500mm 高度以下铺上 150mm×150mm 的瓷片。在瓷片上，墙和天花板应以混凝土石灰砂浆振荡，然后做一层液体 PREPOLYMER 和二层白色丙烯酸树脂扫平滑。在地面上应以混凝土砂浆找平和涂一层聚亚安脂、二层灰色的环氧防尘面层。

（14）应考虑到附近设施的危险，特别是可预见的，只要有可能，都应予以避免。对于变电分站的"湿"环境，如水箱、洗手间或类似的地方，如果这些不能避免的话，则应做双层天花板。

（15）不能在变压器房或者用户的开关站内储存变压器或开关柜。

（16）在 SF_6 被用作绝缘材料的地方，如变电分站平面图上表示的一样，气体泄漏警铃和报警装置等应安装在邻近每一个出入口的外部墙上和里面。

（17）所有外部的铁器应采用 AISI316L 型号的低碳不锈钢，这个要求包括所有的门、门框、百叶窗、防鼠网等；所有内部的铁器（如气体管道、吊件、票据盘等）应采用热浸锌和有一层防锈漆、二层灰油漆要求。

二、地下室和楼上变电分站的特殊要求

1. 地下室变电分站

（1）地下室变电分站应有独立的、通风良好的楼梯，能直接容易出入到地面的开放场地。车辆从街道到达的出入口应有区域分隔，应有带自闭门的吸烟大堂并装有恐慌性门闩疏导人至建筑物的邻近区域。

（2）地下室变电分站不能安置在地下室的最低层，使水淹的危险减到最低。变电分站下最少还要有一层作为备用。每一层地下室的地面标高应基本一致。

（3）位于地面下 7m 或以下的地下室在地面应有对应的 10kV 开关站。

（4）在地面上应有一间风机房，以放置配电站的通风扇。

（5）地下室的每一个出入口应有洪水警报灯及正常的自动发送报警装置。

（6）地下室的外墙，应有适当的防潮处理，使与外部土层隔离。

（7）每一个地下室都应装置应急灯，而且其电源应由站内提供。应急灯应在站万一失电的情况下能提供一个安全出口照明。

（8）应设一个每秒能泵送 3dm³ 的污水坑，而且配有能足够导流和有可移动的盖板。应装有性能良好的控制器在污水坑内，使变电分站内启动报警装置时能激活 10kV 控制的报警系统。应有有效的排水管把污水坑的水排到建筑物外的排水系统。在污水坑内应安装一个转换开关，当有需要的时候可以与用户供电装置分离出去。

2. 楼上变电分站

（1）应布置在建筑物的外围。从公众地方到进入建筑物的一个开放的平地或汽车出入口应有一个区域通道。带有自闭门的吸烟大堂应提供并适合于危急时向建筑物邻近的公众地方疏导。低于五楼的建筑物应设有分离和独立的楼梯，可供直接进出。

（2）万一通道通过一个开放的区域，此开放区域应提供可移动的一定覆盖范围，且是能耐燃 2h 的结构。应有一个 I 型梁，同时配备最少能举起 65kg 的电动提升装置，而且由发展商负责维护，紧急时的手动下降装置亦应提供。提升装置的钩下端至地面的净高不得少于 3m。应为电动提升装置提供一个转换开关，使其从用户供电与配电站自身供电分开。

（3）因为位于高层，不易使用可移动的起重机，因此检查变压器的质量是很重要的。可运送变压器的建筑物本身的电梯，最少可以开门宽度为 500mm，以超过变压器的宽度为限。

（4）7m 高度以上的配电站应有位于地面的 10kV 开关站。

（5）应提供独立的电缆室给电力公司，并且应有 2h 的耐燃能力，并有出入口从建筑物内部通向公众区域，出入口的门和地面障碍物应有 2h 的耐燃能力或在电缆室内每 8～10m 的间隔应有钢平台。10kV 电缆的中心线应正常地分离 150mm，亦应配备猫楼梯。

（6）每一个楼上变电分站应配备应急灯，电源应由配电站自己供给，应急灯应在万一失电的情况下能提供一个安全出口照明。

三、平面

1. 概述

为避免变电分站土地被城市发展使用，平面应设计得不影响变电分站的终生使用。电力装置的间隔和操作应按以下要求执行：

（1）10kV 开关传动装置。

1）在面板前应有 1000mm 空间。

2）在输出型 10kV 电路断路器前应有 1500mm 空间。当有 CB 面板安装的地方，应安装在 VT 提升轨前 2000mm。

3）开关面板其他三面有 750mm 空间。

（2）变压器。

1）在低压终点站应有 900mm 空间范围。

2）在另一面有 750mm 距离空间（如果场地限制，则应不少于 500mm 空间）。

（3）低压配电板。

1）在板前应有 1000mm 空间。

2）其他两边应有 750mm 空间。

3）低压配电板应靠着墙锚固在地面上，电缆外边缘应离墙有 120mm 空间。

（4）低压电容器。

背靠墙排放，另外两面或三面应有 750mm 空间。

2. 电力装置

(1) 10kV 开关柜（GIS 或真空带空气绝缘的开关柜），通常包括所有特别项目要求加上所有开关柜，如果可能的话，应留一个开关柜以供日后使用。

(2) 变压器，应计划一台、两台或三台变压器。

(3) 低压配电板，通常每一座配电站有一个。

(4) 低压电容器，每一台变压器有一个。

(5) 30V 电池及充电器，每一座配电站有一个。

(6) 总控制单元，在 10kV 开关柜附近放置 2 个。

(7) 远程终端，每一座变电分站应有一个。

(8) 总开关板（如果有安装），每一座变电分站应在 10kV 的一侧安装。

(9) 电池或控制单元和总控制单元，应在靠近 10kV 开关柜的油漆完成的墙上设置。因为安全的原因，低压配电板不能面对变压器的低压终端侧。

四、基础

(1) 变压器基础最少应能承担 6500kg 荷载，这可以供应未来直立超过 200kVA 的变压器。

(2) 变压器的最少尺寸为 1.8m 长 × 1.2m 宽，与地面完成面应同一高度。

(3) 10kV 开关柜基础应能支持最大荷载为 17kN/m²，最少覆盖于地面完成面和基础的增强面之间应有 80mm 宽。地面应平整，误差坡度为每 1000mm 不大于 1mm。

五、电缆坑

电缆坑横截面不能被圈梁或其他城市结构减少，不同电压的电力电缆在电缆沟的连接位置，应用加强标号的水泥分割开。在变电分站边缘的电缆坑深度应低于坑底 850mm（如果坑深度为 1000mm），如果有地梁在变电分站边缘，则在地梁下应有至少 500mm 的间隔，电缆坑的钢平台应有数字编号（左至右或顺时针方向），以避免混乱，像可移动角钢等必要的辅件应配备。

1. 高压电缆坑

高压电缆坑应最少有 1000mm 深，且低于开关柜 1200mm，并且符合如下要求：

(1) 10kV 开关柜应宽 800mm。

(2) 从 10kV 开关柜到 10kV 变压器的 10kV 电缆坑应宽 400mm。在变压器高压终端下的截面应有 300mm 宽。

2. 低压电缆坑

(1) 低压电缆坑通常应有 800mm 宽 × 1000mm 深。

(2) 从变压器到用户主配电站的低压单心电缆，为 3 个 MCT 是三角形的，坑应有 800mm 宽 × 1000mm 深；如果 3 个 MCT 是水平直线形的，则要有 1000mm 宽 × 600mm 深；如果 2 个 MCT 是水平直线形，则要有 800mm 宽 × 600mm 深。

3. 导引电缆坑

一个 300mm 宽 × 1000mm 深的短坑应延长至 10kV 导引电缆汇集盒安装处。

4. 坑建造结构

所有坑都应有 6mm 厚的钢板平台，万一是一个悬挂坑，坑壁墙应建筑为有 2h 的耐燃能力。所有坑的连接为斜面的，应有 150mm × 150mm。所有 10kV 开关柜下的电缆坑的两面应为厚实的混凝土结构，至少有 200mm 宽，以支持开关柜。

5．坑出口

（1）所有坑出口应为与坑统一宽度，而且应有 150mm 直径的 GI 轴。

（2）地下室及楼上变电分站，应留有足够数量的进出孔，让 10kV 的 XLPE 电缆及导引电缆进入，并且应考虑到开关柜数量。

六、门

所有变电分站门都应向外开，而且使用能开启 180° 的不锈钢门铰。在变电分站铭牌的地方同时悬挂"危险"警告牌，这个由电力公司提供，有标示公司全称、标志站所号码、名称和电力公司紧急电话号码。在离地面 1m 高的地方，应安装 25mm 直径的观望孔在两扇门的内部墙上，以此作为悬挂暂时的警告标志；并且应有 3m 长的不锈钢链及链盒。

1．门类型

（1）变压器进出口，应有 2400mm 宽 × 2800mm 高的双扇门，在其中一扇门旁应有 700mm 宽 × 2100mm 高的带把手的小门以作为工作人员的出入，NOCOP101/102 和 753 图上应有这种门的大样。

（2）1500mm 宽 × 2500mm 高的双扇门，应为 10kV 开关柜和人员出入而设的，NOCOP101/756 图上应有这种门的大样。

（3）930mm 宽 × 2100mm 高的带把手的单扇门，应为人员出入而设的，NOCOP101/750 图上应有这种门的大样。

（4）所有门要有 2h 的耐燃能力，应遵守建筑物的相关要求和防火服务规则，还有被 FSD 接受的相关赞成文件档案（在实际条例的图中仅标明了门尺寸、小门等条款）。

2．锁

一座变电分站仅设计一个人的出入门，这门应装有紧急出口的锁死装置，有恐慌闸和平齐的钥匙孔。长度于 10m 的变电分站应有第二个的或紧急出口的门（可能两扇门的两旁各有一个小门），这个紧急出口应有恐慌闸控制门的上下栓，但这门不能有外部的锁。万一开关柜进出一个作为唯一出口的双扇门，一个带恐慌闸的紧急出口锁死装置将操作其中一扇门。主要的变压器出入的双扇门将在内部由上下门栓锁住。

七、通风

（1）变电分站门内的房屋变压器应有足够的通风，应有固定的通风系统，以应付驱散满负荷时的全部热量，并有空间应付循环的超负荷。

（2）在路面上应有 2.4m 的通风高度。

（3）每一台 3000kVA 的变压器最少应有 1.12m² 的有效输入百叶窗面积。

（4）在地面水平或以上的每一台 1500kVA 变压器应有热驱散装置。10kW 的 630mm 直径的风扇和 0.65m² 的通风管（最长有 9m），如果变压器在地下室，应有 800mm 直径的风扇和 0.85m² 的通风管。

（5）如果一台 2000kVA 变压器安装在地面，应有 800mm 直径的风扇和 0.85m² 的通风管，如果 2000kVA 变压器在地下室变电分站，应考虑 2 台 630mm 直径的风扇。

（6）电力公司的排风标准为 800mm 或 630mm，700RPM 型号或以下相当的排风标准效果如表 22 - 1 所示。

表 22-1　　　　　　　排风标准表

尺寸 （mm）	RPM	排气率 （CU, m³/h）	静压 （N/m²）	最大噪声水平
800	700	7000	100	63dB（A）
630	700	3500	70	56dB（A）

当需要长输送管的地方（大约 30~50m）应在输送管中间有通风率为 7000m³/h 的转轴型风扇，以提供必要的通风。详细的设计应以转弯数和地点条件为准。

（7）排风应由温度感应装置控制，以避免不需要的运转。

（8）通风管应以最少弯曲位设计，这样可以最有效排出每一个变压器的热量。进入的百叶窗和摘出管应设计为确保一段空气通过变压器，以消除任何可能的空气流中的"短路"。入口和排出风扇，如果安装了的话，应同时被开关。空气管不应穿过公众地方，如果不可避免的话，管应安装的便于维护和耐燃 2h。

（9）变压器室通风入口要设置金属网，以防止危险物进入。

（10）室内的房子 10kV 开关柜通常应有通风百叶窗，一套通风系统提供给开关柜。

（11）由通风产生的噪声水平应遵守噪声控制条例的要求，并且不能超过现有的平均周围的噪声水平 5dB（A）。

（12）在天花板通风管的可移动制板旁或风扇上，应有可支持 100kg 的提升钩或者栓，这样可以方便风扇移动。

八、内部电力安装

配电屏和站照明和动力的电力配线（电力线槽和通风扇）应提供并与变电分站一起安装，与变电分站平面图一致。电力配线应在铁管内固定，电力公司将提供这些材料。

1. 配电屏

配电屏应安装在靠近主要出入的门旁，而且应容纳 30A 双孔主开关，有足够数量的最后回路保护，具体有以下要求：

（1）最少两个 5A 最终回路是为了所有的照明设备，由两个单独的开关孔控制，并且在主出入口门附近带有吊灯的，40W1.2m 长的两只荧光灯，应固定在离地 2.1m 高的墙上或悬挂在天花板下离地 2.8m 高，使工作区有足够的照明。

（2）一些荧光灯应与平面图上的应急灯相对应。

（3）每一个排风扇应有一个 15A 回路，风扇附近有一个对应的 13A 熔丝，风扇应由空开关和一个温度感应装置控制。

（4）10kV 配电柜加热器应有一个 15A 回路，加热率是典型的 2×50W，由湿度控制器自动控制。

（5）邻近配电屏应有一个接地终端，通过适合的传导器到所有暴露的金属部分。

（6）13A 输出槽应有一个 ACCB 过电流保护 20A 回路。

2. 10kV 开关柜

应由一个 30V 的直流电池柜控制，并由一个独立的单一线路供给。另外，从变压器低压端出来的一个独立的单一线路供给电源。

3. 供给电源

供给电源应从本地变压器低压端供应，在仅有开关站的地方，供电应从电力公司最近的网络提供，如果不能使用，则由用户低压配电站供应，那里应是接近的并且用户应答应不能关掉的供给电源。

4．安装要求

所有由电力公司安装的配线应最少有 $4mm^2$ 2 芯 PVC 外套，从本地变压器中出来的每一回路应有 HRC 熔丝保护，通常配电屏用 30A，30V 电池控制用 10A。

5．接地连接

所有金属部分，如铁门框、排风管、百叶窗、消防管等，应有不少于 $6mm^2$ 的铜线；在配电屏有接地端，每一个紧急使用的接地端应在变电分站内地面上应有接地极。

6．内部配线和控制线

为了便于安装内部配线和控制线，应设有电缆线槽系统。

7．电缆出入口

为了使暂时供应电缆出入变电分站，应有一个 1500mm 直径，两端应带有可移动的钢板穿墙孔。

九、变电分站名称

在变电分站设计名称时，应遵循以下原则：

（1）建筑物名。

（2）街名。

（3）村名。

（4）通常被普遍接受的地区名。

（5）门牌号码。

一般变电分站的名称不应多于 25 个字。

十、防小动物

有些 10kV 变电分站位于建筑物内，存在有肮脏、潮湿和有虫害的环境，害虫通常是些比较小的动物，如老鼠、蜥蜴、小鸟、昆虫、蟑螂、苍蝇等，为了卫生问题和被侵蚀、被破坏内部电力装置绝缘问题，防虫是一个综合的整治工程。因此，变电分站建筑本身是防护的第一线，而电力设备的设计是防护的第二线。

户内变电分站，第一防线应包括以下几方面：

（1）变电站所有的墙。

（2）变电站所有的门。

（3）在通风百叶窗和架上设计防鼠网。

（4）通过变电站所有外部的电缆头进出口进行封堵。

户外变电分站，防虫主要是依靠供电区域本身。

变电分站的供电区域是按照 IEC529 设计不同程度的保护，10kV 配电柜是设计为 IP4X，同时低压配电屏是 IP2X，通常 10kV 装置比低压装置保护要更高。

当既不执行也没有计划去设计变电分站的所有电力区域的防虫保护水平时，那么变电分站将要遭受所有害虫的侵害，因此必须采取有效的保护措施，其具体措施包括以下几方面：

（1）有规律地清洁和检查。

（2）使所有防鼠装置性能良好。

（3）使所有沟渠、门和封墙性能良好。

（4）使所有装置和小房间的门每一次都关闭良好。

（5）不定期报告和修复防虫装置。

变电分站若有各种害虫问题时，应采取以下工程上的方法进行防害：

（1）配置更高水平的保护。

（2）开关站门窗使用空调。

（3）由专业公司来治虫。

（4）更频繁维护和清洁变电分站。

参 考 文 献

1. 西北、东北电力设计院编 . 电力工程设计手册 . 上海：上海科学技术出版社，1988
2. 建筑电气设计手册编写组编 . 建筑电气设计手册 . 北京：中国建筑工业出版社，1994
3. 陈一才编 . 高层建筑电气设计手册 . 建筑电气设计手册 . 北京：中国建筑工业出版社，1994
4. 周治湖编著 . 建筑电气设计 . 北京：中国建筑工业出版社，1996
5. 何利民 尹全英编 . 怎样阅读电气工程图 . 北京：中国建筑工业出版社，1994
6. 陈章潮，唐德光编著 . 城市电网规划与改造 . 北京：中国电力出版社，1998
7. 《工厂常用电气设备手册》编写组编 . 工厂常用电气设备手册 . 北京：中国电力出版社，1997
8. 中国电力百科全书编辑部编 . 中国电力百科全书 . 北京：中国电力出版社，1997
9. 国家电力公司发输电营运部组编，国家电力公司成套部编·城乡电网建设改造设备使用手册 . 北京：
   中国电力出版社，2000
10. 北京照明学会设计委员会组织编写 . 建筑电气设计实例图册 . 北京：中国建筑工业出版社，1998
11. 中国航空工业规划设计研究院等编 . 工业与民用配电设计手册 . 北京：中国电力出版社，1997
12. 广州电力工业局编 . 广州电力业扩工程典型设计图集 . 广州：广州电力工业局，1997
13. 闻良生主编 . 工厂企业供电 . 北京：中国轻工业出版社，1994
14. 《农村电工手册》编写组编 . 农村电工手册 . 北京：水利电力出版社，1974
15. 王明俊 于尔铿编著 . 配电系统自动化及其发展 . 北京：中国电力出版社，1999